上海

上海科技年鉴（2019）

SHANGHAI SCIENCE AND TECHNOLOGY YEARBOOK

《上海科技年鉴》编辑部　编

上海科学普及出版社

图书在版编目(CIP)数据

上海科技年鉴. 2019/《上海科技年鉴》编辑部编
.—上海:上海科学普及出版社,2019
ISBN 978-7-5427-7639-6

Ⅰ. ①上… Ⅱ. ①上… Ⅲ. ①科学研究事业-上海-2019-年鉴 Ⅳ. ①G322.751-54

中国版本图书馆 CIP 数据核字(2019)第 191014 号

责任编辑 林晓峰

上海科技年鉴(2019)

《上海科技年鉴》编辑部 编
上海科学普及出版社出版发行
上海中山北路 832 号 邮政编码 200070
http://www.pspsh.com

各地新华书店经销 上海中华印刷有限公司印刷
开本 889×1194 1/16 印张28.25 插页 10 字数1 200 000
2019 年 9 月第 1 版 2019 年 9 月第 1 次印刷

ISBN 978-7-5427-7639-6 定价:300.00 元(附只读光盘 1 张)

地　　址　上海市中山西路1525号技贸大厦4楼

邮　　编　200235

电　　话　021-33383438

传　　真　021-54893540

编辑说明

一、《上海科技年鉴》是上海市科学技术委员会主办、上海市科技信息中心承办的专业性年鉴，是一本逐年出版、公开发行的资料工具书。

二、《上海科技年鉴（2019）》是《上海科技年鉴》创刊以来的第29部年鉴，主要记录了2018年上海科技进步的新进展，有少量条目因对比需要涉及2018年前后的情况，以求查阅的方便和内容的完整。

三、本年鉴卷首设有特载及专文。卷中设有基础研究、前沿技术研究、先进制造业科技、现代服务业科技、现代农业科技、城市建设与生态科技、卫生健康与体育科技、企业创新与创业服务、研发机构与创新平台、张江国家自主创新示范区、科技创新承载区、科技人才、科技计划与投入、科技成果与奖励、知识产权、软科学研究与科技出版、科技合作与交流、科学普及与科技社团，共18章，主要反映上海市各个领域科技工作的进展和依靠科技进步促进各项工作的情况。以上内容分成基础研究与前沿技术研究、科技促进经济社会发展、区域创新体系、科技管理与服务，共4篇。篇以下为章、节和条目，条目为撰写的基本单元。卷尾设大事记及附录，附录包括科技政策与法规、2018年中国十大科技进展、2018年世界十大科技进展、2018年市科委领导成员及机构设置等4部分。

四、本年鉴前有目录，后有索引。索引采用主题分析索引方法，按主题词首字汉语拼音字母顺序排列。另设有图片索引、表格索引和人名索引。

五、按文责自负的原则，每个条目均署名，署名者为条目作者或提供者。

六、本年鉴纪事的起止时间为2018年1月1日至12月31日。凡未明确标注年份的月、日，均指2018年。

七、本年鉴中计量单位的名称、符号、书写规则及数字的用法等，均执行国家制定的有关标准。

八、诚挚希望关心《上海科技年鉴》的作者、读者和各界朋友，对本卷年鉴的不足之处提出批评和建议。

《上海科技年鉴》编辑部

2019年9月

1　2 月 13 日，张江实验室管理委员会第一次会议召开

2　2 月 23—24 日，市科技系统党政负责干部会议召开

3　3 月 17 日，第 33 届上海市青少年科技创新大赛开赛

4　3 月 20 日，第 7 次上海市推进杨浦国家创新型城区建设联席会议召开

5　3 月 22 日，2018“创业在上海”国际创新创业大赛暨第 7 届中国创新创业大赛（上海赛区）开赛

6　3 月 25 日，上海市首批市级科技重大专项——国际人类表型组计划（1 期）项目启动会举行

7　4 月 19—21 日，第 6 届中国（上海）国际技术进出口交易会举行

科技活动

1　4月26日，2018沪通科技合作推进会举行

2　5月7日，中国商用飞机有限责任公司与上海市政府签署战略合作框架协议

3　5月14日，上海脑科学与类脑研究中心揭牌

4　5月19日，2018年全国科技活动周暨上海科技节开幕

5　5月24日，第20届上海国际生物技术研讨会举行

6　6月1日，G60科创走廊第一次联席会议举行

7　7月3日，国家集成电路创新中心、国家智能传感器创新中心在上海启动

8　7月17日，中科院与上海市政府共建研究平台签约和揭牌活动举行

1 8 月 16 日，2018 科技援疆交流活动暨沪乌科技成果对接会在乌鲁木齐市举行

2 9 月 4—6 日，2018 上海崇明生态岛国际论坛（第 7 届）举行

3 9 月 10 日，2018 中国（上海）国际嵌入式大会举行

4 9 月 17—19 日，2018 世界人工智能大会在上海举行

5 9 月 19—24 日，第 20 届中国国际工业博览会在上海举行

6 9 月 21 日，“创 · 三十年”上海科技企业孵化器发展论坛暨表彰大会举行

7 9 月 25 日，上海市科学技术协会第十次代表大会召开

8 9 月 27 日，上海首条燃料电池公交线路上线

科技活动

1 10 月 22 日，2018 第 5 届上海军民两用技术促进大会举行

2 10 月 29—31 日，2018 浦江创新论坛举行

3 10 月 29—31 日，世界顶尖科学家论坛在上海举行

4 10 月 30 日，科技部与上海市政府 2018 年部市工作会商会议在上海举行

5 11 月 5 日，国家知识产权运营公共服务平台国际运营（上海）试点平台成立

6 11 月 5—10 日，首届中国国际进口博览会在上海举行

7 11 月 17 日，第 4 届上海国际自然保护周启动仪式举行

8 11 月 28 日，2018 年首届长三角科技交易博览会在上海开幕

1 2018 年度上海市科学技术奖励大会于 2019 年 5 月 15 日在上海展览中心召开

2018年度上海市青年科技杰出贡献奖获奖者

2 华东理工大学教授张显程
3 复旦大学特聘教授张远波
4 中科院上海有机化学研究所研究员游书力
5 华东理工大学教授白志山
6 上海交通大学特聘教授熊红凯
7 上海大学教授蒲华燕
8 上海小蚁科技有限公司创始人达声蔚
9 达而观信息科技（上海）有限公司创始人陈运文
10 上海天昊生物科技有限公司总经理姜正文
11 科济生物医药（上海）有限公司董事长李宗海

2018年度上海市国际科技合作奖获奖者

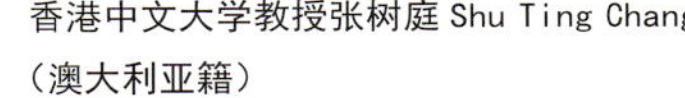

12 香港中文大学教授张树庭 Shu Ting Chang（澳大利亚籍）

2018年度上海市自然科学奖一等奖项目（部分）

1

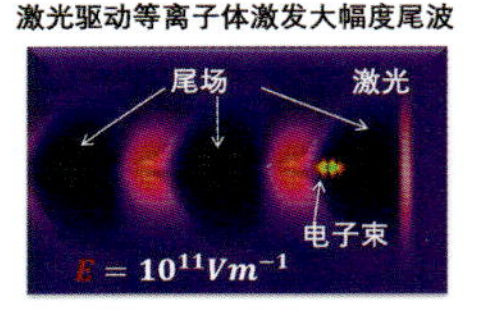

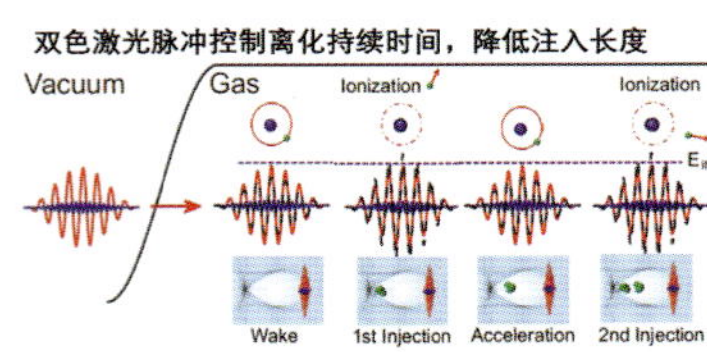

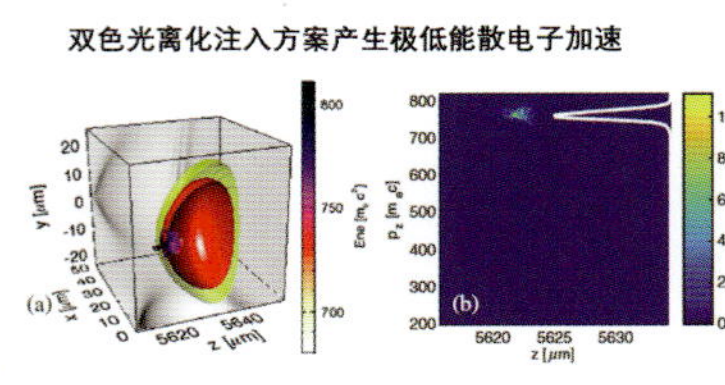

2

3

1 基于负氟效应的有机氟化学研究
2 激光尾波场驱动的电子加速和辐射机制研究
3 全相干自由电子激光的前沿实验研究与新原理探索
4 多域融合的边缘计算接入网关键技术及应用
5 生物催化剂的快速定制改造及高效合成手性化学品的关键技术
6 高性能 DDR 内存缓冲控制器芯片设计技术
7 主动碎片清除微纳 GNC 系统技术

2018年度上海市技术发明奖一等奖项目（部分）

4

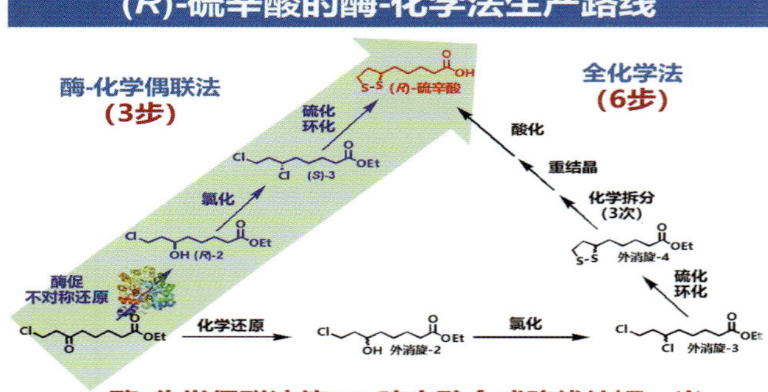

5

6

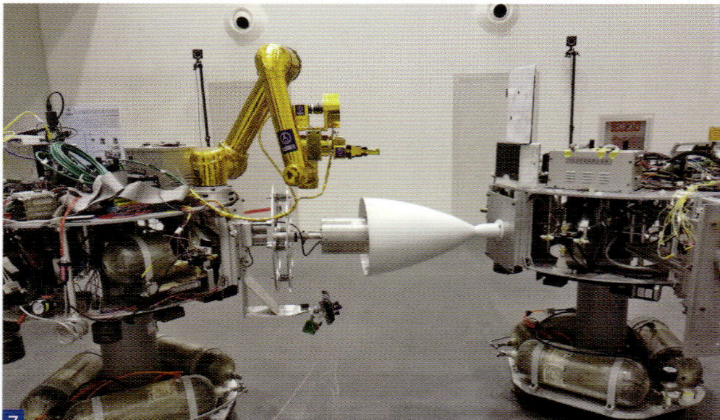
7

2018年度上海市科技进步奖特等奖、一等奖项目（部分）

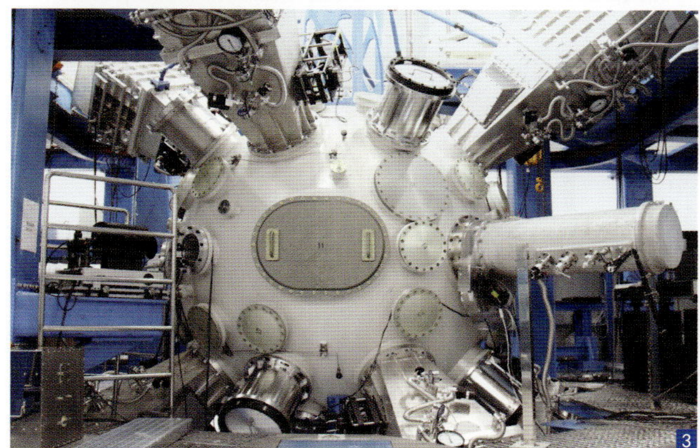

1 上海 65 米射电望远镜系统研制

2 上海中心大厦工程关键技术

3 高能皮秒拍瓦

4 先进高强钢轻量化汽车车身点焊质量实时控制技术及应用

5 风电电力变换及机网柔化控制关键技术与应用

6 大型高效低噪音变压器用取向硅钢开发及应用

7 复杂空间环境下大型航天器动力学成套实验装备及试验方法

8 ARJ21 喷气支线客机

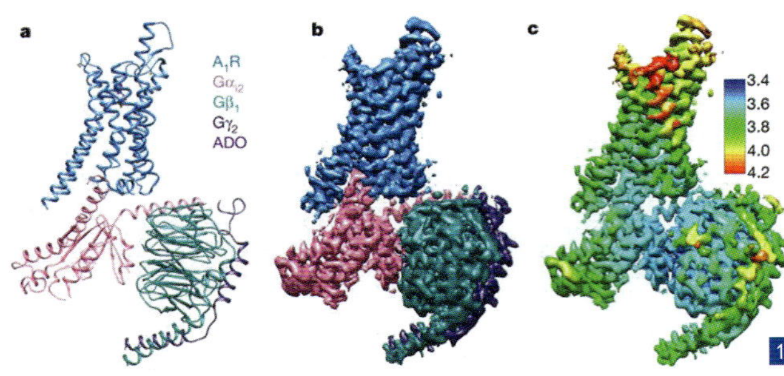

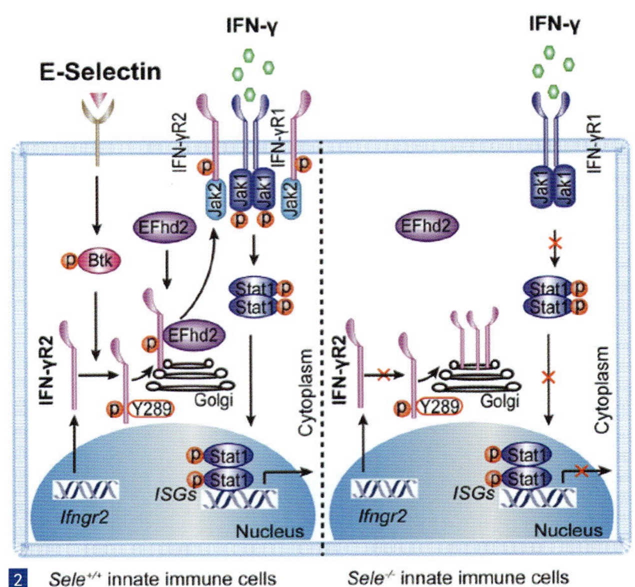

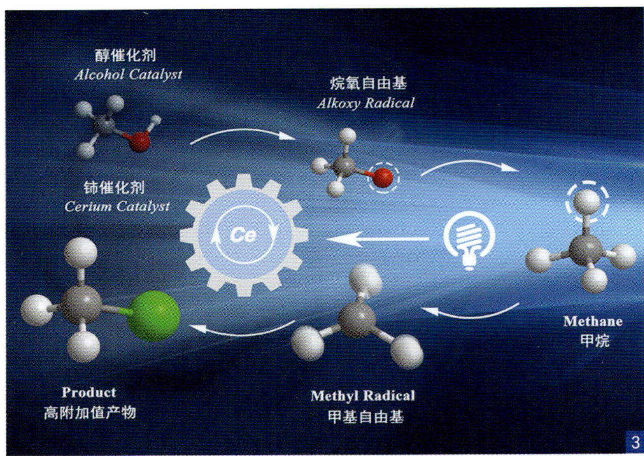

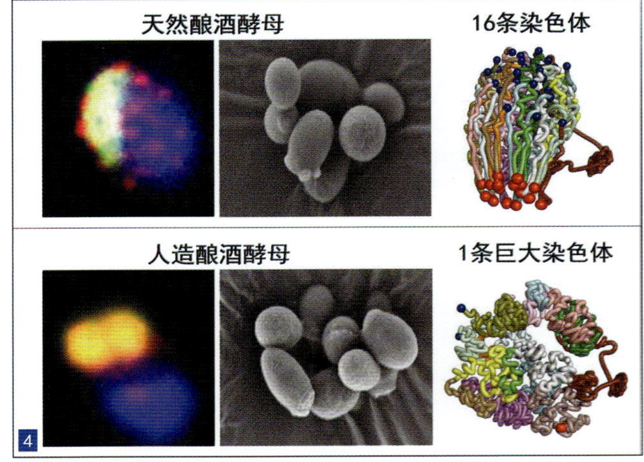

1 A1 受体与腺苷和异源三聚体 Gi 蛋白复合物的立体结构
2 IFN-γ受体参与激活巨噬细胞免疫反应机制
3 光促铈催化甲烷碳氢键官能团化反应
4 国际首例人造单染色体人造酿酒酵母与天然酿酒酵母的对比
5 石墨烯准晶中狄拉克锥
6 揭秘新生造血干细胞在体归巢全过程
7 神经肽 Y 受体 Y1R 三维结构
8 非人灵长类动物的体细胞克隆

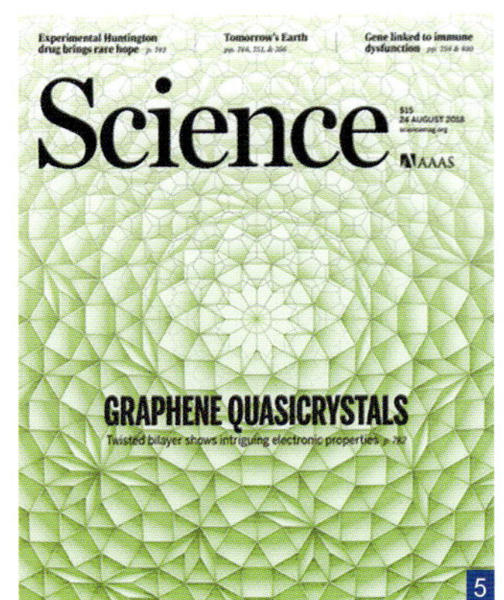

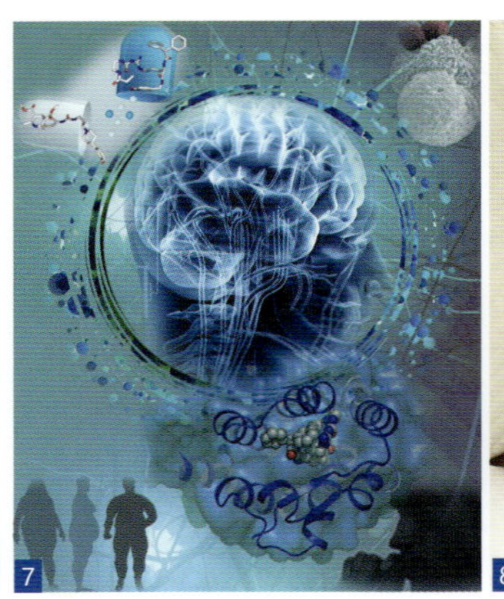

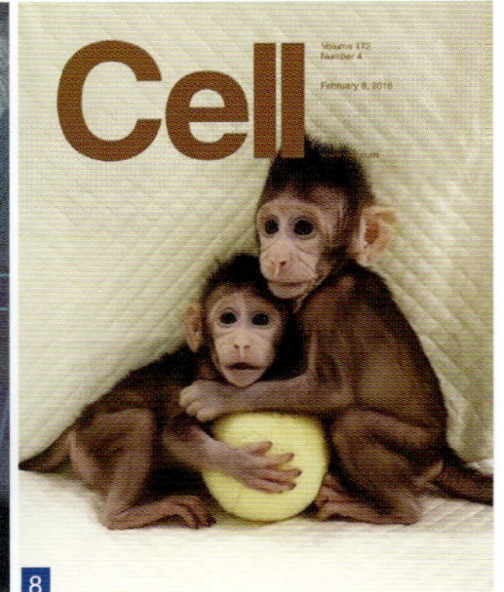

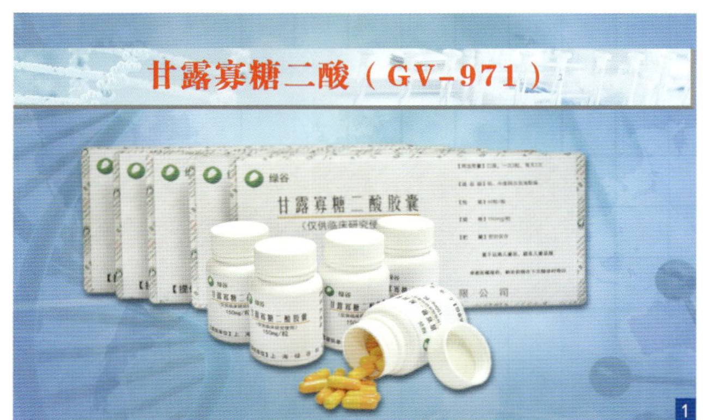

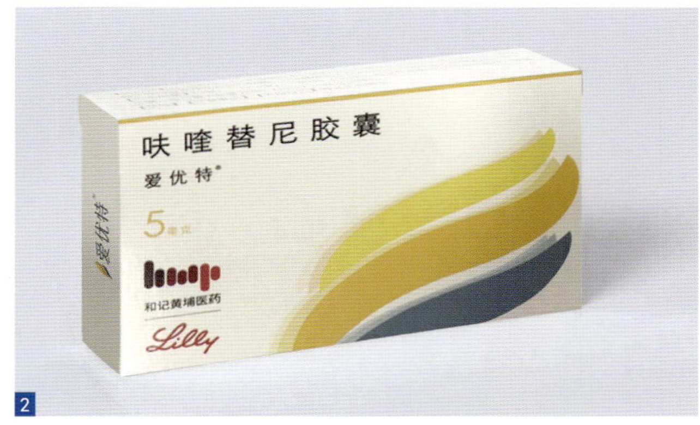

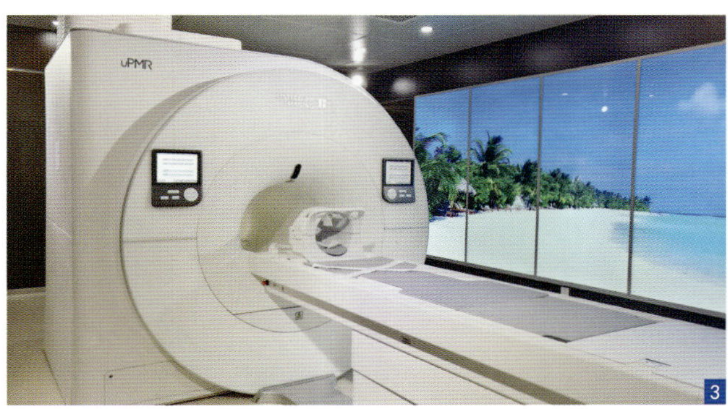

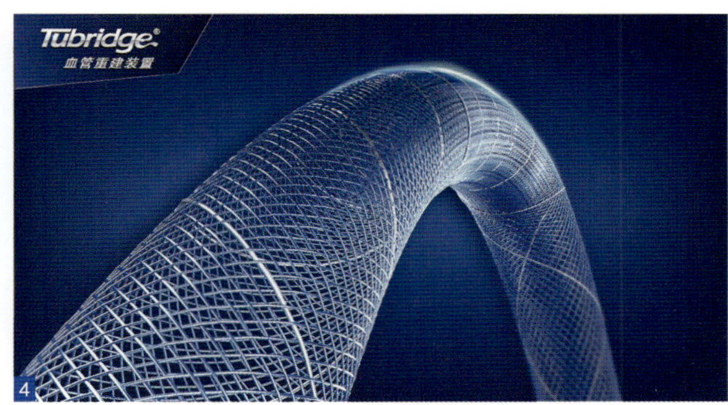

1 抗阿尔茨海默病新药甘露糖二酸（GV-971）完成临床3期试验

2 呋喹替尼（HMPL-013）新药获批上市

3 联影PET/MR整机系统获批上市

4 Tubridge血管重建装置（效果图）上市

5 4英寸晶圆级SiC MOSFET成功研制

6 新一代开先KX-6000系列处理器获第20届中国国际工业博览会金奖

7 基于机电控一体化智能关节的机器人产品家族展示

8 中微5nm刻蚀机通过验证

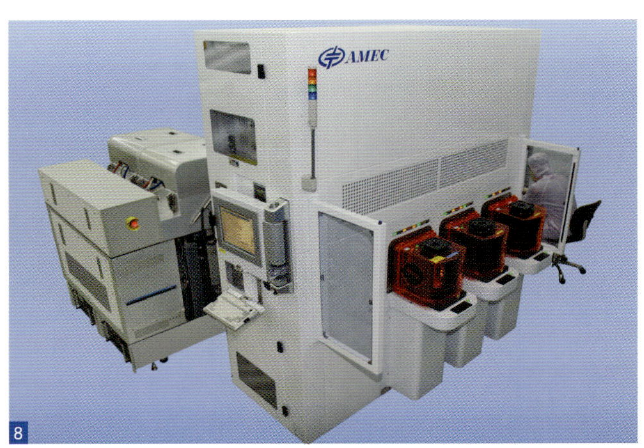

科技成果

1 C919 大型客机 103 架机成功首飞
2 复材机翼项目全尺寸盒段总装下线
3 C919 大型客机完成 2.5g 极限载荷静力试验
4 CR929 项目复材前机身攻关全尺寸筒段总装下线
5 北斗三号卫星成功发射
6 遥感三十号 04 组卫星及创新六号 06 卫星成功发射
7 导管架基础上海上风机整体式安装
8 坐底式安装平台分体安装风机成功研制

1 “雪龙 2”号极地科学考察破冰船下水

2 13000m³LPG 船首制船交付

3 新型百万超超临界双机回热汽轮机成功研制

4 首艘 2500TEU 内贸集装箱船“中谷蓬莱”号交付

5 660MW 双水内冷发电机成功研制

6 CAP1400 核电站“神经系统”工程样机成功研制

科技成果

1 新型海底电缆施工船“启帆 9”号交付
2 航改燃气轮机在工业区分布式供能智能微网获得应用
3 松江现代有轨电车样车成功研制
4 第 2 代有机混合型高能量超级电容器关键技术获得应用
5 大口径预应力钢筒混凝土管顶管段施工
6 洋山深水港区承接超大型集装箱船舶港池航道水深能级拓展
7 餐厨废弃油脂制生物柴油在船舶上推广应用
8 建筑工程液压爬模模块标准化及智能可视化技术获得应用

1

2

3

4

5

6

1 节地型城镇污水处理工艺技术获得应用
2 110kV 智能预装式变电站整站成功研制
3 上海市居住建筑工业化关键技术获得应用
4 深层盾构隧道施工关键技术在北浦通道工程施工中应用
5 上海中心幕墙施工
6 产业化水性环氧乳液连续化工业生产装置成功研制
7 “沪菠 5 号”新品种通过审定
8 郁金香“上农早霞”良种提纯复壮

7

8

科技成果

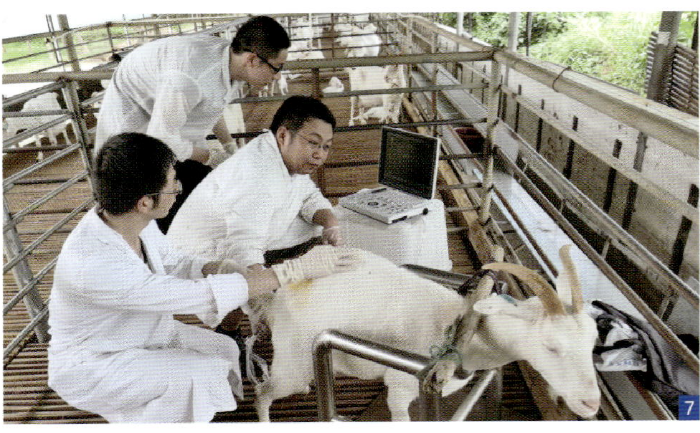

1 香菇新品种“申香 1501”选育
2 新特茶花“小粉玉”示范推广
3 大花朱顶红新品种通过审定
4 小孢子氮高效复合育种技术在大麦遗传改良上获得应用
5 水蜜桃新品种“伏蜜”选育
6 温室型花园垂吊植物配置模式组建
7 实验用崇明白山羊的规模化种群建立

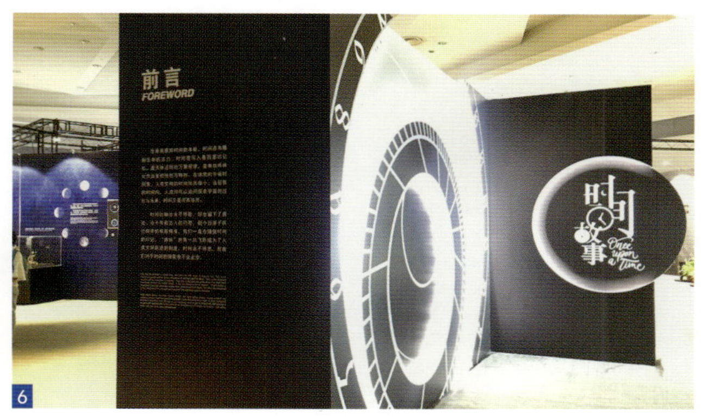

1 1—3 月，第 5 届上海市科普讲解大赛举行
2 1 月 31 日至 5 月 6 日，“我的一天”狗年生肖特展在上海科技馆举行
3 2 月 10 日至 3 月 15 日，你不知道的丝路——“一带一路”5 年影像展在上海科技馆举行
4 3 月 24 日，《少年爱迪生》第 5 季总决赛播出
5 5 月 12 日，2018 院士专家讲坛举办“人工智能走向 2.0”专场
6 5 月 16 日至 8 月 15 日，“时间故事”展览在上海科技馆举行
7 5 月 19—26 日，2018 年上海科技节科普乐园展示活动举行
8 5 月 19—26 日，2018 年上海科技节科学家派对活动举行

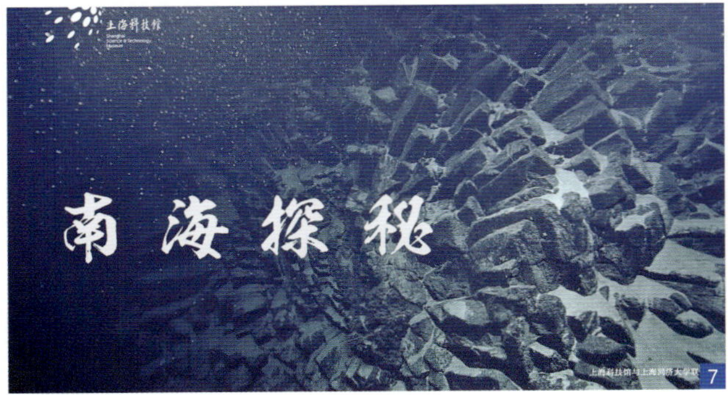

1 7—10 月，2018 年“科学之夜”公益科普活动城市规划馆专场举行

2 7 月 20—23 日，2018（第 7 届）上海国际青少年科技博览会暨“明日科技之星”国际邀请赛举行

3 7 月 21—28 日，《未来说第二季——执牛耳者》播出

4 8 月 24—27 日，第 5 届上海国际科普产品博览会举行

5 9 月 15—21 日，2018 年上海市全国科普日动奇妙科学体验日活动举行

6 9 月 29 日，“尼古拉·特斯拉——来自未来的人”展览在上海科技馆举行

7 11 月 17—23 日，高清深海纪录片《南海探秘》上映

8 12 月 9 日，上海科普公园开园

目　录

特　载

专　文

第一篇　基础研究与前沿技术研究

第二篇　科技促进经济社会发展

第三篇 区域创新体系

第四篇　科技管理与服务

大事记

附录

索引

特　载

中共中央总书记、国家主席、中央军委主席
习近平同志谈科技工作

发展是第一要务，人才是第一资源，创新是第一动力。中国如果不走创新驱动发展道路，新旧动能不能顺利转换，就不能真正强大起来。强起来要靠创新，创新要靠人才。

我国经济正处在转变发展方式、优化经济结构、转换增长动力的攻关期。这是一个必须跨越的关口。构建推动经济高质量发展的体制机制是一个系统工程，要通盘考虑、着眼长远，突出重点、抓住关键。要全面推进体制机制创新，提高资源配置效率效能，推动资源向优质企业和产品集中，推动创新要素自由流动和聚集，使创新成为高质量发展的强大动能，以优质的制度供给、服务供给、要素供给和完备的市场体系，增强发展环境的吸引力和竞争力，提高绿色发展水平。

建设现代化经济体系，事关我们能否引领世界科技革命和产业变革潮流、赢得国际竞争的主动，事关我们能否顺利实现“两个一百年”奋斗目标。要更加重视发展实体经济，把新一代信息技术、高端装备制造、绿色低碳、生物医药、数字经济、新材料、海洋经济等战略性新兴产业发展作为重中之重，构筑产业体系新支柱。要以壮士断腕的勇气，果断淘汰那些高污染、高排放的产业和企业，为新兴产业发展腾出空间。科技创新是建设现代化产业体系的战略支撑。要着眼国家战略需求，主动承接国家重大科技项目，引进国内外顶尖科技人才，加强对中小企业创新支持，培育更多具有自主知识产权和核心竞争力的创新型企业。

（3月7日在参加十三届全国人大一次会议广东代表团审议时的讲话摘要）

创新是引领发展的第一动力，是国家综合国力和核心竞争力的最关键因素。重大科技创新成果是国之重器、国之利器，必须牢牢掌握在自己手上，必须依靠自力更生、自主创新。在这个问题上，我们一定要保持清醒。要继续深化科技体制改革，把人、财、物更多向科技创新一线倾斜，努力在关键共性技术、前沿引领技术、现代工程技术、颠覆性技术创新上取得更大突破，抢占科技创新制高点。高校是科技创新体系的重要组成部分，高校科研人员是我国科技创新的重要队伍。要加强学科之间的协同创新，加强对交叉学科群和科技攻关团队的支持，培养造就更多具有国际水平的科技人才和创新团队。

（5月2日在北京大学考察时的讲话摘要）

当前，我国科技领域仍然存在一些亟待解决的突出问题，特别是同党的十九大提出的新任务新要求相比，我国科技在视野格局、创新能力、资源配置、体制政策等方面存在诸多不适应的地方。我国基础科学研究短板依然突出，企业对基础研究重视不够，重大原创性成果缺乏，底层基础技术、基础工艺能力不足，工业母机、高端芯片、基础软硬件、开发平台、基本算法、基础元器件、基础材料等瓶颈仍然突出，关键核心技术受制于人的局面没有得到根本性改变。我国技术研发聚焦产业发展瓶颈和需求不够，以全球视野谋划科技开放合作还不够，科技成果转化能力不强。我国人才发展体制机制还不完善，激发人才创新创造活力的激励机制还不健全，顶尖人才和团队比较缺乏。我国科技管理体制还不能完全适应建设世界科技强国的需要，科技体制改革许多重大决策落实还没有形成合力，科技创新政策与经济、产业政策的统筹衔接还不够，全社会鼓励创新、包容创新的机制和环境有待优化。

现在，我们迎来了世界新一轮科技革命和产业变革同我国转变发展方式的历史性交汇期，既面临着千载难逢的历史机遇，又面临着差距拉大的严峻挑战。我们必须清醒地认识到，有的历史性交汇期可能产生同频共振，有的历史性交汇期也可能擦肩而过。

形势逼人，挑战逼人，使命逼人。我国广大科技工作者要把握大势、抢占先机，直面问题、迎难而上，瞄准世界科技前沿，引领科技发展方向，肩负起历史赋予的重任，勇做新时代科技创新的排头兵。

第一，充分认识创新是第一动力，提供高质量科技供给，着力支撑现代化经济体系建设。要以提高发展质量和效益为中心，以支撑供给侧结构性改革为主线，把提高供给体系质量作为主攻方向，推动经济发展质量变革、效率变革、动力变革，显著增强我国经济质量优势。要通过补短板、挖潜力、增优势，促进资源要素高效流动和资源优化配置，推动产业链再造和价值链提升，满足有效需求和潜在需求，实现供需匹配和动态均衡发展，改善市场发展预期，提振实体经济发展信心。

世界正在进入以信息产业为主导的经济发展时期。我们要把握数字化、网络化、智能化融合发展的契机，以信息化、智能化为杠杆培育新动能。要突出先导性和支柱性，优先培育和大力发展一批战略性新兴产业集群，构建产业体系新支柱。要推进互联网、大数据、人工智能同实体经济深度融合，做大做强数字经济。要以智能制造为主攻方向推动产业技术变革和优化升级，推动制造业产业模式和企业形态根本性转变，以“鼎新”带动“革故”，以增量带动存量，促进我国产业迈向全球价值链中高端。

第二，矢志不移自主创新，坚定创新信心，着力增强自主创新能力。我国广大科技工作者要有强烈的创新信心和决心，既不妄自菲薄，也不妄自尊大，勇于攻坚克难、追求卓越、赢得胜利，积极抢占科技竞争和未来发展制高点。

实践反复告诉我们，关键核心技术是要不来、买不来、讨不来的。只有把关键核心技术掌握在自己手中，才能从

根本上保障国家经济安全、国防安全和其他安全。要增强“四个自信”,以关键共性技术、前沿引领技术、现代工程技术、颠覆性技术创新为突破口,敢于走前人没走过的路,努力实现关键核心技术自主可控,把创新主动权、发展主动权牢牢掌握在自己手中。

建设世界科技强国,得有标志性科技成就。要强化战略导向和目标引导,强化科技创新体系能力,加快构筑支撑高端引领的先发优势,加强对关系根本和全局的科学问题的研究部署,在关键领域、卡脖子的地方下大功夫,集合精锐力量,做出战略性安排,尽早取得突破,力争实现我国整体科技水平从跟跑向并行、领跑的战略性转变,在重要科技领域成为领跑者,在新兴前沿交叉领域成为开拓者,创造更多竞争优势。要把满足人民对美好生活的向往作为科技创新的落脚点,把惠民、利民、富民、改善民生作为科技创新的重要方向。

基础研究是整个科学体系的源头。要瞄准世界科技前沿,抓住大趋势,下好“先手棋”,打好基础、储备长远,甘于坐冷板凳,勇于做栽树人、挖井人,实现前瞻性基础研究、引领性原创成果重大突破,夯实世界科技强国建设的根基。要加大应用基础研究力度,以推动重大科技项目为抓手,打通“最后一公里”,拆除阻碍产业化的“篱笆墙”,疏通应用基础研究和产业化连接的快车道,促进创新链和产业链精准对接,加快科研成果从样品到产品再到商品的转化,把科技成果充分应用到现代化事业中去。

工程科技是推动人类进步的发动机,是产业革命、经济发展、社会进步的有力杠杆。广大工程科技工作者既要有工匠精神,又要有团结精神,围绕国家重大战略需求,瞄准经济建设和事关国家安全的重大工程科技问题,紧贴新时代社会民生现实需求和军民融合需求,加快自主创新成果转化应用,在前瞻性、战略性领域打好主动仗。

第三,全面深化科技体制改革,提升创新体系效能,着力激发创新活力。创新决胜未来,改革关乎国运。科技领域是最需要不断改革的领域。

2015 年 8 月,党中央、国务院出台《深化科技体制改革实施方案》,部署了到 2020 年要完成的 143 条改革任务,目前已完成 110 多条改革任务。在科技领域存在的多年来一直想解决但没有能解决的难题方面,我们都取得了实质性突破。同时,科技体制改革还存在一些有待解决的突出问题,主要是国家创新体系整体效能还不强,科技创新资源分散、重复、低效的问题还没有从根本上得到解决,“项目多、帽子多、牌子多”等现象仍较突出,科技投入的产出效益不高,科技成果转移转化、实现产业化、创造市场价值的能力不足,科研院所改革、建立健全科技和金融结合机制、创新型人才培养等领域的进展滞后于总体进展,科研人员开展原创性科技创新的积极性还没有充分激发出来,等等。

今年是我国改革开放 40 周年。新时代全面深化改革决心不能动摇、勇气不能减弱。科技体制改革要敢于啃硬骨头,敢于涉险滩、闯难关,破除一切制约科技创新的思想障碍和制度藩篱,正所谓“穷则变,变则通,通则久”。

要坚持科技创新和制度创新“双轮驱动”,以问题为导向,以需求为牵引,在实践载体、制度安排、政策保障、环境营造上下功夫,在创新主体、创新基础、创新资源、创新环境等方面持续用力,强化国家战略科技力量,提升国家创新体系整体效能。要优化和强化技术创新体系顶层设计,明确企业、高校、科研院所创新主体在创新链不同环节的功能定位,激发各类主体创新激情和活力。要加快转变政府科技管理职能,发挥好组织优势。

企业是创新的主体,是推动创新创造的生力军。正如恩格斯所说:“社会一旦有技术上的需要,则这种需要就会比十所大学更能把科学推向前进。”要推动企业成为技术创新决策、研发投入、科研组织和成果转化的主体,培育一批核心技术能力突出、集成创新能力强的创新型领军企业。要发挥市场对技术研发方向、路线选择、要素价格、各类创新要素配置的导向作用,让市场真正在创新资源配置中起决定性作用。要完善政策支持、要素投入、激励保障、服务监管等长效机制,带动新技术、新产品、新业态蓬勃发展。要加快创新成果转化应用,彻底打通关卡,破解实现技术突破、产品制造、市场模式、产业发展“一条龙”转化的瓶颈。

要高标准建设国家实验室,推动大科学计划、大科学工程、大科学中心、国际科技创新基地的统筹布局和优化。要加快建立科技咨询支撑行政决策的科技决策机制,注重发挥智库和专业研究机构作用,完善科技决策机制,提高科学决策能力。要加快构建军民融合发展体系,完善军民融合组织管理体系、工作运行体系、政策制度体系,清除“民参军”“军转民”障碍。要加大知识产权保护执法力度,完善知识产权服务体系。

第四,深度参与全球科技治理,贡献中国智慧,着力推动构建人类命运共同体。科学技术是世界性的、时代性的,发展科学技术必须具有全球视野。不拒众流,方为江海。自主创新是开放环境下的创新,绝不能关起门来搞,而是要聚四海之气、借八方之力。要深化国际科技交流合作,在更高起点上推进自主创新,主动布局和积极利用国际创新资源,努力构建合作共赢的伙伴关系,共同应对未来发展、粮食安全、能源安全、人类健康、气候变化等人类共同挑战,在实现自身发展的同时惠及其他更多国家和人民,推动全球范围平衡发展。

要坚持以全球视野谋划和推动科技创新,全方位加强国际科技创新合作,积极主动融入全球科技创新网络,提高国家科技计划对外开放水平,积极参与和主导国际大科学计划和工程,鼓励我国科学家发起和组织国际科技合作计划。要把“一带一路”建成创新之路,合作建设面向沿线国家的科技创新联盟和科技创新基地,为各国共同发展创造机遇和平台。要最大限度用好全球创新资源,全面提升我国在全球创新格局中的位势,提高我国在全球科技治理中的影响力和规则制定能力。

第五,牢固确立人才引领发展的战略地位,全面聚集人才,着力夯实创新发展人才基础。功以才成,业由才广。世上一切事物中人是最可宝贵的,一切创新成果都是人做出来的。硬实力、软实力,归根到底要靠人才实力。全部科技史都证明,谁拥有了一流创新人才、拥有了一流科学家,谁就能在科技创新中占据优势。当前,我国高水平创新人才仍然不足,特别是科技领军人才匮乏。人才评价制度不合理,唯论文、唯职称、唯学历的现象仍然严重,名目繁多的评审评价让科技工作者应接不暇,人才"帽子"满天飞,人才管理制度还不适应科技创新要求、不符合科技创新规律。要创新人才评价机制,建立健全以创新能力、质量、贡献为导向的科技人才评价体系,形成并实施有利于科技人才潜心研究和创新的评价制度。要注重个人评价和团队评价相结合,尊重和认可团队所有参与者的实际贡献。要完善科技奖励制度,让优秀科技创新人才得到合理回报,释放各类人才创新活力。要通过改革,改变以静态评价结果给人才贴上"永久牌"标签的做法,改变片面将论文、专利、资金数量作为人才评价标准的做法,不能让繁文缛节把科学家的手脚捆死了,不能让无穷的报表和审批把科学家的精力耽误了!

创新之道,唯在得人。得人之要,必广其途以储之。要营造良好创新环境,加快形成有利于人才成长的培养机制、有利于人尽其才的使用机制、有利于竞相成长各展其能的激励机制、有利于各类人才脱颖而出的竞争机制,培植好人才成长的沃土,让人才根系更加发达,一茬接一茬茁壮成长。要尊重人才成长规律,解决人才队伍结构性矛盾,构建完备的人才梯次结构,培养造就一大批具有国际水平的战略科技人才、科技领军人才、青年科技人才和创新团队。要加强人才投入,优化人才政策,营造有利于创新创业的政策环境,构建有效的引才用才机制,形成天下英才聚神州、万类霜天竞自由的创新局面!

(5月28日在中国科学院第十九次院士大会、中国工程院第十四次院士大会上的讲话摘要)

在新科技带来的新机遇面前,每个国家都有平等发展权利。潮流来了,跟不上就会落后,就会被淘汰。我们能够做的和应该做的就是要抢抓机遇,加大创新投入,着力培育新的经济增长点,实现新旧动能转换。要全力推进结构性改革,消除一切不利于创新的体制机制障碍,充分激发创新潜能和市场活力。要树立全球视野,深化国际创新交流合作,发挥各自比较优势和资源禀赋,让科技进步惠及更多国家和人民。同时,我们要妥善化解信息化、自动化、智能化对传统产业的冲击,在培育新产业过程中创造新的就业机会。

(7月25日在金砖国家工商论坛上的讲话摘要)

一座城市有一座城市的品格。上海背靠长江水,面向太平洋,长期领中国开放风气之先。上海之所以发展得这么好,同其开放品格、开放优势、开放作为紧密相连。我曾经在上海工作过,切身感受到开放之于上海、上海开放之于中国的重要性。开放、创新、包容已成为上海最鲜明的品格。这种品格是新时代中国发展进步的生动写照。

为了更好发挥上海等地区在对外开放中的重要作用,我们决定,一是将增设中国上海自由贸易试验区的新片区,鼓励和支持上海在推进投资和贸易自由化便利化方面大胆创新探索,为全国积累更多可复制可推广经验。二是将在上海证券交易所设立科创板并试点注册制,支持上海国际金融中心和科技创新中心建设,不断完善资本市场基础制度。三是将支持长江三角洲区域一体化发展并上升为国家战略,着力落实新发展理念,构建现代化经济体系,推进更高起点的深化改革和更高层次的对外开放,同"一带一路"建设、京津冀协同发展、长江经济带发展、粤港澳大湾区建设相互配合,完善中国改革开放空间布局。

(11月5日在首届中国国际进口博览会开幕式上的主旨演讲摘要)

中共中央政治局常委、国务院总理
李克强同志谈科技工作

数学特别是理论数学是我国科学研究的重要基础。无论是人工智能还是量子通信等,都需要数学、物理等基础学科作有力支撑。我们之所以缺乏重大原创性科研成果,"卡脖子"就卡在基础学科上。

通过深化科技体制改革,加强基础科学研究,提升原始创新能力,是实施创新驱动发展战略、建设创新型国家的重要举措。

数学等基础学科研究要着眼于未来,但必须从教育抓起。要营造良好氛围,让一批有志者能够潜下心来把"冷板凳"坐热。大学及一些重点基础研究院所,要对理论数学等重点基础学科给予更多倾斜。这是我们的长远大计。

要促进基础科学和应用研究融通。不能说坐"冷板凳"就不要现实发展了,科学发明和应用创新同等重要。既要重视原始性、颠覆性的发明创造,也要力推智能制造、信息技术、现代农业、资源环境等重点领域应用技术创新。这方面不仅政府要加大支持力度而且要在体制机制创新上做文章、下功夫,吸引更多企业和社会力量加大对基础研究投入。

在发达国家,企业是参与基础研究的重要力量,基础研究经费占研发经费支出比例很大。我们这方面远远不够。要采取政府引导、税收杠杆等方式,激励企业和社会力量加大基础研究投入。

(1月3日在国务院常务会议上的讲话摘要)

当前,我国发展站在新的历史起点上。建设现代化经济体系,推动经济高质量发展,满足人民日益增长的美好生活需要,必须按照党的十九大部署,以习近平新时代中国特色社会主义思想为指导,充分发挥创新引领发展的第一动力作用。要牢牢把握新一轮世界科技革命和产业变革机遇,深入实施创新驱动发展战略,凝聚起更为强大、更为持久的科技创新力量。

加强国家创新体系建设,是加快提升我国科技创新能力、培育壮大发展新动能的根基所在。要面向建设科技强国,瞄准世界科技前沿,加强基础科学研究,高度重视数学等基础学科,完善多元化投入机制,促进基础科学与应用科学相结合。加强国家重大科技项目、创新工程、国家实验室、基础设施建设,增强原始创新和自主创新能力,筑牢国家核心竞争力的基石。面向提高经济发展质量和效益,加快攻克关键共性技术,解决好产业发展"卡脖子"问题。面向增进民生福祉,开展重大疾病防治、食品安全、污染治理等领域攻关,让人民生活更美好。推动科技创新与经济深度融合,加快科技成果转化,促进新技术、新产业、新业态加速成长,改造提升传统产业,塑造更多依靠创新驱动的引领型发展。

企业是市场经济的主体,也应成为技术创新的主体。要加快建立以企业为主体、市场为导向、产学研深度融合的技术创新体系。落实和完善支持企业创新投入的政策措施,支持企业建立高水平研发中心,引导各类技术创新要素向企业集聚,鼓励大企业牵头承担重要关键共性技术攻关任务,加强对中小企业技术创新支持,大力发展面向市场的各类新型研发机构。千千万万企业成为技术创新主体,大企业"龙头"带动、中小微企业"特尖专精",必将极大增强我国经济创新力和竞争力。

科技创新最重要的因素是人,必须充分调动科研人员积极性创造性。关键是深化科技体制改革,建立健全有效的创新激励与保障机制。改革开放带来了科学的春天。今年恰逢改革开放40周年。我们要以此为契机,加大包括科技体制改革在内的全面深化改革力度。切实落实科研机构和高校科研自主权,赋予创新团队和领军人才更大的人财物支配权、技术路线决策权。进一步完善以增加知识价值为导向的分配政策,深化薪酬制度、科技奖励制度等改革,落实科技成果"三权"下放、股权期权激励等政策,完善人才评价、培养使用、合理流动等机制,真正让有贡献的科技人员名利双收,经济上有实惠、工作上有奔头、社会上受尊敬。要简除繁苛,制定方便简约、行之有效的规则,让科研人员少一些羁绊束缚和杂事干扰,多一些时间去自由探索。基础科学研究一般周期长、不确定因素多、出成果慢,对甘于寂寞、埋头从事基础科学研究的科研人员,要高看一眼、厚爱一分,不断完善稳定支持的工作和生活保障机制,使他们心无旁骛、专心科研。我国有世界上最大规模的科技队伍,应该也一定能够涌现更多的国际领先创新成果,产生更多的世界级科技大师、领军人才,走在世界科技创新前列。

创新造福人民,也是全体人民的共同事业。我国有9亿多劳动力,有1.7亿多受过高等教育或具有专业技能,每年大中专毕业生1 300多万。这是我国最为重要的创新资源和发展优势。要着眼提升创新供给能力和效率,推动大众创业万众创新上水平,更为有效地集众智汇众力。要完善政策措施,使各类创新创业主体享有良好服务、公平机会和法律保障。鼓励大企业、科研院所打造创新资源开放共享平台,推动国家重大科研基础设施、科学数据和仪器设备向社会开放。加强知识产权保护,严厉打击侵权行为,使创新者的合法权益得到有力保护。倡导创新创业文化,弘扬创新创造精神、企业家精神、工匠精神,让尊重劳动、尊重知识、尊重人才、尊重创造蔚然成风。

在当今经济全球化时代,科技创新不能关起门来搞。必须广泛吸纳国际创新资源,聚四海之气、借八方之力助我国科技创新大业。要深化国际合作,主动融入全球创新网络,积极提出并牵头组织国际大科学计划和大科学工程,加快建设一批国际联合研究中心和技术转移中心,促进国内外技术、资本、知识等创新要素有效对接,打造世界创新高地。我们欢迎海外各类人才加入中国创新创业"方阵",共享发展机遇和创新成果。

(1月8日在国家科学技术奖励大会上的讲话摘要)

加快建设创新型国家。把握世界新一轮科技革命和产业变革大势,深入实施创新驱动发展战略,不断增强经济创新力和竞争力。

加强国家创新体系建设。强化基础研究、应用基础研究和原始创新,启动一批科技创新重大项目,高标准建设国家实验室。鼓励企业牵头实施重大科技项目,支持科研院所、高校与企业融通创新,加快创新成果转化应用。国家科技投入要向民生领域倾斜,加强雾霾治理研究,推进癌症等重大疾病防治攻关,使科技更好造福人民。

落实和完善创新激励政策。改革科技管理制度,科研项目绩效评价要加快从重过程向重结果转变。赋予创新团队和领军人才更大的人财物支配权和技术路线决策权。对承担重大科技攻关任务的科研人员,采取灵活的薪酬制度和奖励措施。探索赋予科研人员科技成果所有权或长期使用权。有悖于激励创新的陈规旧章,要抓紧修改废止;有碍于释放创新活力的繁文缛节,要下决心砍掉。

促进大众创业、万众创新上水平。我国拥有世界上规模最大的人力人才资源,这是创新发展的最大"富矿"。要提供全方位创新创业服务,推进"双创"示范基地建设,鼓励大企业、高校和科研院所等开放创新资源,发展平台经济、共享经济,形成线上线下结合、产学研用协同、大中小企业融合的创新创业格局,打造"双创"升级版。设立国家融资担保基金,支持优质创新型企业上市融资,将创业投资、天使投资税收优惠政策试点范围扩大到全国。深化人才发展体制改革,推动人力资源自由有序流动,支持企业提高技术工人待遇,加大高技能人才激励,鼓励海外留学人员回国创新创业,拓宽外国人才来华绿色通道。集众智汇众力,一定能跑出中国创新"加速度"。

(3月5日在第十三届全国人民代表大会第一次会议上做政府工作报告时的讲话摘要)

近几年,在各方面共同努力下,"双创"活动蓬勃发展,为激发创新潜力和市场活力、扩大就业发挥了积极作用。面对新形势,要以习近平新时代中国特色社会主义思想为指导,认真贯彻党中央、国务院决策部署,按照高质量发展的要求,更大力度实施创新驱动发展战略,持续深入推进"双创"。进一步深化"放管服"改革,加强产权保护等制度建设,为各类市场主体营造市场化、法治化、国际化的创业创新生态。提升工业互联网平台服务能力,推动"互联网+社会民生"健康发展,改善公共服务,释放人民群众中蕴藏的无穷创造力,为加快培育新动能、不断提升我国经济的创新力和竞争力打下更坚实的基础。

(10月9日在2018年全国大众创业万众创新活动周上的重要批示摘要)

科技创新战略布局要更好融入国家发展大局,面向现代化建设,聚焦突破关键核心技术、培育壮大新动能,推动科技与经济深度融合。基础研究是科学体系的源头,要对基础研究加大长期稳定支持,引导企业和社会增加投入,突出"硬科技"研究,努力取得更多原创成果。完善创新机制,坚持企业主体、市场主导,鼓励产学研用联合创新,支持龙头企业牵头重大科技项目,拓展国际创新合作渠道,促进科技创新突破和成果转化。发展科技资源共享平台、新型研发机构等创新平台和工业互联网平台,支持大中小企业、线上线下融通创新,深入推进大众创业、万众创新,促进"双创"上水平,推动产业向中高端跃升。

要深化科技体制改革,更大力度保护知识产权,营造良好创新生态。尊重规律,尊重科研人员,进一步解放生产力。要切实抓好赋予科研机构和人员更大自主权、科研项目评价、科研人员激励等政策落实。对项目管理、技术路线决策、预算调剂、成果转化收益分配等方面已出台的政策,有关部门要逐一梳理,明确责任,确保全面兑现。

(12月6日在国家科技领导小组第一次全体会议上的讲话摘要)

中共中央政治局委员、国务院副总理
刘鹤同志谈科技工作

创新是引领发展的第一动力,是建设现代化经济体系的战略支撑。要从维护国家长远战略利益的高度认识科技工作的极端重要性。要坚持问题导向,从推动高质量发展的需要出发,明确科技发展的主攻方向和战略重点,切实提升科技供给体系的能力。要抓紧推进科技体制改革,加快政府科技管理职能转变,更好发挥市场机制作用,努力形成科技创新、实体经济和现代金融间的良性循环。要坚持成果导向,健全激励机制,发挥好科技领军人物的关键少数作用,形成高效科技团队。要坚持扩大开放,加强创新能力开放合作,积极引进全球高水平创新人才。要优化科学研究环境,努力为科学发现创造良好的学术氛围和条件,使我国科学家在国际学术上有更多建树。

科技系统要深入学习贯彻习近平新时代中国特色社会主义思想,牢固树立"四个意识",坚定"四个自信",自觉维护以习近平同志为核心的党中央权威和集中统一领导,认真贯彻落实党中央、国务院决策部署,扎实做好科技改革发展工作。要坚持全面从严治党,抓好党风廉政建设。要认清国际大格局,保持清醒头脑,增强历史责任感,尽快补上我国科技创新能力不足的短板。要转变工作作风,求真务实,树立良好学风、文风、会风,开短会、讲短话,把时间放在多学习、多研究上。要提倡专业主义精神,讲科学、重专业、办实事,切实提高工作质量和效率。以崭新的面貌,创造性地做好工作,推动我国科技实力实现新的历史性飞跃。

(4月3日在科技部、中科院、工程院调研时的讲话摘要)

要准确把握发展阶段性特征变化,充分认识科技创新的紧迫性。创新是引领发展的第一动力,人才是创新的第一资源,最核心的是提高全要素生产率,提高科技进步贡献率。要加强基础研究,发挥创新发展的科技源头供给和前沿引导的作用。要加强全民族的教育,加快形成高质量人力资本和坚实的发展基础。

要坚持需求导向,认真梳理重点。根据发展大趋势和结构性需求,确定科技创新的重大方向和领域。从供求关系原则出发,找到供求之间不能衔接的关键环节,决定技术攻关的方向,全方位提高我国科技创新的能力和水平。

要创造环境,选准路径。要创造良好的科技创新生态环境,加快转变政府职能,改革科技绩效评价机制,建立良好科技秩序,增强市场主体创新活力,发挥好人才特别是领军人才的关键作用。要继续开展国际合作,加强知识产权保护。要发挥制度优势,解决突出矛盾和问题。

要树立良好学风,遵循科学规律和政治规律。要提倡国家意识、科学精神、终身学习。要全面加强党的领导,以科学理性的态度认识并牢固树立"四个意识",坚定"四个自信",为建设世界科技强国、实现中华民族伟大复兴的中国梦做出新的更大贡献。

(5 月 31 日为两院院士做报告时的讲话摘要)

科技创新能力是决定综合国力和国际竞争力的关键因素,是推动经济实现高质量发展的重要支撑。要深入推进国有科研机构改革,突出结果导向,强化激励机制,激发科研人员创新活力,推出更多"从 0 到 1"的原创性成果。中小企业在科技创新中的作用十分突出,目前我国 70%以上的技术创新来自中小企业,要有针对性地解决中小企业发展中的突出问题,坚持对国有和民营经济一视同仁、对大中小企业平等对待,加强产权和知识产权保护,努力为企业发展创造良好环境。上海作为全国科技创新中心之一,具有科技资源和创新环境优势。要鼓励国内有竞争力的地区集聚创新要素,打造科技比较优势,推动区域化科技创新体系建设,形成示范带动作用。要着力完善多层次资本市场,加强对中小企业和科技创新的金融支持。

(9 月 17 日在上海调研科技创新工作时的讲话摘要)

中共中央政治局委员、上海市委书记
李强同志谈科技工作

创新是引领发展的第一动力,上海要以习近平新时代中国特色社会主义思想为指导,加快建设具有全球影响力的科技创新中心,抢占科技创新战略制高点,提升上海创新"高度";打通体制机制瓶颈障碍,加快上海创新"速度";厚植科技创新人才优势,夯实上海创新"厚度";打造更优创新创业生态,提高上海创新"浓度",努力为我国建设世界科技强国做出新的更大贡献。

上海要代表国家参与国际科技竞争合作,必须瞄准世界科技前沿,围绕国家重大战略需求,进一步加大创新力度,力争在关键核心技术领域取得新的突破。要以全球视野、国际标准建设张江综合性国家科学中心,集聚更多一流大科学设施、高水平研发机构,打造具有蓬勃活力和强大吸引力的创新高地。要聚焦最有条件、最具优势的领域增强自主创新能力,加强领跑型基础科学研究,遴选一批最前沿的科学问题,提出更多原创性的理论和发现,打造一批具有核心竞争力的创新集群,努力掌握新一轮全球科技竞争的战略主动。

创新是发展的"新引擎",改革是创新的"点火器"。要深化科技体制改革,强化有针对性的制度供给,使科技创新成果更快转化为现实生产力。要在政府改革上更快一步,深化科技领域"放管服"改革,赋予高校和科研院所更多的科研自主权,赋予领军人才和创新团队更大的人财物支配权、技术路线决策权。要在成果转化上更快一步,发挥市场在技术创新中的导向作用,加强以企业为主体的协同创新,积极培育更多的技术转移中介服务机构。要在长三角协同创新上更快一步,推进创新战略协同和产业创新协同,推动长三角成为最具活力的科技创新和现代产业发展高地。

创新驱动实质上是人才驱动,谁拥有一流人才,谁就拥有科技创新的优势和主导权。要以更大的力度引才聚才,抓好人才"30 条"落实,聚焦重点、优势领域和顶尖人才精准施策,打造人才高峰,建设全球性人才高地。对拥有关键核心技术的非常之才,要不拘一格、大力引进,不简单唯学历、职称,坚持市场发现、实践评判。要以更好的环境用才兴才,持续深化人才培养、使用、评价机制的改革创新。

要不断提高创新的便利性、宽松性、包容性,促进各类创新要素共生互助、聚合裂变,形成良好的"场效应"。要全面激发社会创新潜能,打造更多创新创业资源共享平台,拓展更多市场化、专业化众创空间。要全面营造创新氛围,着力构建更加开放包容的制度环境,使创新成为一种价值导向、生活方式和时尚。广大科技工作者要继续发扬求真务实、勇于创新的科学精神,以舍我其谁的使命担当、水滴石穿的坚韧不拔,在新时代科技创新大潮中大显身手、建功立业。

(3 月 23 日在上海市科学技术奖励大会上的讲话摘要)

抓人才是上海构筑战略优势、打造战略品牌、实现战略目标的第一选择和最优路径,要认真贯彻落实习近平总书记关于人才工作的指示要求,持之以恒厚植上海发展的人才优势,坚持党管人才的政治导向、人才引进的高端导向、人才配置的市场导向、人才发展的国际导向、人才服务的精准导向,加快构建具有全球竞争力的人才制度体系,努力建设世界一流的人才发展环境,让上海成为天下英才最向往的地方之一。

我们要当好新时代全国改革开放排头兵、创新发展先行者,加快建设"五个中心",建设卓越的全球城市和具有世界影响力的社会主义现代化国际大都市,人才是决定性因素,当前比以往任何时候更加渴求人才,特别是卓越人才。坚持人才引进的高端导向,吸引一批具有全球影响力的大科学家、大企业家、大艺术家等高端人才。坚持人才配置的市场导向,让人才的评价、流动、激励都按市场规则办,真正把权和利放到人才和市场主体手中。坚持人才发展的国际

导向,大力引进国际人才,大力推进国际人才本土化和本土人才国际化。坚持人才服务的精准导向,甘当服务人才的"店小二",让人才从细微处感受到上海这座城市的温度。

真正的人才,最看重的是成长的舞台、发展的空间。要营造有利于人才成长发展的良好生态。优化政策环境,向用人主体放权、为人才松绑,持续深化人才发展体制机制改革,破除一切不利于人才发展的思想观念和体制性障碍。拓展发展平台,积极为人才施展才华提供更广阔的天地,重视用好张江综合性国家科学中心,积极打造研发与转化功能型平台,大力构建生态、生产、生活一体化,社区、街区、孵化区相融合的新型双创载体。

(3月26日在上海市人才工作大会上的讲话摘要)

要瞄准关键核心技术这个主攻方向,努力承担更大责任、发挥更大作用。强化战略导向和目标引导,按照国家需求,在关系根本和全局的科学问题上大力攻关,在关键领域、"卡脖子"的地方大力突破,在协同创新上探索走出一条新路,打造自主创新的战略高地。上海不仅要成为科技成果的策源地,更要成为科技成果应用的重要基地。要打通科技成果转化"最后一公里",针对存在的短板和痛点,加大科技成果应用转化力度,构建完善科技成果转化交易平台,更好把科技成果转化为现实生产力。

要大力推进张江综合性国家科学中心建设,继续提升集中度和显示度,提高创新要素集聚浓度,努力拿出标志性的科技成果。积极推进各个科创承载区建设,推动形成分类布局、错位发展的良好态势。要加快打造更加优良的创新创业生态,不断提高创新的便利性、宽松性、包容性,增强自身特色,提升对各类创新资源的吸引力。进一步优化人才发展环境,完善人才政策,改进人才服务。大力推动长三角区域协同创新,推动长三角成为最具活力的科技创新高地。

(6月20日在上海市推进科技创新中心建设领导小组第四次会议上的讲话摘要)

当前,全球科技创新空前密集活跃,我国科技实力正处于从量的积累向质的飞跃、点的突破向系统能力提升的重要时期。党中央、国务院对上海建设科技创新中心寄予重托,我们一定要拿出标志性、引领性的科技成果,努力掌握科技竞争的战略主动。广大科技工作者要坚持走中国特色自主创新道路,瞄准世界科技前沿,下好"先手棋",敢闯"无人区",聚焦脑科学与类脑研究、人工智能、集成电路、航天航空、海洋工程等领域,抢占科技竞争和未来发展制高点。科学精神是科学技术的灵魂,广大科技工作者要发挥崇尚科学、追求真理的示范表率作用,坚守正道、严谨治学、潜心钻研、矢志创新,用实际行动普及科学知识、弘扬科学精神、传播科学思想、倡导科学方法,让上海这座城市创新智慧激荡、创新活力涌流。

(9月25日在上海市科学技术协会第十次代表大会开幕式上的讲话摘要)

围绕提高创新策源能力,上海将在推进国际科创中心建设当中进一步突出三个方面的主攻方向。一是强化基础研究,上海的高校和科研院所比较多,基础研究力量强,关键是下定决心夯实根基,十年磨一剑下好先手棋,我们的目标就是集聚前沿性原始创新,整合国内外跨学科、跨领域的创新资源,发起和参与国际大科学计划和工程,形成更多具有全球引领性、原始创新的源头活水。二是强化关键核心技术的突破,重点聚焦人工智能、集成电路、生物医药、航天航空、海洋工程等上海有基础的领域,组织开展重大技术攻关突破,努力在重要科技领域成为领跑者,在新鲜前沿交叉领域成为开拓者,打造引领技术创新突破的风向标。三是强化技术开发应用的示范带动,把技术突破可能的应用开发出来,把应用场景活生生地展现出来,把从概念到商品产业化的路径探索出来,进而定义产业、引领产业,真正把科技这盏明灯照亮产业发展的前景,充分彰显科技促进生产力发展的成效、威力和效力。

(10月30日在2018浦江创新论坛开幕式上的主旨演讲摘要)

部市合作为上海推进科技创新中心建设、创新驱动发展提供了强大助力。我们要进一步深化部市合作,聚焦国家战略,确保中央重大部署落实到位。上海的使命不只体现在自身发展上,更重要的是服务全国大局、服务区域创新,代表国家参与国际合作竞争。我们要坚持面向全球、面向未来,对标国际最高标准、最好水平,提高站位、提升标准,强化意志力和耐力,推动科技创新中心建设取得更大进展。

要聚焦重点领域,大力提升自主创新能力。面向世界科技前沿,着力提升原始创新能力,大力推动张江综合性国家科学中心建设,在关键问题上用力突破,把创新主动权掌握在自己手中。面向重大技术领域,着力构建技术创新体系,聚焦人工智能、集成电路、生物医药、航天航空、海洋工程等领域,加强重大共性技术和关键核心技术攻关,促进创新链和产业链精准对接。

要聚焦改革创新,加快构建符合科技创新规律的体制机制。进一步落实国家科研评价、科研管理、科研诚信等重大改革举措,当好体制机制创新的探路者、企业技术创新的服务者、良好创新生态的营造者。要聚焦协同创新,推动形成开放、融合的创新新格局。在深化长三角科技创新合作上要有新突破,在融入全球科技创新网络上要有新作为,吸引更多国际高端创新机构、研发中心以及世界顶尖人才和团队在沪发展,争取更多实实在在的科技合作成果。

(10月30日在2018年部市工作会商会议上的讲话摘要)

全国政协副主席、中国科协主席、科技部部长 万钢同志谈科技工作

2018年科技工作的总体思路是：全面贯彻党的十九大精神，以习近平新时代中国特色社会主义思想为指导，坚持党对科技工作的全面领导，坚持稳中求进工作总基调，坚持新发展理念，紧扣我国社会主要矛盾变化，按照高质量发展的要求，围绕统筹推进“五位一体”总体布局和协调推进“四个全面”战略布局，践行习近平总书记关于新时代中国特色社会主义科技创新思想，坚定实施创新驱动发展战略，以建设创新型国家为目标，突出科技第一生产力、创新引领发展第一动力的重要作用，着力加强基础研究和应用基础研究，着力突破关键核心技术，着力提高系统化技术能力，着力加速科技成果转移转化，着力强化战略科技力量，着力打造高水平科技人才队伍，着力加强创新能力开放合作，着力深化科技体制改革，构建有利于科技创新的法律、政策、文化、社会环境，加快建设中国特色国家创新体系，全面强化创新对建设现代化经济体系的战略支撑，依靠科技创新助力打好防范化解重大风险、精准脱贫、污染防治攻坚战，为决胜全面建成小康社会、夺取新时代中国特色社会主义伟大胜利做出新的更大贡献。

2018年要重点做好以下十个方面工作：一是推进重大科技创新取得新进展，为供给侧结构性改革提供强大支撑。二是加强面向科技强国的基础研究，进一步增强创新源头供给。三是大力推进科技型创业与成果转化融通发展，促进大众创业万众创新上水平。四是实施乡村振兴战略科技行动，助力打赢精准脱贫攻坚战。五是大力发展民生科技，为打赢污染防治攻坚战等战略任务提供支撑。六是打造区域创新增长极，引领带动区域协调发展。七是加强创新能力开放合作，主动布局全球创新网络。八是完善人才发展环境，培育造就创新型高水平人才队伍。九是统筹推进科技体制改革任务落实，进一步释放改革动力活力。十是持续优化政策环境，营造浓厚创新文化氛围。

（1月9日在全国科技工作会议上做工作报告时的讲话摘要）

一是围绕构筑国家先发优势，加强兼顾当前和长远的重大战略布局。以新5类科技计划为载体全面部署实施国家重大研发任务，启动“科技创新2030-重大项目”；构建具有国际竞争力的产业技术创新体系，推进颠覆性技术创新；健全支撑民生改善和可持续发展的技术体系；建立保障国家安全和战略利益的技术体系，发展深海、深地、深空、深蓝等领域的战略高技术。

二是围绕增强原始创新能力，培育重要战略创新力量。加强面向世界科技强国的基础研究，提出并牵头组织国际大科学计划和大科学工程；培育造就一批世界水平科学家，壮大创新型企业家队伍等。

三是围绕推进大众创新创业，构建良好创新创业生态。

四是围绕拓展创新发展空间，统筹国内国际两个大局。

五是围绕破除束缚创新和成果转化的制度障碍，引导社会资本参与国家重大研发任务，全面深化科技体制改革。

六是围绕夯实创新发展的社会基础，加强科普和创新文化建设。

（1月31日在接受人民日报专访时的讲话摘要）

科技部部长 王志刚同志谈科技工作

做好2018年工作需重点把握好八个方面要求：一是认真学习贯彻习近平新时代中国特色社会主义思想，认真钻研领会蕴含其中的科技创新思想，保证科技工作政治站位高、定位准。二是科技创新在新时代要有新格局、大格局，真正发挥科技创新在我国发展理念形成、发展战略谋划、发展规划制定、发展行动落实等各项工作中的战略引领和核心关键作用。三是向科技要规律，向科技要力量，同时要按照科技规律对待科技创新，要加大力量支持科技，争取科技创新更多更大的回馈。四是坚持问题导向，把问题作为思考的起点，作为科技工作的起点。五是深化科技体制改革，要重在环境构建、重在落实，并不断深化完善。六是增强中国科技创新自信，自豪而不自满，自信而不自傲。七是坚持全球视野，最大限度开展国际科技合作。八是科技管理部门要放下身段，换位思考，做到感同身受，不断改进提高工作水平，使广大科技人员有更多的获得感、认同感。

（1月10日在全国科技工作会议闭幕式上的讲话摘要）

面对未来，科技工作要始终坚持以习近平新时代中国特色社会主义思想为指导，深入贯彻新发展理念，紧扣我国社会主要矛盾变化，围绕统筹推进“五位一体”总体布局和协调推进“四个全面”战略布局，切实发挥好科技创新对经济社会发展的支撑引领作用。

进一步深化科技体制改革。科技体制改革既要大刀阔斧，又要刀刃向内。要加强国家创新体系建设，构建以企业为主体、市场为导向、产学研深度融合的技术创新体系，完善科技创新、成果转化和人才发展的体制机制，形成支持广

大中小企业创新发展的良好氛围,让各类创新主体迸发强劲活力,让创新在全社会蔚然成风。

二要以科技创新作为推动高质量发展的根本动力。把核心技术牢牢掌握在自己手中,高质量发展之路就越走越踏实。要聚焦国家战略和经济社会重大需求,持续实施国家科技重大专项,全面启动2030重大科技项目。加强基础研究、应用基础研究和技术创新的顶层设计和一体化部署,加快科技成果转化应用,构建具有国际竞争力的产业技术体系。

三要夯实建设世界科技强国的根基。坚定创新自信,勇于在创新"无人区"做出更多探索。以国家实验室为引领,全力打造国家战略科技力量。立足世界科技前沿,建设一批国际领先的大型科学基础设施和装备。加强前瞻部署、优化科技资源配置,在重点产业领域建设一批国家技术创新中心。着力完善科技创新基础制度,大幅提高科技资源开放共享水平。

四要为满足人民日益增长的美好生活需要提供有力支撑。以科技创新助力打好防范化解重大风险、精准脱贫、污染防治攻坚战,强化重大科技创新的民生导向,加强农村和落后地区的针对性、差异化、系统性的科技创新供给,强化雾霾治理、环境保护、重大疾病防控等重大问题的集成攻关,推动实现区域、城乡、生态、民生等领域的更平衡、更充分发展。

五要坚持人才是创新发展的第一资源。要创造良好的条件,让聪明才智和创造潜力竞相迸发。要加强激励,提高广大科技人员的获得感,也要树立正确的价值导向,弘扬广大科技人员的奉献精神。下大力气引进国家急需的高精尖缺人才,加大对青年科技人才的支持力度,重视企业家创新精神,切实保护知识产权,造就一批世界一流的企业家队伍。

六要坚持全球视野谋划推动创新。以全球视野谋划未来,与国际社会携手应对气候变化、人类健康、能源安全等人类共同挑战。协力推进"一带一路"科技创新合作,推动沿线国家融通创新发展。牵头实施国际大科学计划和大科学工程,为构建全球创新治理体系做出新贡献。"走出去"和"引进来"并重,吸引世界优秀企业和团队开展技术合作。

(5月19日在《人民日报》上发表的署名文章摘要)

当前,新一轮科技革命和产业变革加速演进,科技创新进入空前密集活跃的时期,不断改变人类的生产、生活方式,信息技术、生命科学、新材料、新能源、先进制造等领域加速突破应用,带来一系列深刻变化,一是变革方向日益清晰,一些前沿科学和重大技术领域的群体突破态势更加明显。二是变革的速度明显加快,各领域深度交叉融合,一些重大颠覆性技术对传统产业产生效应。三是国际科技竞争日益激烈,正在重塑全球创新版图和世界格局。世界各国都出台了一系列科技创新的重要战略举措。四是科技创新带来了新的社会风险,社会公共治理面临新的挑战。科技创新正在加快推动全球产业价值链的重构和经济形态的转型,不断催生新产品、新产业、新业态,为传统产业赋能,加快转型升级。例如互联网+的应用和融合催生了电子商务、物联网、在线交易、移动支付等新业态,生物技术的发展带动了生物芯片、类脑智能等一系列新产业,神经网络等新技术推动了材料、信息、生命科学等领域的交叉融合。我们理解科技创新与新兴产业发展的关系要把握好一个充分条件和一个必要条件,首先技术创新供给是新兴产业发展的充分条件,随着若干重要领域的科学问题和关键技术的不断突破,颠覆性技术大量涌现的时期即将到来,集成电路、数码相机、核能利用、互联网、全球定位系统等是广泛认同的颠覆性技术,改变了整个产业结构甚至人类的生活方式。面向未来,量子信息、碳材料及器件、过程化学及催化、脑成像、基因编辑、人工智能等是国内外认可度较高的颠覆性技术。其次,竞争导致的产业生态重构是新兴产业发展的必要条件,通过改革创新、政策引领、金融支持、加快开放等制度安排,为新业态新产品新产业壮大提供了发展空间,商业模式创新、资本运作模式创新是助推力,基础设施及配套工程的完善是重要支撑,政府产业扶持政策是重要的引领。

科技创新是引领高质量发展的核心驱动力,为高质量发展提供了新的成长空间、关键着力点和主要的支撑体系。要在创新源头、创新转化、创新生态三个环节上下功夫,一是做好基础研究、应用基础研究、技术创新这篇大文章,要加强基础研究和应用基础研究,更加注重技术创新。技术创新需要以科学发现为基础,但要仔细研究科学与技术的复杂且相互作用的关系,用于指导我们的科技创新活动,提供高质量科技供给,从而在更多领域形成创新引领的战略市场。二是提高创新转化的效率,破除制约科技成果转移转化的制度障碍,大力推动科技型创业,积极培育新技术、新产品、新产业,促进战略性新兴产业集群式发展。三是营造创新良好生态,完善法律政策、社会文化环境,充分调动各类创新主体的积极性,在全社会大力弘扬科学精神、工匠精神和企业家精神,形成鼓励创新、宽容失败的良好氛围。

(10月30日在2018浦江创新论坛上做主旨演讲时的摘要)

上海市委副书记、市长
应勇同志谈科技工作

全力推进张江综合性国家科学中心建设,力争迅速做实做强、做出影响。启动建设硬X射线自由电子激光装置、海底科学观测网、燃气轮机试验装置,加快建设上海光源二期、超强超短激光、软X射线自由电子激光装置、活细胞成像平台等大科学设施。筹建国家实验室,集聚高水平科研机构。加快建设科学特征明显、科技要素集聚、环境人文生态、充满创新活力的世界一流科学城,推动园区向城区转变。加强生命科学、量子科学等领域前瞻布局,积极争取国家"科技创新2030重大项目"落户,实施硅光子等一批市级重大专项和央企合作项目,力争在基础科技领域做出大的创新、在关键核心技术领域取得大的突破。

加快建设科技成果转化高地。新建北斗导航、机器人、工业互联网、低碳技术、临床研究等共性技术研发与转化平台。继续推进紫竹、杨浦、漕河泾、嘉定、临港、松江G60科创走廊等科技创新中心重要承载区特色发展。加快建设国家大众创业万众创新示范基地,引导众创空间专业化、国际化、品牌化发展。

深化科技体制机制创新。深入推进全面创新改革试验,加快建立企业主导、产学研深度融合的技术创新体系,鼓励外资研发中心、民营企业等经济主体参与政府科研项目和研发平台建设。推进知识产权综合管理改革试点,建设引领型知识产权强市,完善科技创新券等支持政策,进一步优化创新创业生态。

着力建设智慧城市。抢抓新一代人工智能发展的重大机遇,实施智能上海行动,在生产经营、健康管理、食品安全等领域推进一批应用示范项目,让人工智能更广泛、更深入地走进企业、走入家庭、走向社会。落实大数据战略,建设大数据综合试验区,开展公共信息资源开放试点。推进综合为老服务、体育公共信息等惠民信息平台建设。布局城域物联专网,实现千兆宽带市域全覆盖。

(1月23日在上海市第十五届人民代表大会第一次会议上做政府工作报告时的讲话摘要)

张江实验室于2017年9月正式挂牌成立,启动实质性建设,目前已在大科学设施群建设、体制机制创新、创新合作网络构建等方面取得新突破。我们要深入学习贯彻习近平新时代中国特色社会主义思想和党的十九大精神,按照国家科技创新中心建设领导小组第二次会议部署,充分依托院市合作机制,加快推进张江实验室建设,进一步提高集中度和显示度、提高辐射力和影响力。张江实验室要坚持目标定位,致力于建成跨学科、综合性、多功能的国家实验室,以体现国家意志、实现国家使命、代表国家水平,力争成为具有广泛国际影响的突破型、引领型、平台型一体化的大型综合性研究基地。要明确任务,抓紧制定发展规划,优化重大任务布局,并加强组织协调和配套支撑。要加强体制机制创新,着力在管理体制、人员聘用机制等方面创新突破,特别是大科学设施要对海内外用户开放共享,构建创新型、开放型、共享型的实验室。要加强重大科研攻关,力争取得一批世界领先的创新成果。

(2月13日在张江实验室管理委员会第1次会议上的讲话摘要)

推进上海科技创新中心建设,要在自主创新上攻坚突破,为国家在关键领域、核心技术、卡脖子的地方攻坚突破,实现从跟跑向并跑、领跑转变发挥应有作用,代表国家在更高层次上参与全球科技创新竞争,核心抓手就是集中力量建设张江综合性国家科学中心。要在融通创新上攻坚突破,既要加大基础研究领域投入,提高科技成果产出,也要推动科技成果加快转化为现实生产力。要强化企业创新主体作用,加快建设融通创新的平台和载体。要在开放创新上攻坚突破,着力对接全球创新网络,增强全球配置科技创新资源能力,积极参与国际大科学计划,使人才、资金、信息、项目等充分流动,吸引更多的优质资源在上海落地生根、开花结果。要着力建设长三角协同创新网络,推动在长三角地区率先构建我国区域协同创新共同体。

(4月24日在上海推进科技创新中心建设办公室第6次全体会议上的讲话摘要)

科技创新中心建设事关上海未来,要在更加聚焦、更加做实、更加开放上下更大功夫,推动各项工作早出成果、早见实效。张江科学城、张江综合性国家科学中心要迅速做实做强、做出影响。全市各区、高校和科研院所要找准定位,在重大科技专项和平台、承载区建设中更好发挥作用。要把科技创新中心建设各方面主体和力量动员起来,形成合力、共同推进。要以钉钉子精神抓落实、抓推进,明确责任分工,加快推进已经确定的重大项目建设,加快推进共性技术研发与转化平台建设,积极争取承接一批新的国家重大科技项目,加快集聚一批中央企业、外资企业和民营企业研发中心。要以更加开放的姿态和举措,吸引国内外的顶级科学家、科研团队和各类人才在沪开展科研、创新创业,厚植上海科技创新中心的人才优势。

(6月20日在上海市推进科技创新中心建设领导小组第4次会议上的讲话摘要)

上海加快建设具有全球影响力的科技创新中心,科研院所、功能型平台和科技创新企业发挥着不可或缺的重要作用。要按照习近平总书记"力争在基础科技领域做出大的创新、在关键核心技术领域取得大的突破"的重要指示要求,面向世界科技前沿、面向国家重大需求、面向国民经济主战场,聚焦主攻方向,协同创新攻坚,力争在关键核心技术领域取得重大原创性突破。要深化科技体制机制改革,加快科技成果转移转化,推进产学研用一体化。要注重引才育才,着力营造环境、提供舞台,让上海成为更多科研人才汇聚培养之地、事业发展之地、价值实现之地。

上海将一如既往全力支持中科院系统科研院所在沪加

快发展。关键核心技术是国之重器,要聚焦国家战略,抢占科技前沿,增强攻坚合力,切实提高关键核心技术创新能力。要深化科技体制机制改革,着力破除障碍束缚,推动更多科技成果转移转化,让科学家也能“名利双收”。要广纳天下英才,不断优化制度环境,进一步激发科研人员创新活力。

充分发挥共性技术研发与转化功能型平台的作用,对推进上海科技创新中心建设至关重要。要开放平台设施,完善运营机制,吸引更多企业和人才应用,促进科技创新成果产业化。要注重协同创新,加快建立企业主导、产学研深度融合的技术创新体系。企业要重视科研投入,提升自主创新能力,加快科技成果应用,更好地满足人民群众对高品质生活的需求。

(8月14—15日在科研院所、共性技术研发与转化功能型平台、科技创新企业调研时的讲话摘要)

当今世界正面临百年未有之变局,新一轮科技革命与产业革命正在重构全球的创新版图,重塑全球经济的结构,以科技创新为支撑和引领发展,正在成为越来越多国家的战略选择。新时代呼唤新作为,在上海加快建设具有全球影响力的科技创新中心的进程中必须以国际视野、战略思维,积极探索新时代创新驱动发展的新举措、新模式,我们要着力打造自主创新的新高地,以张江综合性国家科学中心为载体,瞄准科技前沿和国家战略需求,努力攻克关键核心技术。我们要着力探索体制机制创新的新路径,以市场为导向,优化资源配置。以企业为主体,强化协同创新。拆除阻碍科技成果转化的篱笆墙,跑出我们产业化的加速度。我们要着力形成开放创新的新格局,全方位地汇聚全球创新资源和人才,更加主动地发起和参与国际创新合作,努力使上海成为全球创新网络的重要节点。我们要着力掀起大众创业万众创新的新热潮,营造更加立体、开放、包容的创新生态,让更多的创新之树开花结果。

(10月30日在2018浦江创新论坛上的致辞摘要)

2019年是科技创新中心建设的深化推进年,要着力突破关键核心技术,结合国家需要和上海优势,把集成电路、人工智能、生物医药等重点领域作为主攻方向,集中力量,攻坚突破。同时,围绕国家发展战略目标,加强前瞻研究,优化创新资源布局。要着力踢好成果转化的“临门一脚”,抓牢企业这个核心主体,打通金融流向创新的通道,加快构建更加符合科技创新规律的体制机制。要着力推动区域协同创新,围绕推动长三角区域协同创新,加强创新规划对接、创新资源共享、创新攻关协同、创新环境共建。同时,要加强面向全球的开放创新。

(12月17日在上海推进科技创新中心建设办公室第8次全体会议上的讲话摘要)

上海市委副书记
尹弘同志谈科技工作

要立足新的时代坐标,坚定追求卓越的发展取向,聚精会神、只争朝夕持续推进科技创新中心建设,在上海构筑战略优势中发挥更大作用。科研单位要高度重视人才梯队建设、基础研究和成果转化,探索符合科研规律的资源配置方式、人才评价方式和科研组织方式。科研人员要树立创新自信,提高科研定力,敢于攀登世界科技高峰,努力取得重大原创成果。科技主管部门要创造更好的环境、搭建更多的平台、提供更优的服务,通过开展大调研,切实解决各类创新主体反映强烈的突出问题。

要进一步提高科技系统党的建设质量,着力打造一支高素质专业化的科技干部队伍,着力强化基层党组织的政治功能和工作创新,严格落实全面从严治党各项制度规定,为科技创新中心建设提供强有力保障。

(2月23日在上海市科技系统党政负责干部会议上的讲话摘要)

携手共建G60科创走廊是贯彻落实习近平总书记重要指示精神、推动长三角更高质量一体化发展的重要载体。我们要充分利用好G60科创走廊这个平台,将区域协同创新融合发展不断向纵深推进。下一步,要发挥好联席会议协作纽带机制作用,聚焦突出战略协同、科创特色、环境营造、项目带动等四个方面,推进各项目标举措落地生根、开花结果,共同打造创新驱动“中国制造”迈向“中国创造”的示范走廊。希望各方齐心协力、精诚协作,为推动长三角更高质量一体化发展,更好地引领长江经济带发展,更好地服务国家大局,做出新的更大贡献。

(6月1日在G60科创走廊联席会议上的讲话摘要)

要强化科技创新的前瞻布局,准确把握重大科学的方向选择,实现路径和实施办法。抓重大布局首先是聚力抓好关键核心技术自主创新,做强集成电路、生物医药等优势产业。这是科创中心建设需要,也是这个城市产业提升能级发展的需要。要加快科技成果转移转化,积极探索完善利益分配机制和激励约束机制、优化分配方式,培育打造高水平科技中介机构和专业性转化服务平台。集聚和用好各类科技人才,进一步聚焦创新策源能力和优势产业,实行更加积极、更加开放、更加有效的人才政策,让各类人才引的进、留的住、用的好,同时下大力气培养本土人才,实行更加积极开放有效的政策并充分发挥政策最大效用。营造良好创新生态,一个良好的创新生态既需要一定的硬件支撑,也需要良好的软环境。在硬件方面上海张江已打造包括上海光源,国家蛋白质中心等在内的诸多创新中心,下一步重点是以全球视野国际标准,建设张江综合型国家科学中心,聚集更多一流大科学设施、高水平研发机构,打造具有蓬勃活力和强大吸引力的创新高地,进一步推进协同创新。

(8月30日在领导干部学习贯彻习近平总书记关于科技创新的重要论述专题研讨班开班仪式上的讲话摘要)

上海市委常委、常务副市长
周波同志谈科技工作

2018年是上海科技创新中心建设的"攻坚突破年",重点是抓集中度和显示度提升,抓辐射力和影响力提升。要全力推进张江综合性国家科学中心建设,加快建设世界级大科学设施群,推进科学设施管理体制改革,抓好科技创新资源的集聚和配置,全力打造世界一流的张江科学城,抓好重大科技项目的组织实施,力争迅速做实做强、做出影响。要加快建设科技成果转化高地,推动科技体制机制创新。广大科技工作者要勇于担当、开拓进取,为上海建设令人向往的创新之城、加快向具有全球影响力的科技创新中心进军做出贡献。

(2月23日在上海市科技系统党政负责干部会议上的讲话摘要)

脑科学和类脑研究已成为我国实现跨越式发展以及支撑世界科技强国建设的重要领域。建设"上海研究中心",不仅仅是服务国家在脑科学与类脑研究领域的战略需求,同时也是引领上海经济高质量发展的重要部署。作为面向世界科技前沿的脑科学与类脑研究研发机构,"上海研究中心"将紧密联系产业发展、转型的重大需求,在脑科学与类脑研究领域产出一批重大原始创新成果,从而在创新驱动发展、社会进步的进程中起到更重要的引领作用。同时,还将充分整合上海乃至长三角丰富的创新资源,成为产学研、军民以及区域资源深度融合的焦点,为社会资金投入开辟一个新的领域,为上海高质量发展提供更多原动力。

(5月14日在上海脑科学与类脑研究中心推进会上的讲话摘要)

深入实施军民融合发展战略是推进上海经济高质量发展、加快建设具有全球影响力科技创新中心建设的重要抓手。加快军民融合战略的实施将为上海深入推进科技创新中心建设注入动力。我们将聚焦重点领域,着力发展航空、船舶、电子、汽车、导航等军民融合的重点领域,加大关键技术攻关和突破力度,提升产业创新能级和水平,增强军民融合发展质量效益;将加快体制机制改革,推进建设长三角空间信息产业军民融合技术创新基地、上海市军民融合产业促进中心、上海前瞻创新研究院、上海朱光亚战略科技研究院等军民融合协同创新平台;将强化军地协同,健全军地协调机制,强化政策支撑,推动要素融合,加快形成全要素、多领域、高效益的军民融合发展格局。

(10月22日在2018第5届上海军民两用技术促进大会上的讲话摘要)

科技奖励制度是我国长期坚持的一项重要制度,是党和国家激励自主创新、激发人才活力、营造良好创新环境的一项重要举措。从一定意义上而言,科技奖励制度改革是科技体制改革的重要方面,核心是激励和引导自主创新、激发人才活力,这些重大改革制度的设计和安排为上海科技奖励工作的开展提供了有力支撑,对于促进科技支撑引领经济社会发展、加快建设科技创新中心具有重要意义。

(12月26日在上海市科学技术奖励委员会会议上的讲话摘要)

上海市副市长
吴清同志谈科技工作

市科技党委、市科委在科学技术发展、科创中心建设方面发挥市委、市政府总参谋部的作用,围绕下一步重点工作,狠抓落实,积极推进。

要抓好科技规划和统筹工作,围绕科创中心建设、"上海2035"城市总体规划等目标细化任务、研究路径。

要抓好科技政策制定和实施工作,注重政策的针对性和解决实际问题,把着力点放在抓落实上。

要抓好科技体制改革和创新工作,思想再解放一点,胆子再大一点,步子再快一点,构建符合科技创新规律的体制机制,进一步激发科研人员创新活力。

要抓好科技服务和环境建设工作,提高服务水平,努力营造良好的创新生态,加强人才队伍建设,更好吸引集聚海内外高层次科技人才和发展所需的各类人才。

(12月19日赴市科技两委调研科技创新工作时的讲话摘要)

专　文

加快建设具有全球影响力的科技创新中心

2018年，是全面贯彻落实十九大精神的开局之年，是实施“十三五”规划的承前启后之年，也是上海加快建设具有全球影响力的科技创新中心的重要一年。在市委、市政府的坚强领导下，上海科技创新工作以习近平新时代中国特色社会主义思想为指导，全面贯彻党的十九大精神和习近平总书记视察上海时的重要讲话精神，全力落实新一轮部市合作工作部署，坚持科技创新和体制机制创新“双轮驱动”，坚持以提升创新策源能力为主线，着力强化科技原创能力、着力深化科技体制改革、着力优化创新创业生态，扎实推进具有全球影响力的科技创新中心建设，为提升上海城市能级和核心竞争力提供支撑。

一、科技原创能力不断提升

张江综合性国家科学中心集中度、显示度持续提升。张江实验室建设工作稳步推进，围绕微纳电子、量子信息、脑科学与类脑、海洋、药物等优势领域开展布局，硬X射线装置预研、硅光子、人类表型组、脑与类脑研究等8个市级重大专项先后启动实施，“全脑介观神经联接图谱”等国际大科学计划前期准备工作加快推进，硬X射线自由电子激光、软X射线自由电子激光、超强超短激光、上海光源二期、活细胞结构与成像、转化医学设施等大科学设施建设取得突破，一批高端创新人才和团队进一步集聚，多层次、国际化、高水平的创新网络基本形成。李政道研究所在设施建设、科学研究和人才队伍建设等方面均取得进展。上海脑科学与类脑研究中心、张江药物实验室等一批高水平平台相继成立，试点开展综合预算、薪酬体系、知识产权管理等运行机制改革。张江科学城建设以“科学特征明显、科技要素集聚、环境人文生态、充满创新活力”为目标，“五个一批”首轮73个重点项目已全部开工，其中27个已完工。

一批具有国际影响力的成果加快涌现。全球首例体细胞克隆猴、阿尔茨海默病的世界级新药“甘露寡糖二酸(GV-971)”、世界首例人工单染色体真核细胞等一批重要原创成果陆续推出。全年上海科学家在《科学》《自然》《细胞》上发表原创性论文共计85篇，比上年增长26.9%，占全国总量的32.2%。2018年度，上海共有47项牵头及合作完成的重大科技成果获国家科学技术奖，占全国获奖总数的16.5%，连续17年获奖比例超过10%；其中上海牵头项目获奖数量创新高，达29项。

二、对高质量发展的支撑作用逐步显现

产业发展新动能持续壮大。关键领域核心技术加快攻关和突破，积极承接和实施国家科技重大专项、科技创新2030重大项目等一批战略任务，在“核高基”、集成电路装备、宽带移动通信、数控机床、水污染治理、新药创制、传染病防治等专项取得系列关键核心技术突破，在天地一体化、智能制造与机器人、网络安全、大数据、人工智能、新材料等领域强化前瞻布局和突破能力。工业物联网、超导技术、智能装备产品、智能制造集成、机器人等新兴技术的产业创新加快应用。围绕集成电路、生物医药、人工智能等重点领域建设国家级产业创新中心和高端制造中心，出台集成电路、生物医药产业三年行动计划，稳步推进中芯国际、华力二期、和辉光电等重大产业项目。在科技创新的支撑引领下，全市战略性新兴产业稳步发展，全年，战略性新兴产业制造业部分总产值10 659.91亿元，比上年增长3.8%，其中高端装备产业工业总产值2 278.30亿元，比上年增长5.7%；新一代信息技术产业工业总产值3 576.02亿元，比上年增长5.8%。生物医药产业全年实现经济总量3 433.88亿元，比上年增长4.49%。

科技服务民生社会的能力不断提升。崇明世界级生态岛建设、绿色技术银行、全球海洋中心城市、长三角高新区零排放试点等相关工作稳步推进。围绕能源互联网、海洋科技、综合交通、生态环境、城市建设等民生热点领域加快民生科技布局和攻关。聚焦环境保护、公共安全、城市建设、综合交通、能源利用和新能源汽车等重点应用领域，加快推进社会民生科技的示范应用，强化科技对城市精细化智能化治理、长江口保护、首届中国国际进口博览会等的支撑服务作用。全市国家临床医学研究中心累计达6家，启动实施市级临床医学研究中心建设工作。

研发与转化功能型平台建设步伐加快。围绕集成电路、生物医药、石墨烯、智能制造、工业互联网等重点产业方向，第一轮16家功能型平台启动运行，部分已建平台正加快成为本市推进科技成果产业化的重要载体，探索财政投入退坡机制、建设资金投入股权代持管理模式等新机制。布局合理、运行高效、开放共享、协同发展的研发基地体系基本形成。

三、充满生机活力的创新生态加快形成

科技体制机制改革进一步深化。全面创新改革试验成效初显，全市累计发布70余个配套实施办法，先后推出160多项自主改革，重点在科研项目管理、科技成果转化机制、创新收益分配制度、创新投入制度、创新人才发展制度、开放合作机制等方面进行探索和实践。本市进一步深化科技

体制机制改革意见的起草工作顺利推进，聚焦科技创新重要环节的突出问题，重点围绕提升科技原创能力、激发各类创新主体活力、促进成果转移转化、营造创新生态环境等方面提出一批具有高"含金量"的改革举措，形成深化科技体制机制改革的"组合拳"。科研管理改革工作深入推进，围绕项目评审、人才评价、机构评估改革等方面，建立科技计划科技报告、科技专家库、科技创新券、科技计划项目、科技信用记录和使用等制度体系，启动实施信息系统流程再造等相关工作，加快推进机构改革，深化科技奖励改革，评奖的国际化程度、奖励规模和额度等进一步提高。启动科技立法工作，围绕科技创新中心制度保障需求，开展《上海市科技创新中心建设条例》的前期立法研究，进一步促进和保障上海科技创新中心建设。

创新创业服务体系更加优化。全链条支持科技型企业创新发展，加快本市高新技术企业发展。2018 年全市新认定高新技术企业 3 653 家，有效期内高新技术企业数量达到 9 204 家。加大普惠性财税支持力度，研发费用加计扣除、高新技术企业认定、技术先进型服务企业认定 3 项政策落实上年度企业减免税收总额 334.05 亿元。推进科技金融发展，进一步完善多层次资本市场，全面启动在上海证券交易所设立科创板并试点注册制，助推优质科技创新企业到科创板上市融资、加快发展，为科创板注册制提供"源头活水"。完善"3＋X"科技信贷服务体系。

创新创业日益活跃。创新创业载体日益优化，众创空间专业化、国际化、品牌化建设取得积极成效，孵化服务能力、海外对接能力和连锁运营能力均有效增强，全市众创空间已超过 500 家，90％以上由社会力量兴办，总面积超过 320 万平方米，在孵和服务科技企业、团队超过 2.7 万家(个)，入驻企业总收入达到 500 亿元。浦江创新论坛、"创业在上海"国际创新创业大赛、第 3 届中国创新挑战赛(上海)暨首届长三角国际创新挑战赛、上海科技节等活动品牌影响力不断提升。其中，"创业在上海"大赛吸引了全市 7 742 家企业和团队参赛，数量位居全国第一。2018 年认定高新技术成果转化项目 656 项，比上年增长 33.1％，其中电子信息、生物医药、新材料等重点领域项目占 86.28％。

开放协同的创新网络不断拓展。张江核心区和闵行、杨浦、漕河泾、嘉定、临港、松江等科技创新中心承载区建设成效明显。启动实施长三角"三省一市"构建区域创新共同体战略合作计划，创新券通用通兑试点建设进一步深化，国际创新带、创新示范点、G60 科创走廊等创新生态实践区建设加快推进。拓展国际创新网络，启动建设中以(上海)创新园，面向"一带一路"沿线国家开展科技人文交流、共建联合实验室、科技园区合作和技术转移等重点任务。

第一篇
基础研究与前沿技术研究

第一篇　第一章
基础研究

第一节｜概况

【上海基础研究工作概述】 2018年，上海围绕《上海加快科创中心建设22条意见》和科技创新"十三五"规划，瞄准国际科学前沿，围绕国家发展战略，对接上海科技创新中心建设需求，优化基础前瞻布局，完善人才计划体系，打造交叉融合群体，探索创新管理机制。

2018年，上海获国家自然科学基金委项目3 990项，经费合计22.8亿元(不含间接费用)。其中，重点项目106项、重大研究计划28项、面上项目2 062项、青年科学基金项目1 488项、优秀青年科学基金项目49项、国家杰出青年科学基金项目24项、创新群体项目5项、海外及港澳学者合作研究项目14项、国际(地区)合作与交流项目112项、国家重大科研仪器研制项目9项、联合基金项目45项、应急管理项目46项、专项基金项目2项。

2018年，上海在脑科学与类脑研究、基因与蛋白质、量子、纳米、精准医疗等重要前沿领域取得多项具有国际影响力的成果。上海科学家在《科学》(*Science*)上发表论文27篇，占全国28.4%，其中以第一作者单位或通讯作者单位发表14篇，占全国22.2%。在《自然》(*Nature*)上发表论文37篇，占全国31.6%，其中以第一作者单位或通讯作者单位发表24篇，占全国的31.6%。在《细胞》(*Cell*)上发表论文21篇，占全国40.4%，其中以第一单位或通讯作者单位发表12篇，占全国33.3%。

根据SCI、EI、ISTP收录情况统计，2017年，上海机构科技人员作为第一作者发表国际论文49 142篇，比2016年(45 417篇)增长8.2%。其中，SCI论文28 119篇，比2016年(26 162篇)增长7.5%；EI论文15 713篇，比2016年(14 751篇)增长6.5%；CPCI-S论文5 310篇，比2016年(4 504篇)增加93.9%。10年累计国际论文被引用篇数155 966篇，比2016年(137 909篇)增长13.1%；10年累计国际论文被引用次数2 406 100次，比2016年(1 958 082次)增长22.9%。国际论文被引用次数在全国居第2位。统计显示，2017年上海卓越国际论文12 169篇，比2016年(11 774篇)增长3.4%，占全部论文的比例为43.3%，比2016年下降4.5%，卓越国际论文比例在全国居前列。2017年中国百篇最具影响国际学术论文中，有11篇出自上海，比2016年增加2篇，增长22.2%。

2018年上海以第一作者单位或通讯作者单位在《科学》《自然》《细胞》上发表论文情况

序号	文章名称	发表月份	完成单位/上海主要作者
	《科学》(*Science*)		
1	The piRNA targeting rules and the resistance to piRNA silencing in endogenous genes	2月	上海交通大学/涂仕奎
2	Gut bacteria selectively promoted by dietary fibers alleviate type 2 diabetes	3月	上海交通大学/赵立平、张晨虹、彭永德、张烽
3	Imaging of nonlocal hot-electron energy dissipation via shot noise	3月	复旦大学/安正华；中科院上海技术物理研究所/陆卫
4	Cryo-EM structure of a herpesvirus capsid at 3.1 Å	4月	上海科技大学/饶子和
5	A LIMA1 variant promotes low plasma LDL cholesterol and decreases intestinal cholesterol absorption	6月	中科院生物化学与细胞生物学研究所/张莹钰
6	Carbonyl catalysis enables a biomimetic asymmetric Mannich reaction	6月	上海师范大学/赵宝国
7	Regulation of feeding by somatostatin neurons in the tuberal nucleus	7月	上海交通大学/黄菊
8	Atmospheric new particle formation from sulfuric acid and amines in a Chinese megacity	7月	复旦大学/王琳
9	Selective functionalization of methane, ethane, and higher alkanes by cerium photocatalysis	7月	上海科技大学/左智伟
10	Dirac electrons in a dodecagonal graphene quasicrystal	8月	上海纽约大学/Pilkyung Moon

续表

序号	文章名称	发表月份	完成单位/上海主要作者
11	Observation of alkaline earth complexes $M(CO)_8$ (M = Ca, Sr, or Ba) that mimic transition metals	8 月	复旦大学/周鸣飞
12	The opium poppy genome and morphinan production	10 月	复旦大学/叶凯
13	Structural insight into precursor tRNA processing by yeast ribonuclease P	11 月	上海交通大学/雷鸣、武健、兰鹏飞
14	An electron transfer path connects subunits of a mycobacterial respiratory supercomplex	10 月	上海科技大学/饶子和、李俊
《自然》(*Nature*)			
1	Structure of the glucagon receptor in complex with a glucagon analogue	1 月	中科院上海药物研究所/吴蓓丽、赵强
2	Tet2 promotes pathogen infection-induced myelopoiesis through mRNA oxidation	2 月	海军军医大学/曹雪涛
3	Human hippocampal neurogenesis drops sharply in children to undetectable levels in adults	3 月	复旦大学/杨振纲
4	Planning chemical syntheses with deep neural networks and symbolic AI	3 月	上海大学/Mark P. Waller
5	The evolutionary history of vertebrate RNA viruses	4 月	复旦大学/张永振
6	Structural basis of ligand binding modes at the neuropeptide Y Y1 receptor	4 月	中科院上海药物研究所/吴蓓丽
7	Comprehensive suppression of single-molecule conductance using destructive σ-interference	6 月	上海师范大学/Colin Nuckolls、肖胜雄
8	Cryo-EM structure of human rhodopsin bound to an inhibitory G protein	6 月	中科院上海药物研究所/徐华强
9	Structure of the adenosine-bound human adenosine A1 receptor-Gi complex	6 月	复旦大学/Patrick M. Sexton
10	Resistance-gene-directed discovery of a natural-product herbicide with a new mode of action	7 月	中科院上海有机化学研究所/周佳海
11	Complex silica composite nanomaterials templated with DNA origami	7 月	上海交通大学/樊春海
12	Glucose-regulated phosphorylation of TET2 by AMPK reveals a pathway linking diabetes to cancer	7 月	复旦大学/石雨江、施扬、吴镝、施国明
13	Engineering of robust topological quantum phases in graphene nanoribbons	8 月	上海交通大学/王世勇
14	Creating a functional single-chromosome yeast	8 月	中科院植物生理生态研究所/覃重军、薛小莉、赵国屏; 中科院生物化学与细胞生物学研究所/周金秋
15	Crystal structure of the Frizzled 4 receptor in a ligand-free state	8 月	上海科技大学/徐菲
16	Cryo-EM structure of the active, Gs-protein complexed, human CGRP receptor	9 月	复旦大学/Denise Wootten、Patrick M. Sexton
17	Device-independent quantum random-number generation	10 月	中国科学技术大学上海研究院/潘建伟、张强、范靖云
18	LILRB4 signalling in leukaemia cells mediates T cell suppression and tumour infiltration	10 月	上海交通大学/郑俊克
19	Nuclear cGAS suppresses DNA repair and promotes tumorigenesis	10 月	同济大学/戈宝学、毛志勇、刘海鹏
20	m6A facilitates hippocampus-dependent learning and memory through YTHDF1	11 月	上海科技大学/周涛
21	Gate-tunable room-temperature ferromagnetism in two-dimensional Fe_3GeTe_2	11 月	复旦大学/张远波

续表

序号	文章名称	发表月份	完成单位/上海主要作者
22	FBXO38 mediates PD-1 ubiquitination and regulates anti-tumour immunity of T cells	11 月	中科院生物化学与细胞生物学研究所/许琛琦
23	VCAM-1+ macrophages guide the homing of HSPCs to a vascular niche	12 月	中科院上海营养与健康研究所/潘巍峻
24	Stella safeguards the oocyte methylome by preventing de novo methylation mediated by DNMT1	12 月	同济大学/高绍荣、陈嘉瑜
	《细胞》(*Cell*)		
1	Structural insights into yeast telomerase recruitment to telomeres	1 月	中科院生物化学与细胞生物学研究所/武健;上海交通大学/雷鸣
2	Cloning of macaque monkeys by somatic cell nuclear transfer	1 月	中科院神经科学研究所/孙强
3	5-HT2 Creceptor structures reveal the structural basis of GPCR polypharmacology	2 月	上海科技大学/Raymond C.Stevens、刘志杰
4	Tumor-induced generation of splenic erythroblast-like ter-cells promotes tumor progression	4 月	海军军医大学/曹雪涛、韩岩梅、刘秋燕、侯晋
5	The structure of the necrosome RIPK1-RIPK3 core, a human hetero-amyloid signaling complex	4 月	复旦大学/李继喜
6	Self-recognition of an inducible host lncRNA by RIG-I feedback restricts innate immune response	5 月	海军军医大学/曹雪涛
7	The energetics and physiological impact of cohesin extrusio	5 月	上海科技大学/Erez Lieberman Aiden
8	Moderate UV exposure enhances learning and memory by promoting a novel glutamate biosynthetic pathway in the brain	6 月	中科院神经科学研究所/熊伟
9	TBK1 suppresses RIPK1-driven apoptosis and inflammation during development and in aging	8 月	中科院上海有机化学研究所/袁钧瑛
10	Targeting epigenetic crosstalk as a therapeutic strategy for EZH2-aberrant solid tumors	9 月	中科院上海药物研究所/谭敏佳、丁健、耿美玉
11	Phosphorylation-mediated IFN-γR2 membrane translocation is required to activate macrophage innate response	10 月	海军军医大学/曹雪涛、许小青
12	Cryo-EM structure of the human ribonuclease P holoenzyme	11 月	上海交通大学/兰鹏飞、雷鸣、武健;中科院生物化学与细胞生物学研究所/谭明

(李力雄　王　萍)

【上海高校科技工作总体情况】 2018 年,市教委以全国教育大会精神为引领,支持并指导全市高校根据国家"双一流"建设总体部署,推进学科建设、科学研究相关工作,实现内涵式发展。上海高校发挥学科、人才、科技优势,主动对接国家战略重大任务需求和区域经济社会发展重大需求,不断提升知识创新和知识服务能力,为上海加快建设国际经济、金融、贸易、航运、科技创新"五个中心",建设卓越的全球城市和社会主义现代化国际大都市提供有力的人才、智力支撑。贯彻落实"双一流"建设。研究制定并提请市政府印发《关于本市统筹推进一流大学和一流学科建设实施意见》,统筹支持在沪高校开展"双一流"建设。加强学科建设。启动高峰高原学科第 2 阶段建设,研究制定并提请市教育综合改革领导小组审议通过《上海高校高峰学科动态调整工作方案》,实施高峰学科动态调整。是推进协同创新。推动上海高校参与上海科技创新中心"四梁八柱"建设。落实部市共建上海科技创新中心框架协议,配合教育部在上海高校中布局建设一批前沿科学中心、教育部重点实验室和教育部工程研究中心等科研基地。推进上海市协同创新中心建设。引导上海高校开展科学研究,构建拔尖创新人才培养模式,服务社会经济发展。推进高校技术转移体系建设。深化上海高校技术转移中心建设工作,推进高校技术转移机构的专业化、职业化、国际化建设。

学科建设方面。截至年底,全市共有 30 所高校 121 个学科纳入第 2 阶段(2018—2020 年)高峰高原学科建设范围,其中Ⅰ类高峰学科 32 个、Ⅱ类高峰学科 13 个、Ⅲ类高峰学科 11 个、Ⅳ类高峰学科 9 个、Ⅰ类高原学科 36 个、Ⅱ类高原学科 20 个。

科研基地方面。截至年底,上海高校拥有国家实验室(筹)1 家、国家工程实验室 7 家、国家重点实验室 22 家、教育部重点实验室(含省部共建)69 家、上海市重点实验室

101家(含高校附属医院);国家工程研究中心10家、国家工程技术研究中心9家、教育部工程研究中心40家、上海工程技术研究中心58家;国家技术转移中心2家、国家大学科技园13家;教育部人文社会科学重点研究基地18家;高等学校学科创新引智基地44家;上海市协同创新中心28家;12所市属高校开展技术转移中心建设工作。

科研能力方面。2018年,上海高校通过各种渠道获得的科技经费共185.19亿元,其中为社会企事业服务所得科技经费45.95亿元,占总经费的24.81%。发表论文71 225篇,其中在国外期刊上发表41 239篇;申请专利12 278件,获专利授权6 465件,专利拥有数33 615件。上海高校获2018年度国家科学技术奖(含参与)29项(人),占全市获奖总数的61.70%。其中,获国家自然科学二等奖3项,占全市获奖总数的100%;获国家技术发明奖3项,占全市获奖总数的42.86%;获国家科学技术进步奖23项,占全市获奖总数的62.16%。2018年上海高校从各种渠道获得人文社科研究经费总额20.04亿元,其中政府投入13.35亿元、企业委托经费4.3亿元、其他经费2.39亿元。开展各类研究课题25 098项,其中基础研究15 597项、应用研究9 501项。

(陈 宾)

【上海推进落实国家“双一流”建设工作】 加强顶层设计和总体规划,多措并举,深化部市共建合作,扎实推进上海高水平地方高校建设计划和上海高校高峰高原学科建设计划,加快推进上海“双一流”建设。紧扣国家文件要求,结合上海高等教育改革发展实际,研究制定并提请市政府印发《关于本市统筹推进一流大学和一流学科建设实施意见》,统筹支持在沪高校开展“双一流”建设。实施《上海市高等教育促进条例》,通过重点投入、政策支持、资源保障等措施,促进全市一流大学和一流学科建设。9月28—29日组织承办教育部在沪举行的全国首次“双一流”建设现场推进会。实地观摩上海6所高校“双一流”建设阶段性成果。 (贺伟伟)

【上海高校高峰高原学科建设工作】 结合国家“双一流”战略和加强基础科学研究的总体部署要求,对标第4轮学科评估新形势和新要求,梳理上海高校高峰高原学科现状。研究制定并提请市教育综合改革领导小组审议通过《上海高校高峰学科动态调整工作方案》,实施高峰学科动态调整,将复旦大学哲学、中国史,上海交通大学工商管理、生物学,同济大学管理科学与工程,华东师范大学世界史等6个第4轮学科评估中获评A+的非高峰高原学科动态增补为Ⅰ类高峰学科;将获评A+的复旦大学数学、上海中医药大学中医学等2个Ⅱ类高峰学科及上海中医药大学中西医结合1个Ⅰ类高原学科调整升格为Ⅰ类高峰学科;为服务支撑国家战略和上海科技创新中心建设,新增布点同济大学干细胞与转化和体院反兴奋剂研究等2个Ⅳ类高峰学科;落实国家关于加强基础科学研究的总体部署,完成复旦大学、上海交通大学物理学,复旦大学、华东理工大学化学,华东师范大学统计学等5个基础学科Ⅱ类高峰学科布点工作,完善上海高校基础学科布局。完成Ⅳ类高峰学科建设第1阶段考核,重点考核各研究院的实体化运行、高校协同及任务落实情况,对Ⅳ类高峰学科的建设发展情况进行排摸、梳理和汇总,形成《上海高校Ⅳ类高峰学科建设第1阶段考核情况报告》。重实效,将建设情况不理想的学科动态调出建设范围。梳理第1阶段高峰高原学科引进人才情况,指导地方高校做好第1阶段人才引进分析工作。建立绩效动态监测机制,依托第三方机构强化对在建学科的动态跟踪管理,定期完成高校学科发展跟踪简报,并系统开展落实国家“双一流”战略、服务支撑上海科技创新中心建设、优化高校学科体系的前瞻性研究。 (贺伟伟)

第二节 | 生命科学 >>

【香樟齿喙象生物学特性与防治技术研究】 项目由上海市林业总站承担,1月24日通过市绿化市容局验收。项目通过室内外观察研究,掌握香樟齿喙象在上海地区的为害特征,交配、产卵等行为学习性,以及各虫态的生长发育历程与生活史规律;开展香樟齿喙象基因分子鉴定研究,验证香樟齿喙象分类地位;以花绒寄甲、肿腿蜂为寄生物的生物防治、打孔注药、喷雾防治等试验,形成以生物防治、化学防治、人工营林抚育等措施为主的综合防治技术方案;通过对香樟齿喙象触角电镜观察,初步明确成虫触角感器种类和形态,为开展信息素防治研究奠定基础。项目申请专利2件;发表论文2篇。 (王文进)

【实现非人灵长类动物的体细胞克隆】 中科院神经科学研究所孙强研究组突破猕猴体细胞克隆难题,诞生世界上首例体细胞克隆猴。体细胞克隆猴能在1年内产生大批遗传背景相同的模型猴;使用体细胞在体外做基因编辑,准确筛选基因型相同体细胞,用核移植方法产生基因型完全相同大批胚胎,用母猴载体怀孕出一批基因编辑和遗传背景相同猴群;获得制作脑科学研究和人类疾病动物模型关键技术。研究成果推动中国率先发展出基于非人灵长类疾病动物模型的全新医药研发产业链,促进针对阿尔茨海默病、自闭症等脑疾病,以及免疫缺陷、肿瘤、代谢性疾病新药研发。研究成果于1月在线发表于《细胞》(*Cell*)。

(侯新伟)

【B型G蛋白偶联受体(GPCR)结构与功能研究取得进展】 中科院上海药物研究所吴蓓丽研究组、王明伟研究组、蒋华良研究组合作,测定胰高血糖素受体(GCGR)全长蛋白与多肽配体复合物三维结构,揭示该受体对细胞信号分子的特异性识别及其活化调控机制。研究有助于理解B型GPCR对细胞信号分子识别机制,并为靶向GCGR药物设计提供高精度结构模板,促进治疗2型糖尿病新药研发。研究成

果于1月发表于《自然》(*Nature*)。(宋文珂)

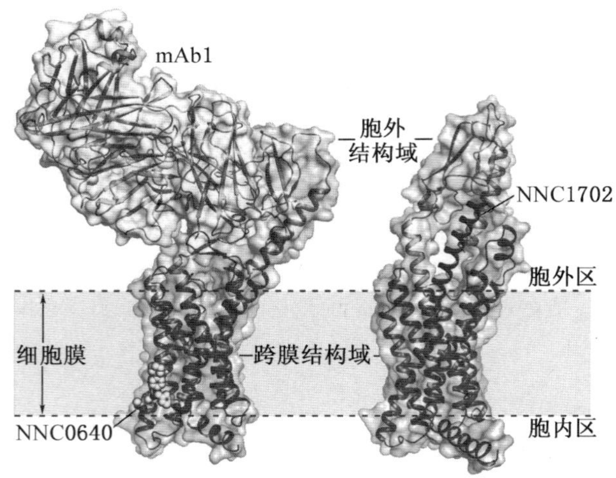

全长GCGR结构示意图

【揭示肝癌核心激酶群及相应干预策略】 中科院上海药物研究所耿美玉研究组、丁健研究组通过激酶谱芯片结合化合物筛选及功能验证,发现ALK、FGFR2、EphA5这3个激酶是Hsp90在肝癌细胞中的重要客户蛋白,单独抑制Hsp90活性即可在体内外水平阻断三者的共同激活;用更贴近临床的PDX模型进行验证,针对肝癌治疗提出靶向核心激酶群而非单一激酶的思路。研究成果于1月在线发表于《肝脏学》(*Hepatology*)。(宋文珂)

【水稻基因组复杂遗传变异研究取得进展】 中科院植物生理生态研究所韩斌研究组与上海师范大学生命与环境科学学院黄学辉研究组合作,选取66个来自不同水稻类群的栽培稻品种和野生稻株系,对其进行深度测序、从头序列组装和基因注释分析,获得水稻各类群材料精细基因组图谱,鉴定出水稻基因组中各类复杂的遗传变异,发现很多功能基因存在多种等位基因类型;鉴定到栽培稻和普通野生稻中几乎饱和的编码基因集及其在不同品种中"存在-缺失"变异;新鉴定的很多编码基因存在转录产物和蛋白质功能结构域,暗示存在一定生物学功能。研究有助于精确发掘复杂农艺性状关键变异位点,利用各类群水稻中丰富的遗传变异,提升水稻产量潜力、抗逆特点。研究成果于1月在线发表于《自然遗传学》(*Nature Genetics*)。(荆爱霞 余强)

【发现不同RNA修饰间的互作调控】 中科院上海营养与健康研究所杨力研究组和中科院生物化学与细胞生物学研究所陈玲玲研究组合作,对m^6A阳性和m^6A阴性的RNA-seq数据进行A-to-I编辑比较分析,发现m^6A修饰与A-to-I编辑之间存在负相关关系;通过对m^6A甲基化酶METTL3、METTL14敲除样本中A-to-I编辑的分析比对,揭示m^6A修饰对A-to-I编辑的负向调控作用;通过对多个内源转录本和构建报告质粒在正常条件和METTL3/METTL14双敲条件下比较分析,发现ADAR1与m^6A阳性转录本的结合能力较弱,而METTL3/METTL14双敲抑制m^6A时,ADAR1与m^6A阴性转录本的结合能力显著提高,提示m^6A修饰对A-to-I编辑的负向调控作用可能是通过调节其与ADAR1结合能力实现。研究成果于1月发表于《分子细胞》(*Molecular Cell*)。(陶欣荣)

【揭示人胚胎干细胞衍生心血管前体细胞移植非人灵长类心梗模型后对心脏保护作用】 中科院上海营养与健康研究所杨黄恬研究组与浙江大学医学院附属第二医院王建安、胡新央研究组合作,开展非人灵长类动物(NHP)心血管领域大样本研究,在NHP急性心梗模型移植人多能干细胞衍生的心血管前体细胞(hPSC-CVPCs)实验中比较单用环孢霉素,以及环孢霉素、甲泼尼龙和CD25抗体舒莱组合(MDR)免疫抑制方案对移植细胞存活、安全性等的影响。结果表明,MDR实验组中移植细胞驻留率和存活率显著高于单用环孢霉素组,但在MDR组中,移植后140天未检测到移植细胞;MDR+细胞移植组与无细胞移植组相比,心梗后内源性心肌细胞凋亡减少,左室心功能改善;MDR组及MDR+hPSC-CVPCs组移植动物心脏中T淋巴细胞浸润明显少于心梗组,单用环孢素处理不能有效保护受体心脏对移植细胞的免疫排斥反应。2种免疫抑制方案均可导致一过性肝功能损伤。研究提示旁分泌效应在hPSC-CVPCs心肌保护作用中可能发挥作用。研究成果于1月发表于《循环研究》(*Circulation Research*)。(陶欣荣)

【甲醇酵母合成生物学研究取得进展】 华东理工大学生物工程学院张元兴、蔡孟浩研究组利用酵母底盘细胞代谢甲醇的优良特性,拓展毕赤酵母作为传统重组蛋白表达系统应用范畴,构建高效、稳定、低成本、少污染的细胞工厂,为他汀类药物的异源生物合成提供思路和方法。研究成果于1月发表于《代谢工程》(*Metabolic Engineering*)。

(张桂新)

【青蒿分泌型腺毛发育机制研究取得进展】 上海交通大学农业与生物学院唐克轩研究组以寻找AaHD1调控因子作为切入点,找到一个正向调控AaHD1基因表达的HD-ZIP IV转录因子AaHD8。研究发现AaHD8正调控青蒿腺毛发育与蜡质合成,与AaMIXTA1表型类似,AaHD8与AaMIXTA1能相互作用形成复合体,通过结合AaHD1及多个蜡质角质合成酶基因启动子L1-box,协同调控这些基因表达,促进蜡质合成和腺毛起始发育。青蒿作为模式植物,揭示分泌型腺毛发育调控网络,揭示植物叶片蜡质合成和腺毛发育解离机制,为完善分泌型腺毛发育复杂调控网络奠定基础。研究成果于1月在线发表于《新植物学家》(*New Phytologist*)。(崔国珍)

【果蝇细胞染色质三维空间结构研究取得进展】 上海交通大学生物医学工程学院王宽诚、邵志峰、Daniel Czajkowsky

研究组应用超高深度 Hi-C 方法，通过高分辨率重新解析果蝇基因组 TAD 结构，发现 TAD 实际数目是现有注释的 10 倍，基因组全部被 TAD 覆盖，包括相对开放的活性染色质区域。TAD 通过进一步折叠形成不同功能域。该发现的普遍性在人类细胞 Hi-C 数据的重新分析中获得证实。研究发现果蝇染色质中绝大多数 TAD 边界由特异性的绝缘子蛋白复合物 BEAF-32/CP190 或 BEAF-32/chromator 所定义，而不是与人同源 dCTCF/cohesin；虽然 dCTCF/cohesin 在果蝇中并不参与 TAD 形成，但与其功能相似、不同源的蛋白复合物起到与哺乳动物细胞中 CTCF/cohesin 相同作用，表明 TAD 形成的基本机制在果蝇与哺乳动物之间保守。研究成果于 1 月在线发表于《自然通讯》(*Nature Communications*)。（崔国珍）

【发现智力发育迟滞表观遗传学机制】 上海交通大学李卫东研究组与中科院生物化学与细胞生物学研究所陈德桂研究组合作，采用基因敲除小鼠模型，阐明人类 X 染色体连锁智力发育障碍候选基因-组蛋白去甲基化酶 Phf8 缺陷导致认知障碍机制，发现抗癌药物西罗莫司可治愈出现在小鼠模型中的学习记忆功能缺陷，为智力发育障碍的治疗提供可能方案。研究成果于 1 月在线发表于《自然通讯》(*Nature Communications*)。（崔国珍）

【揭示小非编码 RNA(piRNA)自我基因保卫战机制】 上海交通大学涂仕奎与华中科技大学基础医学院张冬雷等合作，应用模式生物秀丽线虫为研究对象，分析体内对 piRNA 识别靶序列模式，总结 piRNA 靶序列识别规则。对秀丽线虫基因组编码 piRNA 所有靶序列预测，发现超过一半的内源基因都被 piRNA 识别，这些内源基因具有某种特殊 DNA 序列模式内含子抵御 piRNA 沉默效应。研究揭示 piRNA 作用模式，有助于加深对基因组结构组成和表达机制的认知。研究成果于 2 月在线发表于《科学》(*Science*)。（崔国珍）

【解析五羟色胺 2C 受体三维精细结构】 上海科技大学 iHuman 研究所 Raymond C. Stevens、刘志杰研究组在人体细胞信号转导研究领域取得进展。研究解析与肥胖、精神类疾病密切相关靶点——五羟色胺 2C 受体三维精细结构，并以此为线索，揭示人体细胞信号转导中的重要成员——G 蛋白偶联受体(GPCR)家族多重药理学分子机制，在 GPCR 结构功能研究领域具有重要影响。研究成果于 2 月发表于《细胞》(*Cell*)。（姜 涛）

【揭示植物防御素在水稻镉积累中调控机制】 中科院植物生理生态研究所龚继明研究组通过离子组学平台，鉴定能较好代表中国水稻遗传多样性的核心种质资源库及代表品种，发现在水稻籽粒和叶片中镉积累及其与其他营养离子积累相关性均具有很好多态性，预示定向控制重金属离子在水稻不同部位间积累可行。从 TN1 和 CJ06 遗传群体中克隆到一个特异调控镉在水稻叶片中积累的主效 QTL 基因 *CAL1*，研究表明该基因编码一个植物防御素类似蛋白，该蛋白通过螯合镉并跨细胞膜分泌到胞外方式，将镉从细胞质中卸载出来，进入木质部中参与长途转运。由于二者紧密结合，可能屏蔽掉螯合态镉再次跨膜通过韧皮部向水稻籽粒的再分配过程，从而定向调控其在叶片等营养器官积累。研究成果于 2 月在线发表于《自然通讯》(*Nature Communications*)。（荆爱霞）

【发现 Hippo 信号通路新成员】 同济大学生命科学院薛雷研究组通过遗传筛选发现 Hippo 信号通路调控因子 POSH。POSH 与 Kibra 协作，在眼睛和翅膀发育中调控 Hippo 通路并促进细胞增殖和器官生长，在肠道中参与调节肠道干细胞增殖和损伤修复。POSH 直接与 Hippo 信号通路上游 Ex 蛋白 C2 区域 SH3 结构域结合，对 Ex 的 K1194 位点泛素化，从而导致其降解。研究丰富 Hippo 信号通路的网络构成，为相关肿瘤诊断和治疗提供方案。研究成果于 2 月在线发表于《美国国家科学院院刊》(*PNAS*)。（史玉华）

【揭示 lincRNA RNA 甲基化修饰维持 mESCs 特性功能】 同济大学生命科学与技术学院康九红研究组发现 mESCs 特异性高表达 lincRNA 1281 具有 m6A RNA 修饰，该修饰对于 lincRNA 1281 维持 mESCs 正常分化潜能必须；发现 lincRNA 1281 作为 ceRNA 维持 mESCs 分化相关 let-7 家族 miRNAs 低表达水平，保证 miRNA 下游靶基因 Lin28a/b(维持 mESCs 多能性因子)正常表达，维持 mESCs 正常分化潜能；lincRNA 1281 调控 let-7/Lin28 轴依赖于位于其第 3 个外显子区 m6A RNA 修饰。研究成果于 2 月在线发表于《核酸研究》(*Nucleic Acids Research*)。（史玉华）

【玉米胚乳基因调控研究取得进展】 上海大学生命科学学院宋任涛研究组以玉米经典籽粒突变体 o11 为研究对象，该突变体同时影响籽粒发育和储藏物积累。发现 o11 编码胚乳特异的 bHLH 转录因子；通过转录组与染色质免疫共沉淀分析，解析 o11 下游调控网络；发现 o11 调控胚乳发育的关键转录因子(如 NKD2 和 ZmDof3)，并调控多个关键储藏物代谢关键转录因子(如 O2 和 PBF)；筛选和鉴定到多个与 o11 直接互作的蛋白，其中包括与冷胁迫应答相关的关键转录因子 ZmICE1；发现 o11 和 ZmICE1 协同调控冷胁迫应答相关的基因及植物发育中重要开关基因 ZmYODA；o11 作为关键调控因子，协调胚乳细胞发育、储藏物代谢和逆境响应等生物学过程，是胚乳整体基因调控网络的核心调控节点。研究成果于 3 月发表于《植物细胞》(*The Plant Cell*)。（陈 浩）

【胺脱氢酶/酮胺化还原酶的结构重塑和功能研究取得进展】 华东理工大学生物工程学院许建和研究组利用自主研发氨基酸脱氢酶为模板，开发 3 个胺脱氢酶，并针对其底物谱较窄问题,采用计算机辅助蛋白质工程技术,确定酶活性口袋中影响酶与大位阻底物结合关键残基(Ala113 与 Thr134),通过将其突变成分子最小的甘氨酸,实现对口袋裁剪,拓展活性口袋容积;将酶催化底物范围由最长 6 个碳链的脂肪酮拓展至 10 个碳链脂肪酮,如 2-庚酮、2-辛酮、2-壬酮,显著拓宽该酶催化底物范围。研究成果于 3 月发表于《美国化学会催化》(*ACS Catalysis*)。 (张桂新)

【揭示成年人脑海马区内无新生神经元】 复旦大学脑科学研究院/复旦大学附属中山医院神经内科杨振纲研究组与美国加州大学旧金山分校等合作,分析 59 例不同年龄段人脑海马区,发现人脑最后一个新生神经元产生于童年时期。研究分析 10 只不同年龄非人灵长类-猕猴海马脑区神经发生状况;证实与人脑类似,新生猕猴到 23 岁猕猴海马脑区内新生神经元数量随着年龄增长而大幅下降,到大约 7 岁,猕猴海马脑区难以产生新的神经元。研究结果为成年人类脑内是否有新生神经元的长期争论提供否定性证据。研究成果于 3 月在线发表于《自然》(*Nature*)。

(邵 田 邹媛媛)

【发现抗衰老关键肠道细菌】 上海交通大学生命科学技术学院赵立平研究组发现节食显著增加小鼠肠道中鼠乳杆菌菌株,减轻衰老相关系统性炎症和改善肠屏障功能;证实通过 2 周节食可在小鼠肠道中建立以鼠乳酸杆菌占优势的肠道菌群,并显著减少小鼠血液中肠道细菌来源的抗原和降低系统性炎症水平;从节食小鼠肠道中分离到占优势的鼠乳杆菌菌株,发现该菌株能在体外 Caco-2 细胞模型中降低炎症因子产生,并能延长线虫寿命;在移植老年小鼠菌群无菌小鼠中,能显著改善老年菌群造成的肠屏障破坏,减少血液中肠道细菌来源抗原并降低衰老相关系统性炎症。研究表明节食小鼠肠道中特定优势细菌乳杆菌对节食产生健康效应有重要贡献。研究成果于 3 月在线发表于《微生物》(*Microbiome*)。 (崔国珍)

【蛋白质胞内递送研究取得进展】 华东师范大学程义云研究组将含氟高分子应用于蛋白质胞内递送,在多种细胞中实现高效蛋白质递送。该递送方法的优点在于不需要对蛋白质进行任何化学修饰,递送过程中不会造成蛋白质分子变性,且递送后能很好地维持蛋白质分子生物活性。研究成果于 3 月发表于《自然通讯》(*Nature Communications*)。

(朱立峰)

【脊椎动物病毒进化研究取得进展】 复旦大学生物医学研究院张永振研究组使用大规模元转录组学方法,发现爬行动物、两栖动物、肺鱼、辐鳍鱼、软骨鱼和无颌类中 214 种脊椎动物相关病毒。研究为大多数脊椎动物 RNA 病毒群建立长期进化历史,并鉴定新的脊椎动物特异性 RNA 病毒和基因组结构,重新评估媒传 RNA 病毒进化。研究对揭示脊椎动物整个进化历史中各种病毒-宿主关联性具有重要意义。研究成果于 4 月发表于《自然》(*Nature*)。

(邵 田 邹媛媛)

【揭示蓝藻代谢与环境适应新途径】 中科院植物生理生态研究所杨琛研究组利用动态代谢流量组与代谢组分析技术,研究蓝藻对于外界氮源扰动代谢响应,发现细胞内鸟氨酸和精氨酸之间存在活跃代谢循环;发现该循环包含一步新的生化反应,即精氨酸双水解酶催化精氨酸水解生成鸟氨酸和氨。研究表明在氮源充足条件下鸟氨酸-氨循环促使氮同化及存储以最大速率进行,而在氮源匮乏时该循环使得细胞中的氮储存迅速分解,从而满足细胞生长需要。鸟氨酸-氨循环的存在提示不同物种为适应其生存环境可能进化出各种鸟氨酸循环。研究成果于 4 月发表于《自然化学生物学》(*Nature Chemical Biology*)。 (荆爱霞)

【蛋白质 VI 型分泌系统机理研究取得进展】 上海交通大学生命科学技术学院董涛研究组揭示一类 T6SS 分泌蛋白及其分泌途径,阐明 T6SS 顶端结构最小组成蛋白 PAAR 能运载分泌蛋白功能,发现该转运过程需要伴侣蛋白与共伴侣蛋白形成的伴侣蛋白复合体;解析分泌蛋白与不同运载载体之间时间和空间上结合关系。研究突破对 T6SS 分泌的线性化理解,提出多线性、多层次的竞争性分泌网络概念,为研究细菌互作机理和利用合成生物学开发蛋白转运工具提供基础。研究成果于 4 月发表于《自然微生物学》(*Nature Microbiology*)。 (崔国珍)

【发现整合素 αIIbβ3 种属差异与单抗诱导血小板减少症相关】 中科院上海药物研究所药物安全性评价研究中心谭敏佳研究组、蒋华良研究组合作,发现 CH12 在临床上诱导人体出现血小板降低风险较小;发现 CH12 能与食蟹猴外周血来源血小板结合并导致其活化,但不与人外周血来源血小板结合,也不能使其活化;以人 αIIbβ3 蛋白 3D 结构为基础,构建食蟹猴与大鼠 3D 结构并进行对比,发现食蟹猴 αIIb 亚基配体结合口袋中存在一个特异性环,氨基酸序列为 DKR,该环可能是造成 CH12 能唯独与食蟹猴 αIIbβ3 结合的原因。研究为评估和预测人体临床试验不良反应提供依据。研究成果于 4 月在线发表于《分子疗法》(*Molecular Therapy*)。 (宋文珂)

【发现病毒感染晚期机体自我保护性消炎分子】 海军军医大学曹雪涛研究组从长链非编码 RNA 角度展开研究,发现 RNA 分子 lnc-Lsm3b 能在抗病毒应答晚期通过分子诱饵竞争机制使 RIG-I 不能与病毒 RNA 结合,使 RIG-I 处于非活化状态,避免外源 RNA 持续激活效应,适时终止天然免疫应答。研究提出机体自身 RNA 能以自我识别方式反馈性地及时终止非我识别所触发的天然免疫应答与炎症反应,达到机体自我保护、自身稳定。新型 RNA 分子的发现及自我免疫识别可反馈性地促进炎症消退机制,为炎症疾病的防治研究提供思路。研究成果于 5 月发表于《细胞》

(*Cell*)。 (陈 菲)

【棉酚生物合成途径研究取得进展】 中科院植物生理生态研究所陈晓亚研究组分离鉴定棉酚生物合成途径中4个新的酶基因，并从基因组水平上解释锦葵目植物中棉酚生物合成途径演化基础，发现中间产物生理活性及其调控机制。研究成果于5月在线发表于《美国国家科学院院刊》(*PNAS*)。 (荆爱霞)

【发现肝细胞癌特异的诊断标志物】 中科院上海营养与健康研究所李亦学研究组通过比较375个肝癌组织、50个正常肝组织、184个健康人血液及3 780个其他癌症患者血液中DNA甲基化图谱，筛选出肝癌中特异高甲基化位点；建立肝癌预测模型，评估327个HCC和122个正常样本的3套独立数据集及10个临床患者样本。结果表明，肝癌预测模型对肝癌预测灵敏度92%，并能排除98%正常肝组织和其他类型癌症。发现的标志物可将HCC与其他癌症区分，为肝癌早诊提供解决方案。研究成果于5月发表于《基因组医学》(*Genome Medicine*)。 (陶欣荣)

【发现p38α在白色脂肪米色化过程中功能与作用机制】 中科院上海营养与健康研究所应浩研究组发现脂肪组织特异敲除p38α后小鼠体重减轻。低温环境下，白色脂肪p38α缺失后米色脂肪细胞比对照明显增多，米色化活动加剧；在β肾上腺素受体激动剂CL316，243刺激下，脂肪组织p38α缺失小鼠能量消耗显著增加；发现p38α缺失或活性受损后能抵抗高脂饮食诱导肥胖及db/db小鼠体重上升；发现p38α缺失后白色脂肪细胞中PKA及CREB活性同时上调，促进UCP1转录表达，细胞米色化进程加快，能量消耗增加；阐明p38α在白色脂肪米色化过程中功能，揭示白色脂肪细胞米色化具体机制，为以脂肪组织p38α作为靶点，研发治疗肥胖等代谢性疾病药物提供理论依据。研究成果于5月发表于《公共科学图书馆生物学》(*PLoS Biology*)。 (陶欣荣)

【发现人多能干细胞肝向分化关键调控因子】 中科院上海营养与健康研究所丁秋蓉研究组与邵振研究组合作，在肝脏成熟标志物白蛋白ALB终止密码子前定点敲入绿色荧光蛋白表达框，建立成熟肝脏谱系标记的人多能干细胞报告株；运用CRISPR全基因组敲除慢病毒文库大规模遗传筛选，鉴定出*ATG7*、*RPS6KA2*、*HDAC3*等若干基因参与调节人多能干细胞体外肝向分化；发现组蛋白去乙酰化酶小分子抑制剂CI-994能显著促进HLCs定向分化，抑制原代肝脏细胞体外培养过程中肝脏属性的快速丢失；证实组蛋白去乙酰化酶HDAC3是肝脏分化重要调控因子，可与肝脏谱系关键转录因子HNF4等结合共同调节肝脏细胞分化过程。研究建立高效体外细胞实验体系，用于研究人多能干细胞的肝脏细胞体外定向分化过程，为优化hPSCs向其他类型细胞分化提供方法。研究成果于5月发表于《干细胞报告》(*Stem Cell Reports*)。 (陶欣荣)

【揭示初级视觉皮层中内部连接及反馈连接功能结构】 中科院神经科学研究所蒲慕明研究组建立研究脑区间连接的双色钙成像方法，探讨树鼩中投射至初级视觉皮层(V1)的2条输入通路功能结构；发现投射至V1输入通路中，V1内部连接和次级视觉皮层(V2)反馈连接均存在风车状功能结构；通过与V1神经元功能结构比较，发现V1内部连接结构与之精准对齐，V2至V1反馈连接相对散乱，说明V1不同输入通路在其功能结构产生过程中存在不同作用；建立的双色钙成像技术有望成为研究脑区之间连接功能结构的一种手段。研究成果于5月在线发表于《美国国家科学院院刊》(*PNAS*)。 (侯新伟)

【揭示古菌参与海洋沉积物中木质素代谢】 上海交通大学生命科学技术学院王风平研究组与德国不来梅大学、瑞士联邦技术研究院合作，在前期获得的基因组信息基础上，通过添加不同类型有机质包括脂肪酸类(油酸)、蛋白质类(酪蛋白)、芳香族化合物单体(苯酚)、芳香族化合物多聚体(木质素)和结构性碳水化合物(纤维素)对深古菌进行富集培养；结果表明，只有添加木质素的培养环境能促进深古菌生长，生长代时2—3个月，深古菌将无机碳吸收到细胞膜脂；实现深古菌实验室富集生长，表明深古菌可利用木质素为能源、无机碳为碳源进行代谢生长；证实深古菌是海洋沉积物中木质素降解的重要参与者，揭示木质素在自然界的循环过程和机制，为理解海洋碳循环机制提供参考。研究成果于5月在线发表于《美国国家科学院院刊》(*PNAS*)。 (崔国珍)

【毛囊真皮干细胞研究取得进展】 上海交通大学Bio-X研究院马钢研究组在小鼠中利用Cre-LoxP和可诱导CreERT-LoxP基因敲除系统，揭示在毛囊真皮干细胞中激活Wnt/β-catenin信号通路可诱导异位毛囊形成和诱发皮肤纤维化，提出由Wnt/β-catenin信号通路与下游多个信号通路，包括BMP、FGF及NOTCH等信号交互调控异位毛囊发生。研究成果于5月发表于《分子细胞生物学杂志》(*JMCB*)。 (崔国珍)

【G蛋白偶联受体(GCGR)信号转导研究取得进展】 中科院上海药物研究所徐华强领衔科研团队，利用冷冻电镜技术解析视紫红质与抑制型G蛋白(Gi)复合物近原子分辨率结构，该结构展示GPCR与Gi蛋白相互作用界面结构细节，完善对GPCR-Gi下游转导选择性分子机制理解，为设计高效低毒GPCR靶向药物提供结构生物学基础，攻克细胞信号转导领域难题。研究成果于6月在线发表于《自然》(*Nature*)。 (宋文珂)

【胰高血糖素样肽-1受体结构与功能研究取得进展】 中科院上海药物研究所王明伟研究组与澳大利亚莫纳什大学

Patrick Sexton、Denise Wootten 研究组合作,对胰高血糖素样肽-1 受体 N 端和第一跨膜螺旋近胞外结构域 28 个氨基酸定点突变,研究多种肽类配体对受体亲和力及不同信号通路(cAMP、pERK1/2 和 Ca^{2+})激活效能。结果显示,胰高血糖素样肽-1 受体上不同氨基酸位点群调控配体亲和力及其所激活信号通路,配体之间和信号通路之间既有共性也有特性,说明该结构域对信号偏向转导起重要调节作用,为基于受体偏向激动原理设计趋利避害的药物提供思路。研究成果于 6 月在线发表于《生物化学杂志》(*JBC*)。 (宋文珂)

【突触可塑性和学习记忆研究取得进展】 复旦大学脑科学研究院那德研究组发现,可通透镁和锌离子 TRPM7 通道对于维持突触密度、突触可塑性和学习记忆有重要作用,并在动物模型上得到验证;发现敲低或敲除二价阳离子 Mg^{2+}/Zn^{2+} 通道——TRPM7 通道可降低突触密度和学习记忆,而过表达该通道的激酶结构域可缓解这种表型。研究显示该作用通过和丝切蛋白 cofilin 相互作用并抑制其活性实现;提示 TRPM7 通道在病理条件下可能是调节突触可塑性和学习记忆潜在靶点。研究成果于 6 月以封面文章形式发表于《细胞通讯》(*Cell Reports*)。 (邵 田)

【揭示铁代谢参与自身免疫性疾病发病机制】 中科院上海营养与健康研究所常兴研究组发现辅助性 T 细胞中铁代谢通过调控促炎性细胞因子表达参与自身免疫疾病,证明 RNA 结合蛋白 PCBP1 介导的转录后调控途径为连接铁代谢与细胞因子表达调控的桥梁;鉴定出调控 GM-CSF 表达的顺式作用元件及相关反式作用因子 PCBP1,揭示 GM-CSF 转录后调控机制,阐释铁代谢异常促进自身免疫疾病机制,为多发性硬化等自身免疫疾病治疗提供靶点和思路。研究成果于 6 月发表于《免疫》(*Immunity*)。 (陶欣荣)

【揭示 A1 受体和 G 蛋白在被腺苷活化过程中结构】 复旦大学药学院与澳大利亚莫纳什大学药学研究所/生物化学与分子生物学系、德国马普生物化学研究所等合作,解析激活状态下腺苷 A1 受体高分辨立体结构该受体与其天然配体腺苷及主要信号转导伙伴异源三聚体 Gi 蛋白相结合复合物,为设计和开发高选择性心血管疾病和神经性疼痛治疗新药奠定基础。研究成果于 6 月在线发表于《自然》(*Nature*)。 (邵 田)

【植物 miRNA 代谢研究取得进展】 复旦大学生命科学学院任国栋研究组分离鉴定拟南芥中 1 个 DEDDy 型核酸外切酶 ATRM2 参与非甲基化微小 RNA 降解过程,揭示一种 miRNA 质量监控机制。研究成果于 6 月发表于《美国国家科学院院刊》(*PNAS*)。 (邵 田)

【揭示基因在灵长类脑区空间表达和调控作用】 中科院上海营养与健康研究所 Philipp Khaitovich 研究组与日本国立自然科学研究所 Yasuhiro Go 研究组合作,从人类、黑猩猩、大猩猩、长臂猿和恒河猴的 8 个脑区收集基因表达和 H3K27ac 染色质修饰数据,揭示 1 851 个人类转录组特异性基因及 240 个黑猩猩转录组特异性基因的存在。其中,一半以上人类特异性基因在海马区神经元和星形胶质细胞中显著上调,其他人类特异性基因影响额叶皮层和小脑的小神经胶质细胞功能。通过研究驱动差异的调控元素,揭示转录因子在物种特异性基因表达变化中的作用,表观遗传修饰与物种间保守的空间表达有关。研究提供关于大脑在种间进化的分子图谱见解,探索构成人类大脑独特的分子特性。研究成果于 6 月发表于《基因组研究》(*Genome Research*)。 (陶欣荣)

【原钙黏蛋白脑发育脑功能机制研究取得进展】 上海交通大学系统生物医学研究院吴强研究组以小鼠为模式动物,发现一个原钙黏蛋白基因簇和细胞黏连激酶,通过细胞闪蛋白复合体和分子开关调控肌动蛋白细胞骨架及大脑皮层神经元迁移和树突形态发生;发现原钙黏蛋白和细胞黏附激酶通过对肌动蛋白细胞骨架的动态调控参与大脑皮层神经元的长距离迁移和神经突生长,可能是决定神经元树突的自我回避及神经细胞身份识别的普遍机制;原钙黏蛋白对肌动蛋白细胞骨架的动态调控是同一神经元的很多树突之间及在轴突空间规则排列中轴突之间产生特异性排斥力的分子基础。研究为揭示原钙黏蛋白家族在中枢神经系统发育过程中功能提供基础。研究成果于 6 月在线发表于《e 生命》(*eLife*)。 (崔国珍)

【揭示组蛋白乙酰化对大脑炎性衰老相关基因抑制模式】 中科院上海营养与健康研究所韩敬东研究组通过对人和小鼠大脑中 H3K27ac 和基因表达数据整合分析,发现随衰老上调和下调的基因上具有不同 H3K27ac 修饰模式;富集免疫相关功能并随衰老上调基因体上有更广泛 H3K27ac 修饰,这些修饰随衰老逐渐丢失;基因体超乙酰化抑制炎性衰老相关基因过度激活,基因体上 H3K27ac 水平可预测基因在衰老过程中变化方向;证实 H3K27ac 在随衰老上调或下调的基因上行使相反调控功能,提出基因体超乙酰化抑制转录模式,揭示表观遗传修饰对大脑炎性衰老基因调控模式,表明炎性衰老进程可逆性,为干预衰老相关大脑功能下降及神经退行性疾病提供视角。研究成果于 7 月发表于《美国国家科学院院刊》(*PNAS*)。 (陶欣荣)

【大脑调控进食神经环路机制研究取得进展】 上海交通大学基础医学院黄菊与新加坡科技研究局傅玉、中科院武汉物理与数学研究所徐富强研究组合作,利用特异性标记生长激素抑制素(SST)阳性神经细胞的转基因小鼠,发现在饥饿或饥饿素处理小鼠中,结节核内 SST(^{TN}SST)神经元被激活;发现激活^{TN}SST 神经元促进小鼠进食;抑制 TNSST 神经元则减少小鼠进食;^{TN}SST 神经元调控进食的作用主要通过投射到下丘脑室旁核 PVN 和终纹床核 BNST 起作用;

消除^{TN}SST 神经元可减少食物摄取，并降低小鼠体重正常增长。研究揭示下丘脑结节核生理功能，提出食欲调控机制，有助于对神经退行性疾病患者代谢或食欲变化理解。研究成果于 7 月发表于《科学》(*Science*)。 (崔国珍)

【解析人源卷曲受体(Frizzled-4)三维精细结构】 上海科技大学 iHuman 研究所徐菲研究组、赵素文研究组与美国 VanAndel 研究所等合作，解析首个人源卷曲受体三维精细结构，揭示卷曲受体在无配体结合情况下特有“空口袋”结构特征，以及其有别于以往解析的 GPCR 激活机制。研究成果于 8 月在线发表于《自然》(*Nature*)。 (姜 涛)

【水稻中调控产量性状的功能长链非编码 RNA 研究取得进展】 复旦大学生命科学学院杨金水、苏伟研究组从水稻产量性状相关基因簇 *LRK* 上游鉴定到 1 例长链非编码转录物，命名为 *LAIR*。水稻中 *LAIR* 过表达可引起 *LRK* 基因簇部分基因转录上调，改变 *LRK*1 基因组位点组蛋白修饰状态，并在植株水平产生显著增产表型。研究成果于 8 月在线发表于《自然通讯》(*Nature Communications*)。 (邵 田)

【揭示棕色脂肪调控骨骼肌机制】 复旦大学生命科学学院刘铁民研究组与美国加利福尼亚大学洛杉矶分校孔星星研究组、美国哈佛医学院 Evan Rosen 研究组合作，揭示棕色脂肪与骨骼肌之间交互作用和分子关联，拓展对代谢网络在分子、细胞和组织器官水平认识，为探究糖尿病、肥胖和骨骼肌病等代谢综合征病理机制和治疗策略提供参考。研究成果于 8 月在线发表于《细胞代谢》(*Cell Metabolism*)。 (邵 田)

【植物生长对气候变化的响应机制研究取得进展】 复旦大学生命科学学院聂明研究组发现气温上升是导致大气 CO_2 浓度升高背景下碳 4 光合作用植物逐渐占优势的原因，表明将多重气候变化因子纳入植物生产力模型和全球碳模型对预测气候变化具有指导意义。研究成果于 8 月在线发表于《科学》(*Science*)。 (邵 田)

【发现呕吐毒素致人源性细胞毒性相关的关键因子】 中科院上海营养与健康研究所武爱波研究组基于呕吐毒素 DON 致呕特性，选择胃肠系统中人胃黏膜上皮细胞 GES-1 与 DON 毒素暴露互作，发现 DON 暴露可诱导 GES-1 细胞发生氧化应激，线粒体功能失调，激活 ROS-JNK-FOXO3a 信号通路；活化的 FOXO3a 发挥转录调节作用，影响细胞抗氧化、周期阻滞及凋亡；通过模式生物线虫对 FOXO3a(同系物 DAF16)进行体内生物学功能验证；发现 DON 暴露致 GES-1 线粒体毒性及其响应的关键因子 FOXO3a(叉型头转录因子 O 亚型)，为利用人源性细胞开展真菌毒素安全性评价提供思路。研究成果于 8 月发表于《毒理科学》(*Toxicological Sciences*)。 (陶欣荣)

【鱼类抗感染免疫研究取得进展】 华东理工大学生物工程学院张元兴、刘琴研究组建立细菌感染激活鱼类细胞焦亡模型，鉴定出细菌内毒素在斑马鱼中胞内天然免疫受体蛋白 caspy2，在结合 LPS 后发生寡聚而活化，诱导鱼类细胞焦亡；阐明鱼类细胞焦亡关键分子机制，解析非经典炎症小体信号在鱼类肠道感染过程中发挥免疫防御功能，提出调控鱼类内毒素休克效应模型。研究对认识先天免疫反应在适应和进化机制中具有重要意义，为水产养殖业靶向药物设计，败血症药物和疫苗研发提供研究模型。研究成果于 8 月发表于《自然通讯》(*Nature Communications*)。 (张桂新)

【建立泥炭藓原丝体稳定再生培养体系】 华东师范大学朱瑞良研究组以四川黑水县达古冰川野生粗叶泥炭藓为材料，发现泥炭藓早期营养生长是多方向的可变过程。其中，丝状原丝体和叶状原丝体具有相互促进、相互转化的发育特点，而茎叶体虽然能从原丝体局部发育得到，却抑制原丝体生长。根据这些特点和不同组织生长发育速度差别，建立泥炭藓原丝体稳定再生培养体系。研究成果于 8 月在线发表于《新植物学家》(*New Phytologist*)。 (朱立峰)

【实现环氧水解酶完美对映汇聚】 华东理工大学生物工程学院许建和研究组与中科院上海有机化学研究所、上海交通大学等合作，将具有部分对映归一性的天然绿豆环氧水解酶进行理性设计和基因重编程，创制一个魔力新酶，在催化苯乙烯环氧化物水解反应中，实现接近完美的对映体汇聚效应，使左旋和右旋环氧底物几乎全部转化为手性药物合成所需(R)-二醇。研究成果于 8 月发表于《美国化学会催化》(*ACS Catalysis*)。 (张桂新)

【揭示编码运动速度的脊髓神经环路基础】 同济大学医学院宋建人研究组采用成年斑马鱼 ex-vivo 模型，通过全细胞膜片钳记录对 V2a 神经元开展研究，发现中速或慢速 V2a 神经元选择性地分别与快速、中速或慢速运动神经元形成强突触连接，但其他组合突触连接却很弱或没有连接；由于本身脊髓 V2a 数目限制，脊髓运动神经环路可自由产生慢速和中速运动速度，却很难产生快速运动。研究从脊髓神经元的功能多样化角度解释编码脊髓运动速度的神经环路基础，为研究脊髓神经元亚分类、神经环路构成及相关疾病奠定基础。研究成果于 8 月在线发表于《自然通讯》(*Nature Communications*)。 (史玉华)

【揭示黑皮质素受体通路调控断肢再生的生理机制】 同济大学生命科学与技术学院林古法研究组探究黑皮质素受体-4(Mc4r)信号通路调控脊椎动物断肢再生现象，阐释 Mc4r 通路通过介导能量代谢、过氧化物 ROS 产生调节断肢再生分子机制，提示促黑素 α-MSH/Mc4r 通路在断肢再生中可能具有神经营养作用。研究为了解 Mc4r 在外周器官中作用提供思路。研究成果于 8 月在线发表于《发育细胞》(*Developmental Cell*)。 (史玉华)

【揭示下丘脑次昼夜节律产生位点和网络机制】 复旦大学基础医学院黄志力研究组与日本北海道大学合作,发现下丘脑室旁核和室旁下核存在次昼夜生物节律,揭示次昼夜节律产生位点和神经网络机制。研究对理解动物睡眠周期、体温调节和激素分泌等行为或功能的次昼夜节律具有启示作用,为开发生物节律异常和睡眠障碍疗法提供思路。研究成果于9月在线发表于《美国国家科学院院刊》(*PNAS*)。 (邵 田)

【发现线粒体核酸酶MGME1介导DNA降解机制】 复旦大学生命科学学院甘建华研究组、李继喜研究组合作,解析人源线粒体核酸酶MGME1与二价金属锰离子及DNA底物复合物结构,阐明MGME1识别不同底物DNA并介导DNA降解分子机制,有助于理解MGME1缺陷引起相关线粒体疾病发生机制。研究成果于9月在线发表于《核酸研究》(*Nucleic Acids Research*)。 (邵 田)

【核酸外切酶SDN1参与植物小非编码RNA代谢分子机制研究取得进展】 复旦大学生命科学学院麻锦彪研究组在分子水平阐明SDN1识别剪切多种RNA底物工作机制,并提出SDN1在生物体内修剪小非编码RNA分子模型,对于其他参与小非编码RNA降解代谢的核酸外切酶可能作用方式提供参考。研究成果于9月在线发表于《自然通讯》(*Nature Communications*)。 (邵 田)

【嗅觉障碍治疗取得进展】 复旦大学附属眼耳鼻喉科医院鼻科余洪猛、余逸群研究组采用Lgr5EGFP-Ires-CreERT2、Rosa26-tomato和Rosa26-NICD-loxp这3种转基因小鼠,利用体外3D培养技术,上调和下调Notch信号水平,观察Notch信号通路对嗅上皮干细胞增殖和分化作用,发现嗅上皮中球状基地细胞表达富含亮氨酸的重复序列G蛋白偶联受体5阳性细胞为嗅上皮干细胞,上调Notch信号通路可促进干细胞增殖并抑制其分化,而下调Notch信号通路会促进干细胞分化并抑制其增殖,通过体外实验证实该结果。研究成果于9月在线发表于《干细胞》(*Stem Cells*)。 (邵 田)

【揭示影响眉毛浓密程度遗传机制】 中科院上海营养与健康研究所汪思佳研究组对东亚汉族人群及维吾尔族混合人群眉毛浓度开展全基因组关联研究,发现位于3号染色体3q26.33的*SOX2*与5号染色体5q13.2的*FOXD1*显著影响眉毛浓度;经与拉美人群数据荟萃分析,发现*EDAR*基因同样与眉毛浓度显著相关;对这3个信号区域进行效应位点精确定位,结果显示rs1345417位点的G向C突变会造成*SOX2*表达下调,rs12651896位点区域参与调控*FOXD1*表达,猜测这2个位点参与影响眉毛浓密度;验证*EDAR*基因对眉毛浓度影响。研究揭示影响人类眉毛浓密程度遗传机制,为拓展研究毛发密度提供思路。研究成果于9月发表于《公共科学图书馆遗传学》(*PLoS Genetics*)。(陶欣荣)

【病原感染与宿主炎症信号激活研究取得进展】 华东理工大学生物工程学院刘琴研究组利用转座子插入位点测序技术,对杀鱼爱德华氏菌在感染过程中参与调控宿主非经典炎症小体激活因子进行全面筛选,阐明细菌通过溶血素促进OMV中LPS在细胞质内释放,激活非经典炎症小体机制,为免疫防治产品开发提供依据。研究成果于9月发表于《公共科学图书馆病原体》(*PLoS Pathogens*)。(张桂新)

【揭示干扰素受体IFN-γR2形成功能性受体关键途径】 海军军医大学曹雪涛研究组发现巨噬细胞在迁移过程中与血管上皮细胞表面黏附分子E-selectin相互作用,激活巨噬细胞酪氨酸激酶分子,在细胞内对Ⅱ型干扰素受体亚基2进行位点选择性磷酸化,导致磷酸化后受体亚基2(IFN-γR2)与转运蛋白结合,促使其从高尔基体到细胞膜转运过程,在细胞膜上与干扰素受体亚基1(IFN-γR1)结合,组装为功能性干扰素受体,促使巨噬细胞能对外界存在干扰素γ产生应答反应,发挥其抗菌作用。研究从细胞因子受体膜表达调控视角分析天然免疫细胞能否有效应答并发挥功能,对慢性感染性疾病、炎症性疾病和肿瘤免疫治疗提供潜在靶点与思路。研究结果于10月发表于《细胞》(*Cell*)。 (陈 菲)

【揭示硝酸盐抑制共生结瘤机制】 中科院植物生理生态研究所谢芳研究组发现蒺藜苜蓿*nlp1*突变体或下调NLPs表达能急剧降低硝酸盐对共生结瘤的抑制,而过表达NLP1会加强抑制,蒺藜苜蓿的5个NLP均可通过PB1结构域与NIN相互作用;发现NLP1在硝酸盐信号转导过程中发挥重要作用,它能通过核-质穿梭响应并传递硝酸盐信号;发现NLP1在响应硝酸盐后进入细胞核,与NIN形成复合体,抑制NIN对下游CRE1和NF-YA1等基因激活,抑制根瘤形成及氮素固定。研究揭示NLP基因家族在硝酸盐抑制共生结瘤过程中重要作用,为提高豆科作物应对"氮阻遏"提供理论基础。研究成果于10月在线发表于《自然植物》(*Nature Plants*)。 (荆爱霞)

【发现高脂饮食致癌机制】 复旦大学生命科学学院赵健元研究组与复旦大学附属妇产科医院赵世民研究组合作,阐明高脂饮食会组织特异性激活肠道组织甲硫氨酰tRNA合酶表达,导致细胞中代谢物同型半胱氨酸以翻译后修饰形式结合到与MARS结合蛋白质上,其中包括负责感知DNA损伤并传递修复信号的ATR蛋白;ATR蛋白发生同型半胱氨酸修饰后丧失感知DNA损伤并启动修复能力,在损伤发生时无法激活下游DNA损伤修复通路,细胞中DNA损伤积累,导致肠道细胞癌变风险提升;发现抑制同型半胱氨酸修饰形成可显著降低高脂饮食在动物模型中致癌风险,表明高脂饮食致癌风险可通过一定方式降低,为营养失调诱发肿瘤预防和治疗策略提供指导。研究成果于10月发表于《细胞报道》(*Cell Reports*)。 (邵 田)

【发现 RNA 剪接基因编辑新方法】 中科院上海营养与健康研究所常兴研究组发现 98%以上内含子有保守 GU 和 AG 序列，利用 TAM 基因编辑诱导剪接位点 DNA 上 G 向 A 突变，可诱导可变外显子及组成性外显子跳读，改变可变剪接位点选择，调节互斥外显子选择，诱导小的内含子包含。研究证明可利用 TAM 基因编辑，靶向 DNA 上 RNA 剪接顺式元件，高效调控 RNA 剪接，用于研究 RNA 可变剪接功能及人类遗传疾病治疗。研究成果于 10 月发表于《分子细胞》(*Molecular Cell*)。 (陶欣荣)

【发现非常规酮酸单加氧酶】 华东理工大学生物工程学院许建和研究组报道一种具有高度非常规位置选择性 Baeyer-Villiger 单加氧酶，在温和条件下将长链脂肪酮酸高选择性转化为中长链 α，ω-二元酸，建立基于可再生植物油脂两步酶法制备高附加值精细化学品过程。研究为油脂生物转化合成二元酸化学品提供路线，可大幅提高生物催化剂活力和稳定性，提高反应效率，对发展高效环保的生物基化学品绿色制造技术具有重要意义。研究成果于 10 月以封面文章形式发表于《化学生物化学》(*ChemBioChem*)。 (张桂新)

【揭示卵子独特表观遗传状态建立机制】 同济大学生命科学与技术学院高绍荣研究组与中科院生物物理研究所朱冰研究组合作，发现卵细胞基因组 DNA 甲基化水平正常建立的首个保障因子 Stella，报道 Stella 通过抑制 DNMT1 介导的起始性 DNA 甲基化，揭示卵子发生过程中 DNA 甲基化模式建立机制。研究在体内证实 DNMT1 可作为起始性 DNA 甲基化转移酶，打破关于 DNMT1 只维持性 DNA 甲基化转移酶论断。研究成果于 11 月在线发表于《自然》(*Nature*)。 (史玉华)

【miRNA 调控植物种子发育研究取得进展】 复旦大学郑丙莲研究组通过构建胚乳特异的不能被 miR159 切割的 MYB33 过表达转基因植物，以及该转基因植物在胚乳核分裂过程中表型发现，胚乳特异性 MYB33 滞留确实导致受精后中央细胞不能起始核分裂过程，能重现父本特异性缺失 miR159 情况；证明受精后中央细胞中 MYB33 和 MYB65 表达清除完全由父本来源 miR159 介导；明确精细胞携带除遗传信息以外 miRNA 小分子如何通过清除母本传递路障，从而确保受精后合子第一次分裂事件发生。研究结果有助于中央细胞起始核分裂过程研究。研究成果于 11 月在线发表于《自然通讯》(*Nature Communications*)。 (邵 田)

【构建 RNA 结合蛋白的剪接调控作用预测模型】 中科院上海营养与健康研究所王泽峰研究组探究 RNA 结合蛋白中存在大量序列低复杂区域在 RNA 选择性剪接中扮演功能，构建人工剪接因子方法，检测 12 种代表性序列低复杂区域在不同 RNA 位置剪接活性，发现低复杂区域在 RNA 选择性剪接中有位置依赖性，且相似序列组成具有相似剪接活性。研究将机器学习方法用于构建 RNA 结合蛋白的剪接调控作用预测模型，揭示 RNA 结合蛋白序列组成偏好性对其调控作用影响，为研究 RNA 结合蛋白的剪接活性提供指导。研究成果于 11 月发表于《细胞系统》(*Cell Systems*)。 (陶欣荣)

【发现关键内质网伴侣蛋白协同自噬途径负反馈调节细胞应激反应机制】 中科院上海营养与健康研究所李于研究组发现一种内质网分子伴侣 calreticulin 通过增强细胞自噬途径降解错误折叠蛋白质，缓解内质网应激。该调控机制的发现为分子伴侣蛋白维持细胞内稳态作用和机制提供认识。研究成果于 11 月发表于《生物化学杂志》(*JBC*)。 (陶欣荣)

【开发表观遗传通路统计算法】 中科院上海营养与健康研究所 Andrew Teschendorff 研究组开发 CellDMC 统计算法，可确定特定基因组位点变化及导致这些 DNA 甲基化变化细胞类型，对 DNA 甲基化变化的识别灵敏度超过 90%。利用真实 EWAS 数据进行算法测试，表明类风湿性关节炎相关的大量 DNA 甲基化变化发生于特定血细胞亚型(B 细胞)，这种 B 细胞改变在该疾病发生机制中尤其重要。该算法识别暴露于烟雾致癌物质的正常细胞和肺癌祖源细胞中 DNA 甲基化变化，有助于将吸烟有关表观遗传通路与肺癌关联。该技术具有检测疾病相关和疾病风险相关细胞类型改变能力，对鉴定和开发表观遗传疾病风险生物标志物有重要意义。研究成果于 11 月发表于《自然方法》(*Nature Methods*)。 (陶欣荣)

【揭示光合效率提高电子链重构机制】 上海交通大学生命科学技术学院许平研究组通过在蓝藻中引入苯乙醇合成途径和人工解反馈抑制模块，31.5%光合固定碳被重定向至莽草酸途径，用于苯乙醇和芳香氨基酸合成。基因工程蓝藻的氧气释放和碳固定效率分别提高 29.9%和 68.7%。研究发现，蓝藻碳吸收和固定途径被上调，电子传递链上不同组分发生较大变化，揭示电子传递链重构机制。电子链重构使光能捕获和电子传递效率提高，避免能量耗散。研究为芳香化合物生产提供技术，提高对光合电子链可塑性认知，为提高植物光合效率和人工光合自养体系设计提供指导。研究成果于 11 月以封面文章形式发表于《应用化学国际版》(*Angew. Chem. Int. Ed.*)。 (崔国珍)

【青蒿素调控机制研究取得进展】 上海交通大学唐克轩研究组发现响应茉莉酸信号转录激活复合体 AaTCP14-AaORA 通过共同激活青蒿素合成关键酶基因双键还原酶 2(*DBR*2)和醛脱氢酶 1(*ALDH*1)表达正向调控青蒿素生物合成。以 AaTCP14-AaORA 转录激活复合体为核心，构建包括青蒿素合成正向调控因子 MYC2 和 GSW1、负向调控因子 JAZ8 等多层次调控网络，阐明茉莉酸信号在青蒿素生物合成途径中动态调控机制，揭示参与青蒿素生物合成的茉莉酸响应调控因子间相互关系，拓宽对青蒿素转录调控机理认识,为利用转录调控策略增加青蒿素生物合成、培育高青蒿素含量品种奠定基础。研究成果于 11 月在线发表于《科学进展》(*Science Advances*)。 (崔国珍)

【揭示去泛素化酶 USP14 新底物及该酶在非酒精性脂肪肝发生发展中机制】 中科院上海药物研究所谭敏佳研究组与复旦大学中山医院内分泌科李小英研究组合作,通过大规模定量蛋白质组学、泛素化组学和蛋白-蛋白相互作用组学等蛋白质组学技术联用,结合生物信息学综合分析,鉴定 USP14 靶蛋白,证明脂肪酸合成通路关键酶——脂肪酸合成酶(FASN)是 USP14 靶分子之一;发现肥胖小鼠通过 USP14 表达增高使 FASN 泛素化水平降低从而提高其稳定性,导致甘油三酯合成增加,促进非酒精性脂肪肝发生发展。研究揭示泛素化酶 USP14 在脂肪肝发生发展中机制,提示其可能成为治疗脂肪肝和相关代谢性疾病潜在药物靶标。研究成果于 11 月发表于《自然通讯》(*Nature Communications*)。 (宋文珂)

【揭示人源关键核酶 RNase】 上海交通大学医学院附属第九人民医院雷鸣研究组揭示人源关键核酶 RNase P 催化 tRNA 前体加工成熟分子机制;从人的细胞中提取出 RNase P 复合物并利用冷冻电镜单颗粒重构技术解析人源 RNase P 全酶及其与底物复合物近原子分辨率结构;该结构揭示人源 RNase P 同样通过双锚定机制识别 tRNA 底物,tRNA 结合诱导酶催化中心巨大构象变化,使该酶从失活转化到活性状态;提出 RNase P 这一古老核酶的进化模型,揭示细菌 RNase P RNA 亚基中辅助 RNA 元件逐步退化,进化到高等生物中由更加复杂蛋白质组分所替代。研究成果于 11 月发表于《细胞》(*Cell*)。 (冯知周)

【揭示真核生物转运 RNA 前体 5′端加工成熟机制】 上海交通大学医学院附属第九人民医院雷鸣研究组解析酵母内源 RNase P 全酶及其与底物 pre-tRNA 复合物结构,该结构揭示真核生物中 RNase P 各亚基在空间上原子分辨率组织形式,各蛋白质亚基紧密交织形成钩状结构,稳定 RNA 催化亚基构象;发现 RNase P 以双锚定机制识别 tRNA 前体;tRNA 的 5′端被特异锚定在催化中心,促使其完成切割反应;底物 tRNA 结合诱导该酶催化中心关键残基巨大构象变化;提出 RNase P 催化反应双镁离子模型,阐释该古老核酶的催化分子机制。研究提出真核生物 RNase P 催化底物 tRNA 前体切割成熟的分子机制,对核酶及 RNA 结构生物学研究有重要意义。研究成果于 11 月发表于《科学》(*Science*)。 (冯知周)

【壳斗科林木分子鉴定体系开发和运用】 项目由上海辰山植物园承担,12 月 18 日通过市绿化市容局验收。项目优化壳斗科不同器官组织(叶片、种子、树皮等)中总 DNA 提取实验配方,获取可用于分子鉴定的高质量 DNA;对基于叶绿体全基因组发表的 DNA 候选条码进行测试,表明 *ycf*1、*psb*A-*trn*H、*atp*I-*apt*H、particle *mat*K 具有最高变异位点数,且扩增灵敏,可用于鉴别栎属主要的组;基于二代测序技术进行转录组分析,开发可用于分辨栎属近缘种 SSR;基于 RAD-seq 对国产栎属物种初步建立标准库,为栎属植物的精确鉴定提供序列;整合叶绿体及核 DNA 条形码序列,明确运用于栎属不同层次鉴定方案,为栎属植物种质分子鉴定提供参考。 (王文进)

【华东地区蕨类植物自然杂交种物种生物学研究】 项目由上海辰山植物园承担,12 月 18 日通过市绿化市容局验收。项目用叶绿体基因片段、核基因片段,简化基因组等确定哀牢山铁线蕨、梅山铁线蕨、德化鳞毛蕨、黑足鳞毛蕨、裸叶鳞毛蕨是自然杂交种,并明确其父母本来源。综合应用比较形态特征、孢粉大小和流式细胞分析基因组值方法,对自然杂交种及疑似亲本开展物种生物学研究,探讨其遗传变异及分布范围,阐明华东地区蕨类植物自然杂交种起源和物种间网状进化关系。 (王文进)

【二穗短柄草耐热相关 bZIP 转录因子的功能研究】 项目由上海辰山植物园承担,12 月 20 日通过市绿化市容局验收。项目围绕 bZIP 基因克隆定位和功能方面开展研究,发掘 3 个耐热相关 bZIP 转录因子,定位于细胞核,转基因拟南芥植株的耐热性明显提高;证明 3 个基因的启动子能响应热处理信号,上调基因表达;获得 5 个 bZIP 二穗短柄草转基因株系,建立冷季型草坪草耐热生理、生化指标评价体系。项目申请发明专利 1 件;发表 SCI 论文 2 篇。 (王文进)

【蕨类植物叶功能性状的演化及其生态适应性】 项目由上海辰山植物园承担,12 月 20 日通过市绿化市容局验收。项目通过野外考察,实测包括地生、岩生、附生、水生等 28 科 85 属 320 种蕨类植物 8 种叶功能性状,覆盖较为丰富的蕨类植物多样性和生境多样性;通过蕨类植物功能性状与种子植物比较、蕨类植物不同生活型比较及蕨类植物性状之间联系等,归纳蕨类植物功能性状与生态适应性一般特点,以及不同生活型之间差异;重建蕨类植物功能性状演化历史,推断蕨类植物叶性状在裸子植物森林占优势时期分化,尤其是水龙骨目功能性状在被子植物森林繁盛后发生与森林环境相适应的剧烈分化。项目发表论文 4 篇,其中 SCI 论文 1 篇。 (王文进)

【揭示新生造血干细胞在体归巢全过程】 中科院上海营养与健康研究所潘巍峻研究组首次完整解析体内造血干细胞归巢全过程,并率先报道造血干细胞归巢关键微环境细胞-先导细胞。采用可变色荧光蛋白建立造血干细胞标记系统,在高分辨率共聚焦荧光显微镜下,建立造血干细胞长时程活体观察追踪方案,呈现新生造血干细胞归巢全过程,为提高造血干细胞移植效率的转化研究提供理论依据。研究成果于 12 月以封面文章形式发表于《自然》(*Nature*)。 (王文琦 陶欣荣)

【辅酶偏好性改造研究取得进展】 华东理工大学生物工程学院许建和研究组提出一种辅酶特异性反转-小巧突变库设计策略，设计包含5个突变子的小巧定点突变库，快速筛选到辅酶偏好性反转且活性较高突变体。将所得最好突变体应用于酶法转化鹅去氧胆酸合成熊去氧胆酸，产率提高，成本降低。研究有助于加快熊去氧胆酸的工业化生物合成进程。研究成果于12月发表于《美国化学会催化》(*ACS Catalysis*)。 （张桂新）

【羰基还原酶热稳定性和催化活性研究取得进展】 华东理工大学生物工程学院许建和研究组利用突变作用的加和性和协同性同时提高羰基还原酶LbCR热稳定性和催化活性；最优突变体LbCRM8在40 ℃下热稳定性是母本的1 944倍，催化效率kcat/KM是母本3.2倍；实现阿托伐他汀前体6-氰基-3R, 5R-二羟基己酸叔丁酯规模生物制备。研究成果于12月发表于《美国化学会催化》(*ACS Catalysis*)。 （张桂新）

【揭示美国白蛾种群入侵分子机制】 中科院植物生理生态研究所詹帅研究组、黄勇平研究组与中国林业科学院森林生态环境与保护研究所等合作，分析美国白蛾在中国环渤海地区多个发生地点的群体遗传学特征，发现入侵中国的美国白蛾种群在基因组水平呈现典型瓶颈效应，溯祖分析显示种群收缩始于其传入中国之前，提示中国的美国白蛾种群起源于其他国家入侵种群而非由原发地直接输入；提出代谢可塑性促进外来入侵种快速适应新生境假说；发现美国白蛾低龄幼虫丝腺具有特殊表达格局，并鉴定到保幼激素通路、转录因子等特异性调节美国白蛾丝腺发育重要基因。研究成果于12月在线发表于《自然生态学与进化》(*Nature Ecology & Evolution*)。 （荆爱霞）

【揭示内源性胆固醇酯氧化产物影响胆固醇水平新机制】 中科院上海营养与健康研究所尹慧勇研究组分析正常对照、冠心病组、心脑血管合并组及心梗组血浆样本中来源于胆固醇酯的多种氧化产物，发现疾病不同阶段具有明显不同氧化胆固醇酯水平，并在心梗患者组明显升高。化学合成并纯化一种主要的内源性氧化胆固醇酯过氧化产物ch-13(c, t)-HpODE，用于研究该类内源性代谢物对胆固醇代谢作用。试验表明，ch-13(c, t)-HpODE可减少肝脏和腹腔巨噬细胞胆固醇含量，增加血浆胆固醇水平；ch-13(c, t)-HpODE可通过激活LXRα-IDOL-LDLR通路，抑制巨噬细胞胆固醇摄入，ch-13(c, t)-HpODE所引起的肝细胞胆固醇摄入减少依赖于LDLR和LXRα。研究成果于12月发表于《氧化还原生物学》(*Redox Biology*)。 （陶欣荣）

【发现脑内痒觉调控神经元】 中科院神经科学研究所孙衍刚研究组以小鼠为研究对象，探究中脑导水管周围灰质在痒觉调控中的细胞及神经环路机制。研究揭示中脑导水管周围灰质通过下行正反馈形式调控痒觉信息处理机制，发现该脑区的速激肽神经元对于瘙痒过程中“痒觉—抓挠”恶性循环产生至关重要；大脑速激肽神经元是遏制“痒觉—抓挠”恶性循环及治疗慢性痒潜在靶标。研究成果于12月在线发表于《神经元》(*Neuron*)。 （侯新伟）

第三节 | 医学、药学 >>

【氢气对深低温停循环的脑保护作用及其与miR-29s作用的分子机制研究】 项目由上海交通大学附属儿童医院承担，1月6日通过国家自然科学基金委验收。项目通过建立深低温停循环大鼠模型，验证氢气对深低温停循环大鼠模型的脑保护作用及对miR-29s调控效应；通过基因沉默及过表达技术，探究miR-29s在深低温停循环相关性脑损伤中作用及其分子机制；将外源性物质-氢气与内源性基因及其相关信号通路联系，推动氢分子生物医学作用机制研究。项目发表论文18篇。 （樊建花）

【揭示肝脏脂肪酸代谢关键调控机制】 中科院上海营养与健康研究所陈雁研究组发现黄体酮和脂联素受体3(PAQR3)通过促进PPARα泛素化及蛋白酶体途径依赖降解，调控肝脏脂质代谢作用机制。研究为了解肝脏脂质稳态平衡中分子机制提供理论基础，表明探讨PAQR3-HUWE1-PPARα信号通路，可为治疗非酒精性脂肪肝等代谢性疾病提供治疗靶点及思路。研究成果于1月发表于《肝脏学》(*Hepatology*)。 （陶欣荣）

【发现糖皮质激素引起肥胖的中枢调控机制】 中科院上海营养与健康研究所郭非凡研究组发现SGK1/FOXO3信号在下丘脑POMC神经元中调节糖皮质激素引起肥胖的功能，为了解糖皮质激素与脂肪异常堆积之间关系提供思路，提示下丘脑中SGK1/FOXO3信号可能是治疗肥胖及相关代谢性疾病潜在药物靶点。研究成果于1月发表于《糖尿病》(*Diabetes*)。 （陶欣荣）

【发现精确调控炎症反应动态平衡关键靶标】 海军军医大学曹雪涛研究组发现DNA修饰酶Tet2分子可通过调控RNA修饰方式，促进机体增加天然免疫细胞数量和功能，应对病原体感染及其炎症反应。该发现从免疫学角度为机体抵抗病原体感染天然免疫机制提出观点，在表观机制层面揭示Tet2参与基因表达转录后调控模式，为防治感染性疾病和控制炎症性疾病提供思路和潜在药物靶标。研究成果于2月发表于《自然》(*Nature*)。 （陈 菲）

【抗哮喘靶标发现和针灸效应物质基础研究取得进展】 上海中医药大学杨永清研究组与中科院上海药物研究所合作，发现针刺肺俞等穴位后可显著改善哮喘患者呼吸功能并提高金属硫蛋白-2(MT-2)蛋白含量,证明 MT-2 蛋白在哮喘发病中起关键作用;发现 MT-2 在气管平滑肌细胞上作用受体为肌动蛋白结合蛋白-2(transgelin-2),是国内发现并验证的首个支气管哮喘靶标;从 6 000 个化合物中筛选可特异性结合针刺抗哮喘靶标 transgelin-2 小分子,验证类针刺舒张气管平滑肌作用的先导化合物 TSG12 是具有良好临床应用前景的潜在抗哮喘药物,并证明 transgelin-2 受体活化后通过钙敏化途径舒张气管平滑肌效应机制。研究成果于 2 月以封面文章形式发表于《科学转化医学》(*Science Translational Medicine*)。 (何燕铭)

【发现维生素 C 可促进髓鞘再生】 中科院上海药物研究所谢欣研究组建立少突胶质前体细胞(OPC)向少突胶质细胞(OL)分化的高通量药物筛选体系,发现维生素 C(VC)可有效促进 OPC 向 OL 分化及成熟;OPC 与神经元共培养体系中,VC 可有效促进髓鞘包裹;在药物诱导小鼠脱髓鞘动物模型中,VC 可加快 OL 生成及髓鞘修复。研究显示,VC 主要在细胞内起作用,且其促 OPC 向 OL 分化作用与其抗氧化功能无关。研究成果于 2 月发表于《神经胶质》(*Glia*)。 (宋文珂)

【发现光激活时空可控性纳米粒可治疗三阴性乳腺癌(TNBC)转移】 中科院上海药物研究所药物制剂研究中心李亚平、张鹏程、孟庆硕、孟佳合成光动力聚合物 Ce6-PDOEI,并与化疗药物多西他赛(DTX)和 DSPE-PEG 5000 通过自组装形成聚合物胶束,在表面通过正负电荷作用吸附压缩抗 Twist siRNA,构建一种光驱动和时空可控起效的纳米粒 CDTN,初步实现对转移性乳腺癌的光动力-化疗-基因治疗联合治疗。研究揭示 CDTNs 抗 TNBC 转移机制,为治疗转移性 TNBC 提供思路。研究成果于 2 月发表于《美国化学会纳米》(*ACS Nano*)。 (宋文珂)

【揭示蛋白质修饰调控 RNA-m6A 修饰关键酶 METTL3 催化功能分子机制】 上海交通大学医学院余健秀研究组发现在细胞中敲低类泛素蛋白修饰分子(SUMO)特异性蛋白酶 senp1 可明显降低细胞内 RNA 的 m6A 修饰水平,METTL3 在其第 177/211/212/215 位赖氨酸残基上发生 SUMO 化修饰;这一修饰未影响到该蛋白稳定性及其在细胞中定位,也未改变该蛋白和 METTL14 及 WTAP 之间相互作用;发现 METTL3 的 SUMO 化修饰可显著抑制其 m6A 甲基化转移酶活性、促进特异癌细胞的克隆形成及肿瘤生成。研究成果于 2 月在线发表于《核酸研究》(*Nucleic Acids Research*)。 (冯知周)

【发现甜菜碱 Betaine 减轻多发性硬化症(MS)小鼠临床症状】 同济大学生命科学与技术学院杜昌升研究组通过构建小鼠多发性硬化症模型,发现甜菜提取物 Betaine 可减轻 EAE 小鼠临床症状;Betaine 可通过抑制 DC/IL-6 分泌和 Th17 分化缓解 MS 病理;与对照组相比,Betaine 治疗组小鼠 EAE 症状显著缓解,表现为具有临床评分降低、中枢神经系统白细胞浸润减少和神经纤维脱髓鞘现象明显改善。研究为 Betaine 预防小鼠 EAE 发病提供理论依据,为 MS 机制研究和疾病治疗提供线索。研究成果于 2 月在线发表于《免疫学杂志》(*The Journal of Immunology*)。 (史玉华)

【揭示长链非编码 RNA MEG3 抑制肝癌发生机制】 同济大学生命科学与技术学院陆东东研究组与同济大学附属东方医院肝病科合作,发现 MEG3 在人类肝癌组织中表达极低,且能抑制肝癌细胞体内外生长。研究显示,MEG3 促进 miR122 成熟及其靶向丙酮酸激酶 M2(PKM2)非编码区,减少 PKM2 表达和核定位;PKM2 磷酸化(pPKM2/Ile 429/Leu 431)减少直接降低 β-catenin 进入细胞核的量及其发挥转录因子作用,抑制癌性相关基因(如 c-Myc 和 CyclinD1)表达;发现 MEG3 通过增加 PTEN 的 mRNA 甲基化而稳定 PTEN, PTEN 又能增加 GSK3β 的 Tyr216 位磷酸化修饰,GSK3β(Tyr216)促进 β-catenin 磷酸化(pThr4、pSer33、pSer35、pSer37),并导致 β-catenin 泛素化降解。研究成果于 2 月在线发表于《细胞死亡及疾病》(*Cell Death and Disease*)。 (史玉华)

【发育性髋关节发育不良致病基因鉴定及 *PTH1R* 基因突变在其发病中作用机制研究】 项目由上海交通大学附属儿童医院承担,3 月 9 日通过国家自然科学基金委验收。项目发现前列腺素 F2α 受体基因(PTGFR)终止密码子突变可能与发育性髋关节发育不良(DDH)发病密切相关。分析显示,PTGFR 在所有人群(包括各类疾病和正常人群)中突变率 1.6/100 000,突变所在区域从鱼类到人类各个物种中高度保守,突变有高度蛋白功能损害性和致病性,PTGFR 及其所在信号通路在软骨细胞增殖、分化和软骨结节形成中发挥关键调控作用,软骨异常发育与 DDH 发病和发展密切关联。PTGFR 表达结果提示 PTGFR mRNA 和蛋白在 DDH 病例关节囊和圆韧带中较对照组明显低表达,提示 PTGFR 可能直接参与 DDH 表型形成。项目发表论文 3 篇。 (樊建花)

【与高血压相关微小核苷酸-210(miR-210)调控人视网膜血管内皮细胞功能机制研究进展】 项目由上海中医药大学附属岳阳中西医结合医院张腾研究组承担,3 月 20 日通过国家自然科学基金委验收。项目表明胰岛素样生长因子 2(IGF2)为 miR-210 在人视网膜血管内皮细胞中直接调控基因靶点,miR-210 通过下调 IGF2 表达使 p38 MAPK 磷酸化,抑制人视网膜血管内皮细胞血管新生相关功能。研究提示 miR-210/IGF2/p38 MAPK 信号通路在抗视网膜血管新生过程中可能的重要作用。 (何燕铭)

【发现 E3 泛素连接酶 Peli1 在系统性红斑狼疮(SLE)中功能与作用机制】 中科院上海营养与健康研究所肖意传研究组利用遗传小鼠模型和临床患者数据验证,揭示 E3 泛素连接酶Peli1可通过负调节非经典NF-κB信号通路，抑制B细胞自身抗体产生及SLE发病。研究表明Peli1缺失影响NIK泛素化降解作用，导致NIK堆积与非经典NF-κB信号通路过度活化，促进抗自身抗体大量分泌及自身免疫性炎症发生发展。在临床SLE患者样本中，患者外周血单核细胞中PELI1表达与SLE病理评分及血清中IgG浓度等呈负相关性，证明PELI1负调节人SLE病理作用。研究为SLE疾病小分子药物开发与临床治疗提供依据。研究成果于3月发表于《自然通讯》(*Nature Communications*)。 (陶欣荣)

【发现肠道菌群中糖尿病营养干预靶标】 上海交通大学生命科学技术学院赵立平领衔国际研究团队，发现通过提供丰富多样的膳食纤维，可使人体肠道内特定有益菌群升高，改善2型糖尿病临床症状。提出以生态学上的功能群为基础方法研究肠道菌群中成员在人体健康和疾病中的作用，与以分类地位为基础的分析方法相比，为微生物组数据降维提供更加符合生态学意义的方式，更好鉴别出与人体健康和疾病相关肠道菌群重要功能成员。研究说明通过增加肠道中功能活跃的重要细菌成员恢复或增强肠道生态系统中失去或减少重要功能，是重建健康肠道菌群关键，能帮助宿主改善疾病表型，为研究肠道菌群与慢性代谢性疾病关系提供思路和方法。研究成果于3月发表于《科学》(*Science*)。 (崔国珍)

【发现治疗亨廷顿病(HD)小分子药物候选物】 中科院上海药物研究所谢欣、胡有洪研究组与复旦大学鲁伯埙研究组合作，发现GPR52小分子拮抗剂对神经退行性病变HD具有潜在治疗作用；发现G蛋白偶联受体GPR52与HD发生发展存在密切联系，小鼠在体敲除GPR52基因可显著拯救HD相关表型，提示GPR52可能是潜在HD治疗靶点。采用高通量筛选方法，获得特异性阻断GPR52小分子化合物E7；证明靶向GPR52小分子药物对疾病潜在治疗作用。研究成果于3月在线发表于《大脑》(*Brain*)。 (宋文珂)

【揭示降尿酸药物苯溴马隆在肥胖个体中具有独特肝毒性机制】 中科院上海药物研究所王贺瑶研究组发现，应用苯溴马隆治疗高尿酸血症患者肝功能与其肥胖指数负相关，且苯溴马隆用药时间较长的肥胖患者更易发生肝损伤。研究为高尿酸血症患者降尿酸药物治疗提供指导，在临床给肥胖或高脂血症患者应用苯溴马隆时应更加严格监测患者肝功能，符合精准医疗及个体化用药治疗理念。研究成果于3月在线发表于《生物化学与生物物理学报-疾病分子基础》(*BBA-Molecular Basis of Disease*)。 (宋文珂)

【揭示癌蛋白DUX4/IGH在白血病中发病机制】 上海交通大学医学院附属瑞金医院蒙国宇研究组与陈竺、陈赛娟研究组合作，针对急性B淋巴细胞白血病(B-ALL)致病基因DUX4/IGH开展研究，阐明DUX4/IGH驱动B-ALL发病具体分子和结构生物学基础；分析ChIp-seq数据并挖掘DUX4与下游靶基因结合的核心DNA序列，以结构生物学为切入点，探究DUX4/IGH引发白血病致病机理；阐释DUX4/IGH在B-ALL中发病机制，改变或抑制其与DNA相互作用可能抑制白血病发生，为治疗该类白血病提供靶点。研究成果于3月在线发表于《白血病》(*Leukemia*)。

(冯知周)

【揭示帕金森病神经细胞死亡机制】 华东师范大学生命科学学院廖鲁剑、唐彬研究组利用原代培养的神经元描绘线粒体轻微损伤过程中依赖线粒体激酶PINK1的蛋白磷酸化动态图谱，揭示帕金森病神经细胞死亡机制。研究成果于3月在线发表于《细胞死亡和分化》(*Cell Death and Differentiation*)。 (朱立峰)

【发现促进晚期癌症恶化进展的新型红细胞样细胞亚群】 海军军医大学曹雪涛研究组分析晚期癌症宿主器官中免疫细胞异常变化，在脾脏中发现一群能促进癌症恶性进展的细胞亚群并揭示其作用机制。研究发现，癌症原发灶通过向血液中释放β型转化生长因子，诱导脾脏红系发育障碍并产生一类表达Ter-119红系细胞标志的细胞亚群，被命名为Ter细胞；位于脾脏内的该细胞能分泌大量神经营养因子artemin，导致血中artemin水平显著升高，促进癌细胞侵袭转移并伴随恶性贫血。研究为癌症预后判断和干预治疗提出潜在靶点，提出切除晚期癌症患者脾脏或选择性清除Ter细胞有助于综合治疗晚期癌症观点。研究成果于4月发表于《细胞》(*Cell*)。 (陈 菲)

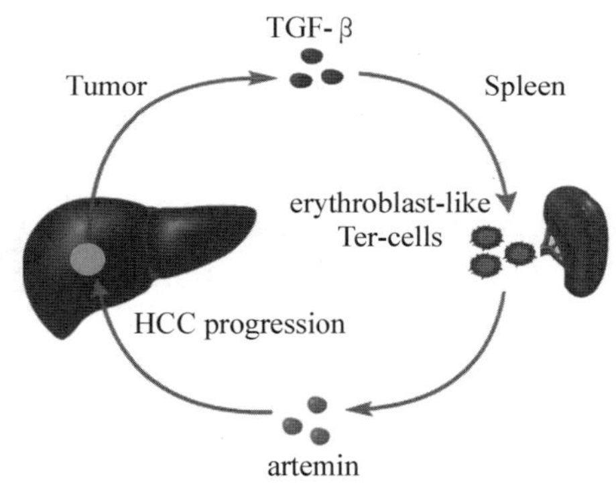

Ter细胞通过分泌artemin促进肿瘤转移分子机制模式图

【细胞坏死研究取得进展】 复旦大学生命科学学院李继喜与美国哥伦比亚大学、哈佛大学医学院合作，通过固体核磁共振技术和X光晶体衍射方法解析RIPK1-RIPK3异源淀粉样信号复合物高分辨率三维结构。研究表明，具有RHIM结构域蛋白如TLR信号通路中TRIF及胞质DNA感知蛋白DAI均能高聚成纤维，并可阻断RIPK3介导细胞坏死。异源淀粉样复合物可能在天然免疫应答中起到重要功能作用，并介导不同细胞命运如细胞死亡、NF-κB转录激活等。研究成果于4月在线发表于《细胞》(*Cell*)。

(邵 田)

【肿瘤基因组大数据分析及精准治疗靶向设计取得进展】 上海中医药大学脾胃病研究所季光研究组与美国印第安纳大学卢雄斌合作,以大数据深度分析和临床样本的病理分析,针对特异基因突变和染色体异常肿瘤,发现 SA2 基因突变在特定肿瘤基因组有很高发生率,突变导致 SA2 蛋白功能性失活;发现肿瘤细胞中 SA2 功能缺失可由其旁系同源基因 SA1 弥补;临床前期肿瘤研究结果验证针对 SA1 精准治疗有效性,提示 SA1 可作为肿瘤精准治疗靶向基因。研究成果于 4 月在线发表于《临床调查杂志》(*Journal of Clinical Investigation*)。 (徐　鸽)

【发现组蛋白甲基转移酶 Ezh2 调节自身免疫性疾病机制】 中科院上海营养与健康研究所肖意传研究组与秦骏研究组合作,利用遗传小鼠模型揭示 Ezh2 在巨噬细胞与小胶质细胞中通过靶向抑制抗炎症性基因 Socs3 表达,介导巨噬细胞与小胶质细胞在炎症部位活化,促进炎症性肠炎与实验性自身免疫性脑脊髓炎发病。Ezh2 可通过介导 H3K27 三甲基化直接靶向抑制巨噬细胞中 Socs3 表达,促进 Traf6 蛋白稳定性,激活 TLR 诱导的下游 NF-κB 信号通路活化与促炎症细胞因子表达,参与自身免疫性炎症病理发生发展,提示其可作为自身免疫性疾病治疗靶标。研究成果于 4 月发表于《实验医学杂志》(*Journal of Experimental Medicine*)。 (陶欣荣)

【发现治疗非酒精性脂肪肝合并胰岛素抵抗靶点】 中科院上海营养与健康研究所李于研究组发现转录因子 CREBZF 在肥胖小鼠肝脏中显著上调,通过构建 CREBZF 肝脏组织特异性敲除小鼠模型,发现在饥饿再进食条件下,CREBZF 缺失引起 Insig-2a 和 Insig-1 表达增加,抑制胰岛素对肝脏脂质合成水平促进作用。在高脂高蔗糖饮食诱导肥胖小鼠模型中,发现 CREBZF 在肝脏中缺失能有效缓解肥胖引发肝脏脂质沉积。饮食诱导肥胖小鼠和遗传性肥胖小鼠肝脏中 CREBZF 表达均显著增加,在非酒精性脂肪肝患者肝脏中 CREBZF 水平也显著上调,揭示 CREBZF 在进食后或胰岛素抵抗状态下调节肝脏脂质合成过程中作用和机制,为治疗非酒精性脂肪肝和胰岛素抵抗等代谢性疾病开拓治疗策略。研究成果于 4 月发表于《肝脏学》(*Hepatology*)。 (陶欣荣)

【发现 $ST2^+$ ILC2 分泌 IL-17 分子机制及其在肺部炎症反应中致炎作用】 中科院上海营养与健康研究所邱菊研究组与上海交通大学医学院沈蕾研究组、上海交通大学附属同仁医院检验科盛慧明研究组合作,发现在 IL-33 和木瓜蛋白酶诱导的肺部炎症条件下,可刺激 $ST2^+$ ILC2 分泌 IL-17,该现象不依赖于适应性免疫系统,且 $ST2^+$ ILC2 分泌 IL-17 依赖于转录因子 Ahr;利用骨髓移植技术,发现来自造血系统的 IL-33 下游 Myd88 信号对 $ST2^+$ ILC2 分泌 IL-17 必不可少,IL-33 和白三烯介导的 NFAT 信号通路协同促进 IL-17 表达;发现 ILC2 在 IL-33 作用下此消彼长地分泌 IL-17 和 GM-CSF 的动态变化,可能对肺过敏性疾病的炎症发生进展起重要作用。研究成果于 4 月发表于《过敏反应与临床免疫学杂志》(*Journal of Allergy and Clinical Immunology*)。 (陶欣荣)

【揭示临床背景下细胞衰老及衰老相关分泌表型调控机制】 中科院上海营养与健康研究所孙宇研究组发现由药物毒副作用引发 DNA 损伤效应在临床治疗过程中引发体内细胞发生被动衰老,并在诱导衰老细胞出现强烈、持续和长期分泌表型过程中起关键作用。研究成果于 4 月发表于《自然通讯》(*Nature Communications*)。 (陶欣荣)

【揭示神经肽 Y 受体 Y1R 与多种药物分子相互作用机制】 中科院上海药物研究所吴蓓丽研究组在测定 Y1R 三维结构基础上,综合运用氨基酸互补突变、细胞信号转导、核磁共振、计算机分子对接模拟、光交联和质谱等技术手段,研究 Y1R 与其天然配体神经肽 Y 相互作用模式,探索神经肽 Y 与 Y1R 结合时结构变化;搭建 Y1R 与神经肽 Y 结合复合物模型,阐明 Y1R 与其天然配体结合模式,发现与受体选择性密切相关的神经肽 Y 的 N 端区域在 Y1R 受体中结合位点,促进对于神经肽 Y 受体细胞信号识别机制的理解,对于设计高特异性新型药物具有指导意义。研究成果于 4 月在线发表于《自然》(*Nature*)。 (宋文珂)

【构建新型肿瘤疫苗】 中科院上海药物研究所药物制剂研究中心于海军、李亚平、王亭亭、王当歌构建一种个性化肿瘤疫苗 PVAX,可在肿瘤手术切除创口注射给药。在 808 nm 激光照射下,PVAX 能实现高效光热转化,产生光热效应,激发 JQ1 和肿瘤相关抗原释放,增强 PVAX 抗肿瘤免疫应答效应。PVAX 能激活肿瘤特异性免疫记忆效应,抑制手术后乳腺癌复发和转移。研究成果于 4 月在线发表于《自然通讯》(*Nature Communications*)。 (宋文珂)

【实现利用小分子化合物在体心肌细胞转分化】 中科院上海药物研究所谢欣研究组基于体内心脏部位微环境可能有助于 CiCM 产生及存活假设,在体外可诱导 CiCM 产生小分子组合 CRFVPTM 给予小鼠,通过谱系追踪实验发现小分子组合可将心脏部位成纤维细胞诱导成 CiCM,转分化现象仅在给药 1 周后开始出现;给药 6 周后,出现的 CiCM 从形态及各类心肌相关标志物表达方面均接近于临近心肌细胞。研究证实小分子药物可在体内诱导体细胞的原位重编程并进行功能性修复。研究成果于 4 月在线发表于《细胞研究》(*Cell Research*)。 (宋文珂)

【靶向纳米药物肿瘤多模式治疗研究取得进展】 上海中医药大学交叉科学研究院陈红专、栾鑫与上海交通大学医学院方超研究组合作,构建基于氧化石墨烯载体的共递送光敏剂、缺氧活化的前药和核酸药物靶向共递送系统,通过诱导和利用肿瘤缺氧,实现肿瘤血管靶向联锁三模式联合治

疗。研究成果于5月以封面文章形式发表于《先进科学》(*Advanced Science*)。（徐 鸽）

【发现抗肿瘤血管新生靶点】 上海中医药大学附属曙光医院李琦研究组、瑞典卡罗林斯卡医学院 Yihai Cao 研究组、深圳大学第一附属医院合作，发现对大肠癌、肝癌等富含脂肪组织肿瘤使用抗血管新生药物(AAD)，会使肿瘤组织氧气和营养耗竭，形成缺氧微环境，触发肿瘤组织周围或内部脂肪细胞分解储存脂质，为肿瘤细胞提供能量，促进肿瘤发展，并刺激对AAD耐受癌细胞增殖。研究发现通过脂质代谢重新编程抵抗AAD抗药性替代机制；发现CPT1可阻止游离脂肪酸诱导的肿瘤细胞生长，提出AAD与脂质代谢途径联合治疗方式，为癌症治疗提供治疗概念。研究成果于5月发表于《细胞代谢》(*Cell Metabolism*)。（徐 鸽）

【膀胱癌转移机制研究取得进展】 中科院上海药物研究所黄锐敏、周虎与南京大学模式动物研究所严俊，南京大学附属鼓楼医院泌尿外科系郭宏骞合作，利用低侵袭和高侵袭能力的2个膀胱癌细胞系亚群并进行蛋白质谱分析，发现Wnt配体之一的Wnt7a是膀胱癌侵袭转移蛋白，揭示肿瘤中Wnt7a过表达激活经典Wnt/β-catenin通路促进膀胱癌转移分子机制。研究成果于5月在线发表于《生物化学杂志》(*JBC*)。（宋文珂）

【揭示PML核体组装机制】 上海交通大学医学院附属瑞金医院陈竺、蒙国宇研究组与法国巴黎第七大学 Hugues de The 研究组合作，揭示PML核体组装机制及PML自身SUMO化修饰结构基础，发现PML-RING聚合对急性早幼粒细胞白血病发病及其靶向治疗有重要意义；利用X射线晶体衍射技术解析PML-RING结构域四聚体结构；发现PML-RING介导的PML四聚体对PML核体组装起到关键作用，PML-RING四聚体是PML核体组装关键步骤，只有PML聚合后才被SUMO化修饰，进而募集含SUMO作用元件蛋白及其他相关伙伴蛋白组装为成熟PML核体。研究成果于5月发表于《自然通讯》(*Nature Communications*)。（冯知周）

【发现清除白血病起始细胞潜在靶点】 上海交通大学医学院郑俊克研究组揭示JAM3可作为功能性白血病起始细胞标记，并通过LRP5/AKT/β-catenin/CCND1信号途径，而不是其在细胞连接和迁移中的经典通路，维持白血病起始细胞干性功能。JAM3并不影响正常造血发生，有望成为根除白血病起始细胞治疗靶点。研究成果于5月发表于《临床研究杂志》(*Journal of Clinical Investigation*)。（冯知周）

【揭示眼内恶性肿瘤发病机制和治疗靶点】 上海交通大学医学院附属第九人民医院范先群研究组聚焦儿童常见眼恶性肿瘤——视网膜母细胞瘤，从染色体构象动态变化入手，率先在12号染色体13.32区域发现*GAU1*致病区，并揭示视网膜母细胞瘤发生的染色体构象调控机制；发现高表达*GAU1*预示着更低的患者生存率，为视网膜母细胞瘤患者早期诊断和预后生存提供重要检测指标和治疗靶点。研究成果于5月在线发表于《核酸研究》(*Nucleic Acids Research*)。（冯知周）

【高血脂强炎症反应ApoE/STAT4双基因敲除小鼠动脉硬化易感模型建立及其发病机制研究】 项目由复旦大学附属中山医院杨向东研究组承担，5月通过国家自然科学基金委验收。项目建立ApoE/STAT4(E/4)和ApoE/STAT6(E/6)双基因敲除(DKO)小鼠，从动物模型到细胞分子开展研究；发现阻抑STAT4显著促进高脂饲养E/4 DKO小鼠动脉粥样硬化(AS)斑块发生，阻抑STAT6却抑制E/6 DKO小鼠As斑块发展，STAT6基因敲除可减轻内膜增生；发现STAT6信号介导组胺调控CD11b$^+$ IMCs向巨噬细胞分化和泡沫细胞转化；阻断STAT6显著抑制骨髓分离细胞诱导向树突状细胞分化和成熟；对ApoE和WT小鼠的主动脉血管斑块和CD11b$^+$细胞诱导的巨噬细胞进行蛋白质组学分析，获得数十个差异表达蛋白。项目成果为阐明先天免疫在AS发生中的作用机制提供证据，为防治AS提供药物靶标。项目发表SCI论文3篇、国内期刊论文1篇。（金 菁）

【胰高血糖素样肽-1受体结构与功能研究取得进展】 中科院上海药物研究所、复旦大学药学院王明伟研究组与澳大利亚莫纳什大学药学研究所 Patrick Sexton、Denise Wootten 研究组合作，对胰高血糖素样肽-1受体N端和第一跨膜螺旋近胞外结构域的28个氨基酸进行定点突变，研究多种肽类配体对受体亲和力及不同信号通路(cAMP、pERK1/2和Ca^{2+})的激活效能。结果显示，胰高血糖素样肽-1受体上不同氨基酸位点群调控着配体亲和力及其所激活信号通路，配体之间和信号通路之间既有共性也有特性，说明该结构域对信号偏向转导起重要调节作用，为基于受体偏向激动原理设计趋利避害的药物提供思路。研究成果于6月发表于《生物化学杂志》(*JBC*)。（邵 田）

【发现内脏异位候选基因】 上海交通大学医学院附属新华医院小儿心血管研究团队通过拷贝数变异分析和斑马鱼功能实验，阐明内脏异位综合征发生机制，对散发的内脏异位综合征患者进行 Affymetrix CytoScan HD 微阵列芯片分析，发现新的罕见拷贝数变异，分析片段上基因寻找可能的致病基因，并通过斑马鱼原位杂交、反义吗啉环寡聚核苷酸基因敲低技术、mRNA过表达和cas-9基因敲除技术，探究候选基因在左右轴不对称发育中的重要作用。研究为内脏异位综合征诊断与治疗提供理论依据与靶点。研究结果于6月发表于《基因组医学》(*Genome Medicine*)。（冯知周）

【白血病转化研究取得进展】 华东理工大学药学院黄瑾研

究组发现二氢乳清酸脱氢酶(DHODH)与急性髓细胞白血病(AML)患者疾病进程和不良预后密切相关;基因编辑工具CRISPR/Cas9介导的DHODH基因敲除可显著抑制AML细胞生长,诱导AML细胞分化并发生凋亡;发现天然小分子补骨脂乙素(IBC)能抑制DHODH活性,证实IBC可直接结合于DHODH,并通过抑制DHODH诱导AML细胞分化;口服IBC可抑制AML肿瘤生长,并能在体内外有效增强AML对化疗药物阿霉素敏感性。研究证实DHODH是AML分化的重要调控蛋白,为AML分化治疗提供靶标,并为AML治疗药物开发提供候选药物分子。研究成果于6月发表于《肝脏学》(*Heamatologica*)。(张桂新)

【揭示胆囊癌免疫逃逸机制】 上海交通大学医学院附属新华医院刘颖斌研究组扩大样本量挖掘胆囊癌致病机制,发现*ERBB2*/*ERBB3*基因突变明显促进胆囊癌细胞的增殖和转移,并与胆囊癌的预后正相关;利用芯片、生物信息学分析、药物干预等技术发现*ERBB2*/*ERBB3*基因突变可通过pi3k/Akt信号通路上调PD-L1表达,抑制正常T细胞介导的细胞毒性作用,促进胆囊癌免疫逃逸和肿瘤进展。研究为胆囊癌靶向治疗联合免疫治疗提供依据,有助于探究胆囊癌预防和治疗途径。研究成果于6月发表于《胃肠病》(*GUT*)。(冯知周)

【揭示非编码miR372促进人类肝癌发生表观遗传分子机制】 同济大学生命科学与技术学院陆东东研究组与同济大学附属东方医院肝病科合作,发现miR372能抑制肝癌细胞中第10号染色体缺失的磷酸酶及张力蛋白同源基因(PTEN)表达,增强CCCTC-结合因子(CTCF)表达;CTCF使肝癌中高度上调的长链非编码RNA HULC变成环状RNA,促进Y盒结合蛋白-1(YB1)磷酸化修饰(pYB1);pYB1与β-连环素(β-catenin)结合显著抑制β-catenin泛素化降解,增强肌肉丙酮酸激酶同工酶2(PKM2)转录活性;进入细胞核中PKM2增强组蛋白H3第9位赖氨酸的乙酰化修饰(H3K9Ac);miR372过表达人类肝癌细胞中,癌蛋白erbB2启动子区域H3K9Ac修饰显著增加,并增强erbB2表达。研究表明非编码miR372通过miR372—PTEN—CTCF—pYB1—β-catenin—PKM2—H3K9Ac—erbB2信号通路促进人类肝癌恶性进展。研究成果于6月在线发表于《核酸分子治疗》(*Molecular Therapy-Nucleic Acids*)。(史玉华)

【揭示糖尿病与癌症之间通路】 复旦大学生物医学研究院施扬、石雨江研究组发现高血糖水平显著抑制身体内AMPK蛋白激酶活性,导致TET2Ser99磷酸化与TET2蛋白稳定性降低,减少TET2蛋白催化生成5-hmC。5hmC减少,肿瘤发生可能性增大。研究为糖尿病与癌症之间关系找到通路,指出部分糖尿病治疗药物能降低部分癌症爆发风险。研究成果于7月在线发表于《自然》(*Nature*)。(邵　田)

【揭示调控过敏性哮喘机制】 复旦大学基础医学院免疫学系吕鸣芳研究组阐明肠道共生菌来源脂多糖及宿主内源性脂多糖降解酶AOAH调控过敏性哮喘机制,提供肠道菌来源的内毒素调节过敏性哮喘直接证据,表明AOAH通过降解肠道LPS防止肺上皮细胞产生耐受,降低肺上皮细胞识别过敏源阈值。研究成果于7月在线发表于《实验医学杂志》(*Journal of Experimental Medicine*)。(邵　田)

【脂质体递送机制研究取得进展】 复旦大学基础医学院占昌友研究组揭示稳定型多肽分子对脑靶向脂质体体内递送发挥“双刃剑”的调节机制,阐明表面吸附天然IgM可逆向调控脑靶向脂质体免疫相容性。针对药物入脑难题,为可治疗脑部疾病(如脑肿瘤和神经退行性疾病等)脂质体药物设计提供思路。研究成果于7月在线发表于《自然通讯》(*Nature Communications*)。(邵　田)

【传统中医药提高自然杀伤细胞(NK)抗肿瘤效应研究取得进展】 上海中医药大学基础医学院中西医结合基础研究室朱诗国研究组为发现提高NK细胞抗癌效应的中药活性成分,建立多种高通量筛选体系,发现多种具有潜在开发价值的中药活性成分;发现米仔兰活性成分棟酰胺(RocA)可结合到自噬起始因子ULK1信使RNA的5’非翻译区特定序列,阻遏ULK1蛋白翻译,抑制肿瘤细胞自噬,提高进入肿瘤细胞内NK细胞来源的颗粒酶B水平,阻断自噬介导肿瘤免疫逃逸。研究提示RocA具有良好的提高NK细胞抗肿瘤效应能力。研究成果于7月发表于《自噬》(*Autophagy*)。(徐　鸽)

【提出靶向Wnt通路促进肿瘤免疫治疗新策略】 上海中医药大学交叉科学院屈祎研究组聚焦靶向Wnt信号通路的肿瘤治疗药物研究,解析Wnt/β-catenin信号通路在免疫系统激活和抑制关键作用,揭示Wnt通路异常的免疫细胞导致肿瘤免疫抑制或耐受分子机制,提出靶向Wnt通路在克服癌症免疫治疗初始性、适应性和获得性耐受的优势与挑战,为联合分子靶向治疗和癌症免疫治疗提供策略。研究成果于7月发表于《药理学趋势》(*Trends in Pharmacological Sciences*)。(徐　鸽)

【揭示人类癌症中普遍表达上调关键基因】 上海交通大学医学院附属仁济医院张志刚研究组与夏强研究组合作,揭示Rac-GTP酶激活蛋白1(RACGAP1)是人类癌症中普遍表达上调并控制肿瘤细胞生长关键基因,证明RACGAP1通过调控Hippo通路促进肝癌细胞胞质分裂和生长分子机制,为肝癌靶向治疗提供思路与潜在靶标。研究成果于7月在线发表于《胃肠病学》(*Gastroenterology*)。(冯知周)

【捕获肿瘤免疫治疗关键性靶点】 华东师范大学刘明耀、杜冰研究组发现与肿瘤相关巨噬细胞功能密切相关受体Lgr4,研究其在肿瘤微环境的重塑和抗肿瘤免疫应答中作用；揭示G蛋白偶联受体(GPCR)家族成员Lgr4在肿瘤免疫调节中的关键作用，提出并验证以Lgr4为作用靶点的肿瘤免疫治疗策略；将Lgr4阻断剂与PD-1抗体联用，遏制肿瘤细胞对于单纯免疫检查点封闭疗法的耐受，在小鼠肺癌和黑色素瘤模型中取得一定治疗效果。研究成果于7月在线发表于《癌症研究》(*Cancer Research*)。 (朱立峰)

【揭示衰老与神经退行性疾病之间的分子关联】 哈佛医学院、中科院上海有机化学研究所袁钧瑛发现细胞死亡信号通路中关键调节因子RIPK1在神经退行性疾病中起重要作用。RIPK1的活化可在神经退行性疾病小鼠模型及人类阿尔茨海默病和脊髓侧索硬化(ALS)疾病样本中被检测到。抑制RIPK1活性可减轻神经退行性疾病小鼠模型中炎症及神经细胞死亡。该发现证明RIPK1是治疗ALS/FTD重要靶点。研究成果于8月在线发表于《细胞》(*Cell*)。(徐晓娜)

【人感染H7N9禽流感后细胞免疫记忆特征研究取得进展】 复旦大学公共卫生学院余宏杰研究组与中国疾控中心病毒病所刘军研究组合作，对H7N9禽流感病毒感染病例康复后抗体水平和细胞免疫记忆特征进行研究。结果显示，人类宿主感染新亚型流感病毒后，其病毒特异性细胞免疫记忆可能与血清抗体水平具有截然不同变化趋势；揭示年龄和急性期疾病严重程度是免疫记忆在病例发病后1年内发生演变和重建的重要影响因素。研究加深对新亚型流感病毒感染人免疫反应的认识，也为基于T细胞免疫反应疫苗研发设计提供线索。研究成果于8月发表于《病毒学杂志》(*Journal of Virology*) (邵 田)

【痛觉神经生物学研究取得进展】 复旦大学基础医学院中西医结合学系王彦青研究组与哈佛大学医学院Dana-Farber癌症研究所马秋合作，揭示痛觉闸门控制学说工作机理，并阐明伤害性C纤维传入如何打开机械痛闸门控制，完善痛觉闸门控制理论。研究成果于8月在线发表于《神经元》(*Neuron*)。 (邵 田)

【发现三阴性乳腺癌治疗靶标】 中科院上海营养与健康研究所詹丽杏研究组分析三阴性乳腺癌患者转录组特征，发现经典IL6/JAK2/STAT3通路及下游信号在三阴性乳腺癌中呈异常持续激活状态，发现乳腺癌中JAK2/STAT3信号抑制子Wwox蛋白，阐明Wwox异常减弱和JAK2/STAT3异常激活的负相关关系是高度恶性三阴性乳腺癌发生转移的重要原因。研究成果于8月发表于《自然通讯》(*Nature Communications*)。 (陶欣荣)

【营养干预糖尿病研究取得进展】 中科院上海营养与健康研究所陈雁研究组利用低碳水化合物、低蛋白、高纤维模拟禁食饮食(FMD)对小鼠间歇热量限制，研究提示间歇性热量限制或间歇性氨基酸限制为有效糖尿病营养干预方案，肠道菌群部分介导了热量限制对机体代谢功能的改善作用。研究成果于8月和11月分别发表于《科学报告》(*Scientific Reports*)和《营养与代谢》(*Nutrition & Metabolism*)。 (陶欣荣)

【揭示ROS介导肿瘤免疫耐受分子机制】 上海交通大学医学院邹强研究组与易静研究组等合作，发现T细胞受体(TCR)信号诱导的ROS控制去类泛素化酶SENP3的蛋白稳定，介导转录因子BACH2去类泛素化修饰及其维持调节性T细胞免疫抑制功能活性，促进肿瘤免疫耐受建立。研究阐述ROS介导肿瘤免疫耐受分子机制，为开发肿瘤治疗靶点奠定基础。研究成果于8月发表于《自然通讯》(*Nature Communications*)。 (冯知周)

【胰腺癌免疫逃逸机制研究取得进展】 上海交通大学附属第一人民医院裘正军研究证实exosomal-miR-301a在肿瘤免疫逃逸及转移中起到调控作用。exosomal-miR-301a作为促癌分子，可能成为以胰腺癌为主的消化道肿瘤诊疗靶点。研究成果于8月发表于《癌症研究》(*Cancer Research*)。 (冯知周)

【发现抗病毒天然免疫机制】 华东师范大学生命科学学院杜冰研究组发现病毒感染显著提高小鼠下丘脑和垂体中神经肽激素kisspeptin表达，神经肽激素通过血液循环系统以旁分泌形式作用于免疫细胞表面表达GPR54受体，通过抑制抗病毒因子I型干扰素产生，抑制机体抗病毒免疫功能；阐明神经内分泌系统调控固有免疫系统途径，为理解神经、内分泌及免疫系统之间复杂调控网络提供线索，为kisspeptin/GPR54发展为病毒性疾病治疗靶点提供依据。研究成果于8月发表于《科学进展》(*Science Advances*)。(朱立峰)

【揭示调节哮喘发病机制】 中科院上海营养与健康研究所钱友存研究组发现TCR信号激活能诱导去泛素化酶USP38表达，USP38通过其去泛素化酶活性促进JunB蛋白稳定性；JunB是调节Th2分化重要转录因子，USP38缺失抑制Th2分化；利用鸡卵白蛋白和尘螨提取物诱导的哮喘模型证明$CD4^+$ T细胞来源USP38在Th2分化和哮喘发生过程中发挥重要作用；鉴定出参与Th2细胞分化的去泛素化酶，发现USP38诱导能反作用于JNK-Itch信号，为理解2型免疫应答及其相关疾病提供参考和潜在治疗靶点。研究成果于9月发表于《实验医学学报》(*Journal of Experimental Medicine*)。 (陶欣荣)

【解析突触形成逆向调节机制】 上海交通大学医学院徐楠杰研究组揭示大脑发育过程中突触形成的逆向调控方式及相关分子机制。针对在海马CA3区锥体神经元突触后特异性表达的PDZ支架蛋白Lnx1，敲除该基因后发现，在海马发育过程中由海马DG区向CA3区投射的苔藓纤维轴突发生显著生长及靶向改变；试验表明苔藓纤维轴突末端囊泡成熟异常；酪氨酸激酶受体家族EphB受体参与这一过程，

Lnx1通过与EphB家族不同成员结合形成复合物,稳定其在突触后膜上的功能,从而通过其表达在苔藓纤维上ephrin-B3配体介导反向信号,影响细胞骨架运动,逆向调控突触前神经末梢成熟。研究探讨大脑重要核团海马内部不同重要亚区之间突触形成和调节模式。研究成果于9月在线发表于《细胞生物学杂志》(*JCB*)。 (冯知周)

【构建肿瘤表观遗传靶点EZH2调控模式及个性化治疗策略】 中科院上海药物研究所耿美玉研究组、丁健研究组、谭敏佳研究组合作,发现肿瘤细胞中本底另一组蛋白甲基转移酶MLL1表达水平差异是决定H3K27me与H3K27ac转化关键。从组蛋白修饰谱-转录谱-蛋白质谱-磷酸化谱的协同差异化分析发现,H3K27甲基化与乙酰化同时抑制时,能导致激酶MAPK信号通路异常激活,证实表观遗传调控与细胞磷酸化信号网络交互调控在表观遗传药物耐药产生的作用。研究揭示决定组蛋白甲基转移酶EZH2抑制剂实体瘤疗效响应的核心机制,提出肿瘤分群策略和联合用药方案。研究成果于9月发表于《细胞》(*Cell*)。 (宋文珂)

【发现靶向myoferlin治疗肿瘤生长与转移候选化合物】 华东师大生命科学学院刘明耀研究组筛选自主合成的500余个小分子化合物,发现噻唑啉酮类小分子化合物具有明显抗肿瘤细胞迁移和侵袭效果,其中化合物WJ460可在纳摩尔级水平上显著抑制乳腺癌细胞侵袭,并在体内抑制乳腺癌生长和转移,显著延长患病动物生存期。WJ460特异性地直接靶向MYOF关键结构域C2D起作用,探索WJ460抗乳腺癌相关分子机制及WJ460对其他肿瘤转移抑制作用。获发明专利授权2件。研究成果于9月在线发表于《自然通讯》(*Nature Communications*)。 (朱立峰)

【呼吸链领域结核分枝杆菌能量代谢研究取得进展】 上海科技大学免疫化学研究所饶子和研究组基于分枝杆菌能量代谢系统呼吸链超级复合物高分辨率(3.5 Å)冷冻电镜结构,揭示生命体内一种新的醌氧化与氧还原相偶联的电子传递机制。通过结构生物学研究,发现超氧化物歧化酶直接参与呼吸链系统氧化还原酶超级复合体组装、并协同工作现象。研究成果为抗击严重威胁人类健康的耐药结核的新药研发奠定基础。研究成果于10月在线发表于《科学》(*Science*)。 (姜 涛)

【发现白血病免疫抑制和侵袭机制】 上海交通大学医学院郑俊克研究组与美国得克萨斯大学西南医学中心张成城研究组、得克萨斯大学健康科学中心安志强、张凝艳研究组合作,发现新型免疫抑制性分子——白细胞免疫球蛋白类受体B4(LILRB4),揭示LILRB4信号通过抑制T细胞抗肿瘤活性和促进肿瘤侵袭促进急性髓细胞白血病(AML)发生。在小鼠模型中,利用LILRB4阻断抗体可阻碍AML发展,表明LILRB4可作为AML潜在治疗靶点。研究成果于10月在线发表于《自然》(*Nature*)。 (冯知周)

【肝癌脂代谢调控研究取得进展】 复旦大学基础医学院王旭研究组以肝癌为研究对象,阐述多主流致癌通路在脂质代谢调控中独特背景依赖关系,初步鉴定特定基因型肝癌脂质代谢特征及潜在治疗靶点,并展示小型模式动物在肿瘤临床前研究中优势和应用。研究成果于10月以封面文章形式发表于《癌症研究》(*Cancer Research*)。 (邵 田)

【基于肿瘤基因组分析的靶向治疗取得进展】 上海中医药大学脾胃病研究所季光研究组与美国印第安纳大学医学院合作,发现人类染色体17 p杂合性缺失是肿瘤中高频率发生的基因组事件,这段20 M碱基大片段缺失中包含肿瘤抑制基因TP53,以及编码RNA聚合酶II(RNAP2)催化亚基POLR2A基因;发现染色体17 p杂合性缺失赋予肿瘤细胞对泛素连接酶E3催化亚基RBX1选择依赖性;RBX1通过泛素化激活POLR2A,提高RNAP2介导的mRNA合成;RNAP2和RBX1联合抑制以协同方式显著抑制肿瘤细胞生长,提示RBX1是具有染色体17 p杂合性缺失的肿瘤患者潜在治疗靶点。研究成果于10月发表于《自然通讯》(*Nature Communications*)。 (徐 鸽)

【发现白介素23促进肿瘤免疫逃逸机制】 复旦大学基础医学院徐洁杰研究组发现透明肾细胞癌的重度谷氨酰胺代谢导致肿瘤微环境中巨噬细胞对IL-23的分泌,IL-23促进Treg细胞免疫抑制功能,从而促进透明肾细胞癌的进展和转移。该机制提供临床治疗高危透明肾细胞癌免疫治疗方法依据。研究成果于10月在线发表于《欧洲泌尿外科学》(*European Urology*)。 (邵 田)

【揭示长寿基因SIRT3调控结直肠癌机制】 复旦大学生命科学学院余巍与上海交通大学医学院附属新华医院崔龙研究组合作,发现长寿基因SIRT3调控一碳单位代谢酶参与结直肠癌发生分子机制,为开发治疗结直肠癌的靶向药物奠定基础。研究成果于10月在线发表于《自然通讯》(*Nature Communications*)。 (邵 田)

【发现前列腺癌治疗靶标】 上海交通大学生物医学工程学院高维强研究组发现一群$CD4^+$ T细胞亚群$CD4^{low}$ $HLA\text{-}G^+$ T细胞,在雄激素非依赖性前列腺癌形成早期特异出现。该群细胞为IL-4表达的TH17细胞,其与患者雄激素非依赖性前列腺癌形成相关,且在小鼠前列腺癌的雄激素非依赖性转化过程中具有必要性。研究为临床雄激素非依赖性前列腺癌诊断指标和治疗靶标发掘奠定基础。研究成果于10月发表于《细胞研究》(*Cell Research*)。 (崔国珍)

【发现乙醛脱氢酶2(ALDH2)调控动脉粥样硬化机制】 中科院上海营养与健康研究所尹慧勇研究组通过细胞、动物和临床实验研究发现ALDH2通过与低密度脂蛋白受体和AMPK相互作用,调控泡沫细胞和动脉粥样硬化斑块形成。研究发现ALDH2调控泡沫细胞形成机制,解释ALDH2

【α-烯烃不对称马氏硼氢化反应研究取得进展】 中科院上海有机化学研究所施世良研究组与浙江大学化学系洪鑫合作,设计合成大位阻手性氮杂卡宾配体(R, R, R, R)-ANIPE,实现廉价金属铜催化的α-烯烃高效不对称马氏硼氢化反应。该方法反应条件温和,底物适用性广,官能团兼容性强。采用较低催化剂用量就能实现最高98%ee对映选择性。该反应可放大;产物手性硼酸酯易于立体专一多样转化,反应具备实用性;通过密度泛函理论计算推测出该反应手性诱导模型。研究为手性硼酸酯的高效合成提供方法。研究成果于2月发表于《应用化学国际版》(*Angew. Chem. Int. Ed.*)。 (徐晓娜)

【实现室温下热电子的非局域能量耗散过程显微成像】 复旦大学物理学系安正华研究组与中科院上海技术物理研究所陆卫研究组等合作,基于自主研发的超高灵敏甚长波量子阱红外探测器扫描噪声显微镜技术,通过散粒噪声对非局域热电子能量耗散进行空间成像研究。研究成果于3月发表于《科学》(*Science*)。 (邵 田 任 远)

【利用人工智能提速化学合成路线设计研究取得进展】 上海大学Mark Waller研究组应用计算机辅助逆合成分析开发计算预测系统。系统采用蒙特卡洛树进行搜索,并引入符号人工智能寻找逆合成分析路线;在蒙特卡洛树步骤中引入2种深度神经网络来提高计算精度与效率;用于训练神经网络的测试集包括所有发表过的有机化学反应;经测试,该系统比传统计算机辅助法快30倍,预测出的合成路线比传统计算机辅助法给出的多1倍,不需任何其他经验或假设。研究成果于3月发表于《自然》(*Nature*)。

(陈 浩)

【染料敏化氧化锌单颗粒光解水研究取得进展】 华东理工大学化学与分子工程学院田禾、龙亿涛研究组将光催化和单颗粒碰撞电化学结合,构建超灵敏单颗粒光电化学检测体系;针对超快光致电子转移过程,设计可延长电子传递时间半导体TiO_2超微电极,实时监测染料敏化ZnO单个纳米颗粒光致电子在不同厚度TiO_2膜中动态传递过程,实现单个染料分子水平可见光解水性能定量评估;建立随机游走理论模型,解析光致电子的复合和传递路径,揭示电子在TiO_2半导体膜内动态扩散机制。研究成果于3月发表于《美国化学会志》(*JACS*)。 (张桂新)

【制备碳碳三键碳纳米结构】 同济大学材料科学与工程学院许维研究组与国家纳米中心裘晓辉研究组合作,实现碳碳三键碳纳米结构制备。研究设计一系列前驱体分子,在同一碳原子上修饰2个或3个卤素原子,通过脱卤偶联反应;通过在sp3碳原子上修饰3个溴原子,利用C—Br活化和C—C偶联反应实现直接制备含碳碳三键纳米结构;拓展表面碳卤活化及碳碳偶联反应,对于探究利用表面化学方法原子级精准制备新颖低维碳纳米结构具有重要意义。研究成果于3月在线发表于《应用化学国际版》(*Angew. Chem. Int. Ed.*)。 (史玉华)

【实现无机助催化剂用于Fenton反应高效分解过氧化氢】 华东理工大学化学与分子工程学院张金龙、邢明阳研究组与加州大学Yadong Yin研究组合作,开发以MoS_2为代表的一系列无机硫化物助催化剂,并协同光催化实现Fenton反应中铁离子高效循环及H_2O_2快速分解。H_2O_2和Fe^{2+}浓度分别在0.4 mmol/L和0.07 mmol/L时,MoS_2、WS_2、Cr_2S_3、CoS_2、PbS及ZnS等硫化物表面暴露的还原态金属活性中心促进Fe^{3+}/Fe^{2+}循环。研究成果于4月发表于《化学》(*Chem*)。 (张桂新)

【有机分子表面反应研究取得进展】 华东理工大学化学与分子工程学院刘培念研究组与香港科技大学物理系林念研究组聚焦含Bi和Cu多核异质金属簇为配位中心的MONs制备。在Cu(Ⅲ)表面使用C_3对称、具有不同尺寸吡啶配体合成2种含Bi的MONs结构。研究表明,吡啶配体之间形成Bi_3Cu_4和Bi_7Cu_{12}这2种多核异质金属簇,通过Cu—吡啶配位作用、金属—金属相互作用及配位金属与衬底相互作用实现稳定。研究成果于4月发表于《应用化学国际版》(*Angew. Chem. Int. Ed.*)。 (张桂新)

【二维硫属化合物析氢催化研究取得进展】 中科院上海硅酸盐研究所王家成、刘建军与新加坡南洋理工大学刘政合作,提出在具有金属—金属键的TMDs中仅引入空位就可通过金属—金属键自优化催化性能理念,采用化学气相沉积法制备具有金属空位的大面积单层ReS_2,利用过量含硫前驱体,在ReS_2面内形成金属空位。ReS_2自身结构中具有金属—金属键,在金属空位活化作用下,通过电荷补偿机制,对活性硫原子上电子进行调控,使整体材料氢吸附自由能为0.016 eV,是二维材料中最接近理论最优值0 eV的材料。该材料在酸性条件下表现出优异催化析氢性能,大幅超越仅有空位修饰、无金属—金属键的TMDs。研究成果于4月发表于《美国化学会纳米》(*ACS Nano*)。 (朱雅琴)

【立体选择性合成1,3-共轭二烯研究取得进展】 中科院上海有机化学研究所林国强、冯陈国等利用金属钯从芳基向烯基位置的迁移策略,用分子间Heck偶联反应作为后续转化反应,高效、高立体选择性地实现1,3-共轭二烯构建。该方法可获得中等至优秀收率,高立体选择性合成末端偕二取代共轭二烯。反应具有广泛底物适用性,可兼容多种缺电子烯烃。底物分子中R1基团为酯基或烷基时反应可进行,产物构型与定位基团、位阻效应控制产物构型相反。该反应可实现克级规模并保持优秀收率。研究成果于4月发表于《应用化学国际版》(*Angew. Chem. Int. Ed.*)。

(徐晓娜)

【一氯二氟甲烷高效转化研究取得进展】 中科院上海有机

化学研究所张新刚研究组实现镍催化下 $ClCF_2H$ 对芳基氯代物的二氟甲基化反应,其反应路径与钯催化二氟卡宾途径不同,是首例镍催化下以氟卤烷烃为底物的还原偶联反应及氟烷基化策略。该反应高效便捷,底物普适性广,可兼容中性、吸电子和给电子取代的芳基氯代物,对很多官能团能很好兼容,包括杂环和一系列商业可得药物;实用性通过10 g 量级放大反应体现。研究成果于 4 月发表于《自然通讯》(*Nature Communications*)。 (徐晓娜)

【1, 3-丁二烯自由基不对称双官能团化研究取得进展】 中科院上海有机化学研究所张国柱研究组设计自由基启动串联反应,在铬/钴双金属催化体系下,实现 1, 3-丁二烯、简单卤代烃和醛 3 组分不对称烷基化和羟烷基化串联反应;通过 1, 3-丁二烯 1, 2-双官能团化,简易构建一系列高对映体过量高烯丙基醇;该反应策略原料简单易得,反应条件温和,对于含三氟甲基、二氟甲基、一氟甲基、多氟的卤代烃和普通的卤代烃,以及芳香醛、脂肪醛均可反应。研究成果于 4 月发表于《美国化学会志》(*JACS*)。 (徐晓娜)

【喹啉类化合物不对称烯丙基取代反应研究取得进展】 中科院上海有机化学研究所游书力研究组发展 5-羟基喹啉和 7-羟基喹啉 2 种含氮芳杂环不对称烯丙基取代反应,利用手性三氮唑卡宾铱络合物为催化剂实现结构新颖的手性环状烯酮类化合物高对映选择性合成。该反应实现对 2 个连续芳环芳香性的破坏,并可使 5-羟基喹啉和 7-羟基喹啉 2 个芳环的芳香性均显著降低,为发展同时破坏多个连续芳环芳香性的催化不对称去芳构化反应奠定基础。该反应具有很强实用性,可在非惰性气体氛围和未经干燥处理的有机溶剂中进行。利用该反应为关键步骤,可实现天然产物(—)-gephyrotoxin 高效不对称形式合成。研究成果于 4 月发表于《美国化学会志》(*JACS*)。 (徐晓娜)

【实现费米气体中无摩擦量子热机做功】 华东师范大学武海斌研究组通过精密操控强相互作用超冷费米气体实现强关联多体系统零摩擦做功,利用量子绝热捷径操控极大提高量子热机在绝热冲程时的输出功率和输出效率,为实现多体量子热机提供方法和思路。研究成果于 4 月发表于《科学进展》(*Science Advances*)。 (朱立峰)

【喷泉钟磁场评估与计量研究取得进展】 中科院上海光学精密机械研究所通过光场与静磁场的张量关系描述,分析受激拉曼跃迁强度与静磁场张量关系,通过测量精密控制偏振拉曼激光引起不同塞曼能级间跃迁强度,测试喷泉钟中静磁场轴向和径向投影,实现对磁场矢量远程测量。测试精度在轴向达毫弧度量级,径向达 0.1 弧度量级;开展磁场强度由计量到控制研究,针对磁场空间波动,提出磁场动态补偿办法,提高原子感受到的磁场均匀性。该方法可解决磁滞效应等影响,并抑制原子飞行时感受的磁场起伏(5—0.4 nT),使相关效应对喷泉钟不确定度贡献降低约 1 个数量级。研究成果于 5 月分别发表于《应用物理学报》(*Applied Physics Letters*)和《科学仪器综述》(*Review of Scientific Instruments*)。 (王翠翠)

【构象异构类型研究取得进展】 上海大学理学院物理系 Jefferey Reimers 与悉尼大学、澳大利亚国立大学合作,提出一种构象异构类型;研究(BF)O(BF)的 4 种立体异构体,描述一种从未被分类的构象异构基本形式;2 对对映异构体间表现出的结构对应关系超出国际理论和应用化学联合会现有命名规则和术语体系,二者之间非对映转换势垒 104 kJ/mol,被命名为阻弯异构;使用密度泛函理论计算得到合成产物与反应中间产物之间可行转换过程,确定反应机理为单键原子键角反转,并引入必要的键角反转立体描述符。研究成果于 5 月在线发表于《自然化学》(*Nature Chemistry*)。 (陈 浩)

【发现氯化二钠、氯化三钠晶体】 上海大学吴明红研究组与中科院上海应用物理所方海平研究组合作,在常温常压条件下制备出氯化二钠、氯化三钠等具有反常化学计量比晶体。研究成果于 5 月在线发表于《自然化学》(*Nature Chemistry*)。 (陈 浩)

【铑催化不对称氢官能团化研究取得进展】 华东理工大学化学与分子工程学院施敏研究组发现羰基取代的亚乙烯基环丙烷可在 Rh(I)催化下发生三元环远端 C—C 键活化,生成 TMM-Rh 中间体,可转化为活泼的亲电性 Rh-π-allyl 中间体;发展多种不对称氢官能团化反应;发展一锅法不对称氢胺化/氧化芳构化方法,得到吲哚一号位不对称烯丙基化产物;结合钌催化 RCM 反应和金催化环化策略,可得到多种更加复杂多环体系。研究成果于 5 月发表于《化学科学》(*Chemical Science*)。 (张桂新)

【环境光催化研究取得进展】 华东理工大学化学与分子工程学院张金龙、邢明阳研究组与美国加州大学河滨分校 Yadong Yin 研究组合作,采用一步氟化改性实现对金红石相 TiO_2-x 介孔单晶的能带调控,在保证光催化剂强可见光吸收前提下,提高其光还原 CO_2 产甲烷 ΔE 值。氟化改性策略适用于金红石相 TiO_2-x 及锐钛矿相 TiO_2-x 光催化剂。锐钛矿相 TiO_2-x 经简单氟化改性后,在不引入助催化剂和牺牲剂条件下,其光还原 CO_2 产甲烷产率 5.57 μmol/h/g,高于大部分已报道 TiO_2 基光催化剂。研究成果于 5 月发表于《纳米快报》(*Nano Letters*)。 (张桂新)

【近场动力学断裂理论研究取得进展】 上海交通大学船舶海洋与建筑工程学院乔丕忠研究组推导出近场动力学临界伸长率和经典断裂力学临界能量释放率之间关系式,建立近场动力学与经典断裂力学之间联系。利用该理论模型,预测紧凑拉伸和双悬臂梁实验试件断裂过程,并量化给出对应临界载荷、能量释放等参数值。研究为断裂问题量化分析提供方法,拓展近场动力学对材料损伤破坏的分析能力。研究成果于 5 月发表于《国际断裂杂志》(*International Journal of Fracture*)。 (崔国珍)

【发现 3 层石墨烯中堆叠对称性调控二次谐波非线性光学效应】 复旦大学吴施伟研究组观测到由 3 层中心反演对称石墨烯单层堆叠产生的二次谐波非线性光学效应,该发现为二次谐波技术提供应用领域。研究成果于 6 月在线发表于《科学进展》(*Science Advances*)。 (邵 田)

【振动诱导发光(VIE)机制研究取得进展】 华东理工大学化学与分子工程学院田禾研究组与台湾大学周必泰研究组合作,将甲基引入到母体 DPAC 端基 N, N'-二苯环邻位上,调控端基和二氢二苯并吩嗪之间空间位阻,设计并合成一系列邻位甲基衍生物。所有化合物分子结构均得到单晶结构和理论计算最优化分子结构证实。研究实现增加空间位阻使多环有机共轭骨架逐渐由弯曲变为近平面,邻位甲基衍生物构型演变模拟 VIE 现象激发态平面化过程。研究成果于 6 月发表于《应用化学国际版》(*Angew. Chem. Int. Ed.*)。 (张桂新)

【量子信息研究取得进展】 上海交通大学数学科学学院麻志浩研究组验证量子朗道尔原理;证明量子纠缠与量子相干之间对应关系;通过分解相干观测算符,设计巧妙观测方法,实现基于鲁棒性的量子相干度量直接测量,该方法简化实验复杂性,适用于多种量子物理体系,对量子资源探测具有重要意义。研究成果于 6 月分别发表于《物理评论快报》(*PRL*)和《物理评论 A》(*Physical Review A*)。 (崔国珍)

【利用肟酯实现选择性 C—H 键伯胺化反应】 中科院上海药物研究所戴辉雄研究组利用安全廉价肟酯作为伯胺化试剂,在铜促进下实现芳基及含多个杂环的复杂体系的选择性伯胺化反应。该反应突破传统 C—H 伯胺化方法局限,实现对复杂药物分子结构选择性的伯胺化修饰与改造,为构建芳基氨基酸及芳基氨类产物提供思路。研究成果于 6 月发表于《化学科学》(*Chemical Science*)。 (宋文珂)

【构建基于 σ 键相消量子干涉效应的单分子超级绝缘体】 上海师范大学肖胜雄研究组通过将 Si—Si 键锁定在非常刚性的具有重叠构象的二环分子框架中,获得二环 Si[222]辛硅烷分子,并证实该分子具有 σ 键相消量子干涉效应,获得尺度 1 nm 以下单分子超级绝缘体。电子通过分子时的隧穿效应随着分子尺寸减小而呈指数增加。通过相消量子干涉,2 个波的波峰和波谷完全错位时,电子波函数发生相消振荡,可抑制电子在单分子结中隧穿效应。这种对于量子隧穿效应的完全抑制现象可理解为不需要更厚的绝缘就能有效阻止量子隧穿。研究成果于 6 月发表于《自然》(*Nature*)。 (余 强)

【利用羰基催化策略实现仿生的不对称曼尼希反应】 上海师范大学赵宝国研究组基于维生素 B6 核心骨架发展轴手性 N-甲基吡哆醛催化剂,并用羰基催化策略实现仿生的不对称曼尼希反应。反应与酶催化过程类似,催化剂对 2 个反应底物具有协同的双重活化作用,表现出优异催化效果,研究为 a, b-二氨酸酯类化合物制备提供简便、高效、环保的合成方法。研究成果于 6 月发表于《科学》(*Science*)。 (余 强)

【天然产物来源的新型除草剂研究取得进展】 中科院上海有机化学研究所周佳海研究组与美国加州大学洛杉矶分校 Yi Tang、Steven Jacobsen 研究组合作,以抗性基因为导向的基因组挖掘技术发现天然产物除草剂 aspterric acid (AA),AA 通过靶向植物支链氨基酸合成途径中二羟酸脱水酶(DHAD)抑制植物生长;解析 DHAD 全酶结构,阐明 AA 与酶活性中心结合机制,揭示除草剂产生效能分子机制;利用产生菌的邻近 AA 生物合成基因簇抗性基因 *astD*(编码蛋白与 DHAD 具有 60%同源性),构建具有 AA 耐受性的 *astD* 转基因作物。AA 抗性基因 *astD* 转基因植株的构建预示 AA 作为新型除草剂的应用前景。研究成果于 7 月在线发表于《自然》(*Nature*)。 (徐晓娜)

【光促进甲烷转化研究取得进展】 上海科技大学物质科学与技术学院左智伟研究组发展一种廉价、高效的铈基催化剂和醇催化剂协同催化体系,解决利用光能在室温下把甲烷一步转化为液态产品难题,为甲烷转化成高附加值化工产品(如火箭推进剂燃料)提供更经济、环保的解决方案。研究成果于 7 月发表于《科学》(*Science*)。 (姜 涛)

【实现在室温光与原子接口中直接观测宽带非经典态】 上海交通大学金贤敏研究组报道室温下激光脉冲与碱金属铯原子蒸气的多场干涉及宽带非经典态直接观测,验证宽带量子光源内嵌光与原子干涉接口可在室温环境下运行,解决室温量子存储和量子光源匹配性和一体化问题,对构建可扩展可集成的量子信息网络具有重要意义。研究成果于 7 月发表于《NPJ 量子信息》(*NPJ Quantum Information*)。 (崔国珍)

【建立轴对称问题力学分析模型】 上海交通大学船舶海洋与建筑工程学院乔丕忠研究组推导出适用于线弹性体的轴对称近场动力学模型,并从能量释放角度,建立轴对称条件下的近场动力学临界键能断裂准则。利用该模型,计算圆杆或平直纤维从基体拔出时轴对称面的变形;该轴对称模型可定量捕捉压痕下锥形赫兹裂纹的产生和扩展。研究扩充近场动力学模型框架,建立近场动力学轴对称分析模型,可应用到更多轴对称工程问题分析。研究成果于 7 月发表于《应用力学和工程技术中的计算机方法》(*Computer Methods in Applied Mechanics and Engineering*)。 (崔国珍)

【甾体天然产物 cyclocitrinol 合成研究取得进展】 中科院上海有机化学研究桂敬汉研究组完成 cyclocitrinol 高效仿生合成。以廉价易得的孕烯醇酮为原料，通过 4 步反应实现 C19-甲基的选择性氧化；通过仿生串联重排反应高效构建天然产物中双环[4.4.1]A/B 环系骨架，以 9 步反应实现天然产物 cyclocitrinol 骨架的克级规模制备；通过烯基负离子片段对甲基酮的立体选择性加成反应完成 cyclocitrinol 合成。该合成路线可实现 cyclocitrinol 的简洁、可放大合成，为 cyclocitrinol 可能的生源合成假设提供支持。研究成果于 7 月发表于《美国化学会志》(*JACS*)。 (徐晓娜)

【发现石墨烯准晶中狄拉克锥】 上海纽约大学 Pilkyung Moon 与韩国成均馆大学 Sung Joon Ahn、Hyun-Woo Kim 等合作，通过外延生长方式，制备出大面积、具有十二边形准晶序的石墨烯，精准控制 2 层石墨烯之间扭转角 30°。电子衍射和显微镜证实准晶形成，角分辨光发射谱发现多重狄拉克锥在其十二重对称性下重复出现，显示出有准周期性的反常强层间耦合。研究提供一种探索有可控准晶序的相对论费米子物理性质方法，为新材料开发提供思路。研究成果于 8 月以封面文章形式发表于《科学》(*Science*)。 (温一村)

【化学键研究取得进展】 复旦大学化学系周鸣飞研究组发现主族碱土金属元素钙、锶和钡可形成稳定八羰基化合物分子，满足 18 电子规则，表现出典型过渡金属成键特性。该发现表明碱土金属元素或具有与一般认知相比更丰富的化学性质，而主族元素与过渡金属元素之间界限较元素周期表的简晰划分更为暧昧。研究成果于 8 月发表于《科学》(*Science*)。 (邵　田)

【过渡金属催化烯烃官能团化研究取得进展】 东华大学储玲玲研究组利用弱相互作用导向的镍催化自由基接力还原偶联策略，实现非活化烯烃的 3 组分碳酰化反应。该方法利用自由基加成到烯烃形成烷基自由基，与酰基镍发生交叉偶联，一步高效构建 2 个碳—碳键，利用烯烃底物的弱导向基团实现优良化学选择性和区域选择性。反应条件温和，具有优异底物实用性，复杂药物分子和天然产物等衍生物能高效发生转化。研究成果于 8 月发表于《自然通讯》(*Nature Communications*)。 (张　莹)

【低温高活性低碳烷烃燃烧催化剂研究取得进展】 华东理工大学化学与分子工程学院詹望成研究组通过催化剂结构和物化性质表征，发现不同载体上负载 Ru 纳米颗粒大小略有差别，而 Ru 价态几乎相同，证明 Ru 活性位状态与催化剂活性变化无对应关系。研究证实 CeO_2 载体特性是造成 Ru/CeO_2 催化剂具有低温丙烷催化燃烧优异性能的关键因素。研究成果于 8 月发表于《环境科学与技术》(*Environmental Science & Technology*)。 (张桂新)

【高价碘化学在有机合成中应用研究取得进展】 华东理工大学化学与分子工程学院王利民研究组通过温和氧化方法，制备一系列新颖邻位三氟甲磺酸酯取代的二芳基碘鎓盐。该二芳基碘鎓盐在碳酸铯作用下，室温下就可发生分子内芳基迁移得到邻碘二芳醚类化合物，反应条件温和，底物范围广，原子利用率较高。研究成果于 8 月发表于《应用化学国际版》(*Angew. Chem. Int. Ed.*)。 (张桂新)

【合成具有拓扑性质石墨烯纳米带】 上海交通大学物理与天文学院王世勇与瑞士材料联邦科学与技术实验室 Roman 研究组、德国马普所 Klaus Mullen 研究组、美国伦斯勒理工大学 Vincent Muller 研究组、德国德累斯顿工业大学冯新亮研究组合作，基于“自下而上”表面合成途径，通过选择不同分子前驱物，对纳米结构宽度、形状及掺杂实现精确调控，实现原子级精确石墨烯纳米结构；超高分辨原子力显微镜成像技术确定合成纳米带化学结构，验证相关合成方法高度可控；扫描隧道微分谱技术确定石墨烯纳米带拓扑性质，结果和理论高度吻合；通过精确设计分子前驱体，实现对拓扑特性的精准调控，在 Au(111)表面合成出具有拓扑非平庸的交替宽度的石墨烯纳米带，并观测到石墨烯纳米带末端拓扑末端态。研究成果于 8 月发表于《自然》(*Nature*)。 (崔国珍)

【多环天然产物全合成研究取得进展】 中科院上海有机化学研究所李昂研究组完成 aplysiasecosterol A 首次全合成。基于该分子结构中隐含对称性，采取去对称化策略构建左片段的全碳季碳手性中心，并通过自由基环化形成刚性三环结构；利用 Aggarwal 锂化-硼基化和 Zweifel-Evans 烯基化，快捷制备含连续叔碳手性中心右片段；2 个片段连接借助 Reformatsky 类型反应，经脱水得到共轭烯酮中间体；合成后期的关键步骤是氢原子转移引发自由基环化反应，以较高的环合效率和立体选择性一步形成 3 个连续的全碳手性中心；该合成路线的最长线性序列仅 14 步。研究成果于 8 月发表于《美国化学会志》(*JACS*)。 (徐晓娜)

【双酶体系催化形成天然产物中环丙基结构单元研究取得进展】 中科学上海有机化学研究所唐功利研究组在天然产物 CC-1065 生物合成研究过程中，报道由 1 个 HemN 家族蛋白(C10P)和 1 个甲基转移酶(C10Q)组成的双酶体系共同催化形成 CC-1065 中的环丙基结构。研究成果于 8 月发表于《自然通讯》(*Nature Communications*)。 (徐晓娜)

【吲哚衍生物不对称异戊烯基化去芳构化反应研究取得进展】 中科院上海有机化学研究所游书力研究组实现钯催化的吲哚衍生物不对称异戊烯基化去芳构化反应，高效构建一系列含有异戊烯基取代的吡咯并吲哚啉类生物碱。该方法使用的底物简单易得，拓宽不对称异戊烯基化去芳构化反应底物范围，可大幅缩短相关吡咯并吲哚啉类天然产物合成步骤。研究成果于 8 月发表于《自然催化》(*Nature*

Catalysis)。 (徐晓娜)

【实现烷烃两次端位官能团化反应】 中科院上海有机化学研究所黄正研究组以硅基取代直链醛作为制备含硅表面活性剂和硅树脂重要原料，通过改变第二步反应配体，在外加不同胺源条件下，实现直链烷烃到不同直链胺化合物转化。研究成果于8月发表于《美国化学会志》(*JACS*)。

(徐晓娜)

【三氟甲基化试剂研究取得进展】 中科院上海有机化学研究所卿凤翎研究组将三氟乙酸与五氟碘苯在氧化剂存在下制得三氟乙酰氧基五氟碘苯(FPIFA)。高价碘试剂FPIFA在可见光氧化还原催化条件下和一系列芳(杂)环发生脱酸自由基三氟甲基化反应。研究成果于8月发表于《美国化学会催化》(*ACS Catalysis*)。 (徐晓娜)

【手性螺环骨架配体合成研究取得进展】 中科院上海有机化学研究所丁奎岭研究组设计并实现光学活性环己烷稠合螺二氢茚(chf-SPINOL)骨架高效、催化不对称合成，Lewis酸 $TiCl_4$ 选择确保在酮的Friedel-Crafts反应过程中羰基α-位手性碳原子不会消旋，配体合成关键中间体可通过一锅法高效制备，以简单转化即可以25 g规模高效获得近乎光学纯的环己烷稠合螺二氢茚二酚chf-SPINOL，以容易大量合成的chf-SPINOL为前体，通过简单转化可衍生得到手性单齿亚膦酰胺配体6a-c及P^N^N三齿配体11。这些配体分别在Rh、Ir和Au催化的不对称氢化、氢酰化、[2+2]环加成等反应中表现出优秀催化活性和对映选择性。研究成果于8月发表于《美国化学会志》(*JACS*)。 (徐晓娜)

【实现金属诱导碱基酮-烯醇互变异构】 同济大学材料科学与工程学院许维研究组利用表面科学方法建立生物相关模型体系，在超高真空环境可控引入金属Ni，并揭示金属诱导的酮-烯醇互变异构机制机理。理论计算表明，金属Ni的引入大幅降低碱基T酮—烯醇转变势垒，是该互变异构实现的根本原因。研究对从分子水平理解金属诱导的生物相关过程具有重要意义。研究成果于8月在线发表于《美国化学会纳米》(*ACS Nano*)。 (史玉华)

【揭示铋氧化物高温超导机理】 复旦大学物理学封东来、南京大学闻海虎、北京师范大学殷志平等合作，获得高质量光电子能谱。研究表明，在 $Ba_{0.51}K_{0.49}BiO_3$ 材料中，长程库伦相互作用导致带宽极大增加，是一种基本却极少观测到的物理效应；得到 $Ba_{0.51}K_{0.49}BiO_3$ 动量空间各向同性的超导能隙结构，符合BCS图像的s波配对对称性。研究表明，电声子耦合常数λ达1.3，为传统理论估值3倍以上，可在BCS图像下解释铋氧化物高超导转变温度；长程库伦相互作用引发的带宽增加效应会导致远高于传统理论估算值的电声子耦合强度。研究成果于9月发表于《物理评论快报》(*PRL*)。 (邵 田)

【氮杂螺环天然产物合成方法研究取得进展】 上海交通大学化学化工学院涂永强研究组利用亚硝鎓试剂 $NOBF_4$ 作为亲电性氮源，在催化量的大位阻有机碱2，6-二叔丁基吡啶作用下，可对三级烯丙醇进行亲电加成并促进其发生Semi-Pinacol重排反应，通过亚硝基再次重排形成肟式结构。该肟式结构可高效转化成许多氮杂螺环天然产物/药物分子核心骨架。该方法具有良好稳定性，实际操作中无爆炸危险性，具有工业应用前景。研究成果于9月在线发表于《应用化学国际版》(*Angew. Chem. Int. Ed.*)。 (崔国珍)

【提出光电导器件本质上无增益】 上海交通大学密西根学院但亚平研究组发现半导体光电导器件增益原理理论错误，指出该理论2个假定不成立，并给出严格正确表达式。研究发现理想半导体光电导器件本身无增益，实验中观察到巨大光增益来源于半导体内部的缺陷态或耗尽区俘获效应。研究成果于9月发表于《美国化学学会光子学》(*ACS Photonics*)。

(崔国珍)

【发现新型磁性二维材料】 复旦大学物理学系张远波研究组发现一种磁性二维材料 Fe_3GeTe_2，为研究二维巡游磁性提供理想体系。通过锂离子插层调控，在 Fe_3GeTe_2 薄层中获得室温以上铁磁转变温度，为基于该材料研发超高密度、栅压可调且室温可用的磁电子学器件提供可能性。研究成果于10月发表于《自然》(*Nature*)。 (邵 田)

【量子自旋液体研究取得进展】 复旦大学物理学系赵俊研究组、陈钢研究组发现量子自旋液体候选材料 $YbMgGaO_4$ 中磁激发随外场的演化符合具有费米面的量子自旋液体态行为，为该体系中量子自旋液体态存在提供证据。研究成果于10月发表于《自然通讯》(*Nature Communications*)。

(邵 田)

【超分子催化领域研究取得进展】 上海大学超分子化学与催化研究中心Rebek、于洋研究组利用水溶性杯状超分子反应器空腔模拟酶口袋，通过增水效应使远程双烯化合物进入其空腔，使2个端烯官能团相互靠近，在Hoveyda-Grubbs-II催化剂作用下发生烯烃复分解反应。研究成果于10月在线发表于《应用化学国际版》(*Angew. Chem. Int. Ed.*)。 (陈 浩)

【光催化制氢研究取得进展】 华东理工大学化学与分子工程学院田禾、花建丽研究组提出有机共轭聚合物/$g\text{-}C_3N_4$ 异质结分子工程策略提高光解水制氢性能。设计合成3个具有不同电子供体和苯并噻二唑受体结构单元的有机共轭聚合物半导体光催化剂，通过改变共轭骨架中电子供体基团，实现有机共轭聚合物带隙调控，从而提高有机聚合物/g-C3N4异质结光催化活性。研究成果于10月发表于《先进功能材料》(*Advanced Functional Materials*)。 (张桂新)

【揭示拓扑节线半金属 ZrSiSe 中半缺失 Umklapp 散射】 上海交通大学物理与天文学院贾金锋研究组与南京大学等合作，通过单缺陷准粒子干涉技术分别对 ZrSiSe 晶体面上单个 Si 缺陷和 Zr 缺陷进行测量；在四重对称性晶体表面发现具有二重干涉信号 Si 缺陷，随着能量增加恢复四重对称性；在 Zr 缺陷上发现违反传统倒逆散射定义的半缺失 Umklapp 散射，该效应源于其晶体结构的非点式对称性产生的浮动带表面态，并适用于具有非点式对称性晶体结构材料。研究成果于 10 月发表于《自然通讯》(*Nature Communications*)。 (崔国珍)

【聚酮天然产物合成研究取得进展】 中科院上海有机化学研究所洪然研究组完成 lasonolide A 对映选择性全合成。把硼氢化/氧化和酶催化动力学拆分结合，设计一系列立体选择性的硼氢化/氧化方法，将拆分所得 R 与 S 构型产物通过平行路线分别合成目标分子中不同手性结构片段，在全合成后期重新汇聚到目标分子中。该合成策略动力学拆分手性利用率 100%。以最长线性 15 步化学反应和 12%总收率合成 35.8 mg 的 lasonolide A。研究成果于 10 月发表于《应用化学国际版》(*Angew. Chem. Int. Ed.*)。 (徐晓娜)

【揭示弹性波中自旋本质属性】 同济大学物理科学与工程学院任捷研究组发现弹性纵波能携带自旋角动量；弹性波自旋含有来自纵波和横波自旋，并考虑两者杂化耦合产生自旋贡献；弹性波中自旋角动量与弹性波动量表现出强烈依赖关系，体现弹性波潜在自旋轨道耦合关系；利用拓扑物理学对该耦合关系，解释多种和弹性波自旋有关现象——弹性波的自旋霍尔效应和类量子自旋霍尔效应。研究弥补弹性波自旋研究空白，为器件设计提供思路。研究成果于 10 月在线发表于《美国国家科学院院刊》(*PNAS*)。 (史玉华)

【金属催化研究取得进展】 东华大学储玲玲研究组利用光催化剂氧化还原特性，实现对镍催化循环高效调控。可见光和金属镍 2 个催化体系相互螯合调控，实现优良反应活性，表现出优异选择性，为实现高选择性的炔烃立体选择性官能团化提供设计思路。该反应条件温和，具有优异底物适用性。利用该方法，可从简单易得的原料如醇、炔烃出发，合成一系列结构复杂的顺式多取代烯烃化合物。研究成果于 11 月发表于《自然通讯》(*Nature Communications*)。 (张 莹)

【准一维超导体研究取得进展】 复旦大学物理学系修发贤研究组对准一维超导体 Ta_2PdS_5 的超导穿透深度等开展研究，证实 Ta_2PdS_5 纳米线中超导具备准一维特性。研究将量子格里菲斯奇异性扩展到准一维超导体系中，对于理解量子相变临界点附近的无序涨落和准一维超导具有重要意义。研究成果于 11 月在线发表于《自然通讯》(*Nature Communications*)。 (邵 田)

【电催化二氧化碳还原研究取得进展】 复旦大学郑耿锋研究组通过模仿绿色植物光合作用中“光反应＋碳反应”两步过程机理与 ATP/ADP 能量传递介质作用，提出两步反应的电催化反应体系。该体系优化阴极与阳极电催化剂工作电位，实现分步式电催化反应；利用太阳能将二氧化碳还原固定效率可达 15.6%，为已报道同类研究最高性能；在 5 mA · cm^{-2} 放电电流下可稳定运行 100 小时以上，能量转化效率和电压几乎没有衰减，具有良好电化学稳定性。研究成果于 11 月在线发表于《自然通讯》(*Nature Communications*)。 (邵 田)

【人工分子机器在离子跨膜传输的应用研究取得进展】 华东理工大学化学与分子工程学院曲大辉与包春燕合作，提出利用人工合成分子机器——分子轮烷独特梭动性质实现转运蛋白结构与功能模拟，进行高效、选择性离子跨膜运输，设计合成[2]轮烷分子体系。该轮烷分子横跨磷脂双分子层，通过位点间布朗运动实现离子被动运输。研究证明，轮烷的随机滑动加速离子跨膜传输，冠醚识别大环的引入实现钾离子选择性运输，是人工分子机器在人工离子跨膜传输领域的首次应用。研究成果于 11 月发表于《美国化学会志》(*JACS*)。 (张桂新)

【电氧化促进碳氢键官能团化反应研究取得进展】 中科院上海有机化学研究所金属梅天胜研究组利用廉价铜作为催化剂，四丁基碘化铵作为氧化还原媒介，实现首例铜催化的电氧化促进芳烃碳氢键胺化反应。该反应在室温条件下进行，不使用带有隔膜电解池；通过使用 n-Bu_4NI 作为氧化还原媒介，解决胺化产物过氧化问题；反应条件温和，底物官能团兼容性好，能实现吡啶类杂环化合物和吗啉、哌啶等二级胺直接偶联反应。研究为电氧化促进的碳氢键选择性官能团反应在医药合成中应用提供途径。研究成果于 11 月发表于《美国化学会志》(*JACS*)。 (徐晓娜)

【Cu_2O 和内源性 H_2S 的原位硫化反应在结肠癌诊疗上的应用取得进展】 上海师范大学杨仕平、田启威研究组开发一类用于微创、副作用小的结肠癌诊断和治疗方法。以结肠癌高表达硫化氢为目标，利用硫化氢和氧化亚铜原位硫化反应生成具有较强近红外吸收的硫化铜原理，开发高灵敏的用于结肠癌光声影像诊断和光热治疗的一体化试剂。该诊疗试剂具有高灵敏性和转移性，极大提高结肠癌诊断灵敏度，并降低治疗副作用。研究成果于 11 月发表于《应用化学国际版》(*Angew. Chem. Int. Ed.*)。 (余 强)

【实现氧化石墨烯增强氨基功能化钛金属有机骨架用于可见光驱动光催化氧化气体污染物】 上海师范大学张蝶青研究组开发以氧化石墨烯、钛酸异丙酯和 2-氨基对苯二甲酸作为前驱体，利用微波溶剂热法制备氧化石墨烯增强氨基功能化钛金属有机骨架 NH_2-MIL-125(Ti)，在微波辐照下，氧化石墨烯作为微波天线，快速吸收微波能量，在氧化石墨烯上形成热点,使 NH_2-MIL-125(Ti)晶体很好地结晶在氧化石墨烯表面,高度分散,且二者之间具有强相互作用。相比于纯 NH_2-MIL-125(Ti),氧化石墨烯与 NH_2-MIL-125(Ti)复合物增强金属有机骨架结晶度、可见光吸收、光电流强度、电子载流子密度,且光生电子-空穴复合率降低。在可见光照射下,在光催化氧化一氧化氮气体污染物中有良好活性。研究成果于 11 月发表于《应用催化 B:环境》(*Applied Catalysis B: Environmental*)。 (余 强)

【拓扑光子学研究取得进展】 同济大学物理科学与工程学院陈鸿研究组对平面性光子晶体光子拓扑边缘态轨道角动量进行直接实验观察和测量。通过对 LC 拓扑电路模型理论分析,在二维微带传输线平台基础上实现微波频段的蜂窝状光子晶体的拓扑转变和拓扑边缘态,确定边缘态 p 轨道模式和 d 轨道模式权重及其对频率依赖性,揭示传播方向锁定的轨道角动量。研究可应用于开发可发射具有轨道角动量辐射的新型天线。研究成果于 11 月在线发表于《自然通讯》(*Nature Communications*)。 (史玉华)

【强超短激光驱动强磁场研究取得进展】 中科院上海光学精密机械研究所利用一束飞秒预脉冲激光产生膨胀的高温稠密等离子体半球,并利用一束飞秒强激光驱动强流电子束诱导等离子体韦伯不稳定性增长,获得强度高达千特斯拉量级、自组织放大的强磁场阵列。研究成果于 12 月在线发表于《物理评论快报》(*PRL*)。 (王翠翠)

【发现基于外尔轨道的三维量子霍尔效应】 复旦大学物理学系修发贤研究组在拓扑半金属砷化镉纳米片中观测到由外尔轨道形成的新型三维量子霍尔效应的直接证据,是从二维到三维的关键一步。研究成果于 12 月在线发表于《自然》(*Nature*)。 (邵 田)

【DNA 形状记忆/自愈合水凝胶研究取得进展】 华东理工大学化学与分子工程学院田禾研究组与以色列耶路撒冷希伯拉大学 Itamar Willner 研究组合作,引入二噻吩乙烯类光控开关,以光作为一个非侵入性、无污染响应信号,调控 DNA 功能水凝胶物理化学性能;以羟甲纤维素(CMC)构建水凝胶骨架,在 CMC 上修饰电子供体多巴胺与可进行自杂交的 G 四链体;采用将二噻吩乙烯作为游离单体加入,利用二噻吩乙烯与多巴胺的供体-受体作用作为水凝胶交联网络"第一桥梁",G 四链体杂交作为"第二桥梁";通过二噻吩乙烯桥梁与核酸桥梁共同作用,合成解离与成胶可逆调控的多响应水凝胶(光、氧化还原、离子)。研究成果于 12 月发表于《美国化学会志》(*JACS*)。 (张桂新)

【含氟杂芳基砜类试剂研究取得进展】 中科院上海有机化学研究所胡金波研究组利用含氟杂芳基砜试剂发展铁催化的对芳烃或杂芳烃的高效二氟烷基化反应。利用廉价易得的 $Fe(acac)_3$ 为催化剂、TMEDA 为配体,利用自主研发的 2-$PySO_2CF_2H$ 试剂,实现对芳基锌的高效二氟甲基化反应;发现自由基捕获剂或单电子转移抑制剂均可阻止该二氟甲基化反应发生;提出经由二氟甲基自由基形成二氟甲基铁物种的反应机理,是首例过渡金属催化下含氟杂芳基砜参与、经由 Rf—S 键断裂而实现的交叉偶联氟烷基化反应。研究成果于 12 月发表于《美国化学会志》(*JACS*)。 (徐晓娜)

【镍催化炔烃高效氢-氰化反应研究取得进展】 中科院上海有机化学研究所刘元红研究组将氰化锌和水应用于炔烃的氢-氰化反应,实现末端炔烃在温和条件下高区域选择性氢-氰化反应。该反应具有良好底物普适性和官能团兼容性,芳基末端炔和非活化烷基末端炔在该反应条件下均可发生反应,卤素、羟基、氨基、烯基及内炔烃等均可很好兼容;可应用于复杂药物分子如布克力嗪衍生物和炔孕酮等的后期官能团化修饰;避免使用剧毒易挥发的氢氰酸,具有操作简单、安全高效等特征。研究成果于 12 月发表于《美国化学会志》(*JACS*)。 (徐晓娜)

第五节 | 天文学、地球科学 >>

【阐述东亚甚长基线干涉(VLBI)观测网性能与前景】 中科院上海天文台安涛与韩国天文和空间科学研究所 B. W. Sohn、日本鹿儿岛大学 H. Imai 合作,回顾东亚 VLBI 网的建设历程,阐述当前现状和观测性能,总结早期的科学成果和将来的发展计划,并指出中国贵州 500 m 口径球面射电望远镜和上海天马 65 m 射电望远镜等大型望远镜在未来平方公里射电望远镜时代的低频 VLBI 网观测研究的重要地位。研究结果于 1 月发表于《自然天文学》(*Nature Astronomy*)。 (商琳琳)

【利用数值模拟探索盘星系的 IFU 运动学性质】 中科院上海天文台沈俊太领衔星系动力学团队利用自洽的棒旋星系数值模拟,研究棒旋星系在 IFU 观测中的视向速度均值与其速度分布偏斜度关系,讨论不同倾角下这种相关性的变化情况,对棒旋星系的恒星运动学性质取得更深入了解。研究成果于 2 月发表于《天体物理杂志》(*APJ*)。 (商琳琳)

【揭示中北冰洋第四纪地层学及轨道尺度上古气候变化】 同济大学海洋与地球科学学院王汝建研究组基于中国北极科学考察在北冰洋中部阿尔法脊取得的 3 个岩芯和另外 4 个岩芯年代框架,结合 XRF-Ca、Mn、Zr 元素 stack 曲线分析,重建中北冰洋第四纪地层学及轨道尺度上古气候变化。证实北冰洋 Mn 元素含量变化受到全球冰盖/海平面影响。该方法有助于理解冰盖和轨道参数控制北冰洋古环境变化。轨道调谐实验表明,北冰洋 Mn 元素具有强烈的 10 万年偏心率和 2 万年岁差周期,这 2 个轨道参数可能通过冰川和海冰影响北冰洋。研究成果于 2 月在线发表于《第四纪科学评论》(*Quaternary Science Review*)。 （史玉华）

【揭示中中新世东南极冰盖扩张期太平洋深部翻转流和碳酸盐系统变化】 同济大学海洋与地球科学学院田军研究组测试南海 ODP 1148 站鱼牙化石 Nd 同位素和底栖有孔虫 B/Ca 比值，探究中中新世南极冰盖扩张期大洋深部环流和深部碳酸盐系统响应。研究表明，中中新世南极冰盖扩张后，南大洋深层水形成变弱，导致太平洋深层水更加孤立，太平洋经向翻转流更慢；海平面下降引起陆架碳酸钙向深海倾泻和风化加强可能导致大洋深部碳酸根离子浓度和碳酸钙堆积速率增加；底栖有孔虫 $d^{13}C$ 约 1‰正漂移主要是由于陆架富含 ^{13}C 碳酸钙快速风化和陆地碳库扩张引起；中中新世大气 CO_2 下降可能是由于陆架碳酸钙风化、陆地生物碳库扩张及迟缓的太平洋经向翻转流共同作用引起。研究成果于 2 月在线发表于《地球与行星科学通信》(*Earth and Planetary Science Letters*)。 （史玉华）

【揭示水动力分选和沉积再旋回对化学风化指标的影响】 同济大学海洋与地球科学学院杨守业研究组针对长江与中国东南主要小河流，采集不同粒级沉积物，探讨化学风化、水动力分选及沉积旋回性等因素对沉积物地球化学组成的控制作用。研究发现，大多数基于碎屑沉积物元素组成的化学风化指标反映各流域综合风化历史，受沉积过程中的水动力分选影响显著；水动力分选引起的矿物分异是导致悬浮物与河漫滩沉积物地球化学组成具有系统性差异的主要因素。研究对现代及钻孔沉积物硅酸盐化学风化强度判定具有指导意义。研究成果于 2 月在线发表于《地球化学与宇宙化学学报》(*Geochimica et Cosmochimica Acta*)。

（史玉华）

【实现银河系尘埃空间分布性质精确测量】 中科院上海天文台李琳琳等利用郭守敬望远镜巡天大样本数据，精确测量银河系尘埃空间分布性质。研究表明，银河系中尘埃的整体分布可用一个密度在径向和垂向上都呈指数下降的盘状结构描述。研究对理解银河系结构及形成和演化提供维度和观测约束。研究成果于 3 月发表于《天体物理快报》(*The Astrophysical Journal*)。 （商琳琳）

【多波段同时观测黑洞双星发现其快速变化】 中科院上海天文台余文飞等对新爆发黑洞双星 MAXIJ1820+070 实施 X 射线、紫外和光学波段同时观测，获得短至 6 毫秒的光学快速测光数据及黑洞双星不同谱态光学功率谱，探测到黑洞双星中在光学波段低频准周期振荡信号及亚秒时标的闪耀，对判断低频准周期振荡是否是 lense-thirring 进动提供线索，对理解黑洞双星光学光变起源具有重要意义。研究成果于 4 月发表于《天文学家电报》(*The Astronomer's Telegram*)。 （商琳琳）

【降水与气候反馈研究取得进展】 上海海洋大学海洋科学学院马建提出如果海表增暖空间均匀，降水区域分布不会发生改变，但原本降水多的地方会拥有更多降水，反之亦然，因为大气中水汽含量增加导致干旱区域向湿润区域水汽输送增强。但数值模拟发现，大气环流减弱会抵消水汽增加效应，使"湿者更湿"的降水变化形态被另一种机制压制，该机制为"暖者更湿"，认为海表温度形态变化才是未来控制降水主要因素，在海表增暖赶过热带平均暖化区域降水增加，在相对暖化较弱区会减小。这是由于热带降水临界值随着海表平均暖化而升高，而降水与海洋暖化的相互作用过程复杂，气候模式并不能精确描述，模式之间差异较大。研究成果于 4 月发表于《自然地学》(*Nature Geoscience*)。

（彭俞超）

【揭示早中新世青藏高原东南部地形成因与现代珠江的发育】 同济大学邵磊研究组对珠江口盆地北部靠近河口位置钻遇的渐新统—中新统地层开展碎屑锆石 U-Pb 测年分析。证实南海北部在晚渐新世时期重要物源转折事件，表现为伴随 Nd 同位素的显著负偏，古生代锆石明显增多。物源转折代表珠江流域面积明显扩张过程，从早渐新世时期局限在华南沿岸的小型河流演化至早中新世时期近现代展布大型河流。研究提供的地形—河流—物源研究思路，可应用于其他区域低地形差、高海拔的地形成因。研究成果于 6 月在线发表于《地球与行星科学通信》(*Earth and Planetary Science Letters*)。 （史玉华）

【揭示台风是驱动深海浊流频发最主要机制】 同济大学海洋与地球科学学院张艳伟结合南海东北部高屏海底峡谷与高屏溪直接相连、浊流频发、陆源沉积物输入量大等特点，针对深海浊流动力结构和触发机制开展研究，高时间分辨收集高屏海底峡谷(2 104 m 水深)沉积物颗粒、海流、浊度、温度、盐度、溶解氧等关键参数，监测深海浊流变化过程；通过 3.5 年观测数据，发现高屏海底峡谷深海浊流发生频率达每年 6 次以上，多以高沉积物通量/浓度、高温、低盐为典型特征，频发的深海浊流对应于台风影响台湾期间产生的高屏溪河流径流量激增；证实台风是深海浊流频发最重要触发机制，增强陆源沉积物从陆地、河流至深海输运量，尤其适用于台风—河流—深海峡谷沉积物路径输运环境。研究成果于 6 月在线发表于《地质学》(*Geology*)。 （史玉华）

【提出东亚季风降雨同位素区域性差异成因假说】 同济大学海洋与地球科学学院黄恩清研究组利用海洋沉积物中源自陆地高等植被叶蜡烷烃，通过测试烷烃单体分子氢同位素，恢复中国华南地区 40 万年以来降雨同位素变化；发现华南地区与西南-长江流域降雨同位素演化历史存在异同点；提出在间冰期暖期水汽源区对流强度增强、水汽搬运路径上瑞利分馏增强、夏季—冬季季节差增大这 3 个因素均有利于东亚大陆降雨同位素负偏；同时期，由于进入中国西南-长江流域的印度洋/太平洋水汽比例增大(印度洋水汽同位素值远低于太平洋水汽)，与上述3个因素叠加，造成石笋氧同位素大幅负偏现象；但在华南地区，印度洋/太平洋水汽比例减小，抵消3个因素作用，导致华南降雨同位素未出现明显变化。该假说能解释东亚降雨同位素的区域性差异。研究成果于7月在线发表于《地球与行星科学通信》(*Earth and Planetary Science Letters*)。 (史玉华)

【揭示岁差驱动的苏门答腊岸外上升流对温跃层温度影响】 同济大学海洋学院翦知湣研究组利用苏门答腊岸外SO139-74KL孔样品，通过测试浮游有孔虫表层种*G. ruber*和温跃层种*P. obliquiloculata*的Mg/Ca比值，重建30万年以来该区上层水体温度结构变化；结果显示海水表层温度具有典型冰期—间冰期旋回，而温跃层温度具有明显岁差周期；发现温跃层温度与有机碳百分含量(反映上升流强度)具有明显反相位变化关系，表明在轨道尺度上该区温跃层温度变化主要受到季风驱动上升流控制；利用CESM模拟得到温跃层温度和纬向风速变化同样具有明显岁差周期，支持岁差驱动的太阳辐射量变化控制澳大利亚-印度尼西亚冬季风演化，并影响该区温跃层温度变化。研究成果于7月在线发表于《第四纪科学评论》(*Quaternary Science Reviews*)。 (史玉华)

【木星大气环流研究取得进展】 中科院上海天文台孔大力等基于朱诺号飞船提供的高精度引力场数据，发展逻辑上自洽、物理上正确、数学上严谨的木星环流模型和反演方法，提出2类可能的木星环流形态。指出并纠正Y. Kaspi等3月发表于《自然》的错误观点与方法。研究为木星环流问题给出更可靠支撑，间接为木星内部物理研究提供有效约束条件。研究成果于8月发表于《美国国家科学院院刊》(*PNAS*)。 (商琳琳)

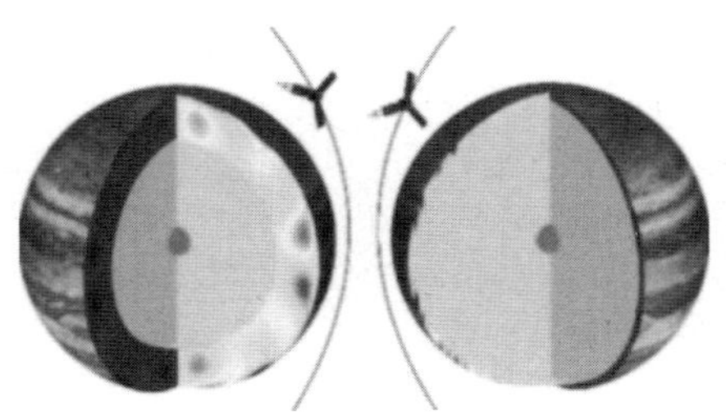

基于朱诺号飞船引力场测量数据提出的两类木星环流形态

【南海陆缘张裂形成洋壳研究取得进展】 同济大学Hans Christian Larsen分析综合大洋钻探计划367/368航次在南海北部获得钻探和地震数据，发现在南海陆壳破裂过程中存在岩浆活动，即软流圈物质上涌造成岩石圈最终破裂，过程中伴随洋中脊玄武岩类型的岩浆活动，形成狭窄的由陆壳向火成岩洋壳过渡带。这一陆缘结构被认为是北大西洋2种陆缘结构之间“缺失的环节”，即超伸展的少岩浆陆缘结构。这种中间状态陆缘结构在加利佛尼亚湾、红海等区域显现，证实这种陆缘结构存在，并可用以解释先期存在裂痕的薄弱岩石圈快速断裂过程。研究成果于8月在线发表于《自然地球科学》(*Nature Geoscience*)。 (史玉华)

【揭示人类活动改变华南植被演替规律】 同济大学海洋与地球科学学院翁成郁研究组对比多个与现今温暖环境类似的间冰期中植被演变过程，发现在中国华南地区，早期人类活动对于全球自然生态系统作用被低估，人类在至少6 000年前就实质性地改变自然植被演替规律与演化过程。研究揭示早期人类对自然生态系统的强烈改变。研究成果于10月在线发表于《自然地球科学》(*Nature Geoscience*)。 (史玉华)

【揭示颗石藻演化驱动同位素生命作用】 同济大学海洋学院刘传联研究组通过对不同属种颗石化石提纯，获得重量含量超过80%的Gephyrocapsa颗石样品，对样品进行氧碳稳定同位素测定和元素比值Sr/Ca测定；重建40万年以来西太平洋暖池核心区颗石藻生产力变化。研究发现颗石大小对应的颗石藻钙化作用对碳同位素分馏有重要控制作用，形态越大颗石其单位时间内钙化作用速率越高，表明在钙化过程中二氧化碳羧化或碳酸化过程中化学动力学效应。研究表明，除与颗石大小有关钙化速率外，颗石藻生长速率对其也有一定影响。研究成果于10月在线发表于《地球和行星科学通讯》(*Earth and Planetary Science Letters*)。 (史玉华)

【发现在伽马射线波段呈现月级周期性光变的耀变体】 中科院上海天文台王仲翔、周佳能等利用费米卫星观测数据，发现一颗编号PKS 2247-131的耀变体在伽马射线波段呈现月级周期性光变耀变体，是费米卫星观测到的唯一一次周期为月级的准周期振荡事例，也是在伽马射线波段首次发现喷流螺旋结构的观测证据。研究成果于11月发表于《自然通讯》(*Nature Communications*)。 (商琳琳)

【发现植被生长峰值的全球趋势及其驱动机制】 华东师范大学生态与环境科学学院夏建阳研究组结合卫星遥感数据、野外生态学实验、野外观测调查资料与全球陆地生态系统模型等手段，发现全球陆地植被生长峰值在过去30余年持续升高；发现同时期大气CO_2浓度升高、氮沉降增加与农田面积扩张是主要驱动原因；这些驱动机制得到叶片、生态系统和区域尺度的植物光合能力观测资料与全球野外控制实验结果支持。研究对全球陆地碳循环模型更准确地模拟全球植被生长峰值升高现象提出建议。研究成果于11月在线发表于《自然生态学与进化》(*Nature Ecology & Evolution*)。 (朱立峰)

第六节 | 交叉学科 >>

【人工抗体研究取得进展】 上海大学环境与化学工程学院

曹傲能、王海芳研究组选取天然蛋白质抗体中一小段柔性多肽嫁接到金纳米粒子上,通过精确控制多肽两端距离调整其构象,赋予纳米粒子和天然抗体相同的识别抗原功能。用该方法创造2种识别不同抗原人工抗体,显示方法通用性,预示有望用该方法创造更多人工抗体。这种人工抗体比天然蛋白质抗体更稳定,和抗原结合更强,有望在生物医学应用领域替代天然抗体使用。研究成果于1月在线发表于《美国国家科学院院刊》(*PNAS*)。(陈 浩)

【构筑高效抗菌表面研究取得进展】 华东理工大学材料科学与工程学院刘润辉研究组通过β-多肽聚合物模拟天然宿主防御肽,寻找具有高效和广谱活性且微生物难以产生耐药性的抗菌多肽聚合物。研究证明β-抗菌多肽聚合物接枝到表面后仍可具有高效抗菌功能;β-多肽聚合物未出现溶血和细胞毒性,且支持哺乳动物细胞在修饰表面黏附和快速生长。β-多肽聚合物修饰表面通过置换/夺取细菌细胞膜上起到稳定细胞膜重要功能的二价 Ca^{2+}、Mg^{2+},获得抗菌功能机理。研究成果于4月发表于《美国化学会应用材料与界面》(*ACS Applied Materials & Interfaces*)。(张桂新)

【新颖黄素依赖 Diels-Alder[4+2]环加成酶结构和催化机制研究取得进展】 中科院上海有机化学研究所刘文研究组与潘李峰研究组合作,解析黄素 FAD 依赖的 D-A 酶 PyrE3 晶体结构,是首个结构被解析的黄素依赖 D-A 酶。研究指出 PyrE3 催化空腔和 FAD 在催化过程中作用;发现与其他 FAD 依赖的加氧酶不同,PyrE3 在催化反应过程中并不要求 FAD 发生氧化态变化;FAD 能稳定蛋白结构,并通过与底物分子形成氢键释放结合能并稳定其过渡态构象。研究为人工设计、改造或开发协同反应的生物大分子催化剂(尤其是辅因子依赖的蛋白)提供参考。研究成果于4月发表于《细胞化学生物学》(*Cell Chemical Biology*)。(徐晓娜)

【金纳米团簇自组装体系研究取得进展】 上海交通大学崔大祥研究组构建以谷胱甘肽(GSH)为配体的金团簇无模板自组装体系,该方法可在 DMSO-水双溶剂体系中将粒径约1.3 nm 的 $Au_{22}(SG)_{18}$ 团簇组装成粒径从 62.9 nm 到 1 480 nm跨度3个尺寸数量级的组装体以 GSH 为配体的金纳米团簇,由于其优异的水溶性和生物相容性,在纳米化学、纳米生物医药领域具有应用前景。研究成果于5月在线发表于《美国化学会纳米》(*ACS Nano*)。(崔国珍)

【提出利用表面增强拉曼光谱研究纳米缝隙分子层电荷转移效应方法】 上海交通大学生物医学工程学院叶坚、古宏晨与香港理工大学雷党愿研究组合作,使用量子修正理论模型,将缝隙中分子层电荷转移效应纳入考虑,通过调节分子层电导率,该理论模型匹配实验获得的远场光谱和拉曼测试结果。由于电荷转移效应存在,缝隙增强拉曼探针性能最优时,其最佳缝隙尺寸在1—2 nm,且与激发波长相关。研究为设计表面增强拉曼探针提供思路,为量子器件开发提供参考。研究成果于6月发表于《美国化学会纳米》(*ACS Nano*)。(崔国珍)

【致病及功能性淀粉样蛋白聚集分子机制研究取得进展】 中科院生物与化学交叉研究中心刘聪研究组与清华大学李雪明、上海交通大学李丹研究组合作,发现渐动人病症中关键致病 FUS 蛋白 amyloid 具有高度可逆性和可调控性(包括磷酸化及温度调控),表征 FUS 蛋白 amyloid 原子结构,证实高度可逆 amyloid 在 FUS 蛋白液态相分离中起重要作用。研究成果于6月发表于《自然结构与分子生物学》(*Nature Structural & Molecular Biology*)。(徐晓娜)

【揭示流体机械能诱导压电场增强光催化有机物污染物降解性能】 上海师范大学卞振锋研究组通过将二氧化钛纳米颗粒包覆在 PZT 微球表面,制备一种核壳结构的 PZT/TiO_2 复合催化剂。通过溶液搅拌施加不同程度应力,PZT 诱导出不同强度压电场。由于压电场能促进自由电子-空穴对分离及电荷空间迁移,光催化降解速率随着搅拌速率提升而提高。结果显示,光催化降解罗丹明 B、双酚 A、苯酚、对氯苯酚效率随溶液搅拌转速提升而提高,PZT/TiO_2 光电极的光电流输出增大也确认这种压电效应。复合催化剂活性没有明显变化,展示 PZT/TiO_2 稳定性。通过捕获流体机械能来提升光催化效率策略具有实际应用价值。研究成果于6月发表于《环境科学与技术》(*Environmental Science & Technology*)。(余 强)

【实现精确可控的 DNA-二氧化硅复杂纳米结构制备】 上海交通大学樊春海研究组提出框架核酸诱导的预水解团簇策略,将经典 Stöber 硅化学引入 DNA 结构体系,实现精确可控的 DNA-二氧化硅固态纳米孔制备。该方法还可由二维平面结构拓展至三维框架、三维曲面结构以至多级有序结构等。研究突破传统硅化学合成在材料几何构型上限制,显著提高该框架核酸力学强度,使基于 DNA 的固态纳米孔保持精确结构,并具备更好力学性能。该框架核酸诱导的纳米孔道结构精确、可控、稳定,并且易于批量制造,为基于纳米孔道的生命分析化学提供工具。研究成果于7月发表于《自然》(*Nature*)。(崔国珍)

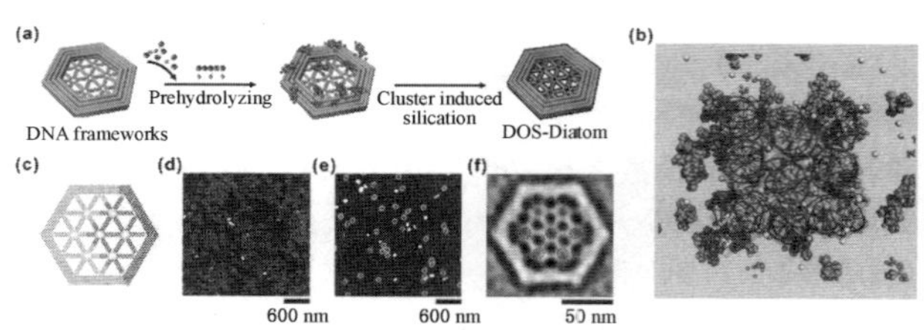

以框架核酸为模板的 DNA-二氧化硅多级纳米孔

【蛋白纳米孔道结构灵敏位点研究取得进展】 华东理工大学化学与分子工程学院龙亿涛研究组设计不同长度寡聚核苷酸精准测量 aerolysin 通道长度,通过生物素-链霉亲和素绑定体系确认寡聚核苷酸在进孔方向上信号；基于在不同位置碱基缺失的寡聚核苷酸链细节差异，确定 aerolysin 孔道中对寡聚核苷酸检测的 2 个灵敏位点，分别是 220 位的精氨酸和 238 位的赖氨酸，特别是靠近孔口的 220 位点对于核酸检测有极高灵敏性；分子动力学模型证实 220 位点与 238 位点在尺寸上起关键作用。研究成果于 7 月发表于《自然通讯》(*Nature Communications*)。 （张桂新）

【发展用于细胞内谷胱甘肽检测的 SERS 方法】 上海师范大学杨海峰研究组基于巯基置换反应发展可快速灵敏测定细胞内谷胱甘肽含量的表面增强拉曼方法。该方法被应用于对不同细胞中 GSH 测定，表现出高灵敏度、特异性和准确性，为临床诊断提供选择。研究成果于 8 月发表于《分析化学》(*Analytical Chemistry*)。 （余 强）

【发现表没食子儿茶素没食子酸酯(EGCG)可携带治疗性 siRNA 药物进入细胞】 华东师范大学生命科学学院程义云研究组利用天然茶多酚 EGCG 与 siRNA 通过氢键形成带负电荷的超分子纳米颗粒，在表面包裹低分子量阳离子聚合物；这种超分子策略使得不同结构、不同种类低分子量阳离子聚合物均能在极低剂量下将 siRNA 压缩成尺寸均一纳米颗粒；这些纳米粒子显著降低不同细胞中不同靶基因表达，表明这些粒子可有效通过细胞膜；发现小鼠相关症状如体重减轻、结肠缩短、肠道炎症等获得明显改善。研究表明除 siRNA 基因沉默效应外，EGCG 可通过其抗氧化和抗炎特性促进纳米粒子有效性。研究成果于 9 月发表于《美国化学会核心科学》(*ACS Central Science*)。 （朱立峰）

【建立中国长时间序列高分辨率火力发电用水地理信息数据库】 同济大学经济与管理学院张超发现海河流域大部分地区火电水资源压力指数明显下降，而西北大型煤电基地所处汇水区压力指数显著上升，建议西北地区煤电基地开发应实行取水总量控制措施；建立中国长时间序列高分辨率火力发电用水地理信息数据库，揭示 2000—2015 年火电取水、耗水及其水资源压力的时空格局演变过程，并定量评估多种影响因素对火力发电水资源利用效率提升的贡献。研究对中国制定合理水资源管理政策和电力工业发展政策具有借鉴意义。研究成果于 9 月以封面文章形式在线发表于《自然能源》(*Nature Energy*)。 （史玉华）

【实现快速到达量子加速算法】 上海交通大学金贤敏研究组报道基于光子集成芯片的物理系统可扩展专用光量子计算方案，实现“快速到达”问题的量子加速算法。在飞秒激光直写制备的三维光量子集成芯片中构建大规模六方黏合树并演示量子快速到达算法内核，相比经典情形展示平方级加速，最优效率提高 10 倍。研究提供利用量子系统的维度和尺度作为资源研发专用光量子计算路线图。研究成果于 10 月发表于《自然光子学》(*Nature Photonics*)。 （崔国珍）

【耐高温蛋白的理性设计研究取得进展】 上海交通大学物理与天文学院、自然科学研究院洪亮研究组与美国田纳西大学生物化学和分子生物学系 Nitin Jain 研究组合作，发现嗜热细胞色素蛋白由于其在自然折叠态较高柔性，减小解折叠过程中熵驱动力，获得耐高温能力。该发现为耐热蛋白理性设计提供从熵出发思路。研究成果于 10 月发表于《美国国家科学院院刊》(*PNAS*)。 （崔国珍）

【实现阿尔茨海默病淀粉样蛋白沉淀的无标记显微检测】 复旦大学物理学系季敏标研究组利用受激拉曼显微成像技术对富含错折叠蛋白的淀粉样斑块进行无标记成像，推动阿尔茨海默病预防治疗进程。研究成果于 11 月在线发表于《科学进展》(*Science Advances*)。 （邵 田）

【NCA 开环聚合研究取得进展】 华东理工大学材料科学与工程学院刘润辉研究组建立六甲基二硅基胺基锂引发的快速 NCA 开环聚合，聚合反应在几分钟到几小时即可完成。该聚合方法无须手套箱，可在普通环境条件下敞口容器中进行，并制备具有可控二级结构、大分子量、窄分子量分布聚肽；可方便地实现 NCA 均聚、混聚、嵌段聚合，以及所制备聚肽两端官能化，突破传统 NCA 聚合对手套箱设备的依赖和对溶剂及有机合成技术要求；适用于平行大量制备聚肽分子库和高通量相关活性、功能筛选研究。研究成果于 12 月发表于《自然通讯》(*Nature Communications*)。

（张桂新）

第一篇　第二章
前沿技术研究

第一节｜信息技术 >>

【上海信息技术工作概述】 2018年，上海按照实施创新驱动发展战略、建设具有全球影响力的科技创新中心的要求，结合“十三五”上海市科技创新规划“打造产业领袖”专题建议的愿景、目标和任务，推动新一代信息技术领域关键技术攻关及产业化，相关工作取得一定进展。

集成电路装备及材料方面，完成国内首台氟化氩(ArF)光刻机研制，实现产品流片，通过国家专项验收；300 mm硅片通过工艺验证，实现稳定批量生产；组织开展光刻机运动控制硬件板卡、反射镜，刻蚀机设备前端模块等核心零部件攻关；首台套设备和先进工艺首轮开发相继完成，中微半导体设备(上海)有限公司研发的刻蚀机进入台湾5 nm试产线；盛美半导体设备(上海)有限公司推出槽式/单片一体化清洗机；中芯国际集成电路制造有限公司的14 nm FINFET工艺开始产品导入；上海华力微电子有限公司开发的22 nm自主特色全耗尽绝缘体上硅(FD-SOI)工艺进展顺利。

突破数据流通交易领域隐私保护关键技术。以完善大数据流通交易体系、支撑上海大数据产业发展为出发点，针对国家网络安全法对数据安全、个人信息隐私保护、防止商业秘密泄露的要求，重点支持多方协同xID图谱及ID转译、大数据交易领域专业数据搜索引擎、区块链公共账本交易确权、数据质量评估与修复、数据确权估值建模等关键技术研究，建成国内最大的数据交易中心，实现数据交易供需双方自动匹配、交易数据脱敏处理及数据使用许可的合规转移。截至年底，累计数据交易品种类180项，数据交易总量达到全国线上数据交易量的50%以上。

城域物联专网继续扩大基础设施网络覆盖、深化感知颗粒度。面向城市精细化管理需求，持续推动低功耗广域网通信技术及综合管理平台研发与应用示范，完成杨浦、虹口、普陀、静安等区的基础网络全覆盖，共建设基站近300个，安装部署门磁、烟感、水质、红外、巡更等33类传感器，形成河道管理、消防通道堵物、外来人员管理、居家养老、占道经营管理等45种应用场景，传感器终端链接总数超过15万。推动社区大脑上线运行，与社区管理体系实现互通，形成城市事件管理发现、研判和处置的闭环机制，支撑城市精细化治理。　（肖　菁　张丽媛）

【基于SSD和内存实时大数据平台及应用】 项目由星环信息科技(上海)有限公司承担，1月17日通过市科委验收。项目研究SSD数据存储和内存计算结合的高速大数据处理技术；开发基于SSD和内存的列式存储结构，并对该存储结构进行功能和性能优化；实现SSD分布式书存储的容错性；开发在SSD硬盘中创建列式数据存储技术、在SSD列式存储结构中构建各类索引和过滤器技术、在内存和SSD上建立OLAP Cube技术。项目成果在多个领域应用。项目发表论文2篇；申请专利2件，获软件著作权登记3件、软件产品登记2件。　（张丽媛）

【提出面向云服务器系统的新型异常检测方法】 中科院上海高等研究院祝永新研究组提出一种基于多阶马尔可夫链模型和多元时间序列理论的异常检测方法。该方法融合高阶马尔科夫链和时间序列理论，发现云计算平台异常入侵行为导致的多阶马尔科夫链输出的排序变化，对云计算的安全防护提供有效手段。研究成果于4月发表于《IEEE云计算交易》(*IEEE transactions on cloud computing*)。　（陈思宁）

【GaAs基阻挡杂质带(BIB)探测器研究】 项目由中国电科第五十研究所承担，5月4日通过国家自然科学基金委验收。项目研制一种新型离子注入形成吸收层的平面GaAs基阻挡杂质带(BIB)探测器，以最大限度增加BIB探测器的响应率和响应波长，降低暗电流和噪声，提高工作温度为目标，建立器件物理模型，探索新结构中太赫兹吸收和杂质带跃迁的物理机理与载流子输运过程，获取高性能原型器件。项目完成GaAs基BIB原型芯片研制、性能测试。项目发表SCI/EI论文6篇，申请发明专利2件。　（李　青）

【低复杂度无速率LDPC系统码理论与关键技术】 项目由东华大学蒋学芹研究组承担，5月11日通过市科委验收。项目扩展LDPC系统码码长的算法，把CRT引入纠错码的设计和构造中；提出LDPC码的新型优化技术，提高LDPC码纠错性能，复杂度比经典PEG算法更低。项目发表SCI论文10篇。　（张　莹）

【实现大规模三维集成光量子芯片制备】 上海交通大学物理与天文学院金贤敏研究组通过飞秒激光直写技术制备节点数49×49的三维光量子计算芯片，并演示真正空间二维的随机行走量子计算。通过发展高亮度单光子源和高时空分辨的单光子成像技术，直接观察光量子的二维行走模式输出结果。在实验中观测到瞬态网络特性，验证量子行走的二维特征。研究成果于5月发表于《科学进展》(*Science Advances*)。 (崔国珍)

【环境自适应组合导航技术及其在无人机自主飞行中的应用】 项目由上海交通大学承担，6月29日通过市科委验收。项目突破即插即用多源融合定位导航应用终端体系结构、3M-based场景自适应切换技术、多源融合定位导航滤波算法等关键技术；实现开阔环境中定位精度误差小于2 m，复杂环境中定位精度1 m，渐进飞行中环境目标平均测距精度5 cm，悬停时控制定位精度优于0.1 m，实现复杂室内环境避障、图像引导控制等典型场景自主飞行验证，对树木、人、楼宇等地物或人物的识别准确率达92.91%。项目申请发明专利15件；发表论文20篇。 (张丽媛)

【集成国产化关键外围器件的LTE-A智能终端芯片解决方案】 项目由联芯科技有限公司牵头，上海爱信诺航芯电子科技有限公司、格科微电子(上海)有限公司和上海思立微电子科技有限公司共同参与，8月28日通过市科委验收。项目研发以LTE-A多模多频SOC芯片为核心的集成国产化关键外围器件的LTE-A智能终端芯片解决方案，集成移动智能终端大容量安全存储控制芯片，低功耗、低成本、高显示效果的LCD芯片，支持自互一体功能的多点触控芯片，构建LTE-A核心芯片＋关键外围器件产业生态圈。项目申请发明专利16件，获集成电路布图设计登记1件。 (高 华)

【基于北斗导航的低速智能汽车关键技术研究】 项目由同济大学智能型新能源汽车协同创新中心、上海司南卫星导航技术股份有限公司、上海鼎研智能科技有限公司、同济汽车设计研究院有限公司共同承担，9月14日通过市科委验收。项目研制3辆自动驾驶电动清扫车样车，具备环境感知系统、智能决策系统、北斗高精度定位系统等，最高行驶速度大于25 km/h，作业最高速度10 km/h；建立清扫车专用环境感知系统架构、智能决策系统架构及控制算法，实现障碍物识别、自动驾驶、换道等功能；开发北斗高精度定位系统的硬件平台及软件算法，实现基于北斗高精度定位系统的循迹及规划功能；研制电动清扫车远程监控系统及实时数据采集管理平台；研发适用于电动汽车的三元锂电池组的硬件平台及软件管理系统。项目发表论文8篇；申请发明专利2件、实用新型专利9件，获发明专利授权1件、实用新型专利授权2件、软件著作权登记2件。 (张丽媛)

【实现器件无关的量子随机数】 中科院上海微系统与信息技术研究所尤立星研究组与中国科学技术大学潘建伟研究组等基于团队自主研发的高效率超导单光子探测器件实现对高性能纠缠光源的高效探测，通过快速调制与空间分隔设计实现器件无关的量子随机数产生器。研究为密码学和数值模拟及需要随机性输入的各应用领域提供可靠的随机性来源，同时由于可信任的随机数源是现实条件下量子通信安全性的关键环节，研究成果可进一步确保现实条件下量子通信安全性。研究成果于9月在线发表于《自然》(*Nature*)。 (滕晓龙)

【用于云计算数据中心的非易失性内存模块的研发】 项目由澜起科技(上海)有限公司承担，10月11日通过市科委验收。项目攻克新一代基于DDR4内存缓冲控制器的非易失性内存模块的关键技术，解决数据中心掉电保护及快速恢复的信息安全问题，为信息安全性要求高的重点领域提供可靠、可信、拥有独立自主知识产权的内存解决方案。项目申请发明专利5件，其中美国专利3件，申请集成电路布图设计登记2件。 (高 华)

【基于非线性流形学习的极化SAR特征提取与匹配技术研究】 项目由上海卫星工程研究所承担，12月28日通过国家自然科学基金委验收。项目针对极化SAR图像检测、分类、检索和识别等应用，采用非线性流形学习技术，恢复内蕴在原始高维极化观测空间中的低维极化流形结构，并在维数约减的同时保持不同极化目标的鉴别信息，提取出目标的极化本征特征，然后针对极化本征特征进行本征维数和物理意义的挖掘，建立目标的极化本征特征集，推导出非线性极化流形学习的显式映射，解决测试样本的本征特征提取问题，实现极化SAR图像在本征特征空间中的特征匹配应用。 (杨树泉)

【软体爬壁机器人研制】 上海交通大学朱向阳、谷国迎研究组与麻省理工学院赵选贺研究组合作，研制首个由介电弹性体人工肌肉和静电吸附脚掌构成的软体爬壁机器人(自重2 g，身长85 mm)，其中介电弹性体人工肌肉用于驱动机器人本体的快速周期运动，静电吸附脚掌用于产生时间和空间可控的静电吸附力，机器人的稳定快速爬壁运动由介电弹性体人工肌肉和静电吸附脚掌的协同控制来实现。实验结果显示，该软体机器人具有与生物体类似的垂直爬壁、水平爬行、原地转弯能力和敏捷的环境适应运动能力，在竖直狭小空间中的探测、搜救和墙面清理方面具有潜在应用前景。研究成果于12月发表于《科学机器人学》(*Science Robotics*)。 (崔国珍)

【仿生在线智能监测技术和系统研究取得进展】 华东理工大学轩福贞、高阳研究组从模拟人体皮肤对外界疼痛、冷热和机械刺激的感知出发，开展压力容器等工业装备的仿生在线智能监测技术和系统研究，通过研制具有仿生功能的传感阵列，实现对压力容器等特种设备的实时监测。利用激光直写技术直接将柔性衬底转化为传感材料，制备基于SiC的应变传感器阵列。与现有半导体工艺相比，此方法具有制备工艺简单、成本低，与柔性衬底兼容的特点。研究成果于12月发表于《先进功能材料》(*Advanced*

Functional Materials)。 （张桂新）

第二节 生物技术 >>

【揭示重编程过程中转录组及表观修饰组的动态图谱】 同济大学生命科学与技术学院高绍荣研究组通过建立 2°人体细胞诱导至 naïve 态多能性的重编程系统，结合高通量测序及组学分析技术，分析人的体细胞重编程至 Naive 态多能干细胞过程中转录组和表观遗传修饰组的动态变化，发现这一重编程过程与胚胎发育的逆过程相对应，细胞先后经历从晚期胚胎发育至植入前胚胎发育相关的基因网络激活。在 naïve 重编程晚期，8-细胞阶段特异的转录本被特异性短暂激活，暗示在 naïve 态多能性建立过程中出现与人合子基因组活化相关基因网络的短暂激活。研究成果于 1 月线发表于《e 生命》(*eLife*)。 （史玉华）

【揭示孤雄单倍体胚胎干细胞特性】 同济大学生命科学与技术学院高绍荣研究组与江赐忠研究组合作，揭示 Dnmt3b 能恢复孤雄单倍体胚胎干细胞全基因组甲基化水平，延缓单倍体细胞的自发二倍体化，并提高半克隆小鼠发育潜能及存活能力；建立来源于 2 种基因型背景共 6 株孤雄单倍体胚胎干细胞系，并通过多种手段验证其多能性和分化潜能；通过 RNA-seq 等方法，研究发现孤雄单倍体与传统胚胎干细胞相比，其从头甲基化酶 Dnmt3b 及辅助甲基化的 Trim28、Pcna 等基因都出现低表达；利用 CRISPR/Cas9 和 RNAi 技术，证明从头甲基化酶在孤雄单倍体胚胎早期发育及建系等方面发挥重要作用。研究成果于 1 月在线发表于《干细胞报告》(*Stem Cell Reports*)。 （史玉华）

【片剂内微小空间里原辅料的物质分布研究取得进展】 中科院上海药物研究所张继稳研究组与沈阳药科大学孙立新研究组等合作，以具有多单元结构的微丸压制缓释片为研究对象，对片剂样品进行同步辐射显微成像，快速、无损伤地检测片剂的精细结构，得到微丸压制缓释片内部的基质层、缓冲层和微丸单元等多种结构的信息；利用 HPLC-MS/MS、HPLC-ELSD 等分析技术，建立药物和 5 种辅料的定量方法，测定片剂中不同结构处的微区样品物质组成；对结构复杂的微区样品进行各个结构类型的体积比计算，并与物质含量测定相关联，定量得到片剂内部的物质分布。研究成果于 2 月发表于《分析化学》(*Analytical Chemistry*)。 （宋文珂）

【医用金属表面抗菌功能化研究取得进展】 中科院上海硅酸盐研究所曹辉亮和刘宣勇基于质子耦合电子转移理论，提出双功能微电池效应抗菌思路。该思路将抗菌的惰性金属和促成骨的活泼金属同时引入钛表面构建双功能微电池，利用微电池的阴极析氢反应扰乱细菌能量合成功能所依赖的质子浓度梯度，以及微电池的阳极腐蚀反应引诱细菌储备活性离子，两者协同使细菌处于严重应激状态。同时，双功能微电池效应可激活大鼠骨髓间充质干细胞整合素调控的成骨通路，促进骨整合；制备具有细胞选择特征的抗菌表面，为制造抗菌兼成骨型植入器械提供新方向。研究成果于 3 月发表于《材料视野》(*Materials Horizons*)。 （朱雅琴）

【开发新型碱基编辑器系统】 中科院上海营养与健康研究所杨力研究组与上海科技大学生命学院陈佳研究组和黄行许研究组合作，开发出一系列基于 CRISPR/Cpf1(Cas12a)的新型碱基编辑器(dCpf1-BE)。由于 Cpf1 蛋白可识别富含腺嘌呤/胸腺嘧啶的 PAM 序列，dCpf1-BE 可实现在腺嘌呤/胸腺嘧啶富集区域的碱基编辑操作，产生的编辑副产物较低，编辑精准度更高，可与基于 Cas9 的碱基编辑器实现碱基编辑有效互补，为碱基编辑系统在基础研究及临床领域应用提供方法。研究成果于 3 月发表于《自然生物技术》(*Nature Biotechnology*)。 （陶欣荣）

【发现肿瘤选择性仿生纳米粒可有效抑制乳腺癌原位瘤生长及肺部转移】 中科院上海药物研究所药物制剂中心郎天群构建乙酰肝素酶敏感的仿生纳米递送系统 rHS-DTX。研究表明 rHS-DTX 内核的 HS-DTX 胶束有显著的 Hpa 酶敏感特性。在转移性乳腺癌裸鼠模型中，rHS-DTX 组显示出高于游离多西他赛组 6.35 倍的瘤内药物量，肿瘤抑制率 98.2%，肺转移抑制率 99.6%。受试动物主要器官及血液生化指标均未发现病理变化。研究成果于 3 月发表于《先进功能材料》(*Advanced Functional Materials*)。 （宋文珂）

【揭示胚胎发育异染色质修饰 H3K9me3 的重编程过程】 同济大学生命科学与技术学院高绍荣和张勇研究组在全基因组水平上揭示小鼠植入前及植入后胚胎发育过程中异染色质修饰 H3K9me3 的重编程过程，并阐释异染色质修饰 H3K9me3 对于植入前胚胎中逆转座子沉默起到的重要作用。利用 ULI-NChIP-seq 技术检测雌雄配子、植入前胚胎发育连续时间点及植入 6.5—8.5 天，胚胎发育过程中 H3K9me3 修饰在全基因组尺度分布水平，对 H3K9me3 修饰的继承、去除和重新建立进行研究。研究成果于 4 月在线发表于《自然细胞生物学》(*Nature Cell Biology*)。 （史玉华）

【揭示长链非编码 RNA(lincRNA)调控心肌分化和发育的表观遗传机制】 同济大学生命科学与技术学院康九红研究组揭示胚胎干细胞向心肌细胞分化过程中基因间 lincRNA 通过联合转录因子及表观修饰分子实现精确调控下游心肌特化关键转录因子表达重要机制。研究发现一条转录自中胚层转录因子 Eomes 基因邻近区域的 lincRNA 分子(linc1405)与小鼠心脏的正常发育密切相关。揭示 lincRNA 联合 Eomes 及组蛋白修饰分子(WDR5 和 GCN5)特异性调控心肌胚层特化关键分子 Mesp1 基因增强子区域表观修饰环境的分子机制，并在小鼠体内证实 lincRNA 参与调节心脏发育和功能。研究成果于 5 月在线发表于《细胞干细胞》(*Cell Stem Cell*)。（史玉华）

【揭示 CARD9 基因变异引发变应性支气管肺曲霉病(ABPA)的发病机制】 同济大学附属上海市肺科医院徐金富、贾鑫明研究组与清华大学林欣研究组合作，揭示 CARD9 基因多样性 S12N 变异体是 ABPA 的易感基因，并阐明其诱导发病分子机制。通过对 ABPA 临床患者进行 CARD9 基因组的筛查发现，ABPA 患者固有免疫细胞中 CARD9 基因存在高频率的 S12N 突变，通过构建 CARD9S12N 基因敲入小鼠，发现该小鼠经烟曲霉菌感染后发生了类似于人 ABPA 患者的 Th2 细胞介导的超敏反应；研究 CARD9S12N 基因敲入小鼠对烟曲霉菌感染的发病机制，发现烟曲霉菌通过 CLR 受体激活巨噬细胞的非经典的 NF-κB(RelB)信号通路，RelB 直接调控 IL-5 的表达并激活嗜酸性粒细胞产生 IL-4，进而驱动 Th2 细胞分化和过敏反应。在携带 CARD9S12N 多态的 ABPA 患者外周血 PBMC 中，验证曲霉刺激能够激活 RelB 并介导产生 IL-5。研究成果于 5 月在线发表于《自然免疫学》(*Nature Immunology*)。（史玉华）

【揭示表观遗传信息预编程合子基因组转录调控机制】 同济大学生命科学与技术学院张勇研究组研究采用 ATAC-seq 技术，在斑马鱼合子基因组激活前后共 5 个时间点，分别绘制全基因组尺度的染色质局部开放区域图谱；揭示斑马鱼合子基因组激活过程中继承的 DNA 甲基化信息预编程染色质在启动子区域和在远端区域局部 2 个开放区域建立的不同机制；结合表观遗传组学数据产生和生物信息学深度分析，在全基因组尺度上揭示在脊椎动物合子基因组激活过程中继承的表观遗传信息预编程合子基因组转录调控的机制。研究成果于 5 月在线发表于《基因组研究》(*Genome Research*)。（史玉华）

【复合性状转基因植物产品的高通量快速检测新技术研究与应用】 项目由市农科院承担，6 月 28 日通过上海市农业科技服务中心验收。项目建立数字 PCR 技术、RPA 等温快速扩增技术、荧光数字 PCR 技术、ddPCR-DDGE 技术、核酸荧光标记等 5 种高通量转基因快速检测技术，检测灵敏度 0.1%，重复性偏差 18%，转基因产品检出率 96%；开发复合性状转基因产品核酸快速纯化装置 1 个，具有高通量、高纯度和简便快捷等特点；基于 RPA 结合侧向流动技术，开发适用于检测转基因大豆、玉米、水稻、油菜和棉花中选择性标记基因，多种外源基因、NOS 终止子和 CaMV35S 启动子的 7 种试纸条，相对灵敏度达 0.1%、检测时间 10 分钟，准确性 95%以上。项目发表论文 10 篇，其中 SCI 论文 3 篇；申请发明专利 8 件，获授权 1 件。（王 达 丁志远）

【活体温度监测研究取得进展】 复旦大学化学系李富友研究组采取一种简单的分子结构修饰策略来抑制热失活效应，在液态溶剂中实现三线态-三线态湮灭(TTA)上转换发光在较大温度范围内的正相关灵敏响应；构建具有活体内最高温度检测灵敏度的比率型纳米探针，能够准确地检测环境温度波动和内炎症反应对小鼠体温引起的微小变化。研究为上转换发光、温度监测、纳米医学和生命科学等领域研究提供思路。研究成果于 7 月在线发表于《自然通讯》(*Nature Communications*)。（邵 田）

【发现抗肿瘤靶标 STAT3 的全新变构位点及变构抑制剂】 上海交通大学医学院张健研究组研究利用全新变构药物设计技术 AlloFinder，发现 STAT3 在 C 端 coiled-coil 结构域的全新变构位点及新型变构抑制剂。发展针对变构药物的设计策略 AlloFinder，发现 STAT3 除了 SH2 结构域可以进行抑制剂药物开发外，在其 C 端的 CCD 区域也存在着可以抑制 STAT3 自身二聚化进而调控 DNA 转录的位点，并在此位点上精准筛选到变构活性小分子 K116。K116 可有效诱导肿瘤细胞凋亡，抑制并杀伤 MDA-MB-468 和 DU145 等多种 STAT3 过度激活诱导的肿瘤细胞。研究成果于 7 月发表于《核酸研究》(*Nucleic Acids Research*)。（冯知周）

【实现利用远红光操控干细胞分化】 华东师范大学生命科学学院叶海峰研究组利用开发远红光调控的 CRISPR-dCas9 内源基因转录激活装置，系统具有诱导倍数高、组织穿透力强、高度时空特异性及低毒性等优点；利用远红光操纵基因组基因的表达调控，建立远红光调控内源基因表达的技术体系；利用该技术方法在细胞水平和动物体内实现利用远红光操控基因组内源基因的表达，并在远红光诱导下将 iPSCs 诱导分化为功能性神经细胞。研究成果于 7 月在线发表于《美国国家科学院院刊》(*PNAS*)。（朱立峰）

【揭示长链非编码 RNA LincU 在胚胎干细胞原始态维持中的作用机制】 同济大学生命科学与技术学院康九红研究组揭示长链非编码 RNA LincU 在维持胚胎干细胞原始态中的重要功能和作用机制，敲降 LincU 使得小鼠胚胎干细胞向始发态转变，而在小鼠胚胎干细胞中过表达 LincU 能够阻碍细胞从原始态向始发态的转变。研究发现 LincU 能够特异性地抑制干细胞中启动分化所必需的 ERK 信号通路的活性来维持胚胎干细胞的原始态，并通过直接与 ERK 特异性磷酸酶 DUSP9 结合抑制 ERK 的活性并阻止其被泛素化。研究成果于 7 月在线发表于《干细胞报告》(*Stem Cell Reports*)。（史玉华）

【食源性欺骗传粉系统中花颜色性状的功能基因研究】 项目由上海辰山植物园承担，8 月 9 日通过市绿化市容局验收。项目比较兜兰属中产卵地欺骗和食源性欺骗传粉种类的花部颜色及光谱反射特征，发现上述 2 类植物具有不同模式，明确颜色是维持食源性欺骗传粉系统和产卵地欺骗传粉系统的重要因素。分析兜兰属花色素种类含量、分布位置,以及蜡质层成分、表皮细胞纹饰和角质层厚度的差异。通过转录组初步鉴定花色差异的关键基因。项目发表SCI论文1篇。 (王文进)

【创建国际首例人造单染色体真核细胞】 中科院上海植物生理生态研究所覃重军研究组与合作者在国际上首次人工创建单条染色体的真核细胞,这是继原核细菌"人造生命"之后的一个重大突破。通过15轮染色体融合,采用工程化精准设计方法,将天然酿酒酵母单倍体细胞的16条染色体融合为1条,其菌株被命名为SY14。经鉴定,染色体三维结构发生巨大变化的SY14酵母具有正常的细胞功能,除通过减数分裂有性繁殖后代减少外,SY14酵母表现出与野生型几乎相同的转录组和表型谱。研究成果于8月在线发表于《自然》(*Nature*)。 (荆爱霞)

【开发新型普适碱基编辑器】 中科院上海营养与健康研究所杨力研究组与上海科技大学生命学院陈佳研究组和黄行许研究组合作,利用生物信息学方法分析与人类疾病相关的单碱基突变,发现胸腺嘧啶T到胞嘧啶C突变中的大部分处于CpG二核苷酸位点。在哺乳动物基因组中,CpG位点的胞嘧啶通常易被甲基化修饰。利用10余种来自不同物种的APOBEC胞嘧啶脱氨酶家族蛋白构建出一系列新型碱基编辑器,可广泛用于胞嘧啶C至胸腺嘧啶T单碱基编辑。筛选鉴定出基于人APOBEC3A的碱基编辑器hA3A-BE可在基因组高甲基化区域实现高效甲基化胞嘧啶mC至胸腺嘧啶T单碱基编辑,同时可在已检测的多种环境中实现胞嘧啶C或甲基化胞嘧啶mC至胸腺嘧啶T的高效编辑。通过对人APOBEC3A的系统性改造,缩小hA3A-BE的编辑区间,提高其碱基编辑精度。研究成果于8月发表于《自然生物技术》(*Nature Biotechnology*)。 (陶欣荣)

【发布升级版的环形RNA数据库网站】 中科院上海营养与健康研究所杨力研究组通过整合分析多物种环形RNA数据,发布升级版的环形RNA数据库CIRCpedia v2,共收录人、小鼠、大鼠、斑马鱼、果蝇和线虫6个物种中超过180个样品的环形RNA计算分析结果。通过CIRCexplorer2和MapSplice计算流程统计获得262 782个环形RNA分子,包括73 972个可变反向剪接事件。CIRCpedia v2为环形RNA研究提供全面的综合性平台,为深入开展环形RNA功能研究提供数据支持和理论依据。研究成果于8月发表于《基因组学、蛋白质组学与生物信息学》(*Genomics Proteomics & Bioinformatics*)。 (陶欣荣)

【近红外荧光前药示踪研究取得进展】 华东理工大学朱为宏和郭志前研究组提出基于布尔逻辑运算的双通道近红外智能药物输送系统,其所构建序列响应的AND型逻辑门可以有效避免前药免非特异性激活,只有通过内源性肿瘤标志物的精准激活才会进行药物释放。双通道近红外荧光信号响应实现对药物释放过程的实时示踪,减少抗癌药物的副作用和实时监测药物何时、何地、如何发挥其治疗效果,这种序列响应的AND型逻辑门为开发精确可编程的药物输送系统和智能生物传感探针提供新思路。研究成果于8月发表于《化学科学》(*Chemical Science*)。 (张桂新)

【构建智能前药纳米粒高效免疫治疗肿瘤】 中科院上海药物研究所药物制剂中心于海军、李亚平研究组设计构建一种智能前药纳米粒(BCPN),实现二元协同、双管齐下高效免疫治疗肿瘤。研究发现,BCPN可以把化疗药物奥沙利铂的前药分子和IDO-1酶抑制剂NLG919的二聚体高效共递送到肿瘤组织,然后在肿瘤细胞还原环境中,前药分子被还原激活释放活性奥沙利铂和NLG919单体。奥沙利铂可刺激肿瘤细胞发生免疫性细胞死亡,提高肿瘤组织免疫原性,诱导机体对肿瘤细胞的特异性免疫反应,增加肿瘤组织内CTL的浸润,促使"冷瘤"转变为"热瘤"。NLG919可有效抑制IDO-1酶活性,缓解IDO-1酶对CTL的抑制作用,克服肿瘤抑制微环境。研究成果于8月发表于《先进材料》(*Advanced Materials*)。 (宋文珂)

【近红外荧光寿命活体成像研究取得进展】 复旦大学化学系张凡研究组提出将近红外荧光寿命成像技术运用于活体多重检测,实现活体的多重成像和量化诊断;利用能量延迟方法并结合对发光离子浓度的调控,实现NIR-II区单一波长下荧光寿命3个量级以上的精确调节;在乳腺癌肿瘤的精准诊断上,该方法对肿瘤标志物的定量检测结果与传统的免疫印迹法和免疫组织化学法相比有很好的一致性,且可原位实现同时定量多个肿瘤标记物,并减少传统检测方法在组织切片的制作、处理及评分过程中所导致最终结果的差异性。研究成果于8月在线发表于《自然纳米技术》(*Nature Nanotechnology*)。 (邵 田)

【提出靶向β-catenin蛋白策略】 上海中医药大学交叉科学院柯细松研究组发现极少小分子直接靶向结肠癌关键靶标β-catenin蛋白,通过解析以往β-catenin抑制剂的筛选和发现策略,提出界定药物靶标蛋白的金标准,从结构生物学角度分析发现β-catenin抑制剂的障碍和存在的问题,提出发现β-catenin抑制剂的3个策略,包括靶向内在无序蛋白区域筛选结合细胞内源β-catenin蛋白小分子和联用蛋白降解靶向嵌合体技术。这些策略同时适用于其他难于靶向的蛋白。研究成果于8月发表于《药理科学趋势》(*Trends in Pharmacological Sciences*)。 (徐 鸽)

【揭示克隆胚胎着床后发育异常的关键因素】 同济大学生命科学与技术学院高绍荣、张勇研究组通过对不同发育命运体细胞克隆胚胎进行全基因组DNA甲基化组高通量测序分析,研究小鼠克隆胚胎早期着床前发育过程中DNA甲基化修饰的重编程过程,揭示异常的DNA再甲基化是导致克隆胚胎着床后发育异常的关键因素;利用微量细胞全基因组亚硫酸氢盐测序技术,绘制不同发育命运的克隆胚胎植入前发育过程中的全基因组 DNA 甲基化图谱；发现克隆胚胎早期发育过程中相关位点的 DNA 甲基化动态变化存在再甲基化的现象；通过对比不同发育命运克隆胚胎与正常受精胚胎在同一发育时期的 DNA 甲基化差异，鉴定出广泛的再甲基化位点。研究成果于 8 月在线发表于《细胞干细胞》(*Cell Stem Cell*)。 （史玉华）

【氧化还原代谢成像研究取得进展】 华东理工大学杨弋、赵玉政研究组利用多个遗传编码的荧光蛋白探针，首次在单细胞和活体水平建立了氧化还原“全景式”实时动态分析技术，并应用于不同细胞器、细胞周期动态过程、巨噬细胞活化过程及斑马鱼氧化还原状态研究。相比于在细胞或活体靶向单个氧化还原分子的生化或成像方法获得的“零散”信息，氧化还原“全景式”实时动态分析是一种更为全面系统、灵活有力的研究技术。这种技术可推广到其他遗传编码的荧光探针，也可使用多种分析平台，如荧光显微镜，高内涵成像系统，流式细胞仪和酶标仪等。研究成果于 9 月发表于《自然方法》(*Nature Protocols*)。 （张桂新）

【利用 DNA 纳米技术构建体外干细胞巢】 上海交通大学医学院宋海云研究组与上海交通大学樊春海研究组合作，利用 DNA 纳米技术构建体外干细胞巢研究将从小鼠乳腺分选出来的乳腺干细胞和能够分泌 Wnt 蛋白的 L-Wnt3a 细胞用锚定于细胞膜表面的 DNA 链通过碱基互补连接后在模拟细胞外基质的 Matrigel 中培养，构建紧密相邻的干细胞-干细胞巢共培养体系。研究结果显示，用此方法构建的体外干细胞巢能够显著提高乳腺干细胞的克隆形成能力和干细胞增殖能力，1 周以后培养的乳腺干细胞总数能够达到传统 Matrigel 培养方法的 4 倍以上。研究成果于 10 月在线发表于《先进材料》(*Advanced Materials*)。 （冯知周）

【发现仿生纳米笼可特异性靶向肿瘤干细胞抗肿瘤转移】 中科院上海药物研究所谭涛利用铁蛋白趋向 CSCs 的特性，建立载有光热治疗剂 DiR 和表阿霉素的去铁蛋白仿生纳米笼载体系统，实现对 CSCs 的高效靶向递送。系统在富集 CSCs 的 3D 瘤球模型中摄取明显提高，并可通过 SCARA5 受体特异性识别靶向 CSCs。在转移性 4T1 乳腺癌模型中，该仿生纳米笼能高效靶向肿瘤并渗透到肿瘤组织内部，减少肿瘤相关巨噬细胞和成纤维细胞的截留，直接靶向肿瘤细胞和 CSCs，进而结合光热治疗技术和化疗，靶向杀伤肿瘤组织中的 CSCs，显著抑制乳腺癌的肺转移。研究成果于 10 月在线发表于《先进科学》(*Advanced Science*)。

（宋文珂）

【甲醛荧光探针研究取得进展】 华东理工大学王卫研究组基于甲醛的诱导邻近效应设计开发了 2 个待测物再生型甲醛荧光探针 NAP-FAP-1 和 NAP-FAP-2，其中 NAP-FAP-2 结构中包含溶酶体靶向基团吗啡啉，可以选择性地检测溶酶体中的甲醛。探针以 3-(苄胺)琥珀酰亚胺为识别基团，萘酰亚胺为荧光团，通过全新的区域专一性甲醛诱导邻近效应选择性切断琥珀酰亚胺的 1，5-酰胺键，生成六元环的氮杂内酯，进一步水解可生成荧光产物，并释放甲醛分子，实现对甲醛分子的荧光检测。在反应过程中，同时利用 ICT 和 PeT 双淬灭效应实现了荧光增强检测信号与甲醛再生在时间上的同步。通过细胞成像和酶标仪实验对 2 个探针的生物学应用进行了初步验证，证实 HeLa 细胞用四氢叶酸培养后溶酶体中可生成内源性甲醛。研究成果于 11 月发表于《美国化学会志》(*JACS*)。 （张桂新）

【人体肝细胞扩增技术取得进展】 同济大学医学院彭鲁英研究组与中科院生物化学与细胞生物学研究所惠利健研究组合作，建立一套人肝细胞体外培养系统，实现人原代肝细胞体外高达 10 000 倍扩增，且不同种族、性别、年龄的多个个体在该培养系统中都表现出比较相似的增殖能力。培养出的增殖人肝细胞保留部分肝功能基因表达并维持部分肝细胞功能，处于共同表达肝功能基因和肝前体基因的双表型的状态。研究成果于 11 月在线发表于《细胞干细胞》(*Cell Stem Cell*)。 （史玉华）

【拟南芥花发育时期功能基因学组研究】 项目由上海辰山植物园承担，12 月 18 日通过市绿化市容局验收。项目发现热击胁迫条件下，拟南芥花苞中 m^6A 修饰的含量显著上升，m^6A 甲基化结合蛋白编码基因和 m^6A 去甲基化酶基因 ALKBH10B 的表达量发生显著改变。热击胁迫导致 m^6A 转录组发生显著变化，其中 m^6A 新甲基化与热击响应基因的表达量上升密切关联，而去甲基化基因的表达则受到明显的抑制；热击因子和热击蛋白的新甲基化可能是其表达量受热击诱导上升的主要原因。减数分裂等生殖发育相关基因的去甲基化则可能促进了其表达水平的显著下调。项目发表 SCI 论文 1 篇，申请发明专利 1 件。 （王文进）

【基于转录组及蛋白质组的唇形科鼠尾草属植物酚酸类生物合成及调控研究】 项目由上海辰山植物园承担，12 月 18 日通过市绿化市容局验收。项目建立 14 种唇形科植物的转录组数据库，结合转录-代谢组结果及蛋白-代谢组结果，进行差异基因表达分析及基因共表达分析，综合比较基因表达在转录组与蛋白质组 2 个水平上的差别。通过联合分析，扩充通过转录组学得到的可能参与酚酸代谢的有关酶和调控因子。对酚酸类生物合成途径中 4CLs、BAHDs 和 HPPRs 等家族蛋白进行挖掘和克隆，通过进化分析和生化功能验证，确定参与酚酸类生物合成的关键酶基因，并发现 HPPR 酶催化合成 pHPL 是酪氨酸基本代谢途径。发现舌瓣鼠尾草中的转录因子 SlMYB1 是调控叶背面特异性积累花青素的关键因子，通过转化烟草验证 SlMYB1 调控花青素在叶背面积累的功能。 （王文进）

【发现“鸡尾酒”递药策略改善乳腺癌治疗效果】 中科院上海药物研究所药物制剂中心郎天群等设计一种“鸡尾酒”递

药策略。通过构建时空可控纳米粒(PM@THL),将针对普通肿瘤细胞和肿瘤干细胞的化疗与免疫检查点阻断疗法整合起来,PM@THL 具有胶束-脂质体双层结构及酶敏感/酸敏感双重响应性,可有效将化疗药物紫杉醇、抗 CSC 药物硫利达嗪及 PD-1/PD-L1 小分子抑制剂 HY19991 包载其中,用于转移性乳腺癌的治疗。研究成果于 12 月发表于《先进材料》(*Advanced Materials*)。 (宋文珂)

第三节 纳米技术 >>

【二维纳米材料光致透明特性研究取得进展】 中科院上海光学精密机械研究所与华东理工大学合作,设计合成具有优异光限幅性能的 BP:C_{60} 混合材料,研究其在可见-近红外波段纳秒脉冲作用下的光限幅性能,并发现相对于本征材料其光限幅性能有明显提升。研究成果于 1 月发表于《化学通讯》(*Chemical Communications*)。 (王翠翠)

【新型智能面料研制】 东华大学王宏志研究组与美国佐治亚理工大学艾尔莎·瑞秋曼尼斯研究组合作,研制一种基于纳米通道机理的自适应气体响应的驱动材料,能感知外界气体种类及浓度变化并产生相应的主动变形行为。开发出一种基于商品化全氟磺酸树脂的气体响应致动材料,其响应速度极快且性能稳定。基于这种致动材料,研制出一种对体表温度与湿度具有调节作用的智能面料。该面料在人体温度和湿度发生变化时,可产生开/关孔道致动行为,进而对体表湿热环境进行有效调节,提高人体体表舒适感。同时,通过该材料与光子晶体技术相结合,设计一种可根据空气湿度变化产生变形-变色双重响应能力的智能薄膜。研究成果于 2 月发表于《自然通讯》(*Nature Communications*)。 (张 莹)

【合成 $Zn_2(GeO_4)_{0.8}(SiO_4)_{0.2}$(ZGSO)纳米线】 同济大学化学科学与工程学院杨金虎研究组利用 Si 原子定点取代 Zn_2GeO_4 纳米线中的 Ge 原子,合成 ZGSO 纳米线,ZGSO 用作锂离子电池负极材料时,展现出较高的比容量和长循环性能。通过非原位 XPS 分析和密度泛函理论(DFT)嵌锂应力计算,发现 Si 原子取代的纳米线不仅具有更高的反应活性和理论储锂容量,其独特的原子结构有利于缓解锂化过程中所产生的应力,从而保持完整的结构,实现高容量和超长循环寿命。研究成果于 2 月在线发表于《先进能源材料》(*Advanced Energy Materials*)。 (史玉华)

【有序化合物半导体纳米结构中量子效应的理论研究】 项目由上海电力大学承担,3 月 20 日通过国家自然科学基金委验收。项目利用 RC-FDTD 仿真方法研究量子效应对有序化合物半导体中太赫兹波动力学传输特性的影响。设计不同的结构模型及激发光强度和光子能量研究一维有序化合物半导体纳米材料二氧化钛纳米管的结构参数,以及敏化和掺杂对光抽运-太赫兹探测透/反射谱的调制特性,分析量子效应对光激载流子动力学传输机制的影响,建立透射/反射率的变化与激发载流子浓度、激发光子能量和纳米材料结构参数的依赖关系。项目成果为光抽运-太赫兹探测透射/反射光谱提供理论基础,为解释载流子动力学实验过程中的复杂现象提供数据依据。项目发表论文 8 篇。 (季 沛)

【纳米孔电极限域测量研究取得进展】 华东理工大学龙亿涛研究组与美国伯克利大学 Luke Lee 研究组针对单细胞电荷传递过程高灵敏测量,设计具有高空间分辨能力的无线纳米孔电极,将电活性基团引入纳米孔电极的尖端,调控电极界面极化电场,建立纳米孔电极孔尖离子流增强机制,将细胞内重要氧化还原分子的微弱法拉第电流精巧地转化为纳米孔道孔尖电荷密度的实时变化过程,获得极易分辨的离子流增强时序信号,实现对单个活细胞内电子传递载体还原型辅酶Ⅰ的高选择性、高灵敏度、低损伤测量,提高纳米电化学测量的灵敏度及空间分辨能力。研究成果于 3 月发表于《美国化学会志》(*JACS*)。 (张桂新)

【近红外二区荧光成像研究取得进展】 华东理工大学赵春常研究组与中科院上海应用物理研究所樊春海研究组合作,根据可见光和近红外一区发光、近红外二区发光具有组织穿透能力深并且深层次生物组织内高分辨率等特点,设计合成一个智能型纳米荧光探针,包含一个硫化氢可激活型近红外二区荧光染料和一个"always-on"型近红外一区染料。证实可激活型探针相比"always-on"探针具有特异性和靶向性等特点;近红外二区荧光相比一区荧光具有深层次生物组织内高分辨率等特点。研究成果于 3 月发表于《应用化学国际版》(*Angew. Chem. Int. Ed.*)。 (张桂新)

【三维蛋白积木构建研究取得进展】 中科院上海微系统与信息技术研究所陶虎研究组、上海交通大学夏小霞研究组及复旦大学附属华山医院毛颖研究组合作,提出电子束和聚焦离子束复合光刻的方法,实现基因重组蜘蛛丝蛋白三维结构微观尺度的精准组装,得到形貌和功能均可调控的三维蛋白积木。该方法通过基因工程精确调控蛛丝蛋白的基因序列和分子量,从而调控材料的机械性能;运用离子束(自上而下)和电子束(自下而上)复合光刻的方法,构建高精度、跨尺度、多功能的三维生物蛋白积木。研究成果于 3 月发表于《先进材料》(*Advanced Materials*)。 (唐 晓)

【Ti-O 体系新奇物性研究取得进展】 中科院上海硅酸盐研究所黄富强研究组与北京大学、浙江大学和密苏里大学堪萨斯分校合作,通过镁金属可控还原制备得到纳米 TiO 颗粒,采用表面氧化策略调控界面效应构建 TiO@TiO_{1+x} 核壳结构。电子能量损失谱分析显示,O/Ti 摩尔比沿非晶层的径向方向从 1.0 到 1.9 呈正线性变化，表明界面连续。磁性和电子输运测量证实，$TiO@TiO_{1+x}$ 具有 11 K 的超导转变温度，是一种在 2 K 下具有 65 Oe 的较低临界场的第二类超导体。这是首次在二元 Ti-O 系统中观察到超过 10 K 的超导特性。这种固相法构建超导界面策略具有广泛的普适性，易拓展至钒、铌等其他 NaCl 结构的氧化物体系。研究成果于 3 月发表于《先进材料》(*Advanced Materials*)。

(朱雅琴)

【Pt 纳米颗粒尺寸效应影响光还原 CO_2 选择性产甲烷研究取得进展】 华东理工大学张金龙、邢明阳研究组采用酸碱介导的醇还原方法实现在不引入 PVP 等有机杂质的条件下，在催化剂表面成功实现 Pt 纳米颗粒尺寸的精确调控(1.8—7.0 nm)。通过 XPS、TA 等表征手段及 DFT 理论计算，分析不同尺寸 Pt 纳米粒子在几何特征和电子性质上的差异，研究 Pt 纳米粒子的尺寸效应在 CO_2PR 反应中对活性及产物选择性的影响，论证 Pt 纳米颗粒暴露的"terrace/facet"位点是选择性产甲烷的活性位点。研究成果于 4 月发表于《自然通讯》(*Nature Communications*)。 (张桂新)

【纳米材料环境安全性研究取得进展】 同济大学环境科学与工程学院林思劼研究组揭示纳米材料对于不同发育阶段斑马鱼的毒性机制。研究表明，在斑马鱼胚胎发育阶段，纳米级氧化镍和氧化铬的生物毒性主要体现为抑制胚胎的孵化；在幼鱼阶段，纳米金属氧化物的毒性表现为诱发幼鱼皮肤细胞的损伤，其损伤程度与活性氧自由基的产生紧密相关；纳米金属氧化物对斑马鱼的毒性损伤与其发育阶段紧密相关，利用活体生物开展纳米材料潜在毒性的排查时需要格外考虑生物不同发育阶段的差异性。研究成果于 4 月在线发表于《环境科学纳米杂志》(*Environmental Science: Nano*)。

(史玉华)

【实现中空长余辉探针的可控制备及其癌症诊疗应用】 同济大学医学院张兵波研究组将长余辉纳米材料的前体离子吸附在碳球表面，通过高温煅烧原位形成中空的长余辉纳米探针。探针在活体内可根据需要被白色 LED 灯反复激发蓄能后，仍可通过检测其余辉信号进行医学诊断或光医学治疗。被注入体内的探针在无任何外部激发光作用下，仍散发出光学能量，仍能利用其散发的光学能力进行在体肿瘤光学增强显影，同时激发空腔所携带的光敏剂，持续不断地产生单线态氧，达到杀灭肿瘤组织目的。研究成果于 4 月以封面文章形式在线发表于《美国化学会纳米》(*ACS Nano*)。

(史玉华)

【研发单组分自组装纳米前药】 东理工大学郭志前、朱为宏研究组研发一种基于近红外吡喃腈染料构建的单组分自组装纳米前药，提出单组分自组装纳米荧光前药的设计策略，可避免批次间因结构异质性导致的迥异的生物分布和治疗效果，同时实现前药在体内释药行为的实时跟踪。单组分自组装纳米前药具有良好的可重复制备性能、稳定的纳米结构和精确的药物装载效率，且可基于近红外可激活荧光信号实时监控活体中药物的释放行为，同时还具有协同靶向性，显著改善前药的肿瘤靶向性，抑瘤效率 99.7%。研究成果于 5 月发表于《化学科学》(*Chemical Science*)。

(张桂新)

【靶向纳米药物肿瘤多模式治疗研究取得进展】 上海交通大学医学院方超研究组研发了一种基于 VTP 的多模式治疗策略，利用 VTP 诱导的缺氧环境激活仅在缺氧条件下活化的化疗药物(AQ4N)，选择性杀伤缺氧应激的肿瘤细胞。构建基于氧化石墨烯载体的共递送光敏剂维替泊芬、缺氧活化的前药 AQ4N 和 HIF-1α siRNA 的三模式治疗靶向纳米系统，通过 VTP 诱导的低氧环境活化 AQ4N，通过 HIF-1α siRNA 增加低氧环境下 CYP450 活化酶的表达量，显著增强 AQ4N 在低氧环境下的活化效率，实现肿瘤血管靶向光动力治疗、缺氧活化的前药化疗和 HIF-1α siRNA 三模式锁联协同治疗。研究成果于 5 月在线发表于《先进科学》(*Advanced Science*)。 (冯知周)

【柔性混纺纤维状摩擦纳米发电机研究取得进展】 上海电力大学郑莉研究组与中科院北京纳米能源与纳米系统研究所陈翔宇研究组合作，发明一款轻薄的混纺纤维薄膜，可以在微量水的帮助下紧紧黏在人的皮肤上。混纺纳米纤维薄膜具有亲肤、稳定、透气等优良特性，且可与摩擦纳米发电机相结合。通过给驻极体 FEP(全氟乙烯丙烯共聚物)表面注入电子，使得用其制备的纤维基摩擦纳米发电机的输出显著提高。同时通过改变混纺纳米纤维薄膜中的配比，改善纤维基摩擦纳米发电机的输出性能。研究成果于 6 月发表于《纳米能源》(*Nano Energy*)。 (季　沛)

【一氧化氮抗肿瘤纳米药物研究取得进展】 华东理工大学李永生研究组将具有较高抗肿瘤效率的 NO 前药 NPQ 负载于含二硫键的有机硅层保护的杂化纳米胶束中，制备了一种具有双重响应(氧化还原响应/酶响应)释放 NO 的纳米药物，同时利用染料分子 QM-2 聚集诱导发光(AIE)的成像性能，监控纳米药物在体内的分布。细胞实验表明，该纳米药物仅在肿瘤细胞中释放 NO，对肝癌细胞的半抑制浓度 IC50 值远低于对正常肝细胞，表现出对肝癌细胞的特异性杀伤效果。该纳米药物的杂化硅层能够有效防止 NPQ 在血液循环和正常组织中发生非酶催化分解释放 NO，从而避免因 NO 引起的静脉舒张、血压降低等副作用。研究成果于 6 月发表于《先进材料》(*Advanced Materials*)。

(张桂新)

【研制用于溶酶体成像的比率型 pH 荧光探针】 上海师范大学贾能勤、黄楚森研究组基于半菁染料开发出一种具有大的 D-π-A 体系的荧光探针 CPY，可用于比率型检测活细胞在热刺激时其溶酶体中 pH 值的变化。CPY 的酚羟基在碱性条件下去质子化,荧光发射峰后移。探针 CPY 具有高选择性和稳定性,通过荧光信号可检测 pH 值变化。研究为理解热休克和溶酶体的相关的生理过程变化提供新思路。研究成果于 6 月以封面文章形式发表于《化学通讯》(*Chemical Communications*)。（余　强）

【提出最简化纳米疫苗理念】 同济大学医学院李永勇研究组提出一种最简化纳米疫苗新理念,即通过挖掘抗原自身的组装潜力,构建一种“自佐剂”纳米疫苗,抗原同时承担抗原与佐剂的功能,克服传统纳米疫苗抗原展示困难及抗原负载率低两大问题。研究选取常见的卵清蛋白为模型抗原,利用蛋白质特有的化学结构特点,创新性发展一种调控巯基暴露+二硫键交联的新型策略,在不使用任何传统纳米载体的情况下,介导＞500 个抗原分子在纳米尺度上相连,形成稳定二硫键空间网络结构,构筑得到一种成分最简化的纳米疫苗(近于 100%抗原组成)。研究成果于 6 月在线发表于《美国化学会纳米》(*ACS Nano*)。（史玉华）

【新型热电材料研究取得进展】 中科院上海光学精密机械研究所与山东大学、常州大学及上海大学合作,利用阴阳离子协同剪裁,将笼式化合物与锑化物的结构基元进行组合,打破传统笼式化合物的固有结构与比例,获得具有“电子晶体-声子玻璃”特性的新型类笼式化合物$Ba_{23}M_{10}Ge_{10}Sb_{25}\delta$(M=Ga, In)。获得的新化合物$Ba_{23}Ga_{10}Ge_{10}Sb_{25}$具有类似玻璃的导热特性,在 323 K 下的晶格热导率为 $0.2\ W\cdot m^{-1}\cdot K^{-1}$,仅为经典笼式化合物 $Ba_8Ga_{16}Ge_{30}$ 的1/4。研究为新型热电材料的定向设计提供依据。研究成果于 6 月在线发表于《材料化学》(*Chemistry of Materials*)。（王翠翠）

【揭示纳米载药体系 LDH-VP16 对人脑胶质瘤干细胞的杀伤机制】 同济大学生命科学与技术学院汪世龙研究组揭示了层状双氢氧化物(LDH)搭载抗癌药物依托泊苷(VP16)的纳米载药体系 LDH-VP16 对人脑胶质瘤干细胞(hGSCs)的杀伤作用及相关机制。研究利用 pH 敏感型纳米材料 LDH 作为载体搭载 VP16 作用于 GSCs,发现其对胶质瘤干细胞的 G2 期细胞有毒性作用,使细胞周期停滞。此外,纳米搭载体系能够显著降低肿瘤干细胞干性标志物的表达,使其恶性程度显著降低。利用荷瘤小鼠作为模型同样发现该载药体系在体内也具有良好的治疗效果。通过 RNA-seq 技术及通路验证表明 LDH-VP16 通过影响 PI3K-AKt 及 Wnt-β-catenin 相关通路发挥杀伤肿瘤干细胞的作用。研究成果于 7 月在线发表于《纳米尺度》(*Nanoscale*)。（史玉华）

【核酸和化疗药物共递送系统研究取得进展】 上海交通大学医学院方超研究组设计构建了基于介孔二氧化硅纳米载体 MSN 的核酸和化疗药物靶向共递送系统,以小鼠原位结肠肿瘤为模型,实现化疗和抗血管生成协同联合治疗。基于 MSN 的新型共递送策略保留和发挥了阳离子聚合物 PEI 经典的质子海绵作用,可用以核酸药物(miRNA-145)递送,同时克服 DOX 在肿瘤细胞外微环境中非靶向提前释放和肿瘤细胞内低效率释放等问题。研究成果于 7 月发表于《先进功能材料》(*Advanced Functional Materials*)。

（冯知周）

【纳米药物载体的力学性能研究取得进展】 中科院上海药物研究所甘勇和国家纳米中心施兴华合作,采用微流控技术,设计制备以磷脂膜为壳、以聚丙交酯乙交酯共聚物(PLGA)为核的纳米颗粒载体。通过调节载体的力学性能,发现刚度适中的载体在生物凝胶中具有最高的扩散系数,且比不含 PLGA 内核的脂质体扩散系数提高 10 倍,拥有最优的细胞摄取量和药物递送能力,递药效果在生物体内获得验证。结合高分辨显微镜观测和分子模拟技术,解析了药物载体的力学性能调节其在生物凝胶屏障中扩散的力学机制,发现刚度适中的颗粒具有适宜的变形能力,易于穿越生物凝胶、细胞膜等多重屏障,具有优秀的递药能力。研究成果于 7 月在线发表于《自然通讯》(*Nature Comunications*)。

（宋文珂）

【构建基于缝隙增强拉曼探针的诊疗一体化系统】 上海交通大学医学院肖泽宇研究组构建了基于缝隙增强拉曼探针的诊疗一体化系统,实现在术中高特异、高灵敏地检测残余微小肿瘤细胞,同时能发挥光热治疗作用,及时彻底地清除残余微小肿瘤细胞,从避免术后肿瘤复发。拉曼纳米探针具有双层核-壳金纳米结构,双层金内部缝隙连接处嵌入拉曼报告分子。在采用 785 nm 激光时可产生高灵敏度、高特异性拉曼影像信号,用于微小肿瘤检测;在 808 nm 激光时产生光热消融的热疗效果,用于微小肿瘤清除。在原位前列腺转移肿瘤模型中,实现对于手术床周围的残余微小肿瘤的精确成像及彻底清除,并未损伤正常组织。研究结果显示,基于该探针的拉曼影像介导下光热清除的手术方案可防止术后肿瘤复发及转移并显著延长小鼠的生存期。研究成果于 8 月在线发表于《美国化学会纳米》(*ACS Nano*)。

（冯知周）

【实现晶圆级过渡金属硫化物 MoS_2 纳米薄膜中缺陷的调控】 中科院上海光学精密机械研究所发展一种聚合物电解质辅助退火技术,实现晶圆级过渡金属硫化物 MoS_2 纳米薄膜中缺陷的调控,并研究缺陷对 MoS_2 纳米薄膜在飞秒脉冲、1 030 nm 作用下的非线性吸收特性和载流子弛豫动力学的影响。科研发现 MoS_2 纳米薄膜中主要存在双光子吸收效应和单光子饱和吸收效应 2 种三阶非线性效应,两者处于一个博弈关系。硫空位的存在会在 MoS_2 带隙中引入缺陷能级,有利于饱和吸收效应的产生,随着硫空位含量的增大,饱和吸收效应逐渐占主导;晶体结晶程度的提高会显著提高 MoS_2 的双光子吸收效应。研究成果于 8 月发表于《纳米尺度》(*Nanoscale*)。（王翠翠）

【可重构 DNA 二维分子阵列的设计和操作研究取得进展】

上海交通大学宋杰研究组和崔大祥、Yonggang Ke 研究组使用结构 DNA 纳米技术设计一种可重构 DNA 分子阵列来实现一种可编程的多步长程信息传递和级联转变。可重构 DNA 分子阵列由很多小的动态 DNA antijunction 单元连接而成，每个 DNA antijunction 由 4 个长度相同的结构域组成，并且有 4 个动态切点。每个 DNA antijunction 单元可以在 2 种稳定构象下互相转变，将其交联起来，可形成任意形状的二维 DNA 分子阵列。DNA 分子阵列可通过 antijunction 单元之间的信息传递实现编程化、多步骤、长程结构转变。研究成果于 9 月发表于《自然实验室指南》(*Nature Protocols*)。 （宋 杰 崔国珍）

【纳米复合晶界韧化高强金属研究取得进展】 上海交通大学张荻、郭强研究组，清华大学李晓雁，美国布朗大学高华健合作，提出通过引入纳米增强相降低金属的晶界能实现材料强度-塑/韧性均衡提高的新思路。制备具有仿生砖砌结构的石墨烯增强超细晶铜基复合材料块材，保持超细晶基体高强度，实现加工硬化能力与拉伸塑性的显著提升。运用跨尺度组织表征、多重应力弛豫实验、分子动力学模拟等手段研究形变过程显微组织演变规律、位错动力学行为及复合界面-基体位错的交互作用，揭示基于金属界面能量调控的强韧化机制及其基本原理。研究成果于 9 月发表于《纳米快报》(*Nano Letters*)。 （崔国珍 史文博）

【中空介孔二氧化硅纳米反应器研究取得进展】 华东理工大学周生虎研究组发展了一种利用聚电解质胶束为模板制备含功能性过渡金属氧化物纳米颗粒的中空介孔纳米反应器的通用方法。研究人员通过静电力作用自组装形成含金属离子的聚电解质胶束，并以此为模板沉积二氧化硅，随后通过焙烧处理获得一系列含金属氧化物纳米颗粒的二氧化硅反应器 MxOy@hm-silica(M＝Mn、Co、Ni、Cu、Zn)。该方法不仅简化了合成过程，且对于大多数的轻过渡金属都有普适性。研究成果于 10 月发表于《应用化学国际版》(*Angew. Chem. Int. Ed.*)。 （张桂新）

【荧光成像介导的肿瘤靶向光热治疗研究取得进展】 华东理工大学赵春常研究组与中科院上海应用物理研究所樊春海、诸颖研究组合作设计合成一个硫化氢激活性光热材料。硫化氢可特异性激活该纳米材料产生光热特性和近红外二区荧光，从而实现硫化氢过表达肿瘤的靶向性光热治疗。研究对开发新型肿瘤精准诊疗试剂具有重要的参考价值。研究成果于 10 月发表于《纳米快报》(*Nano Letters*)。

（张桂新）

【基于纳米纤维气凝胶的超轻质高效吸音材料研究】 项目由东华大学俞建勇研究组承担，11 月 12 日通过市科委验收。项目研究了纤维本体结构、溶剂性质及加工参数对纤维在溶剂中分散性的影响规律，掌握纤维均质分散液稳定性调控的方法；分析凝固—干燥过程中纤维框架形貌演变的动态过程；阐明纤维粘结交联结构特征与纤维框架稳定性间的内在关联；揭示纤维气凝胶三维曲孔结构与声波耗散特性的协同优化机制，明确纤维气凝胶达到最佳吸音性能时所具有的结构特征；克服高分子纳米纤维气凝胶力学强度低、耐弯折性差的不足；攻克了陶瓷气凝胶普遍存在脆性大、易粉碎的难题。项目发表 SCI 论文 12 篇，申请发明专利 10 件。 （张 莹）

【纳米纤维和纳米沙双层仿生血管支架及体内血管再生的研究】 项目由东华大学莫秀梅承担，11 月 12 日通过市科委验收。项目制备内层抗凝血外层疏松多孔的双层血管支架和内层抗凝血促内皮化外层疏松促平滑肌生长的双层血管支架；合成可降解聚氨酯新材料。项目发表 SCI 论文 14 篇；申请专利 5 件，获专利授权 2 件；出版专著 1 部。

（张 莹）

【人工分子机器研究取得进展】 华东理工大学田禾、曲大辉研究组设计合成出一种具有酸碱可逆驱动的线性分子肌肉，并将其作为分子制动器，实现了对纳米尺度下微小物体的可逆线性机械调控。研究人员实现对单颗粒尺度下分子肌肉可逆运动行为的光学信号输出，利用光学信号在时间维度可积分的策略，克服分子肌肉的单分子热力学噪音，为分子机器在单分子尺度下的信号输出和功能器件化提供解决思路。研究成果于 11 月发表于《化学》(*Chem*)。

（张桂新）

【气单胞菌溶素纳米孔道测量核酸长度研究取得进展】 华东理工大学龙亿涛研究组打破传统纳米孔道检测思路，无需工具酶辅助，采用氯化锂 LiCl 作为电解质，屏蔽 Aerolysin 蛋白纳米孔道孔口的负电荷，实现气单胞菌溶素(Aerolysin)对长达 102 个碱基的单链 DNA 高通量检测，捕获效率提高 3—10 倍。分子动力学模拟证实，LiCl 存在条件下 aerolysin 蛋白孔道孔口的静电势升高，使得 DNA 和蛋白孔道的静电斥力大幅度减小，从而在单分子水平上增强 Aerolysin 对长链 DNA 的有效捕获。研究成果于 11 月发表于《化学科学》(*Chemical Science*)。 （张桂新）

【实现丝素纳米纤维薄膜的制备】 东华大学张耀鹏、邵惠丽研究组利用氢氧化钠/尿素水溶液体系，在低温下将蚕丝逐级剥离为厚度约 0.4 nm、宽度约 27 nm 的蚕丝纳米纤维带。主要由天然蚕丝中原生的 β-折叠片层、无规线团及 α-螺旋构象构成。通过计算机分子动力学模拟技术，模拟了蚕丝在氢氧化钠/尿素水溶液中剥离为丝素纳米纤维的动态过程，并在此基础上提出全新的蚕丝多级结构模型。此外，基于丝素纳米纤维带悬浮液制备了超薄、超韧、高透明的丝素纳米纤维薄膜。研究成果于 11 月发表于《美国化学会纳米》(*ACS Nano*)。 （张 莹）

【研制便携式智能微型化电化学生物传感器】 上海交通大

学医学院附属仁济医院左小磊研究组与济南大学合作，发展一种基于“分子穿越”原理的纸基电化学生物传感器，解决一步反应完成疾病靶标分析的关键技术问题，并实现核酸的快速灵敏检测。研究设计了一种便携式智能微型化电化学生物传感器，可在1小时内对核酸类疾病标志物进行快速、灵敏的检测，并具有拓展至蛋白类疾病标志物检测的潜力。研究成果于12月在线发表于《纳米快报》(*Nano Letters*)。 (冯知周)

【高比能锂/钠金属电池正极材料研究取得进展】 中科院上海硅酸盐研究所李驰麟研究组提出实现高倍率和长循环 FeS_2 正极的紧致颗粒堆叠黏合和颗粒表面氟化的新型改性策略。通过热硫化离子液体黏合的开框架氟化铁前驱体，制备了具有减薄氟化碳层包覆(小于2 nm)且颗粒紧密黏合的高载量 FeS_2 正极材料。颗粒黏合和包覆减薄促进了颗粒内外的混合导电网络的贯通，表面氟化改善了电极-电解质界面的电荷和质量传输动力学，加速 Li^+/Na^+ 驱动的多相异质界面处和相邻晶粒间的转换反应蔓延，消除多硫化物的溶解，显著提升整体电极的反应动力学，实现 FeS_2 基锂/钠金属电池在1C倍率、循环1 000圈后的可逆储锂容量为425 mAh/g，在2C倍率、循环1 200圈后的可逆储钠容量为450 mAh/g。研究成果于12月发表于《美国化学会纳米》(*ACS Nano*)。 (朱雅琴)

第四节 | 新材料技术 >>

【舰船复杂部件模型试验3D打印技术应用研究】 项目由上海材料研究所承担，1月5日通过市科委验收。项目以舰船模型试验过程中所需的复杂结构件为研究对象，根据设计要求，开展舰船拉锚试验模型部件用3D打印复合材料制备工艺、3D打印工艺、3D打印后处理工艺的研究，形成3D打印舰船模型部件的工艺制度，并打印出满足拉锚试验要求的舰船拉锚模型部件，提升舰船模拟试验水平，缩短舰船研制周期，为3D打印技术在军用和民用船舶制造行业的推广应用奠定基础。 (翟莲娜)

【第二代高温超导用多元镍基合金超薄基带若干关键技术研究】 项目由上海材料研究所承担，1月19日通过市科委验收。项目开展第二代高温超导基带用镍基合金C-276的成分的纯净化熔炼工艺、合金带材表面精度的实现工艺、冷轧轧辊材质、表面硬度及粗糙度对基带表面质量的影响的研究，开发出满足第二代高温超导用镍基合金超薄基带。研制的镍基超薄基带通过机械抛光工艺处理后，其基带表面粗糙度可低于50 nm，为高温超导材料的推广应用奠定基础。 (翟莲娜)

【能源存储材料研究取得进展】 东华大学朱美芳研究组、廖耀祖研究组合作，提出Buchwald-Hartwig偶联方法制备主链含氮、侧基含氧(N、O含量20%)的氨基蒽醌多孔共轭聚合物，通过分子设计优化氧化还原活性，获得较高的赝电容；利用多孔共轭聚合物骨架自具孔道结构，促进电解质传输，避免电极材料的溶胀和收缩；研制的三电极超级电容器在1 A/g电流密度下比电容576 F/g，循环使用6 000次后可仍然保持85%起始电容；组装成非对称双电极超级电容器的操作窗口宽，功率和能量密度分别达1 300 W/kg和60 Wh/kg，循环2 000次性能无衰减。研究成果于1月发表于《先进材料》(*Advanced Materials*)。 (张 莹)

【动力学改善镁硫电池研究取得进展】 中科院上海硅酸盐研究所李驰麟研究组以金属有机框架化合物ZIF67为前驱体，制备一种Co、N异质原子共掺杂的分级多孔碳作为硫宿主的新材料，实现镁硫电池的倍率和循环性能的显著升级。在1 C倍率下，首次放电容量600 mAh/g，200次循环后容量仍保持在400 mAh/g左右。在5 C倍率下，电池仍然具有300—400 mAh/g的可逆容量。此外，采用还原氧化石墨烯修饰的隔膜来优化电池构架，限制多硫化物的穿梭，电池在0.1 C倍率下可运行250次循环以上，显著提高镁硫电池循环稳定性。研究成果于1月发表于《先进材料》(*Advanced Materials*)。 (朱雅琴)

【3D打印生物陶瓷支架表面微纳米结构调控骨-软骨一体化修复研究取得进展】 中科院上海硅酸盐研究所吴成铁、常江研究组利用3D打印和原位生长相结合的方式，制备有序大孔结构生物陶瓷的支架，并在支架表面原位生长微米/纳米磷酸钙晶体。研究发现生物陶瓷表面微结构对软骨细胞整合素α5β1、αvβ1有激活作用，生物陶瓷支架表面微结构显著增强rBMSC的早期黏附和增殖行为，陶瓷支架表面微结构通过激活rBMSC整合素α5β1及RhoA信号通路，并协同诱导F-Actin有序重组，进而促进rBMSC成骨分化。体内研究结果显示，支架表面微纳米结构不仅能有效促进骨-软骨组织一体化修复，并将修复效果延伸至极其复杂的骨和软骨界面。研究成果于2月发表于《先进功能材料》(*Advanced Functional Materials*)。 (朱雅琴)

【纯有机小分子室温磷光材料研究取得进展】 华东理工大学田禾、马骧研究组通过将有机重原子磷光染料基团修饰到β-环糊精上，制备一系列具有高效室温磷光发射的无定型态有机小分子化合物。这类无定形固态的环糊精衍生物间的氢键环境既能固定磷光团来抑制其非辐射弛豫，也能将磷光团与外界猝灭物质相隔离，从而确保分子能实现高效的室温磷光发射。选择一个环糊精主体衍生物与荧光客体分子，利用主客体作用在水中进行预组装共建超分子体系，制备出具有磷光-荧光共发射且多色发光(包括白光发射)可调控性质的包合物材料。研究成果于2月发表于《美国化学会志》(*JACS*)。 (张桂新)

【磺酸基 MOF 材料的 CO_2 固化研究取得进展】 同济大学化学科学与工程学院费泓涵研究组采用多种有机磺酸类配体构筑了一系列结构新颖、性能各异的磺酸基金属-有机框架材料，在由 1，2，4，5-苯四甲磺酸参与构筑的材料 TMOF-3 中，配体的空间效应使得材料中$[Cu(bpy)_2]^{2n+}_n$层间出现配体缺失并形成较大孔隙。同时，鉴于磺酸的弱配位性，每个配体中有 2 个磺酸根暴露在孔道表面，将 Ag(I)负载引入孔道制备的 TMOF-3-Ag 对炔基小分子发生金属…π 活化。该协同作用使 CO_2 固化生成环碳酸酯、恶唑烷酮等高价值化学品。材料的 CO_2 固化效率远高于常见盐类非均相催化剂，并展现出较好的可循环性。研究成果于 2 月在线发表于《美国化学会催化》(*ACS Catalysis*)。
（史玉华）

【锂离子电池有机电极材料研究取得进展】 上海大学环境与化学工程学院王勇研究组对环保可再生的有机电极材料在锂离子电池上的应用开展研究，构建少层的两维共轭共价有机框架电极材料，大幅提升有机电极的储锂性能，可逆储锂容量 1 500 mAh/g。实现对有机框架材料结构层间或内部活性储锂位点的充分激发与利用，获得具有超高可逆储锂容量、优异循环稳定性的锂离子电池有机电极材料。研究成果于 2 月发表于《自然通讯》(*Nature Communications*)。
（陈　浩）

【钙钛矿太阳能电池器件稳定性研究取得进展】 华东理工大学杨化桂研究组提出利用含共轭基团的分子进行表面电子结构调控的策略。基于钙钛矿材料的表面特性，采用一类兼具共轭基团和疏水基团的噻吩衍生物进行表面修饰，实现钙钛矿材料表面的电子结构调控，加速载流子传输，钝化表面缺陷，并大幅增强电池器件的湿度稳定性。通过表面噻吩基功能化修饰的钙钛矿太阳能电池，其光电转换效率提升至 19.89%，在 50%的相对湿度环境下，其 30 天稳定性测试效率衰减在 20%以内，而未经处理的钙钛矿太阳能电池在 7 天时间内效率衰减即超过 90%以上。研究成果于 2 月发表于《先进能源材料》(*Advanced Energy Materials*)。
（张桂新）

【新型铁磁性纳米掺杂对钆钡铜氧薄膜磁通钉扎性能的影响及其钉扎机理研究】 项目由上海电力大学承担，3 月 12 日通过国家自然科学基金委验收。项目建立铁磁性纳米颗粒与超导薄膜可控制备关键技术研发平台，制备尺寸和密度可控的 LSMO($La_{0.7}Sr_{0.3}MnO_7$)纳米颗粒。在 LSMO 纳米颗粒上沉积(Gd)BCO 超导薄膜，研究 LSMO 纳米颗粒的钉扎特性。在(Gd)BCO/LSMO 系统中，发现“体钉扎”和“磁性钉扎”2 种钉扎机制。其中，LSMO 纳米颗粒物本身是有效的“磁性钉扎”中心。形成一套在单晶基底上获得铁磁性纳米颗粒和超导薄膜的工艺流程。项目发表论文 5 篇。
（李　沛）

【基于材料性能优化的模具钢成形磨削热损伤控制基础理论与试验研究】 项目由上海航天精密机械研究所承担，3 月 15 日通过国家自然科学基金委验收。项目针对成形磨削热损伤控制开展基础理论与试验研究，提出成形磨削加工温度场的数值计算模型，解决量规高效成形磨削的瓶颈问题，使得非 API 螺纹量规的使用寿命由优化加工工艺前的最低 2 000 次提升至 16 000—17 000 次。项目申请发明专利 6 件；发表论文 8 篇。
（杨树泉）

【光智能生物医用材料研究取得进展】 华东理工大学化学与分子工程学院朱麟勇研究组构建长波长可见光(450—600 nm)激发兼具光漂白特质的 3-位苯乙烯共轭的香豆素光笼分子。该光笼分子光剪切释放出活性巯基促使进一步交联成胶，光笼分子自身发生碳正重排分子环化，破坏已有的大共轭结构，对光的吸收下降。研究大幅拓展光偶联反应的激发波长，突破了光交联随凝胶厚度增加而衰减的技术壁垒，为光偶联反应最终实现多波长调控、大尺度与深厚度的水凝胶材料的 3D 快速光交联成型奠定基础。研究成果于 3 月发表于《应用化学国际版》(*Angew. Chem. Int. Ed.*)。
（张桂新）

【紫外/深紫外非线性光学晶体材料研究取得进展】 同济大学化学科学与工程学院张弛研究组将紫外/深紫外无机二阶非线性光学晶体材料研究体系划分成硼酸盐、碳酸盐、硝酸盐、磷酸盐 4 种类型二阶紫外非线性光学材料，讨论不同类型晶体材料合成方法及反应路径对晶体结构组成和非线性光学性能的影响，阐述不同阴离子基团调控晶体光学非线性的规律，提出低温便捷合成光学质量高、晶体尺寸大及化学稳定性好的晶体是未来发展的重要方向。探讨-共轭基团、含孤对电子基团、含 d^0 过渡金属离子$[MO6]^{n-}$ (M $=Mo^{6+}$，W^{6+}，V^{5+}，Nb^{5+})畸变八面体等关键极性结构基团及卤素离子等对晶体非中心对称结构的影响规律，阐明不同类型晶体材料单胞中$[BO_3]^{3-}$、$[CO_3]^{2-}$、$[NO_3]^-$和$[PO_4]^{3-}$等非线性光学活性基元的密度、极化方向及空间构型对晶体二阶非线性光学性能的结构功能相关性。研究成果于 3 月在线发表于《配位化学评论》(*Coordination Chemistry Reviews*)。
（史玉华）

【在较低对称性的 GeTe 材料中实现热电性能】 同济大学材料学院裴艳中研究组和香港大学、中科院上海硅酸盐研究所、美国西北大学等合作，在较低对称性的 GeTe 材料中实现热电性能的突破。GeTe 在 600 K 时热电优值达到 2 以上，300—600 K 器件热电优值达到 1.3、300—800 K 达到 1.5，3 项指标均领先于现有热电材料报道值。研究发现低对称性材料反而具有更高热电性能，为现有热电材料的性能优化提供新思路和调控自由度，并为开发低对称性热电材料提供指导。研究成果于 3 月在线发表于《焦耳》(*Joule*)。
（史玉华）

【层状钙钛矿材料光催化分解水研究取得进展】 同济大学化学科学与工程学院徐晓翔研究组发现一种新型二维钙钛矿材料 La/N 掺杂的 Sr_2TiO_4 在可见光激发下实现分解水制氢和制氧反应,在模拟自然光条件下实现全分解水。理论计算表明层状 Sr_2TiO_4 材料具有各向异性,电子被限制在 TiO_6 八面体层,而层间的电荷传输被禁止。每层钙钛矿可以作为独立的单元参与光催化反应,减弱电子空穴的符合几率。但因其具有较宽的带隙结构,限制其对于太阳光的利用。在此结构中引入 La 和 N 元素可以有效的增加其可见光响应(光吸收边 650 nm)。研究成果于 3 月在线发表于《美国化学会催化》(*ACS Catalysis*)。 (史玉华)

【光催化分解水产氢研究取得进展】 华东理工大学张金龙、邢明阳研究组采用硬模板-硫化自组装的方法,开发一种具有电荷空间分离效应的双助光催化剂——MnO_x@CdS/CoP。MnO_x 和 CoP 纳米颗粒分别负载在空心 CdS 壳层的内壁与外壁。在模拟太阳光照射下,CdS 产生的光生电子与空穴,分别被外表面的 CoP 和内表面的 MnO_x 捕获,实现电子和空穴在空间上的分离。与单助催化剂 MnO_x@CdS 和 CdS/CoP 相比,MnO_x@CdS/CoP 催化剂展现出更加优异且稳定的光解水产氢活性及光氧化降解有机污染物性能。研究成果于 3 月发表于《先进功能材料》(*Advanced Functional Materails*)。 (张桂新)

【黑磷高分子功能化材料研究取得进展】 华东理工大学陈彧、张斌与西北工业大学理学院顾军渭合作,利用功能性高分子材料对黑磷进行表面共价修饰,制备基于黑磷的可溶性高分子功能材料 PDDF-g-BP。由于高分子的覆盖作用及高分子共价修饰后对黑磷带隙的调节,合成的衍生物材料在大气环境中拥有良好稳定性,能溶于 DMF、NMP 等有机溶剂,拓展黑磷材料的应用范围。以此材料为活性层,制备三明治结构的信息存储器件。器件在大气环境下表现出典型的非易失性可重复擦写存储效应,开启电压和关闭电压分别为+1.95 V 和-2.34 V,电流开关比 104。器件在空气中放置 3 个月仍能稳定运行,重现性优良。研究成果于 3 月发表于《应用化学国际版》(*Angew. Chem. Int. Ed.*)。 (张桂新)

【钙钛矿氧化物 $CaCu_3Ti_4O_{12}$ 中缺陷偶极子的极化行为研究】 项目由上海电力大学承担,3 月通过国家自然科学基金委验收。项目通过在不同氧气氛下制备巨介电常数陶瓷氧化物 $CaCu_3Ti_4O_{12}$ 材料,并比较分析其介电谱、阻抗谱、电容-电压关系分析,完成对缺陷偶极子的介电极化特性的分析,提出缺陷偶极子的具体模型以及其参与极化和导电的方式,对巨介电常数材料的介电性能研究提供实验依据。项目发表论文 4 篇。 (季 沛)

【实现可控合成介孔多壳 ZnO 微球作为 NO 氧化的高效光催化剂】 上海师范大学张蝶青研究组以 N-乙酰基-D-脯氨酸为模板,通过简单水热和后煅烧处理,可控地合成分层多孔结构的多壳 ZnO 微球,并用“奥斯瓦尔德熟化”合理解释多级结构演变。在紫外光照射下,多壳 ZnO 微球在气相中氧化 NO 的光催化去除活性 77.3%,显著高于其他分层多孔结构的 ZnO。多壳结构使 ZnO 具有更高比表面积和发生多次光反射,有利于产生更多暴露的活性位点,提高光利用率,促进光生载流子的快速分离。结果表明,光生空穴是主要的活性物种。分层结构的 ZnO 有助于直接利用太阳能解决大气污染造成的问题,在太阳能电池、锂电池和水分解等方面具有应用前景。研究成果于 3 月发表于《应用表面科学》(*Applied Surface Science*)。 (余 强)

【氧化石墨烯框架膜研究取得进展】 中科院上海高等研究院孙予罕、曾高峰研究组在自组装制备氧化石墨烯框架复合膜用于气体小分子筛分方面取得重要进展。研究组选择具有双 NH^{2-} 和 $C=S^-$ 多活性终端,分子骨架仅有 3 原子,且具有弱还原性的硫脲(TU)作为交联分子。通过载体表面嫁接的活性基团与 GO 反应在载体上固定单层 GO,再由 TU 和 GO 经脱水缩合和亲核加成反应在载体上实现周期性组装形成均质 TU-GOF 复合膜。通过条件控制,TU-GOF 膜的层间距可精确调控,膜厚可控制在数十纳米。表征结果证实 TU 对碳层的固定作用抑制膜在分离介质中的溶胀变形,显著增强膜的机械稳定性。分离结果表明 TU-GOF 膜对 H_2 具有高选择性,是 GO 基膜首次基于二维层间筛分实现 H_2 高效分离,且性能远高于聚合物膜的 Robeson 上限,优于大部分无机膜。研究成果于 3 月发表于《先进材料》(*Advanced Materials*)。 (陈思宁)

【重大工程用关键材料的集成计算材料工程开发】 项目由上海交通大学等承担,4 月 19 日通过市科委验收。项目建立高温合金等 10 个合金体系化学成分、热物理性能和力学性能数据的材料检索数据库。研发第一性原理热力学计算、基于反应力场的分子动力学计算、位错动力学、格子玻尔兹曼-元胞自动机耦合模型、拓扑计算等材料多尺度仿真计算与组织性能预测方法。实现集成计算材料工程信息基础设施的演示验证,应用于航空发动机大型复杂薄壁精密铸件、新型低密度 Ti_2AlNb 基合金材料、新型齿科材料及磷硅酸盐功能玻璃的集成计算材料工程开发。项目申请专利 7 件,获软件著作权登记 3 件;发表论文 38 篇。 (张丽媛)

【提出多组分材料的界面应力缓解策略】 同济大学化学科学与工程学院杨金虎研究组提出多组分材料的界面应力缓解策略。设计室温下二维 Ti_3C_2 MXene 材料的原位转化反应,并一步合成具有三明治结构的二元 $Na_{0.23}TiO_2$ 纳米带/Ti_3C_2 纳米片复合物。复合物作为锂离子/钠离子电池的负极材料时,表现出优异的循环稳定性和倍率性能。机理分析发现,一维 $Na_{0.23}TiO_2$ 纳米带原位生长在二维 Ti_3C_2 纳米片上的三明治复合结构,可以促进载流子在复合材料界面的传输,缓解活性材料在循环过程中的体积膨胀和结构应

力，实现优异的电化学性能。研究成果于 4 月在线发表于《纳米能源》(*Nano Energy*)。（史玉华）

【发现一种具有和金属一样延展性的半导体材料】 中科院上海硅酸盐研究所史迅、陈立东与德国马普所的 Yuri Grin 等合作，发现一种室温条件下具有和金属一样延展性的半导体材料。研究发现 α-Ag_2S 是一种典型的半导体，但却具有非常反常的和金属类似的力学性能，且其拥有良好的延展性和可弯曲性，有望应用于柔性电子。研究成果于 4 月发表于《自然材料学》(*Nature Materials*)。（朱雅琴）

【研制新型火灾自动报警耐火壁纸】 中科院上海硅酸盐研究所朱英杰研究组研制出新型火灾自动报警耐火壁纸，壁纸由羟基磷灰石超长纳米线作为原料制成的耐火纸和氧化石墨烯温敏传感器 2 部分构成，氧化石墨烯在室温下不导电，但遇到火灾后，火焰产生的高温可去除氧化石墨烯中的含氧基团，使其由不导电转变为导电状态，即可触发报警装置，并通过采用聚多巴胺对氧化石墨烯进行表面修饰，提高氧化石墨烯温敏传感器的灵敏度和阻燃性能，传感器热响应温度低、响应快、持续报警时间长，尺寸小，可以制备在耐火纸的任何位置。研究成果于 4 月发表于《美国化学会纳米》(*ACS Nano*)。（朱雅琴）

【弹性陶瓷纤维材料研究取得进展】 东华大学俞建勇研究组以 200 nm 细小直径的柔性陶瓷纳米纤维为构筑基元，通过三维网络重构方法获得具有类似蜂巢网孔结构的陶瓷纳米纤维气凝胶，其最低密度可达 0.15 mg/cm³。凝胶内部具有类似蜂巢的纤维网孔结构，每个网孔中陶瓷纤维都紧密粘结，同时柔性的单根陶瓷纳米纤维在较大形变下仍可回复，在被压缩至 80%应变后仍能快速恢复至初始形状，回复速率 860 mm/s，500 次压缩后塑性形变 12%。材料具有优异的耐高温防火性能，其导热系数低至 0.025 W/m·K。研究成果于 4 月发表于《科学进展》(*Science Advances*)。（张 莹）

【研制二维半导体准非易失存储原型器件】 复旦大学微电子学院张卫、周鹏研究组研发出二维半导体准非易失存储原型器件。选择二硫化钼、二硒化钨、二硫化铪、氮化硼等多重二维材料堆叠构成半浮栅结构晶体管，制成阶梯能谷结构的范德瓦尔斯异质结，解决半导体电荷存储技术中“写入速度”与“非易失性”难以兼得的难题。研究成果于 4 月在线发表于《自然纳米技术》(*Nature Nanotechnology*)。（邵 田）

【预张力橡胶复合材料研究】 项目由上海材料研究所承担，5 月 15 日通过市科委验收。项目针对新型装备系统中发射箱前盖材料的需求，通过对橡胶基体材料及预张力纤维增强橡胶材料制备工艺、预张力纤维增强橡胶成型工艺等关键技术的研究，设计开发可应用于装备系统的 2 个新型号端盖产品，产品满足设计要求并通过发射试验，解决了发射箱前盖盖体破裂后不脱落的难题，对提高装备发射的安全性具有重要意义。（翟莲娜）

【深海浮力及耐蚀特种金属材料关键技术研究】 项目由上海材料研究所承担，5 月 16 日通过市科委验收。项目开展环氧树脂微玻璃珠复合浮力材料的固化配方、成型工艺和性能测试；形成环氧树脂基深海浮力材料的制备和工艺等关键技术；研制环氧树脂玻璃微珠浮力材料样品。采用凝胶注模成型工艺，开发陶瓷空心浮力球成型关键技术；通过烧结及热等静压后处理，改善显微结构，提高材料性能的韦伯模数，提高陶瓷空心浮力球稳定性和可靠性；研制氧化铝陶瓷和氮化硅陶瓷空心浮力球样品；采用气体分压工艺技术，利用高氮含量不锈钢真空熔炼工艺，研制 2 种耐蚀金属材料的样品。（王 磊 翟莲娜）

【热电材料性能调控研究取得进展】 上海大学材料学院骆军研究组利用“动态原子”对热电化合物的电热输运性能进行调控。设计并构建一个包含基体(PbSe)和第二相的相分离体系，利用温度升高过程中第二相的逐渐溶解在基体中引入间隙原子，实现在全温区范围内对载流子浓度的优化。在该材料体系中，间隙 Cu 离子表现出“动态”特征，且可提供 1 个电子，实现对基体的 n 型掺杂。研究结果于 5 月发表于《能源与环境科学》(*Energy & Environmental Science*)。（陈 浩）

【制备具有高效室温磷光发射的无定形态聚合物材料】 华东理工大学田禾、马骧研究组通过将各种含氧官能团取代的苯基磷光单体与丙烯酰胺简单二元共聚，制备一系列具有高效室温磷光发射的无定形态聚合物材料。此类无定形态材料因其超长的寿命和高效的量产可以通过肉眼观察到发光现象，研究利用氧原子上孤对电子促进的 n-π^* 跃迁来提高系间穿越几率，代替常见的卤素重原子，实现无重原子无定形态的室温磷光发射。丙烯酰胺聚合物链之间的氢键交联网络既能固定磷光团来抑制其非辐射跃迁，也能提供微环境来隔绝猝灭分子，确保该体系实现高效的室温磷光发射。研究成果于 5 月发表于《应用化学国际版》(*Angew. Chem. Int. Ed.*)。（张桂新）

【高效制氢催化材料研究取得进展】 同济大学材料学院吴广明、高国华研究组与北京大学郭少军、江南大学杜明亮合作，提出调控异质结构应力应变来提高催化活性的策略；采用异质外延生长的方法在纳米纤维反应器中构建 Co_9S_8/MoS_2 核壳结构，通过精细控制 MoS_2 壳层数，利用晶格错配在原子尺度上产生拉伸应力导致 MoS_2 晶格参数和固有原子间距离的变化，改变键合电子的能级。该策略可实现核壳纳米晶体的拉伸表面应变由 3.5%降低至 0。研究成果于 5 月在线发表于《先进材料》(*Advanced Materials*)。（史玉华）

【有机单分子白光材料研究取得进展】 华东理工大学田禾、马骧研究组设计合成一系列对称的具有给体-受体-给体型结构的双官能团有机分子,以单分子形式在水相中实现白光发射。在疏水效应、芳环堆积及给体-受体的协同作用下,分子自发地进行舒展态到折叠态的构象转换,促进分子内电荷转移过程,进而诱导产生双发射荧光现象。研究发现可通过温度、溶剂极性和主客体包结比例等多种调控方式实现分子的多色荧光发射。有机分子的白光发射性质适用于水凝胶体系,有望应用于智能材料领域。研究成果于6月以期刊内封面形式发表于《化学科学》(*Chemical Science*)。 (张桂新)

【电催化合成氨气研究取得进展】 复旦大学郑耿锋研究组和湖南大学马建民研究组将硼掺杂石墨烯作为非金属氮气还原电催化剂应用于常温常压水溶液中氮气还原。研究发现,硼原子引入石墨烯后,使得石墨烯材料电子密度重新分布,硼原子电荷为0.59 e,氮气分子更容易吸附在硼原子上,证明了硼原子掺杂有利于氮气的活化,推动反应的进行。硼原子掺杂水平6.2%时,硼掺杂石墨烯的NH_3产量9.8 $\mu g \cdot h^{-1} \cdot cm^{-2}$,法拉第效率10.8%。研究成果于6月发表于《焦耳》(*Joule*)。 (邵 田)

【合成新型能谱CT造影剂】 复旦大学附属华山医院姚振威、张家文研究组与华东师范大学化学与分子工程学院步文博研究组合作,合成新型能谱CT造影剂。造影剂利用镥基稀土上转换发光材料($NaLuF_4$:Yb/Er),其中Lu^{3+}赋予该造影剂极佳的能谱CT性能,实现相似衰减系数物质的物质分离。新型造影剂不仅在所有高密度物质信号均被抑制的单能图像上保持高量信号以凸显肿瘤的精准定位,而且可以在物质分离图的水基图上与周围正常骨组织产生强烈的信号对比,从而实现骨肉瘤的精准定位。研究成果于6月在线发表于《先进功能材料》(*Advanced Functional Materials*)。 (邵 田)

【构建超分子组装体系】 华东理工大学田禾、马骧研究组采用水溶性振动诱导发光(VIE)分子与联二磺化环芳烃(BSC4)构建超分子组装体系。通过VIE分子与BSC4之间的亲疏水作用与主客体作用,加入不同当量比例的BSC4,实现溶液态荧光发射从橘红到白色再到蓝色。此外,竞争性客体乙酰胆碱的引入也可以得到可逆的荧光发射。研究成果于6月以封底文章的形式发表于《先进光学材料》(*Advanced Optical Materails*)。 (张桂新)

【类液态热电材料服役稳定性研究取得进展】 中科院上海硅酸盐研究所史迅、陈立东研究组与美国西北大学G. Jeffrey Snyder、德国吉森大学Jürgen Janek等合作,解析类液态热电材料中可移动离子在外场作用下的迁移和析出机理,提出类液态离子能否从材料中析出的热力学稳定极限的判断依据。发现这一热力学极限的具体数值可通过材料不发生分解时所能承受的最大外加电压(即临界电压)得出;研制定量表征类液态热电材料服役稳定性的仪器,在恒温环境和给定温差环境下,分别利用相对电阻和相对塞贝克系数的变化作为评价参量,测量一系列$Cu_{2-\delta}$(S, Se)类液态热电材料的临界电压(0.02—0.12 V);提出引入"离子阻挡-电子导通"的界面可以显著提高类液态热电材料在强电场或者大温差下的服役稳定性。研究成果于7月发表于《自然通讯》(*Nature Communications*)。 (朱雅琴)

【纳米结构超导体中人工自旋冰结构研究取得进展】 上海大学材料基因组工程研究院葛军饴通过在超导体薄膜中引入周期性排列的人工钉扎源控制类磁偶极子的分布,制备出具有和人工自旋冰磁荷分布相同的新型纳米尺度上的磁结构。该体系利用电流实现磁荷结构的开关特性与磁荷强度的人工调控,通过与超导体磁通涡旋相耦合,实现单个磁荷的选择性擦除。研究成果于7月发表于《自然通讯》(*Nature Communications*)。 (陈 浩)

【非晶态聚酰亚胺纳米纤维高热导率的传热机理研究取得进展】 同济大学物理科学与工程学院徐象繁研究组与周俊研究组在非晶态聚酰亚胺纳米纤维体系中观测到传热机制从三维块材行为到一维纳米纤维行为的转变;采用静电纺丝技术制备直径范围在31—167 nm内的聚酰亚胺纳米纤维,表征单根纳米纤维热导率随温度变化的依赖关系及热导率随直径变化的依赖关系;提出基于随机行走理论的理论模型,能够解释高分子聚合物纳米纤维热导率随直径变化的依赖关系,研究聚酰亚胺纳米纤维内部分子链内与链间的跳跃模式对声子传热的影响。研究成果于7月在线发表于《国家科学评论》(*National Science Review*)。 (史玉华)

【高效非贵金属析氢电催化剂研究取得进展】 复旦大学吴仁兵、方方研究组以核壳锌基/钴基咪唑酯骨架包覆石墨烯的三明治结构为模板,通过同步热还原、蒸发和碳化,制备了零维钴纳米粒子、一维氮掺杂碳纳米管和二维石墨烯耦合而成的分级复合结构体系。在该复合结构体系中,被碳层包裹住的金属纳米粒子不易出现团聚的现象,同时碳层的保护防止了电解液对金属的腐蚀,保证氢气稳定可持续地析出。该体系具有的高导电率、大比表面积、丰富的孔隙率、钴纳米颗粒高分散性,以及充分暴露的活性位点,使其在酸、碱电解液中的析氢催化活性已接近贵金属铂基催化剂。研究成果于7月发表于《先进材料》(*Advanced Materials*)。 (邵 田)

【高通量全流程新材料筛选研究取得进展】 上海大学材料基因组工程研究院杨炯研究组通过高通量理论预测得到热电优值大于1.0的新型热电化合物。研究组利用其建立的第一性原理高通量计算平台(MIP),以新型高性能热电材料为研发示范对象,发展了兼顾计算效率与精度的电子弛豫时间计算方法,并将其集成于 MIP 的电输运性质模块。利用该模块,对硫族类金刚石结构的热电化合物中做了高通量的筛选工作,通过结构搜索数据库利用,电子结构筛选,电输运计算寻优等多个步骤,提出一类热电优值大于 1.0 的新型类金刚石结构化合物。研究成果于 8 月发表于《美国化学会志》(*JACS*)。 (陈 浩)

【资源环境材料研究取得进展】 东华大学杨建平研究组探讨出金属/合金、氧化物/硫化物/硒化物、磷及磷化物这些具有较高能量密度的钠离子电池负极材料作为钠离子电池的利弊,根据不同电极材料的优势点,研究了钠离子电池不同的电化学性能的改进方法。研究揭示了采用先进表征手段检测不同电极材料在钠离子电池中的电化学反应机理,为进一步理解钠离子电池的反应动力学及钠离子电池产业化发展提供理论支持。研究成果于 8 月发表于《能源与环境科学》(*Energy & Environmental Science*)。 (张 莹)

【揭示蛋白冠结构的纳米材料的抑制机制】 同济大学环境科学与工程学院林思劼研究组通过设计调控纳米材料表面的蛋白冠结构,证实具有特定蛋白冠结构的纳米材料能够有效抑制淀粉样蛋白的纤维化进程,从而降低因纤维化导致的生物毒性。研究通过将功能性 β-乳球蛋白的淀粉样蛋白片段(ba)包裹于多壁碳纳米管的表面,形成具有单层蛋白冠结构的 baCNT 材料;材料通过促进胰岛淀粉样多肽(hIAPP)与表面蛋白片段 ba 的聚集,形成双层蛋白冠,有效抑制 hIAPP 的纤维化进程,进而减缓因 hIAPP 纤维化所引发的生物毒性。研究成果于 8 月在线发表于《纳米快报》(*Nano Letters*)。 (史玉华)

【3D 生物打印实现空腔组织打印】 上海交通大学医学院附属仁济医院皮庆猛研究组揭示 3D 生物打印可实现空腔组织打印且打印后细胞能够长期存活。研究采用自行研发的同轴多通道生物打印系统可调控性构建复杂空腔组织设计理念,实现不同亚层结构一次性同步准确打印构建的设想。研究证实,通过控制系统可以实现单层结构、双层结构在同一根管腔结构反复切换的设想。将血管细胞、尿道细胞分别与复合水凝胶混合后,利用 MCCES 打印复层管腔组织,体外培养发现,细胞活力在 80%以上,细胞在水凝胶支架材料上可以充分铺展生长,表达血管内皮细胞(CD31/VE-Cadherin)和血管平滑肌细胞(SMA)等特异标志物。研究成果有望用于实现复杂空腔组织或器官的精准构建。研究成果于 8 月发表于《先进材料》(*Advanced Materials*)。 (冯知周)

【无铅钙钛矿压电陶瓷材料应变性能优化及其物理机制研究取得进展】 同济大学材料科学与工程学院翟继卫研究组从相界设计、显微形貌调控及畴结构调控等角度阐述无铅钙钛矿压电陶瓷材料应变性能优化及其物理机制,总结钙钛矿型压电陶瓷材料的结构与性能的关联,探讨高电致应变起源机理。总结高电致应变压电陶瓷材料的可靠性因素,并探讨其潜储能、热释电探测、制冷、光致发光等领域的应用性能。研究成果于 9 月发表于《材料科学与工程 R 辑:报告》(*Materials Science and Engineering R-Reports*)。 (史玉华)

【构筑具有三维立体多孔结构的摩擦纳米发电机】 东华大学游正伟研究组和俞昊研究组合作,基于热固性材料 3D 打印新技术,构筑了具有三维立体多孔结构的摩擦纳米发电机(3DP-TENG)。3DP-TENG 利用聚癸二酸甘油酯(PGS)为热固性弹性基材和一种摩擦材料,碳纳米管(CNTs)分散其中构成导电网络和另外一种摩擦材料。以 PGS 预聚物、CNTs 和盐粒为打印墨水,盐粒作为致孔剂获得的每一个微孔相当于一个摩擦纳米发电机。被挤压时,微孔上下管壁接触,PGS 和 CNTs 发生电荷转移,外力撤去时,微孔恢复原状,电荷被分离在上下管壁的 PGS 和 CNTs 中,从而在 CNTs 与大地之间产生电势差,加上外导线就产生电流,大量微孔协同工作,进而获得良好的摩擦发电效能。研究成果于 9 月发表于《先进功能材料》(*Advanced Functional Materials*)。 (张 莹)

【提出 3D 打印热固性材料的制备策略】 华东大学游正伟研究组将盐粒和热固性材料预聚物结合为可 3D 打印的复合墨水,盐粒在 3D 打印过程中起到增稠剂的作用,保证打印成型;在热固化过程中,盐粒起到增强剂的作用,实现打印的三维立体结构在高温高真空交联过程中保形;在打印过程中盐粒固化成型后,方便地被水溶解除去,且又作为致孔剂获得多孔的结构。该策略具有良好的通用性,可以实现交联聚酯、聚氨酯、环氧树脂等多种热固性材料的直接挤出式 3D 打印,打印结构具有常规 3D 打印难以获得的微孔。研究成果于 11 月发表于《材料视野》(*Materials Horizons*)。 (张 莹)

【智能变色-致动一体化软体机器人研究取得进展】 东华大学王宏志研究组与英国剑桥大学、美国斯坦福大学及西北大学研究人员合作,利用 $W_{18}O_{49}$ 纳米线嵌/脱 Li 过程中晶格尺寸的变化,获得精密电控变色-致动协同响应体系,实现单一组分材料的多重响应功能,克服复合薄膜体系由于界面效应所产生的可控性差、稳定性低、致动-变色不同步问题,开发出电控的变色-致动协同响应材料及器件。运用高能同步辐射光源实时在线检测,通过第一性理论计算、动态计算机模拟及原位同步辐射研究,阐明致动的核心影响因素——晶格收缩。研究成果于 11 月发表于《自然通讯》(*Nature Communications*)。 (张 莹)

【新型太阳能电池关键材料研究取得进展】 华东理工大学杨化桂研究组研究不同异质金属离子的半径和价态对其在钙钛矿体相中的分布特点及其对器件光电转换效率的影响,发现杂质离子体相自发梯度分布的独特现象,实现了

Sb^{3+}和In^{3+}这2种n型三价离子在晶体表面自发富集和器件中的梯度分布，开发自发梯度掺杂的钙钛矿太阳电池器件模型。通过自发梯度掺杂修饰的钙钛矿太阳能电池光电转换效率提升36%，最高光电转换效率为21.04%，填充因子0.84。研究成果于11月发表于《先进材料》(*Advanced Materials*)。 （张桂新）

【宽光谱吸收高压电铁电钙钛矿研究取得进展】 上海交通大学材料科学与工程学院郭益平研究组利用唯象理论和第一性原理，提出一种基于“缺陷工程”的有效设计策略。通过在准同型相界组分的弛豫铁电体中掺杂引入“脚手架”(中间态能级)，实现对可见光的全光谱吸收；利用准同型相界组分自带的高界面能驱使缺陷诱导的极化和铁电体的自发极化产生强相互作用，诱发缺陷偶极子沿铁电体的自发极化方向排列，达到增强材料压电性能的作用。合成Ni掺杂的$(Na_{0.5}Bi_{0.5})TiO_3$-$Ba(Ti_{0.5}Ni_{0.5})O^{3-}$陶瓷，Ni的掺杂使其室温铁电压电性能得到提升，剩余极化Pr达到31 μCcm^{-2}，压电系数d33达到151 pC N^{-1}。研究成果于11月发表于《先进材料》(*Advanced Materials*) （崔国珍）

【相变过程中材料热导率研究取得进展】 中科院上海硅酸盐研究所史迅、陈立东、曾华荣研究组等与美国科罗拉多大学/华中科技大学杨荣贵合作，基于对经典热输运方程的校正，阐述相变过程中吸放热对热流传输的影响，发现相变不仅影响材料热容，还显著降低材料热扩散系数；引入相变反应速率(B因子)描述相变与热扩散系数关系；当B因子无穷小时，相变对热扩散系数的测量无任何影响；当B因子大时，相变在短时间内完成，对热扩散系数的影响非常大；选取了Cu_2S、Cu_2Se、Ag_2S和Ag_2Se这4种代表性相变材料，通过DSC差示扫描量热法表征了相变反应速率。研究发现，具有较大B因子的Cu_2Se和Cu_2S在相变过程中对热扩散系数显著降低，而具有较小B因子的Ag_2S在相变过程中对热扩散系数仅略微降低。对于Ag_2Se，B因子非常低，因此相变对热扩散系数几乎无影响。研究成果于12月发表于《先进材料》(*Advanced Materials*)。 （朱雅琴）

【金属空气电池研究取得进展】 东华大学乔锦丽研究组通过增加催化剂活性位点，提高其本征活性的理念，构建大比表面积的$NiFe_2O_4$量子点/碳纳米管复合催化剂，实现了超小粒径$NiFe_2O_4$量子点在碳纳米管上的一步锚定；解决小粒径金属氧化物易团聚难题，拥有的金属氧化物量子点可缩短催化反应的电子传递路径。此外，量子约束效应及阳离子掺杂策略提高了催化剂的本征活性，其独特的三维结构改善了催化剂的传质与电子传导过程。研究成果于12月发表于《纳米能源》(*Nano Energy*)。 （张　莹）

【自组装构建一维石墨烯卷】 上海交通大学赵亚平研究组以所剥离的石墨烯为原料，建立通过自组装大量制备一维石墨烯纳米卷的新方法。该方法简单、自组装效率高，为批量生产石墨烯纳米卷及其应用奠定基础。在一定条件下石墨烯一维纳米卷可以重新可逆展开成为石墨烯，实现了二维石墨烯与一维石墨烯纳米卷之间的相互可逆转化。研究为从二维材料构建一维材料提供思路。研究成果于12月发表于《科学报告》(*Scientific Reports*)。 （崔国珍）

【三维石墨烯强化黑色二氧化钛光催化氧化净水技术研究取得进展】 中科院上海硅酸盐研究所黄富强研究组研发出由三维石墨烯管和黑色二氧化钛2种特殊材料混合而成治污新材料，其治污原理是物理吸附＋光化学催化降解，其中三维石墨烯管作为关键的光生载流子分离和传导网络，实现集污染物的高效吸附与可见光响应的黑色二氧化钛原位降解一体化的突出功效。与传统材料相比，其对特定有机污染物的降解速度提高5—10倍。材料在沪皖等地应用示范。 （朱雅琴）

【研制5英寸直径的大尺寸BGO闪烁晶体】 中科院上海硅酸盐研究所王绍华研究组采用坩埚下降法制备出直径5英寸(F127 mm)的BGO($Bi_4Ge_3O_{12}$)晶体，该晶体无色透明，无明显缺陷，晶锭直径135 mm。研究成果对推动国产5英寸BGO晶体及闪烁探测器在超高灵敏度辐射探测领域的实际应用具有重要意义。 （朱雅琴）

【实现锥面限制生长的DKDP晶体的制备】 中科院上海光学精密机械研究所利用自主研发的连续过滤快速生长装置，结合长籽晶点晶技术(籽晶长度92 mm)，在国际上首次获得锥面限制生长的DKDP晶体，晶体尺寸为100 mm×100 mm×92 mm(长×宽×高)。测试结果表明，晶体透明度好，材料内部无宏观缺陷。晶体制备技术已申请专利。 （王翠翠）

第五节　光电技术

【基于薁的有机光电功能分子研究取得进展】 中科院上海有机化学研究所高希珂研究组在BAzDI的6，6₵-位进行π扩展，报道2例基于薁2，6-位连接的共轭聚合物P(TBAzDI-TPD)和P(TBAzDITFB)，并将其应用于有机场效应晶体管(OFET)和全聚合物太阳能电池研究。基于TBAzDI-TPD的OFET器件表现出0.42 $cm^2\ V^{-1}\ s^{-1}$的电子迁移率。聚合物薄膜的掠入射广角X射线衍射研究表明，2个聚合物都以edge-on的形式排列在基底上，其π-π堆积距离约3.55 Å。研究成果于2月发表于《应用化学国际版》(*Angew. Chem. Int. Ed.*)。 （徐晓娜）

【单颗粒光电化学研究取得进展】 华东理工大学田禾、龙亿涛研究组利用高分辨电化学手段实现单个染料分子修饰

TiO_2 纳米颗粒在光致电子转移过程中本征电子信息的定量获取。采用在制备纳米晶 TiO_2 膜化金超微电极表面作为光阳极，利用光注入电子在微米厚的 TiO_2 膜中纳米颗粒间多次捕获/解捕获的特点，将超快的电子传递信号时间从 ps 级极大延长至 ms 级。通过单个 N719@TiO_2 颗粒随机碰撞 TiO_2 膜化超微电极实现电化学方法直接定量监测超快光电转移过程，获取单个 N719 分子在 I^-/I^{3-} 电对下有效电子转移数目，构建单个颗粒光注入电子流在 TiO_2 膜中的三维扩散理论模型，阐释电流轨迹与注入电子在 TiO_2 膜中扩散行为之间关系。研究成果于 2 月发表于《应用化学国际版》(*Angew. Chem. Int. Ed.*)。 (张桂新)

【二维半导体双光子吸收饱和特性研究取得进展】 中科院上海光学精密机械研究所研究 MoS_2、WS_2、$MoSe_2$、WSe_2 在 4 种过渡金属硫化物纳米薄膜 1 030 nm 飞秒脉冲作用下的简并双光子吸收及其饱和效应。研究发现，二维半导体具有很大的双光子吸收系数，并随其厚度的增加而减小，而双光子吸收饱和强度则具有相反特性。非线性理论拟合揭示二维半导体双光子吸收过程均匀加宽的本质。激子吸收的三能级动力学模拟揭示暗态激子的快速弛豫和基态激子的慢带间复合过程是导致基态电子漂白的主要原因，也是产生双光子吸收饱和的原因。理论模拟双光子吸收饱和对激光脉冲的空间调制效应，揭示二维半导体作为新型光子学材料用于光学调制和光子学应用可能。研究成果于 2 月在线发表于《美国化学会光子学》(*ACS Photonics*)。

(王翠翠)

【固态染料敏化太阳能电池研究取得进展】 华东理工大学吴永真、朱为宏研究组通过基于辅助受体染料敏化剂分子工程和铜基电解质的优化，对染料敏化太阳能电池(DSSCs)中引起电压损失的 3 个方面进行调控，最终将 DSSCs 的电压损失降低至 0.6 V，获得 1.1 V 的超高 VOC 值和固态器件 11.7%的能量转换效率。研究成果于 5 月发表于《能源环境科学》(*Energy & Environmental Science*)。 (张桂新)

【在三维亚波长空间实现钙钛矿纳米激光输出】 中科院上海光学精密机械研究所与重庆大学合作，基于改良的低温溶液方法，制备高品质三维亚波长尺度的钙钛矿立方体纳米结构，其端面平滑、结构规则的特性使其不仅可作为激光增益介质，同时可在界面处实现高反效果并形成理想的 Fabry-Perot 共振腔。利用显微光学系统对单个立方体谐振腔进行研究，在室温条件下得到高增益、低阈值、窄带宽的频率上转换皮秒单模激光输出，激光器体积约 0.49 λ^3。利用超快泵浦探测平台阐明纳米激光器的激光增益机理的内在物理机制；研究表明该纳米激光器的发光峰对温度不敏感，具有良好的温度稳定性。研究成果于 5 月发表于《美国化学会纳米》(*ACS Nano*)。 (王翠翠)

【宽周期波导产生光学频率梳关键技术】 项目由上海电力大学承担，6 月 27 号通过市科委验收。项目通过 FDTD 模拟宽周期波导基本色散，二阶色散等关键光学特性，提出基于 0.6—2.4 μm 色散均衡的光学频率梳设计方法，在利特罗区域发现异常色散现象，为实现宽周期波导频率梳，宽周期波导利特罗激光器，宽周期波导慢光现象提供理论基础。项目申请专利 1 件；发表论文 6 篇。 (季 沛)

【钙钛矿太阳能电池空穴传输材料研究取得进展】 华东理工大学吴永真、朱为宏研究组通过引入弱吸电子的喹喔啉单元，构建给体-受体-给体(D-A-D)型空穴传输材料(HTM)，合理调控 HTM 的 HOMO 能级，优化钙钛矿太阳能电池器件界面能带排布。与 spiro-OMeTAD 相比，D-A-D 型的 HTM 分子具有更好光稳定性，热分解温度提升 30 ℃，合成成本降低 30 倍。以噻吩取代的 HTM 分子 TQ2 制备的钙钛矿太阳能电池器件取得 19.62%的光电转换效率，优于参比化合物 spiro-OMeTAD 的 18.54%及苯环取代的 HTM 分子 TQ1 的 14.27%。研究成果于 7 月发表于《化学科学》(*Chemical Science*)。 (张桂新)

【量子相干研究取得进展】 中科院上海高等研究院江玉海研究组利用飞秒极紫外(XUV)与太赫兹(THz)脉冲组合场的光电子谱，提出一种实验上可提取时间演化密度矩阵元，研究开放量子系统的超快相干动力学方案，同时极大提高 XUV 激光分辨率。系统各含时密度矩阵元可被直接映射到对应动量的时变光电子谱峰；通过观测光电子谱中 THz 增强相干信号的振荡，可确定任意时刻量子态间的相对相位；利用现有飞秒脉冲条件，可实现对阿秒尺度上的超快量子拍频的分辨。研究成果于 9 月发表于《物理学评论快报》(*PRL*)。 (陈思宁)

【光电限域效应操控可逆聚集诱导发光过程研究取得进展】 华东理工大学龙亿涛研究组制备了单个石英纳米孔道限域光电传感界面，直接对纳米孔尖端限域空间内飞升量级聚集诱导发光体(AIEgens)溶液进行电化学可逆调控，使得 AIEgens 在限域尖端和非限域空间之间以 1.4—2.2 μm/s 的速度往复运动，在单分子水平上实现了动态聚集诱导发光过程的动态可逆操控。同时，利用瞬态电化学-荧光联用技术，实时同步监测在限域空间可逆变化过程。研究成果于 9 月发表于《自然通讯》(*Nature Communications*)。

(张桂新)

【计算成像研究取得进展】 中科院上海光学精密机械研究所利用深度学习方法实现数字同轴全息恢复。研究提出利用一种卷积神经网络(eHoloNet)从单幅的数字同轴全息图中恢复重建物体的波前；利用激光照明已知的物体并采集相对应的数字同轴全息图，用来训练神经网络，帮助神经网络获取抽象的图像特征；神经网络训练完成后，就可以利用训练好的神经网络从采集到的同轴全息图中重构出物体波前。证明所提出的神经网络 eHoloNet 可以去除同轴全息中的孪生像并可从采集到的单幅同轴全息图中直接重构出物体波前。研究成果于 9 月发表于《光学快报》(*Optics Express*)。 (王翠翠)

【构造多焦点的相移中国太极透镜】 中科院上海光学精密机械研究所基于中国太极图,引入阴阳相位的衍射竞争理念,设计了一类具有多层相移焦斑的中国太极透镜,因是振幅型衍射透镜,适用于相移X射线全息术。对于EUV及更长的相干光波段,可以设计成高衍射效率的位相型衍射透镜,以方便较弱信号的检测与成像。通过鉴别率板和椭圆涡旋焦斑等实验验证相移全息技术。研究成果于 9 月发表于《光学快报》(*Optics Letters*)。 (王翠翠)

【无磁光学非互易研究取得进展】 华东理工大学理学院龚尚庆、钮月萍研究组与南京大学和新加坡国立大学合作,利用需要抑制的热运动实现光学非互易效应。通过巧妙的设计,将一束控制光场作用在室温下的碱金属气体上,信号光和该控制光场同向传输时,系统会处于一种特殊的量子状态,从而可以顺利通过;信号光和控制光反向传输时,利用热运动去破坏这种特殊的量子状态,从而阻止信号光通过。该方案具有可集成、可推进至单光子水平,以及实验要求简单等诸多优势。研究成果于 10 月发表于《自然光子学》(*Nature Photonics*)。 (张桂新)

【X射线波段相移剪切全息成像研究取得进展】 中科院上海光学精密机械研究所针对X射线提出单光路的相移剪切全息成像方案,利用振幅型多焦点希腊梯子实现被测物体的剪切波前重构。研究基于前期提出的振幅型希腊梯子实现多焦点成像,使得不同层像之间的干涉图样可以被用于波前重构,为短波相移数字全息提供技术方案,由于实现单光路全息记录,极大地增强系统的抗干扰能力,适用于相干X射线到太赫兹波段的测量与成像。研究成果于 11 月发表于《光学快报》(*Optics Letters*)。 (王翠翠)

【研制轨道角动量波导光子芯片】 上海交通大学物理与天文学院金贤敏研究组研制轨道角动量波导光子芯片,并申请发明专利。在光芯片内制备出可携带光子轨道角动量自由度的光波导,并实现在波导内高效和高保真传输。研究为基于光子轨道角动量自由度的光信息及量子信息技术芯片化集成化奠定基础。研究成果于 12 月发表于《物理评论快报》(*PRL*)。 (崔国珍)

【二维神经形态器件研究取得进展】 复旦大学微电子学院周鹏研究组与南京大学电子科学与工程学院王欣然研究组合作,利用无机二维层状 MoS_2 及有机二维层状 PTCDA 薄膜构建有机-无机二维杂化异质结体系,实现基于全二维材料、有机无机杂化、光电双调制、超高性能和时间鲁棒性的人造突触单元,为硬件实现神经形态网络、类脑计算和相关技术领域的应用开辟新道路。研究成果于 12 月发表于《先进材料》(*Advanced Materials*)。 (邵　田)

【研制脉冲拉曼光纤激光器样机】 中科院上海光学精密机械研究所采用时域更为稳定的放大自发辐射源作为泵浦,在 1.1 mm 波段实现脉宽为 1 ps 的稳定拉曼耗散孤子输出,射频谱信噪比达 85 dB,同时提出一种自同步泵浦机制。该机制利用光纤中的分布式瑞利散射反馈实现激光腔长与泵浦脉冲间隔的自匹配,实现皮秒随机分布式反馈拉曼光纤激光输出。利用脉冲泵浦的光纤激光结构直接表征随机分布式反馈,并对随机激光与放大自发辐射进行比较研究;利用脉冲 1 120 nm 激光泵浦的窄线宽拉曼光纤放大器获得所需脉冲体制的 1 178 nm 激光,经过外腔谐振倍频获得 17 W 拉莫尔重频 589 nm 钠导星激光,并研制样机。 (王翠翠)

第六节 | 空天与海洋技术 >>

【120 吨高压补燃火箭发动机泵端面密封动环耐磨陶瓷涂层及其制备技术】 项目由中科院上海硅酸盐研究所承担,2 月6 日通过中科院科技成果鉴定。项目采用等离子体喷涂技术制备密封动环表面耐磨陶瓷涂层,通过涂层材料导热性能、微结构和残余应力的设计,突破涂层力学性能、抗热冲击性能、模拟实用工况的耐磨性能评估及抗腐蚀性能等,攻克高承载、交变温度条件下动环耐磨和密封的关键技术,解决高速重载条件下液氧和煤油动密封的关键技术难题。研制的耐磨陶瓷涂层成功应用于 120 吨级液氧/煤油高压补燃发动机涡轮泵端面密封动环,并应用于长征六号、长征七号和长征五号运载火箭。 (朱雅琴)

【直升机旋翼非定常涡尾迹演化与相关气动特性的数值研究】 项目由上海电力大学承担,3 月通过国家自然科学基金委验收。项目发展一种五阶加权本质无振荡格式,并进行大量相关数值验证;基于高阶格式和重叠网格技术,发展半自适应网格技术,为提高计算效率,发展高效数值计算方法;研究直升机旋翼在悬停和前飞情况下旋翼流场的涡尾迹发展过程和旋翼的气动特性;讨论直升机在悬停和前飞情况下旋翼流场中的尾迹演化过程与旋翼气动力特性,探索包括桨尖涡与桨叶的干扰、桨尖涡与前进桨叶上激波的相互作用等旋翼非定常流动的复杂现象,分析变距、挥舞等变化对旋翼气动特性的影响,为推动直升机旋翼空气动力学的发展提供理论基础。项目发表论文 8 篇。 (季　沛)

【基于天基双目视觉的非合作旋转目标状态估计与逼近引导】 项目由上海航天控制技术研究所承担,5 月 4 日通过国家自然科学基金委验收。项目针对非合作漂旋目标在轨服务的逼近伴飞任务需求,解决漂旋目标接近过程中的相对测量、安全逼近制导和同步控制难题。项目成果对于提升中国空间在轨服务水平和在轨操控能力具有重要理论意义和工程价值。项目申请专利15件,获授权6件;发表论文13篇。(杨树泉)

【天宫二号空间冷原子钟实现预定科学目标】 2016年9月25日,天宫二号空间实验室发射并进入运行轨道。由中科院上海光机所研制的世界首台太空运行的冷原子钟,在轨近2年时间里,完成全部既定在轨测试任务,验证在空间环境下高性能冷原子钟的运行机制与特性,同时实现天稳7.2×10^{-16}的超高精度,将人类在太空的时间计量精度提高1—2个数量级,为空间超高精度时间频率基准的重大需求及未来空间基础物理研究奠定基础。研究成果于7月在线发表于《自然通讯》(*Nature Communications*)。(王翠翠)

【载人深渊器关键技术研究与试验验证Ⅱ期】 项目由上海海洋大学承担,8月16日通过市科委验收。项目研制2台万米级着陆器;对万米级无人潜水器(ARV)全系统进行技术改进和万米级压力测试,开展6 300米级海上试验;对3台着陆器在马里亚纳海沟进行全海深试验,最大下潜深度10 890 m;对国产超高强度钢的制造工艺及载人舱的制造技术进行研究,制造2个缩尺载人舱模型,并进行压力测试;建成彩虹鱼深海装备开发应用研究中心,在设备研发、数据采集与应用、资源共享等方面进行机制体制探讨。对马里亚纳海沟、玛索海沟和新不列颠海沟3条深渊海沟进行科学考察,获取大量珍贵的深渊宏生物、微生物、沉积物等数据和图像视频,建立深海生物样本库。项目研制设备和样机10台/套;申请专利14件,获专利授权7件、软件著作权登记3件;发表论文15篇;出版专著1部、译著2部。

(王 磊)

【深空探测高精度天文测角测速组合自主导航基础研究】 项目由上海卫星工程研究所牵头,武汉大学、北京航空航天大学、南京大学等单位共同承担,10月16日通过科技部验收。项目提出天文光谱测速导航新方法,开发高精度天文测角测速组合导航新技术。提出的非对称空间外差光谱测速等创新方法为解决深空自主导航问题提供有效途径,具有广阔的应用前景,对支撑中国未来深空探测工程的实施具有重要意义。项目发表论文271篇(其中SCI/EI检索242篇),申请专利97件,其中PCT国际专利2项件,出版著作6部。(杨树泉)

【海洋钻井平台钻柱主动波浪补偿装置关键技术研究】 项目由上海衡拓实业发展有限公司承担,11月8日通过市科委验收。项目突破海洋钻井平台钻柱主动波浪补偿装置总体设计技术、主动波浪补偿控制技术、高响应伺服控制技术、全系统动态响应技术等关键技术;研制海洋钻井平台钻柱主动波浪补偿装置工程样机,并完成样机陆上功能性试验。项目申请实用新型专利1件;发表论文1篇。(王 磊)

【海洋工程用高强度低蠕变缆绳的关键技术及专用树脂的产业化】 项目由上海联乐化工科技有限公司承担,11月19日通过市科委验收。项目制备系泊缆绳用纤维级UHMWPE专用树脂:分子量423万,平均粒径242.2 μm,粒度分布宽度0.87,堆积密度0.41 g/cm^3;制备系泊缆绳用UHMWPE纤维:断裂强度为34.7 cN/dtex,断裂伸长率3.2%,拉伸蠕变伸长率2.641%;开发国产UHMWPE纤维制备的海洋平台系泊用高强低蠕变缆绳:根据ISO2307标准测试,缆绳代号63断裂强力2 501 KN,缆绳代号106断裂强力7 031 KN。项目申请发明专利2件;发表论文2篇。

(王 磊)

【浅海海底沉积结构快速探测技术及装备——多波束浅地层剖面仪技术及装备研发】 项目由中科院声学研究所东海研究站承担,12月5日通过市科委验收。项目融合非线性声学与多波束声呐技术原理,形成参量阵多波束的波束形成方法;突破参量阵多波束换能器成阵技术及大功率宽带换能器制作工艺等关键技术;完成可用于浅海海底沉积结构快速探测的多波束浅地层剖面仪原理样机1套,并通过海上试验验证。(王 磊)

第二篇
科技促进经济社会发展

第二篇 第三章

先进制造业科技

第一节 概况 >>

【上海先进制造业科技工作概述】 上海立足“打造产业领袖”发展战略，以提升上海制造业国际竞争力，支撑国家战略需求为目标，重点突破工业物联网、智能装备产品、智能制造集成、机器人等核心技术，开展智能工厂、智慧生产、智能服务等技术的创新应用。配合国产民用大型客机、国产民用航空发动机、国产大型燃气轮机国家科技重大专项战略任务，持续提升产业链配套能力。

面向上海制造业争高端、促转型、强基础的发展要求，通过项目布局，打造多个智能工厂、智能生产标杆应用示范，突破一批智能制造关键技术，形成行业智能制造解决方案。汽车制造领域，突破自主品牌汽车核心零部件智能制造技术，并建立发动机缸盖智能生产线；海工装备领域，突破高技术船舶数字化建造、自动化集装箱码头装卸系统等技术，并建立基于机器人平台的海工岸桥智能生产线；高安全装备制造领域，突破机器人智能焊接、装配、喷涂等技术，并建立电梯曳引机智能生产线和桁架智能生产线。通过技术攻关、系统集成，培育上海智能制造研究院、上海离岸工程研究院等研发机构，上海九高节能技术股份有限公司等系统集成服务商。在上海三菱电梯有限公司、中国商用飞机有限责任公司、中国航天科技集团有限公司第八研究院等企业实施智能车间和智慧生产等应用，并带动了100多家企业的实施应用，提升全市智能制造整体水平。

围绕国产民用大型客机、国产民用航空发动机、国产大型燃气轮机国家科技重大专项战略任务，通过重点扶持、引进吸收等多模式结合，持续提升产业链配套能力。通过关键技术攻关，实施智能制造工程，助力国内领先的高端装备产品研发，如ARJ-21新支线飞机、第1艘自主建造LNG船、第1列A型列车、11.22 m泥水平衡盾构机、首台光刻机、首根最大缸径的船用柴油机曲轴、首台6S80MC-C大功率柴油机等高端装备。在民用大型客机研发中，突破飞机制造的大部件对准、机身自动铆接等技术；在民用航空发动机研制中，突破大涵道比涡扇发动机核心零部件增材制造、新型齿轮箱柔性轴、鸟撞与包容性仿真智能检测等技术。

（梅军辉 张丽媛）

第二节 电子与信息 >>

【面向可穿戴、物联网等领域的MEMS麦克风传感器的开发与应用】 项目由中芯国际集成电路制造(上海)有限公司承担，1月5日通过市科委验收。项目建立基于8寸晶圆的MEMS麦克风制造工艺平台，包括高精度振动膜、特殊金属、深孔刻蚀等关键技术的开发，建立了完整的MEMS麦克风晶圆生产线、测试线；完成MEMS麦克风参考设计工具包，具备为国内外设计公司代工服务的能力。项目申请发明专利6件。

（张丽媛）

【面向双臂多关节机器人的机电控一体化智能关节关键技术的研发】 项目由中科新松有限公司、上海大学共同承担，1月17日通过市科委验收。项目突破机电控多领域融合的高度集成化关节模块化设计、柔性动力学建模与摩擦参数辨识、力矩智能检测、零力牵引示教、碰撞安全保护、测试标定与误差修正等关键技术，研制机电控一体化智能关节，经中科新松有限公司自主成果转化。采用该机电控一体化关节形成的协作机器人、双臂协作机器人和轻载复合机器人等多款产品已在多个行业应用。项目申请发明专利3件；发表论文5篇。

（张丽媛）

【单晶定向空心叶片用陶瓷型芯制造技术研究】 项目由上海大学和上海交通大学共同承担，1月19日通过市科委验收。项目建立陶瓷型芯制备技术研发和中试平台，形成单晶、定向空心叶片用陶瓷型芯制备技术的研发和生产能力。研制出F级燃气轮机单晶叶片用陶瓷型芯、航空发动机CJ-1000非轴对称单晶叶片用陶瓷型芯、航空发动机CJ-2000双层壁单晶叶片用陶瓷型芯、军民融合项目单晶叶片用陶瓷型芯，制备F级燃气轮机单晶空心叶片、CJ-1000非轴对称单晶空心叶片、CJ-2000双层壁单晶空心叶片和军民融合项目单晶空心叶片。项目申请专利8件；发表论文12篇。

（张丽媛）

【基于三维机织物的圆/双极化纺织天线与阵列的设计与实现方法研究】 项目由上海电力大学承担，3月通过国家自然科学基金委验收。项目运用嵌入技术将微带天线结构与纺织结构织物一体化，构成新型纺织结构天线，不仅保持良好电磁性能,且具有优异共形性。以三维织物为基础,可制成抗过载性强的结构一体化共形承载天线和柔性的可穿戴天线;设计并织造了圆极化天线、双极化天线、串馈四元天线阵等共形微带天线。项目申请专利8件;发表论文11篇。

(季　沛)

【低缺陷大尺寸硅基氮化镓材料制备及功率器件研制】 项目由复旦大学和上海新傲科技股份有限公司共同承担,5月3日通过市科委验收。项目建立硅基氮化镓材料生长平台和硅基氮化镓器件工艺平台,实现硅基氮化镓材料MOCVD外延生长工艺流程,突破GaN-HEMT功率材料的MOCVD关键外延技术,建立相应的工艺模块,并在此基础上建立600 V硅基GaN器件的全套工艺流程,突破源漏接触和栅极制造技术,建立相应的工艺流程。项目申请专利30件;发表论文10篇。

(张丽媛)

【面向下一代物联网数据通信的超低功耗超高速光电互连技术】 项目由上海南明光纤技术有限公司承担,5月15日通过市科委验收。项目开发100 G/100 G+AOC光电混合信号系统设计及光电器件建模技术、高速光电接收机低噪声技术、光电接收机中的均衡技术、高速率时钟与数据恢复技术、高性能无源器件的结构及性能优化技术;完成从光电互连设计与建模、芯片流片,以及测试、芯片封装、光电模块封装和测试的全过程开发工作;设计100 G/100 G+的多种光电互连技术方案和系统架构,开发65 nm CMOS工艺光电接收芯片。项目设计芯片初步实现工业级AOC产品化,并在"天河二号"工程中应用。项目申请专利20件;发表SCI论文11篇。

(张丽媛)

【车路协同(V2X)关键技术、服务模式研究与示范应用】 项目由上海博泰悦臻电子设备制造有限公司承担,5月30日通过市科委验收。项目突破车路协同关键技术,通过基于短距离无线通信、传感探测等技术进行车路信息获取,建立车车、车路信息的交互和共享,实现车辆和道路基础设施之间智能协同与配合。完成基于车路协同的车辆最佳车速引导、交叉口车辆主动安全、特殊车辆优先通行等应用;完成车路协同车载终端设备、路侧终端设备的研制,并建立与交通信号控制机协同一体化系统。在上海交通大学闵行校区建立车路协同测试场环境。项目申请专利9件,获软件著作权登记1件;发表论文1篇;制订企业标准1部。

(张丽媛)

【输配电网节能金具研发】 项目由国网上海市电力公司物资公司承担,8月8日通过国网上海市电力公司验收。项目通过对线路金具的结构优化,通过隔断磁路的方法,使金具不产生磁回路,达到节能目的。研制整体式预制耐张线夹(WNY-240/30)、高温报警导线耐张线夹、新型节能悬垂线夹和新型节能型预绞式阻尼线夹,提高电能利用效率;研制的节能金具达到国内同类产品先进水平,可在国内各电压等级城市配电网和输电线路工程中推广应用。项目申请专利3件;发表论文1篇。

(宋　平)

【超低功耗pSTT-MRAM数据存储芯片设计与研发】 项目由上海磁宇信息科技有限公司承担,8月16日通过市科委验收。项目建立MRAM后端工艺的完整流程,包括底电极制成、薄膜沉积、蚀刻、顶电极/通孔制成、上层金属线工艺;产生工程样片,功耗低于项目设计要求;产生2个完整的MRAM电路设计IP,包括电源系统、解码器、写电路、参考单元设计和读出放大器,以及具有完全自主知识产权的MRAM阵列。项目申请专利40件。

(张丽媛)

【第二代有机混合型高能量超级电容器关键技术及示范应用】 项目由上海奥威科技开发有限公司承担,9月17日通过市科委验收。项目开发超级电容器,单体比能量101.14 Wh/kg,最大功率密度17 273.8 W/kg,循环10 000次后容量保持率87%及以上,同时满足QC/T 741—2014所有安全性测试,形成产能31.6万只/年生产线;超级电容器系统的压差10—30 mV,具有热管理、电压均衡、远程监控和报警功能,通过QC/T 741—2014、GB 31467.3、欧盟ECE等标准检验,搭载超级电容器系统的12 m纯电动公交车一次充电续驶里程50.5 km。项目产品应用在国内外公交、有轨电车、节能电梯、隧道机车等领域,形成公交示范线2条、有轨电车示范线3条,完成旧电梯节能改造26台。项目申请发明专利3件、实用新型专利3件;制定行业标准2部;发表论文2篇。

(王　磊)

【物联网领域的Wi-Fi芯片设计及应用】 项目由博通集成电路(上海)股份有限公司承担,10月17日通过市科委验收。项目设计研发一款符合Wi-Fi 802.11b/g/n协议、射频发射工作频率2.4 GHz、1 Mbps DSSS灵敏度小于−85 dBm,54 Mbps OFDM灵敏度小于−70 dBm的SoC芯片,并实现量产。芯片集成射频收发器、基带处理器、微处理器、存储器及通用接口等,应用于物联网无线数据传输。建立芯片测试实验室。项目申请发明专利6件(其中美国专利3件),完成集成电路布图设计登记1件。

(张丽媛)

【OLED薄膜封装关键技术开发及产品验证】 项目由上海和辉光电有限公司承担,10月29日通过市科委验收。项目开发在玻璃基板上使用阻水氧薄膜对OLED元件进行封装的工艺,取代使用盖板玻璃和玻璃胶的封装方式,形成OLED薄膜封装技术、Blade OLED显示面板制程技术,研制Blade OLED显示面板样品,在环境温度60 ℃、相对湿度93%条件下存储240小时无亮度画质衰减;环境温度从−40 ℃升到85 ℃再回到−40 ℃,冷热存储30轮无亮度画质衰减;产品膜层结构厚度0.216 mm,边框宽度0.85 mm,30°视野角下色偏小于3″。项目申请专利20件。

(张丽媛)

【有机发光显示薄膜封装工艺技术开发和产品验证】 项目

由上海天马有机发光显示技术有限公司承担，11月26日通过市科委验收。项目建立一套柔性基板材料基本物理特性检测标准，采用无机层-有机层-无机层3层堆叠结构，开发AMOLED薄膜封装工艺。研制5.99英寸WQHD、5.99英寸FHD、5.49英寸HD薄膜封装AMOLED显示样机。项目成果支持天马集团上海G5.5 AMOLED生产线和武汉G6 AMOLED柔性生产线AMOLED产品的量产出货。项目申请发明专利9件，其中美国专利3件、德国专利2件、中国专利4件。 （张丽媛）

【夜间模式下智能机器视觉系统的场景特征识别及全景彩色三维重建研究】 项目由东华大学承担，12月4日通过市科委验收。项目完成既定目标夜视图像180°视场与360°视场全景彩色三维重建、夜视图像场景中至少三类场景的特征识别，以及红外场景描述、红外行人目标检测及人体行为识别、视机器人的导航运动决策研究；提出基于卷积-反卷积神经网络的夜视红外图像场景识别算法、基于双通道循环生成对抗网络的夜视红外视频彩色化、利用卷积-反卷积网络的基于红外图像和对应深度数据的夜视红外场景深度估计方法等。项目申请专利16件，获授权3件；发表论文21篇，其中SCI论文4篇、EI论文4篇。 （张 莹）

【智慧工厂技术在汽车动力总成装配线上的集成应用】 项目由上海天永智能装备股份有限公司和同济大学共同承担，12月5日通过市科委验收。项目突破数字化装配规划与仿真验证技术、智能机器人柔性工作站集成技术、装配流程智能防错技术及面向设备互联的工业总线集成技术等智慧工厂关键技术，完成6AT自动变速箱总装线、云内动力发动机装配线和斯太尔发动机装配线，形成装配线若干共性技术和平台技术。项目申请专利5件，获发明专利授权1件、实用新型专利授权2件、软件著作权登记2件；发表论文11篇。 （张丽媛）

【大型复杂箱梁钢结构机器人智能焊接技术及应用】 项目由上海振华重工(集团)股份有限公司承担，12月7日通过市科委验收。项目研制大型复杂箱梁钢结构机器人智能焊接设备，生产效率、产品质量和作业环境得到明显改善；开发适合复杂箱体机器人焊接技术，研制适合超大复杂箱梁深窄格子间的特种焊接机器人装备，突破超尺度、窄空间机器人位置可达性，实现长80 000 mm、宽600 mm、高24 000 mm的大型港口起重机大梁箱体机器人焊接；开发适合大型复杂箱体参数化快速机器人编程技术及系统，实现大型港口起重机大梁复杂箱体机器人焊接智能化编程。项目申请发明专利5件，获发明专利授权1件、软件著作权登记2件；发表论文9篇。 （张丽媛）

【混合通信架构下的车联网路由协议设计与性能分析研究】 项目由东华大学承担，12月12日通过市科委验收。项目建立具有车联网特性的强化学习模型，提出面向车联网网络场景的认知高效路由协议；利用车联网中车流的时空规律性，解决车辆接入基站的负载均衡问题，提出基于强化学习的车联网传输负载均衡优化策略；设计基于中心热点的车联网3层数据传输模型，得出车联网广播容量标度律结果。项目申请发明专利3件；发表论文5篇，其中SCI、EI论文5篇。 （张 莹）

【GIS产品现场绝缘试验转换装置的研发】 项目由国网上海市电力公司建设部牵头，上海送变电工程有限公司、上海思源电气股份有限公司等共同参加，12月21日通过国网上海市电力公司的验收。项目研发126 kV单相转三相绝缘试验转换装置，附套管、转换设备和配套部件等；研发126 kV、252 kV分相绝缘试验完整装置。126 kV单相转三相绝缘试验装置，能够安装在不同厂家的设备接口上，利用设备的自身转换能力，实现一次安装就能够快速实现分别对三相产品的现场绝缘试验，结构紧凑，重量轻，使用方便。项目申请发明专利2件，实用新型专利2件；发表论文1篇。 （宋 平）

第三节 生物与医药 >>

【牛蒡子总木脂素治疗糖尿病性视网膜病变的成药性研究】 项目由上海中医药大学承担，1月3日通过市科委验收。项目从药学、药理学和急性毒性研究3个方面对牛蒡子总木脂素治疗糖尿病性视网膜病变的成药性进行研究；确定制备工艺，拟定质量标准草案，完成稳定性考察；研究结果表明，牛蒡子总木脂素对糖尿病性视网膜病变具有良好的预防和治疗作用；药理学研究表明，该组分对早期糖尿病大鼠视网膜病变具有治疗作用，对中期糖尿病大鼠血-视网膜屏障的渗漏具有修复功能；急性毒性研究表明，口服灌胃给药4 g/kg后，未发现急性毒性，口服安全性较好。项目申请发明专利1件；发表论文3篇。 （侯剑锋）

【枇杷叶三萜组分治疗感染引起急性肺损伤候选药物研究】 项目由上海中医药大学承担，1月3日通过市科委验收。项目发现富含枇杷叶三萜提取物的样品在体外有较好的人中性粒细胞弹性蛋白酶(HNE)抑制作用，验证了枇杷叶三萜提取物在体内对脂多糖(LPS)和烟雾诱导的小鼠急性肺损伤模型有显著的改善作用；开展了质量控制方法研究、早期的安全性评价和稳定性研究，明确枇杷叶三萜提取物作为HNE抑制剂治疗相关疾病的成药性，并基于HNE可逆抑制剂原理将天然的三萜酸类化合物用于治疗急性肺损伤研究，为研发枇杷叶三萜提取物治疗感染引起的肺损伤奠定基础。项目获专利授权1件；发表论文3篇。 （侯剑锋）

【抗多发性骨髓瘤候选新药必噻司他的临床前研究】 项目由国家新药筛选中心承担,1 月 12 日通过市科委验收。项目完成候选新药必噻司他(倍赛诺他)的生产工艺、质量控制、制剂、药效学部分,以及药物动力学、安全性评价等临床前研究,并获得倍赛诺他及其片剂临批批件。倍赛诺他是基于天然组蛋白去乙酰化酶(HDAC)抑制剂 Largazole 结构中的噻唑-噻唑啉关键结构单元,经系统的结构简化及优化获得的具有全新结构的 HDAC 抑制剂,主要作用于Ⅰ型和Ⅱ型 HDAC,调控肿瘤细胞异常的表观遗传机制,抑制肿瘤细胞增殖,诱导肿瘤细胞凋亡。项目申请国内发明专利 1 件,PCT 专利 1 件(指定 5 个国家);发表论文 1 篇。 (侯剑锋)

【1.1 类全新结构化学药的临床前研究】 项目由欣凯医药化工中间体(上海)有限公司承担,1 月 12 日通过市科委验收。项目完成 CK15 的药代动力学研究、系统的毒性评价(单次给药毒性、重复给药毒性及伴随毒代生殖毒性、遗传毒性和安全药理)等临床前研究,并获临床试验批件。CK15 的作用靶点为活性维生素 D 受体,直接作用于甲状旁腺细胞,减少甲状旁腺激素的合成和分泌,降低血清甲状旁腺激素(PTH)的水平。与临床上使用的活性维生素 D 类似物帕立骨化醇相比,对小肠的钙吸收影响较弱。 (侯剑锋)

【遗传性乳腺癌高频基因突变位点检测试剂盒研究和开发】 项目由上海伯豪生物技术有限公司承担,1 月 14 日通过市科委验收。项目开发遗传性乳腺癌相关高频基因突变位点 ARMS-qPCR 检测试剂盒。阳性标准品检出率 100%,检测灵敏度>10 个拷贝,与普通测序方法对照符合率>99%。项目发表论文 3 篇。 (侯剑锋)

【面向军民两用的止血促愈功能敷料的设计与研制】 项目由东华大学承担,1 月 14 日通过市科委验收。项目形成微纳米纺丝成型技术和多元软物质复合技术,完成敷料的功能化设计,研制具有不同功能(抗菌、止血、促愈)及高吸附导液能力的敷料制品。项目获发明专利授权 3 件;发表论文 8 篇。 (侯剑锋)

【抗糖尿病新药欣格列汀获临床试验批件】 1 月,由中科院上海药物研究所柳红研究组、李佳研究组和蒋华良研究组合作研发的抗糖尿病新药欣格列汀(DC291407)获临床试验批件,并获中国、美国、加拿大等专利授权。临床前研究结果显示,DC291407 的体外 DPP-4 抑制活性、选择性和体内降糖作用效果优于现有上市药物,具有降糖作用显著、起效剂量低的特点。欣格列汀具有良好的药代动力学特性和安全性,暴露量和半衰期均优于阿格列汀,是一个安全、有效、质量可控的糖尿病临床候选药物,具有良好成药前景。

(侯剑锋 宋文珂)

【新型重组抗 IL-6 受体人源化单克隆抗体的临床前研究】 项目由上海张江生物技术有限公司承担,2 月 9 日通过市科委验收。项目完成重组抗 IL-6R 人源化单克隆抗体的药学研究,建立 5 L、50 L、500 L 细胞培养工艺、纯化工艺及质量分析方法,在 500 L 规模下,纯化工艺的抗体总得率大于 80%。开展重组抗 IL-6R 人源化单克隆抗体的临床前药理毒理研究,与原研药雅美罗的实验结果对比分析,样品检测结果皆无统计学差异并获临床试验批件。 (侯剑锋)

【癌症早期诊疗用电子内镜系列产品开发】 项目由上海澳华光电内窥镜有限公司承担,3 月 22 日通过市科委验收。项目开发新型诊疗用电子内镜系列产品,完成 6 个电子内镜系列产品的开发及产品化,3 个产品获得注册证、3 个产品完成注册申报。项目产品将光学放大技术应用在电子内窥镜中,形成放大肠镜、放大胃镜,提高内窥镜对早期癌症的诊断能力,降低漏诊率。项目申请发明专利 2 件、实用新型专利 3 件。 (侯剑锋)

【鼻窦球囊导管系统】 项目由上海凯利泰医疗科技股份有限公司承担,3 月 22 日通过市科委验收。项目研制鼻窦球囊导管系统,并取得产品注册证和生产许可证。与传统治疗手术方法相比,产品具有创伤小,并发症少等特点。项目获发明专利授权 2 件;制订企业标准 1 部。 (侯剑锋)

【Tubridge® 血管重建装置获批上市】 3 月,上海微创医疗器械(集团)有限公司研制的 Tubridge® 血管重建装置获国家药监局注册证,成功上市。Tubridge® 血管重建装置是国内首款自主研发的用于治疗颅内大及巨大型动脉瘤的血管重建装置,由 48 根或 64 根镍钛丝编织而成,具有高金属覆盖率的密网孔支架特性;2 根显影丝呈螺旋状贯穿整个支架,使得 Tubridge 具有全显影功能;支架近端和远端喇叭口设计,具有优异的贴壁性能;产品具备独特的推送杆专利技术,具有可回收的特性。产品是国内首个获准上市的国产血流导向装置,产品的上市将颅内动脉瘤血管内治疗的理念从瘤囊内填塞转向血管壁的重建。 (侯剑锋)

【脯氨酸恒格列净等创新药 1 期临床研究】 项目由上海恒瑞医药有限公司承担,4 月 17 日通过市科委验收。项目开展脯氨酸恒格列净 1 期临床研究,并获 2/3 期临床试验批件。脯氨酸恒格列净安全性、耐受性良好,对 2 型糖尿病患者的血糖控制有改善作用,没有发生严重不良事件。项目获发明专利授权 11 件,其中国外授权 7 件。 (侯剑锋)

【创新型 IL-15 生物药和 IL-17 抗体的临床前研究】 项目由上海恒瑞医药有限公司承担,4 月 17 日通过市科委验收。项目完成的 IL-15 抗肿瘤药物 SHR-1501 的药理、药代、药效、安全性评价等临床前研究,获得药品注册申请受理通知书,有效性及安全性良好,并申请 PCT 专利(在 8 个国家获授权)。IL-17 抗炎类药物 SHR-1314 完成临床前研究,获 1 期临床试验批件,并申请 PCT 专利(在 9 个国家获授权)。

(侯剑锋)

【治疗多发性硬化症新药 BRX-3 的成药性研究】 项目由海军军医大学承担,4 月 19 日通过市科委验收。项目对 BRX-3 进行衍生化,并对 BRX-3 衍生物开展成药性研究,完成 BRX-3 及其衍生物的药效学研究。BRX-3 衍生物起效剂量低,7.5 mg/kg 开始起效,30 mg/kg 剂量最佳,且量效关系明显;完成 BRX-3 衍生物的初步安全性研究,hERG 试验 IC50>40 μM, Ames 试验显示无致突变作用,大鼠和犬的急性毒性试验,最大耐受量均为 1 000 mg/kg,安全性较好;完成 BRX-3 衍生物的大鼠体内药动学研究,BRX-3 衍生物吸收迅速,原型及主要代谢产物的达峰时间 0.18—0.70 h,雌雄大鼠的口服生物利用分别为 45.3%和 52.1%,生物利用度高,半衰期较短。研究结果表明 BRX-3 衍生物成药性良好。 (侯剑锋)

【巴戟天环烯醚萜苷和蒽醌类有效组分防治类风湿性关节炎的成药性研究】 项目由海军军医大学承担,4 月 19 日通过市科委验收。项目富集纯化巴戟天中的环烯醚萜苷类成分,获得含量 55.0%以上的巴戟天总环烯醚萜苷。药效学研究表明,巴戟天总环烯醚萜苷具有良好抗炎和镇痛作用,能够减缓弗氏佐剂诱导的多发性关节炎大鼠、Ⅱ型胶原诱导的类风湿性关节炎模型大鼠和去卵巢联合Ⅱ型胶原诱导的肾虚痹痛大鼠的足肿胀、降低关节滑膜组织的增生和炎症浸润,减缓关节骨组织的破坏。急性毒性、一般药理学和大鼠体内药代动力学研究结果表明,巴戟天总环烯醚萜苷无毒副作用,对神经系统、心血管系统和呼吸系统没有明显影响,可快速被大鼠组织和器官吸收利用,具有良好成药性特征。项目申请发明专利 1 件;发表 SCI 论文 3 篇。 (侯剑锋)

【构建具备自主知识产权的治疗心脏疾病的高端医疗设备】 项目由上海微创医疗器械(集团)有限公司承担,4 月 20 日通过市科委验收。项目研制经导管主动脉瓣膜及其输送系统产品,取得创新医疗器械特别审批申请审查通知单。产品为治疗瓣膜疾病提供一种创伤小、无需体外循环、无需心脏停跳的手术方式,为不适合普通手术的患者提供治疗方案。项目申请发明专利 3 件,形成产品标准 1 套。 (侯剑锋)

【用于房颤治疗的多极消融导管及设备的研制】 项目由上海微创电生理医疗科技有限公司承担,5 月 17 日通过市科委验收。项目完成多极消融导管及设备样品/样机研制。产品通过三维重建心房解剖构型,展示关键结构,借助其导航能力准确选择消融靶点,进而根治房颤。项目申请发明专利 6 件、实用新型专利 5 件、外观专利 1 件;形成产品技术标准 1 部;发表论文 1 篇。 (侯剑锋)

【脑卒中康复姿势控制关键技术及方案的研究】 项目由复旦大学附属华东医院承担,6 月 7 日通过市科委验收。项目明确认知在卒中失衡跌倒中的机制,包括注意力警觉与维持、大脑认知负荷和前后反馈;研发基于认知能力的平衡训练仪,提高认知注意力警觉训练促进姿势控制能力;制定基于专利设备的认知与脑卒中姿势控制训练方案和分层预防跌倒康复方案;在复旦大学附属华东医院、静安区老年医院、金山医院建立分级脑卒中姿势控制示范基地;组建华东医院-静安区康复联合体,为开展社区康复提供平台;分层级完脑卒中康复姿势控制关键技术应用在医疗机构-社区-居家的应用,减少卒中患者跌倒的发生,降低跌倒损伤程度。项目获发明专利授权 2 件,发表 SCI 论文 2 篇,获上海市康复医学科技奖 1 项。 (侯剑锋)

【抗阿尔茨海默病 2.2 类新药石杉碱甲控释片(FN12)获临床试验批件】 7 月,由中科院上海药物研究所甘勇研究组和章海燕研究组合作研发的抗阿尔茨海默病 2.2 类新药石杉碱甲控释片(FN12)获临床试验批件。临床前药代、药效、毒理研究证实 FN12 显著减少石杉碱甲原药的突释效应、维持药物平稳释放,并且显著延长药物维持时间和药效维持时间,减少外周胆碱能副反应。FN12 有望提高新药的顺应性、长效性、减毒性等多重目标性能,具有良好成药前景。

(宋文珂 侯剑锋)

【抗癫痫 1 类新药 TPN102 获临床试验批件】 7 月,由中科院上海药物研究所沈敬山研究组、蒋华良研究组和高召兵研究组合作研发的抗癫痫 1 类新药 TPN102 及其片剂获临床试验批件。TPN102 为新型抗癫痫候选药物,临床前研究表明,TPN102 在多种癫痫模型,特别是难治性癫痫动物模型上均表现出显著药效,同时具有安全性好、药代动力学性质优良等特点,具有良好成药前景。 (宋文珂)

【抗阿尔茨海默病新药甘露寡糖二酸(GV-971)完成临床 3 期试验】 7 月,由中科院上海药物研究所、中国海洋大学和上海绿谷制药联合研发的治疗阿尔茨海默病新药甘露寡糖二酸(GV-971)完成临床 3 期试验。结果显示,GV-971 在认知功能改善的主要疗效指标上达到预期,具有显著的统计学意义和临床意义;不良事件发生率与安慰剂非常相似,与传统靶向抗体药物不同,GV-971 能够多位点、多片段、多状态地捕获 β 淀粉样蛋白(Aβ),抑制 Aβ 纤丝形成,使已形成的纤丝解聚为无毒单体;GV-971 还通过调节肠道菌群失衡、重塑机体免疫稳态,进而降低脑内神经炎症,阻止阿尔茨海默症病程进展。GV-971 是国际首个、中国原创基于多靶点协同机制的抗阿尔茨海默病药物,为阿尔茨海默病药物研发开辟新路径。10 月,上海绿谷制药有限公司向国家药品监督管理局提交 GV-971 的上市申请。

(宋文珂 侯剑锋)

【具有亲水性涂层的导丝的研制】 项目由上海康德莱企业发展集团医疗器械有限公司承担,8 月 30 日通过市科委验收。项目研发出一次性使用亲水涂层导丝,并获得产品注册证。该产品在介入治疗过程中为各种介入医疗导管和植入器械进入人体器官时起导轨和定位作用。亲水性涂层可提高导丝表面润滑性,减少与器官之间界面的损伤,减轻病

人痛苦,减少血小板聚集和血纤维蛋白黏附,提高安全性。项目申请发明专利1件、实用新型专利1件。 (侯剑锋)

【一体化正电子发射型计算机断层成像仪/磁共振成像仪(PET/MR)获批上市】 8月,联影医疗科技有限公司研发的国内首款一体化高清TOF PET/MR获国家药品监督管理局注册证,成功上市。产品使用新型闪烁晶体和公司自主研发的3T磁体,突破PET和MRI这2种模态在同一孔径中同步成像的电磁兼容性、图像重建,以及整机一体化实时控制等集成技术难点,解决了PET探测器在MRI成像系统中强磁场复杂电磁环境下的兼容性,能够实现2种模态完全同时成像。产品首次实现所有PET/MR核心部件国产化,已在多家三甲医院和影像中心装机投入使用。 (侯剑锋)

【呋喹替尼新药获批上市】 9月,由和记黄埔医药(上海)有限公司研制的转移性结直肠癌治疗药物呋喹替尼胶囊(爱优特)通过优先审评审批程序获国家药品监督管理局批准上市。呋喹替尼是一个喹唑啉类小分子血管生成抑制剂,主要作用靶点是VEGFR激酶家族(VEGFR1、2和3)。通过抑制血管内皮细胞表面的VEGFR磷酸化及下游信号转导,抑制血管内皮细胞的增殖、迁移和管腔形成,从而抑制肿瘤新生血管形成,发挥肿瘤生长抑制效应。其单药适用于既往接受过氟尿嘧啶类、奥沙利铂和伊立替康为基础的化疗,以及既往接受过或不适合接受抗血管内皮生长因子(VEGF)治疗、抗表皮生长因子受体(EGFR)治疗(RAS野生型)的转移性结直肠癌患者。 (侯剑锋)

【HLX01单克隆抗体注射液临床1/2期研究】 项目由上海复宏汉霖生物技术股份有限公司承担,10月10日通过市科委验收。项目完成临床试验用药3批HLX01单抗注射液的生产与检验放行,形成具有国际领先水平的生物药生产工艺与质控体系;完成与原研药美罗华的临床1/2期对照试验研究,其药代/药效动力学、安全耐受性、免疫原性ADA及初步疗效与原研药高度相似;为临床2期试验相似性研究(包括安全性和疗效研究)提供科学依据。 (侯剑锋)

【一种新颖长效糖尿病创新生物药物的开发】 项目由上海银诺医药技术有限公司承担,10月10日通过市科委验收。项目建立基因工程药物GLP-1融合蛋白生产技术平台,完成GLP-1融合蛋白生产的中试研究,为新药临床研究提供样品。临床前试验研究显示GLP-1融合蛋白靶点明确、疗效确切,对2型糖尿病有良好作用,已获临床试验批件。 (侯剑锋)

【活性纳米纤维神经导管的制备及体内神经再生的研究】 项目由东华大学承担,10月11日通过市科委验收。项目采用同轴静电纺的方法将双营养因子神经节苷脂(GM1)和神经生长因子(NGF)负载到丝素蛋白(SF)-乳酸己内酯共聚物(PLCL)复合纳米纤维上制备活性纳米纤维神经导管,在动物体内再生坐骨神经;开发含NGF丝素-PLCL神经导管、纳米纤维海绵填充型丝素-PLCL神经导管产品。项目申请专利8件,获授权2件;发表论文14篇;撰写静电纺纳米纤维英文专著1部。 (侯剑锋)

【陶瓷棒微创技术治疗股骨头无菌性坏死的技术改进及临床评价】 项目由上海贝奥路生物材料有限公司承担,10月11日通过市科委验收。项目研制高强度磷酸三钙密质生物陶瓷,完成理化性能表征及生物学评价,使其符合临床应用要求,力学强度超过66 MPa,获得注册证并实现销售。产品在68家医院用于治疗1 209例股骨头坏死患者。项目获发明专利1件,获授权1件;发表论文4篇。 (侯剑锋)

【自身免疫性疾病单抗药物耐药性检测试剂盒研制】 项目由上海博威生物医药有限公司承担,10月18日通过市科委验收。项目研制出单克隆抗体耐药性检测试剂盒实验室样品2项:Humira类似药ADA检测试剂盒、Remicade类似药ADA检测试剂盒,可用于ADA检测在内的多种生物类似药相关生物分析,支持生物大分子单抗药物临床前及临床的PK/PD研究。项目申请发明专利2件;发表SCI论文1篇。 (侯剑锋)

【全自动核酸提纯及检测分析系统的工程化样机研制】 项目由上海仁度生物科技有限公司承担,10月18日通过市科委验收。项目制备全自动核酸提纯及检测分析系统3套,并完成注册申报。系统具有多重污染泄漏防控措施,适用于临床、生物安全实验室自动化检测,具备样本处理、核酸提取、核酸扩增与检测等功能,并实现自动化和连续批量处理。项目申请发明专利1件、实用新型专利1件,获软件著作权登记1件。 (侯剑锋)

【采用近红外光谱技术研究建立带量采购药品批间一致性评价的方法】 项目由上海市食品药品检验所承担,10月24日通过市科委验收。项目完成3个品种4个品规的一致性检验初步模型,经多方面验证,模型的专属性、灵敏度及预警能力可满足快速筛查的要求;建立近红外光谱建模和检测基地,开展日常动态监管。 (侯剑锋)

【小肠黏膜下层生物补片关键技术研究】 项目由上海白衣缘生物工程有限公司承担,10月25日通过市科委验收。项目开发小肠黏膜下层(SIS)生物补片样品,可用于多种软组织缺损的加强和修补。SIS材料具有低免疫原性、良好的生物相容性及生物可降解性,有利于与周围组织融合,植入后不会发生排斥反应。同时SIS材料所降解的多肽物质具有抗感染和抗菌作用。项目申请发明专利6件、实用新型专利2件。 (侯剑锋)

【酪氨酸激酶抑制剂类靶向用药指导抗体芯片】 项目由上海华盈生物医药科技有限公司承担,10月25日通过市科委验收。项目制备出酪氨酸激酶抑制剂类靶向用药指导抗体芯片产品。产品聚焦于酪氨酸激酶抑制剂类作用靶点，可对多种酪氨酸激酶进行检测，具有高通量特点；可检测酪氨酸激酶的表达水平及其修饰水平，有助于药物作用机理研究。项目申请发明专利1件、实用新型专利1件，获实用新型专利授权2件、软件著作权登记4件。（侯剑锋）

【基于仿真步态第一跖列功能动态生物力学研究及拇外翻畸形手术优化选择】 项目由复旦大学附属华山医院承担，11月1日通过市科委验收。项目优化尸体足步态仿真平台，结合红外线运动捕捉系统，实现在尸体足上进行第一跖列动态运动关节内应力的检测；建立双平面透视成像配准技术，结合足底压力分布测试系统，实现在正常志愿者和患者足进行第一跖列在体三维运动学及足底压力分布的测试；归纳出可用于评估第一跖列功能的敏感指标，设计可在临床上评估相应指标的检测工具及手术辅助工具，运用高仿真的足踝部三维有限元数值模型，归纳针对不同情况的最佳矫形方式，并在此基础上设计新型手术器械。项目申请专利3件；发表SCI论文2篇。（侯剑锋）

【肾移植患者中基于群体PK/PD模型的麦考酚酸个体化给药】 项目由复旦大学附属华山医院承担，11月1日通过市科委验收。项目以肾移植术后服用免疫抑制剂——麦考酚酸(MPA)为切入点，建立测定药效学标志物的常规监测方法；研究在服用麦考酚酸肠溶片早期肾移植患者中的药动学和药效学特征，建立MPA的体内量效关系；评估既往发表的MPA药物动力学模型的外推适用性，探讨影响药动学预测性能的因素，开发个体化给药软件。项目申请发明专利1件，获软件著作权登记1件；发表论文6篇，其中SCI论文4篇。（侯剑锋）

【3D金属打印人工膝关节植入物在退行性膝骨关节病中的临床应用】 项目由复旦大学附属华山医院承担，11月1日通过市科委验收。项目建立骨缺损模型，并针对缺损进行个性化修复垫块的设计，通过有限元分析、力学试验等验证个性化3D打印的垫块应用于关节置换中胫骨缺损修复的可行性和准确性。尸体研究证明基于3D模型，进行个性化3D打印的垫块，可用于关节置换中胫骨缺损的修复，并具有基础力学稳定性。项目获发明专利授权2件；发表SCI论文2篇。（侯剑锋）

【相控型聚焦超声子宫肌瘤治疗系统研制】 项目由中惠医疗科技(上海)有限公司承担，11月8日通过市科委验收。项目研制B超引导的相控型聚焦超声子宫肌瘤治疗系统产品样机，形成产品企业标准，并获产品注册检验报告。通过将相控多焦点快速旋转、扫描技术应用于聚焦超声治疗子宫肌瘤，创建良性瘤非侵入、快速手术治疗模式，同时可在治疗过程中对辐照点进行实时监控。项目申请专利7件；发表论文6篇。（侯剑锋）

【宽视角和高清晰度的内窥镜裸眼三维显示系统】 项目由上海大学承担，11月8日通过市科委验收。项目研制具有宽视角和高清晰度的内窥镜裸眼三维显示系统原理型样机，具有手术视野的三维立体感和手术操作的纵深感，可解决传统腹腔镜二维图像在空间定位和辨认解剖结构方面的不足。项目申请发明专利1件，获实用新型专利授权1件、软件著作权登记1件；发表论文5篇。（侯剑锋）

【新型靶向抗癌药PARP-1抑制剂IMP4297的临床前及临床研究】 项目由上海瑛派药业有限公司承担，11月8日通过市科委验收。项目完成PARP-1抑制剂IMP4297的临床前研究，获得临床试验批件；完成澳洲临床1期第5剂量组患者入组，并在国内开展临床1期第7剂量组患者入组；5 mg低剂量组显示药效，20 mg剂量组取得很好药效，60 mg高剂量组暂未观察到明显毒性。项目申请专利1件。（侯剑锋）

【治疗Herceptin耐药乳腺癌的新型全人源抗HER2单抗药物的工艺和临床前开发】 项目由嘉和生物药业有限公司承担，11月8日通过市科委验收。项目建立GB235的细胞库，完成培养条件研究、工艺放大及制剂研究，实现250 L规模单抗制备工艺开发和优化，细胞培养产物终浓度1.5 g/L，产物纯化收率≥70%，纯度≥99%；完成GB235的质量研究及药效、药代、安全性评价等临床前研究，并获临床试验批件。项目申请PCT专利1件(指定6个国家)，在4个国家获授权。（侯剑锋）

【抗乙肝1.1类新药CK19临床前研究】 项目由欣凯医药化工中间体(上海)有限公司承担，11月22日通过市科委验收。项目完成替诺福韦十八烷氧乙酯(CK19)药学及药物评价等临床前研究，获原料药和片剂的临床批件。CK19通过在体内转化/代谢为TFV发挥抗病毒活性，在TFV结构基础上引入脂溶性基团，以提高生物利用度而形成的TFV前药，有较高的化学稳定性和生物利用度。与已上市抗乙肝病毒药物相比，有很强的持续抑制病毒作用。项目申请发明专利1件。（侯剑锋）

【c-Met靶点抗肿瘤ADC药物首创研究】 项目由上海恒瑞医药有限公司承担，11月22日通过市科委验收。项目完成抗c-Met单克隆抗体的筛选及与毒素的偶联，优化得到临床前开发c-Met-ADC候选分子SHR-A1403，建立ADC候选分子抗体的细胞株；开展SHR-A1403的临床前研究及IND申报工作，并获1期临床试验批件。项目申请PCT专利2件，其中1件进入中国、澳大利亚、日本等9个国家和地区。（侯剑锋）

【一种用于治疗乳腺癌的抗体-小分子药物偶联物(ADC)的临床前研究】 项目由三生国健药业(上海)股份有限公司承担，11月28日通过市科委验收。项目开发的抗HER2 ADC药物生产规模150 g/批，产品收率不低于80%，小分子药物/抗体平均比值 3.5±0.2;完成抗 HER2 ADC 药物的中试生产工艺开发和优化,以及质量研究、稳定性考察、药理、药效、药代和毒理等临床前研究,获临床注册申请受理号。 (侯剑锋)

【原位植入仿生人工肛门括约肌系统重建研究】 项目由上海是源医疗仪器科技有限公司承担,11 月 29 日通过市科委验收。项目完成原位植入人工肛门括约肌系统原理样机的研制;样机系统的性能通过上海市计量测试技术研究院、华东国家计量测试中心检测,并完成模拟、离体和活体动物试验研究。产品为肛门失禁患者原位植入人工肛门括约肌系统,可使患者最大限度保持原有的排便方式和习惯,有利其疾病恢复。项目获发明专利授权 9 件、软件著作权登记 3 件;发表论文 10 篇。 (侯剑锋)

【靶向钾通道 KCNQ 的抗癫痫 1 类新药派恩加滨获临床试验批件】 11 月,由中科院上海药物研究所南发俊研究组和高召兵研究组自主研发的抗癫痫 1 类新药派恩加滨获临床试验批件。临床前研究显示,与瑞替加滨相比,派恩加滨具有优良的化学稳定性、脑内高分布等特点,降低色素沉着风险,显著提高其体内抗癫痫药效,在包括难治性癫痫模型等多种动物模型上显示良好抗癫痫效应。派恩加滨为众多难治性癫痫患者提供药物治疗新选择,具有良好的开发前景。 (宋文珂)

【抗 VEGF 单克隆抗体研究】 项目由上海复旦张江生物医药股份有限公司承担,12 月 5 日通过市科委验收。项目完成临床前药学和药理毒理试验研究,获临床注册申请受理号。主要药效学试验研究表明,F0001 单抗注射液对 3 种人源肿瘤细胞系裸小鼠皮下移植瘤的疗效与参照药相似;对食蟹猴单次和多次静脉滴注给药的药代动力学试验研究结果表明,其药代动力学特征与参照药高度相似。项目发表论文 2 篇。 (侯剑锋)

【同类最优(best-in-class)抗 IL-6 抗体的工艺和临床前研发】 项目由嘉和生物药业有限公司承担,12 月 5 日通过市科委验收。项目完成杰诺单抗(GB224)药代动力学研究和非人灵长类安全性评价,并取得研究报告。GB224 原液和产品通过中检所注册检测,并开展 1 期临床试验。临床实验数据表明,IL-6/IL-6-R 信号的拮抗效果优于 TNF-α 抗体,对 TNF-α 抗体或缓解疾病的抗风湿性药无充分响应或不能耐受患者仍然有效。 (侯剑锋)

【妇科新药固冲颗粒 2 期临床研究】 项目由上海复星医药产业发展有限公司承担,12 月 6 日通过市科委验收。固冲颗粒 2 期临床试验研究结果表明,高剂量和低剂量的固冲颗粒治疗有排卵型功能失调性子宫出血月经过多(脾气虚证),均能明显降低 PBAC 评分,即减少患者的月经出血量。PBAC 评分有效率分析显示,随着治疗疗程的增加,有效率逐渐升高,且组间的差异更明显。在治疗 3 个月经周期后,高剂量固冲颗粒的有效率明显高于低剂量固冲颗粒。项目已开展 2 期临床试验。 (侯剑锋)

【质谱法测定肾上腺皮质激素表达谱在肾上腺肿瘤诊治中的应用】 项目由上海交通大学医学院附属瑞金医院承担,12 月 6 日通过市科委验收。项目以健康受试者血液样本测定确立的正常值范围为基础,收集肾上腺良恶性占位患者血清样本并进行相关激素测定,描绘此类患者血类固醇激素的代谢表达谱,发现其不同的激素分泌方式;提出有助于肾上腺占位良恶性鉴别的生物学标记物,并完成前期临床验证,为皮质癌的诊断及随访研究提供新手段。项目发表 SCI 论文 1 篇。 (侯剑锋)

【面向医疗器械领域的皮秒激光精密加工系统合作研发及应用】 项目由上海市激光技术研究所承担,12 月 7 日通过市科委验收。项目针对国内医疗器械领域中用于微创手术穿刺、疾病诊断传感器及人造骨关节的激光精细加工应用需求,通过引进德国 Edge Wave 公司先进高功率皮秒激光器件技术和激光精细加工工艺,研制高功率三波长皮秒激光精细加工系统,开展生物医疗领域应用的皮秒激光精细加工工艺、专用控制软件、配套辅助工艺研究,形成自主知识产权。 (张瑄珺)

【注射级银杏酮酯原料药的成药性研究】 项目由上海中医药大学承担,12 月 12 日通过市科委验收。项目确定以酸性-极性相结合的改性大孔树脂柱色谱法及常压硅胶柱色谱法制备注射级银杏酮酯原料药;完成原料药的质量研究,包括原料药的组分分析、稳定性考察及质量标准制订;开展体内外心脏保护活性的药效学评价及作用机制研究,药效学评价结果显示,注射 GBE80 和口服 GBE50 均表现出良好的心肌细胞保护作用,但二者没有表现出显著性差异。 (侯剑锋)

【3D 高清内窥镜工程化样机研发】 项目由上海微创医疗器械(集团)有限公司承担,12 月 13 日通过市科委验收。项目完成 3D 高清内窥镜工程化样机研制,产品既能反映腹腔环境三维真实场景又能提供深度距离信息,可实现对视频中目标的高清显示和精确定位,为医生诊断与操作提供具有深度感的腹腔信息。产品已完成注册检验。项目申请发明专利 4 件、实用新型专利 1 件、外观专利 2 件。 (侯剑锋)

【建立基于微流控芯片检测系统快速诊断移植受体 12 种病毒感染的核酸检测方法】 项目由上海交通大学医学院附属仁济医院承担,12 月 20 日通过市科委验收。项目建立以高通量微流控芯片检测系统快速诊断移植受体 12 种病毒激活和感染的核酸检测方法,该方法与临床使用的商业化病原体荧光定量 PCR 检测试剂盒检测的 20 例阳性样本检测符合率 100%;检出 EB 病毒和巨细胞病毒复合感染阳性 6 例,经测序验证准确率 100%;采用该方法对 18 例商业化检测试剂盒检测为阴性的样本进行检测,检测结果为阳性,经测序验证准确率100%。该方法的敏感性和特异性均明显优于临床使用的商品化试剂盒。项目申请发明专利1件,获专利授权1件;发表SCI论文12篇。(侯剑锋)

【肝硬化分析筛查系统研发】 上海工程技术大学刘翔研究组与上海长征医院超声诊疗科合作,开发肝硬化分析筛查系统。系统通过高频超声获取检查者的肝脏浅表切面图像,基于医学影像分析技术,提取肝脏表面几何特征与纹理特征,为肝硬化的医学诊断提供有效的衡量指标;通过机器自我学习,辅助医生对肝硬化病程分析,并对不断积累的超声图像的持续学习,自我提高系统分析精度;系统具有无创、无痛、无电离辐射影响的优势,相对于以血生化指标作为病程中的动态和转归指标,其更适合临床病情的动态观察。系统在上海长征医院和北京部分医院开展临床测试,通过1年300多例分析的训练,准确率接近100%。(黄 蕴)

第四节 | 汽车与船舶

【基于P2结构的动力总成电气化关键技术研究】 项目由上海汽车集团股份有限公司承担,1月12日通过市科委验收。项目完成P2功能演示样车试制、在NEDC工况下较原2.0 T车型油耗降低25.3%,达到预期油耗降低20%的目标;完成动力总成电气架构接口描述文档及新增子系统技术规范描述文档;完成P2相关动力总成电控系统软件开发;开发可量产化的P2驱动方案。(王 磊)

【新能源汽车用SiC功率器件关键技术研发】 项目由中科院上海微系统与信息技术研究所承担,8月16日通过市科委验收。项目研制4英寸SiC衬底及外延片,设计制造SiCJBS和SiCMOSFET器件,掌握SiC衬底制造技术、SiCJBS和MOSFET功率器件制造技术;开发基于SiC技术的车载充电机。SiC衬底4H晶型100%,微管密度2.2个/cm^2,电阻率0.02 Ω cm,晶片弯曲度小于15 μm;JBS阻断电压大于1 200 V,连续电流20 A,反向恢复时间100 ns;MOSFET击穿电压大于1 200 V,连续电流10 A。项目申请专利13件;制订企业标准2部;发表论文10篇。(张丽媛)

【纯电动MPV大通EG10上市】 8月30日,上汽集团2019款纯电动MPV大通EG10上市。EG10采用纯电驱动,综合工况下续航里程超过300 km,最大续航里程(等速60 km/h)超过450 km,充电时间仅需90 min。动力方面,EG10最大功率达到150 kW,最大扭矩达800 Nm,最高车速达到150 km/h。(姚洪华)

【荣威MARVEL X上市】 8月30日,上汽集团电动智能超跑荣威MARVEL X上市。MARVEL X百公里加速仅需4秒,超强续航500 km,极致风阻0.29 Cd,同时搭载19.4英寸中控大屏;MARVEL X全系搭载斑马智行系统(3.0版本)、AI Pilot智能驾驶辅助系统、AR-Driving实景驾驶辅助系统、MWE智能迎宾交互系统等智能科技配置,为用户带来智能交互体验;在安全保障方面,采用安全标准设计和丰富的主被动安全配置。(姚洪华)

【名爵HS上市】 8月,上汽集团名爵HS上市。HS搭载30 T Trophy高性能版涡轮增压发动机,最大功率为170 kW,最大扭矩360 Nm,百公里加速仅需7.5秒;装备无级变色炫彩交互式氛围灯,随音乐变换颜色和亮度;为达到原音重现的听觉效果,装配BOSE PREMIUM剧院级音响系统。此外,HS越级搭载蒙氏香氛系统,并通过专属Dream Air座舱空气质量管理系统,实现3分钟净化空气。(姚洪华)

【荣威i5上市】 10月26日,上汽荣威i5上市。荣威i5配备10.1英寸高清魅彩触控电容屏与12.3英寸液晶数字交互组合仪表,辅以互联网汽车智能系统2.0——基于AliOS的斑马智行解决方案,带来科技、便捷的出行体验;搭载上汽"蓝芯"SGE 20 T全铝中置缸内直喷高效发动机,最大功率124 kW,峰值扭矩250 Nm,百公里加速7.8秒,35 m刹停;具有360度全景影像、ADAS高级主动安全辅助系统、"十三位一体"ESP车身电子稳定控制系统等主被动安全配置保障用车安全。此外,荣威i5全系标配无钥匙进入、14键多功能方向盘、全气候车灯等16项高感知配置,使用车更加便捷。(姚洪华)

【上汽MPV G50首发款上市】 11月16日,上汽集团首款MPV G50首发款上市。MPV G50具有LED大灯、全景天窗、360度环视影像、斑马智能互联系统等配置,并提供40个大类、100项高感知配置。车身尺寸为4 825×1 825×1 778 mm,轴距达2 800 mm,7人座,座椅布局组合多达5种。G50的白车身结构采用闭环式框架结构,以高强钢及超高强钢占比达到70%的钢筋铁骨,同时具有前气囊、侧气囊、侧气帘三重保护,确保在危急情况下能够给予用户最全面的防护;360度环视影像可实时监测周围环境,帮助用户克服视觉盲区;第2、3排座椅配备ISOFIX儿童座椅接口,让儿童出行更安全。(姚洪华)

【商用车用大功率高转矩电驱动总成系统开发】 项目由上海电驱动股份有限公司承担,12月26日通过市科委验收。项目围绕商用车大功率高转矩电驱动总成系统开展高速高密度驱动电机设计及制造技术、高速减速器设计与制造技术、大功率高转矩驱动电机与减速器及电机控制器一体化集成技术、电力电子部件的抗振性提升技术、电驱动总成NVH技术、电驱动总成测试及试验技术等研究,开发满足整车要求的商用车大功率高转矩电驱动总成系统样机,经国家机动车产品质量监督检验中心(上海)检测,各项指标达到要求。开发的商用车大功率高转矩电驱动总成系统获得批量订单。项目申请专利8件,其中发明专利4件、实用新型专利4件,获实用新型专利授权3件。（王　磊）

【第2代40万吨超大型矿砂船“远河海”号命名交付】 1月11日,由上海外高桥造船有限公司建造的第2代40万吨超大型矿砂船“远河海”号命名交付中国矿运有限公司。该船为单桨低速柴油机驱动的无限航区的矿砂船,船长362 m,宽65 m,型深30.4 m,航速14.5节,具有经济、绿色、环保、节能、安全的特点,综合性能较第1代大型矿砂船大幅提高,单位海里油耗降低30%。建造工艺实施小甲板总组;利用变形预控技术有效控制厚板焊接变形,多分段环段仿真模拟叠加,提高搭载精度;针对船舱75°斜板对接,实施75°角垂直气垫焊接工艺。（龚志毅）

【首艘2 500 TEU内贸集装箱船“中谷蓬莱”号命名交付】 1月12日,上海船厂船舶有限公司为上海中谷物流股份有限公司建造的首艘2 500 TEU内贸集装箱船“中谷蓬莱”号命名交付。该型船属国内近海航区集装箱船,是先进的节能环保型集装箱船,符合国家对海运业绿色环保的要求。配备新型6G60主机,具备良好的抗风浪能力,同时在振动噪音控制上满足最新规范要求;载重量40 400 t,可航行于国内近海和长江等主要内河水道,主要用于集装箱运输。与外贸箱船相比,船单箱节能25%。（龚志毅）

【20.8万吨散货船“STAR MAGNANIMUS”号交付】 3月26日,上海外高桥造船有限公司为希腊船东Star Bulk建造的20.8万吨散货船“STAR MAGNANIMUS”号交付。该船为单桨低速柴油机驱动的散货船,适用于运输煤、铁矿石等大宗物品,船型长299.95 m,两柱间长294.40 m,型宽50 m,型深24.90 m,设计吃水16.10 m,结构吃水18.40 m,设计航速14.5海里/小时,全舱设9个货舱,燃油舱位于第9顶边舱及机舱内,并采用环境友好型双壳保护。采用新型绿色节能设计,相比于传统CAPE型散货船,其航速、油耗、载货量均具有明显优势。（龚志毅）

【洋山深水港区承接超大型集装箱船舶港池航道水深能级拓展关键技术研究】 项目由洋山同盛港口建设有限公司承担,4月27日通过市科委验收。项目针对洋山深水港区承接超大型集装箱船舶港池航道水深能级拓展中水动力、泥沙问题和技术难点,开展洋山深水港区立项、建设、营运水动力研究,以及泥沙回淤预报的拟合验证研究、洋山深水港区航道港池水深能级拓展研究等,分析北岛链封堵汊道后水流、地形的动态响应过程,探讨封堵汊道工程对港区海床冲淤影响机制等问题。对洋山深水港区全时段全港区的实际泥沙回淤情况与论证阶段预报值进行拟合验证,评述前期预报与实际回淤之间误差;揭示洋山港海域不同动力项对悬沙输移机制影响,建立海床近底层流速、含沙量之间关系与规律,揭示底部输沙对总输沙率影响。论证4期港区水深及进港航道增深可行性,建立综合动力因素影响下的适合洋山海域的港池淤积计算公式,预测港池航道水深由15.5 m提升至19 m泥沙回淤强度,掌握洋山港的海床冲淤规律,为洋山港运行提供支撑。项目出版专著1部;发表论文7篇。（王　磊）

【20 000 TEU超大型集装箱船“中远海运室女座”号的命名交付】 5月29日,由上海外高桥造船有限公司建造的20 000 TEU超大型集装箱船“中远海运室女座”号命名交付中远海运集团有限公司。船总长399.8 m,型宽58.6 m,最大吃水16 m,设计航速22.5海里/小时,最大载重量20万吨,入DNV-GL和CCS双船级。船的甲板面积接近4个标准足球场,从船底至顶部约73 m;最大载箱量达到20 119标箱,并配备1 000个冷藏箱插座;配备大直径高效螺旋桨,带节能装置的全平衡舵,并采用超长冲程主机,最大限度降低实际营运状态下的综合油耗,船舶能效设计指数达到IMO 2030年的指标要求,氮氧化物排放满足IMO Nox Tier Ⅱ标准。驾驶室集合了先进的航行控制系统、全船局域网系统及船岸卫星通讯系统,确保船舶在全球海域的安全航行和船岸信息交流。（龚志毅）

【17.4万立方米LNG运输船“泛欧”号交付】 7月10日,由沪东中华建造的LNG运输船“泛欧”号交付澳大利亚科蒂斯液化天然气项目。船型长290 m、型宽46.95 m、型深26.25 m,设计吨位82 500 t,总舱容约17.4万立方米,装载的LNG汽化后容量1.07亿立方米。采用双轴系倾斜布置、短球艏、低转速、双艉线型优化、全气模式运行等一系列新设计理念;应用双燃料电力推进系统与再液化装置,具有货舱挥发气最优化处理,降低货损率。申请中国船级社双燃料发动机动力装置DFD和绿色护照GPR等附加标志,满足最新国际压载水公约技术要求。（龚志毅）

【13 500 TEU集装箱船“中远海运茉莉”号命名交付】 8月7日,由沪东中华造船(集团)有限公司建造的13 500 TEU集装箱船“中远海运茉莉”号命名交付中远海运集装箱运输有限公司。船总长366 m,型宽48.2 m,最大吃水16 m,设计航速23海里/小时,最大载重量147 000 t,最大载箱量13800TEU,配备1 000个冷藏箱插座,入级中国船级社(CCS)。采用高效主机、螺旋桨及节能装置,船舶能效设计指数达到MARPOL公约2030年的指标要求。获CCS认可的中远海运能效管理智能船舶;有i-ship(E)入级符号,具有智能能效管理功能实现船舶能效实时监控、智能评估及优化。（龚志毅）

【新型海底电缆施工船“启帆9”号交付】 8月13日,由中船集团公司第七〇八研究所设计的新型海底电缆施工船“启帆9”号交付福建马尾造船股份有限公司。该船主要用于完成海上风电场海缆敷设施工、岛屿间互联供电及海缆检修等任务,配备DP1级动力定位和锚泊定位系统及国际先进的海缆施工作业设备。船主甲板上电缆托盘一次装载量5 000 t,敷设距离60 km;装设国内首个船载净化房,在船上可直接开展220 kV及以上电压等级海缆接头现场制作工作;设有U形检修通道,可同时实现海缆打捞检修和重新敷设工作;平板式船体结构可降低船舶吃水深度,提升船舶的稳定性及浅滩和潮间作业能力。（龚志毅）

【"雪龙2"号极地科学考察破冰船下水】 9月10日,由中船集团公司第七〇八研究所和芬兰Aker北极公司联合设计,江南造船(集团)有限责任公司承担建造的中国首艘专业极地科学考察破冰船"雪龙2"号下水。船总长122.5 m,船宽22.3 m,吃水7.85 m,设计排水量13 990 t,航速12—15节,续航力2万海里,能以2—3海里/小时的航速在冰厚1.5 m＋0.2 m雪的极地环境中连续破冰航行。采用国际先进的船艏船艉双向破冰船型设计,具备全回转电力推进功能和冲撞破冰能力,可实现极区原地360°自由转动,并可突破极区20 m当年冰脊,船舶机动性能大幅提升。装备国际先进的海洋环境和地球物理调查设备,构建开展极地海洋环境与地球物理研究的基础平台;可承担极地海洋、海冰、大气等环境基础综合调查观测研究任务,以及极地考察站部分物资运输任务,同时可在极地冰区海洋开展油气、生物等调查。（王文凯）

【2 MW吊舱推进器完成动态加载考核试验】 9月,中船重工第七〇四研究所自主研制的2 MW吊舱推进器验证样机整机完成120小时连续动态加载考核试验。试验过程中,结合吊舱推进器的运行工况、运行条件和受力特性,模拟实船的应用环境,考核了吊舱推进器的整机承载能力和运行可靠性。通过水下动态加载考核试验,模拟吊舱各运行工况下承受的推力和扭矩,对吊舱推进器整机机械传动结构设计、功能匹配设计、理论计算等进行试验验证,并对2MW吊舱推进器进行优化设计。试验总结形成5MW级高效紧凑型(L型)吊舱推进器的设计规范、试验规范、数据库等文件,建立5MW级吊舱推进器的设计及试验验证技术体系。（董滟清）

【13 000 m³ LPG船首制船命名交付】 12月20日,由江南造船(集团)有限责任公司自主设计建造的13 000 m³ LPG运输船首制船HASSI BERKINE(H2576)命名交付船东Hyproc Shipping。该船是"PONY 13P"系列半冷半压式LPG运输船,总长146 m,型宽21.6 m,结构吃水7.6 m,结构吃水载重吨9 500 t,船上搭载3个自主设计制造的独立双耳型液舱和3套再液化系统,入级法国船级社(BV),满足Tier III排放要求和IGC规则要求。（龚志毅）

第五节 航空与航天

【大面积展开机构形状记忆复合材料构件应用】 项目由上海航天设备制造总厂有限公司和上海交通大学共同承担,2月2日通过市科委验收。项目针对航天大面积展开机构结构件的应用需求,开展形状记忆树脂的配方、形状记忆复合材料构件的成型工艺、隔热结构的设计与成型技术研究,研制出形状恢复率99.9%的形状记忆树脂、形状记忆复合材料与隔热结构。制造出大面积形状记忆展开机构试件,并进行功能地面演示试验,杆件的恢复率接近100%,为具有形状记忆功能的航天大面积展开机构制造和应用奠定基础。项目申请专利3件;发表论文2篇;制定企业标准1部。（张丽媛）

【ARJ21新支线飞机完成冰岛大侧风试飞】 2月27日至4月8日,ARJ21-700飞机的104架机赴冰岛进行大侧风试飞。飞机于2月27日从西安阎良出发,3月5日抵达冰岛凯夫拉维克国际机场。3月26日完成6个起飞和6个着陆,完成大侧风操稳、动力装置试验点,填补中国运输类飞机30节以上大侧风试飞的空白,对不断提升中国民用飞机试飞能力有重要意义,为后续民用飞机机型开展国际试飞提供支持。（王 馨）

【ARJ21新支线飞机研制】 项目由中国商用飞机有限责任公司承担,5月8—10日通过国务院大型飞机重大专项专家咨询委员会、中国工程院、中国民用航空局、中国航空工业集团有限公司等单位专家组验收。项目突破新支线飞机在设计研发、总装集成、试验试飞、客户服务、适航管理、构型管理等关键技术难题,掌握民用喷气运输类飞机研制核心技术,填补国内自主研制喷气运输类飞机空白,大幅提升中国航空工业喷气运输类飞机集成创新能力。（王 馨）

【太阳能飞机研究】 项目由上海奥科赛飞机有限公司承担,7月6日通过市科委验收。项目研制使用太阳能转换电能驱动飞行的太阳能飞机,并实现留空8.28小时,飞行速度91 km/h,飞行高度6 000 m,有效载荷5.6 kg;攻克提高光能转换电能飞机的集成系统功重比、可靠性等技术难题,实现长航时、低功耗、零污染、零排放;建立航空复合材料应用和工艺研究实验室。项目申请专利14件;编写行业标准7部、企业标准13部;发表论文2篇。（张丽媛）

【C919大型客机完成2.5 g极限载荷静力试验】 7月12日,C919大型客机完成全机2.5 g机动平衡工况极限载荷静力试验。随着极限载荷(150%)的加载并保载3 s, C919大型客机10001架静力试验机翼尖变形接近3 m,变形和应变符合分析预期,机体结构满足承载要求,为C919大型客机后续试飞取证工作奠定基础。采用一体式承载框架、斜加载、地板梁加载系统等多项新技术,保障试验的高效、高精度实施;运用精细有限元模型、强度自动化平台等分析技术对风险点进行识别和排除,确保试验件的安全;采用实时监控系统和数字散斑技术等试验监控手段,对试验过程进行监督。（王 馨）

【ATG地空宽带通信系统在ARJ21飞机上测试试飞】 12

月15—20日,中国商用飞机有限责任公司牵头研制的ATG地空宽带通信系统在ARJ21飞机103架机上完成测试试飞,实现试飞遥测数据网络化实时双向传输应用测试。试验完成10 000—35 000英尺不同高度和速度下的信号覆盖、小区切换等信号测试,以及视频会议、遥测试飞测试数据实时传输、VoLTE高清语音视频通话、无线宽带网络接入等大量应用和业务测试。（王　馨）

【CR929复合材料前机身全尺寸筒段总装下线】 12月26日,CR929复合材料前机身全尺寸筒段总装下线。复材机身筒段长约15 m,直径约6 m,环向壁板分为4块,由纵缝拼接而成,单块最大壁板长约15 m,弧长约6 m,最大框弧长约6 m。机身段结构由壁板、框、长桁、客货舱门框、旅客观察窗、客货舱地板等组成,壁板、框等零件尺寸大、整体化程度高。（王　馨）

【北斗三号系统8颗卫星发射】 由上海微小卫星工程中心抓总研制的北斗三号系统第3、第4,第7、第8,第11、第12,第15、第16颗卫星分别于1月12日、3月30日、8月25日、10月15日在西昌卫星发射中心以一箭双星方式发射成功。这8颗卫星属于中圆地球轨道卫星,采用氢原子钟、20ps无缝时频切换、ka和激光星间通信等国际先进技术,核心器部件自主可控。至此,北斗三号卫星系统完成基本建设,并于12月27日开始提供全球服务。（刘碧如）

【基于在位测量的大型薄壁构件智能数控铣削制造】 项目由上海航天设备制造总厂有限公司承担,1月17日通过市科委验收。项目突破多区融合精密测量、测量系统综合标定与误差补偿、检测数据反馈及工艺优化调整等关键技术,研制出双目结构光三维精密测量系统,用于运载火箭燃料贮箱弯曲壁板数控铣削在位测量,显著提升了加工质量与效率。项目申请专利1件,发表论文4篇。（杨树泉）

【大面积展开机构形状记忆复合材料构件应用】 项目由上海航天设备制造总厂有限公司承担,2月2日通过市科委验收。项目针对航天大面积展开机构结构件的应用需求,开展形状记忆树脂的配方、形状记忆复合材料构件的成型工艺、隔热结构的设计与成型技术研究,研制形状恢复率99.9%的形状记忆树脂、形状记忆复合材料与隔热结构。制造大面积形状记忆展开机构试件,开展功能地面演示试验,杆件的恢复率接近100%。项目申请专利3件;发表论文2篇。（杨树泉）

【风云二号H星发射】 6月5日,由中国航天科技集团有限公司第八研究院抓总研制的风云二号H星,在西昌卫星发射中心由长征三号甲运载火箭发射升空。这是中国第1代静止轨道气象卫星风云二号的最后一颗卫星,也是中国成功发射的第17颗风云系列气象卫星。卫星完成在轨测试后,将为中国西部地区、“一带一路”沿线国家和地区的天气预报、防灾减灾等提供支撑。（杨树泉）

【国产高档数控机床与系统在航天复杂结构件加工中的验证、深入示范应用与基地建设】 项目由上海航天设备制造总厂有限公司承担,6月26日通过国家04科技重大专项办验收。项目研制国产高档数控机床与装备14台套,建成国产高档数控机床与数控系统对航天复杂结构件的加工工艺应用实验与验证示范基地,完成数控装备执行信息流采集与分析平台、面向加工工艺的国产先进制造技术、国产高档数控机床对航天产品加工工艺适应性评价等方面研究。项目申请专利17件;发表论文23篇。（杨树泉）

【空间电源管理SoC系统设计验证平台】 项目由上海空间电源研究所承担,7月6日通过市科委验收。项目研制用于面向空间电源管理的SoC芯片,满足空间电源应用指标要求。项目研制集成化电源管理系统与验证平台,实现软硬件容错、遥测遥控处理及电源状态管理等相关功能。项目成果通过地面可靠性测试及空间环境特性实验,并搭载长四丙火箭末子级进行飞行验证。项目申请专利3件;发表论文5篇。（杨树泉）

【航天轻质结构件多功能真空复合成形装备与工艺】 项目由上海航天精密机械研究所承担,7月25日通过国家04科技重大专项办验收。项目研制集超塑等温锻造、超塑成形、扩散焊、真空钎焊、时效成形等功能于一体的真空单室多功能复合成形装备,研制集等离子源轰击清理、磁控溅射技术表面活化多层膜沉积、氧化膜去除、热处理、扩散焊/钎焊等多种功能于一体的真空双室表面活化/连接复合装备,完成6类15种典型零件的热成形技术研究,形成航天轻质结构件真空复合成形平台。项目申请专利40件;发表论文18篇。（杨树泉）

【大空间三维坐标校准技术研究】 项目由上海市计量测试技术研究院承担,8月15日通过国家市场监管总局验收。项目研制基于空间离散标志点的三维坐标校准装置,形成基于激光干涉多边测量的三维坐标校准装置标定技术、基于多维不确定度原理的三维坐标校准装置不确定度评定技术、基于遗传算法的激光干涉多边测量布局优化技术,开发大空间三维坐标校准软件,实现激光跟踪仪等大尺寸测量仪器自动便捷的坐标校准;利用激光跟踪仪及机器人末端靶点开发工业机器人位姿测量技术、基于非线性优化的机器人坐标系标定技术,可实现末端带有各类执行器或空载的工业机器人的位姿检测,具有良好的通用性。项目发表论文4篇。（周莉蓉）

【向日葵一号卫星发射】 9月29日,由上海微小卫星工程中心抓总研制的向日葵一号卫星搭载快舟一号甲遥8运载火箭在酒泉卫星发射中心成功发射。向日葵一号卫星是由120颗低轨微纳卫星构成的导航通信一体化增强系统的首颗先导技术验证卫星,整星重约97 kg,运行在高度约

700 km的太阳同步轨道，采用中科院研制的新一代微纳卫星 WN100 平台，主要验证适用于导航通信任务的微纳卫星平台技术，适用于微纳星座的激光星间链路技术，星载小型化高精度 GNSS 测量、高精度定轨与处理等技术，同时普查通信频段全球电磁干扰情况，开展基于微纳卫星的特殊通信技术。 （刘碧如）

【运载火箭箭体结构制造关键成套装备与工艺】 项目由上海航天精密机械研究所承担，10 月 25 日通过国家 04 科技重大专项办验收。项目突破大型部件快速移动控制、两坐标激光切割头光纤防缠绕、搅拌摩擦焊接过程恒压力位移控制、高精度电动压铆、高效整洁自动钻削等关键技术，开发可重组大型多轴联动数控高速加工装备、车装焊一体化数控复合加工装备、Φ3 350 mm 整体舱段数控自动钻铆装备、Φ5 200 mm 整体舱段数控自动钻铆装备等高档数控装备，应用在长征二号、长征四号、长征五号、长征六号等运载火箭的生产过程中。项目申请发明专利 15 件、实用新型专利 1 件，获软件著作权登记 6 件；制订企业级及以上标准 12 部；发表论文 12 篇。 （杨树泉）

【试验六号卫星和天智一号卫星发射】 11 月 20 日 7 时 40 分，由上海微小卫星工程中心抓总研制的试验六号卫星和天智一号卫星搭载长征二号丁运载火箭在酒泉卫星发射中心成功发射。试验六号卫星用于开展空间环境探测及相关技术试验，天智一号卫星是规划中的“天智”系列卫星的首颗技术验证星，同时也是全球首颗实际工程验证的软件定义卫星，整星重约 27 kg，运行在 500 km 高度的太阳同步轨道，采用软件定义、模块设计、一星多能的创新设计理念，基于微纳卫星平台，在轨开展星箭分离成像、天体成像、对地成像、航天应用 App 上注安装与应用等任务，并对基于商用处理器的高性能计算技术、在轨云计算技术、在轨软件重构技术、开源航天应用 App 构建技术等关键技术进行演示验证。 （刘碧如）

【运载火箭创新研制工程知识管理技术研究与应用】 项目由上海航天设备制造总厂有限公司承担，12 月 11 日通过科技部验收。项目围绕运载火箭快速研制需求，开展基于本体和语义的运载火箭知识管理、运载火箭创新研制知识管理平台及知识库建设、知识驱动的运载火箭总体设计多学科协同仿真、总体结构设计、快速工艺设计等关键技术研究，形成以知识汇聚、知识固化和知识关联应用为路线的运载型号知识工程，为形成知识驱动的运载火箭创新研制模式奠定基础。项目获软件著作权登记 4 件；制定院级标准 6 部；发表论文 12 篇；编著论著 1 部。 （杨树泉）

第六节 | 冶金与化工 >>

【MTO 碱洗塔黄油抑制剂的开发与工业试验通过中国石化技术鉴定】 项目由上海石油化工研究院承担，1 月 5 日通过中国石油化工集团公司技术鉴定。项目分析 MTO 装置碱洗塔黄油样品组成，研究含氧化合物聚合反应规律，建立模拟黄油形成抑制剂的实验室评价方法，开发 MTO 专用多功能 SHY-1 型黄油抑制剂。抑制剂在中国石化中原石油化工有限责任公司 60 万吨/年 S-MTO 工业装置完成工业试验，工业试验结果表明，具有抑制新黄油生成、分散已生成黄油、防腐蚀、用量少等特点。项目申请发明专利 4 件，形成专有技术 1 项。 （潘　波）

【高温熔盐关键技术研究与应用】 项目由中科院上海应用物理研究所承担，1 月 24 日通过市科委验收。项目采用双层结构多级全混釜串级设计及覆盖气压差式熔盐传输技术，开发百公斤级高纯氟化物熔盐制备工艺，设计建成 20 t/a 产能的中试示范装置，气液鼓泡塔持液量大于 200 kg，制备氧含量≤100 ppm 的高纯 FLiNaK 熔盐；研发不锈钢材料的高温熔盐化学镀技术与装置，完成的 316 SS 细管及变径异形管的内壁镀膜技术，经测试均匀腐蚀速率为每年 9 μm；研制 20 cm×20 cm 的大尺寸 5 kW 固体氧化物电解堆，制氢速率 1.37 nm^3/h，电流效率 91.9%，水蒸气转化率 70%，运行 1 000 小时衰减速率 2.25%。项目申请专利 12 件；发表论文 10 篇。 （王　磊）

【高刚性工程塑料 HR-ABS 产品研发及产业化】 项目由上海华谊聚合物有限公司承担，2 月 7 日通过市科委验收。项目依托公司自主研发的 ABS 中试研发平台，开展高刚性 ABS 专用产品聚合工艺及工程化技术研究，完成配方设计，并应用于公司 3.8 万吨/年工业化生产装置，实现高刚性 ABS 专用产品的工业化连续生产，打破国外 ABS 生产企业在该领域的垄断。项目申请专利 1 件。 （张丽媛）

【48K 大丝束碳纤维成套技术研发取得进展】 3 月，上海石化成功试制出 48K 大丝束碳纤维，达到国际先进水平，填补了国内空白。成果应用在莫桑比克 N6 公路、天津津滨高速立交桥、沈阳至丹东铁路线等 9 个病险基础设施维修工程中。此外，在碳纤维齿轮、加固修补液相丙烯、抽余碳四等方面进行示范应用。 （姚亚娟）

【实现碳四氧化法制备甲基丙烯酸甲酯（MMA）成套技术产业化】 3 月，上海华谊新材料有限公司建成国内首套 5 万吨/年碳四法制甲基丙烯酸甲酯（MMA）工业装置并达产，生产的聚合级 MMA 产品纯度大于 99.96wt%，色度小于 5，满足光学级聚甲基丙烯酸甲酯（PMMA）原料需求，达到国际先进水平，填补此项技术的国内空白，打破国外的技术封锁。 （胡　喆）

【四氟乙烷催化合成三氟乙烯技术研究】 项目由上海三爱富新材料股份有限公司承担，4 月 20 日通过市科委验收。项目通过对四氟乙烷裂解制三氟乙烯催化剂与反应工艺的研究,优化反应工艺条件,对优选后的催化剂进行小试评价测试,催化剂连续反应 800 h,转化率保持在 20%以上,反应产物三氟乙烯的选择性在 99%以上,提纯后纯度 99.7%,满足作为聚合物单体的要求;建立公斤级三氟乙烯制备的模式工艺实验装置一套。项目申请专利 1 件;发表论文 2 篇。(张丽媛)

【HAT-300 高效增产二甲苯催化剂的工业试验】 项目由上海石油化工研究院承担,5 月 17 日通过中国石油化工集团公司技术鉴定。项目创制自组装纳米多级孔分子筛材料,开发高分散双金属改性分子筛催化剂,提高催化反应活性及二甲苯收率,抑制芳烃饱和副反应。HAT-300 催化剂在天津分公司 70 万吨/年甲苯歧化装置上工业试验。工业运行结果表明:HAT-300 催化剂进一步优化产品分布,在高空速低氢烃比条件下稳定运行,苯质量达到优级品指标,具有更高转化率、更低氢耗和能耗,提高重芳烃利用率。项目申请发明专利 15 件,获发明专利授权 8 件。(潘 波)

【醋酸加氢制乙醇的工业催化剂开发示范应用】 项目由上海华谊(集团)公司承担,5 月 24 日通过市科委验收。项目完成醋酸加氢催化剂小试研究、实验室公斤级催化剂放大研究,以及催化剂实验室评价,建成醋酸加氢单管装置(12 吨/年乙醇)一套,完成单管条件下反应工艺条件研究,为千吨级工业侧线建设提供工艺和技术参数。项目申请专利 2 件;发表论文 2 篇。(张丽媛)

【高选择性合成气直接制烯烃技术研发】 项目由中科院上海高等研究院承担,7 月 5 日通过市科委验收。项目研发一种全新的催化剂,在温和的反应条件下实现合成气高效直接制备烯烃,同时实现高烯烃选择性和低甲烷选择性,产物分布打破 ASF 规律。发现 Co_2C 在合成气转化中存在显著的纳米效应,提出修正的 ASF 分布规律,以及反应条件、还原条件、助剂对催化剂结构和性能的影响机制,完成催化剂公斤级制备放大及带尾气循环的模式装置性能研究。项目成果入选国家自然科学基金委 2016 年度基础研究主要进展及 2016 年上海市十大科技事件。项目申请专利 7 件;发表论文 10 篇。(张丽媛 陈思宁)

【特种含氟材料的工程化聚合技术开发及加工应用】 项目由上海三爱富新材料股份有限公司和上海市塑料研究所有限公司共同承担,7 月 12 日通过市科委验收。项目建成 200 t/a PVDF 悬浮聚合中试生产线、100 t/a 挤出级 PFA 中试生产线、100 t/a 挤出级 ETFE 中试生产线、20 t/a PTFS 中试生产线,形成工程化的聚合及后处理技术;建成 PTFE 内管加工应用生产示范线、增强型膨体 PTFE 密封板材加工生产示范线、增强型膨体 PTFE 密封带材生产示范线和防水墙型膨体 PTFE 密封带材生产线、填充改性 PTFE 密封件生产示范线,形成工程化的加工应用技术。项目申请专利 6 件;发表论文 6 篇。(张丽媛)

【工业低品位余热利用先进技术研究与综合示范】 项目由上海宝钢节能环保技术有限公司、上海交通大学、复旦大学、上海电力学院、中科院上海硅酸盐研究所承担,7 月 13 日通过市科委验收。项目建成低品位余热利用试验室,包括可适用于 60 ℃以上热水的 2 种不同结构换热器特性分析试验平台、100 W 工业余热热电材料发电试验装置;利用烧结环冷机低温废气余热,建成 MW 级工业余热 ORC 发电应用示范工程,机组发电功率 2.4 MW;建成适用于 60 ℃以上不同热水余热资源的 10 kW、50 kW 模块化高效吸附制冷机组各 1 台,制冷性能 COP 值均不低于 0.35。项目申请专利 10 件,其中发明专利 7 件;发表论文 13 篇。(王 磊)

【含氟涂层聚酰亚胺复合膜线缆包覆材料】 项目由上海市塑料研究所有限公司承担,11 月 29 日通过市科委验收。项目完成含氟涂层聚酰亚胺薄膜和改性聚四氟乙烯生料膜产品的研发,建立含氟涂层聚酰亚胺复合膜线缆包覆材料中试生产线,实现产量10 t/a的规模化生产能力。经制线评价,产品符合 SAE AS 22759-2007 标准,达到国外同等水平,填补国内空白。项目申请专利 1 件;发表论文 1 篇;制定军用标准 2 部。(张丽媛)

【CO_2 加氢合成甲醇及甲醇制芳烃催化剂与反应器关键技术研究与应用】 项目由上海华谊(集团)公司、中科院上海高等研究院共同承担,12 月 13 日通过市科委验收。项目完成 CO_2 加氢制甲醇公斤级催化剂放大、在尾气循环比 5、H/C比 3、反应温度 250 ℃、压力 5 MPa 条件下,CO_2 转化率大于 60%,甲醇选择性大于 80%,甲醇时空收率 0.61 g/g·h,CO_2 加氢合成甲醇单管长周期运行达到预期;完成甲醇制芳烃公斤级催化剂放大,甲醇转化率 100%,液相烃选择性 52.2%,液相中芳烃含量 97%;完成 KMTA-5000 循环流化床评价装置建设和运行。项目申请发明专利 13 件,获发明专利授权 3 件;发表 SCI 论文 9 篇。(王 磊)

【全新结构分子筛材料的合成】 项目由上海石油化工研究院承担,获 2018 年中国石油化工集团公司前瞻性基础研究科学一等奖。项目利用分子筛高通量合成与表征技术,经过持续创新,在新结构分子筛材料合成方面取得突破,成功合成 SCM 系列新型分子筛材料;通过对电子衍射数据解析得到晶体结构模型,利用同步辐射粉末 X 射线衍射数据验证模型并获得精确结构。其中,具有 12×8×8 元环三维交叉孔道的全新结构 SCM-14 分子筛被国际分子筛协会授予结构代码 SOR,实现中国企业在分子筛合成领域零的突破。项目发表论文 16 篇。(潘 波)

【20 万吨/年合成气制乙二醇成套技术】 项目由上海石油化工研究院、中国石化上海工程有限公司、中国石化工程建设有限公司、中国石化湖北化肥分公司等单位共同承担,获 2018 年中国石化科技进步奖一等奖。项目突破合成气制乙二醇核心催化剂、工艺技术、产品质量、工艺安全和装置大型

化等技术难点,创制高性能偶联、加氢和硝酸转化催化剂,创新氧化酯化反应、草酸二甲酯和乙二醇产品精制、在线分析、安全控制等技术,在湖北化肥建成单系列规模最大的20万吨/年工业装置并投产。工业运行结果表明,成套技术高效安全,偶联和加氢催化剂性能良好,乙二醇精制回收率高;乙二醇产品质量优、纯度高,已大规模应用于聚酯生产。项目获专利授权110件;制订修订国家标准3部。（潘　波）

【新型农膜材料及热塑性PVA包装材料加工应用技术研究取得进展】 上海石油化工研究院研发超薄、高韧、高保墒全生物降解地膜产品,阻隔性高于国际生物降解地膜先进水平,入选国家农业农村部2018年10项重大引领性农业技术。新型热塑性、低温速溶TPVA薄膜专用料实现放大试制,产品可用于生产水溶包装、阻隔包装用TPVA薄膜新产品,完成千吨级工艺包开发,分别在川维化工和宁夏能化建成2 000吨/年生产线。（潘　波）

【先进核能核岛装备用耐蚀合金系列产品自主开发】 项目由中国宝武钢铁集团承担,获2018年中国宝武技术创新重大成果一等奖。项目开发C-276、N06625-2、N10003、690合金4个牌号83种规格的板、管、棒、丝、带系列产品,其中690水室隔板和C276屏蔽套实现全球首发,实现以第3代压水堆和第4代高温气冷堆为代表的主流堆型用镍基耐蚀合金板、管、棒、丝、带整体供货,制造能力与产品实物质量达到国际先进水平,部分性能达到国际领先水平。产品应用在国家重大专项先进压水堆CAP1400示范电站和高温气冷堆示范电站,以及山东海阳核电项目3号机组、三门核电项目4号机组等核电项目)。项目申请专利13件,其中发明专利11件,获技术秘密认定10件。（刘翠华）

【取向硅钢高速连续激光刻痕技术研发与应用】 项目由中国宝武钢铁集团有限公司承担,获2018年度中国宝武技术创新重大成果一等奖。项目确定在连续退火线上实施光纤激光刻痕的技术路线,综合国内外相关专项工艺和装备技术,研发超高速光纤激光在线刻痕工艺技术,具有高产量、高效益等特点,实现150 mpm的连续在线激光刻痕,设备稳定度99.8%,当年改造当年收回改造成本。项目申请发明专利2件,获技术秘密认定5件。（刘翠华）

【钢板热冲压技术研究】 项目由中国宝武钢铁集团有限公司承担,获2018年中国宝武技术创新重大成果一等奖。项目基于钢板加热到奥氏体区后冲压成形,在降低冲压力的同时工件获得淬火硬化组织的原理,开发热冲压成形专用钢产品系列,形成产品和性能评价方法国家标准,开发热冲压工艺与模具技术,建立锌基镀层分步热成形、带预冷直接热冲压,复杂零件压边分时控制成形等工艺和零件尺寸精度控制技术,建设3个基地6条产线,产品在多家主流汽车厂应用。项目申请专利19件,其中发明专利9件,获技术秘密认定21件。（刘翠华）

【宝钢新一代高气密封特殊扣油套管开发】 项目由中国宝武钢铁集团有限公司承担,获2018年中国宝武技术创新重大成果奖二等奖。项目针对深井、超深井天然气开采开发需要,开发新一代高气密封特殊扣油套管BGT2产品,涉及2-3/8″至14-3/8″之间21个规格,产品通过美国工程应力公司、加拿大C-FER和中石油石油管工程技术研究院等第三方评估,产品性能指标达到国际油套管生产商主流扣型的实物性能。产品应用在中国石油天然气集团有限公司、中国石油化工集团有限公司、中国海洋石油集团有限公司、延长油田股份有限公司和大庆油田、长庆油田、渤海油田、胜利油田国内四大油田等,以及国外近10个国家油气田。项目申请专利8件,其中发明专利6件,获技术秘密认定6件。（刘翠华）

【单机架超高强钢冷轧轧制工艺技术开发与应用】 项目由中国宝武钢铁集团有限公司承担,获中国宝武技术创新重大成果二等奖。项目针对超高强钢、精冲钢的产品组合冷轧需求,自主集成18辊单机架轧机,开发相应的工艺技术,包括机型确定、工艺润滑技术、稳定轧制技术和板形控制技术、轧制规范计算平台技术等,成果达到国际先进水平。技术成果应用于18辊单机架的建设及超高强钢、精冲钢的生产等。项目申请专利12件,其中发明专利11件,获技术秘密认定5件。（刘翠华）

【高料层高成品率高生产率烧结技术的研究】 项目由中国宝武钢铁集团有限公司承担,获2018年度中国宝武技术创新重大成果二等奖。项目研发烧结混合料预处理技术、烧结偏析布料技术和通气棒提高料层孔隙率技术,明显改善混合料的制粒效果及混合料在烧结台车的偏析状态,应用到宝钢三烧结和四烧结后,提高烧结料层的效果,实现提高烧结成品率和生产率的目标,烧结料层高度达到850 mm级别。项目获发明专利授权3件、实用新型专利授权1件、技术秘密认定6件。（刘翠华）

【宝化针状焦生产工艺装备研究与应用】 项目由中国宝武钢铁集团有限公司承担,获2018年中国宝武技术创新重大成果二等奖。项目针对制造电炉炼钢用超高功率电极的原料针状焦进行研究,建立中试装置,进行多轮中间试验,取得显著效果,并在此基础上对原有沥青焦装置进行改造生产针状焦,形成2万吨/年针状焦生产能力,生产的针状焦产品分2个系列,分别满足Φ450—600超高功率石墨电极和新能源汽车用锂电池负极材料需求,覆盖国内主要大型电极生产厂家和负极材料生产厂家。项目申请专利17件,其中发明专利6件,获技术秘密认定15件。（刘翠华）

第七节 成套设备与装备

【射流管式电液伺服阀研制】 项目由中船重工第七〇四研

究所与同济大学承担,1月16日通过上海国防科工办验收。项目研制大流量射流管式电液伺服阀,并将军用射流管式伺服阀研制生产工艺技术应用于民品伺服阀批量生产工艺,建设批量生产平台。项目申请发明专利2件、实用新型专利10件。 (董滟清)

【77 K、300 W高温超导配套制冷机技术研究】 项目由中科院上海技术物理研究所承担,1月25日通过市科委验收。项目研制斯特林型脉冲管制冷机1套,工作温区60—80 K,并在75.6 K提供301 W制冷量,制冷比卡诺效率19.6%。将星载脉冲管制冷技术引入高温超导电力领域,在77 K突破300 W制冷量,打破高温超导配套用第3代低温制冷机技术的国外垄断。项目申请专利10件;发表论文11篇。 (张丽媛)

【海洋高效钻井用超高强度钻杆关键技术研发】 项目由上海海隆石油钻具有限公司承担,5月11日通过市科委验收。项目开发165 ksi、180 ksi超高强度钻杆和双工位结构快速起下钻钻杆。其中,165 ksi型超高强度钻杆在油田下井试用,效果良好;180 ksi型超高强度钻杆获上海市高新技术成果转化项目认定。双工位结构快速起下钻钻杆实现产业化,并在油田推广应用。项目申请专利12件,获授权7件;制订企业标准3部;发表论文4篇;出版专著2部。 (王 磊)

【海洋油气输送用非黏结柔性管关键技术研发】 项目由海隆石油工业集团有限公司承担,5月11日通过市科委验收。项目完成海洋软管现状调研和分析,软管结构设计、成型技术和性能分析研究,软管连接结构设计、连接装配工艺研究,完成软管装配试验、软管整体力学性能测试,以及软管整体力学模型的建立与有限元模拟分析;试制出深海油气输送用非黏结柔性软管样件,其抗拉、抗压、弯曲、抗扭等主要性能指标满足API RP 17B、API Spec 17J标准;研究非黏结柔性软管制造工艺,为柔性软管规模化、产业化发展创造技术条件;形成软管骨架层扣接结构设计及锁定工艺技术、抗拉层抗拉弯曲结构技术、碳纤维抗拉层结构设计技术、管体与接头连接技术等。项目申请发明专利11件、实用新型专利9件;发表论文5篇。 (王 磊)

【CAP1400核电站"神经系统"工程样机研制】 项目由国核自仪系统工程有限公司牵头承担,6月1日通过国家能源局验收。项目研制CAP1400核电站数字化仪控系统1∶1工程样机,掌握大型非能动先进压水堆核电站数字化仪控系统的工程应用和系统集成技术,开发数字化仪控系统平台验证技术、样机测试技术、安装调试技术和维护维修技术,建立一个完整、配套、先进的核电站数字化仪控系统技术自主创新研发体系和平台,为CAP1400示范工程应用奠定基础。项目申请国内专利22件,国际专利1件,获国内专利授权12件、软件著作权登记12件;形成一批企业技术标准和技术秘密。 (张 晶)

【基于第二代高温超导带材的兆瓦级超导变压器样机研制及其运行示范】 项目由中变集团上海变压器有限公司和上海大学共同承担,6月8日通过市科委验收。项目实现基于第2代高温超导带材的超导变压器的自主设计和仿真优化,开发超导变压器用第2代高温超导带材,开发超导带材焊接技术、超导绕组绕制技术、低温绕组绝缘技术、超导变压器杜瓦制造技术,为其他线圈类超导应用器件的研发提供技术支撑。研制基于第2代高温超导带材的超导变压器(11 kV、1 MW)样机,空载损耗1.6 kW,负载损耗6 kW。项目申请专利13件,发表论文21篇。 (张丽媛)

【研制310 MW等级F级燃气轮机机组】 上海电气燃气轮机有限公司研制310 MW等级F级燃气轮机机组,联合循环效率59.2%,NO_x排放低至15 ppm。6月8日,正式投入商业运行,并获第20届中国国际工业博览会银奖。机组的研制打破国外企业的技术垄断,使燃机主机设备和长协服务价格降低30%。项目申请发明专利8件、实用新型专利12件,获软件著作权登记4件;发表论文5篇。 (胡 欢)

【燃用新疆高碱煤60—100万千瓦等级超(超)临界塔式锅炉关键技术开发及示范】 项目由上海锅炉厂有限公司承担,7月3日通过市科委验收。项目通过对新疆准东地区煤质特性及现役机组锅炉情况调研与分析,结合准东高碱煤煤质特性、沾污、结渣、积灰特性及防控方法开展试验研究,完成准东煤锅炉受热面结构布置与炉膛设计关键参数研究,以及准东煤锅炉沾污、结渣、积灰防控中试研究与关键技术工程验证。项目申请专利13件;发表论文23篇。 (胡 欢)

【海上风力发电机组安装施工成套技术研究与应用】 项目由中交第三航务工程局有限公司承担,7月12日通过中国水运建设行业协会验收。项目开发海上风机整体式安装与分体式安装总体施工技术,研制风机安装专用设备和监控技术,形成中国近海风场风电机组安装的成套技术和装备;研发风机整机陆域拼装、整机运输及整机安装成套技术,打破国外技术封锁;研发近海风场风电机组分体式安装技术;开发风机整机运输与安装过程中的风机运动参数监测、半潜式坐底平台设备状态监测等风电机组安装监测技术,保障工程安全与质量;研制"象腿"工装、单叶片吊梁、滑索缆风系统等专用工具,提高海上风机组安装的效率和质量。项目成果应用于上海临港二期、珠海桂山、三峡响水等多个海上风电场工程。项目获发明专利授权3件,实用新型专利授权13件。 (程 云)

【海上风电坐底式安装平台施工安全控制技术研究与应用】 项目由中交第三航务工程局有限公司承担,7月12日通过中国水运建设行业协会验收。项目开展海上风电坐底式安装平台的施工安全控制技术与应用研究,研发施工安全预警和自动调载系统;针对"三航工5"开展风电坐底安装施工,提出承载力、吸附力、稳性、总纵强度等适应性分析方法和关键适应性指标;自主研发具备声光报警功能的平台监测预警系统,可实时监控平台姿态和受力状态;研发自动调载系统,保证平台底部受力均匀和平台整体平衡,实现对施工安全的主动控制。项目成果在三峡响水、华能如东、河北建投乐亭等海上风电场工程应用。项目获实用新型专利授权1件。（程　云）

【研制50 MW等级超低参数饱和蒸汽单缸大排汽量轴排多路补汽凝汽式汽轮机】 7月15日,由上海汽轮机厂有限公司自主研制的50 MW等级超低参数饱和蒸汽单缸大排汽量轴排多路补汽凝汽式汽轮机通过72小时考核,正式投入商业运行。汽轮机克服蒸汽品质低、补汽量多等难题,采用国内首创1路主蒸汽3路补汽4路进汽技术、特殊的启动运行技术、大排汽量轴排涡壳的气动分析技术及新型疏水系统,把4路低温低压的饱和蒸汽补入汽轮机发电。10月24—30日完成机组性能试验。（胡　欢）

【低成本自支撑氮化镓及其器件的产品开发及产业化】 项目由镓特半导体科技(上海)有限公司、复旦大学、上海大学共同承担,7月19日通过市科委验收。项目开发具有均匀温场和气流场的氮化镓制备关键设备垂直立式HVPE;突破厚膜氮化镓衬底翘曲度控制技术、厚膜氮化镓高良率剥离技术,制备1 mm厚4英寸自支撑氮化镓晶圆片,XRD摇摆曲线002和102半峰宽均在100以下;完成氮化镓基1 200 V/50 A MPS器件设计制作和封装测试。项目申请专利45件。（张丽媛）

【核电仪控系统生产集成及产业化】 上海市战略性新兴产业重大项目,由国核自仪系统工程公司承担,7月9日通过市发展改革委验收。项目于2014年立项,建成核电仪控产业化基地,完成年产6—8台(套)能力的三代核电仪控系统生产集成车间和集成调试生产线建设,研制CAP1400工程样机。（吴兆国）

【CAP1400核岛主设备(蒸汽发生器、稳压器)研制】 项目由上海电气核电设备有限公司和上海核工程研究设计院联合承担,8月通过国家能源局验收。项目开展CAP1400核岛主设备蒸汽发生器、稳压器的研制工作,突破蒸汽发生器群孔高效成型及检测技术、主环焊缝双丝窄间隙埋弧自动焊技术、CAP1400蒸汽发生器关键焊缝性能、一次侧冷却剂出口接管与泵壳焊缝超声检测方法及信号分析技术等10余项关键技术,形成1套制造工艺。项目获专利授权13件;获技术秘密认定10件;发表论文8篇;制订企业标准5部。（胡　欢）

【封闭式变配电站(台)集成设计技术研究】 项目由国网上海市电力公司牵头,平高集团有限公司、南京南瑞集团公司、国网上海电力设计有限公司等共同参加,10月9日通过国家电网公司验收。项目针对配电台区仍采用空气绝缘、布局分散、集成化水平低、环境耐受能力差等问题,通过对变配电站(台)一次设备的绝缘技术、通流散热技术、防护能力技术、集成设计技术的研究,研制全封闭、全绝缘、模块化的变配电站(台)设备和快速集成设计平台,提升变配电站(台)环境适应能力及安装、运维检修效率,提高配电网的运行可靠性。项目申请发明专利4件,获实用新型专利授权2件;发表论文5篇。（宋　平）

【48 V BSG集成一体化总成关键技术攻关】 项目由上海电驱动股份有限公司承担,10月26日通过市科委验收。项目围绕48 V BSG集成一体化总成开展高速BSG电机设计、电力电子器件封装及其与电机集成一体化结构设计等关键技术的研究,开发满足整车要求的48 V BSG一体化总成样机。将电机学、磁学、电子学、热力学和力学融入BSG电机的设计,通过多领域精确分析,实现高速高密度BSG电机极限设计;突破沟槽型低压MOS芯片的驱动与保护、低压MOS与膜电容器直焊互联技术,采用小型化集成MCU构成控制电路实现与功率器件的集成,采用高防护等级的接插件满足抗震和防护性能的要求;将电机控制器与电机集成实现冷却系统共用;通过共用机械部件,采用电机三相铜排与电流传感器、功率模块直焊结构,实现BSG电机与电机控制器集成。项目申请专利6件,其中发明专利2件、实用新型专利4件。（王　磊）

【新型百万超超临界双机回热汽轮机研制】 11月9日,上海电气电站设备有限公司自主研制具有双机回热系统的新型百万超超临界汽轮机首台机组在广东陆丰甲湖湾电厂通过168 h试运行。机组主机采用集成化阀门技术、高低位切向进汽技术、超长末叶片技术等新技术,具有结构合理、通流高效、运行可靠等优点。汽轮机小机为全新设计的变转速、抽气背压式、给水泵(BEST)汽轮机,BEST汽轮机通过合理布置机组抽汽管道,使其具有投运稳定性好等优点。此外,机组采用EC-BEST技术,热经济性可达到一次再热机组的最佳水平。（胡　欢）

【微型燃气轮机研发及优化】 项目由上海泛智能源装备有限公司承担,12月20日通过市科委验收。项目研发300 kW和30 kW微型燃气轮机,开展样机制造和调试,样机各项性能指标均达到要求;研发额定转速25 000 r/min、额定功率100 kW的高速启发一体电机及其控制器和加载系统。100 kW微型燃气轮机机组在浙江兰溪市贝斯特铝制品有限公司开展示范,运行2 000多小时,具备100 kW微型燃气轮机产业化条件。项目申请专利11件,获发明专利授权1件、实用新型专利授权3件、软件著作权登记1件。（王　磊）

【基于光电一体的变电站GIS/HGIS故障检测技术】 项目由国网上海市电力公司电力科学研究院、上海交通大学、国网上海市电力公司设备管理部等共同承担,12月26日通过国网上海市电力公司验收。项目研究GIS/HGIS设备光局放检测技术,研制光学、特高频一体式局放传感器,制定基于光电一体的GIS/HGIS设备局放在线监测方案,通过光、特高频2种放电信号的综合分析判断,提升GIS/HGIS设备局放在线监测系统准确性和可靠性。项目申请发明专利4件;发表论文4篇。 (宋 平)

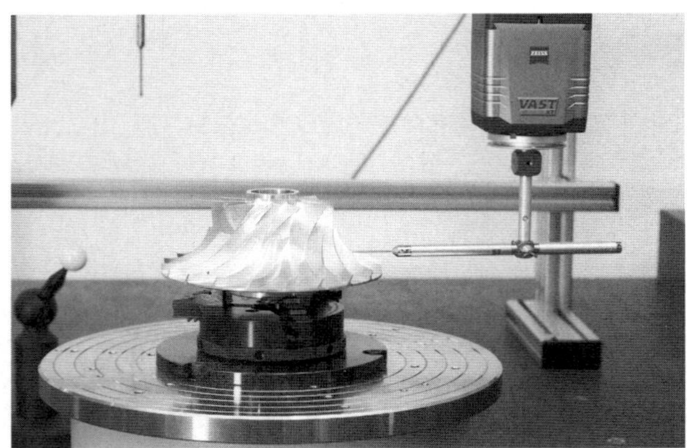

微型燃气轮机研发及优化

【高压交(110 kV)、直(1 500 V)流智能预装式变电站系统和关键设备研制】 项目由上海电气集团股份有限公司承担,12月27日通过市科委验收。项目研制智能预装式变电站能量管理系统,完成通用测控装置、通信管理装置、对时装置、智能操作票装置和操作管理软件模块、智能仪表及计量管理系统、变压器智能测控终端、微网能量管理系统和微网控制保护装置等产品开发,建设微网能量管理系统示范应用平台,实现能量管理系统功能应用测试与展示。研制110 kV智能预装式变电站,完成预装式变电站示范;完成轨道交通用智能预装式变电站产品开发,关键部件通过第三方测试。项目申请专利44件,其中发明专利23件,获软件著作权登记6件;制定企业标准1部;发表论文8篇;开发新产品6件。 (王 磊)

【研制双砂轮架数控切点跟踪曲轴磨床】 上海机床厂有限公司联合上汽通用汽车、上海交通大学、上海大学等单位研制汽车发动机曲轴生产线用MK8220/SD型双砂轮数控架切点跟踪曲轴磨床,并在上汽通用金桥发动机生产基地并线使用,可在3分钟内完成LGE曲轴全部轴径自动磨削,轴径圆度3μ, CPK能力2.0,机床设备利用率90%,是首台进入合资品牌汽车厂发动机生产线的国产磨床。 (胡 欢)

【研制重型燃气轮机高稳定性低NO_x燃烧器】 上海电气燃气轮机有限公司成功研制F级重型燃气轮机燃烧器,燃烧效率≥99%,在满足环保要求下将联合循环效率提升0.26%,出力提升14.4 MW。燃烧器攻克重型燃气轮机高稳定性低NO_x燃烧关键技术,解决了含氢燃料稳定性和低NO_x排放的技术难题。项目成果应用于意大利Ferrara电厂的首台套服务项目。项目申请发明专利2件;发表论文4篇。 (胡 欢)

【研制高效灵活660 MW等级超超临界二次再热汽轮机】 上海电气电站设备有限公司基于公司成熟的超超临界体系和先进的超超临界汽轮机设计平台,自主设计并研制出高效灵活660 MW等级超超临界二次再热汽轮机。该汽轮机是上海电气集团首台660 MW等级二次再热机组,主蒸汽压力31 MPa,再热蒸汽温度620 ℃,各项主要指标优于国内已建成的超超临界660 MW等级机组;其高效性和灵活性为国内煤电节能升级与改造提供示范工程模板。 (胡 欢)

第八节 | 都市工业 >>

【黄酒产品物流追溯管理系统建设示范】 项目由上海石库门酿酒有限公司承担,5月18日通过市商务委验收。项目对企业追溯系统进行适应性改造,辅以瓶装赋码追溯子系统,经销商仓库产品流向子系统,酒类生产线监控追溯子系统组成企业内部应用系统,通过微信公众平台实现消费者追溯信息查询,通过与上海市酒类专卖管理局酒类追溯管理平台对接,实现企业数据和酒类追溯管理平台互联互通,形成完整的追溯链条。通过使用扫描设备对条码的数据采集完成对酒业监管追溯数据的采集并提供对产品的追溯防伪防窜货查询。 (雷艳芳)

【基于宏基因组学的海派黄酒风味调控技术开发】 项目由上海石库门酿酒有限公司承担,6月1日通过金山区科委验收。项目结合生化试验接及分子生物学试验评价乳酸菌生长代谢特性,通过高通量筛选技术,筛选得到2株乳酸菌,耐酸耐酒精,风味柔和,酸味协调。实现工业化乳酸菌的扩培技术,培养基为粳米糖化液,菌体浓度10^{10} CFU/mL以上,总酸含量11.20 g/L,其中乳酸10.1 g/L,占90.1%;实现乳酸菌液调控黄酒总酸的工厂应用,使黄酒的最终总酸含量达到5.05 g/L。以项目工艺酿造的原酒为基酒,开发"和酒三年陈14%vol黄酒""金色年华6年陈黄酒""石库门上海老酒红色峥嵘"3款新产品。项目申请外观专利4件;发表SCI论文1篇,CSCD论文2篇。 (雷艳芳)

【原料乳质量安全分析与控制技术】 项目由光明乳业股份有限公司承担,6月12日通过市科委验收。项目利用高通量测序技术和分子生态方法,完成上海地区原料乳中菌群及其季节分布研究;构建一种简便、快速、高效的细菌高分辨测序鉴定技术,对41株涵盖31个种的细菌都能鉴定到种水平,准确率100%;建立金黄色葡萄球菌和沙门氏菌快速检测技术,可在24 h内完成增菌和检测;建立荧光假单胞菌双重PCR快速检测技术,灵敏度16.9 fg/μL;建立原料乳掺假的快检方法。项目申请发明专利7件,获发明专利授权6件、实用新型专利授权3件;发表论文11篇,其中SCI论文3篇;出版专著1部。 (雷艳芳)

第二篇　第四章
现代服务业科技

第一节｜信息服务 >>

【国际标准 IEC 61196-6-2:2018《同轴通信电缆第 6-2 部分:75-4 型 CATV 接入电缆详细规范》制订发布】 1 月 12 日,由中国电科第二十三研究所负责起草的国际标准 IEC 61196-6-2:2018《同轴通信电缆第 6-2 部分:75-4 型 CATV 接入电缆详细规范》发布实施。标准是 IEC 61196-6 系列标准中的一个规范,规定了 75-4 型 CATV 接入电缆的结构尺寸、技术参数、质量评定程序等;获得美国、俄罗斯、德国等 15 个国家投票同意。标准的发布意味着中国 CATV 电缆的研制水平得到国际的认可,相关结构、参数、质量评定方法等被广泛采用。 (戈冬梅)

【"上海交通"App 上线】 1 月 18 日,"上海交通"App 正式发布。App 集成实时地面公交、轨道交通、实时路况、轮渡、机场巴士等信息,实现包括步行、公共公交和驾车出行路径规划。完成铁路、机场等信息的接入,并提供市民一站式的交通出行及资讯服务。其中,市内公共交通可提供公共交通出行路径规划、实时公交到站预报、轨道交通全网换乘、轮渡时刻表;道路交通可提供城市快速路路况、高速路况、长三角城际高速路实时路况信息,以及自驾出行规划和导航;对外交通可提供长途客运的班线、班次信息,航空班次动态信息,铁路班次信息;其他服务可提供机场巴士、出行资讯、公交卡和 ETC 余额查询、充电桩查询等。 (俞婷莉)

【大数据融合分析技术在市场主体信用领域的应用示范】 项目由万达信息股份有限公司、上海市工商行政管理局信息中心和复旦大学共同承担,1 月 25 日通过市科委验收。项目面向市场主体信用的数据汇集、融合和分析技术,对统一元数据管理、异质异构数据融合、应用示范中的相关问题研究,形成技术研究报告 2 份和行业研究报告 1 份;研制市场主体大数据融合分析技术平台,实现工商数据、市场主体数据等多源数据的整合汇聚和可视化分析,完成投资族谱分析、违法行为分析等计算模型,项目成果应用在上海市工商局和云南省工商局。项目申请发明专利 1 件,获软件著作权登记 3 件、软件产品登记 1 件;发表论文 7 篇。 (张丽媛)

【生物制品质量控制共性关键技术服务网络】 项目由中科院上海营养与健康研究所、中科院上海巴斯德研究所、中科院微生物研究所、中科院过程工程研究所等单位联合承担,3 月 17 日通过中科院验收。项目共为国内 50 余家生物制药研发生产单位提供宿主细胞 DNA 和蛋白残留、工艺污染物、外来污染物的检测服务、方法开发及验证等科技服务,支持国内企业在 CFDA、FDA 和欧盟等地申报注册。项目申请专利 7 件;发表论文 2 篇。 (王文琦)

【铁路沿线安全光纤综合监测系统产业化技术开发】 项目由中科院上海光学精密机械研究所承担,3 月 27 日通过中科院验收。项目针对铁路沿线的多类安全风险要素的综合监测需求,研发基于多物理参量、多维数据特征、多源信息融合的综合分析和模式识别技术的新一代分布式光纤传感系统,利用铁路沿线已敷设的通信光缆作为传感媒介,实现对铁路沿线的光缆断线、光电缆异常温升、路基激扰、边坡滑移、堑坡落石、外部入侵、道口和通信铁塔等情况的实时监测、识别、定位和预警,并在金温线、淮南线、宁芜线建立试验区段,经现场试用和检测验证,系统报警准确、运行稳定、误报率低,满足铁路沿线安全监测使用要求。 (王翠翠)

【国际标准 ISO 19833:2018《家具床稳定性、强度和耐久性测试方法》制订】 3 月,上海市质量监督检验技术研究院牵头制定的国际标准 ISO 19833:2018《家具床稳定性、强度和耐久性测试方法》发布实施。标准对床类产品的测试环境、测试设备、测试方法、推荐指标、施力要求和公差等内容进行了规定。在床水平测试中,标准将床类产品分为单人床屏、双人床屏和无床屏 3 种情况并进行分类测试,具有较高的适用性和可操作性。标准的发布实现中国家具领域国际标准零突破,填补国际标准在床类家具的强度和耐久性测试方法方面的空白。 (周莉蓉)

【"互联网+"儿童医疗健康服务系统的建设与应用】 3 月,上海市儿童医院构建"互联网+"儿童医疗健康服务系统。系统基于云平台与移动互联网技术,包括微信全流程就医服务平台、儿童健康教育服务平台、儿联体分诊与会诊平台三大核心系统。系统以患者为中心,以需求为导向,通过微信、家长学校、智能床旁、儿联体、互联网医院的实践,突破信息交换壁垒和时间地域限制,创新组织形式、服务流程、运行模式和技术业务,形成一种全流程、线上线下、医患互动、区域联合、协调统一的儿童健康服务模式,为精准便捷就医、促进健康教育、均衡卫生资源、提升区域儿科医疗服务能力提供支撑。 (樊建花)

【时空混杂社团网络的同步研究】 项目由上海电力大学承担,3 月通过国家自然科学基金委验收。项目建立时空混杂社团网络和分层网络模型,得到一种新时空混沌联合控制法、分层网络的监测和识别法、时变自适应控制技术;实现不同类型混沌的联合同步、分层网络未知参数的监测和网络拓扑结构的识别,利用时变自适应耦合强度降低巨型网络的同步代价。研究成果有助于了解生物网络的拓扑结构和识别突变神经元,为解释脑社团网络的多目标驱动提供理论依据。项目发表论文 7 篇。 (季 沛)

【工业机器人测量与标定平台建设及关键技术研究】 项目由上海电器科学研究所(集团)有限公司和上海大学共同承担,3 月 30 日通过市科委验收。项目研制机器人常用检测方法、专用检测工具和专业测量标定软件,实现半自动化测量标定,提高检测效率。同时,针对机器人对精度和重复精度的要求,建立误差模型,进行运动学参数辨识和误差补偿,提高机器人的绝对定位精度;搭建基于激光测量仪的实验室机器人测量标定平台,构建基于激光传感器、编码器等多传感信息融合的便携式机器人测量标定平台,开展测量与标定工作,对外提供技术服务百余次。项目申请专利 6 件,其中发明专利 5 件、实用新型 1 件;发表论文 6 篇,其中 SCI 论文 1 篇。 (张丽媛)

【基于新能源汽车应用的 IGBT 测试分析方法研发及其服务平台建设】 项目由上海新微技术研发中心有限公司承担,4 月 19 日通过市科委验收。项目通过引进国际先进 IGBT 测试设备,建成 IGBT 测试分析综合服务平台,为企业提供 IGBT 技术规格参数测试、可靠性测试和失效分析等服务。IGBT 测试实验室通过 CNAS 评定。基于 IEC60747-9, AEC-Q101, JESD51-14 标准,研制一套 IGBT 测试方法及检测规范,并在 3 家企业使用。项目申请发明专利 5 件。 (张丽媛)

【构建天地一体化碳排放数据系统及应用研究】 项目由中科院上海高等研究院承担,5 月 9 日通过市科委验收。项目研发天地一体化的碳数据库系统及管理平台,包括碳卫星数据地面研究系统软件和碳数据可视化展示系统软件,构建包含碳卫星观测数据、地面观测站数据、排放清单数据、地面二氧化碳排放源数据、经济统计数据、气象数据等在内的碳数据库,为天地一体化碳排放数据系统在中国的推广应用奠定基础。项目成果已投入使用,基于项目成果研制的碳排放大数据系统获第 19 届中国国际工业博览会金奖。项目获软件著作权登记 2 件;发表论文 8 篇。 (陈思宁 张丽媛)

【5G 候选频段传播特性测量与超密集无线网络关键技术研究】 项目由上海无线通信研究中心承担,5 月 28 日通过市科委验收。项目完成 5G 典型候选频段(15 GHz)的传播特性测量和信道建模,形成开源无线信道数据库;对全市广电频谱进行监测,形成广电富余频谱资源分析报告;研制 5G 网络和广播电视网在广电频谱频段内的无线电磁干扰兼容性仿真平台,对 5G 网络与广播电视网进行兼容性分析;完成超密集协作无线原型网络,其中无线接入节点数量 45 个,网络节点间距 15 m,每个终端平均接入速率 92 Mbps;搭建广电频谱下应用验证平台 1 套,建设小基站 10 个,单个基站的频谱利用率不小于 1 bit/Hz。项目申请发明专利 6 件;发表论文 4 篇。 (张丽媛)

【基于 360°环视技术的智能驾驶环境视觉感知系统】 项目由上海荣乐汽车电子有限公司承担,5 月 30 日通过市科委验收。项目建成基于 360°环视技术的智能驾驶环境视觉感知系统,具有 360°环视、车道识别、障碍物检测、防碰撞预警、行车记录等功能。项目申请发明专利 1 件,获实用新型专利授权 1 件。项目成果应用于红旗 L 车型。 (张丽媛)

【输变电工程三维数字化协同设计及成本管控平台研究与应用】 项目由国网上海市电力公司牵头,上海交通大学、上海久隆企业管理咨询有限公司和上海同瑞土木工程技术有限公司共同参加,8 月 8 日通过国网上海市电力公司验收。项目构建输变电工程三维设计的协同体系,提出输变电工程数字化设计标准,开发输变电工程数字化协同设计平台,解决三维数字化设计中各专业各部门的协同工作问题;编写输变电工程 BIM 设计收手册和出图规范;形成基于三维数字化技术的输变电工程大数据安全管理办法和输变电工程大数据保密信息登记分类方法;利用软件自动进行构件工程量汇总计算。项目获软件著作权登记 3 件;发表论文 5 篇。 (宋 平)

【绿色轮胎数字化开发技术研究与应用】 项目由双钱集团上海轮胎研究所有限公司承担,8 月 30 日通过市科委验收。项目搭建子午线载重汽车轮胎的参数化设计平台,开发噪声节距仿真技术和有限元优化分析技术;建设噪声室内转鼓实验室及数字化仿真中心。PCR(乘用胎)滚动阻力试验室通过 TUV 认证,8 个规格产品取得 ECE 许可证书;制订《轮胎噪声测试方法-转鼓法》国家标准(已颁布)。项目申请专利 1 件;发表论文 6 篇。 (张丽媛)

【国际工程科技知识中心(IKCEST)系统平台建设(3期)】 项目由上海软中信息技术有限公司依托上海计算机软件技术开发中心平台资源承担，9月9日通过工程院验收。IKCEST是联合国教科文组织的二类中心，是一个国际性、综合性工程科学与应用技术知识中心，致力于动员全球科研机构、企业、高校的工程科技力量并整合数据资源。工程院于2015年启动IKCEST系统平台建设。项目在前2期的基础上，进一步深化平台数据资源、知识体系及知识服务建设，提升平台服务功能，推进总平台与分平台的一体化建设。 (郑 俊)

【上海大数据交易市场的平台模型及示范应用建设】 项目由上海市信息投资股份有限公司承担，9月14日通过市科委验收。项目开展大数据交易市场组织体系研究、大数据交易市场治理架构研究，以及大数据交易市场标准化体制研究，并形成专项研究报告。完成上海大数据交易系统总体架构设计，实现大数据交易系统各功能模块，建立安全和标准的数据接口，对多个行业提供典型大数据加工、分析和挖掘服务，为大数据交易市场的DaaS生态环境提供良好条件。 (张丽媛)

【西非过洋性渔业渔海况信息服务系统研制】 项目由上海远洋渔业有限公司承担，9月16日通过市科委验收。项目以摩洛哥和毛里塔尼亚过洋渔业的捕捞对象和作业海区为研究对象，建立基于摩洛哥和毛里塔尼亚作业海域近实时的表温、叶绿素和海面高度等海洋环境，以及海底地形、底质、等深线等非环境因子的数据库；通过研究头足类等主要底层种类资源渔场分布与海洋遥感因子的关系，建立基于地形、表温、海面高度和叶绿素等因子的渔情预报模型，预报精度达70%—80%；研发西非过洋性电子渔业底图和过洋性渔业渔海况信息与渔情预报决策服务系统。项目成果应用于毛里塔尼亚、摩洛哥等西非过洋性渔业。项目申请发明专利5件，获发明专利授权4件、实用新型专利授权1件、软件著作权登记3件；发表论文20篇；出版专著2本。 (王 磊)

【铁路运输收入核算信息化监管技术研究】 项目由中国铁路上海局集团有限公司主承担，9月28日通过中国铁路上海局集团有限公司科技成果评审，并获集团公司2018年度科技进步奖一等奖。项目面对海量铁路客票、货票信息，采用逆向工程思路，实现从客票、货票审核系统数据库中获取原始数据。自主设计“原退筛查”算法，实现对大量入库特殊退票的自动筛查，并通过解码客票票据二维码编码规则，实现对特殊退票处理过程的追溯。根据货运杂费业务规则，自主设计“填坑算法”，实现对到期货运费用的智能拆分及迟交金自动计算。通过对现有工作流程再造，依靠自主开发的“执行计划”组件，实现对铁路运价下浮协议和各类货运杂协议的自动考核。项目成果已在中国铁路上海局集团公司应用。 (陈丹菁)

【上海市大数据中心开通】 10月17日，上海政务“一网通办”总门户正式上线，作为“一网通办”的最重要载体的上海市大数据中心同步开通。大数据中心旨在建设成为城市数据枢纽，构建全市数据资源的共享体系，制订数据资源归集、治理、共享、开放、应用、安全等技术标准及管理办法，打破部门“数据孤岛”，推动政务服务从“群众跑腿”向“数据跑腿”转变。 (沈春来)

【“进博会交通”App上线】 10月，市交通委完成进博会交通App安卓版和iOS版研发。App实现多模式交通资源的整合，主要功能包括进博会管控区展示，周边实时路况查询，区域交通导航服务，进博会管控区周边公交、出租、接驳车等交通动态信息展示及交通资讯信息服务等功能。系统与高德、百度地图实现接口对接，形成全方位交通信息服务保障体系，提高进博会交通服务质量，为立足大客流做好交通保障、发挥集约交通功能起到支撑作用。进博会期间，共发布进博会便民交通资讯13条、快讯222条。 (俞婷莉)

【基于大数据及增强现实(AR)技术的变电站智能运维系统研究与应用】 项目由国网上海市电力公司培训中心牵头，国网上海市电力公司检修公司、国网上海市电力公司调度控制中心等共同参加，12月11日通过国网上海市电力公司验收。项目研发变电站智能运维AR演练体验平台，借助可穿戴设备、AR电子标签，实现变电站的搭接，构建变电站虚拟环境；研发AR增强现实工作辅助和远程指导系统，研究AR环境下的手势交互方法，建立AR辅助系统数据库；实现电力二次设备多目标实时识别和AR巡检自动化；解决变电站运维安全管控的可视化问题，对安全措施可观、可控、可测、可评价；建立“实践能力＋心理素质”双引擎的模拟演练交互系统，实现应对过程现场重溯的“体验式”模拟演练。项目申请发明专利5件；发表论文3篇。 (宋 平)

【机器视觉理解技术及其在误操作识别中的应用】 项目由国网上海市电力公司市北供电公司牵头，上海电力实业有限公司等单位共同承担，12月11日通过国网上海市电力公司验收。项目研制用于机器视觉理解技术开发的硬件平台，通过变电站内机器的自主移动，获取变电站设备、场景图像并进行软件存储和图像数据分析；开发一种视觉分析处理基础功能包，实现基础的图像分析处理、特征提取等功能；通过训练和调整视觉理解系统，识别典型的设备、场景并对设备和场景进行正确区分和归类，通过自主分析序列化视频数据，建立立体的空间位置关系并自动从视觉图像中提取设备的运行参数和运行状态。项目申请发明专利8件；发表论文3篇。 (宋 平)

【智能便携式巡线设备及巡线员管理系统开发性研究】 项目由国网上海市电力公司市北供电公司牵头,上海交通大学等单位共同承担,12 月 11 日通过国网上海市电力公司验收。项目设计具有实时定位及巡线数据上传功能的智能便携式巡线设备,依据上海电缆的分布规律,设计巡线图网格划分方式及相应巡线员路径匹配算法和编码方法,实现巡线员与电缆的实时匹配并提供最优路径参考;基于巡线员与其所巡电缆的匹配率及效率等信息,设计巡线工作考核方案;开发巡线员智能管理平台软件,通过设计包含巡线地图信息表、巡线员信息表、故障表等的巡线员管理系统数据库,实现巡线员与数据的统一智能管理,并通过第三方测试。项目申请发明专利 7 件;发表论文 4 篇。 (宋 平)

【实时在线监控系统节点服务平台】 项目由上海市计算技术研究所承担,12 月 19 日通过国家海洋局东海环境监测中心验收。项目构建实时监控数据分析评价系统,可实时展示浮标、船舶、潮位站等在线和应急监测数据,并通过各类测点数据制作图表、报告等信息化产品。同时,在东海信息中心节点原始数据库的基础上,构建审核数据库。实现全国海洋生态监督管理系统数据库与东海监测中心综合数据库对接,OA 系统与 HYJCLIMS 系统的数字签名和电子签章功能,保证 2 个系统数据流转的安全性及签名的合法性。平台已在国家海洋局东海环境监测中心使用。项目获软件著作权登记 1 件。 (朱路漫)

【基于"互联网+"和数字模型技术的输变电工程数字化管控体系研究】 项目由国网上海市电力公司牵头,北京中电普华信息技术有限公司等单位共同承担,12 月 21 日通过国网上海市电力公司验收。项目完成输变电工程数字化管控方法和流程梳理,形成输变电工程数字化管控标准和规范;研发输变电工程数字化管控支撑平台,实现海量三维空间数据的高效存储和高效网络发布,实现数字化管控的可视化、集成化;研发输变电工程数字化管控系统,实现工程进度、人员、安全、质量的可视化模拟分析,实现施工过程管控、数字化风险管理监控等业务应用功能;完成基于三维数字模型的火灾模拟分析及应用研究,提出基于三维数字模型的火灾模拟技术及相关应用。项目获软件著作权登记 3 件;发表论文 3 篇。 (宋 平)

【基于图数据库聚类的公共安全多源大数据分析平台】 项目由公安部第三研究所承担,12 月 21 日通过市科委验收。项目针对公共安全多源数据分析的需求,研制基于图数据库聚类的公共安全多元大数据分析平台系统,实现多源采集、识别、检索、分析、告警等功能,并在上海港公安局洋山分局进行区域性应用示范,在江西、新疆等地推广应用。项目基于警务图数据库,在公共安全场景下,完成视频智能化处理和多源数据融合处置等关键技术攻关,在车辆特征识别和结构化描述、Wi-Fi 数据关联协同等多源数据融合分析方面具有创新性。项目申请专利 4 件,获软件著作权登记 4 件;发表论文 2 篇。 (张丽媛)

【GIS 内部过热的检测和评估技术】 项目由国网上海市电力公司电力科学研究院、同济大学、北京臻迪科技股份有限公司等承担,12 月 27 日通过国网上海市电力公司验收。项目研究在上海城市变电站中普遍采用的气体绝缘金属封闭组合电器设备(GIS)内部过热检测与评估技术,建立 GIS 内部过热的多因素数学仿真方法和模型,提出基于红外热像检测分析的 GIS 过热检测和诊断技术,积累 GIS 各类过热缺陷红外图像库。提出 GIS 内部过热的检测和评估技术,可对运行中的 GIS 设备内部过热情况进行检测,根据红外热像特点评估 GIS 设备发热状况,提高对 GIS 设备异常发热情况发现能力,提前预警重大变电站设备故障,提高电力设备安全管控水平。项目申请发明专利 4 件;发表论文 5 篇。 (宋 平)

【基于大数据的慢病管理和云服务模式研究与创新示范】 项目由万达信息股份有限公司承担,12 月 28 日通过市科委验收。项目开展主动发现、精准管理、全流程覆盖的慢性病服务模型研究,形成疾病诊疗方案分类、慢病危险因素分析、患者危险分级、诊疗方案效果评估等慢病分析模型。研究了覆盖病前预防、高危筛查、个性化诊疗、随访评估等全周期慢病管理服务模式,构建全面的慢病管理规范和评估指标体系。通过对接上海健康信息网、上海市疾病预防控制中心和上海健康云等多方业务数据与运营数据,建立高血压和糖尿病患者的健康档案,形成上海慢病大数据库,为高血压、糖尿病等慢病的过程全监控提供支撑。项目成果应用在上海市疾病预防控制中心、上海中医药大学附属曙光医院及宝山区、青浦区、徐汇区、嘉定区社区卫生服务中心等医疗机构。项目获软件著作权登记 5 件;发表论文14 篇。(张丽媛)

【研发基于 BIM 技术的项目管理协同平台】 上海建工集团股份有限公司联合上海建工五建集团有限公司,以上海迪士尼工程为背景,研究 BIM 协同工作和工程项目的平台化管理,编制 BIM 协同工作标准文件,并建立基于 BIM 技术的项目管理协同平台,开展基于 BIM 技术的项目工程管理模式。平台通过管理建筑整个建设周期的数据信息,实现高效率的信息交流和协同工作,提高工程项目的管理水平。 (王红卫)

第二节 | 现代物流

【铁路货运价格大数据运用技术研究】 项目由中国铁路上海局集团有限公司主持研究,6 月 26 日通过中国铁路上海局集团有限公司科技成果评审，并获集团公司2018年度科技进步奖一等奖。项目基于集团公司既有大数据平台，综合采集铁路、公路、水运等货运市场价格及宏观经济等实时信息，采用大数据分析技术，建立运输市场价格数据库，构建铁路货运价格指数分析体系，开展货物运价水平分析，提出货运市场价格指数及运价水平趋势，为集团公司货运市场价格调查、货运价格科学定位及决策提供支撑。项目成果已投入应用。 （陈丹菁）

【基于北斗的智能物流车联网系统解决方案及应用示范】 项目由上海航盛实业有限公司承担，6月29日通过市科委验收。项目开发具有自主知识产权的基于北斗的智能物流车联网综合服务系统，实现北斗车载终端等设备的上线运营，形成北斗物流车联网系统整体解决方案；研制符合国家与行业标准的北斗车载终端，并实现与其他关联设备的系统集成，产品通过国家与行业要求的各项检测与认证；开发适合创新商业模式的App并完成应用示范。项目完成4件新产品，建立年产10万套以上生产能力的生产线。 （张丽媛）

【融合北斗的物流跟踪与监控关键技术及示范应用】 项目由上海海得控制系统股份有限公司承担，10月18日通过市科委验收。项目建立以系统云平台、跟踪与监控终端、手机客户端为架构的物流跟踪与监控系统。将北斗定位和通信技术及相关发明纳入《ISO/TS 18625：2017 集装箱跟踪与监控系统技术要求》，打破GPS在国际定位技术领域的垄断地位；创新具有中国特色的互联网＋电子封条新技术，突破《ISO 18185：2007 集装箱电子封条》的局限性，并启动该国际标准的修订程序。完成112家用户的示范应用。项目申请发明专利1件，获专利授权8件，其中获发明专利授权3件、软件著作权登记2件；发表论文3篇。 （张丽媛）

【钢铁供应链交易服务平台及其核心技术研发】 项目由中国宝武钢铁集团有限公司承担，获2018年度中国宝武技术创新重大成果一等奖。项目研发融合商务智能的钢铁供应链交易服务平台，通过互联网平台技术的集成，构建钢铁供应链全流程、一站式交易服务平台；通过交易服务产品的技术集成，实现智能定价、安全交易，并打造材料技术知识共享平台；通过信用体系管理的技术集成，建立云端认证、第三方支付增信和数据征信机制。平台创新"互联网＋钢铁"交易模式，为中国大宗物资电子商务交易的发展带来示范效应。 （刘翠华）

第三节 | 金融经贸 >>

【电子支付交易大数据处理引擎关键技术研究与应用】 项目由中国银联股份有限公司承担，3月22日通过市科委验收。项目突破大数据存储引擎、数据聚合引擎、数据转接交换引擎、数据安全、数据服务等关键技术突破，研发PB级规模的电子支付交易数据处理平台，实现电子票据数据服务、精准营销和数据预测等数据服务，促进个性化数据服务的应用和推广，推进跨行业的数据合作与服务。研发的电子支付交易大数据引擎运行稳定、高效、安全，显著增强中国银联及合作伙伴的基础技术水平和数据服务能力。项目申请专利36件，获软件著作权登记5件；发表论文6篇。 （张丽媛）

【建设银行"无人银行"营业】 4月9日，建设银行上海市分行首家"无人银行"营业。"无人银行"打破银行传统网点的标准设置，运用生物识别、语音识别、数据挖掘等金融智能科技成果，整合并融入机器人、VR、AR、人脸识别、语音导航、全息投影技术，打造全自助智能服务平台。根据客户动线，分为迎宾接待区、智慧社交区、VR看房、理财服务区、悦享生活服务区、金融服务区六大功能区。"无人银行"打破传统网点功能分区配置，引入智慧柜员机、VTM、全息投影等金融服务体验设备，丰富客户服务功能，降低客户等候时间。项目初步应用智能服务机器人、生物识别、语音识别等人工智能技术，实现对客户身份精准识别及设备的智慧联动，为客户提供图书阅读，VR、AR元素游戏等体验性服务内容，探索建设集金融、交易、娱乐于一体的场景化共享场所。 （肖 芸）

【上海地产青菜天气保险主要产品开发与示范】 项目由上海市气候中心承担，11月15日通过上海市农业科技服务中心验收。项目建立上海市9个区、1961—2014年"夏淡季"高温和暴雨、"冬淡季"冻害和连阴雨的Excel数据库；统计分析上海地区10个气象站"夏淡季"高温和暴雨、"冬淡季"冻害和连阴雨灾害不同等级出现的概率；建立"夏淡季"高温和暴雨、"冬淡季"冻害和连阴雨农业气象灾害对青菜产量影响评估模型；开发"夏淡季"和"冬淡季"青菜气象指数保险产品及气象指数保险条款。"夏淡季"绿叶菜气象指数保险产品在全市郊区示范应用750亩次，"夏淡季"绿叶菜气象指数保险产品在全市郊区累计承保面积45 431亩次。项目开发青菜气象指数保险产品理赔气象资料统计软件，并获软件著作权登记1件。 （丁志远）

【龙E居家银行上线】 建设银行上海市分行推出基于中国电信上海公司IPTV平台的电视银行——龙E居家银行。龙E居家银行依托电视用户在线开立的建行账户，为用户提供支付结算、余额存款理财、个人贷款等金融服务，以及存款证明、交易明细等非金融增值服务，让用户在家即可享受一站式"存、取、贷、投、汇"的全服务体验。龙E居家银行主要有开户、个人中心、充值（入金）、提现（出金）、余额理财、代销产品、支付、消费信贷、非金融服务等服务功能。 （肖 芸）

【开发区块链国内信用证】 交通银行上海市分行基于自主研发的区块链技术，开发区块链国内信用证。通过构建多层隔离架构实现应用层与区块链底层技术建耦，采取上链数据实时备份模块保障数据不丢失，实现账本数据异常灾难下的快速恢复；基于HTML5与交通银行自主研发的JUMP平台构建实时监控模块，实现区块交易全程实时可监控。将国内证交易信息引入链上，实现国内信用证异地交易项下的电子开立、实时通知、线上交单等全流程业务功能，覆盖从结算到融资的全流程，将交易等待周期压缩一半以上；对国内信用证结算方式下的操作流程进行优化，解决邮寄信用证正本和单据速度慢、增值税发票验证等多个环节操作繁复的问题；构建不可伪造、不可篡改的块链式数据结构，实现国内信用证业务在联行间的实时传输、自动触发和全流程监控，确保传输信息的真实性和不可篡改性。

（肖　芸）

【上海农商银行核心高可用建设应用集群化开发】 上海农商银行完成核心系统应用集群化改造，提升核心系统的可靠性，缩短核心系统故障恢复时间，提升核心系统处理效率。通过调整核心系统底层架构，实现从集中式部署架构向分布式架构的转型，将联机交易及批处理分散在不同的服务器上，提高单位时间应用吞吐量，加快运行处理效率；构建基于探测器机制的智能交易探测模型，深入到核心系统的各个队列和处理进程，分析各队列排队情况、数据库访问效率、关键日志等信息，多维度综合评定系统各节点的运行情况，并对故障节点进行仲裁隔离；实现基于长连接的负载均衡，引入基于消息的负载均衡技术，梳理整合基于交易请求的负载分发，满足应用对于连接效率处理的要求，实现兼容同步、异步的长连接通讯模式的负载均衡。项目上线后，核心系统由单台服务器提供服务提升为多台服务器同时提供服务，具备较高的故障容错能力、负载均衡能力及横向扩展能力，以及较高的处理效率。（肖　芸）

【研发在线旅游保证金产品】 广发银行上海分行开发在线旅游保证金产品，可根据客户与旅行社办理的个人旅游产品或签证服务的需要，通过登录该行慧存宝PC端页面，选择对应产品、支付银行，输入银行卡号、短信验证码等信息完成验证，即可在线存入保证金。客户在系统中可在线查询保证金冻结情况，到期后可进行二类户余额提现操作。截至年底，产品已在途牛、携程、驴妈妈等27家旅行社上线，累计新增客户2 500余户，累计存入冻结保证金14 300万元。产品已由广发银行上海分行陆续推广至广发银行全行，产品模式已推广到购房保证金、冻结存款免费停车等业务场景。

（肖　芸）

【研发上海华瑞银行在线供应链融资系统“瑞e订”】 上海华瑞银行开发涵盖预付款融资、应收账融资等典型供应链金融业务模式的在线供应链金融系统，完成对供应链金融业务模式统一管理，实现纯线上发起申请、融资业务流程自动化和信息化、银企系统对接、全流程监控银行供应链融资用。“瑞e订”主要功能包括合同管理、应收账款管理、融资管理、应收账款回款管理、综合管理等。主要面向小微企业提供金融服务，可在线整合与衔接供应链各方，建立无缝连接的高速工作通道，可直接在线完成融资操作，提高环节效率，降低融资成本，缓解小微企业融资难、融资慢、融资贵的问题。

（肖　芸）

【研发基于AI语音识别的理财话术合规检测系统】 为降低理财销售过程检查的人力成本投入、提升检查的即时性、防范营销合规及客户流失的风险，浦发银行上海分行开发基于AI语音识别的理财话术合规检测系统，实现理财话术合规性的自动识别检测。系统通过自主研发的网点语音收集工具获取理财经理营销过程中的音频数据，并通过在服务器端转码使音频质量能够满足语音识别的要求；基于关键词的检测模型，使得理财营销话术的合规性得到数字化的展现。

（肖　芸）

【研发基于大数据及风控规则引擎的零售信贷全流程自动审批系统】 上海银行开发基于大数据及风控规则引擎的零售信贷全流程自动审批系统，通过接收来自电子渠道、柜面渠道及外部合作平台的贷款申请后，对接大数据平台获取行内外征信数据，调用规则引擎的风控模型完成自动审批；审批通过后客户对额度进行确认，通过零售信贷核心系统完成签约建额及提款到客户账户，同时客户可以通过电子渠道进行自助还款，形成通过手机银行、网上银行自助办理贷款，贷款申请、审批、签约、提款、还款全流程自动化处理。互联网信贷业务审批时效达到秒级，自营贷款在电子渠道申请至贷款发放降低至3分钟以内。系统日处理量突破150万次，存量互联网信贷客户达千万级。

（肖　芸）

【研发大数据综合金融服务平台】 中国银行上海市分行基于分布式存储和计算技术开发大数据综合金融服务平台，构建大数据检索服务平台、大数据营销服务平台、大数据风控服务平台及大数据采集服务平台，大幅提升业务数据批处理效率。针对数据服务、精准营销、风险管理等场景，利用机器学习技术搭建模型并对外提供历史交易数据检索、外部公共信息查询、客户360度画像等金融服务。大数据综合金融服务平台在客户分析、客户营销、风险控制等领域取得良好效益，分布式数据仓库实现数据批处理效率提升5倍。年内，大数据营销服务平台新增客户3.6万，增加收入2.4亿元；大数据检索服务平台合计完成业务93万笔，节约人力7 234人/日；大数据风控服务平台成功避免、挽回、化解银行潜在的授信损失超10亿元。（肖　芸）

第四节 | 文化创意 >>

【面向新媒体的大数据分析处理与内容分发关键技术及应用】 项目由网宿科技股份有限公司承担，1月17日通过市科委验收。项目建成面向新媒体的大数据分析处理与内容分发系统平台，实现社交网络数据挖掘及内容分发、基于用户行为分析内容缓存、视频内容并行转码、新媒体大数据服务部署等功能，并应用在美拍、斗鱼等新媒体商业领域。平台通过API接口提升社交媒体网络的内容加速与分发、视频多格式转码等能力，可支持RTMP、HDL、HLS等多种视频数据流格式，视频内容加速比100%—500%，流媒体码率100—500 kbps，传输延迟控制在1.28 s内。项目申请发明专利4件，获软件著作权登记2件；发表论文9篇。

（张丽媛）

【上海文广助足球频道上星开播】 2017年8月，上海广播电视台卫星地球站按照国家广电总局62号令相关技术标准开始建设内蒙古足球频道高清付费节目上星传输系统。系统采用AVS+编码技术、DVB-S标准的QPSK调制和多路单载波(MCPC)方式，通过上海文广互动集成平台，实现上星播出。2017年12月完成系统搭建和整体链路调试，2018年2月2日通过国家广电总局专家组对系统的技术验收，2月8日通过亚洲6号卫星C12H转发器正式上星播出。系统具备3套高清电视节目的集成上行播出能力，利用资源并提升安全播出保障及应急能力。该频道为国内首个专业宣传足球改革与发展事业的国家级数字电视频道。

（毛占刚）

【基于AI技术的广播电视媒资生产管理平台助力上海对外宣传】 项目由上海文化广播影视集团有限公司承担，6月通过上海市文化广播影视管理局科技成果鉴定。项目将广播电视媒资生产管理与人工智能、互联网技术相结合，对传统媒资业务流程进行梳理并重构，建设一个具备智能编目、热点汇聚、媒资百科等功能的新型广播电视媒资生产管理平台，实现广播电视媒资内容产品生产的自动化和智能化。平台上线运行以来先后支撑博鳌亚洲论坛峰会、改革开放40年等重大宣传报道任务。项目申请发明专利1件，获软件著作权登记1件。

（毛占刚）

【"话匣子FM"广播新闻融媒体客户端上线】 8月，由上海广播电视台技术运营中心与东方广播中心共同打造的"话匣子FM"广播新闻融媒体客户端上线。"话匣子FM"在内容编辑端与传统制播网、@Radio实现有效对接，共享制播新闻素材；在内容发布上与新浪、头条、腾讯等第三方平台实现自动推送抓取，每天超过400多次的原创新闻推送。进博会期间，"话匣子FM"设立专题栏目"进宝FM"，实时广播"进宝FM"超过200小时，发布相关新闻资讯贴348条。与中国电信集团公司合作，实现利用5G技术进行单边直播连线。（毛占刚）

【广播智能语音合成系统正式上线】 11月，由上海文化广播影视集团有限公司建设的广播智能语音合成系统上线。进博会期间，系统为上海广播电台FM90.0、话匣子FM广播电台和"阿基米德"多媒体平台进行人工智能整点语音播报：每个整点3分钟人工智能语音新闻播报，实现播报自然度达到播音员的水平，并且可以实现自动将任意文字实时转换为清晰、流畅、自然的语音，满足海量、动态、个性化语音信息服务的要求。系统将智能语音合成技术应用到语音播报上，能够快速形成播报内容，辅助主持人播报，提升媒体生产效率，丰富媒体播报内容。

（毛占刚）

第二篇　第五章
现代农业科技

第一节｜概况 >>

【上海现代农业科技工作概述】 2018年,上海围绕建设具有全球影响力的科技创新中心和实施乡村振兴重大战略,聚焦都市现代绿色农业发展、农业供给侧结构性改革和促进农业增效、农民增收等重大需求,不断加快科技创新、技术推广和产业化进程,农业科技成为推动上海都市现代绿色农业发展的重要力量。

推进农业科技创新平台建设。孙桥农业园区建立院士专家工作站,许智宏院士入站,开展产业关键技术研发,提升园区农业科技创新水平。加强农业科技国际合作交流,崇明区成立中荷农业与食品研究院,开展农业和食品产业的引智和创新工作;市农科院与国际玉米小麦改良中心(CIMMYT)合作,成立CIMMYT中国特用玉米研究中心,发挥CIMMYT全球协作网络优势和上海在特用玉米领域的科技创新优势,引领特用玉米研究和产业发展。上海祥欣畜禽有限公司与市农科院联合建立上海种猪工程技术中心,培育以企业为主体、产学研相结合的技术创新体系。

实施上海市科技兴农项目。合理配置创新资源和要素,在新品种培育、生态种植、健康养殖及智慧管控等方面开展共性关键技术研发,集成应用绿色生产技术和模式。"绿叶蔬菜产销智能化控制技术示范应用"等85个课题列入2018年度科技兴农项目计划。获新品种审(认)定10件、植物新品种权7件;形成国际标准1部、国家标准1部、地方标准4部;获专利授权54件、软件著作权登记20件。

推进现代农业产业技术体系建设。围绕全产业链,深化协同创新。截至年底,上海建立水稻、绿叶蔬菜、中华绒螯蟹等10个现代农业产业技术体系,共60个专业组、72家综合实验站,形成510项年度计划任务。其中,水稻产业技术体系选育的新品种"沪软1212"获首届全国优质稻品种食味品质鉴评金奖;果业产业技术体系选育的早熟蜜梨新品种"早生新水"获全国优质早熟梨鉴评会一等奖。（丁志远）

第二节｜种源农业 >>

【柑橘新优品种引种筛选与示范】 项目由上海市林业总站承担,1月24日通过市绿化市容管理局验收。项目在引进"红美人""不知火"等7个品种基础上,筛选出"红美人""脆皮金橘"2个较适合上海地区发展的柑橘新品种,其中"红美人"可溶性固形物含量12.2%,比"宫川"提高2.2%,成熟期较"宫川"延后30天;"脆皮金橘"可溶性固形物含量15.8%,比"宫川"提高5.8%,成熟期较"宫川"延后60天以上;建立"红美人""脆皮金橘"新品种示范基地50亩(1亩=0.066 7公顷),形成《"红美人"栽培技术要点》;开展"红美人"等品种设施栽培研究,编制《中晚熟杂柑越冬栽培管理技术》;建立柑橘轻简化栽培试验基地6亩,与密植园相比,减少劳动力成本,优质果率提高20%。（王文进）

【"小粉玉"等3个新特茶花示范推广】 项目由上海植物园承担,2月6日通过市林业局验收。项目落实束花茶花繁育基地500亩,繁育束花茶花苗木210余万株;完成10个束花茶花新品种示范区建设,面积116亩;编制《束花茶花繁育及栽培应用技术手册》;参展第9届中国茶花博览会,获新品种金奖、科技创新奖、园林造景特金奖、最佳组织奖4项奖。（王文进）

【耐盐芍药品种的引种与筛选】 项目由上海植物园承担,2月6日通过市绿化市容局验收。项目调查国内外芍药原种、品种资源,引种芍药原种6个、品种44个,建立上海适生芍药种质资源圃4亩;整合芍药品种耐盐形态指标、耐盐生理指标、耐盐标记基因表达模式,构建芍药品种耐盐筛选指标体系,筛选耐盐芍药品种4个,在崇明陈家镇进行种植示范;克隆芍药LEA基因,检测其表达模式;克隆芍药胚胎发育后期丰富蛋白基因全长,应用RT-PCR方法检测该基因在13个初步筛选的芍药品种中的表达模式,发现"粉玉奴"实生苗3、"奇花霜露"、"银边红阁"、"红盘彩球"4个品种在高盐胁迫条件下高表达基因。项目申请发明专利1件;发表论文1篇。（王文进）

【野黄桂在上海地区的引种栽培与应用】 项目由上海植物园承担,2月6日通过市绿化市容局验收。项目分析野黄桂产地、分布、生物学特性、生态习性,从武汉植物园和江西新余凤凰山引种不同树龄的野黄桂800余株。通过对野黄桂的田间观察和不同光环境下香樟和野黄桂苗木的生态适应比较,以及盐分胁迫对不同树龄野黄桂苗木生长性状的影响研究,总结其在上海地区栽培适应性,为引种推广提供依据。在金山区建立30亩示范栽培基地,通过扦插和育苗试

验,形成野黄桂栽培和繁育技术体系。项目发表论文1篇。（王文进）

【香菇、金针菇等工厂化新品种选育及配套栽培技术研究】 项目由市农科院承担,3月8日通过上海市农业科技服务中心验收。项目建立香菇和金针菇种质资源库和优良种质发掘利用体系,选育适于工厂化且具有自主知识产权的"申香1501"香菇新品种、"上研1号"等金针菇系列新品种3个。其中,"申香1501"菌龄少于85天,生物学转化效率第1潮37%,单菇重27 g;"上研1号"等3个金针菇系列新品种生物学转化率均超过120%。建立与香菇新品种"申香1501"、金针菇新品种"上研1号"相适应的工厂化栽培工艺各1套。示范香菇新品种15万棒;"上研1号"累计示范7 000万瓶。项目获发明专利授权2件;申请植物新品种2件;发表论文14篇。（王 达 丁志远）

【黄瓜种质资源创新与分子育种技术研究】 项目由上海交通大学承担,3月15日通过上海市农业科技服务中心验收。项目通过QTL定位分析获得与品质、抗病、抗逆、高产等农艺性状紧密连锁的分子标记,辅助黄瓜优良品种快速培育;分析黄瓜种质资源815份,利用分子标记建立核心种质资源DNA指纹图谱177份;构建黄瓜高密度SNP标记遗传图谱,包含3 057个标记,总长度1 061.19 cm,标记间平均图距0.35 cm;利用黄瓜高密度SNP标记遗传图谱,对瓜长、果实直径、侧枝数等10个性状进行QTL定位,得到31个QTL;获得与黄瓜农艺性状紧密连锁的分子标记25个,包括白粉病抗性、耐冷性、侧枝性状等性状;建立黄瓜分子育种技术体系,获得高产、优质、抗逆新种质2个。项目申请发明专利6件,其中获授权4件;发表论文3篇,其中SCI论文2篇。（丁志远）

【上海优质绿皮梨生产技术研究与示范】 项目由上海市农业技术推广服务中心承担,3月23日通过市科委验收。项目对20个新优绿皮梨树品种开展引种观测,筛选出1个适宜上海地区种植优质绿皮梨品种——"苏翠1号"。建立优质绿皮梨生产技术示范核心基地80亩,并推广优质绿皮梨生产基地895亩。经现场测定,核心基地优质绿皮梨亩产量1 743 kg;果皮翠绿洁净,果面基本无果锈,优质果率87.8%以上;绿皮梨平均可溶性固形物含量13.1%。形成优质绿皮梨生产操作技术规程。项目发表论文1篇。（侯剑锋）

【海棠类新优资源的培育及栽培繁殖技术研究】 项目由上海植物园承担,4月10日通过上海市农业科技服务中心验收。项目筛选优良海棠种质资源,选育高观赏性和高适应性的海棠新品种,开展繁殖及栽培技术研究;建立"海棠四品"新优种质库,收集海棠新优品种65份,其中苹果属50份、木瓜属15份;筛选上海适生的苹果属观赏海棠10种,选育木瓜属新品种4个;形成木瓜属新品种产业化技术手册、观赏海棠栽培技术手册及销售品种图谱目录;建立海棠新优品种的产业化孵育基地70亩、海棠类新优资源示范园1家。项目发表论文2篇。（丁志远）

【大花朱顶红资源收集、评价与抗病新种质选育】 项目由市农科院承担,4月18日通过市科委验收。项目收集、保存种质资源82份,进行形态学、细胞学与DNA分子标记综合评价,并建立资源圃;建立杂交与分子标记辅助选育的高效育种技术体系,筛选抗病性种质7份;培育"红韵""绿韵""红星"3个品种获上海市新品种认定;形成种球规模化繁育技术规程,在宝山区建立60亩规模化繁育基地。项目申请发明专利1件;发表论文2篇。（侯剑锋 王 达）

朱顶红新品种"绿韵"

【优质中晚熟水蜜桃新品种选育与配套技术研究】 项目由市农科院承担,4月19日通过市科委验收。项目选育中晚熟白肉水蜜桃新品种"伏蜜",上海地区成熟期为7月下旬至8月上旬,单果重203—214 g,可溶性固形物含量12.3%—14.6%,果实生育期122—130天;获上海市林业局林木良种认定证书,并申请植物新品种权;在奉贤区奉城镇花厅村上海花厅果林发展有限公司和浦东新区宣桥镇新安村上海金由农产品专业合作社分别建立1.95亩"伏蜜"和2.45亩中晚熟水蜜桃新品系"沪桃213"示范基地;"伏蜜"在奉贤区、崇明区等推广约54亩;形成与"伏蜜"生育特性相配套的优质高效栽培技术要点。（王 达）

【长江刀鲚种质资源保存、优选及应用】 项目由上海市水产研究所承担,4月25日通过市科委验收。项目开展长江刀鲚种质资源分子生物学评估、刀鲚不同选育世代遗传变异微卫星分析和不同生长表型的差异转录组分析,开发多态性微卫星标记28对;建立原种活体种质库,保存原种长江刀鲚亲本320组,原种子一代长江刀鲚后备亲本3 000组;建立以生长快为主要特征的准家系,储备家系子4代后备亲本2 000组;开展原种生态繁养技术研究,建立刀鲚池塘生态繁育养殖一体化方法,获得原种子一代苗种8 350尾;攻克刀鲚人工繁育子代亲本培育、催产、受精、室内水泥池孵化和苗种阶梯式培育等关键技术,建立长江刀鲚室内仔稚鱼培育的投喂方法、长江刀鲚室内苗种培育早期清除晶囊轮虫方法,形成苗种标准化生产体系,实现刀鲚的全人工规模化繁育,累计培育苗种39.72万尾,苗种培育成活率60%以上;制定刀鲚规模化全人工繁育、池塘生态养殖和半精养3项技术规范;建立养殖示范基地3家,累计示范养殖面积149.8亩。项目申请发明专利5件,获发明专利授权1件、实用新型专利授权4件;发表论文5篇,其中SCI论文2篇。 (侯剑锋)

【优质蛋鸡种质资源创新与配套新品系选育研究】 项目由市农科院承担,5月9日通过上海市农业科技服务中心验收。项目开展优质纯系蛋鸡选育,纯系绿壳蛋鸡育雏育成期成活率98%,18周龄耗料量4.89 kg,高峰产蛋率89%,68周龄产蛋数205枚,产蛋期整体成活率97%,达到50%产蛋率日龄146天,32周龄体重1.42 kg,68周龄体重1.65 kg,规模1 800只;纯系贵妃鸡育雏育成期成活率98%,18周龄体重1.26 kg,饲料消耗5.08 kg,产蛋期高峰产蛋率89%,68周龄产蛋数提高10枚,产蛋期成活率97%,50%产蛋率日龄提前到145天,32周龄体重1.46 kg,68周龄体重1.51 kg,规模2 000只;对蛋用型贵妃品系和绿壳纯系蛋鸡品系主要经济性状进行全基因组关联分析,获得与性状显著相关基因2个,用于标记辅助选择的分子标记3个,共收集3个世代2个优质纯系蛋鸡1 810个个体DNA样本,建立DNA资源库;完成新杨黑羽蛋鸡配套系选育,并通过国家畜禽资源委员会配套系审定。项目申请专利5件,获发明专利授权1件、软件著作权登记1件;发表论文7篇,其中SCI论文2篇。 (王　达　丁志远)

【菠菜种质资源创新及育种技术研究】 项目由上海师范大学承担,5月31日通过上海市农业科技服务中心验收。项目引进国内外菠菜种质资源266份,筛选出耐热优良种质材料38份,筛选出骨干雌性系12个,鉴定耐热相关的关键SSR分子标记4个,选育出耐热、抗病新品种2个,其中1个通过品种审定,命名为"沪菠5号"。新耐热菠菜品种示范面积1 010亩。项目申请专利3件;发表论文2篇。 (丁志远)

【三角帆蚌"申紫1号"和缢蛏"申浙1号"获新品种认定】 5月31日,上海海洋大学培育的三角帆蚌"申紫1号"和缢蛏"申浙1号"2个水产新品种通过农业农村部认定。三角帆蚌"申紫1号"采用群体选育辅以家系选择方法,经连续5代选育而成。该品种最大特点是贝壳珍珠质深紫色,紫色个体比例达95.6%以上,所育紫色珍珠比例提高43.0%以上。缢蛏"申浙1号"采用群体选育技术,在相同养殖条件下壳长和体重分别提高17.4%和38.2%以上。 (彭俞超)

【垂直绿化植物繁育与规模化生产】 项目由上海种业(集团)有限公司承担,6月6日通过上海市农业科技服务中心验收。项目收集垂直绿化植物种植资源152份,建立种质资源圃3个,筛选出观赏期长、耐低温、耐低光照或耐干旱等抗逆性品种50个;建立垂吊植物繁育技术体系,生产种苗及半成品花30.025万株,生产大型盆栽垂吊花卉成品5 100盆;制定垂吊花卉景观应用水肥管理技术规程及垂吊花卉生产技术规程;筛选出20个垂吊植物品种,组建5种配置模式,建立代表性景观示范点3个。项目申请发明专利1件;发表论文2篇。 (丁志远)

【多肉类植物繁育与规模化生产】 项目由上海种业(集团)有限公司承担,6月6日通过上海市农业科技服务中心验收。项目收集多肉资源282份,包括景天科182份、番杏科100份;建立资源圃11.8亩,其中景天科6.8亩、番杏科5亩;对番杏科多肉植物品种开展适应性、抗性等观察分析,筛选出适宜上海地区生长的品种13个;制定多肉无性繁殖技术生产流程;在云南基地开展规模化标准化多肉种苗繁殖,累计繁殖种苗350万株;在上海、云南累计生产示范310亩,其中景天科200亩、番杏科110亩,在上海建成育苗温室2 816 m²;筛选出新种质2个,申报品种审定1个;形成番杏科多肉植物栽培技术规程。项目发表论文2篇。 (丁志远)

【鲜食玉米高效生物育种及创新基地建设】 项目由上海农科种子种苗有限公司承担,6月13日通过上海市农业科技服务中心验收。项目构建鲜食玉米生物育种技术体系,制定鲜食玉米双单倍体育种技术规程;完成华耘鲜食玉米育种创新基地配套实验和培训基础建设工程,新建建筑512.26 m²、改建配套建筑421 m²、修缮建筑1 152.20 m²;创制优质、多抗候选骨干亲本7份,育成适宜上海及周边地区的鲜食玉米杂交新品种6个;在宁夏建设鲜食玉米制种生产样板田220亩,糯玉米制种亩产255 kg、甜玉米制种亩产155.5 kg、甜糯玉米制种亩产210 kg,制定新品种高产高效制种技术规程;形成鲜食玉米新品种保优栽培技术规范,建立核心示范基地4个;完成示范试种面积1 137亩;采购鲜食玉米种子加工包装设备1套,生产用种加工处理能力200吨/年。项目申请专利1件、植物新品种权4件;通过省市级以上审定鲜食玉米品种5个,其中国家品种审定1个;发表论文4篇。 (王　达　丁志远)

【郁金香、红掌新品繁育和良种提纯复壮】 项目由上海鲜花港企业发展有限公司承担,6月21日通过上海市农业科技服务中心验收。项目利用自主培育的郁金香新品种开展快速繁殖、发育调控及应用技术研究,筛选观赏性强、耐退化进口郁金香品种构建郁金香种球综合复壮技术体系,实现郁金香种球的规模化繁育、复壮和生产;优化红掌新品种组培培养技术和温室栽培技术,建立标准化红掌新品种种苗生产技术体系,实现红掌种苗规模化繁育生产;以郁金香"上农早霞"为种源,累计生产周径11/12种球合计10.5万粒;利用花后球规模化生产周径11/12郁金香复壮球31.5万粒;应用郁金香种球进行露地和盆栽示范,累计31.5万粒;建立郁金香种球复壮标准化技术规程和产品质量企业标准,制定标准化小株型红掌种苗生产技术规程及产品质量企业标准;生产优质小株型红掌种苗65万株、小株型红掌成品花 10 万盆；2 个小株型红掌获新品种认定，通过应用“上农早霞”及复壮二代球 42 万粒用于花展。项目申请发明专利 2 件。 （丁志远）

【基于 QTLs 的拟穴青蟹分子辅助育种技术构建与应用】 项目由中国水产科学研究院东海水产研究所承担，7 月 19 日通过市科委验收。项目构建拟穴青蟹高密度遗传连锁图谱，定位分子标记 10 000 个；鉴定与 24 个性状相关的 442 个 QTL，并对 78 个 QTL 位点实现基因定位，为拟穴青蟹良种选育、基因组分析奠定基础；培育具有生长优势的新品系 1 个，生长速度比普通群体提高 23%；建立 130 亩核心示范基地 1 个；繁育出新品系苗种 20 万只，养殖面积 400 亩。项目获发明专利授权 2 件、实用新型专利授权 6 件；发表 SCI 论文 2 篇。 （侯剑锋）

【瓯江彩鲤“龙申 2 号”的种质创制与选育】 项目由上海海洋大学承担，7 月 19 日通过市科委验收。项目开展国家级水产新品种“龙申 1 号”单一体色（“全红”“粉玉”）和花斑体色（“大花”“粉花”）正反配套杂交，产生 10 个配套杂交组合；比较不同配套杂交组合子一代的体色和生长性能，筛选出大花♀×粉玉♂为最佳配套组合，其子一代全部为红色系（“全红”“大花”）体色，生长速度比“龙申 1 号”提高 10.6%，确定为“龙申 2 号”；通过体色相关基因敲除试验，获得无黑斑体色彩鲤，揭示这些基因在瓯江彩鲤体色形成过程中的分子遗传机制，为“龙申 2 号”体色可控化生产奠定基础；在浙江和广西开展“龙申 2 号”苗种规模化生产和中试，培育出鱼苗 605 万尾、夏花 363 万尾，中试应用 3 050 亩。项目申请发明专利 2 件；发表论文 3 篇。 （侯剑锋）

【优质杂粳新品种“申优 114”通过新品种审定】 7 月，上海黄海种业有限公司和市农科院合作选育的优质杂粳新品种“申优 114”通过上海市品种审定委员会审定。“申优 114”为三系籼粳杂交水稻品种，适宜在上海作为单季晚稻种植。品种产量高，田间病害发生轻，熟期适宜，稻米品质达国家《优质稻谷》标准 3 级，作为新一代优质杂交粳稻组合，服务于南方稻区“籼改粳”工程。 （雷艳芳）

【优异西红花种质资源创制及新品种培育】 项目由海军军医大学承担，8 月 6 日通过市科委验收。项目完成西红花药用部位花柱发育多个时期转录组测序，构建花柱发育相关基因 EST 库，包含基因 61 202 条；完成西红花花柱发育不同阶段代谢组分析，揭示西红花药效物质在植物内的生物合成，分析 15 种西红花酸、苷等重要代谢物合成规律；揭示药效物质西红花苷合成路径及参与基因 244 个，挖掘关键候选基因：3 个 ALDH、4 个 UGT；克隆筛选出 UGT 和 ALDH 基因，发现 ALDH3 是催化西红花酸合成关键酶；获得西红花中二萜类物质合成通路；通过 CCD2、BCH 及 ALDH3 基因构建一种可以合成西红花酸的酵母工程菌，西红花酸产量 62.79 μg/g DCW；分析西红花花柱中 MADS-box 家族基因，并克隆出其中 5 个重要基因，可作为潜在遗传操作靶标基因，开发分子标记用于良种选育；通过秋水仙素诱导出六倍体幼芽；通过低温和激素诱导球茎提前发芽、开花，开发提高西红花药材产量方法，并在种植基地应用。项目发表 SCI 论文 7 篇。 （侯剑锋）

【兰科白及属种资资源评价和应用示范】 项目由上海辰山植物园承担，8 月 9 日通过市绿化市容局验收。项目调查全国范围内不同地域、生境白及属植物资源，采集白及属种质资源 233 份；建立白及属植物种质资源圃，园艺品种示范面积 650 m^2；使用核微卫星和叶绿体 DNA 分子标记对白及属种群进行遗传学研究，筛选出能准确区分白及属植物分子标记 3 个；研究白及属植物生物学特性和园艺性状及若干生理生化指标等，提出白及属种质资源评价体系，并对收集的资源进行评价；筛选出优良种质 8 个（包含园艺品种 2 个）。项目申请专利 1 件；发表论文 3 篇。 （王文进）

【抗病、优质甜瓜新品种种子规模化生产研究及示范推广】 项目由上海惠和种业有限公司承担，9 月 19 日通过市科委验收。项目建立甜瓜繁种基地，形成甜瓜高效良种繁育技术操作规程，制种面积 58 亩，亩产 15.2 kg，制种产量 880 kg；在上海市浦东新区、江苏省东台市三仓镇、常州市奔牛镇、浙江省嘉兴市嘉善镇和山东省潍坊市昌乐镇建立 5 家示范基地，推广面积 9 000 亩；利用分子标记技术对甜瓜“哈密绿”新品种构建指纹图谱，并用于种子纯度鉴定。项目申请专利 3 件、植物新品种保护 1 件；发表论文 4 篇。 （侯剑锋）

【农作物分子育种的技术创新研究】 项目由上海交通大学承担，10 月 16 日通过上海市农业科技服务中心验收。项目构建便携式水稻穗/粒型表型复合检测仪 1 套；获得测量参数及精度包括穗长（误差 5%），穗分支数（误差<2 支），分支均长（误差 5%），穗上粒数（误差 10%），谷粒个数（误差 1%），千粒重（误差 1%），谷粒长度和宽度（误差 5%），结实率；手工定型穗型分析速率约 1 穗/60 秒，粒型分析速率约 400 粒/20 秒；完成 7 份水稻核心种质 5 个关键生育期表型观察，获得株型、穗型和粒型特征，获得农艺性状 QTL 位点 62 个、种子代谢相关三酰甘油类 QTL 16 个。项目申请发明专利 8 件、实用新型专利 1 件，获软件著作权登记 3 件；申请水稻新品种保护 2 件；发表论文 5 篇，其中 SCI 论文 2 篇。 （丁志远）

【小麦耐低氮兼抗赤霉病纯合体的快速创制研究】 项目由市农科院承担，11 月 13 日通过上海市农业科技服务中心验收。项目建立大麦耐低氮兼抗赤霉病纯合体快速创新方法，筛选出高抗赤霉病 1 份、中抗赤霉病 2 份、中感赤霉病 6 份，耐低氮性优于“花 30”纯合株系；利用小黑麦优异种质资源，开展小麦远缘杂交，将小黑麦优良基因导入小麦，开展小麦种质资源创新，筛选抗赤霉病与白粉病的小麦纯合材料 2 份（K1 和 K2）；获得小麦纯合新株系 K3，高抗白粉病、中抗赤霉病、抗倒性和耐湿性优于对照“扬麦 158”，后期青秆活熟，熟期偏晚，小区产量水平折合亩产 475.8 kg，比对照增产 26.7 kg，增产 5.9%。项目申请发明专利 2 件；发表 SCI 论文 3 篇。（丁志远）

【核不育油菜高配合力近等基因不育系和临保系的创新】 项目由市农科院承担，11 月 13 日通过上海市农业科技服务中心验收。项目通过小孢子培养，获得 DH 系 347 个；获得 DH 临保系 254 个，其中含油量 48%以上的 34 个；获得 DH 不育系 50 个，其中测交后代含油量 46%以上的 26 个，超过父本(16-M012)含油量；获得遗传背景接近的 DH 临保系和 DH 不育系 2 对；成对的 DH 临保系和 DH 不育系的株高、角果着生姿态、初花期和成熟期等主要农艺性状基本一致。项目申请植物新品种权 1 件、发明专利 2 件；发表论文 1 篇。（王 达 丁志远）

核杂 17 号示范基地

【芦笋新品种筛选及其“双减”技术的集成与示范】 项目由上海市崇明区蔬菜科学技术推广站承担，12 月 14 日通过上海市农业科技服务中心验收。项目引进绿芦笋品种 18 个，筛选出适合崇明地区设施大棚栽培的“太平洋早生”“丰岛 1 号”“绿塔”3 个特早熟品种，第 2 年亩产量分别为 298.7 kg、259.4 kg、245.4 kg；形成早熟绿芦笋绿色标准化周年生产技术规程，辐射带动周边农户种植早熟品种面积 2 086 亩。（丁志远）

【松花菜品种的选育及优质高产栽培技术研究】 项目由上海崇明花菜研发中心承担，12 月 20 日通过上海市农业科技服务中心验收。项目筛选出性状稳定、抗逆、优质、高产的松花菜种质材料 13 份；筛选出适合本地种植的品质优、产量高、抗性好的松花型杂交花菜(组合)2 个，其中通过品种认定 1 个，定名为“瀛松 90”，其平均亩产量 2 638.5 kg，比对照“台松 90”增产 10.81%；制订适合崇明地区栽培的松花菜生产技术规程，并应用于生产；建立 130 亩松花菜标准化生产核心示范基地。项目发表论文 1 篇。（丁志远）

【丹参类药用植物的资源收集、评估与种质创新】 项目由上海辰山植物园承担，12 月 20 日通过市绿化市容局验收。项目完成国内 1 029 个样点物种资源调查，收集鼠尾草属 133 种，约占国产鼠尾草物种数量的 81.25%，其中引种 65 种；制作标本 633 号 2 036 份；收集物种种子 48 个，合计 232 份 655 048 粒(仅包括原种)；建成该属药用植物核心种质资源库，以及鼠尾草属活植物种质资源保育和繁殖基地，引种存活 48 种、2 233 株；完成部分国产物种对高温、盐、干旱、镉、酸雨等胁迫的抗性研究，完成部分物种的药用和观赏性评价，通过种间杂交获得具有潜在利用价值新种质 48 个。项目发表论文 3 篇。（王文进）

【荷花再生体系建立及遗传转化初探】 项目由上海辰山植物园承担，12 月 20 日通过市绿化市容局验收。项目建立高效荷花组培快繁体系，可用于生产荷花脱毒苗，扩繁珍贵荷花品种种苗，为诱变育种建立无性系材料；探索根癌农杆菌介导和花粉管通道转化法应用于荷花，并获得转基因后代；鉴定荷花小孢子发育时期，并确定适用于黄连小孢子培养花蕾大小。项目申请专利 2 件；发表论文 2 篇。（王文进）

【光明米业(集团)有限公司技术中心能力建设】 项目由光明米业(集团)有限公司承担，12 月 21 日通过市经济信息化委验收。项目引进近红外分析仪 1 台；累计检测小麦品质 401 份材料、小麦赤霉病 728 份材料、水稻品质 1 016 份材料、水稻抗条纹叶枯病和香味基因 904 份材料；通过对江苏省、浙江省、安徽省、湖北省及上海市稻麦考察，引进小麦新资源 735 份、水稻新资源 1 225 份；培育优良小麦新品系 20 个，并优选 6 个优良品系参加上海市、国家长江中下游、江苏省小麦区试；培育水稻优良新品系 35 个，并优选 5 个优良品系参加上海市、江苏省、安徽省水稻区试；培育审定“光明麦 4 号”“申优 415”2 个优良稻麦新品种，相比于上海现有小麦品种，“光明麦 4 号”每亩增产 50 kg 左右，“申优 415”每亩增产 60 kg 左右。项目促进先进育种技术研究与应用和优良稻麦新品种推广与服务体系建立。（雷艳芳）

【耐荫草坪草种质资源筛选和相关生理及分子评价标准的确立】 项目由上海辰山植物园承担，12 月 21 日通过市绿化市容局验收。项目针对城市建筑和园林遮阴这种特殊生境，引种草坪草种 54 种，筛选出适宜作草种 3 种；通过植物耐荫特性与基因表达相关性鉴定，判断植物光适应性及耐受荫能力，筛选出 PSbB、CAB 和 Rubiosco1 相关性好的基因，其表达量可作为植物光合反应的分子评价指标，完善评价体系。项目申请专利 2 件；发表论文 3 篇。（王文进）

【华东紫堇属植物的引种栽培关键技术研究】 项目由上海辰山植物园承担，12 月 21 日通过市绿化市容局验收。项目通过对引种栽培的 16 种紫堇属植物进行成活率统计、生长势、越夏表现等适应性评价，为野生紫堇属植物资源的人工栽培和合理开发提供参考；从引种栽培的 16 种紫堇属植物中筛选出地锦苗、夏天无、延胡索、刻叶紫堇、北越黄堇、紫堇等 6 种适应性强的紫堇属植物，可在上海地区推广应用；对适应上海地区环境与气候的 7 种紫堇属植物进行观赏性综合评价与筛选，量化评价其观赏性与适应性的综合价值；筛选出北越黄堇、尖距紫堇、刻叶紫堇等适应性强、观赏价值高的紫堇属植物3种；研究不同GA3浓度与温度对紫堇属种子萌发影响、耐热及抗寒性测定、用定量指标测定确定适宜紫堇属植物生长的光照条件、不同栽培基质对紫堇属植物的生长影响，对筛选的优良种类进行繁殖和栽培关键技术研究，为紫堇属在上海地区的栽培繁殖和推广应用提供依据。（王文进）

【丛生福禄考繁育栽培关键技术】 项目由上海辰山植物园承担，12月21日通过市绿化市容局验收。项目通过品种收集，引种驯化不同丛生福禄考品种8个；通过驯化和观察，获得不同品种生长发育习性；按品种进行不同处理的光照控制、水分控制、耐热能力3个生态因子的影响，明确丛生福禄考生存适应性限制条件，明确丛生福禄考最佳繁殖方法为硬质扦插；筛选耐热品种1个（米尔斯特里姆达芙妮），进行丛生福禄考的露地栽培、盆栽，并示范应用。项目发表论文2篇；编写含福禄考栽培繁殖技术手册。（王文进）

【化感类抑藻剂对水绵和水生植物的生长影响】 项目由上海辰山植物园承担，12月21日通过市绿化市容局验收。项目调查上海辰山植物园内水系生境与水绵分布，获得园内水质、水生植物种类和分布，水绵出现时空特点等；以上海辰山植物园香樟类、松柏类、草坪草类和水生植物类4类绿化废弃物为原料，浸泡提取不同类型浸出液；筛选出香樟浸出液抑制水绵生长和草坪草类浸出液抑制水绵生长的2种高效、安全的水绵抑制措施；掌握上海辰山植物园水生植物配置下水绵生长情况，选出4种浸出液对水绵抑制最佳浓度，其中香樟浸出液效果最好，形成香樟浸出液水绵控制的成套管理技术。项目发表论文3篇。（王文进）

第三节 | 生态农业 >>

【鸡传染性支气管炎和新城疫二联嵌合活疫苗研制】 项目由农科院上海兽医研究所承担，1月10日通过上海市农业科技服务中心验收。项目获得鸡传染性支气管炎病毒多表位基因S-T/B嵌合新城疫病毒制苗株1株，在鸡胚中良好繁殖；建立多表位IBV嵌合NDV二联疫苗制造方法，通过优化生产工艺，重组病毒滴度HA效价达10^{10}；疫苗株对IBV和DNV的免疫保护率分别达90%和100%，1次免疫和2次免疫对两病的保护期分别达3—4个月和6—8个月，4℃保存12个月雏鸡免疫效力没有明显变化。项目申请发明专利2件，其中获授权1件；发表论文5篇，其中SCI论文3篇。（丁志远）

【温室蔬菜和申香系列香菇新品种在青、滇的绿色生产技术集成与示范】 项目由市农科院承担，11月29日通过市科委验收。项目改建果洛州日光温室保温设施，提高温室保温效果，保障蔬菜周年正常生长，缩短蔬菜生长周期，提前上市10—15天，提高蔬菜产量32.1%—66.9%，综合效益比原有栽培模式提高45%；建立蔬菜绿色生产体系，制订蔬菜高效设施栽培技术、土壤养分均衡调控施肥技术和病虫害绿色防控技术规程；建立果洛州农业生态科技示范园、玛沁县拉加高原现代农业基地2家蔬菜绿色生产示范基地，示范区面积89亩；开展申香系列香菇新品种在云南产业化示范，推广2 150万棒，按80%出菇回购量，回购鲜菇14 610 t，其中8 400 t依托公司现有加工线加工干菇、6 210 t加工净化保鲜菇；香菇新品种"申香16号""申香18号""申香215"单棒产量750—850 g，生物学效率90%—108%，一级菇比例40%—45%；建立适合云南保山地区的香菇生产技术标准；通过香菇新品种认定2个。项目申请发明专利4件；发表论文9篇。（王　达）

【松江鲈鱼人工配合饲料养殖技术的开发研究】 项目由上海市松江区水产良种场承担，1月31日通过上海市农业科技服务中心验收。项目筛选出适合松江鲈鱼除苗期外各生长阶段的邦尼52型缓降微囊系列饲料；实现松江鲈鱼苗种在海水阶段人工配合饲料的驯化成功率61.5%，淡化完成后驯化成功率92.3%；2016年、2017年利用人工配合饲料年养成全长10 cm以上松江鲈鱼成鱼分别为22 460尾和21 360尾，实现饲料成本163.7元/kg，比利用活饵降低57.6%；养殖成本463.8元/kg，比利用活饵降低44%；制定《松江鲈鱼人工配合饲料养殖操作规程》。项目申请发明专利1件；发表论文2篇。（丁志远）

松江鲈鱼

【上海地区适生山茶品种栽培技术研究】 项目由上海植物园承担，2月6日通过市绿化市容局验收。项目引进山茶花品种68个，结合上海现有品种，应用模型分析方式筛选适合上海地区种植山茶花品种24个；编制上海地区适生山茶花养护栽培技术手册。项目发表论文1篇。（王文进）

【优质肉牛繁育技术研究】 项目由上海元盛食品有限公司承担,2月7日通过上海市农业科技服务中心验收。项目利用和牛冻精,对地方西门塔尔杂交牛和中低产荷斯坦奶牛开展大规模商品化杂交改良,改良试验牛群170头,获得犊牛147头,繁殖成活率86.47%。生长指标显示,0—6月龄平均日增重大于940 g,12月龄平均日增重842 g,18月龄平均日增重836 g,12—30月龄平均日增重1 005 g;杂交牛出栏体重851 kg以上。采用高效精养方式进行强度育肥、屠宰后肉质评定,优选组合牛肉的不饱和脂肪酸占脂肪比60.2%以上。筛选出适合本地区的生产性能优越、肉质出色的杂交组合。建立以和牛为父本不同杂交牛生长性能数据库;形成高品质牛肉生产综合配套技术规程。项目申请实用新型专利5件;发表论文12篇。 (丁志远)

【老桃园更新改建技术研究与示范】 项目由浦东新区农业技术推广中心承担,2月2日通过上海市农业科技服务中心验收。项目在全市建立综合性桃园示范基地38个,面积4 280.5亩,带动更新改建老桃园辐射面积7 350亩;引进种植水蜜桃优良品种(系)14个,筛选适合上海地区栽培的水蜜桃新品种(系)2个,面积1 167亩;开展地布试验研究,示范应用4 807亩次;开展桃苗肥水一体化技术试验,示范应用5 831亩次;开展生物菌肥应用技术试验,示范应用6 257亩次;形成上海市老桃园标准化更新改建技术规程。(丁志远)

【空气过滤技术在种猪场的应用示范】 项目由上海祥欣畜禽有限公司承担,3月6日通过上海市农业科技服务中心验收。项目在规模化种猪场不同棚舍开展空气过滤设备示范验证,制定相关技术规范,降低猪群染病风险,完成带空气过滤装置的各类型猪舍通风工艺设计,经2次过滤效果检测,检测内容包括粉尘、二氧化碳、氨气、微生物,测定结果达到预期效果;猪瘟抗体合格率99.3%,伪狂犬GE野毒抗体100%阴性,口蹄疫免疫抗体合格率93.6%,蓝耳综合抗体S/P值0.4—3.0合格率96.1%;母猪分娩率90.7%,长白猪和大白猪窝均活仔12.18头,仔猪出生到肥猪出栏全程成活率91.3%;制定《种猪场空气过滤技术标准》。(丁志远)

【生防型复合菌剂在高效经济作物上的示范应用】 项目由上海市农业技术推广服务中心承担,3月7日通过上海市农业科技服务中心验收。项目针对上海地区西甜瓜、桃子、葡萄等高效经济作物上易发的枯萎病、蔓枯病等,优化生防菌产品,推广生防型复合菌剂防治,制定应用技术规程。项目优化枯草芽孢杆菌、哈茨木霉、胶质芽孢杆菌菌株发酵罐压力等发酵工艺参数,芽孢产率提高22%以上;产品质量符合GB20287—2006农用微生物菌剂技术指标,有效活菌数3.61亿—4.75亿个/毫升。在4 047亩核心示范区内施用复合生防菌剂,减轻西瓜枯萎病等主要经济作物土传病害发病程度,防效提高50.79%,防效稳定性91.43%,使用生防菌较常规用药减少25%;化肥施用量降低10%,西甜瓜、草莓、蔬菜等作物增效8.87%;示范推广面积28 729亩次。项目申请专利2件;发表论文2篇。(仇 红 丁志远)

【绿叶菜采后保鲜关键技术研究与应用】 项目由市农科院承担,3月6日通过上海市农业科技服务中心验收。项目明确小白菜、杭白菜、鸡毛菜、生菜4个上海地产蔬菜品种绿叶菜收获期及采后生理生态特性,为蔬菜采收、采后处理及保鲜提供技术支持。通过综合保鲜技术应用,蔬菜采后损害率冬季和夏季控制在8%以下;实现小白菜贮藏保鲜21天、杭白菜贮藏保鲜21天、生菜贮藏保鲜12天、鸡毛菜贮藏保鲜5天;综合经济效益提高15.6%以上。在上海郊区建立3个绿叶菜保鲜核心基地,实现小白菜、杭白菜、鸡毛菜、生菜等主要品种保鲜示范总量271.3 t,辐射推广12家合作社。建立绿叶菜采后预冷技术规程,小白菜、杭白菜、鸡毛菜、生菜贮藏保鲜技术标准各1项,小白菜、杭白菜、鸡毛菜、生菜采收、贮藏及商品化处理标准操作规程各1项。项目申请专利2件,其中获授权1件;发表论文4篇。(王 达 丁志远)

【斑尾复鰕虎、似刺鳊鮈等人工繁养技术研究】 项目由上海市水产研究所承担,3月13日通过上海市农业科技服务中心验收。项目开展斑尾复鰕虎、似刺鳊鮈等鱼类人工繁育技术及新型节能加温设备研究应用。斑尾复鰕虎室外池塘常规生态苗种培育平均成活率77.6%,3年共育斑尾复鰕虎鱼苗种77.7万尾,单养斑尾复鰕虎亩产量41.44 kg;混养模式中菊黄东方鲀亩产量320.80 kg、斑尾复鰕虎鱼亩产量31.43 kg,形成斑尾复鰕虎操作规程2个;似刺鳊鮈3龄以上亲本储备232组,似刺鳊鮈催产率、受精率和孵化率分别为95.8%、81.2%和75.0%,累计育苗91万尾,并形成操作技术规程;华鳈3龄以上亲本储备251组,华鳈催产率、受精率和孵化率分别为94.2%、75.4%和61.6%,累计育苗41.25万尾,并形成操作技术规程;空气能制热制冷机组舌鰕虎鱼亲本培育成活率90.66%;美洲鲥鱼亲本培育成活率90.95%,比燃油炉加温能耗减少27.43%,比电热棒加温能耗减少33.94%,并形成空气能制热制冷机组在水产养殖中应用操作规程。项目申请专利4件;发表论文5篇。(丁志远)

【上海地区大鲵子全人工规模化繁育关键技术研究】 项目由上海兴鲵农业生物科技发展有限公司承担,3月13日通过上海市农业科技服务中心验收。项目研究鱼种筛选、人工催产等关键技术,形成上海地区大鲵子全人工规模化繁育技术体系;全人工繁殖大鲵子三代2 177尾、蓄养大鲵种鱼60尾、后备种鱼1 020尾;大鲵受精率86%,孵化率50%,种鲵产后死亡率0.5%,子三代苗种成活率83%;形成上海地区大鲵子三代繁殖规程4项;建立规模化繁殖示范基地1家。项目申请专利5件;发表论文5篇。(丁志远)

【七彩神仙鱼产业化培育关键技术研究】 项目由上海海洋大学承担,3月13日通过上海市农业科技服务中心验收。项目收集保存七彩神仙鱼野生种和人工品系31种;繁殖次亲鱼 1 790 组,其中繁殖出苗种 1 101 组,生产七彩神仙鱼苗种 219 814 尾;研制七彩神仙鱼全价营养饲料,商品鱼提前 1—2 个月上市;建立水霉病防治方法,发病率为零。项目获专利授权 1 件;发表论文 9 篇。 (丁志远)

【IMEC 单向渗透膜在番茄栽培中的应用研究】 项目由金山区蔬菜技术推广中心承担,3 月 15 日通过上海市农业科技服务中心验收。项目研究 IMEC 单向渗透膜在上海地区樱桃番茄栽培中适用性、IMEC 膜栽培模式与基质栽培模式及 IMEC 膜栽培模式与 PVA 膜栽培模式对比应用,完成 IMEC 单向渗透膜在绿叶菜栽培中的应用。IMEC 膜栽培樱桃番茄"永嘉 824"糖度平均 9.41,最高 9.8; IMEC 膜栽培樱桃番茄"馨喜"糖度平均 10.52,最高 11.2。IMEC 膜栽培樱桃番茄亩产量 3 866.7 kg。形成 IMEC 膜栽培樱桃番茄水肥一体化技术操作规程。项目发表论文 3 篇。 (丁志远)

【1 000 万粒百合种球国产化快速繁育基地建设】 项目由上海鲜花港企业发展有限公司承担,3 月 21 日通过上海市农业科技服务中心验收。项目在丽江建成百合繁育基地 850 亩,玉溪建成种球采后处理车间 800 m^2,冷库 1 500 m^3,年产百合种球 1 000 万粒;完成产业化生产过程如母本球脱毒、小籽球繁育、商品球生产、采收及采后处理等技术优化和改进;推广百合种植面积 685 亩。 (丁志远)

【冻干加工果蔬原料安全标准化采收与储备技术的研究与示范】 项目由上海绿晟实业有限公司承担,3 月 22 日通过上海市农业科技服务中心验收。项目形成香葱、菠菜、芦笋、西兰花、甜玉米冻干果蔬原料采收、采后处理与储备技术标准 5 个;完成菠菜、芦笋、甜玉米、西兰花、甜玉米等主要原料采收、储备、加工 BRC(HACCP)认证;果蔬加工平均时间 100 天延长 21 天,加工产品优质率由 65%提高到 87.59%,加工前原料损耗减少 22.93%,累计节省原料 77.4 t,加工产品中维生素 C、可溶性蛋白等主要营养指标平均提高 18.2%;年储备加工果蔬原料增加 168 t,加工果蔬冻干产品增加 18.4 t。项目申请专利 2 件;发表论文 4 篇。 (丁志远)

【玉露蟠桃设施栽培技术研究】 项目由上海市蟠桃研究所承担,3 月 23 日通过上海市农业科技服务中心验收。项目研究不同设施栽培条件对玉露蟠桃开花坐果及品质影响,形成玉露蟠桃设施栽培下环境因子调控和高效栽培技术,日光温室玉露蟠桃成熟期提前至 6 月 23—24 日;普通大棚设施栽培条件下,亩产量 857 kg 以上,商品果率 83%以上,可溶性固形物含量 12.5%以上;在稳定蟠桃产量和品质前提下,解决上市集中、果品销售期短等阻碍产业发展问题;建立核心基地 160 亩,技术推广面积 500 亩;形成适合上海地区玉露蟠桃不同栽培模式技术报告。项目发表论文 3 篇。 (丁志远)

【气调库在蟠桃储藏中的应用技术研究】 项目由上海市蟠桃研究所承担,3 月 23 日通过上海市农业科技服务中心验收。项目研究气调库对蟠桃果品品质和贮藏效果的影响,确定其贮藏技术适宜参数和操作环节关键点;得出 CO_2 3%—5%和 O_2 6%—8%配比参数处理结合低温冷藏,可使蟠桃低温气调贮藏 21 天,保鲜期 25 d,损耗率 10%以下,可溶性固形物下降率 5%以内;形成蟠桃气调贮藏技术体系;新建气调冷库 300 m^3,相对湿度 80%—90%;建立示范基地 1 个。项目申请专利 1 件;发表论文 2 篇。 (丁志远)

【高效生防微生物在生态林病虫害防治上的应用】 项目由上海市林业总站承担,3 月 29 日通过上海市农业科技服务中心验收。项目筛选适合在上海地区杨树、樟树、樱花、水杉等生态林应用的抗病促生微生物 YH-18 等 5 个优良抗病促生菌株;明确 YH-18 和 SS-15 菌株在樱花和水杉体内的内生定殖规律,明确 YH-18 菌株的胞外抗菌物质为抗菌生物碱;获得适宜在上海生态林树种上具有抗病虫和促生复合作用的优良菌株 6 个;研制优良高效微生物菌株最佳生产发酵培养基和工艺条件,在金山区建立发酵中试线 1 条;建立示范林累计 140 亩。项目申请发明专利 2 件;发表论文 6 篇。 (丁志远)

【青鱼生态养殖技术及加工工艺的应用研究】 项目由松江区水产技术推广站承担,3 月 29 日通过上海市农业科技服务中心验收。项目开展青鱼生态培育、集聚式流水养殖、配套式循环养殖等养殖技术示范及青鱼加工技术示范推广,形成青鱼大规格鱼种培育、集聚式池塘内循环养殖和池塘生态养殖的综合性青鱼生态养殖模式,完成《青鱼生态养殖技术操作规程》,青鱼养殖周期从 4 年缩短到 3 年。二龄青鱼养殖 400 m^3、产量 116.9 kg/m^3、成活率 86.9%、规格 1.56 千克/尾。三龄青鱼养殖面积 105.86 亩,产商品青鱼 92 574.57 kg、成活率 92.7%。加工商品青鱼 10 000 kg,加工成品率 46.2%,形成《青鱼加工腌制工艺操作规程》。项目发表论文 2 篇。 (丁志远)

【崇明水仙繁殖与标准化栽培关键技术的研究与应用】 项目由上海崇明百叶水仙花专业合作社承担,3 月 30 日通过上海市农业科技服务中心验收。项目在崇明开展水仙种球培育及规模化设施栽培管理技术,繁育 1—3 年生崇明水仙优质种球 409.2 万只,商品球 85.8 万只;崇明水仙标准化栽培应用于 263 亩核心示范基地,带动农户及示范种植面积累计 280.2 亩次;崇明水仙商品球品质明显提升,较最初商品球一等品产出率提高 27%;制定崇明水仙种球分级标准(企业标准草案);形成设施栽培技术方案。 (丁志远)

【富含维生素饲料大麦种质创新研究】 项目由市农科院承担,4 月 3 日通过上海市农业科技服务中心验收。项目获得可用于转基因植物筛选作为安全标记基因 9 个;构建 8 价的种子特异表达植物表达载体;建立大麦成熟胚遗传转化方法,将载有维生素 B_2 合成 8 价基因的植物表达载体通过农杆菌介导转化大麦,获得稳定的大麦转基因株系 121 株;完成转基因大麦的分子鉴定和大麦种子中维生素 B_2 含量分析;完成种子富含维生素 B_2 的转基因大麦生物安全评价中间试验申报，以及转基因大麦主要农艺性状评价、遗传稳定性分析等安全评价试验；获得富含维生素 B_2 大麦株系 5 个，经过自交纯合后转基因大麦种子中维生素 B_2 含量最高 145.5 mg/kg 谷粒干重，比野生型大麦(1.2 mg/kg)谷粒干重高 121 倍。项目申请专利 6 件；发表 SCI 论文 10 篇。
(王　达　丁志远)

【光合细菌的规模化生产及在养殖上的推广应用】 项目由上海明锦畜牧养殖有限公司承担，5 月 4 日通过上海市农业科技服务中心验收。项目开发适用于生猪养殖和南美白对虾等水产养殖的光合细菌产品，优化规模生产工艺，应用于动物养殖和养殖水体净化。光合菌体浓度 20—30 亿个/毫升，年生产 1 000 t 以上，应用于 5 万头商品猪和 1 000 亩南美白对虾养殖基地。生猪保育段成活率 91.85%，育肥段成活率 94.7%，全场成活率 93.28%；每日处理粪水 50 t，粪水处理后 COD 260—301 mg/L、BOD5 136—140 mg/L、总氮 77.8—137 mg/L，水质指标均降到未处理粪水的 60%以下。南美白对虾塘口养成率 82.35%，平均亩产 417.5 kg，养殖全程水体氨氮浓度平均值 0.44 mg/L。制定光合细菌生产工艺流程、光合细菌品控标准、光合细菌在规模化生猪养殖上的应用技术规范、南美白对虾养殖生产中光合细菌的应用技术规范、光合细菌在猪粪废水处理上的应用技术规范。项目申请发明专利 2 件；发表论文 2 篇。
(丁志远)

【新型兽用抗生素泰地罗新原料合成及其制剂的研制】 项目由上海市动物疫病预防控制中心承担，5 月 8 日通过上海市农业科技服务中心验收。项目研制泰地罗新原料药合成工艺规程，以干燥品计算，合成的泰地罗新成品纯度 98%—101%；开展泰地罗新原料药及其制剂产品稳定性试验，编写稳定性报告 1 份，规模化生产产品有效期 2 年；制定泰地罗新原料和制剂质量标准草案各 1 份；完成泰地罗新及其制剂临床安全评价、药理毒理学研究、残留标识物确认和检测技术研究，编写相关报告各 1 份；完成原料及制剂大生产工艺研究，最终批次产量约 150 kg；完成国家新兽药证书申报受理。项目申请发明专利 5 件；发表论文 2 篇。
(丁志远)

【上海地区 H9N2 亚型禽流感病毒生物学特性及病毒样颗粒疫苗的研究】 项目由上海市动物疫病预防控制中心承担，5 月 8 日通过上海市农业科技服务中心验收。项目研究上海地区不同年代不同宿主中分离的 14 株 H9N2 亚型禽流感病毒基因进化，测定其血凝性和鸡胚致病力；分析 14 株病毒及商品化疫苗株之间抗原相关性；解析 G57 型分离株具对小鼠的致病性和诱导免疫反应；用同源重组方法构建 2 种含有上海地区流行毒株 HA 及 NA 基因的病毒样颗粒；鸡只免疫 H9N2 病毒样颗粒(100 倍浓缩)的平均 HI 效价 7.8 log2，免疫商品化疫苗鸡只 HI 均值 13 log2；群体病毒样颗粒免疫合格率 100%(保护 HI 效价≥5 log2)。项目申请专利 2 件；发表论文 6 篇。
(丁志远)

【利用微藻净化畜禽养殖污水研究】 项目由上海海洋大学承担，5 月 9 日通过上海市农业科技服务中心验收。项目结合微藻净化畜禽养殖污水与饲料蛋白源生产，开发可循环利用、高效、低成本的污水处理技术，减少畜禽养殖废弃物随意排放，破解畜禽养殖污染防治难题；筛选出能在总氮浓度 365.05 mg/L 污水中生长的绿球藻藻株 1 株，能在氨氮浓度 262 mg/L 污水中生长的衣藻和斜生栅藻藻株 2 株；建立中试规模的基于微藻的猪场养殖污水净化耦合饲料蛋白原生产工艺流程；猪场养殖污水经微藻净化后，废水中化学需氧量 277.6 mg/L、氨氮 15.85 mg/L、总磷 0.13 mg/L；建立 200 m^2 污水净化耦合饲料蛋白原生产示范基地，蛋白原细菌总数 1.94×10^5 CFU/g，铜、铅含量分别为 15.84 μg/g、1.31 μg/g，铬未检出。项目申请发明专利 6 件；发表论文 7 篇。
(丁志远)

【南极磷虾蛋白质高效分离及加工利用关键技术研究】 项目由中国水产科学研究院东海水产研究所承担，5 月 11 日通过上海市农业科技服务中心验收。项目建立南极磷虾蛋白质高效提取、分离关键技术，针对其蛋白质加工特性、营养特性和功能特性，开展南极磷虾蛋白质改性技术研究，并建立加工技术体系；形成南极磷虾蛋白质高效分离技术规程，获得纯度 83.9%的南极磷虾蛋白质产品；完成南极磷虾蛋白质物化和功能特性研究和评价；开展南极磷虾蛋白改性关键技术研究，并形成研究报告；开发南极磷虾蛋白粉和南极磷虾蛋白肽 2 种南极磷虾蛋白产品。项目申请发明专利 3 件；发表论文 11 篇。
(丁志远)

【虾贝类高效加工技术应用与产业化示范】 项目由中国水产科学研究院东海水产研究所承担，5 月 11 日通过上海市农业科技服务中心验收。项目运用栅栏技术和微生物预报技术，以上海区域特色的虾类、贝类、头足类等大宗水产品为原料，进行虾贝类高效加工技术应用和产业化开发；开发软烤大虾、软烤贝柱、软烤贻贝、软烤鱿鱼 4 种温和加工水产即食制品；经检验，产品质量和安全指标符合标准；在上海大瀛食品有限公司建成年处理虾贝类原料能力 40 t 以上工业化示范生产线，并制定产品企业标准、生产操作规程。项目申请发明专利 1 件；发表论文 9 篇。
(丁志远)

【奶山羊新品系的培养及配套技术研发】 项目由上海端纳奶山羊研究所承担，5 月 22 日通过上海市农业科技服务中心验收。项目在引进优质高产奶山羊基础上，研究羊群培育和扩繁技术，建立与之配套的标准化养殖饲养技术规程和免疫技术程序；构建奶山羊基础群 275 只，年均产奶 800—1 000 kg，母羊年生产力 2—4 头的核心群 163 只；建立萨能奶山羊养殖场消毒技术规范及萨能奶山羊不同种群的疫苗免疫程序；形成奶山羊全阶段饲料配方，建立奶山羊光照管理制度，编写奶山羊标准化饲养规程。项目申请实用新型专利 2 件，获软件著作权登记 1 件；发表论文 2 篇。
(丁志远)

【畜禽隐孢子虫病基因工程疫苗研制】 项目由农科院上海兽医研究所承担，5 月 23 日通过上海市农业科技服务中心验收。项目对微小隐孢子虫棒状体蛋白组学、膜蛋白组学研究所获得的蛋白序列进行生物信息学分析和预测，研制安全、高效的抗畜禽隐孢子虫病基因工程亚单位疫苗或核酸疫苗2个，免疫后动物无明显不良反应，无因疫苗免疫造成的动物死亡。疫苗免疫后能诱发动物产生显著特异性体液和细胞免疫反应，血清特异性IgG、细胞因子IFN-γ显著升高($p<0.05$)，部分疫苗IL-4显著升高($p<0.05$)；人工感染10^6个及以上个隐孢子虫卵囊后，免疫动物无明显临床症状，粪便卵囊减少率分别为88.52%和88.59%，存活率100%。项目申请发明专利2件；编制国家标准1部；发表论文9篇，其中SCI论文3篇。 （丁志远）

【禽致病性大肠杆菌aroA缺失株多价菌蜕疫苗研制】 项目由中国农科院上海兽医研究所承担，5月23日通过上海市农业科技服务中心验收。项目针对aroA基因缺失禽致病性大肠杆菌，开展疫苗菌株筛选，评价菌蜕溶菌质粒的构建及其溶菌效果，完成禽致病性大肠杆菌多价菌蜕疫苗的免疫程序、免疫剂量、免疫方式等评价；构建DE17(O2血清型)、APECO1(O1血清型)和APEC100(O78血清型)的aroA基因缺失株；构建溶菌质粒pUC-ΔcI857-E-SN、pBV220-E和pKDF396ME-LD，用于制备DE17ΔluxS-aroA、APECO1ΔluxS-aroA和APEC100ΔaroA菌蜕疫苗；制备菌蜕疫苗，经灭活效率、稳定及安全性检测，确定菌蜕疫苗免疫剂量、免疫方式；制订菌蜕疫苗制备与检验规程；开展3个批次，每批次1 000只的三价菌蜕疫苗免疫试验，免疫保护率92%—96%。项目发表论文17篇，其中SCI论文4篇。 （丁志远）

【口虾蛄人工繁养技术研究】 项目由上海市水产研究所承担，5月24日通过上海市农业科技服务中心验收。项目开展全人工繁育、池塘养殖及越冬育肥关键技术研究，提升上海地区口虾蛄人工繁养规模和水平；实现口虾蛄人工繁育，获得口虾蛄苗种21万尾；通过室内水泥池育苗研究，筛选出轮虫+卤虫无节幼体、卤虫无节幼体为苗种开口饵料，苗种成活率87%；形成《口虾蛄人工繁育技术操作规程》；口虾蛄产量69.85千克/亩，平均规格20.65克/尾，平均体长12.79 cm；通过口虾蛄越冬育肥实验，肥满度指标肌肉指数、性腺指数、总可食率分别提高32.57%、79.36%、40.27%。项目申请发明专利1件，获实用新型专利授权1件；发表论文2篇。 （丁志远）

【环境友好型除草剂的开发】 项目由上海生农生化制品有限公司承担，5月29日通过上海市农业科技服务中心验收。项目以复配剂1.4%甲磺草胺五氟磺草胺异噁草松为研究对象，建立环境友好型除草剂产品的制剂加工工艺及应用技术，包括杀草谱、使用剂量、使用适期、注意事项、后茬作物安全性等；完成在上海、湖南等6地直播田和移栽田的田间药效登记试验，水稻田1年生杂草防效率85.52%—100%，持效期56天；完成除草剂环境毒性试验、理化性质检测、全项检测和分析方法验证、产品急性毒性测试等，并取得第三方试验报告；完成上海、山东、辽宁3地田间残留试验，在上海松江、崇明等地开展80亩示范试验；完成产品的3批次2年常温贮存试验，制定产品企业标准并备案。项目发表论文2篇。 （丁志远）

【猪圆环病毒疫苗新型VLP生产技术工艺研究】 项目由上海海利生物技术股份有限公司承担，6月1日通过上海市农业科技服务中心验收。项目建立以毕赤酵母发酵培养表达猪圆环病毒Cap蛋白的VLP生产技术及最佳VLP纯化方案，优化和确立疫苗生产工艺，建立配套质控方法；确认毕赤酵母中表达PCV2 Cap蛋白能组装成VLP类病毒颗粒，颗粒直径17—25 nm；建立猪圆环病毒Cap蛋白VLP抗原工艺纯化技术；采用一步法PEG沉淀工艺对VLP抗原进行纯化，VLP抗原中杂蛋白去除率77.4%—86.4%，有效抗原回收率73.38%—82.37%；3批猪圆环病毒2型VLP疫苗免疫试验仔猪，免疫后210天抗体效价均不低于1∶1 024；建立猪圆环病毒2型VLP疫苗制造及检验试行规程、质量控制标准；累计生产新型猪圆环病毒VLP疫苗375万头份。项目申请发明专利1件；发表论文1篇。 （丁志远）

【克氏原螯虾规模化繁育及多元化养殖模式的示范】 项目由崇明区水产技术推广站承担，6月7日通过上海市农业科技服务中心验收。项目制定土池育苗标准化操作规程，建立克氏原螯虾苗种质量评估方法；土池育苗亩产虾苗6.3万尾，自繁育苗亩产3.2万尾；建立20亩克氏原螯虾苗种繁育基地；建立150亩稻虾轮作示范区，亩产克氏原螯虾115 kg，大规格(14尾/500克)比例30%，水稻产量512 kg；建立150亩稻虾共生示范区，亩产商品虾163 kg，水稻亩产量510 kg；建立100亩蟹虾混养示范区，亩产商品虾53 kg，河蟹产量62 kg；建立克氏原螯虾精养示范区30亩，亩产虾162.2 kg。项目获发明专利授权1件；发表论文3篇。 （丁志远）

【农产品产地土壤环境检测和面源污染控制技术研究】 项目由光明食品(集团)有限公司承担，6月8日通过上海市农业科技服务中心验收。项目完成农产品产地环境中土壤灌溉水、养殖场等污染物调查与检测，提出主控对策和建议，并建立农产品产地面源污染控制技术体系；建立蔬菜种植、养猪场(爱森)粪污处理后还田等种养循环模式和蔬菜种植、蔬菜茎叶废弃物制作有机肥后还田的生态循环模式；建立生态种植技术示范区5 000亩；化肥年总使用量减少10.34%，测土配方施肥应用面积13万亩次，化学农药有效成分和农药年使用总量减少15.33%，新型植保器械应用面积占87.47%；研制微生物菌剂1个，高温堆肥细菌与对照菌相比发酵周期缩短近1/2，蛔虫卵死亡率100%，环境中未有明显臭味；建立农田秸秆还田、畜禽粪尿还田、有机肥料、沼液利用和达标排放技术规程；与常规施肥区相比，示范区总盐含量下降25.0%—33.4%。项目申请专利3件；发表论文6篇。 （丁志远）

【蔬菜叶甲科重要害虫发生规律与绿色防控技术研究】 项

目由市农科院承担，6月14日通过上海市农业科技服务中心验收。项目探究上海蔬菜上叶甲科害虫的种类及其发生与危害情况，制订上海蔬菜叶甲科害虫名录；明确上海十字花科蔬菜上以小猿叶甲和黄曲条跳甲2种为主，并研究其发生规律；明确叶甲科重要害虫对常用药剂(以啶虫脒、辛硫磷等为代表)的抗性进展，提出相应对策；筛选4种效果在90%以上的环境友好型制剂；建立叶甲科重要害虫综合防治试验基地3个，核心示范面积1 103亩。项目获发明专利授权2件；发表论文2篇。 (丁志远　王　达)

【重要农作物种子健康检测与风险评价技术研究】 项目由市农科院承担，6月14日通过上海市农业科技服务中心验收。项目完成上海市水稻、小麦等5种主要农作物种子健康评价报告，高通量测序技术评价种子样本数量122份，特异性检测评价种子504批次；制定上海市瓜类果斑病检验检疫与鉴定技术规程；建立水稻稻曲病菌、小麦光腥黑穗病、瓜类果斑病菌、西瓜枯萎病菌、黄瓜花叶病毒病5种重要种传病原菌的种子检测技术体系各1套，灵敏度和准确率符合考核指标要求。项目申请发明专利3件；发表论文3篇。 (丁志远)

【水蜜桃老果园果实品质提升关键技术研究与示范应用】 项目由市农科院承担，6月15日通过市科委验收。项目建立水蜜桃老果园果实品质提升技术方案；采用果园生草、有机无机配施等技术措施，提高果园土壤有机质，0—20 cm耕层提高15.02%，20—40 cm耕层提高16.63%，2个技术示范区平均产量分别提高23%和25%；建立53亩核心示范基地，累计推广示范568亩。项目发表论文2篇。 (王　达)

水蜜桃老果园生态防控

【畜牧场尿液无害化处理和资源化利用关键技术】 项目由市农科院承担，6月19日通过上海市农业科技服务中心验收。项目研发尿液源分离技术，处理后尿污水同比水泡粪工艺原水COD、TN、TP含量分别减少73.57%、72.29%、69.28%，处理后水中COD为125.50 mg/L；通过控制水位饮水器使用，污水产量在原有基础上减少60.42%，在上海祥欣畜禽有限公司等4家单位示范应用；形成《稻田施用沼液技术规范》，实现沼液替代70%氮肥作为机肥和追肥施用，土壤有机物含量提高6.22%，开展还田技术示范应用。项目获实用新型专利授权3件；发表论文4篇。 (丁志远)

【家庭农场生态农业技术集成示范】 项目由市农科院承担，6月21日通过上海市农业科技服务中心验收。项目完成《上海生态农业典型模式总结》，针对家庭农场不同模式提出生态农业技术操作规范4套，完成《"十三五"上海生态农业科技发展规划》，家庭农场示范基地农业废弃物资源化利用率达到100%，降低水稻化学肥料施用量10.0%以上，减少水稻化学农药有效成分施用量10.0%以上，水稻亩产量比同期平均产量提高5.4%；盐渍化土壤经过木霉菌配施肥料改良，土壤含盐量降低10.8%，土壤有机质含量提高13.0%，作物产量平均提高11.4%以上；对水稻种植型家庭农场生态农业技术体系示范与推广，建立8户示范家庭农场，示范面积6 989亩，每亩经济效益提高6.1%以上。项目出版专著1部。 (王　达　丁志远)

【固体菌种液化技术研究】 项目由上海市农业技术推广服务中心承担，6月22日通过上海市农业科技服务中心验收。项目研究固体菌种液化技术和快速接种技术，形成固体菌种培养技术、液化技术在秀珍菇、杏鲍菇、灵芝等的应用方法；研发的小型快速接种器接种速度1 440包/小时，大型自动接种机接种生产速度6 000包/小时；建立示范基地5个，试验示范大棚26个，示范推广灵芝、秀珍菇、杏鲍菇等17.6万袋。项目发表论文2篇。 (仇　红　丁志远)

【铁皮石斛采后保鲜与精深加工关键技术研究】 项目由光明食品集团上海东海总公司承担，6月27日通过上海市农业科技服务中心验收。项目制定铁皮石斛最佳采收时期与采收方式企业技术标准；阐明石斛茎段有效成分时空变化规律；制定石斛鲜条灭菌与保险储运企业技术标准，灭菌材料的大肠杆菌为阴性，菌落总数和霉菌数均不超过10 CFU/g，实参生产灭菌鲜条520 kg；确定适宜的干燥方式与规模化中试，贮藏期比传统方式延长2.2倍，示范生产1 360 kg；制定采后母株复壮与栽培管理技术的企业标准；形成铁皮石斛深加工产品2个，建立精加工技术工艺2项。项目申请发明专利1件；发表论文2篇。 (丁志远)

【农产品中食源性致病菌的快速检测和分型溯源】 项目由市农科院承担，6月28日通过上海市农业科技服务中心验收。项目开发同时针对沙门菌、金黄色葡萄球菌、单增李斯特菌、大肠杆菌、副溶血弧菌的农产品中食源性致病菌的快速检测方法；采集样品883份，分离鉴定食源性致病菌401株，建立上海地区农产品中主要致病菌菌种库；添加270种分型结果到数据库，描述分离株相关毒素或毒力基因的携带率；完成猪肉中沙门菌、虾中副溶血弧菌和生菜中金黄色葡萄球菌风险评估报告3份。项目申请发明专利3件；发表论文8篇，其中SCI论文5篇。 (丁志远)

【上海地区主要经济作物农药多残留检测技术与质量安全风险评估体系研究】 项目由上海市农业技术推广服务中心承担，7月11日通过上海市农业科技服务中心验收。项目起草上海市地产青菜、葡萄、桃子、草莓、西瓜质量安全现状报告，对潜在风险因子划分等级并提出风险管理建议；建立农药制剂样品中克百威等65种杀虫剂隐性成分筛查数据库，抽检杀虫剂样品110个，检出隐性成分17种，3年平均检出率23.5%；建立在青菜、葡萄、桃子等6种果蔬中54种农药多残留检测方法；研究9种农药制剂在青菜、葡萄、桃子上的残留降解特性，撰写农药残留降解特征报告9份；开展地产青菜、葡萄、桃农药残留检测，获得监测数据1万个以上；对10种农药开展长期慢性和短期急性膳食风险评估，出具风险评估报告10份。项目发表论文4篇。 （仇 红 丁志远）

【上海市重点推荐农药品种抗性检测与评价】 项目由上海市农业技术推广服务中心承担，7月11日通过上海市农业科技服务中心验收。项目建立蔬菜和水稻中8种靶标有害生物对7种农药药剂的敏感基线，建立7种药剂的抗性风险评价方法和程序；检测7种药剂对8种有害生物的田间抗性水平、防治效果及抗性发展现状，明确上海地区8种有害生物对7种药剂的抗性风险级别；明确虫螨腈等3种杀虫剂对当地主要捕食性和寄生性天敌的风险；提出嘧霉胺等7种药剂的抗性风险管理措施和建议。项目发表论文6篇。（丁志远 仇 红）

【防治仔猪腹泻的猪源性单链抗体口服制剂研制及应用】 项目由上海交通大学承担，7月18日通过上海市农业科技服务中心验收。项目研究猪源性单链抗体表达工程菌发酵及纯化工艺，对筛选鉴定出的31株猪源单链抗体中6株工程菌发酵培养，优化发酵培养及纯化各项参数，纯化的蛋白质生物学特性稳定，对小鼠、仔猪等实验动物具有良好保护性功能，且安全、无毒性作用；研制防治仔猪腹泻口服制剂6种，经检测，对仔猪和环境无危害；研制防治仔猪腹泻(四抗体)联合抗体口服制剂35 000 mL，形成应用于临床的防治仔猪腹泻应用方法和技术规程；预防有效率80%以上，治疗有效率75%以上；完成3 060头仔猪腹泻防治试验，预防有效率85%，治疗有效率约80%；完成15 130头猪腹泻防治示范，总有效率81%—90%。项目申请发明专利3件；发表论文6篇。 （丁志远）

【天然保鲜冰处理对生鲜水产品流通期间品质变化的影响研究与示范】 项目由上海海洋大学承担，7月24日通过上海市农业科技服务中心验收。项目探究大黄鱼、鲈鱼与金枪鱼模拟流通运输过程中温度波动对其品质变化与贮藏货架期影响，以及3种海水鱼流通运输过程中主要微生物种类分布，构建鲈鱼流通期间货架期预测模型；开发2.5 mg/mL银杏叶提取液用于冰藏鲳鱼等5种复合保鲜冰处理技术，生鲜水产品贮藏货架期延长3—6 d，产品鲜度指标符合国家二级标准；探究配送冷藏箱中添加不同相变蓄冷剂对金枪鱼鱼肉品质的影响，使金枪鱼肉维持在－40 ℃下2.5 h，运输5 h后鱼排中心温度保持在－20 ℃左右。项目申请发明专利4件；发表论文23篇。 （丁志远）

【微流控芯片用于水产动物弧菌病害的早期诊断和防治效果评估】 项目由上海海洋大学承担，7月24日通过上海市农业科技服务中心验收。项目筛选出可用于南美白对虾等水产动物弧菌病害早期诊断预警与后期防治效果评价的毒素蛋白标志物2种、特征代谢蛋白标志物4种；建立生物标志物、全血细胞计数、受到溶血素攻击的血细胞百分比、血液黏度4个弧菌病害早期诊断指标；建立基于微流控芯片技术的水产动物弧菌病害的早期诊断和防治效果评估的综合技术体系。项目申请发明专利4件；发表论文29篇，其中SCI论文11篇。 （丁志远）

【小孢子氮高效复合育种技术在大麦遗传改良上的应用】 项目由市农科院承担，7月26日通过上海市农业科技服务中心验收。项目证实小孢子在离体和氮胁迫双重生存胁迫压下，优势小孢子得以成活、细胞脱分化、再分化，耐低氮适应性转移到再生植株水平上稳定遗传表达；形成以杂交、诱变结合小孢子氮胁迫培养-全生育期氮胁迫鉴定技术及低肥大田品种比较试验等多种方法相结合的小孢子氮高效复合育种技术，提高大麦氮高效育种效率；找到与氮高效利用相关形态、产量性状、生理生化指标，形成综合评价指标；育成减纯氮30%左右时，产量高于或接近正常施肥的主要栽培品种的纯合新品系2份；创制减纯氮70%左右时，产量高于或接近正常施肥的主要栽培品种的纯合新种质2份。项目申请发明专利1件；发表论文4篇。 （王 达 丁志远）

【海丰滨海盐碱池塘养殖关键技术研究与示范】 项目由中国水产科学研究院东海水产研究所承担，7月31日通过上海市农业科技服务中心验收。项目针对海丰滨海盐碱池塘水质特点，对主要养殖品种异育银鲫和凡纳滨对虾开展水质调控，形成生石灰降碱法等高碱性水质调控技术3项，池塘水质pH不高于9.0；筛选出鲫鱼、草鱼2种生态混养模式新品种；建立鲫鱼主养、对虾主养2种生态养殖模式，制定鲫鱼、南美白对虾健康养殖规范和企业标准，筛选出草鲫生态混养模式；筛选出池塘养殖智能管理系统中pH、CO_3^{2-}/HCO_3^-比例等指标参数及催乳素、COR、SOD和Ig M等生理生化指标，并确定安全阈值；建立异育银鲫养殖核心示范区924亩，平均亩产1 303.76 kg；建立凡纳滨对虾养殖示范区221亩，平均亩产284.25 kg。项目申请发明专利2件；发表论文5篇。 （丁志远）

【长三角地区奶牛养殖综合环境治理关键技术研究与应用】 项目由光明牧业有限公司承担，8月24日通过市科委验收。项目优化和改良牛床垫料生产技术、有机肥生产技术优化、奶牛场废水处理技术、奶牛发酵床技术及奶牛粪肥生态还田技术等；奶牛场固体废弃物和污水处理技术能力得到提升，形成奶牛养殖综合环境治理技术体系，建立牛粪生产牛床垫料标准化生产线，年产牛床垫料2 000 t，污水COD、$NH4^+$－N和TP去除率98%以上，建立有机肥生产技术体系、生物发酵床标准化操作规范和有机肥还田标准化操作规范各 1 套,建立规模化奶牛场粪污处理技术标准;建立奶牛养殖环境综合治理技术体系示范牧场 4 家,在苏浙沪地区推广牧场 20 家。项目申请专利 7 件,获实用新型专利授权 4 件;发表论文 5 篇。 (雷艳芳)

【新型微生物农药——荧光假单胞杆菌微胶囊剂的中试研究与产业化】 项目由华东理工大学承担,9 月 5 日通过市科委验收。项目获得荧光假单胞菌在 10 t 发酵罐中高细胞密度发酵技术和微胶囊规模化生产工艺各 1 套;备案荧光假单胞菌微胶囊产品技术企业标准;获农业农村部“5 亿/克荧光假单胞杆菌微囊剂”大田药效试验批准证;在云南、山东、四川和贵州四地开展 2 年田间药效试验,获得田间药效试验报告 8 份;向农业农村部递交“5 亿/克荧光假单胞杆菌微囊剂”农药登记申请。项目申请发明专利 1 件;发表论文 2 篇。 (侯剑锋)

【奶牛性控冻精受胎率提高技术集成与示范】 项目由上海奶牛育种中心有限公司承担,9 月 20 日通过上海市农业科技服务中心验收。项目使公牛冻精活力从 35%提高到 38%,精子密度从 12 亿/毫升提高到 14 亿/毫升,冻精畸形率从 15%降低到 12%;建立种公牛营养需求及饲养管理技术规程;制定最佳精子分离程序;确立适用于荷斯坦种公牛精液最佳缓冲液中 MLT 添加浓度 10^{-4} mol/L;生产改良性控冻精 26.97 万剂,推广 21.64 万剂;改良后性控冻精受孕率 58%。项目发表论文 3 篇。 (丁志远 雷艳芳)

【崇明白山羊优质母羊群构建与优秀杂交公羊遴选】 项目由上海瀛阳农业发展有限公司承担,9 月 27 日通过上海市农业科技服务中心验收。项目建立 500 头规模(种母羊 500 头、种公羊 10 头)外貌特征明显、生产性能优异、遗传基础相对稳定的崇明白山羊核心群,选育的核心群公羊、母羊均符合崇明白山羊品种特征;选育的崇明白山羊优质核心群生产性能优异,母羊平均年产 1.5 胎,经产平均每胎 2.3 只羔羊。核心群崇明白山羊的后代生长性能指标:9 月龄时公、母羊的平均体重分别为 28.5 kg、24.8 kg,周岁育肥公、母羊平均体重分别为 36.6 kg、28.9 kg;育肥羊屠宰率 52.4%;遴选出含有崇明白山羊血统的优秀杂交种公羊 50 只;杂交后代商品育肥羊生产性能指标显示,公羊平均初生重 3.6 kg、周岁平均体重 39 kg(高于预期成年体重)、后裔育肥小公羊 9 月龄体重 33 kg,后裔育肥羊屠宰率 56.2%。项目申请专利 1 件;发表论文 3 篇。 (丁志远)

【新型猪流行性腹泻病毒(PEDV)应急免疫疫苗研制】 项目由上海交通大学承担,9 月 27 日通过市科委验收。项目对上海地区 2010 年以来新发 PEDV 开展流行病学调查,确认 GII-b 亚型病毒株是上海地区流行优势毒株。针对该基因亚型 PEDV 分离难、体外培养滴度低等难题,以高度弱化水泡性口炎病毒(VSV)和单增李斯特菌为载体,在真核细胞中高效制备 PEDV 纤突蛋白 S 及其抗原表位,并研制针对 GII-b 亚型 PEDV 的新型疫苗候选株,可有效激发母猪的主动免疫和仔猪被动免疫,显著降低免疫仔猪对 GII-b 亚型 PEDV 强毒攻击死亡率。项目申请发明专利 2 件;发表论文 4 篇,其中 SCI 论文 1 篇。 (侯剑锋)

【猪伪狂犬病流行毒株基因缺失疫苗的研究】 项目由市农科院承担,10 月 30 日通过上海市农业科技服务中心验收。项目构建猪伪狂犬病毒 gE 基因缺失病毒株 2 株,病毒免疫效果良好;研发的猪伪狂犬病流行毒株 gE 基因缺失灭活疫苗抗体效价达到猪伪狂犬病灭活疫苗质量标准要求;获猪伪狂犬病灭活疫苗临床试验批件。项目申请发明专利 3 件;发表论文 10 篇。 (丁志远)

【实验用崇明白山羊的规模化种群建立】 项目由市农科院承担,11 月 22 日通过市科委验收。项目对现有崇明白山羊群体遗传检测、病原微生物筛选和卫生防疫升级改造,形成 350 头适合实验用羊需求的规模化群体;通过生理生化指标检测、快繁技术建立和标准化饲喂方法研究,积累相关数据,建立实验用崇明白山羊试验平台;完善实验用羊羊舍的卫生防疫升级和管理制度。项目获新型实用专利授权 1 件;发表论文 5 篇。 (王 达)

【草菇保鲜的关键技术研究与应用】 项目由市农科院承担,12 月 21 日通过上海市农业科技服务中心验收。项目建立草菇子实体保鲜方法,探明丙二醛含量、过氧化氢酶活性可作为评价草菇保鲜效果的精准指标,完成草菇低温处理转录组分析,发现磷脂合成相关基因表达量下降是引起草菇低温自溶原因之一,完成草菇 V23 与 VH3 菌株响应低温胁迫差异分析,找出 VH3 菌株相对耐低温原因,获得关键代谢产物海藻糖和甘露醇。项目申请发明专利 8 件,其中获授权 1 件;发表论文 6 篇,其中 SCI 论文 2 篇。 (丁志远)

第四节 | 装备农业 >>

【基于生物传感器的农残检测设备研发】 项目由上海理工大学承担,1 月 26 日通过上海市农业科技服务中心验收。项目研制酶生物传感器型农残速测仪 4 台,建立农产食品中有机磷、氨基甲酸酯类及拟除虫菊酯类农药残留的仪器自动化快速检测方法,各项技术指标均达到预期;开发检测数据溯源二维码编码解码、查询及管理系统;在弘阳合作社和青浦区 2 家菜场开展农药残留测试的验证推广。项目申请发明专利 3 件,其中获授权 1 件,获软件著作权登记 1 件;发表论文 10 篇,其中 SCI 论文 2 篇。 (丁志远)

【多功能麦子条播机的研发与中试】 项目由上海市农业机械鉴定推广站承担,3 月 16 日通过上海市农业科技服务中心验收。项目研制适应上海地区麦子机械种植的多功能麦子条播机25台，机具配备动力70马力以上拖拉机；种植行距15 cm，工作效率9.3亩/小时，旋耕深度8.3 cm，开沟深度19 cm，开沟上宽18 cm、下宽11 cm，播量7—15 kg，播种深度2—3 cm，机具可靠性≥90%，漏播率、排种变异系数符合国家标准，并通过定型鉴定；麦子机械条播较人工撒播亩增产18.72 kg，增幅5%，比常规麦子条播机提高生产效率2.5倍以上；建立多功能麦子机械条播示范点25个，完成示范面积12 110亩；制定《麦子机械条播配套农艺技术规范》《多功能麦子机械条播作业技术规程》。项目获实用新型专利2件；发表论文2篇。（丁志远）

【高效智能果树栽培水肥一体化技术集成应用】 项目由上海市农业机械研究所承担，3月16日通过上海市农业科技服务中心验收。项目完成金山基地80亩设施葡萄、15亩露地梨树的水肥一体化土壤墒情监测智能控制滴灌及盛亮基地55亩露地桃树水肥一体化土壤墒情监测智能控制地面微灌及顶部喷淋灌溉的系统设计、关键设备选用、安装调试及生产应用。筛选出适于果树栽培不同生育期的水溶肥3种及掺混肥1种。制定基于可使用水溶性复合颗粒肥的梨树栽培防堵滴（渗）灌水肥一体化操作技术规程、基于可使用水溶性复合颗粒肥的巨峰葡萄栽培防堵滴（渗）灌水肥一体化操作技术规程和基于使用水溶性肥的桃树栽培水肥一体化操作技术规程。与常规水肥管理相比，应用智能水肥一体化技术设施栽培葡萄每亩节肥30.49%，节省3.14工/亩/年；露地梨每亩节肥22.7%，省工3.13工/亩/年；露地桃每亩节肥32.35%，节省3.06工/亩/年；葡萄可溶性固形物提高3.15%，优质果率97.23%；桃、梨优质果品率提高15%。项目获实用新型专利授权2件；发表论文2篇。（李长兴 丁志远）

【水稻高效植保机械化技术的示范和推广】 项目由上海市农业机械鉴定推广站承担，3月21日通过上海市农业科技服务中心验收。项目在上海建立使用自走式高地隙喷杆式植保车作业的水稻高效植保核心示范点30个，面积4.38万亩，推广水稻高效植保技术30.43万亩；自走式植保车作业成本比担架式降低74.20%，比背负式降低79.44%；每亩药量减少不明显；制定《水稻高效植保机械化技术规范》《水稻植保机械高效化施药技术规范》《自走式高地隙喷杆式植保车防治水稻病虫害效果评价》。项目发表论文2篇。（丁志远）

【松江稻田机械耕整新技术的推广应用】 项目由松江区农机管理所承担，3月29日通过上海市农业科技服务中心验收。项目在松江推广稻田平整埋茬碎土复式作业机1BPQ-500水田耙80台，全区示范推广23.3万亩，稻田耕整地机械化新技术应用率82%；与传统耕整技术相比，提高稻田机械耕整作业效率30.26%，机械耕整成本降低30%；作业后地表平整度≥90%，埋茬率75%；举办现场演示12次；形成水田耙作业技术规范和质量标准和松江区耕整田机械化技术指导意见。（丁志远）

【秸秆全量还田条件下栽培土壤环境改良技术研究】 项目由上海市崇明区农业技术推广中心承担，4月17日通过上海市农业科技服务中心验收。项目对微纳米气液界面技术设备适用性改，开展微纳米水灌溉对比试验，确定水稻田试验用机型号为JWNP-3-2.2；与常规灌溉相比，秸秆全量还田稻田土壤氧化还原电位提高40 mV，纳微米气液界面设备灌溉水中溶解氧提高68.5%—86.2%，水稻白根数增加11.6%—27.8%；采用微纳米气液界面技术后，在肥料使用量减少10%条件下，水稻亩增产6.2%；在上海耀全粮食专业合作社水稻上开展基于气液界面技术下肥料减量试验和示范，合计47亩次。项目申请发明专利1件；发表论文2篇。（丁志远）

【标准化池塘智能原位自净装备研制与示范应用】 项目由上海海洋大学承担，5月16日通过上海市农业科技服务中心验收。项目根据池塘物质和能量变化规律，研制适应池塘因子动态变化的水动力装备，实现低能耗“运动—增氧”复合效应和净化效果最大化；应用具备提水、破水和推水功能的大面积低功耗立体式原位净化装备16套，水动力影响范围相较于叶轮式增氧机36.1%，3—5 mg/L溶氧指标下能耗降低25%以上；智能原位自净装备投入使用后，氨氮指标相对于对照塘上风口平均降低24.8%，下风口平均降低16.25%；完成系统算法代码、办卡原理和布线图各1套，完成系统适应性等测试报告1份；形成适合当地养殖特点的集成化应用技术，在海丰农场示范面积120亩、东风农场示范面积52亩、上海思阳（海锋）水产养殖合作社示范面积21亩。项目获专利授权4件、软件著作权登记4件；发表论文2篇。（丁志远）

【工厂化养殖蚯蚓的研究与示范】 项目由上海盛然农业科技有限公司承担，5月30日通过上海市农业科技服务中心验收。项目制定蚯蚓工厂建设规程和工厂化蚯蚓养殖技术规范；建设蚯蚓工厂化基地3家，面积900 m²，实际应用面积260 m²；实现核心蚯蚓工厂示范区年消耗农业废弃物1 918 t，年产蚯蚓11.3 t，蚯蚓粪394.5 t；形成2个蚯蚓饵料配方。项目申请专利1件；发表论文2篇。（丁志远）

【上海奶牛生产性能测定中心（DHI）建设】 项目由上海奶牛育种中心有限公司承担，6月1日通过市发展改革委验收。项目建设地点位于上海彭浦科技园区，建成样品冷藏库、DHI测试实验室、信息处理中心、适配冻精仓库、DHI服务（饲料检测）检测室、DHI培训室；建设无菌操作间，购置乳成分分析仪、饲料快速检测仪等设施设备；新增饲料检测、乳腺炎病原菌筛查、药敏实验和适配冻精选配指导等服务，指导牧场更好利用DHI数据，提升实验室检测及服务能力，保证上海市生鲜乳质量安全。（雷艳芳）

【大型海上渔业综合服务平台总体技术研究】 项目由北车船舶与海洋工程发展有限公司、中国水产科学研究院渔业机械仪器研究所共同承担，7月19日通过市科委验收。项目首创深远海大型渔业生产模式，突破系统功能与总体设计、安全保障和综合性能优化技术，完成国内首艘具备自航能力，集养殖、繁育、加工、物流补给等功能于一体的10万吨级大型游弋式渔业综合生产平台工程化总体方案设计，设计养殖生产能力3 700吨/年，繁育规模400万尾/批，渔获加工能力72—96吨/天；研发环境可控船载舱养系统构建技术，建立养殖舱流场分析模型，优化鱼舱结构；结合垂舷式变深度取水系统技术，可抽取0—100 m深度海水，满足不同养殖品种对水温和水质需要；研究海上平台风光互补多能源并网运行系统及管控技术，研发大型渔业养殖平台能源管理系统；完成10万吨级载重大型渔业综合生产平台总体设计，续航力25 000 nm，航速9.75 kn，养殖水体88 000 m^3，无限航区。项目申请专利14件，其中发明专利9件；发表论文8篇。（王　磊）

【引入智能机器人的温室作物生长专家系统研发及应用示范】 项目由上海都市绿色工程有限公司、上海大学、市农科院共同承担，7月19日通过市科委验收。项目研发温室环境中植株生长微环境信息采集智能巡视机器人，采用自动巡检或远程遥控模式进行温室内巡视并定点采集相关数据和图像信息；研发温室环境网络化监测系统平台，可实时获取温室环境信息及图像处理提取到的生长点信息(共43个数据点)；研发作物生长环境监测专家系统软件，搭建智能巡视机器人与网络化监测系统平台；系统在崇明设施农业示范基地温室开展现场验证和应用；研究不同光谱配方对番茄、黄瓜育苗影响，完成全自动控制的LED补光系统，LED光照系统比传统的荧光灯光照系统节能50%以上；制定人工光番茄育苗生产技术规程，并研究夏季高温条件下大、中、小黄瓜幼苗在定植前后的重量及气体交换参数，优化夏季育苗方案，在崇明港沿建立补光育苗栽培试验区1个，总面积1 792 m^2。项目申请发明专利5件，其中获授权1件，获软件著作权登记4件；发表论文16篇。（王　磊）

温室智能机器人

【上海奶牛育种中心种公牛站标准化生态养殖基地建设(扩建)】 项目由上海奶牛育种中心有限公司承担，9月11日通过市农业农委验收。项目对上海奶牛育种中心有限公司现有种公牛站改造，包括公牛舍运动场栏杆除锈油漆及维修，铺沙、填土、水碗及卧床加固，防雷整改安装；建设饲养技术应用设施，完成性控冻精实验室改造，配置满足性控冻精生产、检测等设施设备；提升精液品质，改良奶牛群体，提升产量，提升生鲜乳质量控制能力，提升上海种质资源。（雷艳芳）

【大型金枪鱼围网渔船装备及决策系统关键技术】 项目由上海远洋渔业有限公司承担，9月16日通过市科委验收。项目研制金枪鱼围网理网机，实现中国金枪鱼围网理网机械化，应用于上海开创远洋渔业有限公司的“LOMALO”围网渔船，起理网速度提高10%—12%；应用海洋遥感、GIS和专家系统等技术，建立基于全球气候因子变化的南太平洋岛国金枪鱼围网入渔决策服务系统，应用于上海开创远洋渔业有限公司金枪鱼围网渔船，预报精度85%，10艘渔船共捕捞产量33 942 t，比2016年同期增加11 813 t，增长53.38%；平均单船产量增加1 181 t；建设大型金枪鱼围网捕捞船队物联网智慧服务平台，应用于上海开创远洋渔业有限公司的“金汇58”围网船，建立渔获物生产管理的溯源系统，提高渔船安全管理能力。项目申请发明专利5件，获发明专利授权1件、实用新型专利授权3件、软件著作权登记6件；发表论文37篇；出版专著5部。（王　磊）

【上海市奶牛饲料质量安全监控平台建设】 项目由光明牧业有限公司承担，10月24日通过浦东新区发展改革委验收。项目购置1 t型混合机；购置饲料近红外在线及非在线检测仪各1台，建立饲料安全指标和快速检测体系，完善饲料检测中心实验室，提高监控饲料的能力；建设计算机自动配料系统软件，购置铁托盘、机器人码包机、运输带等和饲料散装车，实现生产自动化；建设饲料安全监控平台。项目获软件著作权登记2件。（雷艳芳）

【设施内可调偏置深翻犁和旋耕作畦机的研制】 项目由上海市农业机械研究所承担，11月16日通过上海市农业科技服务中心验收。项目研制先旋后犁深翻机2台，配套动力44 kW四轮驱动拖拉机，犁翻深度26 cm，耕幅70 cm，作业效率2.6亩/小时；研制旋耕作畦机2台，配套动力29.4 kW四轮驱动拖拉机，畦面宽100 cm，作业效率3.8亩/小时；制定深翻机技术规范及操作规程、1Q-100旋耕作畦机操作规程；完成试验示范面积160亩。项目申请发明专利1件，获实用新型专利授权1件；发表论文1篇。（李长兴　丁志远）

【上海光明荷斯坦牧业有限公司技术中心能力建设】 项目由光明牧业有限公司承担，12月21日通过市经济信息化委验收。项目新增仪器设备14台(套)，提升综合检测能力，检测参数增加35项，新研发检测技术8项，完善饲料和奶牛营养、安全、疫病等方法体系。项目申请发明专利1件、实

用新型专利1件。 （雷艳芳）

第五节 数字农业 >>

【肥料中POPs有害因子检测标准及其风险预警平台研究】 项目由上海出入境检验检疫局承担，1月30日通过上海市农业科技服务中心验收。项目建立肥料中POPs和重金属离子有害因子风险预警模型和预警平台软件；申报肥料中POPs等有害因子检测方法国家标准3部，其中颁布2部。项目申请发明专利3件，获软件著作权登记1件；发表论文4篇，其中SCI论文3篇；出版论著1部。 （丁志远）

【绿叶蔬菜物联网综合管理平台开发】 项目由上海农业信息有限公司承担，1月31日通过上海市农业科技服务中心验收。项目研发上海蔬菜生产管理信息系统的改造及手持式终端及其应用；开展2套植株生长检测仪设备试点应用，实现全天候实时采集数据，数据量超过20 000条；完成设施绿叶蔬菜QACCP管理系统的研发并开展示范应用，与绿叶蔬菜物联网综合管理平台对接；完成物联网示范基地数据接口、物联网应用公共服务平台接口、农业数据中心接口和农业投入品监管信息平台接口4个对外数据传输接口开发；在上海9个区、2家蔬菜生产集团和270余家蔬菜生产专业合作社推广使用，建立20家标准园的核心示范应用基地。项目获软件著作权登记2件；发表论文4篇。（丁志远）

【上海绿叶蔬菜价格预警模型及辅助决策系统开发】 项目由市农科院承担，3月14日通过上海市农业科技服务中心验收。项目建立上海绿叶菜综合数据库，涵盖气象、生产信息、价格等结构化数据180余万条；分析绿叶菜价格波动影响因素，量化各影响因素权重，获得以青菜、鸡毛菜等为代表的绿叶菜价格波动规律特征；建立上海绿叶菜价格预测模型，实现对青菜、鸡毛菜等月价格、周价格和日价格预测，模型平均预测效果模拟值与历史实际值吻合度87%；开发"上海蔬菜价格分析预测系统"平台软件、手机App，上海蔬菜价格分析报告发布于"上海市农业委员会信息中心"微信公众号；研究多个国家农产品价格调控政策，提出一系列针对上海绿叶菜价格调控的政策建议。项目获软件著作权登记4件；发表论文3篇；出版专著1部。（王 达 丁志远）

【低密度移栽类蔬菜机械化种植集成技术的研究与示范】 项目由上海市农业机械鉴定推广站承担，5月3日通过上海市农业科技服务中心验收。项目针对生菜、甘蓝、花菜等蔬菜开展低密度移栽机械选型试验，研究农机农艺集成技术，并开展示范推广；对意大利HORTECH公司四行移栽机、井关双行移栽机、洋马全自动移栽机和鼎铎移栽机等开展选型试验，对其品种适应、种植方式、农艺要求、作业效率、作业成本等方面作技术评价，并形成选型评价报告；完成低密度移栽类蔬菜机械化技术规程，形成可复制可推广的机械化移栽技术方案；示范面积1 298亩次，其中生菜234亩次、花菜252亩次、甘蓝812亩次。项目获实用新型专利授权1件；发表论文2篇。 （丁志远）

【互联网＋金山现代农业大数据平台建设】 项目由上海市金山区农业信息服务中心承担，5月24日通过上海市农业科技服务中心验收。项目建设互联网＋金山现代农业大数据平台，实现数据共享，推动资源整合，开展数据挖掘应用，推动产业融合。完成金山大数据服务平台资源整合，完成四大系统区级数据筛选和清洗，采集各类数据149.75万条。建设上海金山丰泽淡水鱼种场等4家单位物联网应用示范基地；完成蔬菜、蟠桃、葡萄、水产基地物联网系统应用，累计部署物联网设备36套、视频监测点21个，采集数据405.44条。建设大数据服务平台数据分析系统；建设金山区果蔬安全监管与质量追溯系统，推广应用100家，建立核心示范基地2家；完成金山区农业补贴管理系统建设，实现补贴数据采集、填报、监控和公示功能；实现与市级补贴资金平台对接；完成数据接口开发，实现与市级农业云平台数据资源对接；制定金山区农业数据资源目录和共享应用的标准。项目获软件著作权登记1件。 （丁志远）

【模块化智能设备灌溉研发】 项目由上海农业物联网工程技术研发中心承担，5月30日通过上海市农业科技服务中心验收。项目研发模块化的智能灌溉设备和智能灌溉监控系统，实现灌溉控制及数据处理功能，并在郊区推广应用。试制智能灌溉设备49套，实现手机和电脑远程可控；研发智能灌溉监控系统，实现灌溉控制及数据处理功能；水位数据高效采集，数据采样间隔≤3分钟，控制器指令响应时间≤30秒；在宝山、金山、奉贤、松江建立示范基地4家，完成智能化灌溉220亩，每亩灌溉节水30%。项目申请专利2件，获软件著作权登记1件；发表论文4篇。 （丁志远）

【上海农业物联网云平台大数据参考模型的研究和应用】 项目由上海农业信息有限公司承担，6月7日通过上海市农业科技服务中心验收。项目实现农业大数据云平台中农业数据和资源分布式储存和可视化高效查询，查询时间达到秒级别；建设元数据管理系统，实现元数据整个生命周期管理，包括采集、建库、更新等功能，定义业务系统元数据完成系统录入；整理农业大数据领域部分术语，运用欧洲环境大数据基础设施参考模型，完成农业大数据平台参考模型建设；完成农机、畜牧业务子系统的元数据标准制定及和云平台其他功能模块的数据和功能接口描述；系统支持50名用户同时使用；形成参考模型需求分析报告、大数据模型参考标准、系统运行维护管理条例各1套。项目申请专利5件，获软件著作权登记3件；发表论文4篇。 （丁志远）

【农产品质量安全快速检测数据库的建立及风险预警平台的建设】 项目由上海市农产品质量安全检测中心承担，6月12日通过上海市农业科技服务中心验收。项目构建农产品质量安全数据库,包含全市农药残留、渔药残留、兽药残留数据582 180个;构建农产品质量安全风险预警系统,包括监测数据交互模块、风险警情可视化模块和预警信息交互模块;系统支持200个并发用户,页面响应时间≤5秒;建立水稻、西瓜、青菜、番茄和黄瓜5种农作物中氟吡菌胺、烯肟菌胺、氟虫苯甲酰胺多残留检测方法,检出限0.01 mg/kg,定量限0.03 mg/kg。项目获软件著作权授权2件;发表论文1篇。 (丁志远)

【农用地综合管理平台在种植业中的应用】 项目由华东师范大学承担,6月26日通过上海市农业科技服务中心验收。项目建成上海市农用地GIS基础平台,完成遥感数据解译和更新;建成基于农用地GIS基础平台的菜田服务综合管理系统、粮田服务综合管理系统;完成252万亩永久基本农田、80万亩粮田的农用地综合数据库建设;建成基于农用地GIS基础平台的上海种植业保险GIS服务系统;形成具可操作性的上海农用地GIS基础信息的集成、共享和服务技术规范;实现上海市农用地GIS基础平台与金山、嘉定2个区农用地管理系统、上海农业云平台对接;单服务器按并发用户100人次开展测试,地块查1 674次/秒,地块更新110.4次/秒,切片地图服务400次/秒,动态地图服务274次/秒。项目获发明专利授权1件;软件著作权登记2件。 (丁志远)

【水产养殖综合信息服务平台在奉贤区的应用推广】 项目由上海市奉贤区农业信息服务中心承担,6月26日通过上海市农业科技服务中心验收。项目依托水产物联网装备和技术,建立奉贤区水产物联网综合服务平台,支持50名用户并发访问量;完成与上海农业物联网云平台对接;开发奉贤区水产物联网综合服务平台手机App,实现短信和App接收水质监测信息和水产专家作业建议;完成庄行地区集贤、海锋、锭顺3家合作社水产物联网示范基地建设;平台实现为超过1 000户水产养殖户提供信息服务,发送各类养殖服务信息超过12万条,覆盖虾类养殖区域1.8万亩。 (丁志远)

【上海市农产品质量安全监管平台建设与应用】 项目由上海绿度信息科技股份有限公司承担,8月10日通过上海市农业科技服务中心验收。项目搭建网格化管理系统,涵盖农产品质量安全监管、三品一标(无公害农产品、绿色食品、有机农产品和农产品地理标志统称)监管、执法信息的收集、查询等;在100 MBPs局域网环境下,支持100个并发连接数,单用户大数据量查询平均响应时间<2秒;建设网格化监管平台PC端,开发网格化监管平台移动App,支持至少千人同时通过移动端进行数据录入、上传、查询等操作;系统平台支持每天20万PV,每年36TB文本数据增量。项目获软件著作权登记1件。 (丁志远)

【上海地区主要农作物品种标准样品DNA指纹图谱构建与应用】 项目由上海市种子管理总站承担,8月22日通过上海市农业科技服务中心验收。项目构建上海地区审定通过的水稻116个标准样品DNA指纹图谱数据库,共64个品种,其中常规稻品种38个、杂交稻品种26个、亲本52个;构建上海地区审定通过的玉米207个标准样品DNA指纹图谱数据库,其中杂交玉米品种69个、亲本138个;连续3年农作物种子质量监督抽查中,随机抽取上海地区水稻样品20个、玉米样品20个,并鉴定真实性;构建上海地区审定通过的18个杂交稻品种、水稻测试指南中39份标准品种与其他14个已知水稻品种的DUS测试形态学数据库及其品种特征图片库;通过对水稻测试指南中39份标准品种的田间测试试验,对标准品种在上海地区的性状表现与水稻测试指南中的代码开展差异性分析,优化部分性状标准品种。项目发表论文4篇。 (丁志远)

【生鲜牛奶产品质量追溯系统建设】 项目由光明牧业有限公司承担,11月13日通过中国农垦经济发展中心验收。项目在五四奶牛场建立生鲜牛奶质量追溯系统并运行。制定《光明牧业有限公司生鲜乳质量追溯项目工作制度》《光明牧业有限公司生鲜乳质量追溯项目系统运行及设备使用维护制度》《光明牧业有限公司生鲜乳质量安全事件应急预案》等配套制度;配置电脑、标签打印机等信息网络设备和追溯专用设备;五四奶牛场追溯规模2 502头,追溯产量11 148.06 t,追溯精度为批次,追溯深度为乳品加工厂。 (雷艳芳)

【农业物联网软硬件成套装备中试熟化平台建设】 项目由上海农林职业技术学院承担,12月20日通过上海市农业科技服务中心验收。项目完善上海市现代农业开放实训中心物联网基地建设,增加集成式大田气象站环境装备、水产养殖物联网智能控制箱、设施农业监控等设备,构建与农业生产相对应中试测试环境;制定5种农业专用传感器的稳定性、相对适应性及匹配性评价标准各1部;制定农用物联网装备与软件接口评价标准;建设农用物联网装备与软件综合展示平台,完成中试熟化平台管理系统开发;制定3类典型农业物联网系统成套配置规范各1项;完成5项农业专用传感器的测评和熟化评价报告,制定《农用传感器环境测试规范(总则)》。项目发表论文3篇。 (丁志远)

第二篇　第六章

城市建设与生态科技

第一节 | 概况 >>

【上海水务海洋科技工作概述】 2018年，上海水务海洋科技工作围绕上海2035卓越的全球城市建设和加快推进具有全球影响力的科技创新中心建设目标，针对城市精细化管理补短板，聚焦城市黑臭水体科学治理、海绵城市治涝体系建设、水源地联通重大工程，加强前瞻性、战略性、基础性和体系性科技攻关及标准制定。全年启动国家水专项“太浦河金泽水源地水质安全保障综合示范”等科研项目25项；取得各类科研成果25项，制定国内首部《生活饮用水水质标准》《治涝标准》地方标准，编制出台城市综合管理标准5部，颁布实施市水务局指导性技术文件6部，推进浦东新区全国海洋经济创新示范城市建设。

开展黑臭河道治理和中小河道整治研究。针对河道水质检测、评估评价、污泥处置等重大问题，启动“上海市中小河道水质航空遥感监测应用示范”“上海市中小河道水质评价指标体系研究”“上海市污泥无害化和资源化处理处置全链条能力提升”“中心城区雨水泵站放江排放口污染物削减关键技术研究”“城市河道排污口应急处理净化槽研究”“城市污泥资源化利用新工艺产业化研究”等项目。编制出台《上海市城市黑臭/劣五类水体治理技术指南》；对生态护岸技术问题开展调研，形成《上海市生态护岸调研报告》，编制出台《上海市雨污混接改造技术导则》，为开展中心城区和郊区建成区分流制地区排水管道雨污混接调查和改造补齐技术短板。

加强“四道防线”（千里海塘、千里江堤、区域除涝、城镇排水）建设问题研究。开展“极端气候变化条件下城市安全措施研究”等重大科研需求顶层设计，完成城市防汛安全系统科研需求顶层框架设计；启动“黄浦江河口建闸应对流域超标准洪水的行洪作用及功能定位深化研究”“黄浦江河口建闸前期水沙及河势动态跟踪与研究”“两水平衡背景下基于降水量分析的防汛泵站辅助决策系统研究”“多源台风驱动下的长江口风暴潮概率数值预报技术研究”等项目；推进“上海市苏州河深隧与地区排水系统一体化运行调度关键技术研究”“上海市海塘安全鉴定技术规程研究”“长江口水底长期观测系统方案研究”等项目研究。编制出台《治涝标准》地方标准，是全国首个地方性治涝标准；编制《上海市水务设施（厂/站）海绵城市建设技术导则》，规范上海水务设施海绵城市工程建设的操作性和科学性。

开展提升优质饮用水安全保障研究。完成“黄浦江上游生态水源湖（库）供水保障体系技术研究与示范应用”重大科技需求顶层设计，启动国家“十三五”水体污染控制与治理科技重大专项“太浦河金泽水源地水质安全保障综合示范”项目。开展“金泽水源地突发水质污染生物综合预警技术研究”“饮用水突发性锑污染应急处理工艺研究”等项目研究；推进“居民用户阶梯水价实施效果跟踪评价研究”“二次供水水质在线监测与信息公开应用研究”项目研究。开展“青草沙、陈行连通管工程可供水量及长距离盾构专题研究”项目研究，为优化原水格局提供技术决策保障。编制《生活饮用水水质标准》；出台《上海市原水引水管渠保护技术标准》；开展用水定额修编，推进《二次供水改造技术规程》编制。

开展城市精细化综合管理专题研究。制定水务综合管理标准，编制《中小河道管理标准》《居民小区供水服务管理标准》《城市公共排水设施管理标准》《防汛信息服务标准》《堤防海塘管理标准》《农田灌排设施管理标准》《水闸管理标准》；制、修订《上海市水务标准体系表》《上海市水务定额体系表》；推荐《城镇污水处理厂恶臭气体治理技术标准》《堤防施工钢板桩围堰技术规程》等工程建设地方标准申报，实施《苏州河滨水公共空间建设设计导则（堤防篇）》《上海市排水检查井塑料防坠格板技术规程》等局标准化指导性技术文件6部；颁布市水务局《政务数据资源共享管理办法》；启动《水务海洋计量工作管理办法》制定。

开展提升海洋综合管理能力研究。推动浦东新区开展全国海洋经济创新示范城市建设，全年启动示范项目12个，第1批专项资金下达；开展“上海典型受损岸段生态整治修复关键技术集成研发”“上海建设全球海洋中心城市评估指标体系研究”“海洋工程建设项目环境影响后评价体系研究”等项目研究；推进“浮山岛近岸滩地保护与利用研究”“南汇咀控制工程战略研究”“舟山绿色石化基地突发溢油对上海海洋环境影响研究”等项目研究；结合世界海洋日宣传活动，依托上海科技节和青少年科技创新大赛，开展2018浦东新区“助力海洋生态开启绿色航行”科普活动、“携手看海去”2018年海洋科普系列活动，推荐海事大学附属北蔡中学申报国家海洋科普教育基地，引导海洋特色示范学校建设，培养海洋事业储备人才。（金巍良　胡　挺）

【上海环保科技工作概述】 2018年，上海环境保护科技工作围绕《上海市环境保护和生态建设“十三五”规划》，上海市环保三年行动计划，以及气、水、土三大污染防治行动计划要求，加强科研投入，为环境管理提供科技支撑，提高污染防治和环境管理能力和水平。

围绕全市环保工作重点，开展"上海市河道水体水质提升生态修复技术集成与示范""上海城市土壤污染风险甄别及监测预警技术研究与应用""上海城市生态功能特征指标监测与效益评估技术研究""上海市智能环保综合决策与大数据应用研究""上海市环境保护管控'三线一单'划定技术导则和实施细则研究"等重大专项。

上海市环境科学研究院牵头的"城市再开发场地土壤污染控制与修复关键技术及其应用""长江口水源地突发水污染预报预警业务化平台"项目分别获2017年度上海市科技进步奖一等奖和三等奖；上海市环境监测中心牵头的"PM 2.5与霾天气预报预警关键技术及其应用"项目获2017年度上海市科技进步奖三等奖。（沙剑波）

【上海地震科技工作概述】 2018年，上海地震科技工作提升防震减灾公共服务水平，推进上海防震减灾事业现代化建设。

地震监测预报水平显著提高。加强上海测震台网运维管理，规范台站故障应急处置流程，更新升级老旧监测仪器，大幅提升台网整体运行效能，上海测震台网全年运行率99.44%，处于全国靠前行列。强化震情跟踪与分析研判，定期形成对上海及邻区地震预测的会商意见；发挥区域网格化趋势判定系统作用，完善趋势会商技术系统；以"11·9"地震为例，深化长江口监视区的震例总结与研究，推动地震预测可靠性；开展短临地震地电观测技术研究，强化异常发现与核实。利用红外、电磁、雷达波等数据开展上海地区地球物理场观测。强化信息社会服务能力，加强地震网络安全设计，推进信息链路改造升级。

地震灾害风险防范扎实开展。加强防震减灾示范创建工作力度，开展市防灾减灾综合示范社区创建与认定，新认定普陀区金鼎学校和陆家嘴街道长城家园为市级防震减灾科普教育基地；强化"震情第一"意识，修订《上海市地震局地震应急预案》，完成年度全国地震现场处置轮值；推进演练常态化，完成市防震减灾联席会议成员单位桌面演练，黄浦区等4个区开展地震应急演练，提升各级政府应急防范能力和水平；参与2018年度华东地震应急联动协作演练，加强地震现场工作处置能力；上海市地震应急辅助决策系统通过验收且运行正常，为政府应急救灾提供有效辅助决策能力。

防震减灾社会宣传影响提升。在汶川地震10周年之际开展系列新闻宣传活动，召开专题媒体通气会、录制广播节目，通报上海防震减灾事业发展成就，形成全社会关心防震减灾事业的良好氛围；举办第20届上海市中学生防震减灾知识竞赛，选派获胜队伍出战全国防震减灾知识大赛，并获优秀奖；举办首次公众开放日和探秘地震亲子活动，让普通市民零距离了解体验防震减灾文化；推进《言归"震"传》等品牌科普作品创作，并借助移动媒体平台播放，扩大宣传覆盖面。运用"互联网+地震科普"宣传模式加强新媒体建设，开设"震在发声"微信公众号，与门户网站、官方微博形成合力，拓宽宣传渠道。上海地震科普馆获评全国中小学生研学实践教育基地。

科技创新和合作交流稳步推进。"以精定位背景地震活动研究中国东部中强地震活动区隐伏发震构造""上海市地震震害快速判定研究""临震电磁脉冲前兆异常观测与研究"等项目通过验收；市地震局与中国铁塔股份有限公司上海市分公司签署战略合作协议，推进上海智慧城市建设；按照中国地震局援疆援藏工作部署，推动援助新疆石河子市资金落实；与日喀则市开展援藏对接，与鲁、吉、黑3省地震局细化援藏工作方案，提升日喀则市地震现场应急能力，加强防震减灾人才队伍培养。（张建莉）

第二节 节能与资源利用 >>

【多元互动的主动配电网规划关键技术研究】 项目由国网上海市电力公司、上海电力设计院有限公司等共同承担，1月3日通过国网上海市电力公司验收。项目针对风、光等间歇式分布式电源的不确定因素影响，提出考虑源-荷-储多元协同互动效应的配电网负荷预测模型；建立主动配电网双层多目标规划模型，得到主动管理模式下配电网网架规划方案及储能选址定容方案，构建综合评价指标体系，获得最优规划方案；通过上海虹桥临空经济园区主动配电网，验证所提规划方法科学性和有效性。项目发表论文1篇。（宋 平）

【膜蒸馏废油再生系统关键技术研究与应用示范】 项目由上海远舰石油技术服务有限公司、同济大学、上海应用技术大学共同承担，1月5日通过市科委验收。项目通过对无机陶瓷膜改性，获得适应不同性质的油品处理专用膜，开展膜-蒸馏技术在废油再生领域应用，研究膜-蒸馏过程温度、压力、流量等工艺参数对废旧油品中水分及重油断链后轻质组分脱除效果的影响；研制针对来源复杂性质各异的废油投资相对较低、使用方便灵活、生产量大小可控和处理的废油再生处理系统；完成规模年处理废油量1 000 t中试装置，并在隧道盾构、公交车开展示范应用，其中公交车行驶里程累计11万千米，对再生机油推广使用提供支撑。项目申请发明专利5件；发表论文12篇。（王 磊）

【基于燃机再制造技术的工业区分布式供能智能微网关键技术与示范工程】 项目由上海同祺新能源技术有限公司承担，1月5日通过市科委验收。项目通过退役航改型燃气轮机在分布式能源领域的适应性再制造、污染物控制、热网压力仿真等技术研究，掌握国产航改燃机再制造基本技术、燃机热电联产及负荷配比调节、热网蒸汽负荷监控调节等可用于工业区分布式能源微网的关键技术；构建航改燃气轮机性能试验系统一体化平台和智能微能源网能效监管平台，研究成果应用于上海老港工业区分布式能源站的建设和运行，并为园区型分布式能源建设提供示范和设计参考。项目获实用新型专利授权5件、软件著作权登记3件；形成新技术、新装置2项；发表论文4篇。 （王　磊）

【高效N型双面太阳电池产业化技术研究】 项目由上海神舟新能源发展有限公司承担，1月12日通过市科委验收。项目开发N型PERT五栅双面电池，批量生产13 893片电池，平均效率21.1%，平均开路电压652 mV，平均短路电流密度40.5 mA/cm^2，平均填充因子80.0%，电池可靠性指标通过TUV测试认证；实现N型双面电池销量10.79 MWp；研究p$^+$发射极的扩散机制和p$^+$发射极电极（银-硅）电子输运机制，建立p$^+$发射极银硅异质结界面电子散射机构理论模型；提出从扩散形成的发射结和银厚膜接触电极形成接触电阻关联机理。项目申请专利8件；发表论文10篇。 （王　磊）

【计及时空相关性的“风-车协调”鲁棒优化调度】 项目由上海电力大学承担，1月19日通过市科委验收。项目构建考虑风电功率时空相关性的鲁棒可行性判定方法，解决随机波动电源接入电网后安全经济运行问题；研究面向调峰调频的风-车协调优化调度模型和决策方法，经过仿真验证，取得较好效果。项目为风电并网优化调度管理工作提供决策支撑，优化调度决策适用性。项目申请专利1件；发表论文4篇。 （季　沛）

【基于滑模控制和观测器的新能源互联电力系统负荷频率控制研究】 项目由上海电力大学承担，1月28日通过国家自然科学基金委验收。项目利用滑模控制、观测器等现代控制理论方法，针对包含风光等波动性新能源多域互联电力系统，设计不同工况运行下鲁棒负荷频率控制策略。建立发电受限和存在不确定项的互联电力系统数学模型，解决不同工作点变化的不确定电力系统频率偏差问题；优化电能质量及减小大容量储能设备投入；针对含分布式电源和负荷的互联电力系统设计分布式观测器，实现大规模新能源并网和负荷波动情况下电力系统的功率平衡和频率优化控制。项目获专利授权6件；发表论文21篇，其中SCI/EI论文11篇。 （季　沛）

【车用燃料电池金属双极板及高效膜电极技术研究与开发】 项目由上海新源动力有限公司承担，2月2日通过市科委验收。项目开展车用燃料电池金属双极板及高效膜电极技术攻关，突破金属双极板与低铂膜电极关键工艺，形成高性能金属双极板高精度批量制造能力、低铂高性能膜电极批量制造技术；开发的金属双极板制备工艺建立5 000件年产能示范基地，形成低铂催化剂小批量生产工艺；交付的燃料电池电堆体积功率密度和铂载量的技术指标优于考核指标；提交双极板、膜电极和电堆的快速寿命评估方法。项目申请专利12件，其中发明专利11件；发表SCI论文11篇。 （王　磊）

【基于节能减排的发电权与排污权组合交易模型】 项目由上海电力大学承担，2月13日通过国家自然科学基金委验收。项目设计发电权交易机制下电力行业初始排污权分配和总量控制原则，在不同交易模式下构建不同类型发电机组之间的发电权与排污权组合交易模型，分析排污权价格、发电权价格和补贴政策对交易决策影响，为发电产业资源优化配置及实现节能减排目标提供参考。项目发表论文35篇。 （季　沛）

【分布式能源互联网协同优化方法与利益分配机制研究】 项目由上海电力大学承担，3月20日通过国家自然科学基金委验收。项目以终端能源用户间互补、互动、互利为立足点，通过对分布式能源互联网各个环节（产能、换能、蓄能、用能、输能）集成建模与耦合解析，提出供给侧能源设备配置、供需间匹配与网络布置，以及系统运行调度间协同优化方法；在协同优化基础上，以分布式能源互联网中各独立用户为研究对象，通过构建兼顾效率性与公平性利益分配模型，提出并建立用户间公平、合理的利益分配机制。项目发表论文20篇，其中SCI论文8篇。 （季　沛）

【锂离子超电容轨交能量回收系统关键技术及工程示范】 项目由上海动力储能电池系统工程技术有限公司承担，4月26日通过市科委验收。项目分析轨道交通中制动能量回收技术应用现状和发展前景，针对采用锂离子超级电容器进行能量回收系统开发的系统集成设计、功率变换系统开发设计及应用监控仿真优化等关键技术开展研究，开发额定功率576 kW，充放电能量效率82%的站台式锂离子超级电容器轨道交通能量回收系统，相关技术应用于某地铁示范线路。 （王　磊）

【低成本固态锂离子电池产业化技术】 项目由上海航天电源技术有限责任公司承担，4月26日通过市科委验收。项目开展固态锂离子电池低成本技术、电池一致性快速筛选技术、模块成组设计及结构仿真验证、系统集成技术等研究，完成有机无机复合隔膜设计及批量化制造工艺，200 Wh/kg高比能固态锂离子电池设计技术、电池一致性快速筛选技术、电池系统轻量化技术等关键技术。产品通过航天电源测试、试验考核、台架考核、上机考核等，应用于东风EJ04-C、105军车、百路佳6606等车型，并实现批量供货。项目申请专利6件，其中发明专利5件；发表论文5篇。 （王　磊）

【燃料电池汽车70 MPa车载供氢系统】 项目由上海舜华新能源系统有限公司承担，5月10日通过市科委验收。项目研发基本满足燃料电池汽车车载供氢系统使用要求的集成式 70 MPa 高压电磁瓶阀样机，通过上海市特种设备监督检验技术研究院委托试验，经测试，其额定工作压力 70 MPa，最大耐压 87.5 MPa，电磁执行器启闭 30 000 次后无泄漏，易熔合金的实测动作温度 113.7 ℃；设计集成结构紧凑、抗振动性能良好、密封性好的 7 MPa 车载供氢系统，应用于北汽某车型；建设适用于车用集成瓶阀和车载供氢系统测试平台。项目申请发明专利 2 件，获发明专利授权 1 件、实用新型专利授权 3 件；发表论文 1 篇。（王　磊）

70 MPa 车载供氢系统样机

【海上平台钻井污水的多相光催化组合深度处理及回用技术研究】 项目由上海绿晟环保科技有限公司承担，6 月 8 日通过市科委验收。项目针对海上钻井平台钻井污水处理环保装备需求，探明多相光催化/旋转超滤分离组合处理工艺在不同初始条件下对污染物选择特性、去除效率、中间产物类型及分子量分布、破乳效率、出水油含量等关键性能参数的影响，确定出水指标达到 IMO 排放水质要求工艺参数；研制高盐度海水环境下应用的超耐失活光催化薄膜，光催化寿命 12 个月内损失小于 30%，显示多相光催化技术在钻井污水处理中应用的有效性和可靠性；完成基于多相光催化/超滤分离组合工艺的一体化钻井平台污水处理系统高度集成化设计，研制出一体化钻井平台污水处理新装置样机，在 ZJ110DB 人工岛海洋钻机上开展示范应用，处理后出水指标达到 IMO 的 MEPC227(64)和 GB4914—2008 海洋石油勘探开发污染物排放浓度限值要求。（王　磊）

【不确定环境下梯级水电的中长期优化调度】 项目由上海电力大学承担，6 月 12 日通过市教委验收。项目利用拉丁超立方采样、聚类分析及最优灵敏度研究梯级水电中长期概率调度方法；基于博弈理论、对偶理论等方法设计考虑预留水位优化的鲁棒优化调度模型；构建与机组检修计划联合优化的中长期梯级水电优化调度模型；验证中长优化调度模型有效性。项目为解决不确定环境下梯级水电中长优化调度问题及指导水电资源优化分配提供支撑。项目申请专利 1 件；发表论文 6 篇。（李　沛）

【基于储能的高渗透率光伏区域电网并网功率控制策略研究】 项目由上海电力大学承担，6 月 28 日通过市科委验收。项目揭示光伏发电出力波动混沌机理，定量分析光伏发电出力波动程度与混沌参数间的关系，提出模型参数在线估算方法，显著提高基于平滑可微非线性控制 PQ 算法鲁棒性，研究基于改进模糊算法的光伏区域电网最优功率协调控制策略设计方法，减小算法寻优计算量，提高并网功率波动跟踪精确度。项目成果为高渗透率光伏区域电网发展与建设提供理论和技术支持。项目申请专利 5 件；发表论文 13 篇。（李　沛）

【兆瓦级海上风电并网逆变系统无源非线性控制方法研究】 项目由上海电力大学承担，6 月 28 日通过市科委验收。项目提出增加约束条件的无源非线性控制的定频方法，将其应用于多电平逆变器拓扑；分析模型参数对无源非线性预测控制性能影响，提出滤波电感模型参数在线估算方法，显著提高无源非线性控制鲁棒性；研究无源非线性控制预测控制中电压矢量优化选择方法，减小算法寻优计算。项目成果为建立高性能新型大功率变频控制系统提供理论和技术支持。项目申请专利 7 件；发表论文 10 篇。（李　沛）

【智能配用电大数据应用关键技术】 项目由国网上海市电力公司、中国电力科学研究院、南京南瑞集团公司等共同承担，6 月 29 日通过科技部验收。项目完成满足业务需求和性能要求的配用电大数据先进适用体系架构设计，解决多源异构数据集成、存储、处理与可视化等共性基础技术问题，实现海量用电负荷数据的高效存储、分析、修正，掌握不同用户用电行为特征，解决智能配用电大数据业务应用关键技术问题，实现节电、用电预测、配用电网架优化、错峰调度等应用模型方法及应用方案，以上海浦东新区为对象建成智能配用电大数据应用示范工程。项目申请发明专利 22 件，获专利授权 1 件、软件著作权登记 14 件；编制配用电大数据相关标准草案 4 部，其中国家标准 2 部；发表 SCI/EI 论文 30 篇。（宋　平）

【基于分布式电源与负荷集成的虚拟发电厂构建与运行研究】 项目由国网上海市电力公司经济技术研究院、东南大学等共同承担，8 月 8 日通过国网上海市电力公司验收。项目提出用户侧柔性负荷的可调度潜力评估模型、虚拟电厂构建方法及虚拟电厂发电参数获取方法、虚拟电厂发电参数在线辨识技术；建立典型场景下虚拟电厂的日前调峰调度模型，给出基于系统功率信号控制的虚拟电厂 AGC 控制策略；建立柔性负荷运行及调控模型，建立包括可调容量、调节速率、响应时间、响应精度等因素的性能评价指标；针对单边开放市场环境和双边开放市场环境，提出虚拟电厂的组织体系、实施过程和价格机制，建立虚拟电厂综合效益评价体系。项目申请发明专利 3 件；发表论文 3 篇。（宋　平）

【上海中长期风电并网规划优化及运行关键技术研究】 项目由国网上海市电力公司经济技术研究院、上海交通大学、上海电力大学等共同承担，8 月 8 日通过国网上海市电力公司验收。项目基于 BPA 和 PSS/E 仿真软件建立适合上海电网规划和研究用风机模型参数，建立风电场聚合等效模型；提出基于 Pair-Copula 理论的风速相关性建模方法，适用于大规模风电集群并网研究；分析分布式新能源接入对配电网运行影响因素，研究提高新能源并网最大接入容量的措施建议及优化算法，提出上海地区分布式新能源并网技术要点和相关建议；以北支、横沙、临港海上风电场接入上海电网为例，给出适用于上海地区海上风电并网推荐方案，应用粒子群优化算法分析各海上风电场无功损耗，提出无功配置方案和运行方式优化措施。项目申请发明专利 4 件；发表论文 7 篇。 （宋 平）

【低硫煤电机组烟气超净排放控制关键技术研究应用】 项目由上海明华电力技术工程有限公司、上海上电漕泾发电有限公司、上海电力大学等共同承担，8 月 15 日通过市科委验收。项目开展燃煤烟气超净排放控制系统工艺优化与关键技术研究及燃煤烟气除尘、脱汞及材料防腐技术研究，提出适用于上海地区煤质条件的 2 种超净排放技术路线模式，研制超净排放智能低 NO_x-低 NH_3 逃逸优化控制工作站和可凝结颗粒物检测装置，完成 1 000 MW 燃煤机组超净排放控制工程示范，污染物排放和运行经济性达到要求。项目申请发明专利 6 件、实用新型专利 3 件；形成标准和指南 2 部；发表 SCI 论文 7 篇。 （王 磊 季 沛）

【临港低碳科创城市发展策略及关键技术研究】 项目由上海临港新城投资建设有限公司承担，9 月 3 日通过市科委验收。项目提出低碳生态导向的临港科创城规划设计方案，编制临港新城低碳智慧产业发展规划、低碳临港交通规划指南、性能目标导向的地域性绿色建筑建设技术指南、临港新城海绵城市规划设计指南等 8 项标准性文件草案，对临港低碳化、智慧化发展具有推广应用价值。项目获软件著作权登记 2 件、实用新型专利授权 2 件；发表论文 28 篇。 （王 磊）

【上海市深远海域海上风电重大示范工程关键技术攻关】 项目由上海绿色环保能源有限公司承担，9 月 14 日通过市科委验收。项目研究深远海海上风电项目建设可行性及经济性，编制《上海市深远海域海上风电项目综合评估报告》；通过漂浮式海上风电机组系统的载荷计算、动态响应分析、漂浮式基础平台和系泊系统耦合分析、浮式结构强度计算，形成漂浮式风电机组-基础平台-系泊系统设计方案；研究漂浮式基础平台与风机组预拼装技术、水下基础制作与施工技术，形成漂浮式基础平台与风机机组海上运输和吊装方案；通过研究中深远海风电场柔性直流输电、组网构架和升压站及海底电缆敷设技术，形成海上风电场电气系统设计方案；结合海上漂浮式风机特点，建立具有强震动条件下的风机载荷模型，实现轻量化设计。项目申请发明专利 11 件、实用新型专利 4 件；获软件著作权登记 1 件；发表论文 22 篇。 （王 磊）

【家庭微电网电能管理与调度优化研究取得进展】 上海电力大学电子与信息工程学院杨俊杰研究组与美国佐治亚大学宋文战研究组合作，发现在家庭微电网电能调度优化策略中，日前电能调度策略存在调度信息理想化和互相孤立的日内调度区间问题。通过设计一套将滚动优化技术与发电实时预测、用电实时调整、设备实时调度和参数实时反馈相结合的实时电能调度策略，提高调度经济性和可行性。设计基于能源存储系统管理策略的遗传算法获取最优调度操作。结果表明，实时电能调度策略可提高家庭电能调度性能，减少不确定性对调度系统影响，降低总用电成本。研究成果于 9 月发表于《IEEE 物联网期刊》(*IEEE Internet of Things Journal*)。 （季 沛）

【都市电网变电站分体式冷却系统试验评估及运维评价研究】 项目由国网上海市电力公司、国网北京市电力公司、吴江变压器有限公司等共同承担，10 月 9 日通过国家电网有限公司验收。项目研制分体式变压器冷却模拟试验装置，基于小型模拟试验装置推演大型电力变压器模拟试验等效性；提出基于热学参数的热路模型，推导分体式变压器顶层油温和热点油温计算和修正公式；提出基于分体式冷却系统状态评价和性能指标的综合评价方法；建立基于仿真软件的分体式变压器三维温度场计算方法；开发分体式变压器冷却效能计算软件。项目申请发明专利 15 件；发表论文 10 篇。 （宋 平）

【配用电全局全量数据的采集、传输、存储与高级分析应用研究】 项目由国网上海市电力公司、国网山东省电力公司、中国电力科学研究院等共同承担，10 月 26 日通过国家电网有限公司验收。项目通过配用电全局全量数据采集、抽取、清洗、校验、存储、建模、集成，实现营、配、调数据贯通。面向配用电海量数据的处理及分析算法，开发配用电全局全量数据综合应用场景，完成综合故障分析、小电流接地故障选线、电网量测数据质量评价等方面应用。项目申请发明专利 11 件；获软件著作权登记 4 件；完成国家电网公司技术标准 1 部；发表 SCI/EI 论文 8 篇。 （宋 平）

【基于多元能源的“互联网＋”智慧能源数据集成与云端服务技术指南研究】 项目由上海市发展改革研究院承担，11 月 14 日通过市科委验收。项目针对上海“互联网＋”智慧能源发展需求，围绕顶层架构设计、工具方法开发、应用平台集成等方面开展研究。编制上海“互联网＋”智慧能源技术产业发展指南，形成首份上海“互联网＋”智慧能源科技创新政策机制清单，部分成果和对策建议被相关部门采用；基于多能互补，建立火电机组绿色生产评价模型和都市电能绿色综合评价总体策略，开发电能绿色管理平台；完成基于不同用户用能行为的大数据分析研究报告，开发用户用能行为指标评价工具；形成基于混合云架构的多元能源异构数据集成技术、需求侧数据分析技术、电动汽车充放电优化控制策略及应用方案；形成基于“电力云”区域综合能源服务平台研发和应用技术框架,提出集电源侧高端服务和电网侧智能化辅助服务于一体的区域性现代电力服务模式。项目申请专利9件,其中发明专利6件;获软件著作权登记8件;发表论文6篇。 (王　磊)

【基于软计算理论的多源微电网协调优化控制研究】 项目由上海电力大学承担,11月通过市教委验收。项目针对不同场景下含有多微源(风光柴储等)的微电网建立物理和动力学数学模型,研究不同网络结构下多源微电网中分布式能源协调控制问题,面向微电网多种运行状态设计一整套富有控制裕度的智能协调最优优化控制方法,满足用户多样化用电需求,提供更优质电能质量服务。项目获发明专利授权2件;发表论文10篇。 (季　沛)

【基于可再生能源制/储氢的70 MPa加氢站研发及示范】 项目由同济大学汽车学院张存满研究组承担,12月3日通过科技部验收。项目完成加氢站关键装备研发,在大连建成国内首座风光互补发电耦合制氢70 MPa加氢站,为新一代燃料电池汽车开发、试验和运营提供保障平台;实现中国70 MPa加氢站用关键装备自主开发。项目制定标准5部;申请专利19件。 (史玉华)

【从核心材料到动力蓄电池系统的健康状态检测评价技术研究和公共服务平台建设】 项目由同济大学承担,12月6日通过市科委验收。项目建立锂离子动力电池系统健康状态评价检测技术公共服务平台,针对电池材料、单体检测,构建惰性气体保护下的材料分析检测能力,分析影响动力电池安全因素;研究电池管理系统(BMS)功能及性能测试评价需求,研制多时间尺度的单体电池及电池组模拟设备,构建快速、准确、自动化程度高的BMS测试台架、测试软件及测试用例,建立电池管理系统准确、快速测试及评价方法体系,对BMS设计和测试标准的制定提供数据支持和参考依据。平台为30余家单位提供检测服务,对新能源汽车、动力电池及电池关键材料发展起到推动作用。项目申请发明专利4件、实用新型专利3件;发表论文10篇。 (王　磊)

【B20餐厨废弃油脂制生物柴油车用技术研究与应用】 项目由同济大学、上海巴士第一公共交通有限公司、上海市废弃物管理处等共同承担,12月13日通过市科委验收。项目对餐厨废弃油脂制生物柴油精馏脱硫系统、连续化甘油皂酸化分离系统等生产工艺开展技术改造,生产的BD100生物柴油满足GB 25199—2017中S10级要求;开发B20生物柴油调和工艺,B20混合燃料硫含量≤10 mg/kg,凝点≤−10 ℃;研发餐厨废弃油脂加氢制第2代生物柴油加氢脱氧和临氢异构化催化剂及小试工艺条件,解决传统生物柴油运动黏度大和使用比例限制;开展B20生物柴油发动机关键技术研究,形成低NO_x、低颗粒物排放B20生物柴油发动机技术;对国V公交车和环卫车进行B20生物柴油匹配,匹配的B20生物柴油公交车和环卫车动力性、油耗及NO_x排放与柴油相当;分别在101辆公交车、30辆环卫车燃用B10生物柴油,3辆公交车、2辆环卫车燃用B20生物柴油开展示范运行;起草餐厨废弃油脂制生物柴油“收、运、处、调、用”闭环管理指导意见,促进《上海市支持餐厨废弃油脂制生物柴油推广应用暂行管理办法》出台。项目申请发明专利4件,获实用新型专利授权6件。 (王　磊)

【大容量远海风电场组网方案优化与集电系统关键技术研究】 项目由国网上海市电力公司电力科学研究院、国网上海市电力公司电力调度控制中心等共同承担,12月13日通过国网上海市电力公司验收。项目围绕上海首个深远海示范工程开发实际需求,开展基于用户站、系统站、分布式升压站、柔性直流输电4种大容量深远海风电场组网方案设计与优化方法研究;完成大容量远海风电场交流组网方案优化与集电系统关键技术研究、基于柔性直流输电的大容量远海风电场组网方案研究,提出基于用户站、系统站、分布式升压站的大容量远海风电场交流组网方案,以及大容量远海风电场柔性直流组网方案,结合深远海示范工程进行技术经济比较,提出建议方案。项目成果应用于上海深远海域海上风电试点示范工程并网规划方案。项目申请发明专利2件,其中获授权2件;发表论文3篇。 (宋　平)

【兆瓦级储能虚拟同步机关键技术研究】 项目由国网上海市电力公司电力科学研究院、上海赛璞乐电力科技有限公司等共同承担,12月13日通过国网上海市电力公司验收。项目提出基于虚拟同步机技术的新型双储能光伏微网结构,可提高光伏组件输出效率,稳定系统功率输出,达到兆瓦级新能源微网并网要求;针对兆瓦级储能虚拟同步机提出改进控制策略,在电网频率和负荷发生突变时可实现输出功率快速稳定,保证新能源场站稳定运行;提出适用于兆瓦级储能虚拟同步机系统的控制保护策略和试用工程实施方案。项目申请发明专利1件;发表论文4篇,其中EI论文1篇。 (宋　平)

【多元复合储能系统配置和智慧能源网集成技术与示范】 项目由上海世博发展(集团)有限公司承担,12月20日通过市科委验收。项目设计上海世博园区智慧能源网4层网络体系架构和园区供能系统、用能系统和能源服务系统主要功能;设计并采用软硬保护相结合的两道网络安全措施;采用云计算技术开发功能齐全、运行安全可靠的信息传输系统与用户应用软件;在上海世博城市最佳实践区采用技术集成方式实现园区部分电力、水务和热力等能源与资源信息的实时监测和统一管理,通过大数据分析平台建立多目标能源系统优化模型,完成园区智慧能源网技术示范并达到预期效果;结合世博A片区绿谷能源站建设,完成基于冷热电三联供技术的多槽式水蓄能系统设计和优化配置研究。 (王　磊)

【分布式储能汇聚效应关键技术研究】 项目由国网上海市电力公司电力科学研究院、中国电力科学研究院有限公司等共同承担，12月26日通过国网上海市电力公司验收。项目提出基于虚拟电厂数据模型的分布式能源汇聚运行方法，可实现多形态能源的互补汇聚效应；提出聚合高渗透率可再生能源发电的虚拟电厂多类型储能系统多点规划布局方法，开发基于VPP的多类型储能系统多点规划软件；研究分布式储能聚合能量管理策略及多应用功能下的多目标运行与切换控制技术；建立基于分时电价的虚拟电厂经济优化调度模型，提出储能协调大规模分布式能源参与电力市场运营的经济适用性评估方法。项目申请发明专利1件，获软件著作权登记1件；发表论文3篇。 （宋 平）

【生物乳化柴油在船用柴油机上的应用研究】 项目由上海交通大学承担，12月27日通过市科委验收。项目调制EB10、EB15、EB20生物乳化柴油，达到GB/T 20828—2014使用要求；形成船用生物乳化柴油调制中试线，日产16 t生物乳化柴油，满足生物乳化柴油船舶应用试验要求；在船用主机推进特性试验条件下，与柴油相比，生物乳化柴油EB10、EB15和EB20的NO_x排放分别降低12.03%、15.17%和16.78%；SCR后处理优化后，NO_x排放显著降低，减低NO_x排放85%以上，满足TierⅢ排放标准；生物乳化柴油EB10、EB15和EB20的加权PM排放比柴油依次降低27.88%、39.20%和51.15%；船用辅机恒速特性试验条件下，与柴油相比，生物乳化柴油EB10、EB15和EB20的NO_x排放分别降低7.59%、8.49%和12.29%；SCR后处理优化后，NO_x排放显著降低，减低NO_x排放85%以上，满足TierⅢ排放标准；生物乳化柴油EB10、EB15和EB20的加权PM排放比柴油分别降低24.92%、36.79%和41.31%。4艘货船完成34 600 km试验航行任务，发动机设备运行正常。项目申请发明专利1件；发表论文7篇。 （王 磊）

【变电站运行辅助可视化监护技术研究】 项目由国网上海市电力公司电力科学研究院、国网上海市电力公司崇明供电公司等共同承担，12月27日通过国网上海市电力公司验收。项目完成操作票信息结构化、无线通信技术和可视化装置研究，并基于Android平台开发可用于运行辅助监护的综合信息数据处理系统。系统由移动终端和管理平台2部分组成，移动终端负责现场数据收集、工作票接收、高压机柜开关状态识别等功能，管理平台负责工作票的创建、检测任务的管理等功能。研究成果应用于10 kV博园站等，取得良好效果。项目申请发明专利3件，获软件著作权登记2件；发表论文3篇。 （宋 平）

【燃料电池增程式纯电驱动城市邮政物流车关键技术研究及示范应用】 项目由上海普天邮通科技股份有限公司承担，12月29日通过市科委验收。项目开展燃料电池增程式纯电驱动邮政物流车关键技术研究、适应邮政物流车工况特点的电源配置技术研发、燃料电池增程器研发、燃料电池电堆双能源电驱动系统集成开发、电动邮政物流车整车集成与关键技术研发、邮政物流车动力蓄电池集成与批量生产工艺研究，开发高功率永磁同步驱动电机与控制器，完成多种网络接入技术及异构系统平台信息交互研发、数据采集分析技术研究等。项目开发燃料电池增程式纯电驱动邮政物流车2款，在嘉定区建立邮政物流车氢能源及充电设施双能源系统运行保障体系，开展28辆燃料电池增程式纯电驱动城市邮政物流车示范运行及评价，经过6个月邮政业务示范运行，其动力系统完好率96%。项目获发明专利授权4件、实用新型专利授权6件、软件著作权登记3件；发表论文6篇；形成企业标准5部。 （王 磊）

【地下变电站运行环境智能调控方案研究】 项目由国网上海市电力公司浦东供电公司、杭州智途电力科技有限公司共同承担，12月31日通过国网上海市电力公司验收。项目完成对高温、潮湿、尘污、噪声、站内水位、有毒气体积聚等环境问题对地下变电站设备运维影响调研分析，形成量化参数阈值，作为智能调控系统运行判据；开展对变电站内的温湿度、SF6监控、风机、水泵、空调、灯光、门禁、电子围栏等生产辅助设备或系统的运行状态、异常报警等信息远程采集和控制，实现设备间的智能化联动；完成运行环境智能调控装置现场试用，对变电站内环境进行全天候监测与智能控制，确保变电站内环境达到标准要求。项目形成研究报告4篇；申请发明专利1件；发表论文1篇。 （宋 平）

第三节 生态与环境科技

【有机湿垃圾发酵臭味控制等关键技术研究】 项目由上海市松江区市容环境卫生管理中心承担，1月16日通过市绿化市容局验收。项目建立叶榭和九亭研究基地，分别采用条垛式和生化机好氧堆肥工艺，研究湿垃圾好氧堆肥，探索臭味发生规律。通过调整碳氮比、翻堆频率、菌种比选，改善条垛式工艺，使2次发酵堆放期间臭味浓度下降60%—65%。叶榭基地示范生产300 t，发酵产品质量稳定，达到《有机湿垃圾处置产品质量标准(试行)》要求。 （王文进）

【上海绿地林地湿地生态服务价值综合评估体系与特色指标研究】 项目由上海市园林科学规划研究院承担，1月17日通过市绿化市容局验收。项目调研国内外文献，结合上海绿地林地湿地特征及市民需求，从供给服务、调节服务和社会服务三方面构建绿地、林地、湿地生态服务评估体系和指标评估公式；绿地和林地评估体系分为14项、26个指标，湿地评估体系分为9项、17个指标；结合上海城市主要环境特征，从评估指标体系中选取降低温度、滞尘、休闲游憩、海岸防护、盐水入侵缓解、蓝碳固定和侵蚀控制7个特色指标，反映绿地、林地、湿地对上海城市生态环境贡献。

（王文进）

【大型工业区再开发场地地下水污染调查评估及治理关键技术研究与示范】 项目由上海岩土工程勘察设计研究院有限公司、上海市环境科学研究院、上海交通大学等共同承担,2月5日通过市科委验收。项目构建上海地区环境水文地质数据库,编制上海中心城区环境水文地质区划,揭示典型地层组合条件下地下水污染物迁移特征规律,建立地下水污染快速诊断技术体系;提出适用于平原河网、城市化地区的区域地下水污染风险评估方法,基于上海地区水文地质条件特征优化场地污染地下水健康风险评估模型;研发3种适用于有机污染地下水修复的高效生物炭负载系列绿色环境功能材料,研制4套适用于上海环境水文地质条件的调查采样、增效多相抽提、高抗渗隔离屏障等原位修复技术与装备。项目成果应用于桃浦科技智慧城等7项示范工程,为大型工业区的地下水污染快速诊断、科学评估、有效修复和治理提供支撑。项目申请专利38件,获专利授权12件、软件著作权登记3件;发表论文13篇;编制地方标准2部、技术指南2部。 (王　磊)

【上海典型工业区挥发性有机化合物预警溯源及技术治理示范】 项目由上海市环境监测中心承担,5月3日通过市科委验收。项目针对金山卫石化集中工业区,理清主要大气特征污染物排放源信息,明确该地区主要污染工艺和污染企业;基于网格化无组织排放监测和园区在线监控网络,掌握该区域VOCs污染水平和分布特点;依托建立的重点事业部、主要排放企业和装置的精细化VOCs排放源成分谱,开发排放源指纹识别、受体模型和扩散模型等多手段印证的溯源体系,为该地区空气质量改善和环境综合整治提供技术支持;针对涂料油墨制造企业VOCs成分谱特征,筛选高效实用VOCs治理技术并形成应用示范;开发多种用于低碳烷烃、氯代烃和含氧烃催化燃烧的高效稀土复合贵金属催化剂,完成3套催化燃烧应用示范,净化效率超过99%,排放符合《石油化学工业污染物排放标准》(GB31571—2015)要求。项目发表论文23篇;申请专利9件,其中发明专利6件,获软件著作权登记3件;制定上海市地方标准2部。 (王　磊)

【城市污水高含固污泥高效厌氧消化装备开发与工程示范】 项目由上海同济普兰德生物质能股份有限公司承担,7月13日通过住房和城乡建设部验收。项目针对中国城市污水处理厂污泥高含砂、低有机质浓度,现有厌氧消化技术与装备普遍存在的污泥输送难度高、厌氧消化过程传质效率低、产气率偏低等问题,开展污泥安全、高效、环保、资源化处理技术创新和装备研发,形成城市污泥热水解预处理-高含固厌氧消化技术路线;开发污泥螺旋搅拌浆化-单罐式热水解技术与装备、污泥喷混浆化-单罐式热水解技术与装备、污泥多级闪蒸热水解技术与装备、热水解污泥高含固厌氧消化系统集成与运行调控技术、高含固污泥厌氧消化沼气膜分离-生物脱硫技术和基于厌氧消化沼液高有机物浓度背景的厌氧铵氧化技术6项关键技术,降低污泥处理系统的投资和运行成本,实现城市污泥减量化、稳定化、无害化和资源化处理处置;编制《城市污泥热水解预处理技术操作规程》《高含固污泥厌氧消化技术操作规程》。项目成果在5座污泥处理厂推广应用(总规模约800吨/天,以80%含水率计);示范工程采用螺旋搅拌浆化-单罐式热水解装备污泥平均处理浓度16%,高含固污泥厌氧消化罐平均进泥含固率10.6%,平均产气率0.88 m^3/kg VSS(去除)。项目申请专利21件,获发明专利授权11件、实用新型专利授权4件;发表论文44篇,其中SCI论文18篇。 (金巍良　刘文静)

【揭示中国典型城市上海大气污染纳米微细粒子形成化学机制】 复旦大学环境科学与工程系王琳研究组,发现并证实上海大气中硫酸-二甲胺-水三元成核现象,揭示中国典型城市上海大气污染纳米微细粒子形成,即大气新粒子形成化学机制,为中国大气颗粒物污染防治政策制定提供依据。研究成果于7月发表于《科学》(*Science*)。 (邵　田)

【重点流域城市污水处理厂污泥处理处置技术优化应用研究】 项目由上海市政工程设计研究总院(集团)有限公司牵头,同济大学、住房和城乡建设部科技发展促进中心、中国市政工程华北设计研究总院有限公司等共同承担,8月1日通过住房和城乡建设部验收。项目针对6个重点流域(太湖、巢湖、滇池、海河、辽河、三峡库区及上游),11座典型城市(上海、无锡、常州、太仓、嘉兴、合肥、昆明、天津、唐山、重庆、赤峰)开展污泥处理处置现状调研与评估,掌握重点流域污泥泥量、泥质特性和处理处置现状,为确定污泥处理处置规模和方式提供支撑;修订中国污泥产量计算模型,确定适合国情的污泥产率参数,实现污泥产量准确预测;构建重点流域城市污水处理厂污泥数据库;优化固化污泥处理处置主流技术路线,典型工程应用规模超过4 000吨/天(以含水率80%脱水污泥计),形成10座重点流域城市污水处理厂污泥处理处置与资源化利用规划方案;编制产品标准、工程技术标准和产业化装备标准图集6套。项目申请发明专利5件,获发明专利授权1件、实用新型专利授权6件、软件著作权登记1件;出版专著1部;发表论文25篇,其中SCI论文4篇。 (金巍良　王逸贤)

【城市污水处理厂污泥资源化新技术开发集成与工程化】 项目由上海城市污染控制工程研究中心有限公司承担,8月1日通过住房和城乡建设部验收。项目研发污泥杂质分离、污泥低温真空脱水干化一体化技术与设备;提升污泥离心浓缩、板框压滤脱水、污泥干化等技术与设备性能;集成污泥厌氧发酵、好氧堆肥、污泥干化焚烧及污泥碳化技术与装备,形成成套化生产能力,并实现产业化规模应用;编制一批可操作性强的污泥处理处置产品标准、检测标准等标准与规范,建立污泥处理装备质量检测与评估体系,构建污泥处理设备产业化推广平台;突破微网杂质分离、低温真空干化一体化、穿壁式推流搅拌机、变螺距离心浓缩、污泥膜覆盖等关键技术与设备;开发的技术和设备应用于 64 个污泥处理与处置工程,总处理规模 13 130 t/d(含水率以 80%计)。项目成果为城市污泥处理处置产业化发展提供支撑。项目申请专利 65 件,获发明专利授权 33 件、实用新型专利授权 32 件;发表论文 30 篇,其中 SCI 论文 10 篇;编写标准规范 34 部,其中国家标准 2 部、行业标准 6 部、企业标准 26 部;开发软件 3 套。 (金巍良 刘书敏)

【水性环保工业涂料及关键树脂和助剂的研究】 项目由上海华谊精细化工有限公司承担,8 月 2 日通过市科委验收。项目完成 STW703A 水性环氧乳液、STW4315 水性羟基丙烯酸乳液和 STW302 水性醇酸树脂 3 个水性树脂品种和 TTMAP、PTMAP、TTAP 和 PTAP 4 种氮丙啶类交联剂产品开发,完成水性环氧防锈漆、水性聚氨酯面漆和水性醇酸面漆 3 个水性涂料产品开发;建成 500 L TTMAP 中试装置和 500 t 水性树脂、1 000 t 水性涂料产业化示范装置,并实现示范应用;制订上海市团体标准《水性醇酸面漆》。项目申请发明专利 7 件;发表论文 2 篇。 (王 磊)

【上海辰山植物园水土污染修复的植物选择与性能分析】 项目由上海辰山植物园承担,8 月 9 日通过市绿化市容局验收。项目在上海辰山植物园景观水体开展底泥、水生植物和水质监测分析,评价园区景观水体水质维护效果及水生植物贡献,提出水生生态系统管理和水质提升对策;在上海辰山植物园人工湿地系统开展湿地净化功能评价和功能提升研究,提出表面流人工湿地水处理量控制在 1 000 m^3/d,水力停留时间维持 1—2 天,水力负荷控制在 0.3 $m^3/m^2/d$;筛选出处理低污染水人工湿地的芦苇、再力花、旱伞草 3 种氮磷高效积累的植物及分段种植配置模式,为人工湿地系统污染物净化功能监测及后评价提供数据基础;建立 2 000 m^2 植物修复模拟试验场,开展 Cu、Pb、Zn 污染土壤变化和修复植物筛选,推荐应用木芙蓉、海滨木槿和伞房决明 3 种耐收获的大生物量非超富集树木,提出绿化树种筛选应用、种植养护和环境修复功能结合的观点。项目发表论文 8 篇,其中 SCI 论文 3 篇。 (王文进)

【上海海洋环境监测业务化站位优化研究】 项目由国家海洋局东海环境监测中心承担,8 月 30 日通过市海洋局验收。项目基于 30 余年上海海洋环境趋势数据开展海域分区,运用地统计学的时空 P-MSN 方法,优化趋势监测站位时间频次和空间布局,形成海洋环境监测方案设置与优化流程,给出 2015 年趋势性监测优化方案;基于海域综合分区,探索基于指标体系方法的综合生态环境评价。项目成果为上海海洋趋势性监测方案和评价提供技术支撑和基础依据。项目发表论文 5 篇,其中 SCI 论文 3 篇。 (金巍良 范海梅)

【节地型城镇污水处理工艺技术研究与工程示范】 项目由上海市政工程设计研究总院(集团)有限公司牵头,同济大学、北京市市政工程设计研究总院、中国市政工程西南设计研究总院等共同承担,9 月 20 日通过住房和城乡建设部验收。项目针对城镇污水处理厂建设节约用地和减小对周边环境影响需求,调研全国 421 座污水处理厂,分析污水处理厂用地现状,提出污水处理厂主要占地影响因子和指标基准值;揭示节地目标具有多重性层次结构特征,筛选综合权衡用地规模、用地结构、建设运行成本、工艺技术、运行维护和环境影响等指标,构建基于层次分析法的定性与定量结合污水处理厂节地综合评价体系;提出平面优化节地、工艺优化节地、竖向强化节地和环境相容性节地策略协同节地集成设计技术;开发 AFB 调控的生物量提升技术、新型节地 MUST 工艺、基于仿真和响应面分析的多参数集成优化控制技术等;编制《城镇污水处理厂节地技术导则》、节地型污水处理厂集成技术路线及实施方案。项目成果应用于广州市前锋净水厂扩建 3 期工程、昆明市第十一污水处理厂、昆明市第十二污水处理厂等,相对于国家建设用地指标基准值,3 座示范工程分别节约用地 40%、40.9%和 65.3%。项目申请发明专利 6 件,获发明专利授权 4 件、实用新型专利 7 件;发表论文 19 篇,其中 SCI 论文 4 篇。

(金巍良 王逸贤)

【生活垃圾炉排炉协同焚烧污泥制能关键技术和装备研究与示范】 项目由上海环境卫生工程设计院有限公司承担,9 月 21 日通过市科委验收。项目围绕垃圾炉排炉协同焚烧污泥过程关键技术问题,从污泥深度脱水、污泥热干化和污泥掺烧 3 个系统协同处理需求出发,研发“有机絮凝剂+无机助凝剂”复合污泥脱水药剂,大幅降低后续焚烧炉膛结焦风险;研发污泥二效热干化工艺和装备,引入真空系统及废蒸汽换热系统,比传统一效污泥干化工艺节能 32.17%;构建污泥协同焚烧数值模拟方法,提出空气分级、推迟配风与后拱改造相结合的技术措施,为掺烧污泥时 NO_x 和粉尘排放控制提供依据;提出污泥结焦控制指标,开发含铝、硅除焦剂 4 种,实现垃圾焚烧炉排炉掺烧污泥时炉膛结焦控制,掺烧比 7%—10%;环模式和挤出式 2 种干化污泥造粒设备和进料工艺应用于污泥掺烧,研发低漏渣焚烧炉排技术,抑制污泥掺烧扬尘和积灰;建立松江和奉贤 2 项示范工程,焚烧线安全稳定运行超过 8 000 小时/年;焚烧烟气排放稳定,符合欧盟 2000 标准;通过实施污泥干化协同焚烧,全系统热电效率提升 11.8%。项目申请专利 8 件,其中发明专利 5 件,获发明专利授权 2 件、实用新型专利授权 3 件、软件著作权登记 1 件;发表论文 8 篇。 (王 磊)

【上海港口及近海生态环境科技服务平台建设】 项目由上海海洋大学承担,10 月 12 日通过市科委验收。项目针对船舶压载水、港口及邻近海域生态环境,建立上海港口及近海生态环境科技服务平台,整合高校、相关业务部门(海事、海关、海洋)和相关企业综合资源,完成压载水采样技术、压载水检测技术、生态修复技术等关键共性技术研究,实现港口生态观测、近海环境监测、船舶压载水检测与检验检疫、船舶压载水管理系统生物有效性检测、海洋生物分析和生态

修复等服务功能,为国家业务部门、相关行业等在港口和近海生态环境领域提供科技服务。 (彭俞超)

【苏州河水葫芦监测预警关键技术研究与应用】 项目由上海市市容环境卫生水上管理处承担,10 月 30 日通过市绿化市容局验收。项目研究水葫芦电磁特性数据,研制水葫芦监测专用雷达样机,开展水葫芦面积和流速测量,为水葫芦在线监测预警系统的建立提供技术方法。项目申请发明专利 2 件,获发明专利授权 1 件、实用新型专利授权 1 件。 (王文进)

【东部农村分散式污水稳定高效人工湿地处理技术研究与工程示范】 项目由同济大学承担,10 月 24 日通过住房和城乡建设部验收。项目为解决东部农村生活污水采用人工湿地技术易堵塞、处理效率低、运行维护难问题,研发基于控氧的垂直潜流人工湿地高效处理技术、潜流湿地模块化基质产品及蚯蚓调控垂直潜流湿地堵塞技术;突破垂直潜流人工湿地大气复氧廊道强化供氧技术和垂直潜流人工湿地强化通风供氧技术,该技术应用于陈行村农村生活污水处理设备设施更新工程-夹套 2#(宅西),处理出水水质达到 GB 18918—2002《城镇污水处理厂污染物排放标准》一级B排放标准要求。项目成果为全国农村生活污水采用人工湿地处理技术提供支撑。项目申请专利 4 件;发表论文 5 篇。 (金巍良 李怀正)

【上海市海洋生态补偿评价技术及标准研究】 项目由华东师范大学、上海市海洋管理事务中心等共同承担,11 月 14 日通过市海洋局验收。项目梳理上海市用海单位及用海类型,采用灾害评估技术分析法对不同用海方式和类型在用海过程中发生特殊情况下可造成的生态损害开展技术评估;制定出符合上海市海洋事业发展特征需求的海洋生态补偿技术标准,为管理部门提供实施海洋生态补偿政策建议,对保护上海市海洋生态环境、合理利用海洋资源具有促进作用。项目发表论文 1 篇;形成方法草案 2 部。 (金巍良 陈雪初)

【城市低光照区域立体绿化技术集成】 项目由上海辰山植物园承担,11 月 15 日通过市科委验收。项目筛选出 30 种适应城市低光照区域的综合抗性强植物,为多类特殊生境的立体绿化增加多样性植物种质资源;开发出轻型容器,并实现智能控制系统、栽培容器和蓄水容器一体化,用于建筑、围墙、桥体、桥柱等形式的垂直立面;研发复合高吸水材料,制备轻型、优质的介质配方;利用高架桥面汇集雨水,形成雨水快速净化装置,用于垂直绿化灌溉。项目在虹梅高架路开展示范应用,面积 1 012.6 m^2,解决高架桥下部空间立体绿化中关键技术难题,促进高架桥类似特殊生境立体绿化可持续发展;在闵行郊野公园和辰山植物园 2 处墙体 364 m^2 作为示范对照,总结 5 种立体绿化养管模式。项目发表论文 10 篇;出版专著 1 部;申请专利 15 件,其中发明专利 10 件,获实用新型专利授权 4 件、软件著作权登记1 件。 (王 磊)

高架桥下部空间立体绿化

【黄浦江上游生态水源湖(库)水质安全和监测预警关键技术研究与示范应用】 项目由上海城投原水有限公司承担,11 月 16 日通过市科委验收。项目对黄浦江上游重要关注点位开展关键性水质指标跟踪监测,建立由 2 个水文水质自动监测站(库内外水文测亭)、3 个水质预警浮标站和水质实验室组成的黄浦江上游水质预警监测网络系统,研究黄浦江上游原水系统日常运行调度原则,开发 2 点水源应急供水方案库;建成水库水质维持提升原位试验中试基地(占地约 16 亩),开展强化预处理区组合技术研究、水生态净化系统构建研究等,提出适用于微污染来水水质提升改善集成技术,并在金泽水库深化设计、工程建设应用和示范;开展水文、水质、水生态原位监测,藻类生长及水生植物净化实验研究,构建生态水源湖(库)三维水动力、水质及生态动力学模型,提出适应不同水情、工情变化的水力生态调度优化方案,编制正常供水的水库水力生态运行调度手册,可为生态水源湖(库)水质稳定及长效运行管理提供技术支撑;开展自来水颗粒物沉降观测及底泥污染物释放实验研究,模拟预测水库底泥污染物释放风险,研发水库内源污染物自动化防控设备,探讨扬水曝气对于水库底泥污染物释放控制效果,为底泥污染控制提供技术支撑。 (王 磊)

【上海海域生物多样性编目】 项目由上海海洋大学、上海市水文总站承担,11 月 22 日通过市海洋局验收。项目整理上海海域历史资料和文献,整合生物类群及其多样性概况、分布范围等信息,核实、修订现有记录中不准确分类信息,并结合补充调查数据,对上海海域生物编目。修订瘦拟哲水蚤、针刺拟哲水蚤、小拟哲水蚤在长江口季节性分布区域,对纺锤水蚤属标本重新鉴定,纠正历史错误鉴定 1 种,构建上海海域生物多样性数据库等;根据参考资料完成名录中不准确物种名称订正及舍弃不准确记录,应用分子生物学的手段开展上海海域微生物多样性调查,完成上海海域微生物、浮游植物、浮游动物、湿地大型植物、底栖动物、鱼类和湿地鸟类生物等多样性编目。项目成果可为海洋生

物资源利用、海洋生态环境保护提供技术支撑。　（金巍良）

【基于北斗多模通信的长江口海洋环境智能监测网建设关键技术研究与应用示范】　项目由上海市水文总站承担，11月23日通过市科委验收。项目研制能覆盖长江口海域的海洋智能监测系统，应用于大戢山、南槽东和芦潮港3个水文测站及1个地面监控中心；构建多模通信网模型满足“1网47站”工程海洋通信需求；完成海洋基站设备OBD在线诊断系统、小型混合海洋绿色供电系统、测站和人员安全监控系统研究；针对海洋环境开展可靠性论证及测试，提供分析测试报告11份；构建长江口海洋环境监测系统基础网络，实现海洋基站设备无人值守和故障识别。项目获专利授权7件、软件著作权登记3件；发表论文5篇。（王　磊）

【基于近海环境监测网的海洋仪器设备试验场装备关键技术研究】　项目由上海海洋大学承担，12月14日通过市科委验收。项目建立由大戢山、南槽东、九段沙、唐脑山、芦潮港5个站点组成的互联互通、无人值守的海洋仪器设备海上测试试验场，包括现场专用测试装备、数据读取与传输、分析处理等功能模块；完成上海近海环境监测网各站点海况与特点分析报告及《多站点海洋仪器设备海上测试标准》；研发海洋仪器设备抗腐蚀和生物附着检测海上试验场专用设备1套，多台套同型号或不同型号传感器检测专用设备4套；设计通用性RTU通信协议，能兼容485等常规传感器通信协议，并开放协议二次开发接口；设计标准化通信接口板卡1套，与上海近海环境监测网多模通信通道相连，将相关数据回传陆地服务器系统；开发上位机数据接收平台软件，完成上海近海环境监测网运行维护规范。项目获专利授权5件、软件著作权登记3件；发表论文2篇。（王　磊）

【城市土壤重金属树木修复的萌枝调控技术研究】　项目由上海辰山植物园承担，12月21日通过市绿化市容局验收。项目针对花灌木对重金属污染土壤修复的筛选，发现并推荐木芙蓉、海滨木槿、伞房决明、红王子锦带、夹竹桃、彩叶杞柳用于Cu、Zn和Pb的污染土壤植物修复。研究表明，为提高萌条生长和重金属提取量，木芙蓉采用贴地面砍伐，每年收割1次；彩叶杞柳、伞房决明和夹竹桃保留5—10 cm留茬高度，每2年收割1次；红王子锦带、海滨木槿可进行0—20 cm砍伐处理，砍伐周期每年1次或2年1次。通过分析树木萌蘖性、伐桩高度、砍伐次数等参数对萌枝再生能力和重金属提取量影响，从树种筛选、砍伐留茬、砍伐频次和复壮管理4个方面，建立土壤重金属树木修复萌枝调控技术体系。项目发表论文3篇，其中SCI论文1篇。（王文进）

【金丝猴、华南虎等5种珍稀圈养野生动物丰容研究与应用】　项目由上海动物园承担，1月19日通过市绿化市容局验收。项目以马来熊、白头叶猴、金丝猴、红斑羚、秃鹫、葵花凤头鹦鹉等动物为对象开展行为学研究，确定在圈养条件下行为谱和行为节律；提出和试验以展区环境改造和新设施使用为核心的丰容方式，对动物福利改善作用明显，动物繁殖得到提升，丰富游客游园体验；对华南虎、红斑羚、马来熊、金丝猴开展行为训练研究，建立不同物种行为训练方法。项目成果在国内动物园推广应用，推动动物园行为管理技术发展，提升动物园科普教育和物种保存作用。项目获实用新型专利授权2件；发表论文8篇。（王文进）

第四节｜城市建设与管理 >>

【超高层建筑柔性悬挂式幕墙钢支撑结构建造技术及配套装备】　项目由上海市机械施工集团有限公司承担，1月17日通过市住房和城乡建设管理委验收。项目针对超高层建筑中独特柔性悬挂式幕墙钢支撑结构建造特点，研制10余种悬挂式幕墙系统的柔性连接装置，攻克该连接装置在构造、材料、高精度制造、安装工艺技术难题；研发悬挂式幕墙钢支撑结构控制方法、吊挂点位结构刚度调整技术和施工预变形综合控制技术，实现幕墙钢支撑结构位形高标准控制；研发高空弯轨行走式吊机选型和布置技术，总成模块整体装拆技术，带摆臂、低轮压行走机构和内外轨互代技术，满足幕墙钢支撑结构高效率施工要求；研制覆盖全作业面的整体悬挂式升降平台装备，形成平面可调模块化快速组合平台、平台吊挂系统的设计技术、平台整体升降数控技术，满足超高空多工序悬空施工要求。（王红卫）

【上海市居住建筑工业化关键技术研究与示范应用】　项目由上海市建筑建材业市场管理总站、同济大学、华东建筑设计研究院有限公司等共同承担，1月29日通过市科委验收。项目开发3种适用于装配整体式混凝土居住建筑的结构体系，具有良好抗震性能；开发装配式混凝土结构深化设计软件、工业化建筑评价软件，编制装配式居住建筑户型图集；研发装配整体式混凝土预制构件组合模具系统，实现小规模及个性化饰面构件定制；研发适用于装配整体式混凝土结构的测控一体化临时支撑、工具式可移动防护架及智能升降平台，提升预制构件安装的精度、效率及安全性；研发装配整体式混凝土建筑中钢筋套筒灌浆连接、后浇混凝土叠合面、嵌缝等关键部位施工质量专项检测技术，编制上海市《装配整体式混凝土建筑检测技术标准》；提出装配整体式混凝土居住建筑成本控制措施建议。项目成果应用于宝山区顾村镇N12-1101单元06-01地块商品房和临港奉贤园区04FX-0002单元B0401地块住宅项目，总建筑面积13.26万平方米。项目申请专利13件，获软件著作权登记1件；编制或修订技术标准、图集、工程定额10部；发表论文34篇，其中SCI/EI论文10篇。（王　磊）

【既有历史保护建筑群全场地增设超深地下室及建筑原貌修复技术】　项目由上海建工二建集团有限公司承担，1月

30日通过上海建工集团股份有限公司验收。项目针对江苏省财政厅地下车库项目工程,研发既有历史保护建筑群全场地增设超深地下室系列施工技术,实现狭小场地既有建筑原位地下空间开发;研发全场地既有建筑往复式平移逆作法技术,利用房屋建筑红线范围,解决城市繁华区施工场地狭小难题;研发既有保护建筑在台阶式场地的平移及旋转技术,开发液压小车等工装设备,解决既有保护建筑的往复移位问题;研发高精度竖向支撑体系施工技术,在南京陡峭岩层地区实现竖向支撑体系高精度施工技术;研发逆作跃层施工入岩施工技术、逆作法强风化层高效挖土施工技术,实现主体结构的快速化施工。 (王红卫)

【大口径预应力钢筒混凝土管顶管成套技术研发与应用】 项目由上海市基础工程集团有限公司、上海市政工程设计研究总院(集团)有限公司共同承担,2月1日通过市住房城乡建设管理委验收。项目针对黄浦江上游水源地连通管闵奉支线C2标JPCCP段顶管工程,从顶管理论和设计、管节制作及顶管施工方面研究开发大口径预应力钢筒混凝土管顶管成套技术;提出基于弹塑性损伤力学的本构模型和追踪单元技术的JPCCP有限元仿真计算方法;研发埋地刚性压力管道的内水压和外荷载联合加载试验设备及试验方法;研制适用于耐高水压的JPCCP顶管管段接口、高精度模具和管段制作工艺;开发适用于JPCCP顶管施工的伺服拼装平台、高精度微变形刚性顶管中继环等成套施工工法和技术;建立四维在线实时监测信息化平台,形成顶管施工现场参数化、信息化、可视化管理。项目申请发明专利6件;发表论文5篇。 (王红卫 周君俊)

【复旦大学相辉堂修缮复原关键技术】 项目由上海建工五建集团有限公司、上海建工工程研究总院承担,2月1日通过上海建工集团股份有限公司验收。项目针对相辉堂加固修缮,提出针对复杂条件下优秀历史建筑修缮复原的关键技术,提出基于承载能力储备比的历史保护建筑结构风险评估方法,以相辉堂为模型开展施工过程风险评估;采用多源数据融合的地基扰动下相辉堂建筑结构状态全过程综合分析,保障相辉堂修缮改造过程安全;应用包括木构件修复加固、拉毛墙面修复、木门窗修缮、屋顶建筑风貌复原等施工关键技术,确保相辉堂历史风貌复原。该技术为复杂条件下优秀历史建筑的修缮施工提供解决方案。 (王红卫)

【建筑工程液压爬模模块标准化及智能可视化技术】 项目由上海建工工程研究总院承担,2月2日通过上海建工集团股份有限公司验收。项目解决上海建工第1代液压爬模标准模块化和智能化水平不高的问题,研发新型液压爬模系统。新型标准模块化及智能可视化液压爬模系统采用整体模块化和构件标准化构造,重复周转比例95%以上,采用快速连接构造,拼装过程效率提升1倍。项目申请发明专利6件,获发明专利授权3件、实用新型专利授权7件;发表论文3篇。 (王红卫)

【上海市公共排水设施管理标准】 项目由上海市排水管理处、同济大学共同承担,2月13日通过市水务局验收。《上海市公共排水设施管理标准》针对上海公共排水管道、泵站、城镇污水处理厂及相关附属设施,结合排水相关法条和规约梳理、整合,明确运行维护管理机制、行业监督检查、热线处置、内部巡视、检修养护、信息公开、突发事件应急处置等方面具体管理要求;完善排水报修、积水问题处置、设施巡查、处置时限等;标准的编制和实施保证上海公共排水设施安全稳定运行,保障水安全,改善水环境,巩固和提升排水设施管理品质。该标准已颁布实施。 (金巍良 田亚禹)

【海相地层超大直径泥水盾构隧道施工核心技术】 项目由上海隧道工程有限公司承担,3月16日通过广东省建筑土木学会验收。项目提出横波反射法抛石探测+跨孔回声法孤石探测+海上SSP地震波散射法礁石探测+钻孔取芯法验证的综合探测方法,形成海陆区域复杂地层中超大直径盾构隧道施工可知、可掘、可控的施工核心技术;研发海陆区域复杂地层中针对塑料排水板、孤石和上软下硬暗礁石的刚柔并济刀盘和刀具立体切削系统,攻克超大直径盾构隧道推进过程中刀具磨损和刀盘缠绕核心技术;研发适应海域地层的环保泥浆材料及配比,攻克海域环境下填海大扰动地层、凸暗礁复合地层超大直径盾构隧道开挖面稳定和施工关键技术参数匹配难题。项目申请专利3件。 (程 烨)

海相地层超大直径泥水盾构隧道

【大型绞吸船挖吹黏土、沙砾、卵石等非均匀复杂混合土施工关键技术研究】 项目由中交上海航道局有限公司承担,3月28日通过中国水运建设行业协会验收。项目对非均匀黏结混合土挖掘、输送难度大的特点,研制适用于挖掘非均匀黏结混合土的挖掘机具,实现大型绞吸船高效挖掘施工;优化非均匀黏结混合土挖吹施工参数,大幅提高施工效率;完善混合土管道泥浆输送的按级配分级计算方法,建立大口径管道输送实用临界流速计算模型,实现混合土泥浆安全、高效输送。项目成果应用于秦皇岛港山海关港区起步

工程疏浚工程、秦皇岛围海造地2期东围堤及吹填工程施工2标段等工程。（王丽华）

【新型通长高强土工格栅复合软体排护底关键技术研究】 项目由中交上海航道局有限公司、上海交通建设总承包有限公司共同承担，3月28日通过中国水运建设行业协会验收。项目研制新型通长高强土工格栅复合软体排，适用于水动力强、地基土触变性敏感的海工建筑物基础工程；研发底层为通长土工布；排中中层为高强土工格栅，两侧余排中层为抗冲击防老化缓冲保护层；面层为通长土工格栅的一体化排体制作工艺，解决复杂结构软体排制作难题；研制适合通长高强软体排铺设施工动力滑轮组牵引装置，解决软体排较轻、摩阻力大、难以沉放问题。项目成果应用于东营港东营港区南防波堤、唐山港丰南港区东防波堤等工程。项目获实用新型专利授权1件。（王丽华）

【全侧向爆破挤淤快速筑堤技术研究】 项目由中交第三航务工程局有限公司承担，3月30日通过中国水运建设行业协会验收。项目结合大连临空产业园填海造地护岸工程，针对堤身宽度大(顶宽60 m)，堤身长(19 km)，传统爆破挤淤筑堤工艺工效低等问题，开展理论研究与工程试验，形成全侧向爆破挤淤快速筑堤技术。研发全侧向爆填筑堤技术，拓展爆破挤淤筑堤技术应用范围；研究确定单药包重量和单次进尺、药包间距等因素关系，提出爆破挤淤参数优化取值方法，突破规范要求的爆破挤淤最低单耗限值和药包埋入深度限值；通过稳定性分析和石舌滑动模拟，确定全侧向爆破挤淤快速筑堤技术适用范围。（程　云）

【宽箱多室波形钢腹板-预应力砼组合梁大跨度桥施工关键技术研究】 项目由上海城建市政工程(集团)有限公司承担，3月30日通过江西省土木建筑学会验收。项目基于南昌朝阳大桥工程，研发具有整体垂直起吊安装、状态远程实时监控、多作业面施工平台等功能的智能化组合挂篮系统；研制波形钢腹板安装的加固装置、高精度传感与控制设备，实现对挂篮悬臂浇筑施工实时多维控制；形成超宽大跨度波形钢腹板组合梁斜拉桥的施工装备体系。项目申请专利13件，其中发明专利6件；制定江西省工程技术标准2部、企业工法10部。（程　烨）

宽箱多室波形钢腹板

【考虑三维效应的超大直径钢管桩可行性分析方法与多通道高应变试验技术】 项目由中交第三航务工程局有限公司等单位承担，3月30日通过中国水运建设行业协会鉴定。项目针对外海大直径桩采用中小直径桩理论分析和现场承载力检测方法局限性，建立考虑三维效应的超大直径钢管桩应力波波速简化计算公式，相比传统一维应力波理论更符合超大直径钢管桩应力波传播规律；建立超大直径钢管桩考虑三维效应的CASE法一维波动方程修正方法；提出海利打桩公式参数取值的经验公式，解决传统方法需要通过现场测试取得海利打桩公式参数的问题；通过理论分析和现场测试研究超大直径钢管桩沉桩时的偏心锤击现象，采用高应变法测试超大直径钢管桩承载力时，对称设置4对传感器可满足偏心锤击下测试数据的可靠性要求；编制超大直径钢管桩冲击沉桩和振动沉桩可打性分析程序。项目成果应用于中广核如东150 MW海上风电场、江苏东台200 MW海上风电场等工程。项目获软件著作权登记1件。（程　云）

【基于综合数据条件下的上海城乡规划用水量指标研究】 项目由上海市水务规划设计研究院承担，4月18日通过市水务局验收。项目完成用水量指标分析空间数据集设计，分析全市用水量及用水量指标现状及发展趋势、按城乡体系划分各类用水量指标，建立基于地理信息系统的数据可视化分析应用系统，提出上海新一轮规划用水量指标体系。项目成果应用于上海新一轮供水规划，为供水行业管理部门和供水企业提供参考依据。（金巍良　陈　缘）

【上海地铁盾构隧道结构耐久性及其防治技术研究】 项目由上海申通地铁集团有限公司承担，4月26日通过市科委验收。项目调研上海地铁运营环境特征、病害及耐久性现状，测试上海地铁1号线、2号线杂散电流分布等；建立上海地铁1号线、2号线典型运营环境特征及病害分布图；从混凝土材料、管片构件、隧道结构3个层次开展室内试验，分析典型环境下盾构隧道混凝土及管片结构性能退化机理，开发不同环境因素作用下盾构结构性能退化预测分析软件，并预测上海地铁典型环境下盾构隧道管片服役寿命；开发适合于地铁修复用无机磷酸盐快速修补材料，制定修复施工方法与工艺，开展地铁修复工程应用；开展耐久性损伤及加固后隧道整环结构力学性能试验，提出适合不同荷载工况下的2种加固方法；提出上海地铁混凝土结构耐久性评估指标与方法，编制上海地铁盾构隧道钢筋混凝土结构耐久性评估与维护保障技术指南；建立典型运营环境下上海地铁病害分布图，研发快速修复新材料并形成其施工工艺，开发不同环境因素作用下盾构结构性能退化预测系统。项目申请发明专利12件；发表论文8篇。（王　磊）

【临港绿色交通综合示范】 项目由上海临港新城投资建设有限公司、上海岑延汽车电子科技有限公司、同济大学等共同承担，4 月 27 日通过市科委验收。项目围绕新能源汽车示范、基础设施、运行监控、智能化交通与商业模式等方面，完成新能源汽车监控技术、数据处理方法研究与平台建设、充换电技术研究及充换电站建设、临港新能源汽车分时租赁应用体系、临港申港大道具有绿波带效果的信号控制系统、交通移动端信息发布平台，实现主城区纯电动示范公交线路 14 条，示范纯电动公交客车 78 辆，出车率 95%，累计行驶 277 万千米。项目获实用新型专利 8 件、软件著作权登记 6 件；发表论文 5 篇。 （王 磊）

【房屋建筑工程信息模型应用基础关键技术研究与示范】 项目由上海市建筑科学研究院(集团)有限公司承担，4 月 27 日通过市科委验收。项目针对建筑信息模型(BIM)应用中瓶颈问题开展房屋建筑工程全生命周期中关键技术及应用研究，涵盖建模、交付、数据存储与交互、参数化构件、分析、模拟、控制、协同等，探究差分进化人工蜂群算法的资源约束动态调度协同管理方法、三维模型直接导出二维图纸技术、基于 BIM 信息抽取的自动规范审查和关联识别技术、基于 IFC 标准的 BIM 构件资源库构建方法、基于既有建筑快速建模的运维数据集成技术。项目申请发明专利 4 件、实用新型专利 1 件；获软件著作权登记 5 件；形成地方标准 2 部、上海市级 BIM 应用指南及示范文本 4 套；发表论文 23 篇；完成示范工程 4 项。 （王 磊）

【超深地下工程多工况微扰动变形控制技术】 项目由同济大学建筑设计研究院(集团)有限公司、上海建工集团股份有限公司、上海地铁维护保障有限公司、上海交通大学、上海市基础工程集团有限公司等共同承担，5 月 18 日通过市科委验收。项目探究上海软土地区超深地下工程建造过程中各类扰动因素，提出针对微扰动变形控制的设计计算方法，研发超深地下工程建造中全过程的微扰动变形控制成套技术，建立更严格的微扰动变形控制体系及标准，为超深地下工程建造过程中环境保护提供技术借鉴和指导；取得基坑施工扰动的土体微观结构破坏机理、超深基坑分区阶次卸荷的设计计算方法及技术、多因素耦合降水理论及智能控制技术、施工扰动控制的理论研究及新工艺、地铁结构的安全状态评估方法及治理技术、超深地下工程多工况微扰动变形控制技术体系及标准等成果；研究成果应用于开挖深度 25—40 m 的多项超深地下工程，达到微扰动变形控制目标，保护相邻运营地铁及周边环境；编制上海市《基坑工程微变形控制技术规程》和相关技术指南。项目申请发明专利 4 件、实用新型专利 1 件；获国家级工法 1 部；发表论文 22 篇。 （王 磊）

【直流控制保护与受端电网配合性能提升技术研究】 项目由国网上海市电力公司、中国电力科学研究院有限公司、许继集团有限公司等共同承担，5 月 31 日通过国家电网有限公司验收。项目基于 ADPSS 开发与实际工程相一致的直流控制保护仿真模型，建立平波电抗器瓦斯保护、阀水冷变频器保护等电气-非电量传导模型及华东交直流电网机电-电磁混合仿真系统，实现交流系统故障导致直流关键元件保护动作引发直流闭锁全过程仿真模拟，研究交直流电网交互影响过程及机理，提升直流控制保护性能，降低交流系统故障或操作导致直流闭锁事故发生率，减少直流低负荷时段向交流系统无功注入，促进直流控制保护与交流电网的协调配合，保障跨区直流的正常送电和特高压交直流电网安全稳定运行。项目申请发明专利 7 件；发表论文 8 篇。 （宋 平）

【土地整治综合标准化试点】 项目由上海市建设用地和土地整理事务中心承担，6 月 8 日通过市质量技监局验收。项目制定 39 个单位工作和管理标准，制定“技术＋服务”土地整治综合标准体系，体系涵盖服务通用基础标准、服务保障标准、服务提供标准 3 个方面 104 个标准，实现技术标准与标准化衔接，业务流程与标准化同步配套，凸显土地整治管理和服务依法依标特点。形成以技术标准和服务标准体为支撑，以郊野公园、市级土地整治项目区为创新载体，以规土政策为核心的郊野地区转型发展实施平台和技术创新实践平台，提高社会管理和公共服务质量。 （张淑萍）

【工业化建筑标准化智造关键技术研究及模式创新】 项目由上海城建物资有限公司承担，6 月 26 日通过市国资委验收。项目开展标准构件体系应用软件、新型预制装配式结构体系、工厂智能化管理系统、绿色建筑关键技术、建筑产业现代化模式和基于 GIS＋BIM 的基础信息管理平台研究，建立工业化建筑预制混凝土标准构件库用软件，研发新型预制构件体系、预制构件数字化生产控制系统、自动化生产流水线，形成标准化安装技术体系，提出绿色生产评价体系，开发上海首个预制构件电商平台和基于 GIS 和 BIM 的城市基础空间平台。基于芬兰预制构件自动化生产线再创新，并建成投产，生产预制构件超过 12 500 m^3。 （程 烨）

【基岩裸露复杂海床条件下嵌岩桩施工关键技术研究与应用】 项目由中交第三航务工程局有限公司承担，7 月 12 日通过中国水运建设行业协会验收。项目针对岩石强度高、岩面坡度大条件下大直径嵌岩桩、超长斜嵌岩桩施工中稳桩、成孔工艺、施工平台设计等技术难题，开展基岩裸露复杂海床条件下嵌岩桩施工关键技术研究；针对全断面超长斜嵌岩桩，形成嵌岩桩无钢套管嵌岩段先钻小直径导向孔、再钻全断面嵌岩孔成孔工艺，实施直径 1 800 mm、斜率 5∶1、嵌岩深度 18 m 的斜桩嵌岩；针对水下岩面坡度大的嵌岩桩成孔，提出筒锤修平工艺处理斜岩，解决锤头在斜面打滑、桩孔轴线偏移等问题；研发一种提高嵌岩桩嵌岩段抗弯承载能力的嵌岩桩结构；研制 4 扇分离反循环式刮刀设备，解决反循环钻进时碰到孤石、漂石沉淀在孔底而难以进尺问题；研制 HM 合金锤牙，解决强度 200 MPa

以上基岩冲击成孔难题；针对全断面超长斜桩嵌岩施工，研发按岩石硬度高低引孔及扩孔钻头。项目成果应用于宁波-舟山港老塘山港区外钓岛光汇油品码头工程、舟山实华公司原油码头2期工程、衢山港区鼠浪湖矿石中转码头工程。项目获发明专利授权2件、实用新型专利授权2件。 （程 云）

项目成果应用在舟山实华原油码头2期工程系缆墩工程

【深层盾构隧道施工关键技术研究】 项目由上海隧道工程有限公司承担，7月20日通过上海市土木学会验收。项目提升超深地基MJS加固施工技术，研制可抵挡500 kPa高水头压力的洞圈内嵌式止水装置，提出满足单工作井结构尺寸的11 m级大直径泥水盾构分体始发技术；开发高精度管片钢模激光快速测量系统软件，研制一体式注塑成型的盾构管片注浆管，首创多维度混凝土循环机防腐试验方法和装置，提高管片生产效率和优化注浆管结构型式的同时为混凝土防腐综合评价提供方法；提出可实时显示深度及视频信息的新型超深垂直运输安全监控技术，摸索适应深隧工程的同步浆液和泥水的材料与配比及泥水处理和弃浆模式。项目申请专利1件。 （程 烨）

【城市超深地下快速路结构设计与协同建设关键技术】 项目由上海长江隧桥建设发展有限公司承担，7月23日通过市科委验收。项目结合北横通道工程建设，完善适用于深埋大直径盾构隧道的土压力计算模式及设计参数取值，建立中心城区大断面地下快速路近距离穿越既有轨交隧道变形控制标准；开发车架随行式隧道同步注浆自动化测试技术及城市地下快速路微扰动环境保护平台；提出适应“左进右出”交通组织形式和考虑北横通道内部视觉环境特点的交通安全控制技术，研发基于多源数据融合的多层次复杂路网交通信息智能化采集与诱导技术；创建基于大数据分析和仿真模拟技术的大直径盾构隧道施工参数智能分析方法，研制基于智慧基础设施系统的城市地下快速路协同管理平台。项目成果应用于北横通道工程，为城市超深地下快速路设计与建设提供参考。 （王 磊）

【有轨电车与区域交通管理技术】 项目由上海市城市建设设计研究总院(集团)有限公司承担，7月23日通过市科委验收。项目依托上海市松江区现代有轨电车示范线工程，提出适合中国交通环境的基于离线协调的有轨电车主动式信号优先策略；开发基于道路交通流中观特性的有轨电车运行过程仿真系统；提出网络化条件下基于信息集成的有轨电车运营控制和管理平台及互联互通技术要求；基于多源交通数据，检测有轨电车走廊网络客流，开发针对异常交通状态的基于网络化决策支持的有轨电车走廊应急协同管控预案和系统；引进CITADIS有轨电车技术，搭建3Dcom数据库，形成有轨电车设计开发技术平台；建立适合于有轨电车运营安全评价方法和标准；形成现代有轨电车车辆技术研发平台，形成示范工程样车1辆；研发有轨电车信号优先的交通信号控制新产品1件；研发道路交通协同控制的有轨电车运行控制设备1件。项目获专利授权16件，其中发明专利授权5件；获软件著作权登记4件；发表论文12篇。 （王君如 王 磊）

【大断面矩形盾构关键技术研究应用】 项目由上海隧道工程有限公司承担，7月27日通过市科委验收。项目研制“双X同面＋偏心多轴”组合式全断面切削类矩形盾构刀盘系统和串联环臂式轨迹伺服类矩形盾构管片拼装系统，实现类矩形盾构的全断面切削和狭小空间异形管片高精度拼装；通过三维仿真数值计算和大型可视化浆液试验研究，研发类矩形盾构施工的渣土改良技术、同步注浆技术、异形管片拼装技术，解决类矩形盾构法隧道的推进、拼装、注浆难题。项目成果应用于国内首条类矩形盾构法隧道工程，为地下空间受限条件下的隧道建设提供解决方案。项目申请专利7件；发表论文9篇。 （程 烨）

【京沪铁路运营车站站台雨棚新结构及施工技术研究】 项目由中国铁路上海局集团有限公司、上海交通大学、中铁第四勘察设计院集团有限公司、中铁十六局集团有限公司共同承担，7月27日通过中国铁路上海局集团有限公司成果评审。项目针对京沪高铁营运线上高铁车站站台改造工程，研发新型金属板屋面雨棚，研究适应的成套施工工法，设计装配式金属板屋面雨棚结构，经验证，肋板弯折段及连接件等关键部位结构强度及防渗漏性能显著提升。采取雨棚吊顶、檐口等防脱落措施，提升雨棚非结构构件防脱落性能；优化落水口、变形缝、支座、檐口等细部构造，提升雨棚整体抗风、防水、变形的适应能力和使用耐久性；结合现场施工提出的成套施工工法，为抗风揭双层金属屋面站台雨棚建设提供指导。项目成果应用于京沪高铁线无锡、常州、丹阳、镇江站改造工程。项目获专利授权11件。（陈丹菁）

【正压式消防空气呼吸器科学使用及维护保养方法研究】 项目由应急管理部上海消防研究所检验中心承担，7月30日通过公安部验收。项目调研相关空呼器生产企业和基层消防部队，研究美国NFPA、欧洲EN国际标准和国内外文献资料,分析空呼器佩戴试用和气体充装方法差异,提出空呼器科学使用与维护保养建议方案,有助于空呼器在实战中发挥使用效能。项目成果为空呼器相关产品标准制定提供依据,为消防部队操作使用、维护保养和报废提供参考。

(崔　艳)

【深层地下空间开发利用规划研究】　项目由上海市政工程设计研究总院(集团)有限公司、上海市地质调查研究院、同济大学、上海市发展改革研究院、上海市城市规划设计研究院、上海广联环境岩土工程股份有限公司等共同承担,8月2日通过市科委验收。项目分析上海深层地下空间特性,结合上海客观地质条件层次结构,提出分层控制原则;基于深层地下空间布局适宜性分析,提出混合开发模式,构建以广义物流功能为骨架的"1+X"网状布局结构;总结影响上海地区深层地下空间开发承压水、地面沉降、流沙与砂土液化、基岩稳定性及基岩面起伏等地质问题,开展深层地下空间开发地质环境适宜性分区,提出深层地下空间开发地质环境问题防治对策,构建城市深层地下空间开发利用评估指标体系,定量评估上海市深层地下空间开发利用容量,绘制上海市深层地下空间开发利用价值等级分布图,编制上海市深层地下空间开发利用施工导则。

(王　磊)

【视频侦查中可疑目标天地协同目标立体定位跟踪关键技术研究】　项目由上海市刑事科学技术研究院承担,8月29日过市科委验收。项目基于地面多摄像机协同跟踪及基于无人机的目标跟踪技术,通过天地协同建立对目标的立体隐蔽监控,消除因监控盲区导致的目标跟踪丢失,实现天地监控双向互补,为指挥部门决策提供参考;搭建前端智能与后端智能相结合的天地摄像机协同目标跟踪系统,实现数据前端实时处理,提高连续跟踪能力,有助于推进无人机在公共安全领域应用。

(方黎珺)

【复杂样品前处理过程关键材料及自动化装置的研制】　项目由上海市刑事科学技术研究院承担,9月6日通过市公安局验收。项目涉及复杂基质中毒品毒物的磁性固相萃取前处理技术,解决毒品毒物类待测物在血液和尿液中分离、纯化和富集技术,通过合成制备表面功能化磁性纳米材料实现目标物分散固相萃取,开发智能化样品前处理装置,实现前处理方法自动化和高通量化。该方法可在30分钟内完成32份尿液样本自动化提取,将洗脱液直接用于仪器分析。项目成果可提升血液和尿液前处理效率,并可用于大体积水体的毒情监测的水样前处理,为毒品毒物前处理方法提供路径。

(方黎珺)

【消防用轨道交通快速反应运载设备及应用研究】　项目由应急管理部上海消防研究所消防应急救援装备公安部重点实验室承担,9月6日通过公安部验收。项目开展消防用轨道交通快速运载设备的动力系统、轻量化结构拼接、模块化设计与集成等关键技术研究。项目成果为轨道交通应急救援提供一种运输解决方案,可搭载不同类型救援模块,方便人员、物资快速往返救援任务现场。项目获实用新型专利授权1件、发明专利授权1件;发表论文1篇。

(崔　艳)

【BIM技术在铁路隧道建设管理中的应用研究】　项目由中国铁路上海局集团有限公司与中铁隧道集团有限公司、中国铁道科学研究院、中铁第四勘察设计院集团有限公司共同承担,9月7日通过中国铁路上海局集团有限公司科技成果评审。项目依据铁路BIM联盟颁布的技术标准,将BIM技术应用于铁路隧道建设管理。研究面向铁路隧道BIM模型轻量化及存储管理等关键技术,在多种BIM建模平台上开展二次开发,解决隧道模型构件定位等技术难题,构建基于EBS的铁路隧道全参数化模型构件库;研发铁路隧道BIM应用平台,实现基于BIM技术的铁路隧道安全(超前地质预报、围岩监控量测和步距管理)、质量(超欠挖和平整度)、进度及变更设计等信息的综合集成管理。项目成果应用于衢宁铁路隧道建设工程,为提高铁路隧道建设施工安全、风险管控提供保障。

(陈丹菁)

【基于无人机技术的铁路线桥设备及外部环境巡检系统】项目由中国铁路上海局集团有限公司与西南交大(上海)智能系统有限公司共同承担,9月12日通过中国铁路上海局集团有限公司科技成果评审。项目针对铁路线桥隧道设备种类多、分布散、沿线环境复杂、巡检不便,采用基于无人机的机载监测设备,应用无人机远距离巡检、高清图像传输、安全避障及图像智能识别等技术,研发适应于铁路线桥设备及外部环境巡检的信息系统,实现对铁路桥隧建筑物等病害及安全隐患的巡检排查,为线路病害及安全隐患处置提供依据。系统主要包括无人机前端、无人机操控及图像智能识别等子系统。项目成果丰富高铁线桥巡视检查手段,提高铁路线桥隧道巡检质量和效率,健全高铁线桥隧设备检查监控体系,为铁路线桥设备及外部环境巡检及防洪等灾害气候下应急处置等提供方法。项目成果应用于沪宁、合宁城际铁路,大胜关长江大桥,南京长江大桥等。

(陈丹菁)

【智能苏州河防汛管理关键技术集成与应用示范】　项目由上海市水务规划设计研究院承担,10月16日通过市水务局验收。项目结合苏州河水系防汛数据库与流域区域模型库及气象雨量预报与水文水力预报技术,集成苏州河水系降雨量、降雨径流与河网水动力一体化智能预报模拟技术;建立苏州河防汛安全调度预警指标体系,提出苏州河水系防汛"四色"预警响应调度方案;建立雨情水情在线监测、预报预警、预案发布及工情实时调控一体化智能苏州河防汛管理系统应用平台,实现移动端在微信企业号的预报预警发布功能。项目成果应用于支撑智能苏州河管理信息平台建设,为上海智慧水网建设提供支撑。项目获软件著作权登记2件。

(金巍良　陈　缘)

【智能变电站自动化设备标准化技术研究】 项目由国网上海市电力公司、国网江苏省电力有限公司、国网浙江公司省电力有限公司等共同承担，10月17日通过国家电网有限公司验收。项目提出变电站高性能标准化自动化设备模型与设备解耦技术，完成高性能变电站自动化设备标准化研究，解决变电站自动化设备解耦互换、多频段振荡在线感知、北斗信号为主的多时源仲裁等贯穿变电站自动化设备制造、试验、调试运维等环节的技术问题，完成高性能成套变电站自动化设备研制、试验和验收。项目成果在国家电网有限公司多个变电站投入运行。项目申请发明专利16件，获专利授权8件；发布标准8部，其中国家标准1部、电力行业标准1部、企业标准6部；发表论文11篇。（宋 平）

【上海国际金融中心建设关键技术研究与应用】 项目由上海竹园工程管理有限公司承担，10月22日通过市科委验收。项目提出复杂地质条件和敏感环境条件下超深大基坑前阶段整体逆作，后阶段塔楼先顺作、纯地下室后逆作的顺逆作同步交叉实施总体设计方法；提出短地下连续墙外侧设置超深TRD工法等厚度水泥土搅拌墙作为悬挂隔水帷幕方案，形成适用于软土复杂地层中的超深TRD工法水泥土搅拌墙隔水帷幕施工工艺；提出上海地区典型软土层HS-Small小应变本构模型全套参数实用确定方法，建立能考虑土体小应变特性及土体与结构共同作用效应的三维精细化有限元模型，模拟基坑开挖全过程动力学行为，并验证其有效性；建立四维实时在线监测信息化平台，揭示顺逆同步交叉实施超深大基坑工程的受力和变形性状；研发“后插法”调垂整套设备和工艺方法体系，开发“地下地上”同时调垂的新形式“先插法”；提出深厚承压水含水层非完整单井抽水水平降落漏斗的半对数斜率；解决超大面积、超高高度索网幕墙系统中主体结构对索网幕墙性能的影响和施工方法及施工次序等关键技术难点；获得超大规模地送风设计及施工关键技术，研制立式紧凑型低噪声空调箱；应用BIM技术建立复杂项目的4D建设管理系统和项目综合管理系统。（王 磊）

【上海天文馆工程建设关键技术研究与应用】 项目由上海科技馆承担，10月23日通过市科委验收。项目以上海天文馆工程建设为依托，建立大型公共文化建筑项目建设过程中风险控制指标和方法；优化上海天文馆空间结构体系设计；提出公共建筑设计施工中绿色建筑适宜技术体系和整合方法，形成上海天文馆新能源综合利用方案建议意见；从盐碱地改良方式、适宜盐碱绿化植物筛选调查、植物景观设计模式等方面开展研究，提出滨海盐碱土改良手段和技术措施；提出基于Cloud-BIM的协同管理和集成化协同设计框架。项目成果为公共文化建筑工程建设提供参考。（王 磊）

【支撑港珠澳大桥建设】 10月24日，港珠澳大桥建成通车，作为国际上最大的单体跨海交通项目，集桥、岛、隧于一体，上海多家单位深度参与港珠澳大桥的设计建造。同济大学研究团队破解多项技术难题，为人工岛建设、沉管隧道接合与抗震、通航孔桥抗风等贡献智慧；上海市隧道工程轨道交通设计研究院、上海城建(集团)公司承担港珠澳大桥岛隧工程；上海市政工程设计研究总院为港珠澳大桥建设提供全过程工程咨询上海交通大学参与港珠澳大桥岛隧工程，完成3个在隧道段沉管安装过程进行受力分析及动力响应数值仿真项目；中科院声学研究所东海研究站利用超声波成孔成槽质量检测技术，在桥墩下桩前，解决大深度、大口径钻孔时的垂直度测量问题。（王 薇 诸向阳）

【服务保障首届中国国际进口博览会】 11月5—10日，首届中国国际进口博览会(简称进博会)举办。聚焦进博会安全保障、场馆智能运维、区域交通提升等需求，强化技术创新和成果应用，研制并应用新型高效智能安检设备，在虹桥、浦东机场、国家会展中心入口部署试运行，实现被检人员非接触、无伤害、不停留，安检准确率不低于95%；支撑国家会展中心建设和运维，持续开展科技成果应用示范，实现由400余部电梯组成世界第一的超级电容节能电梯示范区、世界最高大场馆室内室外LED照明全覆盖示范区、12万吨钢结构架起世界最大无柱展厅跨越地铁施工3个“世界之最”；开展“大型国际交通枢纽复杂交通智能调控技术与示范”项目，形成《国家会展中心交通预警、预案和联动指南》，实现对虹桥枢纽周边部分区域道路网络三维场景建模，开展虹桥高铁停车库智能调控技术研究及示范，实现出入口每小时增放车辆300辆以上，提升进博会周边交通枢纽综合管控能力。（王 薇）

【大断面矩形盾构法隧道设计技术研究】 项目由上海市城市建设设计研究总院(集团)有限公司承担，11月13日通过住房和城乡建设部验收。项目针对两车道城市地下道路，提出大断面矩形盾构隧道结构设计方法。采用2种管片形式、4种姿态对矩形盾构隧道进行平纵曲线排版拟合；针对结构形式受力特点，提出变厚度矩形隧道截面设计方法；采用接头足尺试验方法研究管片接头构造力学性能和防水性能；研究成果部分纳入相关技术标准，为大断面矩形盾构隧道结构设计提供参考。（周君俊）

【上海市海洋灾害风险评估与区划(宝山区、崇明区)】 项目由市海洋局、上海东海海洋工程勘察设计研究院联合国家海洋环境预报中心、东海预报中心等共同承担，11月12日通过市海洋局验收。项目推进上海海洋灾害风险评估与区划，基于金山区海洋灾害风险评估与区划等，对可能对上海沿海造成淹没风险的台风、冷空气、海啸进行淹没范围与淹没水深模拟评估，结合宝山、崇明陆地高程、海塘、土地利用等情况，完成风暴潮与海啸灾害风险评估与区划研究。编制《上海市海洋灾害风险评估与区划(宝山区、崇明区)成果图集》。项目成果提升宝山区与崇明区应对风暴潮与海啸灾害能力，为沿海区域的预警预报、城市规划、产业布局

等提供支撑。 (刘力嘉)

【特大排水管涵安全评估及健康管理关键技术研究】 项目由上海市城市排水有限公司牵头,上海勘察设计研究院(集团)有限公司、同济大学、上海市政工程设计研究总院(集团)有限公司等共同承担,11月15日通过市科委验收。项目研发可运用于特大排水管涵结构缺陷的三维综合扫描技术;揭示特大排水管涵结构损伤发展时变规律,建立针对特大排水管涵受损结构极限承载力评估方法;比较新老规范在排水管涵结构设计中差异;评价各类修复涂料在潮湿基面、较短养护期等严苛条件下性能表现,优化防腐涂料选取办法,提出适用于不同工况的特大排水管涵修复加固技术;采用Web-GIS技术,集成管涵结构基本参数、缺陷等级、外部环境参数、运营参数等相关信息,构建可视化、标准化、动态化的特大排水管涵健康管理信息平台,提升城市排水精细化管理水平。 (王　磊)

【基于移动互联网技术的交通执法智能转换路名规范研究】 项目由上海市公安局交通警察总队承担,11月15日通过市公安局验收。项目通过基于GPS和GIS技术,反推上海交警五要素路名规范地址描述;基于移动互联网技术的交通执法智能转换路名算法,开发App控件和接口集成到上海交警移动警务系统和上海交警App,并应用于市公安局交警总队科技处、市公安局交警总队勤务处等部门。 (方黎珺)

【兼容多算法的分布式人脸基础信息中间库服务的研究】 项目由市公安局科技处承担,11月15日通过市公安局验收。项目针对城市公共安全管理中面向人脸基础信息的开放共享、信息安全和隐私保护等问题,研究兼容多算法的分布式人脸基础信息中间库服务,符合高性能、低延时、可追溯,符合实战要求,为人脸识别比对和身份确认等需求提供服务,实现人脸基础信息的开放共享、隐私保护和安全管控;形成兼容多算法的分布式人脸基础信息中间库服务设计方案,开发完成兼容多算法的分布式人脸基础信息中间库服务软件原型,编写《人脸基础信息中间库接口规范》。 (方黎珺)

【基于人工智能的微表情分析测谎系统】 项目由市公安局经济犯罪侦查总队承担,11月21日通过市公安局验收。项目对人工智能图像识别技术在测谎领域应用开展研究,通过技术调研、实景测试等方式,研发人脸微表情AI识别算法,在人工智能微表情识别等方面,突破实时审讯微表情判断、预警、分析等关键技术,建立自有人脸微表情库,形成可行性技术报告,论证基于人工智能的微表情分析测谎系统可行性。 (方黎珺)

【大口径埋地塑料排水管道应用关键技术研究】 项目由上海市排水管理处承担,11月28日通过市科委验收。项目结合现有埋地塑料排水管道产品标准、设计规范、施工方法等,研究埋地塑料排水管道材料性能、水力计算、结构计算等,并利用大型沙箱试验系统对DN1200及以上埋地塑料排水管道进行标准试验与对比试验,验证大口径埋地塑料排水管道沿用规范公式计算有效性。项目形成大口径埋地塑料排水管道应用关键技术标准,为设计、施工及运行管理提供参考。项目发表论文3篇。 (金巍良　沈　浩)

【现代木结构设计方法与工业化建造技术研究】 项目由上海市建筑科学研究院(集团)有限公司承担,11月28日通过住房和城乡建设部验收。项目提出直线形和抛物线形预应力胶合木梁设计方法,扩大木梁使用跨度;研发竹木增强和钢板增强新型钢填板-螺栓胶合木梁柱节点及钢-木屈曲约束支撑,提升现代木结构耗能能力和抗震性能;完成5层胶合木结构振动台试验,提出现代木结构抗震设计方法和构造措施建议;提出基于BIM的现代木结构设计建造一体化技术。项目申请发明专利2件;发表论文7篇,其中SCI/EI论文3篇;编写技术标准6部。 (周君俊)

【海洋工程建设项目环境影响后评价体系研究】 项目由市海洋局行政服务中心和上海交通大学共同承担,11月29日通过市海洋局验收。项目构建海洋工程建设项目环境影响后评价工作程序和步骤;建立海洋工程建设项目环境影响后评价指标体系;制定《海洋工程建设项目环境影响后评价办事指南(建议稿)》《上海市海洋工程建设项目环境影响后评价技术导则(建议稿)》。项目为海洋工程建设项目环境影响后评估提供指导。 (金巍良　胡　挺)

【密集空间下穿城市快速路工程建设关键技术】 项目由上海工程勘察设计有限公司、同济大学、上海城建市政工程(集团)有限公司共同承担,11月23日通过市科委验收。项目分析管幕作用下开挖面失稳特性,揭示管幕对减少地表沉降及提升开挖面稳定性作用机理;开发基于机器视觉的管幕姿态三维监测系统,研发管幕精确成套导向设备,解决小直径管幕精确掘进难题;研制多刀盘矩形土压平衡式箱涵掘进机及新型注浆材料,形成大断面矩形箱涵微扰动施工成套工艺。项目成果应用于田林路下穿中环线地道新建工程。 (王　磊)

【城市地下物流系统规划关键技术研究】 项目由上海市政工程设计研究总院(集团)有限公司、上海海事大学、同济大学、上海振华重工(集团)股份有限公司共同承担,11月30日通过市科委验收。项目分析中国发展地下物流系统(ULS)宏观环境,识别ULS内部因素和外部因素,提出上海市地下物流系统发展战略和对策建议;提出基于地下物流系统的点-线港口集疏运模式,建立适合于中国特大城市地下物流系统的综合效益评估体系及分项效益测算方法;提出考虑地下集装箱物流系统的港口集装箱集疏运方案及其流量预测方法,构建地下物流系统与集装箱港口衔接区域多种模式及装卸运营流程，提出地下物流系统通道与枢纽的规划布局；研发自动化集装箱运输车装备成套技术，实现重型集装箱运输车的无人驾驶技术、自动化控制及移动供电方案应用，并评估多种动力能源系统在地下物流专线方案中可行性。 （王　磊）

【青草沙、陈行连通管工程可供水量及长距离盾构专题研究】 项目由上海城投原水有限公司承担，12月3日通过市水务局验收。项目开展新环境条件下咸潮入侵问题研究，基于青草沙、陈行两库连通可供水量和两库连通工程配套措施，提出长江口新的现状条件、三峡调度、北支中缩窄和持续偏北大风等工况对应青草沙水库的现状库容、设计库容和可挖潜库容情况下两库可供水量；针对青草沙、陈行水库连通工程15 km左右超长距离过江输水隧道建设关键技术开展研究，提出3个路径、5种方案；基于新环境条件下咸潮入侵动力过程，提出两库取水口盐度时空变化的联合运行调度方式及可供水量，以及超长距离越江输水隧道涉及施工的关键技术，为青草沙、陈行水库连通工程立项决策及总体方案编制提供依据，为青草沙陈行原水连通工程实施提供参考。 （金巍良　张菁蕾）

【基于云平台的智慧停车关键技术研究与示范】 项目由上海千方智能停车有限公司、同济大学、上海绿程汽车租赁有限公司共同承担，12月6日通过市科委验收。项目攻克基于智能物联的停车信息动态获取技术、基于大数据挖掘的区域停车实时诱导技术、基于停车需求差异化的停车收费策略等关键技术；研发基于智能物联的停车信息采集系统、基于分布式架构的停车场运行管理系统、基于智能手机的收费管理与服务系统、模块化立体充电停车一体化场库装置，搭建智慧停车云平台。项目成果应用于虹桥国际机场停车库等区域。 （王　磊）

【虹桥商务核心区综合区域需求响应方法研究】 项目由国网上海市电力公司市南供电公司、上海服泽能源科技有限公司等共同承担，12月11日通过国网上海市电力公司验收。项目完成电网负荷信息收集及处理、区域用户用电分析；基于用电分类排序方法分析区域用户特征，形成多级响应模型及方案；研究制定区域范围内负荷分配模型，确定参与需求响应的用电用户范围及响应级别，研究政策框架内区域用户结算、补偿策略；研究用电及需求响应的信息交互方法；开展建设需求响应应用示范，开发区域内电力需求响应服务平台软件。项目申请专利1件；发表论文1篇。 （宋　平）

【地铁隧道结构无损检测及安全评估关键技术研究】 项目由上海勘察设计研究院（集团）有限公司、同济大学、上海地铁维护保障有限公司、上海市地质调查研究院共同承担，12月13日通过市科委验收。项目研发高精度、自动化移动三维激光扫描隧道检测机器人，提出适应不同隧道结构断面的变形解算法，开发基于并行计算的实时解算平台，实现海量点云数据处理；基于线阵CCD相机扫描检测技术，研制模块化隧道病害图像快速获取装置，构建盾构隧道结构表观病害样本库及深度学习模型，实现高效率、智能化病害图像处理；针对地铁隧道道床脱开及管片裂缝等隐蔽病害，改进双通道双频探地雷达系统，研发基于阵列式超声波、组合震源冲击回波的隧道无损检测技术，提出高分辨率成像算法，提升探测效率和精度；优化地铁隧道结构安全评价指标体系及定量评价标准，提出多层次、多指标、变权重隧道结构安全动态评价方法，建成隧道结构综合评价系统平台，为提升隧道结构安全管理水平提供支撑。 （王　磊）

【城区供水管网防爆检测与修复技术研究与应用】 项目由上海城市水资源开发利用国家工程中心有限公司承担，12月13日通过市科委验收。项目形成寒潮下管网风险评估、爆管事故报警、易爆点诊断定位等关键技术，对国内外相关管道检测与修复技术进行技术经济分析，形成相应技术方案并示范应用。在虹口区建立580个小区漏损控制示范区，通过技术集成应用，示范区管网漏损率下降9.90%。项目成果应用于首届中国国际进口博览会期间供水安全保障。 （王　磊　金巍良　胡　波）

【上海市高层建筑预制装配式技术研究与应用示范】 项目由华东建筑设计研究院有限公司、同济大学、上海城建物资有限公司等共同承担，12月20日通过市科委验收。项目研发装配整体式高强混凝土框架结构体系及基于单排波纹管浆锚搭接的装配式剪力墙体系；研发剪切型和拉压型装配式耗能连接节点，实现连接节点承载与耗能一体化；开发C100混凝土预制构件成套制备技术及HRB500钢筋连接成套技术；研发防护与作业一体化集成施工平台系统和高精度自适应斜撑系统；研发基于X射线法的浆锚搭接灌浆缺陷检测技术及基于改进超声法的预制剪力墙底部接缝灌浆缺陷检测技术；构建上海市装配式高层建筑评价体系，形成高层装配式混凝土建筑工程设计导则。项目成果应用于杨浦区96街坊高层装配式办公建筑。项目获专利授权7件；发表论文26篇，其中SCI/EI论文5篇。 （王　磊）

【深层地下空间地质安全评估及利用技术】 项目由上海市地质调查研究院承担，12月20日通过市科委验收。项目聚焦城市深层地下空间开发安全利用，构建上海中心城区地下150 m范围地下空间地质结构和地质参数体系；构建深层地下空间地质风险评估体系，提出风险识别与管控措施；建立中心城区浅层、中层、深层地下空间资源评价三维地质模型，构建地下空间资源数量及质量评估体系；研究降排深部第Ⅱ、Ⅲ承压水引发的地质环境变化规律，以及影响承压水层间越流补给的因素和机理，制定第Ⅲ承压含水层水超深管井回灌技术指南；构建适用于深层地下空间建设和运营中的地质环境监测方法体系，制定深层地下空间地质环境监测技术指南。项目申请发明专利5件、实用新型专利1

件;制定企业标准 2 部;发表论文 14 篇。(王　磊)

【预制装配式沉井施工方法在 500 kV 电缆隧道工程施工中的应用】 项目由国网上海市电力公司建设部、上海电力设计院有限公司等共同承担,12 月 21 日通过国网上海市电力公司验收。项目调研现浇沉井与预制装配式沉井应用于 500 kV 电力隧道优缺点,研究预制装配式沉井设计计算方法;研究预制装配式沉井的下沉技术及封底方法,对于下沉速率控制、下沉过程控制、下沉安全技术控制及下沉问题处理等;编制《预制装配式沉井技术施工作业指导书》。项目申请发明专利 1 件。(宋　平)

【中心城区交通拥堵节点仿真诊断决策系统与联动控制示范】 项目由上海市路政局承担,12 月 27 日通过市科委验收。项目围绕城市交通拥堵治理关键问题,从拥堵感知、评价、仿真再现到拥堵智能管控 4 个方面开展研究,形成城市道路交通拥堵治理的成套技术与系统,提出基于路网拓扑关系的流量推算和检测器布设方法;证明等效通行能力在表征城市地面道路通行能力方面优越性,提出城市道路交通评价指标与评价方法,研发区域交通仿真与拥堵管理辅助决策系统,可实现对区域交通运行状况的仿真再现;研发基于视频流感知的节点拥堵检测系统,可实现对交叉口流量、车速、密度等指标的较高精度检测;提出考虑网络效应的多拥堵节点联动控制技术,可适应高(过)饱和交通情况下的区域路网联动控制。项目完成区域交通仿真应用示范,形成信号联动控制与交通改善配套对策技术方案,在拥堵识别和拥堵管控方面取得良好效果。(王　磊)

第五节　城市安全与防灾

【城市轨道交通车站大客流检测与预警处置示范系统研究】 项目由上海电科智能系统股份有限公司承担,1 月 5 日通过市科委验收。项目针对上海地铁,研究轨道交通大客流形成机理和精细化管理方案,提出基于手机大数据为核心辅助轨道闸机数据的轨道交通客流检测分析方法。以上海地铁人民广场站为对象,建设轨道交通站点大客流检测与预警应用示范系统,为轨道交通大客流安全防范与轨道交通安全运营提供支持。项目申请发明专利 2 件,获软件著作权登记 4 件;发表论文 4 篇。(王　磊)

【上海市海塘安全评估与检测关键技术开发与应用】 项目由上海市水利工程设计研究院有限公司、上海市堤防(泵闸)设施管理处和上海市地质调查研究院等共同承担,2 月 9 日通过市科委验收。项目收集上海沿海 5 个站点 1990—2015 年气象和海浪观测数据,分析上海近海波浪特征;获得上海近海不同重现期波浪场;整理上海及周边 7 个气象站和沿江沿海 29 个自动站台风资料;揭示影响上海地区台风的气候变化规律;以影响上海的典型台风为例,分析上海沿江沿海大风分布特征和未来影响上海地区台风可能变化趋势,提出适合长江口及邻近海域的典型台风强度与设计路径;调研上海海塘隐患特征,建立海塘隐患检测方法体系,编制《上海市海塘隐患检测技术指南》;开展海塘越浪量、越浪流及防浪墙稳定试验,并与自主研发的两相数值模型相互验证,测量越浪流的流场分布,获得越浪流速与越浪量关系;分析超标准台风作用下上海沿江沿海地区风暴潮强度、特性及其对该区域影响,开展上海地区多道海塘防御评估;编制上海海塘安全评价导则。(王　磊)

【以精定位背景地震活动研究中国东部中强地震活动区隐伏发震构造】 项目由市地震局承担,3 月通过国家自然科学基金委验收。项目以背景地震活动的重新定位与层析成像等地震学方法,研究中国东部中强地震活动区(主要是东南部地区)存在隐伏发震构造,获得 1990—2014 年间发生在研究区 5 万余个地震重新定位的震源参数;发现在四川盆地存在中国稳定大陆版内最大震源深度;在东南沿海、霍山、桂西北、四川盆地东南缘等区域揭示出以往构造研究未发现的隐伏活动断裂;通过层析成像与震源机制解,探究在东南沿海与霍山一带发现的 4 条断裂。(张建莉)

【轨道交通运行安全检测关键技术装备应用研究】 项目由上海申通地铁集团有限公司承担,4 月 2 日通过市科委验收。项目研发转向架构架通用检测平台和轮对轴箱及齿轮箱跑合试验台,应用于赛车场基地转向架架大修生产线;制定构架尺寸检测、轮对轴箱跑合的运用和维护评价企业标准;研发基于 MEMS 的隧道沉降监测系统,研究隧道沉降分析方法和沉降预警阈值设置方法,建立物联网监测整体构架,编制监测软件,实现隧道沉降实时监测;研发基于面阵相机的自行式动力检测车样车,通过现场足尺标定和算法优化,以及检测装置和动力控制系统的整体设计方法,系统精度比无动力装备提升 1 倍、稳定运行速度超 10 km/h;研究列车火灾燃烧检测关键技术,建立国内首个 1∶1 实体列车火灾燃烧试验平台。项目成果在上海轨道交通车辆安全检测、隧道结构安全监测示范应用。项目申请专利 8 件;研制新装备 5 套;发表论文 13 篇;形成企业标准 3 部。(王　磊)

【上海市海塘安全鉴定规程研究】 项目由上海市水利工程设计研究院有限公司、上海市堤防(泵闸)设施管理处共同承担,4 月 4 日通过市水务局验收。项目调研海塘安全鉴定相关法规和标准、类似技术规程、上海和其他沿海省市相关规定和实践经验,针对上海市海塘安全鉴定工作中的程序和主要技术问题开展研究,包括安全鉴定基本要求、基本程序、基础资料收集、现场安全检查及安全检测、运行管理评价、工程质量复核、工程安全复核、交叉建筑物连接段安全评价、工程安全综合评价、技术资料和档案管理等内容,编制《上海市海塘安全鉴定规程》。项目发表论文 2 篇。(全巍良)

【大型城市综合体大客流安全管理技术研究及示范】　项目由上海市交通港航发展研究中心承担，4 月 27 日通过市科委验收。项目梳理综合体大客流风险分布，基于手机信令数据、交通卡及闸机数据、会展数据、Wi-Fi 数据、RFID 数据、GPS 数据等类型数据，研究大客流特征指标提取算法，构建综合体大客流宏观—中观—微观一体化预警模型，构建大客流安全管理措施的仿真评估模型。开发综合体大客流安全管理信息平台，编写《国展中心大客流安全管理指南》，在 2017 上海国际车展示范应用，为提升大客流安全管理水平提供支撑。项目开发应用软件 1 套；获发明专利授权 1 件、软件著作权登记 1 件；发表论文 6 篇。　（王　磊）

【特征自学习机制下的密集群体内多人交互行为异常感知】　项目由上海电力大学承担，5 月 14 日通过国家自然科学基金委验收。项目建立密集群体多人交互行为异常感知软件平台，提出针对 RGB-D 图像序列分析的人脸自然表情自动识别算法，适用于密集群体场景中低分辨率人脸表情；提出多模态人体情感感知算法，提高密集场景下的人体情感认知算法有效性。项目成果应用于公共场所异常行为为智能检测及预警，刑侦案件辅助侦破等公共安全事务智能化发展。项目申请专利 1 件；发表论文 5 篇。　（季　沛）

【上海市地震震害快速判定研究】　项目由市地震局承担，5 月 25 日通过市科委验收。项目研发地震震害快速评估软件和地震应急信息公共服务平台软件，与地震应急救援车的无线网通信设备功能融合。利用和整合上海现有资源和环境资料，对上海市建筑结构数据库提取、编辑和整理，改造为地震震害快速评估所需上海市建筑结构数据库，形成上海市地震应急快速反应系统，可快速评估上海市受地震影响或破坏程度，为政府应对突发地震灾情、指挥抗震救灾提供支撑。项目获专利授权 1 件、软件著作权登记 3 件；发表论文 5 篇。　（张建莉　王　磊）

【极端性暴雨内涝影响预报预警技术及决策支持应用平台研发】　项目由市气象局承担，7 月 23 日通过市科委验收。项目开展上海暴雨内涝灾害的时空特征分析、暴露度脆弱性评估和暴雨灾害特征未来变化模拟，研发极端性暴雨精细化产品释用技术、极端性暴雨与内涝一体化、精细化预报模型技术和防涝弹性技术，建立极端性暴雨内涝影响预报和决策支持示范应用平台，并在杨浦区示范应用。　（王　磊　范力铭）

【高速公路环保大修与延长寿命技术研究】　项目由上海市城市建设设计研究总院（集团）有限公司等单位承担，7 月 26 日通过市住房城乡建设管理委验收。项目针对大修后的嘉浏高速公路，分析嘉浏高速公路大修后路面性能变化状况，证实大修整治方案合理性；总结上海地区重载高速公路车辙发展规律；建立基于驾乘人员主观感受的车辙主观影响模型，提出适合上海地区重载高速公路车辙预防性养护标准；抓住路面渗水对道路结构危害关键点，提出利用红外热差仪器检测路面渗水的精细化检测方法、指标和标准；通过对上海嘉浏高速公路预防性养护效果跟踪评价和经济性分析，提出基于早期损害特征的上海地区重载高速公路预防性养护决策方案。　（周君俊）

【主变中性点接地电阻间歇性接地故障在线监测技术研究】　项目由国网上海市电力公司浦东供电公司承担，8 月 3 日通过国网上海市电力公司验收。项目研究间歇性接地故障后主变中性点接地电阻电流、电压及温升特性，建立中性点接地电阻在线监测模型；设计中性点接地电阻智能监测装置；结合中性点接地电阻温度升高告警和零流启动次数告警，设计间歇性接地故障后台报警方案，经测试，能减少间歇性接地故障造成的设备损失、停电损失及电网风险，为电网安全经济运行提供技术保障。项目申请发明专利 1 件，获实用新型专利授权 1 件；发表论文 2 篇。　（宋　平）

【无人机在上海海域管理、安全应急监测与滩涂测绘方面应用研究】　项目由市水文总站组织，北京金景科技有限公司、市海洋管理事务中心、上海海洋大学等共同承担，8 月 3 日通过市海洋局验收。项目围绕海域管理、安全应急监测、滩涂测绘，开展以无人机技术为载体，以卫星影像资料为辅助，结合大载重无人机平台与移动激光雷达系统，实现基于多传感器与无人旋翼机平台融合的无人机测量系统；无人机遥感影像多期数据与高分辨率遥感卫星影像联合处理提取地理要素信息，可得到多期监管海域地表变化情况，为海域动态监测提供数据支撑；无人机搭载可见光拍摄设备，可实现长距离、高分辨率、实时的安全应急监测，搭载激光雷达，可获取地表高精度三维数据，快速提取滩涂及其周边地物信息，获取滩涂 DEM 数据，网格间距 0.5 m。无人机搭载激光雷达技术为解决长江滩涂及复杂环境区测量中传统技术方法效率低、精度差问题提供方法。　（金巍良）

【潮间带地形移动组合测量系统研制及关键技术研究】　项目由长江水利委员会水文局长江口水文水资源勘测局、武汉大学测绘学院等共同承担，8 月 7 日通过市海洋局验收。项目提出多载体多元传感器集成方案，研制以气垫船和全地形车为代表载体的潮间带原型组合测量系统；给出数据质量控制、时间同步、姿态改正、归位计算、多源地形数据融合和坐标转换方法，提出点云数据综合滤波法，形成完整的组合测量系统数据处理方法体系；研制点云数据综合处理软件；形成的硬件和软件系统解决潮间带地形测量难题。项目申请专利 1 件；发表论文 3 篇。　（金巍良　胡　挺）

【反恐驱暴关键技术装备研究及应用示范】　项目由公安部上海消防研究所承担，8 月 7 日通过市科委验收。项目解决机器人武器和平台集成技术、机器人多角度视频监控及视频场景识别技术、化学防护服材料抗生化毒剂穿透和整体液密封技术、切割销毁处置的定位与运动轨迹控制和处置过程的遥控操作技术、特种生化弹和脏弹处置系统的爆炸物遏制、洗消和收集技术等,研制反恐驱暴机器人、安保警戒机器人、消防员个人生化防护系统、基于高压水射流用于可疑爆炸物现场处置系统、特种生化弹和脏弹处置系统等5种实用型反恐驱暴装备并经检验通过。5种装备在上海、江苏南京、重庆等地消防部队应用示范,为公安部门的反恐处突任务提供支撑。项目申请专利14件,获专利授权9件;发表论文10篇。 (王 磊)

【消防重点场所及关键对象感知设备技术研究及应用示范】 项目由公安部上海消防研究所承担,8月7日通过市科委验收。项目研制火灾高危单位关键部位火灾隐患视频监测报警一体化系统、特种场所特定人群位置与分布感知管理系统、灭火器全生命周期感知与管理系统、消防指战员通信与身份识别管理用智能手表、城市消防物联网感知信息共性访问平台等4套系统硬件产品和1个数据平台。项目成果在上海国家会展中心、甘肃省公安消防总队兰州支队特勤一中队等10余个单位和3个省的消防部门示范应用,提升社会消防产品管理、重点场所防火监督、消防部队执勤训练、灭火救援指挥调度等工作效率和水平。项目申请专利13件,获软件著作权登记8件;编制标准2部;发表论文9篇;出版专著1部。 (王 磊)

【大型物流仓储建筑消防安全关键技术研究及应用示范】 项目由上海市公安局承担,8月16日通过市科委验收。项目开展大型物流仓储建筑的防火设计、消防安全评估、消防系统配置、安全运营管理、自动消防监控、灭火救援处置等研究,研制基于物联网技术的大型物流仓储建筑消防设施自动监控报警系统、大型仓储火灾风险源监控报警系统、半固定式细水雾灭火系统3套硬件系统和移动式坍塌防护支架、大型水力排烟机、新型转角破拆水枪3种新型消防装备,编制上海市工程建设规范《大型物流仓储建筑消防设计规程》《大型物流仓储建筑火灾灭火救援处置规程与作业导则》,为大型物流仓储建筑的火灾防控和灭火救援提供指导。研制的基于物联网技术的消防设施自动监控报警系统、风险源监控报警系统等应用于园中路普洛斯园区,提升大型物流仓储建筑火灾安全防控水平。项目申请专利9件;发表论文7篇;编制标准1部。 (王 磊)

【铁路客运交通枢纽地区集约化城市设计技术与应用】 项目由上海市城市建设设计研究总院(集团)有限公司承担的,9月18日通过住房和城乡建设部验收。项目提炼出铁路客运交通枢纽地区集约化城市设计的5个编制要素和21个子要素;从交通系统集约化方面,提出路网设计指标和公交可达性指标等定量指标的确定方法,从土地利用集约化方面,对功能混合、开发强度提出铁路客运交通枢纽地区集约化城市设计要素的关键指标区间;研究铁路客运交通枢纽地区城市要素特征规律,利用多源数据从枢纽地区就业消费的影响范围、空间分布特征等角度出发,分析枢纽地区人迹行为,并首次运用多源数据融合技术对铁路客运交通枢纽地区公交可达性水平进行评价研究。项目形成《铁路客运交通枢纽地区集约化城市设计编制指南》。 (周君俊)

【基于物联网的危险化学品信息监控关键技术研究】 项目由上海市安全生产科学研究所、上海交通大学和上海物联网有限公司共同承担,10月26日通过市科委验收。项目开发危险化学品信息监测与预警系统,在危险化学品相关企业应用。在危险化学品物联网信息安全和防爆方面,利用零中频模块化原理、无线发射功率控制技术和电容电感限制技术开发防爆超高频RFID读写器,并采用物联网技术对危化品仓库的一氧化碳、甲烷和温湿度等环境参数进行实时监测,通过GPRS传输到云平台进行数据分析处理,实现危险化学品仓库重要环境参数的在线监测与安全预警。通过研究危险化学品性质分类与仓库安全条件匹配规则,建立SDS基础数据库和禁忌配存规则应用库。 (王 磊)

【大客流聚集安全风险监测研究】 项目由上海市公安局与迪爱斯信息技术股份有限公司、上海交通大学、中海网络科技股份有限公司、上海厚泽信息技术有限公司共同承担,11月8日通过市科委验收。项目构建大客流聚集安全风险监测系统,实现面向城市常态及大型活动人群密度及分布的实时分析与监测,通过多源数据融合模型计算的风险值反映实际客流情况,建立群体性事件视频监测预警的数学模型和评价体系,实现社会监控资源接入试点,研制联网接入控制设备样机,在上海市公安局指挥大厅上线运行,为上海市公安机关开展大客流聚集安全风险监测提供辅助手段,为保障重大节假日城市公共安全提供支撑。项目申请发明专利14件,获发明专利授权5件、软件著作权登记2件;发表论文22篇。 (王 磊 方黎珺)

【城市消防救援与作业机器人】 项目由上海交通大学联合上海大学、上海钧工智能技术有限公司等共同承担,11月23日通过市科委验收。项目研发消防救援与作业机器人构型设计技术,提出少驱动的六足步行救援机器人设计方法开发3款消防探测机器人、灵巧作业机器人、带机械臂的重载清障作业机器人、变拓扑履带式消防机器人共6款消防救援机器人;研发能辨识复杂环境的六维力/力矩传感器,建立任务-指令-感知的类脑控制系统,实现复杂环境下消防救援与作业机器人控制;提出可瓷化硅橡胶制备工艺方法,研发可瓷化硅橡胶挤出料、耐高温隔热压延料及高温隔热涂料3种生产技术,可增强消防救援与作业机器人耐高温能力。项目发表论文6篇;申请发明专利8件。 (王 磊)

【上海地区地壳活动图像天地联合监测分析】 项目由市地震局承担,12月16日通过市科委验收。项目研发红外遥感地震信息处理软件,建成2010—2016年上海及周边地区MODIS卫星热红外遥感影像库;基本建成上海地区连续

GNSS观测网络及其数据处理中心实体；新建青浦金泽和秋萍学校2个GNSS站点。借鉴上海市GNSS历史观测数据，提供上海地区地表运动场演化结果，探讨上海地区水汽含量和电离层变化；完成上海及邻区地壳速度结构成像与地震重新定位研究，得到上海区域地壳P、S波三维速度结构和地质解释分析，修正2010年以来区域内部分小于4.5级以下地震震级；完成上海地震台阵数据处理系统软件，提高上海台阵对微震的识别和处理能力。项目获软件著作权登记1件。 （张建莉）

【工业粉尘爆炸风险预警与防护技术】 项目由上海化工研究院有限公司承担，12月21日通过市科委验收。项目建立粉尘爆炸基础实验体系和规程，编制《粉尘可爆性判定方法》《粉尘云极限氧浓度测定方法》国家标准2部；建立涵盖金属、木材、食品、煤炭、塑料、医药、聚合物等各类物质的粉尘爆炸参数数据库，数据条目1万余条；研发粉尘爆炸实验模拟装置，建立粉尘爆炸隔爆保护装置的有效性评估方法，编制《粉尘爆炸隔爆系统技术要求》国家标准；在研发防护装置有效性评估设备、粉尘爆炸实验模拟装置、完善实验技术基础上，建立粉尘防爆示范基地。项目申请专利4件；发表论文2篇。 （王 磊）

【基于分布式雷击监测系统的输电线路精细化防雷评估与改造策略研究与应用】 项目由国网上海市电力公司电力科学研究院承担，12月27日通过国网上海市电力公司验收。项目仿真研究输电线路不同类型雷击过程，总结典型雷击情况下暂态电压及暂态电流特征；提出不同雷击类型辨识技术方案与雷击点精确定位方法；基于雷击精确定位、雷击类型辨识，开发雷击行波电流监测终端；以雷击行波电流监测终端为基础，建设分布式雷击监测系统；选取典型线路，提出精细化雷击风险评估方案。项目申请发明专利3件；发表论文3篇。 （宋 平）

第六节 | 崇明生态岛 >>

【沿海特殊立地条件造林技术推广】 项目由上海市林业总站承担，1月24日通过市绿化市容局验收。项目在崇明北沿、横沙东滩建立示范点2个，总面积500亩；推广造林技术覆盖面积2 600亩，造林平均成活率超过90%。形成《沿海特殊立地条件造林技术手册》，为沿海特殊立地条件造林及养护提供支撑。 （王文进）

【上海市崇明·光明生态高效循环农业示范园规划研究】 项目由光明食品（集团）有限公司承担，4月13日通过市科委验收。项目完成《上海市崇明·光明生态高效循环农业示范园规划》，形成1个核心区（农业科技应用集成展示区和光明农业智慧展示中心）、1个科创中心、1个田园综合体和N个示范点的集中与分散结合的总体结构；规划突出上海市农业科技应用展示中心＋万亩产业化示范基地＋六大工程的定位、功能、空间布局和建设风貌，支撑地方和企业发展；形成《上海市崇明·光明生态高效循环农业示范园2015—2020年科技创新项目规划建议》《上海市崇明·光明生态高效循环农业示范园建设指标体系》。项目发表论文1篇。 （王 磊）

【崇明美丽乡村规划技术研究】 项目由上海市城市规划设计研究院承担，7月12日通过市科委验收。项目基于崇明世界级生态岛理念，对崇明乡村发展模式分类提炼，建立美丽乡村建设指标体系，为崇明美丽乡村建设评价标准提供参考；探索崇明美丽乡村建设合理路径，形成《美丽乡村建设规划纲要》《美丽乡村建设技术导则》；编制美丽乡村示范村设计方案2个，指导崇明美丽乡村规划建设。 （王 磊）

【崇明燃气电厂建设与运营关键技术研究与应用】 项目由上海申能崇明发电有限公司承担，12月13日通过市科委验收。项目综合全厂废热利用、炉底加热系统投用、高效辅机选型、系统优化和智能化运营系统等，实现每年节约天然气量约360万立方米（标准状态），节电约810万千瓦·时；应用污水深度处理技术和厂界噪声综合治理，中水回收利用率100%，厂界噪音符合国家Ⅰ类标准；采用厂区功能区合并、集中布局设计理念，实现厂区绿化覆盖率45%；形成启动锅炉炉底推动技术、机组经济启停技术等。项目获专利授权1件；制定行业标准1部；发表论文2篇。 （王 磊）

第二篇　第七章

卫生健康与体育科技

第一节｜概况 >>

【上海卫生与人口计生科技工作概述】 2018年，上海卫生与人口计生科技工作以临床医学和公共卫生领域为重点，提升基层和社区卫生服务中心服务能力，重视传统优势领域，完善医学学科布局，建成一批国内领先、国际知名、特色鲜明的临床医学中心和重点学科，在多中心、多学科、多层面的临床研究基础上，制定一系列专家共识和诊疗规范，优化就医流程与诊疗标准，推进亚洲医学中心城市建设。依托临床医学中心和专业防治机构技术优势，针对社区健康危险因素，开展医疗、预防、保健、康复相关研究和实践，提升基层卫生业务水平。强化学科人才建设及项目过程管理，推进医学创新体系建设，加强公共卫生与预防医学学科人才建设，改善慢性病计划防治与社区健康管理，深化全社会健康教育，提升居民健康水平和生活质量。根据《上海市医学科技创新发展"十三五"规划》，完成医学科技创新发展"十三五"规划中期评估，针对存在问题及时调整并加强有关措施，确保完成各项指标和任务。突出重点、探索创新医学研究新模式，完善创新支撑平台，集聚创新链各环节和多学科力量，形成资源有机融合和协同高效的医学科技创新体系，推动医疗服务模式创新，根据《上海市医学科技创新发展"十三五"规划》，开展协同创新集群和智慧医疗专项研究项目；协同创新集群探索多学科、多部门、多单位协同运行机制，试点实行轮值制；智慧医疗专项研究项目突出产业化与成果转化，要求医院与企业联合研究，加快人工智能与医学技术融合，推动医疗服务模式创新。强化学科建设过程管理，完成第2批重要薄弱学科中期评估、第4轮公共卫生3年行动计划重点学科终期评估；开展区重点专科和2015年重要薄弱学科验收评估。加强人才培养工作，召开市卫生计生系统领军人才工作交流会；开展2018年上海市卫生计生系统优秀学科带头人培养计划和上海市优秀青年医学人才培养计划选拔工作；完成医疗卫生高层次人才、青年人才评价机制研究调研报告；开展第4轮公共卫生3年行动计划高端海外研修团队终期评估；开展第10批上海领军人才中期考核；开展2018年上海领军人才推荐；组织申报2018年上海市青年拔尖人才开发计划。不断加强科技支撑工作，加强医学伦理管理和建设；举办2018年上海市卫生系统科技活动周、2018年上海市卫生系统知识产权管理培训班、上海市卫生计生系统医学科技期刊2018年度审读暨研讨会议。做好首届中国国际进口博览会(简称进博会)医疗卫生保障工作，在进博会期间，做好实验室生物安全管理工作。加强重点实验室和研究基地管理建设，完成癌基因及相关基因重点实验室整改报告上报；批复成立上海市眼视光学研究中心和上海市母胎医学与妇科肿瘤研究所；组织专家论证并批复数家市级实验室。 (肖　翔)

第二节｜疾病诊疗 >>

【免疫性血小板减少症中西医结合治疗方案优化研究】 项目由上海中医药大学附属岳阳中西医结合医院承担，1月19日通过市科委验收。项目基于脾肾气火理论，采用生血灵系列辩证联合小剂量激素治疗激素抵抗型免疫性血小板减少症患者60例，结合环孢素联合小剂量激素对照组60例，从疾病疗效、证候疗效、止血疗效、患者生存质量分析、再入院率、复发率、卫生经济学等角度开展疗效评价，治疗组总有效率明显高于对照组；在控制患者出血症状、改善生活质量、卫生经济学评价、再入院率、复发率等方面均优于对照组，且无明显不良反应；形成优化生血灵联合小剂量激素治疗激素抵抗型ITP的中西医结合诊疗方案。项目申请专利1件；发表论文4篇。 (何燕铭)

【联合取穴模式治疗特发性耳鸣及Bold-fMRI功能评价的临床研究】 项目由上海中医药大学附属岳阳中西医结合医院承担，1月19日通过市科委验收。项目创新针灸治疗耳鸣模式，将fMRI现代影像学Bold技术纳入耳鸣诊断和疗效评价模式。该模式将针刺治疗耳鸣关注重点从消除耳鸣声音转移到针灸治疗消除耳鸣的不良伴随症状(如睡眠障碍、焦虑、抑郁等)，改善针刺治疗耳鸣疗效。研究成果应用于特发性耳鸣患者临床客观评估和病因学研究，有助于寻找使耳鸣患者尽快适应耳鸣，改善耳鸣症状及不良心理反应的治疗方法和药物；建立针刺治疗耳鸣适宜技术及操作规程。项目发表论文6篇，其中SCI论文1篇；出版著作2部。 (何燕铭)

【达营片合并利培酮对精神分裂症认知功能的影响】 项目由上海市精神卫生中心张建明承担，1月19日通过市科委验收。项目采用随机、双盲、对照研究方法，将132例患者随机分为2组，研究组(达营片合并利培酮组)62例，对照组(安慰剂合并利培酮组)组70例，疗程12周。结果显示，2组治疗前后各项指标比较及治疗后2组之间比较均具有统计学意义。2组患者经过治疗后认知功能、临床症状、生活质量等均有改善，而达营片合并利培酮组对精神分裂症认知功能改善更明显，不良反应减轻，达营片不影响抗精神病药物利培酮的血药浓度，可增加利培酮治疗精神分裂症认知功能疗效，减少利培酮的不良反应，为精神分裂症认知功能治疗开辟途径。 (张建明　赵　欣)

【育阴潜阳汤对抗精神病药物所致帕金森综合征生活质量的影响】 项目由上海市精神卫生中心吴海苏承担，1月19日通过市科委验收。项目针对抗精神病药物所引起的药源性帕金森综合征严重影响精神分裂症患者生活质量、认知功能和坚持服药依从性，使患者过早终止治疗，导致精神症状反复发作。基于异病同治理论和中医理论，应用育阴潜阳汤治疗由抗精神病药物引起的帕金森综合征，取得预期效果。研究表明在不改变抗精神病药物治疗效果情况下，育阴潜阳汤可明显减轻抗精神病药物所致的帕金森症状，没有盐酸苯海索的抗胆碱能副反应，可改善患者生活质量、认知功能和服药依从性，对减少精神分裂症复发率具有重要意义。 (吴海苏　赵　欣)

【抗哮喘靶标发现和针灸效应物质研究取得进展】 上海中医药大学杨永清研究组与中科院上海药物研究所合作，发现针刺肺俞等穴位可显著改善哮喘患者呼吸功能并提高金属硫蛋白-2(MT-2)蛋白含量；建立基因敲除小鼠哮喘模型，证明MT-2蛋白在哮喘发病中起关键作用；发现并验证MT-2在气管平滑肌细胞上的作用受体是肌动蛋白结合蛋白-2(transgelin-2)，transgelin-2蛋白是中国首个发现并验证的支气管哮喘靶标；利用分子对接、虚拟筛选等技术，从6 000个化合物中筛选能特异性结合针刺抗哮喘靶标transgelin-2小分子，验证类针刺舒张气管平滑肌作用的先导化合物tsg12是潜在抗哮喘药物。研究证明transgelin-2受体活化后通过钙敏化途径舒张气管平滑肌的效应机制。研究成果于2月以封面文章形式发表于《科学转化医学》(*Science Translational Medicine*)。 (徐　鸽)

【提出肿瘤免疫抑制微环境的物理调控方法】 同济大学医学院李永勇研究组针对肿瘤免疫抑制微环境发展新型物理调控方法。基于二硫键大分子自组装，构筑一种CpG光热蛋白纳米颗粒，能在肿瘤部位营造类发烧微环境，显著改善4T1肿瘤局部免疫抑制微环境及免疫效应细胞浸润，大幅提高佐剂CpG对4T1原位肿瘤的免疫治疗效果，且发现诱导的免疫记忆效应能较好控制远端肿瘤发生。研究成果于3月在线发表于《先进科学》(*Advanced Science*)。(史玉华)

【儿童重大疾病早期干预及危重疾病关键诊治技术的综合研究】 项目由上海市儿童医院承担，4月18日通过市科委验收。项目探索早产儿群体综合管理模式及早产儿脑损伤发生机制和防治关键；探究先天性心脏病、神经母细胞瘤、儿童免疫性血小板减少症、儿童变应性疾病、先天性小阴茎等疾病发生机制，形成早诊断、早干预和规范诊疗技术；探索严重脓毒症、新生儿危重复杂先心病关键治疗和手术技术；建立早产儿规范化管理模式；参与制定特发性血小板减少性紫癜(ITP)分层管理专家共识；确定先天性小阴茎诊断和性激素治疗标准；参与制定中国儿童严重脓毒症连续性血液净化治疗规范；推动儿科严重脓毒症治疗指南制定；针对早产儿脑病与脓毒血症、慢性ITP、神经母细胞瘤相关疾病，探讨研究因素在疾病发病机制中的作用；建立早产儿规范化管理信息系统和随访队列数据库、儿童变应性疾病数据库、神经母细胞瘤标本、全基因测序等疾病数据库和随访系统。项目成果显著降低新生儿重症监护出院早产儿发育迟缓发生率，降低危重复杂先心病婴幼儿手术死亡率，改善远期预后。项目获软件著作权登记3件；发表SCI论文15篇。 (侯剑锋　樊建花)

【导电材料修复周围神经缺损伤研究取得进展】 上海交通大学附属第六人民医院范存义研究组与上海交通大学药学院袁伟恩研究组合作，采用一体成型法制备三维氧化石墨烯/聚己内酯纳米支架，其多层结构有利于长期支撑管内神经生长，微孔结构有助于营养物质交换。研究证明氧化石墨烯/聚己内酯纳米支架可提升生物相容性，细胞增殖和神经分化，证实氧化石墨烯/聚己内酯纳米支架促使SD大鼠模型中15 mm坐骨神经缺损有效修复，轴突和髓鞘再生与自体神经移植疗效接近。氧化石墨烯纳米粒被证实在神经损伤后能促进血管生成，而AKT-eNOS-VEGF信号通路可能在氧化石墨烯介导的血管生成过程中起重要作用。研究成果于4月以封面文章形式发表于《先进科学》(*Advanced Science*)。 (胡　承)

【搭桥术后治疗指南研究取得进展】 上海交通大学医学院附属瑞金医院赵强研究组基于DACAB研究，比较3种不同强度抗血小板方案治疗下，替格瑞洛联合应用阿司匹林、单用替格瑞洛和单用阿司匹林，评价受试者冠状动脉搭桥术(CABG)术后1年静脉桥血管通畅率。研究证实替格瑞洛联合应用阿司匹林的双联抗血小板治疗可显著提高CABG术后1年大隐静脉桥血管通畅率，并具有减少主要心血管不良事件的潜在趋势。与单用阿司匹林相比，搭桥术后双抗1年疗法，可减少30%—40%静脉血管病变风险，能极大提高患者中远期生存和生活质量，减少死亡、心梗概率，缓解心绞痛症状。研究成果于4月发表于《美国医学会杂志》(*JAMA*)。 (冯知周)

【肺癌药物呋喹替尼研究取得进展】 上海交通大学附属胸科医院陆舜研究组开展多中心2期临床研究，通过比较呋喹替尼联合最佳支持与安慰剂治疗的无进展生存期，评价2组患者客观缓解率、疾病控制率、生存期、安全性和耐受性，发现呋喹替尼对于多线治疗失败的终末期肿瘤患者有明显初步疗效和获益可能。随机入组12家中心91名患者,其中接受呋喹替尼治疗61人、接受安慰剂治疗30人。呋喹替尼组中位无进展生存时间3.8个月,安慰剂组1.1月。呋喹替尼组3个月、6个月生存率为90.2%、67.2%,安慰剂组分别为73.3%、58.8%。研究表明呋喹替尼在晚期非鳞状细胞非小细胞肺癌治疗中安全有效,为三线化疗无标准方案患者提供药物治疗选择。研究成果于4月发表于《临床肿瘤学杂志》(*Journal of Clinical Oncology*)。 (冯知周)

【认知与行为障碍的诊断识别与干预技术研究】 项目由上海市精神卫生中心赵敏承担,4月12日通过市卫生健康委验收。项目探讨ATS成瘾分子生物学机制、遗传学机制和脑影像学机制,明确ATS成瘾认知功能损害,对于开发针对性认知功能干预措施、指导临床提供参考。研究有助于揭示精神分裂症病理机制及功能康复提供靶点,如针对线索识别的认知矫正治疗,治疗精神分裂症的前瞻记忆等认知缺陷症状,应用rTMS刺激左侧前额叶改善精神分裂症的线索识别能力及前瞻记忆能力,实现转化医学目的。项目成果作为临床评估工具在上海市戒毒管理局强制隔离戒毒机构应用。项目申请发明专利3件,获授权1件;发表SCI论文14篇。 (赵 敏 赵 欣)

【寻找精神分裂症工作记忆缺陷生物学标记物——ANK3基因】 项目由上海市精神卫生中心张晨承担,6月4日通过市科委验收。项目通过多元回归分析显示精神分裂症患者认知功能严重程度与其血糖水平呈负相关,提示高血糖水平是认知功能损害的危险因素。临床观察显示奥氮平相比其他抗精神病药物更易引起糖代谢紊乱,如胰岛素抵抗、新发糖尿病或糖耐量降低等。研究表明认知行为与血糖控制程度相关,如糖尿病患者广泛存在认知障碍,特别是学习、记忆能力受损。高血糖可引起线粒体功能发生障碍,增加线粒体释放细胞色素C和凋亡诱导因子进入细胞质,激活凋亡相关蛋白水解酶caspase-3;可通过激活山梨醇通路引起细胞内第二信使紊乱,加速神经细胞凋亡,导致认知功能障碍。研究结果为临床合理化用药、规范化治疗提供证据,为新药研发提供依据,并表明有效控制血糖水平对于预防精神分裂症患者出现认知功能障碍具有重要意义。项目发表SCI论文3篇。 (张 晨 赵 欣)

【基因脑影像与遗传标志物定量联合诊断阿尔茨海默病临床研究】 项目由上海市精神卫生中心王涛承担,6月4日通过市科委验收。项目对阿尔茨海默病(AD)和正常对照老人开展脑白质差异多模态研究。发现HARDI模型比DTI模型更有利于发现脑网络结构组间差异,更敏感地探查到AD脑网络结构异常;HARDI模型能更准确反映底层复杂纤维结构。针对轻度认知功能损害(MCI)和NC老人开展脑灰质结构特征差异研究,发现遗忘型轻度认知功能损害(aMCI)患者异常CT或SA以左侧与记忆、语言和情感相关脑区为主,相关区域与血浆miRNA 107和BACE1基因表达显著相关;miRNA107基因可能在疾病早期调节脑结构变化,与疾病进展相关;基因信息和大脑解剖特征结合可能深入揭示AD病理过程。比较社区老年人群中主观认知下降(SCD)老人、MCI老人和健康(HC)老人海马体积、杏仁核体积及左右不对称性,发现海马与杏仁核均存在左侧小于右侧的不对称性特点,但3组不对称性程度不同(HC>SCD>MCI)。研究为脑影像与遗传标志物诊断和鉴别诊断AD提供依据。 (王 涛 赵 欣)

【基于iTRAQ技术结合Lc-MS探寻鉴别诊断双相情感障碍抑郁发作与抑郁症的生物标志物】 项目由上海市精神卫生中心任娟娟承担,6月4日通过市科委验收。项目采用iTRAQ技术结合Lc-MS/MS进行蛋白质组学差异分析。iTRAQ技术利用4种或8种同位素试剂标记多肽末端氨基或赖氨酸侧链氨基基团,经高分辨质谱仪串联分析,可同时比较8种样品之间蛋白质表达量,具有灵敏度高、可靠性强、分析时间短等优点。采用该技术分析情感障碍患者血浆蛋白差异,寻找鉴别双相障碍和重性抑郁障碍生物学标记物,发掘重要调控靶点分子,为早期识别和恰当治疗双相情感障碍提供依据。 (任娟娟 赵 欣)

【难治性精神分裂症的磁抽搐治疗技术开发研究】 项目由上海市精神卫生中心王继军承担,6月4日通过市科委验收。项目通过研究电休克治疗机制,应用^{1}H磁波谱技术及MST治疗技术,开展精神分裂症临床研究。依托全国重复经颅磁刺激治疗新技术临床示范基地,自2010年每年举办全国重复经颅磁刺激治疗新技术临床应用推广继续教育培训,超过15个省、自治区的相关单位操作人员接受指导和培训。项目发表SCI论文8篇。 (王继军 赵 欣)

【新生儿严重消化系统、神经系统及泌尿系统畸形规范化诊治的多中心临床研究】 项目由上海交通大学附属新华医院承担,6月21日通过市科委验收。项目针对消化系统、神经系统、泌尿系统结构畸形,采用分子遗传学诊断方法,为早期诊断、干预、治疗、预后判断和遗传咨询提供思路。建立新生儿重症消化系统、神经系统、泌尿系统结构畸形诊疗规范和流程,并开展临床应用,改善该类疾病诊断、干预和治疗现状;《新生儿坏死性小肠结肠炎小肠造瘘术后临床治疗专家共识》《先天性巨结肠诊断及治疗(专家共识)》《中国短肠综合征诊疗共识2016年版》《中国儿童肝移植临床诊疗指南(2015版)》4部技术标准完成制定,《小儿肠外营养指南2015版》《尿道下裂的临床诊治规范》2部标准正在制定;建立新生儿神经系统、消化系统畸形生物样本库,以及428例重度尿道下裂样本、1 206例正常儿童人群样本数据库;成立细胞遗传学及高通量测序等分子检测方法及数据分析平台;设立针对神经系统、消化系统畸形的临床诊断管理流程;建立神经系统结构畸形的产前评估体系和尿道下裂术后评价工具。项目发表SCI论文22篇。 (侯剑锋)

【注意力转移训练对成人弱视的作用及机制研究】 项目由

复旦大学附属眼耳喉鼻科医院承担，6 月 28 日通过市科委验收。项目研发注意力转移训练软件，针对屈光参差性弱视及斜视性弱视进行注意力转移训练，探讨视觉敏感期后 2 种类型弱视治疗效果。单纯遮盖治疗与双眼注意力转移训练使视觉敏感期后屈光参差性弱视患者及斜视性弱视患者视力均有提升；双眼注意力转移训练组患者立体视功能明显改善。发现成人弱视患者外侧膝状体中小细胞通路信号选择性下降；与正常对照组相比，弱视眼上丘并无信号改变，弱视患者对侧健眼对应上丘的刺激信号明显增强。项目获专利授权 1 件；发表 SCI 论文 2 篇。（侯剑锋）

【近红外荧光成像导航手术研究取得进展】 复旦大学化学系张凡研究组与复旦大学附属妇产科医院徐丛剑研究组合作，利用近红外探针实现近红外二区荧光成像导航卵巢癌实体瘤和转移灶精准切除，该方法有望在临床上用于腹腔恶性转移肿瘤精准手术导航。研究成果于 7 月在线发表于《自然通讯》(*Nature Communications*)。（邵 田）

【实现光控药物胞浆递送和肿瘤可视化治疗】 中科院上海药物研究所张鹏程、李亚平、翟艺慧采用天然来源明胶和红细胞膜构建包载水溶性药物亚甲基蓝和顺铂的仿细胞毒性 T 细胞纳米粒，通过红外激光照射、光热成像和荧光成像，在光动力和化疗联合作用下促使肿瘤细胞凋亡，使原位三阴性乳腺癌肿瘤部分消退并抑制其 97％肺转移灶形成。研究提出构建可视化实时监控纳米药物治疗肿瘤策略，揭示其仿细胞毒性 T 细胞作用机理，为治疗转移性三阴性乳腺癌提供思路。研究成果于 7 月在线发表于《先进材料》(*Advanced Materials*)。（宋文珂）

【揭示抑郁症与睡眠问题关系脑调控机制】 复旦大学类脑智能科学与技术研究院冯建峰领衔国际科研团队，揭示外侧眶额皮层、楔叶及背侧前额叶皮层等脑区共同构成抑郁问题与睡眠质量关系的脑神经环路基础。研究发现抑郁症与睡眠问题的共病病理机制，有助于改善大众尤其是抑郁症患者睡眠质量问题。研究成果于 7 月发表于《美国医学会杂志精神病学》(*JAMA Psychiatry*)。（邵 田）

【开展世界首例经心尖中国原创二尖瓣夹合器手术】 7 月，复旦大学附属中山医院葛均波研究组完成世界首例经心尖中国原创二尖瓣夹合器手术，标志着中国二尖瓣反流治疗进入新阶段。该手术使用的器械 Valve Clamp，其技术原理与全球应用的 Mitra Clip 相同，均根据外科缘对缘缝合技术。相对于 Mitra Clip，Valve Clamp 具有输送系统型号更小、捕获范围更大、适应证更广、操作更简单等优点，有望成为国内首个获批二尖瓣介入治疗器械。（金 菁）

【膀胱癌术后辅助治疗精准选择研究取得进展】 复旦大学叶定伟研究组对中西方肌层浸润性膀胱癌患者开展研究，给出膀胱癌患者是否应该进行术后辅助治疗和应该选择何种术后辅助治疗两大问题解决方案，研究成果于 8 月在线发表于《临床癌症研究》(*Clinical Cancer Research*)。（邵 田）

【揭示成纤维生长因子 23 与慢性肾脏病患者中心血管疾病关联】 上海中医药大学附属岳阳中西医结合医院肾内科周晨辰与上海长征医院肾脏病研究所梅长林研究组合作，发现血清成纤维生长因子 23(FGF23)水平对慢性肾脏病(CKD)患者心血管疾病(包括心肌梗死、心房颤动、心肌缺血、心衰、中风)风险及死亡风险有预测作用。FGF23 与心血管疾病的关系复杂，FGF23 可能导致左心室肥厚；FGF23 过表达和 Klotho 缺失导致 CKD 心脏重塑；FGF23 和 Klotho 基因敲除并未改善心脏肥大，提示可能存在其他因素致病；转基因小鼠左心室肥大导致 FGF23 在心室和血清中水平升高。FGF23 和心血管疾病相互促进提示 CKD 中矿物质代谢与心血管系统复杂作用。CKD 中 FGF23 可能继发于心血管疾病而非导致心血管疾病。研究成果于 8 月发表于《美国肾脏病协会杂志》(*Journal of the American Society of Nephrology*)。（何燕铭）

【胰腺癌个体化化疗选择研究取得进展】 复旦大学附属肿瘤医院胰腺外科虞先濬研究组证实，通过超声内镜弹性应变率比值可区别预测白蛋白结合型紫杉醇联合吉西他滨方案及其他含吉西他滨方案在局部进展期胰腺癌患者中的有效性。研究成果于 8 月在线发表于《外科学年鉴》(*Annals of Surgery*)。（邵 田）

【建立晚期非小细胞肺癌三线治疗标准】 上海交通大学附属胸科医院韩宝惠研究组开展多中心、前瞻性 3 期临床研究——安罗替尼在晚期非小细胞肺癌三线及三线以上治疗中的疗效及安全性研究，证实三线及三线以上非小细胞肺癌患者使用安罗替尼治疗可显著获益。研究入组来自全国 42 家中心 439 例患者，结果显示安罗替尼可将疾病进展及死亡风险分别降低 75％和 32％，证实三线及三线以上非小细胞肺癌患者使用安罗替尼治疗可显著获益，是肺癌领域首个后线治疗成功的多靶点药物，建立晚期非小细胞肺癌三线治疗标准。研究成果于 8 月在线发表于《美国医学会杂志肿瘤学》(*JAMA Oncology*)。（冯知周）

【“宝根 1 号方”治疗儿童支气管哮喘临床缓解期(肺脾气虚证)临床研究取得进展】 项目由上海交通大学附属儿童医院承担，9 月 30 日通过市科委验收。项目研究显示，患儿咳喘易于感冒主症，肺脾气虚次症积分明显低于对照组，外周血 IgE 水平较治疗前明显降低；治疗组 IgE 水平明显低于对照组，2 组患儿外周血 EOS、IL-4 水平低于对照组，INF-γ 水平高于对照组。“宝根 1 号方”能明显改善哮喘患儿易于感冒，改善患儿肺脾气虚症状，明显改善哮喘缓解期儿童免疫功能，对哮喘(肺脾气虚证)患儿临床发作具有预防作用。项目发表论文 1 篇。（樊建花）

【乳腺外科研究取得进展】 复旦大学附属肿瘤医院乳腺癌多学科团队发现，术中印片细胞学检测技术可应用于早期乳腺癌前哨淋巴结活检评估,对乳腺癌经全身治疗后腋窝淋巴结转移是否消失的判断准确。该技术可为中期乳腺癌患者豁免更大腋窝手术创伤提供支持。研究成果于9月发表于《肿瘤外科学年鉴》(*Annals of Surgical Oncology*)。(邵　田)

【聚醚醚酮骨修复生物材料研究取得进展】 上海交通大学附属第六人民医院张先龙研究组与香港大学杨伟国、香港城市大学朱剑豪研究组合作,通过磺化技术及磁控溅射设备对聚醚醚酮表面改性,制备掺锌表面多孔聚醚醚酮。验证其通过调节巨噬细胞向M2表型极化,并分泌多种促成骨分化的细胞因子,产生具有诱导骨髓间充质干细胞成骨分化免疫环境,促进体内及体外骨修复,提示掺锌表面多孔聚醚醚酮是具有发展前景的骨修复材料。研究成果于10月发表于《先进科学》(*Advanced Science*)。(胡　承)

【基于病理生理的糖尿病个体化诊治方案研究】 项目由复旦大学附属华山医院承担,11月1日通过市科委验收。项目建立以复旦大学附属华山医院为引导,静安区中心医院为保障,5家社区卫生服务中心为基础的区域医疗联合体,构建分工明确、优势互补、配合顺畅的区域医联体糖尿病综合管理体系;提出结合病理生理基础联合餐时的糖尿病降糖方案,为中国基层糖尿病管理专家共识和指南提供具体指导;基于病理生理特点进行个体化治疗方案改善糖尿病病理生理缺陷,可优化社区血糖控制方案。项目发表SCI论文8篇。(侯剑锋)

【培土生金法治疗小儿反复呼吸道感染后脾虚综合征临床规范化研究】 项目由上海交通大学附属儿童医院承担,11月1日通过市科委验收。项目采用随机对照设计方法,观察治疗前后临床症状与体征及肺功能等变化,证实以培土生金法治疗小儿反复呼吸道感染后脾虚综合征,可减轻临床症状与体征,缩短病程,改善肺功能,避免或减轻西药引起副作用,为儿童提供更有效、安全的治疗方法。项目发表论文2篇。(樊建花)

【基于目标区域捕获芯片及二代测序技术的川崎病易感性研究】 项目由上海交通大学附属儿童医院承担,11月12日通过市科委验收。项目建立川崎病科研数字平台和川崎病临床辅助决策系统,自动化采集1 500余例临床信息并实时更新,结合斯坦福大学发热算法构建川崎病诊断模型,运用靶向捕获测序技术检测筛查川崎病高危易感基因,开发川崎病随访手机应用软件与科研数字平台结合形成随访系统。该平台有效支持临床医生进行川崎病专病管理和科研研究。项目申请专利4件;发表论文8篇。(樊建花)

【夏氏外科治疗湿疹的多中心临床研究】 项目由上海中医药大学附属岳阳中西医结合医院承担,11月15日通过市科委验收。项目基于夏氏皮肤外科凉血潜镇理论,采用多中心、随机、双盲、对照试验设计,纳入314例患者,以湿疹面积、严重性指数评分、瘙痒积分、皮肤病生活质量指数评分等作为评价指标,证实芩珠凉血颗粒治疗湿疹,临床疗效确切,安全性高,复发率低,其疗效与单用/联合氯雷他定片治疗效果相当。芩珠凉血颗粒治疗湿疹能改善患者皮损症状、瘙痒程度及生活质量,为中医药治疗湿疹提供循证依据。项目获发明专利授权1件;发表论文16篇,其中SCI论文3篇。(侯剑锋　何燕铭)

【手法结合功法治疗膝骨关节炎的规范化研究】 项目由上海中医药大学附属岳阳中西医结合医院承担,11月15日通过市科委验收。项目形成手法与功法结合治疗早中期膝骨关节炎中医推拿方案,相关适宜技术对临床具有指导意义及应用价值。研究成果“远离膝痛,健康行走”获2017年上海科普教育创新奖(科普成果奖)三等奖,“膝骨关节炎推拿‘从筋论治’研究与应用”获2018年教育部科学技术进步奖二等奖。项目申请发明专利5件,发表论文11篇。(何燕铭)

【治疗干燥综合征的随机双盲对照研究】 项目由上海中医药大学附属岳阳中西医结合医院承担,11月15日通过市科委验收。项目基于中医同病异治理论,形成干燥综合征规范化中医治疗方案;桑珠滋阴口服液基于中医脾主涎及津血同源角度,引入干燥综合征治疗;解毒通络生津颗粒针对干燥综合征的虚、瘀、毒病机;采用随机双盲、分层对照研究,评价2种治法的临床疗效,从疾病活动、实验室指标、中医证候等入手,为解毒通络生津颗粒申报院内制剂奠定基础,为桑珠滋阴口服液推广应用提供依据。项目申请专利1件,发表论文4篇。(何燕铭)

【从“肺”论治早期帕金森病的疗效研究】 项目由上海中医药大学附属岳阳中西医结合医院承担,11月15日通过市科委验收。项目证明升陷汤安全可靠,无明显毒副作用,可控制早期帕金森病症状,为研制中医治疗帕金森病药物提供循证医学依据,为中医药在帕金森病相关领域研究提供临床经验。采用区组随机、双盲、安慰剂对照循证医学设计方案及中西医结合疗效评价体系,结合中医治未病理念,评价从肺论治早期帕金森病临床疗效,体现既病防变思想。项目发表论文6篇,其中SCI论文1篇。(何燕铭)

【中医综合治疗脊髓型颈椎病的多中心临床研究】 项目由上海中医药大学附属龙华医院承担,11月22日通过市科委验收。项目基于多中心随机对照临床研究,探究中医综合疗法在脊髓型颈椎病治疗方案、治疗效果及机理;建立轻中度脊髓型颈椎病非手术治疗预后判断技术体系,为脊髓型颈椎病患者治疗方案制定提供依据;项目成果纳入《中华中医药学会中医骨伤科常见病诊疗指南》,并在普陀区、宝山区、徐汇区、浦东新区、黄浦区多家医院推广。项目获发明专利授权1件;发表论文20篇,其中SCI论文4篇。(侯剑锋)

【反复呼吸道感染儿童体质的中医调理及耳穴外治研究】 项目由上海中医药大学附属龙华医院承担,11月22日通过市科委验收。项目联合3家三甲医院,采用多中心随机对照试验,对中药口服联合耳穴贴压治疗小儿反复呼吸道感染开展临床研究,证实中医内外合治方法对小儿反复呼吸道感染有效性,为形成反复呼吸道感染儿童体质调理方案提供依据。调查反复呼吸道感染儿童体质,分析影响患儿体质相关因素,为偏颇体质反复呼吸道感染患儿日常调护方案制定提供依据。项目发表论文2篇。 (侯剑锋)

【颈椎病(含脊髓型)中医综合治疗与手术的长时程随访对比研究】 项目由上海中医药大学附属曙光医院承担,11月22日通过市科委验收。项目通过病例对照研究,对中医综合治疗与手术治疗脊髓型颈椎病(CSM)开展临床观察和检测。将通常认为应当接受手术治疗的CSM患者分为两大类,一类JOA评分≥12分且疼痛症状可以忍受患者,建议治疗以中医综合疗法为主;另一类JOA评分<12分患者,如果疼痛的目测类比法评分和颈椎功能障碍指数评分不高,可采用中医综合治疗,如无效再开展手术干预。接受手术治疗患者1年之后与接受中医综合治疗患者在脊髓功能及疼痛程度上无明显差异。形成中医综合诊治脊髓型颈椎病优化方案。项目获专利授权1件;发表论文15篇;出版专著5部。 (侯剑锋)

【慢性鼻-鼻窦炎术后中医诊治方案的规范化研究】 项目由上海中医药大学附属曙光医院承担,11月28日通过市科委验收。项目提出以中医张赞臣验方辛前柑橘汤为主的慢性鼻-鼻窦炎功能性内窥镜鼻窦手术(FESS)术后治疗方案,优化单纯西医综合方案;评价内舒拿联合辛前柑橘汤用于慢性鼻-鼻窦炎FESS术后治疗有效性与安全性,显示内舒拿联合辛前柑橘汤能改善鼻塞、流涕、头痛等症状,促进术腔黏膜上皮化和降低慢性鼻窦炎术后复发率。项目成果为慢性鼻-鼻窦炎FESS术后提供中医综合治疗方案,为中医干预有效性提供临床依据。项目发表论文2篇。 (侯剑锋)

【干细胞移植治疗重度肢体缺血研究取得进展】 复旦大学附属中山医院干细胞移植亚专科董智慧领衔多学科团队开展自体外周血单个核细胞和纯化 $CD34^+$ 细胞治疗炎性难治性重度肢体缺血前瞻性随机对照研究。结果显示,2种细胞移植方案各具优势,前者规避细胞在纯化过程中丢失,适用于干细胞动员能力较差或多条肢体缺血患者;后者能更早缓解静息痛,更适用于进展较快患者。移植物中炎性细胞极少,几乎不会引起移植区域胀痛。研究结果为干细胞移植细胞种类选择细化提供依据。研究成果于11月发表于《E生物医学》(*E Bio Medicine*)。 (邵 田)

【乳腺癌数据共享平台的管理及临床诊疗信息分析的研究】 项目由上海交通大学医学院附属瑞金医院承担,12月6日通过市科委验收。项目搭建乳腺癌诊治数据共享平台,规范化入库病例数8 000例,规范化数据输入条目包括患者基本资料、临床病理信息、手术信息、辅助化疗、患者对乳腺癌辅助治疗多学科会诊决策方案依从性情况、患者生存随访情况等;可开展乳腺癌病因学分析、乳腺癌预后系统性评估、乳腺癌疗效预测及治疗安全性分析,建立适合中国乳腺癌患者的诊疗规范,并通过前瞻性临床研究推动乳腺癌治疗手段优化更新;作为国内构建的首个支持多中心的乳腺癌数据网络化共享和分析平台,实现对乳腺癌临床诊疗数据高质量录入及交互式数据查询,系统中病例数量超过18 000例。项目获专利授权2件、软件著作权登记2件;发表SCI论文4篇。 (侯剑锋)

【儿童急性白血病精细化分型规范化治疗多中心临床研究】 项目由上海交通大学医学院附属上海儿童医学中心承担,12月25日通过市科委验收。项目创建基于流式细胞术的儿童急性白血病免疫分型和微小残留病检测及疾病分层技术体系,使儿童急性淋巴细胞白血病疗效提高10%;建成并实施国内首个儿童白血病登记系统,被市卫生健康委推荐作为全国儿童白细胞数据登录平台;制定儿童急性淋巴细胞白血病及难治复发急性淋巴细胞白血病诊疗标准,牵头全国20余家儿童白细胞诊治中心开展临床研究;制定早幼粒细胞白血病诊疗标准,牵头在全国50余家儿童中心开展临床研究;制定急性髓系细胞白血病诊疗标准,牵头在全国4家儿童中心开展临床研究。项目申请专利3件;发表论文16篇,其中SCI论文5篇;出版专著1部。 (侯剑锋)

【揭示汉族人群强直性脊柱炎关联基因】 复旦大学生命科学学院王久存与复旦大学附属华山医院邹和建研究组合作,通过对强直性脊柱炎生物样本检测,发现中国人群中存在6个显著易感基因位点,其中位于2号染色体的基因位点(rs6759298)可调控B3GNT2基因表达量。rs75301646位点可调控SULT1A2表达量,SULT1A2敲除小鼠可发生免疫细胞分化及骨赘生长异常。研究获得汉族人群强直性脊柱炎易感位点,为探讨强直性脊柱炎发病机制提供基础。研究成果于12月在线发表于《风湿病年鉴》(*Annals of Rheumatic Disease*)。 (邵 田)

【关节炎仿生靶向治疗取得进展】 复旦大学药学院王建新研究组与庞志清研究组合作,发现高效提取巨噬细胞囊泡方法及其在关节炎疾病靶向治疗方面应用。证明纳米磁微粒靶向效果与靶向机制,并以免疫抑制药物他克莫司为模型药物,通过MNP靶向递送显著提高对小鼠关节炎治疗效果。MNP有望作为高效专车靶向递送药物至关节炎部位,为关节炎靶向治疗提供思路。研究成果于12月在线发表于《纳米快讯》(*Nano Letters*)。 (邵 田)

【提出耐多药结核精准治疗策略】 复旦大学附属华山医院感染科张文宏领衔全国多中心耐多药结核病协作网,提出基于分子药敏的耐多药结核精准治疗策略,通过吡嗪酰胺分子药敏检测,优化76名耐多药结核患者治疗方案,使吡嗪酰胺敏感患者治疗疗程在不新增药物情况下缩短至12个月。12个月短程方案无复发成功率82.4%。通过排除氟喹诺酮类和二线注射类耐药患者,12个月短程方案可使治疗成功率提高至86.2%。研究成果于12月在线发表于《欧洲呼吸病杂志》(*European Respiratory Journal*)。(邵　田)

【揭示重度强迫症手术治疗神经环路机制】 上海交通大学医学院附属瑞金医院孙伯民研究组与王征研究组合作,通过功能磁共振成像分析重度强迫症患者术前和术后额叶-纹状体相关环路功能连接变化,以及临床症状改善关系,利用术前额叶-纹状体功能连接预测手术后患者临床改善状况,发现腹侧和背侧额叶-纹状体功能通路分别对应手术治疗的作用机制和预测因子,为利用功能影像生物标记来指导临床治疗决策提供基础。研究成果于12月发表于《生物精神病学》(*Biological Psychiatry*)。(冯知周)

第三节 | 公共卫生 >>

【几种食品安全检测用真菌毒素标准物质的研制】 项目由市农科院承担,3月9日通过市科委验收。项目分离、鉴定获得5株以上产毒菌株,优化黄曲霉毒素B1(AFB1)和脱氧雪腐镰刀菌烯醇(DON)最佳培养产毒条件;建立AFB1和DON这2种真菌毒素标准物质制备体系、多种分离纯化、分析方法,制得的标准品纯度高于99%,质量符合标准品技术评价要求;研制AFB1和DON这2种基体标准物质,申报国家二级标准物质;研制多种适合于AFB1和DON富集净化的前处理净化小柱,具有与商品化固相柱同等甚至更好净化效果。项目申请发明专利3件;发表SCI论文4篇。(王　达)

【食品安全兽药残留检测领域稳定同位素稀释质谱法内标物研制】 项目由上海市计量测试技术研究院承担,4月8日通过市科委验收。项目针对稳定同位素稀释质谱法检测兽药残留标准缺乏稳定同位素标记标准物质实现量值溯源现状,建立简洁、高效、通用、成本较低的磺胺类药物合成路线,研制7种氘标记磺胺系列标准物质,实施上海有关实验室水产品中磺胺类药物残留能力的验证,实现稳定同位素稀释质谱法检测磺胺类兽药残留准确量值溯源,保证检测结果准确、可靠、可溯源。研制的系列标准物质可用于取代进口产品,可向第三方检测实验室、生产企业实验室推广。项目申请发明专利1件,发表论文2篇。(周莉蓉)

【实施水痘疫苗纳入儿童免疫规划项目】 8月1日起,上海实施水痘疫苗纳入儿童免疫规划项目。2014年8月1日及以后出生、居住地在上海,包括在上海居住满3个月非上海市户籍适龄对象可免费接种水痘疫苗。8—12月,累计接种水痘疫苗188 428支。(肖　翔)

【B型流感流行病学研究取得进展】 复旦大学公共卫生学院余宏杰研究组与中国疾病预防控制中心合作,分析B型流感季节性和年龄分布等特征。结果发现,总体而言B型流感流行强度低于A型,但在部分地区和部分年份,B型流感流行比A型强,且B/Yamagata系和B/Victoria系共同循环,以冬春季流行为主,不同系流行强度在各年间存在差异。B型流感不同系流行强度差异可能与人群免疫和病毒进化间的复杂交互作用有关。研究比较B/Yamagata系和B/Victoria系所致流感样病例的年龄分布、流行强度和季节性差异,为制定3价和4价流感疫苗的免疫策略提供依据。研究成果于8月发表于《新发传染病》(*Emerging Infectious Diseases*)。(邵　田)

【揭示麸质摄入量与2型糖尿病风险之间关系】 中科院上海营养与健康研究所宗耕研究组与美国哈佛大学公共卫生学院合作,通过分析3次大规模前瞻性队列研究中利用膳食调查问卷随访数据,检验人群中典型麸质摄入量2—12 g/d与2型糖尿病之间关系。20—28年随访中,调查人群(199 794名)麸质摄入相对稳定,并与碳水化合物摄入密切相关。麸质摄入最高5分位群体比最低5分位群体患2型糖尿病风险低13%。提示对麸质没有过敏反应人群,回避日常膳食中麸质对预防2型糖尿病没有明显好处,反而导致谷物纤维和其他有益于健康的营养物质摄入降低。研究成果于8月发表于《糖尿病学》(*Diabetologia*)。(陶欣荣)

【揭示戒烟伴随体重变化与2型糖尿病、死亡率之间关系】 中科院上海营养与健康研究所宗耕研究组与美国哈佛大学公共卫生学院营养系合作,每2年对30万名调查对象收集抽烟状态、体重、疾病发病等数据随访,发现体重增长15 kg以上新戒烟者中,2型糖尿病风险升高,5—7年达到峰值并在随后20年中逐渐下降。体重不增加新戒烟者中,糖尿病风险与抽烟者相比没有显著变化并随后下降,趋近于不吸烟者。研究表明由戒烟引起的体重增长短期内会增加2型糖尿病风险,但体重增加并不能抵消戒烟对长期死亡风险的保护作用。提示为延长寿命,吸烟者应优先戒烟,并尽可能控制体重、监控糖尿病风险。研究成果于8月发表于《新英格兰医学杂志》(*The New England Journal of Medicine*)。(陶欣荣)

【《上海市防治慢性非传染性疾病中长期规划(2018—2030年)》发布】 8月,市政府办公厅印发《上海市防治慢性非传染性疾病中长期规划(2018—2030年)》。规划在调研和分析全市慢性病防治工作情况及成效基础上,谋划到2030年全市慢性病防治工作,围绕推进实现2020年、2025年、2030年规划目标,明确持续完善慢性病综合防治体系、全面实施重点预防与控制措施、健全健康政策支持体系、强化科学研究和信息支撑、创新发展健康服务业5个方面防治策略措施,实现到2030年,慢性病综合防治体系持续巩固,慢性病防治管理水平与服务能力持续提升,因慢性病造成的过早死亡率降至9%以下。居民健康期望寿命明显提高,慢性病疾病负担得到有效控制。(肖　翔)

【提示持续葡萄糖监测相关参数可作为血糖控制评价指标】 上海交通大学附属第六人民医院内分泌代谢科贾伟平研究组招募3 262例既往3个月降糖治疗方案保持稳定2型糖尿病患者，开展持续葡萄糖监测（CGM）及糖尿病视网膜病变（DR）筛查。研究发现，通过CGM测定的葡萄糖目标范围内时间（TIR）与不同严重程度糖尿病视网膜病变（包括轻度非增殖性、中度非增殖性及威胁视力的视网膜病变）均显著相关。与处于TIR最低4分位（血糖控制差）患者相比，TIR位于最高4分位（血糖控制好）患者，其视网膜病变的风险降低44%—62%，提示TIR可成为临床实践中评价血糖控制指标。研究成果于11月发表于《糖尿病管理》（*Diabetes Care*）。（胡 承）

【《上海市贯彻落实〈中国病毒性肝炎防治规划（2018—2020年）〉实施方案》发布】 11月，《上海市贯彻落实〈中国病毒性肝炎防治规划（2018—2020年）〉实施方案》发布。方案针对各型病毒性肝炎传播途径和防治需求，提出5项主要防控措施及12项具体措施。通过增强公众防治意识，营造良好社会氛围；加强疫苗预防接种，筑牢人群免疫屏障；强化监测分析，做好疫情报告和处置；优化检测策略，规范诊疗和服务管理；综合防控危险因素，减少疾病传播，不断提高全市肝炎防治能力和工作质量。到2020年，实现遏制肝炎传播，进一步规范患者治疗和管理，减少肝炎及其相关疾病（肝硬化和肝癌）发生和死亡，提升患者生存质量，营造良好社会氛围，减轻因肝炎导致的疾病负担，保障市民身体健康，推进健康上海建设。（肖 翔）

【整合优化肺结核病减免治疗政策】 2018年，市卫生健康委、市财政局在整合优化肺结核病减免治疗政策基础上，制定出台《上海市肺结核病政府减免治疗费用工作方案》，通过医保先行，财政补助，个人自付段报销的方式，对符合条件的肺结核患者提供覆盖诊断、治疗和管理等全疗程的减免治疗服务，提高肺结核患者医疗保障和救助水平，减轻患者经济负担。方案鼓励结核病诊疗新技术应用，提高结核病诊断及时率和准确率，缩短耐药结核病从发现到确诊和针对性治疗时间间隔，有助于提高规范治疗率和成功治疗率，减少耐药肺结核病发生，保证全市结核病疫情继续保持低流行水平。全年，上海共计减免普通肺结核患者4 917人次，减免金额1 130万元；减免耐多药/利福平耐药患者249人次，累计223万元。（肖 翔）

【强化耐多药/利福平耐药肺结核防治管理】 2018年，为应对耐多药/利福平耐药肺结核，上海逐步建立起全面筛查、统一定诊、定点治疗、强化督导、减免治疗的耐多药/利福平耐药结核病防治管理模式。全市进一步优化耐多药/利福平耐药肺结核患者发现、诊治和登记报告管理策略。通过对新患者及耐药高危人群全覆盖开展痰涂片、痰培养、分子生物学结核菌和利福平耐药等检测，提高患者发现的及时性和准确性；建立健全患者追踪机制，确保每例患者均由市级专家组会诊，做到统一定诊、定点治疗；调整完善患者登记报告流程，加大质控力度，建立定期通报制度，确保耐多药/利福平耐药肺结核患者早发现、精准诊断、有效治疗，提高防控工作质量。全市共确诊耐多药/利福平耐药肺结核患者732名，2015年确诊患者2年成功治疗率64.7%，各项管理指标达到国家要求。（肖 翔）

【规范实施60岁及以上老年人接种肺炎疫苗项目】 2018年，做好新增60岁老年人的摸底与登记，为意愿对象提供疫苗接种服务。2013—2018年累计摸底对象数4 251 502人。其中，愿意接种1 375 596人，占比32%；暂不愿意接种896 203人，占比21%；不愿意接种1 979 703人，占比47%。2013—2018年完成肺炎疫苗接种1 407 646剂次，为所有意愿且符合接种条件的老年人提供肺炎疫苗接种。在各主题活动日及日常宣传中开展项目宣传，增进公众对于接种疫苗必要性的认知程度，制作宣传视频，在东方明珠移动电视、东方网等平台播放。组织11个区的12个社区卫生服务中心同步开展接种后效果评估，累计收集社区获得性肺炎病例166例，累积发病率4.6%。接种组发病密度0.82/100人年，低于未接种的1.46/100人年，接种肺炎疫苗后对观察对象罹患肺炎的保护作用约42%。外周血抗体水平检测结果提示肺炎疫苗的平均保护年限至少为3年。阶段性工作评估显示，肺炎疫苗能有效预防老年人社区获得性肺炎，并在大规模老年人群接种中具有良好安全性。（肖 翔）

【规范实施社区居民大肠癌筛查项目】 2018年，社区居民大肠癌筛查项目进入第3轮筛查周期的第2年。全市共组织6家市级筛查支持中心对指定区域内的定点医疗机构进行诊疗质量控制和工作人员业务培训，提升筛查质量。全年各区累计完成初筛547 528人，初筛阳性115 905人，初筛阳性率21.2%，确诊大肠癌204例，发现癌前期病变3 082例。开展第2轮项目评估，为项目可持续发展提供政策建议。组织开展年度培训，提高信息收集和筛查流程规范性，制定信息核对计划，通过各种渠道补充收集筛查后续诊疗信息。（肖 翔）

第四节 生殖健康

【提出胎膜糖皮质激素再生酶作为早产治疗靶点可能性】 上海交通大学医学院附属仁济医院孙刚研究组提出胎膜糖皮质激素再生酶作为早产治疗靶点可能性，为早产靶向性防治提供用药思路。研究发现，胎膜11β-HSD1表达存在随孕期不断增加的正反馈机制；由11β-HSD1再生的糖皮质激素除了通过诱导胎膜促分娩激素前列腺素合成和促进胎盘子宫激活激素雌激素合成参与分娩启动外，通过诱导凋亡、降解胶原蛋白和抑制基质蛋白交联参与胎膜细胞外基质重构和胎膜破裂。研究诠释妊娠期胎膜再生的糖皮质激素参与胎膜破裂和分娩启动的生理及临床意义，为针对胎膜糖皮质激素再生环路开发具有靶向性防治早产药物提供思路。研究成果于1月在线发表于《内分泌评论》(*Endocrine Reviews*)。 (冯知周)

【复旦大学人类精子库试运行】 6月,中国首家以基因组筛查指导优生优育的人类精子库——复旦大学人类精子库投入试运行,揭牌仪式在复旦大学附属妇产科医院举行。复旦大学人类精子库致力于基因层面突破,在人类公认的2万多个基因位点中,基于基因组学技术大规模开展对捐精志愿者精子中致病基因位点筛查。利用人类表型组分析策略,以期发现精子健康评估新指标和新的内在健康表型,将精子质量评价标准从"外观健康"提升到"内在健康"层面。 (邵 田)

【胚胎植入前诊断阻断多囊肾病遗传取得进展】 上海中医药大学附属岳阳中西医结合医院肾内科周晨辰与上海长征医院肾脏病研究所梅长林研究组合作,发现常染色体显性多囊肾病(ADPKD)患者遗传学阻断可受益于胚胎移植前基因诊断(PGD)。纳入研究的102例ADPKD患者中91%愿意参与PGD,中国有150万ADPKD患者,人工授精费用每次15 000—40 000元,PGD费用每次20 000—40 000元,筛选过程包括患者多囊肾基因突变鉴定、体外授精和PGD,妊娠18周时进行基因测序,突变鉴定涉及新一代测序和长链聚合酶链反应扩增,确定潜在PKD突变,使用多个退火和循环为基础扩增循环用于筛选胚胎细胞。研究从假基因中鉴别出突变等位基因,获得供种植无突变胚胎,帮助3对患ADPKD夫妇诞生3个健康未患ADPKD婴儿。研究成果于7月发表于《美国肾脏病杂志》(*American Journal of Kidney Diseases*)。 (何燕铭)

【雌性减数分裂阻滞蛋白MARF1的结构和功能研究取得进展】 复旦大学生命科学学院麻锦彪研究组与南京医科大学苏友强研究组合作,通过结合体外结构生物学和生物化学及体内功能研究,阐明MARF1作为核糖核酸酶,是控制卵母细胞减数分裂和基因组完整性的RNA降解过程中卵母细胞特异性执行者,为女性不育诊断和治疗提供基础。研究成果于10月在线发表于《美国科学院院报》(*PNAS*)。 (邵 田)

第五节 | 体育科技 >>

【上海体育科技工作概述】 2018年,上海体育科技工作围绕全年各项重点工作部署要求,高效完成各项任务。加大局管科研课题支持力度。完成2019年局管科研项目立项,综合计划、雏鹰计划、腾飞计划、重点备战攻关4类项目共收到申报书159项,经过评审遴选,立项课题69项。拓宽重大、重点科研项目申报渠道,提高项目完成质量。年内,上海体育科学研究所新增科研项目(任务)15项,经费总额373万元,其中市科委研究项目1项、国家体育总局科技服务任务2项;完成科研项目(任务)并结题21项,其中国家体育总局科技服务任务1项;以第一作者单位发表论文12篇。提升竞技体育科技服务水平。以服务运动队为本,以完善复合型团队为抓手,抓好重点项目(运动员)攻关与科技服务。在赛艇运动员3 200 m HiHiLo免疫和炎症反应应答特征,自行车运动员不同骑行姿态对功率车大强度骑行表现,青年篮球运动员低重心突破与防守干预效果,足球运动员心率变异性指标在持续性运动训练负荷监控有效性,射击运动员共振呼吸反馈训练,以及排球运动员急性髌骨脱位康复治疗等研究取得进展。推进重大、重点项目实施。参与"人类表型跨尺度关联及其遗传机制研究"重大项目,承担游泳运动员表型组学研究,完成207名高水平游泳运动员采样,其中健将108名;完成优秀青少年游泳运动员采样635名,并对其中312人开展跟踪测试,课题采样1 159人次。完成身体形体、机能、生理生化、生长发育、运动、血尿代谢、非量化评估、基因等1 500个表型指标测试,完成游泳运动员表型数据库建设。推进体医结合工作。上海体育科学研究所与上海中医药大学附属龙华医院继续开展运动康复联合门诊;开展体医联建站试点建设项目,全市9个区共试运行10家体医联建站;完成体医交叉培训"双百计划",完成对全市各区100名社区(家庭)医生、100名社会体育指导员培训;针对华山医院运动医学科医生,杨浦区、松江区、闵行区吴泾镇社区卫生中心社区医生,家庭医生近300人开展运动处方培训。 (葛 珺)

【SIRT3调控线粒体质量在骨骼肌运动损伤与修复中的作用研究】 项目由上海体育科学研究所孙孟炜研究组承担,12月通过国家自然科学基金委验收。项目通过构建骨骼肌特异性过表达SIRT3-Tg小鼠,以力竭运动训练建立骨骼肌运动损伤动物模型,研究小鼠运动能力,骨骼肌运动机能,骨骼肌组织氧化应激反应、测定氧化及抗氧化酶水平表达,骨骼肌线粒体形态、结构变化及调控线粒体生成相应蛋白表达,明确以SIRT3为靶点,探讨提升线粒体质量,修复骨骼肌运动损伤;发现以SIRT3为靶点,通过改善线粒体氧化应激,提升线粒体质量从而改善骨骼肌氧化损伤。研究表明,提升骨骼肌SIRT3表达,可修复骨骼肌运动性损伤,提高小鼠运动能力。 (葛 珺)

第三篇
区域创新体系

第三篇　第八章

企业创新与创业服务

第一节｜企业创新 >>

【新增科技小巨人(含培育)企业 180 家】 2018 年，全市新增科技小巨人企业 93 家、科技小巨人培育企业 87 家。2006—2018 年累计评选科技小巨人企业 704 家、科技小巨人培育企业 1 274 家，市、区两级累计支持经费约 36.2 亿元，扶持培育一批具有自主知识产权、市场占有率和价值品牌较高的科技型中小企业。据 2018 年 211 家科技小巨人(含培育)企业验收情况显示，2 年实施期内企业科研投入经费 72.3 亿元，实现主营业务收入 916.5 亿元，净利润 133.9 亿元；获专利授权 2 082 件，其中发明专利 666 件，获软件著作权登记 968 件；销售收入、净利润 2 年平均增长率不低于 20%的企业分别有 119 家和 123 家。2018 年立项的科技小巨人(含培育)企业从业人员 34 188 人，其中研发人员 16 552 人，占从业人员总数的 48.4%；获专利授权 4 184 件，其中发明专利授权 1 031 件；申请专利 3 465 件，其中发明专利 2 836 件。

2018 年新增上海市科技小巨人企业名单

序号	企业名称	所属区
1	上海欢乐互娱网络科技有限公司	宝山区
2	上海尤安建筑设计股份有限公司	宝山区
3	上海君道住宅工业有限公司	宝山区
4	上海石易电子科技有限公司	宝山区
5	上海音智达信息技术有限公司	长宁区
6	上海极链网络科技有限公司	崇明区
7	上海神力科技有限公司	奉贤区
8	上海鼎龙机械有限公司	奉贤区
9	上海瀚宇光纤通信技术有限公司	奉贤区
10	上海鸿冠信息科技股份有限公司	奉贤区
11	上海晶宇环境工程股份有限公司	虹口区
12	上海英方软件股份有限公司	黄浦区
13	上海绿强新材料有限公司	嘉定区
14	上海三友医疗器械股份有限公司	嘉定区
15	上海艾临科智能科技有限公司	嘉定区
16	上海敬道电气有限公司	嘉定区
17	亿森(上海)模具有限公司	嘉定区
18	上海能誉科技股份有限公司	嘉定区
19	上海智臻智能网络科技股份有限公司	嘉定区
20	上海屹通信息科技发展有限公司	嘉定区
21	上海嵩恒网络科技股份有限公司	嘉定区
22	上海拓及轨道交通设备股份有限公司	嘉定区
23	上海易谷网络科技股份有限公司	嘉定区
24	上海浦景化工技术股份有限公司	金山区
25	上海伊贝纳纺织品有限公司	金山区
26	上海金标实业有限公司	金山区
27	上海华维节水灌溉股份有限公司	金山区
28	上海晶赞融宣科技有限公司	静安区
29	银联智策顾问(上海)有限公司	静安区
30	上海层峰网络科技有限公司	静安区
31	上海东方传媒技术有限公司	静安区
32	上海兆维科技发展有限公司	闵行区
33	上海欣科医药有限公司	闵行区
34	上海亿力电器有限公司	闵行区
35	上海思源弘瑞自动化有限公司	闵行区
36	上海澳华光电内窥镜有限公司	闵行区
37	上海新闵重型锻造有限公司	闵行区
38	上海电气燃气轮机有限公司	闵行区
39	上海仪电显示材料有限公司	闵行区
40	上海三思电子工程有限公司	闵行区
41	上海飞来信息科技有限公司	闵行区
42	上海碳素能源环境服务有限公司	闵行区
43	上海载德信息科技有限公司	闵行区
44	移康智能科技(上海)股份有限公司	闵行区
45	上海实朴检测技术服务有限公司	闵行区
46	上海灿州环境工程有限公司	闵行区
47	上海唯万密封科技有限公司	浦东新区
48	微创心脉医疗科技(上海)有限公司	浦东新区
49	雅科贝思精密机电(上海)有限公司	浦东新区

续表

序号	企业名称	所属区
50	上海华兴数字科技有限公司	浦东新区
51	上海东方久乐汽车安全气囊有限公司	浦东新区
52	上海海勃物流软件有限公司	浦东新区
53	上海创景信息科技有限公司	浦东新区
54	上海米健信息技术有限公司	浦东新区
55	上海传英信息技术有限公司	浦东新区
56	上海文华财经资讯股份有限公司	浦东新区
57	上海数慧系统技术有限公司	浦东新区
58	上海思立微电子科技有限公司	浦东新区
59	上海蓝科石化环保科技股份有限公司	浦东新区
60	安洁士环保(上海)股份有限公司	浦东新区
61	普蕊斯(上海)医药科技开发股份有限公司	浦东新区
62	上海药明生物技术有限公司	浦东新区
63	上海贝恩科电缆有限公司	浦东新区
64	上海优景智能科技股份有限公司	浦东新区
65	李斯特技术中心(上海)有限公司	浦东新区
66	上海嘉成轨道交通安全保障系统股份公司	普陀区
67	上海喔噻互联网科技有限公司	普陀区
68	上海晶盟硅材料有限公司	青浦区
69	上海名邦橡胶制品有限公司	青浦区
70	上海浩亚机电股份有限公司	青浦区
71	上海毓恬冠佳汽车零部件有限公司	青浦区
72	纳峰真空镀膜(上海)有限公司	青浦区
73	上海菲格瑞特汽车科技股份有限公司	青浦区
74	生工生物工程(上海)股份有限公司	松江区
75	上海联泰科技股份有限公司	松江区
76	上海光联照明有限公司	松江区
77	上海众辰电子科技有限公司	松江区
78	真诺测量仪表(上海)有限公司	松江区
79	开勒环境科技(上海)股份有限公司	松江区
80	上海嘉强自动化技术有限公司	松江区
81	上海百傲科技股份有限公司	徐汇区
82	上海未来伙伴机器人有限公司	徐汇区
83	上海海隆软件有限公司	徐汇区
84	上海元聚网络科技有限公司	徐汇区
85	上海电动工具研究所(集团)有限公司	徐汇区
86	上海金脉电子科技有限公司	徐汇区
87	星环信息科技(上海)有限公司	徐汇区
88	上海神添实业有限公司	杨浦区
89	上海宝存信息科技有限公司	杨浦区
90	上海优刻得信息科技有限公司	杨浦区
91	上海同豪土木工程咨询有限公司	杨浦区
92	上海精智实业股份有限公司	杨浦区
93	上海青墨网络科技有限公司	杨浦区

2018 年新增上海市科技小巨人培育企业名单

序号	企业名称	所属区
1	上海德宝密封件有限公司	宝山区
2	上海阀门五厂有限公司	宝山区
3	上海捷羿软件系统有限公司	宝山区
4	上海艺赛旗软件股份有限公司	长宁区
5	上海谋乐网络科技有限公司	长宁区
6	隆链智能科技(上海)有限公司	崇明区
7	上海骏数信息技术有限公司	崇明区
8	上海西源新能源技术有限公司	奉贤区
9	上海优拜机械股份有限公司	奉贤区
10	上海润桂荇信息科技股份有限公司	虹口区
11	万高(上海)汽车服务有限公司	虹口区
12	中船重工(上海)节能技术发展有限公司	黄浦区
13	上海宏英智能科技有限公司	嘉定区
14	上海易扣精密件制造有限公司	嘉定区
15	上海道之科技有限公司	嘉定区
16	上海实极机器人自动化有限公司	嘉定区
17	上海图灵智造机器人有限公司	嘉定区
18	上海瑞晨环保科技有限公司	嘉定区
19	上海帕克热敏陶瓷有限公司	嘉定区
20	上海碧州环保设备工程有限公司	嘉定区
21	中国干细胞集团上海生物科技有限公司	嘉定区
22	上海非码网络科技有限公司	嘉定区
23	上海金熊造纸网毯有限公司	金山区
24	上海帝邦智能化交通设施有限公司	金山区
25	上海岩芯电子科技有限公司	静安区
26	上海必诺检测技术服务有限公司	静安区
27	上海志良电子科技有限公司	静安区
28	上海杉一植物科技有限公司	闵行区
29	上海安威士科技股份有限公司	闵行区
30	上海雍邑光电科技有限公司	闵行区
31	赛卓电子科技(上海)有限公司	闵行区
32	裕泰液压技术(上海)有限公司	闵行区

续表

序号	企业名称	所属区
33	德柔电缆(上海)有限公司	闵行区
34	上海探能实业有限公司	闵行区
35	上海点晴信息科技有限公司	闵行区
36	上海云角信息技术有限公司	闵行区
37	上海缔安科技股份有限公司	闵行区
38	上海易溯信息科技股份有限公司	闵行区
39	上海速锐信息技术有限公司	浦东新区
40	上海英诺伟医疗器械有限公司	浦东新区
41	上海凯赛生物技术研发中心有限公司	浦东新区
42	上海胤祺集成电路有限公司	浦东新区
43	麦格思维特(上海)流体工程有限公司	浦东新区
44	科宝智慧医疗科技(上海)有限公司	浦东新区
45	上海瑞柯恩激光技术有限公司	浦东新区
46	上海逸思医疗科技有限公司	浦东新区
47	微创神通医疗科技(上海)有限公司	浦东新区
48	上海广奕电子科技股份有限公司	浦东新区
49	上海威德环保有限公司	浦东新区
50	上海涵嘉电气设备有限公司	浦东新区
51	上海博威生物医药有限公司	浦东新区
52	上海复宏汉霖生物技术股份有限公司	浦东新区
53	上海梦之路数字科技有限公司	浦东新区
54	鸿之微科技(上海)股份有限公司	浦东新区
55	上海力信测量系统有限公司	浦东新区
56	宏祐图像科技(上海)有限公司	浦东新区
57	上海箩箕技术有限公司	浦东新区
58	上海八彦图信息科技有限公司	浦东新区
59	上海龙进天下信息技术有限公司	浦东新区
60	上海莱狮半导体科技有限公司	浦东新区
61	上海金兆节能科技有限公司	普陀区
62	上海同纳建设工程质量检测有限公司	普陀区
63	上海电科市政工程有限公司	普陀区
64	上海青平药业有限公司	青浦区
65	上海万琛电子商务有限公司	青浦区
66	上海洲泰轻工机械制造有限公司	青浦区
67	上海力脉环保设备有限公司	青浦区
68	上海新中新猎豹交通科技股份有限公司	青浦区
69	上海乐纯生物技术有限公司	松江区
70	上海音锋机器人股份有限公司	松江区
71	上海中科创欣通讯设备有限公司	松江区
72	创驱(上海)新能源科技有限公司	松江区

续表

序号	企业名称	所属区
73	上海沃勒起重设备有限公司	松江区
74	上海共久电气有限公司	松江区
75	上海东尚信息科技股份有限公司	松江区
76	上海芯圣电子股份有限公司	松江区
77	美登思电气(上海)有限公司	徐汇区
78	上海联桩新能源技术股份有限公司	徐汇区
79	上海仪器仪表自控系统检验测试所有限公司	徐汇区
80	上海华穗电子科技有限公司	徐汇区
81	小唐科技(上海)有限公司	徐汇区
82	纳琳威纳米科技(上海)有限公司	杨浦区
83	国神光电科技(上海)有限公司	杨浦区
84	上海复志信息技术有限公司	杨浦区
85	上海市政工程设计科学研究所有限公司	杨浦区
86	闾奇信息科技(上海)有限公司	杨浦区
87	上海申米信息技术有限公司	杨浦区

(王　艺)

【1 749 个项目获上海市创新资金立项】 2018 年,上海市创新资金探索建立市场导向的组织机制,与“创业在上海”国际创新创业大赛对接,改变政府直接评审分配资金的模式,设立分赛点,调动全市创业服务组织积极性,开展创业服务,并以投资人视角筛选项目。2018 年度创新资金申报 6 520 项,立项 1 749 项,其中技术创新项目 1 721 项、创投联动项目 28 项(投资前保障项目 1 项、投资后保障项目 27 项)。市级财政资助经费 18 035 万元,市、区两级财政资助经费 3.6 亿元。(王　艺)

【《关于加快本市高新技术企业发展若干意见》出台】 11 月 22 日,《关于加快本市高新技术企业发展若干意见》发布。上海坚持需求导向、问题导向、效果导向,遵循科技企业成长的规律,提出加快推进高新技术企业发展的总体思路、工作目标、重点任务和保障措施等。力争通过综合施策,形成全社会支持科技企业成长的合力,构建完善科技企业培育服务链,畅通高新技术企业成长通道,切实增强企业创新的活力、动力和能力。预期到 2020 年,全市有效期内高新技术企业总量达 1.5 万家左右,营业收入超 3 万亿元,利润总额达 2 800 亿元,研发费用投入超 2 000 亿元;到 2022 年,全市有效期内高新技术企业总量超 2 万家,加快培育一批掌握核心技术、拥有自主知识产权、具有国际竞争力的创新型领军企业。(薛博仁　梁　冰)

【高新技术企业认定及税收优惠政策】 2018 年,上海新认定的高新技术企业 3 653 家,至此,全市共有高新技术企业 9 204 家。其中,5 836 家企业享受高新技术企业优惠政策,减免税金总额390.96亿元，税收优惠的有关政策为企业减免增值税总额55.55亿元。

2018年新认定的高新技术企业基本情况表

	开发区内	开发区外	合 计
企业数(家)	4 487	4 717	9 204
从业人员年末人数(人)	907 768	700 709	1 608 477
#大专以上(人)	681 333	448 548	1 129 881
经营情况			
工业总产值(亿元)	7 725.46	5 741.31	13 466.77
总收入(亿元)	14 608.41	11 938.19	26 546.61
出口总额(亿美元)	256.59	151.50	408.09
净利润(亿元)	1 362.58	728.07	2 090.65
实际上缴税费总额(亿元)	754.00	515.07	1 269.07
减免税总额(亿元)	244.33	146.62	390.96
资产总计(亿元)	25 989.58	16 479.26	42 468.84
获自主知识产权数(件)			
当年度授权专利	24 405	22 822	47 227
#授权发明专利	9 161	4 434	13 595
有效专利	131 571	112 506	244 077
#发明专利	52 914	25 401	78 315
软件著作权登记	72 229	46 805	119 034
集成电路布图	3 116	204	3 320
植物新品种	17	3	20
国家一类新药品种	48	5	53
拥有注册商标	45 648	28 506	74 154

2018年新认定的高新技术企业技术领域情况统计表

技术领域	企业数(家)	占比(%)
电子信息技术	3 031	32.93
生物与新医药技术	647	7.03
新材料技术	870	9.45
先进制造与自动化	2 436	26.47
新能源及节能技术	373	4.05
资源与环境技术	403	4.38
航空航天技术	62	0.67
高技术服务业	1 382	15.02
总计	9 204	100.00

（薛博仁）

【技术先进型服务企业认定及税收优惠政策】 2018年，上海认定技术先进型服务企业12家，至此，全市共有技术先进型服务企业307家，认定企业数量位居全国第一。其中，从事信息技术外包服务(ITO)的企业180家，占比58.6%；从事技术性业务流程外包服务(BPO)的企业79家，占比25.7%；从事技术性知识流程外包服务(KPO)的企业46家，占比14.9%(企业业务有重叠，统计数据也有重叠)。按企业注册类型来看，外商投资企业204家，占比66.4%；港澳台企业45家，占比14.6%；有限责任公司42家，私营企业6家，股份制企业5家，国有及国有控股企业2家。按企业注册地看，浦东新区174家，占比56.7%，位居全市首位，是技术先进型服务企业的重要集聚地。根据2017年度汇算清缴统计，全市技术先进型服务企业共减免税额5.3亿元。

（薛博仁）

【上海科技企业统计工作】 《2018年上海科技企业统计年度分析报告》编制完成，报告统计上海市科技企业发展概况，并重点从科技投入绩效、政府投入绩效、规模、区域、产业等维度分析上海市科技企业发展特征。据统计，参与2018年科技企业年报统计企业15 459家，其中中小微科技企业14 718家，占比95.21%。科技从业人员172.61万人，占全市12.58%；全部科技活动内部支出1 738.44亿元；申请专利83 663件，其中发明专利38 077件，占比45.51%；获专利授权49 600件，其中发明专利授权15 681件，占比31.61%。科技企业总收入25 391.31亿元，创造工业总产值12 971.18亿元，利润总额2 602.91亿元，创造税收330.27亿元，出口创汇427.59亿美元，盈利企业占比58.28%。从职称结构、学历结构、科技活动人员占比来看，科技企业的表现都比较突出，远高于全市规模以上工业企业水平，显示科技企业从业人员的人力资源质量优势。科技企业的技术领域分布集中于电子信息技术、先进制造与自动化、高技术服务三大技术领域。其中，第1位电子信息技术领域5 982家，第2位先进制造与自动化领域2 579家，第3位高技术服务领域2 128家。三大领域合计占科技企业总数的69.14%。科技资源和科技成果产出在空间上的集聚明显。浦东新区、闵行区、嘉定区、杨浦区的科技企业均超过千家，其中浦东新区超过3 500家，超全市的五分之一，专利申请和授权数均超全市的30%。 （梁 冰）

第二节 应用技术创新体系

【深化行政审批制度改革】 2018年，推进上海科技工作行政审批标准化管理，使审批办理规范，审批环节精简，审批效率提高，行政审批制度和制约监督机制健全，真正实现阳光审批、高效审批，从根本上达到行政审批"事项、人员"集中，"办公、授权"到位的"两集中两到位"要求。推进"一网通办"和政务服务标准化建设。按照行政审批4级深度办理标准(一次不跑)进行，实现"网上预约预审、统一网上受理、全程网上办理"的"一网通办"工作要求。升级行政审批事项办事指南。提出“减环节、减材料、减证明、减时间”改进方案,打造全事项、全过程、全环节的标准化审批升级版。落实上级部门取消和下放的行政审批事项,7月,取消国家科技型中小企业技术创新基金(初审并推荐)1项行政审批事项,并清理现行的13项行政审批事项。加强行政审批标准化建设,5月30日,科技创新政策智慧服务平台——“政策北斗”在网页端和微信端上线运行;8月,行政审批事项目录向全社会发布。推进网上审批,9月,行政审批大数据平台2.0版上线。推进完善行政权力清单,3月,在原有83项行政权力事项的基础上,根据权力依据变化和权力划分情况,启动行政权力清单修订,最终梳理修订行政权力72项。加强行政审批全程监督,加强部门内部对审批环节的全过程监督,开展“双随机一公开”监督抽查,及时公布检查结果,做到“双随机”抽查全程留痕,实现责任可追溯,确保执法严格、规范、公正。 (葛春霞)

【开展科技成果转移转化服务体系建设】 1月16日,《上海市2018年度“科技创新行动计划”科技成果转移转化服务体系建设项目指南的通知》发布,重点围绕技术转移服务机构示范、科技成果转化功能要素配置、科技成果转移转化载体建设等方面,推动建立主体多元化、服务专业化、协作网络化,开放高效、氛围活跃、覆盖科技创新全链条的科技成果转移转化服务体系。

2018年度上海市技术转移服务机构示范单位名单

序号	企业名称	示范类型
1	上海大学	高校、科研院所技术转移服务机构示范
2	上海张江高校协同创新研究院	高校、科研院所技术转移服务机构示范
3	上海应技大技术转移有限公司	高校、科研院所技术转移服务机构示范
4	上海海事大学	高校、科研院所技术转移服务机构示范
5	上海浦东复旦大学张江科技研究院	高校、科研院所技术转移服务机构示范
6	中科院上海药物研究所	高校、科研院所技术转移服务机构示范
7	上海海洋大学	高校、科研院所技术转移服务机构示范
8	上海电机学院	高校、科研院所技术转移服务机构示范
9	上海迈景纳米科技有限公司	市场化技术转移服务机构示范
10	上海意元投资管理咨询有限公司	市场化技术转移服务机构示范
11	上海云孵信息科技有限公司	市场化技术转移服务机构示范
12	上海牵翼网络科技有限公司	市场化技术转移服务机构示范

续表

序号	企业名称	示范类型
13	上海市知识产权服务中心(上海市知识产权援助中心)	市场化技术转移服务机构示范
14	上海迈坦信息科技有限公司	市场化技术转移服务机构示范
15	上海元好知识产权代理有限公司	市场化技术转移服务机构示范

2018年度上海市科技成果转移转化功能要素配置示范单位名单

序号	企业名称	示范类型
1	上海技术交易服务中心	科技成果转化特色服务功能示范
2	中科院上海光学精密机械研究所	科技成果转化特色服务功能示范
3	上海复旦科技园股份有限公司	科技成果转化特色服务功能示范
4	海军军医大学	科技成果转化特色服务功能示范
5	上海电力科技园股份有限公司	科技成果转化特色服务功能示范
6	上海财大科技园有限公司	科技成果转化特色服务功能示范
7	上海市科技创业中心	创业导师工作室
8	上海张江管理中心发展有限公司	创业导师工作室
9	上海衍禧堂企业管理有限公司	创业导师工作室
10	上海创业接力企业服务有限公司	创业导师工作室
11	上海程汇创业投资管理有限公司	创业导师工作室
12	上海新微科技集团有限公司	创业导师工作室
13	上海华东理工科技园有限公司	创业导师工作室
14	上海星袖众创空间管理有限公司	创业导师工作室
15	上海聚科生物园区有限责任公司	创业导师工作室
16	上海浦东软件园创业投资管理有限公司	创业导师工作室
17	上海兰度科技有限公司	创业导师工作室
18	上海创徒科技创业服务有限公司	创业导师工作室
19	上海浮罗创业投资有限公司	创业导师工作室
20	上海智百咖信息科技有限公司	创业导师工作室
21	上海大学科技园区有限公司	国际技术转移渠道示范

续表

序号	企业名称	示范类型
22	上海湾谷科技发展有限公司	国际技术转移渠道示范
23	上海师范大学	国际技术转移渠道示范
24	上海理工技术转移有限公司	国际技术转移渠道示范
25	上海临港科技创业中心有限公司	国际技术转移渠道示范
26	上海市政工程设计研究总院(集团)有限公司	国际技术转移渠道示范
27	绿字(上海)信息科技有限公司	国际技术转移渠道示范
28	百咖(上海)管理咨询有限公司	国际技术转移渠道示范
29	上海颢玺信息科技服务有限公司	国际技术转移渠道示范
30	上海新微科技发展有限公司	国际技术转移渠道示范

2018 年度上海市科技成果转移转化载体建设示范单位名单

序号	企业名称	示范类型
1	上海交大知识产权管理有限公司	上海闵行国家科技成果转移转化示范区示范项目
2	上海市闵行区科技创新服务中心	上海闵行国家科技成果转移转化示范区示范项目
3	上海容智知识产权代理有限公司	上海闵行国家科技成果转移转化示范区示范项目
4	上海梧笛信息技术有限公司	上海闵行国家科技成果转移转化示范区示范项目

（梁 冰）

【第3届中国创新挑战赛(上海)暨首届长三角国际创新挑战赛】 4 月 19 日启动。活动共征集长三角企业需求 1 259 项,其中上海 513 项、江苏 125 项(除昆山外)、浙江 230 项、安徽 145 项,昆山 246 项。组织产学研对接活动 42 场,1 对 1 精准对接 77 场,参与单位超过 700 余家。上海地区对接意向 403 项,精准匹配 200 余项。体现五方面特色:一是市场驱动对接。首次引入市场化机构,结合行业特色、市场导向,组织挑战赛专场赛。二是全球化联结。宇墨企业管理咨询(上海)有限公司在全球 10 余个国家和地区开展专业清洁技术展;11 月,组织 8 个国家 64 家海外清洁技术企业与中国 114 家企业和投资机构,参与专场赛暨清洁技术峰会。三是大企业开放需求。中国宝武集团通过钢铁众研平台不定期向社会发布企业技术需求,探索形成技术寻源—路演活动—技术交流会—技术转移的开放式创新路径,20 多个项目成果应用于中国宝武集团生产线。四是示范区服务。上海闵行国家科技成果转移转化示范区挖掘并发布 99 家企业 162 条技术创新需求;引入数十家优质专业技术转移服务机构,推动线上线下供需对接上千次,推动 40 多家企业与技术供给方达成合作意向。五是长三角协同。上海、江苏昆山 2 个赛区联合组织现场赛,95 个解决方案中有 84%来自上海;上海与长三角深度融合,近 20%挑战者来自江浙皖;江苏昆山、浙江德清等地采购国家技术转移东部中心创新券运营服务,探索与上海技术转移服务类创新券互联互通。

（梁 冰）

【《助推计划》——高校成果转化专项】 5 月启动。上海科技成果转化促进会和市教委科技发展中心共同举办。活动旨在服务国家创新战略,发挥高校科研成果资源优势,加快高校科技成果转化、产业化,为中小微企业科技创新、转型发展提供服务,促进产学研互动发展。通过多渠道发布信息、政策宣讲、组织对接、专家评定、主办方审核,最终 27 个项目入选 2018《助推计划》项目,累计技术转移金额 1 202.83 万元。10 月 25 日,组织召开 2018《助推计划》项目颁证暨工作研讨会。入选项目涉及复旦大学、上海大学、上海中医药大学、上海师范大学、上海电力学院、上海工程技术大学、上海应用技术大学、上海第二工业大学、上海电机学院等 11 所高校,包含电子信息、先进制造、生物医药、新材料、新能源等高新技术产业领域。

（周焕忠）

2018《助推计划》项目颁证暨研讨会

【中国商飞与上海市政府开展战略合作】 5 月 7 日,中国商用飞机有限责任公司与上海市政府签署战略合作框架协议。根据协议,双方明确共同推进大飞机重大专项实施、建设大飞机创新谷(大飞机科技创新中心)、建设航空产业园(航空产业集群)、深化产融结合、推进民用航空产业文化建设、人才培养、培育本地民用航空产业发展等 7 个方面的具体合作领域,共同推进国家大飞机战略,将大飞机事业发展融入上海国际经济、金融、贸易、航运中心建设,融入具有全球影响力的科技创新中心建设,融入自贸试验区建设,将民用航空产业打造成为上海实体经济的新增长点和新亮点。

（王 馨）

【《联盟计划》——难题招标专项活动】 6月28日举行。上海科技成果转化促进会、上海市教育发展基金会和上海市促进科技成果转化基金会共同举办。活动旨在为中小企业服务、产学研互动发展搭建平台,由企业提出技术难题招标,具有人才资源、研发能力并有科技成果等优势的高校、科研院所等单位应标,通过产学研合作加以解决。活动自1月启动以来,共收到难题招标189项、应标书185份,对接成功项目174项,资助项目85项。2018年度《联盟计划》主要有4个特点:一是申报和参加评审的项目均符合上海产业发展导向;二是在注重资助项目质量的前提下兼顾数量,并关注资助项目实施的影响力;三是主办方和有关区科委结成战略联盟,共同资助《联盟计划》项目;四是高校配套资助,共推《联盟计划》。《联盟计划》开展15年来,企业公开招标的技术难题共2 138项,其中获资助857项,主办方、相关区科委及高校资助资金8 360.1万元;企业累计投入研发资金的合同金额4.45亿元,即主办方及相关区科委以1∶5.3的资金比例撬动企业研发投入。

(周焕忠)

2018年度《联盟计划》颁证签约大会

【上海闵行国家科技成果转移转化示范区建设】 6月,《上海市建设闵行国家科技成果转移转化示范区行动方案(2018—2020)》发布。建立三个机制、加强面上统筹。示范区建设统筹市、区、镇级各类资源,集聚政府、高校、院所、企业、机构等力量,建立示范区建设的日常推进工作机制。一是市区联动的协同机制。在上海市促进科技成果转移转化联席会议的指导下,定期召开示范区重点任务(指标)推进工作例会。二是专项督查的工作机制,制订《关于开展上海闵行国家科技成果转移转化示范区建设的专项督查方案》,建立对区各相关部门和单位关于示范区重点任务(指标)完成情况的督查机制。三是重点项目的跟进机制。各相关部门根据责任分工,以目标定进度,详细编制重点任务(指标)3年推进方案和年度推进计划表,并按计划推进落实。发挥主体活力、形成市场效应。一是建设专业化转化平台,推进上海交通大学医疗机器人研究院、上海人工智能功能型平台、生物医药创新中心等建设;推进华东师范大学建设海法大学转化科学与技术联合研究院;支持中国航天科技集团第八研究院建设上海(航天)军民融合创新创业中心。二是培育多元化转化主体,与专业化成果转化机构合作,引进和培育多种形式的技术转移机构和平台;推动外资研发中心与中小企业合作,合作共建强生亚太创新中心;推进印孚瑟斯技术创新孵化器建设。三是打造市场化转化体系,上海知识产权交易中心南部分中心、中国版权保护中心华东版权登记大厅、国家东部技术转移中心闵行分中心等已在闵行落地服务,与市科委联动,推动建设上海国际技术交易市场。营造良好环境、形成成果高地。一是举办成果转化对接活动。举办伦敦科技周中国行上海站活动,联合英国牛津大学科技创新中心等举办2018年中英项目上海对接会——智能医疗专场会议;举办闵行区军民融合技术成果转移转化——航天技术产业化转化专场路演对接会活动。二是拓展成果转化承接载体。推进沧源科技园转型;紫竹产业技术研究院1期4.2万平方米建成投入使用,将打造国际一流的智能医疗创新示范基地。剑川路940号将打造成上海南部科技创新中心公共服务平台,集科技成果转化、人才服务、大型国际会议和展示功能为一体。三是完善相关政策支持。制定闵行区"春申人才计划"实施意见,通过实施人才引进和激励计划,从创新创业、成果转化、平台建设、科研合作等多角度推进,优化配套环境,集聚一批高层次创新创业人才、重点产业紧缺人才等,不断释放和增强人才创新创业活力。四是加强科技金融支撑。与市科委联动,筹建科技成果转化专项基金;发挥区创业投资引导基金、区产业投资引导基金、区文化产业投资基金、市军民融合产业基金的作用,引导社会资金支持成果转化项目。

(梁　冰　盛酉红)

【高校院所科技成果转化活力不断释放】 开展成果转化机制创新和制度建设,16所高校院所着手开展专业化技术转移机构示范,建立健全促进科技成果转移转化的成果披露、职称评定、岗位管理、考核评价、收入分配、激励约束等制度。高校院所科技成果转化活力得到释放,2017年全市高校院所成果转化合同额49.7亿元(含"四技服务"和作价投资),合同数11 895项,比上年分别增长109%和85.6%;兼职或离岗创业科研人员387人,比上年增长258%;作价投资方式转化增幅显著,由2016年8项增至2017年47项,合同额2.42亿元,比上年增长285%。上海交通大学探索赋予科研人员一定比例的职务科技成果所有权,采用"学校预期权益+事中产权激励+团队自主创业"模式,激发转化活力;与中南高科产业集团、国泰君安设立上海高校成果转化基金,拟募集50亿元;上海交通大学王浩伟教授的陶铝新材料产业化基地落地安徽,形成控股公司、组建联合研究院、收益捐赠三位一体组合式转化,5年转化总收入将达12.6亿元。

(梁　冰)

【深化国家技术转移东部中心平台功能】 国家技术转移东部中心强化技术转移、技术交易、科技金融三大战略业务体系，推动上海成为全球创新网络中的重要枢纽。布局海外分支机构14个，长三角及其他国内合作渠道17个，集聚本地合作机构243家，科技成果资源库内汇聚国内外成果38 218项(含海外高校专利成果17 973项)对外开放。12月，国家技术转移东部中心北欧创新中心在丹麦奥尔堡市成立，并帮助上海奥威科技与奥尔堡市政府达成合作协议，推动超级电容技术推广；联合桐景原生物科技(上海)有限公司引入俄罗斯人工晶体技术，分阶段技术许可费用2 000万欧元，计划在临港设立研发中心、在江西建设生产基地。 (梁 冰)

【上海科技服务业快速发展】 2018年，上海科技服务业紧跟国际发展态势，迈入快速发展期，产业规模不断壮大，呈现市场化、专业化、模式新的发展趋势，新崛起的市场主体和新兴业态在促进科技服务业产业结构优化的同时，成为工业企业创新发展的重要支撑。根据《国家科技服务业统计分类(2015)》标准统计，2018年上海科技服务业产出规模突破13 057.22亿元，比上年增加14.4%，涨幅比例创新高；占服务业增加值的(除农业、工业、建筑业外的大口径服务业统计)19.8%。 (梁 冰)

【市场化、多模式技术转移服务机构发展】 上海技术转移服务机构在专业化、国际化方面逐步向纵深发展。一是技术概念验证型深度技术转移。上海其鸿新材料科技有限公司挖掘国外知名专业期刊最新成果，组建上下游团队进行概念验证和中试放大，待项目成熟后整体转移至下游生产企业进行产业化。二是大企业研发中心型技术转移。辅仁药业集团有限公司在上海投资3.5亿元设立研发中心——上海辅仁医药研发有限公司，聘请美国乔治城大学医学院药理学系教授担任CEO，寻找海外优秀成果，并直接将这些成果和优秀团队引入上海，研发中心提供本地优秀人才、孵化中试平台和基金。三是跨国技术许可/并购型技术转移。鸿之微科技(上海)股份有限公司与茄子(上海)管理咨询有限公司达成技术战略分析咨询服务协议，后者为其寻找到加拿大公司，作价1 000万元的股权加现金模式完成对加拿大公司100%股权的收购，收购标的为公司拥有的技术能力。四是专业化众创空间开展技术转移。雷哈韦(上海)众创空间管理有限公司聚焦中以技术转移，形成融以色列项目资源、国内落地载体、创新投资基金为一体，“转—投—孵—育”全流程的以色列先进技术项目转移实施能力。2017年完成2笔以色列技术落地上海转化案例，转化许可金额2 700万元。五是投融资服务带动技术转移。宇墨企业管理咨询(上海)有限公司为航天长城节能环保公司提供餐厨垃圾和医疗废物两方面的行业研究，并为企业在柬埔寨糖厂的“一带一路”项目开展定制化融资服务。 (梁 冰)

【推进上海高校科技成果转移转化情况】 市教委推进上海高校科技成果转移转化工作，推动高校发挥智力优势以服务经济社会发展。支持上海高校技术转移中心建设，结合上海科技创新中心建设要求在制度建设、队伍建设、能力建设等方面对各中心提出新要求。结合高校技术转移中心的功能定位，在前期试点取得良好效果的基础上，组织全市相关高校顺利完成科技成果转化年度报告的梳理汇总和填报工作，并对相关数据进行整理统计和分析。组织全市高校申报教育部高等学校科技成果转化和技术转移基地，经教育部评审认定，上海交通大学和上海理工大学入选首批建设名单。完成向教育部报送市属高校落实科技成果转化政策情况报告，并对全市高校近2年的科技成果转移转化的典型案例进行整理汇编。 (葛 昊)

【上海市协同创新中心建设】 2018年，市教委在第1阶段的工作基础上，推进上海市协同创新中心建设，要求各中心明确功能定位，围绕国家和区域经济社会发展需求，不断提升知识创新和服务能力。给予上海市协同创新中心专项经费支持，并完成对上海市协同创新中心2017年成果和2018年工作计划汇编。组织专家组围绕中心实体化运行、实际建设成效等方面对25家中心进行实地考察。组织推荐申报2018年度省部共建协同创新中心。根据教育部工作部署，市教委推荐上海中医药大学等4家高校申报省部共建协同创新中心，其中上海中医药大学的上海中医药慢性病防治与健康服务协同创新中心、复旦大学的长三角集成电路设计与制造协同创新中心、上海理工大学的上海太赫兹波谱与影像技术协同创新中心纳入首批省部共建协同创新中心建设名单。 (葛 昊)

第三节 | 科技金融 >>

【信贷风险补偿和信贷奖励政策】 2018年，扩大科技型中小企业和小型微型企业信贷风险补偿范围，新增6家银行和30余种小微信贷产品获小微企业信贷风险补偿资格，共26家次试点银行获3 741.42万元信贷风险补偿资金。截至年底，已有42家银行获信贷风险补偿试点资格，认定信贷风险补偿试点贷款产品187种。信贷奖励政策方面，截至年底，累计向111家次银行业金融机构发放信贷奖励资金，有效推动银行业金融机构加大信贷投放力度。 (唐 莹)

【上海股权托管交易中心科技创新板】 上海股权托管交易中心科技创新板开盘3年来，累计挂牌企业总数223家。截至年底，累计130家次挂牌企业实现股权融资额17.95亿元；204家次企业通过银行信用贷、股权质押贷及科技履约贷等

实现债权融资 12.01 亿元,市场功能发挥良好。 (唐 莹)

【建立覆盖全市的科技银行网络】 推动商业银行设立重点服务科技产业的科技支行、科技特色支行和专属科技金融部门。截至年底,已设立科技支行 7 家、科技特色支行 91 家,辖内科技型企业贷款余额 2 424.31 亿元,比上年增长 17.04%;辖内科技型企业贷款客户 5 991 户,比上年增长 14.44%。其中,科技型中小企业贷款客户数占比 89.97%,贷款余额占比 49.33%,辖内服务科技金融队伍力量不断壮大。 (唐 莹)

【优化政策性融资担保基金功能】 扩大担保基金规模与合作范围,扩大服务范围至大中型民营企业。截至年底,担保基金签约合作银行 43 家,合作担保机构 8 家,已初步构建全市政策性融资担保体系。2018 年,担保基金共审批通过担保项目 4 507 笔,担保贷款额 130.43 亿元;累计审批通过担保项目 11 640 笔,担保贷款额 240.22 亿元。其中,信用类贷款担保业务占 90%以上,有效提升科技型企业的信贷可获得性。此外,担保基金创新合作模式,推出具有行业针对性的专项融担产品。担保基金与市集成电路行业协会建立长效工作机制,推出面向行业协会成员企业的集成电路企业专项融资担保产品,提供单户最高 1 000 万元的担保贷款。截至年底,试点合作银行累计向 10 家中小微集成电路企业发放担保贷款 2 600 万元,有效撬动银行信贷资源投放倾斜。 (唐 莹)

【推动保险产品创新】 推进生物医药人体临床试验责任保险和生物医药产品责任保险试点工作,对符合条件的企业购买相关责任保险提供 50%的保费补贴。加大首台(套)重大技术装备保险推动力度。截至年底,全市保险业共完成 65 个重点创新项目承保,累计提供风险保障 213.93 亿元。通过专利综合保险为 280 家中小微企业承保专利近 1 800 件,提供风险保障 6 800 万元。扎实推进面向科技型中小微企业的贷款履约保证保险项目。截至年底,全市保险业累计服务 1 893 家科技型中小微企业,支持贷款金额 68.32 亿元,贷款行业投向涉及制造业、电子信息行业、电力燃气能源供应、环保行业等多个领域,保险业面向科技型企业的保障增信功能显著提升。 (唐 莹)

【构建科技融资服务平台】 市地方金融监管局、上海科创办搭建 22 家科技融资服务平台。2018 年,平台举办产融对接活动 100 余场,缓解产融信息不对称问题。截至年底,平台累计帮助 478 家企业获创投支持资金 78.9 亿元,帮助 3 630 家企业获科技信贷金额 151.7 亿元,支持 130 余家企业在境内外上市。 (唐 莹)

【“3+X”科技信贷产品体系及服务体系赋能双创升级】 2018 年,为赋能双创升级,利用“3+X”科技信贷产品体系为切入点,通过特色、专营孵化器的渠道准入,降低信贷门槛。截至年底,市科委完成科技企业贷款 50.4 亿元,734 家企业获贷款。其中,科技履约贷 26.4 亿元,获贷款企业 617 家;小巨人信用贷 23.6 亿元,获贷款企业 88 家;科技微贷通 0.4 亿元,获贷款企业 29 家。科技金融服务站结合双创服务,将科技信贷服务铺设至众创空间、孵化器、街道、园区,截至年底,上海市科技金融信息服务平台已受理履约贷申请超过 1 000 笔,比上年增长 38%。 (王笑肖)

【天使投资风险补偿政策】 2017 年,市科委联合市财政局、市发展改革委出台《上海市天使投资风险补偿管理暂行办法实施细则(试行)》,政策出台后,通过上海市科技金融信息服务平台受理天使投资项目入库及天使投资项目风险补偿申请业务。2018 年,新增投资机构申请天使投资风险补偿 1 家,共计入库备案 25 个项目,但未有项目申请风险补偿。 (王笑肖)

【科技保险助力重点领域创新】 2018 年,配合药品上市许可人制度的出台,市科委和上海保监局出台《关于开展生物医药人体临床试验责任保险、生物医药产品责任保险试点工作的通知》《关于推进生物医药人体临床试验责任保险和生物医药产品责任保险试点工作的通知》,通过科技保险降低研发过程中的风险,激发生物医药企业的创新活力。截至年底,5 家保险公司提交参与生物医药保险试点工作的申请;9 家生物医药企业提交保费补贴申请,通过评审,8 个项目获 11.53 万元保费补贴。 (王笑肖)

【科技金融服务平台微信服务号能级提升】 2018 年,上海市科技金融信息服务平台微信服务号增加用户分类管理。企业端用户可进行贷款进度查询及服务咨询;专家用户可通过微信服务号进行项目材料的浏览及评审,实现履约贷受理审核功能移动化,提高平台与企业、与银行金融机构信息交流的效率和信息共享开放度。全年服务号新增用户 1 000 多人,微信平台注册活跃会员 5 000 多人。 (王笑肖)

第四节 | 科技创业服务 >>

【创新创业载体蓬勃发展】 2018 年,上海以技术转化为重点,国际化众创空间涌现,成为国际创新资源集聚地。全市众创空间 500 余家,众创空间经营场地面积超 3.2 万平方米,在孵科技企业(团队)超过 2.7 万家(个)。初步构建“创业苗圃—孵化器—加速器—科技园区”一体化的科技创业孵化体系。创新创业载体质量提升，全市累计国家双创示范基地7家，国家级大学科技园13家，国家级孵化器48家，纳入国家科技企业孵化体系众创空间78家，国家备案星创天地12家。 （张 绮）

【构建梯度化众创空间培育体系】 2018年，取消对众创空间的年度考评和运营补贴，构建一般众创空间—“三化”（专业化、国际化、品牌化）培育引导众创空间—“三化”培育众创空间（建设期、评估期）—标杆引领示范的梯度化众创空间培育体系，引导众创空间向“三化”发展，以运营模式、服务业绩和孵化成效引领示范，打造上海众创空间升级版。新增“三化”培育众创空间8家、“三化”培育众创空间引导众创空间100家，初步构建起全市优胜劣汰、能上能下的培育机制。2家众创空间入选第3批国家备案星创天地。截至年底，全市共有“三化”培育众创空间39家，其中专业化20家、品牌化11家、国际化8家；“三化”培育引导众创空间100家，其中专业化培育引导59家、品牌化培育引导29家、国际化培育引导12家。

2018年上海“三化”培育众创空间名单

序号	众创空间名称	运营主体名称	“三化”类型
1	Wesocool	上海吴淞口创业园有限公司	专业化
2	中国电信创新创业基地	天翼科技创业投资有限公司	专业化
3	上海智能制造科技创业中心	上海西派埃科技发展有限公司	专业化
4	新微创源孵化器	上海新微科技发展有限公司	专业化
5	hopingspace华平众创空间	华平信息技术股份有限公司	专业化
6	浮罗游戏众创空间	上海浮罗创业投资有限公司	专业化
7	云赛空间	上海云赛创鑫企业管理有限公司	专业化
8	中国联通移动互联网国际创业中心	联通创新创业投资（上海）有限公司	专业化
9	张江药谷平台	上海张江药谷公共服务平台有限公司	专业化
10	上海石墨烯新材料众创空间	上海超碳石墨烯产业技术有限公司	专业化
11	百联商业互联网众创空间	上海河岸商业开发有限公司	专业化
12	市北高新大数据专业化众创空间	上海市北高新（集团）有限公司	专业化
13	生物医药专业化众创空间	上海市生物医药科技产业促进中心（上海新药研究开发中心）	专业化
14	晟唐孵化器	上海晟唐创业投资管理有限公司	专业化
15	汽车创新港	上海安驰企业经营管理有限公司	专业化
16	张江移动互联网孵化器	上海莘泽创业投资管理股份有限公司	品牌化
17	COCOSPACE	可可空间投资（上海）有限公司	品牌化
18	同济科技园孵化器	上海同济科技园孵化器有限公司	品牌化
19	上海漕河泾新兴技术开发区科技创业中心	上海漕河泾新兴技术开发区科技创业中心	品牌化
20	苏河汇	上海苏河汇投资管理股份有限公司	品牌化
21	张江创业工坊	上海张江企业孵化器经营管理有限公司	品牌化
22	慧谷创业	上海慧谷高科技创业中心	品牌化
23	张江高科895创业营	上海张江管理中心发展有限公司	品牌化
24	创业连	上海环保科技园有限公司	品牌化
25	上海杨浦科技创业中心	上海杨浦科技创业中心有限公司	国际化
26	创智空间	上海创智空间创业孵化器管理有限公司	国际化

续表

序号	众创空间名称	运营主体名称	“三化”类型
27	启迪之星(上海)	上海启迪创业孵化器有限公司	国际化
28	中以创新中心	雷哈韦(上海)众创空间管理有限公司	国际化
29	XNode 创极无限	创极殿(上海)众创空间管理有限公司	国际化
30	太库	太库(上海)企业发展有限公司	国际化
31	上海嘉定先进技术创新与育成中心	上海嘉定先进技术创新与育成中心	国际化
32	浦软孵化器	上海浦东软件园创业投资管理有限公司	专业化
33	康桥先进制造技术创业园	上海康桥先进制造技术创业园有限公司	专业化
34	上海集成电路设计孵化基地	上海微电子设计有限公司	专业化
35	陆家嘴新兴金融产业园良友基地	百咖(上海)管理咨询有限公司	专业化
36	芯家园创客中心	上海芯伽元科技发展有限公司	专业化
37	麦腾	上海麦腾永联众创空间管理股份有限公司	品牌化
38	创客邦	上海创邦投资管理有限公司	品牌化
39	紫竹创投	上海紫竹创业投资有限公司	国际化

(张　绮)

【研发费加计扣除政策带动企业创新投入】 上海研发费加计扣除政策的享受企业数、研发费加计扣除额、减免所得税额等逐年上升。2017 年度全市享受研发费加计扣除企业 12 890 家,比上年增长 44.41%;加计扣除额 671.84 亿元,减免所得税额 167.96 亿元,比上年增长 43.04%。(徐　彦)

【推进高新技术成果转化项目认定管理工作】 2018 年,上海新认定高新技术成果转化项目 656 项,涉及单位 554 家。从项目在重点领域的分布情况看,电子信息技术占比 29.57%,生物与新医药技术占比 8.38%,新材料技术占比 16.16%,先进制造与自动化占比 32.16%。截至年底,上海累计认定高新技术成果转化项目 12 118 项。根据对 2 495 项高转项目的转化实施情况的跟踪统计,2017 年度 1 925 项高转项目实现销售,销售实现率 77.15%。落实高新技术成果转化专项资金 9.55 亿元,贷款贴息 22.4 万元;累计落实成果转化财政专项资金 86.25 亿元,贷款贴息 1.69 亿元。(徐　彦)

【推进科技政策输送】 围绕市委、市政府“大力实施创新驱动发展战略、加快建设科技创新中心”重点工作,巩固完善政策服务体系,加强与各区、各园区的服务联动,发挥“一门式”窗口咨询办理、宣传培训、政策发布的服务功能。科技企业统计与服务通道为帮助企业及时了解掌握科创工作相关政策动态,密切跟踪市科委及全市其他行政部门发布的政策文件、通知公告、培训活动信息。每周通过邮件系统定期向企业发送《科技服务信息专递》,2018 年推送信息 478 期,包括项目招标、通知告示、活动信息、平台介绍、政策解读等栏目,各类信息合计 7 523 条。各区科委通过信息推送平台共发布推送信息 3 595 条。受惠的科技相关企业近 6 万家,专递的邮箱订阅数 78 436 个。(梁　冰)

【2018 年“创业在上海”国际创新创业大赛暨第 6 届中国创新创业大赛(上海赛区)】 1 月 19 日启动。大赛在全市 16 个区设立分赛区,69 个众创空间成为分赛点,吸引 7 742 项小微企业和团队参赛;组织 279 家创业投资机构、167 家创业服务机构,为参赛企业和团队提供 420 场各类创业活动,服务企业 3 900 余次,活动参与人数 1.3 万余人。赛事类别上,除常规赛外设立国际赛、沪港沪台赛,关注科技服务业、

2018“创业在上海”国际创新创业大赛

人工智能、军转民技术、汽车智能化等专业领域创新创业；品牌宣传上，利用新媒体技术实现大赛信息精准、实时推送，利用全市7家国际化众创空间海外渠道网络，在亚、欧、北美三大洲、11个国家、15座城市宣传推广。大赛共为1 749家科技型中小企业、184个团队提供近3.7亿元财政资金支持；向中国创新创业大赛行业赛推荐企业198家，获奖企业4家。（王 艺）

【MedAI Challenge 人工智能卓医创新挑战赛总决赛】 8月25日在复旦大学枫林校区举办。国家发展改革委、科技部、工业和信息化部、国家互联网信息办公室、中科院、工程院、上海市政府共同主办，以“寻找医学的无限可能”为主题。大赛共吸引125支来自世界各地的优秀队伍。经过3个月的激烈角逐，最终11支优秀团队脱颖而出并入围决赛。其中，来自病理赛道的“迪小骄(迪英加)”团队获得创新挑战奖；来自心电图赛道的“心维度·家链医”团队获最佳人气奖；来自糖眼赛道的“体素科技”和来自病理赛道的“云病理万达信息联队”获最具潜力奖。（周陈昌）

【2018年上海市产业青年创新大赛】 9月21日在上海五角场创新创业学院举行。市经济信息化委、团市委、杨浦区政府指导，共青团上海市经济和信息化工作委员会主办，以“青年创新·‘智’在未来”为主题，按人工智能和城市运行、工业互联网和智能制造、物联网和智慧城市建设3个领域分类进行比赛，鼓励产业青年激发潜能，加强在人工智能、智能制造等重点产业发展领域的创新创造，发掘培育符合上海产业发展导向的创新项目和青年团队，为打响“上海制造”品牌提供人才支撑。264个创新项目报名，通过成果展示、项目答辩及专家在线评审等环节，54个项目进入决赛。（孙屹琦）

【2018上海区块链应用创新大赛决赛】 11月27日在虹口区举行。市经济信息化委、虹口区政府指导，虹口区科委(信息化委)、虹口区金融服务局主办，以“新技术、新应用，赋能产业发展”为主题。大赛自8月29日启动，历时近3个月，经过初赛线上选拔、复赛线下答辩层层考验和选拔，最终有12支项目团队脱颖而出进入到决赛。来自政府部门、专家学者及企业代表等约300人参加。通过大赛，发掘、甄别一批有潜力、有价值、有影响力的区块链项目，聚集区块链专业技术人才，营造浓厚的区块链技术应用研发氛围。（姜舒婷 蒋宇舟 石 磊）

2018上海区块链应用创新大赛决赛

【第2届中以创新创业大赛】 12月14日在沪举行。中国科学技术交流中心、以色列创新署、市科委、普陀区政府主办。大赛旨在通过层层筛选方式，甄选出最适合落地中国的以色列创新技术。来沪参赛的28家以色列优秀企业，分别来自智能制造、信息和通信技术及生命科学三大领域。决赛现场，经项目路演和专家评审，最终Newsight Imaging、Mir Integral、Out of screens 3家公司获智能制造领域前3名。大赛吸引国内政府机构、以色列创新署、驻沪总领馆、国内外高科技企业等代表近400人参加。（管黎霞 徐 艳）

第2届中以创新创业大赛

第三篇　第九章

研发机构与创新平台

第一节 | 基础设施 >>

【上海光源】 2018年，上海光源围绕国家重大需求、行业核心问题和科学前沿布局研究课题，支持用户在结构生物学、凝聚态物理、催化、材料科学、地球与环境科学、流行病毒等相关领域的研究中取得重要突破。截至年底，首批线站共收到用户课题申请超过15 000份，机时需求超过88万小时，累计为用户提供实验机时超过29万小时，已执行通过专家评审的课题申请10 672个，用户遍布全国506家单位(其中高校258家、研究所158家、医院33家、公司57家)，实验人员超过4万人次，超过23 000人。运行开放近10年，2 557个研究组利用上海光源开展科学研究，形成一批高水平、相对稳定的同步辐射用户，取得一系列重要研究成果，涵盖结构生物学、凝聚态物理、化学、材料科学、环境等学科。用户累计发表论文4 974余篇，包括《科学》(*Science*)、《自然》(*Nature*)、《细胞》(*Cell*)91篇，SCI-1区约1 500篇。上海光源支撑用户在前沿领域取得国际领先的成果，2018年5项用户成果入选国家级科技奖励，成为多个学科领域前沿研究和高技术发展不可或缺的实验平台。

随着中国高新技术产业发展加快，大企业从模仿制造和引进技术转向自主研发和创新。上海光源一方面与企业研发部门对接共同梳理技术瓶颈，为企业创新提供技术支持，57家企业利用上海光源进行技术开发，涉及行业有制药、化工、能源、材料等领域，另一方面支持企业建设用户专用线，系统、持续地解决行业问题。

上海光源后续工程建设按计划进行，并取得实质性进展。其中，上海光源线站工程首条光束线站X射线通用谱学线站首轮调试成功、上海软X射线自由电子激光用户装置正在进行设备安装与调试。X射线自由电子激光试验装置实现13 nm自由电子激光放大。预计至2022年，上海光源将有近40条线站建成并投入运行，每年将有近万名科研工作者在装置上开展基础、应用和开发研究。 (陈思宁　汪　蕾)

【上海超级计算中心】 2018年，上海超级计算中心围绕服务国家科学中心优先战略和公共服务平台能力提升战略的总体部署，聚焦人工智能、大数据、云计算等新兴前沿领域，提高研究创新能力，力争建设成为国内最具实力、影响力的高性能计算中心。在加强计算资源建设和平台管理服务方面取得阶段性成效。过渡期升级改造项目获市发展改革委批复立项，在现有环境内部署约3.3 P的计算能力，升级改造项目完成后，超算中心的总计算能力约3.7 P(含已有系统)。2018年，超算中心主机“魔方2”使用率79%，提供计算资源7 510.58万核小时，累计用户数925个。承担国家和地方重大科技计划项目，在研项目8个，其中科技部重点研发计划项目2个。中心用户遍及全国33个省市自治区，建立起符合行业特点并广受用户好评的服务和运维体系，支撑一大批国家和地方政府的重大科学研究、重大工程和企业新产品研发，带动一批重大科研项目和工程项目在上海落地，成为上海科技和信息技术领域重要的基础设施及交流平台。 (戴松筠)

【国家蛋白质科学研究(上海)设施】 2018年，国家蛋白质科学研究(上海)设施吸引包括中科院各科研院所、全国各大高校、国内外医药企业等近290家单位的科研人员开展前沿科学研究，其中包括来自美国、英国、法国、西班牙、日本等国家的科学家。截至年底，蛋白质设施已累计运行超过53万小时，累计服务46.7万小时，服务来自国内外科研人员课题4 822个。蛋白质设施外部用户、in-house研究团队、技术团队均取得一系列研究成果，用户发表SCI论文718篇，其中一区论文358篇，影响因子大于10的论文231篇，包括在《自然》(*Nature*)、《科学》(*Science*)、《细胞》(*Cell*)上发表论文39篇。 (许先慧　陈思宁)

【硬X射线自由电子激光装置】 4月27日，硬X射线自由电子激光装置开工建设，编制项目零级CPM，共11条关键线路，供111个重要控制节点，以超导直线加速器为主要关键线路，建安总体配合工艺设备建设工期。

工艺设备方面，加速器总体建立start-to-end物理模拟工作机制，统筹从物理设计和束流元件布局工作，完成三体装置工艺设备第一版总体布局图、核心关键技术完成方案设计、技术评审和工艺设计评审；超导模组恒温器和六通道低温传输管道首件完成运抵上海；超导加速模组12 m恒温器和冷质量样机首件完成；高Q超导腔后处理关键技术攻关取得突破，在1.3 GHz单cell超导腔上成功实现重掺氮和轻掺氮工艺；1 kW低温工厂冷箱真空壳体已发运法国进行集成；超导波荡器完成垂直极化的变更设计评审；完成39个试制超导线圈和磁极的加工和测试；束线站总体通过全部市级重大专项七项方案与技术评审，启动关键系统研制；完成搭建高精度光学元件面形拼接干涉检测平台，高精度硅基底加工和镀膜工艺优化，制备出单像素 TES 探测器原型器件等；极端光物理总体开展系统工程设计，在新波段种子源研制上获得突破，完成 OPCPA 泵浦源可整形种子源集成验证；完成高稳定性再生放大器技术验证；完成首级双程放大器方案验证；完成组束系统性能分析模拟；深化物理实验真空靶室方案设计等。

建安部分工程方面，完成地下连续墙垂直度均达到1/1 000的要求，且地下连续墙混凝土取芯强度均满足 C40的强度要求；在基坑围护地下连续墙外围采用等厚度水泥土搅拌墙作为止水帷幕，根据不同的技术工艺及设备形式，一号井采用 CSM 工法，五号井采用 TRD 工法，两个井均已开始止水帷幕施工。 (柯创伴)

硬 X 射线自由电子激光装置建设启动

【软 X 射线自由电子激光用户装置】 试验装置自由电子激光调试不断取得进展，观测到 8.8 nm 自由电子激光短波长信号；实现 24 nm 自由电子激光饱和输出，脉冲能量大于100 微焦；实现 13 nm 自由电子激光放大，为用户装置自由电子激光调试奠定了基础。7 月，用户装置建安工程完成竣工验收投入试运行，工艺设备辐射段真空外波荡器已完成集成和磁场测量，真空内波荡器和 EPU 已开始样段集成和测试，批量设备研制有序进行中。 (柯创伴)

【“羲和”超强超短激光实验装置】 1 月，上海超强超短激光实验装置被《科学》(*Science*)杂志评论文章列举为国际上自1960 年第一台激光器发明以来在激光脉冲功率提升方面取得的第五个里程碑；实现基于传统激光腔的纳米尺度超快激光器(ACS Nano)等多项技术创新；装置项目工艺完成节点目标，并于 7 月完成全部建筑安装工作；12 月完成白玉兰工程验收，将于 2019 年底对用户开放。 (柯创伴)

【活细胞结构与功能成像平台】 11 月 22 日获市发展改革委中期评估复函，完成预定的中期评估科技攻关、创新服务能力等目标。启动部分系统的集成和离线测试工作：完成首台波荡器的测试工作，四米长的大梁变形小于 3 μm；完成活细胞成像光束线单色器和压弯镜机构的工厂测试；完成超快物理实验站散射谱仪的集成，样品翻转转动的角度精度～0.1°；完成 TES-X 射线能谱仪的系统搭建。 (柯创伴)

第二节 机构与平台

【上海科研院所创新总体情况】 2018 年，上海市科技系统各科研院所围绕加快建设具有全球影响力的科技创新中心，提升原始创新、应用技术创新能力，科技创新各项工作取得显著成效。

承接国家重大任务取得新进展。聚焦推进上海科技创新中心建设工作，上海科研院所在诸多国家和全市重大工程和重点领域中发挥关键作用，承接重大任务。依托中科院与上海市政府的院市合作机制，中科院上海高等研究院牵头的张江实验室建设工作加快推进；有关在沪科研院所会同各方力量，围绕微纳电子、量子信息、脑科学与类脑、海洋、药物等优势领域，开展国家实验室建设任务布局；脑科学与类脑研究中心揭牌，上海光源、蛋白质科学研究(上海)设施等国家重大科技基础设施等划转至中科院上海高等研究院，全力支持张江实验室建设；超强超短激光、软 X 射线自由电子激光等大科学设施建设顺利推进，高水平创新设施加快集聚。一批市级科技重大专项依托全市有关科研院所和高校等研发机构启动实施。

服务国家重大战略取得新成效。中科院在沪研究所深化推进“率先行动”计划升级版，其他中央在沪单位深度融入上海区域创新体系建设，聚焦重点领域加强布局和突破，一批自主知识产权的核心关键技术加快突破，为“中国芯”“蓝天梦”“创新药”做出上海贡献，为传统产业转型升级和战略性新兴产业发展注入蓬勃动力，发挥对高质量发展的支撑引领作用。中科院神经科学研究所实现非人灵长类动物的体细胞克隆，中科院植物生理生态研究所首次人工创建单条染色体真核细胞，中科院上海营养与健康研究所首次通过高清晰成像解析造血干细胞在生物体内归巢的完整动态过程，中科院上海药物研究所测定神经肽 Y 受体 Y1R 分别与 2 种抑制剂结合的高分辨率三维结构。中科院上海技术物理研究所、中科院上海天文台、中科院上海硅酸盐研究所、中科院上海光学精密机械研究所、中科院上海有机化学研究所等单位在嫦娥四号奔月计划中发挥关键作用。中船集团公司第七〇八研究所和芬兰 Aker 北极公司联合设计，江南造船(集团)有限责任公司建造的中国首艘专业极地科学考察破冰船“雪龙 2”号出坞下水，采用国际先进的船艏船艉双向破冰船型设计，具备全回转电力推进功能和冲撞破冰能力，可突破极区 20 m 当年冰脊，满足无限航区要求。

科技创新激发城市发展新动能。上海科研院所加快科技成果向现实生产力转变,加强民生科技领域成果的应用推广和产业化示范,为全市经济社会发展平稳发展提供支撑。中科院上海微系统与信息技术研究所等单位承接的研发与转化功能型平台建设加快推进,上海微技术工业研究院国内首条8英寸"超越摩尔"研发中试线和硅光子技术平台服务华为技术有限公司、中芯国际集成电路制造有限公司等海内外企业70余家,吸引落地企业15家;智能制造平台上线汽车动力总成零件智能制造验证示范线,完成企业孵化项目7个。中科院上海药物研究所、中国海洋大学和上海绿谷制药有限公司联合研发的治疗阿尔茨海默病(AD)新药GV-971完成临床3期试验,结果显示GV-971能明显改善患者认知功能障碍,填补国际上16年来无AD治疗药物上市的空白。上海市激光技术研究所、上海材料研究所、上海市计算技术研究所等市属转制院所与中央在沪科研机构加强合作交流,通过干部挂职、平台建设、项目合作等形式,提升创新能力,推动成果转化。中国电科第五十研究所服务首届中国国际进口博览会,承担架空线入地合杆整治工作,技术升级后智慧灯杆华丽转身为城市道路综合杆。上海科技馆在全球最受欢迎的20家博物馆中排位升至第7位。上海科研院所参与重点实验室开放活动,为提升上海公民科学素质助力。

科技人才队伍建设呈现新局面。依托全市人才高峰工程,协调引进一批全球顶尖科技人才,探索并完善重大项目组织和领军人才聘用机制,协助推进莱维特、费林加等首批高峰人才纳入资助渠道,中科院神经科学研究所、中科院上海巴斯德所等引进尼克劳斯·罗戈塞提斯、菲利普·善颂尼提等高峰人才,同时有关院所启动新一批次的高峰人才引进推荐工作。中科院上海巴斯德研究所推进人才引进工作,从美国、加拿大、法国等国家引进全职研究组长8名(其中到位4名),与CNRS、College deFrance的"LIA联合实验室"计划新一轮磋商。

(谢晓燕)

【上海研发基地工作概述】 2018年,根据上海科技创新中心建设和"十三五"科技创新规划要求,以构建和完善国家与全市科技创新基地体系为核心,重点推进张江实验室和功能型平台建设,完善研发基地布局,形成布局合理、运行高效、开放共享、协同发展的研发基地与科技基础条件保障体系,为上海科技创新中心建设提供坚实支撑。

张江实验室是张江综合性国家科学中心建设的核心内容,2018年,编制形成《张江国家实验室建设方案》,试点探索张江实验室院市共建新体制建设,推进大科学设施建设和人才引进,协调资源向张江实验室集聚,协助成立上海脑科学与类脑研究中心,张江实验室建设与发展的显示度、集中度不断提升。

推进功能型平台建设,制定出台《关于本市推进研发与转化功能型平台建设的实施意见》《上海市研发与转化功能型平台管理办法(试行)》《关于进一步开展研发与转化功能型平台培育和建设工作的通知》等政策文件,优化功能型平台工作推进模式,发挥各区和社会力量的作用,形成"开放竞争、动态调整、市区联动、上下结合"的功能型平台建设发展格局。

(张　帆)

【高校研发基地建设概述】 市教委按照全市统一部署,负责组织协调全市高校精准对接上海科技创新中心建设重大需求,主动承担上海科技创新中心建设重大任务,落实教育部和上海市共建上海科技创新中心框架协议。推动上海高校围绕上海科技创新中心"四梁八柱"建设要求提升科技创新能力,支持复旦大学、上海交通大学、同济大学、上海科技大学等高校加快建设重大科技基础设施并参与张江综合性国家科学中心建设,支持复旦大学上海数学中心、上海交通大学李政道研究所、同济大学上海自主智能无人系统科学中心建设,支持相关高校牵头或参与研发与转化功能型平台建设,并会同市科委实地调研13家上海国家大学科技园并支持健康发展。落实部市共建上海科技创新中心框架协议,经市教委组织遴选和申报,教育部批复复旦大学等6所高校围绕上海科技创新中心建设要求立项建设一批科研基地,包括6家教育部重点实验室和4家教育部工程研究中心。推动落实高等学校基础研究珠峰计划,教育部在全国各高校共布点建设7家前沿科学中心。复旦大学率先建设全国首家前沿科学中心——脑科学前沿科学中心。此外,教育部还支持同济大学布局建设细胞干性与命运编辑前沿科学中心。

(葛　昊)

【研发与转化功能型平台建设情况】 2018年,12家启动建设或进入立项程序。第一批上海微技术工业研究院、石墨烯产业技术功能型平台、生物医药产业技术功能型平台、集成电路产业创新服务功能型平台、临港智能制造研究院和类脑芯片与片上智能系统创新平台等"1+5"家平台启动建设,在共性技术服务、人才队伍集聚和科技成果转化等方面已经初见成效;第二批机器人产业技术服务平台、低碳技术创新功能型平台、工业控制安全创新服务功能型平台、工业互联网功能型平台等4家平台启动立项程序;科技成果转移转化服务功能型平和上海科技创新资源数据中心台2家平台已开展实质性建设和服务。

上海微技术工业研究院建成中国首条8英寸"超越摩尔"研发中试线和硅光子技术平台,服务包括华为技术有限公司、中芯国际集成电路制造有限公司等海内外70余家客户,吸引15家企业落户。集成电路产业创新服务功能型平台为60余家国内IC设计公司的上百个新产品提供设计支持、流片和测试服务,并基于华力55—40 nm工艺平台,开发处理器等一批关键IP,协助其提升工艺应用能力。临港智能制造研究院上线汽车动力总成零件智能制造验证示范线,获国家04专项支持,完成7个企业孵化项目。创新资源和高水平人才加快集聚。依托上海微技术工业研究院和集成电路产业创新服务功能型平台,国家智能传感器和国家集成电路2家国家制造业创新中心落户上海。类脑芯片与片上智能系统创新平台引进英特尔公司AI专家何京翔和麻省理工学院光学人工智能芯片发明者沈亦晨，石墨烯产业技术功能型平台引进得克萨斯州立大学国际知名石墨烯科学家于庆凯等，已启动平台的引进团队总数超过 500 人。上海科技创新资源数据中心完成全球 25 万高层次科技专家数据的加工和挖掘，并应用于人才引进和分析评估等，集聚全市大型科学仪器设施 2.2 万台(套)。重大创新成果加快涌现。上海微技术工业研究院开发出国内首颗面向物联网应用的高性能超低功耗 32 位微处理器(MCU)，极大程度地降低芯片功耗。孵化的磁存储器、CMOS 集成六轴传感器等技术达到领先水平。类脑芯片与片上智能系统创新平台研发的 AI 芯片和神经信号记录芯片，作为重大原创性成果在国际集成电路会议上受邀展示。

1 月，市政府出台《关于本市推进研发与转化功能型平台建设的实施意见》，重点明确平台的财政资金投入由市区两级财政共同安排。4 月，市科委会同市发展改革委、市经济信息化委、市财政局等部门联合出台《上海市研发与转化功能型平台管理办法(试行)》。11 月，市科委发布《关于进一步开展研发与转化功能型平台培育和建设工作的通知》，按照“开放竞争、动态调整”原则，以“自上而下”和“自下而上”相结合的方式，发挥各区和社会力量，开展新一轮平台培育、遴选和组建。（周　婧）

【上海研发公共服务平台概述】 2018 年，上海研发公共服务平台(简称研发平台)围绕国家、市委市政府和市科技两委对上海科技创新中心建设及上海科技创新工作的决策部署，加快推进科技创新资源数据中心建设，推进高质量转型升级。

全力推进功能型平台立项实施，为创新创业活动提供引导和支撑。上海市科技创新资源数据中心功能型平台建设方案通过评估，立项启动。资源数据中心聚焦人才、机构、装置、项目、资金等科技创新资源要素，对标国际标准和通行规则，利用国际、国内两大资源体系，发挥政府统筹、市场化运作、大数据技术引领的三重优势，以“4 个运行体系＋9 个功能平台＋5 个服务能力”为架构，将建设科技人才数据支撑平台、仪器设施资源配置与服务大数据平台等九大功能模块。打造有国际影响力的科技创新资源数据中心，为上海尽快提高配置全球科技创新资源能力、加快建立科技资源融通创新机制、提高全社会创新创业和产出重大科技成果奠定基础和平台保障。

加强科技人才发展研究，为科技人才工作提供更好服务保障。以科技人才发展研究工作为抓手，推进专家信息平台建设，提升平台功能和能级。2018 年专家平台通过与爱思唯尔公司、国家知识产权局出版社、NSTL 等国内外科技文献、专利等知名权威机构合作，提升专家平台的服务能级。建立覆盖自然科学、医学、社会科学等全部 333 个二级学科领域全球高层次科技专家数据库，筛选出 25 万名高层次科技人才的信息数据，包括 10 万余名国际专家、4.2 万余名海外华人专家、4.8 万名国内专家和 4.8 万名上海专家。以专利、版权等科研产出数据为核心，率先挖掘人工智能、脑科学领域成果卓越的产业专家和应用型人才 5 000 余名。围绕上海建设人才高峰，聚焦全球顶尖专家人才，挖掘以诺贝尔奖、图灵奖为首的十大国际顶尖奖项，26 项国际级奖项的获奖人，以及美国四院、中国两院为首的科技大国院士等高峰人才的相关信息。现人才平台新增注册用户达 10 万以上，点击率达 250 多万次。

推行科技创新券政策，降低企业创新创业成本。2017—2018 年累计向 2 380 家中小微企业发放科技创新券 1.313 亿元，实现兑现 3 883.55 万元，惠及 1 313 家中小企业。科技创新券政策实施 3 年来，共向 6 215 家中小企业和创业团队发放总额 3.36 亿元科技创新券。经核准，共有 3 163 家中小企业符合科技创新券使用要求，购买 3.25 万次创新服务，研发总支出约 4.2 亿元，实际兑现 8 580 多万元补贴，帮助中小微企业降低研发成本，同时以 1∶5 左右的杠杆效应，激发企业的创新研发投入，盘活全市科研仪器等科技资源，在促进大型仪器共享、降低企业创新成本、推动科技服务业发展等方面都取得良好社会效益。

贯彻落实大仪政策，推动大型仪器高效共享。截至年底，研发平台大型仪器系统中，完成信息报送的大型仪器总数 11 822 台(套)，价值 148.54 亿元，涉及单位 648 家。2018 年上海市大型科学仪器设施共享服务评估奖励工作中，79 家管理单位的 1 121 台(套)仪器获共享奖励资金 1 473.71 万元。2018 年对涉及 13 个委办局下属单位的 262 台(套)仪器设施开展联合评议，总计核减预算 12 804.71 万元，核减比例 27.64%。自 2007 年共享规定实施以来，共对涉及 15 个主管部门的仪器申购预算进行联合评议，包括 1 634 台(套)总值超过 27.71 亿元的仪器，共核减预算约 7.28 亿元。

贯彻长三角一体化国家战略决策部署，推进长三角区域科技资源开放共享。通过政策引导推动仪器设施服务长三角，在大型仪器共享服务奖励评估政策的引导下，2017—2018 年度上海大型科学仪器服务江浙皖企业 13 万多次，服务总金额超 2.37 亿元。10 月 30 日，在浦江创新论坛上，科技部及江浙沪皖科技部门共同启动长三角科技资源共享服务平台建设。推进长三角科技创新券试点工作，4 月，研发平台与南通市科技局签署《沪通科技资源共享合作协议》；在政策带动下，全年嘉兴市 177 家企业使用上海 50 家服务机构相关科技创新类服务 1 572 次，有效服务费用 1 696 万元，科技创新券兑现金额超 200 万元。除嘉兴市、南通市外，先后与浙江省长兴县、海宁市、慈溪市，以及江苏省宿迁市、苏州市、无锡市国家高新区等地合作，探索科技创新券的跨区域通认通用机制。

开展长江经济带科技资源共享论坛，探索区域科技资源共享模式。11 月，第 3 届长江经济带科技资源共享论坛在贵州省贵安新区召开，论坛围绕“创新引领科技发展、大数据助推资源共享”主题，组织智能制造、电子信息技术、生物医药、新能源等产业领域的服务机构与贵州企业面对面交流，促进跨区域科技资源与企业创新需求的对接；同时将“互联网＋创新服务”的成熟模式向长江流域区域推广，流域内兄弟省市间交流大型仪器共享、科技创新券服务平台建设与运行经验，引导研发服务供需对接从线下走到线上，提高创新服务的对接效率和信息化水平。（朱全鑫）

【中科院上海高等研究院】 2018年,中科院上海高等研究院(简称上海高研院)依据"一三五"规划任务书,推动具体目标的实现。1月完成蛋白质设施划转工作,5月14日,上海脑科学与类脑研究中心挂牌,12月完成上海光源划转工作。以聚焦重大需求或前瞻性方向,做强做好上海高研院有竞争力的、有特色的研究方向为目标,对科研中心进行重大调整,成立低碳转化科学与工程中心、先进能源系统与装备研究与发展中心、绿色化学工程技术研究与发展中心和智能信息通信技术研究与发展中心。

上海高研院参与共建的中科院先进核能创新研究院进展良好;首个院级重点实验室中科院低碳转化科学与工程重点实验室取得系列科研成果,在2018年化学领域院重点实验室评估中获评B类实验室;现有院设非法人单元包括中科院通用芯片与基础软件研究中心和中科院曼谷创新合作中心。

完全自主知识产权的兆瓦级燃气轮机技术研发和ZK系列燃气轮机产业化取得突破。ZK1200(1.2MWe)和系统完成示范运行,通过技术鉴定,获2018年度中国电力创新奖一等奖,并进入商业运行;ZK2000(2MWe)简单循环燃气轮机完成整机性能试验,交付工业示范,效率和排放指标均达国际先进水平;全球首个2MWe回热循环工业燃气轮机正在研制。国家"十三五"科教基础设施项目"碳排放观测与数据研究平台"开工建设,项目将结合碳卫星等原有资源及未来布局,形成综合性的碳排放观测与碳数据创新研究平台,支撑在应对气候变化、碳排放核算、碳卫星及各类卫星的运行管理及数据分析等方面的研究工作,服务国家绿色低碳发展与应对气候变化战略。开展含碳资源绿色转化及清洁高效利用的科学与工程创新性研究,为国家能源产业可持续发展提供核心技术与解决方案,与潞安集团共同实施10万方/小时甲烷二氧化碳重整装置的大规模工业示范,完成技术鉴定;与中国海洋石油集团有限公司共同实施5 000吨/年CO_2加氢制甲醇的工业示范。国内首个低黏度mPAO基础油中试生产装置主体框架建设完成,装置建成后将填补中国低黏度mPAO基础油的空白,改变高档润滑油产品基本依赖进口产品的局面。对接国产大型民机关键技术需求,提供个性化、专业化解决方案,建立首个应用于国产大型民机的地空移动通信网络,研发首个应用于国产大型民机的试飞大数据机器学习算法和数据模型。首次提出太赫兹激光在自由电子激光大装置上进行阿秒量子相干探测的新方法、新思路,扩展和提高自由电子激光光源的应用前景和科学价值,研究成果于9月发表于《物理学评论快报》(*PRL*)。氧化石墨烯框架膜研究取得系列进展,GO基膜首次基于二维层间筛分实现H_2效分离,且性能远高于聚合物膜的Robeson上限,优于大部分无机膜,研究成果于3月发表于《先进材料》(*Advanced Materials*)。从经典马尔可夫链理论出发,针对云计算平台中的核心安全问题——异常检测,提出一种基于多阶马尔可夫链模型和多元时间序列理论的异常检测方法,创新性地融合高阶马尔科夫链和时间序列理论,首次发现云计算平台异常入侵行为导致的多阶马尔科夫链输出的排序变化,对云计算的安全防护提供新的有效手段,研究成果于6月发表于《IEEE云计算交易》(*IEEE transactions on cloud computing*)。上海高研院发表论文198篇,其中SCI论文112篇;申请专利125件,获授权135件。上海市专利试点项目稳步推进实施,知识产权管理体系不断优化,知识产权创造运用水平大幅提高,专利信息应用取得显著进步,加强知识产权人才队伍建设以综合排名第2的成绩通过上海市专利工作试点项目验收,验收结果为优秀。

上海高研院实施FTO技术投资入股。联合行业龙头企业和投资集团成立上海睿碳能源科技有限公司,注册资本2.9亿元。上海高研院FTO技术无形资产作价入股,无形资产价值6 166万元,占股比21.26%。由松江区政府和上海高研院共同发起组建的上海市低碳技术创新功能型平台被列入上海市第2批启动实施的研发与转化功能型平台。上海高研院成果转化项目——非氟烃类质子交换膜中试及产业化项目新增到账250万元,转让合同成功实施。

上海高研院院地院企合作交流互动频繁,推动各类需求对接活动。组织协调中国航天科技集团公司第八研究院合作,调研上航智慧能源研究院和浦东科创集团,组织协调上海市分布式能源产业技术创新战略联盟活动,参加分布式能源生态论坛等。拓展与世界各国(地区)伙伴机构合作网络,推动国际合作项目,提升跨境协同创新能力和国际影响力;中日节能建筑项目实现预期节能效果,综合能效减少41%,多地进行项目推广;壳牌前瞻项目合作稳步推进,陆续启动若干合作项目。中非反盗猎项目获科技部援外项目资助,正与卢旺达探讨合作推广;签署合作协议5项,促成项目合作效果明显;策划组织参与国际会议8次,助推"一带一路"等创新发展;策划参展2018中国国际低碳科技博览会并举办低碳能源系统分论坛、中欧绿色智慧能源合作研讨会和"一带一路"创新发展论坛。 (陈思宁)

【上海产业技术研究院】 2018年上海产业技术研究院(简称产研院)围绕"成为国家重大应用技术成果产业转化的策源地,杰出创新人才发展的集聚地,地方科研院所体制改革的试验场,新型研发载体和创新企业培育的孵化器,综合性创新功能集成的合成塔"的新一轮发展目标,推动产研院健康、稳定、持续发展。

加强产研院的能力建设和功能调整,继续推进和完善信息通信、生物医学、智能制造、绿色能源4个领域的创新平台能力建设,持续提升产研院共性技术研发与服务平台的专业化服务能力和行业影响力;2018年共完成各类科研项目24项。坚持开放创新,推进应用技术向产业化转化,加大力度推动创新链和产业链的融合联动,辐射长三角地区;推进大数据标准化研究,支持上海"一网通办"标准建设,布局医疗健康领域;拓展人才实训基地工作内涵,服务创新企业孵化,营造科技创业"生态圈";智慧公交技术集成创新,成果应用影响力扩大,助推国家重大专项落地;新一代物联技术应用于浦东机场建设,为机场场区运营管理提供技术支持;联合临床深度合作,推动癌症精准治疗技术转化应用；院测试研究中心CMA扩项成功，拓展业务服务能力，提升社会影响力；与行业龙头企业共建联合实验室，牵头成立产业联盟；产学研联动，拓展智能制造基地，加强科普创新园区建设。开放合作，不断溢出和转化创新成果，2018年产研院累计承接会务接待活动43次，其中国际交流合作8次，国内交流合作17次，院内各类会议18次；已累计与国内外超过110余家的研发机构、跨国企业、科研机构、企业等建立创新供需对接，更好地推动国际创新技术、人才、资金等优势更好地融入到上海科技创新模式；累计接待市委党校各类现场教学200余人次，国内外科技交流400余人次，主办“金桥会议”3次，举办“海纳百创·凝新聚力”硅谷创新之父中国行暨2018全球创新论坛，参与主办2018中国(上海)区块链技术创新峰会暨2018中国(上海)大数据产业创新峰会、组织参展第3届丝绸之路国际博览会暨中国东西部合作与投资贸易洽谈会和2018年上海国际工博会等活动。 (杨 怡)

【新型科研院所履行公共职能绩效评价】 2018年，完成对上海电器科学研究院、上海化工研究院有限公司、上海市激光技术研究所、上海工业自动化仪表研究院有限公司、上海材料研究所等5家新型科研院所2017年度履行公共职能的绩效评价。上海化工研究院有限公司和上海电器科学研究院评价结果为优秀；上海工业自动化仪表研究有限公司、上海材料研究所、上海市激光技术研究所3家评价结果为合格。根据《上海市新型科研院所履行公共职能的绩效评价与管理办法》，对5家院所进行后补贴，总金额1 400万元。 (葛春霞)

【上海交通大学人工智能研究院成立】 1月18日，由徐汇区政府、闵行区政府与上海交通大学合作共建的上海交通大学人工智能研究院成立。研究院将围绕引领性科学研究、成果转化、人才培养与国际合作等方面开展工作，形成“创新技术、创新应用、创新人才”三位一体的人工智能研究院，以人工智能理论技术研究平台、人工智能芯片与无人系统研究平台、智能网联汽车集成应用场景实验平台、智能+X跨学科应用平台4个重点研究方向打造人工智能跨学科人才培养基地和人工智能国际研究中心。 (周 彬)

上海交通大学人工智能研究院成立大会

【上海市临床研究伦理委员会(筹)揭牌】 2月8日，上海首家市级区域伦理审查委员会上海市临床研究伦理委员会(筹)在徐汇枫林国际中心揭牌。委员会由市卫生健康委与徐汇区政府共同建设，委员由医学、药学、生命伦理学等多个学科领域的专家担任。作为上海市级的区域独立伦理委员会，主要承担伦理审查、伦理咨询与培训、伦理协调和指导，以及学术研究和交流等工作，并将规划和准备建设伦理审查认证体系。 (周陈昌)

上海市临床研究伦理委员会(筹)揭牌

【上海交通大学医学院附属瑞金医院脑病中心揭牌】 3月12日，上海交通大学医学院附属瑞金医院脑病中心在瑞金医院卢湾分院揭牌。中心以上海交通大学医学院附属瑞金医院为建设主体，联合上海交通大学医学院附属瑞金医院卢湾分院、上海市瑞金康复医院等区域医联体单位共同成立。同时，中心联合上海交通大学医学院基础医学院、中科院神经科学研究所等神经系统疾病学科优势力量，将形成基础与临床结合、临床诊疗与研究强强合作模式，汇聚神经内科、神经外科、功能神经外科、康复医学科、麻醉科、影像科等多学科的实体化建设体系。中心的成立，将发挥医联体联动功能，探索和尝试“大专科、小综合”的医联体合作发展方向，促进优势医疗资源下沉和辐射。 (冯知周)

上海交通大学医学院附属瑞金医院脑病中心揭牌仪式

【华东理工大学锡比乌共建中欧国际商学院】 4月10日，华东理工大学和罗马尼亚锡比乌卢西恩·布拉加大学签约，合作共建华东理工大学锡比乌中欧国际商学院。学院将以罗马尼亚为枢纽，将华东理工大学的MBA项目引入中东欧国家，服务中东欧国家中资企业并为当地培养现代商业人才，发挥高校在“一带一路”倡议中的智力先导作用。

（张桂新）

【复旦大学脑科学前沿科学中心获批成立】 4月11日，复旦大学脑科学前沿科学中心获教育部批准，成为国家“珠峰计划”首个前沿科学中心。中心将瞄准脑科学国际前沿，凝聚全校脑科学与相关学科力量，引进杰出人才，推动跨单位和国际合作，在若干研究领域形成有重大国际学术影响力的优势研究团队，承担国家脑科学重大任务；创新体制机制，构建跨学科、开放的脑科学研究平台；以前瞻性、战略性、前沿性脑科学基础研究为主线，形成脑科学研究的优势方向和国际领先的重要突破，推动新型类脑芯片研发及类脑智能技术的医学转化应用；建立跨一级学科的脑科学人才培养新模式；建成国际一流的脑科学研究和人才培养基地。

（邵　田）

【上海脑科学与类脑研究中心揭牌】 5月14日，上海脑科学与类脑研究中心在张江实验室揭牌。中心立足世界脑科学与类脑研究前沿，聚焦国家在脑科学与类脑研究领域的战略需求，组织承接国家和上海市任务部署，加快推动中国在该领域的重大突破和跨越，力争建设成为世界一流的脑科学研究机构。研究中心是上海市政府发起成立的独立法人事业单位，实行理事会领导下的主任负责制，积极探索开放、协同、高效的新型管理和运行机制，着力汇聚全球高端创新资源，激发各类创新人才活力，探索与国际科研机构接轨的人员聘用、薪酬激励机制，建立知识产权和利益共享机制，推进科技成果应用技术的转移转化。（施　琅）

【氚碳科学与技术联合实验室揭牌】 5月29日，氚碳科学与技术联合实验室揭牌。实验室由上海市计量测试技术研究院、中科院上海应用物理研究所和罗马尼亚国立低温与同位素技术研究所3家技术机构联合建立，将发挥三方技术能力和特色，开展高水平联合研究，整合优势资源，促进技术转移，提高核科学研究领域研究能力和技术水平，推动核技术相关产业的发展，发挥科技创新在“一带一路”倡议中的引领和支撑作用。三方还共同签署《氚碳科学与技术联合实验室战略合作备忘录》《共建氚碳科学与技术联合实验室合作协议书》。

（周莉蓉）

【复星集团与同济大学共建科技创新中心】 6月22日，上海复星高科技(集团)有限公司与同济大学签署战略合作协议，双方将联手共建复星-同济科技创新中心。根据合作协议，双方将在共同关注的发展领域开展高层次、可持续的战略合作，打造复星-同济科技创新中心研究院，在上海共建一个融科技创新、成果转化、人才培训于一体的科技创新中心机构，为双方在磁浮及轨交、新能源汽车应用研发、转化医学、人才培养培训等板块的未来合作提供平台和载体。

（史玉华）

【国家集成电路创新中心揭牌】 7月3日，国家集成电路创新中心在上海揭牌成立。中心由复旦大学、中芯国际集成电路制造有限公司和上海华虹(集团)有限公司3家单位共同发起，并逐步吸收更多龙头企业和研究机构，构建开放平台，汇聚高端人才，开展源头创新，打造国家集成电路共性技术研发平台。

（邵　田）

【特斯拉(上海)电动汽车研发创新中心揭牌】 7月10日，上海市政府和美国特斯拉公司签署合作备忘录，市长应勇、特斯拉公司董事长兼首席执行官埃隆·马斯克共同为特斯拉(上海)有限公司和特斯拉(上海)电动汽车研发创新中心揭牌。双方将聚焦技术创新、产业发展等领域深化合作交流，推动创新技术成果转化，加快全球化发展进程，助推上海高端制造业发展，加快建设世界级汽车产业中心。特斯拉公司还与市临港地区管委会、上海临港经济发展(集团)有限公司共同签署纯电动车项目投资协议。特斯拉公司将在临港地区独资建设集研发、制造、销售等功能于一体的特斯拉超级工厂。同时，特斯拉(上海)电动汽车研发创新中心揭牌，主要从事电动汽车方面研发创新，积极推动电动车创新技术成果转化。

（焦　敏）

上海市政府和美国特斯拉公司签署合作备忘录

【G60脑智科创基地揭牌】 7月17日，松江区政府与中科院神经研究所签订战略合作框架协议，并为G60脑智科创基地揭牌。7月18日，G60脑智科创基地合作协议在松江签署，并揭牌成立中科院脑科学与智能技术卓越创新中心(上海松江)和上海脑科学与类脑研究中心(松江基地)。双方将进一步发挥各自优势，加快在神经科学、脑科学研究等领域的发展，打造具有全球影响力研发和产业化平台，创建覆盖基础研发—转化研究—成果产业化全链条的功能体系，致力于将松江建设成为长三角地区脑科学与智能领域新高地，为上海建设成为具有全球影响力的科技创新中心

做贡献。 （何月丽）

G60脑智科创基地揭牌仪式

【张江药物实验室揭牌】 7月17日，张江药物实验室揭牌。中科院院长、党组书记白春礼，上海市市长应勇共同为实验室揭牌。实验室以上海药物和生物医学研究力量为基础，通过整合长三角和全国生命科学、医学、化学、药学优势资源，形成以上海为核心，长三角为基盘，辐射全国的新型药物研发机构；以疾病为中心，以“出原创新药”和“出引领技术”为目标，聚焦基于疾病机制研究的新药发现，以及药物研发新方法、新技术发展，解决中国生物药研发和产业发展核心瓶颈问题。 （施 琅）

【朱光亚战略科技研究院落户】 9月14日，中国工程物理研究院与市临港地区管委会签订协议，共建朱光亚战略科技研究院。研究院将按照“转化一批、培育一批、探索一批”的原则，在临港首批部署微系统与太赫兹科学技术、高性能科学与工程计算、核技术应用、高端装备制造4个战略科技方向，打造2家以上主板上市的龙头企业。 （焦 敏）

【中国商飞-上海交通大学商用飞机系统工程科技创新中心成立】 9月28日，中国商用飞机有限责任公司与上海交通大学举行签约活动，中国商飞-上海交通大学商用飞机系统工程科技创新中心成立。中心将推动校企合作，集合优势资源和力量，培养一批系统工程专业的科研人才，推动系统工程理论和方法研究的创新与突破。 （王 馨）

【上海人工智能研究院成立】 10月25日，闵行区政府、上海交通大学、上海临港经济发展（集团）有限公司和博康控股集团有限公司共同签署共建上海人工智能研究院的合作协议和成立上海人工智能研究院有限公司的股东协议。研究院将围绕上海市人工智能创新需求，汇聚前沿技术，对接产业、资本等相关资源，持续推进人工智能技术产业化。

（盛酉红）

【国家技术转移东部中心北欧创新中心揭牌】 12月6日，国家技术转移东部中心北欧创新中心在丹麦奥尔堡市揭牌成立。创新中心旨在打造可持续发展的国际化创新合作网络，整合北欧地区政府科技部门、高校、科研院所、企业等资源，服务两地的社会经济发展。共建技术转移平台，发挥北欧地区在欧盟技术创新中的优势，利用中国丰富的市场资源，加快推动双方科技成果的商业化。推进跨境孵化平台，加速中国华东地区与北欧之间的孵化器交流与合作，互设高科技孵化园区，打造新型跨境创新创业孵化平台。

（陈希元）

国家技术转移东部中心北欧创新中心揭牌

【上海太赫兹波谱与影像技术协同创新中心获批建设】 12月6日，上海太赫兹波谱与影像技术协同创新中心获教育部批准建设。中心依托上海理工大学建设，围绕太赫兹波谱与影像相关核心器件、系统关键技术及其在生物医学和国防安全领域相关应用等方面开展多层次、系统化的协同创新工作；强化太赫兹波谱与影像技术的核心能力建设，打造协同国内外多方资源的开放共享的太赫兹研发与产业化基地、创新领军与工程化人才汇聚地、创新创业集聚区，输出太赫兹核心技术、加速太赫兹系列化产品产业化进程，为上海科技创新中心提供支撑。 （吴路平）

【烯碳金属基复合材料工程中心】 2018年，上海市石墨烯产业技术功能型平台与上海交大金属基复合材料国家重点实验室合作完成烯碳金属基复合材料工程中心的建设。中心突破烯碳铝合金复合材料大规格锭坯成型致密化与合金化技术难点，实现对铝合金板材、棒材、型材等实际构件缺陷的预测与控制及热强度和尺寸精度的控制，具备金属材料相关力学、热学、成分等性能检测的技术服务能力。建立国内首个纳米碳铝合金新材料示范性产业基地，实现产业化应用，搭建年产量20 t烯碳铝合金中试线，形成批次100 kg烯碳铝合金复合材料粉末和大规格锭坯的宏量制备能力，开发的烯碳铝合金复合材料在航空航天领域进行试用。 （洪燕华）

【新认定国家级和市级企业技术中心97家】 2018年,基本建立以国家级企业技术中心为引领、市级企业技术中心为骨干、区县级(集团级)企业技术中心为支撑的产业技术研发机构体系。市级企业技术中心认定数量创历史新高。新认定国家级企业技术中心6家,累计81家;新认定市级企业技术中心91家,累计600家;区县级(集团级)企业技术中心约1 300家。创新企业技术中心专项方式,鼓励有能力的企业技术中心与高校、科研院所、上下游企业开展协同创新,搭建协同创新平台。鼓励和引导企业技术中心加大人才引进和培养力度,重点支持人才牵引的技术创新项目。

2018年第25批国家级企业技术中心名单(上海)

序号	企业技术中心名称	依托单位
1	上海华测导航技术股份有限公司技术中心	上海华测导航技术股份有限公司
2	澜起科技(上海)有限公司技术中心	澜起科技(上海)有限公司
3	普元信息技术股份有限公司技术中心	普元信息技术股份有限公司
4	上海联影医疗科技有限公司技术中心	上海联影医疗科技有限公司
5	科大智能科技股份有限公司技术中心	科大智能科技股份有限公司
6	上海汇众汽车制造有限公司技术中心	上海汇众汽车制造有限公司

2018年第24批市级企业技术中心名单

序号	企业技术中心名称	依托单位
1	上海复合材料科技有限公司技术中心	上海复合材料科技有限公司
2	上海浦景化工技术股份有限公司技术中心	上海浦景化工技术股份有限公司
3	中电科软件信息服务有限公司技术中心	中电科软件信息服务有限公司
4	上海建科检验有限公司技术中心	上海建科检验有限公司
5	上海鸣志电器股份有限公司技术中心	上海鸣志电器股份有限公司
6	上海威派格智慧水务股份有限公司技术中心	上海威派格智慧水务股份有限公司
7	上海明华电力技术工程有限公司技术中心	上海明华电力技术工程有限公司
8	上海东软载波微电子有限公司技术中心	上海东软载波微电子有限公司
9	上海真兰仪表科技股份有限公司技术中心	上海真兰仪表科技股份有限公司
10	上海其胜生物制剂有限公司技术中心	上海其胜生物制剂有限公司
11	中船航海科技有限责任公司技术中心	中船航海科技有限责任公司
12	上海电气燃气轮机有限公司技术中心	上海电气燃气轮机有限公司
13	上海剑桥科技股份有限公司技术中心	上海剑桥科技股份有限公司
14	上海市水利工程集团有限公司技术中心	上海市水利工程集团有限公司
15	上海汉钟精机股份有限公司技术中心	上海汉钟精机股份有限公司
16	中建五局华东建设有限公司技术中心	中建五局华东建设有限公司
17	上海浪潮云计算服务有限公司技术中心	上海浪潮云计算服务有限公司
18	上海博泰悦臻电子设备制造有限公司技术中心	上海博泰悦臻电子设备制造有限公司
19	上海奕瑞光电子科技股份有限公司技术中心	上海奕瑞光电子科技股份有限公司
20	上海移为通信技术股份有限公司技术中心	上海移为通信技术股份有限公司
21	上海天玑科技股份有限公司技术中心	上海天玑科技股份有限公司
22	东软集团(上海)有限公司技术中心	东软集团(上海)有限公司
23	银联数据服务有限公司技术中心	银联数据服务有限公司
24	上海正伟印刷有限公司技术中心	上海正伟印刷有限公司
25	上海市信息网络有限公司技术中心	上海市信息网络有限公司
26	中铁上海工程局集团建筑工程有限公司技术中心	中铁上海工程局集团建筑工程有限公司
27	上海君屹工业自动化股份有限公司技术中心	上海君屹工业自动化股份有限公司

续表

序号	企业技术中心名称	依托单位
28	上海安吉星信息服务有限公司技术中心	上海安吉星信息服务有限公司
29	上海信耀电子有限公司技术中心	上海信耀电子有限公司
30	上海维科精密模塑有限公司技术中心	上海维科精密模塑有限公司
31	上海至纯洁净系统科技股份有限公司技术中心	上海至纯洁净系统科技股份有限公司
32	龙尚科技(上海)有限公司技术中心	龙尚科技(上海)有限公司
33	上海中联重科桩工机械有限公司技术中心	上海中联重科桩工机械有限公司
34	上海晶赞融宣科技有限公司技术中心	上海晶赞融宣科技有限公司
35	彤程化学(中国)有限公司技术中心	彤程化学(中国)有限公司
36	上海莱士血液制品股份有限公司技术中心	上海莱士血液制品股份有限公司
37	拉扎斯网络科技(上海)有限公司技术中心	拉扎斯网络科技(上海)有限公司
38	万向钱潮(上海)汽车系统有限公司技术中心	万向钱潮(上海)汽车系统有限公司
39	上海数讯信息技术有限公司技术中心	上海数讯信息技术有限公司
40	中曼石油天然气集团股份有限公司技术中心	中曼石油天然气集团股份有限公司
41	上海卓易科技股份有限公司技术中心	上海卓易科技股份有限公司
42	上海宽翼通信科技股份有限公司技术中心	上海宽翼通信科技股份有限公司
43	上海晶盟硅材料有限公司技术中心	上海晶盟硅材料有限公司
44	莱茵技术(上海)有限公司技术中心	莱茵技术(上海)有限公司
45	申联生物医药(上海)股份有限公司技术中心	申联生物医药(上海)股份有限公司
46	上海诺雅克电气有限公司技术中心	上海诺雅克电气有限公司
47	劲霸男装(上海)有限公司技术中心	劲霸男装(上海)有限公司
48	上海中船三井造船柴油机有限公司技术中心	上海中船三井造船柴油机有限公司
49	上海尤顺汽车部件有限公司技术中心	上海尤顺汽车部件有限公司

续表

序号	企业技术中心名称	依托单位
50	上海凯众材料科技股份有限公司技术中心	上海凯众材料科技股份有限公司
51	上海创元化妆品有限公司技术中心	上海创元化妆品有限公司
52	上海晶澳太阳能科技有限公司技术中心	上海晶澳太阳能科技有限公司
53	上海嘉朗实业有限公司技术中心	上海嘉朗实业有限公司
54	上海威克迈龙川汽车发动机零件有限公司技术中心	上海威克迈龙川汽车发动机零件有限公司
55	上海蓝恩控制系统有限公司技术中心	上海蓝恩控制系统有限公司
56	上海岱美汽车内饰件股份有限公司技术中心	上海岱美汽车内饰件股份有限公司
57	上海汽车粉末冶金有限公司技术中心	上海汽车粉末冶金有限公司
58	上海长园电子材料有限公司技术中心	上海长园电子材料有限公司
59	上海利尔耐火材料有限公司技术中心	上海利尔耐火材料有限公司
60	上海恩捷新材料科技股份有限公司技术中心	上海恩捷新材料科技股份有限公司
61	上海乐通通信设备(集团)股份有限公司技术中心	上海乐通通信设备(集团)股份有限公司
62	上海合全药物研发有限公司技术中心	上海合全药物研发有限公司
63	上海精益电器厂有限公司技术中心	上海精益电器厂有限公司
64	上海旭恒精工机械制造有限公司技术中心	上海旭恒精工机械制造有限公司
65	上海贝思特电气有限公司技术中心	上海贝思特电气有限公司
66	上海华凯展览展示工程有限公司技术中心	上海华凯展览展示工程有限公司
67	上海康鹏科技有限公司技术中心	上海康鹏科技有限公司
68	光驰科技(上海)有限公司技术中心	光驰科技(上海)有限公司
69	上海奕方农业科技股份有限公司技术中心	上海奕方农业科技股份有限公司
70	上海徕木电子股份有限公司技术中心	上海徕木电子股份有限公司
71	上海鑫燕隆汽车装备制造有限公司技术中心	上海鑫燕隆汽车装备制造有限公司

续表

序号	企业技术中心名称	依托单位
72	上海瀚银信息技术有限公司技术中心	上海瀚银信息技术有限公司
73	上海友升铝业有限公司技术中心	上海友升铝业有限公司
74	上海盈智汽车零部件有限公司技术中心	上海盈智汽车零部件有限公司
75	上海波克城市网络科技股份有限公司技术中心	上海波克城市网络科技股份有限公司
76	上海凌云工业科技有限公司技术中心	上海凌云工业科技有限公司
77	上海晨阑光电器件有限公司技术中心	上海晨阑光电器件有限公司
78	金盘电气集团(上海)有限公司技术中心	金盘电气集团(上海)有限公司
79	上海依科绿色工程有限公司技术中心	上海依科绿色工程有限公司
80	上海龙创汽车设计股份有限公司技术中心	上海龙创汽车设计股份有限公司
81	上海德启信息科技有限公司技术中心	上海德启信息科技有限公司
82	上海众力投资发展有限公司技术中心	上海众力投资发展有限公司
83	安波福中央电气(上海)有限公司技术中心	安波福中央电气(上海)有限公司
84	上海纳杰电气成套有限公司技术中心	上海纳杰电气成套有限公司
85	上海正帆科技股份有限公司技术中心	上海正帆科技股份有限公司
86	上海钢联电子商务股份有限公司技术中心	上海钢联电子商务股份有限公司
87	上海裕生特种线材有限公司技术中心	上海裕生特种线材有限公司
88	亿森(上海)模具有限公司技术中心	亿森(上海)模具有限公司
89	上海格尔汽车科技发展有限公司技术中心	上海格尔汽车科技发展有限公司
90	上海永进电缆(集团)有限公司技术中心	上海永进电缆(集团)有限公司
91	上海美瑞实业有限公司技术中心	上海美瑞实业有限公司

(葛文政)

【上海市级研发基地新建情况】 2018年,新建上海市重点实验室5家、上海工程技术研究中心42家。截至年底,全市共有上海市重点实验室126家、上海工程技术研究中心320家。

2018年新建的上海市重点实验室名单

序号	上海市重点实验室名称	承担单位
1	上海市分子影像学重点实验室	上海健康医学院
2	上海市睡眠呼吸障碍疾病重点实验室	上海交通大学附属第六人民医院
3	上海市轨道交通结构耐久与系统安全重点实验室	同济大学
4	上海市胚胎源性疾病重点实验室	中国福利会国际和平妇幼保健院
5	上海市植物分子科学重点实验室	上海师范大学

2018年新建的上海工程技术研究中心名单

序号	工程技术研究中心名称	承担单位
1	上海抗肿瘤生物药物工程技术研究中心	上海复宏汉霖生物技术股份有限公司
2	上海心肺疾病人工智能工程技术研究中心	复旦大学附属中山医院
3	上海微创手术机器人工程技术研究中心	上海微创医疗器械(集团)有限公司
4	上海呼吸内镜工程技术研究中心	上海交通大学附属胸科医院
5	上海药物Ⅰ期临床暨药物一致性评价工程技术研究中心	上海市徐汇区中心医院
6	上海光动力药物工程技术研究中心	上海复旦张江生物医药股份有限公司
7	上海即时检测医学工程技术研究中心	上海奥普生物医药有限公司
8	上海国产干细胞工程技术研究中心	中国干细胞集团上海生物科技有限公司
9	上海介入医疗器械工程技术研究中心	上海理工大学
10	上海口腔医学先进技术与材料工程技术研究中心	上海交通大学医学院附属第九人民医院
11	上海心脏瓣膜工程技术研究中心	复旦大学附属中山医院
12	上海急诊与危重病大数据工程技术研究中心	上海长征医院
13	上海区块链工程技术研究中心	复旦大学
14	上海土木工程结构健康监测工程技术研究中心	同济大学建筑设计研究院(集团)有限公司
15	上海有轨电车工程技术研究中心	上海市城市建设设计研究总院(集团)有限公司
16	上海水下救捞工程技术研究中心	交通运输部上海打捞局

续表

序号	工程技术研究中心名称	承担单位
17	上海证卡工程技术研究中心	上海印钞有限公司
18	上海食品供应链区块链工程技术研究中心	上海中信信息发展股份有限公司
19	上海岸电系统工程技术研究中心	上海电动工具研究所(集团)有限公司
20	上海虚拟仿真实验教学工程技术研究中心	上海曼恒数字技术股份有限公司
21	上海北斗精准时空应用工程技术研究中心	千寻位置网络有限公司
22	上海智能网联车载终端工程技术研究中心	上海博泰悦臻电子设备制造有限公司
23	上海大数据与互联网受众工程技术研究中心	上海晶赞融宣科技有限公司
24	上海多级结构纳米材料工程技术研究中心	华东理工大学
25	上海物理气相沉积(PVD)超硬涂层及装备工程技术研究中心	上海应用技术大学
26	上海激光智能制造工程技术研究中心	上海市激光技术研究所
27	上海功能高分子粘接材料工程技术研究中心	上海邦中高分子材料股份有限公司
28	上海汽车底盘电子化及轻量化工程技术研究中心	上海汇众汽车制造有限公司
29	上海家纺新材料工程技术研究中心	上海水星家用纺织品股份有限公司
30	上海光传输与光传感工程技术研究中心	上海传输线研究所(中国电科第二十三研究所)
31	上海智能海事搜救与水下机器人工程技术研究中心	上海海事大学
32	上海建筑防水材料工程技术研究中心	上海建材(集团)有限公司
33	上海智能机器人工程技术研究中心	复旦大学
34	上海大件热制造工程技术研究中心	上海电机学院
35	上海航天特种环境高分子功能材料工程技术研究中心	上海航天设备制造总厂有限公司
36	上海智慧能源工程技术研究中心	申能(集团)有限公司
37	上海危险废物处置和资源化工程技术研究中心	上海市固体废物处置有限公司

续表

序号	工程技术研究中心名称	承担单位
38	上海浅层地热能工程技术研究中心	上海市地矿工程勘察院(上海市水文地质工程地质队)
39	上海河口海洋测绘工程技术研究中心	上海海洋大学
40	上海生态景观水环境工程技术研究中心	上海市园林设计研究总院有限公司
41	上海绿色化工与节能工程技术研究中心	惠生工程(中国)有限公司
42	上海绿色能源化工工程技术研究中心	上海师范大学

(张　帆)

【上海研发基地验收情况】 2018 年,1 家国家工程技术研究中心通过科技部验收,进入国家级研发基地序列;16 家上海工程技术研究中心通过市科委验收。

2018 年验收的上海市级研发基地名单

序号	研发基地名称	承担单位	级别
1	国家抗艾滋病病毒药物工程技术研究中心	上海迪赛诺药业股份有限公司	国家级
2	上海电影特效工程技术研究中心	上海大学	市级
3	上海种猪工程技术研究中心	上海祥欣畜禽有限公司	市级
4	上海食品微生物工程技术研究中心	上海理工大学	市级
5	上海民机试飞工程技术研究中心	中国商用飞机有限责任公司	市级
6	上海核电站高新核材及装备工程技术研究中心	上海中广核工程科技有限公司	市级
7	上海光伏电池和组件工程技术研究中心	协鑫集成科技股份有限公司	市级
8	上海现代有轨电车运控系统工程技术研究中心	上海富欣智能交通控制有限公司	市级
9	上海城市困难立地绿化工程技术研究中心	上海市园林科学规划研究院	市级
10	上海眼视觉与光医学工程技术研究中心	上海交通大学附属第一人民医院	市级
11	上海高技术船舶数字化建造工程技术研究中心	上海外高桥造船有限公司	市级
12	上海大数据试验场工程技术研究中心	上海科技网络通信有限公司	市级

续表

序号	研发基地名称	承担单位	级别
13	上海装配式建筑技术集成工程技术研究中心	华东建筑设计研究院有限公司	市级
14	上海建筑数字化建造工程技术研究中心	同济大学建筑设计研究院(集团)有限公司	市级
15	上海运输工具轻量化金属材料应用工程技术研究中心	中国宝武钢铁集团有限公司	市级
16	上海智能网联汽车与智慧交通工程技术研究中心	上海国际汽车城(集团)有限公司	市级
17	上海现代制药装备系统工程技术研究中心	上海东富龙科技股份有限公司	市级

(张　帆)

【国家抗艾滋病病毒药物工程技术研究中心】 7月30日通过科技部验收。中心依托上海迪赛诺药业股份有限公司组建,围绕保障中国抗艾滋病药物用药的重大需求,在合成生物学技术等七大领域形成系统的核心技术体系,提升中国抗艾滋病药物产业整体水平和竞争力;9个抗艾滋病药物制剂完成临床及申报注册工作,其中抗艾滋病一线用药依非韦伦片实现国内首仿,中国首个抗艾滋病三联复方制剂奈韦拉平齐多拉米双夫定片获新药证书;获美国食品和药物管理局批准制剂产品1项,申请世界卫生组织制剂产品4项,获批2项;完成世界卫生组织推荐的抗艾滋病二三线药物的开发和技术储备10项。筹建期间,累计实现销售收入超过50亿元,抗艾滋病药物一线重点产品国际市场占有率达38%以上,推动中国抗病毒治疗普及,治疗人数增加52万人,为国家节省治疗经费100多亿元。 (张　帆)

【上海电影特效工程技术研究中心】 7月12日通过市科委验收。中心依托上海大学筹建,在电影特效前期拍摄技术、电影特效后期制作技术、电影特效信息处理技术等3个方向进行研究,发挥上海大学多学科优势,汇聚一批拔尖人才,聚焦电影特效工程化技术研究,取得创新工程化技术成果,促进成果转化,推进电影特效行业标准制定,打造国际化开放式合作平台,推动电影产业发展,成为国际一流的电影特效技术研发和成果输出基地、产学研合作基地和人才培养基地。筹建期间,承担科研项目68项,其中国家级项目4项、省部级项目4项;获国家级奖励1项、省部级奖励2项;申请发明专利16件、实用新型专利2件;发表论文47篇。 (卢玉华)

【上海种猪工程技术研究中心】 9月14日通过市科委验收。中心依托上海祥欣畜禽有限公司筹建,利用现有的工作基础和设备条件,吸纳各方技术力量,与国内外专家合作,产学研紧密结合,建设一个集优良种猪培育、繁育饲养和产业化示范等功能一体的省级共用开放平台,对上海种猪产业可持续发展过程中需要解决的关键工程化技术问题攻关,为全市种猪业提供技术指导,力争使中心成为全市优秀种猪的培育中心、种质创新技术研发中心、健康养殖饲养新模式及环境友好型发展模式的集成示范中心。筹建期间,承担科研项目12项,其中国家级项目1项、省部级项目11项;获国家级奖励3项、省部级奖励3项;申请发明专利3件,获实用新型专利授权4件;参与修订国家标准1部、参与制订地方标准1部;发表论文22篇。 (卢玉华)

【上海食品微生物工程技术研究中心】 9月14日通过市科委验收。中心依托上海理工大学筹建,围绕食品微生物选育及功能评价、制备关键技术和发酵食品研究与开发等3个研究方向,创建高效筛选体系,获一批自主知识产权的优良食品微物,突破并集成优良食品微生物制备及产业化关键技术,实现产品开发和产业化推广应用。筹建期间,承担科研项目43项,其中国家级项目14项、省部级项目9项;获省部级奖励5项;申请发明专利28件,获授权14件;发表论文155篇。 (卢玉华)

【上海民机试飞工程技术研究中心】 9月21日通过市科委验收。中心依托中国商用飞机有限责任公司筹建,围绕民机飞行试验领域,设立试飞任务支持与优化、空地一体化虚拟试飞、试飞风险评估与空情调查、特殊科目适航验证、空中试验验证平台等五大研究方向,开展民机适航性验证自然结冰气象条件研究、飞行模拟机试飞数据开发技术研究、综合化系统功能信息融合的安全性问题研究,支持国产民机型号研制,进行空地对比监控技术、空地一体化虚拟试飞技术等行业关键技术研究。筹建期间,承担国家级项目2项、省部级项目1项;获省部级奖励5项;申请发明专利8件,获授权1件;发表论文16篇。 (卢玉华)

【上海核电站高新核材及装备工程技术研究中心】 9月29日通过市科委验收。中心依托上海中广核工程科技有限公司筹建,聚焦于国内核级HDPE材料等高新核材及装备的研发和应用,通过贯通"政产学研用"一体化链条,突破核级HDPE材料及装备的关键技术,建立国家和行业的核级HDPE材料相关标准规范体系,促进上下游产业升级,实现核级HDPE材料及装备的国产化和产业化,解决国内在役电站普遍面临的管道结垢、腐蚀等工程难题。筹建期间,承担省部级科研项目6项;获国家级奖励1项、省部级奖励3项;申请发明专利6件、实用新型专利9件;完成编制及修订行业标准5部;发表论文2篇。 (卢玉华)

【上海光伏电池和组件工程技术研究中心】 10月18日通过市科委验收。中心依托协鑫集成科技股份有限公司筹建,在电池、组件和材料检测3个主要研究方向紧密联系,相互衔接,形成特色和优势方向;建设高效电池和组件实验室平台，检测实验室获中国合格评定国家认可委员会授予的CNAS资质，高效异质结电池效率23.26%，高密度组件效率21.3%。筹建期间，申请专利67件，其中发明专利10件、实用新型专利57件；发布行业标准6部，完成行业技术标准1部；发表论文18篇。（卢玉华）

【上海现代有轨电车运控系统工程技术研究中心】 10月19日通过市科委验收。中心依托上海富欣智能交通控制有限公司筹建，聚焦轨道交通领域，以打破国际垄断壁垒，促进产业落地，引领行业技术方向、培养行业高端人才、协助制定行业标准为主要目标，形成运控系统技术研发、技术成果示范与应用转化、开发交流与技术服务(标准与规范)及行业创新人才培养等四大平台。在有轨电车运控系统行业基础技术、共性技术、共性关键技术、核心技术成果转化、示范应用落地及标准制定等方面有所突破，包括全自主化的有轨电车运行控制系统、一体化路口信号优先技术、有轨电车弱点集成、一体化电车通过警示技术、基础设施类的设备研究和成果转化、辅助保护方案和设备的研究及成果转化、轨交安全计算机研制与信号系统应用及互联互通研究和成果转化。筹建期间，承担科研项目10项，其中国家级项目1项、省部级项目4项；获省部级奖励2项；获发明专利授权3件、实用新型专利授权2件；主编行业标准1部，参编国家标准1部；发表论文4篇。（卢玉华）

【上海城市困难立地绿化工程技术研究中心】 10月19日通过市科委验收。中心依托上海市园林科学规划研究院筹建，围绕城市困难立地废弃物资源化利用关键技术、城市困难立地绿化成套工程化技术推广、城市困难立地水土环境统筹改善的生态修复技术和城市困难立地生境的适生植物种类筛选和配置等4个研究方向，打造首个以城市困难立地生态修复和景观营建为目标，面向转型期生态城市建设的科技创新研发与转化应用平台。筹建期间，承担科研项目10项，其中国家级项目1项、省部级项目5项；获省部级奖励2项；申请发明专利7件，获实用新型专利授权6件；完成国家标准1部、行业标准4部、地方标准3部、企业标准14部；研发科技新产品5项；发表论文35篇；相关研究成果在老港垃圾填埋场、世博文化公园等上海重大工程项目中推广应用。（卢玉华）

【上海眼视觉与光医学工程技术研究中心】 11月1日通过市科委验收。中心依托上海交通大学附属第一人民医院筹建，推动眼科分子成像和功能成像技术应用、干细胞和转基因技术遗传眼病治疗、光化学技术眼表疾病治疗装置开发、人工智能眼病筛查软件及设备开发等前沿技术的临床转化。以眼科临床问题驱动，推进交叉领域前沿技术在眼科的落地，通过产业化项目的具体实施加强与科研机构、企业、医院的深度融合，完成复合型人才培养和跨学科布局，形成中心特色和优势走向。筹建期间，承担国家级项目2项、省部级项目7项；获省部级奖励1项；申请发明专利4件，获发明专利授权2件、实用新型专利授权2件；发表论文10篇。（卢玉华）

【上海高技术船舶数字化建造工程技术研究中心】 11月11日通过市科委验收。中心依托上海外高桥造船有限公司筹建，围绕船舶数字化设计和建造的总目标，推动高技术船舶科技与经济相融合，开展超大型集装箱船、超大型豪华邮轮等高技术船舶的工程化研究与开发，突破其共性和关键技术，加快科技成果的转移、辐射和扩散，引领船舶行业技术进步，发挥船舶产业技术创新体系支撑作用，促进上海市创新驱动发展。围绕一体化综合数字设计、数字化精度测量与制造控制技术研究与应用、面向高技术船舶计测和分析能力建设等5个方面展开研究。筹建期间，承担科研项目13项，其中国家级项目10项、省部级项目3项；获省部级奖励10项；申请发明专利18件、实用新型专利13件，获实用新型专利授权9件；编制及修订国家标准3部、企业标准13项；发表论文38篇；出版专著7部。（卢玉华）

【上海大数据试验场工程技术研究中心】 11月12日通过市科委验收。中心依托上海科技网络通信有限公司筹建，以科技网和复旦大数据学院为基础，围绕大数据产业链的要求，开展试验场专区设计与建设、海量数据存储、大数据分析处理等大数据共性关键技术研究，为相关产品研制、测试、中试生产及业务开展、应用系统示范，提供开放式的公共服务平台。筹建期间，申请发明专利20件，获授权14件；发表论文2篇。（卢玉华）

【上海装配式建筑技术集成工程技术研究中心】 11月12日通过市科委验收。中心依托华东建筑设计研究院有限公司筹建，围绕工程技术研究开发能力和水平、培训人员及开放服务、内部运行管理及行业技术发展影响等方向开展建设。筹建期间，承担科研项目38项，其中国家级项目10项、省部级项目10项；获省部级奖励5项；申请发明专利1件、实用新型专利2件，获发明专利授权11件、实用新型专利授权34件；发表论文22篇；出版装配式建筑专著4部；完成市级以上装配式建筑标准10部，其中国家装配式建筑标准规范3部、行业标准1部项、上海市装配式建筑标准规范3部。（卢玉华）

【上海建筑数字化建造工程技术研究中心】 11月13日通过市科委验收。中心依托同济大学建筑设计研究院(集团)有限公司筹建，针对中国数字建造装备与工艺需求，以创新求发展，以市场为导向，发展全流程数字化建造平台建设。筹建期间，承担科研项目24项，其中国家级项目3项、省部级项目3项；获省部级奖励3项；申请发明专利10件，获发明专利授权6件、实用新型专利授权9件；完成编制及修订

国家标准1部、行业标准7部、地方标准2部;发表论文38篇;完成专著4部。 (卢玉华)

【上海运输工具轻量化金属材料应用工程技术研究中心】 11月13日通过市科委验收。中心依托中国宝武钢铁集团有限公司筹建,利用原有钢铁材料及其零部件的设计、开发、制备、生产及用户技术等领域的积累沉淀,以合作单位及潜在用户实际需求的产品(汽车仪表板横梁支架、轨道交通用线槽、轨交/飞机座椅骨架、汽车铝合金管材副车架等)为载体,建立集"镁、铝合金设计,熔炼铸造,制备加工工艺,零部件设计和仿真分析,用户技术(腐蚀、焊接、碰撞试验),工程化设备开发"于一体的综合研究平台,突破规模产业化应用的技术瓶颈,打通规模产业化的链条,推广镁、铝合金等轻金属材料在汽车、轨道交通、大飞机、航天等中国亟须轻量化的运输工具领域的应用。筹建期间,承担国家项目4项,自主研发项目3项;获省部级奖励5项;申请发明专利16件;发表论文16篇。 (卢玉华)

【上海智能网联汽车与智慧交通工程技术研究中心】 11月14日通过市科委验收。中心依托上海国际汽车城(集团)有限公司筹建,从车辆和基础设施环境2个核心要素出发,研究管控及面向未来的绿色共享交通系统,形成环境感知和综合测试、交通设施智慧化提升、车路联网联控、绿色共享交通系统等4个相对稳定的方向并展开长期研究。完成构建智能网联汽车测试评价平台、智慧交通产品研发测试平台、人机工程研发实验平台等3个公共服务平台的建设任务,建设F1封闭测试区测试基地、博览公园开放体验基地、同济大学综合测试基地、开放道路示范应用基地等4个测试基地,建成智能网联汽车与智慧交通数据中心;完成LTE-V通信模式、DSRC通信模式、Wi-Fi、蓝牙及蜂窝移动网络等5种以上通信技术的验证测试。筹建期间,承担科研项目16项,其中国家级项目7项、省部级项目8项;申请发明专利5件;参与制定标准10部,其中国家标准6部、行业标准3部、地方标准3部。 (卢玉华)

【上海现代制药装备系统工程技术研究中心】 11月14日通过市科委验收。中心依托上海东富龙科技股份有限公司筹建,主要研究从药品工艺开发到最终工业化生产的各个阶段的工艺开发、装备开发及工程规划的技术与服务能力。通过研究与整合药研工艺、制药装备和工程建设等3个领域的创新资源,重点解决中国药品制造能力不足,制药装备系统智能化能力差,以及制药企业产线规划不合理的行业问题。筹建期间,承担自主研发项目8项;申请发明专利22件、实用新型专利171件,获发明专利授权1件、实用新型专利授权113件;取得上海市高新技术成果转化认定项目1项;发表论文5篇;完成并发布行业标准3部。 (卢玉华)

【新筹建布局上海市专业技术服务平台18家】 2018年,为提升全部科技创新水平和公共服务能力,面向全市战略性新兴产业发展需求和民生关注热点,围绕全市重点发展的生命科学、人工智能、节能环保等产业,新筹建布局18家上海市专业技术服务平台。截至年底,上海市专业技术服务平台共224家。

2018年新建布局的上海市专业技术服务平台名单

序号	平台名称	依托单位
1	上海市肿瘤精准免疫治疗关键技术专业技术服务平台	上海科医联创生物科技有限公司
2	上海市仿制药质量和疗效一致性评价专业技术服务平台	上海熙华检测技术服务有限公司
3	上海市灵长类模式动物专业技术服务平台	复旦大学附属浦东医院
4	上海市精准医学大数据专业技术公共服务平台	上海宝藤生物医药科技股份有限公司
5	上海市类器官技术服务平台	上海易对医生物医药科技有限公司
6	上海市人体类器官工程技术服务平台	东方肝胆外科医院
7	上海市环保数据分析与应用专业技术服务平台	上海纺织节能环保中心
8	上海市智能感知测试专业技术服务平台	中科院上海高等研究院
9	上海视觉感知技术创新服务平台	同济大学
10	上海市服装个性化智能定制专业技术服务平台	上海市服装研究所有限公司
11	上海市面向环境领域的全方位信息化检测服务平台	上海实朴检测技术服务有限公司
12	上海市硅基集成光电子器件公共研发服务平台建设	上海交通大学
13	上海市气象专业技术服务平台	上海市气象科学研究所(上海市卫星气象遥感应用中心)
14	上海市消防设备行业专业技术服务平台	上海环宇消防集团有限公司
15	上海市低温生物医学技术服务平台	上海理工大学
16	上海市新能源材料与器件专业技术服务平台	华东理工大学
17	新能源汽车振动噪声测试与控制专业技术服务平台	上海工程技术大学
18	工业节能与绿色发展评价专业技术服务平台	谱尼测试集团上海有限公司

(孙 华)

【8家上海市专业技术服务平台通过验收】 2018年，市科委组织验收8家上海市专业技术服务平台，发挥平台的社会服务作用，强化服务意识，提高专业服务水平。

2018年验收的上海市专业技术服务平台名单

序号	平台名称	依托单位
1	上海市防爆安全检测专业技术服务平台	中煤科工集团上海研究院
2	上海市城市地下基础设施专业技术服务平台	上海市政工程设计研究总院(集团)有限公司
3	上海绿地土壤质量监测共享平台的建设	上海市园林科学规划研究院
4	基于云的软件测试与验证公共服务平台	上海市软件评测中心有限公司
5	储能用电池及系统检测专业技术服务平台建设	上海空间电源研究所
6	上海市航空航天智能制造专业技术服务平台	上海交通大学
7	上海港口及近海生态环境科技服务平台建设	上海海洋大学
8	科学与工程计算专业技术服务平台	上海大学

（孙　华）

【上海市重点实验室第三方绩效评估情况】 2018年，对材料与环保领域的21家上海市重点实验室开展评估。评估期内，21家实验室共引进和培养国家杰出青年科学基金等优秀中青年79人，培养硕博研究生6 858人；共承担国家级科研项目270项，包括国家重点研发计划48项、“863”计划项目5项、“973”计划项目16项；发表论文2 026篇，被SCI/EI收录1 759篇，2篇论文被《科学》(*Science*)、《自然》(*Nature*)收录；申请知识产权231件，出版专著37部；设立开放课题293项，其中校外流动人员(包括国外)承担课题267项；100名访问学者在评估期内到实验室进行访问研究；获奖项目115项，其中国际奖1项、国家奖5项、省部级奖56项、其他奖53项。（谢文娴）

【上海工程技术研究中心第三方绩效评估情况】 2018年，对材料、建设与环保、能源与交通、资源开发领域的81家上海工程技术研究中心开展评估。评估期内，81家参评中心共承担省部级以上科研项目679项，其中国家级项目248项、省部级项目431项；获专利授权2 027件、软件著作权登记167件，其中发明专利授权1 110件、实用新型专利授权734件；起草制定国际标准21部、国家标准190部、行业标准249部、地方标准157部；获省部级以上科技奖励324项，其中获国家级科技奖励39项、省部级科技奖励285项；完成科技成果转化691项，357项转化的科技成果达规模生产阶段，占全部转化成果的51.7%。（卢玉华）

【上海市专业技术服务平台第三方绩效评估情况】 11月，市科委委托第三方评估公司对66家智能制造、新材料及综合领域的上海市专业技术服务平台进行评估。评估结果表明：参评平台服务基础较为扎实，具有较强的服务能力。参评平台共有专业服务资质149项，其中国际认定资质20项、国家认定资质137项，且42家平台同时拥有国际或国家认定资质。52家平台能为中小微企业提供技术研发、技术咨询、技术检测、人才培训等多种类别技术服务，58家平台获专利授权1 478件；2家平台主持编写国际标准2部、15家平台主持编写国家标准58部。参评平台服务以全市为中心向外形成辐射，展现全市专业技术服务实力。评估期内，参评平台共提供服务项目618项，其中面向全国范围的444项，占比71.84%；服务用户64 681家，其中服务上海用户25 510家。参评平台服务体量显著提升，对扶持和引导科技型中小企业技术创新发展发挥作用。参评平台提供各类技术服务949 188次，其中参加上轮评估的43家平台服务数量627 794次，较上评估周期提高50%以上。参评平台对外服务技术含量明显提升，有效带动平台经济效益。参评平台对外提供技术研发类服务57 035次，其中参评上轮评估的43家平台提供研发类服务45 446次，较上轮提高20%以上。在为服务用户提供有力技术支撑的同时，为平台带来更大的经济效益。评估周期内，参评平台共实现经济收入27.70亿元，其中技术研发类服务收入10.45亿元，占总服务收入的近40%，平均每次服务收入接近2万元，是检测类服务均次收入的10倍，其中23家平台的技术研发类服务收入超过千万元。参评平台服务效率高且获依托单位有力支持，整体服务质量得到有效保障。参评平台共获依托单位经费支持12.03亿元，其中31家依托单位对平台投入达千万元以上，3家依托单位对平台投入达1亿元以上。在依托单位支持下，参评平台平均服务响应率、解决率均达98%以上，45家平台的响应率和解决率均达100%。（孙　华）

第三篇　第十章

张江国家自主创新示范区

第一节 | 概况 >>

【张江国家自主创新示范区概述】 2018年，张江国家自主创新示范区(简称张江示范区)不断完善科技创新政策供给，营造科技创新创业良好生态环境。

推动张江示范区政策落地实施。进一步推广落地研发经费加计扣除、职工教育经费税前扣除、技术转让所得税减免、创业投资企业税收抵扣等多项税收政策，加大宣传培训力度。会同市发展改革委、市国资委、市科委推动企业股权和分红激励试点工作，并开展试点工作跟踪和政策评估工作。截至年底，除上市公司、民营企业以外，利用《张江国家自主创新示范区企业股权和分红激励办法》实施股权激励的单位和项目有58家(项)。张江示范区在聚焦优化公共服务环境、集聚培育高端人才、促进创新成果转化、打造创新型产业集群等4个方面着力加强创新政策体系建设。

推动"双自联动"政策先行先试。在张江示范区和上海自贸试验区政策叠加双自联动区域，继续实施系列先行先试创新政策。实施检验检疫便利通关政策，简化张江生物医药企业进境材料审批流程，节约企业物流成本，提高生物材料通关能力。推行集成电路全程保税通关模式，加快芯片进口通关速度，节省进口芯片增值税流动资金的占用时间，吸引设计企业将销售和利润中心设在国内。推进药品和医疗器械上市许可持有制度试点，建立药品上市许可持有人事中事后监管制度。推动国际人才试验区建设，与公安部开展部市合作，推进上海出入境"聚英计划"在张江示范区先行先试，落实出入境政策"新十条"，截至年底，已为张江示范区155名外籍人才办理永久居留资格。

推进科技金融服务创新工作。落实创业投资企业税收优惠和风险救助、国资管理和柜台交易市场等配套政策，支持"天使投资"活动，鼓励民间资本投资战略性新兴产业。鼓励发展小额贷款和并购贷款，支持互联网金融等新金融模式发展，支持企业改制上市和并购重组，扩大企业直接融资规模。推进园区科技金融信用平台和小微企业融资服务平台等基础性建设，健全银行、证券、投资、担保等金融机构与园区企业的批量化对接机制，推动设立上海张江银行。引导金融机构在园区设立科技银行、支持投资服务机构在园区拓展业务，推进上海股权托管交易中心拓展服务。推进投贷联动试点，组织张江示范区各分园科技融资服务平台与银行开展对接合作，推广创新金融产品和服务模式的运用。开展知识产权质押融资、股权质押融资、产业链融资等金融产品创新，扩大科技担保规模，完善多层次融资担保体系，促进投保贷联动。协调上海市科技成果转化和产业化项目资金统筹机制，加强张江专项发展资金与其他专项资金的对接联动，建立和完善以财政资金为引导、社会资金为主体的创业资本筹集机制和市场化运作机制。推进企业信用管理试点平台和科技融资服务总平台的建设，为园区、企业及金融机构提供全方位多维度的大数据信用信息服务。

构建国内、国际合作新格局。探索区域联动发展机制，推动区域间协同发展。服务"一带一路"国家倡议，与甘肃兰白科技创新改革试验区建立战略合作关系，聚焦生物医药和能源产业，探索"基金+基地"的合作建园新模式，并通过建立张江兰白科技创新改革试验区技术转移中心、园区企业孵化器等，促进试验区成果转化。对接京津冀协同发展国家战略，与河北张家口市建立战略合作关系，共建上海张江张家口高新技术产业园，支持张家口市建设上海张江张家口高新技术产业园，重点面向新一代信息产业、新能源和节能环保、智能制造、医疗健康、冰雪运动装备产业，截至年底，总建筑面积21万平方米的1期工程投入运营，首批28个重点项目入驻园区。聚焦长三角经济带发展国家战略，张江示范区与宿州市政府达成战略合作协议，已有19家企业入驻。对接新一轮东北振兴战略，与辽宁大连市高新技术产业园区建立战略合作关系，联动设立产业投资基金，在大连高新区建设上海张江产业分园，形成"产业基金+产业孵化加速器+产城社区"服务体系。

打造具有全球影响力的科技创新中心核心载体，支持张江波士顿企业园、张江科控伦敦科技创新园建设，张江波士顿园完成合资公司注册、房屋购置、园区建设设计等工作，启动园区改建和部分平台建设工作，张江科控伦敦科技创新园入驻初创企业近50家；组建张江国际孵化创新联盟，在芬兰挂牌海外创新创业联络站，联合芬兰、以色列、美国硅谷的海外创新创业联络站举办跨境创新活动，在德国建设辐射欧盟的技术交流平台，在全球创新活跃的国家和区域布局海外人才预孵化基地。依托上海敬元投资(集团)有限公司等社会化专业机构，先后在美国、新加坡、日本等11个国家布局海外人才预孵化基地18家，基本覆盖全球公认的科技创新发达区域，为张江示范区引入一批企业、项目和团队。

(施　琅)

第二节 | 张江核心园 >>

【张江核心园概述】 张江核心园(张江科学城)围绕张江综合性国家科学中心、“双自联动”、建设具有全球影响力科技创新中心核心承载区等国家战略,推进张江科学城建设,加快促进制度创新、开放创新、科技创新、源头创新的深度融合和能级提升,培育创新创业良好生态,综合发展环境不断优化,各项建设稳步发展。

2018年,完成税收360.36亿元,比上年增长5.0%;完成一般公共预算收入85.82亿元,比上年增长1.4%。张江科学城完成固定资产投资318.44亿元,比上年增长27.2%。截至年底,共引进内资新设项目1 870个,内资注册资本456.2亿元,比上年增长56.74%,全年指标任务220亿元,完成率207.36%。吸引外资新设项目169个,合同外资55.99亿美元。实到外资17.8亿美元,比上年增长29.27%,全年指标任务14.7亿美元,完成率121.11%。

扎实推进张江综合性科学中心建设。配合推进大科学设施项目建设,做好上海光源2期、软X射线自由电子激光用户装置、活细胞结构与功能成像平台等大科学设施项目的进度跟踪、建设协调和项目审批等服务工作。支持张江科学城高效实现前瞻性基础研究、引领性原创成果重大突破,打造具有重要国际影响力的学术高地。重点遴选和支持20家重大平台项目进行建设和能级提升,5家平台完成验收并已发挥服务作用。配合推进生物医药产业技术功能型平台、上海集成电路产业研发与转化功能型平台建设。

全面优化科学研究创新生态。积极对接天祥等国内外知名检验检测机构、科技成果转化机构,服务园区产业链,提供创新协同服务。深化自贸试验区永久居留推荐直通车制度,率先试行自贸试验区外籍高层次人才持永久居留身份证注册科技型企业享受国民待遇和张江核心园人才办事窗口“无否决权”改革。高端人才创办的企业获得首批内资企业营业执照。研究制定张江科学城专项发展资金管理办法,配合浦东新区建设交通管理委员会研究制定浦东新区人才租房补贴实施细则。落实浦东新区“十三五”创新人才财政扶持办法,已兑现2017年度第1批获得资格认定的70家企业。帮助张江科学城重点单位引进特殊重点人才,户籍审批时间缩短3个月,在芬兰新增海外人才工作站。完成天之骄子9号、10号楼人才公寓装修改造工程并投入使用,增加唐城、慧智公寓2处社会化房源供给张江人才使用。中国(浦东)知识产权保护中心落户张江科学城。推进国家知识产权运营公共服务平台国际运营(上海)试点平台建设。完成《张江专利导航实验区建设工作总结报告》等,积极准备国家知识产权局对张江导航实验区的验收工作。

“双自”联动改革探索持续深入。持续推进药品和医疗器械上市许可持有制度试点。截至年底,张江科学城有11家企业、16个品种参与试点,试点企业占全市和浦东新区的比例分别为69%和92%,试点品种占全市和浦东新区的占比分别为64%和84%。9月,和记黄埔有限公司的试点品种呋喹替尼获批上市,是首个通过MAH试点上市的1类创新药。推进医疗器械注册人试点。2月,上海远心医疗科技有限公司的单道心电记录仪成为首个获批上市的产品,上市时间比常规时间缩短82%。拓展海关科创中心服务功能。3月,在张江科学城成立上海海关驻科创中心办事处,出台四大类12条措施,提供“一站式”海关监管服务。配合做好集成电路保税监管工作。继续跟踪试点情况,张江科学城6家试点企业申请加工贸易手册12本,实际进口金额21 307万美元,减少资金占用3 622万美元。完成上海自贸试验区5周年总结评估和专项资金项目申报。完成2个政府类项目、7个社会类项目2018—2019年张江自贸区专项资金项目申报评选工作,投资总额16 048万元,补贴额4 172万元。

园区招商引资形势良好。引进平头哥(上海)半导体技术有限公司、国网上海能源互联网研究院有限公司、上海嵩恒网络科技股份有限公司、完美世界征奇(上海)多媒体科技有限公司、恒大凯隆高科技产业(上海)有限公司等企业,以及游戏平台steam落户。主导产业实现稳步发展。张江国创中心启动运营,哔哩哔哩在美国纳斯达克上市,盛趣游戏获2018中国年度影响力品牌及2018中国(行业)十大影响力品牌称号,阅文集团获第2届上海市文化企业十强称号,喜马拉雅余建军、哔哩哔哩陈睿、上海宽创国际文化科技股份有限公司张东3名园区企业家获上海文化十大创新创业人物。重点项目加快建设。持续推进中国平安、汉高、ABB 2期等项目的产业准入评审工作。华力二期12英寸先进生产线建成投片。上海集成电路研发中心有限公司的12英寸20—14 nm集成电路工艺引导线项目及中国电子第二总部(华大半导体)项目基本完工;上海天慈生物谷生物工程有限公司医药生产基地1期工程结构封顶。

张江科学城建设稳步推进。推进科学城首轮“五个一批”重点项目。截至年底,73个“五个一批”项目中,已竣工(或完工、结构封顶)13个,已开工(或正在实施)33个,准备开工27个。年内,新开工项目12个,分别为硬X射线、交大科学园、复旦国际创新中心、生物医药产业技术功能型平台、集成电路产业研发与转化平台、军民路、科苑路、吕家浜绿地、张江技创公园、张江中南片区门户景观、华夏中路南侧高压走廊下绿带、李政道研究所等项目;完工项目2个,分别为华大半导体和12英寸20—14 nm集成电路工艺引导线。推进重点区域规划和绿化景观建设。推进8个重点区域控规调整工作,国家实验室片区等3个单元控规区获批复,张江中区东单元城市设计等5个单元控规区积极推进。推进绿化景观建设,金科路等绿化建设基本完工;华夏路南侧绿地1期、张江中南门户景观等开工建设。

深化建设双创孵化体系。截至年底,张江科学城有孵化器86家,在孵企业2 600余家,孵化面积近60万平方米,构建“众创空间+创业苗圃+孵化器+加速器”的完整创业孵化链条，形成张江国际创新港集聚区、传奇创业广场集聚区、长泰商圈众创集聚区、国创中心集聚区及张江南区集聚区五大创新创业孵化集聚区，同时具有国际化、集群化、专业化的特色双创优势。打造国际孵化网络。推动强生JLAB、MIT科创加速器、微软IOT实验室等具有全球前沿技术水准的创新孵化平台落户张江科学城，其中强生JLAB于10月开工建设。推动SAP、Intel、ABB等机构共同组建张江国际孵化创新联盟，5月在芬兰挂牌海外创新创业联络站，联合芬兰、以色列、硅谷的海外创新创业联络站举办跨境双创路演、项目互访等活动。强化龙头企业＋孵化模式建设。引导维亚生物科技(上海)有限公司、中山大学达安基因股份有限公司、上海凯利泰医疗科技股份有限公司等张江科学城本土企业建设基于产业链的孵化载体，推动Plug&Play、张江集团孵化器等孵化器打造可有效促进大企业开放式创新需求与中小微企业创新创业需求相结合的特色双创平台，推动SAP、强生公司、普华永道会计师事务所等世界500强企业建设创新孵化中心，以及与本土孵化器搭建联合创业加速平台。

创新科技金融服务。持续推进“双城辉映”工作，与浦东新区金融局共同完善《浦东新区2018—2020年金融与科技创新联动工作方案》；配合上海证券交易所、浦东新区金融局、上海市张江科学城建设管理办公室共同建设上交所资本市场服务张江基地，并于11月28日揭牌。培育企业对接资本市场，截至年底，张江科学城拥有上市企业数45家，新三板挂牌企业118家，股交中心挂牌企业124家。

政府审批和服务效能不断提升。运用全科医生、倒排项目审批时限表、建立审批项目微信群、项目进展月报周报等工作机制，主动跨前对接服务，全力做好“五个一批”重点项目的审批协调服务工作，确保项目按时开工建设。建设项目竣工验收试点改革初显成效，制定并发布《张江科学城建设项目综合验收改革实施方案(试行)》。实行市场准入、项目建设受理单窗通办，方便企业办理各类事务。4月，张江科学城企业服务中心正式挂牌，发挥政府主导作用，集成各方服务资源，打造“一张网、全覆盖、多层次”的张江综合服务平台，实现园区资源配置最优化和服务效能最大化。实行副处级以上干部带班值班制度和“帮办服务和主体套餐”服务新机制，规范窗口服务，提高审批效率和服务质量。

(施　琅)

【“张江人工智能岛”发布会暨数字产业高峰论坛】 4月17日举行。会上，上海市张江科学城建设管理办公室提出打造“人工智能岛”。“人工智能岛”位于张江科学城城市副中心核心区——张江中区C-2-4地块北侧，占地总面积10万平方米，区位优势显著、交通便利，外有国家级科研设施、科研院校集群，内设开放式实验室、体验中心和大面积的共享空间。发布会现场，张江人工智能联盟成立，联盟通过整合人工智能的上下游产业链，积极推动数字技术与智能制造、智慧医疗等其他行业的融合发展，并为入驻企业提供产业、政策等相关指导。

(施　琅)

“张江人工智能岛”俯瞰图

【中科创新空间启动】 10月12日，以“聚能量，再起航”为主题的中科创新空间启动仪式在张江举行。中科创新空间是由上海市张江科学城建设管理办公室和中科院微小卫星创新研究院共同指导成立的航空航天领域专业创业服务平台。平台立足张江，辐射全球，通过整合利用中科院在空间科学领域的先进技术、经验、资源，推动航空、航天等高科技领域的技术创新和技术应用创新，搭建军民融合的项目孵化平台，助力上海科技创新中心建设，打造具有全球影响力的科技创业服务平台。

(施　琅)

【中国合格评定国家认可委员会(CNAS)上海服务平台揭牌】 11月7日，中国合格评定国家认可委员会(CNAS)上海服务平台在张江科学城企业服务中心揭牌。CNAS上海服务平台是国内唯一在北京以外的CNAS服务平台。平台的成立将有利于就近支持检验检测机构、科研院所和认证机构加快科技研发和产业化进程；推动认证认可标准体系与国际先进水平接轨，助推“上海品牌”认证建设；辐射带动上海乃至长三角地区检验检测、认证认可服务提升，优化营商环境。

(施　琅)

第三节 漕河泾园

【漕河泾园概述】 2018年漕河泾开发区营业收入3 684亿元，比上年增长4.7%，其中第二产业收入947亿元，比上年增长4.7%，第三产业收入2 737亿元，比上年增长7.5%；GDP 1 270亿元，比上年增长3%；工业总产值752亿元，比上年增长10.8%；利润总额281.5亿元；税收(含海关)172亿元，比上年增长12.8%，进出口总额111.6亿美元，比上年增长7.8%，其中进口总额54.6亿美元，比上年增长22.2%，出口总额57亿美元，比上年增长1%。从业人员数25万人。在 2018 年国家级经开区综合评价中，漕河泾开发区位列第十。

在空间拓展方面，深耕徐闵进青浦，轻重结合拓空间。四大新地块进展顺利，其中北杨采用合资模式，已完成公司筹建；颛桥采用合作开发模式，已签署合作协议；赵巷采用自主开发模式，3 期已完成地块控详调整，将以定向挂牌的方式出让；奉贤 B0902 地块采用委托代建模式，完成土地出让，已与代建代销服务商进行初步沟通与商洽，形成运营模式报告。

在轻资产品牌输出上，推动广西柳州、山西大同、颛桥光华路等 3 个品牌输出项目落地。漕河泾开发区柳东新区双创园、漕河泾开发区大同国际双创园挂牌成立。编制完成《漕河泾高科技园区品牌服务输出标准 1.0 版》。加强与浙江交投集团嘉兴高铁新城、慈溪高新区、余姚经开区、武汉高新区、海口高新区、常德经开区等项目的沟通；与 Gartner、安永会计师事务所、大同市政府等签定战略合作协议。

园区规划建设取得多项进展。加快推进重大建设项目，年内开发区在建面积约 87.95 万平方米，包括商贸区、科技绿洲 4 期、桂谷大楼等。此外，科技绿洲 5 期、6 期项目已开工；赵巷园区 1 期、2 期项目同时开工；海宁科绿 2 期标准厂房完工。区容改造方面，同时开展新泾港项目、上澳塘项目和宜山路智能街区项目。生态环保方面，持续推进国家生态工业示范园区建设，聚焦开发区重点企业 VOC 减排、实验室风险防控、河道治理等重点，加大节能减排技术推广。同时，推进开发区锅炉提标改造、雨污混接改造、全国第 2 次污染源普查工作等，全面保障开发区水、空气环境质量稳中向好。

招商服务方面，大小兼顾推动产业升级、强化合作促使服务升级。重点抓好新兴产业引进和综合服务提升两大关键，着眼加强市场营销和服务支持功能，优化招商组织架构，走访近 400 家客户，并根据项目品质、税收贡献和租赁面积等指标，初步确定 200 家重点客户名单并做好重点客户的客户服务工作。开发区全年新引进项目 90 个，其中世界 500 强项目 3 个、独角兽企业 2 家。另有 58 同城、凯米拉(上海)管理有限公司，上海茵微电子科技有限公司等一批行业领先企业在园区设立地区总部或研发中心。

创新创投方面，截至年底，开发区内拥有国家级高新技术企业 408 家，在全市占比 5.3%。建成和引进国家级孵化器 6 家、市级孵化器 6 家，孵化培育企业 917 家，其中创业中心孵化基地培育企业 308 家。开发区集聚人工智能企业近 60 家，重点企业超过 30 家。上海复宏汉霖生物技术股份有限公司、上海依图网络科技有限公司入选科技部火炬中心 2017 中国独角兽企业榜单。另外，开发区拥有漕河泾创营、游族创新创业中心、云赛空间等 27 家众创空间组成的双创服务体系，各类创新创业载体面积近 60 万平方米，约占园区总建筑体量的 12%。

开发区集聚 160 余家各类专业服务机构，涵盖知识产权服务代理、法律、咨询等各领域，区内已构建完整知识产权服务链，成为上海市乃至长三角地区知识产权服务最集中的区域。全年开发区企业累计申请专利 35 273 件，其中发明专利 20 011 件，获发明专利授权 7 707 件，每万人拥有发明专利数 313.29 件。

累计集聚 125 家各类金融机构，构建较为完备的科技金融服务产业链，累计发起基金规模 3 300 亿元。2018 年，开发区企业共获得股权融资 40.25 亿元，创业中心孵化基地有 14 家企业获得股权融资 2.57 亿元，9 家企业获千万级以上融资。3 家企业完成上市或挂牌，累计拥有上市企业 100 家。开发区科技型中小企业融资平台总共授信 3.3 亿元，累计授信额度突破 17.5 亿元。

开展以“科技赋能探界未来”为主题的第 3 季漕河泾科创嘉年华品牌活动，综合展示以新科技、新模式、新产业、新载体为要素的漕河泾创新生态体系，共举办 70 余场活动、400 余个创业路演项目。（任　朕）

【上海漕河泾柳东创新创业园揭牌】 5 月 31 日，上海漕河泾柳东创新创业园在柳州市柳东新区揭牌。创业园是柳东新区(柳州国家高新区)与上海市漕河泾新兴技术产业开发区共建的载体平台。创业园是以柳东新区产业为特色、漕河泾双创管理模式为主导的科技创新创业园区。由漕河泾科技创业中心定期派驻顾问团队的方式，携手柳州高新技术创业服务中心共同推进科技创新、企业孵化、成果转化、产业转移，以期将上海漕河泾柳东创新创业园建设成为“一带一路”和中国-东盟科技创新和产业发展的重要基地。

（任　朕）

【合作共建上海漕河泾(大同)国际创新创业园】 10 月 18 日，上海市漕河泾新兴技术开发区发展总公司与大同市政府签署《战略合作协议》《品牌顾问协议》等，漕河泾开发区将输出品牌和双创服务经验，与大同共建上海漕河泾(大同)国际创新创业园。10 月 19 日，上海漕河泾(大同)国际创新创业园启动仪式举行。园区总面积近 4 000 m^2，可满足不同阶段的企业及创业者的需求，并配套会议中心、培训中心、显示中心等，有全装全配的开放式工位、独立间空间等多种办公载体。（任　朕）

【2018 漕河泾科创嘉年华暨“活力漕河泾”体育文化节】 10 月 22—26 日举行。上海市漕河泾新兴技术开发区发展总公司主办、漕河泾科技创业中心和创业接力集团承办，以“科技赋能，探界未来”为主题，通过举办 70 余场各类活动、400 多个创业路演项目，展示以新科技、新模式、新产业、新载体为要素的创新生态体系。2018“活力漕河泾”体育文化节历时半年，融合了体育及文化艺术类 14 个项目、95 场各类活动，辐射区内 20 万企业员工，2 万人次直接参与各项活动。通过“节、展、赛、演”形式，全面营造充满运动活力及文化气息的氛围，提升企业员工的满意度及幸福感。

（任　朕）

2018漕河泾科创嘉年华暨“活力漕河泾”体育文化节

第四节 | 金桥园 >>

【金桥园概述】 2018年,金桥园实施“十三五”发展规划,在上海科技创新中心建设及“双自联动”新形势下,把握机遇,谋求突破,推动园区经济社会发展迈上新台阶。全年经济发展总体平稳,实现工业总产值2 436.06亿元,比上年增长3.7%;实现营业收入7 262.22亿元,比上年增长1%;完成税收收入533.34亿元,比上年增长4.9%;完成地方财政收入69.37亿元,比上年增长13.6%;吸引实到外资1.47亿美元;完成全社会固定资产投资总额72.07亿元。吸引合同外资5.81亿美元;引进内资注册资本53.28亿元;实现利润总额365.48亿元。

加快城市副中心建设。配合市、区规土部门开展金桥城市副中心总体规划编制和核心区的国际方案征集工作。加强专题研究,深入开展金桥公共服务配套设施课题研究;完成区域评估、公共交通研究、产业研究和副中心发展等4个专题研究,助力金桥城市副中心建设。推动重点项目,加快B单元和金鼎天地规划编制,促进啦啦宝都、T17地块“第五中心”和碧云E商业中心、蓝天路地下廊道等重点项目建设。

招商引资显现新成效。聚焦招商项目,注重重大项目的引进。做大增量,成功引进中移(上海)产业研究院、上海影创科技公司、清佑(上海)计算机科技有限公司、迈润智能科技(上海)有限公司、黑芝麻智能科技(上海)有限公司、上海仙知机器人科技有限公司等人工智能企业落地;推动上汽英飞凌汽车功率半导体(上海)有限公司、上海拿森汽车电子有限公司、上海几何伙伴智能驾驶有限公司等新能源汽车企业落户;吸引赛夫华兰德(上海)投资有限公司、埃地沃兹贸易(上海)有限公司、欧励隆(中国)投资有限公司等跨国公司地区总部入驻;引进上空间(上海)文化传播有限公司、SMG影视制作服务配套基地、上海实迅网络科技有限公司等移动视讯项目入驻。同时做强存量,推动上海铭大实业(集团)有限公司、欧姆龙自动化(中国)有限公司、中移智行网络科技有限公司等9家龙头企业实现总部升级、增资扩产。金桥开发区的主导产业链日趋完善,产业集群日显成效。

企业服务精、准、快。聚焦开发区企业主要诉求,率先在全市创新设立金桥服务金港,实现企业服务24小时“不打烊”;管委会领导每月轮流坐班“店小二”服务窗口,当好金桥的首席“店小二”;及时转化大调研活动成果,建立企业版“走千听万”常态化机制,及时了解企业发展中的瓶颈问题并努力推进解决;切实用好保姆式服务机制,做好安商稳商留商工作,持续优化营商综合环境,把中小微企业扶持好,把新兴产业做强做大。

综合营商环境更优化。深化审批制度改革,挂牌成立金桥企业服务中心,推进“单窗通办”窗口建设,以“一次办成”为目标,企业办事由原来的多窗口跑改为一个窗口办事,不同审批事项之间的部分信息也得以共享,缩短办事时限,提高审批效率。对标国际一流,不断提升营商环境。聚焦智慧园区配套建设:借助金桥E服务平台,配合推进Office Park、由度工坊、金领之都等园中园内餐厅、园区产业物业资源数据接入E服务平台系统;开发“智荟金桥”App,整合对接吃、住、行及文化体育、公益、心理关爱等功能资源,服务员工超过10多万人次。强化交通配套建设。依托智行金桥项目,推进“1+2+X”智慧出行解决方案。智行金桥巴士自1月份以来,推出5条线路覆盖金桥园区42个站点,服务企业56家,截至年底,累计服务50 000余人次;新能源分时租赁自7月试运行以来,完成6点位25个车位、17辆车的布局,累计服务400余人次;推动Office Park、达之路2个园区实现各1条及以上短驳交通配套;在蓝天路停车场、碧云公馆、Office Park和由度慧谷等区域逐步提供数量充足的公共充电桩或提供加装配套条件。创建信用体系示范园区。重点聚焦金桥“信易+营商环境”“信用+政务服务”两大领域,加强公共信用信息服务平台建设,推动公共信用信息和公共信用产品应用。梳理金桥“信易+营商环境”工作要点,形成信用评估模型,开展“信易付”“信易租”“信易行”“信易停”试点。 (李志英)

【中移(上海)产业研究院揭牌】 11月6日,中移(上海)产业研究院成立,落户上海金桥经济技术开发区。产业研究院是中国移动全资子公司,是中国移动面向工业能源、交通、金融等行业提供信息化产品和能力的专业研发机构。产业研究院立足上海的区位、人才等优势,把握5G、人工智能等新技术与行业融合发展的契机,布局垂直行业关键ICT产品和解决方案,打造开放共享的新型产业生态圈。 (李志英)

中移(上海)产业研究院揭牌仪式

第五节 | 闸北园 >>

【闸北园概述】 2018年，闸北园按照“中心城区新标杆、上海发展新亮点”工作要求，大力实施“一轴三带”发展战略，聚焦区域特色优势，加强创新资源整合，持续优化创新环境，扎实推进创新创业活力城区建设。围绕创新驱动发展战略，对接建设具有全球影响力的科技创新中心，发展战略性新兴产业，营造科技创新创业服务环境，科技园区转型发展有序推进，各个方面取得新进展。

闸北园占地面积15.4 km^2，区域内工商注册企业上万家，其中“四上”企业(规上工业企业、规上建筑业和房地产业企业、规上批发零售住宿餐饮企业、规上专业服务业企业)403家，总营业收入1 917亿元，高新区税收收入187亿元。市北高新园区作为闸北园的重要组成部分，全年企业总营收2 006亿元，企业总税收95亿元，比上年增长18.7%，在中环两翼占比达62.8%，对静安区税收贡献比13.1%。年内，市北高新园区引进跨国公司地区总部1家；新增千万级税收企业4家；引进飞友科技有限公司、美林数据技术股份有限公司、上海宝尊电子商务有限公司等企业198家，其中科技型企业占比超过70%。围绕大数据产业发展，集聚196家大数据与人工智能领域企业，数据应用场景覆盖16个行业领域。打通数据采集—数据分析—数据应用的全产业链，创造包含上海市大数据中心、上海信息投资股份有限公司、上海亚马逊AWS联合创新中心、市北高新企业AI体验馆等大数据核心要素资源平台在内的上海首张数据智能产业链图谱。

“5+X”产业体系持续发展壮大，形成以软件信息服务业为代表的战略性新兴产业体系和产业集群；形成以外资机构大中华区总部为龙头的检测认证服务产业平台；形成以中国上海人力资源服务产业园区为核心的上海科技创新人才配置集聚的枢纽节点；形成以科技与金融结合，促进新型金融机构集聚发展的苏河湾金融服务业创新区；形成以上大影视产业园区为核心的文化创意产业高地。

在文化创意产业方面，以环上大国际影视产业带建设为契机，以影视后期制作为重点，有针对性的引进以影视、文化、科技为主的企业，形成影视产业教育培训、策划设计、中期拍摄、制作发行、作品交易等附加值高、相互协作的产业链，打造文化创意集聚区和市级商业中心发展新亮点。年内，环上大影视产业带出品的《我不是药神》《无双》《反贪风暴3》3部热门电影票房超过48亿元，总出品影片票房较2017年接近翻番。

创新创业活力持续增强。为确保项目方对资金的正确使用，将项目专项资金纳入浦发银行企业财资管理平台托管，截至年底，已有27家企业开设监管账户。闸北园科技中介服务平台、科技金融服务平台、人才服务平台等7家服务平台持续为园区内企业做好服务工作。截至年底，园区共有孵化器10家，其中国家级4家、市级10家，孵化面积约14万平方米。共有众创空间10家，其中5家被评为张江示范区众创空间，4家被纳入市科委“三化”培育。园内各众创空间作为静安区众创空间联盟的成员单位，参加联盟组织的各项活动。内外资企业和创业团队参加2018年“创业在上海”国际创新创业大赛，为静安区创新创业大环境提供新动能。 （沈春来）

【上海-亚马逊AWS联合创新中心启动】 1月10日，上海-亚马逊AWS联合创新中心在市北·云立方启动。联合创新中心由上海大数据应用创新中心、上海市北高新集团及上海数据交易中心三方共同投资运营，设智慧城市创新实践展示体验中心、云创技术培训中心和国际联动创新孵化器。联合创新中心将利用亚马逊AWS全球品牌影响力和国际化的应用创新成果，借助AWS先进的云计算和大数据技术，以及智慧城市建设的全球实践，结合静安区良好的大数据产业基础和发展环境，推进上海城市管理和社会治理数据共享互通，共同建设新型智慧城市。 （沈春来）

上海-亚马逊AWS联合创新中心执行方案签约仪式

【2018静安国际大数据主题论坛】 9月18日在上海展览中心举办。静安区政府主办，静安区科委牵头，市北高新园区承办，以“智能城市，数聚有为”为主题，探讨大数据与城市智能治理、数据推动城市精细化管理、大数据加速机器学习创新等话题，为未来上海乃至全国大数据产业发展和智慧城市的建设建言献策，为静安区推进上海大数据综合试验区建设提供探索。吸引大数据行业企业、创投机构代表等1 000余人参会。论坛期间举行上海大数据应用创新中心成立和签约仪式。 （沈春来）

第六节 | 青浦园 >>

【青浦园概述】 上海青浦工业园区位于上海市西部，地处江浙沪交通枢纽和长江三角洲经济区产业链的中心地带，总规划面积 56.2 km^2，包括张江高新区青浦园和青浦出口加工区。园区地理位置优越、交通便捷，G60、G50、G2、G1501、G15、S26 等 6 条高速公路邻近或穿越园区，轨交 17 号线横贯园区，连接园区与上海市中心城区的崧泽高架建设中。

2018 年，园区面对国内外形势的新变化，坚持稳中求进工作总基调，逐步融入经济发展新常态，加快推进产业结构转型升级，在严峻的经济形势下，着力培育新的经济增长点。全年，园区实现规模以上工业总产值 984.03 亿元，比上年增长 0.2%；税收 120.05 亿元，比上年增长 6.13%；全社会固定资产投资 45.22 亿元，比上年增长 13.1%；综合能耗 48.6 万吨标准煤，万元产值能耗下降 4.11%。

为进一步凸显"张江品牌"引领示范，进一步支持张江高新区青浦园发展承接张江示范区科创政策辐射带动作用，提升张江高新区青浦园在整个上海张江高新区的能级，更好地参与全市科技创新中心建设，张江高新区青浦园范围在原 11.99 km^2 基础上进行优化调整，将青浦工业园区、市西软件园、西虹桥商务区部分优质资源调入，调整后总面积至 20.79 km^2，区域内以生物医药、新材料、先进重大装备为三大主导产业。数据显示，扩区后张江高新区青浦园的产业能级稳步提升，创新能力显著增强。单位土地面积总收入 73 亿元/平方千米，从业人员人均增加值 35 万元/人，万人当年新增发明专利授权量 45 件。

通过与张江示范区构建"一核三带多园点"战略布局相呼应，自西向东实现多点辐射的空间布置。西部打造以上海家化联合股份有限公司、永恒力叉车(上海)有限公司等科技企业为代表的总部研发板块；中部打造以高田(上海)汽配制造有限公司、海德堡(中国)有限公司等企业为代表的高技术传统改造业板块；东部打造以上海汉得信息技术股份有限公司、上海普利特复合材料股份有限公司、绿谷(集团)有限公司为代表的先进制造板块；北部打造以哈工大人工智能产业为代表的智能制造板块，以及上海六大生物医药产业基地之一的生物医药产业集聚区。

园区将围绕创新创业环境优化、创新创业人才引进和培育、创新成果转化、创新功能集聚区建设等重点扶持方向，更好地发挥政府引导资金作用，全面提升园区自主创新能力。

(倪偲翊　胡君如)

【联东U谷·青浦国际企业港奠基】 9 月 29 日，联东 U 谷·青浦国际企业港奠基仪式举行。项目规划占地面积约 64 亩(1 亩=0.066 7 公顷)，总建筑面积约 7.3 万平方米，将聚焦先进制造业领域，打造以电子信息、智能制造、新材料、生物医药等先进制造业为主的，集生产、研发、总部办公、配套服务于一体的产业平台。联东 U 谷·青浦国际企业港项目是 2016 年联东集团与青浦区政府正式签订战略合作协议后，落实双方战略合作的首个项目，是青浦工业园区盘活低效闲置存量用地进行二次开发的典型项目。

(倪偲翊　胡君如)

联东U谷·青浦国际企业港奠基仪式

【杏灵药业银杏酮酯、人工麝香产业升级示范项目奠基】 10 月 26 日，上药杏灵科技药业股份有限公司银杏酮酯、人工麝香产业升级示范项目奠基仪式在青浦举行。项目总占地面积 64.72 亩，新生产线采用国内先进成熟工艺、设备和管理系统，自动化程度高，涵盖原青浦、奉贤 2 个基地现有品种及在研品种产能需求。项目总投资约 5.8 亿元，计划于 2020 年 4 月竣工。

(倪偲翊　胡君如)

第七节 | 嘉定园

【嘉定园概述】 2018 年，嘉定园围绕新兴产业发展示范区、自主创新产业化引领区、新兴产业发展示范区和宜业宜居现代化科技城的建设定位和总目标，全面深化和落实科技创新中心重要承载区各项建设任务，创新驱动发展的效应初步显现。

重点推进"一核四区"布局，着力推进"科技嘉定"建设，注重发展"四新"经济，促进人才、资本、平台等创新要素集聚，营造良好的创新创业环境，有序推进园区各项工作。园区总面积 50.07 km^2，集聚各类工业和科技型企业，其中高新技术企业 386 家，全年规模以上工业总产值 4 074 亿元，比上年增长 5.98%，"四上"企业营业收入合计 8 611 亿元，比上年增长 4.67%，利润总额 615 亿元，出口总额 265 亿元，实缴税费总额 262 亿元，固定资产投资 61 亿元。

坚持立足园区，推进新兴产业示范区建设。强化引导，贯彻健全工作体制。贯彻落实《张江嘉定园 2020 年规划纲要》《加强张江嘉定园建设实施意见》《加强嘉定园创业示范工程建设实施方案》《推进新兴产业发展示范区建设专项资金管理实施办法》《张江嘉定园专项资金管理办法》《张江嘉定园园区考评实施细则》等文件，对标张江高新区建设发展指标，确保准确反映子园发展情况，优化、精简考核指标。街镇的考核将总产出和单位面积产出 2 项作为最主要的加分内容。优化园区定点联系机制，根据园区产业分布情况，确定定点联系人，及时掌握园区发展情况。明确思路，强化特色发展方向。大力发展“四新”经济，加快新兴产业发展示范区建设。促进园区内5个“四新”基地为新兴产业发展搭建平台。完善公共服务平台建设，梳理园内18家经备案的众创空间；重点支持园区内“四新”经济发展，促进创业示范工程建设，推进国际拓展等。

推进创新创业项目管理。完成上海新金融科技服务平台、科技创新综合服务平台、上海工研院硅谷创新孵化平台、IMC国际科创中心、中国汽车产业国际化信息交流平台、超导量子器件柔性中试平台等新兴产业示范区项目的验收，加快推进新兴产业创新集群。

推进产城融合高地建设。实施创新创业人才扶持政策。推进《张江国家自主创新示范区专项发展资金资助政策》《嘉定区金融扶持高层次人才创业实施办法》《嘉定区关于鼓励社会力量引荐高层次人才的奖励办法(试行)》《嘉定区优秀人才购房货币化补贴实施办法》等人才新政及相关配套实施细则，加快引进高层次创新创业和急需紧缺人才。进一步对强化高层次人才的吸引力。园内创新创业人才集聚，拥有国家级高端人才108人。以嘉定园为主体，建设形式多样、形态各异、功能多元的众创空间，推进“一区、两圈、三线”战略发展，以嘉定新城宜业宜居特色功能区为重点，依托上海新微大厦、同济大学国家大学科技园等创新要素集聚的区域，形成众创空间集聚区；发挥轨道交通便捷条件，建设众创空间新干线。设立各类孵化器加大培育力度，园内共拥有国家级科技孵化器3家，国家级众创空间1家，市区两级孵化器8家，市区两级众创空间22家。

推进创新创业生态环境优化，打造有利于集聚国内外创新人才、创新环境、创新项目等核心要素的良好环境。通过张江示范区发展专项资金项目，营造区域内创新环境和氛围，进一步增强企业创新主动性、降低企业创新成本，同时，加强专项资金管理，确保专项资金使用合规。年内，对41个项目进行专项审计及验收，64个项目完成中期评估。

加强园区宣传、深入开展调研走访，紧密联系相关街道、镇、园区，年内走访园区内企业98家次，深入了解园区及企业需求，便于更好的开展项目申报组织工作。开展张江政策宣讲，组织园区内企业开展专题培训，帮助企业解决在项目进行中遇到的难题。组织园区内企业参加首届长三角科技交易博览会，展示嘉定园风采，增进园区内外企业交流沟通。（万琦欣）

【2018嘉定工业区集成电路与物联网产业论坛暨重大项目签约仪式】 4月15日举行。共38个项目参与签约，总投资超过185亿元，签约项目主要集中在集成电路及物联网产业、文化创意产业等领域。签约仪式后，由嘉定工业区集团公司、SEMI全球半导体协会、正科芯云(上海)微电子有限公司(西藏芯云子公司)和中科院云计算中心共同建设的芯片产业园正式成立。产业园总投资5亿元，占地93亩，具有研发、设计、组装、测试、培训等全产业链功能，集聚100家芯片企业，拥有3亿元产业基金。（万琦欣）

【2018世界人工智能无人驾驶挑战赛(WAIAC)】 9月1日在上海嘉定区国家智能网联汽车试点示范区封闭测试区举办。WAIAC是2018世界人工智能创新大赛的分赛之一，由工业和信息化部、国家发展改革委、科技部、中科院、工程院、中央网络安全和信息化委员会和上海市政府共同主办，重点关注无人驾驶、汽车电子。大赛共设人机交互、无人驾驶、医疗创新和智能机器人4条赛道，吸引包括高校、企业、主机厂、创业公司在内的10支车队参加，涵盖乘用车、商用车、专用车等多个领域，从自主性、可靠性、安全性方面展开比拼，展示在不同算法、不同车型、不同场景下无人驾驶安全高效的成果。最终，清华大学苏州汽车车队、辐慧汽车车队、前行者车队获领军奖，上海易巴车队、西安理工大学车队、上海奕勤车队获优秀奖，西北工业大学车队、仙途智能车队、厦门金旅车队、青飞智能车队获应用奖。（万琦欣）

2018世界人工智能无人驾驶挑战赛(WAIAC)

第八节 | 杨浦园 >>

【杨浦园概述】 2018年，杨浦园深化“三区联动、三城融合”，集聚创新要素，优化创新环境，探索创新机制，培育战略性新兴产业，促进经济社会和谐发展。全年共引进企业3 004家，新增注册资金243.8亿元。其中，注册资金500万—1 000万元的企业385家，占园区新引进企业数的12%；注册资金1 000万—5 000万元的企业346家，占园区新引进企业数的11%；注册资金5 000万元以上的企业70家，占园区新引进企业数的2%。

营造创新创业氛围。进一步对接产业发展需求，结合高校、产业、园区布局，因地制宜、统筹优化大学科技园的空间布局，拓展多层次载体空间，鼓励大学科技园收购兼并区内效益不高的园区，努力打造品牌科技园。抓住长三角一体化发展上升为国家战略的重大机遇，牵头承担国家发展改革委课题“长三角双创示范基地联动机制”,进一步发挥长三角双创示范基地联盟功能,编制长三角科创双创生态地图,支持复旦大学、同济大学、上海理工大学等大学科技园积极向外辐射吸引力和影响力,有效挖掘和对接长三角区域创新研发和成果转化需求。

做好成果转化工作。不断探索优化高校科技成果转移转化机制。形成政府引导、市场运作、资源集聚、各方参与的良好局面,市场化推动早期项目转移转化效能的提升。突破国有投资基金相关政策瓶颈,针对新一代信息技术、大健康、节能环保、新材料等领域,设立杨浦科技园区联合产业投资基金。完善科技成果交易服务体系,推动国家技术转移东部中心科技成果转移转化服务功能型平台建设,努力在全市率先实现各高校技术转移中心与东转中心数据对接共享。建设科研成果数据库,组织开展“走进高校”等系列产学研对接活动,搭建协同创新和产学研合作平台,助力高校科技成果在科技园区转化。

坚持服务企业长效机制。加强科技政策培训,政策联络员培训工作常态化,全年共开展4次科技企业培训活动,培训内容包括“创业在上海”创新创业大赛、上海市科技小巨人政策、高新技术企业认定政策、企业研发费用税前加计扣除、杨浦区人才公寓等政策,共计600余家企业参加。截至年底,通过市科委科技企业统计与服务通道系统,向区内六千多家企业推送各类服务信息92次。系统注册并开通信息订阅功能企业6 804家,个人注册订阅2 976人次,通过运用平台的信息推广、宣传和服务功能,加强企业服务。

开展大调研工作,让企业拥有更多获得感。年内,区科委共开展1 656次大调研活动,完成6 769余家企事业单位、社区百姓、党支部、社会组织的调研任务,通过走访、问卷、座谈会等多种形式,倾听企业、居民的心声及诉求,发现企业及居民所提出的问题与难点,积极帮助企业解决问题。共计搜集整理各类调研对象提出的问题343条,问题及建议涉及企业生产经营、居民生活的方方面面,解决率达98.3%。发布大调研信息30余篇。

推动国家技术转移东部中心建设。完成国家技术转移东部中心内部部门架构的战略调整。东部中心技术商城在中国(上海)国际技术进出口交易会期间上线。对国家技术转移东部中心、上海类脑芯片与片上智能系统研发与转化功能型平台等杨浦区10大创新服务平台进行走访调研,在充分了解平台建设情况的基础上提出“突出重点、分类推动、资源协同、定期跟踪”工作思路,着力提升平台双创服务能级。

加速推进信息化建设。推进智慧城市、雪亮工程项目工作,智慧城市基础设施建设1期租赁项目已启动招投标。做好首届中国国际进口博览会期间关键信息基础设施专项安全保障工作。加强信息安全的管理工作,优化网络安全策略,及时通报安全态势,积极推进实名制管理,开展对托管设备的主机和应用检测,确保区网络与信息安全。

提高公众科学素养。成功举办2018年杨浦科技节。配合区少科站组织参加第33届上海市青少年科技创新大赛,共获青少年创新成果一等奖45个、二等奖129个、三等奖116个,青少年科技创意项目一等奖25个、二等奖52个、三等奖52个。组织市科普讲解比赛,开展区级初评和培训。为各街镇配发海报,推动社区科普宣传栏常抓常新。

众创空间建设取得新进展。截至年底,杨浦区众创空间促进会召集杨浦区92家众创空间会员单位,其中理事单位12家。编制完成《上海市杨浦区众创空间发展白皮书(2018)》和《上海市杨浦区众创空间发展指数报告(2018)》。

(陈希元)

【光大安石·复旦科技园·国际创新中心成立】 3月28日,复旦科技园与光大安石签署战略合作协议,联合成立光大安石·复旦科技园·国际创新中心。双方发挥各自优势,结合各方资源及相关政策支持,共同完成产业集聚、人才聚集、科技创新、金融服务,共同打造区域内产城融合的标杆项目,并为复旦大学的科技和创新成果向社会转化提供有力支持。通过合作,将聚焦创新孵化力、综合服务力、资源产出力、产业集聚力、品牌影响力的辐射,为创新中心招商运营、企业入驻、产业聚集、科技创新、金融服务注入源源不断的动力和活力。

(陈希元)

第九节 长宁园 >>

【长宁园概述】 2018年,长宁园生产总值420.92亿元、高新区工商注册企业数7 297家、从业人数38 328人,拥有高新技术企业140家,全口径出口总额70.21亿元。规模以上企业256家,营业收入1 065.02亿元,利润87.65亿元。

着力提升产业发展能级。制订发布《长宁区关于加快推进新一代人工智能产业集聚发展的若干政策意见》《长宁区鼓励科技创新政策的实施办法》。

积极培育经济发展新动能。大力推进长宁金融园建设,努力补齐金融业发展短板,在原有东部园的基础上,建立西部园,形成东、西双园的格局。抢抓人工智能新风口,聚焦人工智能产业发展。加强合作联动,主动对接园区、街道(镇)各部门,加大对人工智能产业企业的挖掘力度,吸引更多优质团队入驻。在语音识别、图像识别、科技金融、智能零售、智能家居、个性化教育、机器人等多个领域,积聚北讯云联信息科技有限公司、联通(上海)产业互联网有限公司、景泰新能源(上海)有限公司等行业龙头企业,以及上海西井信息科技有限公司、上海依智医疗技术有限公司等独角兽企业,形成一定的集聚态势。

提升区域创新能力。围绕人工智能产业发展需求,加强载体布局建设,初步形成产业特色鲜明的载体群。华为-联通人工智能创新示范中心1期办公场地投入运营,226个工位,入驻率接近80%。芙蓉江路电脑城改造项目办公面积3 000 m^2,共有344个工位,10月试运营。7万多平方米的智能制造中心主要聚集美国、欧洲、日本智能制造方面的项目和企业。依托科大讯飞股份有限公司积极筹备在临空地区建设人工智能产业园。

推动创新人才聚集。加强人才引进和培养。围绕科技创新人才集聚区建设，培养和集聚一批具有引领带动作用的专业领域人才；引进创新创业孵化团队，鼓励创新创业人才发挥示范引领作用；推进重点领域人力资源开发，加快推进与现代商业贸易、航空服务、金融服务等相配套的专业人才建设，引进一批涉外律师、会计师、国际商务谈判师等高端商务人才，以及大数据、物联网、移动互联网、等领域专业人才。优化创新创业人才服务环境。对接上海自贸试验区和张江示范区的人才政策，建立上海虹桥海外人才一站式服务中心，实现外国专家证、海外人才居住证、外国人及台港澳人员就业证、出入境和居留手续等一口受理；推进海外人才离岸创新创业基地建设，支持国际创投组织引进人才和项目；依托长宁园人才服务平台试点，探索建立创新创业高端人才引进服务绿色通道；推进人才安居工程；引进人力资源服务机构；完善市场化的人才评价激励机制。（马 焱）

【“虹桥智谷绿地·智造界”人工智能产业创新中心落户】 10月29日，绿地集团与上海交通大学签订共建“虹桥智谷绿地·智造界”人工智能产业创新中心的战略合作协议，组建隶属于绿地科创产业板块的交大绿地科技创新有限公司，同时作为校企合作平台和“虹桥智谷——绿地·智造界”人工智能产业创新中心的运营主体。创新中心将借助绿地集团在资本和市场等方面的资源，以及上海交通大学在产业和技术方面的优势资源，致力于扶持人工智能企业成长，发展具备科技企业培育与运营管理全业务能力的科技加速器，主动融入长宁人工智能产业总体布局，为最具发展活力和成长潜力的中小科创企业服务。（马 焱）

“虹桥智谷绿地·智造界”人工智能产业创新中心落户

第十节 | 徐汇园 >>

【徐汇园概述】 2018年，徐汇园围绕以人工智能为核心的信息产业和生命健康两大产业集群，推动产业集聚区建设。园区拥有高新技术企业108家，园区从业人数4.9万人，全年营业收入1 395亿元，工业总产值107亿元，税收收入79亿元，企业净利润109亿元，固定资产投资25亿元。

推动国家级人工智能产业集聚区建设。利用世界人工智能大会溢出效应，整合微软公司、深圳市腾讯计算机系统有限公司、阿里巴巴网络技术有限公司等国内外龙头企业，北京市商汤科技开发有限公司、上海联影医疗科技有限公司等独角兽企业，以及上海氪信信息技术有限公司、上海思贤信息技术股份有限公司等创新型企业优势资源，共同培育创新驱动、功能融合的人工智能产业生态。在芯片设计、大数据、云计算等领域，构建以企业为主导、科研院所深度参与的人工智能产业技术联盟，对接复旦大学DMG数字与移动治理实验室开展公共信息资源开放试点工作。加快推动以西岸国际人工智能中心为核心的西岸智慧谷建设，集中布局科技型企业，抢占人工智能细分领域制高点，与张江科学城和张江综合国家科学中心东西呼应。

推进生命健康产业发展。对标国际一流，研究MINI波士顿方案。开展“聚焦MINI波士顿建设，建立健全生命健康领域的科技成果转化机制研究”课题研究，推动生命健康领域科技成果转化，打造基础研究和临床医疗为特色的生命健康产业集聚区。建设新型研发机构，推动生命健康创新研究。发掘大院、大所、大校、大企高端创新资源，推动建设新型研发机构，形成更加灵活的产学研医用合作机制，通过多元化的投资机制和市场化的运作机制，推动生命健康领域创新研究和成果转化。中科院上海有机化学研究所枫林糖类药物促进中心、上海交通大学分子纳米医学创新转化中心等功能型平台已落户并初步显示效应，加强对创新企业和项目的服务。广泛借助外部专业力量，为生命健康产业发展提供支持。通过整合三甲医院、区属医院、社区卫生中心的科研力量，形成优势互补的研发团队，深化区域医联体功能建设，发现可能转化的医疗创新成果。与上海市生物医药科技产业促进中心共同举办第20届上海国际生物技术与医药研讨会，扩大宣传徐汇枫林在生命健康领域的优势和影响力。

聚焦激发“双创”活力。培育“专业化、品牌化、国际化”双创载体。强化政策引导，加快“专业化、品牌化、国际化”众创空间培育，提升徐汇众创空间发展能级。人工智能硬件开放创新平台万物工场投入运营，万物工场内的测试中心可为入驻创客团队提供专业的硬件产品测试服务。提升众创空间创新创业培育能级。以满足科技创新需求和提升产业创新能力为导向，引导众创空间聚焦“硬科技”项目，培育优质科技企业，做大做厚创新的“底部”。引导院所、院士等优质科研、人才资源与众创空间双向开放联动。营造良好的创新创业生态环境。鼓励园区内各类主体举办各类创新创业主题活动，营造“双创”氛围。支持上海巴斯德研究所举办《自然》学术会议-2018病毒感染与免疫应答国际研讨会，推动枫林地区营造国际化创新氛围。年内，先后举办

Wework 全球创造者大赛中国赛区决赛、微软加速器 Innovation day。
（周陈昌）

第十一节 | 虹口园

【虹口园概述】 2018 年,虹口园实现总营收 5 691.62 亿元,税收收入 115.49 亿元。截至年底,园区共有企业 15 942 家,其中高新技术企业 144 家、上市企业 16 家、“四上”企业 1 043 家,其中收入上亿的企业 51 家。

营造良好创业环境和营商环境。优化创新创业体制机制,推动形成充满活力、更加开放的综合营商环境。打造线上与线下、众创空间+孵化器+加速器、基金+基地的科技创业孵化模式,集聚政策、资金、人才、项目、成果、载体等创新资源要素,促进产业链、创新服务链的形成与发展;完善创新创业服务驿站功能,加强创新驿站与众创空间的资源对接;开展创新创业赛事活动,在全社会营造创新创业的良好氛围。

提升产业园区建设能级。有序开展“三个一批”建设和“园长制”管理工作,推动邯郸路科创综合项目有序建设,完成国科(上海)创新基地开园,完成信南产业园(部分)改造,完成音乐谷园区 1 期项目和彩虹雨 2 期认定,完成运动 loft 体育园区扩园;建成法兰桥、1929 艺术空间、明珠园、大柏树 930、优族 173 等 5 个特色园区;重点开展通利园转型,掌握节奏确保平稳有序。优化园区管理体制,8 月,区科委(园区办)协同虹口三大功能区管委会办公室及各投资服务中心完成 11 个园区“园长制”试点工作,10 月底实现 48 个园区全覆盖。通过建立“园长制”工作网络、建立园区服务工作组、规范园长服务机制、加强园长能力提升等措施保障园区管理顺利高效进行,“园长制”的推行,得到园区经营方和企业的充分认可。

稳步推进功能性平台建设。成立绿色技术金融协同创新联盟,推动科技金融有效融合;加强国际创新港建设,引进宝马集团,推进中以国际创新港筹建工作,天安数码城-虹控 T 创园已投入运行,以色列海法富创创新学院、富创孵化器完成设点,中国以色列商会上海分会完成入驻。与上海材料研究所、上海临港经济发展(集团)有限公司签订战略合作协议,合作共建上海先进材料国际创新中心;与中科院技术物理研究所合作,共建红外光电科创中心;与同济大学合作共建同济·虹口绿色科技产业园;与中科院控股有限公司合作共建国科(上海)国际创新产业基地,并于 7 月建成启用。

推动核心产业发展壮大,培育和壮大高新技术产业,精心培育一批以“四新”企业、“独角兽”和“隐形冠军”企业、高新技术企业为核心的卓越科技制造企业群体。培育高新技术企业,提高企业科技创新能力和市场竞争活力。推动科创产业核心层增长,聚焦科创产业中信息服务业、战略性新兴产业、高新技术企业等创新要素密集、创新能力突出的核心层产业,加强核心层统计监测和企业跟踪服务,重点发展信息服务业、科技服务业及“两大两新”(大数据、大健康、新材料、新能源)产业。
（石　磊）

【国科(上海)国际创新产业基地暨国科控股上海联络办公室揭牌】 7 月 18 日,国科(上海)国际创新产业基地暨国科控股上海联络办公室揭牌仪式在虹口区北外滩举行。国科(上海)国际创新产业基地是由虹口区政府与中科院控股有限公司合作打造的综合型国际科技创新孵化平台。基地或立后,将立足上海,辐射长三角,搭建创新创业生态系统网络,聚集科技创新资源,打造科技创新服务优势,促进科技成果转化和科技产业发展壮大。国科控股上海联络办是中科院控股有限公司除北京之外的首个联络办事处。
（姜舒婷　石　磊）

国科(上海)国际创新产业基地签约仪式

第十二节 | 闵行园

【闵行园概述】 2018 年,闵行园坚持“创新驱动、转型发展”战略,以创建国家科技成果转移转化示范区为目标,大力突破制约科技成果转化的瓶颈障碍,整合各类资源,努力提升区域科技成果转化承载能力。持续推进产城融合发展、健全区域创新体系,优化和提升高新技术产业园区发展能级。园区面积 44.49 km^2、实际开发面积 34.71 km^2,园区内企业 10 250 家,从业人员 15.5 万人。纳入统计的 702 家企业中,“四上”企业 617 家。“四上”企业全年实现营业收入 3 014 亿元,规模以上工业总产值 1 860 亿元,净利润 219 亿元;实际上缴税收 222 亿元;实现固定投资 47 亿元。

围绕上海南部科创中心核心区定位,大力推动科技成果转移转化示范区建设。市区联动,发布《上海市建设闵行国家科技成果转移转化示范区行动方案(2018—2020 年)》,计划到 2020 年,通过上海闵行国家科技成果转移转化示范区建设,发挥示范引领作用,服务上海科技成果转移转化体系建设,助推上海形成国际技术交易中心,基本建成全球技术转移网络的重要枢纽,成为国家技术转移体系东部辐射源,推动长三角技术转移协同发展。修订和出台人才、成果转化、引导基金等 11 个专项政策,优化南部科创中心系列政策体系。

围绕重点区域,推动产业空间转型升级。大力推进老工业园区二次开发转型升级,金地威新闵行科创园以"产业汇聚"为引领,助力区域产业结构转型升级。11 月 30 日正式开园,开园入驻率 70%。已签约入驻路斯特科技股份有限公司、科控工业自动化设备(上海)有限公司、上海艾美生物技术有限公司等企业。

聚焦优势产业发展方向,推动生物医药产业高质量发展。政策引领,制定发布生物医药产业三年(2018—2020 年)行动计划,出台闵行区加快生物医药产业发展的专项政策意见和细则,通过专项规划和政策助力生物医药企业做强做大。项目引领,重点引导生物医药企业申报张江资金专项,帮助企业科研攻关,取得突破。近 3 年,共引导上海恒瑞医药有限公司等 12 家生物医药企业申报重点项目,获得财政资金 5 340 万元,撬动研发投入超过 1.6 亿元,4 个医药创新产品和 4 个医疗器械创新产品中试获财政资助。参加 35 届全国医药工业信息年会,举办智能医疗专场对接会、诺贝尔奖工作站揭牌仪式等,营造良好的发展氛围,吸引优质资源落地。

(马晓军)

【爱德华·莫索尔华夏源工作站揭牌】 7 月 6 日,2018 国际干细胞与神经疾病高峰论坛暨"诺贝尔奖工作站"落成典礼举行。会上,爱德华·莫索尔华夏源工作站揭牌成立。工作站将作为华夏源(上海)细胞基因工程股份有限公司与爱德华·莫索尔教授的技术合作载体,促进爱德华·莫索尔教授及其团队的创新成果在上海落地转化,并以工作站为通道,推动全球顶尖科研技术与上海优质产业资源的合作和共联。工作站的建立旨在搭建全球先进的干细胞研究、转化和交流平台,应用诺贝尔奖技术,促进神经领域细胞治疗技术不断发展与完善。

(马晓军)

2018 国际干细胞与神经疾病高峰论坛

【2018 年(第 35 届)全国医药工业信息年会】 8 月 4—5 日举行。中国医药工业信息中心主办、闵行区政府支持,以"创·智 赋能新生态"为主题,从政策趋势、创新研发、市场营销和国际化等视角入手,通过医药创智国家论坛、创智主论坛、中国医药创智研发大会、中国医药创智营销大会及分享沙龙等,研讨当前行业热点和痛点,剖析医药产业的未来发展态势,探索产业升级路径。会上发布 2017 年度中国医药工业百强企业榜单、2018 年中国医药研发产品线最佳工业企业榜单、2018 年中国医药工业最具投资价值企业(非上市)榜单及 2018 年中国医药工业最具成长力企业榜单。

(马晓军)

第十三节 | 松江园 >>

【松江园概述】 2018 年,松江园以 G60 科创走廊建设为契机,推进松江制造迈向松江创造。截至年底,松江园注册企业 3 239 家,从业人员 4.39 万人。全年完成工业总产值 330.3 亿元,比上年增长 47.7%;工业增加值 95.3 亿元,比上年增长 29.5%;营业总收入 869.7 亿元,比上年增长 20.7%;净利润 134.3 亿元,比上年增长 49.2%;税收 54.1 亿元,比上年增长 111%。

多措并举提升创新发展能级。园区科技创新要素增势明显,企业自主创新能力、竞争力继续提升,成为区域内重要的产业科技创新策源地和重大科技成果转化承载区。拥有高新技术企业 131 家;新增科技小巨人企业 3 家,累计 20 家;市区专利试点示范企业 20 家;上海市院士专家工作站 4 家;G60 松江区科普教育基地 5 家。上海宏力达信息技术股份有限公司"配电网智能开关"项目获市高新技术成果转化项目自主创新十强。

推进特色优势产业集群发展。园区集聚海尔 COSMOPlat、用友精智工业互联网平台、明匠 Newton IOT 平台等一批工业互联网试点示范项目、重要功能平台和主体。同时赛摩电气股份有限公司,赛迪(上海)先进制造业研究院有限公司、徐工汉云工业互联网有限公司等一批工业互联网企业落户,形成集群建设优势架构,并作为工业互联网集群被编入 2018 年上海市产业地图。正泰电气股份有限公司等 6 家企业获市级工业互联网专项资金扶持 3 305 万元。集群 3D 打印企业 50 余家,"四新"经济创新示范基地(3D 打印)试点建设通过市级评审;由上海联泰科技股份有限公司等企业共同参与编制的全市首个 3D 打印团体标准发布。

不断优化创新创业生态环境。打造高品质的建筑空间载体,为产业发展打造新载体、新空间。位于松江漕河泾子园的拉斐尔云廊 1 期项目成为 G60 科创走廊的地标建筑。10 月,首个网壳措施平台提升就位。"云廊"形态已初步呈现在 G60 沿线。创业创业方面,自主运行的 G60 工业互联网孵化器投入运营，获评松江区科技企业孵化器。科技金融方面，“双无双信”科技型中小企业融资平台为园区内科技型中小企业提供全方位的金融服务，服务园区企业 80 多家次，累计授信逾亿元。上海股权托管交易中心松江服务中心成为园区面向长三角、服务中小微企业，尤其是先进制造业进入私募股权市场的重要载体，已有 30 家企业成功上线挂牌。漕河泾子园的临港松江股权投资基金作为松江区创业投资母基金投资的首批子基金之一，基金 1 期已完成汽车电子、电力物联网、新材料等领域多个高科技项目投资，基金将培育一批工业互联网、物联网、智能制造、人工智能相关领域的高端主体，通过“基金＋基地”的模式实现招投联动、产金融合。 （孙　毅）

【上海超硅半导体有限公司 300 mm 全自动智能化生产线项目开工】 7 月 30 日，上海超硅半导体有限公司 300 mm 全自动智能化生产线项目开工奠基仪式在松江经济技术开发区举行。项目总投资约 100 亿元，其中 1 期项目投资约 60 亿元，包括固定资产投资约 45 亿元，预计达产后年销售收入约 50 亿元，年利税超过 15 亿元。项目预计建设周期为 1.5 年，2019 年 9 月设备搬入，12 月产品下线。项目包括 AST 综合研究院、300 mm 全自动智能化生产线、450 mm 中试生产线、先进装备研发中心、人工晶体研发中心等。项目建成后可形成年产 360 万片 300 mm 抛光片和外延片，以及 12 万片 450 mm 抛片生产能力，对于构建完整的集成电路产业链具有重要的战略性意义。 （孙　毅）

【G60 科创走廊“一网通办”开通】 9 月 28 日，G60 科创走廊长三角“一网通办”开通仪式在上海市民中心举行，并发出第 1 本跨省异地办理的工商登记执照。标志着 G60 科创走廊上的 9 个城市(区)，即上海市松江区、浙江省嘉兴市、浙江省杭州市、浙江省金华市、江苏省苏州市、浙江省湖州市、安徽省宣城市、安徽省芜湖市、安徽省合肥市，将可以通过各地政务服务网或当地的综合服务通办窗口，实现跨城市证照审批办理。 （孙　毅）

G60 科创走廊“一网通办”开通

第十四节｜普陀园

【普陀园概述】 普陀园规划总面积约 1 020 公顷。2018 年，普陀园实现营业收入 610.88 亿元，比上年增长 8.1%，净利润 33.154 亿元，比上年增长 10%，实缴税收 72.74 亿元，比上年增长 5.2%。现有国家级技术转移机构 3 家；国家级博士后科研工作站 4 家；市级及以上产业技术创新战略联盟 3 家，其中国家级 1 家；市级及以上资质产品检验检测机构 14 家，其中国家级 6 家；市级及以上重点实验室 12 家，其中国家级 3 家；市级及以上企业技术中心 16 家，其中国家级 4 家；市级及以上工程技术研究中心 14 家，其中国家级 2 家；市级外资研发机构 4 家。园区共有国家级科技企业孵化器 2 家、市级科技企业孵化器 12 家；国家级备案众创空间 3 家、市级新型孵化器 3 家、区级众创空间 4 家。2015—2018 年，226 个张江专项资金重点项目获批立项，获市、区资助经费共计 5.479 亿元。

开展科技园区能级提升排摸调研，形成“一园一策”。开展 6 个科技园区走访调研，形成区科技园区能级提升三年行动计划(2018—2021)及“一园一策”方案。重点开展武宁科技园“一园一策”能级提升方案调研和撰写，形成“关于武宁科技园能级提升情况的汇报”专题报告。

构建“大众创业、万众创新”的创新创业平台。推进众创空间建设。加强政策引导，规范科技载体健康发展，推进风暴赛道华大科技园站、纳什空间、大学生创新创业科技孵化器、筑梦空间等多家众创空间备案入库。上海红湾众创空间管理有限公司及上海儿女科技有限公司升级为市级科技企业孵化器。引导“众创空间”提质增效。拟定《普陀区众创空间管理与评价试行办法》，并设计配套评价指标，从投入与管理、资质与运营、效果与收益等三方面 19 小类开展评价，提升服务能力。2018 年度科技创新行动计划创新创业服务体系建设项目立项中，普陀区共有 6 家众创空间立项，其中上海麦腾永联众创空间管理股份有限公司获得“品牌化”立项，上海盛泉实业有限公司等 5 家众创空间获得“专业化”立项。

实施张江专项助力企业发展。开展 2017 年度张江专项绩效评价。根据市张江高新区管委会统一要求，对“十三五”期间普陀园已立项的张江国家自主创新示范区专项发展资金重点项目委托第三方评价机构开展绩效评估工作，并随机抽查已完成中期及验收单位的专项账务情况，形成绩效评价报告。2018 年组织开展对已到执行期的张江专项项目进行评审，55 个项目获市、区财政资金支持 5 186 万元(其中区级资金 2 593 万元)。配合区规划和土地管理局完成张江高新区普陀园土地集约利用评价工作。

优化“科创＋”平台，落实科技服务券政策。开展“科创＋”平台和科技服务券管理服务平台的优化及常规运营，推送相关政策、咨询、项目申报信息，定期制作可申报项目汇总。截至年底，平台关注人数4 000余人，累计推送政策资讯2 000余条。加大政策宣传力度，通过“科创+”平台、政策宣讲、发放使用指南等方式宣传推广科技券政策。会同区财政局完成科技服务券的审核与发放，2018年共兑现1 536 885元。拟定区科技服务券实施细则(试行)。 (管黎霞)

第十五节 | 陆家嘴园 >>

【陆家嘴园概述】 2018年，陆家嘴园围绕上海建设具有全球影响力的科技创新中心建设新要求，以体制机制创新为保障，以技术产业创新为重点，以模式业态创新为核心，推动科技创新与金融、航运、商贸和文化发展相融合，构建高新技术服务产业体系，全面提升集聚、辐射、支撑和引领能力。截至年底，园区新增企业255家，共有企业12 368家，全年实现营业收入717.40亿元，工业总产值5.60亿元、税收56.10亿元。

打造全球最优金融科技生态圈。举办陆家嘴金融科技服务业发展大会，发布“陆九条”2.0版。与安永会计师事务所、罗盛(上海)人才咨询服务有限公司、中国工商银行联手打造金融科技专业服务平台，为金融科技企业的全生命周期成长提供专业服务；与申能(集团)有限公司、上海陆家嘴(集团)有限公司、上海张江(集团)有限公司共同建设金融科技核心集聚区，着力将陆家嘴金融城打造成为全球金融科技企业集聚中心；与中国银行股份有限公司、中国平安保险(集团)股份有限公司、中国银联股份有限公司等联合打造金融科技应用场景创新平台，促进在支付清算、大数据、云计算等领域的发展。

促进金融与科技要素相结合。陆家嘴金融城与张江科学城“双城联动”促进金融资源服务张江科创企业，通过“双城辉映”创业投资服务平台，促进优质科创项目与资本对接，建立覆盖科创企业全生命周期的创业投资和股权投资服务体系，培育一批具有核心竞争力的科创企业，并通过科创板的契机撬动创新产业发展，同时为张江科学城建设进一步提升金融专业资源服务科技企业的能力，发挥金融在创新创业企业不同成长阶段的重要作用，探索“基础研究+技术开发+成果转化+金融支持”的全链条创新，提升新兴产业在浦东新区的集聚度、贡献度、支撑度。加强金融与科技联动的国际交流，与英国领事馆签署《关于支持设立中英科技创新中心的战略合作备忘录》，聚焦清洁能源、物联网、大数据等技术方向和智慧城市、金融科技等应用领域，搭建开放式创新平台。

运用现代技术提供“店小二”服务。5月，陆家嘴金融城企业服务中心投入使用，为更好地服务区内4万余家企业、50万员工，按照“前台围绕企业转、后台围绕前台转、中心围绕服务转”的工作要求，将审批事务全部纳入单窗同办，实现“一窗受理、分类审批、一口发证”的新型政务服务机制。同时，以一次办成为目标，简化流程加快审批速率，提升企业感受度、体验度、获得感。

提升软实力建设多彩金融城。6月，相继开展第12届陆家嘴金融城文化节、金融宝贝欢乐趴、古韵新唱-经典古谱诗词音乐会、大型原创音乐话剧《梦之城》、陆家嘴公益市集、陆家嘴金融城体育赛事等10余项活动，增强机构与员工在陆家嘴的融入感和归属感。12月，陆家嘴金融成白领文化艺术中心正式启用，中心面积超过2 300 m²，内设录音室、剧场排练厅等，为金融城楼宇业主、从业人员提供文化交流平台。

招贤纳士持续优化人才服务。为助力更多优秀人才投身上海国际金融中心建设，园区重视吸引、培养各类人才，聚焦人才引进发展全周期，打造人才综合服务体系。开展陆家嘴名校直通车，走进上海纽约大学等28家全国知名大学，组织区域重点金融机构为海内外学子提供就业机会；上海市学生事务中心授权陆家嘴人才金港为应届毕业生落户受理初审机构，便利金融城青年人才办理落户；推出青年人才安居计划，降低初入职场青年人才的居住成本，优化金融城人才环境。 (郑郭亮)

【陆家嘴金融城“双城辉映”服务基地揭牌】 11月28日，陆家嘴金融城“双城辉映”服务基地暨上海自贸区基金张江事业部揭牌成立。基地旨在服务对接科创板，培育更多成长型科技企业；打造长三角资本市场服务基地，做强服务功能、加强载体建设；设立浦东科创基金，聚焦芯片制造、原创新药、智能制造等技术领域，提升金融服务实体经济的能力；建设国内首个金融科技的孵化器和加速器，打造金融科技产业的生态链，提升创新链和价值链。 (郑郭亮)

陆家嘴金融城“双城辉映”服务基地揭牌

第十六节 | 临港园 >>

【临港园概述】 2018年，临港地区经济运行保持稳中有进、持续向好的态势。全年完成全社会固定资产投资337.6亿元，比上年增长26.4%，其中产业投资125.3亿元，比上年增长31.0%。工业总产值1 252.6亿元,比上年增长24.8%。税收收入123.6亿元,比上年增长9.5%,地方收入34.7亿元,比上年增长10.6%。新增内资企业9 332家,注册资本521.9亿元。合同外资累计5.6亿美元,实到外资累计1.9亿美元,分别比上年增长2.2%和29.8%。

一批重大产业项目加速推进。特斯拉新能源汽车研发与整车制造项目落户临港并开工。华大半导体特色工艺生产线和存储器重大项目正式落地,总投资1 000亿元,其中上海积塔半导体有限公司的半导体特色工艺生产线项目开工。大白鱼项目完成项目公司注册,建成后将成为国内首个实现量产的28 nm以下存储器芯片生产线。中国航发集团商发公司承担的CJ-1000AX研制工作取得进展,在临港总装试车台完成全部调试,并点火一次成功。国家重大项目高效低碳燃气轮机试验装置项目正式获国家发展改革委工程可行性研究报告批复。国家重大科技专项海底科学观测网国家大科学装置项目加快推进,将在临港建立海底检测与数据中心,成为国家海洋科学研究的开放性重大科学平台。清华大学尖端信息实验室项目获批为市级重大科技专项,项目合作协议基本确定。

一批创新型科技企业加快成长。人工智能领域,上海寒武纪信息科技有限公司发布首款云端智能芯片;上海商汤智能科技有限公司落户临港,将在临港打造国家级人工智能平台;上海图森未来人工智能科技有限公司落户临港,其自主研发货运卡车L4级别自动驾驶技术,已在临港开展道路测试;启动临港地区陆、海、空无人系统综合示范区建设,打造国内首个无人系统测试场景全覆盖地区。工业互联网领域,工业互联网创新中心启动工业互联网标识解析国家顶级节点等一批国家级项目建设;中科云谷科技有限公司、上海树根互联技术有限公司落户临港。汽车领域,上汽大通汽车有限公司EV31纯电动物流车项目年初开工建设,首台车身正式下线;特斯拉入驻临港,规划建设特斯拉配套产业园;上海矶野汽车配件项目开工;博郡新能源汽车有限公司项目确定项目用地。海洋工程领域,国家海洋经济创新发展示范城区建设有序推进,上海雄程海洋工程股份有限公司、西伯瀚(上海)海洋装备科技有限公司等14个项目成为国家海洋经济创新发展示范项目;上海海洋工程装备制造业创新中心揭牌。此外,临港科技城智能制造产业园、张江科技港-先进制造产业园开工;新松机器人临港产业园投入使用,将重点生产人机协作机器人;上海奥科赛飞机有限公司"风翎号"水陆两栖轻型运动飞机在滴水湖成功首飞;地平线(上海)人工智能技术有限公司、上海云从汇临人工智能科技有限公司、上海深芯智能科技有限公司等数十家企业落户园区。

一批功能型平台加速建设。朱光亚战略科技研究院正式落户,首批部署微系统与太赫兹科学技术、高性能科学与工程计算、核技术应用和高端装备制造4个战略科技方向。智能制造功能型平台正式入选全市重点功能型平台,5个科技成果产业化项目落地;以此为试点的功能型平台改革工作加快推进,正在试点机构式资助、项目法人制、"拨改投"等改革措施。工业互联网功能型平台承担工业互联网标识解析国家顶级节点、制造强国大数据平台、综合试验床等多个国家和上海市重大项目。上海海洋产业创新平台由临港牵头建设,并将纳入全市重点功能型平台。中国人工智能产业发展联盟信息与创新中心落户临港,将设立人工智能院士工作站,对接全球人工智能产业资源,开展人工智能产业化和推广应用。复旦工程与应用技术研究院落户临港,将重点推进机器人、第3代半导体、医疗照明等领域的成果转化,首批项目正在逐步落地。

一批产业创新要素加速集聚。举办世界顶尖科学家论坛。启动WLA科学社区和联合实验室建设,助力科技创新中心建设。组织欧美同学会北京论坛,吸引海外归国人才来临港创业。启动建设张江-临港"南北科技创新走廊",将在规划协同、产业联动、科技创新平台建设等方面加强合作,探索政策共享和开发模式创新,打造世界级产业集群,推动镇级工业园区转型升级。中科院微小卫星创新研究院、华域汽车系统股份有限公司等首批联动项目落地。上海集成电路装备材料基金完成首期50亿元资金的募集,并对临港地区企业上海御渡半导体科技有限公司等投资1.5亿元。临港智能制造基金所投子基金计划募资规模超过126亿元,共计投资17家临港地区企业,基金直接投资额1.8亿元。完成智能制造2期直投基金、超越摩尔基金和临港地区中小微企业信贷风险补偿资金设立工作。

一批改革创新举措加速出台。新一轮"双特"政策抓紧制定,力争在人才引进、土地利用、产城融合和事权财权等方面出台更精准的政策,并形成政策初稿。深化完善体制机制,临港奉贤园区扩区方案已报市政府常务会议审议通过,并加快《上海市临港地区管理办法》的修订完善。营商环境继续优化,升级打造临港行政审批2.0版本,推出"临港一码通",实现产业项目报批"一件不两送"工作目标,使审批速度再提升、审批服务再延伸。综合验收改革试点有序推进,新设立的临港地区建设项目服务管理中心有效运行。

重大功能性项目有力推进。海昌海洋公园正式开园;上海天文馆实现结构封顶,2020年建成投用;冰雪之星项目开工建设,2020年建成运营。临港国际博览中心建设已形成初步方案。中法艺术与设计管理学院2期开工建设,上海电力大学、上海交通大学中英国际低碳学院入驻临港地区,临港-陆家嘴广场和港城广场逐步投入启用。举办第4届上海临港海洋节,发起设立长三角区域海洋经济协同创新发展联盟,举办海洋产业、海洋文化等方面系列活动。

高品质城市建设全面推进。启动临港"城市大脑"建设,深化完善实施方案。加快实施GIS+BIM虚拟城市平台、城市智能交通等一批示范项目。拓展城运中心功能,推进平台智能化建设项目,加快物联感知、特种车辆智慧识别系统和智慧交通项目。综合交通不断完善,综合区15公里新建道路项目全面建成,实现与主城区的全面贯通;中运量交通线网专项规划编制完成;S2临港段改造、S2海港大道立交节点项目、两港大道(北段)快速化项目等项目进展顺利。

基础设施持续完善。海绵城市试点加快推进。围绕涉水专项内容、顶层设计、技术标准、项目管控、成果展示、考核与验收等方面开展专项研究。建成环湖景观带、临港家园绿化休闲广场、新芦苑小区、芦茂路-里塘河片区改造工程等示范项目。年内开工项目 92 个,其中基本完工 50 个、在建项目 42 个。推进综合管廊建设,跟进运维机制研究。北岛综合管廊、浩通路综合管廊及海洋三路综合管廊主体结构已经完成,加快推进浩通路、海洋三路、水芸路、云鹃路等在建段建设;对标国际一流水平,优化完善适合临港实际的管廊运维方案。 (焦 敏)

【张江科技港·先进制造产业园开工暨项目签约仪式】 1 月 31 日在临港举行。产业园位于临港综合区先行示范区内,占地 110 亩,由 C03-04、C04-02 两块工业用地组成,其中 C03-04 地块项目由上海宝冶集团有限公司施工总承包,项目总建筑面积 63 319 m²,其中地上面积 44 009 m²,地下面积 19 310 m²。产业园以"临港·创'芯'"为设计理念,将建成 18 万平方米高标准中试厂房和研发混合空间产品,布局关键制造产业,承接张江科学城的关键技术的中试与产业化,同时为临港地区"2+3+4"产业布局(重点培育人工智能和机器人两大先导产业,发展高端智能装备、海洋装备、智能汽车三大支柱产业,拓展软件及信息服务、集成电路及专用装备、航空航天、节能环保四大新兴产业)提供关键技术支撑。(焦 敏)

第十七节 | 奉贤园 >>

【奉贤园概述】 2018 年,奉贤园总体经济运行情况良好,实现规模以上工业总产值 426.63 亿元,比上年增长 2.61%;增加值 107.51 亿元,比上年增长 5.72%;营业收入 1 103.37 亿元,比上年下降 14%;税收收入 86.47 亿元,比上年增长 38.69%;出口创汇 86.31 亿元,比上年增长 12.89%;净利润 62.63 亿元,比上年增长 25.07%;实现固定资产投资 22.10 亿元,比上年增长 52.10%。园区有世界 500 强企业 7 家,国家级高新技术企业 112 家,2018 年新认定高新技术企业 21 家,复审高新技术企业 24 家。市、区两级科技小巨人企业 27 家,市级企业技术中心 15 家,新增新三版挂牌企业 1 家;拥有中国驰名商标 9 件,上海品牌 1 家。奉贤园下属子园上海市工业综合开发区获上海市级安全生产标准化示范园区称号,完成国家生态工业示范园区创建技术核查。

促进产业集群集聚。围绕"1+1+X"发展定位,加快引进化妆品、生物医药、智能制造等高附加值、高发展潜力、高技术含量的优质产业项目,全力促进产业集群集聚发展。年内,引进中科院上海巴斯德研究所、法国巴黎居里研究所等科研单位,引进韩后化妆品股份有限公司;药明生物全球创新生物药研发制药一体化中心项目开工;完成中国中车集团有限公司中车全球电车中心项目和中车双创基地项目的选址;上海相宜本草化妆品股份有限公司"相宜荟"等美丽健康项目注册落地。

专业化服务提升营商环境。先后建设科技融资服务平台、人才服务平台、知识产权服务平台和科技中介服务平台 4 个专业化服务平台。搭建人才数据库和企业数据库,收录有效信息 8 000 余条,组织成果对接、项目推介交流活动超过 15 场,为园区企业提供专业化服务。通过整合服务平台资源,协调服务平台联动,把为企业服务从面上服务转化为精细化服务,为企业提供更加专业化的产业链服务。同时,指导专业服务平台为企业的发展提供支撑,用更精准的服务打造园区良好的营商环境。

推进大众创业、万众创新。依托入选张江国家自主创新示范区众创空间名录的众创空间和凤创谷市级科技企业孵化器、上海奉浦现代农业科技创业有限公司国家级孵化器,不断吸引优秀创新创业团队集聚,为奉贤园产业导向链培育优质人才和潜力创新项目。吸引重点产业领域的行业领军人才 60 余人。上海亿康医学检验所有限公司 CEO 陆思嘉入选 2017 年创新人才推进计划科技创新创业人才。

积极推动"双谷联动,一体发展"。4 月,市张江高新区管委会与奉贤区政府签署战略合作框架协议,推进"张江研发,奉贤承接"的"双谷联动"一体发展模式,推广和承接张江科技创新成果,推动经济转型升级,促进"美丽健康"等产业和实体经济发展。未来,将联合千人创业园推进相关政策配套的制订实施,依托"东方美谷"产业基础,加大在产业布局、研发平台、创新建设等方面的谋划,形成优势互补,在人才引进、营商环境等方面给予各项优惠,做好张江溢出项目的承接。 (汪 路)

【东方美谷研究院揭牌】 7 月 3 日,东方美谷研究院揭牌仪式在临港漕河泾科技绿洲(南桥)园区举行。研究院主要提供行业信息研究、学术交流、标准制定及发布、第三方检测、化妆品技术开发等服务。研究院的成立将推动"产学研"一体化进程,加快"东方美谷"的科技创新和科研成果转化,通过与企业协同创新,加速美丽健康产业集聚,助推"东方美谷"产业高地的建设。 (汪 路 吴春龙)

东方美谷研究院揭牌

第十八节 | 金山园 >>

【金山园概述】 2018 年,金山园围绕加快打造“三区”“五地”,以及全面建设“三个金山”的工作要求,不断适应新常态,迎接新挑战,推动创新创业资源集聚,推进区域统筹协调发展。园区共有企业 724 家,其中高新技术企业 159 家,产值上亿元的企业 98 家,规模以上工业企业 175 家。规模以上企业工业总产值 349 亿元,营业收入 355 亿元。从业人数 44 046 人。

着力加强顶层设计。联合开展《全域建设张江长三角科技城成为科技协同创新示范和城乡融合发展示范——金山加快推进上海科创中心重要承载区建设思路与路径研究》区委 1 号课题研究,提出对加快推进上海科创中心重要承载区建设的总体思路与对策。出台《关于金山区打造创新创业汇聚地的实施意见》。

积极争取政策落地。年内,共有 23 个重点项目获批 2017 年度张江国家自主创新示范区专项发展资金,获得资助经费 8 652 万元,其中市级资助资金 4 326 万元、区级配套资金 4 326 万元。项目主要涉及科技创新成果转化类、创新成果示范应用和推广类、众创空间建设与服务类等,促进创新成果转化和产业化发展,不断优化公共服务环境。

提升创新创业能力。2018 年新增区级科技小巨人企业 7 家、区级企业工程技术研究中心 1 家、区级产学研科技成果转化项目 2 个、区级专利示范企业 1 家、区级专利新产品 3 个、信息化发展专项项目 9 个。孵化体系建设持续推进,新增上海市科技企业孵化器 1 家。2 家众创空间列入张江示范区第 3 批众创空间。

加快推动高端人才集聚。加强院士专家工作站建设,完善柔性引才机制。制定完善院士专家工作站建设新一轮政策,加强政策支持力度和覆盖面,柔性引才和育才工作力度不断加强。2018 年园区新建上海市院士专家工作站 1 家和金山专家工作站 2 家。1 人入选国家第 4 批国家“万人计划”,3 家单位入选区优秀人才团队。

持续深化区域联动共赢发展。推进张江长三角科技城建设,张江长三角科技城领导小组集中攻坚、重点突破,各项工作取得积极进展,多次开展张江长三角科技城政策叠加工作专题研究和张江长三角科技城枫泾园总体规划研究,工作合力不断增强,工作机制基本确立,1 期项目加快启动。通过环境建设项目资金,支持张江长三角科技城枫泾区块开展环境氛围营造。中德新松长三角总部基地等重点项目签约落地。长三角路演中心于第 4 季度投入运营。

大力推进智慧园区建设。张江园金山工业区区块金水湖产业社区以“绿色生态、智慧互联、活力安居”为建设理念,融合开放式大型休闲运动景观绿林,构架绿岸城市特色风貌,实现社区建筑绿色二星及绿色三星全覆盖。通过产业社区公共信息服务平台、生活服务平台、一体化安防平台、大数据中心等一系列信息服务系统上线运行,有效提升园区产业服务的软实力,为金山创新产业服务模式起到示范推动作用。同时金山工业区开创互联网+低碳智慧城市模型,实现社区与产业资源有效互补。在第 8 届全球智慧城市博览会上,金水湖产业社区从 473 个申请项目中脱颖而出,获城镇环境奖。

(孙朋丽 侯利坤)

【临港金山枫泾先进智能制造园 1 期开工建设】 5 月 18 日,临港金山枫泾先进智能制造园 1 期项目开工建设,地块位于张江枫泾分园南区和北区,是临港金山枫泾园区“一体两翼、南北布局”的重要组成部分。项目建设用地面积约 81 亩,总建筑面积约 5.7 万平方米,集聚了以汽车零部件、飞机配件、高端医疗装备、环保设备为主导的先进制造产业,推动金山区新一轮先进制造产业发展,加快长三角高质量一体化发展。

(孙朋丽 侯利坤)

临港金山枫泾先进智能制造园 1 期项目开工仪式

【金山工业区与吉林奥来德光电材料股份有限公司签署项目投资合作协议】 6 月 22 日,上海新金山工业投资发展有限公司与吉林奥来德光电材料股份有限公司签署项目投资合作协议。项目计划总投资 6 亿元,用地 90 亩,拟建设年产 10 000 kg AMOLED 用高性能发光材料项目,建成后将成为国内最大的 OLED 有机材料研发及生产基地。

(孙朋丽 侯利坤)

【华东无人机基地揭牌】 8 月 30 日,华东无人机基地揭牌。基地是国内首个正式允许无人机开展多场景测试、应用的基地,主要承担无人机的研发测试、展示交易、行业应用、培训教育、运行管理等任务,引领上海及华东地区无人机产业发展。基地在民航华东管理局、市交通委、市经济信息化委、金山区政府、空军 94826 部队的共同推动下成立,共有

58 km^2 陆地空域，1 km^2 试飞起降点，拥有纵横 2 条长 800 m、宽 30 m 十字型跑道。 （孙朋丽 侯利坤）

【上海实验动物研究中心张江金山园分中心实验大动物平台揭牌】 9 月 26 日，上海实验动物研究中心张江金山园分中心实验大动物平台揭牌，平台将与原有的张江小动物实验基地一起，为上海地区的生命科学研究和生物医药开发搭建一个较为完整的动物实验技术服务与培训平台，同时为上海市及国外的医药研发外包提供一个符合 GLP 标准的大动物实验公共服务平台。按照上海实验动物研究中心的发展规划，平台将建设大动物种质资源开发和保存、大动物实验与测试，以及专业技术培训和行政办公等功能设施。

（孙朋丽 侯利坤）

第十九节 | 崇明园 >>

【崇明园概述】 2018 年，崇明园累计工商注册企业 2 700 余家，根据 2018 年度火炬统计快报数据，其中规模以上企业 27 家、高新技术企业 14 家、“新三板”挂牌企业 3 家，年末从业人员 13 600 余人。全年实现工业增加值 48.13 亿元，规模以上工业总产值 264.46 亿元，营业总收入 282.21 亿元，出口总额 67.27 亿元。

落实科技创新政策，优化创新创业环境。根据世界级生态岛建设要求，积极实施“＋生态”和“生态＋”发展战略，大力推进“汇创崇明”工作，促进生态经济发展，发布《推进崇明世界级生态岛建设科技创新实施办法》《关于促进崇明区绿色工业、文化创意和体育健康产业发展的若干政策意见》《崇明区促进就业扶持政策(2018—2021 年)》等多项创新创业扶持政策，从促进科技创新资源集聚、优化科技创新创业环境、促进生态科技成果转化、促进科技创新发展、实施知识产权战略、推进智慧崇明建设等方面，支持崇明双创企业创新发展。为让园区企业充分了解科技创新政策，通过汇总市级及区级各项科技政策，修编《崇明科技创新政策服务指南》，向园区企业发放并组织开展政策解读工作。

鼓励创新创业，培育创新发展新动能。长兴海洋科技港举办以“生态与科创，未来与梦想”为主题的 2018 年度国际创新创业大赛(崇明赛区)，大赛吸引了 172 家企业参加。年内，园区共有 4 家企业获市级创新资金资助，资助总额 80 万元；4 家企业被认定为高新技术企业。推进园区孵化器与众创空间建设。长兴海洋装备产业基地于 2016 年成立海洋家创客基地，智慧岛数据产业园于 2017 年在宝山成立离岛孵化器，先期推出超过 3 000 m^2 的办公区域供创客免费使用。随着智慧岛总部大楼的建成及投入运营，逐渐引导离岛入驻企业整体迁入智慧岛总部大楼，首批 42 家企业签约入驻。

加强合作交流，推进产城融合发展。加强“区区合作、品牌联动”，与临港集团携手推进临港长兴科技园建设。首期开发项目为集总部、研发、中式、高端研发制造于一体的新一代产业园，土地总面积 526 亩。项目在开发过程中坚持生态优先、绿色发展，按照“高端制造、绿色制造、智能制造”的产业导向，彰显中国元素、江南韵味、海岛特色，打造“高品质环境、高品质建筑、高品质产业、高品质服务”于一体的新一代示范性产业园区与绿色经济示范区；坚持产城融合、一体发展，通过加强政企合作、资源整合、产业联动，共同推动长兴岛工业化、城市化、海洋文化融合发展；坚持人才集聚、创新发展，通过产业上的精心布局和配套上的精耕细作，形成产业、物业、商业“三业并举”和生产、生活、生态“三生融合”的发展态势，吸引高端要素和高科技人才入驻，打造高科技人才集聚区。

崇明园将以崇明世界级生态岛建设、大力发展乡村振兴战略与全力筹备 2021 年中国花博会为契机，大力推进生态环境、生态产业、生态城镇与生态民生工作，鼓励绿色农业、生态旅游、休闲体育、健康养老、文化创意、建设环保、绿色交通与绿色智造等产业发展。 （袁佳欢）

第二十节 | 宝山园 >>

【宝山园概述】 2018 年，宝山园新增注册企业 4 515 家，累计注册企业 29 083 家，其中规模以上企业 390 家，科技型中小企业 179 家，年内新增高新技术企业 44 家，累计 217 家，占全区 49%。拥有上市企业 5 家，“新三板”挂牌企业 23 家，年末从业人员 182 000 余人。园内企业实现营业收入 2 652.8 亿元，实缴税费总额 79.96 亿元，出口总额 71.08 亿元，完成固定资产投资 92.65 亿元。

完善营商环境，推动科技与金融相结合。出台机器人及智能硬件产业专项支持政策，发起成立机器人产业创新基金，上海快仓智能科技有限公司、上海巨什机器人科技有限公司、众宏(上海)自动化股份有限公司等一批机器人项目落户。启动开发建设南大生态区，打造环上大科技创新圈，材料基因组、氢能燃料电池等项目加快落地，与阿里巴巴网络技术有限公司、北京市商汤科技开发有限公司等企业共建南大 AI 智慧城市。加快科研成果转化，加强石墨烯平台与上海理工大学、中科院上海微系统与信息技术研究所、上海第二工业大学等高校院所的合作，推动石墨烯柔性智能纤维等 8 个科技项目中试转化。提高张江高新区宝山园科技融资服务平台服务能级，推广科技履约贷、科技微贷通、科技小巨人贷款等金融产品，推进科技金融服务环境建设，解决企业融资难，融资贵问题，助力科技型中小企业创新发展。2018 年，科技融资服务平台共为园内 307 家科技型企业提供融资服务,贷款需求共计 30 650 万元,为 26 家企业贷款 13 134 万元,开展融资对接会 7 次,累计出席 500 多人次。共有 44 家企业申请科技履约贷,申请贷款额度 25 250 万元,审核通过 26 家,获得贷款 12 300 万元。为做好科技型企业在"科创板"上市的推荐准备工作,建立科技型企业科创板上市入库培育名单。

完善人才发展环境,集聚创新创业人才。以企业为主体,联合高校院所建设联合实验室和人才实训基地,推进新兴产业重点领域人才培养和集聚,完善人才发展环境,落实人才安居、激励、出入境等各项政策。推进"满意 100"人才集聚工程,全年支持创新创业人才资金 3 453.57 万元。与宝山公安分局出入境管理办公室合作设立张江国家自主创新示范区宝山园出入境办证服务点和张江高新区宝山园外籍人才受理工作服务点。依托张江示范区先行先试的优势,为引才、聚才创造更为良好的出入境和居留环境。2018 年,上海阀门五厂有限公司常务副总经理苏智平获外籍华人永久居留身份证。上海安杰环保科技股份有限公司郝俊、赛赫智能设备(上海)股份有限公司李泽晨入选第 4 批国家"万人计划"科技创业领军人才,上海汽车粉末冶金有限公司彭景光、海隆石油工业集团有限公司欧阳志英入选上海市优秀技术带头人计划。

完善创新服务体系,推进科技成果转化。上海复控华龙微系统技术有限公司参与研发的"高精度高可靠定位导航技术与应用"项目获 2017 年度国家科技进步奖二等奖;上海汽车粉末冶金有限公司"高性能铁基粉末冶金块体材料与器件的关键技术开发与应用"、馥稷生物科技发展(上海)有限公司"果蔬化学农药生态替代技术研发与集成应用"项目获 2017 年度上海市科技进步奖二等奖。"上海高端特种电缆检测公共技术服务平台"等 27 个项目获张江专项发展资金立项,获市级资助资金 4 283.5 万元,新增研发投入 14 090 万元。通过实地走访、调查问卷、微信公众号等形式征集企业技术需求,帮助企业与高校院所搭建技术转移转化交流平台,全年技术合同成交额 1.08 亿元。

(洪燕华)

【宝山区知识产权服务联盟成立】 4 月 25 日,宝山区知识产权服务联盟正式成立。市知识产权局局长陈亚娟,区委副书记、区长范少军,副区长吕鸣等出席活动,并共同为上海大学法学院、上海市百汇律师事务所、上海金点知识产权顾问有限公司等 15 家宝山区知识产权服务联盟首批成员单位授牌。联盟旨在提高知识产权创造水平,增强知识产权运用效果,改善知识产权保护状况和强化知识产权管理能力,高境科创小镇知识产权服务社区建设则主要分为知识产权综合服务窗口、知识产权金融服务中心和知识产权大数据中心三大板块。

(洪燕华)

【国家机器人检测与评定中心(宝山服务中心)揭牌】 8 月 13 日,国家机器人检测与评定中心(宝山服务中心)揭牌。中心旨在加快建立以企业为主体、市场为导向,产学研相结合的技术创新体系,进一步促进宝山区机器人产业集聚发展,实现上海机器人产业园规划提标和功能提升,全力推动区域经济高质量发展。

(洪燕华)

国家机器人检测与评定中心揭牌仪式

第二十一节 | 世博园 >>

【世博园概述】 2018 年,世博园以推进世博地区打造世界级中央公共活动区为目标,聚力改革和发展两大主业,围绕区域经济发展、营商环境优化、城市政务服务各方面主动作为,促进区域各项指标快速提升,各项工作平稳有序发展。

2018 年完成税收收入 52.07 亿元,比上年增长 20.45%;完成一般公共预算收入 15.76 亿元,比上年增长 23%;引进内资注册资本累计 443 亿元;引进外资注册资本累计 5.52 亿美元,实到外资累计 2.79 亿美元;完成地区社会固定资产投资 218.39 亿元,其中世博园区 48.95 亿元、前滩 142.33 亿元、耀华 7.98 亿元。

全年共引进企业 1 034 家。新认定总部企业 5 家,其中 2 家为区域性总部企业,2 家为高成长性总部,1 家为运营总部,至此世博地区总部企业(机构)累计 8 家,总部企业集聚态势增强。引进商业保理、财务管理、融资租赁等类型的金融企业 11 家,注册资金共计约 19 亿元。引进文化类企业近 100 家,注册资金 1 000 万元以上的 9 家。

打造功能性服务平台,营造优良服务环境。成立中国(上海)自由贸易试验区央地融合发展平台,推动央企与世博等地区经济融合发展、深化投资合作、完善产业配套;围绕服务上海打造全球电竞之都、浦东打造电竞之都核心区,大力发展电子竞技产业,成立浦东首个电竞产业发展服务平台,建设电竞比赛运营、电竞人才服务、电竞企业融资等方面的一站式服务体系。举办英雄联盟、王者荣耀、2018 上海生活魔术节、中国国际动漫游戏博览会、哔哩哔哩线下展览等一批热门的国际顶级赛事和演艺活动。

完善文化布局,彰显世博文化特色。整合区域重要场馆资源，打造世博“文化季”，举办艺术季、活力季、时尚季等子专题活动；开展一系列文化交流活动，努力将世博地区打造成为国际文化交流的“桥头堡”。引进新丝路上海星时尚中心，上海英皇音乐中心、网竞集团电竞产业孵化展示中心，上海耀宇文化传媒股份有限公司等一批具有高成长性的文化和电子竞技企业；引进首个以魔术为主题，集展演、论坛、国际交流于一体的文化综合品牌活动——2018上海生活魔术节；引进中华艺术宫及上海印刷（集团）有限公司的文创板块，丰富区域文创业态。推动网竞集团电竞产业孵化展示中心入驻奔驰文化中心，打造集俱乐部及青训基地、电竞泛娱乐场馆、电竞展台、教育培训中心及电竞泛娱乐领域孵化器于一体的电竞产业综合体。　（邓伟辰）

【中国（上海）自由贸易试验区央地融合发展平台揭牌】　5月9日，中国（上海）自由贸易试验区央地融合发展平台揭牌仪式在世博片区举行。平台采用“政府搭台、企业自治、机构参与”的形式，旨在推动央企与地方经济融合发展，深化投资合作、完善产业配套。现场共6个项目落地签约，涉及注册及募集资金240亿元。其中，商飞集团财务有限责任公司、中核军民融合发展基金和基金管理公司、中船重工典当有限公司上海公司、海上船舶脱硫装置全球研发中心落户上海世博地区，国新控股（上海）有限公司发起设立央地融合股权投资基金等。　（邓伟辰）

中国（上海）自由贸易试验区央地融合发展平台揭牌

【世博地区电竞产业发展服务平台成立】　8月16日，世博地区电竞产业发展服务平台成立仪式暨网竞集团电竞产业孵化展示中心入驻梅赛德斯奔驰文化中心在世博举行。仪式现场，网竞集团电竞产业孵化展示基地落户奔驰文化中心，CMEL大师系列赛上海站、eStar电竞俱乐部同时宣布落户浦东世博。孵化展示基地将打造集俱乐部及青训基地、电竞泛娱乐场馆、电竞展台、教育培训中心及电竞泛娱乐领域孵化器于一身的电竞产业综合体，未来将持续引入电竞产业链相关企业、电竞及泛娱乐品牌赛事活动，全力打造电竞产业优质内容。　（邓伟辰）

第二十二节　黄浦园

【黄浦园概述】　2018年，黄浦园共795家企业参加统计，实现营业收入1 565.56亿元，工业总产值42.82亿元，净利润80.71亿元，税收49.25亿元，进出口总额12.54亿元，从业人员11.49万人。

理顺创新发展机制。按照区委、区政府要求，牵头推进黄浦区对接上海科技创新中心建设、推进自主创新产业发展、负责张江黄浦园及众创空间管理等相关职责划入区科委，进一步理顺黄浦区对接上海科技创新中心建设工作机制。加快推进区科委与区创新办（张江黄浦办）资源整合和工作融合，将产业创新发展摆在更加突出的位置。

推进创新载体建设。完成《区众创空间发展现状分析报告》，普华永道创新平台被列入张江示范区众创空间名录。推进上海广慈-思南医学健康创新园区建设，立足于将基础医学研究成果转化为可应用于临床诊疗的指南方案、器械药物，解决医学创新“最后一公里”的难题。

支持企业创新发展。组织开展系列科技政策宣传培训活动，指导企业申报各类科技项目，21个重点项目获张江专项资金立项，资助项目经费3 296万元。成立科技招商工作小组，聚焦云计算、大数据、互联网、人工智能、机器人、生物医药等领域的，引进总部型、龙头型、平台型、创新型企业和机构。

加强科技人才服务。会同市欧美同学会哥伦比亚大学校友会举办首届海归独角兽培训营，与哥伦比亚大学校友会签署合作协议，吸引优秀海归人才来黄浦创新创业；主办“2018创业在上海”国际创新创业大赛黄浦赛区比赛暨黄浦区第3届创新创业大赛，发掘优秀创新创业人才和团队。

（范　萍）

【颁发黄浦区首批外籍人才居留许可证】　7月5日，黄浦区举行外籍人才居留证件颁证仪式，为首批享受市科创出入境新政的外籍高层次人才颁发居留许可证件。李银珩等5人获发永久居留身份证，金伟栋等5人获发5年期居留许可。

（范　萍）

黄浦区外籍人才居留证件颁证仪式

第二十三节 | 静安园 >>

【静安园概述】 2018年,静安园围绕建设创新创业活力城区和创造良好营商环境,在项目、政策、服务等方面加强建设和完善,推进各项工作稳步进行,优化园区创新创业环境,促进创新要素集聚,提升产业能级。2018年,对园区3 630家企业进行统计,实现税收133.24亿元;"四上"企业营业收入606.67亿元,利润总额77.44亿元。

加强项目管理。建立统筹协调、公开透明的项目和资金管理机制,依托第三方专业机构,对项目季度进展情况进行查看,组织专家对项目进行中期评估和验收。严格执行预算管理和财政资金使用规定,实行专账管理、单独核算、专款专用。对专项资金使用和项目实施情况进行全程跟踪监管。建立绩效考评体系,切实提高专项资金使用效益。年内,14个项目获张江专项资金立项。

完善政策支持。积极落实国家、上海市扶持科技企业、科技园区、创新创业载体等各项政策,制定静安区科技创新政策,争取从政策措施上,培育、扶持一批能展示区域发展特点、引领科技创新发展的企业和载体。年内,出台《〈静安区关于促进科技创新与发展的实施意见〉配套政策细则》,对科技小巨人企业、科技创新项目、研发平台、科技载体空间等进行支持。

提升园区服务。通过门户网站、微信、会议等方式进行政策服务的宣传推广,使政策和服务能够有效到达企业。依托园区人才服务平台为企业和人才提供人才需求对接、服务资源整合、人才培训、合作交流等服务;依托科技融资服务平台,推进企业和金融机构的对接,实现企业融资需求发布、直接及间接融资、项目路演和对接、企业在线孵化等服务。

推进众创空间建设。对接市科委等部门,促进园区内众创空间高品质发展,将"专业化、品牌化、国际化"作为提升众创空间能级的方向,推进建设一批产业集聚有主题、环境打造有特色的众创空间,提升园区众创空间整体发展水平。年内,园区共有2家众创空间获得市科委"专业化、品牌化、国际化"培育(引导)项目立项。支持国际化众创空间设立大企业创新中心、提供跨境创业项目加速服务;加强与全球创新孵化品牌资源的对接,努力成为国际创新孵化机构和团队登陆上海的首要门户。

支持创新创业活动。支持园区内空间载体开展各类创新创业活动,为企业及团队营造良好创业环境、提供优质创业服务。依托静安区众创空间联盟,打造区域众创空间的沟通共享平台,通过市区联动项目资金举办项目路演、法律知识分享、创业大赛培训等15场创新创业服务活动,帮助企业信息分享与资源对接,提升园区影响力。承办2018年"创业在上海"国际创新创业大赛国际赛活动,活跃区域创新创业氛围,吸引并带动国际化科技创新资源在静安的沉动和集聚。 (朱爱华)

【XNode与韩国国家信息通信产业振兴院签订跨境加速项目合作备忘录】 11月23日,众创空间XNode(创极无限)与韩国国家信息通信产业振兴院签订合作备忘录。双方就促进中韩信息和通信技术领域的创业者进行双向交流合作达成共识,为创业者进入当地市场提供咨询信息、落地服务、孵化课程、合作伙伴资源、空间及宣传推广等一系列支持。双方开展跨境加速项目,XNode协助韩国的跨境创业加速项目来上海进行短期加速,为团队梳理针对中国的商业模式、接洽上海的相关合作伙伴,协助他们加速进入中国市场。 (朱爱华)

XNode签订跨境加速项目合作备忘录

第二十四节 | 紫竹高新区 >>

【紫竹高新区概述】 2018年,紫竹高新区发挥自身机制体制优势,以"不缺席、有担当、做贡献"的态度,响应"大众创业、万众创新"的号召,参与紫竹创新创业走廊和南部上海科创中心的创建工作,为将紫竹高新区早日建成"东方硅谷"和"科学城"不懈努力。

2018年度,紫竹高新区在全国高新区综合排名7年实现上升,较2017年度综合排名又上升一位,在全国157家高新区中综合排名位列第13名。2018年,先后获2017年度上海市质量管理奖、2017年度上海市高新技术企业培育工作先进集体、2017年度上海市高新技术企业统计工作先进集体等称号。

2018年,高新区实现平稳较快发展,创新能力增强。截至年底,高新区入驻企业2 634家(其中内资2 399家、外资235家),累计吸引内资注册资本513.32亿元,吸引外资投资总额65.41亿美元,注册资本45.23亿美元,合同外资36.87亿美元。

根据企业发展的不同阶段、不同需求,对各类企业提供包括创业、科技服务、金融、知识产权、人才等全方位服务，突出功能建设，逐步形成系统化、专业化的铂金产业服务体系。

以“创投公司＋创业孵化器＋小苗基金”为主体构建紫竹创业孵化体系，为创业企业提供保障。高新区科技金融创新服务信息平台通过整合100多家投资机构及近20家银行，为30多家企业解决贷款7 000多万元。

年内，企业试验（仪器）设备和实验室共享平台使用超过8 000次，服务企业超550家，为企业创收收入合计约1.2亿元，为租用企业节约设备采购成本超亿元。同时，高新区与近200家企业签订知识产权托管协议。（吴兆国）

【国核自仪系统工程公司与上海交通大学签署战略合作协议】 4月26日，国核自仪系统工程公司与上海交通大学签订产学研战略合作协议，共建人力资源培训基地和产学研合作基地。两大基地将作为核电人才培训和科技成果转化的重要阵地，在推动科技创新和产业升级上发挥作用。双方将按照“优势互补、资源共享、互惠双赢、共同发展”的原则，充分发挥双方资源和人才优势，在三代核电仪控系统技术创新及重大专项、军民融合等业务领域开展战略合作。

（吴兆国）

【英特尔亚太研发中心与上海交通大学签署合作备忘录】 10月25日，英特尔亚太研发中心与上海交通大学签署合作备忘录。根据协议，双方将在人工智能和数据中心、人工智能领域教学资源共建、人工智能领域的人才交流及培养和产学研深度融合等方面开展合作，共同构建人工智能领域生态系统。与此同时，英特尔还向上海交通大学捐赠价值125万元的最新软、硬件设备，用于合作科研并为科研成果拓展产品化渠道。（吴兆国）

【紫竹高新区与上海世茂集团签约战略合作框架协议】 10月30日，紫竹高新区与上海世茂集团签署战略合作框架协议。根据协议，双方按照总体框架、分步实施的原则，以物联网和人工智能为基础，将各自资金、管理、技术等方面的优势资源整合，在落地、业务、资本等方面进行合作，建立合作沟通机制，创新业务发展模式，实现互利共赢，共同为社会提供优质的产品和服务。紫竹将全面提供对企业的注册落地、后续服务和政策扶持等方面的必要支持。

（吴兆国）

紫竹高新区与上海世茂集团战略合作框架协议签约仪式

第三篇 第十一章
科技创新承载区

第一节 概况

【上海各区科技工作概述】 2018年，聚焦各个区域参与上海科技创新中心建设的功能路径，挖掘区域内产业功能、创业服务、创新要素、空间载体等优势和特色，采用持续推进、共同投入的方式，引导和鼓励运用市场化、社会化机制，构建支撑区域创新发展的创新创业服务体系，打造具有区域特色的创新品牌。

加强市区联动，推进集聚区建设。松江区结合G60上海松江科创走廊推进建设，协同市区两级创新资源，构建以智能制造业为主体、现代服务业为支撑、公共平台为依托、政策环境为保障的生态体系，实现由松江制造向松江创造的转型。建设松江区分析仪器及应用创新服务平台，搭建分析仪器公共服务平台、原型化服务平台和产业孵化平台，形成产业发展的基础性支撑体系。静安区以静安众创联盟为纽带，打造沟通共享平台，加强众创空间联动创新能力，着力提升区域众创空间整体服务能级，扩大品牌影响力和辐射带动力，通过不断优化环境，完善各类公共服务，降低创新创业的隐形门槛和交易成本。黄浦区根据城市更新和产业升级建设方案和具体要求，配合北京东路城市更新，建立科创核心功能，对原赛格电子市场进行升级改造，建设海派智谷打造吸引高端智能装备产业和人才的科技创新载体，探索市中心区域科创中心承载区建设路径。金山区通过区镇两级联手合作，集聚"产、学、研、创、孵、投"等各类要素资源，完善金石湾功能区创新创业环境。以"基金+基地+平台"模式，通过建设国家环境业华东集聚区-环保产业孵化基地、江南大学产学研合作示范区和环境科技中心、湾区医疗健康科创中心城等，大力打造国家环境服务业(华东)集聚区、生命健康医疗平台和智慧城区。

推进创新创业特色载体建设，打造"双创"升级版。漕河泾新兴技术开发区打造专业资本集聚型特色平台。全面对接国家"一带一路"倡议，通过管理机制及服务增值创新，提升投融资服务体系功能，整合各类市场化金融服务资源，帮助园区内企业做大做强。张江高新区核心园打造大中小企业融通型特色平台。发挥国资孵化器在双创中的资源整合能力，促进各类资源融通，利用跨国公司研发总部集聚优势，搭建企业联合孵化平台，助推中小企业共享创新创业资源溢出效应。紫竹高新技术开发区打造科技资源支撑型特色平台。加强与高校、科研院所的合作，形成"科创引导、产业协同、联动发展、互利共赢"的政产学研资新体系，打通从研发、应用到产业化的科技创新链，推动创新要素向特色优势产业集聚，增强区域创新能力。杨浦园打造高端人才引领型特色平台。着眼于满足海内外各类双创人才日益增长的多元化服务需求，着力构建具有杨浦特色的国际双创人才公共服务模式，打造国际化、系统性、开放式的双创人才生态环境。

（张　琦）

第二节 浦东新区

【浦东新区科技工作概述】 2018年，浦东新区按照科技创新中心核心功能区建设的部署要求，坚持从创新资源集聚、创新主体培育、创新氛围营造等多维度构建符合浦东区域特色的创新体系。

科技创新资源不断集聚。形成门类丰富、层次较高的科技公共服务资源体系。建成一批综合性强、跨领域的大科学设施，已建成上海光源、国家蛋白质科学中心、上海超级计算中心3个大科学设施；硬X射线自由电子激光装置、上海光源2期工程、转化医学国家重大科技基础设施(上海)等6个大科学设施在建中。有本科院校(主校区)16所，其中公办本科院校13所、民办本科院校3所。汇聚中科院上海药物研究所等4家中科院体系研究院所，中国极地研究中心等2家部属科研院所，中国商飞上海飞机设计研究院等3家央企科研院所，上海南方模式生物研究中心等5家上科院直属单位。经上海市认定的专业技术服务平台57家，占全市27.67%，涉及生物医药、软件、集成电路等领域。

高技术成果承载能力显著增强。创新主体集聚总量全市领先，浦东新区经认定的高新技术企业共2 247家，连续多年保持全市第一，占全市高新技术企业总量的24.3%。科技小巨人(含培育)企业489家，占全市的24.6%。上海市技术先进型服务企业173家，占全市的56.4%。企业研发机构成为新区研发创新的重要支柱，拥有国家级、市级及浦东新区级重点企业研发机构487家，其中国家级41家、市级178家，主要分布在电子与信息、生物医药技术、光机电一体化、新材料等4个行业，占认定企业总量的74.2%。被认定的外资研发中心累计233家，占全市的53.2%，其中世界500强企业设立的研发中心121家。科技奖励获奖项目数量居全市首位,“十三五”以来,累计获国家科技奖 20 项,上海市科技奖 224 项。浦东新区获 2017 年度上海市科技奖数量 74 项,占全市的 26.24%,浦东新区科技企业独立承担或参与完成 80%。2017 年度浦东新区科学技术奖共授予 143 个项目,其中创新成就奖 51 项、科技进步奖 92 项。科研成果技术合同交易额保持百亿元规模,2018 年,全区实现技术交易合同数 2 618 项,技术合同交易额 443.53 亿元,高新技术成果转化项目认定 136 项。企业获得研发费加计扣除额连年增长,2017 年度区内企业享受研发费加计扣除金额 257.07 亿元,享受税收减免额 64.26 亿元。

众创孵化载体建设取得良好态势。众创孵化载体呈现爆发式增长,浦东新区经备案登记的孵化器和众创空间达到 156 家,市级以上 96 家(国家级 31 家),占全市的 1/4,在孵企业或团队 5 276 家。民营孵化器增长迅猛,累计 126 家,占比显著提高;孵化面积 99.48 万平方米,占全市的 40%;在孵企业从业人员近 3 万人,其中以海外留学生为代表的海外高端人才 380 人,以外籍人员为主体的创业团队 400 多个。形成以张江、陆家嘴、金桥、临港 4 个区域为核心,覆盖各街镇的合理布局。众创孵化载体“三化”培育成效逐步显现,“国际化”方面,仅张江核心区已经引进或联合兴办国际孵化载体 30 余个。“品牌化”方面,通过培育与引进相结合,形成太库、莘泽、浦软等一批具有国际影响力的孵化众创空间。“专业化”方面,90%的孵化器和众创空间有重点孵化产业方向,如张江生物医药类及软件信息类专业孵化器。此外,在市科委“三化”项目评选中,浦东新区有 16 家单位获得立项支持,占全市的 40%。在孵企业成长性较高。近 3 年,孵化毕业企业中,高新技术企业 33 家、科技小巨人企业 9 家、“新三板”上市企业 5 家、科创板上市企业 5 家。

创新创业人才集聚度不断提高。创新创业大赛参赛项目居全市之首,举办 2018 年“创业在上海”国际创新创业大赛暨第三届“智汇浦东 创见世界”浦东新区创新创业大赛。浦东新区报名参赛项目 1 738 个,占全市的 27%;共有 469 个项目获胜,占全市近 30%。经选拔,共有 57 个创新项目进入第 7 届中国创新创业大赛行业总决赛,占全市的 28%。浦东新区 30 个项目获全国优秀企业项目称号,占全市的 35%。人才引进培育力度不断增强,发布并实施《浦东新区关于提高海外人才通行和工作便利度的九条措施》,设立浦东新区海外人才局,在张江行政服务中心办事大厅设立海外人才服务专窗,为企业和海外人才提供更优质、高效的服务。入选 2018 年上海市领军人才 38 人,入选第 6 批浦东“百人计划”70 人,建立工作联系的两院院士 59 人,享受国务院特殊津贴专家 95 人。海外人才离岸创新创业基地建设取得实质性进展,作为新区创建国家人才改革试验区的 4 项重点任务之一,离岸基地在以色列设立首个离岸基地海外服务站点——贝尔谢巴海外服务站,与上海社科院信息研究所联合发布《国际人才吸引力指数报告 2017》,创办海外人才自贸区创业汇活动,吸引来自欧洲、亚太、北美等 12 个国家及地区近 500 个创业项目参与。推进浦东产业创新中心建设。7 月 27 日,浦东新区产业创新中心揭牌成立,制订发布《关于促进浦东新区产业创新中心发展的实施方案》《浦东新区产业创新中心发展专项资金管理办法》,研究形成《浦东新区产业创新中心发展专项资金成果转化项目建设经费管理细则》等制度文件。年内共有 5 个项目通过理事会投票表决同意立项,投资金额共 1.75 亿元。

(高晓燕)

【贝尔谢巴海外服务站成立】 6 月 19 日,中国(上海)自由贸易试验区海外人才离岸创新创业基地首个海外服务站点——贝尔谢巴海外服务站成立。依托中以创新中心在贝尔谢巴的离岸孵化空间,离岸基地将打造以色列海外服务窗口,拓宽海外推广渠道、加强信息沟通交流、促进国际合作,加速中国和以色列在海外创新创业资源和高层次人才引进等方面的合作。年内,离岸基地总部空间及合作空间共落地项目 52 个,开展引智对接活动 202 场,接待意向海外项目 300 个。持续拓展合作网络吸纳优秀合作伙伴加入,离岸基地新增合作空间 3 家、合作伙伴 4 家。截至年底,共有合作空间 12 家,合作伙伴 32 家。总部空间新增引进海外项目 9 个,服务海外项目 72 个。 (高晓燕)

【打造浦东“南北科创走廊”】 7 月 11 日,浦东新区发布《深入推进张江-临港“双区联动”,打造浦东“南北科技创新走廊”的行动方案》。“南北科技创新走廊”是浦东开发开放进入新发展阶段后的又一重大战略举措,将继续坚持高质量发展理念,对标国际最高标准、最好水平,促进世界一流重大科技基础设施集群和世界级先进制造业产业集群的协同发展,有效发挥区域联动“1+1>2”的整体聚合效应,实现科技产业资源、科技服务资源、科技研发资源的全新配置,有效提升浦东新区综合竞争力和影响力。 (高晓燕)

张江-临港南北科技创新走廊建设项目签约仪式

【浦东产业创新中心揭牌】 7 月 27 日,浦东新区产业创新中心揭牌成立。浦东产业创新中心是集聚创新资源、促进技术创新和转化、培育新兴产业、推动产业结构变革、形成经济增长新动能的新型“政产学研资”平台和新型协同创新网络。揭牌仪式上,中科院院士、中科院上海微系统与信息技术研究所所长、张江实验室主任王曦，肿瘤药理学家、工程院院士、中科院大学药学院院长、中科院上海药物研究所学术委员会主任、浦东新区科协主席丁健，工程院院士、上海交通大学丁文江等6名专业人士受聘成为浦东新区产业创新中心专家咨询委员会第1批专家。（高晓燕）

【第3届海外人才上海自贸区创业汇大型对接交流活动】 10月16—19日，离岸基地"创业汇"主体活动完成。在北美、欧洲、以色列及新加坡设立专场，共吸引719个海外项目报名，最终56个优秀海外项目受邀来沪。"基于碳纳米管与人工智能的生物年龄测定技术及其在保健与易患病预测方面"等3个项目落地浦东新区，AI全功能芯片等9个项目分别与投资机构、孵化器签订合作意向。（高晓燕）

第三节 | 徐汇区

【徐汇区科技工作概述】 2018年，徐汇区对标世界一流，成功举办2018年世界人工智能大会，打响徐汇"上海制造"品牌，服务"四大"（大院、大所、大校、大企）科创资源，优化营商环境，加快优势产业集聚，全力推进科技创新中心重要承载区建设。

推动国家级人工智能产业集聚区建设。市区联动，围绕"会、用、展、赛"等主题开展各项筹备工作，组织召开2018世界人工智能大会。大会期间，微软公司、深圳市腾讯计算机系统有限公司、北京市商汤科技开发有限公司、全球高校联盟、青年AI科学家联盟等重大平台、项目和联盟落户上海。积极推进人工智能赋能"上海制造"。制定出台《徐汇区打响"上海制造"品牌　构筑赋能制造的人工智能新高地三年行动计划》，通过人工智能赋能产业升级，实现"上海制造"核心技术加速突破，建设徐汇特色鲜明的人工智能发展高地。加强企业落地服务工作。推进微软公司加速器升级改造，支持安谋国际科技股份有限公司人工智能生态联盟及安创空间建设；深圳市腾讯计算机系统有限公司华东区总部落户西岸，推进其文化创意及人工智能板块落户徐汇；推进北京市商汤科技开发有限公司、上海联影智能医疗科技有限公司、上海依图网络科技有限公司等独角兽企业落户，加快上海乐言信息科技有限公司、上海眼控科技股份有限公司、特斯联（北京）科技有限公司等人工智能新锐企业落地。

全面推动人工智能集聚区建设。坚持应用驱动，重点围绕"AI+医疗""AI+交通""AI+教育"等领域推进应用场景和示范项目建设，12个项目获2018年度上海市人工智能创新发展项目支持，区级配套支持资金1 897.5万元。促进协同创新，上海交通大学人工智能研究院成立并实体化运作，与北京市商汤科技开发有限公司、上海依图网络科技有限公司、上海联影智能医疗科技有限公司等企业协作开展技术攻关，斯坦福-上海交通大学智能医院项目落户徐汇。加强产业集聚，全市403家重点人工智能企业中，徐汇区占1/4。完善生态培育，在芯片设计、大数据、云计算等领域，支持构建以企业为主导、科研院所深度参与的人工智能产业技术联盟，上海市人工智能与智能制造创新联盟落地徐汇，对接复旦大学DMG数字与移动治理实验室开展公共信息资源开放试点。

深化"四大"资源协同，促进区域创新能力提升。建立与复旦大学、上海交通大学、华东理工大学等重点院校的定期沟通机制。对标波士顿，开展生命健康产业发展专项调研，理清发展愿景、重点工作和保障措施，加快推进区域生命科学基础研究与临床医疗交叉创新、集成创新。主动对接中科院上海分院、复旦大学枫林校区，研究推动与区政府战略合作事宜。鼓励"四大"资源加强创新，对获得2017年度国家科学技术奖的10个项目和获得2017年度上海科学技术奖的64个项目进行配套奖励。发挥高端科技资源和人才资源的影响力，强化科协组织对区域创新创业的服务功能；出台专项政策鼓励产学研合作，新建院士专家工作站7家，累计21家，进站院士和专家130多人。支持国家重大科学工程、重点实验室等科技资源向社会开放，打造"一所一品"科普品牌，2018年区科普创新项目中，由高校院所牵头实施28项，占总数的56%。探索科教联动新机制，联合中科院上海分院开展徐汇区高校院所科普资源及中小学科普需求对接联动机制研究。

推动功能型平台建设，促进科技成果转移转化。加快落实上海市研发与转化功能型平台建设。支持上海科技创新资源数据中心平台建设，打造科技数据服务业、高端科技咨询服务业生态链。与上海枫林生命健康产业发展（集团）有限公司、市国资委、市卫生健康委共同研究推进上海医药临床研究科技创新平台建设方案，整合全市创新要素和临床资源，打造政府主导、市场运营、开放共享的临床研究与科技创新功能型平台。结合区域重点产业培育高价值专利成果。发挥区知识产权政策导向作用，引导企业、高校和院所加快高价值专利的培育和布局，重点围绕人工智能、生命健康等知识产权密集型产业培育高价值专利成果，增强产业核心竞争力，推动专利创造数量与质量双提升。定期开展创新项目路演，发掘优质成果，举办上海交通大学生物医学工程学院创新成果转化路演等多场路演活动。发挥服务机构作用，推动科技成果转化。联合知识产权机构、成果转化机构、专业投资机构和法律顾问等，走进高校院所开展科技成果转化主题服务。跟踪服务中科院有机化学研究所聚乙烯油科技成果转化项目，制定发布《徐汇区促进科技成果转化操作指导规程》，解决成果转化政策操作环节的断点堵点。

聚焦激发"双创"活力，打造创新创业升级版。积极培育"专业化、品牌化、国际化"双创载体。年内，新增氪空间等8家市级"三化"众创空间培育引导项目、安创等6家张江国家自主创新示范区众创空间。Wework徐家汇社区投入运营，万物工厂人工智能硬件开放创新平台向企业开放。

截至年底,徐汇双创载体 75 家,其中国家级 10 家、市级 14 家,入驻企业超过 1 200 家。举办各类创新创业主题活动。2018 年"创业在上海"国际创新创业大赛徐汇赛区共有 281 家全市科技服务业企业和 293 家徐汇企业参加 34 场项目路演。支持中科院上海巴斯德研究所举办《自然》学术会议-2018 病毒感染与免疫应答国际研讨会,推动枫林地区营造国际化创新氛围。围绕"万众创新——向具有全球影响力的科技创新中心进军"主题,举办"汇智汇新 光启未来"2018 年上海科技节徐汇区活动,举办高校院所实验室公众开放日等各类创新创业主题活动近百场。利用"创新徐汇"公众号宣传平台,及时发布各类科技创新政策、展示科创中心建设新成果、传播科技创新风采,做到科创信息推送快、新、准。平台累计关注用户 4 万余人。

聚焦数据资源整合,推进科技创新"一网通办"。构建徐汇区科技创新网上服务平台。实现市级项目统一入口,区级项目"一网通办",为企业提供信息获取、资源查询、项目办理、疑问解答一站式服务。全年共完成科技人才租房补贴、研发费用加计扣除、院士专家工作站等 16 个事项共计 3 000 余件的网上办理工作。加强数据资源融合共享。区科技创新服务平台数据库与上海研发公共服务平台融合,实现中西文科技文献数据、全球高层次科技专家数据、上海大型仪器设施信息服务数据、研发基地资源数据、市区二级科技创新服务券的资源整合与专业查询,提升徐汇科技创新服务科学化、精细化、智能化水平。推进企业服务专业化建设。主动与各类专业化团队对接,拓展企业服务维度,引入专业服务机构为企业工商注册登记和创新创业政策咨询提供服务。以个性化服务引领,提升服务能级,为优秀人才到徐汇工作、创新创业提供高效优质的服务,跨部门联动为亚马逊人工智能研究院引进人才。依据"双自双创"联动政策办理全市首张外国人工作居留许可,为高端人才创新创业打通渠道。

优化政策项目实施,加强各类创新主体服务。2018 年新认定高新技术企业 164 家,共有 503 家;新增上海市科技小巨人(含培育)企业 12 家,累计立项 159 家;26 项高新技术成果转化项目通过认定。完成技术合同认定登记 4 661 项,成交金额 215.76 亿元。完成 33 家企业 1 208 人申请软件和集成电路企业设计人员专项奖励审核工作。上海百傲科技股份有限公司的"MTHFR(C677T)基因检测试剂盒(PCR-芯片杂交法)"项目获上海高新技术成果转化项目自主创新十强称号,宝付网络科技(上海)有限公司等 9 家企业获上海高新技术成果转化项目百佳称号。

加强人才综合服务,优化人才创新创业环境。加强市区联动保障人才安居。协调落实市级公租房馨逸公寓、馨宁公寓、南站收购公租房共 500 套房源为徐汇人才统筹服务。及时响应重点单位人才需求,2018 年服务落实 55 家单位,申请区级公租房 772 套;受理服务人才租房补贴 65 家单位,共 324 位科技人才,补贴金额近 420 万元。围绕产业重点精准对接服务人才。对接科技创新领域的高端人才、高管、学者等,面向智能制造、大数据、脑科学等行业领域建立 22 389 人的人才库,在科技人才门户网站开展徐汇产业发展宣传,吸引 AI 领域及相关行业人群 1 555 人自主订阅。注重发现、培养科技人才。制定《徐汇科技党委人才选拔工作会商制度》,完善对区域科技人才发现、培养和选拔推荐机制。年内,在推选国务院特殊津贴专家、全国改革开放杰出贡献表彰人选、国家千人、万人计划、上海市领军人才、上海市五一劳动奖章、上海市三八红旗手(集体)、上海市白玉兰奖、徐汇区领军人才、拔尖人才学科带头人、工青妇各级代表及党外代表人士中,共推荐选送科技人才 92 名。

(周 彬)

第四节 | 长宁区 >>

【长宁区科技工作概述】 2018 年,长宁区围绕科技创新中心建设主题,以人工智能产业为重点,以营造区域创新环境为抓手,积极促进科技政策落实和重点项目落地,为创新产业发展做好引导和服务,促进区域经济转型升级。

提升区域创新能力。加快政策环境建设,围绕企业创新、载体建设、氛围营造 3 个方面起草形成《长宁区鼓励科技创新政策的实施办法》。率先出台人工智能产业专项政策《长宁区关于加快推进新一代人工智能产业集聚发展的若干政策意见》,内容涉及房租补贴、项目扶持、运营补贴等多个方面。推进落实科创政策,2018 年,长宁区认定的高新技术企业 151 家;技术合同交易 272 项,成交金额 10.06 亿元;完成全国科技型中小企业评价网上审核 230 家,参评 189 家,入库 179 家;3 家企业获市小巨人(含培育)企业立项;5 个项目获上海市高新技术成果转化项目认定,1 家企业获评 2017 年度上海市高新技术成果转化项目百佳十强评选;推荐 22 家企业申报市软件和信息服务业专项,3 家立项企业共获市级扶持资金 1 037 万元,为历年之最;6 家企业入选上海软件企业规模百强,5 家企业入选上海软件企业高成长百家名单,整体增长实力位列全市前列。

营造区域创新氛围。组织以"+AI·驱动产业智能化升级"为主题的分会场论坛。组织创业人才参加市区联合举办的 2018 年中国海归产业大会,推荐 3 名企业高层次创业人才参加上海海外留学人员回国创业培训班。组织筹办长宁区创新创业大赛暨 2018"创业在上海"国际创新创业大赛,参赛企业 169 家,创历年新高。50 家科技企业的 50 个科技项目获 2018 年上海市创新资金立项,立项率 29.6%;10 家企业获得全国行业总决赛推荐入围资格,创历年新高,晋级率 20%。鼓励、支持、引导区内众创空间提升孵化能级。截至年底,市级众创空间 28 家,其中 12 家获得国家级众创空间备案,苏河汇、联通创投分别获评市科委"品牌化"空间和"专业化"空间;马克沪、鼎创汇、KTech 等获评市科委"三化"引导空间。区内众创空间共有办公面积合计约

6.6万平方米，总入住团队、创业企业逾千家，创业带动就业人数约8 000人。

优化区域产业布局。结合长宁“东中西”传统产业布局，初步形成产业特色鲜明的载体群。东部地区打造华为联通人工智能创新示范中心，一期1 350 m^2 办公场地投入运营，入驻率100%；中部地区缤谷人工智能产业大厦主体建设完成，“绿地·智造界”人工智能产业创新中心10月正式开业；西部地区12街坊规划占地160亩(1亩＝0.066 7公顷)的人工智能产业园，将建成以科大讯飞股份有限公司为核心的人工智能技术创新发展高地。聚焦人工智能产业发展。挖掘、引进人工智能龙头企业，带动区域优质企业集聚。科大讯飞股份有限公司上海总部落户长宁，截至年底，累计引进人工智能企业近30家，注册总资本数超过30亿元。以应用技术服务、行业应用为主导的人工智能创新企业超过百家，初步形成“一个标杆龙头企业、若干个独角兽企业、一批创新企业”集聚形态。

加强知识产权保护。2018年，申请专利3 707件，其中发明专利1 905件，占比51.39%；获专利授权1 888件，其中发明专利授权575件，占比30.46%。5年以上有效发明专利维持率44.6%，超过全市维持率10个百分点。每万人拥有有效发明专利数量56件，超过全市平均水平8件/万人，比上年增加6件/万人，增幅12%。推荐申报版权示范单位1家，推荐真牌真品单位6家。做好区内专利工作者培训工作，举办专题培训班，40余人参与培训并获专利工作者资质。

推进科技人才服务。挖掘科技创新领军人才及团队，通过科技平台共推荐42个优质项目参与长宁区“创新团队”评选，11个项目入选创新团队、5个项目入选后备团队；用好用活区优秀人才租房补贴政策，聚焦中小微科创企业的技术研发骨干等重点群体，缓解人才租房压力，覆盖企业94家，受益群体239名，投入资金310万元；50个项目在市级创新创业大赛中获得立项，其中10家企业获全国总决赛晋级资格；推荐17家企业共211人申报2017年度软件和集成电路企业设计人员专项奖励。

强化科普特色工作。长宁区科普信息化建设被评为科普中国·百城千校行动优秀项目。突出“跨部门资源共享、百姓多渠道受益”理念，建设长宁网上科技馆。发挥国际科普优势，展现长宁国际城区魅力。聚焦重点活动，形成区级科普活动国际化特色。主办2018国际少儿艺术科普展，邀请“一带一路”沿线国家参与科普交流。依托基地特长，形成基地科普活动国际化特色。与郛达克共同举办探索郛达克建筑学科普系列活动。与上海动物园共同主办庆祝世界地球日活动。聚焦区位优势，形成街镇科普活动国际化特色。举办长宁科技节、全国科普日长宁区活动，共开展近300项科普活动，覆盖5万余人群，实现区内重点实验室、科普教育基地向社会全方位开放；首次尝试科普教育与重点产业融合发展新模式。 (李　辰)

【科大讯飞(上海)人工智能及脑科学研究院揭牌】 9月17日，在2018年世界人工智能大会上，长宁区区长顾洪辉与科大讯飞执行总裁胡郁共同为科大讯飞(上海)人工智能及脑科学研究院揭牌。研究院依托科大讯飞股份有限公司在业内的影响力，面向全球开展技术合作与人才招聘，重点攻克多语种、类脑智能等人工智能基础创新研究，带动长宁人工智能产业发展和人才集聚、支持和服务全市人工智能产业布局。 (李　辰)

【上海市欧美同学会与长宁区政府签署战略合作框架协议】 12月1日，2018年中国海归创业大会暨第3届上海海归人才创新创业大会在沪举行。上海市欧美同学会(上海市留学人员联合会)、中共上海市长宁区委员会、长宁区政府共同主办。会上，上海市欧美同学会与长宁区政府签署战略合作框架协议。根据协议双方将在设立共用海外引才平台、共组虹桥海归人才咨询顾问团、共建海归人才创新创业基地等。大会吸引海归人才、社会各界500余人参加。 (李　辰)

第五节 普陀区

【普陀区科技工作概述】 2018年，普陀区围绕科创中心重要承载区建设要求，按照“一轴两翼”功能布局，进一步聚焦产业转型升级，凸显企业创新主体地位，提升区域科技创新能力，加快智慧城市建设步伐，营造创新创业良好生态，为区域经济社会发展提供坚强的科技支撑。

建设武宁创新发展轴。建立普陀武宁创新发展轴理事会，组织召开成立大会暨区校合作签约仪式，形成《普陀武宁创新发展轴理事会章程》，协商产生来自政府部门、高校和科研院所、科技载体和企业、行业协会等方面38名理事，区政府与华东师范大学共同签订共建国际教育科技园合作意向书。推进《武宁创新发展轴五年行动计划(2017—2021)》的实施。搭建科研院校、众创联盟等交流平台，召开2018年普陀区科研院校联席会议，探讨交流科技成果转化思路和构想。

推进两大平台发展建设。完成工业控制安全创新功能型平台和机器人研发与转化功能型平台建设方案论证，工控平台总投资2.88亿元，其中市区两级政府支持2.08亿元；机器人平台总投资3.55亿元，其中市区两级政府支持2.71亿元。平台技术功能布局和产业服务能力不断完善，工控平台主要面向轨道交通、汽车电子、航空航天等重点行业，开展安全技术产品及解决方案供给对接，与中国电子科技网络信息安全有限公司、中国科技院信息工程研究所、360企业安全技术(北京)集团有限公司等国内信息安全重点单位建立战略合作关系，同时携手浙江浙大中控信息技术有限公司、北德车辆检测认证(上海)有限公司等共建基于人工智能的工控安全服务平台；机器人平台牵头制定机器人领域可靠性和智能化相关标准，与青岛海尔股份有限公司、上海新时达机器人有限公司、深圳壮壮优选技术股份有限公司等企业开展对接，寻求项目和技术合作。12月19日，全市首家上海市工业互联网安全产业示范区落户普陀。

打造中以创新园。落实市科委关于在以色列建设中以创新中心(海法)站要求，会同国家技术转移东部中心、雷哈韦(上海)众创空间管理有限公司等机构和企业，共同在海法筹建中以创新中心。组织由区领导带队赴以色列特拉维夫、海法等地考察，同以色列科技与空间部、以色列经济与产业部等就形成中以创新中心来沪创新孵化、技术成果转化等方面进行合作交流。12月14日，举行第2届中以创新创业大赛。

提升科技产业发展能级。年内科技服务业实现区级收入10.97亿元，比上年增长50.35%；区级税收在500万元以上的企业29家，比上年增加4家；区级税收在100万—500万元的企业76家，与上年持平。区软件信息服务业实现营收214.45亿元，比上年增长17.5%，总体保持稳步增长态势。新增高新技术企业26家、科技小巨人(培育)企业5家。

优化创新创业环境。制定并发布《普陀区支持科技创新实施意见》《普陀区加快发展智能制造与机器人产业实施意见》《普陀区加快发展网络游戏产业实施意见》政策实施细则和申报指南。形成创新平台服务提升工程、智能制造及机器人产业提升工程的三年实施方案(2018—2020年)。制定《2018年区科委政策培训工作方案》，组织推进"放管服"改革、优化营商环境软件和信息服务业企业专场座谈会、高企团队奖励政策解读培训、"普陀企业服务直通车"现场对接会和政策宣讲会等活动，做好"科创＋"平台定点推送政策，加大政策宣传推介力度，增强企业政策获得感。年内，发放科技券金额449万元。兑现2016—2017年度大型科学仪器设施共享补贴(市科技创新券)区级支持，共支持24家企业，支持资金145万元。开展科技部2017创新创业人才上海市人才推荐工作，点掌文化传媒公司CEO毛羽入选。43人获2018年度上海市优秀科技创新人才培育计划立项支持，其中优秀学术/技术带头人3人、青年科技启明星计划4人、青年科技英才扬帆计划12人、浦江人才计划24人。

加强知识产权保护和管理。年内，普陀区新增专利申请量4 092件、授权量2 247件，分别比上年增长11.56%、20.87%。曹杨商城和曹杨二中分别被确定为知识产权保护规范化培育市场和知识产权教育示范学校，2家企业被确定为2018年度国家知识产权优势企业，华东师范大学被确定为专利工作示范事业单位。

推进科技产业载体建设。上海麦腾永联众创空间管理股份有限公司、上海盛泉实业(集团)有限公司、上海来谷科技创业投资管理有限公司、上海天地软件创业园有限公司、上海嘉牧投资管理有限公司，上海武宁科技产业管理有限公司获2018年度"科技创新行动计划"创新创业服务体系建设项目立项。在"创三十年"上海科技企业孵化器发展论坛暨表彰大会上，区科委获评区域孵化推动力奖，上海麦腾永联众创空间管理股份有限公司荣获优秀孵化器奖，上海多礼米商务咨询有限公司获新锐孵化器奖，5名个人获孵化服务标兵，6家企业获新锐创业企业奖。

推动智慧城市建设。全面推进"智联普陀"项目建设，编制《"智联普陀"整体规划暨2018—2020年实施方案》，初步建成"智联普陀城市大脑"平台。全面深化政务数据共享，完成所有新建区级信息化应用系统与区基础数据库数据对接。推进信息基础设施建设，新建193个居委会i-Shanghai覆盖点，满足办事居民无线网络接入的需求。开展智慧城市发展水平评估，针对低分指标提出整改方案，加强区各委办局、街镇和运营商的交流。深入十个街镇开展"智慧为老"系列培训暨普陀市民云10场百人培训。推进普陀区电子政务云建设，完成68家单位64个应用系统调研，筛选出39个应用系统，形成区电子政务云平台建设方案。

(陈　至)

【普陀区政府与中国移动上海分公司签署共同推进"互联网＋"战略合作框架协议】 1月12日，普陀区政府与中国移动上海分公司签订共同推进普陀区"互联网＋"建设合作协议。双方将以此次签约为新的起点，共合作、谋发展、同成长，通过提升信息基础设施能级、推进数据开放共享、加大多方协同合作等，以网络建设、技术创新和应用推广为重点，加快普陀"互联网＋"建设与应用，助力科创驱动转型实践区、宜居宜创宜业生态区建设。(陈　至)

【普陀武宁创新发展轴理事会成立大会暨区校合作签约仪式】 9月14日举行。会议审议通过《普陀武宁创新发展轴理事会章程》《普陀武宁创新发展轴理事会理事长、理事、秘书长名单》，颁发理事长、副理事长和理事证书。首任理事长钱旭红宣布普陀武宁创新发展轴理事会正式成立。理事会将对接上海市加快建设具有全球影响力的科技创新中心战略目标，汇聚区域创新智慧、打造普陀科创智囊团和思想库，推动普陀科创驱动转型实践区和"一轴两翼"科创功能布局建设。普陀区政府与华东师范大学共同签订共建国际教育科技园合作意向书。(陈　至)

【上海市工业互联网安全产业示范区揭牌】 12月19日，网络安全产业创新(上海)论坛在普陀区举行。市经济信息化委、普陀区政府指导，上海赛博网络安全产业创新研究院、上海工业控制安全创新科技有限公司主办。论坛上，上海市工业互联网安全产业示范区揭牌。普陀区政府、上海工业自动化仪表研究院有限公司、上海观安信息技术股份有限公司等单位分别签署战略合作协议，协同推进工业互联网安全产业集聚。示范区建设作为普陀推进高质量发展、创造高品质生活的有效抓手和重要载体，构建研发、转化、产业、服务功能健全的工业互联网安全产业生态体系。

(陈　至)

上海市工业互联网安全产业示范区揭牌

第六节 | 虹口区 >>

【虹口区科技工作概述】 2018 年,虹口区围绕提升城区能级和核心竞争力的总体要求,探索"硅巷"型科技创新功能布局,推进产业结构转型升级。

深化科技企业服务。2018 年,区内科技企业 13 353 家。科技产业区级税收 187 035 万元,比上年增长 28.67%;信息服务业区级税收 35 737 万元,比上年增长 24.5%;专业服务业区级税收 93 965 万元,比上年增长 12.46%。截至年底,共有市、区两级科技小巨人(含培育)企业 105 家,其中市级 44 家。区内高新技术企业 245 家,比上年增加 35 家。经认定的产业园区 48 个,总面积 79.75 万平方米。全年新增法兰桥、1929 艺术空间、大柏树 930、优族 173 和明珠园 5 个特色园区、载体面积 6.2 万平方米。

加强创新载体建设。区内共有备案的区级众创空间 21 家,其中国家级众创空间 2 家、市级科技企业孵化器 7 家、市级众创空间 11 家,总面积 13.75 万平方米,工位总数 4 962 个,在孵企业 703 家。举办 2018 年创新创业大赛虹口赛区,小微企业组共报名 150 家,38 个项目突围并纳入上海市科技型中小企业技术创新资金项目立项,其中 18 项代表虹口参加上海国赛选拔赛,2 项获得优秀奖。

推进城市信息化建设。年内,共建成超 · 爱上海信息亭 13 个,其中滨江区域 4 个、建投书局 3 个、浦江金融广场 3 个、虹口足球场 3 个。完成北外滩智能融合杆 2 期工程,基本实现北外滩滨江区域高速公益 Wi-Fi 覆盖。千兆万兆接入宽带网络体系已覆盖全区 26.5 万户,100%接入社区,固定宽带用户下载平均速率超 24.02 Mb/s。北外滩区域重点楼宇(园区)实现万兆带宽接入能力全覆盖。竞合有序的新型物联专网体系基本建成,中国移动、中国联通、中国电信三大运营商基于 NB-IOT 的物联专网已完成虹口全覆盖。广中、凉城、欧阳 3 个试点街道共实现 50 余个物联智能场景应用,传感器连接数约 2.1 万个。

促进知识产权保护。2018 年,区知识产权局以知识产权联席会议为抓手,开展知识产权保护和促进工作。年内,全区申请专利 2 508 件,其中发明专利 1 013 件、实用新型专利 1 301 件、外观设计专利 194 件;获专利授权 1 401 件,其中发明专利 289 件、实用新型 937 件、外观设计专利 175 件。举办高新技术企业培育专题培训,为科技企业讲解申报高新企业知识产权保护知识。联合浦东新区知识产权局开展 2018 年度专利行政执法检查专项行动。建立区知识产权纠纷人民调解委员会及工作室和专家库,探索知识产权纠纷多元化解决机制和知识产权多渠道融合保护机制。

全面提升科普服务能级。首次参加第 5 届上海国际科普产品博览会,举办 2018 年上海科技节虹口区活动、全国科普日虹口区活动。组织开展虹口市民科普新干线、青少年走进科普场馆、体验科技发展等活动,以及创新实践科普行等主题科普宣传活动,全年组织活动 31 次,共 2 700 余人次参与。开展虹口科普讲坛,全年举办讲座 17 场,约 3 100 人次参与。参加第 5 届上海市科普讲解大赛,中科院上海技术物理研究所郭玮宏获 2018 年上海市十佳科普使者称号,作为上海代表队成员参加全国科普讲解大赛决赛,并获大赛三等奖。设立科普场所,全区有中国图书出版蓝桥创意产业园、明珠园路演中心等科普驿站 5 家,年内新增科普驿站 2 家。山二、紫荆、邮电等 11 家居委会被评为 2018 年区科普示范社区,其中欧阳路街道鹰祥绿色港湾科普示范区获上海市 2018 年度科技创新行动计划科普项目立项。推进科普产业孵化基地、院士专家工作站建设,科普产业孵化基地年入驻率 96.6%,引进企业 21 家、团队 1 家,其中科技文化类科普企业 13 家,产业集聚度 61.9%。

打造人才高地,挖掘科技人才。深化众创空间的建设,虹口区有众创空间 19 家,汇聚科技企业 203 家,广聚经营管理人才 437 名、专业技术人才 251 名、高技能人才 184 名。年内,开展知识产权、科技成果转化活动 4 场,吸引 267 人参加,营造良好的创新创业氛围。积极打造技术转移创新实践基地,促进科技成果转移转化,与上海科技成果转化促进会合作共建技术转移创新实践基地和上海技术转移与创新成果展示交流中心。2 年来,基地共组织开展活动 10 余场,参与企业 400 余家,参与人数 600 余人,通过实践基地安排参与全市活动 6 次,参与企业 40 余家。组织开展 2018 国际创新创业大赛虹口区活动。虹口赛区小微企业组共报名 150 家,其中 136 家参加常规赛、14 家参加专题赛。小微企业组共有 38 项创新创业项目突围,其中 18 项代表虹口参加上海国赛选拔赛。推进院士专家工作站建设。截至年底,虹口区共建成 19 家院士专家工作站和 2 家院士专家服务中心,其中 2018 年新建 3 家,集聚两院院士 15 名、专家逾百名,举办咨询交流和技术培训逾百次。2018 年上海市院士专家工作站评估中,虹口区 16 家单位参评,其中 2 家优秀,14 家合格。

(姜舒婷　蒋宇舟)

【虹口区政府与华为签署推进"智慧虹口"建设合作框架协议】 7 月 23 日,虹口区政府与华为技术有限公司在国科

(上海)国际创新产业基地签署共同推进"智慧虹口"建设合作框架协议。根据协议,双方将主要就智慧城区规划交流、新型无线城市建设、"互联网+政务"整体设计、产业合作交流等多方面建立常态化工作机制,共同推进"智慧虹口"建设。

(姜舒婷　蒋宇舟)

第七节　杨浦区　>>

【杨浦区科技工作概述】　2018年,杨浦区科技工作以"三区一基地"(国家创新型城区、上海科创中心重要承载区、更高品质国际大都市中心城区、国家双创示范基地)建设为主线,深化"三区联动、三城融合",发挥高校集聚的智力优势、老厂房转型的空间优势、全国双创活动周主会场的区域品牌优势,扎实做好各项工作,推动区域经济社会的发展。

推动国家创新型城区和双创示范基地建设。推进国家创新型城区建设。召开第7次上海市推进杨浦国家创新型试点城区建设联席会议,全面部署2018年创新型城区建设任务。完成2018年度杨浦国家创新城区专项资金管理工作。深化"三区联动"核心理念。联合相关高校科技处及技术转移中心、上海高校技术市场,开展走进上海电力学院、走进上海海洋大学、走进上海交通大学等6场产学研对接活动,累计参与企业近200家。推进环同济产业发展规划编制,完成环同济知识经济圈新一轮发展策略研究,完成环同济研发设计服务特色产业基地统计工作,完成《杨浦区环同济知识经济圈产业发展报告》。营造创新创业氛围。组织开展"创业在上海"2018上海国际创新创业大赛杨浦赛区。全区共设6个赛点,涉及互联网、电子信息、生物医药等多个领域。共计受理网上申报项目554个,比上年增长3.7%,邀请专家108人次,立项项目145个。组织开展创新创业在杨浦,放飞梦想再启航——2018杨浦创新创业活动盛典。组织召开2018中国(上海)区块链技术创新峰会,吸引超过1 000名代表参会。配合市经济信息化委组织落实上海人工智能产业规划政策发布会、"资本助力AI, AI赋能新时代"投融资主题论坛,承办人工智能从娃娃抓起青少年创新创业主题论坛,协助复旦大学举办类脑人工智能主题论坛。提升杨浦双创国际化水平。加强与美国旧金山湾区委员会、麻省理工学院、澳大利亚新南威尔士大学等的合作。2家园区纳入全市国际化众创空间培育体系(全市共7家),引进欧洲知名创业加速器SBC。举行2018杨浦国家创新型城区高层战略咨询会,与美国湾区委员会签署新一轮合作备忘录,积极参与筹备在湾区设立上海杨浦(硅谷)创新中心。举办中国-以色列物联网与人工智能产业应用论坛等国际双创活动。

夯实基础工作,增强企业创新能力。落实国家、市级科技政策。组织开展2018年度市级小巨人企业推荐工作,立项企业12家。完成2018年度市级小巨人及创新基金项目杨浦区匹配资金拨付。开展技术合同认定,共受理技术合同认定599项,合同成交额33.5亿元,比上年增长175%。开展上海市高新技术成果转化项目认定工作,通过上海市高新技术成果转化中心评审立项18个。认定高新技术企业508家,比上年增长27%。开展科技型中小企业评价工作,2018年度杨浦区科技型中小企业注册数1 013家,已入库企业744家。落实区级科技政策。完成2018年度杨浦区双创小巨人、科技小巨人企业评选工作,确定立项10家区双创小巨人和30家区科技小巨人企业。制订发布《杨浦区知识产权(专利)资助办法操作细则》,并依托知识产权主题培训活动对专利资助政策进行宣传。坚持服务企业长效机制。加强科技政策培训,政策联络员培训工作常态化,全年共开展4次科技企业培训活动,培训内容包括"创业在上海"创新创业大赛、上海市科技小巨人企业政策、高新技术企业认定政策等政策,共计600余家企业参加培训。截至年底,通过市科委《科技企业统计与服务通道系统》,向区内6 000多家企业推送各类服务信息92次。注册系统并开通信息订阅功能的企业6 804家,个人注册订阅2 976人次。

紧抓发展要务,推动科技产业升级。提升科技园区招商和服务工作。2018年科技园区新引进企业3 059户,占全区新增企业的56%;新增注册资金243.8亿元,比上年增长9.91%;新认定区"两个优先"企业2 737家,占全区新认定"两个优先"企业数的61.0%。科技园区共产生区级税收9.26亿元,比上年增长10.67%。积极做好科技扶持资金清算和科技园区服务及考核工作。区域经济运行质量和效益不断提高。推进上海类脑智能研究院、上海精准医学大数据公共服务平台等重点项目建设。完成以现代设计、人工智能和大数据为引领的杨浦区产业地图规划和人工智能产业的政策制定。出台区级促进区块链产业发展政策,明确提出到2020年建成上海人工智能创新应用示范区和上海市区块链技术创新与产业化基地的发展目标。召开2018中国数博会人工智能大赛华东赛区总决赛,引导百度(上海)创新中心、千寻位置网络有限公司等AI企业建设杨浦区的人工智能示范应用。推动国家技术转移东部中心建设。完成国家技术转移东部中心内部架构的战略调整。4月东部中心技术商城正式上线。走访调研国家技术转移东部中心、上海类脑芯片与片上智能系统研发与转化功能型平台等杨浦区十大创新服务平台,提出"突出重点、分类推动、资源协同、定期跟踪"工作思路,着力提升平台双创服务能级。推动新一代人工智能产业工作。落实《杨浦区促进新一代人工智能及大数据产业发展的若干意见》的实施细则。由区内上海五角场创新创业学院和上海东方明珠(集团)股份有限公司牵头,联合阿里巴巴网络技术有限公司、百度公司、深圳市腾讯计算机系统有限公司等企业,倡议成立人工智能与大数据产业协同创新联盟。

聚焦公共服务,营造浓厚创新创业氛围。推动智慧城市建设。协调成立区智慧城市建设领导小组,推动区智慧城市建设的相关工作。完善控江街道社区神经元网络和社区大脑建设，并将“控江模式”复制到平凉、大桥、延吉、新江湾城4个街道，在原20余项物联网应用基础上增加微卡口、高空抛物监控、门磁等应用，并根据4个街道的各自特点开展等特色应用。加速推进信息化建设。推进智慧城市、雪亮工程项目工作，启动智慧城市基础设施建设1期租赁项目建设。做好中国国际进口博览会期间关键信息基础设施专项安全保障工作。提升知识产权整体水平。依托杨浦区知识产权联席会议制度，以“4·26”知识产权宣传周为重点，开展各项宣传活动。完善知识产权维权援助网点和快速维权通道。2018年，杨浦区共申请专利11 135件，其中发明专利6 650件，比上年增长30.6%，占总申请量的59.72%，获专利授权5 268件，其中发明专利授权2 002件，每万人有效发明专利拥有量80件。提高公众科学素养。举办2018年杨浦科技节。组织参加第33届上海市青少年科技创新大赛，获青少年创新成果一等奖45个、二等奖129个、三等奖116个，青少年科技创意项目一等奖25个、二等奖52个、三等奖52个。（孙屹琦）

【中国-以色列物联网与人工智能论坛】 5月16日举行。杨浦区政府和市张江高新区管委会主办，围绕金融科技、智能驾驶、商业智能、传感器黑科技4个主题，共同探讨中-以物联网和人工智能底层技术创新和行业应用的现状、趋势等。吸引企业及投资机构代表近500人参加。（孙屹琦）

【国家创新型城区高层战略咨询会】 11月5日在杨浦区举行。杨浦区政府、美国湾区委员会共同主办，杨浦区科委、美国湾区委员会上海办事处承办，以“创新融合，开放共赢”为主题，围绕扩大改革开放和中国国际进口博览会在上海举办带来的发展机遇，深化杨浦与加州湾区的交流合作，推动杨浦新一轮的发展，为上海打响“四大品牌”、持续优化营商环境、建设具有全球影响力的科技创新中心提供智力支持，也为中美企业跨境合作搭建更好平台。会上，杨浦区政府与湾区委员会共同签署杨浦区与美国湾区委员会新一轮（第4轮）合作备忘录。（孙屹琦）

杨浦区政府与美国湾区委员会签约仪式

第八节 | 黄浦区 >>

【黄浦区科技工作概述】 2018年，黄浦区完善科技创新工作体制，深入对接上海科技创新中心建设，推动科技创新与产业的融合发展，新金融、新消费、创意2.0、大健康、互联网+等五大创新领域发展取得明显成效。五大创新领域全口径税收164.85亿元，比上年增长16.5%。其中，新金融领域税收57.8亿元，比上年增长44.7%；新消费领域税收18.18亿元，比上年增长42%；互联网+领域14.78亿元，比上年增长8.9%；大健康领域税收23.05亿元，比上年增长5.5%；创意2.0领域税收51.03亿元，比上年下降4.2%。

开展产业创新发展研究。聚焦北京东路地区城市更新和转型发展，开展提升科创核心功能课题调研，形成《北京东路地区转型发展中提升科创功能的思路研究》课题报告。聚焦区生物医药健康产业发展，分析研究区域产业资源和基础、细分产业发展趋势、国内外产业集群案例等，形成《黄浦区健康创新产业发展研究》课题报告。开展区信息服务业、生物医药健康产业、高新技术产业发展现状分析研究，梳理区信息服务业企业约2 000家，其中营业收入过亿元的企业24家；生物医药健康企业约300家，其中重点企业49家；高新技术企业110家，其中税收达千万元以上企业30家。开展系列政策研究，修订《黄浦区软件和集成电路产业发展专项资助操作办法》，制订《黄浦区关于加快新一代人工智能融合发展的实施意见》《黄浦区关于加快推进新一代人工智能产业融合发展的政策意见》《黄浦区科技创新载体建设扶持办法》《黄浦区促进生物医药产业创新发展的实施意见》，提升政策服务科技创新、产业发展的精准性。

推进科技创新载体建设。推进普华永道创新平台建设，与平台建立服务资源对接、引进企业前期选拔、项目落地配套服务等合作机制，举办“创新升级、品牌黄浦”上海品牌升级论坛活动，开展咨询、零售、法律等方面的加速营项目和行业资源对接会20余场，促进全球创新资源向黄浦集聚。推进广慈-思南医学健康创新园区建设，制订园区产业发展规划，引进创新型生物医药健康企业，将基础医学研究成果转化为可应用于临床诊疗的指南方案、器械药物，解决医学创新“最后一公里”的难题。推进科技企业孵化基地建设，调整集成电路设计孵化基地经营策略，组建新的运营团队，支持基地提升市场化运作能力。推进众创空间建设，完成《区众创空间发展现状分析报告》，普华永道创新平台被列入张江示范区众创空间名录，创梦天地、宏慧创想、帷迦众创3个国家级众创空间总面积近15 000 m^2，可提供工位约1 600个，空间平均入住率85%。围绕北京东路地区城市更新和转型发展，推动科技京城赛格电子市场置换改造，建设“海派智谷”项目，打造国际智能制造产品发布、展示、交易中心。

集聚发展科技创新企业。成立科技招商工作小组，建立科创企业服务与招商例会，建立走访企业台账制度，重点聚焦云计算、大数据、互联网等领域，引进总部型、龙头型、平台型、创新型企业和机构。支持企业创新发展，组织开展系列科技政策宣传培训活动，指导企业申报各类科技项目，19个项目获科技型中小企业技术创新资金立项，21个项目获张江专项资金立项，科技京城“海派智谷”项目获市区联动创新创业环境建设项目立项，2家企业获科技小巨人（含培育）项目立项，6个项目被认定为上海市高新技术成果转化项目，9家企业143人次获市软件和集成电路企业设计人员专项奖励，50家企业被认定为高新技术企业，3家企业入选2018上海软件企业双百名单，全年完成技术合同认定120项，技术交易金额4.6亿元。集聚培育科技人才，区科委会同市欧美同学会哥伦比亚大学校友会举办首届海归独角兽培训营，与哥伦比亚大学校友会签署合作协议，吸引优秀海归人才来黄浦创新创业；主办“2018创业在上海”国际创新创业大赛黄浦赛区比赛暨黄浦区第3届创新创业大赛，发掘优质创新创业项目和优秀人才团队。

深入推进知识产权工作。修订《黄浦区专利工作资助实施办法》，扩大资助对象和范围，全年申请专利3 774件，比上年增长17%；其中，发明专利1 491件，比上年增长22%；获专利授权1 814件，比上年增长14%；区内34家企业、11家事业单位和4位个人获专利资助金165.55万元。结合服务保障进口博览会，在豫园商城、大丸百货、文化商厦等商家开展专利行政执法检查，净化商业流通领域专利商品市场。开展专利行政执法委托试点，黄浦区知识产权局与市知识产权局签订执法委托书，重点查处假冒专利行为、调解专利纠纷，加强拟执法人员业务培训。开展知识产权纠纷人民调解试点，在区科技创新中心、集成电路设计创业中心、江南智造创意产业促进中心、上海第一医药商店设立知识产权纠纷人民调解办公室，近距离为企业提供知识产权咨询、维权的畅通渠道，全年参与调解知识产权纠纷41件，成功调解17件。开展真牌真品承诺活动，71个商家成为“双真”承诺单位。组织申报知识产权试点示范项目，上海东软载波微电子有限公司被认定为国家知识产权优势企业，上海第一医药商店被认定为国家级知识产权保护规范化市场，上海中医药大学附属曙光医院被认定为市级专利工作示范单位，上海市格致中学认定为上海市中小学知识产权教育示范学校。

统筹推进智慧城区建设。开展智慧城区顶层设计，发布《黄浦区推进新型智慧城区顶层设计的实施意见》，解决“数据孤岛”等瓶颈问题，推动跨部门协同应用。推进信息基础设施建设，编制《黄浦区关于推动新型城域物联专网建设的实施方案》，完成120多个公共场所4G网络信号排查优化，开展5G网络建设研究。推进区宏观经济数据共享管理平台、社区治理综合信息平台、智慧养老一体化综合服务管理平台等一批重点项目建设，成立区大数据中心，区政务云平台累计为35个部门提供虚拟服务器145台，已上云应用系统85个，应用上云率51%。依托2018世界人工智能大会平台，举办“黄浦智脑”专题展示，组织开展“智慧黄浦，你我共享”“2018上海智慧城市进万家”等主题宣传活动。黄浦区被国家信息中心授予2018中国领军智慧城区奖。

（张鹏生）

黄浦区政府与普华永道签订战略合作协议

【黄浦区政府与普华永道会计师事务所签订战略合作协议】 1月9日，黄浦区政府与普华永道会计师事务所签订战略合作协议，共同打造创新行业国际化平台。平台依托普华永道创新中心空间载体，聚焦融合新兴技术的高端服务业领域，在全球范围内遴选优质企业；以市场需求为导向，解决中小创新企业在发展中所需的投融资、技术转化服务、财务咨询及人才培养等精准对接服务，加快产业化发展；以整合全球资源为目标，形成国际高技术产业资源导入枢纽，提高资源配置和利用效率，加速企业的造血和盈利能力。

（张鹏生）

【黄浦区大数据中心揭牌】 8月28日，黄浦区大数据中心揭牌。大数据中心旨在贯彻落实上海市大数据发展的方针政策，以跨部门、跨行业、跨系统应用为重点，构建全区数据资源整合、梳理、分析、共享、应用、展示一体化服务平台，不断提高区域数据加工能力，实现数据增值，推动政府进一步提升行政效能和精细化、智慧化服务管理水平。同时，运用大数据分析，总结经验、发现规律、预测趋势、研判预警，为区委、区政府提供辅助决策。（张鹏生）

第九节　静安区

【静安区科技工作概述】 2018年，静安区对接上海科创中心建设和“上海制造”品牌，推进以大数据为重点的新兴产业发展，着力提升信息服务业发展能级，深化智慧城区建设和应用,持续优化创新与发展环境,科技创新工作稳步推进。

信息服务业能级稳步提升。加快推进以大数据、云计算和物联网等为重点的新兴产业发展,提升信息服务业发展能级,2018年信息服务业实现税收51.2亿元,比上年增长15.6%。静安区获批第8批国家新型工业化产业示范基地,成为上海首家以大数据为主导产业的国家新型工业化产业示范基地。开展上海产业地图编制工作,静安区被确定为上海大数据产业的核心功能区。发挥市北高新园区大数据产业基地的品牌效应和服务能力,引进大数据等信息企业54家。上海晶赞融宣科技有限公司入选2018年中国大数据企业50强。对接打响"上海制造"品牌战略,制定《静安区全力打响"上海制造"品牌推进国家大数据产业示范基地建设三年行动计划(2018—2020年)》,确定静安区以发展大数据、云计算和人工智能等战略性新兴产业为重点,以"静安智造"融合助力"上海制造"品牌。推进上海-亚马逊AWS联合创新中心建设,签约项目执行方案,启用智慧城市创新实践展示体验中心。推进中航联创上海创新中心建设,通过与创新企业、高新项目、创业团队的对接和合作,开发并孵化大数据、物联网、新型显示等新兴产业重点项目。举办2018世界人工智能大会——静安国际大数据主题论坛、上海BOT数据智能创新应用大赛和2018首届RFC机器人创始人影响力峰会等系列活动,营造大数据产业创新发展生态。

科技创新能力不断增强。组织企业申报张江专项发展资金项目48个,获市级专项资金5 252.5万元。加快高新技术企业培育进程,新增高新技术企业18家,高新技术企业累计276家。新增上海市科技小巨人(含培育)企业7家,累计94家。11家企业入选2018上海软件企业规模百强和2018上海软件企业高成长百家。7家企业入选上海市高成长性科创企业。推进科技成果转移转化,新增高新技术成果转化项目认定21项,3家企业入选2017年上海市高新技术成果转化项目百佳奖,其中卡斯柯信号有限公司入选百佳十强。年内认定登记技术合同424项,技术交易额11.2亿元。

科技创新环境持续优化。完善政策支撑体系,出台《〈静安区关于促进科技创新与发展的实施意见〉配套政策细则》《静安区关于促进大数据产业发展的实施办法》,聚焦科技产业、科技企业、科技项目、科技载体的创新发展。推进高品质创新载体打造,支持科技孵化器、众创空间等载体发挥特色优势,提升能级、打造品牌,7家众创空间获批市科委"三化"培育引导,新增WeWork南京西路店、WeWork武宁南路店、米域愚谷店3家众创空间。开展新一轮市区联动项目申报,"静安区众创空间联动创新和服务能级提升"项目通过市科委评审立项,获市级资助资金350万元。完成2018年"创业在上海"创新创业大赛国内赛和国际专题赛赛事保障工作,获批创新资金项目47个,区内158家企业参加国内赛,84家企业参加国际专题赛。开展科技企业大调研工作,召开专题座谈会4场,参会企业200家,走访调研科技企业900家。完成《静安区科技创新与发展"十三五"规划》中期评估。

2018"创业在上海"创新创业大赛静安赛区

知识产权建设稳步推进。组织区内10家企业申报2018年专利工作试点和示范企业。开展知识产权保护规范化市场培育工作。推进市北高新园区知识产权服务平台建设,通过平台整合政府、园区和知识产权服务机构等服务资源,拓展服务科技企业的功能,利用平台开展2018年度专利资助的申请受理工作。年内申请专利3 403件,获专利授权2 040件,其中发明专利授权378件、实用新型专利授权1 227件、外观设计专利授权435件。开展知识产权宣传周系列活动,面向科技型中小企业、大数据领域企业,举办知识产权的"防与攻"、知识产权侵权判定及抗辩等专题培训。推进销售真牌真品,保护知识产权承诺活动。联合开展专利行政执法,推进知识产权人民调解工作。推进全区软件正版化工作,开展正版软件大数据管理系统服务平台专项培训。

智慧城区建设不断深化。上海大数据应用创新工程项目"大数据与城市精细化管理(静安)"获批国家发展改革委2018年数字经济试点重大工程。制定新型城域物联专网建设工作方案,加快新型城域物联专网在静安的全覆盖。优化政务光纤网络覆盖,完成八街一镇至居委会政务光纤和网络的布设并启用,开通点数282个。启动建设云立方机房与大统路480号政务大楼机房网第2条光缆项目。完成区公务网分级保护、安全保密方案的制定。举办面向社区、园区、学校的网络安全宣传周和智慧城市体验周等系列活动。完成《静安区智慧城区建设"十三五"规划》中期评估。

地震应急工作有序开展。完善观测网络系统,完成8个地震示范学校和3个地震示范社区密集观测网络系统的安装并投入运行测报。围绕"5·12"防灾减灾日、"7·28"防震减灾日,开展多形式的防震减灾宣传教育活动,普及防灾减灾知识和技能,增强市民灾害防御意识,在区内形成宣传的全覆盖;发放《市民防灾避险·应急自救常识》《市民防灾知识手册》《震相大白》等科普读物和宣传资料20种10 000份,展出展板60块。组织参与第20届上海市中学生防震减灾知识竞赛。参与市地震局组织的地震科普征文

活动。 （嵇立亚）

【静安区政府与上海市信息投资股份有限公司签署战略合作协议】 2月8日，静安区政府与上海市信息投资股份有限公司签署战略合作协议。根据协议，双方将从信息基础设施平台建设、智慧城区应用示范工程和城域物联产业发展3个方面，发挥各自优势，开展深度合作，共同推进在城市管理、民生保障、信息产业等相关领域的项目建设，促进相关企业的联动发展，共同打造全产业链生态圈。

（嵇立亚）

【静安区大数据产业示范基地获批全国第8批国家新型工业化产业示范基地】 2月，上海静安区大数据产业示范基地获批全国第8批国家新型工业化产业示范基地。静安区按照“交易机构＋创新基地＋产业基金＋发展联盟＋研究中心”五位一体思路，形成“以市北高新园区为核心、四大园区为支撑”的“1＋X”大数据产业创新格局，聚焦大数据分析与挖掘、大数据融合应用、大数据共享开放与流通、大数据安全技术，集聚上海市大数据中心、上海数据交易中心、大数据产业基地、等重要机构相继落户，加快引进培育上海浪潮云计算服务有限公司、上海晶赞科技发展有限公司、卡斯柯信号有限公司等一批行业龙头企业。 （嵇立亚）

【静安大数据创新加速器揭牌】 4月3日，静安大数据创新加速器在市北园区揭牌。加速器由市北高新园区、上海超级计算中心和上海大数据联盟共同建设，旨在构建大数据企业专业化众创空间，推动创新资源共享和协同创新，提升大数据关键技术创新和核心竞争力。大数据创新加速器面积4 000 m^2，已入驻企业11家，入住率100%。 （嵇立亚）

第十节 | 闵行区 >>

【闵行区科技工作概述】 2018年，闵行区以国家科技成果转移转化示范区建设为重要抓手，不断丰富上海南部科技创新中心核心区内涵。

启动国家科技成果转移转化示范区建设。市区联动制定市区两级三年行动方案，对标国家战略需求，聚焦科技创新中心建设，突出辐射引领功能，明确建设方向和路径。上海国际技术交易市场落户闵行并形成建设方案；加拿大滑铁卢大学技术转移上海中心揭牌；签约的10家技术转移机构中7家已开展专业服务；积极筹建上海闵行国家科技成果转化专项基金；举办中英项目上海对接会、伦敦科技周中国行上海站、浦江论坛科技服务业论坛等活动，吸引优质资源项目落地闵行。

推动上海南部科技创新中心核心区建设。紫竹创新创业走廊完成南上海创新与产业集群展示馆主体框架建设，南部科技创新服务中心确定设计方案，人才公园1期项目完成建设，横泾港东岸景观提升工程启动方案设计。沧源科技园及开放式街区转型加快建设，全面启动民政飞马旅、华谊大正、颛桥黄二村等改造项目。紫竹高新区和南滨江联合申报科技资源支撑型国家创新创业特色载体。

共建研发与转化功能型平台。有效整合高校、科研院所及企业优势资源，多点布局尝试突破，推动产学研深度合作。上海交通大学医疗机器人研究院成立，推进建立精密机电系统、智能人机交互、影像导航介入等3个研究中心和精密敏捷制造平台、医疗影像公共平台两大公共平台，形成医疗、产业及双创资源“3＋3＋3”（3个研究中心、3个临床联合研究中心、3个孵化企业）的产出机制；闵行区政府与上海交通大学、上海临港经济发展（集团）有限公司、博康控股集团有限公司签订战略合作协议，共建上海人工智能研究院，聚焦人工智能产业，推进科技成果转化。

聚焦生物医药产业发展。闵行区共有生物医药企业229家，其中规模以上企业55家，工业总产值205亿元，比上年增长1.9%。制定发布生物医药产业三年行动计划、加快生物医药产业发展的专项政策意见及其政策细则，助力生物医药企业做强做大。上海恒瑞医药有限公司的吸入用地氟烷首仿药及上海松力生物技术有限公司研制的复合疝修补片分别获国家食药监局批准上市，成为闵行区首个上市的创新型医疗器械产品。

培育区域创新主体。年内新增上海市科技小巨人（含培育）企业26家，其中科技小巨人企业15家、科技小巨人培育企业11家；新增区级科技小巨人（含培育）企业26家；新增科技创业新锐企业20家；新增高新技术企业151家；新增市级工程技术中心3家；新增区级研发机构20家。

提升科技创新实力。推动技术攻关、技术交易与产学研合作，年内共有31个项目被列为区重大产业技术攻关计划，资助资金2 541万元；87个项目被列为产学研合作计划项目，资助资金1 390万元；技术合同成交量900项，技术合同成交金额23.04亿元。

提升众创空间能级。紫竹创投获市科委“国际化”培育立项，零号湾等2家孵化器获“国际化”培育引导立项，道创空间等2家孵化器获“品牌化”培育引导立项，ET空间等8家孵化器获“专业化”培育引导立项。零号湾国家双创示范基地引入创新创业项目550余个，培育科技创新企业350余家，上海交大国际创新设计中心等一批创新创业服务平台和机构落户零号湾。

提升科技金融服务。年内帮助94家企业获得科技贷款3.7亿元，其中首次贷款企业数量30%。发挥公益基金作用，支持大学生创业，基金成立以来共立项项目52个，帮助大学生获得创业首贷1 295万元，资助项目运营情况良好。

提升知识产权服务。对标国家知识产权示范城区建设标准,全面完成各项任务指标,并被认定为全国首批知识产权军民融合试点地方。全年专利申请量 16 164 件,获专利授权 10 404 件,每万人发明专利拥有量 67.8 件。新增市专利工作示范单位 6 家、市专利工作试点单位 6 家、区专利工作示范单位 14 家。临港浦江国际科技城获评市知识产权试点园区。 (盛酉红)

【闵行区科委与加拿大滑铁卢大学技术转移中心签署合作协议】 10 月 31 日,2018 浦江创新论坛 · 科技服务业论坛——全球技术转移大会在闵行区举行,闵行区科委与加拿大滑铁卢大学签署合作协议,合作建设滑铁卢大学技术转移上海中心。通过构建国际技术转移网络等项目,推动国际优质科技项目落地示范区。加拿大滑铁卢大学技术转移上海中心将重点结合闵行区企业发展需求,通过多种形式开展科技合作与交流,推进滑铁卢大学优质学科成果及衍生公司项目落地闵行,提升企业创新能力,服务区域产业发展。 (盛酉红)

闵行区科委与加拿大滑铁卢大学技术转移中心签署合作协议

第十一节 | 宝山区 >>

【宝山区科技工作概述】 2018 年,宝山区以"深度融合、转型发展"为主线,以推动"科技带产业,科技促转型"为原则,推进科技创新政策体系构建,推进科创载体建设,持续优化营商环境,推动宝山经济实现高质量发展。

提升创新资源集聚力。出台机器人及智能硬件产业专项扶持政策,成立机器人产业创新基金,伏能士智能设备(上海)有限公司、上海快仓智能科技有限公司、上海巨什机器人科技有限公司和国家机器人检测评定中心等一批机器人项目落地。引入上海德荣华生物科技有限公司、上海极溢生物科技有限公司、上海晶宇环境工程有限公司等企业落地。联合上海大学法学院等 15 家单位,成立区级知识产权服务联盟,为科技创新企业提供一站式、定制化服务,专利申请量比上年增长 20.2%。新增科技小巨人企业 7 家,新增高新技术企业 100 家,完成 322 家企业科技型中小企业备案。2017 年度享受加计扣除企业 551 家,比上年增加 40.2%;享受 2017 年度加计扣除金额 32.37 亿元,比上年增加 20.78%,高新技术企业中享受加计扣除企业数占比 86.69%。享受 2016—2017 年度科技创新券补贴超过 50 万元,同期增加 41%。

汇聚创新成果影响力。4 个项目获 2018 年度上海市科学技术奖。举办 2018 年上海国际创新创业大赛宝山赛区活动,共 293 家企业参加企业赛,15 个项目参加专题赛,13 个项目入围国赛。35 个项目获批高新技术成果转化项目,比上年增长 8.6%,带动企业研发投入 3.24 亿元。

增强科技成果转化能力。签订《上海市研发与转化功能型平台实施框架协议》,东旭集团有限公司第二总部落户宝山,并开展建设石墨烯路灯示范工程;上海石墨烯产业技术功能型平台吸引复旦大学、上海大学、中科院上海微系统与信息技术研究所等 45 个高水平科研团队聚集。

扩大创新环境吸引力。开展张江宝山园范围调整工作,截至年底,张江高新区宝山园实现营业收入 2 652.8 亿元,比上年增长 51%;税收总收入 79.96 亿元,占全区比重 17.7%。科技融资服务平台共为 22 家中小微企业成功贷款 8 948 万元。26 家获科技履约贷 12 300 万元,分别比上年增长 37%和 52%。编制环上大创新圈规划及行动计划,汇总梳理上大 17 个创新项目,建成上大-宝山军民融合产业园。联合石墨烯功能型平台与上海大学,共同举办第 2 届中瑞(国际)石墨烯创新高峰论坛。开展氢燃料电池、石墨烯钠离子技术等项目中试转化。推动中国 3D 打印文化博物馆对外展示全球首款量产 3D 打印电动车 XEV,市区联动举办 2018 国际 3D 打印嘉年华活动,生态圈影响力进一步扩大。智慧湾科创园作为宝山区科普产业建设主体,市区联动打造全市科普产业园建设示范模板。

提高协同创新辐射力。促成 58 个产学研合作项目,建成院士专家工作站(服务中心)18 家,市区两级工程技术研究中心 16 家,研发公共服务平台 2 家。共有国家级众创孵化载体 6 家。财景科技园、智慧湾科创园等 4 家孵化载体入选市科委"专业化"引导众创空间。积极推进军民融合,征集企业军民两用技术项目 5 条,推荐 82 个军民融合技术项目进入上海市国防潜力项目库。

推进科普特色工作。推进开展科普示范创建工作,创建 3 家区级科普教育基地,区级以上科普教育基地累计 33 家,高境镇高境路科普之光城市景观带等 50 个项目获批 2018 年科普项目。举办第 16 届上海市"明日科技之星"选拔赛,组织区域内青少年学生参加第 33 届上海市青少年科技创新大赛、第 39 届世界头脑奥林匹克中国区决赛,获 400 余项奖。举办重大科普活动,组织开展科技节、全国科普日等各类科普活动近 300 项。开展万人科普培训活动,共开

展培训 537 期,23 705 人次参加培训。 （汪　宇）

【新杨湾 & 国药上海健康产业园开园】 5 月 21 日,宝山区政府与中国医疗器械有限公司战略合作框架协议签约暨新杨湾 & 国药上海健康产业园开园仪式举行。产业园自 2016 年启动建设,定位于集制造业优化升级、服务业转型发展、国际合作学术推广、创新技术成果转化、高层次人才培养为一体的医疗器械科技创新产业平台,其将充分发挥国药器械华东、东南区域医疗器械联动优势,以及多维度辐射全国的营销网络,实现产、研、销三位一体,打造国内一流医疗器械产业孵化器。 （汪　宇）

【2018 国际 3D 打印嘉年华】 5 月 31 日至 6 月 2 日在宝山区智慧湾科创园举行。工业和信息化部、市张江高新区管委会、宝山区政府共同主办。活动为期 3 天,通过举办与 3D 打印相关的展览、峰会论坛、音乐会、互动工坊、创意市集等活动,探讨运用 3D 打印促进区域智能制造的新模式与新路径,展示 3D 打印在科技、建筑、医疗、工业、艺术等多方面的应用。 （汪　宇）

【宝山区政府与北京市商汤科技开发有限公司共建智能城市示范区】 8 月 16 日,宝山区政府与北京市商汤科技开发有限公司签订战略合作框架协议。双方将围绕人工智能赋能产业,合作共建智能城市示范区,结合智慧医疗、智能技术、创新应用和产业链延伸等项目,推进智能城市的发展和建设。通过创新融合,推动城市更新和品质升级,加强以邮轮经济为引领、以先进制造业和高端服务业双轮驱动的多元产业的集中度和显示度。 （汪　宇）

宝山区政府与商汤科技共建智能城市示范区战略合作协议签约仪式

【宝山区政府与华东师范大学签订合作办学暨深化战略合作框架协议】 9 月 4 日,宝山区政府与华东师范大学签订合作办学暨深化战略合作框架协议。根据协议,双方将推进在教育、科技、文化、人力资源等领域合作,促进共同发展。双方将合作构建华东师范大学-宝山科技成果转化服务平台、华东师范大学国家大学科技园宝山分园,联合申报国家和上海市重大科技项目,共建上海河口科技馆。 （汪　宇）

【2018(第 5 届)中国产业互联网高峰论坛】 10 月 12 日在宝山区举行。中国互联网协会和宝山区政府联合主办,以“产业互联网·工业互联网·工业电子商务”为主题,围绕产业互联网、人工智能、工业互联网、区块链、智慧城市等前沿技术的发展与应用和最新的实践成果进行探讨与经验分享。吸引来自政府部门、高等院校、科研机构、企业等代表 1 000 余人参加。会上宝山区区块链产业联盟揭牌。 （汪　宇）

【宝山区政府与百度公司签署战略合作协议】 11 月 27 日,宝山区与百度公司签署战略合作协议,双方共同致力于人工智能、大数据、云计算与实体经济融合发展,推进百度智能城市、智能交通等业务总部规划建设并落户宝山,将宝山打造成为智能城市示范区和人工智能产业集聚高地。 （汪　宇）

第十二节 | 嘉定区 >>

【嘉定区科技工作概述】 2018 年,嘉定区推进科技创新中心重要承载区建设,加快创新技术策源地、创新要素集散地、创新成果转化地建设,提高科技创新集中度、显示度和贡献度,为新一轮科技创新中心重要承载区建设取得良好开局,为打造创新活力之城奠定良好基础。

构筑科技创新战略新优势。聚焦长三角一体化发展战略,加强跨区域合作联动,达成举办长三角城市群科技交易博览会和建设科技创新公共服务平台共享机制、科协系统建设协同一体化创新工程等合作协议。与浙江省温州市科技局达成加快两地科技创新领域高质量发展合作协议,推进科技园区共建、创新资源共享等方面协同发展。率先启用嘉定区“双创券”服务平台,实现嘉定、苏州、温州三地科技资源、科技服务互通互联、合作共享。首批共享资源涵盖三地高校院所、检验检测机构、企业工程技术中心 130 家,提供重大科研基础设施、大型仪器 1 705 台(套),创新创业服务项目 309 条。

鼓励激发科创新活力。积极培育区级“三化”(专业化、品牌化、国际化)众创空间培育发展,新增市级众创空间 4 家,区级 9 家。大力实施创新型企业“小升高”计划,举办 6 场高新技术企业政策宣讲会,遴选 1 000 多家企业重点辅导培育,共推荐申报企业 438 家,比上年增长 25.1%,其中 403 家企业获认定,截至年底,高新技术企业增长超过 21%。推荐105家企业申报市科技小巨人(含培育)企业,被认定21家,累计207家次;申报市高新技术成果转化项目91项,72个项目获认定。共有149个项目获市中小企业技术创新资金项目立项,获扶持资金1 490万元。推出科技型中小企业评价工作,731家企业入库并完成评价信息自查。制定出台《关于实施"双高"人才计划,加快推进科创中心重要承载区建设的若干意见》,围绕加快推进产业人才新高地建设、加速形成科创人才高峰的目标,坚持党管人才政治导向,牢固树立高端引领、全球配置、市场参与的理念。深化技能人才培养基地建设,实施高技能人才培育扶持计划,形成嘉定"工匠"、技能标兵、技术能手多层次技能人才体系。出台《嘉定区关于鼓励企业引进"海外工程师"的管理办法(试行)》《嘉定青年英才开发计划实施意见》《关于开展以"嘉定工匠"为引领的高技能人才品牌建设工作的实施意见》等系列文件,进一步构筑嘉定人才激励政策体系。

知识产权工作持续进步,双创服务愈加优化。全年专利申请量、授权量分别为14 888件、9 455件,分别比上年增长17.2%、40.9%。南翔智地、育成中心和上大科技园被列为市知识产权试点示范园区建设,12家企业被认定为市专利工作试点企业。完成对183件发明专利费专项资助工作,资助金额198.4万元。开展"4·26"知识产权宣传周活动,举办知更鸟知识产权银行成立等10大系列活动。企业研发投入强度持续增强,享受研发费用减免的企业1 520家,减免研发费用88.99亿元。2018年共完成技术合同认定登记586项,技术合同成交金额38.93亿元,分别比上年增长52.6%、111%。其中,技术开发合同514项,合同交易金额35.18亿元;技术转让合同10项,合同交易金额7 685.53万元;技术咨询合同1项,合同交易金额10万元;技术服务合同61项,合同交易金额2.98亿元。举办"创业在上海"嘉定赛区创新创业大赛。指导嘉定众创空间联合会举办17期创业训练营、22期项目专场路演。举办同济大学首届世界创新创业博览会、第6届321中国创业节、第11届科技50创业大赛等众创活动。

有效壮大科创新动能。5个政府部门纳入嘉定创新创业大厦,创新创业服务事项增至86项,科技各条线六大类28个事项(35个项目)实现"一口"咨询;积极探索构建金融资本等八大服务平台,汇集服务条目8 000余条,打造创新创业生态闭环。大厅窗口服务量达4.7万人次,接待参观团队110批次,举办各类创新创业活动219场。先后引进上海敬元投资(集团)有限公司、北京市品源律师事务所等一批知名知识产权服务、运营机构落地。上海公共研发服务平台嘉定分中心、国家技术转移东部中心嘉定分中心等平台启用。18项(人)获2017年度上海市科学技术奖,占获奖总数的6.6%。审批通过扶持中小企业发展项目28个,扶持资金1.93亿元。

做深院地合作,做优产学研合作。召开重要承载区建设第三次联席会议暨2018年嘉定·高校科研院所座谈会,张江科技创新成果转化集聚区2期重大项目完成立项,签署项目合同书和计划任务书,中科院上海国家技术转移中心设立上海深景医药科技有限公司,推进放射性药物研发与同位素药代实验平台建设。推动中试和工业示范项目,开展纳米气泡技术在环境领域的示范应用。上海超声技术工程中心揭牌。中科音瀚声学技术(上海)有限公司注册。加快推进中科院上海应用物理研究所放射性药物研发平台项目、中科院上海技术物理研究所移动能源项目、中国电科第三十二研究所上海拟态安全工程技术研究中心项目建设。安亭·环同济创智城泛高校校友联合促进中心揭牌。上海微技术工业研究院8英寸MEMS研发中试线完成量产,温度传感器产品累计出货超过350万颗。硅光子市级重大专项已吸引华为技术有限公司等5个客户,前端设备在年底逐渐搬入。首台国产质子治疗示范装置已完成加速器系统、固定治疗室、眼睛束治疗室,以及180°旋转治疗室的安装及设备调试工作。国家智能传感器创新中心揭牌成立,嘉定芯天地产业园启用。全年共扶持31个产学研合作项目,扶持资金总计698万元。启动2018年上海科技成果转化促进会《联盟计划-难题招标》项目,审核通过15家企业的16个项目。

加强科学普及工作。制定出台《嘉定区科普项目管理办法》,并发布《嘉定区2018年度科普项目申报指南》。完成2018年15个科普项目申报评审资助,资助金额271.2万元。新建同济大学市级亿角鲸海洋科学研究中心。举办嘉定区2018"全国科普日"活动。完成上海市第5届国际科普产品博览会参展工作,组织社区科普大学、科技企业、科技教育机构参展。举办第4届上海国际自然保护周预热活动嘉定专场活动。创新科普惠民利民手段,建立"客堂汇"科协科学知识大讲座、"科技50"学术交流与技术沙龙大讲堂。上海智臻智能网络科技股份有限公司等10家单位成为专利信息库应用的试点示范单位。推进"科普中国"落地应用,结合全市"农民一点通"2期改造工程,协调推进全区84个"农民一点通"服务终端植入"科普中国"网上资源,满足市民对优质科普资源的需求。壹柯院士专家工作站成为区政府机关食堂等5家餐厨垃圾处理示范应用单位,中科院上海硅酸盐研究所院士专家工作站、惠禾种业院士专家工作站先后开展东生讲坛、脱毒大蒜种苗繁殖与原种生产技术研究及应用等讲座。推动"嘉昆太"(嘉定昆山太仓)三地科普教育基地资源共享开放,启用3万份涉及三地共27家科普教育基地的嘉昆太三地科普护照。(徐昊琦)

第十三节 | 松江区

【松江区科技工作概述】 2018年,松江区推动科技工作。

实施“小升高”工程，全年认定高新技术企业315家，比上年增长34%；新认定高新技术企业216家，比上年增长83.1%；共有高新技术企业772家，比上年增长28%。推进科技小巨人企业培育工程，12家实施期满的科技小巨人企业通过验收，获市区两级资金扶持2 780万元。全年新申报科技小巨人企业72家，立项15家(其中认定型7家、培育型8家)，较上年增长66.7%。推进高新技术成果转化项目，获市科委认定52项。1个项目获市高新技术成果转化项目自主创新十强，6个项目获市高新技术成果转化项目百佳，并获2018年度市高新技术成果转化工作先进集体。

加快松江大学城双创集聚区建设，联合区国资委、广富林街道成立松江大学城双创服务发展有限公司，全力打造产学研合作平台、科技成果转移转化平台、创新创业服务平台。打造众创空间品牌，新认定市级科技企业孵化器1家、区级孵化器4家，累计培育创新载体28家，其中国家级孵化器1家、市级9家、区级6家；国家级众创空间1家、市级3家、区级7家；区级创业苗圃1家。强化专利工作，全年专利申请12 511件，比上年增长6.2%；获专利授权9 073件，比上年增长39.8%，其中获发明专利授权1 951件，比上年增长34.9%。松江区获批国家知识产权试点城市(城区)，拥有国家级知识产权保护规范化(培育)市场3家，国家级知识产权试点园区1家，市级知识产权示范(试点)园区5家，国家级知识产权示范企业2家、优势企业8家。加快建设院士专家工作站，新增市院士专家工作站10家，累计30家；引进院士5名、专家40名，累计引进院士23名、专家125名。

营造科普氛围，全区共有科普教育基地56家，其中国家级5家，市级18家(含国家级)，区级33家。开展全国科普日松江区活动，举办松江区G60科创走廊科技节，配送科普讲座102场、动手做课程20次，基层科普干部能力提升培训17次，小小科学诠释者课程5次。推进G60脑智科创基地建设，松江区政府与上海高研院开展战略合作的上海低碳技术创新功能型平台被列入市委、市政府提出建设的18家研发与转化功能型平台。 (何月丽)

【松江区政府与国能电动汽车瑞典有限公司等签署投资合作协议】 2月9日，松江区政府与国能电动汽车瑞典有限公司、北京世纪金沙江创业投资管理有限公司、上海同捷科技股份有限公司等合作企业签署投资合作协议。根据协议，项目落户松江G60科创走廊，主要涉及新能源汽车的生产及销售等一整套环节的经营运作，该项目包括1个新能源汽车整车项目和3个研究院项目，预计总投资逾200亿元，年产20万辆。 (何月丽)

【2018智造中国峰会·上海松江——G60科创走廊“上海制造”要素对接大会】 3月29日在松江举行。国家制造强国建设战略咨询委员会指导，中国电子信息产业发展研究院、市经济和信息化委、松江区政府、上海临港经济发展(集团)有限公司联合主办，以“工业互联智造未来”为主题，由智造中国峰会、长三角工业互联网发展论坛、专场对接会、企业调研走访和先进制造业发展指数闭门会议五部分构成。吸引国内外行业组织、企业、科研院所等单位的400余人参加。会上发布《松江区推进工业互联网创新发展三年行动计划》，成立赛迪(上海)先进制造业研究院暨G60科创走廊发展研究中心。 (何月丽)

【2018年上海松江G60科创走廊科技节】 5月18—26日举办。松江区政府主办，以“G60科创走廊——全力打造上海具有全球影响力科创中心的重要承载区”为主题。活动按“1+5+X”的模式开展，即一场开幕式+五大重点活动+各街镇(园区)、各委办局、创新主体、科普教育基地等自行开展的群众性科技活动，同时注重科技节氛围营造。五大重点活动包括G60科创走廊人工智能产学研联盟发展论坛、院士讲堂、G60科创走廊首届青少年科学表演大赛、第15届松江区科技创新教育竞赛活动、“松江工匠”培养选树活动。“X”指由各单位结合实际自行开展科普活动。此届活动升级为由区政府主办的品牌节庆活动，并命名为上海松江G60科创走廊科技节，并成立松江区G60科创走廊科技节领导小组。 (何月丽)

第十四节 青浦区 >>

【青浦区科技工作概述】 2018年，青浦区以科技创新中心建设为契机，围绕“服务好一个中心，凝聚三股合力，实施双轮驱动”的主线，坚持以自主创新能力建设为中心，大力实施创新驱动发展战略，重构区域发展动力，激发全社会创新创造活力，推动青浦科创“一带三中心”建设。

发挥科技创新引领作用，促进产业提质增效。全区纳入高新技术产业统计的企业276家，工业总产值803.2亿元，占全区规模以上工业产值的52.2%。全面推动市西软件信息园规划建设，促进软件信息服务业持续快速发展。全区软件和信息服务业实现销售额309.9亿元，比上年增长18.1%，税收收入22.3亿元，比上年增长29.9%。承接上海市科技创业中心建设重大战略专项，加快建设上海西虹桥导航技术有限公司，打造创新功能性平台，促进北斗导航产业化。北斗西虹桥基地实现产值17.6亿元，比上年增长39.1%，税收1.1亿元，比上年增长30.1%，累计引进企业195家。实施科技型企业的培育发展计划，培育民营科技企业、高新技术企业、小巨人企业等科技型企业队伍。截至年底，全区共有高新技术企业478家。年内，认定登记技术交易合同223项，合同成交金额6.2亿元，比上年增长20.3%。

优化创新创业环境，促进科技成果转移转化。全面落实区委、区政府“科创 18 条”，大力推进配套政策实施。结合区域创新体系目标，持续推进实施《青浦区科技创新“十三五”规划》《青浦区科普事业“十三五”发展规划》等。编制青浦科创“一带三中心”三年行动计划，明确建设目标，助推区科技创新发展新格局。持续开展进口博览会信息化项目稽察工作，推进进口博览会信息化配套项目建设，组织协调通信运营商做好首届中国国际进口博览会通信保障工作。落实《青浦区科技项目管理办法》，发挥政策引导推进作用。“北斗/GNSS精准空间信息服务集成系统关键技术及产业应用”项目获 2017 年度上海市科技进步奖二等奖；“汽车轻量化纳米复合长玻纤增强聚丙烯材料的研发”等 3 个项目获 2017 年度上海市科技进步奖三等奖。11 家企业被认定为市科技小巨人(含培育)企业；50 个项目获市创新资金项目立项；32 个项目被认定为市高新技术成果转化项目；3 个项目入选市联盟计划项目；9 家企业获 2017 年度上海市高新技术成果转化项目百佳，其中上海友升铝业有限公司获 2017 年度上海市高新技术成果转化项目自主创新十强；1 家企业获 2018 年上海市电子商务“双推”创新平台立项；10 家企业被认定为区科技小巨人(含培育)企业；13 家企业获区研发中心项目立项；53 个项目获区产学研合作项目立项；2 个项目获市科技创新行动计划农业领域项目立项；4 个项目获市科技创新行动计划生物医药领域科技支撑项目立项。大力推进众创空间(含传统孵化器)建设，营造区域创新创业良好环境。全区众创空间新增孵化企业 309 家，累计孵化企业 1 358 家，毕业企业 122 家，共计上缴税收 1.5 亿元。截至年底，全区共有经认定备案的众创空间 38 家，其中国家级科技企业孵化器 1 家、市级科技企业孵化器 9 家。

完善知识产权保护体系，加大科技人才引育力度。年内，全区申请专利 7 175 件，获专利授权 4 832 件，有效专利拥有量 19 427 件，其中有效发明专利拥有量 2 509 件。实施专利申请费用资助，共对 2 753 件专利实施资助，资助经费合计 694 万元。加快形成区级—市级梯度培养格局，截至年底，全区共有市级专利示范企业 11 家、市级专利试点企业 41 家、区级专利企业 176 家、专利工作者 400 余人。落实院士专家工作站和海外智力为国服务行动计划，促进高层次人才与企业有效对接。申报获批准 7 家院士专家工作站，引进专家 24 人，截至年底，全区共有院士专家工作站 30 家，引进院士 18 人、专家 104 人。

完善科技综合服务模式，促进企业创新发展。积极开展与上海工程技术大学各个领域的深度合作，通过以“六、四、二”推进模式(六目标：联建大团队、构建大平台、开发大课题、承接大项目、争取大经费、申报大奖项；四对象：重点区域、重点园区、重点企业、重点团队；二精准：精准对接、精准服务)，为区内企业科技创新提质增效提供支撑。与中军哈工大人工智能产业园共建哈工大——工程大人工智能产业联合研究院，实现高校、园区联建大团队；与上海科泰电源股份有限公司共建离散式点状电源工程技术中心。加强科技项目综合管理和服务。着眼于企业发展全过程和个性特点，不断深化“3+X”科技信贷融资服务体系，积极推动科技和金融的融合。开展科技创新与科技金融政策对接活动 28 场，参加企业 1 762 家。走访申请履约贷款企业 74 家，通过审批 53 家，获授信额度 2.4 亿元。

推动科普工作新常态，促进全民科学素质提升。举办以“科技创新，科普惠民——助力青浦全面跨越式发展”“创新引领时代，智慧点亮生活”为主题的 2018 年青浦科技节、青浦区“全国科普日”活动，在全区范围内组织 260 余场科普活动，受益市民近 20 万人次。以“科技创新，引领美好生活”“绿色青浦，美丽家园”为主题，开展青浦区科技艺术展演活动及国际自然保护周青浦区预热活动，助力生态建设、特色产业和乡村振兴。组织相关科技企业、科普基地、特色学校参展上海国际科普产品博览会。组织开展科普夏令营、青少年科创营、首届小学生气象竞演大赛，激发青少年创新创造热情。夏阳街道以“传承夏阳三结合，打造科普新特色”为主题开展枇杷节系列活动；徐泾镇举办小学生机器人挑战赛、北斗科普进校园活动；华新镇借力科技下乡活动开展乐享公益志愿行动等活动。截至年底，全区共有科普基地 48 家、社区科普大学教学点 12 个、社区综合文化活动中心 300 余个，部分科技企业、学校实验室全部免费或优惠开放，为市民提供专业的科学普及活动。夯实“N 个一”科普工程。整合练塘镇“红色、古色、绿色”科普资源，市区联动，打造练塘古镇科普一条街。上海优澈无人机科普基地开展人工智能无人机“四进”系列活动；上海北斗导航创新研究院在全市开展身边的北斗系列活动。青浦区社区科普大学配送课程实现常态化，截至年底，配送课程 160 多门。创建科普示范村(居)3 家、科普村(居)6 家、科普基地 6 家。开展青浦区“十科普”创新管理推进活动，推动基层科普特色、亮点向全区域发展。上海北斗导航创新研究院刘健获全国科普讲解大赛三等奖、第 5 届上海市科普讲解大赛金奖及 2018 上海市十佳科普使者称号；青浦代表队获 2018 上海公民科学素养知识竞赛二等奖；夏阳街道社区创新屋的家庭创客作品“多功能防雨衣架组合”获第 5 届上海市社区创新屋创意制作大赛一等奖；复旦大学附属中学青浦分校陆泽浩获上海市明日之星称号。 (张　峰)

2018 青浦科技节开幕式

第十五节 | 金山区 >>

【金山区科技工作概述】 2018 年,金山区围绕建设科技创新中心重要承载区的中心任务,启动创新生态建设年工程,突出重点领域,抓住关键环节,推动创新创业资源的集聚和科技成果的转化,加快建设和发展工业互联网,进一步提升金山经济的科技含量。

科技创新基础不断夯实。上海实验动物研究中心张江金山园分中心实验大动物平台揭牌启用。推进湾区科技创新中心建设,上海金石湾投资咨询有限公司获得 150 万元市区联动创新创业环境建设项目资助。张江长三角科技城建设顺利推进。张江长三角科技城领导小组第一次工作会议顺利召开,审议通过科技城建设总体概念规划、体制机制、组织架构等内容。科技城枫泾区块开展总体规划研究。通过环境建设项目资金,支持科技城枫泾区块开展环境氛围营造。中德新松长三角总部基地等重点项目签约落地。临港·枫泾科创小镇长三角路演中心投入运营。

众创孵化空间加速形成。新增上海市科技企业孵化器 1 家、区级众创空间 3 家,已建成区级以上众创孵化空间 19 家。截至年底,全区共有各类企业技术创新中心 272 家。会同市科委、中国石化上海石油化工股份有限公司、东华大学等相关单位,共同打造碳纤维复合材料研发与转化功能型平台。

创新投入稳步增长。2018 年立项产学研科技成果转化、小巨人、专利试点、信息化等各类区级科技创新资金项目 68 个,共扶持专项资金 1 659 万元。其中产学研成果转化项目 10 个,开展与华东理工大学、上海大学等多个高校产学研合作项目征集。制定"1+4+4"人才新政中关于科技创新人才政策的实施细则,全面落实"1+4+4"人才政策,2018 年立项 8 类科技人才项目 57 个,共扶持专项资金 1 227 万元。

创新要素加快集聚。年内,上海市科技小巨人企业立项 6 家,上海市高新技术成果转化项目立项 28 个,上海市创新资金项目立项 80 个,55 家企业获得 133.2 万元市级科技创新券资助,6 个项目获得 2018 年度上海市科学技术奖。截至年底,全区拥有高新技术企业 504 家。成立 15 亿元的金山区创新创业引导基金。全区企业网上申请履约贷 119 笔,同比增长 19%, 69 家企业获 2.875 亿元无抵押贷款。举办 2018 年金山区创新创业培训班,出台《金山区关于打造创新创业汇聚地的实施意见》。完成区委一号课题"金山加快推进上海科创中心重要承载区建设思路与路径研究"。完成金山区科技创新"十三五"规划中期评估报告。举办 2018 年金山区创新创业大赛,共征集企业、项目 451 个。

专利管理成效显著。2018 年,金山区申请专利 6 865 件,其中发明专利 2 061 件;获专利授权 4 571 件,比上年增长 26%,其中发明专利授权 529 件,比上年增长 18%。截至年底,金山区有效发明专利 2 467 件。每万人发明专利拥有量 30.7 件。新增上海市专利试点示范企业 8 家,金山工业区通过上海市知识产权示范园区验收,金山第二工业区创建为上海市知识产权试点园区,与金山区司法局签订知识产权公共法律服务工作共建协议。

加快推进智慧城市建设。发布《金山区智慧城市建设三年行动计划(2018—2020 年)》,明确 28 项重点任务;推进与通信运营商开展战略合作,围绕智慧安监、智慧水务、智慧医疗 3 个领域,推动危化品流动流向平台升级,以及中小河道监控整治、社区卫生服务业务处理平台建设。完成金山电信智慧展厅建设,各类智慧应用进行实景展示。推进金山嘴渔村智慧商圈 1 期项目、廊下中华村智慧村庄建设,完成吕巷智慧村镇项目建设;推进市民云建设,完成区级平台建设,朱泾镇、山阳镇、金山工业区社区 3 家单位启动市民云服务特色试点。

加快推进两化深度融合。发布《金山区两化融合三年行动计划(2018—2020 年)》,初步形成示范—试点—培育的生态体系;组织申报工信部两化融合贯标试点,汉钟精机股份有限公司、上海嘉麟杰纺织品有限公司 2 家企业获工业和信息化部两化融合贯标试点;争取市级资金支持,上海精珅新材料有限公司获市软件和集成电路发展专项资金 550 万元,上海致达智能科技股份有限公司获市首版次软件产品专项支持 20 万元,上海华峰超纤材料股份有限公司获得工业和信息化部工业互联网创新发展工程支持,上海汇纳信息科技股份有限公司入围工业和信息化部大数据产业发展试点示范项目;组织开展区级信息化专项资金申报,立项 32 个,支持资金 960 万元,撬动企业信息化投入近 5 000 万元;做好工业企业信息安全检查工作,会同区科经委完成近 700 家规模以上工业企业的信息安全检查。

推进"一网通办"建设。落实全面推进"一网通办"加快建设智慧政府工作部署,完成《金山区落实推进"一网通办"加快建设智慧政府三年行动计划(2018—2020)》起草。推进金山区"一网一平台"信息共享和数据应用项目建设,初步完成平台建设,实现城市运行管理、应急指挥调度和政务大数据展示等功能。谋划区电子政务云平台建设,完成《金山区政府电子政务云建设可行性研究报告暨项目建议书》编制,并进行项目可行性论证,形成区电子政务云项目(1 期)建设方案。着力推进区政务数据共享交换平台建设。

积极开展科普工作。围绕五大重点人群,多方联动,开展金山区科技节、全国科普日等重大活动,有效提升公民科学素养。开展金山区金牌科普讲师评选活动,加大对科普讲师的宣传力度。加强科普示范村(居)、社区科普大学、科普惠农示范基地、科普教育基地等平台建设,2018 年新增社区科普大学教学点 3 家,市级科普教育基地 1 家、区级 7 家。

廊下郊野公园列入科技创新行动计划科普示范展示区项目。金山区科协与平湖市科协签订结对共建框架协议，共同促进两地科普工作的提升。发挥院士工作站及学(协)会资源，举办创新与标准化论坛等5场系列金山创新讲坛。召开金山区科学技术协会第5次代表大会，选举产生金山区科协第5届委员会委员。做好防震减灾科普、地震监测预报等，廊下中学创建上海市防震减灾科普示范学校，山阳镇金翰园小区创建上海市地震安全示范社区。 (王　波)

【2018年金山区智慧城市论坛暨上海市科协第十六届学术年会专题活动】 10月18日举办。市科协、金山区政府、中国石化上海石油化工股份有限公司指导，金山区科委、金山区科协和中国石化上海石油化工股份有限公司科学技术协会主办，以“物联网助力智慧城市建设”为主题，交流智慧城市建设的经验和成果。吸引来自智慧城市建设领域的专家和企业代表300余人参加。 (王　波)

2018年金山区智慧城市论坛暨上海市科协第十六届学术年会专题活动

第十六节 | 奉贤区 >>

【奉贤区科技工作概述】 2018年，奉贤区围绕“奉贤美、奉贤强”的战略目标，积极融入上海科技创新中心建设，抢抓新一轮发展机遇，增强奉贤创新驱动能力，培育高新技术企业和创新创业集群，推动奉贤区中小企业科技创新活力区建设。

完善“1+2+X”创新政策体系。发布《上海市奉贤区科学技术协会关于鼓励成立院士专家工作站(中心)管理办法》《上海市奉贤区科学技术委员会关于奉贤区〈联盟计划—难题招标〉产学研合作项目管理实施细则》《关于奉贤区支持研发公共服务平台建设管理办法》《上海市奉贤区科学技术委员会关于国家技术转移联盟奉贤工作站管理办法》《奉贤区关于培育专业化、品牌化、国际化众创空间的实施意见》，实施细则的相继出台，促使科技创新政策体系逐步完善。开展奉贤区中小企业科技创新活力区指标体系研究，并在“东方美谷”产业招商推进大会上进行发布，明确活力区所包含的具体建设内容、各项建设指标和评估标准。

培育科技创新主体。新增上海市科技小巨人(含培育)企业6家，总计98家；截至年底，全区高新技术企业652家。深入推进“三个一百”企业梯度培育工程，加快培育百家领军型企业、百家成长型企业、百家科创型企业，细化科创型企业认定标准，梳理调整入库企业，开展一对一精准对接，并研究制定精准化培育、个性化服务的科技扶持政策，使科创型企业加速成长为“隐形冠军”和“瞪羚”企业，孵化出独角兽企业。2018“创业在上海”国际创新创业大赛，奉贤共有429家企业报名参赛，以“创在奉贤，美在贤城”为主题的奉贤赛区，最终106家企业在全市大赛中获奖并获得立项支持。奉贤赛区首次设立美丽健康专场，27家生物医药类企业参加。申报上海市高新技术成果转化项目91项，立项60项。7个项目入围2017年度上海市高新技术成果转化百佳项目，其中“发动机固链式制动系统”“薄片型自发热蒸汽眼罩”2个项目被评为2017年度上海市高新技术成果转化自主创新十强。4家单位申报市级工程技术研究中心，其中上海水星家用纺织品股份有限公司被评为市级工程技术研究中心。

推动区校融合产学研工作，采集企业技术需求80项，其中25项获得上海科技成果转化促进会联盟计划立项。新获批院士专家工作站8家，截至年底，全区拥有院士专家工作站(中心)35家，占全市总量10%。累计柔性引进两院院士24位，专家169位，与院士专家团队累计签订合作项目167项，获国家、省部级科技奖13个。院士专家出具的咨询报告28篇，攻克科研难题92项，实现成果转化40个，发表核心期刊论文53篇，主持和参与技术标准制定41项，申请发明专利78件、实用新型专利107件。

加强创新载体建设。全区有17家区级备案的众创空间，9家孵化器(国家级2家，市级7家)。通过累计孵化，毕业创业企业(团队)722家，在孵企业667家、团队265个。其中，上海南洋科技园发展中心、上海光明村科技创业有限公司和上海凤巢众创空间管理有限公司获2018年度上海市众创空间专业化培育引导立项。将美丽健康产业设定为特色产业，产业地域范围东至金钱公路，南至航南公路，西至S4，北至大叶公路，总面积约11.3 km^2。

实施知识产权战略。全区强化知识产权保护，制订出台《关于驻奉高校和科研院所发明专利落户和运用于奉贤的奖励办法》；制定和完善《关于奉贤区知识产权局办理专利优先审查须知(试行)》《奉贤区专利质押融资试点工作实施方案》《奉贤区企事业单位实施知识产权管理规范体系备案管理和奖励的实施办法》《奉贤区知识产权(专利)经费使用管理规定》等相关制度。年内，获市级认定专利试点企业5家，区认定知识产权优势、专利示范(试点)企业28家，市区两级累计174家。全年，申请专利7 989件，获专利授权5 583件，比上年增长32.3%，其中发明专利授权413件、实用新型专利授权4 269件、外观设计专利授权901件，发明专利和实用新型专利分别比上年增长22.9%、42.9%。全区每万人有效发明专利拥有量17.02件。完成技术合同认定登记186项，技术合同交易额71 265.452万元，比上年增长55.9%。举办东方美谷知识产权发展创新论坛，召开东方美谷企业PCT国际专利保护实务评析研讨会。

推进智慧城市建设。区科委落实《奉贤区推进智慧城市建设三年行动纲要(2017—2019)》，智慧城市建设十大民生项目取得阶段性成果并投入应用。在便民服务方面，建设互联网+"一网通办"总平台，市民可通过一个平台直接使用其他各类民生项目的移动端服务，实现各类应用的集约、数据的集聚、服务的集成和管理的集中全区通行，全区新增市民云用户13 500人、服务机构60家，完成850项服务事项功能的开发并投入使用；在智慧养老方面，针对老年人群，建成集居家活动监测、一键呼叫报警、专业定位等功能的救助服务平台，使3 300名特殊困难老人群体通过信息化手段得到全天候看护和帮助；在智慧医疗方面，建设居民健康和就医信息查询系统，使居民可居家实现预约挂号，网上查询就医化验检查报告、个人健康档案等信息，享受更加便捷的健康和医疗服务；在智慧交通方面，建成智慧停车信息平台，利用信息化手段统筹30个路段1 500个车位的停车资源提高停车位流转率，缓解停车矛盾；在智慧环保和公共安全方面，实现手机移动应用、常态化监管、河道信息库等功能，完成数据共享与对接，包括区水务信息平台、区大联动平台、环境保护局9个水质自动检测平台、航务管理所的36个视频监控平台等相关系统的对接。

加强科普活动宣传。以重点科普活动为引导，上海科技节、全国科普日、上海国际自然保护周期间，举办重点科普活动200余场，约20万人次参加。奉贤科技节期间，全区各相关单位组织开展与居民生活密切相关的各种科普活动53场，首次采用网络直播方式同步播放现场活动，约12万人次参与。以各类科普竞赛为抓手激发公众参与科普的热情，组织市民参加2018年上海市科普讲解大赛、第5届上海市社区创新屋创意制作大赛、2018年上海国际科技艺术展演等活动。科普大讲坛和社区科普创新屋项目通过市场化方式引导企业参与运营，其中区科普大讲坛举办各类科普讲座51场，2 000多人次参加。区科委与上海自然博物馆签署科普项目战略框架协议，通过上海自然博物馆科普教育品牌的知名度和科普受益面，满足市民科普文化休闲需求。

强化防震减灾工作。全区新培育区级地震安全示范社区2个。截至年底，全区有国家级地震安全示范社区3家、市级示范社区2家、区级示范社区15家。在实验中学崇实校区举行抗震救灾应急演练，分为先期处置、紧急避险与疏散、紧急救援和新闻应对等4个环节，学校师生和政府部门近1 000人参加。

(吴春龙)

2018年奉贤科技节

【奉贤区政府与市张江高新区管委会开展战略合作协议】4月18日，奉贤区政府与市张江高新区管委会签署战略合作框架协议，共同推进"张江研发，奉贤承接"的"双谷"联动一体发展模式，推广和承接张江科技创新成果，推动经济转型升级，促进美丽健康等产业和实体经济发展。协议提出建立产业联动紧密合作机制、支持奉贤"镇园区管"区域经济统筹、加大对张江奉贤园科技研发支持力度、加强科技创新服务平台载体建设、建立双向人才培养战略合作机制、加强长三角科技城规划与建设等6个方面合作内容。

(吴春龙)

第十七节 | 崇明区 >>

【崇明区科技工作概述】 2018年崇明区科技工作围绕区委、区政府总体工作部署，以科技为引领，助推崇明世界级生态岛建设。

推进国家农业科技园区创建工作。以抓减少农业面源污染为重点，编制《上海市崇明区都市现代绿色农业发展三年行动计划》《崇明区土壤污染防治行动计划实施方案》《崇明区农林畜废弃物资源化利用工作方案》《崇明区2018—2020年环境保护和建设三年行动计划》。围绕创新创业环境、投入、人才建设等，助推3家国家级"星创天地"建设。组织"汇创崇明"农业科技创新创业大赛，营造生态农业创新创业环境。

科技引领，助推崇明世界级生态岛建设。围绕崇明湿地保育、智慧管理、鸟类保护3个方面，立足生态修复和人工智能管控技术研发与示范、构建生态岛建设指标大数据库及鸟类保育与可再生能源协调发展关键技术等开展科技攻关研究工作。围绕博士农场、海上花岛等重点工作,以及生态、种源和产业引导等需求,实施可持续发展科技创新行动计划,共直接投入市区二级财政资金 2 654 万元。举办 2018 上海崇明生态岛国际论坛。

强化管理,推进崇明园建设。结合崇明园发展实际,对崇明园规划进行调整。协助园内企业申报张江专项资金。崇明园累计工商注册企业 1 200 余家,其中规模以上企业 27 家、高新技术企业 13 家、“新三板”挂牌企业 6 家。

深化科技服务,促进技术创新。举办 4 场科技政策解读培训,近 250 家企业 300 多人次参与,发放各类科技宣传资料 5 000 多份。全年有 101 家企业申报上海市高新技术企业,比上年增长 38.89%,开展科技成果转化项目认定,3 家企业的 4 项高新技术成果转化项目获批。发动科技企业参与“创业在上海”国际创新创业大赛,175 家企业报名参加,其中 44 家企业获市、区两级政府科技创新资金支持。开展科技小巨人企业培育工程,2 家企业完成科技小巨人项目实施。开展科技服务增强企业活力。全年认定登记技术合同 251 项,成交金额 7.08 亿元;开展科技金融服务工作,推荐 16 家科技企业申请科技履约贷款,贷款金额 9 100 万元,助推企业发展。

加强宣传和执法,推进知识产权保护。开展知识产权专项宣传执法活动。联合区文化执法大队、区市场监督局及有关乡镇开展系列宣传和执法活动,累计发放宣传用品 2 000 余件,检查书店、手机店、品牌服装店等场所与专利相关的产品 500 余件。开展真品真牌承诺活动,对 120 余件标注有专利标识的商品进行抽查,维护商品流通市场专利秩序。推进专利试点示范工作,推荐 3 家单位申报上海市专利工作试点示范单位,建立企业知识产权申请、保护、运用制度,加强企业技术创新和专利申请,提高企业知识产权拥有量。

加强科普宣传工作。组织开展 2018 年崇明科技节、全国科普日、上海国际自然保护周等重大科技活动。参展 2018 上海国际科普产品博览会,向上海市民展示崇明生态科技的丰硕成果和 2035 发展规划的美好愿景。开展提升公民科学素质村居行活动。组织编写《公民科学素质读本》和科学知识 400 条题库,内容涵盖科学观念与方法、数学与信息、物质与能量、生命与健康、地球与环境、工程与技术、科技与社会、能力与发展 8 个方面。举办公民科学素养知识竞赛。组织开展“走百村、讲百课”科普巡讲。结合文明城区创建和乡村振兴战略实施,调整充实科普讲师团队伍,从 30 余名讲师补充调整至 50 名讲师。全年组织科普讲师团讲师到全区 18 个乡镇的村居开展科普巡讲 136 场,受众 7 000 余人次。开展“科技下乡”特色活动。区、乡镇、村居三级联动,利用早市时间,在集贸市场和居民点开科普宣传活动,提供科普知识咨询、义诊等活动。以“行动起来,减轻身边的灾害风险”为主题,先后在城桥镇金日社区、竖新镇跃进村、新河镇新源居委会开展防灾减灾知识咨询、义诊、专题讲座等科普服务 3 场次,发放宣传资料 3 000 余份,服务群众 700 余人次。乡镇、村(居)开展科普早市 220 余场,发放宣传资料 4 万余份,受益群众 4.6 万人次。举办第 2 届青少年科技节。活动期间,长江中学展示头脑奥林匹克创新大赛全国二等奖项目“星际大本营”,实验小学展示全国未来工程师大赛二等奖“无人机灭火”“乐高 wedo2.0 教育机器人”“vex 机器人展演”等优秀作品。实施市区联动科普项目。港西镇静南村“智慧健康家园”科普特色展示区,港沿镇园艺村、向化镇春光村分别获市级基层科普资金项目扶持。推进科普资助项目实施。确定科普资助项目 34 项,其中科普活动类 19 项、学术交流类 4 项、科普设施类 11 项,合计资助金额 124 万元。区科技馆利用自身优势,丰富场馆活动内容。开设科学小讲台 41 场,参与学生 1 895 人次,开展探索小天地活动 132 场,参与学生 7 257 人次。开展环境教育专题活动 27 场,参与人数 1 290 人次。开展走进科普场馆,悦享科普人生——社区居民科普行活动,接待各乡镇村居群众共计 200 批 10 000 多人次。举办“智慧城市 · 未来生活”专题展,展示智慧养老、智能垃圾桶、社区安全等 11 项内容,吸引 1 万多人次参观。围绕绿色农业、河道建设、环境保护等开展软课题研究,立项软课题 20 项。举办崇明河道生态治理专题论坛、崇明心脑血管病多学科论坛、崇明岛生态大讲堂等。

制定《崇明区院士专家工作站建设实施意见(试行)》,印发《关于开展 2018 年度崇明区院士专家工作站建站申报工作通知》,全年获批 3 家院士专家工作站,助推科技企业创新发展。

(沈新瑜)

第四篇
科技管理与服务

第四篇　第十二章
科　技　人　才

第一节｜人才培养 >>

【上海科技人才培养工作概述】　2018年，上海打造高水平科技创新人才队伍，通过改进评价体系，加强对中青年科技创新人才的培养，鼓励和引导他们为企业服务。通过调结构、促融合、重评估，提高技术创新人才培育力度，拓展人才服务工作，加强后续跟踪。

全年相关人才计划共资助827人，为上海的科技人才高地建设培育了大批杰出的科技人才。其中，上海市青年科技启明星计划资助100人，资助经费4 000万元；累计资助2 665人，累计资助经费约4.15亿元。浦江人才计划资助海外优秀留学归国来沪工作的科技人员328人，资助经费5 980万元；累计资助3 704人(含团队)，累计资助经费超过6.43亿元。上海市优秀学术带头人和优秀技术带头人计划资助99人，资助经费3 960万元；累计资助1 516人，累计资助经费4.84亿元。上海市青年科技英才扬帆计划资助300人，资助经费6 000万元；累计资助1 057人，累计资助经费1.82亿元。

围绕"创新是第一动力、人才是第一资源"理念，聚焦科技创新中心建设的核心任务，遵循创新规律和人才成长规律，突出人才工作的体系化、品牌化、专业化，注重发挥市场机制和政府引导作用，着力加强科技创新人才队伍建设，集聚人才资源，畅通引才渠道，厚植人才优势。

注重体系建设，以系统集成方式推进科技人才培养。在原有人才资助项目基础上，加大对青年科技人才培养力度，形成环环相扣、递进提升的科技人才培养体系，同时加强科技奖励建设，激励科技人才勇攀高峰。建立完善的人才培养体系。遵循科技人才成长规律，针对青年科技人才成长需求，着力构建完善层次分明、梯次衔接的优秀科技创新人才培养计划体系。构建由扬帆计划与青年科技启明星计划、浦江人才计划(A类和B类)、上海市优秀学术/技术带头人计划等人才计划组成的，覆盖不同阶段、不同层次科技人才的培养体系。注重科技奖励评价，强化激励机制，多渠道完善青年人才发展环境。组织开展第9届上海青年科技英才评选工作，全市共有200余名候选人参选，产生上海青年科技英才奖获得者27人。组织开展2018年度市科协"晨光计划"，共资助9名青年科技工作者出版个人首部原创性学术或科普著作。组织开展第21届中国科协求是杰出青年成果转化奖上海地区候选人、第15届中国青年女科学家奖上海地区推荐候选人和2018年度未来女科学家计划上海地区候选人推荐等青年科技人才推荐工作，共推荐候选人8名。

注重创业保障，根据企业创业和发展实际需求，开展多层次科技服务培训。针对科技小巨人(含培育)企业，举办上海市科技小巨人总裁班，针对科技CEO资本运作训练营，开展《科技企业的商业模式创新》《国际IPO市场运作实务》等课程；以初创业者能力培养为目标，开展"创业在上海"系列"创业学堂"公开课形式创业培训，共组织50场次、1 500多人次参加的各项政策推广和实务培训；为使科技企业更好地发展，开展科技创新企业联络员岗位培训、成果转化实务操作培训、热点政策培训等，共培训3 887名政策联络员；以提高服务企业的能力为宗旨，开展基地管理人才培养，提升上海国家级孵化器的整体服务能力，开办国家级孵化器高级研修班、华东片区科技企业孵化器从业人员中高级培训班、众创空间管理人员培训班、孵化器高管及骨干RTTP国际技术经理人培训班等培训班；针对上海创新创业大赛，组织项目路演、管理提升等方面活动362场，9 600多人次参加，实务类培训活动1 700多人次；举办第2期科技企业改制上市培训班，共吸引100多家企业250多人参加。

2018年上海市开展创业培训情况表

项　　目	期数	参会人次
创业者沙龙	17	800
未来之星	4	279
不定期和各类投资机构等单位开展创业学堂公开课	470	14 500
投资论坛、股权融资培训班、改制上市培训班	25	1 000
项目路演(含"创业在上海"国际创新创业大赛现场路演)	354	21 534
小巨人总裁班	1	70
创新创业服务人才(创新创业政策宣传员)	36	3 887

注：表格数据仅包括上海市科技创业中心自身孵化器和部分基地外移动互联苗圃基地的活动。

(李力雄　聂　力　陆怀祖)

【在沪院士情况】　2018年，上海逝世院士9人，分别为中科院院士袁承业、郝柏林、林尊琪、周尧和、李朝义、施教耐，工程院院士何友声、戴复东、李载平。截至年底，人事关系在沪的中科院院士101人、工程院院士72人，共173人。

2018年度在沪中科院院士名单

序号	姓　名	所属学部
1	陈恕行	数学物理学部
2	龚新高	数学物理学部
3	洪家兴	数学物理学部
4	胡和生	数学物理学部
5	景益鹏	数学物理学部
6	李大潜	数学物理学部
7	李儒新	数学物理学部
8	马余刚	数学物理学部
9	沈文庆	数学物理学部
10	沈学础	数学物理学部
11	孙　鑫	数学物理学部
12	汤定元	数学物理学部
13	陶瑞宝	数学物理学部
14	王世绩	数学物理学部
15	王　迅	数学物理学部
16	徐至展	数学物理学部
17	杨福家	数学物理学部
18	叶叔华	数学物理学部
19	陈凯先	化学部
20	陈庆云	化学部
21	戴立信	化学部
22	丁奎岭	化学部
23	郭景坤	化学部
24	何鸣元	化学部
25	胡　英	化学部
26	江　明	化学部
27	林国强	化学部
28	陆熙炎	化学部
29	麻生明	化学部
30	唐　勇	化学部
31	田　禾	化学部
32	谢毓元	化学部
33	颜德岳	化学部
34	杨玉良	化学部
35	岳建民	化学部
36	赵东元	化学部
37	陈国强	生命科学和医学部

续表

序号	姓　名	所属学部
38	陈晓亚	生命科学和医学部
39	陈义汉	生命科学和医学部
40	陈宜张	生命科学和医学部
41	邓子新	生命科学和医学部
42	樊　嘉	生命科学和医学部
43	葛均波	生命科学和医学部
44	郭爱克	生命科学和医学部
45	韩　斌	生命科学和医学部
46	贺　林	生命科学和医学部
47	洪国藩	生命科学和医学部
48	黄荷凤	生命科学和医学部
49	金　力	生命科学和医学部
50	蒋华良	生命科学和医学部
51	金国章	生命科学和医学部
52	李　林	生命科学和医学部
53	林其谁	生命科学和医学部
54	林鸿宣	生命科学和医学部
55	刘新垣	生命科学和医学部
56	裴　钢	生命科学和医学部
57	蒲慕明	生命科学和医学部
58	戚正武	生命科学和医学部
59	沈善炯	生命科学和医学部
60	沈允钢	生命科学和医学部
61	沈自尹	生命科学和医学部
62	王恩多	生命科学和医学部
63	王正敏	生命科学和医学部
64	吴孟超	生命科学和医学部
65	徐国良	生命科学和医学部
66	杨雄里	生命科学和医学部
67	尹文英	生命科学和医学部
68	张　旭	生命科学和医学部
69	张永莲	生命科学和医学部
70	张友尚	生命科学和医学部
71	赵国屏	生命科学和医学部
72	穆　穆	地学部
73	汪品先	地学部
74	张　经	地学部
75	张人禾	地学部
76	陈桂林	信息技术科学部
77	褚君浩	信息技术科学部

续表

序号	姓　名	所属学部
78	干福熹	信息技术科学部
79	何积丰	信息技术科学部
80	黄宏嘉	信息技术科学部
81	金亚秋	信息技术科学部
82	匡定波	信息技术科学部
83	雷啸霖	信息技术科学部
84	毛军发	信息技术科学部
85	王建宇	信息技术科学部
86	王育竹	信息技术科学部
87	王之江	信息技术科学部
88	许宁生	信息技术科学部
89	薛永祺	信息技术科学部
90	常　青	技术科学部
91	姜中宏	技术科学部
92	刘昌胜	技术科学部
93	孙　钧	技术科学部
94	汪　耕	技术科学部
95	王　曦	技术科学部
96	杨　槱	技术科学部
97	姚　熹	技术科学部
98	张统一	技术科学部
99	郑　平	技术科学部
100	郑时龄	技术科学部
101	邹世昌	技术科学部

2018年度在沪工程院院士名单

序号	姓　名	所属学部
1	郭重庆	机械与运载工程学部
2	黄崇祺	机械与运载工程学部
3	金东寒	机械与运载工程学部
4	梁晋才	机械与运载工程学部
5	林忠钦	机械与运载工程学部
6	孟执中	机械与运载工程学部
7	潘健生	机械与运载工程学部
8	潘镜芙	机械与运载工程学部
9	饶芳权	机械与运载工程学部
10	阮雪榆	机械与运载工程学部
11	孙敬良	机械与运载工程学部
12	吴光辉	机械与运载工程学部
13	吴有生	机械与运载工程学部
14	徐志磊	机械与运载工程学部
15	周勤之	机械与运载工程学部
16	朱能鸿	机械与运载工程学部
17	陈　杰	信息与电子工程学部
18	范滇元	信息与电子工程学部
19	方家熊	信息与电子工程学部
20	龚惠兴	信息与电子工程学部
21	李同保	信息与电子工程学部
22	庄松林	信息与电子工程学部
23	陈芬儿	化工、冶金与材料工程学部
24	丁传贤	化工、冶金与材料工程学部
25	丁文江	化工、冶金与材料工程学部
26	关兴亚	化工、冶金与材料工程学部
27	江东亮	化工、冶金与材料工程学部
28	钱　锋	化工、冶金与材料工程学部
29	钱旭红	化工、冶金与材料工程学部
30	袁渭康	化工、冶金与材料工程学部
31	孙承纬	能源与矿业工程学部
32	翁史烈	能源与矿业工程学部
33	周邦新	能源与矿业工程学部
34	江欢成	土木、水利与建筑工程学部
35	林元培	土木、水利与建筑工程学部
36	卢耀如	土木、水利与建筑工程学部
37	魏敦山	土木、水利与建筑工程学部
38	吴志强	土木、水利与建筑工程学部
39	项海帆	土木、水利与建筑工程学部
40	叶可明	土木、水利与建筑工程学部
41	孙晋良	环境与轻纺工程学部
42	俞建勇	环境与轻纺工程学部
43	郁铭芳	环境与轻纺工程学部
44	周　翔	环境与轻纺工程学部
45	陈灏珠	医药卫生学部
46	陈赛娟	医药卫生学部
47	陈亚珠	医药卫生学部
48	池志强	医药卫生学部
49	戴尅戎	医药卫生学部
50	丁　健	医药卫生学部
51	顾健人	医药卫生学部
52	顾玉东	医药卫生学部
53	侯惠民	医药卫生学部

续表

序号	姓 名	所属学部
54	胡之璧	医药卫生学部
55	李兆申	医药卫生学部
56	廖万清	医药卫生学部
57	宁 光	医药卫生学部
58	邱蔚六	医药卫生学部
59	孙颖浩	医药卫生学部
60	汤钊猷	医药卫生学部
61	唐希灿	医药卫生学部
62	王红阳	医药卫生学部
63	王威琪	医药卫生学部
64	王振义	医药卫生学部
65	闻玉梅	医药卫生学部
66	夏照帆	医药卫生学部
67	项坤三	医药卫生学部
68	杨胜利	医药卫生学部
69	曾溢滔	医药卫生学部
70	张志愿	医药卫生学部
71	周良辅	医药卫生学部
72	柴洪峰	工程管理学部

（张丽莉）

【24 人获国家杰出青年科学基金资助】 2018 年，上海有 24 名科学家获国家杰出青年科学基金资助。自国家杰出青年科学基金启动以来，上海累计有 526 名青年科学家获资助（不含在外地获国家杰出青年科学基金资助后来沪工作者），占全国总人数的 13.18%。

2018 年上海获国家杰出青年科学基金资助名单

序号	姓 名	依托单位
1	向红军	复旦大学
2	龚学庆	华东理工大学
3	李洪林	华东理工大学
4	何斯迈	上海财经大学
5	周 全	上海大学
6	刘卫东	上海交通大学
7	曾小勤	上海交通大学
8	王丽伟	上海交通大学
9	付世晓	上海交通大学
10	郑俊克	上海交通大学
11	黄学辉	上海师范大学
12	何 斌	同济大学
13	梁 哲	同济大学
14	杨 晟	中科院上海生命科学研究院
15	王二涛	中科院上海生命科学研究院
16	刘宏涛	中科院上海生命科学研究院
17	孙衍刚	中科院上海生命科学研究院
18	孙 强	中科院上海生命科学研究院
19	王红艳	中科院上海生命科学研究院
20	秦 骏	中科院上海生命科学研究院
21	吴蓓丽	中科院上海药物研究所
22	高召兵	中科院上海药物研究所
23	黄 正	中科院上海有机化学研究所
24	黄晓宇	中科院上海有机化学研究所

（李力雄）

【5 个团队获国家自然科学基金创新研究群体科学基金资助】 2018 年，上海有 5 个团队获国家自然科学基金创新研究群体科学基金。至此，上海入选的创新研究群体累计 69 个。

2018 年上海获国家自然科学基金创新研究群体科学基金资助名单

序号	负责人	依托单位
1	赵世民	复旦大学
2	孙宝德	上海交通大学
3	李劲松	中科院上海生命科学研究院
4	耿美玉	中科院上海药物研究所
5	游书力	中科院上海有机化学研究所

（李力雄）

【48 人（团队、基地）入选国家创新人才推进计划】 2018 年上海地区共有 48 人（团队、基地）入选创新人才推进计划，其中入选中青年科技创新领军人才 29 人，重点领域创新团队 3 个，科技创新创业人才 16 人（全国共产生中青年科技创新领军人才 306 人、科技创新创业人才 200 人、重点领域创新团队 50 个、创新人才培养示范基地 32 家）。创新人才推进计划自 2012 年实施以来，上海地区共入选中青年科技创新领军人才 201 人、重点领域创新团队 35 个、科技创新创业人才 95 人、示范基地 15 家。

2018 年上海入选中青年科技创新领军人才名单

序号	姓 名	依托单位
1	王二涛	中科院上海生命科学研究院
2	王少伟	中科院上海技术物理研究所

续表

序号	姓 名	依托单位
3	王连军	东华大学
4	王 俊	中科院上海光学精密机械研究所
5	王振雷	华东理工大学
6	甘 勇	中科院上海药物研究所
7	付世晓	上海交通大学
8	朱亦鸣	上海理工大学
9	华波波	复旦大学
10	刘宏涛	中科院上海生命科学研究院
11	齐国祯	中国石化上海石油化工研究院
12	汤文军	中科院上海有机化学研究所
13	巫永睿	中科院上海生命科学研究院
14	李成涛	司法鉴定科学研究院
15	吴义政	复旦大学
16	吴成铁	中科院上海硅酸盐研究所
17	张冬梅	同济大学
18	周 鹏	复旦大学
19	赵 俊	复旦大学
20	胡荣贵	中科院上海生命科学研究院
21	侯 霞	中科院上海光学精密机械研究所
22	钱 冬	上海交通大学
23	徐 丰	复旦大学
24	徐书华	中科院上海生命科学研究院
25	徐世伟	宝山钢铁股份有限公司
26	高召兵	中科院上海药物研究所
27	蔡时青	中科院上海生命科学研究院
28	廖 专	海军军医大学
29	谭敏佳	中科院上海药物研究所

2018 年上海入选创新人才推进计划重点领域创新团队名单

序号	团队名称	团队负责人	依托单位
1	暗物质探测	刘江来	上海交通大学
2	药物设计新方法及创新药物发现研究创新团队	张 翱	中科院上海药物研究所
3	整合性肿瘤生物学创新团队	陈剑峰	中科院上海生命科学研究院

2018 年上海入选科技创新创业人才名单

序号	姓 名	依托单位
1	王建华	上海比路电子股份有限公司
2	Hongqi Tian (田红旗)	上海科州药物研发有限公司

续表

序号	姓 名	依托单位
3	冯歆鹏	上海肇观电子科技有限公司
4	李金亮	上海迪赛诺化学制药有限公司
5	吴 峰	上海易点时空网络有限公司
6	宋志棠	上海新安纳电子科技有限公司
7	张 敏	上工申贝(集团)股份有限公司
8	陈运文	达而观信息科技(上海)有限公司
9	陈 明	上海欧本钢结构有限公司
10	钱建中	上海汇得科技股份有限公司
11	黄建平	上海亿力电器有限公司
12	黄 晖	上海数饮实业有限公司
13	章 辉	上海宏力达信息技术股份有限公司
14	虞奇峰	上海纽脉医疗科技有限公司
15	简仁贤	竹间智能科技(上海)有限公司
16	熊 磊	上海思路迪医学检验所有限公司

（聂 力）

【264 人获上海“超级博士后”激励计划资助】 2018 年，上海市出台《上海市“超级博士后”激励计划实施办法》，对 35 周岁以下全职进站的博士后人员经遴选予以资助，264 名优秀博士后研究人员获得资助，资助金额 10—15 万元/人/年，资助 2 年，资助总额 3 730 万元。

2018 年上海“超级博士后”资助名单

序号	姓 名	单 位
1	白 静	上海交通大学
2	白梅竹	中科院上海生命科学研究院
3	柏庆然	同济大学
4	包 蓁	上海隧道工程有限公司
5	卜凡兴	复旦大学
6	柴 啸	中国商用飞机有限责任公司
7	常红星	上海大学
8	陈标榜	上海市计划生育科学研究所
9	陈 斌	上海交通大学
10	陈波见	同济大学
11	陈 超	华东理工大学
12	陈 晨	上海交通大学医学院
13	陈 成	中科院上海微系统与信息技术研究所
14	陈传瑞	复旦大学
15	陈会会	复旦大学
16	陈令修	中科院上海微系统与信息技术研究所
17	陈璞皎	同济大学
18	陈麒羽	复旦大学

续表

序号	姓 名	单 位
19	陈 琴	复旦大学
20	陈泰来	上海交通大学医学院
21	陈 瑶	中科院上海生命科学研究院
22	陈应之	上海交通大学医学院
23	陈 宇	复旦大学
24	陈之原	复旦大学
25	陈子亮	复旦大学
26	程 琳	市农科院
27	程若飞	中科院上海有机化学研究所
28	崔露什	上海师范大学
29	戴 能	复旦大学
30	但 晖	复旦大学
31	邓 浩	申万宏源证券有限公司
32	邓 娟	中科院上海生命科学研究院
33	丁 玎	上海交通大学医学院
34	董辰寅	上海交通大学医学院
35	董瑞华	复旦大学
36	董 双	华东理工大学
37	董 岳	上海交通大学医学院
38	窦艳侬	中科院上海生命科学研究院
39	段德忠	华东师范大学
40	范晓岑	复旦大学
41	冯晋文	复旦大学
42	冯 洋	复旦大学
43	付皓予	同济大学
44	高 涵	中科院上海生命科学研究院
45	高轶群	中科院上海生命科学研究院
46	高云倩	复旦大学
47	古定威	复旦大学
48	顾逸凡	同济大学
49	关珊珊	华东师范大学
50	郭 俊	中科院上海生命科学研究院
51	郭 韬	中科院上海生命科学研究院
52	郭雪萍	同济大学
53	郭媛媛	复旦大学
54	韩旭至	华东政法大学
55	何 力	中科院上海生命科学研究院
56	何文腾	同济大学
57	何杨辉	华东师范大学
58	贺体人	中国商用飞机有限责任公司

续表

序号	姓 名	单 位
59	侯 恺	东华大学
60	呼雪庆	上海中医药大学
61	胡 皓	上海市城市建设设计研究总院(集团)有限公司
62	黄陈稳	中科院上海药物研究所
63	黄国强	上海交通大学
64	霍 猛	上海交通大学
65	季晓媛	上海交通大学医学院
66	贾慧敏	中科院上海生命科学研究院
67	江何伟	上海交通大学
68	姜益光	中科院上海光学精密机械研究所
69	姜志军	复旦大学
70	金培振	华东师范大学
71	纠松涛	上海交通大学
72	康俊炎	中科院上海生命科学研究院
73	郎峻宇	上海交通大学
74	雷祖海	复旦大学
75	李长生	中科院上海生命科学研究院
76	李超群	复旦大学
77	李传维	上海交通大学
78	李凤琴	中科院上海应用物理研究所
79	李光石	上海大学
80	李 惠	上海图书馆(上海科学技术情报研究所)
81	李惠永	上海交通大学
82	李 慧	复旦大学
83	李佳璐	上海交通大学医学院
84	李恺如	上海大学
85	李林楠	上海中医药大学
86	李鲁宁	中科院上海技术物理研究所
87	李 梦	中科院上海生命科学研究院
88	李 霓	中科院上海生命科学研究院
89	李 琪	中科院上海药物研究所
90	李晓康	华东理工大学
91	李 燕	中科院上海生命科学研究院
92	李玉豪	上海外国语大学
93	李元元	中科院上海生命科学研究院
94	李智海	中科院上海药物研究所
95	连尔刚	同济大学
96	连璐诗	复旦大学

续表

序号	姓名	单位
97	林　丹	上海交通大学医学院
98	林　宏	上海师范大学
99	林佳宝	上海财经大学
100	林　俐	上海交通大学
101	刘　超	华东师范大学
102	刘　放	中科院上海药物研究所
103	刘静静	上海外国语大学
104	刘　骏	华东政法大学
105	刘　莉	上海交通大学
106	刘立雪	复旦大学
107	刘鹏飞	华东理工大学
108	刘倩倩	复旦大学
109	刘秋枫	中科院上海药物研究所
110	刘仕龙	上海交通大学
111	刘　帅	上海理工大学
112	刘　微	上海大学
113	刘亚坤	上海交通大学
114	刘　毅	华东理工大学
115	刘永波	上海交通大学医学院
116	卢俊梅	复旦大学
117	鲁　超	上海交通大学
118	吕　超	上海中医药大学
119	吕　晶	华东师范大学
120	吕　骞	中科院上海生命科学研究院
121	罗子淼	复旦大学
122	马　飞	中科院上海生命科学研究院
123	马红石	上海交通大学医学院
124	马　龙	复旦大学
125	马　腾	复旦大学
126	马　媛	上海交通大学
127	毛　阳	上海交通大学
128	茅缪伟	中科院上海生命科学研究院
129	孟　醒	华东师范大学
130	闵雄阔	上海交通大学
131	明尊振	上海交通大学医学院
132	缪乃俊	上海交通大学医学院
133	倪　超	复旦大学
134	欧阳天健	华东政法大学
135	欧阳威信	复旦大学
136	彭佩克	上海中医药大学

续表

序号	姓名	单位
137	彭诗乔	上海交通大学
138	彭　伟	上海大学
139	濮伟霖	复旦大学
140	秦居亮	华东师范大学
141	秦　朗	复旦大学
142	任青华	中科院上海微系统与信息技术研究所
143	阮开欣	华东政法大学
144	尚　媛	华东师范大学
145	邵　瑞	中科院上海生命科学研究院
146	邵洋洋	中科院上海生命科学研究院
147	生膨菲	复旦大学
148	宋海坤	复旦大学
149	宋　佳	上海师范大学
150	宋靓珺	复旦大学
151	宋天瑜	中科院上海生命科学研究院
152	宋馨雨	上海财经大学
153	苏海萍	华东理工大学
154	孙军浩	上海交通大学
155	孙晓垒	复旦大学
156	孙友刚	同济大学
157	孙宇昕	上海交通大学
158	孙志斌	上海交通大学医学院
159	谭秋香	中科院上海药物研究所
160	谭伟敏	复旦大学
161	唐　峰	中科院上海药物研究所
162	唐美麟	复旦大学
163	汪　雪	上海交通大学医学院
164	王博翔	上海交通大学
165	王　灯	上海交通大学
166	王　飞	上海交通大学
167	王　皓	复旦大学
168	王开阳	申万宏源证券有限公司
169	王　磊	上海交通大学
170	王立光	同济大学
171	王丽莉	复旦大学
172	王临梅	上海中医药大学
173	王　鹏	中科院上海有机化学研究所
174	王　琪	同济大学
175	王　强	中科院上海有机化学研究所
176	王诗翔	上海财经大学

续表

序号	姓　名	单　　位
177	王晓静	上海交通大学
178	王欣波	同济大学
179	王　鑫	司法鉴定科学研究院
180	王杏雨	上海交通大学医学院
181	王　旭	上海交通大学医学院
182	王旭东	中科院上海技术物理研究所
183	王亚林	上海交通大学
184	王云之	复旦大学
185	王增伟	上海交通大学
186	王兆飞	上海交通大学
187	王志伟	中科院上海生命科学研究院
188	王智丽	复旦大学
189	王　卓	复旦大学
190	魏　稳	华东师范大学
191	魏香香	复旦大学
192	吴　宾	华东师范大学
193	吴　超	同济大学
194	吴分翔	中科院上海光学精密机械研究所
195	吴玲玲	上海交通大学医学院
196	吴　秋	同济大学
197	吴苏清	上海交通大学
198	吴　旭	上海理工大学
199	吴艳玲	复旦大学
200	吴曾睿	华东理工大学
201	夏成杰	华东师范大学
202	夏　凯	复旦大学
203	项　军	上海大学
204	谢美华	同济大学
205	谢英洲	上海交通大学
206	邢莹莹	同济大学
207	徐　慧	东华大学
208	徐佳奕	华东师范大学
209	徐文绮	复旦大学
210	徐骁枫	华东政法大学
211	许彩红	复旦大学
212	许哲军	复旦大学
213	许之珏	上海交通大学
214	薛诗怡	上海戏剧学院
215	闫　寒	上海交通大学

续表

序号	姓　名	单　　位
216	燕宸旭	华东理工大学
217	杨鲍潮	华东师范大学
218	杨　迪	复旦大学
219	杨重庆	上海交通大学
220	姚　超	上海中医药大学
221	姚瑞文	上海交通大学
222	于汝佳	华东理工大学
223	于绪江	上海交通大学
224	余　琼	上海交通大学
225	於逸骏	复旦大学
226	翟丹丹	复旦大学
227	张奔祥	中科院上海有机化学研究所
228	张宾宾	上海理工大学
229	张　博	华东师范大学
230	张朝宝	中科院上海生命科学研究院
231	张承勇	复旦大学
232	张德凯	复旦大学
233	张会林	复旦大学
234	张　励	复旦大学
235	张灵恩	上海交通大学
236	张秋萌	中科院上海药物研究所
237	张圣洁	上海交通大学医学院
238	张素林	中科院上海药物研究所
239	张太阳	上海交通大学
240	张维伟	华东理工大学
241	张　伟	华东师范大学
242	张文乐	华东理工大学
243	张文阳	上海化工研究院有限公司
244	张　祥	上海市政工程设计研究总院(集团)有限公司
245	张亚娟	中科院上海生命科学研究院
246	张展鸣	复旦大学
247	张喆林	上海交通大学
248	章跃跃	上海航天技术研究院
249	赵炳晨	上海交通大学
250	赵瀚知	上海交通大学医学院
251	赵静静	上海体育学院
252	赵亚普	同济大学
253	赵亚伟	上海期货交易所

续表

序号	姓　名	单　　位
254	郑曦晨	复旦大学
255	郑玉恒	同济大学
256	郑臻哲	上海交通大学
257	钟丹丹	复旦大学
258	周春阳	上海交通大学医学院
259	周　易	华东理工大学
260	周玉付	复旦大学
261	周震强	复旦大学
262	朱逢尧	中科院上海天文台
263	朱金辉	上海交通大学
264	朱铭敏	上海交通大学

（周伟伟）

【300人入选上海市青年科技英才扬帆计划】 2018年，上海市青年科技英才扬帆计划共资助300人，资助经费合计6 000万元。

2018年度上海市青年科技英才扬帆计划资助人员名单

序号	姓　名	依托单位
1	徐　洁	艾比玛特医药科技(上海)有限公司
2	陈淑桢	东方肝胆外科医院
3	林　婧	东华大学
4	权震震	东华大学
5	顾士甲	东华大学
6	赵　奕	东华大学
7	贾洪伟	东华大学
8	吕佑龙	东华大学
9	刘　洋	东华大学
10	彭　程	东华大学
11	侯　磊	东华大学
12	黄增峰	复旦大学
13	张　凯	复旦大学
14	闫玥儿	复旦大学
15	王勤文	复旦大学
16	魏　轲	复旦大学
17	江如俊	复旦大学
18	房华毅	复旦大学
19	张宏斌	复旦大学
20	钱　辉	复旦大学
21	黄则度	复旦大学
22	周　喆	复旦大学

续表

序号	姓　名	依托单位
23	王　彧	复旦大学
24	代　丹	复旦大学
25	秦　谦	复旦大学附属儿科医院
26	钱琰琰	复旦大学附属儿科医院
27	叶　钊	复旦大学附属华山医院
28	阮巧玲	复旦大学附属华山医院
29	许　彬	复旦大学附属华山医院
30	陆逸平	复旦大学附属华山医院
31	葛璟洁	复旦大学附属华山医院
32	谢　芳	复旦大学附属华山医院
33	吴泽翰	复旦大学附属华山医院
34	张启麟	复旦大学附属华山医院
35	李圣杰	复旦大学附属眼耳鼻喉科医院
36	黄　傲	复旦大学附属中山医院
37	刘歆阳	复旦大学附属中山医院
38	刘　醒	复旦大学附属中山医院
39	王珊珊	复旦大学附属中山医院
40	郭宝磊	复旦大学附属中山医院
41	王　聪	复旦大学附属中山医院
42	甘　露	复旦大学附属中山医院
43	侯东妮	复旦大学附属中山医院
44	田　波	复旦大学附属中山医院
45	常　远	复旦大学附属中山医院
46	刘　浩	复旦大学附属中山医院
47	谈善军	复旦大学附属中山医院
48	许莉莉	复旦大学附属中山医院
49	张永法	复旦大学附属肿瘤医院
50	王若曦	复旦大学附属肿瘤医院
51	李诗良	华东理工大学
52	彭　鑫	华东理工大学
53	吴　粤	华东理工大学
54	练　成	华东理工大学
55	朱　异	华东理工大学
56	杨武林	华东理工大学
57	静　超	华东理工大学
58	刘玥伶	华东理工大学
59	郝继娜	华东理工大学
60	张天阳	华东理工大学
61	曹晨熙	华东理工大学
62	邹春城	华东理工大学

续表

序号	姓　名	依托单位
63	刘乃旺	华东理工大学
64	李郅辰	华东理工大学
65	王晓丹	华东师范大学
66	张乾森	华东师范大学
67	杨世宇	华东师范大学
68	谭　凯	华东师范大学
69	苏应龙	华东师范大学
70	徐丽萍	华东师范大学
71	白正阳	华东师范大学
72	姜　凯	华东师范大学
73	刘　洋	华东师范大学
74	周　梅	华东师范大学
75	王　婕	华东师范大学
76	Lily Tao	华东师范大学
77	涂文婷	上海财经大学
78	周正怡	上海财经大学
79	王子贺	上海财经大学
80	刘　桦	上海财经大学
81	孙　庆	上海大学
82	刘　通	上海大学
83	魏　亮	上海大学
84	朱　琦	上海大学
85	尹思露	上海大学
86	刘敏敏	上海大学
87	王　达	上海大学
88	王瑞雪	上海第二工业大学
89	李　豪	上海电力学院
90	李庆伟	上海电力学院
91	张　涛	上海电力学院
92	吕照民	上海工程技术大学
93	马丽凤	上海工程技术大学
94	张伟伟	上海工程技术大学
95	宋昕鸿	上海海事大学
96	刘家豪	上海海事大学
97	张　远	上海海事大学
98	顾邦平	上海海事大学
99	邢博闻	上海海洋大学
100	李一峰	上海海洋大学
101	刘智翔	上海海洋大学
102	谭龙玉	上海航天控制技术研究所

续表

序号	姓　名	依托单位
103	陈　鹏	上海核工程研究设计院有限公司
104	许璟琳	上海建工四建集团有限公司
105	邹　霞	上海交通大学
106	陆　青	上海交通大学
107	王　耀	上海交通大学
108	张　芳	上海交通大学
109	罗　洁	上海交通大学
110	刘翔鹏	上海交通大学
111	薄首行	上海交通大学
112	卢温泉	上海交通大学
113	周文武	上海交通大学
114	尚　策	上海交通大学
115	王鸿东	上海交通大学
116	张沈习	上海交通大学
117	刘成杰	上海交通大学
118	王海涛	上海交通大学
119	郭旭涵	上海交通大学
120	丁　蓓	上海交通大学
121	牟　为	上海交通大学医学院
122	周　丹	上海交通大学医学院
123	方思捷	上海交通大学医学院附属第九人民医院
124	孙晓明	上海交通大学医学院附属第九人民医院
125	李　彪	上海交通大学医学院附属第九人民医院
126	吴　丽	上海交通大学医学院附属第九人民医院
127	万　平	上海交通大学医学院附属仁济医院
128	吕向国	上海交通大学医学院附属仁济医院
129	连　敏	上海交通大学医学院附属仁济医院
130	赵怡超	上海交通大学医学院附属仁济医院
131	谢　冲	上海交通大学医学院附属仁济医院
132	马鹏飞	上海交通大学医学院附属仁济医院
133	沈　震	上海交通大学医学院附属仁济医院
134	黄佳琳	上海交通大学医学院附属仁济医院
135	孙嘉腾	上海交通大学医学院附属仁济医院
136	聂彬恩	上海交通大学医学院附属仁济医院
137	姜　璐	上海交通大学医学院附属瑞金医院
138	潘婷婷	上海交通大学医学院附属瑞金医院
139	吴传龙	上海交通大学医学院附属瑞金医院
140	杨晓东	上海交通大学医学院附属瑞金医院
141	叶俊娜	上海交通大学医学院附属瑞金医院
142	元慧杰	上海交通大学医学院附属瑞金医院

续表

序号	姓 名	依托单位
143	潘 昱	上海交通大学医学院附属瑞金医院
144	杜沁文	上海交通大学医学院附属瑞金医院
145	苏禹同	上海交通大学医学院附属瑞金医院
146	王新景	上海交通大学医学院附属瑞金医院
147	贺娜英	上海交通大学医学院附属瑞金医院
148	张晓青	上海交通大学医学院附属上海儿童医学中心
149	杨永志	上海交通大学医学院附属新华医院
150	邹翔宇	上海交通大学医学院附属新华医院
151	张 飞	上海交通大学医学院附属新华医院
152	丁 杰	上海交通大学医学院附属新华医院
153	邢玲溪	上海交通大学医学院附属新华医院
154	廖陈龙	上海交通大学医学院附属新华医院
155	王 艳	上海交通大学医学院附属新华医院
156	姚德帆	上海交通大学医学院附属新华医院
157	胡 燕	上海交通大学医学院附属新华医院
158	钮忆欣	上海交通大学医学院附属新华医院
159	周 达	上海交通大学医学院附属新华医院
160	王寿华	上海交通大学医学院附属新华医院
161	朱威南	上海交通大学医学院附属新华医院
162	梁 玮	上海交通大学医学院附属新华医院
163	吕静雯	上海交通大学医学院附属新华医院
164	杨珍珍	上海科技大学
165	陈未中	上海科技大学
166	娄 鑫	上海科技大学
167	杨智策	上海科技大学
168	夏水鑫	上海科技大学
169	郭婧婧	上海科技大学
170	刘 雯	上海空间电源研究所
171	王友鑫	上海璃道医药科技有限公司
172	毕恩兵	上海黎元新能源科技有限公司
173	叶 泰	上海理工大学
174	司呈勇	上海理工大学
175	魏文栋	上海理工大学
176	崔鹏义	上海理工大学
177	叶 卉	上海理工大学
178	蒋会明	上海理工大学
179	李 康	上海理工大学
180	刘高洁	上海理工大学
181	吴紫涧	上海理工大学
182	宿春晓	上海理工大学

续表

序号	姓 名	依托单位
183	袁庆庆	上海理工大学
184	郭淼现	上海理工大学
185	张东东	上海理工大学
186	杨春夏	上海师范大学
187	程冬冬	上海交通大学附属第六人民医院
188	王加兴	上海交通大学附属第六人民医院
189	严 婧	上海交通大学附属第六人民医院
190	蔡晓军	上海交通大学附属第六人民医院
191	路 伟	上海交通大学附属第六人民医院
192	康 辉	同济大学附属第十人民医院
193	金佳丽	同济大学附属第十人民医院
194	朱慧媛	同济大学附属第十人民医院
195	邓 露	同济大学附属第十人民医院
196	赵 岩	同济大学附属第一妇婴保健院
197	陈 翀	上海交通大学附属第一人民医院
198	王嘉琳	上海交通大学附属第一人民医院
199	林 琳	上海交通大学附属第一人民医院
200	毛雨晴	上海交通大学附属第一人民医院
201	卢 一	上海交通大学附属第一人民医院
202	熊淑毓	上海交通大学附属第一人民医院
203	鲁 丹	上海交通大学附属儿童医院
204	晏 博	上海市公共卫生临床中心
205	王子亮	上海市计划生育科学研究所
206	陈小凤	上海市口腔病防治院
207	李美仪	上海市闵行区中心医院(上海市闵行区复旦医教研协同发展研究院)
208	杨 静	市农科院
209	白娜玲	市农科院
210	宋 玮	市农科院
211	孙丽娟	市农科院
212	谷怡萱	上海市气象局
213	卢玉秋	上海市同济医院
214	李 辉	上海市刑事科学技术研究院
215	冯 雯	上海交通大学附属胸科医院
216	张 方	上海市针灸经络研究所
217	杨 帆	上海市中医药研究院
218	马丽芳	上海市中医医院
219	张 力	上海市肿瘤研究所
220	孙蕊心	上海市肿瘤研究所
221	田 丰	上海微小卫星工程中心

续表

序号	姓　名	依托单位
222	贾洁姝	上海无线电设备研究所
223	贺晓龙	上海煦源生物科技有限公司
224	颜仁杰	上海医药工业研究院
225	陈　进	上海应用技术大学
226	张　威	上海长海医院
227	曾蜀雄	上海长海医院
228	潘　骏	上海长海医院
229	伍国胜	上海长海医院
230	钟南哲	上海长征医院
231	石长贵	上海长征医院
232	李　建	上海长征医院
233	刘建伟	上海中兴软件有限责任公司
234	郭　腾	上海中医药大学
235	胥孜杭	上海中医药大学
236	兰金帅	上海中医药大学
237	党延启	上海中医药大学附属龙华医院
238	孙悦礼	上海中医药大学附属龙华医院
239	柴　晨	同济大学
240	毛无卫	同济大学
241	于　洋	同济大学
242	胡　笳	同济大学
243	陈会翠	同济大学
244	武　威	同济大学
245	阳佳桦	同济大学
246	马小翔	同济大学
247	李　彤	中福会国际和平妇幼保健院
248	陈松长	中福会国际和平妇幼保健院
249	张永志	中国航发上海商用航空发动机制造有限责任公司
250	韩　磊	中国建筑第八工程局有限公司
251	雍海林	中国科学技术大学上海研究院(上海中科大量子工程卓越中心)
252	李宇怀	中国科学技术大学上海研究院(上海中科大量子工程卓越中心)
253	陈明城	中国科学技术大学上海研究院(上海中科大量子工程卓越中心)
254	管建宇	中国科学技术大学上海研究院(上海中科大量子工程卓越中心)
255	孙启超	中国科学技术大学上海研究院(上海中科大量子工程卓越中心)
256	徐正蓺	中科院上海高等研究院

续表

序号	姓　名	依托单位
257	宋艳芳	中科院上海高等研究院
258	蔡大锋	中科院上海高等研究院
259	崔子健	中科院上海光学精密机械研究所
260	余昌海	中科院上海光学精密机械研究所
261	应　康	中科院上海光学精密机械研究所
262	陈俊驰	中科院上海光学精密机械研究所
263	李奇松	中科院上海光学精密机械研究所
264	王　虎	中科院上海光学精密机械研究所
265	胡敬佩	中科院上海光学精密机械研究所
266	陶　华	中科院上海光学精密机械研究所
267	魏天然	中科院上海硅酸盐研究所
268	王　晓	中科院上海硅酸盐研究所
269	王东辉	中科院上海硅酸盐研究所
270	宋雪梅	中科院上海硅酸盐研究所
271	谷红宇	中科院上海硅酸盐研究所
272	车相立	中科院上海硅酸盐研究所
273	王有伟	中科院上海硅酸盐研究所
274	郭慧君	中科院上海技术物理研究所
275	刘　真	中科院上海生命科学研究院
276	唐　娟	中科院上海生命科学研究院
277	薛　尉	中科院上海生命科学研究院
278	李　明	中科院上海微系统与信息技术研究所
279	陈华夏	中科院上海微系统与信息技术研究所
280	赵　斌	中科院上海微系统与信息技术研究所
281	仇　超	中科院上海微系统与信息技术研究所
282	周　易	中科院上海微系统与信息技术研究所
283	梁丽娟	中科院上海微系统与信息技术研究所
284	曹海强	中科院上海药物研究所
285	黄　悦	中科院上海药物研究所
286	杨　超	中科院上海应用物理研究所
287	李春雷	中科院上海应用物理研究所
288	丁爱顺	中科院上海有机化学研究所
289	张　霄	中科院上海有机化学研究所
290	王晓艳	中科院上海有机化学研究所
291	武善超	海军军医大学
292	刘　虎	海军军医大学
293	谭　兴	海军军医大学
294	王婧婷	海军军医大学
295	秦婴逸	海军军医大学

续表

序号	姓 名	依托单位
296	王文虎	中国商飞上海飞机设计研究院
297	李 雄	中国水产科学研究院东海水产研究所
298	金 艳	中国水产科学研究院东海水产研究所
299	娄晓祎	中国水产科学研究院东海水产研究所
300	郑二虎	中芯国际集成电路制造(上海)有限公司

(李力雄)

【100人入选上海市青年科技启明星计划】 2018年,上海市青年科技启明星计划共资助100人,其中A类资助54人、B类资助46人,资助金额4 000万元。

2018年度上海市青年科技启明星(A类)资助名单

序号	姓 名	依托单位
1	罗 维	东华大学
2	张 超	东华大学
3	徐 薇	复旦大学
4	陈仁杰	复旦大学
5	赵 冰	复旦大学
6	何 苗	复旦大学
7	王兵杰	复旦大学
8	张 波	复旦大学
9	宋剑平	复旦大学附属华山医院
10	骆菲菲	复旦大学附属华山医院
11	洪佳旭	复旦大学附属眼耳鼻喉科医院
12	周少来	复旦大学附属中山医院
13	高 阳	华东理工大学
14	和望利	华东理工大学
15	沈建华	华东理工大学
16	姜伊娜	华东师范大学
17	金钻明	上海大学
18	肖诗逸	上海大学
19	陶 飞	上海交通大学
20	黄修长	上海交通大学
21	郑晓冬	上海交通大学
22	陶 鹏	上海交通大学
23	贺 号	上海交通大学
24	辛建陶	上海交通大学
25	李伟广	上海交通大学医学院
26	刘艳丰	上海交通大学医学院附属仁济医院

续表

序号	姓 名	依托单位
27	王绮夏	上海交通大学医学院附属仁济医院
28	那 溶	上海交通大学医学院附属瑞金医院
29	李 慧	上海交通大学医学院附属上海儿童医学中心
30	徐全福	上海交通大学医学院附属新华医院
31	颜世超	上海科技大学
32	谷付星	上海理工大学
33	田 云	上海师范大学
34	王佳谊	同济大学附属第十人民医院
35	周翔宇	同济大学附属第一妇婴保健院
36	王红丽	上海市环境科学研究院
37	袁逖飞	上海市精神卫生中心(上海市心理咨询培训中心)
38	于 研	同济大学附属同济医院
39	王 存	上海市肿瘤研究所
40	梁 广	上海微小卫星工程中心
41	陈文连	上海中医药大学附属龙华医院
42	周利红	上海中医药大学附属曙光医院
43	王 颖	同济大学
44	杨 鹏	同济大学
45	田 野	中科院上海光学精密机械研究所
46	林天全	中科院上海硅酸盐研究所
47	肖 斐	中科院上海生命科学研究院
48	吴天如	中科院上海微系统与信息技术研究所
49	郑 超	中科院上海有机化学研究所
50	乔小兰	中科院上海有机化学研究所
51	袁继行	海军军医大学
52	郑承剑	海军军医大学
53	孙 文	东方肝胆外科医院
54	周潘宇	上海长海医院

2018年度上海市青年科技启明星(B类)资助名单

序号	姓 名	依托单位
1	乔祯逸	光明乳业股份有限公司
2	方 陈	华东电力试验研究院有限公司
3	胡 耘	华东建筑设计研究院有限公司
4	武 鑫	上海宝龙药业有限公司
5	陈 俊	上海博进凯利泰医疗科技有限公司
6	张 亮	上海材料研究所
7	吴 蔚	上海超导科技股份有限公司
8	李文彬	上海辰光医疗科技股份有限公司
9	马 艳	上海城市水资源开发利用国家工程中心有限公司

续表

序号	姓　名	依托单位
10	王海波	上海德朗能动力电池有限公司
11	苏贵民	上海电科智能系统股份有限公司
12	刘千立	上海复合材料科技有限公司
13	金　锐	上海复控华龙微系统技术有限公司
14	张旭亮	上海航天精密机械研究所
15	朱康武	上海航天控制技术研究所
16	蔡晓江	上海航天控制技术研究所
17	赵慧慧	上海航天设备制造总厂有限公司
18	向少卿	上海禾赛光电科技有限公司
19	刘张李	上海华虹宏力半导体制造有限公司
20	史建琦	上海华元创信软件有限公司
21	田　义	上海机电工程研究所
22	夏巨伟	上海建工集团股份有限公司
23	余芳强	上海建工四建集团有限公司
24	齐善康	上海科医联创生物科技有限公司
25	李欣益	上海空间电源研究所
26	吴勇民	上海空间电源研究所
27	肖　莹	上海绿谷制药有限公司
28	张丽勋	上海农科种子种苗有限公司
29	唐子威	上海汽车集团股份有限公司
30	黄伟伟	上海青浦现代农业园区发展有限公司
31	贾罗琦	上海庆之医疗科技有限公司
32	王伟山	上海三瑞高分子材料股份有限公司
33	马宇立	上海三友医疗器械股份有限公司
34	邹　芸	上海市刑事科学技术研究院
35	姜　洋	上海市政工程设计研究总院(集团)有限公司
36	刘战广	上海市政工程设计研究总院(集团)有限公司
37	方雪恩	上海速芯生物科技有限公司
38	李培楠	上海隧道工程有限公司
39	罗炬锋	上海物联网有限公司
40	谭绍英	上海欣生源药业有限公司
41	王　科	上海新时达电气股份有限公司
42	张庆伟	上海医药工业研究院
43	陈玉伟	上海仪耐新材料科技有限公司
44	张世明	上海中聚佳华电池科技有限公司
45	周　健	中国石化上海石油化工研究院
46	赵　馗	中微半导体设备(上海)有限公司

（李力雄）

【54人入选上海市优秀学术带头人计划】　2018年,上海市优秀学术带头人计划共资助54人,资助金额合计2 160万元。

2018年度上海市优秀学术带头人计划资助名单

序号	姓　名	依托单位
1	张清华	东华大学
2	丁　彬	东华大学
3	余宏杰	复旦大学
4	胡　薇	复旦大学
5	蒋　晨	复旦大学
6	沈　健	复旦大学
7	李洪全	复旦大学
8	侯军利	复旦大学
9	关　明	复旦大学附属华山医院
10	赵　晨	复旦大学附属眼耳鼻喉科医院
11	邱双健	复旦大学附属中山医院
12	虞先濬	复旦大学附属肿瘤医院
13	吴　炅	复旦大学附属肿瘤医院
14	李永生	华东理工大学
15	高栓虎	华东师范大学
16	彭　晨	上海大学
17	熊振华	上海交通大学
18	王新兵	上海交通大学
19	刘景全	上海交通大学
20	罗正鸿	上海交通大学
21	朱庆华	上海交通大学
22	金学军	上海交通大学
23	沈洪兴	上海交通大学医学院附属仁济医院
24	卜　军	上海交通大学医学院附属仁济医院
25	毕宇芳	上海交通大学医学院附属瑞金医院
26	潘秋辉	上海交通大学医学院附属上海儿童医学中心
27	李世亭	上海交通大学医学院附属新华医院
28	孙清清	上海浦东复旦大学张江科技研究院
29	黄学辉	上海师范大学
30	吕中伟	同济大学附属第十人民医院
31	耿红全	上海市儿科医学研究所
32	于广军	上海交通大学附属儿童医院
33	王　颖	上海市免疫学研究所
34	吴哲褒	上海市内分泌代谢病研究所
35	吴登龙	同济大学附属同济医院
36	葛广波	上海市中医药研究院
37	张　彤	上海中医药大学

续表

序号	姓　名	依托单位
38	贾立军	上海中医药大学附属龙华医院
39	蒋欢军	同济大学
40	陈宇翱	中国科学技术大学上海研究院(上海中科大量子工程卓越中心)
41	胡宏林	中科院上海高等研究院
42	冷雨欣	中科院上海光学精密机械研究所
43	陈　雨	中科院上海硅酸盐研究所
44	王泽峰	中科院上海生命科学研究院
45	王成树	中科院上海生命科学研究院
46	尤立星	中科院上海微系统与信息技术研究所
47	陶　虎	中科院上海微系统与信息技术研究所
48	赵　强	中科院上海药物研究所
49	陈耀峰	中科院上海有机化学研究所
50	刘元红	中科院上海有机化学研究所
51	高　路	海军军医大学
52	陈涛涌	海军军医大学
53	刘善荣	上海长海医院
54	丁　劲	东方肝胆外科医院

(李力雄)

【45人入选上海市优秀技术带头人计划】 2018年,上海市优秀技术带头人计划共资助45人,资助金额合计1 800万元。

2018年度上海市优秀技术带头人计划资助名单

序号	姓　名	依托单位
1	杨勇杰	宝山钢铁股份有限公司
2	张书永	和元生物技术(上海)股份有限公司
3	李　君	联合汽车电子有限公司
4	李福刚	上海奥普生物医药有限公司
5	阳学仕	上海宝存信息科技有限公司
6	沈春锋	上海宝信软件股份有限公司
7	杨　旗	上海材料研究所
8	顾哲明	上海材料研究所
9	姜　蕾	上海城市水资源开发利用国家工程中心有限公司
10	咸哲龙	上海电气电站设备有限公司
11	张　宙	上海电气集团上海电机厂有限公司
12	庄欠伟	上海盾构设计试验研究中心有限公司
13	李博华	上海复旦海泰生物技术有限公司
14	郭琴琴	上海锅炉厂有限公司
15	周广东	上海国睿生命科技有限公司
16	杨长祺	上海航天精密机械研究所
17	赵万良	上海航天控制技术研究所
18	任　斐	上海航天设备制造总厂有限公司
19	徐向斌	上海恒瑞医药有限公司
20	周　虹	上海建工集团股份有限公司
21	Howard Haohorng Chou	上海凯赛生物技术研发中心有限公司
22	马季军	上海空间电源研究所
23	侯　盛	上海迈泰君奥生物技术有限公司
24	张　芳	上海纳米技术及应用国家工程研究中心有限公司
25	逯利军	上海赛特斯信息科技股份有限公司
26	吴江斌	上海申元岩土工程有限公司
27	黄　瑾	上海市城市建设设计研究总院(集团)有限公司
28	蒋利学	上海市建筑科学研究院(集团)有限公司
29	吕永鹏	上海市政工程设计研究总院(集团)有限公司
30	孔　琳	上海市质子重离子医院有限公司
31	王　帆	上海微电子装备(集团)股份有限公司
32	李高健	上海信昊信息科技有限公司
33	肖　杰	上海宇航系统工程研究所
34	李正强	中国商用飞机有限责任公司上海飞机设计研究院
35	何　朔	中国银联股份有限公司
36	章一新	上海纳米技术及应用国家工程研究中心有限公司
37	陆　伟	上海汽车粉末冶金有限公司
38	安　平	上海文广科技(集团)有限公司
39	李济宇	上海科医联创生物科技有限公司
40	李　辉	上海市政工程设计研究总院(集团)有限公司
41	赵　简	上海美吉生物医药科技有限公司
42	曹黎明	光明米业(集团)有限公司
43	李喜峰	上海微电子装备(集团)股份有限公司
44	龚　岚	上海昊海生物科技股份有限公司
45	宋兴福	上海欧纳海洋能源科技有限公司

(李力雄)

【328人(团队)入选上海市浦江人才计划】 2018年,328人获上海市浦江人才计划资助,资助经费合计5 980万元。其

中，A类科研开发人才112人、B类企业创新创业人才37人、C类社会科学人才116人、D类特殊急需人才63人。至此，该计划累计资助3 704人(含团队)，资助总额超过6.43亿元。

2018年度上海市浦江人才计划(A类)资助人员名单

序号	姓 名	依托单位
1	董瑞丽	东华大学
2	邓吉楠	东华大学
3	王瑞莉	东华大学
4	刘艳彪	东华大学
5	洪尚宇	复旦大学
6	杨云龙	复旦大学
7	刘铁民	复旦大学
8	郑 琰	复旦大学
9	贾天野	复旦大学
10	罗 涛	复旦大学
11	程 荡	复旦大学
12	刘一新	复旦大学
13	钱林平	复旦大学
14	彭海辉	复旦大学
15	黄霞芸	复旦大学
16	朱凤平	复旦大学附属华山医院
17	孙 珊	复旦大学附属眼耳鼻喉科医院
18	蒋晶晶	复旦大学附属中山医院
19	赵梦瑶	华东理工大学
20	胡硕真	华东理工大学
21	胡彦杰	华东理工大学
22	张志鹏	华东理工大学
23	温建锋	华东理工大学
24	张庆昊	华东理工大学
25	刘 振	华东理工大学
26	刘 帅	华东师范大学
27	杨嘉龙	华东师范大学
28	晏 军	华东师范大学
29	闫 明	华东师范大学
30	朱 萌	华东师范大学
31	杨 涛	华东师范大学
32	丁 军	华东师范大学
33	徐 剑	华东师范大学
34	陈启晴	华东师范大学
35	吴电明	华东师范大学
36	许伯熹	上海财经大学

续表

序号	姓 名	依托单位
37	李传军	上海大学
38	易 金	上海大学
39	王长虹	上海大学
40	王有基	上海海洋大学
41	刘必林	上海海洋大学
42	许竞翔	上海海洋大学
43	李 丹	上海交通大学
44	尹若贺	上海交通大学
45	蔡宇伽	上海交通大学
46	甘人友	上海交通大学
47	李 纪	上海交通大学
48	李 数	上海交通大学
49	杜长庆	上海交通大学
50	汪华苗	上海交通大学
51	顾波波	上海交通大学
52	Chenchun Chao	上海交通大学
53	安 超	上海交通大学
54	瞿叶高	上海交通大学
55	薛拾贝	上海交通大学
56	杨 程	上海交通大学
57	赵 岳	上海交通大学
58	武文栋	上海交通大学
59	陈 斌	上海交通大学
60	马 涛	上海交通大学
61	庄小东	上海交通大学
62	李雪松	上海交通大学
63	沈雁文	上海交通大学
64	余 辉	上海交通大学
65	倪 娜	上海交通大学
66	刘宁宁	上海交通大学医学院
67	徐颖洁	上海交通大学医学院
68	卞 迁	上海交通大学医学院附属第九人民医院
69	陶 永	上海交通大学医学院附属第九人民医院
70	廖洪泽	上海交通大学医学院附属仁济医院
71	张建明	上海交通大学医学院附属瑞金医院
72	田景琰	上海交通大学医学院附属瑞金医院
73	李 明	上海交通大学医学院附属新华医院
74	刘辰莹	上海交通大学医学院附属新华医院
75	许 宇	上海交通大学医学院附属新华医院

续表

序号	姓 名	依托单位
76	童夏静	上海科技大学
77	李夏军	上海科技大学
78	孙文智	上海科技大学
79	范高峰	上海科技大学
80	李 健	上海科技大学
81	刘 宇	上海科技大学
82	邹新波	上海科技大学
83	吴 涛	上海科技大学
84	叶朝锋	上海科技大学
85	吴幼龙	上海科技大学
86	凌盛杰	上海科技大学
87	马 佩	上海理工大学
88	林 辉	上海理工大学
89	张冠华	上海理工大学
90	彭成信	上海理工大学
91	王 珂	上海理工大学
92	李颖川	上海交通大学附属第六人民医院
93	杨木清	同济大学附属第十人民医院
94	于永生	同济大学附属第一妇婴保健院
95	王雯秋	上海交通大学附属第一人民医院
96	王天歌	上海市内分泌代谢病研究所
97	余 勇	同济大学
98	唐炎林	同济大学
99	徐 涛	同济大学
100	董光宇	同济大学
101	宁超列	同济大学
102	王 琼	同济大学
103	徐 晨	同济大学
104	陈 波	同济大学
105	钟东勋	中国科学技术大学上海研究院(上海中科大量子工程卓越中心)
106	姚碧霖	中科院上海技术物理研究所
107	程正喜	中科院上海技术物理研究所
108	徐 敏	中科院上海生命科学研究院
109	赵 杨	中科院上海生命科学研究院
110	张 辉	中科院上海生命科学研究院
111	朱 敏	中科院上海微系统与信息技术研究所
112	王 锌	中科院上海应用物理研究所

2018年度上海市浦江人才计划(B类)资助人员名单

序号	姓 名	承担单位
1	温中蒙	尔智机器人(上海)有限公司
2	丁建武	光惠(上海)激光科技有限公司
3	于 雪	康码(上海)生物科技有限公司
4	张 薇	美敦力(上海)有限公司
5	吴筱杰	上海艾瑞德生物科技有限公司
6	李紫薇	上海宝藤生物医药科技股份有限公司
7	喻 翔	上海格诺生物科技有限公司
8	毛胜平	上海禾赛光电科技有限公司
9	张鸣鸣	上海和誉生物医药科技有限公司
10	童建松	上海恒瑞医药有限公司
11	刘雅容	上海恒润达生生物科技有限公司
12	黄 飞	上海恒润医药科技有限公司
13	李英杰	上海环境保护有限公司
14	沈雨佳	上海寰亮环保科技有限公司
15	陈 美	上海计算机软件技术开发中心
16	占羿箭	上海建工集团股份有限公司
17	谢妙兴	上海晶曦微电子科技有限公司
18	汪慧明	上海凯泉泵业(集团)有限公司
19	王俊凯	上海渴越信息科技有限公司
20	林 涛	上海鲲游光电科技有限公司
21	Jijun Cheng	上海立迪生物技术股份有限公司
22	范 珏	上海量泰生物科技有限公司
23	陆彬彬	上海普恩海汇医学检验所有限公司
24	蔡 俊	上海汽车集团股份有限公司
25	许长华	上海秦璞生物科技有限公司
26	刘奇正	上海全鹰智能科技有限公司
27	张 华	上海闪容新能源科技有限公司
28	赵永亮	上海特栎材料科技有限公司
29	詹 红	上海透景生命科技股份有限公司
30	吕文尔	上海微创医疗器械(集团)有限公司
31	黄嘉晔	上海新微技术研发中心有限公司
32	李 尤	上海因士环保科技有限公司
33	唐 姗	上海智畔智能科技有限公司
34	刘 刚	旋智电子科技(上海)有限公司
35	杨铭铭	中国商飞上海飞机设计研究院
36	刘思旸	中芯国际集成电路新技术研发(上海)有限公司
37	钟伯琛	中芯国际集成电路制造(上海)有限公司

2018年度上海市浦江人才计划(C类)资助人员名单

序号	姓名	承担单位
1	刘凤	东华大学
2	宋婧	东华大学
3	蔡雅芝	复旦大学
4	陈侃	复旦大学
5	丁文杰	复旦大学
6	付中昊	复旦大学
7	高华声	复旦大学
8	高燕	复旦大学
9	来小彬	复旦大学
10	李绪红	复旦大学
11	邱轶皓	复旦大学
12	宋弘	复旦大学
13	孙林	复旦大学
14	王广涛	复旦大学
15	王聚	复旦大学
16	王沛	复旦大学
17	韦潇	复旦大学
18	吴文斌	复旦大学
19	许明杰	复旦大学
20	袁国何	复旦大学
21	张宗新	复旦大学
22	安大地	华东理工大学
23	侯利文	华东理工大学
24	蒋士成	华东理工大学
25	陶峰	华东理工大学
26	雷浩	华东师范大学
27	李云鹤	华东师范大学
28	刘世清	华东师范大学
29	刘婷	华东师范大学
30	刘亚娟	华东师范大学
31	吕君	华东师范大学
32	毛毅静	华东师范大学
33	沈超海	华东师范大学
34	王弘毅	华东师范大学
35	张浩敏	华东师范大学
36	张继元	华东师范大学
37	朱晶	华东师范大学
38	盖庆恩	上海财经大学
39	贺思民	上海财经大学
40	洪灿辉	上海财经大学

续表

序号	姓名	承担单位
41	赖汪洋	上海财经大学
42	刘丛	上海财经大学
43	刘浩	上海财经大学
44	王文雅	上海财经大学
45	徐浩宇	上海财经大学
46	殷倩波	上海财经大学
47	袁洪松	上海财经大学
48	袁哲	上海财经大学
49	张开骏	上海财经大学
50	赵英男	上海财经大学
51	周晓梅	上海财经大学
52	陈吉栋	上海大学
53	崔维伟	上海大学
54	侯庆斌	上海大学
55	黄苏萍	上海大学
56	解学梅	上海大学
57	李翰	上海大学
58	刘婷	上海大学
59	刘婷婷	上海大学
60	孙怡	上海大学
61	杨万里	上海大学
62	张金翠	上海大学
63	张可	上海大学
64	李挺	上海对外经贸大学
65	肖弯仪	上海对外经贸大学
66	闫海洲	上海对外经贸大学
67	张蔚磊	上海对外经贸大学
68	李琦	上海工程技术大学
69	叶晓娴	上海工程技术大学
70	孙晓琳	上海海事大学
71	褚晓琳	上海海洋大学
72	刘略昌	上海理工大学
73	曹永荣	上海交通大学
74	杜严勇	上海交通大学
75	谷晓坤	上海交通大学
76	吕浩	上海交通大学
77	苏政	上海交通大学
78	王球	上海交通大学
79	王彤	上海交通大学
80	徐彦冰	上海交通大学

续表

序号	姓 名	承担单位
81	徐子彬	上海交通大学
82	杨炳钧	上海交通大学
83	郑美妹	上海交通大学
84	郦光伟	上海科技大学
85	董万好	上海立信会计金融学院
86	刘 芸	上海立信会计金融学院
87	滕 璐	上海纽约大学
88	焦世新	上海社会科学院国际问题研究所
89	梁海祥	上海社会科学院社会学研究所
90	白红义	上海社会科学院新闻研究所
91	李庆云	上海社会科学院中国马克思主义研究所
92	李泠烨	上海师范大学
93	刘培盛	上海师范大学
94	吕杰昕	上海师范大学
95	孙红杰	上海师范大学
96	王小平	上海师范大学
97	杨永彬	上海交通大学附属第一人民医院
98	王 三	上海体育学院
99	张 盛	上海体育学院
100	那希芳	上海外国语大学
101	万 飞	上海外国语大学
102	王弋璇	上海外国语大学
103	吴 爽	上海外国语大学
104	徐琦璐	上海外国语大学
105	杨 娟	上海外国语大学
106	付英杰	上海音乐学院
107	梁 楠	上海音乐学院
108	孙彩虹	上海政法学院
109	任荣政	上海中医药大学
110	曹冬平	同济大学
111	马军杰	同济大学
112	苏涛永	同济大学
113	许晓青	同济大学
114	周新刚	同济大学
115	李 娟	海军军医大学
116	唐碧菡	海军军医大学

2018年度上海市浦江人才计划(D类)资助人员名单

序号	姓 名	依托单位
1	戚建平	复旦大学
2	魏黎明	复旦大学
3	王 丽	复旦大学附属眼耳鼻喉科医院
4	沈 纳	复旦大学附属中山医院
5	王 红	复旦大学附属中山医院
6	袁恒锋	复旦大学附属中山医院
7	江一舟	复旦大学附属肿瘤医院
8	范建华	华东理工大学
9	侯 宇	华东理工大学
10	沙 风	华东理工大学
11	王 丽	华东理工大学
12	王灵芝	华东理工大学
13	张 建	华东理工大学
14	逄秀凤	华东师范大学
15	徐 林	华东师范大学
16	张 娟	上海大学
17	刘 卫	上海海事大学
18	陈 丽	上海工程技术大学
19	陈 飞	上海交通大学
20	高 国	上海交通大学
21	葛天舒	上海交通大学
22	郭 杰	上海交通大学
23	陈 伟	上海交通大学医学院附属第九人民医院
24	刘 昕	上海交通大学医学院附属第九人民医院
25	邵春益	上海交通大学医学院附属第九人民医院
26	周晌辉	上海交通大学医学院附属第九人民医院
27	韩应超	上海交通大学医学院附属仁济医院
28	潘 静	上海交通大学医学院附属瑞金医院
29	王俊青	上海交通大学医学院附属瑞金医院
30	张 敏	上海交通大学医学院附属瑞金医院
31	付 炜	上海交通大学医学院附属上海儿童医学中心
32	吴 江	上海交通大学医学院附属新华医院
33	臧小飞	上海理工大学
34	陈 浩	上海交通大学附属第六人民医院
35	程 涛	上海交通大学附属第六人民医院
36	苏开明	上海交通大学附属第六人民医院
37	王 鹏	上海交通大学附属第六人民医院
38	程晓芸	同济大学附属第十人民医院
39	宋小莲	同济大学附属第十人民医院
40	安 潇	上海交通大学附属第一人民医院

续表

序号	姓 名	依托单位
41	胡国勇	上海交通大学附属第一人民医院
42	谈鸣岳	上海交通大学附属第一人民医院
43	张 锐	同济大学附属上海市肺科医院(上海市职业病防治院)
44	傅建非	上海市同济医院
45	周 琳	上海市同济医院
46	余 雯	上海市胸科医院
47	翁文浩	上海市杨浦区中心医院(同济大学附属杨浦医院)
48	牛云蔚	上海应用技术大学
49	顾向晨	上海中医药大学附属岳阳中西医结合医院
50	朱兴一	同济大学
51	曹 逊	中科院上海硅酸盐研究所
52	谢作权	中科院上海药物研究所
53	毕新岭	上海长海医院
54	陈自强	上海长海医院
55	何妙侠	上海长海医院
56	经 纬	上海长海医院
57	吴 浩	上海长海医院
58	于晓雯	上海长海医院
59	李 荣	上海长征医院
60	于乐兴	东方肝胆外科医院
61	韩 婷	海军军医大学
62	刘 冲	海军军医大学
63	俞 媛	海军军医大学

(李力雄)

【106人入选上海领军人才“地方队”培养计划】 2018年,市委组织部、市人力资源社会保障局开展第13批上海领军人才的选拔工作。经过各平台遴选推荐、专家评审、网上公示等程序,确定106人入选。106名入选人员中,企业高层次人才40人,占37.7%,其中非公企业人才15人,占14.2%。45周岁以下37人,占34.9%;35周岁以下3人,占2.8%。科技领域82人,占76.6%,其中科技创业型人才7人,涉及电子信息、人工智能、生物医药等领域。全市重点关注的产业领域中,人工智能领域7人、集成电路领域1人、大数据领域7人、智能制造领域2人。此外,对马克思主义学说人才给予重点关注,入选3人,占哲社类入选人数的21.4%。

2018年领军人才选拔工作在完善申报系统的基础上,启用上海领军人才评审系统,全面实现网上申报和评审功能。选拔工作严肃评审纪律。严格遵循回避原则,选取评审专家时,对与申报人同一单位同一专业的专家严格回避。严格执行保密纪律,组织评审专家在评审前统一进行保密教育并签署《保密承诺书》,进入评审会场后,专家随身携带的手机等电子通讯设备全部交由工作人员保管,确保评审工作的严肃性。选拔工作聚焦上海发展突出选拔重点。初步统计,入选人员近几年共获国家级奖项13项、省部级奖项90项、行业内重要奖项182项,获自主知识产权380件,在国际或国内重要期刊发表论文592篇。此外,多人承担和参与国家“863”“973”等计划在内的国家和市级重大项目的研究和开发工作。

2018年上海领军人才“地方队”培养计划人选名单

序号	姓 名	工作单位
1	蔡海文	中科院上海光学精密机械研究所
2	曹 琦	中国工商银行股份有限公司上海市分行
3	查明建	上海外国语大学
4	陈国亮	华东建筑设计研究院有限公司
5	陈海波	深兰科技(上海)有限公司
6	陈 明	上海交通大学
7	陈明良	上海化工研究院有限公司
8	陈寿面	上海集成电路研发中心有限公司
9	陈晓东	华域汽车系统股份有限公司
10	陈晓明	上海市机械施工集团有限公司
11	陈萦晅	上海交通大学医学院附属仁济医院
12	程英升	上海交通大学附属第六人民医院东院
13	邓跃毅	上海中医药大学附属龙华医院
14	杜守国	上海市人力资源和社会保障局信息中心
15	方 勇	上海易维视科技股份有限公司
16	冯 雁	上海交通大学
17	傅希如	上海京剧院
18	傅小龙	上海交通大学附属胸科医院
19	葛文越	上海凯鑫分离技术股份有限公司
20	何晓明	上海微波设备研究所(中国电科第五十一研究所)
21	贺 军	上海期货交易所
22	胡晨韵	上海民族乐团
23	胡晓宁	中科院上海技术物理研究所
24	黄国富	中国船舶科学研究中心上海分部
25	黄海清	上海中信信息发展股份有限公司
26	黄永进	上海勘察设计研究院(集团)有限公司
27	季昕华	上海优刻得信息科技有限公司
28	贾立军	上海中医药大学
29	姜 弘	上海市城市建设设计研究总院(集团)有限公司
30	蒋传光	上海师范大学
31	蒋利学	上海市建筑科学研究院(集团)有限公司
32	敬乂嘉	复旦大学

续表

序号	姓 名	工作单位
33	李荣斌	上海电机学院
34	李永生	华东理工大学
35	李泽晨	赛赫智能设备(上海)股份有限公司
36	李志慧	上海卫星装备研究所
37	李宗海	科济生物医药(上海)有限公司
38	刘建平	中欧基金管理有限公司
39	刘莉亚	上海财经大学
40	刘小方	上海市市政规划设计研究院有限公司
41	吕 龙	中科院上海有机化学研究所
42	吕名礼	上海华维节水灌溉股份有限公司
43	马季军	上海空间电源研究所
44	马紫峰	上海交通大学
45	孟志强	复旦大学附属肿瘤医院
46	穆海洁	上海汇付数据服务有限公司
47	聂玉弟	上海体育职业学院
48	蒲 毅	上海航空电器有限公司
49	秦 涛	上海海勃物流软件有限公司
50	裘正义	新民晚报社
51	山建国	上海振华重工(集团)股份有限公司
52	史向阳	东华大学
53	孙涛勇	上海微盟企业发展有限公司
54	孙 赟	上海交通大学医学院附属仁济医院
55	唐 宏	中科院上海巴斯德研究所
56	田 阳	华东师范大学
57	涂 宏	交通银行股份有限公司
58	汪年松	上海交通大学附属第六人民医院
59	王宏志	东华大学
60	王联凤	上海航天设备制造总厂有限公司
61	王 敏	上海市环境科学研究院
62	王 平	同济大学
63	王世平	上海科技教育出版社有限公司
64	王卫东	交通银行股份有限公司太平洋信用卡中心
65	王秀志	上海申通地铁集团有限公司技术中心
66	王 岩	上海交通大学
67	王 英	上海工业自动化仪表研究院有限公司
68	吴松洋	公安部第三研究所
69	吴义政	复旦大学
70	夏四清	同济大学
71	肖 荣	上海理想信息产业(集团)有限公司
72	谢 赟	上海德拓信息技术股份有限公司

续表

序号	姓 名	工作单位
73	熊志奇	中科院上海生命科学研究院
74	徐任重	申能(集团)有限公司
75	杨 驰	上海交通大学医学院附属第九人民医院
76	杨 焱	市农科院
77	尤立星	中科院上海微系统与信息技术研究所
78	于乃江	中国航发商用航空发动机有限责任公司
79	于圣青	农科院上海兽医研究所(中国动物卫生与流行病学中心上海分中心)
80	郁振华	华东师范大学
81	张福利	上海医药工业研究院
82	张海东	上海大学
83	张建华	上海大学
84	张 雷	中科院上海生命科学研究院
85	张瑞岩	上海交通大学医学院附属瑞金医院
86	张 巍	上海音乐学院
87	张 卫	上海长海医院
88	张 欣	上海市政工程设计研究总院(集团)有限公司
89	张欣欣	上海交通大学医学院附属瑞金医院北院
90	张信军	海通证券股份有限公司
91	赵克良	中国商飞上海飞机设计研究院
92	赵 敏	上海市精神卫生中心
93	赵 强	上海交通大学医学院附属瑞金医院
94	郑时有	上海理工大学
95	钟良枢	中科院上海高等研究院
96	周 嘉	上海中医药大学附属岳阳中西医结合医院
97	周敬青	中共上海市委党校(上海行政学院)
98	周平红	复旦大学附属中山医院
99	周兴贵	华东理工大学
100	周徐斌	上海卫星工程研究所
101	周亚虹	上海财经大学
102	朱明华	江南造船(集团)有限责任公司
103	朱频频	上海智臻智能网络科技股份有限公司
104	朱 清	微创心脉医疗科技(上海)有限公司
105	朱 荣	中国外汇交易中心(全国银行间同业拆借中心)
106	邹海东	上海市眼病防治中心

(周伟伟)

【127 人获上海市人才发展资金资助】 2018 年,继续开展上海市人才发展资金资助工作。经过网上申报、专家评审、

局务会讨论，确定2018年上海市人才发展资金资助对象129人。由于名单公布后有2名人员离职，根据《上海市人才发展资金管理办法》未予资助，故实际资助127人，资助总金额3 616万元。

2018年上海市人才发展资金资助人员名单

序号	姓 名	依托单位
1	巴 乾	上海交通大学医学院
2	蔡春华	华东理工大学
3	陈大明	上海灵信视觉技术股份有限公司
4	陈 浩	上海工程技术大学
5	陈嘉瑜	同济大学
6	陈玲珠	上海市建筑科学研究院科技发展有限公司
7	陈韦予	共颖信息科技(上海)有限公司
8	陈 伟	上海新时达电气股份有限公司
9	陈 宣	卡斯柯信号有限公司
10	崔文国	上海市伤骨科研究所
11	丁 嵩	上海交通大学医学院附属仁济医院
12	丁 越	上海中医药大学
13	丁振斌	复旦大学附属中山医院
14	董 岗	上海海事大学
15	杜大军	上海大学
16	段才闻	上海交通大学医学院附属上海儿童医学中心
17	范铜钢	上海体育学院
18	冯军峰	上海交通大学医学院附属仁济医院
19	冯相赛	上海太阳能工程技术研究中心有限公司
20	傅维杰	上海体育学院
21	高 超	上海华虹宏力半导体制造有限公司
22	高 鹏	中科院上海高等研究院
23	高文忠	上海海事大学
24	顾 庆	中科院上海有机化学研究所
25	官林星	上海市政工程设计研究总院(集团)有限公司
26	管 骁	上海理工大学
27	韩 磊	中国建筑第八工程局有限公司
28	胡 蓝	上海航天设备制造总厂有限公司
29	胡 琦	上海建坤信息技术有限责任公司
30	胡侨丹	上海交通大学
31	胡 绕	上海勘察设计研究院(集团)有限公司
32	胡晓静	复旦大学附属儿科医院
33	黄丽素	上海交通大学医学院附属新华医院
34	季樱红	复旦大学附属眼耳鼻喉科医院
35	金华君	上海细胞治疗工程技术研究中心集团有限公司
36	靳永强	上海宇航系统工程研究所
37	兰 澜	上海跃盛信息技术有限公司
38	李 骥	复旦大学附属华山医院
39	李 杰	中国航发商用航空发动机有限责任公司
40	李 霖	上海淞泓智能汽车科技有限公司
41	李 鹏	中船第九设计研究院工程有限公司
42	李晓波	中船重工第七一一研究所
43	李 颖	复旦大学
44	林 佳	上海电力学院
45	林顺富	上海电力学院
46	蔺华林	上海应用技术大学
47	刘成菊	同济大学
48	刘 刚	上海卫星装备研究所
49	刘海鸥	复旦大学附属妇产科医院
50	刘 欢	上海海积信息科技股份有限公司
51	刘希玲	司法鉴定科学研究院
52	刘艳芳	市农科院
53	卢 静	上海纳米技术及应用国家工程研究中心有限公司
54	陆满君	上海无线电设备研究所
55	鹿 斌	复旦大学附属华山医院
56	吕家瑜	上海佰贝科技发展有限公司
57	罗 斌	上海华岭集成电路技术股份有限公司
58	米世超	上海仪耐新材料科技有限公司
59	那 溶	上海交通大学医学院附属瑞金医院
60	倪 敏	上海辰竹仪表有限公司
61	潘 洋	上海市计量测试技术研究院
62	裴大鹏	商派软件有限公司
63	齐朝祥	中科院上海天文台
64	裘鹏程	上海医药工业研究院
65	宋智健	至本医疗科技(上海)有限公司
66	田启威	上海师范大学
67	王 慧	上海智臻智能网络科技股份有限公司
68	王静吉	上海航天控制技术研究所
69	王 磊	上海交通大学医学院附属第九人民医院
70	王立辉	上海复旦微电子集团股份有限公司
71	王松存	复旦大学附属妇产科医院
72	王 莹	上海理工大学
73	王 勇	上海集成电路研发中心有限公司
74	王钰涵	上海外高桥造船有限公司

续表

序号	姓 名	依托单位
75	王兆祥	中微半导体设备（上海）有限公司
76	王振明	通号通信信息集团上海有限公司
77	魏取好	上海市奉贤区中心医院
78	翁其平	华东建筑设计研究院有限公司
79	吴广付	上海理工大学
80	吴婧玮	上海博物馆
81	吴向嵩	上海交通大学医学院附属新华医院
82	吴旭干	上海海洋大学
83	吴 勇	上海天马微电子有限公司
84	武 健	上海交通大学医学院第九人民医院
85	向慧静	中科院上海硅酸盐研究所
86	肖仰华	复旦大学
87	谢宝蓉	上海航天测控通信研究所
88	熊志勇	上海天马有机发光显示技术有限公司
89	徐 可	中科院上海巴斯德研究所
90	许 斌	上海机电工程研究所
91	杨 晨	上海空间电源研究所
92	杨松旺	中科院上海硅酸盐研究所
93	杨 文	华东理工大学
94	杨兴海	上海长征医院
95	叶丽萍	上海化工研究院有限公司
96	叶 青	上海中医药大学附属龙华医院
97	尹华斌	上海交通大学附属第一人民医院
98	于 飞	上海海洋大学
99	于复东	上海市计划生育科学研究所
100	于 新	上海左袋文化传播有限公司
101	余柏蒗	华东师范大学
102	余逸群	复旦大学附属眼耳鼻喉科医院
103	俞祖成	上海外国语大学
104	占贞贞	同济大学附属市东方医院
105	张 波	上海师范大学
106	张刚华	上海材料研究所
107	张 杰	上海立信会计金融学院
108	张 可	华东政法大学
109	张立强	上海工程技术大学
110	张 宁	上海航天计算机技术研究所
111	张世明	上海中聚佳华电池科技有限公司
112	张文君	上海市同济医院
113	张小贝	上海大学
114	张星冉	同济大学

续表

序号	姓 名	依托单位
115	张亚利	上海植物园
116	张永太	上海中医药大学
117	张志国	上海市内分泌代谢病研究所
118	张中华	上海华维节水灌溉股份有限公司
119	赵 敏	上海交通大学
120	郑洪江	上海博泰悦臻电子设备制造有限公司
121	郑明月	中科院上海药物研究所
122	郑士举	上海市建筑科学研究院
123	郑周俊	上海神开石油科技有限公司
124	职康康	上海长征医院
125	周盛敏	丰益（上海）生物技术研发中心有限公司
126	朱 磊	复旦大学
127	朱 义	上海市园林科学规划研究院

（周伟伟）

第二节 人才服务

【上海科技人才服务工作概述】 2018年，严格贯彻落实“三评”改革要求，优化工作流程，以科技人才综合平台为抓手，不断优化有利于科技人才创新创业的良好环境。

以人才联络员队伍为载体，形成系统人才工作合力。组织系统人才工作联络员工作推进会、总结交流会，依托并发挥人才工作联络员网络作用，形成合力推动系统人才工作。积极引进上海社会经济发展紧缺亟须的非上海生源优秀毕业生，结合市科技系统单位承担2018年国家、市级重大科研项目研究和战略性新兴产业发展任务的实际情况进行审核，推荐上海市计划生育科学研究所等44家单位为2018年市科技系统引进非上海生源毕业生重点用人单位。组织落实科技系统科技成果转化现金奖励个人所得税按偶得征收试点工作。完成3批5家单位56个成果转化项目的申报，现金奖励8 200多万元。

着力提升科技人才服务能级。构建以上海为核心，覆盖长三角、辐射全国、延伸至国际的服务网络。上海各类公共服务平台累计为93万用户提供近1.6亿次服务。提升服务科研人员能级，组织推送科技政策及科技计划项目信息，提供项目申报、政策辅导等服务。同时，加大协调力度，解决科技人才创新过程中遇到的关键问题。加强科技人才关心暖心服务，组织科技系统单位与上海地产（集团）有限公司进行青年人才住房战略合作协议签约，14家单位意向申请人才公寓255套。

破除“四唯”局限，职称评审选“良才”。组织研究员系列、工程师系列、实验师系列、高级经济师等职称评审，严格落实“三评”改革意见，突出品德、能力、业绩导向，克服唯论文、唯职称、唯学历、唯奖项倾向。2018 年科技职称共受理职称评审申请材料 1 734 份，通过形式审查 1 586 人，通过最终评审 1 414 人，评审通过率 89%。（聂　力）

【加快引进国外智力】　2018 年，本市共办理外国人来华工作许可证 79 551 份，其中外国高端人才(A 类)15 219 份，占比 19.13%。截至年底，在沪工作的外国人数量为 21.5 万人，占全国的 23.7%，居全国首位。上海已连续 6 年在魅力中国——外籍人才眼中最具吸引力的中国城市评选中排名第一。

围绕国家和上海市经济社会发展的重点领域和科技创新中心建设，大力引进国外智力。重点支持国家重大专项、张江综合国家科学中心建设、集成电路芯片研发制造项目及地方高校重点学科建设和国际文化大都市建设等。2018 年共组织实施引进国外智力项目近 100 项，共资助经费 1 500 余万元，引进外国高层次专家 500 余人次。

充分利用中国国际人才交流大会全球招才引智平台，组织中国航发商用航空发动机公司等单位参加第 16 届中国国际人才交流大会，与境外专家组织、培训渠道和海外人才进行项目和人才洽谈对接。上海搭建 180 m^2 的特装展区，集中宣传展示近年来上海在海外人才政策创新、引进国外智力、出国(境)培训、外国专家管理等方面取得的成果。（吴　琨）

【创新外国人才引进政策】　简化外国人来华工作许可的部分程序。争取到国家外专局的支持，对符合、自贸试验区、全面创新改革试验区相关优惠政策的外国人简化来华工作许可的办理程序，在全国范围内率先允许持有 L(旅游)、M(商业贸易活动)等签证入境但未达到外国高端人才条件的外国人直接在境内申请办理外国人工作许可证。政策实施以来，已有 80.29%外国人在境内直接申领到工作许可证。

推出创新政策服务长三角一体化发展战略，解决了入驻虹桥商务区功能性平台的长三角企业聘雇外国优秀人才的后顾之忧，促进长三角一体化发展，并对接服务中国进口博览会，允许长三角地区企业聘雇的长期工作在虹桥商务区的外国人才就近在沪办理外国人工作许可。

加大力度吸引各类外籍研发人才。为全市 400 多家外资研发中心聘用的外籍人才在上海工作提供便利，简化外资研发中心聘用外籍人才的申请材料、办理流程等，明确外资研发中心聘用外籍人才享受的便利措施，采用“告知＋承诺”“容缺受理”等方式办理外国人工作许可。政策实施以来，近百家外资研发中心受此便利。（吴　琨）

【全球高层次人才专家平台建设】　2018 年，发挥全球高层次人才专家平台作用，支撑上海科技创新人才高地建设。扩展平台数据资源和功能，建立科研指纹数据库。截至年底，平台已收集高层次科技人才 35 万人，其中国际专家 17 万人、海外华人专家 5 万人、国内专家 8 万人、上海专家 5 万人；覆盖近 50 项国际奖项，10 个国家 20 余家机构院士，以及自然科学、医学、社会科学等全部 333 个二级学科。持续提升对上海市科技人才高地建设的支撑保障能力。研究制定应用型人才分析评价模型，加强对产业发展的支撑服务能力，推动数据服务产品化。在脑科学和人工智能方向，依托专利、版权等数据，搜集各类产业专家和应用型人才 10 万余人。利用信息平台大数据开展各类支撑服务。截至年底，平台在全市人才高峰工程及各类人才计划评选中发挥重要服务支撑作用，包括为市委组织部、市科技两委、市人力资源社会保障局提供人才学术成果报告近百份，为市级各类高层次人才计划的近 2 000 名申报者进行了初选评分，为人才引进工作编纂《高层次海外华人推荐名录(生物医药篇)》；为市政府侨办、市教委、中央军委科技委创新局、上海市科学学研究所等机构人才研究提供数据支撑；为中国科协官网“学界”栏目开发人才板块，完善数千名院士、学会理事数据及可视化图表；为上海市中国工程院院士咨询与学术活动中心院士退休制度推行、中港人才合作、上海生物医药人才分析及脑科学中心人才薪酬体系建设等工作提供专业咨询报告或意见。继续推动上海科技创新资源数据中心建设。在高层次专家平台基础上，从人才、机构、装置、项目、资金等科技创新资源要素出发，全面建设科技人才数据支撑平台、仪器设施资源配置与服务大数据平台等 9 大功能模块。建立以柴洪峰院士为首席科学家、大数据专家张嘉锐为首席技术官近 40 人的专业化团队。与中国科学技术信息研究所签订战略合作协议，与华沙理工大学计算机科学研究所共建了人工智能科学联合实验室，并引进华沙理工大学人工智能系主任诺瓦克博士作为平台建设的外籍技术顾问。（张　帆）

第四篇　第十三章

科技计划与投入

第一节｜科技计划 >>

【上海科技计划实施概述】　10月，科技部与市政府举行部市会商会议，签订《部市工作会商制度议定书(2018—2022年)》。上海围绕以张江综合性国家科学中心建设为核心、提升原始创新能力，以重大战略任务为驱动、塑造创新发展新优势，以体制机制创新为抓手、提升创新服务能力和水平，以区域合作创新为牵引、构建开放协同新格局4个方面19项重点任务开展深入合作。

上海积极服务国家战略，承接和实施国家科技重大专项任务，抢占战略性新兴产业发展机遇。年内，新增重大专项项目(课题)53项，获中央财政资金预算总额23.04亿元。全市承担的138项重大专项项目(课题)实际到位留沪中央财政资金23.01亿元，按照配套原则共落实地方配套资金17.30亿元，为国家科技重大专项实施提供保障。

推动重大专项任务实施。各专项任务全面落实，在多个领域取得重要研究进展和成果，提升在相关领域的自主创新能力，为推进上海战略性新兴产业发展提供原动力。上海微电子装备(集团)股份有限公司研发的90 nm光刻机样机填补前道氟化亚光刻机国产化空白；中微半导体设备(上海)有限公司电容耦合等离子体刻蚀机实现10/7 nm工艺线销售，5 nm等离子体刻蚀机获台积电验证；上海新昇半导体科技有限公司300 mm硅片实现自主供应并填补国内空白；上海华力微电子有限公司12英寸生产线顺利建成并投片；中标软件有限公司工业互联网操作系统基础系统通过国家公安部第四级测评并开展试点应用；展讯通信(上海)有限公司完成5G终端芯片原型平台设计；上海核工程研究设计院有限公司提出的中国先进核电标准体系方案被国务院文件采纳；和记黄埔医药(上海)有限公司研发转移性结直肠癌治疗药物呋喹替尼胶囊(爱优特)获批上市；上海恒瑞医药有限公司研发的马来酸吡咯替尼获CFDA有条件批准上市；上海迪赛诺药业股份有限公司抗艾滋病药物依非韦伦片获CFDA批准文号。

配合落实国家新设科技计划(专项)试点实施。截至12月10日，根据国家科技管理信息系统公共服务平台发布数据统计，上海单位共牵头承担重点研发计划项目86项，中央财政经费165 971.5万元。年内，上海为国家重点研发计划、“973”计划、“863”计划、科技支撑计划及国家自然科学基金等798个项目提供11 279.78万元配套资金。

推进中央引导地方科技发展专项工作部署。2018年中央引导地方科技发展专项支持上海资金总额1 700万元，围绕国家科技发展战略和科技创新中心建设大局，聚焦部市会商确定的重点任务，获财政部、科技部备案批准实施项目4项，支持创新平台和全球高层次科技专家信息平台建设，提升区域科技创新能力。

启动完成“十三五”规划中期评估。经第三方机构对规划评估研究，规划主要任务进展顺利，创新创业生态持续优化、科技基础不断夯实、产业发展新动能加快形成、民生福祉新需求有效满足、科技体制机制持续深化，科技创新中心基本框架体系加快构筑。

部署实施年度科技计划。聚焦世界科学发展前沿，布局和实施脑科学与类脑、人类表型组、量子通信、材料基因组等一批面向未来的重大战略性、前沿性科学研究项目，通过原创性研究和重点突破，提升科学研究影响力，不断开辟新领域、新方向，提升上海在全球知识创造中的贡献度。持续推进北斗导航、芯片、集成电路装备工艺、先进传感器、智能型新能源汽车、新型显示、大数据、智能制造与机器人、新材料等领域研发攻关和技术突破，支撑产业技术体系构建。运用新技术、新业态支撑传统产业优化升级，促进技术创新与管理创新、商业模式创新融合，为产业向价值链中高端转移提供支撑。

启动实施市级科技重大专项。对标服务国家战略和上海科技创新中心建设需求，集中力量突破一批面向未来5—10年甚至更长时期起到重大支撑引领作用的战略性、前瞻性、颠覆性技术。硬X射线自由电子激光装置样机研制、硅光子、国际人类表型组、脑与类脑智能等首批专项进展顺利，部署启动脑图谱等市级科技重大专项和人才高峰工程，推进新一批市级科技重大专项推荐工作。

推进项目管理流程再造。推进科研项目“放管服”，落实全市“一网通办”“最多跑一次”等政务服务要求，开展流程再造研究和部署，梳理科技计划管理工作相关制度和业务流程，构建市科委新一代项目管理信息系统。

推进财政科技统筹联动管理。依托市财政科技投入信息平台，集中发布计划指南，开展跨部门会商。强化部门科技投入联动协同，建立布局合理、功能清晰、信息公开、绩效导向的财政科技投入管理体系。

研究起草若干落实国家“三评改革”要求配套细则。修订发布《国家重要科技计划项目上海市地方匹配资金管理办法》，编制发布《上海市科技计划科技报告管理办法》《上海市科技专家库管理办法(试行)》《上海市科技创新券管理办法(试行)》,编制《上海市科技计划项目管理办法》,规范项目指南模板格式。

推进上海市科技奖励制度改革。根据国家《关于深化科技奖励制度改革的方案》精神,编制并印发《上海市深化科技奖励制度改革实施方案》。12 月,新一届上海市科学技术奖励委员会成立。修订《上海市科学技术奖励规定》《上海市科学技术奖励实施细则》,深化科技奖励体制机制改革,扩大奖励种类、规模和额度。(王 晶 方 皓 王敏杰 官国振)

【上海科技统计工作】 2018 年,按照科技部和市科委要求,完成科学研究和技术服务业科技活动单位 2017 年度 159 家机构统计调查;审核课题 11 968 个,审核通过 R&D 活动课题 10 686 个。2017 年,县以上机构课题当年内部支出 176.99亿元,R&D 课题当年内部支出 1 166.74 亿元;完成对全市 636 项国家级科技计划项目跟踪调查,上报调查项目 627 项,上报率 98.6%;完成 16 个区的 2017 年度地方财政科技投入调查,2017 年上海市地方财政科技拨款 389.89 亿元,比上年增长 14.1%;财政科技支出占财政支出比重 5.17%。(章光华)

第二节 | 科技投入 >>

【科技预算支出情况】 2018 年,全市一般公共预算科学技术支出 426.4 亿元,为上年决算数的 109.4%,其中市级 256.5 亿元、区级 169.9 亿元。市级财政科学技术支出在关键领域、核心技术加大聚焦支持力度,优化整合原有市级财政科技专项,发挥财政资金对科创中心建设的战略支撑作用;支持张江国家重大科技基础设施群建设,发挥大科学装置服务长三角、辐射全国的溢出放大效应;构建创新人才政策支持体系,促进顶尖科技人才加速集聚成长。(周永祥)

【优化财政科技投入方式】 2018 年,《上海市科技创新券管理办法》出台,明确支持范围、完善支持方式、简化申请流程,通过优化财政投入方式,降低中小企业研发成本、提高大型仪器利用效率、促进企业科技成果转化;调整上海市重要科技计划匹配资金适用范围,鼓励上海市企事业单位承担国家项目,发挥国家重要科技计划项目上海市地方匹配资金作用;修订上海市专利资助办法,鼓励发明创造,促进技术创新,提升专利创造、运用、保护、管理和服务能力,发挥专利制度对激励创新保障作用。(沈皓栋)

【扶持高新技术成果转化】 2018 年,市财政局根据《关于实施上海中长期科学和技术发展规划纲要(2006—2020 年)若干配套政策的通知》《高新技术成果转化专项资金扶持办法》要求,安排专项资金用于支持上海市企业经认定高新技术成果转化项目。全年市级财政支持上海市高新技术成果转化项目 1 519 个,拨付扶持资金 9.5 亿元。(董珍铮)

【加大战略性新兴产业支持力度】 2018 年,加快培育和集聚战新优势产业,战略性新兴产业发展专项共计拨付资金 98 亿元。推进国家大飞机战略实施,安排资金用于中国商用飞机有限责任公司增资扩股,解决其发展资金与自有资金不足问题。支持重大战略性项目建设,重点用于华力 2 期、和辉光电等项目建设,支持国家军民融合基金、国家重大科技成果转化基金、国家先进制造业基金、上海市集成电路设计并购基金及上海市军民融合基金等。(刘乡思)

【推动制造业转型升级】 2018 年,加大人工智能扶持力度,加快推动人工智能产业发展,市级财政安排资金 3 亿元,支持人工智能融合应用场景、人工智能核心产业能力提升、人工智能数据资源支撑等方面项目 72 项;加大企业重点技术改造支持力度,市级财政安排预算 6 亿元,围绕产业高端化、智能化、绿色化发展方针,支持企业采用新技术、新设备、新工艺、新材料,改进产品质量和提高生产效率,全年累计支持项目 172 项,项目总投资约 275 亿元;聚焦重点领域和关键环节,做好工业强基和工业互联网项目支持,围绕产业链关键和高端环节,支持核心零部件、核心元器件、关键基础材料等项目 49 项,市级财政拨付支持资金 2 亿元;聚焦工业互联网创新应用模式创新、工业软件、工业互联网平台、工业互联网载体建设、工业信息安全等重点领域,开展 2 批次专项申报,支持项目 92 项,引导企业总投资近 20 亿元,市级财政支持金额 4.3 亿元,拨付资金 1.5 亿元。(夏佳佳)

【推进农业科技创新】 2018 年,全市各级财政部门围绕建立健全实施乡村振兴战略财政投入保障制度,完善政策和资金管理机制。《上海市科技兴农项目及资金管理办法》出台,推进科技兴农专项深化整合,聚焦支持技术创新、技术推广、现代农业产业技术体系三大方向。市级财政安排资金约 3.3 亿元,比上年增长 32%。科技兴农项目新增批复立项 85 项,聚焦“主要产业全产业链技术创新示范”“农业信息技术开发利用”“特色农产品产业技术开发”“智能化生产技术研发”“种源农业关键技术开发应用”等项目;探索“农业新型经营主体科技创新技术研究或示范”项目,支持上海农业企业、专业合作社、家庭农场等新型经营主体自主或联合科研推广单位开展农业绿色生产技术、产品、装备等创新研究或集成示范,提升新型农业经营主体科技创新能力和水平。(陈新佳)

【深化科技奖励制度改革】 2018 年,贯彻落实国家深化科技奖励制度改革方案,提高奖励标准,将上海市青年科技杰出贡献奖从 30 万元/人提高到 50 万元/人,将上海市科技功臣奖从 50 万元/人提高到 200 万元/人。通过完善科技奖励制度,增设科学技术普及奖、提高奖励标准、调整评奖周期等改革措施,增强获奖科技人员荣誉感和使命感,发挥科技奖励示范引领作用。(沈皓栋)

第四篇　第十四章

科技成果与奖励

第一节｜科技成果管理 >>

【上海市技术合同情况】 2018 年，上海技术合同成交金额 1 303.20 亿元，比上年增长 50.2%，占全国的 7.4%，对上海 GDP 贡献为 3.98%；技术合同平均成交金额持续稳步增长，达到 602.50 万元，比上年增长 49.7%。

上海技术交易质量不断提升，技术合同结构保持相对稳定。技术开发和技术转让合同成交金额占技术交易的比重不断扩大，从一个侧面反映上海技术交易含金量不断提高。

2018 年上海技术合同类型构成统计表

合同类别	合同数			成交金额		
	(项)	占比(%)	比上年增长(%)	(亿元)	占比(%)	比上年增长(%)
技术开发	10 694	49.4	12.6	683.16	52.4	32.9
技术转让	1 203	5.6	31.9	311.57	23.9	14.7
技术咨询	1 140	5.3	−37.3	3.44	0.3	−35.7
技术服务	8 593	39.7	−7.9	305.03	23.4	297.8
总　　计	21 630	100.0	0.3	1 303.20	100.0	50.2

企业成为技术成果转移中“双向主体”。企业不仅是技术输出主体，也是技术吸纳主体。近年来，企业技术交易金额占总交易金额比重均在 90%左右。2018 年企业输出技术合同 13 202 项，成交金额 1 224.9 亿元，分别占总数的 61%和 94%；事业法人输出技术合同 8 348 项，成交金额 70.67 亿元，分别占总数的 38.6%和 5.4%，其中科研机构输出技术合同 2 069 项，成交金额 33.43 亿元，高等院校输出技术合同 4 895 项，成交金额 35.77 亿元。

2018 年上海技术合同输出方主要类别统计表

机构类别	合同数			成交金额		
	(项)	占比(%)	比上年增长(%)	(亿元)	占比(%)	比上年增长(%)
机关法人	0	0.0	0.0	0.00	0.0	0.0
事业法人	8 348	38.6	2.7	70.67	5.4	73.1
社团法人	39	0.2	−46.6	0.22	0.0	110.7
企业法人	13 202	61.0	−0.3	1 224.90	94.0	49.5
自 然 人	6	0.0	−90.3	0.48	0.0	−83.7
其他组织	35	0.2	−35.2	6.93	0.5	65.7
总　　计	21 630	100.0	0.3	1 303.20	100.0	50.2

在技术合同输出主体的企业中，内资企业的技术交易占主流，技术合同 11 067 项，成交金额 791.74 亿元，分别占总数的 51.2%和 60.8%；外商投资企业的成交金额较大，个体经营企业技术合同成交金额增长明显。

2018 年上海技术合同输出方各类企业统计表

企业类别	合同数			成交金额		
	(项)	占比(%)	比上年增长(%)	(亿元)	占比(%)	比上年增长(%)
内资企业	11 067	51.2	−4.1	791.74	60.8	24.7
港澳台资	515	2.4	148.8	20.42	1.6	5.5
外商投资	1 200	5.5	10.5	330.92	25.4	207.0
个体经营	50	0.2	−20.6	3.20	0.2	240.4
境外企业	370	1.7	9.1	78.63	6.0	38.9
总 计	13 202	61.0	−0.3	1 224.91	94.0	49.5

企业共吸纳技术合同 17 137 项，成交金额 1 103.55 亿元，分别占总数的 79.2 和 84.7%；事业法人吸纳技术合同 3 199 项，成交金额 173.01 亿元，分别占总数的 14.8%和 13.3%，其中科研机构吸纳技术合同 947 项，成交金额 18.83 亿元，高等院校吸纳技术合同 665 项，成交金额 1.85 亿元。

2018 年上海技术合同吸纳方主要类别统计表

机构类别	合同数			成交金额		
	(项)	占比(%)	比上年增长(%)	(亿元)	占比(%)	比上年增长(%)
机关法人	997	4.6	−13.1	8.05	0.6	5.0
事业法人	3 199	14.8	−2.5	173.01	13.3	781.7
社团法人	100	0.5	9.9	0.46	0.0	94.3
企业法人	17 137	79.2	4.0	1 103.55	84.7	33.1
自 然 人	32	0.1	−90.0	0.17	0.0	−94.8
其他组织	165	0.8	−31.8	17.96	1.4	134.2
总 计	21 630	100.0	0.3	1 303.20	100.0	50.2

在技术合同吸纳主体的企业中，内资企业占主导，技术合同和成交金额分别为 13 806 项和 687.03 亿元，分别占总数的 63.8%和 52.7%；此外，外商投资企业吸纳技术合同较多，境外企业吸纳技术合同成交金额增长迅猛。

2018 年上海技术合同吸纳方各类企业统计表

企业类别	合同数			成交金额		
	(项)	占比(%)	比上年增长(%)	(亿元)	占比(%)	比上年增长(%)
内资企业	13 806	63.8	6.3	687.03	52.7	6.7
港澳台资	401	1.9	−17.1	36.05	2.8	77.4
外商投资	2 362	10.9	−0.2	112.16	8.6	34.2
个体经营	105	0.5	−25.0	0.68	0.1	−1.4
境外企业	463	2.1	−7.4	267.63	20.5	232.0
总 计	17 137	79.2	4.0	1 103.55	84.7	33.1

技术交易以上海地区交易为主。其中，流向上海本地的技术合同 11 767 项，成交金额 410.49 亿元；流向外省市的技术合同 8 927 项，成交金额 534.28 亿元；流向港澳台的技术合同 137 项，成交金额 19.87 亿元；流向国外的技术合同 424 项，成交金额 259.68 亿元。在对国内技术交易中，按东、中、西部划分，上海与东部地区交易密切，以长三角经济圈、环渤海经济圈和珠三角经济圈为主，其中与长三角经济圈的技术交易最为密切。另外，上海从港澳台和国外引进技术合同 375 项，成交金额 78.89 亿元。

2018 年上海技术交易流向地域统计表

地区名称	合同数			成交金额		
	(项)	占比(%)	比上年增长(%)	(亿元)	占比(%)	比上年增长(%)
上海本地	11 767	54.4	−5.1	410.49	31.5	42.0
外省市	8 927	41.3	8.3	534.28	41.0	25.0
港澳台	137	0.6	7.0	19.87	1.5	9.5
国　外	424	2.0	−5.1	259.68	19.9	241.3
引进港澳台	31	0.1	19.2	2.59	0.2	−9.0
引进国外	344	1.6	7.5	76.30	5.9	40.8
总　　计	21 630	100.0	0.3	1 303.20	100.0	50.2

上海技术交易主要集中在电子信息、先进制造、生物医药和医疗器械、城市建设与社会发展技术领域，尤其是电子信息技术领域无论是合同数还是成交金额均处于领先地位。电子信息技术领域技术合同成交金额 473.52 亿元，占总额的 36.3%；先进制造技术领域 263.38 亿元，占总额的 20.2%；生物医药和医疗器械技术领域 110.85 亿元，占总额的 8.5%；此外，现代交通技术领域发展迅速，环境保护与资源综合利用技术领域实现高速增长。

2018 年上海技术交易的主要领域构成统计表

技术领域	合同数			成交金额		
	(项)	占比(%)	比上年增长(%)	(亿元)	占比(%)	比上年增长(%)
电子信息	7 199	33.3	−1.4	473.52	36.3	2.2
航空航天	315	1.5	−10.8	22.99	1.8	−3.1
先进制造	2 302	10.6	8.6	263.38	20.2	163.9
生物、医药和医疗器械	4 198	19.4	1.7	110.85	8.5	11.2
新材料及其应用	1 227	5.7	30.0	25.88	2.0	83.9
新能源与高效节能	908	4.2	−23.9	37.19	2.9	−35.7
环境保护与资源综合利用	846	3.9	−18.4	15.92	1.2	179.8
核应用	18	0.1	−52.6	0.40	0.0	141.3
农　业	184	0.9	4.0	1.46	0.1	20.0
现代交通	1 138	5.3	66.6	95.10	7.3	383.5
城市建设与社会发展	3 295	15.2	−8.0	256.51	19.7	211.6
总　计	21 630	100.0	0.3	1 303.20	100.0	50.2

技术交易中涉及知识产权的技术合同 10 526 项，成交金额 648.14 亿元，分别占总数的 48.7%和 49.7%。其中，技术秘密和计算机软件交易量占比较大，专利技术交易进步明显，生物、医药新品种，计算机软件合同成交金额增长显著。

2018 年上海技术合同的知识产权构成统计表

知识产权	合同数			成交金额		
	(项)	占比(%)	比上年增长(%)	(亿元)	占比(%)	比上年增长(%)
技术秘密	6 661	30.8	−13.9	455.46	34.9	70.5
专　　利	941	4.4	60.3	83.94	6.4	63.6
计算机软件	2 710	12.5	7.5	72.31	5.5	23.3
动、植物新品种	11	0.1	450.0	0.09	0.0	99.2
集成电路布图设计	54	0.2	10.2	18.38	1.4	62.3
生物、医药新品种	149	0.7	8.8	17.97	1.4	406.1
未涉及知识产权	11 104	51.3	5.5	655.06	50.3	37.7
总　　计	21 630	100.0	0.3	1 303.20	100.0	50.2

(黄甲晨)

第二节 科技成果奖励 >>

【2018 年度国家科学技术奖上海获奖情况概述】 2018 年度上海共有 47 项牵头及合作完成的重大科技成果获国家科学技术奖，占全国获奖总数的 16.5%，连续 17 年获奖比例超过 10%。其中，3 项获国家自然科学奖，占全国的 7.9%；7 项获国家技术发明奖，占全国的 10.4%；37 项获国家科学技术进步奖，占全国的 21.4%。

基础前沿领域获得新突破。上海聚焦加快建设具有全球影响力的科技创新中心，优化科技事业发展总体布局，依托人才优势，激发创新型科技人才活力，一批优秀中青年科学家在关系长远发展的化学、信息科学、材料科学等基础前沿领域获得突破，实现从跟踪向原始创新、从量的扩张向质的提高转变。

服务国家重大战略需求，在关键核心技术研发运用方面获得突破。坚持瞄准世界科技前沿和产业变革趋势，上海通过支持高校、科研院所、企业间的协同创新，在航空航天、国防军工及海洋开发、重要民生特需产品及海上风电等方面逐步掌握核心关键技术，打破西方技术封锁，解决制约经济社会发展和事关国家安全的难题，实现产业技术升级。

产学研用高度融合发展。研究和解决经济和产业发展亟须的科技问题，上海通过创新模式合作，扫除制度障碍，围绕促进转方式调结构、培育战略性新兴产业、推动科技成果转移转化和产业化，从点的突破向系统能力提升转化，在工业、农业、城市建设和节能环保等领域，推动产品向价值链中高端跃升和产业向纵深发展。

重视科学技术传播，科普工作成果丰硕。为推动科学技术普及，让更多人了解科学、认识科学和喜欢科学，上海科技工作者以易于传播的题材为入口，以丰富语言为载体，通过故事化叙述，联合领域内权威专家，出版一系列科普电影及读物。国家共评选出科普获奖项目 3 个，上海占 2 项，反映上海科普工作成绩卓越。

服务国家医药大健康，临床医学领域优势明显。上海医疗服务体系整体发展迅速，医疗服务能力和水平全国领先，在肿瘤等重大疾病治疗方面获得突破，为解决疑难重症、消除病患痛苦、保障生命健康做出贡献。获奖项目中，国家科技进步奖(通用项目)内科、外科组共 12 项，上海获奖 10 项，其中牵头完成 6 项、合作完成 4 项。

(刘海峰 路继跟 吴洁敏 常艳丽)

【3 个项目获 2018 年度国家自然科学奖】 在 2018 年度国家科技奖励大会上，上海有 3 项成果获国家自然科学奖，占全国 38 项国家自然科学奖的 7.9%。

上海市获 2018 年度国家自然科学奖名单

序号	项目名称	主要完成单位	主要完成人	获奖等级	备注
1	瞬态新奇分子的光谱、成键和反应研究	复旦大学、清华大学	周鸣飞、李 隽、王冠军、陈末华、龚 昱	二等奖	牵头
2	网络系统的分布式感知与协同控制基础理论与方法	上海交通大学、燕山大学	关新平、华长春、陈彩莲、朱善迎、龙承念	二等奖	牵头
3	石墨烯微结构调控及其表界面效应研究	上海大学	吴明红、潘登余、曹傲能、涂育松、王海芳	二等奖	牵头

(刘海峰 路继根 吴洁敏 常艳丽)

【瞬态新奇分子的光谱、成键和反应研究】 项目获 2018 年度国家自然科学奖二等奖。项目建立将高效瞬态分子物种产生和捕获隔离技术与高灵敏、高分辨振动光谱探测技术结合的方法，开展瞬态分子光谱、成键和反应特性等研究。发现铱元素+IX 氧化态，突破元素成键能力极限认识；发现硼-硼三重键及主族化合物 σ-π 配键，为零价主族化合物合成提供方法；提出小分子活化机理，为惰性小分子活化转化提供思路。项目成果发表于《自然》(*Nature*)，“发现铱元素+IX 氧化态”研究成果入选《化学与工程新闻》(*C&EN*) 2014 年度十大化学研究。

(吴洁敏)

【网络系统的分布式感知与协同控制基础理论与方法】 项目获 2018 年度国家自然科学奖二等奖。项目表征分布式感知性能受拓扑结构和传输能力的约束关系，揭示网络感知能力与通信资源均衡性的正相关规律；阐明网络系统级联和关联非线性耦合模式对控制性能的影响，提出“级联递推-关联分散协同设计方法；建立确保网络系统主从稳定性和透明性的受限感知反馈机制。项目为工业网络监控系统构建提供支撑，在钢铁企业实现示范应用，所开发的主从系统应用于专业救援挖掘机远程操控。

(陈 阵)

【石墨烯微结构调控及其表界面效应研究】 项目获 2018 年度国家自然科学奖二等奖。项目实现石墨烯及其衍生物微纳结构的可控制备、尺寸及表面特性的系统调控，高质量单晶石墨烯量子点的宏量制备及石墨烯表界面效应研究获得突破；首创制备石墨烯量子点的化学裁剪法和分子融合法。项目成果在环境治理、新能源存储、生物医药等领域产生重要影响。项目发表代表性论文 8 篇，SCI 他引近 4 000

次,单篇最高 SCI 他引 1 200 余次。 (窦海青)

【7 个项目获 2018 年度国家技术发明奖】 在 2018 年度国家科技奖励大会上,上海有 7 项成果获国家技术发明奖,占全国 67 项国家技术发明奖的 10.4%。

上海市获 2018 年度国家技术发明奖名单

序号	项目名称	主要完成单位	主要完成人	获奖等级	备注
1	高性能铝合金架空导线材料与应用	上海交通大学、江苏中天科技股份有限公司	孙宝德、高海燕、尤伟任、疏　达、薛　池、张　佼	二等奖	牵头
2	大尺寸高性能激光偏振薄膜元件成套制备工艺技术及应用	中科院上海光学精密机械研究所	邵建达、朱美萍、魏朝阳、刘世杰、易　葵、赵元安	二等奖	牵头
3	地下工程穿越高速铁路的精细化控制技术及应用	同济大学、中铁第一勘察设计院集团有限公司、中铁二十四局集团有限公司、宏润建设集团股份有限公司	周顺华、梁文灏、肖军华、许伟书、王炳龙、胡震敏	二等奖	牵头
4	微细矿物颗粒封闭循环利用高效节能分离技术与装备	上海华畅环保设备发展有限公司(排名第 2)		二等奖	合作
5	耐胁迫植物乳杆菌定向选育及发酵关键技术	光明乳业股份有限公司(排名第 5)		二等奖	合作
6	重大工程结构安全服役的高韧性纤维混凝土制备与应用关键技术	同济大学(排名第 4)		二等奖	合作
7	专用项目 1 项(合作完成二等奖)				

(刘海峰　路继根　吴洁敏　常艳丽)

【高性能铝合金架空导线材料与应用】 项目获 2018 年度国家技术发明奖二等奖。项目开发耐热高导 Al-Zr-Y 合金材料及微结构调控工艺,解决耐热相粗大和溶质锆(Zr)原子析出不充分难题,使导电率从 60% IACS 提高到 60.8% IACS,耐热温度从 150 ℃提高到 210 ℃;开发高强抗疲劳 Al-Mg-Si 导线,在运行张力增大条件下,振动疲劳寿命超过 3 000 万次;开发高效除氢、活性涂层陶瓷过滤和细化剂制备等导线冶金质量控制技术,解决微量杂质元素与气体去除难题,实现电工铝导线导电率从 61% IACS 提高到 62.5% IACS 以上。项目成果应用于超耐热增容导线、特高压大跨越导线、节能导线等三大类 10 余种导线新产品,对于提升中国架空导线材料及其制备技术水平,推动国家电网建设和节能减排具有重要意义。 (窦海青)

【大尺寸高性能激光偏振薄膜元件成套制备工艺技术及应用】 项目获 2018 年度国家技术发明奖二等奖。项目提出全流程控制的系统工程解决方案,攻克基板加工、镀膜和检测相关系列关键技术,研制出大尺寸高性能激光偏振薄膜元件,打破西方技术封锁和高端产品禁运。研制的偏振薄膜元件在国际损伤阈值竞赛中取得最好结果。项目成果应用于神光系列装置、超强超短激光装置等,并出口俄罗斯、以色列等国,满足中国激光聚变研究重大战略需求,开拓中国激光薄膜元件的国际市场。 (窦海青)

【地下工程穿越高速铁路的精细化控制技术及应用】 项目获 2018 年度国家技术发明奖二等奖。项目开发主动减小应力释放的下穿铁路设计方法、自动平衡应力释放的精细化下穿施工控制技术、智能感控应力释放的下穿施工装置,形成下穿铁路全套技术,实现下穿铁路施工由列车限速 45 千米/时 到 300 千米/时不限速,突破下穿高铁施工禁区,并制定国际首部下穿高铁标准;实现地下穿越工程的设计系统化、控制自动化、装置智能化,引领国际地下穿越技术发展。项目成果应用于下穿京沪、京广、沪昆等高铁干线 500 余项,创造一次性穿越距离最长、速度最高、高铁线路最密集和下穿高铁道岔咽喉区 4 项国际工程纪录,并实现技术输出到新加坡、沙特阿拉伯等海外工程。 (常艳丽)

【37 个项目获 2018 年度国家科学技术进步奖】 在 2018 年度国家科技奖励大会上,上海有 37 项成果获国家科学技术进步奖,占全国 173 项国家科学技术进步奖的 21.4%。

上海市获 2018 年度国家科学技术进步奖名单

序号	项目名称	主要完成单位	主要完成人	获奖等级	备注
1	长江口重要渔业资源养护技术创新与应用	中国水产科学研究院东海水产研究所、中国水产科学研究院淡水渔业研究中心、上海市水产研究所、上海海洋大学、江苏中洋集团股份有限公司	庄　平、徐　跑、张　涛、张根玉、赵　峰、唐文乔、徐钢春、钱晓明、施永海、徐东坡	二等奖	牵头

续表

序号	项目名称	主要完成单位	主要完成人	获奖等级	备注
2	图说灾难逃生自救丛书	同济大学附属东方医院	刘中民、王立祥、贾群林、田军章、赵中辛	二等奖	牵头
3	"中国珍稀物种"系列科普片	上海科技馆	王小明、李　伟、叶晓青、项先尧、丁建新、丁由中、夏建宏、张维赟、郝晓霞、崔　滢	二等奖	牵头
4	航天超细直径小腔检漏管路制造技术及推广应用	上海航天设备制造总厂	王曙群	二等奖	牵头
5	高性能特种编织物编织技术与装备及其产业化	东华大学、徐州恒辉编织机械有限公司、鲁普耐特集团有限公司、青岛海丽雅集团有限公司	孙以泽、孟　婵、季诚昌、韩百峰、陈　兵、张玉井、陈玉洁、沈　明、张旭明、孙志军	二等奖	牵头
6	磷酸铁锂动力电池制造及其应用过程关键技术	上海交通大学、比亚迪汽车工业有限公司、上海中聚佳华电池科技有限公司、江苏乐能电池股份有限公司	马紫峰、廖小珍、张子峰、赵政威、丁建民、贺益君、杨　军、尹韶文、何雨石、沈佳妮	二等奖	牵头
7	稀乙烯增值转化高效催化剂及成套技术	中国石化上海石油化工研究院、中国石化洛阳工程有限公司、中国石化石油化工科学研究院、中国石化青岛炼油化工有限责任公司、中海石油宁波大榭石化有限公司	杨为民、李网章、张凤美、李振民、贺胜如、刘文杰、张仲利、王　瑾、韩言青、林亚祥	二等奖	牵头
8	建筑固体废物资源化共性关键技术及产业化应用	同济大学、北京建筑大学、青岛理工大学、北京联绿技术集团有限公司、昆明理工大学、上海山美重型矿山机械股份有限公司、许昌金科资源再生股份有限公司	肖建庄、陈家珑、李秋义、李如燕、李福安、韩先福、杨安民、孙振平、王以峰、李　飞	二等奖	牵头
9	我国首座大型海上风电场关键技术及示范应用	上海东海风力发电有限公司、上海电力学院、中交第三航务工程局有限公司、上海勘测设计研究院有限公司、华锐风电科技(集团)股份有限公司、国网上海市电力公司、上海交通大学	符　杨、张开华、黄国良、林毅峰、金宝年、黄玲玲、魏书荣、朱开情、唐征歧、沈志春	二等奖	牵头
10	海气界面环境弱目标特性高灵敏度微波探测关键技术及装备	上海大学、国防科技大学、北京无线电测量研究所、西安空间无线电技术研究所、浙江大学、宜昌测试技术研究所	陈　希、魏艳强、陈　雪、毛科峰、李　浩、张　丰、张云海、杨　毅、任迎新、刘媛媛	二等奖	牵头
11	4 000 米级深海工程装备水动力学试验能力建设及应用	上海交通大学、中海油研究总院有限责任公司、中船集团公司第七〇八研究所	杨建民、陈　刚、李润培、彭　涛、肖龙飞、范　模、汪学锋、吕海宁、李　欣、张承懿	二等奖	牵头
12	胃肠癌预警、预防和发生中的新发现及其临床应用	上海交通大学医学院附属仁济医院	房静远、陈萦晅、洪　洁、许　杰、陈豪燕、李晓波、曹　晖、高琴琰、熊　华、陈慧敏	二等奖	牵头
13	淋巴瘤发病机制新发现与关键诊疗技术建立和应用	上海交通大学医学院附属瑞金医院	赵维莅、陈赛娟、王　黎、黄金艳、叶　静、李军民、沈志祥、陆一鸣、沈　杨、程　澍	二等奖	牵头
14	基于整体观的中药方剂现代研究关键技术的建立及其应用	海军军医大学、上海和黄药业有限公司、复旦大学附属华山医院、江西青峰药业有限公司、健民药业集团股份有限公司、通化白山药业股份有限公司、云南生物谷药业股份有限公司	张卫东、周俊杰、施海明、柳润辉、詹常森、李　勇、姜　鹏、罗心平、谢　宁、林艳和	二等奖	牵头
15	心脏瓣膜外科创新技术及产品的建立和应用	海军军医大学第一附属医院、兰州兰飞医疗器械有限公司	徐志云、韩　林、陆方林、王　军、刘晓红、郭鹏海、唐　昊、宋智钢、唐杨烽、张　浩	二等奖	牵头

续表

序号	项目名称	主要完成单位	主要完成人	获奖等级	备注
16	数字电视广播系统与核心芯片的国产化	上海交通大学、国家新闻出版广电总局广播电视规划院、深圳市海思半导体有限公司、上海高清数字科技产业有限公司、青岛海信电器股份有限公司、康佳集团股份有限公司	张文军、管云峰、冯景锋、何大治、李　智、王　峰、谭丽娟、梁伟强、刘卫东、郭　斌	二等奖	牵头
17	肾癌外科治疗体系创新及关键技术的应用推广	海军军医大学、南京军区南京总医院	王林辉、孙颖浩、曲　乐、杨　波、吴震杰、孙树汉、刘　冰、徐　红、杨　富、时佳子	二等奖	牵头
18	儿童肝移植关键技术的建立及其临床推广应用	上海交通大学医学院附属仁济医院、上海交通大学医学院附属上海儿童医学中心	夏　强、张建军、李　敏、许建荣、孔晓妮、陈其民、王　莹、王祥瑞、李凤华、徐宇虹	二等奖	牵头
19	基于听觉保存与重建关键技术的听神经瘤治疗策略及应用	上海交通大学医学院附属新华医院、上海交通大学医学院附属第九人民医院、首都医科大学附属北京天坛医院、复旦大学附属华山医院、上海海神医疗电子仪器有限公司	吴　皓、张力伟、钟　平、汪照炎、杨　军、张治华、贾　欢、邹　静、黄　琦、袁亦金	二等奖	牵头
20	眼睑和眼眶恶性肿瘤关键诊疗技术体系的建立和应用	上海交通大学医学院附属第九人民医院、首都医科大学附属北京儿童医院、广州市妇女儿童医疗中心、上海交通大学	范先群、贾仁兵、赵军阳、张　靖、葛盛芳、李　斌、张　赫、徐晓芳、宋　欣、范佳燕	二等奖	牵头
21	废旧聚酯高效再生及纤维制备产业化集成技术	东华大学(排名第2)		二等奖	合作
22	汽轮机系列化减振阻尼叶片设计关键技术及应用	上海电气电站设备有限公司上海汽轮机厂(排名第3)		二等奖	合作
23	交直流电力系统连锁故障主动防御关键技术与应用	国网上海市电力公司(排名第4)		二等奖	合作
24	重载水泥混凝土铺面关键技术与工程应用	同济大学(排名第4)		二等奖	合作
25	区域环境污染人群暴露风险防控技术及其应用	上海市环境科学研究院(排名第3)		二等奖	合作
26	台风监测预报系统关键技术	中国气象局上海台风研究所(排名第2)		二等奖	合作
27	血栓性疾病的早期诊断和靶向治疗	上海交通大学(排名第2)		二等奖	合作
28	内镜超声微创诊疗体系的建立与临床应用	上海长海医院(排名第2)		二等奖	合作
29	肺癌微创治疗体系及关键技术的研究与推广	同济大学附属上海市肺科医院(排名第2)		二等奖	合作
30	重症先心病外科治疗关键技术创新与应用	上海交通大学医学院附属上海儿童医学中心(排名第2)		二等奖	合作
31	专用项目7项(牵头完成3项,其中一等奖1项、二等奖2项;合作完成4项,其中特等奖1项、二等奖3项)				

(刘海峰　路继根　吴洁敏　常艳丽)

【长江口重要渔业资源养护技术创新与应用】 项目获2018年度国家科学技术进步奖二等奖。项目研究长江口渔业资源衰退机制、关键生态功能修复、重要资源养护等,构建高精度、高密度、全覆盖的长江口资源环境监测评估体系,阐明渔业资源衰退成因及机制,奠定生态修复和资源养护理论基础;创新生态修复方法,重建长江口关键栖息地生境,恢复水域生态功能，重要渔业资源增殖成效显著；攻克长江口珍稀鱼类繁育技术，奠定增殖放流物质基础。项目获发明专利授权75件、软件著作权登记5件；制定标准14部，其中国家标准4部；出版专著14部。（包 豫）

【图说灾难逃生自救丛书】 项目获2018年度国家科学技术进步奖二等奖。项目通过普及灾难逃生自救技术和知识，使更多民众掌握基本避险救灾逃生技能。丛书采用漫画表现形式，介绍心肺复苏、伤员搬运、止血包扎、应急响应、灾害防范及自救逃生等知识和技能。结合国家政策法规，由中华医学会灾难医学分会为主体，确保图书内容科学性、权威性和实用性，是国内首部灾难逃生避险科普漫画丛书，为普及灾难医学教育提供系统读物。丛书共15分册，全国发行1万套，共计15万册。获2014年全国优秀科普作品，并入选2015年国家新闻出版广电总局向全国青少年推荐百种优秀图书。（史 进）

【"中国珍稀物种"系列科普片】 项目获2018年度国家科学技术进步奖二等奖。项目揭示中国珍稀物种自然保护现状和研究进展。影片立足于一线科研成果，采用以科学家为主导，科普、影视工作者合作创作科普影片模式，揭示人与自然和谐共处的生态发展理念。影片先后在国内外10余个公共电视频道、7家新媒体网站、航空、地铁及大中小学等线上线下渠道传播，并传播至欧美和"一带一路"沿线40余家科普场馆，覆盖上亿人次观众，开发衍生科普读物等文创产品。（史 进）

【航天超细直径小腔检漏管路制造技术及推广应用】 项目获2018年度国家科学技术进步奖二等奖。项目建立超细薄管焊接工法，创新交变磁场方向垂直于导管的加热感应线圈，找到最佳钎焊工艺参数，钎焊试样合格率99%以上；甄选适应超细直径管路钎焊的填充焊料，在钎料中提高Ag含量、同时添加适量Sn元素，配制可降低熔点、提高润湿性能钎焊材料，焊接质量达到航天标准QJ1156A—96 II级焊缝要求，管路漏率满足产品指标；优化传统超细管路清洗工艺路径，配制一种分解油污能力强、自身易挥发清洗剂。项目成果填补国内航天超细直径小腔检漏管路制造技术空白，使中国成为世界上第2个能够独立研制生产对接机构的国家。项目成果应用于7次飞行试验，完成13次交会对接任务，在4种运载火箭、3种导弹、新型空间飞行器及地面密封检测设备等航天产品中推广应用。（顾维英）

【高性能特种编织物编织技术与装备及其产业化】 项目获2018年度国家科学技术进步奖二等奖。项目建立编织物性能与材料、结构参数、工艺参数的数学模型，提出捻度和张力高精度动态调控方法；提出无接头扣环绳缆、多层绳缆、特种管类编织物等自动编织方法；开发高精度传动机构、张力自适应双补偿锭子等核心机构；开发五大类特种编织成套装备及应用产品，实现编织产品精确成型和高性能化；研发深海实时通讯绳缆和海洋伪装绳、管类编织物，解决深海通讯难题，应用于蛟龙号深潜和近海监测、布雷、科考及防御；开发海洋系泊、锚泊绳缆和深海钻探超高压管，应用于航母、大洋上移动雷达站系泊和锚泊、981系列钻井平台锚泊和钻井等。项目成果打破国外垄断，推动中国纺织工业技术发展。（常艳丽）

【磷酸铁锂动力电池制造及其应用过程关键技术】 项目获2018年度国家科学技术进步奖二等奖。项目针对磷酸铁锂导电率低、倍率性能和低温性能较差等问题，首创单质铁原子经济性磷酸铁锂合成反应，发展与正极材料相匹配的电解液与负极材料，建成多条万吨级纳米磷酸铁锂材料生产线；开发磷酸铁锂动力电池制造工艺，提出提升电池容量、寿命与安全性的材料结构与制造方法，优化动力锂电池制造过程工程技术，使其能量密度提升到175瓦时/千克以上；建立锂电池荷电状态和健康状态精确预测模型，开发高性能电池管理系统，开发动力锂电池系统长寿命运行管理与控制技术。项目成果应用于比亚迪股份有限公司、华为技术有限公司、中聚电池有限公司等企业，推动中国新能源汽车和储能产业发展。（窦海青）

【稀乙烯增值转化高效催化剂及成套技术】 项目获2018年度国家科学技术进步奖二等奖。项目针对炼厂稀乙烯资源未充分利用问题，利用催化反应直接转化为高值化学品，大幅提高稀乙烯附加值，实现石油资源高效利用。创制形貌择向的纳米MFI及贯通多级孔高硅FAU分子筛材料，开发高效的低苯烯比稀乙烯烷基化催化剂和低温高活性烷基转移催化剂；开发选择性预处理及高效反应和分离工艺，并集成创新节能和大型化成套技术，大幅提高资源利用率。项目成果应用于21家生产企业，包括世界最大规模30万吨/年中海石油宁波大榭石化稀乙烯制乙苯装置；获美国GTC技术有限公司、荷兰皇家壳牌集团、台湾中鼎化工股份有限公司等技术认可和应用意向。项目获发明专利授权36件。（吴洁敏）

【建筑固体废物资源化共性关键技术及产业化应用】 项目获2018年度国家科学技术进步奖二等奖。项目提出再生骨料模型化设计技术，揭示再生与天然骨料性能差异及提升机理，拓宽到再生粉体开发，建立分类与等级划分标准，主编国内首部技术规程；开发建筑固废系列分离分选技术，研制再生骨料颗粒整形强化等核心设备，建成从建筑固废入场至各类制成品出厂的资源化智能工厂，实现清洁、高效、连续和稳定生产；研究再生混凝土材料设计方法及制备技术，创立再生混凝土拉、压、剪等本构模型，揭示阻尼机理，提出收缩、徐变等长期性能调控技术，建立构件设计与施工方法，引领再生混凝土在整体结构中精细化和安全应用；研发再生砂浆、无机混合料、透水砖等系列再生产品，实现建筑固废全组分和多路径规模化应用；构建从资源化处置、产品稳定生产到安全应用的全产业链信息化管理平台。

项目在北京、上海、河南等 25 个省市自治区建成生产线 85 条,3 年累计资源化处置建筑固废超过 1 亿吨。（陈 阵）

【我国首座大型海上风电场关键技术及示范应用】 项目获 2018 年度国家科学技术进步奖二等奖。项目对海上风机、风机基础、风机安装、海上电气系统 4 个关键问题进行系统创新与先行先试,解决海上大风浪、急洋流、强腐蚀等难题,攻克中国海域强台风、软地基、通航需求等难题,建成中国首个安全、经济、可靠的大型海上风电场,投运以来运行稳定。项目成果应用于江苏、福建、广东等地 2 600 MW 海上风电场。风机产品出口至瑞典、南非等国家。（吴洁敏）

【海气界面环境弱目标特性高灵敏度微波探测关键技术及装备】 项目获 2018 年度国家科学技术进步奖二等奖。项目针对海气界面环境要素微波探测存在辐射散射信号弱、探测信号受外源干扰大、定标反演精度差等难题,突破高灵敏数字相关微波辐射全域探测、高精度双极化全固态毫米波动态探测、超低空相控阵连续波廓线探测等微波探测关键技术,解决海气界面环境弱目标特性高灵敏接收、高精度定标和高时空分辨技术瓶颈,研制的海面温度辐射计应用于海洋二号 A 星,大气温度辐射计应用于风云三号 B 星、C 星和 D 星系列卫星;研制的毫米波云雾雷达和岸基船基波浪观测系统装备应用于多艘海洋调查船;研制从低空到平流层七型风廓线雷达,应用于全国多个沿海机场和港口,并出口至“一带一路”沿线国家,实现海气界面环境天基全域、船基动态和岸基廓线综合立体探测。（包 豫）

【4 000 米级深海工程装备水动力学试验能力建设及应用】 项目获 2018 年度国家科学技术进步奖二等奖。项目研制中国首座海洋深水试验池,突破深海动力环境模拟、深海平台与锚泊系统模型设计模拟、深海平台系统动力响应系列测试等技术;形成 4 000 米级深海工程装备水动力学试验能力,涵盖中国 98%海域,深海动力环境模拟能力和测试精度满足国际最严苛要求,改变中国海洋装备研发依赖国外试验局面;完成 23 项国外重大工程研究项目。项目成果在国内外大型海洋装备方案比选、设计优化和性能评估中广泛应用,在中国 8 个南海大型油气田开发和 28 座南海主力装备研制中发挥作用。（包 豫）

【胃肠癌预警、预防和发生中的新发现及其临床应用】 项目获 2018 年度国家科学技术进步奖二等奖。项目通过 3 个临床队列研究,证明大癌手术标本具核梭杆菌高含量预示化疗耐药和易复发及预后差;提出“胃龄”概念;证实低膳食纤维、粪便短链脂肪酸低含量及产丁酸盐菌减少和粪便共生梭菌高含量可早期预警大肠癌及癌前疾病腺瘤;通过多中心前瞻性随机对照研究证明叶酸可预防 50 岁以上人群大肠腺瘤发生;阐释胃肠癌发生中非编码 RNA 等表观遗传修饰及 OCT1-Synbindin-ERK 等通路作用机制。项目成果应用于 60 余家大型医院,并被纳入相关临床共识意见 20 余次;制订中华医学会共识意见 4 次;被参考编入全国本科统编教材。项目获发明专利授权 5 件;发表 SCI 论文 170 篇,他引 2 604 次。（史 进）

【淋巴瘤发病机制新发现与关键诊疗技术建立和应用】 项目获 2018 年度国家科学技术进步奖二等奖。项目聚焦中国高发侵袭性淋巴瘤,创建分子分型体系;紧扣细胞生物学行为,发现化疗耐药靶点;针对致病关键通路,应用靶向治疗新策略。项目成果推广至全国 24 个省市,超过万例患者获益,显著提升中国淋巴瘤规范化诊疗水平。项目获发明专利 4 件;发表论文 680 篇,他引 6 191 次;主编(译)专著 12 部;主持制定指南共识 8 部。（史 进）

【基于整体观的中药方剂现代研究关键技术的建立及其应用】 项目获 2018 年度国家科学技术进步奖二等奖。项目构建基于整体观的中药方剂现代研究体系,并应用于麝香保心丸等 30 余个中药大品种研究;建立基于中药化学-药代动力学-药效学验证一体化的中药方剂有效化学成分群辨识方法与技术体系;建立基于病-证-方-效的中药方剂药效评价与机制研究技术方法体系;建立现代中药方剂整体质量控制体系,保证产品质量均一稳定;采用随机、双盲、多中心、安慰剂平行对照标准,开展中药方剂大规模循证医学研究,为挖掘中药方剂的临床特点及应用提供证据。项目获专利授权 26 件;发表 SCI 论文 73 篇。（窦海青）

【心脏瓣膜外科创新技术及产品的建立和应用】 项目获 2018 年度国家科学技术进步奖二等奖。项目研制 C-L 短柱瓣,填补国内第 3 代人造心脏瓣膜空白;研制具有自主知识产权的第 4 代人造机械瓣,并应用于临床,其性能达到国际同类产品水平,使中国成为全球第 3 个生产双叶机械瓣的国家;对自体心包瓣膜开展研究,并应用于临床,取得很好临床效果;对疑难、复杂、危重的心脏瓣膜病进行研究,应用于 15 项新技术,其中 4 项为原创性技术,包括自体心包瓣置换肺动脉瓣、风湿性三尖瓣修复术、非原位主动脉瓣置换术和右胸小切口心脏不停跳三尖瓣置换术,显著提高手术效果,手术成功率提高至 97.5%。项目获专利授权 15 件;发表论文 347 篇,其中 SCI 论文 69 篇;主编专著 10 部。（顾维英）

【数字电视广播系统与核心芯片的国产化】 项目获 2018 年度国家科学技术进步奖二等奖。项目突破卫星高级安全接收、地面同构接收、SoC 芯片广义解码及总线控制、高动态控光和超分辨率缩放等关键技术,研制直播卫星安全模式传输标准、直播卫星激励器及接收解码芯片、地面双模解调 IP 及芯片、有线/IPTV SoC 系列芯片组、画质增强芯片,销售超 2.32 亿颗,在卫星/有线/IPTV 数字电视市场占有率均为国内第一。项目获发明专利 24 件;形成国家标准 12 部、行业标准 4 部。（常艳丽）

【肾癌外科治疗体系创新及关键技术的应用推广】　项目获2018年度国家科学技术进步奖二等奖。项目建立肾癌多元化微创手术体系，实现肾癌手术从“巨创”向“微创”“微微创”的转变；制定早期肾癌精准化保肾手术策略，提高肾癌手术保肾比例和保肾效果，改善患者术后生活质量；创建中晚期肾癌综合序贯治疗模式，有效控制肿瘤进展，延长患者生存时间。项目发表论文315篇，其中SCI收录90篇，总他引1 009次，单篇最高他引120次。（顾维英）

【儿童肝移植关键技术的建立及其临床推广应用】　项目获2018年度国家科学技术进步奖二等奖。项目建立全年龄段儿童肝移植供肝选择标准与获取技术体系，解决狭窄门静脉重建难题，建立系统供肝血管吻合技术规范，制定儿童肝移植术后免疫抑制剂使用和感染防控中国标准，建立一套适合中国儿童群体的肝移植关键技术体系；建成国内最大儿童肝移植中心，年完成例数连续5年位居世界首位，术后1年和5年生存率分别为91.0%和89.3%。项目成果在全国42家三甲医院推广应用，使中国儿童肝移植年例数提高16倍，术后5年生存率提升近20%。项目发表论文334篇，其中SCI论文148篇，他引2 072次；主持或参与制定相关指南5部。（顾维英）

【基于听觉保存与重建关键技术的听神经瘤治疗策略及应用】　项目获2018年度国家科学技术进步奖二等奖。项目揭示听神经瘤听觉功能损伤机制，建立术中听觉功能保存与重建关键技术体系，制定听神经瘤临床治疗策略；成立中国听神经瘤多学科协作组和颅底外科专业学术委员会；形成“听神经瘤诊断和治疗建议”“听神经瘤多学科协作诊疗中国专家共识”“听神经瘤处理方案更新(英文)”等国内外行业共识；主编《听神经瘤》等专著；主办第7届世界听神经瘤大会。项目成果普及全国各省市自治区，直接受益患者超过万例，推动中国听神经瘤诊疗水平进步及规范化，提高治疗效果及患者生活质量。（包　豫）

【眼睑和眼眶恶性肿瘤关键诊疗技术体系的建立和应用】项目获2018年度国家科学技术进步奖二等奖。项目聚焦主要眼恶性肿瘤，开展关键诊疗技术多中心前瞻性随机对照研究和回顾性队列研究；建成全球最大眼肿瘤样本库和患者队列数据库；发现RNA级联反应等3个发病新机制，开展早期筛查和基因诊断；建立眼动脉介入化疗等3个新技术，创建3个手术治疗新模式，形成3个综合序列治疗新方案，提高眼恶性肿瘤患者的保眼率和生存率。年完成眼肿瘤手术2 000余例，联合114家单位成立眼肿瘤专科医联体，成立中国抗癌协会眼肿瘤专业委员会。项目成果在全国26个省和直辖市131家单位推广应用，提高中国眼部恶性肿瘤整体诊疗水平。项目发表论文274篇，其中SCI论文172篇。（包　豫）

【2018年度上海市科学技术奖概述】　2018年度上海市科学技术奖共授奖300项(人)：授予张显程、张远波、游书力、白志山、熊红凯、蒲华燕、达声蔚、陈运文、姜正文、李宗海等10人上海市青年科技杰出贡献奖；授予28项成果上海市自然科学奖，其中一等奖12项、二等奖10项、三等奖6项；授予30项成果上海市技术发明奖，其中一等奖9项、二等奖12项、三等奖9项；授予231项成果上海市科技进步奖，其中特等奖2项、一等奖34项、二等奖78项、三等奖117项；授予张树庭1名外籍专家上海市国际科技合作奖。获奖项目主要有以下特点。

战略性新兴产业相关成果助推实体经济发展显著。特等奖、一等奖获奖项目中，生物与医药、能源与环境和信息技术3个领域占比分别为26.3%、14.0%和10.5%，与上海科技和产业发展规划布局契合，生物医药、风力发电、集成电路、人工智能、自动控制等新兴高科技产业创新成果丰硕。

创新策源力与日俱增。在超强激光、合成化学、导航卫星、超高建筑、大型船舶、现代光源等科技前沿领域，平均每个获奖项目发表SCI/EI论文24.6篇、获发明专利授权9.9件，连续多年增长。

积极服务国家战略。高性能DDR内存缓冲控制器芯片设计技术、百万千瓦级二次再热超超临界汽轮机、新一代北斗导航卫星首发星、ARJ21喷气支线客机、高能皮秒拍瓦激光系统、基于拘束理论的重大承压设备断裂评价与调控技术、大型高效低噪音变压器用取向硅钢开发及应用、深水钻井隔水管涡激振动预报及抑制关键技术创新与应用、融合北斗的集装箱物流跟踪与监控技术及国际标准制修订等项目的实施，体现上海围绕国家战略需求，在关键技术领域发挥作用。

服务长三角区域协同创新与发展。所有外省市参与单位中，来自江苏、浙江、安徽三地单位占比连续多年超过1/3，长三角一体化趋势突出。特等奖、一等奖项目中，涉及长三角合作的项目14个，涉及江苏、浙江、安徽单位20家。其中，各类企业占比3/4，这些企业中，非国有企业占比4/5，表明民营企业、股份制企业在长三角合作研发与成果转化过程中更加主动、灵活。

国内创新合作广泛深入，展现上海科技引领力、辐射力和协同力。获奖项目中，多家单位合作完成项目189个，占比65.4%，不同类型单位之间协同合作趋于密切。外地单位参与项目111个，占比38.4%。所有809家参与单位中，包括外地单位195家，占比24.1%。

获奖人年龄结构年轻化趋势明显。年龄在50岁以下中青年科学家在获奖项目第一完成人中占比49.5%，在获奖项目的所有完成人中占比76.0%。高等级获奖项目第一完成人中最年轻者仅37岁。

企业创新主体地位更加凸显。获奖项目的所有完成单位中，企业432家，占比53.4%；牵头单位中，企业105家，占比36.3%。在企业作为第一完成单位的105个项目中，国有企业、民营企业(包括股份制和集体企业)、外资企业(包括合资)占比分别为66.7%、23.8%和9.5%。

政府计划仍是研究资助主要来源。获奖项目中，政府科技计划资助项目190个,占比70.9%。不论在自然科学领域,还是在应用技术领域,国家和地方各类科技计划均对上海科技创新和成果转移转化提供重要支撑。

(刘海峰　路继跟　吴洁敏　史　进)

【28个项目获2018年度上海市自然科学奖】 2018年度上海市科学技术奖授予28项成果自然科学奖,其中一等奖12项、二等奖10项、三等奖6项。

2018年度上海市自然科学奖名单

序号	项目名称	主要完成单位	主要完成人	获奖等级
1	细胞属性转变的基础和应用研究	中科院上海生命科学研究院	惠利健、黄鹏羽、张鲁狄、高义萌、李　丹	一等奖
2	肿瘤细胞代谢感受的调控机制及其病理效应	复旦大学附属肿瘤医院、复旦大学、同济大学附属第十人民医院	雷群英、吕　雷、赵　地、邹绍武、林瑞婷	一等奖
3	有机-无机杂化策略构建多功能生物医用材料	东华大学	朱美芳、陈志钢、沈明武、史向阳、胡俊青	一等奖
4	氧化应激过程的分析新方法与分子机制研究	华东师范大学、同济大学	田　阳、朱安伟、孔　彪、张立敏、罗永平	一等奖
5	基于负氟效应的有机氟化学研究	中科院上海有机化学研究所	胡金波、倪传法、张　伟、何正标、胡明友	一等奖
6	复杂蛋白质群调控与功能研究	上海交通大学	吴　强、黄海燕、甲芝莲	一等奖
7	乙型肝炎慢性化的多重新机制及治疗策略研究	复旦大学	袁正宏、陈捷亮、谢幼华、李建华、闻玉梅	一等奖
8	激光尾波场驱动的电子加速和辐射机制研究	上海交通大学、中科院物理研究所	盛政明、陈　民、陈黎明、於陆勒、张　杰	一等奖
9	全相干自由电子激光的前沿实验研究与新原理探索	中科院上海应用物理研究所	赵振堂、王　东、邓海啸、刘　波、冯　超	一等奖
10	光响应高分子材料	复旦大学	俞燕蕾、李富友、韦　嘉	一等奖
11	太阳能光解水制氢的能带调控及反应体系设计	上海交通大学	上官文峰、袁　坚、江　治、程萍、陈铭夏	一等奖
12	富碳纳米储能材料的结构调控及其电化学行为	上海理工大学、国家纳米科学中心	杨俊和、郑时有、智林杰、唐志红、赵　斌	一等奖
13	脑控系统的电位诱发机制与信号识别方法研究	华东理工大学	金　晶、王行愚、张　宇	二等奖
14	网络化测控系统事件驱动通信与控制	上海大学、南京邮电大学	彭　晨、岳　东、解相朋、费敏锐	二等奖
15	超声评价骨骼的理论及方法研究	复旦大学	他得安、王威琪、许凯亮、刘成成、宋小军	二等奖
16	南海陆源碎屑物质从源到汇的搬运过程	同济大学	刘志飞、赵玉龙、张艳伟、拓守廷、李夏晶	二等奖
17	氯代挥发性有机化合物低温催化消除	华东理工大学	王幸宜、戴启广、戴　宇、黄　浩、白树行	二等奖
18	功能梯度金属/陶瓷复合材料结构非线性行为和力学特性研究	上海交通大学	沈惠申、杨　杰、黄小林	二等奖
19	铁基尖晶石材料用于协同除汞脱硝的应用基础研究	上海交通大学、清华大学	晏乃强、杨士建、彭　悦、瞿　赞、常化振	二等奖
20	可再生能源并网发电紧凑型功率变流器拓扑衍生机理与稳定控制研究	上海海事大学、香港城市大学	吴卫民、钟树鸿、何远彬、刘　渊、孙运杰	二等奖

续表

序号	项目名称	主要完成单位	主要完成人	获奖等级
21	饱和与非饱和土的三维弹塑性本构模型	上海大学、北京航空航天大学、上海交通大学	孙德安、姚仰平、徐永福	二等奖
22	远离平衡态下陶瓷材料烧结与结构调控	东华大学、中科院上海硅酸盐研究所	王连军、江 莞、范宇驰、张骐昊、陈立东	二等奖
23	不完全信息随机系统网络化控制及滤波理论与方法	华东理工大学、哈尔滨工业大学、湖北师范大学、同济大学	严怀成、刘 明、詹习生、杨富文、张 皓	三等奖
24	大脑听觉皮层可塑性研究	华东师范大学	周晓明、孙心德、张季平、许兢宏、俞黎平	三等奖
25	多功能纳米材料在肿瘤诊断(疗)中的应用探索	上海师范大学	杨仕平、杨 红、吴惠霞、周治国、安 璐	三等奖
26	生物过程中的偏微分方程	东华大学、上海师范大学	陶有山、郭 谦	三等奖
27	新型无网格方法理论与应用	上海大学	程玉民、彭妙娟	三等奖
28	稀土在材料表/界面层改性微纳作用的设计理论及其摩擦学机理研究	上海交通大学	程先华、吴 炬、上官倩芡、白涛、包丹丹	三等奖

(刘海峰 路继根 吴洁敏 史 进)

【细胞属性转变的基础和应用研究】 项目获2018年度上海市自然科学奖一等奖。项目围绕肝细胞开展研究,将中胚层谱系成纤维细胞直接转分化为内胚层谱系功能肝细胞,揭示细胞跨胚层转分化能力及其在哺乳动物中保守性;证明转分化肝细胞具有较完备的肝细胞功能,明确其对小鼠肝脏疾病治疗效果,揭示临床治疗应用价值;发现细胞衰老、死亡是转分化和癌化的共同调控机制,通过抑制这一机制实现转分化肝细胞扩增。项目发表代表性论文5篇,平均他引109次。 (包 豫)

【肿瘤细胞代谢感受的调控机制及其病理效应】 项目获2018年度上海市自然科学奖一等奖。项目围绕肿瘤细胞代谢感受调控机制及其病理效应,揭示乙酰化修饰在肿瘤细胞代谢感受调控中作用机制,为代谢修正治疗提供支撑;发现代谢酶丙酮酸激酶2、柠檬酸裂酶和3-磷酸甘油醛脱氢酶感受葡萄糖,而甲硫氨酸腺苷转移酶感受叶酸状况发生乙酰化调控肿瘤代谢;发现代谢酶PKM2和磷酸甘油酸变位酶分别感受生长信号、氧化应激发生乙酰化调控肿瘤代谢;发现乳酸脱氢酶K5乙酰化是潜在胰腺癌早期诊断标记物;发现乙醛脱氢酶ALDH1A1乙酰化抑制肿瘤干细胞自我更新。项目发表代表性论文8篇,SCI他引535次。(吴洁敏)

【有机-无机杂化策略构建多功能生物医用材料】 项目获2018年度上海市自然科学奖一等奖。项目研究分子尺度单元功能向宏观材料性能传递,构筑多尺度、多维度、多功能杂化生物医用材料,实现结构功能双提升;提出有机介导机理,基于高分子结构导向子的限域空间与配位还原效应诱导组装无机纳米颗粒,发展一系列功能增强的金、银、铋基CT成像剂和金属氧化物、硫化物等高效低毒癌症光热治疗剂;发展无机介导机制,基于无机结构导向子的次价键集合效应及有机链结构调控构筑高强智能湿软材料,制备系列组织修复用纳米杂化水凝胶;建立外场诱导方法,基于结构子和功能子宏观构筑、多场耦合而诱导成纤,实现小分子药物在宏观纤维中高负载、慢释放,开发系列杂化抗菌纤维及产品;与全球30余家科研机构合作,推动成果应用转化。项目获发明专利授权44件;发表SCI论文96篇,其中ESI高被引论文22篇,他引6 598次。 (窦海青)

【氧化应激过程的分析新方法与分子机制研究】 项目获2018年度上海市自然科学奖一等奖。项目基于双重识别设计与无机-有机复合界面研究,建立活性氧等氧化应激相关分子的高效分析方法;对·OH有特异性识别作用的有机分子HPF与金纳米簇共价键和,构建一种对·OH有高选择性、高灵敏度的双发射比率型纳米复合荧光探针;揭示细胞内活性氧可诱导胞内pH降低和铜离子浓度升高;在活体层次,建立比率型电化学传感策略,揭示缺血及阿尔茨海默病鼠脑中活性氧及铜离子变化规律。项目发表代表性论文8篇,SCI他引1 209次,单篇最高他引359次。 (吴洁敏)

【基于负氟效应的有机氟化学研究】 项目获2018年度上海市自然科学奖一等奖。项目提出亲核氟烷基化反应中负氟效应概念,揭示α-含氟碳负离子参与氟烷基化反应规律,建立有机氟化学研究体系,推动一氟甲基化和二氟甲基化反应研究;发展多个原创性氟化学合成试剂和反应;所开发的试剂被国内外同行使用100余次，其中2个试剂被称为胡试剂；实现高立体选择性亲核少氟烷基化和氟烯基化反应，为含氟手性分子和单一构型含氟烯烃合成提供简洁、高效方法；实现对不饱和羧酸、重氮化合物和芳炔氟烷基化反应，为含氟分子合成开辟方向；发现水能促进三氟甲基亚铜参与反应，改变三氟甲基亚铜的反应需要在无水体系中进行的观念；实现二苯磺酰一氟甲烷与醛的亲核加成反应。项目成果对氟化学理论发展和有机含氟功能分子创制具有重要意义。项目发表代表性论文8篇，他引914次，最高单篇他引277次。（吴洁敏）

【复杂蛋白质群调控与功能研究】 项目获2018年度上海市自然科学奖一等奖。项目证明CTCF结合成千上万基因组位点对于三维基因组染色质折叠至关重要，CTCF结合位点位置和相对方向决定长距离染色质环化特异性，阐明DNA遗传信息在三维基因组结构建立与形成中的作用；证明增强子方向性能决定染色质拓扑结构域的架构和增强子与启动子之间特异性远距离相互作用；通过内源染色质DNA片段原位反转实验证明增强子方向性；阐明原钙黏蛋白在大脑皮层和苍白球神经元迁移、连接、树突和轴突发育功能。项目成果有助于从三维基因组立体结构角度认识基因表达的生理调控机制及遗传突变病理发生机理。项目发表代表性论文8篇，他引386次。（包　豫）

【乙型肝炎慢性化的多重新机制及治疗策略研究】 项目获2018年度上海市自然科学奖一等奖。项目研究乙肝表面抗原(HBsAg)持续分泌和HBV干扰素应答反应低乙肝慢性化难以治愈两大关键环节，研发降低HBsAg和提升优化干扰素应答策略，深化对乙肝慢性化机制理解，研究成果有助于研发具有靶向性和特异性的功能性治愈慢乙肝药物、手段及优化干扰素疗效。项目获专利授权2件；发表代表性论文8篇，他引660次。（吴洁敏）

【激光尾波场驱动的电子加速和辐射机制研究】 项目获2018年度上海市自然科学奖一等奖。项目提出基于高价原子离化的电子注入机制，为实现稳定的高品质电子加速提供解决方案，电子束能散和发射度分别比已有方案降低1个数量级；提出模式转换机制，利用激光尾波产生从太赫兹到X射线频段的高效相干辐射；提出新等离子体密度构型，通过尾波加速产生相对论阿秒电子束及阿秒相干辐射；提出并验证尾场加速同时实现高品质电子加速和高亮度X射线辐射机制。项目成果应用于国内和欧盟的粒子加速和辐射重大研究平台建设。项目发表SCI/EI论文47篇，其中代表性论文8篇，SCIE他引234次。（陈　阵）

【全相干自由电子激光的前沿实验研究与新原理探索】 项目获2018年度上海市自然科学奖一等奖。项目解决种子型FEL倍频效率和性能调控等问题，实现回声谐波FEL放大出光及种子型FEL两级级联；发展1 keV分辨率束流诊断方法，实现回声谐波FEL放大出光，同时发现其窄带宽和波长稳定的特性；演示种子型FEL性能控制，包括种子型FEL最大波长调谐范围(800—300 nm)，金属阻抗元件控制种子型FEL波长、带宽及稳定性，交叉平面波荡器对种子型FEL偏振控制；提出相位汇聚等新原理。项目成果应用于国家重大仪器专项，并被国家重大科技基础设施采纳，装置总投资超过110亿元。项目发表论文7篇。（史　进）

【光响应高分子材料】 项目获2018年度上海市自然科学奖一等奖。项目围绕光响应高分子多尺度结构调控及构效关系，发展多尺度结构调控策略，揭示光响应高分子微观结构与宏观特异性形变之间构效关系，开发室温形变、快速响应、大驱动力液晶高分子；建立精准设计制备性能优良的光响应高分子理论基础；提出上转换与长共轭结构结合调控材料驱动波长方法，构筑红光/近红外光驱动的系列液晶高分子，解决传统光响应高分子因使用紫外光而导致的光损伤、光漂白问题；创制全光控制柔性执行器，揭示特殊设计及加工条件优化导向的器件构筑机制，建立光控物质传递结构与方法，为微量物质无损传输提供解决方案。项目发表代表性论文8篇，他引1 047次，单篇最高他引444次。（吴洁敏）

【太阳能光解水制氢的能带调控及反应体系设计】 项目获2018年度上海市自然科学奖一等奖。项目研究增强光吸收、光生载流子传输、表面能质转化等关键过程，揭示光解水制氢机理，构建高效制氢反应体系，发展提高光解水制氢效率的理论和方法，提高光氢转换效率。项目成果有助于以高效稳定的光解水制氢催化剂制备、反应体系设计，为加强工程化研究提供基础。项目发表论文117篇，其中ESI高被引论文4篇，8篇代表性论文SCI他引680次。（窦海青）

【富碳纳米储能材料的结构调控及其电化学行为】 项目获2018年度上海市自然科学奖一等奖。项目揭示π-π共轭诱导与异质原子掺杂对富碳纳米储能材料孔结构和表面化学调控作用机制，发展孔结构与表面化学可控、满足电化学储能需求的富碳纳米材料；发现纳米碳材料孔结构与表面化学对硫稳定作用基本规律，开发一类高性能锂硫电池复合正极材料；提出碳与活性组元维度匹配复合设计思路，发展基于石墨烯和碳纳米管的复合电极材料设计与优化策略。研究成果为高效储能器件设计与制备提供理论支撑。项目获专利授权28件；发表SCI论文156篇，其中ESI高被引论文6篇，SCI他引2 600余次；8篇代表性论文篇他引936次，其中SCI他引814次，单篇最高他引279次。（窦海青）

【30个项目获2018年度上海市技术发明奖】 2018年度上海市科学技术奖授予30项成果技术发明奖，其中一等奖9项、二等奖12项、三等奖9项。

2018 年度上海市技术发明奖名单

序号	项目名称	主要完成单位	主要完成人	获奖等级
1	面向信息管理智能化的云计算系统关键技术与应用	上海交通大学、阿里巴巴（中国）有限公司、卫宁健康科技集团股份有限公司	过敏意、张建锋、姚　斌、吴晨涛、齐开悦、陈　全、林　昊、李光亚	一等奖
2	多域融合的边缘计算接入网关键技术及应用	同济大学、卡斯柯信号有限公司、上海工程技术大学、复旦大学	吴　俊、黄新林、王　睿、胡　蝶、方志军、薛小平、周庭梁、黄　辉、刘　典、陈宇飞、崔　浩、任浩琪、张志峰、张冬冬	一等奖
3	基于拘束理论的重大承压设备断裂评价与调控技术	华东理工大学、上海电气电站设备有限公司上海汽轮机厂、上海核工程研究设计院有限公司、上海电气核电设备有限公司、国核电站运行服务技术有限公司	轩福贞、朱明亮、刘　霞、王国珍、曹昱澎、张茂龙、惠　虎、王海涛、景　益、钟志民、谈建平、贺寅彪、王　朋、江才林、杨乘东	一等奖
4	主动配电网协同控制与优化关键技术及应用	上海交通大学、贵州电网有限责任公司、广东电网有限责任公司、国网上海市电力公司、清华大学、上海金智晟东电力科技有限公司、江苏金智科技股份有限公司、北京四方继保自动化股份有限公司、国网天津市电力公司、国网江苏省电力有限公司	刘　东、李庆生、唐广学、蒋传文、黄玉辉、陈　飞、翁嘉明、冯冬涵、尤　毅、凌万水、朱守真、罗林根、赵凤青、张　磐、黄文焘	一等奖
5	严苛服役环境耐磨抗蚀氧化物陶瓷涂层设计、制备技术及典型应用	中科院上海硅酸盐研究所	陶顺衍、杨　凯、赵华玉、丁传贤、邵　芳、周霞明、倪金星、钟兴华	一等奖
6	生物催化剂的快速定制改造及高效合成手性化学品的关键技术	华东理工大学、苏州富士莱医药股份有限公司、江西科苑生物药业有限公司	许建和、郑高伟、郁惠蕾、钱祥云、李春秀、白云鹏、潘　江、张志钧、陈　琦	一等奖
7	功能化三维聚合物类水处理药剂的创新设计与工程应用	同济大学、重庆大学、河南清水源科技股份有限公司、深圳市长隆科技有限公司、上海立昌环境工程股份有限公司	李风亭、张冰如、郑怀礼、王　颖、李　杰、王志清、顾逸凡、黄　莹、谢爱军、乔俊莲、李翠娥、袁　霄	一等奖
8	高性能 DDR 内存缓冲控制器芯片设计技术	澜起科技（上海）有限公司	杨崇和、山　岗、王　勇、严　钢、马青江、张鹏展、蒋逸波、钟　宇、李建威、李　毅、李春一	一等奖
9	主动碎片清除微纳 GNC 系统技术	上海航天控制技术研究所、西北工业大学、清华大学	刘付成、韩　飞、孙　俊、宝音贺西、肖　冰、罗建军、彭　杨、贺亮、武海雷、刘宗明、蒋方华、刘勇、袁德虎、王兆龙、曹姝清	一等奖
10	相变存储芯片制造核心技术及嵌入式应用	中科院上海微系统与信息技术研究所	宋志棠、封松林、刘　波、陈后鹏、李　喜、陈一峰、宋三年、陈小刚、蔡道林、刘卫丽	二等奖
11	液压混合动力动势能回收与再生控制关键技术及应用	同济大学、上海同新机电控制技术有限公司	卞永明、李安虎、刘广军、秦利升、金晓林	二等奖
12	镁基储氢材料制备及应用	上海交通大学	邹建新、曾小勤、丁文江	二等奖
13	高抗冲高耐磨超高分子量聚乙烯型材关键技术的产业化应用开发	上海化工研究院有限公司、株洲时代新材料科技股份有限公司、山东鲍尔浦塑胶股份有限公司、山东金达管业有限公司、上海联乐化工科技有限公司	张玉梅、朱志勇、王新威、李　志、孙勇飞、吴玉亮、叶纯麟、李建华、刘持政、李建龙	二等奖
14	合成气制乙二醇工艺技术	华东理工大学、上海浦景化工技术股份有限公司、安徽淮化股份有限公司	李　伟、计　扬、陈　林、骆念军、周静红、钱宏义、毛彦鹏、诸　慎、沈荣春	二等奖

续表

序号	项目名称	主要完成单位	主要完成人	获奖等级
15	甾体转化的细胞工厂创建及甾体药物绿色制造技术	华东理工大学、浙江仙琚制药股份有限公司	魏东芝、王风清、陶欣艺、王学东、刘清海、应明华、朱秀燕、魏　巍、王　玮、赵　莉	二等奖
16	基于强度场的结构抗疲劳设计和抗疲劳制造匹配技术	上海理工大学、上海纳铁福传动系统有限公司	卢　曦、朱卓选、宋有硕、秦文瑜、高文贵、王建军、李晓天	二等奖
17	多载荷数据接入及高可靠智能星载信息网络技术	上海卫星工程研究所	王　震、陆国平、朱振华、刘　波、张　娟、杨炳轲、范颖婷、汪自军、刘　辉、许　娜	二等奖
18	基于自平衡原理的钢结构整体顶推滑移安装方法及装备	上海市机械施工集团有限公司	陈晓明、张　宇、俞媛妍、刘　泉、许　勇、郑祥杰、李志宏、许海峰、孟凡全、王正佳	二等奖
19	盾构法隧道结构性能试验关键技术及装备	上海隧道工程有限公司、同济大学、上海市隧道工程轨道交通设计研究院、上海城投水务工程项目管理有限公司、宁波市轨道交通集团有限公司、上海盾构设计试验研究中心有限公司、宁波大学	庄欠伟、张子新、杨志豪、柳　献、朱雁飞、朱瑶宏、沈张勇、顾　赟、管攀峰、黄德中	二等奖
20	硫酸废液过程减排关键技术的研发及应用	华东理工大学、寿光市联盟石油化工有限公司、上海米素环保科技有限公司、山东寿光鲁清石化有限公司、上海傲佳能源科技有限公司	杨　强、许　萧、卢　浩、张学清、周彦波、黄燎云、周　麟、王学清、苗志强、马千鹏	二等奖
21	功能性液晶高分子材料(TLCP)的制备及关键技术开发研究	华东理工大学、上海普利特化工新材料有限公司	汪济奎、周　炳、李　结、郭家宏、许　斌、马祥艳、魏　伟、吴承尧、孟庆国、王文琪	二等奖
22	复杂水域作业机器人关键技术创新及应用	上海大学、上海查派机器人科技有限公司、中交公路规划设计院有限公司	唐智杰、翟宇毅、崔　泽、付　斌、邓广繁、张鹏飞、马　骎	三等奖
23	基于薄板可变定位策略夹具的多阶段装配工艺控制的关键技术开发及应用	上海工程技术大学、上海圣奥塔汽车技术有限公司、上海和达汽车配件有限公司	邢彦锋、张　平、刘立峰、杨国平、池金波、王岩松、胡　敏	三等奖
24	一种基于快速充放电的冷风机节能除霜装置	上海工程技术大学、绍兴市中力制冷设备有限公司	夏　鹏、刘延辉、岳　敏、沈　俊、陈　煜	三等奖
25	基于国人解剖特征单髁置换假体参数优化的关键技术及应用	同济大学附属杨浦医院	涂意辉、薛华明、马　童、文　涛、蔡珉巍、刘晓东、杨　涛	三等奖
26	液压管道高效节能环保油冲洗成套新技术与装备	中国二十冶集团有限公司	魏尚起、李　宁、刘光明、蔡联河、孙　剑、徐　冰	三等奖
27	汽车路试辅助平台	泛亚汽车技术中心有限公司	丁美玲、段嗣盛、苏　杭、徐征遥	三等奖
28	机载嵌入式软件开发平台	中国航空无线电电子研究所	王念伟、姜　轶、张　祺、缪万胜、管　铭	三等奖
29	生物炭基肥料制品的研制及产业化应用	时科生物科技(上海)有限公司	蒲加兴、刘善良、蒲加军、向　蓉、李国栋、郑金伟	三等奖
30	石油钻具节能节材低排放关键生产技术开发及产业化	上海工程技术大学、上海海隆石油钻具有限公司	徐新成、赵旺初、周永其、张亚龙、史晓帆、黄大成、唐　佳	三等奖

(刘海峰　路继根　吴洁敏　史　逵)

【面向信息管理智能化的云计算系统关键技术与应用】 项目获2018年度上海市技术发明奖一等奖。项目开发面向信息管理的云计算体系结构支撑系列技术,实现信息管理应用快响应;开发面向云计算的分布式存储阵列优化技术群，提高阵列数据访问速度；开发云计算平台运行时资源管理技术群，提高云计算平台可靠性、可扩展性及吞吐率；研发数据分析性能及精度优化系列技术，提高智能化推荐系统性能及准确度。项目成果应用于阿里巴巴集团电商平台、卫宁健康科技集团股份有限公司健康数据管理系统等。项目获发明专利授权 42 件，已转化 8 件；发表论文 121 篇；出版专著 3 部。 （陈 阵）

【多域融合的边缘计算接入网关键技术及应用】 项目获 2018 年度上海市技术发明奖一等奖。项目构筑灵活、高效的边缘接入网架构，建立计算存储动态适配机制，实现网络资源多域协同融合，满足大容量低时延多粒度业务需求。开发计算存储及网络资源协同技术，实现高能效负载均衡边缘计算平台；开发信道状态感知及高维空域适配技术，提升基于边缘计算的空间域网络容量；开发稀疏校验码编解码及时变信道适配技术，在广谱信噪比上均能连续无缝地接近极限频谱效率；开发实时异构频谱挖掘技术，解决非授权频谱检测率低和感知结果实时性差问题。项目成果应用于中兴通讯股份有限公司、卡斯柯信号有限公司等产品。项目获发明专利授权 31 件；发表论文 158 篇。 （陈 阵）

【基于拘束理论的重大承压设备断裂评价与调控技术】 项目获 2018 年度上海市技术发明奖一等奖。项目构筑时间及结构几何相关拘束断裂理论，解决宽温域下承压设备断裂韧性测量难题；构建面向核压力容器、超超临界汽轮机等重大承压设备专用失效评定图，建立三级失效评定曲线族，开发的技术相比欧盟标准方法精度提高超过 30%，实现重大承压设备安全性精准、快速评定；建立拘束断裂阈值的时间相关性和理论模型，开发基于拘束断裂阈值的断裂防控设计和重要接头可靠连接工艺，解决汽轮机镍基螺栓防断设计和核电转子焊接及蒸发器超厚管板胀接等制造难题。项目成果支持第 3 代核电压力容器、蒸汽发生器、汽轮机、安全阀、超超临界汽轮机等五大类重要承压设备首台套研制，产品应用于红沿河、海南等核电站及“华龙一号”巴基斯坦卡拉奇和广西防城港等核电重大工程。项目获发明专利授权 19 件、软件著作权登记 2 件；制订或修订国家和行业标准 4 部、企业标准 12 部。 （吴洁敏）

【主动配电网协同控制与优化关键技术及应用】 项目获 2018 年度上海市技术发明奖一等奖。项目开发主动配电网区域内自治—区域间交互—全局优化的协同交互控制技术、基于动态分区的配电区域联络线交换功率自适应跟踪控制技术，可再生能源接入电网可靠运行平均渗透率从 30%提高到 86.6%；开发适用于主动配电网的余热回收蓄能型冷热电联供装置；提出冷、热、电交互影响的协调优化控制方法，机组发电出力调节范围从 0 提升到额定功率 50%以上；提出全局能量管理与局部区域自治相结合的优化运行方法；开发孤岛区域自动识别方法；研发分布式电源接入的灵活组态实验平台；提出高渗透率可再生能源在配电网中“点—线—面”分层消纳方法，开发基于主动机制的间歇式能源消纳控制系统；提出柔性负荷主动管理策略，用户互动与主动参与时可再生能源消纳率 100%。项目成果在上海、江苏、广东等 22 个省市及保加利亚、马尔代夫等“一带一路”国家应用，提升配电网对可再生能源的消纳能力并支撑其经济可靠运行。 （顾维英）

【严苛服役环境耐磨抗蚀氧化物陶瓷涂层设计、制备技术及典型应用】 项目获 2018 年度上海市技术发明奖一等奖。项目揭示氧化物陶瓷涂层热导率与耐磨性能相关性与规律，改善涂层导热性能，开发等离子体喷涂 Al_2O_3-Al 复合涂层制备技术及优化涂层热导率和耐磨密封性能的结构调控方法；开发 Al_2O_3-Cr_2O_3 复合涂层制备技术及同步优化涂层导热、强韧与耐磨的结构设计方法；开发高固含量纳米颗粒均匀分散无机封孔剂制备技术，获得耐磨抗蚀一体化氧化物陶瓷涂层；研制的氧化物陶瓷涂层应用于 120 吨级和 18 吨级高压补燃液氧/煤油发动机涡轮端和氧泵密封动环，以及长征六号、长征七号、长征五号新一代运载火箭、直升机旋翼系统自润滑关节轴承，为中国空间站建设、载人登月、深空探测等任务提供保障。项目获发明专利授权 6 件；制定企业标准 2 部；发表论文 22 篇。 （窦海青）

【生物催化剂的快速定制改造及高效合成手性化学品的关键技术】 项目获 2018 年度上海市技术发明奖一等奖。项目构建包含 1 000 余个基因的先导酶库，目标酶搜索空间缩小 3 个数量级；开发多目标并行的酶分子改造技术，野生酶催化效率提高近千倍，稳定性提高近 2 000 倍；开发对酶友好的碳酸钾缓冲体系和酶反应器专用的碱液均布及喷雾装置；形成工业反应器中酶的稳定化技术，解决酶在应用中的工艺失活和大型反应器中 pH 不均一问题；建立酶-化学偶联的(R)-硫辛酸成套生产工艺，实现(R)-硫辛酸的酶法工业生产；酶法工艺步骤减少一半，产品收率提高 1 倍以上，综合成本降低 27%。项目建成 10 t 反应器规模工业生产线，实现年产(R)-硫辛酸 50 t 和(R)-硫辛酸氨基丁三醇 20 t。高性能羰基还原酶及其相关技术应用于 10 余家国内生物医药企业。项目获发明专利授权 26 件。 （吴洁敏）

【功能化三维聚合物类水处理药剂的创新设计与工程应用】 项目获 2018 年度上海市技术发明奖一等奖。项目开发新型三维聚合物类水处理药剂及氨基功能化三维树枝状聚合物＋三维网状聚合氯化铝/三维网状聚硅硫酸铁的焦化废水混凝剂，实现出水及污泥可资源化回用；开发巯基/二硫代羧酸功能化的三维聚合物重金属捕集剂，可直接处理酸性、碱性、络合态重金属废水，出水稳定达到排放标准；开发膦基/羧基功能化三维聚合物类阻垢分散剂，解决硅垢难题，提高工业节水效率。项目成果在韩国、意大利、乌克兰等 40 余个国家推广应用。项目获发明专利授权 66 件；制定国家与行业标准 48 部；发表论文 514 篇(SCI 论文 221 篇)，他引 7 982 次(SCI 他引 3 114 次)；出版著作 4 部。

（陈 阵）

【高性能DDR内存缓冲控制器芯片设计技术】 项目获2018年度上海市技术发明奖一等奖。项目研发DDR系列内存缓冲控制器芯片；首创“9＋1”分布式内存缓冲架构，解决内存系统大容量与高速度之间矛盾，被JEDEC国际标准采纳；开发高速、低抖动电路及内存接口算法，在DDR4服务器内存最大负载情况下(每个通道插2根内存条)，实现国际上唯一可达3 200 Mbps最高速率等级；提出内存子系统的低功耗设计技术，开发自适应电源管理电路，采用动态时钟分配等技术，实现内存缓冲控制器芯片功耗国际最低。项目成果提升中国在DDR内存缓冲控制器领域的芯片设计和产业化水平，打破国际垄断，树立国际标准。项目申请发明专利16件；获国际发明专利授权23件、国内发明专利授权17件；形成集成电路布图17件；纳入国际JEDEC标准2件。 (陈 阵)

【主动碎片清除微纳GNC系统技术】 项目获2018年度上海市技术发明奖一等奖。项目针对资源受限下翻滚碎片测量、规划、逼近与捕获控制等难题，开发多类组合特征动态跟踪与同伦等效路径规划方法、自适应估计与补偿的翻滚目标跟踪与抓捕控制方法、三目复合宽量程立体视觉敏感器、低扰动高集成三轴微飞轮。项目成果应用于SY-7、TW-1、NS-1、遥感卫星二十二号和二十七号、和德一号，以及U650水陆两用无人机等系统，提升中国航天器精确测量、自主规划、耦合控制、融合集成水平。项目获发明专利授权34件、软件著作权登记6件；出版专著2部；发表SCI/EI论文75篇，其中ESI热点论文1篇、ESI高被引论文2篇。 (顾维英)

【231个项目获2018年度上海市科技进步奖】 2018年度上海市科学技术奖授予231项成果科技进步奖，其中特等奖2项、一等奖34项、二等奖78项、三等奖117项。

2018年度上海市科技进步奖名单

序号	项目名称	主要完成单位	主要完成人	获奖等级
1	上海65米射电望远镜系统研制	中科院上海天文台、中国电科第五十四研究所、上海交通大学、中国电科第十六研究所	沈志强、杜 彪、刘庆会、郑元鹏、叶 骞、洪晓瑜、刘国玺、李 斌、张万才、王锦清、张一凡、赵融冰、金 超、仲伟业、董 健、付 丽、张立军、闫 振、耿旭光、金惠良、吴亚军、王海东、李 娟、闫 丰、王玲玲、李振生、夏 博、伍 洋、苟 伟、何翠瑜	特等奖
2	上海中心大厦工程关键技术	上海建工集团股份有限公司、同济大学建筑设计研究院(集团)有限公司、上海中心大厦建设发展有限公司、同济大学、上海建工一建集团有限公司、三一汽车制造有限公司、上海市机械施工集团有限公司、上海岩土工程勘察设计研究院有限公司、上海市建筑科学研究院(集团)有限公司、上海材料研究所、上海市基础工程集团有限公司、上海建工材料工程有限公司、江苏沪宁钢机股份有限公司、上海市安装工程集团有限公司、沈阳远大铝业工程有限公司、上海园林(集团)有限公司、上海市建工设计研究总院有限公司、上海建工七建集团有限公司、宝钢钢构有限公司、北京江河幕墙系统工程有限公司	龚 剑、丁洁民、顾建平、贾 坚、朱毅敏、陈晓明、吕西林、葛 清、杨新华、钱 峰、顾国荣、韩继红、贾宝荣、王 健、高振锋、陈继良、吴洁妹、李翠光、戴献军、孟根宝、力 高、张其林、吴德龙、周 虹、范宏武、巢 斯、张 勤、袁 芬、赵 昕、贺明玄、徐 磊	特等奖
3	颞下颌关节外科创新技术与实践	上海交通大学医学院附属第九人民医院	杨 驰、陈敏洁、张善勇、何冬梅、房 兵、蔡协艺、白 果、郑吉驷、马志贵、沈 佩、谢千阳、张晓虎、邱亚汀、杨秀娟	一等奖
4	麻醉策略影响围手术期肿瘤免疫综合技术的临床应用	复旦大学附属肿瘤医院	缪长虹、陈万坤、徐亚军、朱敏敏、钟 静、许平波、翁梅琳、陈家伟、孙鹏飞、王惠惠、陈祥元、吴启超、孙志荣、朱 彪、申丽华	一等奖
5	大型压水堆核电站仪控设备与系统自主化关键技术及应用	上海大学、上海自动化仪表有限公司、上海电力学院	费敏锐、陈 凯、钱 虹、王 灵、史哲烽、苏晓燕、付敬奇、宋 辉、杨 婷、杜大军、姚良珩、方愿捷、万国良、王海宽、朱 强	一等奖
6	高能皮秒拍瓦激光系统	中科院上海光学精密机械研究所、中国工程物理研究院上海激光等离子体研究所、上海交通大学	朱健强、朱 俭、徐 光、李学春、王 韬、戴亚平、钱列加、朱宝强、马伟新、樊全堂、欧阳小平、李大为、韦 辉、华 能、刘 诚	一等奖

续表

序号	项目名称	主要完成单位	主要完成人	获奖等级
7	互联网软件的安全分析与防护	上海交通大学、公安部第三研究所、浙江蚂蚁小微金融服务集团股份有限公司、阿里巴巴集团控股有限公司	谷大武、顾　健、李卷孺、张媛媛、冯春培、陆　臻、落红卫、束骏亮、杨文博、刘　慧、陆海宁、王　晖、宋好好、黄　冕、孟超峰	一等奖
8	高速铁路设施故障检测关键技术及应用	复旦大学、中国铁道科学研究院基础设施检测研究所、南京理工大学、苏州华兴致远电子科技有限公司、南京拓控信息科技股份有限公司	姜育刚、戴　鹏、唐金辉、李　骏、石峥映、薛向阳、王胜春、张立言、郑　煜、孙志林、杜馨瑜、李泽超、任盛伟、赵瑞玮、毕海强	一等奖
9	先进高强钢轻量化汽车车身点焊质量实时控制技术及应用	上海交通大学、上汽通用五菱汽车股份有限公司、上汽通用汽车有限公司、上海科源电子科技有限公司	李永兵、周江奇、于　淼、袁旭军、杨　虹、楼　铭、罗竟涛、张延松、郑宏良、雷海洋、帅克刚、王振煜、潘海涛、张　振、夏裕俊	一等奖
10	风电电力变换及机网柔化控制关键技术与应用	上海交通大学、上海电气风电集团有限公司、国电南瑞科技股份有限公司、东华大学、上海电气电力电子有限公司、浙江运达风电股份有限公司、华锐风电科技(集团)股份有限公司	蔡　旭、李　征、张建文、王力雨、石　磊、曹云峰、陈国栋、许国东、过　亮、俞　庆、刘作辉、瞿兴鸿、娄尧林、刘　志、许移庆	一等奖
11	心脑血管药效学平台技术体系构建及应用	海军军医大学、浙江永宁药业股份有限公司、江苏吉贝尔药业股份有限公司	缪朝玉、苏定冯、张　川、卢　敏、耿仲毅、王　培、刘　冲、徐添颖、蔡　犇、程明和、刘建国、刘爱军、李志勇、张赛龙、陈勇灵	一等奖
12	分子生物学、功能影像学对阿尔茨海默病早期精准诊断及疗效监测的关键技术	同济大学附属同济医院、首都医科大学宣武医院、中国科学技术大学、中科院自动化研究所	王培军、韩　璎、申　勇、范　勇、赵小虎、蒋田仔、陈双庆、王湘彬、张　炜、席　芊、倪　炯、江　虹、李铭华、高晓龙	一等奖
13	肺癌精准化诊疗策略建立与推广应用	同济大学附属上海市肺科医院	周彩存、任胜祥、蒋　涛、苏春霞、李雪飞、陈晓霞、高广辉、周　斐、李　玮、吴凤英、赵　超、何雅亿、李嘉瑜	一等奖
14	提高胰腺癌长期生存率的关键技术的建立和临床应用研究	上海交通大学医学院附属瑞金医院	沈柏用、彭承宏、詹　茜、陈　皓、邓侠兴、李宏为、方　圆、陆熊熊、李鸿哲、王新景	一等奖
15	骨盆肿瘤精准切除与个性化功能重建的关键技术创新与推广应用	上海交通大学医学院附属第九人民医院、中南大学、上海晟实医疗器械科技有限公司	郝永强、戴尅戎、姜闻博、廖胜辉、艾松涛、严孟宁、李慧武、朱振安、赵　杰、王成焘、王　磊、武　文、王　燎、沈　陆	一等奖
16	肝癌个体化外科治疗策略的建立和应用	海军军医大学第三附属医院	沈　锋、杨　田、李　俊、张小峰、夏　勇、王　葵、邹奇飞、杨平华、雷正清、李　征	一等奖
17	病毒相关肝细胞癌预防和控制关键技术的建立与应用	海军军医大学、上海市肿瘤研究所、上海市杨浦区疾病预防控制中心、复旦大学	曹广文、戚中田、殷建华、屠　红、赵　平、程树群、任　浩、赵兰娟、王　文、李　楠、韩　雪、余文博、倪　武、丁一波、钱耕荪	一等奖
18	大型高效低噪音变压器用取向硅钢开发及应用	宝山钢铁股份有限公司、保定天威保变电气股份有限公司	储双杰、李国保、刘宝军、章华兵、沈侃毅、吴美洪、张丕军、刘东升、杨勇杰、吉亚明、孙业中、胡卓超、陈建兵、张鑫强、曹　伟	一等奖
19	工业污染源挥发性有机物治理关键材料研制及工程应用	上海大学、中船第九设计研究院工程有限公司、河北天龙环保科技股份有限公司	吴明红、焦　正、王继荣、肖岗行、程伶俐、唐　量、王晨昊、肖　硕	一等奖
20	空间变结构蛇形臂及精细操控系统关键技术	上海交通大学、中科院光电研究院、中科院西安光学精密机械研究所、北京航空航天大学、上海航天控制技术研究所、北京控制工程研究所	敬忠良、胡士强、陈务军、敖　磊、张大旭、潘　汉、李治国、周前祥、杨永胜、顿向明、蔡国平、梁新武、陈　赟、唐　强、程志远	一等奖
21	复杂空间环境下大型航天器动力学成套实验装备及试验方法	上海宇航系统工程研究所、哈尔滨工业大学、中科院沈阳自动化研究所、浙江工业大学、上海航天技术研究院	孟　光、张崇峰、王治易、时军委、王北江、孙建辉、徐志刚、张广玉、赵　真、李洪波、咸奎成、陈欢龙、邹义成、郭其威、沈晓凤	一等奖

续表

序号	项目名称	主要完成单位	主要完成人	获奖等级
22	新一代北斗导航卫星首发星	上海微小卫星工程中心、国防科技大学	林宝军、李国通、龚文斌、王学良、张　锐、熊淑杰、张　军、蒋桂忠、杨　俊、陈志峰、沈　苑、孔陈杰、楼生强、安　洋、贺　芸	一等奖
23	种养耦合及其废弃物循环利用技术	上海交通大学、上海市上海农场、光明生猪有限公司、上海绿乐生物科技有限公司	周　培、张汉强、张　丹、何为志、邹广彬、闫龙翔、刘春江、贺　泉、殷　杉、戴国树、支月娥、詹学佳、沈则军、康宏樟、陈　露	一等奖
24	工厂化金针菇系列新品种的选育及推广应用	市农科院、上海雪榕生物科技股份有限公司、南京农业大学、上海光明森源生物科技有限公司、上海炎地农业科技有限公司	尚晓冬、谭　琦、王瑞娟、张　丹、黄志勇、徐　珍、刘建雨、赵明文、于海龙、张引芳、宋春艳、章炉军、杨　慧、李巧珍、胡卫红	一等奖
25	南极磷虾资源可持续利用关键技术研究与应用	中国水产科学研究院东海水产研究所、中国水产科学研究院黄海水产研究所、上海海洋大学、辽宁远洋渔业有限公司、中国水产有限公司、上海开创远洋渔业有限公司	陈雪忠、黄洪亮、朱国平、冷凯良、李灵智、许柳雄、张　衡、左　涛、刘志东、王新良、李　桥、贾明秀、刘　健、朱建成、张胜茂	一等奖
26	长大地下工程安全风险精细化感控的关键技术及应用	同济大学、无锡悟莘科技有限公司、上海地铁维护保障有限公司、上海市建筑科学研究院、上海隧道工程有限公司、上海西岸传媒港开发建设有限公司	黄宏伟、王　飞、吴　俨、何　斌、薛亚东、邵　华、张东明、赵荣欣、吴惠明、王　冬、李　刚、吴华勇	一等奖
27	软土隧道强震非一致作用安全控制技术	同济大学、港珠澳大桥管理局、中交公路规划设计院有限公司、上海市隧道工程轨道交通设计研究院、上海市政工程设计研究总院(集团)有限公司、上海市城市建设设计研究总院(集团)有限公司、上海城投公路投资(集团)有限公司、上海城投水务工程项目管理有限公司	袁　勇、禹海涛、徐国平、苏权科、杨志豪、周质炎、刘洪洲、徐正良、贺维国、刘　涛、陈　越、顾　赟、李贞新、方　磊、李　翀	一等奖
28	双主跨缆索承重桥梁的动力特性优化和风致振动控制	同济大学、中铁大桥勘测设计院集团有限公司、安徽省交通控股集团有限公司、武汉市城市建设投资开发集团有限公司、安徽省交通规划设计研究总院股份有限公司	葛耀君、高宗余、殷永高、周志勇、杨咏昕、张　强、徐宏光、赵　林、张文明、万田保、曹丰产、朱　斌、吕奖国、马婷婷、战庆亮	一等奖
29	深水钻井隔水管涡激振动预报及抑制关键技术创新与应用	上海交通大学、中海油研究总院有限责任公司、中海石油深海开发有限公司、中国海洋石油国际有限公司、上海海洋大学	王嘉松、付世晓、周建良、许亮斌、刘正礼、薛鸿祥、蒋　凯、盛磊祥、罗俊丰、田中旭、李朝玮、任浩杰、郑瀚旭、朱海峰、张萌萌	一等奖
30	融合北斗的集装箱物流跟踪与监控技术及国际标准制修订	华东师范大学、上海秀派电子科技股份有限公司、上海慧物智能科技有限公司	包起帆、江　霞、秦　忠、李继春、李庆利、闻　君、胡美芬、董庭龙、孟　舒、彭德艳、孙　强、邱　崧、张维才、金　豫、任国华	一等奖
31	古陶瓷科技信息提取关键技术及其在考古和文化传承中的应用	中科院上海硅酸盐研究所、陕西科技大学、上海大学、武夷山建窑建盏文化创意有限公司	罗宏杰、李伟东、王　芬、鲁晓珂、孙建兴、朱建锋、邓泽群、林　营、孙　莉、李家治	一等奖
32	"扶正治癌"病证结合防治肺癌技术创新和推广应用	上海中医药大学附属龙华医院、上海交通大学附属胸科医院	刘嘉湘、李和根、许　玲、刘苓霜、田建辉、孙建立、陈智伟、陆　舜、徐蔚杰、周　蕾、郭慧茹、杨　铭、姜　怡、朱丽华、董昌盛	一等奖
33	ARJ21 喷气支线客机	中国商用飞机有限责任公司、中国航空工业集团有限公司	陈　勇、吴兴世、郭博智、赵　鹏、陈迎春、谢灿军、田剑波、常　红、白永宽、沈小明、赵克良、修忠信、朱广荣、吕　军、赵春玲	一等奖
34	百万千瓦级二次再热超超临界汽轮机	上海电气电站设备有限公司	阳　虹、何阿平、沈国平、黄庆华、余　炎、包锦华、徐　浩、华文祥、刘晓澜、郭千文、李　刚、顾永丹、杜开榜、肖高绘、张军辉	一等奖

续表

序号	项目名称	主要完成单位	主要完成人	获奖等级
35	IDH 突变胶质瘤的发病机理及分型应用	复旦大学附属华山医院、复旦大学	毛　颖、叶　丹、姚　瑜、吴劲松、陈　亮、吴浩强、陈经宗、花　玮、史之峰、熊　跃、管坤良、周良辅	一等奖
36	超大型集装箱船系列化船型关键技术及应用	中船集团公司第七〇八研究所	虞　赉、韩　钰、王彩莲、张海瑛、傅晓红、刘　嵩、李丹丹、叶爱君、杨梦婕、陈　磊、程　斌、次洪恩、谢宋清、吴　彬、初绍伟	一等奖
37	无人潜水器智能水下搜寻关键技术及其应用	上海海事大学、中船重工第七〇二研究所、上海麒智海洋工程有限公司、上海卓辰信息科技有限公司	朱大奇、胡　震、吴华锋、张　华、孙作雷、徐鹏飞、褚振忠、王　磊、孙　兵、叶　杨	二等奖
38	新型杂化电场质谱仪及其应用	复旦大学、广州禾信仪器股份有限公司、昆山禾信质谱技术有限公司	丁传凡、周　振、徐福兴、黄正旭、肖　育、高　伟、王　亮、朱　辉、李晓旭、谭国斌	二等奖
39	高压大功率深槽型超级结 MOSFET 技术开发	上海华虹宏力半导体制造有限公司	王　飞、姚　亮、杨继业、李　昊、吴长明、周利明、冯大贵、祝志敏、沈今楷、钱文生	二等奖
40	个性化、智能化服务技术及其在在线旅游行业的应用	上海交通大学、携程旅游网络技术（上海）有限公司	曹　健、熊　星、钱诗友、谭煜东、朱燕民、肖铨武、于　磊、俞嘉地、储诚栋、梅　蓓	二等奖
41	企业大数据近似计算与精准服务关键技术及应用	同济大学、上海师范大学、中国矿业大学、上海中信信息发展股份有限公司、安徽博约信息科技股份有限公司、神华和利时信息技术有限公司	黄震华、张冬冬、张　波、王志晓、程久军、张曙华、向　阳、潘　涛、郑中华、李美子	二等奖
42	面向高端装备的安全嵌入式基础软件	中国电科第三十二研究所、华东师范大学、上海华元创信软件有限公司	张　激、朱闻渊、李　健、包晟临、郭　建、邓　畅、彭　宏、朱伟杰、赵　卓、唐丽萍	二等奖
43	4K 超高清视频技术在天翼高清产品中的应用创新及规模部署	中国电信上海分公司	施唯佳、汪慰斌、罗传飞、谭　平、贾立鼎、夏　俊、吕冠中、卢　红、杨　申、郭雪莲	二等奖
44	智能弧焊系统控形、控性技术及装备	上海交通大学、上海拖拉机内燃机有限公司、上海君屹工业自动化股份有限公司、上海汇众汽车制造有限公司	华学明、蔡　艳、李　芳、吴毅雄、褚卫东、马翌鑫、王大明、孔　谅、顾　勇、张跃龙	二等奖
45	智能制造信息物理融合技术及在复杂产品和复杂工艺中的应用	上海大学、上海宝信软件股份有限公司、上海航空工业（集团）有限公司	刘丽兰、徐　端、蔡红霞、王　琛、周　维、潘凌云、李　钧、王　森、田应仲、王建国	二等奖
46	民用飞机高安全液压管网集成设计关键技术及应用	中国商飞上海飞机设计研究院、伊顿上飞（上海）航空管路制造有限公司、燕山大学、浙江大学、北京航空航天大学	王鸿鑫、夏鹤鸣、王毅翔、夏晓屹、姜　波、赵伟志、权凌霄、张建波、欧阳小平、徐远志	二等奖
47	高效率晶硅与砷化镓太阳电池关键技术研发与产业化	华东师范大学、江苏宜兴德融科技有限公司、天合光能股份有限公司、上海太阳能电池研究与发展中心	陈少强、王伟明、张映斌、褚君浩、胡小波、陶加华、陈奕峰、朱自强、杨平雄、徐建美	二等奖
48	第三代非能动核电蒸汽发生器关键制造技术与应用	上海电气核电设备有限公司	江才林、李双燕、袁亚兰、唐伟宝、陆冬青、张茂龙、吴新华、季龙华、陆连萍、刘来魁	二等奖
49	三代核电焊接材料国产化研发及应用	上海核工程研究设计院有限公司、四川大西洋焊接材料股份有限公司、哈尔滨焊接研究院有限公司	景　益、黄逸峰、李欣雨、徐　锴、顾国兴、张俊宝、谷　雨、姚俊俊、左　波、蒋　勇	二等奖
50	国内首创超高产量 ALD 太阳能电池生产的原子层沉积设备研制项目	理想晶延半导体设备（上海）有限公司	奚　明、胡　兵、吴红星、刘　锋、阳诗友、王　祥、曹　阳、袁　刚、戴　虹、张　骞	二等奖
51	世界首台 1 000 MW 超超临界二次再热锅炉研制	上海锅炉厂有限公司	丘加友、徐雪元、姚丹花、诸育枫、周　一、王　刚、陶潇鹭、李江涛、薛凌云、赵沈慧	二等奖

续表

序号	项目名称	主要完成单位	主要完成人	获奖等级
52	AP1000 核电堆内构件研制	上海第一机床厂有限公司	薛　松、龚宏伟、蒋　恩、黄建强、李延葆、张　亮、秦晨晓、何雅杰、冷晓春、施　誉	二等奖
53	风电调频调峰用储能电池系统与大型锂离子电池梯次利用储能系统示范	上海空间电源研究所、上海动力储能电池系统工程技术有限公司	解晶莹、冯　毅、晏莉琴、刘　辉、罗　英、张熠霄、黄嘉烨、安石峰、张邦玲、马尚德	二等奖
54	燃煤烟气多污染物协同高效减排关键技术研究与应用	上海明华电力技术工程有限公司、上海电力股份有限公司、上海电力学院、上海上电漕泾发电有限公司、上海市环境监测中心	陶雷行、李晓峰、丁红蕾、戴苏峰、吴　江、刘启贞、艾春美、胡　震、岳春妹、潘卫国	二等奖
55	分布式能源集成应用关键技术与工程实践	同济大学、上海电气集团股份有限公司、上海环保工程成套有限公司	张明锐、欧阳丽、王少波、韦　莉、姚勇涛、杜志超、王佳莹、李元浩、周　春、李路遥	二等奖
56	区域电网可再生能源输配用协同消纳关键技术与应用	国网上海市电力公司、上海交通大学、华东电力试验研究院有限公司、国电南瑞科技股份有限公司、许继电源有限公司、天津大学、中国电力科学研究院有限公司	陈海波、方　陈、苏义荣、蔡　旭、罗凤章、张　宇、张沛超、施　佚、姚虹春、郑　健	二等奖
57	二丁酰环磷腺苷钙及制剂的开发与产业化	上海上药第一生化药业有限公司	黄臻辉、张志刚、孙忠达、丁金国、琚　姝、宋志南、董　莹、陈　辰、吴　洁、贾存宇	二等奖
58	消化道恶性肿瘤综合介入治疗关键技术的建立与应用	上海交通大学医学院附属同仁医院、丽水市中心医院、南京微创医学科技股份有限公司、同济大学	茅爱武、纪建松、奚杰峰、薛　雷、冷德嵘、孙贤俊、尚鸣异、马　骏、吴绍秋	二等奖
59	脑卒中后调节微循环和炎症反应促神经功能修复的研究与应用	上海市浦东新区公利医院、广东医科大学附属医院、上海市浦东新区浦南医院	李龙宣、李铁军、江　梅、黄丙仓、孙家兰、杨雪莲、周　飞	二等奖
60	机器人辅助胸部肿瘤精准微创手术的应用推广	上海交通大学医学院附属瑞金医院、上海交通大学附属胸科医院	李鹤成、罗清泉、金润森、黄　佳、张亚杰、项　捷、陈　凯、杜海磊、韩丁培、杨　溯	二等奖
61	疾病预防控制数据标准体系研究与成果应用	上海市疾病预防控制中心、万达信息股份有限公司	吴　凡、袁政安、夏　天、夏　寒、付　晨、张　诚、施　燕、朱韫捷、蔡任之、刘捷宸	二等奖
62	基于多源异构数据的健康服务资源空间规划技术及其应用	复旦大学、上海市疾病预防控制中心、上海市卫生和健康发展研究中心(上海市医学科学技术情报研究所)	罗　力、付　晨、金春林、吴凌放、白　鸽、张天天、熊雪晨、周奕男、金　超	二等奖
63	国境口岸重要病原微生物检测溯源关键技术和跨境传染病防控体系	中华人民共和国上海海关、广东出入境检验检疫局检验检疫技术中心、复旦大学附属华山医院、中国人民解放军军事科学院军事医学研究院	蒋　原、田桢干、戴　俊、王新宇、刘　玮、李深伟、张子龙、申进玲、艾静文、张　宏	二等奖
64	补肾益气异病同治干预气道炎症性疾病的研究	复旦大学附属华山医院	董竞成、魏　颖、孙　婧、张红英、刘宝君、曹玉雪、吕玉宝、李璐璐、杜懿杰、孔令雯	二等奖
65	海派中医徐氏儿科治疗哮喘的临床及基础研究	上海中医药大学附属市中医医院	虞坚尔、薛　征、朱慧华、白　莉、李利清、吴　杰、张新光、刘　斐、赵毅涛、明　溪	二等奖
66	皮肤溃疡"慢性难愈"形成机制及中医"清一化一补"干预策略	上海中医药大学附属岳阳中西医结合医院、成都大学、北京大学国际医院、上海大学	李　斌、李福伦、李　欣、邓　禹、韩钢文、韩昌鹏、连　侃、刘　欣、王一飞、范　斌	二等奖
67	复杂性肛瘘诊疗技术创新与应用	上海中医药大学附属曙光医院、上海康德莱医疗器械股份有限公司	杨　巍、郑　德、詹松华、汪庆明、杨烁慧、陆　宏、瞿　胤、仇　菲、芦亚峰、何　峥	二等奖
68	含黄酮类活性成分中药新型给药系统研究与推广应用	上海中医药大学、上海中医药大学附属中西医结合医院、苏州玉森新药开发有限公司、上海市黄浦区香山中医医院、上海玉森新药开发有限公司、上海中医药大学附属龙华医院	谢　燕、季　光、李国文、玄振玉、袁秀荣、沈红艺、杨　骏、史秀峰、孟倩超	二等奖

续表

序号	项目名称	主要完成单位	主要完成人	获奖等级
69	三超油气井用超高强度高韧性套管开发	宝山钢铁股份有限公司	董晓明、张忠铧、王超峰、高 展、杨为国、左宏志、刘麒麟、尹为东、罗 蒙、孙 文	二等奖
70	基于材料设计的钢铁冶炼用耐火材料长寿化关键技术	上海利尔耐火材料有限公司、上海大学、武汉科技大学	甄 强、李洪波、邓承继、李 榕、布乃敬、李维锋、郑 锋、邹新国、李勇伟、丁 军	二等奖
71	车用环保高性能聚烯烃材料的研发应用	上海金发科技发展有限公司	陈延安、孙 刚、李志平、夏建盟、罗忠富、袁绍彦、李国明、杨 波、陈桂吉、卢先博	二等奖
72	基于反应动力学控制的硫磺回收装置远程诊断系统	华东理工大学、中国石油化工股份有限公司齐鲁分公司	曹发海、达建文、马宏方、钱炜鑫、许金山、刘爱华、刘剑利、刘增让	二等奖
73	微量钯催化芳族基团转化及工业应用	上海化工研究院有限公司、茂宸材料科技(上海)有限公司、高邮市高远助剂有限公司	曹育才、沈 安、李永清、倪 晨、叶晓峰、胡宇才、王 凡、吴向阳、周 慧、高振华	二等奖
74	城市轨道交通高运能控制系统关键技术及应用	上海申通地铁集团有限公司、上海交通大学、上海电气泰雷兹交通自动化系统有限公司	宋 键、张琼燕、刘 循、丁建中、洪海珠、王潇骁、赵 霞、张建斌、付长尧、刘会明	二等奖
75	E平台第二代中级高车型自主开发及应用	泛亚汽车技术中心有限公司	卢 晓、沈建东、刘拥军、刘正眉、吴朝晖、沈海东、汪晓虎、瞿晓荣、李 涛、瞿喆文	二等奖
76	汽油缸内直喷发动机电子控制器平台MED17.8.10开发	联合汽车电子有限公司	李 君、丁 锋、赵杨生、沈利芳、钱贾敏、陆献忠、黄晓攀、李晓民、刘 宁、余志洋	二等奖
77	全机高强度辐射场效应试验与评估技术	上海无线电设备研究所	廖 意、石国昌、陈奇平、郭 松、应小俊、张 元、王晓冰、薛正国、高 伟、方金鹏	二等奖
78	大型客机航电系统与飞机系统动态综合试验环境	中国商飞上海飞机设计研究院	许光磊、郑 凯、王焕宇、周贵荣、高 斌、陆 清、闫忆浓、徐 扬、徐伟杰、刘政源	二等奖
79	暗物质粒子探测卫星总体设计与实现	上海微小卫星工程中心	李华旺、朱振才、诸 成、王江秋、郭建华、张传鑫、王建平、朱 野、姚 晔、陈 博	二等奖
80	双艉鳍推进零货损17.2万立方米LNG船设计与建造	沪东中华造船(集团)有限公司	宋 炜、何江华、陈建良、潘伟昌、楼丹平、黄冠皓、袁红良、左德权、刘 阳、王 磊	二等奖
81	基于目标型新船建造标准的共同结构规范关键技术研究及应用	中船集团公司第七〇八研究所、中国船级社	吴嘉蒙、陈 实、蔡诗剑、王 刚、张 帆、林 莉、郑文青、吕毅宁、陈 倩、洪 英	二等奖
82	黑曲霉细胞工厂氧代谢全局调控葡萄糖酸钠高效生产新技术	华东理工大学、山东福洋生物科技股份有限公司	储 炬、张雷达、王泽建、庄英萍、赵 伟、郭美锦、杭海峰、夏建业、路 飞、田锡炜	二等奖
83	旨在情绪与节律改善的健康型光照系统关键技术及其应用	同济大学、同济大学附属第十人民医院、中国极地研究中心、上海时代之光照明电器检测有限公司、上海市第三社会福利院、广东先朗照明有限公司、上海飞乐工程建设发展有限公司	郝洛西、林 怡、崔 哲、徐亚伟、张体军、陆芸岚、戴 奇、杨 樾、张惠强、徐成斌	二等奖
84	不同特性的新型奶酪、乳脂产品开发的关键技术及产业化	光明乳业股份有限公司	刘振民、郑远荣、莫蓓红、苗君莅、高红艳、焦晶凯、肖 杨、孙颜君、于华宁、刘 景	二等奖
85	抗病优质广适系列西瓜新品种的选育与应用	市农科院、上海农科种子种苗有限公司、南京福丰种业有限公司、浙江勿忘农种业股份有限公司、新疆荣丰种业有限公司、珠海时盛生物科技有限公司	顾卫红、宋荣浩、杨红娟、赵家平、任永源、姚怀莲、孙 建、朱丽华、李超汉、沈 立	二等奖
86	优良瘦肉型猪种质创制技术及其应用	上海交通大学、上海市动物疫病预防控制中心、上海祥欣畜禽有限公司	潘玉春、王起山、陆雪林、韩雪峻、沈晓晖、沈富林、刘佩红、张向喆、沈秀平、李何君	二等奖

续表

序号	项目名称	主要完成单位	主要完成人	获奖等级
87	既有公共建筑节能与加固绿色改造技术	上海理工大学、上海市城市建设设计研究总院(集团)有限公司、上海建工材料工程有限公司、中国建筑第八工程局有限公司、中国建筑科学研究院有限公司上海分公司、深圳市华育昌国际科教开发有限公司	刘卫东、于国清、彭　斌、徐建设、吕　静、张菊辉、阚黎黎、欧阳利军、李　涛、曹双华	二等奖
88	既有建筑绿色改造和性能提升关键技术与应用	上海市建筑科学研究院(集团)有限公司、上海建工七建集团有限公司、华东建筑设计研究院有限公司、上海赛弗工程减震技术有限公司、上海建工二建集团有限公司、哈尔滨工业大学、上海建科建筑设计院有限公司	李向民、田　炜、姜益强、陈明中、崔晓强、龙莉波、许清风、蒋利学、黄坤耀、高润东	二等奖
89	重要建筑运营风险管控与安全保障技术及应用	上海市建筑科学研究院(集团)有限公司、同济大学、上海建科工程咨询有限公司、西南交通大学、中国建筑科学研究院有限公司、上海建科检验有限公司、上海建科工程改造技术有限公司	朱　雷、李国强、蒋利学、周红波、潘　毅、刘军进、王卓琳、蒋首超、徐　勤、房志明	二等奖
90	工业化全预制桥梁设计施工关键技术研究及应用	上海城投公路投资(集团)有限公司、上海市城市建设设计研究总院(集团)有限公司、上海建工四建集团有限公司、同济大学、上海公路桥梁(集团)有限公司、中交第三航务工程局有限公司、柳州欧维姆机械股份有限公司	黄国斌、周　良、查义强、冀振龙、姜海西、王志强、闫兴非、李申杰、沙丽新、郑晏华	二等奖
91	强风及海洋环境下钢与混凝土混合塔斜拉桥关键技术与应用	上海市政工程设计研究总院(集团)有限公司、同济大学、中铁宝桥集团有限公司、上海浦江缆索股份有限公司、大榭大桥有限公司	马　骉、顾民杰、王达磊、常彦虎、刘玉擎、张培君、张海良、孙　洋、薛宏强、徐敬淼	二等奖
92	长大道路隧道全纵向防灾救援新技术及其集成应用	上海市城市建设设计研究总院(集团)有限公司、上海黄浦江越江设施投资建设发展有限公司、上海市消防局、同济大学、上海隧道工程有限公司、上海城投公路投资(集团)有限公司	顾金龙、宁佐利、闫治国、刘　涛、宋丽姝、宋　飞、黄少文、刘伟杰、王晓波、王林峰	二等奖
93	面向海洋装备的过渡金属化合物材料的关键技术与应用	东华大学、上海海洋大学、金湖小青青机电设备有限公司、无锡华能热能设备有限公司、无锡市海联舰船内装有限公司、张家港市微纳新材料科技有限公司	梁拥成、张丽珍、张国军、吴良才、王世明、胡庆松、曹守启、赵建宝、张　韬、田　卡	二等奖
94	节能超高速智能化柔性精密卷绕技术及应用	华东理工大学、上海电机学院、浙江日发纺织机械股份有限公司、上海电气富士电机电气技术有限公司	姚晓东、吕永法、张淑艳、齐　亮、陈国初、刘　军、王爱元、严登科、陈　红	二等奖
95	高性能滤料关键制备技术及工业排放高温烟气除尘应用	东华大学、江苏东方滤袋股份有限公司、江苏宇达环保科技股份有限公司、上海灵氟隆新材料科技有限公司、苏州金泉新材料股份有限公司、上海灵氟隆膜技术有限公司、上海丰威织针制造有限公司	吴海波、张旭东、黄　晨、樊海彬、陈迎妹、王小强、靳向煜、陶建平、陈银青、周嘉昌	二等奖
96	生活垃圾温室气体核算与减排利用关键技术与应用	上海交通大学、同济大学、上海市环境工程设计科学研究院有限公司、上海老港废弃物处置有限公司、国家环境保护部环境规划院、蓝德环保科技集团股份有限公司、浙江旺能环保有限公司	楼紫阳、赵由才、耿　涌、陈善平、周海燕、蔡博峰、施军营、郜　俊、王　星、牛冬杰	二等奖
97	燃煤烟气氮氧化物控制关键技术及副产物安全资源化利用	上海大学、上海市建筑科学研究院、上海市建筑建材业市场管理总站、上海宝钢新型建材科技有限公司、上海城建物资有限公司、上海瀚昱环保材料有限公司、上海舜韬实业(集团)有限公司	张登松、王　琼、施利毅、杨利香、樊　钧、刘少光、李红蕊、康　明、汤立杰、钱耀丽	二等奖

续表

序号	项目名称	主要完成单位	主要完成人	获奖等级
98	大型污水治理设施恶臭气体处理集成技术与示范	上海市政工程设计研究总院(集团)有限公司、清华大学、复旦大学、同济大学	张 辰、席劲瑛、张仁熙、张 欣、羌 宁、高乃平、董 磊、韩 蒙、裘 湛、王 盼	二等奖
99	数据驱动的高顾客接触型服务系统优化	同济大学、上海彩亿信息技术有限公司、上海同振信息技术有限公司、上海易钧信息技术有限公司、杭州远传新业科技有限公司、东华大学	霍佳震、段永瑞、张艳霞、汪达钦、李相勇、嵇 望、冒高峰、杜 娟、郑小金	二等奖
100	微纳功能材料关键参数表征技术和量值溯源体系的建立及应用	上海市计量测试技术研究院、华东理工大学	吴立敏、胡 军、周 莹、徐 建、陈 鹰、龚飞雁、姜 阳、郝玉红、陈永康、郝 萍	二等奖
101	备战重大比赛训练质量监控与评价系统的研发与应用	上海体育科学研究所、上海体育学院、上海市水上运动中心	高炳宏、陈佩杰、马国强、王德新、高 欢、孟志军、崔小珠、张昊楠、王玉新、周晓光	二等奖
102	《细菌简史——与人类的永恒博弈》	上海交通大学、上海医药工业研究院、华东师范大学	陈代杰、钱秀萍、倪 兵、傅四周、殷 瑜、胡又佳、薛原楷	二等奖
103	《改变世界的科学》丛书	上海科技教育出版社有限公司	卞毓麟、邓小丽、罗会仟、韦 磊、凌 玲、周立旻、岑少宇、许华芳、沈志忠、沈富可	二等奖
104	《中国古代机械文明史》	同济大学出版社	陆敬严	二等奖
105	基于人工智能的视频解析中心与智能终端关键技术开发与应用	中国电信上海分公司、杭州海康威视数字技术股份有限公司上海分公司	柯 卫、周 杰、白 旭、傅志仁、谭 平、王亚辉、陈 林、宋 熠、张琳姝、张 园	二等奖
106	特大型烧结工程节能环保建造新技术	上海二十冶建设有限公司、中冶天工集团有限公司、中国二十冶集团有限公司	郑永恒、李俊峰、马永春、钟晓雷、孙兴利、赵建立、李 强、程俊伟、成继红、林红芳	二等奖
107	多晶性药物的晶型调控及其工程化应用	上海工程技术大学、苏州立新制药有限公司、江西赣南海欣药业股份有限公司、安徽省信邦化工工程装备有限公司	陆 杰、舒 亮、刘锡建、李 亚、包志坚、杜成魏、张逸峰	二等奖
108	绿化病虫害精准化绿色防控关键技术及应用	复旦大学、上海市园林科学规划研究院、镇江市润宇生物科技开发有限公司、扬州大学、上海盛谷光电科技有限公司、浙江大学	鞠瑞亭、高 磊、高小文、杜予州、赵卫中、李 博、王 凤、罗卿权、祝增荣、陆明星	二等奖
109	香石竹、百合、菊花种质创新与产业化关键技术集成与应用	上海种业(集团)有限公司、南京林业大学、中科院上海生命科学研究院、上海市林业总站、上海虹华园艺有限公司、上海市花卉良种试验场	池 坚、施季森、朱木兰、吴月琴、杨 娟、龚振德、孙 强、张睿婧、姚建军、周 燕	二等奖
110	特色高产新杨黑羽蛋鸡育种及产业化应用	市农科院、上海家禽育种有限公司	严华祥、杨长锁、谢承光、姚俊峰、蔡 霞、徐志刚、王晓亮、阮玉琦、杨 俭	二等奖
111	运营地铁隧道结构智能检测与大数据分析预警关键技术	上海勘察设计研究院(集团)有限公司、上海地铁维护保障有限公司、同济大学、复旦大学、上海通芮斯克土木工程技术有限公司	郭春生、薛亚东、李家平、王如路、许正文、黄宏伟、熊 赟、苏 辉、胡 绕、王令文	二等奖
112	化学品环境危害鉴别、释放表征及风险管控应用	上海市环境科学研究院、环境保护部南京环境科学研究所、天津市固体废物及有毒化学品管理中心、路博润管理(上海)有限公司、陶氏化学(中国)投资有限公司、盘锦鸿鹤化工有限公司、巴斯夫(中国)有限公司	石利利、沈根祥、刘济宁、王 蕾、胡双庆、周林军、张圣虎、郭春霞、王冬梅、吴晟旻	二等奖
113	卫星异种材料结构件精密加工技术创新与应用	上海航天设备制造总厂有限公司	金红新	二等奖
114	轧钢电机转轴部件不解体车削技术的开发应用	上海宝钢工业技术服务有限公司	吉志勇	二等奖

续表

序号	项目名称	主要完成单位	主要完成人	获奖等级
115	5-氨基酮戊酸光动力治疗中重度痤疮的技术创新与临床应用	上海市皮肤病医院、上海交通大学医学院附属仁济医院、复旦大学附属华东医院	王秀丽、鞠　强、张玲琳、王宏伟、石　磊、王佩茹、张国龙	三等奖
116	基于围绝经期规范管理的子宫内膜癌防治技术与应用	上海交通大学附属第六人民医院	滕银成、陶敏芳、艾志宏、王　娟、徐妍力、金　凤、孙东梅	三等奖
117	功能保全性喉癌规范化治疗的基础与临床研究及推广应用	复旦大学附属眼耳鼻喉科医院	周　梁、陶　磊、吴春萍、谢　明、陈　慧、高春丽、龚洪立	三等奖
118	层簇式无线感知网络海洋环境监测技术及应用	上海海事大学、国家海洋局东海标准计量中心、浙江普正检测技术有限公司、南京海善达信息科技有限公司、国家海洋局东海环境监测中心	张　颖、卓维平、徐晓滨、邬益川、何　勇、范勤勤、耿　炬	三等奖
119	巨型重载旋挖钻机故障诊断关键技术与智能维护系统	上海大学、上海中联重科桩工机械有限公司	苗中华、朱晓锦、尚志红、刘虎沉、何　欢、何创新、高志远	三等奖
120	28 nm集成电路芯片先进测试技术研究及平台建设	上海华岭集成电路技术股份有限公司	张志勇、刘远华、叶守银、汤雪飞、祁建华、王　锦、罗　斌	三等奖
121	新一代自由形态高性能显示技术开发与应用	上海中航光电子有限公司、上海天马微电子有限公司、武汉天马微电子有限公司	秦　锋、刘金娥、夏志强、孔祥建、席克瑞、金慧俊、谢　明	三等奖
122	面向海量数据的大规模异构计算关键技术及应用	上海理工大学、上海理想信息产业(集团)有限公司、上海嘉值信息科技有限公司	裴颂文、丁富强、蒋林华、陆晋军、朱　辉、张雷洪、高丽萍	三等奖
123	电力监测传感网感知数据的智能处理与隐私保护技术及应用	上海电力学院、华东电力试验研究院有限公司、山东广域科技有限责任公司、上海方融科技有限责任公司、上海云曦网络科技有限公司	雷景生、温　蜜、栗风永、李晋国、罗　祾、张鹏飞、王景泉	三等奖
124	基于fMRI的脑功能连通性检测关键技术及应用	上海海事大学、上海交通大学附属第六人民医院东院	曾卫明、杨嘉君、王倪传、石玉虎、陈教耀、汤晓燕、徐　琪	三等奖
125	高可靠高效能的超大规模分布式存储系统技术与应用	复旦大学、上海天玑科技股份有限公司、上海大学、上海交通大学	王　新、游录金、叶　磊、彭俊杰、周扬帆、徐跃东、康　昱	三等奖
126	跨学科仿真平台建设及其在乘用车动力总成系统自主开发中的系列化应用	泛亚汽车技术中心有限公司	陈　凯、刘　涛、张国耕、陶鸿莹、潘琼瑶、刘耀东、李学伟	三等奖
127	国产汽车电子基础软件平台的关键技术及成果应用	普华基础软件股份有限公司、重庆集诚汽车电子有限责任公司、重庆长安汽车股份有限公司、广州汽车集团股份有限公司	江　水、张晓先、王　琴、杨曦俊、王　伟、李文龙	三等奖
128	基于云计算技术的城市公共信息服务核心平台开发及示范应用	上海延华智能科技(集团)股份有限公司、上海众恒信息产业股份有限公司、复旦大学、上海东方延华节能技术服务股份有限公司	王东伟、于　兵、冯佳乐、陆俊杰、汪　卫、金　俭、张泰林	三等奖
129	实体商业多维度数据采集与分析系统	上海汇纳信息科技股份有限公司	张宏俊、杨进参、王作辉、薛宏伟、刘　宁、张　韬、林治强	三等奖
130	新一代新闻演播室(魔都之眼)	上海广播电视台、上海文化广播影视集团有限公司、上海东方传媒技术有限公司	尚　峰、赵　云、吴志欣、盛　松、金世杰、丁　江、何　伟	三等奖
131	全自动播出智能应急系统的研究与实践-播出智能监管与应急辅助系统(一期)	上海文化广播影视集团有限公司、上海佰贝科技发展有限公司	张　胜、周　斌、张烜晧、张　韬、杨　升、秦　赟、尹丽娟	三等奖
132	基于储层采动裂隙网络模型的煤层气安全高效开采关键技术及应用	上海应用技术大学、中国矿业大学(北京)、山西高河能源有限公司、山西新景矿煤业有限责任公司	孔胜利、王　凯、徐　超、张小良、华明国、周爱桃、张燕斌	三等奖

续表

序号	项目名称	主要完成单位	主要完成人	获奖等级
133	工程机械用液力变矩器定制化设计平台及应用	同济大学、山推工程机械股份有限公司	王安麟、张庆武、李晓田、张如伟、姜　涛、张小路、雷福斗	三等奖
134	高效节能高频破碎锤的研发及产业化	上海工程技术大学、上海上鸣机械科技有限公司	杨国平、曹国俊、陈　浩、樊裕昕、王岩松、张缓缓、詹辉煌	三等奖
135	一种超大钢索结构摩天轮制造技术及应用	上海振华重工(集团)股份有限公司	李　森、李洪明、周井华、刘建波、余良辉、戴文秀、张华军	三等奖
136	国内首台额定载荷 5 000 kN 的核电用大型液压阻尼器研制	上海核工程研究设计院有限公司、常州格林电力机械制造有限公司	施永兵、钱亚鹏、蒋运友、顾国兴、卢　格、倪　忠、徐　臻	三等奖
137	整体感应淬火大型锻钢支承辊的研制及应用	宝山钢铁股份有限公司、宝钢轧辊科技有限责任公司	吴　琼、陈　伟、孙大乐、章大健、范　群、吴存有、姚利松	三等奖
138	高效硅基太阳电池的光电管理关键技术	上海电机学院、上海交通大学、中科院上海高等研究院、江苏福克斯新能源科技有限公司	王相虎、沈文忠、李东栋、张　静、殷　敏、李荣斌、袁　正	三等奖
139	高温高压蒸汽阀门密封面在线修复技术与装备	上海理工大学、上海电力股份有限公司吴泾热电厂、上海吴泾电力工程有限责任公司、上海平安高压调节阀门有限公司	王海民、唐　彬、葛圣杰、卢志龙、陆耀威、朱　峰	三等奖
140	高效小排量直喷增压汽油发动机平台研发及应用	上海汽车集团股份有限公司	徐　政、王　康、李伟军、平银生、殷海庭、李　辉、潘月军	三等奖
141	高效高参数超超临界三缸两排汽 660 MW 等级空冷凝汽式汽轮机	上海电气电站设备有限公司	黄庆华、华文祥、吴仕芳、陆　伟、高清辉、沈国平、朱　斌	三等奖
142	310 MW 先进 F 级燃气轮机国产化研究及应用	上海电气燃气轮机有限公司、中电(四会)热电有限责任公司	虎　煜、张岳飞、张　冀、蔡　强、于　海、严　晶、王　伟	三等奖
143	超超临界机组节能环保系列技术推广应用及其适应性开发	上海申能能源科技有限公司、申能股份有限公司、上海锅炉厂有限公司、上海电气电站设备有限公司上海汽轮机厂、铜山华润电力有限公司	冯伟忠、奚力强、姚　进、施　敏、王立群、俞兴超、张　岭	三等奖
144	绿色新材料智控式电力节能变压器关键技术及应用	上海电力大学、杭州钱江电气集团股份有限公司、上海交通大学、华东电力试验研究院有限公司	江友华、顾胜坚、刘　军、曹以龙、余国清、赵方平、薛　花	三等奖
145	组件级光伏并网逆变器集群高效安全运行关键技术及应用	上海大学、上海岩芯电子科技有限公司、苏州东安岩芯能源科技股份有限公司	吴春华、汪　飞、黄建明、柴立超、李智华、杨　宇、彭惠新	三等奖
146	高性能机器人专用伺服电机和驱动器关键技术研发与应用	上海新时达电气股份有限公司、上海辛格林纳新时达电机有限公司、山东大学、武汉登奇机电技术有限公司、山东建筑大学	严彩忠、丁信忠、李虎修、张承瑞、董明海、姬　帅、刘　虎	三等奖
147	400—500 kV 级高抗短路能力节能环保型超高压电力变压器	正泰电气股份有限公司	李锦彪、刘　刚、邓海生、梁绍华、祝志祥、黄　华、黄芝强	三等奖
148	宽带铁基非晶带材及其非晶合金立体卷铁心关键技术开发与产业化应用	上海日港置信非晶体金属有限公司、上海大学、青岛云路先进材料技术有限公司、国网上海市电力公司、上海置信电气股份有限公司	张士岩、谭晓华、李　力、李晓雨、郝　柱、徐友刚、杜吉红	三等奖
149	信息物理融合的智能变电站在线监测与智能诊断关键技术与工程实践	国网上海市电力公司、华东电力试验研究院有限公司、上海交通大学、上海毅昊自动化有限公司、南京南瑞继保电气有限公司	鲍　伟、高　翔、宋　杰、张沛超、李　力、邓祥力、周德生	三等奖

续表

序号	项目名称	主要完成单位	主要完成人	获奖等级
150	大型港口岸电应用关键技术及工程示范	国网上海市电力公司、上海交通大学、卧龙电气集团辽宁荣信高科电气有限公司、国电南瑞科技股份有限公司、华东电力试验研究院有限公司	唐跃中、房鑫炎、丁孝华、王　锋、黄　堃、史济康、黄兴德	三等奖
151	面向智慧城市的多能源信息互联及状态感知关键技术与应用	国网上海市电力公司、中国电力科学研究院有限公司、上海复旦微电子集团股份有限公司、上海市燃气设备计量检测中心、国网信息通信产业集团有限公司	刘运龙、刘　宣、刘　柱、朱彬若、杨连青、唐　悦、王新刚	三等奖
152	一种RNA恒温扩增实时荧光检测新技术体系研究及应用	上海仁度生物科技有限公司	居金良、于明辉、张常娥、白立志、王化荣、郑汉武	三等奖
153	1 717大尺寸无线平板探测器	上海奕瑞光电子科技股份有限公司	林言成、顾　铁、张　楠、宁海涛、黄　凯、马　放、黄翌敏	三等奖
154	糖化终末产物新的致病作用及临床应用	上海交通大学医学院附属新华医院、上海交通大学	苏　青、林　宁、陈寒蓓、张洪梅、孔　祥、邓儒元、童雪梅	三等奖
155	介入治疗门脉高压技术体系的创建与推广	复旦大学附属中山医院	颜志平、罗剑钧、王建华、龚高全、刘清欣、张　雯、马婧嵚	三等奖
156	心房颤动微创外科治疗的关键技术及其应用	上海交通大学医学院附属新华医院	梅　举、马　南、姜兆磊、汤　敏、丁芳宝、沈赛娥、卢荣鑫	三等奖
157	复杂创面组织整复关键治疗技术与临床应用	复旦大学附属中山医院	亓发芝、施越冬、刘家祺、顾建英、冯自豪、杨　震、张　勇	三等奖
158	百草枯短期与长期关键毒性研究与干预	复旦大学	周志俊、常秀丽、黄　敏、娄　丹	三等奖
159	以患者为中心的耐多药结核病防治技术与策略研究	复旦大学	徐　飚、胡　屹、王伟炳、赵　琦、蒋伟利、李旭亮	三等奖
160	妊娠风险预警评估管理	上海市妇幼保健中心、上海市嘉定区妇幼保健院、上海市闵行区妇幼保健院	朱丽萍、秦　敏、杜　莉、许厚琴、华嘉增、毛红芳、肖丽萍	三等奖
161	银杏叶制剂全产业链体系的构建及应用	上海信谊百路达药业有限公司	胡林森、侯惠民、王　宁、李　丁、施伟良、肖志勇、陈　芸	三等奖
162	多功能无卤素核壳阻燃关键技术及其产业化应用	上海工程技术大学、金安国纪科技股份有限公司、延边龙森工贸有限公司	王锦成、张书华、李唯真、陈月辉、王继虎、韩　涛、苗增良	三等奖
163	金属与聚乙烯粘接用耐高温黏接树脂技术开发和应用	上海邦中高分子材料股份有限公司	储江顺、毕宏海、李　楠、肖传富、杨少辉、孙晓光、欧阳贵	三等奖
164	硫酸法钛白粉绿色生产工艺的元素循环利用技术及产业化	华东理工大学、四川龙蟒钛业股份有限公司、襄阳龙蟒钛业有限公司	陈　葵、周晓葵、范先国、武　斌、文　军、邓伯松、林发蓉	三等奖
165	高效、节能、环保、自动化示范性焦炉研究与应用	宝山钢铁股份有限公司、中钢集团耐火材料有限公司	朱仁良、刘　杰、薄　钧、智西巍、曹银平、甘菲芳、张利新	三等奖
166	基于车载的城市轨道车辆制动能量回收技术研究及应用	上海工程技术大学、深圳市富临特科技有限公司	杨　俭、宋瑞刚、袁天辰、方　宇、王兆强、苗晓丹、尧辉明	三等奖
167	道路交通指数系统构建与应用关键技术研究	上海市城乡建设和交通发展研究院、上海电科智能系统股份有限公司、同济大学、上海美慧软件有限公司、上海市交通委员会交通指挥中心	何　承、张　祎、顾承华、张　扬、杨　涛、马伟民、翟　希	三等奖
168	基于提升城市轨道交通运营可靠性的车辆技术及维护体系优化	上海申通地铁集团有限公司、上海地铁维护保障有限公司、石家庄嘉祥精密机械有限公司、上海天佑铁道新技术研究所股份有限公司	宋　博、印祯民、沈　涛、奚笑冬、王生华、陈　朝、周　炯	三等奖

续表

序号	项目名称	主要完成单位	主要完成人	获奖等级
169	数字化试车场关键技术研究及应用	上海汽车集团股份有限公司	娄臻亮、孙成智、王光耀、段向雷、康华平、肖　祺、翁　洋	三等奖
170	整车电子电气架构及软硬件开发	泛亚汽车技术中心有限公司	谢　骋、童　菲、吴承钦、刘　敏、顾晓莉、黄凯兵、杜祖楠	三等奖
171	制动系统柔性架构自主开发关键技术及应用	泛亚汽车技术中心有限公司	齐　钢、张光荣、张　璐、张志坚、马洪启	三等奖
172	泛亚端到端网络安全体系及系统平台的自主开发	泛亚汽车技术中心有限公司	刘　敏、顾晓莉、孙　旺、谢　骋、王　颖、黄凯兵、费军瑛	三等奖
173	荣威950E950智能MATRIX大灯及其ADAS系统第一代视觉模块	华域视觉科技(上海)有限公司、上汽集团乘用车公司	张觉慧、徐　平、敖锦龙、邱国华、张海涛、杨珏晶、管华军	三等奖
174	基于特殊地段磨耗分析的动车组轮轨关系	中国铁路上海局集团有限公司、西南交通大学	周红云、应慧刚、王　平、崔大宾、马伟叁、徐伟昌、叶　丹	三等奖
175	高安全性民机综合显示数据及图形处理监控技术	中国航空无线电电子研究所	谷青范、周元辉、荣　灏、李　想、郭　凡、周海燕、张茂帝	三等奖
176	面向航空电子模块的非向量在线测试技术	中国航空无线电电子研究所	王大伟、龚清萍、吴伯春、张立森、王英昊、熊　俊、张德晓	三等奖
177	新一代高轨定量遥感卫星热控技术	上海卫星工程研究所	江世臣、付　鑫、胡炳亭、康奥峰、陈福胜、杨　剑、顾燕萍	三等奖
178	航天用镁及镁锂合金表面处理技术	上海航天设备制造总厂有限公司、哈尔滨工程大学、北京化工大学	奚昊敏、王正波、苏培博、左　禹、王桂香、翟运飞、黄晓梅	三等奖
179	星载高精度高稳定碳纤维复合材料相机框架制造技术及应用	上海复合材料科技有限公司、华东理工大学	荆怀靖、叶周军、田　杰、赵　鑫、齐会民、王晓蕾、梁燕民	三等奖
180	新一代高轨遥感卫星平台高精度制造技术	上海卫星装备研究所	车腊梅、姜　健、马海龙、孙　涛、刘　锦、赵乐乐、季红侠	三等奖
181	民用飞机机翼根部柔性补偿连接设计	中国商飞上海飞机设计研究院	廉　伟、崔卫军、翁晨涛、张元卿、柯志强、何　瑞、刘　婷	三等奖
182	C919飞机跨音速颤振设计技术	中国商飞上海飞机设计研究院	窦忠谦、孙亚军、周　铮、张婷婷、陈千一、李　强、周良道	三等奖
183	民用飞机复合材料Invar钢模具制造关键技术研究及产业化应用	上海飞机制造有限公司、上海交通大学	陈　洁、刘红兵、王玉华、李细锋、何雪婷、邓景煜、李　昊	三等奖
184	民机总装密封先进检测与环控系统功能试验技术研究与应用	上海飞机制造有限公司	陈永康、王建华、严志刚、陶弘盛、李志国、徐　敏、邱琳琳	三等奖
185	6 700车汽车滚装船设计和建造	上海船舶研究设计院、南京金陵船厂有限公司	张敏健、吴炅东、张　卓、周　玮、卢永勇、张新伟、汤瑾璟	三等奖
186	30 000立方米C型液舱双燃料电力推进LNG船自主设计与建造	上海船舶研究设计院、江南造船(集团)有限责任公司	陆　晟、胡可一、陈瑞权、周志峰、刘汉军、刘文华、盛苏建	三等奖
187	基于多目标物联网控制的高品质居住环境复合换热柔性系统与应用	上海理工大学、上海智数家建筑科技有限公司	陈剑波、李　钊、束　健、于国清、曲明璐	三等奖
188	食品中化学危害物关键检测技术标准化及应用	上海市质量监督检验技术研究院	葛　宇、宁啸骏、雷　涛、巢强国、曹程明、印　杰、周耀斌	三等奖

续表

序号	项目名称	主要完成单位	主要完成人	获奖等级
189	食品安全风险因子高效识别和精准确证检测技术研究及其示范应用	上海出入境检验检疫局动植物与食品检验检疫技术中心、中国检验检疫科学研究院	邓晓军、张　峰、伊雄海、王秀娟、王　敏、刘　通、古淑青	三等奖
190	番茄分子标记辅助育种技术体系的建立与优质、抗病新品种的培育	上海交通大学、上海富农种业有限公司、上海惠和种业有限公司、上海市农业技术推广服务中心	刘　杨、陈火英、胡继军、李怀志、孔令娟、郑惠彪、郃连赛	三等奖
191	耐寒优质高产花椰菜系列杂交新品种的选育与应用	市农科院、上海崇明花菜研发中心、浙江省农业科学院、上海市农业技术推广服务中心、上海市崇明区蔬菜科学技术推广站	谢祝捷、黄成超、姚雪琴、李光庆、顾宏辉、刘春晴、张瑞明	三等奖
192	多种畜禽重要疫病检测诊断关键技术开发及标准体系创制与应用	上海出入境检验检疫局动植物与食品检验检疫技术中心、北京出入境检验检疫局检验检疫技术中心、江西出入境检验检疫局检验检疫综合技术中心、深圳出入境检验检疫局食品检验检疫技术中心、北京市检验检疫科学技术研究院	张　强、李树清、乔彩霞、杨春华、孙　洁、蒲　静、林颖峥	三等奖
193	建筑可再生能源关键技术研究与应用	上海交通大学、华东建筑设计研究院有限公司、上海市崇明区建筑建材业管理所、上海建科建筑节能技术股份有限公司、上海东方低碳系统集成有限公司	连之伟、叶大法、郑竺凌、陈建萍、兰　丽、朱伟峰、吴玲红	三等奖
194	超高层建筑结构高效耗能减震关键技术研究	上海大学、佛山科学技术学院、上海建筑设计研究院有限公司	刘文光、何文福、魏陆顺、张　坚、汤卫华、杨巧荣、任　重	三等奖
195	废弃矿坑百米级超高边坡治理及生态恢复关键技术研究与应用	中国建筑第八工程局有限公司、上海申元岩土工程有限公司	孙晓阳、梁志荣、杨人光、张晓勇、李　伟、张菊连、李　赟	三等奖
196	装配整体式叠合剪力墙结构体系技术研发与工程应用	华东建筑设计研究院有限公司、宝业集团股份有限公司、同济大学、上海宝岳住宅工业有限公司	王平山、樊　骅、徐自然、恽燕春、崔家春、胡　翔、李进军	三等奖
197	后世博大型建筑群体数字化协同管理关键技术及应用	上海世博发展(集团)有限公司、上海市建筑科学研究院(集团)有限公司、华东建筑集团股份有限公司、上海建工集团股份有限公司、上海市城市建设设计研究总院(集团)有限公司	席群锋、张敏杰、曾莎洁、李嘉军、崔　满、胡　伟、顾秀平	三等奖
198	公共建筑节能改造关键技术与应用	上海市建筑科学研究院、上海市建筑建材业市场管理总站、华东建筑设计研究院有限公司、上海建科建筑节能技术股份有限公司、上海东方低碳科技产业股份有限公司	张蓓红、张德明、卜　震、白燕峰、瞿　燕、朱伟峰、陈建萍	三等奖
199	超高结构轻集料混凝土研发及百米级泵送施工关键技术	上海建工一建集团有限公司、上海建工材料工程有限公司	朱毅敏、吴德龙、徐　磊、张　旭、陈建大、周　萍、屠春军	三等奖
200	全方位高压喷射注浆加固成套技术与工程应用	上海隧道工程有限公司、上海隧道地基基础工程有限公司、上海申通地铁集团有限公司、上海广联环境岩土工程股份有限公司、同济大学	张　帆、李永迪、黄均龙、王秀志、王中兵、英　旭、祝　强	三等奖
201	大型城市地下综合体基坑群落同步与交错实施关键技术研发与应用	上海市城市建设设计研究总院(集团)有限公司、上海建工七建集团有限公司、上海交通大学	张中杰、陈锦剑、吕培林、徐正良、崔晓强、陈洪帅、彭基敏	三等奖
202	ETFE 膜结构技术研发与工程应用	华东建筑设计研究院有限公司、同济大学、上海太阳膜结构有限公司、柯沃泰膜结构(上海)有限公司	吴明儿、崔家春、王海明、唐泽靖子、巫燕贞、张　英、陈世平	三等奖

续表

序号	项目名称	主要完成单位	主要完成人	获奖等级
203	城市更新中既有建筑物地下空间开发及互联建造技术	上海市机械施工集团有限公司、同济大学建筑设计研究院(集团)有限公司	裘水根、唐韶军、陈　愉、张朝彪、李晓欣、李志宏、翁晨刚	三等奖
204	铺面新型沥青注浆修复成套技术与应用	上海公路桥梁(集团)有限公司、上海市建筑科学研究院、同济大学、上海城建日沥特种沥青有限公司、上海城建道路工程有限公司	乐海淳、黄琴龙、柴冲冲、杨利香、徐桂平、周　丹、蔡　明	三等奖
205	长三角水域典型疏浚泥生态治理和资源化利用关键技术及应用	上海市建筑科学研究院、上海东海海洋工程勘察设计研究院、上海海事大学、中交上海航道局有限公司、上海湛敏生态环保工程有限公司	谢文辉、李　阳、刘文白、史旦达、孙同美、陈　宁、韦应新	三等奖
206	大口径长距离复杂环境条件下钢顶管技术创新及应用	上海市政工程设计研究总院(集团)有限公司、上海水业设计工程有限公司、上海公路桥梁(集团)有限公司、上海交通大学	许大鹏、钟俊彬、甄　亮、廖晨聪、宣　锋、卢　辰、雷　晗	三等奖
207	多功能阻燃聚酯纤维产业化关键技术及制品开发	上海德福伦化纤有限公司、东华大学	周　哲、刘　萍、李东华、冯忠耀、相恒学、陆育明、朱亚宏	三等奖
208	大型坳陷湖盆深水区砂体三维构型关键技术及其应用	同济大学、中国石油天然气股份有限公司长庆油田分公司	傅　强、张晓磊、刘堂宴、楚美娟、李士祥、韩天佑	三等奖
209	垃圾渗滤液高效产沼关键技术及应用	上海大学、上海市环境工程设计科学研究院有限公司、上海老港废弃物处置有限公司	刘建勇、钱光人、安　森、罗旌焕、黄仁华、贾　川、周海燕	三等奖
210	井下工具高温高压性能智能高精度试验装置与应用	上海大学、中国石油渤海钻探工程有限公司工程技术研究院、滁州学院	刘吉成、陈子辉、郭贤伟、张宏利、王海炜、刘树林、周晓君	三等奖
211	复杂层状盐岩地下储气库建库关键技术	中石油管道有限责任公司西气东输分公司、中国石油天然气股份有限公司勘探开发研究院	罗天宝、完颜祺琪、丛　山、丁国生、洪建勇、冉莉娜、李　康	三等奖
212	膜法除氧技术研发及成套应用	核工业第八研究所、上海一鸣过滤技术有限公司	韩家心、顾跃雷、杨　刘、王　阳、訾　静、王　鑫、刘　震	三等奖
213	面向航空安全的高分辨数值天气预报集成系统	市气象局	王晓峰、张　蕾、江　勤、李　佳、杨玉华、许晓林、张赟程	三等奖
214	人—机集成的行为管理工程化方法及在重大工程中的应用	上海理工大学、复旦大学、上海市工程管理学会	孙绍荣、韩　印、赵　靖、耿秀丽、赵敬华、刘宇熹、崔晓丽	三等奖
215	核心稳定训练治疗腰痛的关键技术研究与推广应用	上海体育学院、复旦大学附属华东医院、上海市浦东新区公利医院	王雪强、黄强民、郑洁皎、陈佩杰、黎涌明、毕　霞、刘　静	三等奖
216	“体质弱势人群”情景模拟训练关键技术的研发与应用	上海体育学院	吴雪萍、陆大江、邹　军、王　兴、王丽娟、王丹丹、苏宴锋	三等奖
217	消费品质量安全风险监控关键技术研究与应用	上海市质量监督检验技术研究院、北京市产品质量监督检验院、中国标准化研究院	季　飞、许应成、曹　寅、胡艳红、刘　峻、江　艳、章若红	三等奖
218	肥料土壤中新型有害因子风险及其检测标准制定和应用	上海出入境检验检疫局工业品与原材料检测技术中心、上海交通大学	孙明星、张继东、闵　红、朱志秀、赵雨薇、蔡　婧、沈国清	三等奖
219	危险化学品痕量物质富集及光谱、质谱定性定量检测技术及应用	中华人民共和国上海海关、华东理工大学	吴晓红、朱洪坤、王海婷、清　江、陈　相、马腾洲、吴　婷	三等奖
220	锂离子电池热电智能检测系统的创新开发与检测应用	中华人民共和国上海海关、上海交通大学、拉扎斯网络科技(上海)有限公司、复旦大学	段冀渊、严　波、杨荣静、唐　磊、吕　晶、周永宁、史晓峰	三等奖

续表

序号	项目名称	主要完成单位	主要完成人	获奖等级
221	前列腺疾病多维度科普推广	同济大学附属第十人民医院	彭　波	三等奖
222	“一带一路”倡议下的航海科普实践	上海海事大学	白响恩	三等奖
223	脑科学科普	复旦大学	顾凡及	三等奖
224	延长钢丝内衬输送带使用寿命关键技术应用	宝山钢铁股份有限公司	李　斌	三等奖
225	变电站隔离开关机械负载自动测量装置创新与应用	国网上海市电力公司	徐　楠	三等奖
226	保障高可靠性供电的应急电源车配套装置研制与应用	国网上海市电力公司	钱　忠	三等奖
227	微分进刀系统的制造工艺创新及应用	上海阿为特精密机械股份有限公司	熊朝林	三等奖
228	智能化数控加工系统的研发及其应用	上海电气电站设备有限公司	庄秋峰	三等奖
229	上汽高效小排量自然吸气气道喷射发动机开发及应用	上海汽车集团股份有限公司	平银生、宋文倡、郑　重、徐　政、李伟军、程传辉、张小矛	三等奖
230	冷热轧工序联动的同板差综合控制系统开发与应用	宝山钢铁股份有限公司	曾建峰、李山青、李红梅、祁卫东、吴海飞、周　毅、宋艳丽	三等奖
231	H_2S 酸性气体处理-湿法制酸硫回收装置	科洋环境工程(上海)有限公司	黄　锐、马　强、岑　龙、费斌斌	三等奖

（刘海峰　路继根　吴洁敏　史　进）

【上海65米射电望远镜系统研制】　项目获2018年度上海市科技进步奖特等奖。项目攻克大型高精度天线、主反射面主动调整系统、致冷接收机、控制软件系统、综合测试和模型建立等大型射电望远镜研发关键技术，建成性能先进功能齐全的全可动大型射电望远镜系统，实现1.2—50 GHz 8个波段任意仰角好于50%高效率；研发国内首套大型射电望远镜主反射面主动调整系统；采用高精度焊接环型整体轨道设计与制造技术；利用相位参考全息和相位恢复全息测量技术，构建主反射面重力形变和副反射面位姿变化的高精度测量及其修正模型。望远镜为中国月球和深空探测器测轨定位、嫦娥三号登月探测提供支撑。项目获专利授权33件；发表论文143篇。　（常艳丽）

【上海中心大厦工程关键技术】　项目获2018年度上海市科技进步奖特等奖。项目建筑突破层叠式理念，实现垂直城市新模式；开发超高层桩基和基坑工程关键技术，实现121 m圆形自立式基坑真圆控制支护，薄壁刚度与深度比在国内外领先；开发超高层巨型结构设计关键技术，设计基于滑移支座的变形协同内刚外柔双层幕墙新型巨型结构体系，曲面外表皮设计有效降低风荷载效应24%；开发超高层巨型混凝土结构建造关键技术，制造世界最大混凝土输送泵，创造大体积混凝土1次连续浇筑和多种强度等级混凝土1次输送高度世界纪录；开发超高层巨型钢结构建造关键技术，解决支撑体系悬、扭、空安装难题；开发超高层数字建造及绿色建筑技术，上海中心大厦绿色建筑获三星级绿色建筑设计标识证书，并成为全球首栋400 m以上美国LEED-CS铂金级认证建筑。　（常艳丽）

【颞下颌关节外科创新技术与实践】　项目获2018年度上海市科技进步奖一等奖。项目构建颞下颌关节-颌骨-咬合联合诊治模式，经15年3万余例临床实践，疗效优异。研发关节盘复位固定技术，经1万多例临床和MRI验证，成功率95%以上；开发颞下颌关节-颅底联合重建技术，经162例近10年随访，成功率超过97%；开发数字化技术平台，经1 352例8年应用，显著提高手术精确性。项目成果应用于国内外69家单位，国际手术在10个国家演示14次。项目获国际发明专利授权3件、国内发明专利授权8件；编著专著20部；发表论文137篇，其中SCI论文81篇，他引329次。　（包　豫）

【麻醉策略影响围手术期肿瘤免疫综合技术的临床应用】　项目获2018年度上海市科技进步奖一等奖。项目提出具有保护患者抗肿瘤免疫功能的麻醉综合技术，并阐明其具体机制，有助于改善肿瘤患者中远期预后；提出在围手术期通过采用联合麻醉及镇痛方式减少肿瘤患者术后转移复发观点，阐明其改善患者抗肿瘤免疫功能机制；发现静脉麻醉药物丙泊酚可通过抑制肿瘤细胞的有氧糖酵解，降低肿瘤细胞的增殖和侵袭潜能；报道MFHAS1等作用于抗肿瘤免疫系统并参与调节肿瘤恶性进程治疗靶点，提出手术创伤可通过程序性死亡受体-1通路抑制T细胞免疫功能机制。项目成果应用于全国20余家大型医院，并主办"论肿道麻"微信平台，推动肿瘤患者围手术期麻醉策略优化。项目发表SCI论文47篇，他引280余次；编写专著10余部、专家共识2部。（顾维英）

【大型压水堆核电站仪控设备与系统自主化关键技术及应用】 项目获2018年度上海市科技进步奖一等奖。项目研制1E级国内首套系列压力、温度、液位变送器，国内首台大型压水堆稳压器喷雾阀及百万千瓦级核电站主给水调节阀；研发国内首套百万千瓦级核电汽机岛控制系统及其功能安全系统，实现核电汽机岛控制平台一体化；突破核电站先进协同控制、高可靠性系统设计与检测、异构仪控系统实时交互等关键技术，开发专用数字化先进优化控制软件包，研制国内首套三代核电多样性驱动系统和辐射监测系统，构建核电站异构仪控系统集成平台。项目成果应用于秦山、大亚湾、巴基斯坦等国内和援外核电站，并在高温气冷堆、快堆等先进堆中推广应用。项目获发明专利授权25件、软件著作权登记15件；发表论文70篇，其中SCI/EI论文53篇。（包　豫）

【高能皮秒拍瓦激光系统】 项目获2018年度上海市科技进步奖一等奖。项目研制高能皮秒拍瓦激光系统；开发OPCPA与钕玻璃MOPA放大链CPA混合放大构型，具备国际先进的高能皮秒拍瓦激光输出；在千焦耳量级下实现6 nm最宽光谱放大输出，支撑皮秒及亚皮秒高信噪比脉冲压缩；实现千焦耳皮秒拍瓦宽带激光脉冲的焦斑精密控制，实现超高聚焦功率密度；解决高能皮秒拍瓦激光高动态范围信噪比单次在线测量工程难题，在激光主脉冲百皮秒时间窗口内获得108信噪比的国际最好结果。项目成果奠定激光装置研制的工程基础。项目获发明专利授权12件；发表论文77篇。（陈　阵）

【互联网软件的安全分析与防护】 项目获2018年度上海市科技进步奖一等奖。项目攻克互联网软件深度安全分析与防护难题；突破软件自动化安全测试关键技术，发现10 000个以上产品的高、中级别安全漏洞；提出深层次漏洞发现、二进制漏洞修复和数据增强保护等关键技术，修复移动终端可信环境、内核和应用层代码漏洞，修复互联网金融领域移动支付SDK安全误用问题及智能设备配网安全问题；开发代码保护与反保护方法，提出代码随机化保护技术；提出自动化软件密码系统安全分析。项目成果应用于国家关键部门，对抗和制止1 000余个版本恶意软件安全攻击，修复5 900余个安全漏洞，为4款用户数过亿的互联网产品、900余款移动支付应用和40余款智能家居设备提供安全防护。项目获发明专利授权21件、软件著作权登记5件；制定国家标准11部、行业标准14部；发表SCI/EI论文37篇。（陈　阵）

【高速铁路设施故障检测关键技术及应用】 项目获2018年度上海市科技进步奖一等奖。项目研制高速铁路设施故障检测系统；突破故障小样本深度学习技术，解决轨道扣件、电务线缆等铁路固定设施的故障检测难题；突破多源数据融合分析技术，克服单一数据源检测时部件表面脏污造成干扰；突破动态激光视觉测量技术，实现钢轨与车轮轮廓高精度测量，大幅降低动态行车条件下各种干扰的影响。项目成果应用于全国多家铁路局，以及多个城市地铁线路，提升中国高速铁路设施维护智能化水平，提高铁路设施安全隐患检查效率，增强重大安全隐患预警能力，提升铁路运输效率和安全性。项目获专利授权55件、软件著作权登记9件；发表论文100余篇。（史　进）

【先进高强钢轻量化汽车车身点焊质量实时控制技术及应用】 项目获2018年度上海市科技进步奖一等奖。项目研发磁控电阻点焊工艺，开发系列化磁控点焊装置，熔核尺寸平均增大13.65%，接头强度平均提高17.70%，断裂韧性平均提高56%，显著降低接头界面断裂风险；开发点焊质量在线检测和评价软硬件系统，熔核尺寸计算精度≥90%，与国际同类产品相比虚焊误报警率降低90.9%，实现焊点质量100%在线检测；开发点焊质量自适应控制技术与装备，电流控制精度(±1.5%)优于国外同类产品，使点焊质量波动降低65%，飞溅程度降低50%，提升高强钢焊点质量一致性。项目成果应用于上汽通用五菱宝骏等5个车型214.8万辆车。项目获发明专利授权14件；制订企业标准和规范6部。（吴洁敏）

【风电电力变换及机网柔化控制关键技术与应用】 项目获2018年度上海市科技进步奖一等奖。项目针对风电变流器和机组控制系统优化及控制策略，开发并联型风电变流器效率与可靠性提升技术、兼顾机组载荷柔化与电网友好的暂态控制技术。在上海电气电力电子有限公司、国电南瑞科技股份有限公司、浙江运达风电股份有限公司和华锐风电科技(集团)股份有限公司实现变流、变桨和主控设备产业化，并实现国产变流器首次海上应用和风电机组首次虚拟同步控制示范。（顾维英）

【心脑血管药效学平台技术体系构建及应用】 项目获2018年度上海市科技进步奖一等奖。项目围绕心脑血管重大疾病药物防治，建立心脑血管药效学平台9家，制定标准化操作规程149部，建立新指标18项，创制新模型16种，构建心脑血管药效学平台技术体系；建立心脑血管药效学评价，应用于国内外36家单位53个药物，其中获批新药16个，包括阿利沙坦酯片等1类化学药、丹参素钠注射液等1类中药、注射用重组人促红素等1类生物药、注射用红花黄色素等国家重点新产品，上市药再评价2个；阐明原创抗休克药山莨菪碱α7nAChR受体机制，发现Nampt、ALDH2、β-arrestin-1等3个抗脑卒中靶标，获受理新药3个，完成药效学申报资料新药1个，并发现多个候选新药。项目发表论文110篇，SCI论文86篇；主编专著2部。（窦海青）

【分子生物学、功能影像学对阿尔茨海默病早期精准诊断及疗效监测的关键技术】 项目获2018年度上海市科技进步奖一等奖。项目发现阿尔茨海默病(AD)和轻度认知功能障碍患者大脑皮层、脑脊液、血液中β-淀粉样前体蛋白裂解酶1水平和活性均明显升高，且与AD发病风险呈密切正相关；建立中国AD影像数据规范采集与处理分析标准化技术，成为AD影像学检查技术国家行业标准，建立多中心大样本研究平台，成立中国AD临床前期联盟；建立AD早期高敏感性、高特异性功能影像学标志物和分子影像学标志物，为AD早期精准诊断、定量疗效评估、治疗机制探索和精准分子示踪提供依据。项目成果在全国216家医院推广应用。项目发表论文198篇，其中SCI论文140篇，他引3 280次。（史 进）

【肺癌精准化诊疗策略建立与推广应用】 项目获2018年度上海市科技进步奖一等奖。项目建立肺癌精准诊疗策略和全程管理路径，改变中国肺癌整体诊疗模式，使晚期肺癌患者总生存延长至3年以上；建立驱动基因阳性晚期非小细胞肺癌(NSCLC)精准化治疗策略，开展全球首个EGFR-TKI治疗突变晚期NSCLC的3期临床研究；确立驱动基因阴性晚期NSCLC精准化治疗策略，证实抗血管生成治疗联合化疗驱动基因阴性晚期NSCLC，改变一线治疗策略；明确循环肿瘤细胞计数和cfDNA突变特征指导精准化疗；研发靶向肿瘤新生血管化疗药物；建立肺癌小标本获取方法和驱动基因快速精准检测平台；开展分子标志物用于早诊研究，分子标志物联合低剂量螺旋CT提高阳性预测值至95%，并在6家三甲医院完成临床验证。项目成果在全国33家医疗机构推广应用。项目发表SCI论文200余篇，他引4 000余次。（史 进）

【提高胰腺癌长期生存率的关键技术的建立和临床应用研究】 项目获2018年度上海市科技进步奖一等奖。项目创新胰腺手术胰肠吻合方法(沈氏吻合法)，降低胰腺手术并发症，实现手术零死亡；对早期胰腺癌，提高肿瘤根治性；对中期胰腺癌，采取手术优先，切除率77.8%，根治性切除率82.5%；对于晚期胰腺癌，采用联合脏器切除方法，3年存活率8.33%。建立胰腺微创手术技术体系，完成1 500余例胰腺微创手术。开展胰腺癌基础研究，建立基因分子分型方法，提出胰腺导管腺癌患者关键基因突变类型；建成胰腺导管腺癌PDX模型30余例，发现胰腺癌治疗药物5种，其中糖酵解酶抑制剂2种。完成胰腺癌外科综合治疗3 910例，长期随访患者2 189例，5年生存及以上者452例，总5年生存率13.8%，根治术5年生存率19.5%。项目发表论文192篇，其中SCI论文88篇；主编专著3部。（顾维英）

【骨盆肿瘤精准切除与个性化功能重建的关键技术创新与推广应用】 项目获2018年度上海市科技进步奖一等奖。项目应用3D打印技术首创“三位一体”骨盆肿瘤精准切除和个性化功能重建治疗模式，并临床转化；研发医学图像软件和金属3D打印个性化骨盆重建假体；创立医学3D打印创新研究中心全国联盟，个性化治疗理念和医学3D打印技术推广至23个省份56家医院；编制《个性化骨盆假体产品技术要求》。项目获专利授权48件、软件著作权登记3件；发表SCI论文83篇。（顾维英）

【肝癌个体化外科治疗策略的建立和应用】 项目获2018年度上海市科技进步奖一等奖。项目建立早期、多发、巨大、复发性肝癌和肝癌远处转移等8种预后预测模型，根据个体预后风险程度，精确选择治疗方法；针对肝癌极易侵犯血管导致术后复发转移，建立术前预测微血管侵犯(MVI)风险个体化评分模型；将术后病理MVI阳性作为靶标，建立抗复发措施5种；综合应用个体化技术使5年复发率降低14.2%；建立肝内胆管癌(ICC)外科治疗策略和技术方法，5年生存率35.2%，ICC术后10年生存率8.4%。项目实施期间，施行肝癌手术12 600例次；相关技术推广至全国200余家单位。研究结果纳入TNM分期等8个国际诊治指南。项目发表SCI论文70篇；主编专著2部。（顾维英）

【病毒相关肝细胞癌预防和控制关键技术的建立与应用】 项目获2018年度上海市科技进步奖一等奖。项目旨在降低病毒感染者肝细胞癌(HCC)发病率和死亡率，揭示乙肝病毒(HBV)致癌病毒变异累积效应和进化规律，建立早期预测预警模型，可提前6—7年预测HCC发生，应用于多个省市的社区及医院，覆盖4 000万人，惠及HBV感染者10余万人；发现免疫和炎症通路关键基因遗传多态性与HBV变异有显著交互作用，明确何种遗传背景HBV人群更易发生HCC，能更准确预测HCC发生；开展抗病毒预防，使高危HBV感染者HCC发病风险下降50%—60%，惠及肝炎患者5万人；阐明HBV-HCC复发独立危险因素，证实抗病毒治疗显著降低HCC复发；改写国内外HCC指南5个，临床4年生存率提高82.3%，惠及HCC患者1.5万余人。项目获专利授权和软件著作登记14件，并实现转化；发表论文132篇，其中SCI论文90篇，他引3 842次；出版专著《癌症进化发育学》。（史 进）

【大型高效低噪音变压器用取向硅钢开发及应用】 项目获2018年度上海市科技进步奖一等奖。项目针对大型变压器高效、低噪声，开展技术、装备产品研发和应用技术创新；发现钢中微量残余元素交互作用规律，设计新型复合抑制剂体系；开发取向硅钢有利织构及宏观晶粒控制关键技术，创立高效低噪声变压器用材制造核心工艺技术体系，首创取向硅钢产品2件、填补国内空白7件；自主集成新型功能装备11套，形成大型高效低噪声变压器用取向硅钢批量制造能力；研发大型高效低噪声变压器设计与优化技术；制造±

800 kV 及世界最高电压等级±1 100 kV 特高压变压器 186 台，国内特高压市场占有率 60%以上，并应用于美洲、欧洲及东南亚。项目获专利授权 9 件；通过上海市高新技术成果认定 6 件。（窦海青）

【工业污染源挥发性有机物治理关键材料研制及工程应用】 项目获 2018 年度上海市科技进步奖一等奖。项目研究石墨烯材料开展尺寸调控、表面调控和层间调控，应用于工业挥发性有机物（VOCs）治理工程；首创水热裁剪法，将微米尺寸石墨烯片切割成仅几个纳米直径、羧基功能化的石墨烯量子点，研制具有高效量子产率的荧光石墨烯量子点光催化材料；将研发的石墨烯材料应用于工业源 VOCs 治理工程，实现目标 VOCs 精准高效治理；开发的工业源 VOCs 治理设备系统实现产业化；与上海外高桥造船有限公司、江南造船（集团）有限责任公司、金龙联合汽车工业（苏州）有限公司等签订合同 41 项，研发设备系统应用于船舶、汽车、石化等行业，挥发有机污染物排放符合国家标准。（陈　阵）

【空间变结构蛇形臂及精细操控系统关键技术】 项目获 2018 年度上海市科技进步奖一等奖。项目攻克空间蛇形臂可变结构机构、高精度柔性精细操控、多模跟踪定位与识别、赋形末端仿生操作难题，提出空间变结构蛇形臂系统设计、分析与集成方法，实现空间蛇形臂的任意机动；提出协同运动规划与高精度视觉伺服控制方法，实现非合作多障碍物规避和高精度运动控制；突破多节点、变尺度、多模实时跟踪定位与精准识别技术，实现空间抖动面阵三维激光测量补偿；提出基于非线性观测器的闭环动态稳定控制策略，突破赋形末端仿生操作技术，提高末端精细操控自适应能力。项目成果应用于国家重大项目和型号。（包　豫）

【复杂空间环境下大型航天器动力学成套实验装备及试验方法】 项目获 2018 年度上海市科技进步奖一等奖。项目研制复杂空间环境下大型航天器动力学成套实验装备，建立大型装备微重力模拟技术，提出实验装备与试验件动力学混合建模和高精度协同控制方法；建立对接试验规范及真空低温环境动力学试验规范，制定航天器动力学仿真模拟与试验、测试和评估标准；实现复杂空间环境航天器动力学特性与过程准确模拟，为载人飞船和空间站及高分工程建设做出贡献，实现关键核心装备自主可控。项目获发明专利授权 16 件；制定国家军用标准 4 部；发表论文 38 篇。（顾维英）

【新一代北斗导航卫星首发星】 项目获 2018 年度上海市科技进步奖一等奖。项目研发新型专用导航卫星平台，验证新一代导航载荷新信号体制、自主运行与星间链路等技术；实现基于相控阵天线的 Ka 星间链路分时测量通信体制，为北斗卫星导航系统全球组网运行奠定基础；突破导航卫星信号连续高可用、导航载荷及信号体制等关键技术，实现原子钟 20 皮秒无缝切换，提升北斗导航系统连续运行稳定性；实现转发直发一体化导航信号播发体制和 Cn 频率导航试验和服务，实现自主知识产权的 QM_BOC、ACE_BOC 等导航信号验证；首创应用国产龙芯＋FLASH 架构，解决国产航天 CPU 空白；FPGA、DC/DC 和微波等核心器部件实现国产化。项目成果应用于北斗系统星座建设，并应用于其他多个型号研制。（顾维英）

【种养耦合及其废弃物循环利用技术】 项目获 2018 年度上海市科技进步奖一等奖。项目为废弃物循环利用及土壤保育和耕地质量提升提供解决方案；创立农区土壤养分动态分布表征关键技术，建立碳氮迁移行为及养分监测、诊断和预测的 China-DNDC 模型数据库，覆盖全国 90%以上 2 473 个县/市级的 100 余万条农田土壤养分基础数据；突破秸秆高效降解技术瓶颈，形成发酵、腐熟、造粒、过筛、包装的有机肥制备成套工艺；建立农区生态种养匹配与耦合集成关键技术，提出基于畜禽粪尿承载限量的生猪出栏数（头）与消纳土壤面积（亩）合理比值依据；技术模式和相关产品实现大范围推广。项目获发明专利授权 12 件、软件著作权登记 4 件；发表论文 112 篇，其中 SCI 论文 32 篇；出版专著 1 部；获国家微生物菌肥证 1 件、地方有机肥临时登记证 2 件。（陈　阵）

【工厂化金针菇系列新品种的选育及推广应用】 项目获 2018 年度上海市科技进步奖一等奖。项目实现育种理论与技术创新及新品种选育，经高强度筛选获得超亲自交纯合后代，解决杂合亲本高度离散的复杂性状育种难题；开发高效制种及栽培技术配套；优化液体种工艺，制种时间缩短 60%，成本下降 80%；改进栽培配方及栽培容器等；通过良种良法技术配套，节约能耗 4%以上，生物转化率 150%，A 菇率 80%；建立菌种保护与质量控制技术；开发简单重复序列多态性分子标记并用于菌种精准鉴定；研制的保护剂可使菌种保藏周期延长 1.2 倍，建立菌种产前检测技术——溴百里酚显色法；发现金针菇菌种病毒并建立脱毒复壮技术。项目获发明专利授权 7 件；通过上海市新品种认定 4 个；制定行业标准 1 部；发表论文 26 篇。（包　豫）

【南极磷虾资源可持续利用关键技术研究与应用】 项目获 2018 年度上海市科技进步奖一等奖。项目创建适用于高海况的南极磷虾资源调查评估方法，揭示资源时空分布变化规律，评估重点海域资源现存量；创新南极磷虾渔海况遥感信息融合、集成与应用技术，创建渔场渔情速预报系统，为南极磷虾资源开发利用提供保障；创新全天时南极磷虾拖网捕捞关键装备和技术，突破制约中国南极磷虾商业性开发技术瓶颈；阐明南极磷虾特定组分基础特性，突破加工利用、品质控制关键技术，研发相关产品并拓展应用领域。项目成果应用于中国全部磷虾捕捞船，推动中国南极磷虾渔业从无到有，产量跃居世界第 2 位。项目获专利授权 16 件、软件著作权登记 10 件；制订规范 1 部；发表论文 85 篇；出版

专著3部。(包 豫)

【长大地下工程安全风险精细化感控的关键技术及应用】 项目获2018年度上海市科技进步奖一等奖。项目针对长大地下工程安全风险时空变异性强、感知预控难等难题，实现长大地下工程安全风险精细化感控目标；揭示长大地下工程安全风险特征演化机理，预测邻近工程扰动引起安全风险，建立多重复杂环境作用下长大地下工程安全风险感知指标；研发长大地下工程高精度MEMS倾角、渗漏水等感知体，提出传感节点的鲁棒性布设方法；提出非均匀分簇路由、时空压缩恢复算法，研发无线传感网络协议；研发安全风险动态可视化预警技术；建立安全风险可恢复性控制模型，提出基于实时数据和可视化风险预警预控技术。项目成果应用于10余座城市重大复杂地下工程安全风险感控，并拓展到上海中环应急抢修中，研发产品在15个国家及地区近500个项目应用8 500套以上。项目获专利授权30件，其中发明专利授权20件，获软件著作权登记16件；主编国家规范1部，参编地方规范2部；发表论文144篇，他引1 225次；出版专著4部。(常艳丽)

【软土隧道强震非一致作用安全控制技术】 项目获2018年度上海市科技进步奖一等奖。项目研究长距离大断面软土隧道强震非一致作用的动力响应与控制技术，解决工程尺度隧道-地层大规模地震非线性动力仿真、强震非一致地震激励振动台试验，以及控制隧道地震差动效应的设计与装置等国际性难题；形成软土隧道抗震的专有技术，推动软土隧道建设从河口向海洋发展。项目成果应用于港珠澳大桥沉管隧道、上海越江长大盾构隧道、青草沙超长距离输水隧道等20余项重大工程；纳入国家、行业与地方技术标准和规范6部，为提高中国重大基础设施隧道结构的抗震防灾能力提供支撑。项目获专利授权15件，其中发明专利授权6件，获软件著作权登记4件；发表SCI论文67篇，EI论文147篇，ESI高被引论文2篇；出版中英文专著4部。(常艳丽)

【双主跨缆索承重桥梁的动力特性优化和风致振动控制】 项目获2018年度上海市科技进步奖一等奖。项目解决双主跨缆索承重桥梁的动力特性和风致振动问题；发现单主跨缆索承重桥梁一阶振型衍生出双主跨桥梁两阶振型规律，揭示双主跨斜拉桥随中塔刚度增大改善动力特性规律，提出改善双主跨斜拉桥动力特性方法；揭示双主跨悬索桥中塔塔顶主缆和鞍座滑移安全问题，建立双主跨悬索桥基于中塔抗滑移安全性的中塔刚度计算模型，提出基于结构动力特性和抗滑移安全的中塔刚度优化方法；发现双主跨悬索桥颤振振型转换现象并揭示其机理，提出取消梁底工字钢轨道的颤振和涡振气动控制方法；开发风嘴和上/下稳定板组合颤振气动控制技术，解决双主跨π型主梁悬索桥颤振失稳难题；提出双悬臂施工阶段增设单侧临时墩的风振控制方法，解决双主跨斜拉桥施工阶段风振强度和刚度问题。项目成果应用于武汉二七长江大桥、马鞍山长江大桥、武汉鹦鹉洲长江大桥等。项目获专利授权6件、软件著作权登记5件；出版专著3部；发表SCI/EI论文40余篇。(常艳丽)

【深水钻井隔水管涡激振动预报及抑制关键技术创新与应用】 项目获2018年度上海市科技进步奖一等奖。项目针对深水钻井隔水管VIV，提出单元速度向量转化方法，研发高精度预报方法和求解器；开发以双向耦合和斯特劳哈数自适应流体力数据库为基础的快速预报软件；开发模拟平台运动和背景洋流联合作用的实验技术和装置，提出水动力载荷分布的逆向识别理论；突破3 000 m水深多路分频水声信号传输、低功率供电、测点布局优化、实时预警等关键技术，开发国内首套现场监测预警技术和装置。项目成果应用于南海和西非等全球41口深水井。项目获发明专利授权32件、软件著作权登记2件；发表论文84篇，其中SCI/EI论文61篇，他引595次。(史 进)

【融合北斗的集装箱物流跟踪与监控技术及国际标准制修订】 项目获2018年度上海市科技进步奖一等奖。项目开发基于互联网实现集装箱全球跟踪管理的方法和解决方案，制定ISO 18186，被英国、荷兰、丹麦、捷克采纳为国家标准；创新基于卫星和移动互联的物流跟踪与监控技术，将北斗定位和通信技术及相关发明纳入ISO/TS 18625，打破GPS在该领域垄断；创建“移动互联网+云平台+NFC封条+智能手机”为架构的电子封条新系统，突破ISO 18185局限性，启动该国际标准修订。项目成果应用于集装箱运输、检验检疫、军队、能源等百余家单位，并以百万件批量出口至印度、美国、越南等国家。项目获专利授权和软件著作权登记32件。(包 豫)

【古陶瓷科技信息提取关键技术及其在考古和文化传承中的应用】 项目获2018年度上海市科技进步奖一等奖。项目构建古陶瓷检测关键技术体系，制订并颁布文物保护行业标准3件；建立古陶瓷多元信息采集系统和管理系统；对中国古陶瓷化学组成、器型结构等信息进行数据挖掘，总结中国古陶瓷科技发展中5个里程碑及三大技术突破；研发低温快烧自生分相-微晶釉、矿渣色釉及超细色料，开发技术应用于现代瓷釉生产。项目获专利授权25件；发表论文164篇；出版古陶瓷研究专著3部。(包 豫)

【“扶正治癌”病证结合防治肺癌技术创新和推广应用】 项目获2018年度上海市科技进步奖一等奖。项目明确“正气亏虚”是贯穿肺癌发病全程核心病机，促进肺癌干预重点从“人患之癌”向“患癌之人”转变，创建“扶正治癌”学术思想体系，完善中医治癌理论；构建具有中医特色的肺癌分期防治体系，优化肺癌规范化中医综合治疗方案；构建肺癌防治的动物研究平台、肺癌临床免疫评估模型和疗效预测模型，揭示“扶正治癌”防治肺癌免疫调控机制；建立临床科研一体化研究平台，形成基于临床促进科研转化和理论创新的中医药研究范式。诊疗方案在全国 188 家单位推广，就诊患者来自 30 个国家和地区，累计超过 2 000 万人次。项目研制国家新药 3 个；获发明专利授权 3 件；发表论文 243 篇；出版著作 15 部；制订肺癌中医辨证分型和疗效评价国家标准及常见肿瘤诊疗指南 3 部。 （窦海青）

【ARJ21 喷气支线客机】 项目获 2018 年度上海市科技进步奖一等奖。项目提出基于民用飞机经济性的喷气支线客机总体设计技术，建立国产喷气客机设计技术体系；建立民用飞机安全性设计和适航验证技术体系；提出喷气支线客机静暗智能电控驾驶舱设计技术；提出飞机装配过程中设计参数更改映射与模块自动化对比技术和全机电缆完整性自动测试方法。项目成果提升中国民用飞机产业体系，为 C919、CR929 及民用飞机研制奠定基础。项目累计获订单 473 架。 （顾维英）

【百万千瓦级二次再热超超临界汽轮机】 项目获 2018 年度上海市科技进步奖一等奖。项目开发高参数大容量高效超超临界火力发电机组，可在现有超超临界发电技术上降低煤耗，提高机组经济性，符合洁净煤发电技术方向；依托国电泰州 2 期工程，研发全球首台百万千瓦级二次再热机组；开发机组在国内投运 4 台，在建项目 10 个以上，机组数量 20 余台，打破国外技术垄断，实现中国火力发电技术突破。 （吴洁敏）

【IDH 突变胶质瘤的发病机理及分型应用】 项目获 2018 年度上海市科技进步奖一等奖。项目剖析 IDH 突变胶质瘤发病机制，证实 IDH 突变后 2-HG 累积和 α-KG 下降等代谢性改变是胶质瘤发生关键因素；2-HG 累积抑制一系列双加氧酶活性是其促癌主要机理；建立基于 IDH 突变胶质瘤分型；在分型指导下提升胶质瘤综合治疗策略，开发术中快速分子诊断方法；临床试验发现化疗改进方案可延长患者生存期 33%，其中 IDH 突变胶质瘤对放化疗更敏感；研发干细胞样抗原致敏树突状细胞疫苗，完成 1、2 期临床试验；将代谢标志物用于胶质瘤分子诊断，改善治疗策略，提升患者预后。项目获专利授权 2 件、软件著作权登记 1 件；发表论文 42 篇。 （史 进）

【超大型集装箱船系列化船型关键技术及应用】 项目获 2018 年度上海市科技进步奖一等奖。项目开展船型平台开发技术和系列化船型关键技术研究，突破系列化船型开发技术、船体水动力学、结构评估技术与优化、大直径长轴系评估与设计、大容量输配电系统架构等共性关键技术，创建四大船型平台，实现船型尺度优选和批量化开发；突破基于营运特质的多目标优化技术，推出一系列综合能效水平高的船型；攻克基于水弹性的结构响应分析关键技术，建立超大型集装箱船结构安全评估方法；突破船体变形和环境温度引起的长轴系变形预报难题，解决大直径长轴系扭转振动问题；解决大短路电流及电压降问题，提出中压系统中性点接地方式选择计算方法，提升费效比。项目实施期间，实船订单 87 艘，设计订单合同超过 2.5 亿元。项目获专利授权 5 件；发表论文 18 篇。 （史 进）

第三节 科技人才奖励

【10 人获 2018 年度上海市青年科技杰出贡献奖】 在 2018 年度上海市科技奖励大会上，授予张显程、张远波、游书力、白志山、熊红凯、蒲华燕、达声蔚、陈运文、姜正文、李宗海 10 人上海市青年科技杰出贡献奖。

张显程 1979 年 10 月生。华东理工大学教授、博士生导师，华东理工大学-中航商发动公司共建航空发动机寿命预测联合创新中心主任。长期致力于高温结构长寿命安全保障理论与技术前沿研究，在基于损伤的高温结构寿命设计方法、基于断裂力学的寿命评定理论及基于表面状态调控的寿命提升技术等方面取得创新。主持国家、国防及省部级等重要课题 20 余项，成果应用于中国航空、航天发动机关键部件及重载传动部件设计、制造与运行维护。获发明专利授权 13 件(其中美国专利 1 件)、实用新型专利 4 件、软件著作权登记 5 件；发表论文 125 篇，其中 SCI 论文 102 篇，以通讯作者发表论文 91 篇，他引 2 000 余次；参编专著、英文文集各 1 部。牵头项目获上海市科技进步奖一等奖；参与项目获国家自然科学奖二等奖、中国机械工业科技进步奖一等奖、上海市自然科学奖一等奖、北京市自然科学奖一等奖。入选教育部新世纪人才、中组部青年拔尖人才、上海市青年科技英才、国家优秀青年基金、教育部青年长江学者、国家杰出青年基金、国防科技卓越青年基金等。

张远波 1978 年 7 月生。复旦大学特聘教授、博士生导师。致力于探索新型二维材料中的新物理，在国际上率先制备以新型二维晶体黑磷为基础的场效应晶体管器件，表明黑磷是制备场效应晶体管的一种性能优异的新型二维材料；发现石墨烯中半整数量子霍尔效应。主持国家自然科学基金委重点项目、重大科研仪器研制项目、国家重点研发计划及韩国三星公司横向项目等 7 个项目和课题。发表论文 40 余篇，他引超过 24 600 次。入选国家杰出青年科学基金、长江学者特聘教授、创新人才推进计划中青年科技创新领军人才；获教育部青年科学奖、中国优秀青年科技人才奖、马丁·伍德爵士中国物理科学奖、日本仁科芳雄亚洲奖、求是杰出青年学者奖等奖项。

游书力 1975 年 4 月生。中科院上海有机化学研究所研究员，金属有机国家重点实验室主任。主要从事不对称催化研究。首次提出催化不对称去芳构化概念，为手性合成开辟新的研究领域；发展系列新手性配体，实现原子经济性高、环境友好的高选择性不对称去芳构化、金属与有机串联催化和碳氢键直接官能团化等新反应，完成多个天然产物全合成;发展的新配体、新反应和新概念应用于40余个研究组新催化体系和新反应方法开发;发展的手性亚磷酰胺配体及氮杂环卡宾催化剂实现商品化。获发明专利授权30件;发表SCI论文230余篇,他引8 600余次,单篇最高他引414次;出版英文专著2部。获阿斯利康杰出化学奖、英国皇家化学会默克奖、何梁何利基金奖青年创新奖、上海市自然科学奖一等奖、上海市自然科学牡丹奖和国家自然科学奖二等奖等奖项。

白志山　1979年2月生。华东理工大学教授、博士生导师。致力于吸附颗粒制备、界面调控和机制、分离强化技术与装备等研究。建立纳米级别在剪切流中扩散、吸附的理论模型,开发不稳定流中液滴强化离子、分子污染物萃取分离方法;发展高比表面积改性吸附微球制备技术,构建旋流场中固体颗粒强化重金属离子废水分离方法;设计粒径可控的单液滴生成装置系统,搭建液滴碰撞纤维的观察平台,揭示液滴与纤维相互作用机制,提出液膜强化捕集分离技术,酸烃直接精细分离,实现生产过程中废碱水零排放。相关技术应用到25个省市112套化工生产装置。申请中国发明专利19件,获荷兰、美国、中国发明专利授权28件。以第一作者或通讯作者发表SCI/EI论文34篇。牵头项目获上海市技术发明奖一等奖1项,上海市科技进步奖一等奖1项,参与项目获国家科技进步奖二等奖2项。入选科技部领军人才、青年长江学者、“973”计划青年首席科学家、国家优秀青年科学基金、首批“万人计划”青年拔尖人才等。

熊红凯　1973年7月生。上海交通大学特聘教授、致远学院副院长。致力于信号处理、编码与通信、视觉与机器学习研究。建立高精度稀疏表示理论与方法;开发高性能渐进预测的交互编码技术;开发高动态传输适配优化技术。研究成果在腾讯科技(深圳)有限公司、宇龙计算机通信科技(深圳)有限公司、百视通网络电视技术发展有限责任公司等产业化应用,云转码和内容分发平台、浏览器视频点播、移动终端可视电话、移动芯片视频等服务实现多类型规格的视频内容设备。获上海市技术发明奖一等奖2项。获发明专利授权23件;发表论文200余篇;出版著作1部。入选国家杰出青年科学基金、长江学者特聘教授、国家“万人计划”领军人才、科技部中青年科技创新领军人才、上海市优秀学术带头人等。

蒲华燕(女)　1982年12月生。上海大学教授、博士生导师,上海大学无人艇工程研究院执行院长,海洋智能无人系统教育部工程研究中心常务副主任。从事智能与自主机器人的研究与应用,在发展高机动、高稳定、高自主的复杂海洋环境机器人探测装备技术方面做出贡献。在国家自然科学基金重大研究计划、国家“863”主题项目、国家海洋局项目等支持下,开展复杂海洋环境下智能无人探测装备关键技术创新及应用研究,研制自主机器人探测装备,应用于南极罗斯海浮冰海域、东海岛礁群复杂海域、南海岛礁海域等极端环境。相关装备应用于南极科考、海上轻油泄露事件处置。获发明专利授权31件;发表论文70余篇。牵头项目获2017年度上海市技术发明奖一等奖,参与项目获2016年度国家技术发明奖二等奖、2015年度上海市科技进步奖一等奖、2018年中国机械工业科学技术奖一等奖、2015年度中国国际工业博览会创新金奖。

达声蔚　1973年1月生。上海小蚁科技有限公司创始人和首席执行官。2014年创立公司,带领团队研发家用摄像机、行车记录仪、运动相机等互联网智能硬件产品,研发国产首款微单相机。在人工智能(AI)视觉算法开发领域,成为全球AI机器视觉领导者,申请专利100余件,获专利授权52件,其中发明专利17件;研发边缘智能机器视觉产品28款。2018年联合谷歌公司在美国广播电视展发布VR相机产品YI-HALO,联合微软发布美国品牌KAMI,与微软云达成战略合作,是唯一一家获得亚马逊Global DOTD的中国企业,完成全球首个以视频运用为基础的物联网开放平台“云蚁物联”搭建与市场化运营,服务于智慧出行、智能家居、智慧零售、智慧园区等新业态。公司获批2016年国家级高新技术企业,获2017年上海市科技小巨人企业立项,获2018年浦东总部经济十大经典样本科技创新奖。全球个人用户突破1 300万,企业用户突破50万。获专利授权34件。

陈运文　1981年7月生。达而观信息科技(上海)有限公司创始人及董事长。2015年创办公司,带领团队以构建语义理解大数据平台为核心,实现企业内外部文本数据自动化分析挖掘和融合应用,形成以文本语义理解核心技术、智能搜索关键系统、核心大数据支撑平台和各行业智能应用的完备产业链,应用于招商银行、上海浦东发展银行、中国平安保险(集团)股份有限公司等数百家企业和政府单位,为促进人工智能技术在金融、法律、制造、通信等行业应用做出贡献。

姜正文　1976年12月生。上海天昊生物科技有限公司总经理。2008年创立公司,带领团队研发多项具有国际水平的基因检测技术,并拥有多项专利,尤其在基因突变/SNP分型、基因拷贝数检测等方面达到国内外领先水平。在生殖健康领域开发多项基因检测产品,包含20项遗传病基因突变携带者、新无创TM染色体非整倍体(T21/T18/T13)基因筛查和覆盖200余种已知致病基因组缺失重复突变的染色体微缺失微重复突变检测等,为国内外基因生物领域科研机构、医学院校及生物企业提供精确、高效的基因检测技术服务,提供超过7 500项科研服务。在单核苷酸多态性分型、基因拷贝数检测及目标基因富集二代测序方面拥有多项自主研发创新技术,推动孕前遗传病基因突变携带者及产前无创胎儿染色体变异筛查,为降低中国新生儿出生缺陷率做出贡献。获国内外发明专利授权16件;发表SCI论文27篇。

李宗海　1974年1月生。科济生物医药(上海)有限公司董事长、首席执行官、首席科学官。2014年创建公司,带领团队构建研发肿瘤靶向抗体的全人抗体库与人源化抗体技术平台,为抗体药物研发提供支撑。研发包括GPC3、EGFR/EGFRvIII和Claudin18.2等靶点的CAR-T候选产品，覆盖大部分实体瘤，申请国内外专利120余件。公司建立涵盖工艺开发、分析方法开发，以及符合GMP要求的生产和质量体系，为CAR-T产品产业化打下基础。申请发明专利120余件，获授权20件；发表论文70余篇，其中以通讯作者发表SCI论文39篇。入选2007年上海市青年科技启明星计划、2013年教育部新世纪优秀人才支持计划、2016年上海市优秀学科带头人培养计划。

（刘海峰　路继根　吴洁敏　窦海青　史　进）

【1人获2018年度上海市国际科技合作奖】　在2018年度上海市科技奖励大会上，授予张树庭上海市国际科技合作奖。

张树庭（Shu Ting Chang）　澳大利亚籍。曾任香港中文大学生物系主任、理学院院长、理工研究所所长、香港生物学教学研究会副主席、香港微生物学会会长，1994年获大英帝国官佐勋章勋衔。张树庭是中国食用菌产业跨越式发展贡献者。1978年应原国家轻工业部邀请在北京参加第1期食用菌交流研讨会，应邀在中国近30个省市讲授各式食用菌培训班超过80期，赴140余个县市乡村指导菇农种菇，传授食用菌科技知识，先后被30余家单位聘请为科学顾问（客座教授）。1998年起与市农科院食用菌研究所合作，研发出原生质体单核化技术香菇育种方法，并为食用菌研究所选育出"申香"系列香菇品种，先后获国家科技进步奖二等奖、上海市科技进步奖一等奖等奖励。

（刘海峰　路继根　吴洁敏　史　进）

【上海3人获2018年度何梁何利基金奖】　11月6日，2018年度何梁何利基金颁奖大会在北京举行。上海3人获奖，占全国的5.3%。其中，同济大学陈杰、上海大学张统一获科学与技术进步奖，中科院上海药物研究所吴蓓丽获青年创新奖。

陈　杰　1965年7月。同济大学校长、教授、博士生导师，工程院院士。从事控制科学与工程等领域研究，主要研究涉及复杂系统的多指标优化与控制，多智能体协同控制等；建立分布式协同控制的混合智能优化与稳定性的理论与方法，突破数字化阵地信息快速自主获取与控制，解决与平台非固联的快速精确寻北，平台大间隔分散布阵的基准精确传递；运用所提出的分布式自主协同控制理论，构建感知、指挥、控制一体化系统构架；实现多运动平台协同控制，突破分布式协同控制等技术难题，研制装备得到列装。

张统一　1949年10月生。上海大学教授、博士生导师，中科院院士，香港工程院院士。从事材料力学性质研究，在压电断裂、微观/纳观力学和材料的氢致开裂等领域内取得多项成果。给出电绝缘裂纹的压电线性断裂力学精确解，澄清国际学术界对裂纹面上电边界条件争执，奠定压电线性断裂力学基础；建立表征薄膜及纳米材料力学性质的微/纳桥测试理论和方法；证明氢原子在铁中应变场非球对称性，证实钢铁在纯扭转和剪切载荷下会发生氢脆。获国家自然科学奖二等奖2项。

吴蓓丽（女）　1979年1月生。中科院上海药物研究所研究员。致力于研究GPCR对细胞信号识别和调控机制，并侧重于传染性疾病、心血管疾病和糖尿病等疾病相关的重要GPCR研究，为相关药物研发提供支撑，建立国内首个GPCR结构研究技术平台，解析8种重要GPCR高分辨率晶体结构，实现中国研究组独立测定GPCR结构零的突破。在《科学》(*Science*)、《自然》(*Nature*)和《细胞》(*Cell*)发表论文9篇，其中以通讯作者发表6篇。入选中科院"百人计划"。

（刘海峰　路继跟　吴洁敏　窦海青）

【上海2人获2018年度陈嘉庚科学奖】　5月30日，2018年度陈嘉庚科学奖及陈嘉庚青年科学奖在北京揭晓，上海2人获奖。其中，中科院上海有机化学研究所黄正、中科院上海药物研究所吴蓓丽获陈嘉庚青年科学奖。

黄　正　1979年2月生。中科院上海有机化学研究所研究员。现任《科学通报》副主编。主要从事金属有机化学和均相催化研究。发表论文60余篇；获国际专利授权2件、中国专利授权4件。入选第4批国家"万人计划"科技创新领军人才、2014年国家杰出青年科学基金项目、2018年杰出青年科学基金项目。获陈嘉庚青年科学奖、上海市青年科技英才、中国均相催化青年奖、赢创化学创新奖-杰出青年科学家奖、上海市青年五四奖章、中科院上海分院十大杰出青年科技创新人才奖等奖励与称号。

吴蓓丽（女）　参见第283页【上海3人获2018年度何梁何利基金奖】。

（徐晓娜）

【上海4人获第11届谈家桢生命科学奖】　11月19日，第11届谈家桢生命科学奖颁奖典礼在中南大学举行，14名科学家获奖，上海4人获奖。其中，复旦大学金力获谈家桢生命科学成就奖，生物芯片上海国家工程研究中心部恒骏获谈家桢生命科学临床医学奖，中科院生物化学与细胞生物学研究所刘默芳、中科院神经科学研究所孙强获谈家桢生命科学创新奖。

金　力　1963年3月生。复旦大学教授，中科院院士，德国马普学会外籍会员。主要从事医学遗传学及遗传流行病学、人类群体遗传学和计算生物学研究。承担国家自然科学基金委重大项目、国家杰出青年基金项目、国家"973"项目、市科委等多项重大课题。发表SCI论文280篇，他引14 000次以上。入选1999年教育部长江学者讲座教授、国家"973"计划项目首席科学家、2006年国家杰出青年基金项目。享国务院政府特殊津贴；获国家自然科学奖二等奖、何梁何利基金奖科学与技术进步奖、教育部科技进步奖一等奖、上海市科技进步奖一等奖、上海市科技精英、优秀学科带头人等奖励与称号。

部恒骏　1965年7月生。上海生物芯片有限公司副总裁，生物芯片上海国家工程研究中心主任，上海芯超生物科技有限公司总经理。主持"十五"国家"863"肿瘤样本库与组织芯片等国家重大专项、重点项目近20项。研发肿瘤组织芯片、cDNA组织芯片1 000余种，开展3 000余个标记物大样本验证。领衔科研团队开展"十三五"中国重大疾病与罕见病生命组学大数据重大专项。申报发明专利 50 余件；获上海市、国家重点新产品各 1 项、上海市 A 级高新技术成果转化 2 项；20 余个创新型医疗器械产品在研；获 CFDA 新药证书 1 件、医疗器械注册证书 4 件、进入体考 2 件、特别审批创新通道 1 件、中检所检验合格 5 件；发表论文 300 余篇、SCI 论文 100 余篇；主编专著 4 部、参编 3 部。入选教育部长江学者特聘教授。享受国务院政府特殊津贴；获国家工程研究中心先进工作者、上海市优秀学科带头人、上海市组织部领军人物、张江人才等奖励与称号。

刘默芳(女) 1969 年 9 月生。中科院生物化学与细胞生物学研究所研究员。从事非编码 RNA 在癌症发生和精子发生中的功能机制研究。作为项目首席科学家或负责人承担近 20 项国家重大科研任务。发表论文 50 余篇；入选中国生命科学十大进展、中科院科技创新亮点成果、中国百篇最具影响国际学术论文等。入选国家杰出青年科学基金项目、上海市优秀学术带头人计划、国家百千万人才工程人选。获有突出贡献中青年专家、上海市三八红旗手标兵等称号。

孙　强 1973 年 5 月生。中科院神经科学研究所研究员，苏州非人灵长类研究平台主任。从事非人灵长类动物辅助生殖、早期胚胎发育和胚胎操作研究，致力于提升和优化非人灵长类遗传修饰动物模型构建技术。基于慢病毒转染和分子剪刀技术，完成多种基因敲除和敲入猴模型的构建，包括 *MECP2* 转基因的自闭症模型猴、*BMAL1* 基因敲除的节律紊乱模型猴、*PRRT2* 基因敲除的运动功能障碍模型猴等；建立基于精巢异种移植的成熟加速技术，缩短食蟹猴传代时间；利用核移植技术在国际上首次获得体细胞克隆猴"中中""华华"；利用克隆猴技术，获得世界上首批遗传背景一致的 *BMAL1* 基因敲除的节律紊乱模型猴。研究成果入选 2016 年和 2018 年中国科学十大进展和中国生命科学领域十大进展。发表论文 18 篇，入选国家杰出青年科学基金项目、国家"万人计划"、中青年科技创新领军人才。

(邵　田　邹媛媛　钱可扬　侯新伟)

【27 人获第 9 届上海青年科技英才称号】 9 月 25 日，第 9 届上海青年科技英才评选结果揭晓，27 人入选。其中，9 人获第 9 届上海青年科技英才(基础研究类)称号，10 人获第 9 届上海青年科技英才(成果转化类)称号，8 人获第 9 届上海青年科技英才(企业创新类)称号。

第 9 届上海青年科技英才名单

序号	获奖人	所在单位	获奖类别
1	马　骧	华东理工大学	基础研究类
2	张远波	复旦大学	基础研究类
3	金贤敏	上海交通大学	基础研究类
4	侯　晋	海军军医大学	基础研究类
5	侯军利	复旦大学	基础研究类
6	胡伟达	中科院上海技术物理研究所	基础研究类
7	胡国宏	中科院上海生命科学研究院	基础研究类
8	赵玉政	华东理工大学	基础研究类
9	黄　正	中科院上海有机化学研究所	基础研究类
10	冯世进	同济大学	成果转化类
11	任善成	上海长海医院	成果转化类
12	刘亚东	上海交通大学	成果转化类
13	何志平	中科院上海技术物理研究所	成果转化类
14	张大伟	上海理工大学	成果转化类
15	杨　文	东方肝胆外科医院	成果转化类
16	杨　珉	复旦大学	成果转化类
17	封小松	上海航天设备制造总厂有限公司	成果转化类
18	钟来平	上海交通大学医学院附属第九人民医院	成果转化类
19	蒲华燕	上海大学	成果转化类
20	王少白	上海逸动医学科技有限公司	企业创新类
21	王波兰	上海机电工程研究所	企业创新类
22	刘　涛	上海城投公路投资(集团)有限公司	企业创新类
23	吴东方	上海光亮光电科技有限公司	企业创新类
24	李俊菲	上海微创医疗器械(集团)有限公司	企业创新类
25	陈运文	达而观信息科技(上海)有限公司	企业创新类
26	贾梦虹	上海微谱化工技术服务有限公司	企业创新类
27	谢振超	上海航天测控通信研究所	企业创新类

(葛繁丽)

【15 人获第 10 届上海市巾帼创新奖(新秀奖)】 3 月 7 日，在上海市纪念"三八"国际妇女节 108 周年大会上，第 10 届上海市巾帼创新奖(新秀奖)揭晓。15 名科技、教育、卫生领域的优秀女性获奖。其中，10 人获巾帼创新奖，同时获上海市三八红旗手标兵称号，5 人获巾帼创新新秀奖，同时获上海市三八红旗手称号。

第 10 届上海市巾帼创新奖(新秀奖)名单

序号	获奖人	所在单位	获奖类别
1	毛献群	中船集团公司第七〇八研究所	巾帼创新奖
2	胡　薇	复旦大学	巾帼创新奖
3	毕宇芳	上海交通大学医学院附属瑞金医院	巾帼创新奖
4	杜文莉	华东理工大学	巾帼创新奖
5	华克勤	复旦大学附属妇产科医院	巾帼创新奖
6	杨亚琴	上海社科院智库研究中心	巾帼创新奖

续表

序号	获奖人	所在单位	获奖类别
7	侯　霞	中科院上海光学精密机械研究所	巾帼创新奖
8	刘默芳	中科院生物化学与细胞生物学研究所	巾帼创新奖
9	吴洁姝	上海市基础工程集团有限公司第三工程公司	巾帼创新奖
10	孙秀丽	中科院上海有机化学研究所	巾帼创新奖
11	周慧芳	上海交通大学医学院附属第九人民医院	巾帼创新新秀奖
12	印　娟	中国科学技术大学上海研究院	巾帼创新新秀奖
13	张艳丽	中国电科第二十一研究所	巾帼创新新秀奖
14	彭　艳	上海大学	巾帼创新新秀奖
15	张晓娣	上海社科院经济研究所	巾帼创新新秀奖

（夏敏慧）

第四节 | 社会科技奖励 >>

【2018年度社会力量设立科学技术奖开展情况】 上海坚持公益化、非盈利原则，引导全市社会力量设立目标定位准确、学科或专业特色鲜明的科技奖项，鼓励具有一定实力的奖项向国际化方向发展，逐步培养在国际上具有较大影响力的知名奖项。经调查统计，2018年度，原在市科委登记设立的28项社会力量设立科学技术奖（简称社会科技奖励）中有12项奖开展评选活动，共奖励588项（人），奖金总额421.5万元。上海社会科技奖励已成为科技奖励体系的重要组成部分，在激励自主创新中发挥积极作用，为推动科技进步和经济社会协调发展，加快上海建设具有全球影响力的科技创新中心激发更大活力。

2018年度开展奖励活动的社会科技奖励情况

序号	奖励名称	获奖人/项目(个)	奖励经费（万元）
1	上海高校学生创造发明科创杯奖	126	0
2	陈嘉庚青少年发明奖(上海)	100	7.0
3	黄耀曾金属有机化学奖	3	7.0
4	上海医学科技奖	44	193.0
5	上海药学科技奖	9	14.0
6	上海中西医结合科学技术奖	16	10.2
7	上海中医药科技奖	24	26.7
8	上海市水务海洋科学技术奖	34	0
9	上海产学研合作优秀项目奖	11	41.0
10	上海海洋科学技术奖	84	5.5
11	上海科学技术情报成果奖	21	0
12	上海科普教育创新奖	116	117.1
总计		588	421.5

（刘海峰　路继根　吴洁敏　窦海青）

【44个项目获第16届上海医学科技奖】 8月7日，第16届上海医学科技奖颁奖大会在上海国际会议中心举行。该奖项由上海医学会设立，共评出44个获奖项目，其中一等奖6项、二等奖14项、三等奖19项、成果推广奖5项。

第16届上海医学科技奖获奖名单

序号	项目名称	主要完成单位	主要完成人	获奖等级
1	基于多学科合作的卵巢癌精准诊治平台的构建与完善	上海交通大学医学院附属仁济医院	狄　文、邱丽华、李卫平、庄光磊、殷　霞、戴　岚、张　殊、张　宁、王　西、吴　霞	一等奖
2	精细化创面管理关键技术的研究与应用	上海长海医院	夏照帆、肖仕初、朱世辉、唐洪泰、纪世召、罗鹏飞、郑勇军、王光毅、陈郑礼、马　兵	一等奖
3	慢性肾炎分子遗传新机制和临床诊治新策略	上海交通大学医学院附属瑞金医院	陈　楠、谢静远、任　红、王伟铭、史　浩、李　晓、沈平雁、潘晓霞、靳远萌、陈晓农	一等奖
4	母体内外因素对胎儿发生发育和妊娠结局的影响	上海长征医院、海军军医大学	李　文、高　路、孙宁霞、倪　鑫、赵　倩、刘伟娜、徐　晨、樊　华、盛　菲、李　虹	一等奖
5	膀胱癌诊疗新技术应用及发病机制研究	上海长海医院	许传亮、张振声、曾蜀雄、徐伟东、高　旭、孙颖浩、宋瑞祥、刘安伟、侯建国、王辉清	一等奖
6	糖代谢紊乱的新风险机制研究及临床应用推广	上海交通大学医学院附属第九人民医院	陆颖理、王宁荐、夏芳珍、陈　奕、楼青青、翟华玲、韩　兵、李　琴、姜博仁、程　静	一等奖
7	肥胖和糖尿病诊治新技术及发病新机制	上海交通大学附属第六人民医院	包玉倩、于浩泳、贾伟平、郑　起、马晓静、张　频、狄建忠	二等奖
8	肺癌放疗核心技术的建立和临床应用	上海交通大学附属胸科医院、复旦大学附属肿瘤医院	傅小龙、蒋国梁、冯　雯、夏　冰、王艳阳、朱正飞、张　琴	二等奖

续表

序号	项目名称	主要完成单位	主要完成人	获奖等级
9	骨盆髋臼骨折基础研究及临床应用	上海交通大学附属第一人民医院	王秋根、王建东、吴剑宏、王　谦、汪　方、王会祥、毕　春	二等奖
10	慢性肾脏病系列方药临床疗效评价及关键机制	上海中医药大学附属曙光医院	何立群、沈沛成、张昕贤、曹和欣、邹　赟、李　屹、杨雪军	二等奖
11	慢性阻塞性肺病发病新机制和干预治疗新措施	复旦大学附属中山医院	白春学、王向东、宋元林、陈　弘、张　静、吴晓丹、陈智鸿	二等奖
12	脓毒症早期诊断与免疫调理的基础与临床研究	上海长海医院、上海交通大学附属第一人民医院	邓小明、王嘉锋、李金宝、卞金俊、薄禄龙、朱科明、万小健	二等奖
13	强直性脊柱炎发病机制的创新研究及关节功能重建	上海长海医院、上海交通大学附属第六人民医院	徐卫东、戴生明、蔡　青、李　甲、黄　轩、童　强、何崇儒	二等奖
14	人体死亡时间数学模型的构建及应用研究	复旦大学、上海市公安局物证鉴定中心	陈　龙、马开军、马剑龙、吕叶辉、李文灿、徐红梅、陶　丽	二等奖
15	特应性皮炎的研究与治疗新策略	上海交通大学医学院附属新华医院、北京大学人民医院、复旦大学附属华山医院、中国医学科学院皮肤病医院	姚志荣、张建中、徐金华、顾　恒、李　明、李化国、张　卉	二等奖
16	天疱疮的发病机理及诊断治疗的临床新应用	上海交通大学医学院附属瑞金医院	潘　萌、郑　捷、元慧杰、朱海琴、许人超、刘芝翠、周生儒	二等奖
17	微小 RNA 抗乳腺肿瘤研究及其特异抑制剂的研发	同济大学附属东方医院	俞作仁、刘中民、徐增光、赵　倩、王光学、梁春立、吕金辉	二等奖
18	徐汇智慧云医院建设与医疗健康模式创新	上海市徐汇区中心医院、上海贯众健康管理咨询有限公司	朱　福、胡　珺、张　雄、庞郁悦、朱清泉、胡楠芳、葛春林	二等奖
19	“医院—社区—家庭”三元联动的慢病连续性照护模式构建及推广应用	同济大学附属第十人民医院、复旦大学附属华东医院、复旦大学附属上海市第五人民医院	施　雁、白姣姣、杨青敏、王西英、卢　群、刘聪香、龚美芳	二等奖
20	致盲性眼病防治融合体系的创建和精准干预	上海交通大学附属第一人民医院、上海市眼病防治中心、上海申康医院发展中心、上海交通大学	邹海东、赵　蓉、许　迅、陆丽娜、何鲜桂、朱剑锋、马莹琰	二等奖
21	鼻颅底咽喉头颈肿瘤精准诊疗的基础及临床研究	上海长征医院、上海市浦东新区公利医院	刘环海、陈晓平、范静平、廖建春、胡　安	三等奖
22	“大医小护”医学科普公众号及其推广应用	复旦大学附属中山医院、上海交通大学附属第六人民医院、上海市公共卫生临床中心、上海中医药大学附属曙光医院、广东医科大学附属医院	董　健、王　韬、卢洪洲、魏薇萍、熊旭东	三等奖
23	骨肿瘤保肢及其功能重建新技术的综合应用及基础研究	同济大学附属第十人民医院、上海交通大学附属第六人民医院	张春林、李国东、梅　炯、沈　赞、朱昆鹏	三等奖
24	JAK-STAT 信号通路在盆腔肿瘤血管形成及治疗中的临床与机制研究	同济大学附属第十人民医院	许　青、牛桂莲、田　赟、李春燕、方珏敏	三等奖
25	基于标准化全过程管理的结直肠癌临床与基础研究	上海交通大学医学院附属新华医院	崔　龙、刘辰莹、沈　伟、陈　卫、杜　鹏	三等奖
26	基于多源异构数据的健康服务资源空间规划技术及其应用	复旦大学、上海市疾病预防控制中心	罗　力、付　晨、周奕男　熊雪晨、张天天	三等奖
27	基于中国人群的更年期综合征综合防治策略的建立与推广	上海交通大学附属第六人民医院	陶敏芳、滕银成、刘章顺、郑燕伟、邵红芳	三等奖

续表

序号	项目名称	主要完成单位	主要完成人	获奖等级
28	颈动脉外科干预新技术在缺血性脑卒中防治中的研究与应用	复旦大学附属浦东医院、复旦大学附属华山医院	余　波、史伟浩、谭晋韵、童进东、朱　磊	三等奖
29	抗血小板药物替格瑞洛在中国冠心病人群中的探索性研究	上海长海医院	马丽萍、李　攀、王　卓、赵仙先、杨雅薇	三等奖
30	慢性肝病进展中相关分子靶点的发现及临床综合治疗新技术的研发	上海交通大学医学院附属同仁医院、江苏省人民医院、同济大学附属东方医院	王玉刚、施　敏、鲁小杰、周　俊、吴　琼	三等奖
31	慢性疲劳综合征负性情绪中枢机制与诊疗方案	上海中医药大学附属岳阳中西医结合医院	张振贤、黄　瑶、张　敏、陈　敏、陈若宏	三等奖
32	慢性肾脏病胰岛素抵抗和肾脏保护的研究	复旦大学附属浦东医院、上海交通大学附属第一人民医院宝山分院	金惠敏、郭黎莉、杨秀红、顾燕红、战晓丽	三等奖
33	门脉高压介入治疗技术的临床应用	复旦大学附属中山医院	颜志平、王建华、罗剑钧、王小林、龚高全	三等奖
34	上海市老年护理(医)院出入院评估标准研究	上海交通大学医学院、上海市浦东新区潍坊社区卫生服务中心、上海市东海老年护理医院、上海市金山区众仁老年护理医院	李国红、杨颖华、李水静、杜兆辉、凡　芸	三等奖
35	涉及儿童受试者的临床试验伦理审查特殊规范准则的建立和应用	上海交通大学附属儿童医院、复旦大学	奚益群、唐　燕、杨红荣、周　萍、黄　敏	三等奖
36	四肢远端蒂皮瓣的技术创新与临床应用	同济大学附属杨浦医院、上海长征医院、复旦大学附属华山医院、同济大学附属同济医院	张世民、侯春林、顾玉东、王　欣、张　凯	三等奖
37	小儿先天性心脏病伴气管狭窄外科诊治及基础研究的创新与突破	上海交通大学医学院附属上海儿童医学中心	徐志伟、王顺民、杜欣为、朱丽敏、郑景浩	三等奖
38	中医综合治疗小儿肺炎的临床评价研究及作用基础	上海中医药大学附属龙华医院	姜之炎、肖　臻、姜永红、徐彬彬、史竟懿	三等奖
39	综合性医院全科医学科的建设模式及实践	同济大学附属杨浦医院	于德华、张　斌、陆　媛、张含之、王朝昕	三等奖
40	精确麻醉管理在术后认知功能障碍防治中的基础和临床的推广应用	上海交通大学医学院附属瑞金医院	于布为、罗　艳、薛庆生、陶国荣、张富军、董　榕、庄　蕾	成果推广奖
41	临终病人舒缓疗护适宜技术创新集成与推广应用	上海市静安区临汾路街道社区卫生服务中心	罗　维、毛伯根、施永兴、陈　琦、朱　瑜、黑子明、胡　敏	成果推广奖
42	拇外翻应用解剖及生物力学研究在临床个性化治疗中的应用推广	复旦大学附属华山医院	马　昕、王　旭、黄加张、张　超、陈　立、王　晨、耿　翔	成果推广奖
43	邵长荣系列抗痨中药复方治疗难治性肺结核的应用及推广	上海中医药大学附属龙华医院、同济大学附属上海市肺科医院、上海市徐汇区中心医院	张惠勇、鹿振辉、肖和平、周　颖、郭晓燕、耿佩华、马子风	成果推广奖
44	真皮替代物及其移植方案在烧伤救治中的推广应用	上海长海医院、江苏优创生物医学科技有限公司、苏州市立医院北区	肖仕初、夏照帆、朱世辉、纪世召、罗鹏飞、潘银根、王志学	成果推广奖

（张　晨）

【9 个项目获 2018 年上海药学科技奖】 由上海市药学会组织评选的 2018 年度上海药学科技奖揭晓，9 个项目获奖。其中，一等奖 1 项、二等奖 3 项、三等奖 5 项。

2018年度上海药学科技奖获奖名单

序号	项目名称	主要完成单位	第一完成人	获奖等级
1	银杏叶类药物的掺伪检查及全面质量控制的关键技术研究及应用	上海市食品药品检验所、上海上药杏灵科技药业股份有限公司	季　申	应用类一等奖
2	基于药效物质、指纹特征及体内过程的中药全面质量控制技术体系	海军军医大学	周婷婷	基础研究类二等奖
3	1.1类新药硫酸益母草碱的临床研究及开发	复旦大学	朱依谆	基础研究类二等奖
4	处方前置实时审核系统的构建与应用	上海长征医院	陈万生	应用类二等奖
5	中草药镇痛作用机制研究	上海交通大学	王永祥	基础研究类三等奖
6	基于"成分-ADME-靶点"的中药药效成分智能分析系统及应用	东方肝胆外科医院、同济大学附属第一妇婴保健院、海军军医大学药学院	张　海	应用类三等奖
7	非酒精性脂肪性肝病治疗中药参葛方颗粒药学研究及其临床疗效评价	上海中医药大学附属曙光医院、上海中医药大学	周振华	应用类三等奖
8	基于信息技术的我院中药临床药学工作模式的建立	上海中医药大学附属龙华医院	周　昕	应用类三等奖
9	预包装中药代煎剂的微生物污染研究	上海市崇明食品药品检验所	沙祎炜	应用类三等奖

（程　玲）

【24个项目获第9届上海中医药科技奖】 上海中医药科技奖奖励办公室共收到全市高等医学院校、医疗单位、科研机构及各区卫生局申报第9届上海中医药科技奖项目52项。经形式审查、初审、专家答辩、终审公示，评选出上海中医药科技奖各级奖项24项，其中一等奖1项、二等奖5项、三等奖7项、成果推广奖2项、社区卫生奖3项、著作奖6项。

第9届上海中医药科技奖获奖名单

序号	项目名称	完成单位	主要完成人	获奖等级
1	顾氏外科精准治疗高位复杂性肛瘘	上海中医药大学附属龙华医院	曹永清、王　琛、梁宏涛、姚一博、董青军、潘一滨、沈　晓、张　强、王佳雯、蒋伟冬	一等奖
2	慢性乙型肝炎肝纤维化中医病机和辨证论治方案的临床应用	上海中医药大学附属曙光医院	孙学华、张　鑫、周振华、朱晓骏、李　曼，王灵台、高月求、张　斌，赵　钢、郑　超	二等奖
3	左金丸及其药对治疗胃肠肿瘤的机制研究	上海中医药大学附属普陀医院、上海中医药大学	汤庆丰、吴大正、陈　腾、王　杰、倪振华、陶　杰、孙梦瑶	二等奖
4	"复元醒脑法"治疗糖尿病脑梗死的临床与实验研究	上海中医药大学附属龙华医院	方邦江、周　爽、陈振翼、耿　赟、孙丽华、王　蓓、陈燕琼、杨　婕、马智慧、陈　淼、徐中菊、沈俊逸、陈宝瑾、黄金阳、卜建宏、郭　全、俞志刚、曹　敏、张英兰	二等奖
5	基于人工智能的面诊信息化、图谱构建关键技术研究与推广应用	上海中医药大学、复旦大学、上海大学	李福凤、孙祝美、张文强、李晓强、叶　进、张红凯、钱　鹏、张伟妃、付晶晶、周小芳	二等奖
6	复方南瓜藤软膏治疗疮疡阳症(未溃期)的临床应用及药学研究	上海中医药大学附属市中医医院、上海中医药大学附属龙华医院、上海中医药大学附属中西医结合医院、上海中医药大学附属岳阳中西医结合医院	李　萍、张思嘉、徐光耀、杨新伟、徐燕丰、傅佩骏、章　斌、李雅婷	二等奖
7	益气化瘀法则干预冠心病心衰的临床价值与靶点研究	上海中医药大学附属龙华医院	陈　伟、孙　鑫、张伟珍、陈昕琳、石　怡、木其尔、符德育、傅晓东	三等奖
8	寒温并用治疗慢性阻塞性肺疾病的临床诊治策略	上海中医药大学附属曙光医院	张　炜、黄吉赓、徐贵华、刘　力、陈　麒、史苗颜	三等奖
9	朱氏妇科"从合守变"理论在围绝经期抑郁症中的应用	上海中医药大学附属岳阳中西医结合医院	董　莉、黄宏丽、夏艳秋、何军琴、姜　琳、沈捷雯、朱南孙	三等奖

续表

序号	项目名称	完成单位	主要完成人	获奖等级
10	复方紫荆消伤巴布膏的工艺改进和临床疗效研究	上海雷允上药业有限公司、上海中医药大学附属曙光医院、上海交通大学医学院附属同仁医院、上海交通大学医学院附属第六人民医院、同济大学附属东方医院、上海交通大学医学院附属仁济医院、上海中医药大学附属市中医医院、上海中医药大学附属龙华医院	张国明、詹红生、唐献忠、钱　湧、蔡泽恩、柴益民、尹　峰、董宇启、陈永强、车　涛、莫　文、范明松、奚静芳、苏海波	三等奖
11	胃复春联合用药治疗慢性萎缩性胃炎和癌前病变的临床研究	上海市黄浦区东南医院/上海市瑞金康复医院、杭州胡庆余堂药业有限公司	唐燕锋、陈炜、吴云林	三等奖
12	益气化瘀利水法治疗膝骨关节炎的疗效机制和推广应用	复旦大学附属华东医院	吴　弢、高　翔、保志军、苟海昕、王文昊、卢新刚、沈　杰、瞿　佶、李　蠡、宋钟娟、韩　力、萧　枫、蔡程辰、徐小丽、朱　斌	三等奖
13	浦东新区社会中医养生保健机构规范化管理系列研究	上海浦东新区卫生和计划生育委员会监督所、上海市浦东新区中医药协会、上海市浦东卫生发展研究院(浦东新区中医药发展中心)	郁东海、陈晓玲、叶　盛、杨燕婷、刘　艳、骆智琴、项嘉汇、祝秀英、孙　敏、都乐亦	三等奖
14	活血化瘀法治疗慢性肝病的中医生存质量研究应用及推广	上海中医药大学附属龙华医院	张　玮	科技成果推广奖
15	优质中医护理服务下基层模式的实践	上海中医药大学附属龙华医院	周文琴	科技成果推广奖
16	电针结合健腰操防治腰椎间盘突出症的社区推广与应用	上海市松江区方松街道社区卫生服务中心	吴　怡、赵学军、董雄伟、张峻峰、张　健、干翠萍	社区卫生奖
17	齐刺加灸结合痛点弹拨法治疗第三腰椎横突综合征	上海市徐汇区华泾镇社区卫生服务中心、上海中医药大学附属龙华医院、同济大学附属同济医院、上海市徐汇区田林街道社区卫生服务中心、上海市浦东新区北蔡社区卫生服务中心、上海市静安区临汾路街道社区卫生服务中心	郭　清、华　宇、盛　锋、刘　霞、王海琴、黄华玉、金辉华、曾国庆、向小波、李　瑛	社区卫生奖
18	社区中医预防保健服务理论与实践	上海市静安区临汾路街道社区卫生服务中心、上海市静安区北站医院	潘毅慧、刘　登、王丽萍、陆庆荣、马文欢、王志泉、徐　雯、张　勤、罗　维、施永兴	社区卫生奖
19	《中药药理与临床运用》	上海中医药大学附属市中医医院	沈丕安	著作奖一等奖
20	《赵国定治疗心病临证经验集要》	上海市黄浦区中心医院	任建素、赵国定、宋海萍、肖梅芳、蔡征宇	著作奖二等奖
21	《急性胰腺炎的中西医结合治疗》	上海中医药大学附属普陀医院	奉典旭、张静喆、毛恩强、殷佩浩、陈亚峰、李红昌	著作奖二等奖
22	《药缘文化——中药与文化的交融》	上海中医药大学	杨柏灿、祝建龙、杨熠文、姚天文、蒋小贝、刘尽美、王清亮	著作奖三等奖
23	《慢性病体质养生指导系列丛书》	上海中医药大学附属曙光医院	张晓天、朱蕴华、郑　珏、郭丽雯、王　莹、汤峥丽、庞辉群、钱呈秋	著作奖三等奖
24	《孕前产后必修课》	上海市静安区中医医院	陈旦平、许江虹、唐文婕、陈颖娟、崔玥璐、陈逸嘉	著作奖三等奖

(谈美蓉)

【11个项目获2018年度上海产学研合作优秀项目奖】 12月20日,2018年度上海产学研优秀合作项目奖揭晓。该奖项由上海科技成果转化促进会、上海市教育发展基金会和上海市促进科技成果转化基金会联合设立。经项目单位申报、有关部门推荐、专家评选、公示及奖励委员会审定等程序,共评出优秀项目奖11项。

2018 年度上海产学研合作优秀项目奖获奖名单

序号	项目名称	完成单位	所属区	获奖等级
1	提升飞机研制能力的大数据应用示范工程建设	上海航空工业(集团)有限公司、上海大学	浦东新区	特等奖
2	猴头菌片二次开发及相关产品开发研究	上海雷允上药业有限公司、市农科院、上海中医药大学	奉贤区	一等奖
3	上海市产学研用协同创新服务平台建设	上海第二工业大学、上海申创中小企业合作交流中心、上海市计算机行业协会	浦东新区	一等奖
4	全系列风力发电特种润滑剂的研制	上海禾泰特种润滑科技股份有限公司、上海应用技术大学	长宁区	二等奖
5	多语种混合语音识别关键技术研发与应用	云知声(上海)智能科技有限公司、上海师范大学	徐汇区	二等奖
6	云平台智能钻攻数控系统	上海维宏电子科技股份有限公司、上海交通大学	闵行区	二等奖
7	PVP 在闪烁粉体中的应用研究	上海宇昂新材料科技有限公司、上海应用技术大学	浦东新区	三等奖
8	术中神经监测产品的研究与开发	上海诺诚电气股份有限公司、上海电机学院	闵行区	三等奖
9	基于机器视觉的检测技术开发及其在制笔工业的应用	上海晨光文具股份有限公司、南京理工大学、湖北大学	奉贤区	三等奖
10	海洋高效钻井用超高强度钻杆关键技术研发及应用	上海海隆石油钻具有限公司、华东理工大学、上海海隆石油管材研究所	宝山区	三等奖
11	大通量超拒水空气膜的开发	上海振浦医疗设备有限公司、东华大学	浦东新区	三等奖

(周焕忠)

【116 人(项)获第 7 届上海科普教育创新奖】 12 月 15 日,第 7 届上海科普教育创新奖揭晓。该奖项由上海科普教育发展基金设立,116 人(项)获奖。其中,许智宏、孙颖浩 2 人获科普杰出人物奖,程蔚蔚等 15 人获科普贡献奖(个人),上海中医药大学等 3 家单位获科普贡献奖(组织),《黑颈鹤》等 16 个项目获科普成果奖,"上海科普——爱生活"栏目等 6 个项目获科普传媒奖,郭文等 14 人获科普管理优秀奖,苏爱萍等 22 人获优秀科普志愿者奖(个人),上海科技馆志愿者服务总队等 3 支队伍获优秀科普志愿者奖(团队),"让更多的医学知识惠及民众"等 35 个项目获提名奖。

2018 年上海科普教育创新奖(科普杰出人物奖)获奖名单

序号	项目名称	获奖人
1	植物与人类的生活	许智宏
2	大医精诚——有担当的医学大科普	孙颖浩

2018 年上海科普教育创新奖(科普贡献奖〔个人〕)获奖名单

序号	项目名称	获奖人	获奖等级
1	关注妇女儿童科普教育	程蔚蔚	一等奖
2	探秘生命世界的奥秘——生物系列科普图书的出版	刘　夙	一等奖
3	长三角地区社区防治高血压及相关慢病远程培训教育	郭冀珍	二等奖
4	肺癌免疫治疗的科普教育	苏春霞	二等奖
5	女性全生命周期健康科普宣传	华克勤	二等奖
6	气象科普进校园的实践与探索	徐建中	二等奖

续表

序号	项目名称	获奖人	获奖等级
7	自闭症的科学研究与社会认知的系列科普宣传	仇子龙	二等奖
8	做好公众欣赏物理学前沿的向导	施　郁	三等奖
9	"朱鑫璞中风预防门诊"微信科普	朱鑫璞	三等奖
10	医学科普是为了把医学知识传播给广大群众	何家扬	三等奖
11	上海医师志愿者联盟	苏佳灿	三等奖
12	探索郊达克	刘素华	三等奖
13	中医让您更健康——中医药养生保健服务社区巡讲推广公益活动	齐昌菊	三等奖
14	李政道科学精神的挖掘与传播	陈　进	三等奖
15	上海市行知实验中学系列科普教育	陈　岭	三等奖

2018 年上海科普教育创新奖(科普贡献奖〔组织〕)获奖名单

序号	项目名称	获奖单位	获奖等级
1	面向青少年的中医药科普体系建立与实践	上海中医药大学	一等奖
2	东方医院灾难逃生自救科普项目	同济大学附属东方医院	二等奖
3	发挥学科综合优势,夯实科普基地建设	复旦大学(人体科学馆科普教育基地)	三等奖

2018 年上海科普教育创新奖(科普成果奖)获奖名单

序号	项目名称	获奖单位或个人	获奖等级
1	《黑颈鹤》	上海科技馆	一等奖(睿宏影视专项)
2	《中国式抗癌——孙子兵法中的智慧》	上海科学技术出版社有限公司	一等奖
3	《活到 100 岁》	上海科学技术出版社有限公司、上海人民广播电台上海新闻广播	一等奖
4	物尽材用——创新材料展	上海国际工业设计中心管理有限公司	二等奖
5	《我们需要化学》系列科普视频	中科院上海有机化学研究所、上海埃谛尔文化传播有限公司	二等奖
6	中国科学技术大学上海研究院墨子沙龙	中国科学技术大学上海研究院(上海中科大量子工程卓越中心)	二等奖
7	《地铁,让城市生活更美好》——城市轨道交通科普系列短片	周志鹏、田丙强、胡守忠	二等奖
8	《与 αi 相伴——"帮帮我心理热线"抗癌新视点》	顾文英、董　枫、成文武、王懿辉、朱富忠	二等奖
9	瑞金医院医学体验营	上海交通大学医学院附属瑞金医院	三等奖
10	家庭为中心的互联网+儿童健康管理科普体系	上海交通大学附属儿童医院	三等奖
11	"远离毒害"精神卫生系列影视科普	赵　敏、宝家怡、杜　江、张　蕾、李　煦	三等奖
12	"绚丽多彩的化学世界"主题科普公开日活动	中科院上海有机化学研究所	三等奖
13	动物生肖文化系列活动	上海动物园	三等奖
14	《糖尿病防治中的新鲜事儿——重大科研为你揭秘糖尿病》	上海科学技术出版社有限公司	三等奖
15	《干细胞的希望——干细胞如何改变我们的生活》	上海教育出版社有限公司	三等奖
16	《趣味化学》	张　平、刘艳琴、王耀东、何　勇、徐建飞	三等奖

2018 年上海科普教育创新奖(科普传媒奖)获奖名单

序号	项目名称	获奖单位或个人	获奖等级
1	"上海科普——爱生活"栏目	沪杏科技图书馆	一等奖
2	"上海疾控"微信公众号	上海市疾病预防控制中心	二等奖
3	36.7 ℃《听・食物说》	周　瑾、张珺晔、吴　琛、陈　峰	二等奖
4	上海新闻广播"科学魔方"	龙　敏、傅昇崇、汪　磊、秦　菱、袁林辉	三等奖
5	《十万个为什么》杂志	少年儿童出版社有限公司	三等奖
6	"上海市护理学会"微信公众号科普专栏	上海市护理学会	三等奖

2018 年上海科普教育创新奖(科普管理优秀奖)获奖名单

序号	项目名称	获奖人	获奖等级
1	上海市合理用药系列宣传教育活动	郭　文	一等奖
2	科学人文牵手,托举健康青春	李济宇	一等奖
3	"走进崇明东滩,亲近神奇湿地"大型科学实践活动	顾锦匡	二等奖
4	闵行区"科学秀"大赛	孙莉雯	二等奖
5	"数字科普"2.0 版	张友勤	二等奖
6	金山科普讲师团	郭璐祎	二等奖
7	虹口科普新干线活动	王成东	二等奖
8	食品与健康科普宣传	金　湘	三等奖
9	与蝶共舞,成就科教之梦	陶　菁	三等奖
10	科普内容制作与宣传	李冬梅	三等奖
11	杨浦科普"三二一"工作法	徐镜军	三等奖
12	深化楼宇科普特色,提升白领科学素质	冉江海	三等奖
13	把生态科技谱写到崇明世界级生态岛的大地上	张旭日	三等奖
14	社区科普辅导员队伍建设	宋公民	三等奖

2018 年上海科普教育创新奖(优秀科普志愿者奖〔个人〕)获奖名单

序号	获奖人	获奖等级
1	苏爱萍、郑继翠、于小云、许　立	一等奖
2	马璐璐、富　饶、徐晨琛、妥亚伟、夏乐敏、金　逸、郭雯清、朱诗逸	二等奖
3	邱叶青、王心怡、陈　杰、朱卫国、徐　涛、张　硕、林　昕、俞海祥、朱晟瑛、赵仙荣	三等奖

2018 年上海科普教育创新奖(优秀科普志愿者奖〔团队〕)获奖名单

序号	获奖团队	获奖等级
1	上海科技馆志愿者服务总队	一等奖
2	"小青杏"医务社工及志愿者服务基地联盟	二等奖
3	"馨师讲团"红房子志愿服务团队	三等奖

(胡　俊)

第四篇　第十五章

知 识 产 权

第一节｜概况 >>

【上海知识产权工作概述】　2018 年,以打造引领型知识产权强市为主线,聚焦深化改革开放、支撑科技创新和优化营商环境,推进实施知识产权战略,上海知识产权管理能级显著提升、运用效益不断显现、服务体系日益完善、严格保护力度加大、发展基础更加巩固,上海知识产权事业发展取得重大进展。

知识产权创造实现提量增质。截至年底,上海有效发明专利拥有量 114 966 件,比上年增长 14.47%,每万人口发明专利拥有量 47.5 件(按常住人口 2 418.3 万人计算),居全国各省份排名第 2 位。上海商标申请量 40.9 万件,比上年增长 18.9%;新增注册商标 29.2 万件,比上年增长 51.4%。上海有效注册商标总量 114.93 万件,比上年增长 30.8%。上海作品版权登记数 261 642 件,比上年增长 11.5%,并实现杂技艺术作品版权登记"零"突破。上海获植物新品种权授权 12 件(农业 7 件和林业 5 件),获(林业)植物新品种国际登录权 6 件。

重构知识产权行政管理体制。贯彻落实《上海市机构改革方案》,将市知识产权局职责、市工商行政管理局商标管理职责、市质量技术监督局原产地地理标志管理职责整合,重新组建市知识产权局,由市市场监督管理局管理,实现专利、商标、原产地地理标志、集成电路布图设计的集中统一管理,提高知识产权行政管理效能。

完善知识产权工作相关政策。市政府将严格知识产权保护作为加快构建开放型经济新体制的重要举措,"上海扩大开放 100 条"提出加快建设开放共享、内外联动的高标准知识产权保护高地的目标。市知识产权局修订《上海市专利资助办法》《上海市专利一般资助指南》,加大对高质量专利、国际专利申请的扶持力度,并简化资助流程。市工商局印发《关于开展重点商标保护工作的意见》《〈上海市重点商标保护名录〉管理办法(试行)》,与市经济信息化委、市商务委等部门建立重点商标保护名录制作工作协作机制;出台《关于开展商标海外维权工作的意见》,成立上海商标海外维权保护办公室,助力上海商标品牌加快海外发展和提升国际化水平。市住房城乡建设管理委引导国家及全市重大科技项目承担单位,把知识产权工作贯穿于科研开发全过程,将知识产权作为考核科研成果的重要目标。市发展改革委将知识产权合作专题纳入《长三角地区一体化发展三年行动计划(2018—2020 年)》。浦东新区和黄浦区、长宁区、杨浦区、奉贤区、崇明区修订完善知识产权发展扶持政策。

强化知识产权发展协同融合。市知识产权联席会组织召开会议,从深化改革创新、推动有效运用、优化保护环境、加强基础建设、推进区域工作 5 个方面,部署新时代引领型知识产权强市建设的工作任务。市商务委组织开展打击侵犯知识产权和制售假冒伪劣商品工作,结合加强"上海购物"品牌建设,全力推进"老字号"品牌保护,不断优化上海营商环境。市经济信息化委、市知识产权局联合主办以"全球城市与品牌经济"为主题的第 4 届中国品牌经济(上海)论坛。市版权局与浦东新区知识产权局建立合作机制,联合开展版权登记和上海自贸试验区版权服务中心筹建。市教委、市知识产权局协同推进上海国际知识产权学院加快人才培养、科学研究、决策咨询等内涵建设。团市委、市知识产权局共同在上海市青年企业家培养"千帆行动"中推动实施"千帆之光"知识产权服务计划。

知识产权资源运营流转活跃。上海知识产权交易中心全年知识产权意向挂牌项目 3 200 余宗,成交 35 宗,成交额超过 2.18 亿元。浦东新区知识产权局开展知识产权路演活动,5 个专利项目融资金额 1.2 亿元实现转移转化。嘉定区举办中科院专利竞价(拍卖)会上海专场活动,7 个专利项目实现成交签约。宝山区、嘉定区、崇明区开展专利项目产业化工作。闵行区被国家知识产权局、中央军委装备发展部确定为全国首批知识产权军民融合试点地方。

知识产权助力企业创新发展。截至年底,上海 5 553 家高新技术企业获专利授权 69 047 件,其中发明专利授权 17 756 件,平均每家高新技术企业拥有授权专利量 12.43 件,其中发明专利授权量 3.2 件。市科委认定的 477 项高新技术成果转化项目拥有各类知识产权 1 340 件(其中发明专利 494 件、实用新型 484 件、软件著作权和集成电路布图设计权 362 件),平均每个高新技术成果转化项目知识产权拥有量 2.8 件。2018 年,国家知识产权局认定上海国家知识产权优势企业 14 家、国家知识产权示范企业 6 家;市知识产权局认定上海市专利工作试点单位 93 家、上海市专利工作示范单位 33 家,认定上海市知识产权试点园区 5 家、上海市知识产权示范园区 3 家;市版权局评定上海版权示范单位 11 家、上海版权示范园区(基地)1 家;闵行区、宝山区、嘉定区、青浦区、松江区、金山区、奉贤区开展区级专利工作试点示范企业、知识产权试点示范园区创建活动。市知识产权局推进国家《企业知识产权管理规范》贯标工作，全年129家企业通过认证达标。截至年底，全市达标企业244家。2018年，上海34个项目在第20届中国专利奖评选活动中获奖，1个单位、1个作品在中国版权金奖评选活动中获奖。

知识产权促进品牌建设发展。市工商局启动商标品牌指导站建设，在黄浦区、徐汇区、杨浦区、普陀区、嘉定区、奉贤区、松江区建成18家商标品牌指导站，在黄浦区、奉贤区成立商标品牌创新发展指导中心，同时将219件商标纳入《上海市重点商标保护名录》，并向社会公布。市商务委强化“老字号”品牌保护，联合浦东新区法院共同发布《上海品牌知识产权保护典型案例指引》，指导“老字号”企业加强商标维权保护。市经济信息化委从城市品牌、产业品牌、企业品牌等3个层面推进品牌经济发展，强化品牌培育，实施“提品质、增品种、创品牌”专项活动，开展无门槛、全覆盖的品牌培育试点示范活动。市质监局通过实施先进标准，促进质量提升，建设高端品牌，印发《上海市“上海品牌”认证管理办法(试行)》，出台《上海市“上品”标志管理办法》，发布《上海品牌评价通用要求》地方标准，组建“上海品牌”国际认证联盟，56家企业获“上海品牌”认证，涉及63个产品和26项服务。市国资委出台全市国有企业全力打响上海“四大品牌”的实施方案，建立品牌建设的投入、考核评价、激励约束机制，打造千亿级“名企名品”。市工商局与奉贤区政府共同签署《关于支持“东方美谷”商标品牌发展战略合作框架协议》，将东方美谷打造成商标品牌战略实施示范区。

优化知识产权行政服务能力。市知识产权局聚焦战略性新兴产业，全年办理专利优先审查925件，比上年增长90.33%。中国(浦东)知识产权保护中心运行，全年共受理专利预审案件454件，结案进审213件，通过快速审查授权154件；超过300家企业通过国家知识产权局专利快速审查备案。市工商局深化商标注册便利化改革，上海商标审查协作中心全年实审首审量突破120万件，商标申请受理至首审的周期缩短至5个月，并先后设立上海商标审协中心奉贤受理窗口、马德里商标国际注册义乌联络部。

提高知识产权运营服务水平。国家知识产权运营公共服务平台国际运营(上海)试点平台启动建设，致力成为全球知识产权跨境交易的枢纽站和国际知识产权金融创新策源地。市知识产权局、市财政局加强上海重点产业知识产权运营基金建设，新增募资1 385万元，实际募资总额6 885万元，新增储备项目20个；开展市场化方式促进知识产权运营服务工作，推进2家上海知识产权服务机构开展国家股权投资知识产权运营机构试点项目。嘉定区成立“知更鸟”知识产权银行，为中小微企业提供知识产权质押融资服务。

推进知识产权服务机构发展。市知识产权局成立上海市知识产权服务行业协会，健全知识产权社会化治理、服务体系；加强对专利代理机构监管，开展《专利代理机构服务规范》贯标工作，对年检不合格的11家专利代理机构下达整改通知书，并在全市1 452家知识产权服务机构中开展知识产权服务业统计调查；组织5家单位开展国家知识产权局首批知识产权仲裁调解能力建设项目。市版权局推进全市15家版权服务工作站联动发展，组织开展形式多样的版权公共服务活动。市商务委帮助全市LED照明设备企业、钢铁企业应对美国337调查，开展案件维权服务。徐汇区政府推动漕河泾新兴技术开发区建设国家知识产权服务业集聚发展示范区，编制3年工作规划，增强示范辐射效应。

知识产权司法保护作用凸显。2018年，市高级人民法院推进知识产权司法改革工作，出台《关于加强知识产权司法保护的若干意见》，完善知识产权民事、行政、刑事案件审判“三合一”工作机制，优化知识产权案件跨区划片集中指定管辖范围，上海基层人民法院知识产权审判庭由原来6个调整为4个。全年全市法院受理各类知识产权案件22 984件，审结22 384件，比上年分别增加49.28%和46.11%。上海知识产权法院破解知识产权保护“举证难、赔偿低、周期长”问题，通过优化举证责任分配，细化科学计算侵权赔偿方式，简化案件文书撰写格式，强化技术事实查明集约管理等途径，推进审判工作机制创新。市人民检察院强化对权利人诉讼权益保障，开展知识产权案件认罪认罚从宽处理工作，实践探索知识产权刑事案件合理赔偿机制，落实权利人权利义务告知制度。全年全市检察机关共受理涉嫌侵犯知识产权审查逮捕案件201件、350人，批准逮捕157件、262人，受理侵犯知识产权犯罪审查起诉案件233件、431人，审结起诉205件、321人。市人民检察院第三分院印发《关于加强知识产权司法保护的八项措施》，完善知识产权刑事、民事和行政案件“三合一”办案机制，健全技术事实调查机制，探索建立特邀检察官助理机制。市司法行政部门发挥律师队伍在知识产权法治建设中的重要作用，全年全市律师办理知识产权民事案件9 343件，办理非诉讼知识产权法律事务11 928件，全市7家知识产权司法鉴定机构办理涉及知识产权保护的司法鉴定案件80件，全市公证机构办理知识产权类公证1 246件。

知识产权行政执法力度加大。2018年，全市公安机关共立侵犯知识产权案件341起，破案190起，抓获犯罪嫌疑人556人，涉案总值2亿余元。专利管理部门全年开展17次执法检查，涉及商业单位34家商品20余万种；立案审理各类专利案件385件，比上年增长22%，立案查处假冒专利案件121件，做出行政处罚决定11件，罚没金额26.4万元；派员289人次入驻53个大型国际展览会，现场处理专利侵权纠纷投诉215件；做好第6届中国(上海)国际技术进出口交易会知识产权保护和服务工作，实现知识产权“零投诉”；在全市商业系统的294家单位4 961家门店开展“销售真牌真品，保护知识产权”承诺活动；工商管理部门全年共查处商标侵权违法案件1 428件，没收各类侵权商标标识和商品16.04万件(只)，罚款1 520.68万元，移送涉嫌商标犯罪案件39件；对全市300余家连锁企业商标使用行为开展“双随机”抽查。文化执法部门全年检查各类文化经营场所约1.4万家次，查处和取缔相关无证经营场所94处，收缴非法图书、音像制品等近14万件，办理版权行政处罚案件58件，罚款159万余元。城管执法部门查处涉及侵犯知识产权案件105起，查扣各类非法出版物4 090件。上海海关共查获侵犯知识产权案件374起，涉案商品545.57万件，案值6 665.3万元。

知识产权综合治理水平提升。市知识产权联席会议办公室组织开展首届中国国际进口博览会知识产权保护百日行动。市公安局连续组织实施"云端""亮剑""春雷"等专项行动，严厉打击知识产权刑事犯罪行为。市知识产权局先后组织开展知识产权执法维权"雷霆"专项行动和"电子商务领域专利保护执法"专项行动，严厉打击专利侵权假冒、群体侵权、重复侵权等违法行为；新增国家级知识产权保护规范化市场2家，共11家。市工商局分别组织开展高知名度商标保护专项行动、商标侵权"溯源"专项行动、打击使用未注册商标违反《商标法》禁用条款行为"净化"专项行动，严厉打击商标侵权假冒、不正当竞争、侵犯消费者权益等违法行为。市版权局依托版权保护综合治理机制，加强版权主动监管与执法协调指导，加强对重点作品、重点版权领域专项整治，巩固扩大软件正版化工作成果。市文化执法总队开展"剑网2018"版权执法专项行动，加大对音像制品市场、线下书刊市场、网络售书平台、印刷企业执法监管力度。市农委组织开展打击侵犯品种权和制售假劣种子专项治理，维护公平有序的农业种子市场秩序。上海海关组织开展中俄海关2018年知识产权保护联合执法行动，针对侵犯国际足球联合会及赞助企业相关知识产权行为开展重点打击。市知识产权局、市司法局、市高级人民法院拓宽知识产权保护社会治理渠道，完善纠纷多元化解决机制，全年全市各区知识产权纠纷人民调解委员会共受理相关申请案件2 157件，调解成功1 497件，成功率69.4%；上海知识产权仲裁院、上海国际经济贸易仲裁委员会(上海国际仲裁中心)分别仲裁知识产权争议案件191件和45件。

知识产权教育培训广泛开展。市知识产权局完成3 348人报名参考的2018年全国专利代理人资格考试上海考点考务工作，上海考点合格人数467人；2 062人通过培训与考试获上海市专利工作者证书。市人力资源社会保障局、市知识产权局共同在全市31 615名专业技术人员中开展知识产权公需科目继续教育；实现上海市专利管理工程师职称由考转评，56人通过评审获专利管理工程师资格。市工商局支持上海商标海外维权保护办公室举办中国企业欧洲商标维权实务专题培训。市版权局和华东政法大学共同主办短视频版权与竞争问题研讨会。市科委向200余家企业开展知识产权管理规范、知识产权法律风险防范培训。市商务委指导上海国际贸易知识产权海外维权服务基地与英国高校合作举办第2届国际贸易知识产权海外维权高研班。市司法局组织市律师协会先后举办以"中美知识产权案例解析""商标标识侵权司法认定""互联网＋知识产权"为主题的培训和研讨活动。市农业农村委举办植物新品种权保护培训班，承办植物新品种DUS测试技术国际培训班。上海海关向百余名执法关员举办知识产权执法技能培训会。上海国际知识产权学院分别完成与世界知识产权组织联合培养知识产权法硕士项目、国家教育部和国家知识产权局联合委托的"一带一路"知识产权硕士项目，承办由国家知识产权局委托的全国创新创业人才知识产权培训班5期。

知识产权文化建设推进。市知识产权联席会议办公室在全市范围内组织开展以"倡导创新文化、尊重知识产权"为主题的2018年知识产权宣传周活动，发布《2017年上海知识产权白皮书》，公布《2017年上海知识产权十大典型案例》，制作"开启新时代引领型知识产权强市建设新征程"宣传片，编印《知识产权政策选编(2017)年》，与苏浙皖三省联席会议办公室共同在沪召开长三角地区知识产权新闻发布会。市知识产权局、市教委共同推进青少年知识产权教育，新认定8所学校为第2批上海市中小学知识产权教育示范学校，利用暑期组织部分中小学校开展世界知识产权组织远程教育课程学习活动。市知识产权局、中国国际进口博览局共同主办知识产权保护护航首届中国国际进口博览会主题论坛。市工商局、市版权局分别公布《2017年度十大商标典型违法案例》《上海2017年度十大版权典型案例》。浦东新区推出"知识产权微课堂"线上教育课程。

知识产权国际合作成效显著。市政府与世界知识产权组织签署《知识产权领域合作谅解备忘录补充协议》，在知识产权运用转化、人才培养、仲裁调解等方面推进合作。市知识产权局承办第15届上海知识产权国际论坛暨全球知识产权保护和创新发展大会，推动首批世界知识产权组织技术与创新支持中心项目落户上海，与世界知识产权组织共同举办知识产权服务体系有效运用高级研修班和调解与仲裁研讨会，承办中国、瑞士国家知识产权局第7次正式会议。市版权局承办世界知识产权组织和国家版权局举办电影的经济及文化价值与版权保护高端论坛。 (孔元中)

第二节 知识产权管理与服务

【上海知识产权交易中心】 2018年，上海知识产权交易中心全方位对接供给侧与需求侧，实现知识产权意向挂牌3 200宗，成交35宗，达成交易金额2.18亿元。从成交项目所属产业来看，新材料、新能源、人工智能等战略性新兴产业占比86%。全年，上海知识产权交易中心与上海交通大学、复旦大学、中科院上海分院等100多家高校及科研院所、80多家各类专业服务机构、130家大型企业集团、30多家地方/产业园区及国内10多家其他知识产权交易运营机构等建立合作关系。2018年开拓知识产权竞价拍卖业务模式。7月，与同济大学共同举办专利成果拍卖会，成交金额2 900多万元；11月，在长三角科技交易博览会期间，与中科院上海分院、嘉定区政府共同举办中科院专利成果竞价(拍卖)会上海专场。突破传统项目合作方式，建立整体科技服务的合作模式。与同济大学、上海大学签订技术服务协议。
（周 娟）

【新增上海知识产权服务机构13家】 2018年，上海新增专利代理机构13家、执业专利代理人101名。截至年底，全市共有专利代理机构140家、执业专利代理人1 270名；共有商标代理机构1 990家，包括经工商部门登记从事商标代理业务的服务机构1 456家和从事商标代理业务的律师事务所534家。
（孔元中）

【国家知识产权运营公共服务平台国际运营（上海）试点平台启动建设】 4月4日，国家知识产权局函复上海市政府"同意上海市建设国家知识产权运营公共服务平台国际运营（上海）试点平台"。平台建设坚持国际化、市场化、专业化，立足上海、面向全国、辐射全球，发挥公共服务与市场化服务互补互促作用，服务国家"一带一路"倡议，打造知识产权跨境交易的枢纽站和国际知识产权金融创新的策源地。平台由上海联合产权交易所、中科院控股有限公司、知识产权出版社有限公司、中国信息通信研究院、上海浦东科创集团有限公司等单位参加建设，建设期1年，经国家知识产权局验收后挂牌运行。
（孔元中 周 娟）

【推进长三角地区知识产权一体化发展】 4月20日，上海市知识产权联席会议办公室、江苏省知识产权联席会议办公室、浙江省知识产权强省建设工作联席会议办公室、安徽省知识产权强省建设联席会议办公室在沪共同签署《长三角地区知识产权一体化发展合作框架协议》。协议聚焦区域知识产权发展共商、布局共进、保护共治、服务共享、人文共建等方面加强合作，促进长三角地区供给侧结构性改革和经济转型升级，优化区域整体营商环境，推动区域经济高质量发展，助力长三角地区打造世界级城市群。
（孔元中）

【2017年上海知识产权十大典型案件公布】 4月20日，上海市知识产权联席会议办公室公布2017年上海知识产权十大典型案件。

2017年上海知识产权十大典型案件一览表

序号	典 型 案 件
1	迪士尼企业公司、皮克斯诉厦门蓝火焰影视动漫有限公司、北京基点影视文化传媒有限公司等著作权侵权及不正当竞争纠纷案
2	上海三联（集团）有限公司、上海三联（集团）有限公司吴良材眼镜公司诉南京吴良材眼镜有限公司等侵害商标权及不正当竞争纠纷案
3	拉菲罗斯柴尔德酒庄诉上海保醇实业发展有限公司、保正（上海）供应链管理股份有限公司侵害商标权纠纷案
4	海牟乾广告有限公司诉上海市静安区市场监督管理局等行政处罚决定纠纷案

续表

序号	典 型 案 件
5	郑某某等人侵犯《航海王》手游著作权罪案
6	涂某某等人销售假冒"五粮液"注册商标的商品罪案
7	上海伯尔梅特控制阀门有限公司侵犯"伯尔梅特 BERMAD"注册商标专用权案
8	广东中山尚善电器有限公司假冒专利案
9	上海智器投资咨询有限公司侵犯信息网络传播权案
10	上海海关办理进口涉嫌侵犯专利权设备案

（孔元中）

【新增全国知识产权服务品牌培育机构5家】 6月，国家知识产权局公布第4批全国知识产权服务品牌培育机构名单，上海新增5家全国知识产权服务品牌培育机构。至此，上海共有全国知识产权服务品牌培育机构13家。

上海新增5家全国知识产权服务品牌培育机构名单

序号	机 构 名 称
1	上海市协力律师事务所
2	上海晨皓知识产权代理事务所
3	上海容智知识产权代理有限公司
4	上海弼兴律师事务所
5	上海硕力知识产权代理事务所

（孔元中）

【新增上海市中小学知识产权教育示范学校8所】 6月，市知识产权局、市教委共同认定8所学校为第2批上海市中小学知识产权教育示范学校，示范时间自2018年7月至2020年7月。

新增8所上海市中小学知识产权教育示范学校名单

序号	学 校 名 称
1	格致中学
2	宝山区通河新村第二小学
3	闵行区浦江第三中学
4	青浦区实验中学
5	曹杨第二中学
6	松江一中
7	杨浦区控江二村小学
8	奉贤区奉浦学校

（孔元中）

【上海实施国家知识产权战略工作受到表彰】 6月22日，国务院知识产权战略实施工作部际联席会议办公室印发《关于表彰国家知识产权战略实施工作先进集体和先进个人的决定》。

上海获国家知识产权战略实施工作先进集体名单

序号	先进集体名单
1	上海市浦东新区知识产权局促进处
2	上海市工商行政管理局商标监督管理处
3	中国商用飞机有限责任公司法律部知识产权与风险管理处
4	上海交通大学科学技术发展研究院成果与知识产权管理办公室

上海获国家知识产权战略实施工作先进个人名单

序号	单位名称	部门职务	先进个人名单
1	市知识产权局	协调管理处处长	孔元中
2	市版权局	版权管理执法处主任科员	吴瑾君
3	上海市黄浦区人民法院	知识产权庭法官	金　滢
4	上海专利商标事务所有限公司	副总经理	范　征

（文倩倩）

【国家知识产权仲裁调解机构能力建设工作启动】 7月4日，国家知识产权局办公室印发《关于确定首批能力建设知识产权仲裁调解机构并启动相关工作的通知》，确定中国(浦东)知识产权保护中心、上海知识产权仲裁院、上海市杨浦区知识产权纠纷人民调解委员会、上海经贸商事调解中心、上海国际经济贸易仲裁委员会等全国29家机构开展知识产权仲裁调解能力建设工作，工作内容和要求包括：完善工作机制，规范数据统计，加强人员培训及专家库建设，推动仲裁调解工作与维权援助、社会监督等工作融合衔接，通过仲裁调解途径解决一批知识产权纠纷，促进知识产权保护社会满意度不断提升，工作期限为2018年7月至2020年6月。（孔元中）

【上海市知识产权服务行业协会成立】 7月20日，上海市知识产权服务行业协会成立大会召开，首批94家会员单位覆盖知识产权信息利用、申请注册、转移转化、维权保护、金融投资、业务培训等服务领域，加强行业服务、行业自律、行业代表、行业协调。协会的成立旨在加快培育和发展上海知识产权服务业，提升上海知识产权服务行业的水平和能级，促进知识产权创造、运用、管理和保护，推动知识产权服务与科技创新、经济发展深度融合。（孔元中）

【首届中国国际进口博览会知识产权保护工作】 7月31日，上海市知识产权联席会议办公室印发《首届中国国际进口博览会知识产权保护百日行动方案》。博览会期间，在展会现场设立知识产权保护和商事纠纷处理服务中心，派出45名知识产权行政执法人员入驻，现场开展知识产权保护及咨询、指引服务，发放《“进博会”知识产权保护宣传手册》《“进博会”知识产权服务一问一答》6 000余份，接受20多个国家和地区知识产权相关咨询60件，实现知识产权保护“零投诉”目标。（孔元中）

【新增全国知识产权分析评议服务示范(创建)机构5家】 9月，国家知识产权局认定上海3家单位为第2批全国知识产权分析评议服务示范机构；认定上海2家单位为第5批全国知识产权分析评议服务示范创建机构。

上海新增5家全国知识产权分析评议服务机构名单

序号	机构名称	机构类型
1	上海图书馆(上海科学技术情报研究所)	示范机构
2	上海专利商标事务所有限公司	示范机构
3	中科院上海生命科学研究院	示范机构
4	上海硕力知识产权代理事务所	示范创建机构
5	上海元好知识产权代理有限公司	示范创建机构

（孔元中）

【“知识产权走基层、服务经济万里行”活动】 10月23—30日在浦东新区举行。国家知识产权局主办，浦东新区知识产权局和中国(浦东)知识产权保护中心承办。以“加强知识产权保护，服务上海对外开放”为主题，开展实用新型专利专题交流、专利无效案件巡回口审、知识产权路演、“智慧医疗”产业知识产权分析评议成果发布等活动，举办知识产权保护护航首届中国国际进口博览会主题论坛、企业总裁知识产权高级研修班和浦东知识产权故事会。（孔元中）

第三节 | 专利 >>

【上海专利申请、授权量持续增长】 2018年，上海专利申请量150 233件，专利授权量92 460件，比上年分别增长14.03%和27%，其中发明专利申请量和授权量分别为62 755件和21 331件，比上年分别增长14.87%和3.14%，发明、实用新型、外观设计3类专利申请量占申请总量的比例42%、46%、12%；PCT国际专利申请量2 500件，比上年增长19.05%。

2018年上海市专利申请量、授权量分布表

分类	申请		授权	
	数量(件)	占比(%)	数量(件)	占比(%)
总　量	150 233	100	92 460	100
按种类分				
发　明	62 755	41.77	21 331	23.07

续表

分　类		申　请		授　权	
		数量(件)	占比(%)	数量(件)	占比(%)
实用新型		69 564	46.30	55 581	60.11
外观设计		17 914	11.93	15 548	16.82
按对象分					
非职务发明		9 653	6.43	4 255	4.60
职务发明		140 580	93.57	88 205	95.40
职务发明	总　　量	140 580	100	88 205	100
	大专院校	13 292	9.45	6 018	6.82
	科研单位	4 611	3.28	2 381	2.70
	工矿企业	118 535	84.32	78 366	88.85
	机关团体	4 142	2.95	1 440	1.63

（孔元中）

【开展专利金融服务】　2018 年，国家知识产权局专利局上海代办处共办理专利权质押融资 82 笔，融资额 7.1 亿元。市知识产权局全年完成专利实施许可合同备案 66 件，涉及合同金额 1.04 亿元；完成专利技术合同认定 26 项，涉及合同成交金额 3.67 亿元。全年全市共有 82 家企业的 971 件专利办理专利保险，保费额 72.9 万元，投保额 3 950 万元。

（孔元中）

【加强专利信息利用服务】　2018 年，上海市知识产权（专利信息）公共服务平台访问量 95 672 人次，全国注册用户新增 207 家，累计 9 774 家；企业依托平台自主建立网上专题数据库新增 29 个，累计 1 377 个；平台为相关政府部门、园区提供数据分析报告 85 份。市知识产权局完成《知识产权评议技术导则》地方标准立项及起草，组织实施“工业机器人视觉检测关键技术”知识产权评议试点项目，并在 8 家企业、2 个园区组织开展以专利信息利用为基础，以提升企业技术能力、促进产业发展规划为目的的专利导航试点项目。

（孔元中）

【优化专利事务行政服务】　2018 年，国家知识产权局专利局上海代办处受理电子专利申请 3.3 万件，纸质专利申请 1 400 余件；收缴各类专利费用约 37 万笔、2.91 亿元；完成专利申请资助 13.1 万件、1.28 亿元；对 71 家单位的 459 件集成电路布图设计给予资助 85.5 万元；开通专利缴费信息网上补充及管理系统，开设网银缴费票据邮寄递送业务，专利业务办理便捷度得到提升。（孔元中）

【新增国家知识产权示范(优势)企业 20 家】　8 月，国家知识产权局确定上海宝冶集团有限公司等 6 家上海企业为 2018 年国家知识产权示范企业；确定上海联影医疗科技有限公司等 14 家上海企业为 2018 年国家知识产权优势企业。

上海新增 20 家国家知识产权示范(优势)企业名单

序号	企业名单	企业类型
1	上海宝冶集团有限公司	示范企业
2	上海无线电设备研究所	示范企业
3	上海市政工程设计研究总院(集团)有限公司	示范企业
4	上海斐讯数据通信技术有限公司	示范企业
5	卡斯柯信号有限公司	示范企业
6	上海昊海生物科技股份有限公司	示范企业
7	上海联影医疗科技有限公司	优势企业
8	华勤通信技术有限公司	优势企业
9	上海安赐环保科技股份有限公司	优势企业
10	上海古鳌电子科技股份有限公司	优势企业
11	上海卫星工程研究所	优势企业
12	上海航天控制技术研究所	优势企业
13	上海空间电源研究所	优势企业
14	上海东软载波微电子有限公司	优势企业
15	上海凯利泰医疗科技股份有限公司	优势企业
16	上海奥普生物医药有限公司	优势企业
17	上海昌强工业科技股份有限公司	优势企业
18	上海上药新亚药业有限公司	优势企业
19	上海造币有限公司	优势企业
20	柏美迪康环境科技(上海)股份有限公司	优势企业

（孔元中）

【新增上海市专利工作试点示范企业和事业单位 126 家】8 月，市知识产权局认定上海数字电视国家工程研究中心有限公司等 26 家企业为 2018 年上海市专利工作示范企业；认定上海空间电源研究所等 7 家单位为 2018 年上海市专利工作示范事业单位；认定上海连尚网络科技有限公司等 91 家企业为 2018 年上海市专利工作试点企业；认定中国电科第三十二研究所等 2 家单位为 2018 年上海市专利工作试点事业单位。

（孔元中）

【新增上海市知识产权试点(示范)园区 8 家】　9 月，市知识产权局认定临港浦江国际科技城等 5 个园区为 2018 年上海市知识产权试点园区；认定新浜镇都市型工业园、南翔智地企业园、上海嘉定先进技术创新与育成中心为 2018 年上海市知识产权示范园区。

上海新增 8 家知识产权试点(示范)园区名单

序号	园区名称	园区类型
1	临港浦江国际科技城	试点园区
2	泗泾镇工业园区	试点园区
3	上海大学科技园(嘉定)	试点园区
4	长江软件园	试点园区
5	上海金山第二工业区	试点园区
6	新浜镇都市型工业园	示范园区

续表

序号	园区名称	园区类型
7	南翔智地企业园	示范园区
8	上海嘉定先进技术创新与育成中心	示范园区

(孔元中)

【上海34件专利获第20届中国专利奖】 12月,国家知识产权局印发《关于第二十届中国专利奖授奖的决定》。上海1件专利获专利金奖、1件专利获专利银奖、31件专利获专利优秀奖、1件专利获外观设计优秀奖。此外,市知识产权局获优秀组织奖。

第20届中国专利奖上海获奖名单

序号	专利名称	专利权人	发明人	奖项类别
1	一种激光薄膜的制备方法	润坤(上海)光学科技有限公司	王占山、程鑫彬、沈正祥、张锦龙、马　彬、丁　涛、焦宏飞	专利金奖
2	一种连续操作的气液固三相浆态床工业反应器	上海兖矿能源科技研发有限公司	孙启文、朱继承、耿加怀、王　信、韩　晖	专利银奖
3	丁烯双键异构化的方法	中国石油化工股份有限公司、中国石化上海石油化工研究院	杨为民、刘俊涛、张惠明、钟思青	专利优秀奖
4	用于粗对苯二甲酸精制的加氢催化剂	中国石油化工股份有限公司、中国石化上海石油化工研究院	姜瑞霞、畅延青、宋兴涛、孙广斌、朱小丽	专利优秀奖
5	百万千瓦级核电堆芯构件用钢锭的制造方法	上海电气上重铸锻有限公司、上海重型机器厂有限公司	朱孝渭、周天煜、花小龙、向大林、王克武	专利优秀奖
6	非晶合金铁芯制造方法	上海日港置信非晶体金属有限公司	徐　华、周永红、张士岩、吕学平、陈　飞、苏　华、周子元、凌　强、陆春良	专利优秀奖
7	比阿培南的制备方法	上海医药工业研究院、正大天晴药业集团股份有限公司	刘相奎、袁哲东、朱雪焱、杨玉雷、沈裕辉、俞　雄	专利优秀奖
8	高压供配电系统回路测试方法	中国二十冶集团有限公司	刘民业、沙德敏、尹　欣、吴文平、冯丽婷、宋赛中	专利优秀奖
9	提高薄膜光谱性能的膜厚监控方法	中科院上海光学精密机械研究所	朱美萍、易　葵、邵建达、范正修	专利优秀奖
10	一种三维拉伸制备聚四氟乙烯薄膜的设备及方法	中国人民解放军总后勤部军需装备研究所、上海金由氟材料有限公司、上海市凌桥环保设备厂有限公司	郝新敏、黄斌香、黄　磊、吴建林、杨　元、马　天	专利优秀奖
11	在蜂房哈夫尼菌中稳定的重组表达质粒载体及其应用	上海凯赛生物技术研发中心有限公司、凯赛生物产业有限公司	庞振华、李乃强、刘　驰、刘修才	专利优秀奖
12	一种高磁感取向硅钢及其制造方法	宝山钢铁股份有限公司	章华兵、李国保、卢锡江、杨勇杰、胡卓超、沈侃毅、高加强、吴美洪	专利优秀奖
13	一种楔入防回弹电爆阀	上海宇航系统工程研究所	李　翔、张卫东、吴雪蛟、宿彩虹、石玉鹏	专利优秀奖
14	航天器光谱红移自主导航方法	上海卫星工程研究所	张　伟、方宝东、陈　晓、尤　伟、张　嵬、叶　晖	专利优秀奖
15	RH真空精炼装置的一体式浸渍管	中冶赛迪工程技术股份有限公司、中冶赛迪上海工程技术有限公司	刘向东、行开新、钟　渝、黄其明、杨宁川、王　翔、艾　磊、高　瞻、吴　令、徐　杰	专利优秀奖
16	堆心围筒的激光焊接方法	上海第一机床厂有限公司	冷晓春、龚宏伟、李恩林、金伟芳、张　亮、于耀华、蒋　恩	专利优秀奖
17	MOS晶体管的形成方法	中芯国际集成电路制造(上海)有限公司	韦庆松、于书坤	专利优秀奖
18	一种核电蒸汽发生器穿管和抗震条装焊的方法	上海电气核电设备有限公司	景军涛、罗吾希、郑　晨、江才林	专利优秀奖
19	减小双螺杆膨胀机的吸气量的方法及其双螺杆膨胀机	上海齐耀膨胀机有限公司	刁安娜、王亚洲、王　键、王　宇	专利优秀奖
20	一种电容式触摸液晶显示面板	上海天马微电子有限公司	马　骏、王丽花	专利优秀奖

续表

序号	专利名称	专利权人	发明人	奖项类别
21	六自由度 3-3 正交型并联机器人	上海交通大学	高　峰、金振林、曹　睿、张　勇、齐臣坤、赵现朝	专利优秀奖
22	一种调焦调平装置	上海微电子装备(集团)股份有限公司	陆　侃、宋海军、陈飞彪	专利优秀奖
23	一种稳压器及稳压的方法	澜起科技(上海)有限公司	严　钢、张鹏展	专利优秀奖
24	基于随机光栅的压缩感知宽波段高光谱成像系统	中科院上海光学精密机械研究所	韩申生、刘震涛、吴建荣、李恩荣、谭诗语、陈　喆	专利优秀奖
25	用低压堵转电流对高压电动机纵差动保护进行检查的方法	上海二十冶建设有限公司、中冶天工集团有限公司	李贵平	专利优秀奖
26	一种灯具固定座和灯具连接座以及一种灯具固定装置	欧普照明股份有限公司	余　飞、陈　明、娄　迪	专利优秀奖
27	一种硅片边缘保护装置	上海微电子装备(集团)股份有限公司	周　旭、崔海仓、倪　费、葛黎黎	专利优秀奖
28	一种工业缝纫机配套参数自设定驱动控制系统	上海鲍麦克斯电子科技有限公司	黄　海、李全勇、朱兰斌、林赛挺、王嘉宁	专利优秀奖
29	一种电动伺服机构及其调试方法	上海新跃仪表厂	冀　娟、傅俊勇、冯　伟、于　戈	专利优秀奖
30	一种双氟磺酰亚胺锂盐的制备方法	上海康鹏科技有限公司、衢州康鹏化学有限公司	何　立、杨　东、林盛平、刘　俊、蔡国荣、刘　辉、孙元健、汤晓敏	专利优秀奖
31	基于纳米气凝胶的机热集成隔热装置	上海卫星工程研究所	李聪航、江世臣、姜新建、盛　松、王智磊、徐　涛、赵枝凯	专利优秀奖
32	雾化喷嘴及固定床	神华集团有限责任公司、神华宁夏煤业集团有限责任公司、中船重工第七一一研究所	庄　壮、匡建平、雍晓静、梁　健、罗春桃、张世程、苏　慧、江永军、王　峰、张　伟	专利优秀奖
33	一种超高效智能型复合式恶臭气体处理装置	上海市政工程设计研究总院(集团)有限公司	张　欣、张　辰、董　磊、汤　文、杜　炯	专利优秀奖
34	SUV 车整车(D90)	上海汽车集团股份有限公司	陈预庆、王　鹏、唐　寰、敖文平、王允明、徐　磊、李轶斌、冯　成、倪艳雯、姚加东、朱　雯、姚　云	外观设计优秀奖

(孔元中)

第四节 | 商标 >>

【上海商标监管工作概述】 2018 年,全市商标申请量 40.9 万件,商标核准注册量 29.2 万件。截至年底,上海有效商标注册量 114.9 万件。全市工商(市场管理)部门共查处商标违法案件 1 428 件,罚款 1 520.68 万元,没收各类侵权商标标识和商品共计 16.04 万件(只);移送涉嫌商标犯罪案件 39 件。上海受理商标质押 6 件,质押金额 3 560 万元。截至年底,上海累计受理商标质押 20 件,质押金额 11 760 万元。2018 年市工商局商标处被评为国家知识产权战略实施工作先进集体和上海市"巾帼文明岗"。 (林海涵　沈文萍)

【加强商标专用权保护】 2018 年,按照打击侵犯知识产权和制售假冒伪劣商品工作要求,以高知名度商标为重点,围绕商标侵权易发环节,组织开展全市商标专项保护行动。加大对互联网上的商标保护力度,提高网络商标违法行为的发现率,严厉打击网络商标侵权行为。狠抓商标案件查办工作,妥善处理一批疑难案件。组织开展打击商标侵权"溯源"专项行动和打击使用未注册商标违反《商标法》禁用条款行为净化专项行动,并向商标局报送溯源行动案件线索 970 条。邀请专家学者组织召开关于 boy London 商标侵权案、巴黎贝甜商标违法禁用条款案、三得利商标许可纠纷案等商标案件研讨会。其中,由国家知识产权局转办的商标代理机构伪造公文案件,查处工作取得重大成果,依法移送公安机关追究刑事责任。 (林海涵　沈文萍)

【组织开展首届中国国际进口博览会商标保护工作】 2018 年,围绕重点商标、重点商品、重点环节和重点领域,在全市开展市场巡查和商标专项整治,共出动执法人员 1 000 余人次、查处商标侵权案件 400 多起,并对重点市场开展暗访督查。9月,组织开展以“中国国际进口博览会商标保护”为主题的全市性业务培训。协助制定完成中国国际进口博览会知识产权投诉及处理办法、投诉处理工作流程和工作职责;设立知识产权保护和商事纠纷服务中心,制定商标知识产权驻展工作方案;依托12315设立中国国际进口博览会商标投诉咨询热线;在中国国际进口博览会前进行多次现场模拟和实战演练;对涉及20余个国家和地区的300多家海内外参展机构的5 000多页商标注册材料进行审查。中国国际进口博览会举办期间,商标处和上海商标审查协作中心共同派驻人员,为参展企业提供商标注册服务,并处理商标侵权投诉举报,共现场受理各类咨询投诉36件,接待外国参展企业50余人次,完成馆内巡查300多次,发放宣传资料530余份。 (林海涵 沈文萍)

【推进商标保护长效机制建设】 2018年,以“双随机”工作为抓手,部署开展对300余家连锁企业商标使用行为的双随机抽查工作,加强对连锁经营品牌许可行为的事中事后监管。以“老字号”企业商标为重点,会同市商务委共同开展商标保护专题调研和普法专题培训,全市10家“老字号”企业参加调研,提出若干商标注册维权方面的需求和建议。加强对涉外高知名度商标保护,先后与耐克、费列罗、惠氏等跨国公司进行座谈,研究商标注册维权保护工作。以打造营商环境为重点,先后参与制定国家营商环境评价体系的商标保护状况指标、依法治市的市场商标侵权行为整治情况指标。 (林海涵 沈文萍)

【开展商标法制建设和普法宣传工作】 2018年,对商标自由裁量基准的执行情况进行客观评估,对基准内容中涉及著名商标的规定进行重新修订。围绕“倡导创新文化、尊重知识产权”主题,开展纪念“4·26”世界知识产权日宣传周活动,向社会通报上海商标保护工作情况,发布十大商标典型案件。参与起草国家知识产权局商标局组织的《商标法》《商标代理机构监管办法》修订。根据《上海市人民政府关于废止〈上海市著名商标认定和保护办法〉的决定》,停止著名商标认定。 (林海涵 沈文萍)

【商标品牌指导站和创新发展指导中心启动建设】 4月,在嘉定区、奉贤区探索建设商标品牌指导站基础上,《上海市工商行政管理局关于在全市开展商标品牌指导站工作的意见》发布,在全市启动商标品牌指导站建设工作。截至年底,嘉定区、奉贤区、黄浦区、徐汇区、杨浦区、普陀区、松江区、闵行区、青浦区、金山区、崇明区11个区共建成23家商标品牌指导站,其中包括4家文创园区指导站。同时,支持有条件的地区成立商标品牌创新发展指导中心。黄浦区和奉贤区率先成立商标品牌创新发展指导中心。 (林海涵 沈文萍)

【上海出台扩大开放100条打造知识产权保护高地】 7月10日,上海发布《上海市贯彻落实国家进一步扩大开放重大举措加快建立开放型经济新体制行动方案》(扩大开放100条),其中3条涉及商标工作。一是第54条,制定《上海市重点商标保护名录》,突出涉外高知名度商标保护。8月,《上海市工商行政管理局关于开展重点商标保护工作的意见》《〈上海市重点商标保护名录〉管理办法(试行)》发布;11月、12月,分批将267件商标纳入《上海市重点商标保护名录》,并通过市局官网和《解放日报》向社会公布。二是第59条,争取国家主管部门授权在上海设立商标海外维权保护办公室。8月,《上海市工商行政管理局关于开展商标海外维权工作的意见》发布;10月17日,上海商标海外维权办公室在上海审协中心成立,办公室主要在商标海外维权方面开展信息集聚、政策指导、专业培训、经验交流、预警发布、专家智库、法律援助等多项服务,以提升企业敢维权的意识和善维权的能力。三是第60条,拓宽在上海设立的商标马德里国际注册窗口的功能,争取受理范围向长三角和华东地区辐射,并承担全国商标马德里国际注册审查。11月,市工商局依托上海商标审查协作中心的马德里商标国际注册窗口,与奉贤区政府、义乌市政府分别签署合作协议,不断增强辐射效应,将服务半径拓展到长三角区域。 (林海涵 沈文萍)

【落实商标注册便利化改革】 11月,上海商标审查协作中心在原有的国内外商标申请、审查功能基础上,增加国内商标变更转让续展许可的申请等功能。截至年底,共受理国内商标申请11 337件(其中国内商标注册申请10 409件、国内商标后续业务申请928件),马德里国际注册申请18件,业务咨询21 330次(含国际业务咨询245次);完成国内商标实质审查1 241 712类;完成马德里商标国际申请审查3 892件,马德里商标国际注册领土延伸实质审查89 754类、形式审查62 932类、国际后续业务审查20 136件。

(林海涵 沈文萍)

第五节 | 版权

【上海版权工作概述】 2018年,上海围绕建设全球卓越城市的发展目标,将版权工作置于创新驱动发展、营造国际一流营商环境的工作大局之中。

加强服务能力建设,完善版权公共服务体系。推进作品自愿登记。2018年,上海市版权局办理作品著作权自愿登记261 642件,比上年增长11.5%;全市出版单位开展涉及2 055种图书的涉外版权贸易活动,其中引进图书1 683种、输出图书372种。实现杂技艺术作品登记“零”的突破,丰富登记类别。加强版权工作站联动。加强与15家版权服务工作站的联动,指导开展形式多样的版权公共活动。推动自贸试验区版权服务中心筹建。

加强激励引导,推动版权产业发展。开展版权示范培优。评出第6批11家上海版权示范单位和1家版权示范园区(基地);培育、支持有条件的单位和园区(基地)申报“ロ国最具影响力版权企业”；市公安局治安总队获“中国版权金奖”保护奖，上海歌舞团的舞蹈作品《朱鹮》获“中国版权金奖”作品奖。落实专项资金扶持申报工作。完成2018年度新闻出版专项资金（版权）的评审工作，评出6家单位8个项目为2018年度扶持项目，扶持资金385万元。实施版权“走出去”项目。组织全市40余家出版单位和民营文化工作室申报2017年年度版权“走出去”扶持项目，评出30个优秀项目，资助金额115万元。

加强长效机制建设，巩固扩大软件正版化工作成果。组织开展市级机关软件正版化全覆盖检查工作。对全市市级政府机关进行全覆盖督查。不断建立健全软件正版化工作机制。完善软件正版化工作责任、软件资产管理等制度，建立软件正版化工作责任人数据库，明确各级政府机关软件正版化工作责任部门和责任人。接受中央督查组督导检查上海软件正版化工作。共抽查6家市级机关、4家上海国资企业，现场检查3 188台计算机软件安装情况。

加强对重点作品、重点领域版权专项整治，做好版权主动监管与执法协调指导工作。开展“剑网2018”专项行动。自开展剑网行动以来，共立案查处网络侵权盗版刑事案件6件，依法刑事拘留1人、逮捕3人、取保候审9人、移送起诉3人。加强网络版权主动监管。建立涵盖所有重点领域的网络版权主动监管体系，涉及全市重点网站或相关互联网企业69家，创历年主动监管重点网站数量之最。向市文化执法总队移送9起重大网络侵权盗版线索，其中2起案件涉及非法传播淫秽色情视频。推进网络版权自律工作。引导澎湃新闻、东方网、趣头条等8家名网络媒体，共同发起成立上海网络媒体行业版权自律联盟。成员单位数量扩充至30家。

加强调查研究，科学指导版权工作的开展。开展版权产业统计分析工作。《上海版权产业统计报告（2016）》《上海版权产业分析报告（2016）》发布。完成版权贸易统计工作。共调研30家企业、16家社会组织、7家行政机关、1家社会团体和1家事业单位，涉及新闻出版、影视、互联网、计算机软件、游戏等多个行业。梳理问题43个，已解决16个，形成6项工作措施。

加强版权宣传培训，营造良好版权保护氛围。做好版权重点宣传。开展2017年度上海版权保护十大典型案件专家评选及发布活动，编印《上海2016年度十大版权典型案例》宣传手册；7月，与华东政法大学联合主办短视频版权与竞争问题研讨会，围绕短视频版权保护主题进行探讨。树立正面典型，扩大版权保护社会影响力。完成2017年度全国查处侵权盗版案件有功单位及有功个人组织推荐及颁奖工作，上海共有14家单位和20名个人获国家版权局表彰；卿某侵犯著作权案被国家版权局评为2017年度全国十大版权典型案件。强化版权教育培训。4月，召开上海市软件正版化工作会议；组织召开座谈会，听取企业的维权需求与面临的问题，共同商讨有效打击网络侵权盗版工作。

做好版权行政审批职能及其他工作，提高依法行政水平。行政确认事项有序进行。2018年，共完成各类行政审批工作1 427件，其中境外图书出版合同登记1 299件；复制境外音像制品著作权授权合同登记58件；出版和复制境外电子出版物、计算机软件、电子媒体非卖品著作权授权合同登记70件。开展投诉咨询，全年共受理电话咨询近千次，从版权保护、产业发展等角度为企业提供指导，为权利人答疑解惑；处理侵权信访件10余件，为权利人维权提供法律帮助。（王　骞）

【版权“走出去”扶持项目评审结果揭晓】 4月，市版权局公布2017上海版权“走出去”扶持项目评审结果。《中国能源新战略——页岩气出版工程（第一辑）》（英语版）等30个项目入围。此次评选主要资助3类作品：一是重点扶持已签订出版合同的“走出去”项目，21个项目获评；二是对已“走出去”的项目采取回溯性资助，5个项目获评；三是对有输出意向的“走出去”项目，4个项目获评。（吴瑾君）

【2018年度上海十大版权典型案件发布】 4月11日，市版权局发布2018年度上海十大版权典型案件，其中，刑事案件2件、行政处罚案件2件、民事案件6件。从侵权作品类型上划分：文字作品侵权2件、影视作品侵权2件、网络游戏作品侵权1件、破坏技术措施侵权1件、美术作品侵权3件、软件作品侵权1件。

2018年度上海十大版权典型案件一览表

序号	典型案例
1	“CATIA”计算机软件侵权纠纷案
2	真彩公司破坏技术措施设置链接行为著作权侵权及不正当竞争纠纷案
3	李某侵犯著作权案
4	陈某等人系列侵犯著作权案
5	上海乐欢软件有限公司通过信息网络擅自向公众提供他人的电影作品案
6	上海步升大风音乐文化传播有限公司、上海东华广播电视网络有限公司与东方有线网络有限公司侵害录音录像制作者权纠纷案
7	葫芦娃游戏形象著作权侵权及不正当竞争纠纷案
8	浦睿公司、湖南音像出版社侵害著作权纠纷案
9	某泵业公司侵害某中德合资企业产品说明书著作权、不正当竞争纠纷案
10	上海海关查办侵犯足球世界杯相关著作权侵权系列案

（王　骞）

【“剑网2018”专项行动】 8月13日，“剑网2018”专项行动工作会议在科学会堂召开。市公安局、市通信管理局、市互联网信息办公室、市版权局、市文广影视局、市文化市场行政执法总队等6家市网络版权综合治理领导小组成员单位相关负责人，以及来自上海网络视听、网络媒体、网络文学、网络游戏、电商、动漫及出版等行业73家企业的代表参加会议。会议对上海实施“剑网2018”专项行动进行动员部署。会上，上观新闻、文汇报、新民晚报、第一财经、澎湃新闻、看看新闻、东方网、趣头条8家网络媒体共同发起成立上海网络媒体行业版权自律联盟，并签署自律公约。（王　骞）

第四篇　第十六章

软科学研究与科技出版

第一节｜软科学研究

【软科学研究计划实施概述】 2018年，市科委围绕市委、市政府面向国家重大战略需求和上海科技创新中心建设目标，以提升科技创新策源能力为主线，从科技创新未来发展趋势、区域创新发展、科技创新与经济社会发展和科技创新政策等方面开展软科学研究布局，发挥软科学研究在决策支撑方面的重要作用，推进软科学研究基地和研究机构的建设发展，加强软科学研究人才队伍培育，开展软科学研究成果应用推广。

面向国家和上海市重大战略需求开展研究布局。面向“中长期科技发展战略”“改革开放40年”“一带一路创新网络”“长三角区域创新发展”“上海科技创新发展”等重大问题，研究提出上海落实国家战略需求、建设卓越全球城市和具有全球影响力的科技创新中心的举措与建议。同时，鼓励有条件的软科学研究团队开展自由探索研究，围绕科技创新发展战略与政策、科技促进经济社会发展、典型案例、技术预见、软科学理论与方法等领域为上海科技创新发展建言献策。

加强软科学研究基地的品牌与影响力建设。创新和完善软科学研究基地建设与跟踪管理，提升软科学研究基地在全市软科学研究中的引领作用和显示度。通过季度基地联席会、专家研讨会、专题研究等方式加强各基地的沟通交流，提升软科学研究基地整体建设水平。同时，继续以专题研究任务的形式，整合各基地的优势研究力量，开展重点难点问题攻关研究。委托第三方评估机构，对3家建设期满的基地开展评估工作，从基地品牌、研究成果、人才培养、专家网络等方面考查基地建设实际成效，并对后续建设方向与重点进行全面指导。

坚持应用导向开展软科学成果开发推广。通过《科技发展研究》《科技工作调研》等内参专报报送软科学研究最新成果，全年刊发《科技发展研究》33期、《科技工作调研》17期。注重通过传统媒体、新媒体等方式宣传发布软科学研究成果，并探索开展软科学研究成果出版工作。多期简报被《科技日报》、《科学发展》、《华东科技》、“三思派”微信公众号等媒体转载。同时，根据科技两委年度工作重点，从“全球科技热点领域发展态势”“兄弟省市科技创新发展经验”“高新技术企业”“生物医药产业”等方面开展专题调研，形成专题研究报告10余份。（汤天波）

【创新型经济发展统计指标体系研究】 由上海城市创新经济中心丁国杰项目组承担完成。项目组在梳理和借鉴全球具有代表性的创新型经济评价指标体系基础上，提出符合上海特征的创新型经济评价指标体系，并运用指标体系对上海、北京和深圳等典型地区的创新型经济发展情况进行对比分析，提出相应的对策建议。项目组认为，上海的创新型经济发展与北京、深圳相比具有如下特点：上海战略性新兴产业比重不断提高，但与深圳相比差距较大；上海新三板企业数量位列全国第二，与北京有一定差距；技术市场成交额位居全国前列，但与北京差距明显。项目组建议：上海发展创新型经济，应着力构建创新型产业集群，加快培育创新型主体，增加知识资本投资，培育充满活力的众创空间，重视需求端创新政策，着力构建“三型政府”。（汤天波）

【上海建设卓越全球城市重大科技创新需求研究】 由上海市科学学研究所孟海华项目组承担完成。项目组结合上海建设卓越全球城市的愿景，面向卓越全球城市中的如何实现“卓越”的问题，结合国家战略、民众期待、上海实际，探索重大科技创新需求支撑卓越全球卓越城市的具体路径和模式。项目组认为，上海未来城市发展将更加开放和全球化，在国际经济大循环中要保持话语权和影响力，需发掘自身的优势与潜力，需找准自己的城市功能定位，参与世界城市分工，需编织起国际化大都市、区域性大城市或地区性中心城市的新的理想宏图，建设具有全球影响力的科学技术创新中心，为打造卓越全球城市进行大规模空间演替，对外成为世界经济转变、高新技术产业和生产性服务业发展的核心引擎。项目组建议：科技引领，建设全球影响力的科技创新中心；面向卓越，优化上海城市发展生态。（汤天波）

【构建长三角协同创新网络对策研究(A)】 由复旦大学唐亚林项目组承担完成。项目组对区域协同创新网络相关理论及政策机制进行系统梳理，并对长三角协同创新网络的演化历程、协同机制和创新绩效开展实证研究，提出长三角协同创新网络建设的创新思路及对策建议。项目组认为，长三角区域协同创新网络建设的突出问题在于形成经济科教领先而创新链接与转化薄弱、创新功能不足的碎片化大都市区，缺乏区域层面创新规划及存在创新基础网络结构缺失等问题。项目组建议：长三角协同创新网络建设应继续结合市场和政府双重驱动优势，以区域整体性规划治理引领和统筹长三角协同创新网络建设，从区域创新基础设施方面构建协同化的行政网络、政策网络和执行网络，强化创新网络建设的结构性薄弱环节，以企业为主体建设长三角协同创新市场网络，建成具有全球影响力的科技创新高地。（汤天波）

【构建长三角协同创新网络对策研究(B)】 由华东师范大学滕堂伟项目组承担完成。项目组阐明区域协同创新结网动因与机理，对标日本、美国、德国的实践刻画长三角协同创新现状与问题，提出对策建议。项目组认为，长三角协同创新过程中的突出问题在于：本土骨干企业的协同带动能力弱；新一轮大发展引发日益激烈的竞争；产业链协同机制缺失。项目组建议：鼓励企业开放式创新以强化长三角协同创新网络构建的核心驱动力；遴选高新技术产业协同创新的重点目标领域；以产业基金打通区域创新链与产业链；构建开发区集群网络以促进开发区协同发展。（汤天波）

【大科学基础设施第三方运行管理机制研究】 由上海交通大学谈毅项目组承担完成。项目组通过梳理国际上若干成熟国家大科学基础设施第三方运营的运行经验和实际效果，分析第三方运行管理机制设计及演变趋势，围绕大科学基础设施管理体制和运行机制提出对策建议。项目组认为，大科学基础设施的建设必须真正纳入国家战略高度，从经费、项目、政策等方面给予持续、稳定的支持。大科学基础设施的法人化是大科学工程组织治理结构演化路径的最终指向，以确保其独立地位的实质性和合法性。项目组建议：大科学基础设施管理必须遵循创新规律，从提高整体管理效能出发，建立相对稳定拨款和竞争性项目经费构成的双重资助模式，并加强中央统一预算、绩效管理；大科学基础设施需要通过开放共享和人员流动等方式来实现资源的优化利用，强化经济使命，鼓励大科学基础设施更多参与区域经济活动和技术转移，发挥其在提高国家经济竞争力方面的潜力。（汤天波）

【上海研发与转化功能型平台考核评价机制研究】 由华东师范大学孟溦项目组承担完成。项目组从社会影响力视角，在对平台多方权益主体在其建设、运行不同阶段投入的资源、必需的资源及不同类型资源在不同权益主体间转化与新资源产生的分析基础上，建构绩效评估分析框架，并建构产业技术类、技术转移服务类、数据资源服务与开发 3 类功能型平台绩效考核系统。项目组认为，上海研发与转化功能型平台考核评价要根据平台特点与不同建设阶段设置考核目标、评估重点与评估方式。项目组建议：关键绩效指标体系要突出绩效评估的工具理性以满足政府公共财政投资的目标导向和绩效甄别作用；关键绩效指标体系在强调多元主体的协同与创新基础上体现平台的公共价值与市场价值，要凸显各方关键权益人的协同与满意，注重平台对产业、行业、科技发展的贡献。（汤天波）

【鼓励创新创业的普惠性税制研究】 由上海市委党校李平项目组承担完成。项目组对市区税务局、科技服务机构、科研院所、高新技术企业、创新型中小企业、投资公司等政策实施与创新主体进行大量调研，并提出提高上海科技税收政策普惠性的建议。项目组认为，相对创新型国家和地区鼓励创新创业的税收政策经验，上海科技税收政策普惠性不足：创业投资企业税收优惠限定较严；对初创企业、中小企业普惠性不强；研发费用激励执行繁杂，多需政府认定；政策体系上缺乏联动等。项目组建议：对初创与创业型企业、对中小企业投资损失、对创投领域人才的个人所得税等加大税收优惠；采取负税方式给予初创企业现金补贴；丰富税收方式，增加增值税等税种的激励措施；加强对研发活动及行为的优惠；完善没有行业或技术领域限制、无须认证，更多企业能够享受到的普惠性税收优惠政策。（汤天波）

【在沪外资研发中心融入城市创新体系的案例研究(A)】 由华东师范大学王俊松项目组承担完成。项目组分析外资研发机构的最新发展态势及与本土创新机构的合作趋势，从外资研发中心与本土机构合作的角度探讨分析在沪外资研发中心融入本土创新体系过程的动机、模式、问题及影响，提出促进外资研发机构融入本土创新体系的可行模式及政策建议。项目组认为，在沪外资研发中心在融入城市创新体系过程中面临的困难包括知识产权保护不力、中外企业技术水平差距、管理模式不一致、企业文化和价值观存在差异、体制机制障碍等。项目组建议：外资研发中心要从优化创新环境、建立互动机制、搭建行业联谊平台、促进本土创新机构内生能力等方面融入城市创新体系。（汤天波）

【在沪外资研发中心融入城市创新体系的案例研究(B)】 由上海市生物医药科技产业促进中心吴洁项目组承担完成。项目组对诺华、罗氏、默沙东、强生、美敦力及勃林格殷格翰等 6 家外资企业进行个案研究及多案例比较研究，剖析在沪生物医药外资研发中心在上海的战略方向，探寻在沪外资研发中心融入上海城市创新体系的机制和对策。项目组认为，上海规范、有序、宽松、便利的生物医药创新和发展环境使外资研发中心根植上海，有意融入上海的城市创新体系，并采取各种措施谋求中国的长远发展和合作共赢，同时在沪生物医药外资研发中心融入城市创新体系需要良好的机制。项目组建议：减少内外差别，领跑创新全球化；加快建设创新之城，全面提升城市创新能力；探索创新评审监管机制，提高产品准入效率；构建开放式生物医药链，实现无缝对接；在张江科学城打造生物医药研究集群；支持外资在沪总部发展，鼓励知识产权/项目转化落地；制定和完善生物技术人才配套政策等。（汤天波）

【上海产业创新政策有效性评估研究——以集成电路产业为例】 由同济大学周文泳项目组承担完成。项目组调研分析上海集成电路产业现状和政策需求，评估产业政策内容、过程和效果，并提出政策完善方向和政策建议。项目组认为,上海集成电路产业发展态势良好,政府出台的文件弥补一些不足;但人才培养与产业需求不匹配,政府专项资金投入规模相对不足,上市门槛难以适应企业上市融资需求,装备产业力量相对分散。项目组建议:以关键装备材料和设计技术为抓手,突破核心关键技术,增强核心能力;完善股权投资、创业投资、天使投资等科技金融服务体系,设立证券的战略新兴产业版,增强科技金融服务能力,激发产业创新潜力;健全人才培养和激励机制,加快培育本土和海外引进并重,集聚产业高端人才。 (汤天波)

【上海金融科技发展对策研究(A)】 由上海大学孟添项目组承担完成。项目组梳理国内主要城市金融科技发展现状与存在问题,聚焦上海金融科技产业发展,并提出发展重点、路径及相关建议。项目组认为,上海必须顺应时代潮流,大力发展金融科技产业,并结合自由贸易港与"一带一路"倡议建设寻求突破;同时亟须从政策、环境、机制等方面创新与探索。项目组建议:营造良好营商环境;完善相应的投融资体系;加大各类金融技术服务平台与基础设施建设力度;发挥上海国际金融中心持牌金融机构集聚的优势;加大上海金融科技发展的开放力度;加强上海金融科技人才队伍建设;大力发展监管科技与法律科技;打造上海金融科技的协同创新机制。 (汤天波)

【上海金融科技发展对策研究(B)】 由上海发展战略研究所周海蓉项目组承担完成。项目组选择伦敦、纽约、新加坡和香港等全球金融中心为分析对象,从发展要素、机构框架、配置效率、竞争机制等多维度、多视角分析金融科技的兴起对全球金融中心版图所产生的影响;结合上海金融科技发展的优势和短板,提出上海加快金融科技发展的思路与对策建议。项目组认为,全球知名的金融中心城市为了在新一轮以金融科技发展为主导金融中心竞争中抢得先发位置,采取创新监管模式、培育金融创新载体等一系列政策手段,在很大程度上改变传统国际金融中心的竞争版图。项目组建议:上海同样应当立足国际金融中心和具有全球影响力的科技创新中心建设,聚焦人工智能、大数据等金融科技重点领域,优化金融科技发展环境,完善金融科技发展生态,夯实金融科技发展的监管、人才、资金基础,构建多层次金融科技企业投融资体系,提高上海金融科技发展的水平和能级,提升上海在全球金融科技版图中的地位。

(汤天波)

【全球生命科学创新中心建设——上海与波士顿对标研究】 由上海图书馆(上海科学技术情报研究所)姚恒美项目组承担完成。项目组分析波士顿生命科学与健康产业发展的历程、现状与主要做法,并与上海对比研究,结合上海生命科学与生物医药产业发展现状,从医院、研究机构、相关产业、人才和投资等角度,提出了上海全球生命科学中心建设建议。项目组认为,上海通过与波士顿在生命科学创新领域的对标,发现最为显著的差距是在原始创新,顶尖科研机构和世界级科学家这些方面。上海还缺乏类似马萨诸塞州生命科学计划这种周期长、资助力度大,覆盖全方位各阶段的支持计划。项目组建议:上海在建设全球生命科学创新中心的过程中,在创新集聚区布局上,应满足在地理上紧凑区域,形成创新资源的高度聚集,便于科学家直面需求,从而推进张江和枫林等两大最具引领性的生命科学创新集聚区的建设。 (汤天波 倪炜瑜)

【上海高新技术企业创新引领态势研究——基于2017年上海高新技术企业景气调查】 由上海科技管理干部学院魏喜武项目组承担完成。项目组以高企景气调查为基础,立足上海高新技术企业发展实际,研究构建能够全面、及时、动态反映上海高新技术企业发展情况的上海高新技术企业创新引领态势监测体系,打造上海高新技术企业发展的"晴雨表"和"报警器"。项目组认为,2017年第3季度至2018年第2季度,上海高新技术企业景气状况总体良好,企业对未来发展具有较强的信心,科技创新景气一直保持高位,很好地发挥创新引领作用。同时,上海高新技术企业还存在着运营成本高和融资困难等方面的问题。项目组建议:支持培育具有全球影响力的创新型领军企业,引领带动上海高新技术企业整体发展;解决高企成本问题,发挥高新技术企业的人才支撑和引领作用;加大对小型民营高企的支持,激发上海高新技术企业创新活力;完善企业创新管理,增强上海高新技术企业创新动力;深化高企相关研究,加强上海高新技术企业发展理论支撑。 (汤天波)

【共享经济模式下的道德风险治理机制与对策研究】 由华东师范大学殷红项目组承担完成。项目组在分析共享经济道德风险特征基础上,研究治理道德风险的3种机制即声誉激励机制、信用保证机制和失信惩罚机制,并探讨如何通过平台自律、第三方中介参与、政府监管来发挥这些机制的作用。项目组认为:在声誉激励方面,应加强个体声誉机制、集体声誉机制、信用免押机制在防范共享经济道德风险中的作用;在信用保证方面,应完善信用保证金机制、第三方支付机制和保险机制等在提高共享经济信用中的作用;在失信惩罚方面,应建立在线纠纷解决机制、第三方征信和行业协会的失信惩戒机制。项目组建议:要坚持政府、共享平台和行业协会合作的监管模式;要转变事前监管模式,实行差异化监管;要把握适度性原则,实现监管目标风险可控;要创新监管手段,提高潜在风险处置能力。 (汤天波)

【人工智能对就业的影响研究】 由上海市科学学研究所李辉项目组承担完成。项目组在梳理技术发展对就业的影响机制的基础上,从人工智能如何破坏现有就业、如何创造新就业、未来工作图景等3个视角分析人工智能对就业的影响,对人工智能快速发展背景下发展中国家就业面临的机遇与挑战进行研究。项目组认为,关于人工智能对就业的破坏性影响,还未达成共识的计算模型和结论。随着机器学习能力的不断提升,被取代的工作将越来越多,新产生的工作也会增加但存在很大的不确定性。项目组建议：基于人工智能取代现有就业的必然性和创造未来就业的不确定性，应未雨绸缪，加大对人工智能相关领域人才的培养和引进，建立具有国际水准的人才体系，确保人工智能发展的主动权；提前预测和评估人工智能对就业可能产生的影响，从社会保障、再教育体系等方面做好应对，确保经济社会稳步发展。（汤天波）

【基于大数据的上海轨道交通大客流和疏散安全研究与建议】　由上海对外经贸大学陈瑶项目组承担完成。项目组采用上海地铁交通卡、天气、手机等方面大数据，使用团队自主研发的算法，分析上海轨道交通14条线路的大客流风险情况和站点人群疏散安全进，并对上海地铁大客流和疏散安全现状进行总结，提出建议和重点监测目录。针对上海轨道交通大客流背景下的运营管理，项目组建议：对地下重点站点的站台层采取控制措施，避免人群积压在地下站台层；合理分配管理人员，特别是在非换乘重点站，早高峰需要增加支援；对非换乘站高风险站点，楼梯通道、检票闸机等站内设施进行布局优化；使用数据定期分析给出高风险站点，定期进行安全性的日常评估，优化应急方案；对于风险较高的站点，站内设施进行布局优化、采取调整开放闸机数量等限流措施、合理分配管理人员、进行站内安全性的日常评估、优化应急方案等方式提高疏散效率，降低疏散风险。（汤天波）

【基于关键利益相关者的新能源汽车产业创新政策优化研究】　由上海大学卢超项目组承担完成。项目组对新能源汽车财政补贴政策加速“退坡”及“双积分”政策正式施行对产业带来的影响进行研究，分别对汽车企业、充电基础设施建设运营商、消费者等进行分析并提出建议。项目组认为，财政补贴“退坡”对新能源汽车的市场渗透率会带来显著的负向影响；相比财政补贴大量用于消费者的做法，财政补贴聚焦于支持车企开展技术研发更能促进新能源汽车的快速推广。项目组建议：财政补贴不应加速“退坡”，但“双积分”应尽快考核；汽车企业应加大技术投入、研发先进的新能源技术；充电设施建设仍需加强，但提高充电设施利用率更为关键；针对不同类型的消费者群体，采取不同的市场刺激策略。（汤天波）

【全球价值链变迁与上海制造业转型升级路径研究】　由上海科技管理干部学院范晓项目组承担完成。项目组通过分析全球主要发达国家及上海近几年制造业出口数据，得出上海制造企业实现价值链升级的关键影响因素，为上海制造企业建立以自身为主的全球价值链提出对策建议。项目组认为，中国、上海制造企业建立以自身为主的新全球价值链，实现根本性的链条升级时机已到。上海制造企业实现价值链升级既与创新的市场效应、市场规模、竞争者数量等因素密切相关，也与创新成本和创新资金投入有较密切关系。项目组建议：政府从发展战略层面高度重视上海制造企业建立以自身为主的全球价值链，在企业融资、市场推广、搭建产学研合作平台等方面提供支持，上海市级创新政策和创新战略需要对有条件率先形成以自身为主的全球价值链的产业和企业进行具体和有针对性的支持。（汤天波）

【高端装备制造业的税收激励与企业创新绩效】　由上海对外经贸大学邬展霞项目组承担完成。项目组梳理国家层面统一的税收激励政策及上海市层面的财政政策，并在考虑融资约束中介变量的情况下，用全国制造业与装配制造业的实际数据进行实证研究，提出完善财税政策的建议。项目组认为，多层次普惠制的税收优惠基本可以起到引导民间制造业资金进行R&D投入的作用，但需要税收优惠额度超过一定阈值；财政补助政策可有效促进创新决策、创新投入与创新产出，但与R&D后期企业的最终经济产出无关。项目组提出建议：政府政策应针对不同企业分类制定；上海市政府的各类基金应更加注重对装配制造企业研发活动全生命周期的支持；加大国有装配制造企业的产权改革，调动企业研发积极性和对政策的敏感性，加强财税政策的效果显现；统一战略产业的行业细分，促进财税政策的激励对象一致，促进科学聚焦。（汤天波）

【地方政府视角下上海创新街区建设的成本-收益考察、问题与改善对策研究】　由上海社会科学院邓智团项目组承担完成。项目组以创新街区这一新事物为研究对象，通过构建创新街区建设的成本-收益分析框架，对上海的主要几个创新街区进行分析，并提出完善上海创新街区建设成本与收益的对策建议。项目组认为，创新街区主要存在两方面的问题：从上海创新街区建设的投入来看，存在重生产、轻生活，重独立、轻共享，重设施、轻文化，重政府、轻社会等问题；在收益获得的考虑上，则存在重经济、轻社会，重短期、轻长远，重优惠、轻氛围，重项目、轻联动等问题。项目组建议：因地制宜实施建设计划；区分创新街区建设阶段：启动期——地产经营模式，成长期——税收和综合收入模式和成熟期——税收，综合收入与品牌输出模式；优化创新街区建设路径；构建创新街区建设政策保障体系。（汤天波）

【再生医学技术路线图研究】　由中科院上海营养与健康研究所上海生命科学信息中心王玥项目组承担完成。项目组对上海市再生医学发展的优劣势进行系统分析，绘制上海市2030年再生医学发展路线图，提出战略目标、发展路径、优先领域及未来发展的政策建议。项目组认为，上海市再生医学发展拥有基础科研领先、科研机构附属医院体系庞大、国家及上海政策大力扶持等优势和机遇，但存在缺乏专项规划、对成果转化支持力度不足、创新链条不完整、缺乏跨学科团队、转化型人才及战略型领军人才不足等劣势。项目组建议：成立专家组研讨再生医学面临的核心政策问题；设立专项资助规划和项目；出台(干)细胞库地方标准；完善伦理审查制度和标准；建立区域级公共干细胞库；建立

再生医学转化支撑平台与协同创新网络；建立产业孵化平台；改进再生医学人才培育和引进机制。（汤天波）

【生物医药热点技术领域知识产权评议——中药高通量筛选领域】 由上海图书馆(上海科学技术情报研究所)肖沪卫项目组承担完成。项目组通过开展中药高通量筛选领域知识产权评议，为上海市发展中药高通量筛选提供相关的对策建议。项目组建议：加快发展高通量筛选共性技术，促进上海生物医药产业整体优化升级；扩大整合中药和天然产物样品库，夯实上海中药高通量筛选的物质基础；探索发展经典方高通量筛选，构建上海中药高通量筛选的部分先发优势；跨越式发展超高通量筛选，促进上海中药高通量筛选跃升国际一流水平；优先发展3D细胞高通量筛选，完善上海中药高通量筛选的信息获取；重点发展无标记检测技术，提升上海中药高通量筛选的准确性；加快发展高通量药物靶标识别，促进上海中药高通量筛选服务精准医疗。

（汤天波　倪炜瑜）

【上海科技创新中心政策体系研究】 由上海科技管理干部学院杨耀武项目组承担完成。项目组聚焦科技政策文本数据化、科技政策事项网络化、科技政策服务智能化，重点开展上海科技创新中心政策数据库及系列政策卡片设计开发，提出上海科技创新中心政策体系建设的有关建议。项目组认为：上海科技创新政策体系基本形成，政策效应初步显现，但政策落实及精准服务仍有待加强。项目组建议，加快上海科技智慧政务的科技政策导航平台“政策北斗”导航平台1.0后的迭代升级，强化政务载体平台技术创新，强化政策服务内容产品开发，强化科技政策治理体系建设等。

（汤天波）

【上海科研院所协同创新机制研究】 由上海市科学学研究所李万项目组承担完成。项目组对上海科研院所的现状与禀赋进行剖析，分析其在科技创新中心建设中应具有的功能、愿景，提出其使命与作用发挥所需的机制环境与协同创新的政策路径。项目组认为，上海科研院所在协同创新方面主要存在以下问题：创新资源配置方面有待统筹协调；学科建设与科研管理机制有待调整；科研成果转化协同机制亟待完善；院科技创新协同功能型平台有待新建或提升；支持科研院所协同创新的体制机制保障不够健全。项目组建议：扩大中央在沪科研院所适用上海地方科技创新政策范围，促进中央所属院所深度融入本地创新体系；扩大科研院所自主权，支持科研院所发挥创新活力，开展协同创新；组建上海科研院所成果转化联盟，打造全市范围的成果转化联动生态网络；探索新型科研机构体制机制创新，构建一批政府支持、市场运营、公共性、功能型、非营利的功能型平台等。（汤天波）

【上海科技计划管理制度体系建设研究】 由同济大学常旭华项目组承担完成。项目组对国家和上海层面科技计划体系的类型、管理模块及归口单位进行梳理，选择美国、英国、日本、德国的科技计划体系、管理机构、治理模式开展比较研究，对国家自然科学基金委的科研项目管理开展案例分析，从科研项目全流程管理视角提出对策建议。项目组建议：上海需建立统筹协调的科技计划治理体系，包括全面对接国家计划和重大任务、科技计划决策科学化、科技资源有效配置、科技计划全过程考评；上海需要从指南编制、项目评审、成果管理三方面建立更精细化、规范化、柔性化的科技计划管理体系；上海应尽快开展颠覆性、非共识项目资助机制，提高上海产生革命性成果的可能性。（汤天波）

【上海外资研发中心发展动向及相关政策研究】 由上海市软科学研究基地美国创新与发展研究中心(华东师范大学)杜德斌项目组承担完成。项目组梳理上海外资研发中心的现状与发展趋势、相关政策新动向及影响，研讨在沪外资研发中心与本土创新研发机构的创新合作，并提出促进外资研发中心在上海科技创新中心建设中发挥更大作用的对策建议。项目组认为，在沪外资研发中心与本土创新研发机构的创新合作促进其融入上海科技创新中心建设，但由于知识产权保护不足、国内外技术水平差距、中外文化价值理念差异、政府体制机制障碍、跨国公司母国政策限制等原因，两者之间的创新合作存在一定的问题和局限。项目组建议：以自贸试验区建设为契机，提升管理服务，优化外资企业研发环境；加强管理，规范外资企业研发活动；以外资研发中心调整为契机，扶持和提升本土企业科技创新能力；加强融合，促进外资研发中心融入本地创新产业链。（汤天波）

【2017世界知识竞争力评价分析研究】 由上海市软科学研究基地知识竞争力与区域发展研究中心(上海交通大学)罗守贵项目组承担完成。项目组对全球162个主要地区知识竞争进行综合评价，并对上海提升知识竞争力提出对策建议。项目组认为，对上海知识竞争力综合贡献较大的主要是知识密集产业、金融对创新的支持和政府在科技创新中的投入，而对综合竞争力负向影响最大的主要是经济活动率、劳动生产率、居民收入、教育投入及安全服务器等，上海在经济发展水平方面与国际上发达地区还有较大差距，同时在知识持续性的投入方面还需要加大力度。项目组建议：推行普惠型税收政策；加大财政科技投入的力度；加大对创新的社会化服务体系支持；激励创新合作联盟的建设；加大对企业在基础研究方面的支持；拓宽创新型企业的融资渠道，降低融资门槛；发挥企业科技创新的主体作用，使其成为科技型人才的最主要载体。（汤天波）

【基于创新生态系统观的多空间尺度创新发展战略策略】 由上海市软科学研究基地创新型城市发展战略研究中心(上海社会科学院)屠启宇项目组承担完成。项目组尝试以思想实验的方式，辅以案例运用示范，构建一个逻辑上自洽的战略和策略工具箱，使工具箱既应符合对创新规律与机理的最新认识，又适用于指导创新的实战部署。项目组认为,创新城市的战略与策略部署主要涉及3项关键规划:城市科技创新规划、城市经济社会发展规划和城市空间规划。这3项规划分别承担创新驱动力塑造、创新环境塑造和创新实体空间响应的职责。一个城市要达成创新驱动发展必然要达成"三规合一",以保证创新的逻辑在产业组织、社会组织、空间组织上得到有效表达、低耗传递。项目组建议:在核心层:以"创新发展预见"绘制创新发展路线图;在释放层:以"创新生态系统"设计创新城市系统再造策略;在落地层:以"创新城市规划导则"引导创新的空间部署与场所营造。 (汤天波)

【上海市科技进步态势跟踪和产业创新效率研究】 由上海市软科学研究基地科技统计与分析研究中心(上海社会科学院)朱平芳项目组承担完成。项目组分别从经济创新度评价和高新技术产业增加率等角度,对上海当前重点产业、主要科技创新指标、科技统计关键问题开展全面分析,归纳提炼主要障碍与存在问题,并研究提出推进上海科技创新中心建设的有关举措建议。项目组认为:上海综合科技进步水平稳步提升,科技进步环境有所下滑,科技意识水平稳步发展,科技活动投入平稳增长,科技活动产出成果显著,高新技术产业化稳健发展,效益水平偏低仍需重视,科技促进经济社会发展水平呈现良性竞争;上海创新总指数小幅增加,政府支持有所增强,财政科技占比仍存差距,企业投入略有提升,产学研合作未见起色;人才实力较为均衡,技能型人才占比稍有下降,创新产出表现不一。项目组建议:要"向内"找方法,上海需要进行人才供给侧改革,解决大学毕业生千人一面的现象,适应上海经济创新发展的要求;政府要加大对基础研究的支持与投入,形成创新的良性循环,要充分挖掘长三角一体化的潜力,以区域间产业互补提升效率水平。 (汤天波)

【上海科技创新中心建设法治保障研究】 由上海市软科学研究基地科技创新法治保障研究中心(华东政法大学)江利红项目组承担完成。项目组立足于上海市科技创新中心建设的实践,在与国外及国内其他地区科技立法比较的基础上,分析上海在建设科技创新中心过程中在法治保障方面存在的问题,并提出完善的对策性建议。项目组认为,上海科技创新中心建设法治保障还存在法律体系不完备、保障领域不全面、科技法体系层面不明显、内容缺乏创新性和具体性等问题。项目组建议:上海应围绕科技创新中心建设和法治需要,突出创新驱动思路与简政放权思路,针对政府权力的规范化问题、科技创新区域布局的法治保障问题、平台和网络建设的法治保障问题、科技市场体系和创新环境建设问题等问题,形成涵盖科技创新中心的定位、科技创新中心管理体制的构建、科技创新区域布局、人才环境建设、创新创业环境的建设等内容的规范体系。 (汤天波)

【全球前沿技术领域研究及重点国家科技政策分析】 由上海图书馆(上海科学技术情报研究所)的上海市科委软科学基地上海市前沿技术发展研究中心承担。项目重点开展4个领域的研究:重点国家科技产业政策跟踪,对美国、欧盟、日本、韩国等国家及旧金山、巴黎、东京等城市最新科技和产业政策进行专门的分析和解读;国际科技创新最新动向和趋势跟踪研究,对2016年以来科技创新发展特征及信息技术、新能源技术、新材料技术、生物医疗技术等重点技术领域进行分析和总结;新兴产业发展态势研究方面,对柔性储能、纳米机器人、量子材料、钙钛矿太阳能电池、器官芯片、国际人类表型组6个重点领域分析技术和产业化发展态势,揭示重点技术领域的专利布局。 (倪炜瑜)

【2018π指数系列报告发布】 10月29日,中科院上海生命科学信息中心生命健康科技智库发布《生命科学与基础医学全球科研机构产出评价暨2018π指数系列报告》。报告主要包括π指数年度报告、5年π指数趋势分析报告、生物与医学领域75个国家重点实验室π指数分析报告及新研制的2018学科领域π指数分析报告,基于多层引文和支持向量机相结合的单篇论文学科分类方法,对单篇文献进行学科分类,以满足学科分类的个性化需求,探索更精细的学科分类、学科评价。 (王文琦)

第二节 | 科技出版 >>

【上海科技出版工作概述】 2018年,上海科技出版紧贴科技发展前沿和实际需要,坚持科技创新、科学普及"两翼齐抓",服务好国家和上海的重大战略部署,服务好上海城市发展总规划,重点服务好科技创新中心建设,在全国保持领先地位。据初步统计,2018年,上海出版科技类图书2 695种,约占全年出版图书的10%。

2018年国家重点出版物"十三五"规划增补,上海入选"自然科学与工程技术出版规划"类别项目19种,占全国的11%,包括上海科学技术出版社"科学专著:大科学工程""分子人类学研究系列""高海拔高寒地区高速公路建设关键技术""复杂地质隧道建设关键技术丛书",同济大学出版社"能源地下结构与工程丛书",华东理工大学出版社"新时代地热能高效开发与利用研究丛书",上海科学技术文献出版社"中国高铁丛书",上海浦江教育出版社"智能化集装箱码头出版工程"等。根据出版社获国家"十三五"项目数来统计,上海科学技术出版社以42项保持全国第二、上海第一。

"中国高铁丛书"入选中共中央宣传部2018年重点主题出版物选题目录,《院士怎样读书与做学问》《"科创之光"书系(第一辑)》入选2018年向全国青少年推荐百种优秀出版物目录,《透过哈勃看宇宙》等6种图书入选2018年全国优秀科普作品,《80天变身护理达人》等3种图书获第5届中国科普作家协会优秀科普作品奖(银奖)。

2018年国家出版基金资助项目,上海有8种科技类项目获资助,其中包括上海科学技术出版社《脑研究的前沿与展望》《深海工程装备与高技术丛书》,上海交通大学出版社"海洋强国出版工程(第二期):高技术船舶与海洋工程装备系列",上海科技教育出版社《胎儿和新生儿脑损伤(第二版)》等。

2018年上海新闻出版专项资金,资助科技类项目10余种,其中包括华东理工大学出版社"分子科学前沿研究丛书(第一辑)""战略前沿新材料——石墨烯出版工程(第二辑)""战略前沿新技术——太赫兹出版工程(第二辑)",上海交通大学出版社《类脑计算与类脑智能研究前沿》,同济大学出版社"面向未来的交通出版工程——交通大数据系列",上海科学技术出版社《脊柱肿瘤学》、"国之重器——舰船科普系列丛书",上海科技教育出版社"哲人石丛书""'院士带你去探索'科普绘本(第一辑)",上海科学普及出版社"'少年的科创'丛书"等。

2018年10余个图书项目入选上海市文教结合"高校服务国家重大战略出版工程",其中包括海军军医大学出版社"海洋医学丛书",上海交通大学出版社"大飞机出版工程""能源与环境出版工程""整合医学出版工程(复杂病系列)",上海科学技术出版社《新横沙成陆开发和深水新港建设可行性关键技术研究》《大气气溶胶和雾霾研究》《骨细胞图谱与体外培养》《抗肿瘤中草药现代研究及临床应用》等。

2018年科技类图书版权已逐步从"引进来"单向渠道向"走出去"和"引进来"双向渠道迈进。《伤寒论讲义》《显微外科疑难手术病例精编》《温病学》《生了癌,怎么办——何裕民教授抗癌新视点》《一百天学针灸》《中医内科学》等60余种图书输出到Springer、World Scientific等国际主流出版公司。英文版《显微外科疑难手术病例精编》《表观遗传学与精准医学》等列入2018年度中国图书对外推广计划;英文版《非线性波动方程》《极端环境下的电液伺服控制理论及应用技术》《大数据与精准医学》、意大利语版《中医食疗》等列为2018年上海市版权"走出去"扶持项目。

2018年上海科普出版在产业化及媒体融合发展方面进行探索,并取得一定的阶段性进展。少年儿童出版社探索以"十万个为什么"为品牌核心,涵盖图书、期刊、电子出版物、网络平台、舞台剧、动漫(画)、教育培训和科技活动的少儿科普产业链发展模式。

2018年,依托上海书展、中国上海国际童书展等平台,策划丰富多彩的科技类阅读活动,邀请科技名家参与,普及科技文化知识。市新闻出版局与市科协主办的2018上海科协大讲坛暨科技前沿大师谈"暑期院士专家系列科普讲坛"活动邀请院士为市民开讲科技知识,如丁奎玲院士讲"神奇的化学世界"、刘新垣院士讲"探秘超级细菌——耐药细菌研究与下一代抗生素"、蒲慕明院士讲"探秘生物克隆技术——从多利羊和克隆猴说起"、徐祥德院士讲"探秘天气预报与气象防灾减灾"等。 (徐媛媛)

【2018沪版重点科技图书】 2018年,由上海科学技术出版社、上海科技教育出版社、复旦大学出版社、上海科学普及出版社、上海交通大学出版社、上海科学技术文献出版社出版的重点科技图书260种。其中,上海科学技术出版社50种、上海科技教育出版社42种、复旦大学出版社54种、上海科学普及出版社11种、上海交通大学出版社35种、上海科学技术文献出版社68种。

2018年沪版重点科技图书名单

序号	书 名	版 别	编 著 者
1	线性随机系统——一种关于建模、估计和辨识的几何方法	上海科学技术出版社	〔瑞典〕林德奎斯特、〔意大利〕皮奇 著,赵延龙、赵文虓 译
2	激波反射的数学分析	上海科学技术出版社	陈恕行 著
3	高维定常可压缩 Navier-Stokes 方程的适定性理论	上海科学技术出版社	江 松、江 飞、周春晖 著
4	大国之翼——C919大型客机研制团队采访报告	上海科学技术出版社	陈伟宁、欧阳亮、周森浩 著
5	非线性光学与光子学	上海科学技术出版社	赫光生 著
6	赛先生在中国——中国科学社研究	上海科学技术出版社	张 剑 著
7	黑叶猴的行为生态与保护生物学	上海科学技术出版社	黄乘明、周岐海、李友邦 著
8	国家蛋白质科学研究(上海)设施的设计与研制	上海科学技术出版社	雷 鸣 主编
9	微波光子技术及应用	上海科学技术出版社	谭庆贵等 编著
10	临床肾脏肿瘤学	上海科学技术出版社	黄翼然 主编
11	听神经瘤	上海科学技术出版社	吴 皓 主编
12	脊柱肿瘤外科学	上海科学技术出版社	肖建如 主编

续表

序号	书　名	版　别	编　著　者
13	肝移植	上海科学技术出版社	〔美〕罗纳德·布苏蒂尔、〔美〕戈兰·克林特马尔姆　主编,夏　强　主译
14	重症医学病理生理紊乱——诊断与治疗临床思路	上海科学技术出版社	杨　毅、陈德昌　主编
15	云南民族药大辞典(上下册)	上海科学技术出版社	郑　进、张　超、钱子刚　主编
16	抗肿瘤中药现代研究与临床应用	上海科学技术出版社	徐宏喜、冯奕斌、朱国福　主编
17	恽铁樵全集	上海科学技术出版社	蔡定芳　主编
18	陆渊雷全集	上海科学技术出版社	蔡定芳　主编
19	姜春华全集	上海科学技术出版社	蔡定芳　主编
20	沈自尹全集	上海科学技术出版社	蔡定芳　主编
21	潜水器技术与应用	上海科学技术出版社	崔维成等　编著
22	自升式风电安装船技术与应用	上海科学技术出版社	上海振华重工(集团)股份有限公司　著
23	游艇舒适度原理与设计	上海科学技术出版社	蔡　薇、吴卫国　著
24	北斗卫星系统的定位技术及船舶导航应用	上海科学技术出版社	张　云等　著
25	气象大数据	上海科学技术出版社	徐继业、朱洁华、王海彬　主编
26	地面出入式盾构法	上海科学技术出版社	吴惠明、周文波　著
27	城市地铁盾构隧道病害快速检测与工程实践	上海科学技术出版社	黄宏伟等　著
28	大直径水下盾构隧道施工技术	上海科学技术出版社	陈　健、闵凡路、王守慧　编著
29	盾构隧道刀具更换技术	上海科学技术出版社	陈　健、闵凡路　编著
30	水下隧道盾构检测与维修技术	上海科学技术出版社	姚占虎、石振明、石新栋　著
31	隧道地质三维探测技术	上海科学技术出版社	曹国侯、刘　浩　著
32	软硬不均与极软地层盾构处理技术	上海科学技术出版社	洪开荣　主编
33	多年冻土区公路工程施工关键技术	上海科学技术出版社	汪双杰、刘　戈、纳启财　编著
34	青藏高原多年冻土地区高速公路布局及其冻土环境耦合作用	上海科学技术出版社	汪双杰、王　佐、陈建兵　编著
35	多年冻土区公路环境保护研究与实践	上海科学技术出版社	吴明先、单永体、胡　林　编著
36	多年冻土区公路隧道	上海科学技术出版社	韩常领、夏才初、纳启财　著
37	高海拔地区高速公路技术指标与安全设计	上海科学技术出版社	刘建蓓、汪双杰　著
38	高海拔高寒地区高速公路建设技术	上海科学技术出版社	汪双杰、陈建兵、王　佐　编著
39	风积沙工程特性及工程实践研究	上海科学技术出版社	李志农等　著
40	中国纺织考古与科学研究	上海科学技术出版社	赵　丰等　著
41	上海新横沙成陆和建港技术研究	上海科学技术出版社	包起帆、郑伟安　主编
42	中国稻田杂草识别与防除	上海科学技术出版社	沈国辉　主编
43	斑马鱼组织细胞学彩色图谱	上海科学技术出版社	胡建华、陈秋生、林金杏　著
44	中医药海外发展研究蓝皮书(2017)	上海科学技术出版社	徐建光　主编
45	航空母舰(国之重器——舰船科普知识)	上海科学技术出版社	中国船舶及海洋工程设计研究院、上海市船舶与海洋工程学会、上海交通大学　主编
46	干货船(国之重器——舰船科普知识)	上海科学技术出版社	上海市船舶与海洋工程学会、中国船舶及海洋工程设计研究院、上海交通大学船舶海洋与建筑工程学院　主编
47	AO手部骨折手术图解	上海科学技术出版社	〔美〕耶西 B.朱庇特等　著,刘　璠、陶　然　主译

续表

序号	书　名	版　别	编　著　者
48	严东生诞辰一百周年纪念文集	上海科学技术出版社	中科院上海硅酸盐研究所　编
49	芯事——一本书读懂芯片产业	上海科学技术出版社	谢志峰、陈大明　编著
50	80天变身护理达人——居家护理与康复指南	上海科学技术出版社	王　韬、章雅青　主编
51	发现天王星——开创现代天文学的赫歇尔兄妹(哲人石丛书)	上海科技教育出版社	〔美〕迈克尔 D.勒莫尼克　著,王乔琦　译
52	我是我认识的最聪明的人——一位诺贝尔奖得主的艰辛旅程(哲人石丛书)	上海科技教育出版社	〔美〕伊瓦尔·贾埃弗　著,邢紫烟、邢志忠　译
53	点亮21世纪——天野浩的蓝光LED世界(哲人石丛书)	上海科技教育出版社	〔日〕天野浩、〔日〕福田大展　著,方祖鸿、方明生　译
54	技术哲学——从埃及金字塔到虚拟现实(哲人石丛书)	上海科技教育出版社	〔俄罗斯〕B. M. 罗津　著,张艺芳　译,姜振寰　校
55	改变世界的方程——牛顿、爱因斯坦和相对论(哲人石丛书珍藏版)	上海科技教育出版社	〔德〕哈拉尔德·弗里奇　著,邢志忠、江向东、黄艳华　译
56	失败的逻辑——事情因何出错,世间有无妙策(哲人石丛书珍藏版)	上海科技教育出版社	〔德〕迪特里希·德尔纳　著,王志刚　译
57	确定性的终结——时间、混沌与新自然法则(哲人石丛书珍藏版)	上海科技教育出版社	〔比〕伊利亚·普里戈金　著,湛　敏　译
58	素数之恋——黎曼和数学中最大的未解之谜(哲人石丛书珍藏版)	上海科技教育出版社	〔美〕约翰·德比希尔　著,陈为蓬　译
59	天才的拓荒者——冯·诺伊曼传(哲人石丛书珍藏版)	上海科技教育出版社	〔美〕诺曼·麦克雷　著,范秀华、朱朝晖、成嘉华　译
60	大流感——最致命瘟疫的史诗(哲人石丛书珍藏版)	上海科技教育出版社	〔美〕约翰 M.巴里　著,钟　扬、赵佳媛、刘念　译
61	美丽心灵——纳什传(哲人石丛书珍藏版)	上海科技教育出版社	〔美〕西尔维娅·娜萨　著,王尔山　译
62	数学大师——从芝诺到庞加莱(哲人石丛书珍藏版)	上海科技教育出版社	〔美〕埃里克·坦普尔·贝尔　著,徐　源　译
63	科学之死——20世纪科学哲学思想简史	上海科技教育出版社	马建波　著
64	十亿美元分子——追寻完美药物	上海科技教育出版社	〔美〕巴里·沃思　著,钱展鹏　译
65	名画在左　科学在右	上海科技教育出版社	林凤生　著
66	歪打正着的科学家——24个走运的科学发现故事("让你大吃一惊的科学"丛书)	上海科技教育出版社	〔英〕格雷姆·唐纳德　著,高蕴华　译
67	他们曾嘲笑伽利略——伟大的发明家如何证明批评者错了("让你大吃一惊的科学"丛书)	上海科技教育出版社	〔英〕阿尔伯特·杰克　著,涂　泓　译
68	与达利共闯四维空间:100件你不知道的关于艺术的事("大开眼界的数学"丛书)	上海科技教育出版社	〔美〕约翰 D.巴罗　著,周启琼、靖润洁　译
69	怎样解题——数学思维的新方法	上海科技教育出版社	〔美〕G.波利亚　著,涂　泓、冯承天　译
70	科学新知——2017"上海科普大讲坛"文集	上海科技教育出版社	王小明　主编
71	陶瓷镇("带回家的博物馆"丛书)	上海科技教育出版社	俞寅著　绘
72	小江豚找妈妈	上海科技教育出版社	张维赟、叶晓青　著
73	恐龙不好玩("鹦鹉螺漫画·不一样的生命"丛书)	上海科技教育出版社	顾洁燕、徐　蕾　主编
74	寻找北京猿人("院士带你去探索"科普绘本)	上海科技教育出版社	宋　娴　主编
75	去海边种红树("院士带你去探索"科普绘本)	上海科技教育出版社	宋　娴　主编
76	少年航天员("院士带你去探索"科普绘本)	上海科技教育出版社	宋　娴　主编

续表

序号	书　名	版　别	编　著　者
77	火星上没有北极星("院士带你去探索"科普绘本)	上海科技教育出版社	宋　娴　主编
78	鱼儿去哪儿了("院士带你去探索"科普绘本)	上海科技教育出版社	宋　娴　主编
79	肚子里的微型森林("院士带你去探索"科普绘本)	上海科技教育出版社	宋　娴　主编
80	想飞的恐龙("院士带你去探索"科普绘本)	上海科技教育出版社	宋　娴　主编
81	青藏高原的秘密("院士带你去探索"科普绘本)	上海科技教育出版社	宋　娴　主编
82	青少年创新思维培养丛书	上海科技教育出版社	尹传红　著
83	特殊感染外科新理念与新技术	上海科技教育出版社	刘保池、蔡　端、朱同玉　主编
84	养老机构营养膳食设计与管理规范(中医特色医养结合出版工程)	上海科技教育出版社	沈红艺、凤　磊　主编
85	养老护理技术规范——长期护理保险服务项目(中医特色医养结合出版工程)	上海科技教育出版社	周　洁　主编
86	老年常见病的中医保健知识与适宜技术(中医特色医养结合出版工程)	上海科技教育出版社	唐靖一、方　泓　主编
87	老年人跌倒风险评估与防治(中医特色医养结合出版工程)	上海科技教育出版社	唐靖一、吴绪波　主编
88	儿科常见病解惑	上海科技教育出版社	徐灵敏　著
89	特种刮痧传心录——百效穴运板举隅	上海科技教育出版社	李湘授、齐丽珍　主编
90	帮我记住这世界——临床医生写给认知症家庭的32个小故事	上海科技教育出版社	李　霞　主编
91	Step by Step 教你使用基础医学科研设备	上海科技教育出版社	潘　欣、嵇承栋　主编
92	Step by Step 教你学会循证医学中的证据质量评价	上海科技教育出版社	马　瑜、嵇承栋　主编
93	现代手外科手术学	复旦大学出版社	顾玉东、王澍寰、侍　德　主编
94	实用肿瘤外科学	复旦大学出版社	邵志敏　主编
95	乳腺肿瘤学(第二版)	复旦大学出版社	邵志敏、沈镇宙、徐兵河　主编
96	心脏医学全接触(第二版)	复旦大学出版社	罗鹰瑞、杨清源　著
97	卵巢过度刺激综合征的诊断与治疗	复旦大学出版社	孙　静、邵敬於　主编
98	结直肠肿瘤腹腔镜手术学:新理念　新技术	复旦大学出版社	李心翔　主编
99	新编当代护理学	复旦大学出版社	沈小平、王　骏、许方蕾、〔美〕艾德琳·尼雅马斯　主编
100	神经科临床护理案例精选	复旦大学出版社	蒋　红、任学芳、黄　莺　主编
101	中国风湿病图谱:系统性红斑狼疮分册(中国风湿病图谱)	复旦大学出版社	张奉春、曾小峰、帅宗文　主编
102	中国药用石斛彩色图谱	复旦大学出版社	包雪声、顺庆生、陈立钻　主编,吉占和　主审
103	医院后勤院长实用操作手册(第二版)	复旦大学出版社	复旦医院后勤管理研究院　编,诸葛立荣　主编
104	增权型公共卫生实践(第三版)	复旦大学出版社	〔丹〕格兰·莱文拉克　著,傅　华　主译
105	新发及再发传染病预防与控制	复旦大学出版社	袁政安　主编
106	核医学质量控制与管理	复旦大学出版社	刘兴党、顾兆祥　主编
107	西藏自治区卫生服务调查与体系建设研究报告	复旦大学出版社	欧珠罗布　主编
108	卫生发展与健康保障纵横谈(中国当代卫生管理名家经典论丛)	复旦大学出版社	周寿祺　著

续表

序号	书　名	版　别	编　著　者
109	残疾数据框架与指标体系的理论与实证:以上海为例(复旦大学中国残疾问题研究中心文库)	复旦大学出版社	苌凤水　著
110	战争与血吸虫病:赤壁之战、湘军的瘟疫探奇研判(中国血吸虫病流行史)	复旦大学出版社	姜庆五　总主编,李友松、周艺彪　主编
111	医用CT技术及设备	复旦大学出版社	姚旭峰、李占峰　主编
112	长期护理保险的理论与实践	复旦大学出版社	徐敬惠、梁　鸿　主编
113	社区护理管理概引	复旦大学出版社	顾建钧、李　明、刘薇群　主编
114	临床医学"5+3"模式的构建与实践	复旦大学出版社	汪　玲等　著
115	《上海市食品安全条例》释义	复旦大学出版社	阎祖强等　主编
116	健康教育处方集	复旦大学出版社	丁　园　主编
117	"救"在一瞬间:心肺复苏与创伤急救	复旦大学出版社	田建广、朱勤忠　主编
118	孕前、产前保健与婴儿喂养实用指南	复旦大学出版社	蒋　泓　主编
119	妇产科出院病人中医调养(出院病人健康教育与中医调养丛书)	复旦大学出版社	许金玉　主编
120	肿瘤科出院病人中医调养(出院病人健康教育与中医调养丛书)	复旦大学出版社	马伊磊、郑　鸿　主编
121	鼻部整形必须知道的99个问题(整形美容科普系列丛书)	复旦大学出版社	刘天一　主编
122	脂肪整形必须知道的99个问题(整形美容科普系列丛书)	复旦大学出版社	刘天一　主编
123	医疗设施的规划、设计与建造(第三版修订)(华润JCI医院管理研究院质量和安全系列)	复旦大学出版社	美国医疗机构联合委员会资源部　编著,华润JCI医院管理研究院　译,郦　忠、乡志忠、窦文杉　主译
124	医疗服务中的根因分析法:工具与技术(第六版)(华润JCI医院管理研究院系列译著)	复旦大学出版社	美国医疗机构联合委员会、美国医疗机构联合委员会资源部、美国医疗机构联合委员会国际部　编著,华润JCI医院管理研究院　译,郦　忠、张晨曦　主译
125	丹溪心法类集(上海中医药大学图书馆藏珍本古籍丛刊)	复旦大学出版社	〔明〕杨　珣　撰,《上海中医药大学图书馆藏珍本古籍丛刊》编纂工作委员会　编,段逸山　主编
126	素问钞补正(上海中医药大学图书馆藏珍本古籍丛刊)	复旦大学出版社	〔明〕丁　瓒　撰,《上海中医药大学图书馆藏珍本古籍丛刊》编纂工作委员会　编,段逸山　主编
127	新刻全补医方便懦(上海中医药大学图书馆藏珍本古籍丛刊)	复旦大学出版社	〔金〕李　杲　撰,《上海中医药大学图书馆藏珍本古籍丛刊》编纂工作委员会　编,段逸山　主编
128	重刊巢氏诸病源候总论(上海中医药大学图书馆藏珍本古籍丛刊)	复旦大学出版社	〔隋〕巢元方　撰,《上海中医药大学图书馆藏珍本古籍丛刊》编纂工作委员会　编,段逸山　主编
129	局方发挥(上海中医药大学图书馆藏珍本古籍丛刊)	复旦大学出版社	〔元〕朱震亨　撰,《上海中医药大学图书馆藏珍本古籍丛刊》编纂工作委员会　编,段逸山　主编
130	哥德尔纲领(当代哲学问题研读指针丛书)	复旦大学出版社	郝兆宽　著
131	中国新能源物流车发展报告(2018版)	复旦大学出版社	《中国新能源物流车发展报告》编委会、物流信息互通共享技术及应用国家工程实验室、上海谦鸣企业管理咨询　编
132	激光医疗技术	复旦大学出版社	陈　刚、雷仕湛　主编
133	激光智能制造技术	复旦大学出版社	雷仕湛、闫海生、张群莉　编著
134	时滞复杂系统动力学:从神经网络到复杂网络	复旦大学出版社	卢文联等　著

续表

序号	书　名	版　别	编　著　者
135	单片机应用技术(第三版)	复旦大学出版社	易　磊、黄　鹏　主编
136	Photoshop CS6 基础教程	复旦大学出版社	汤　莉　主编
137	系统动力学入门	复旦大学出版社	〔奥〕陶在朴　著
138	基于 Agent 的劝说模型及系统	复旦大学出版社	伍京华　著
139	复旦先导讲义:数理基础与程序设计	复旦大学出版社	谢锡麟等　编著
140	最优化基础理论与方法(第二版)(博学·数学系列)	复旦大学出版社	王燕军、梁治安、崔雪婷　编著
141	江西鄱阳湖国家级自然保护区自然资源2013—2014 年监测报告	复旦大学出版社	刘观华、詹慧英　主编
142	江西鄱阳湖国家级自然保护区自然资源2014—2015 年监测报告	复旦大学出版社	刘观华、余定坤　主编
143	NEW 物理探索　走近力声光电磁(未来科学家培养计划/科学启蒙·探索·研究系列)	复旦大学出版社	关大勇、吴於人　主编
144	NEW 物理启蒙　我们的看听触感(未来科学家培养计划/科学启蒙·探索·研究系列)	复旦大学出版社	关大勇、吴於人　主编
145	TID 之翻开课本做模型	复旦大学出版社	顾沁华　著
146	问题解决和数学智慧	复旦大学出版社	尚　强、胡炳生　著
147	2018 上海科技年鉴	上海科学普及出版社	《上海科技年鉴》编辑部　编
148	2018 上海科技统计年鉴	上海科学普及出版社	上海市科学技术委员会、上海市统计局　编
149	杨浦年鉴 2018	上海科学普及出版社	上海市杨浦区地方志办公室　编
150	上海监狱年鉴 2017	上海科学普及出版社	《上海监狱年鉴》编纂委员会　编
151	2017 上海殡葬年鉴	上海科学普及出版社	高建华　主编
152	2017 上海商贸年鉴	上海科学普及出版社	《上海商贸年鉴》编纂委员会　编
153	2018 上海开发建设年报	上海科学普及出版社	上海市建设协会　编
154	“科创之光”书系(第一辑)	上海科学普及出版社	上海科学院、上海产业技术研究院　组编
155	鲜味科学与鸡精调味料工艺概况(英文版)	上海科学普及出版社	顾艳君　主编
156	上海市科协学会发展报告(2018)	上海科学普及出版社	上海市科学技术协会　编
157	精编实用临床肿瘤学	上海科学普及出版社	程先平　主编
158	飞机驾驶舱显示控制设计和评价指南	上海交通大学出版社	揭裕文、郑弋源　编著
159	脑卒中转化研究(英文版)	上海交通大学出版社	〔美〕保罗　A.拉普查克、杨国源　编著
160	城市固废综合利用基地与能源互联网	上海交通大学出版社	解　大等　著
161	区域智能电网技术	上海交通大学出版社	蔡　旭、李　征　著
162	热力系统建模与仿真技术	上海交通大学出版社	张会生、周登极　编著
163	船舶原理(第二版)上册	上海交通大学出版社	盛振邦　主编,高新船舶与深海开发装备协同创新中心　组编
164	我是怎么设计航空发动机的?——斯坦利·胡克传	上海交通大学出版社	〔英〕斯坦利·乔治·胡克　著,王　岭、陈娇　译
165	数据科学基础(英文版)	上海交通大学出版社	〔美〕阿夫里姆·布鲁姆、〔美〕约翰·霍普克罗夫特、〔印〕拉文德兰·坎南　著
166	铀之战:开启核时代的科学博弈	上海交通大学出版社	〔美〕阿米尔　D.阿克塞尔　著,孙　扬、杨迎春　译

续表

序号	书　名	版　别	编　著　者
167	人工智能:驯服赛维坦	上海交通大学出版社	高奇琦　著
168	太阳能电池的硅晶体生长	上海交通大学出版社	〔日〕中岛一雄、〔日〕宇佐美德隆　编,高　扬　译
169	太阳能电池物理	上海交通大学出版社	〔英〕Jenny Nelson　著,高　扬　译
170	民用飞机实时监控与健康管理技术	上海交通大学出版社	徐庆宏、任　和、马小骏等　编著
171	民用飞机系统安全性设计与评估技术概论	上海交通大学出版社	修忠信等　编著
172	科技重塑中国	上海交通大学出版社	黄庆桥　著
173	复合材料柔性管	上海交通大学出版社	白　勇、白　强　编著
174	多智能体系统基于观察器的一致性控制	上海交通大学出版社	高立新、徐晓乐　著
175	航空燃气涡轮发动机工作原理及性能(第2版)	上海交通大学出版社	朱之丽、陈　敏、唐海龙、张　津、陈大光　编著
176	中国商用飞机有限责任公司系统工程手册(第2版)	上海交通大学出版社	贺东风、赵越让、钱仲焱　等著
177	全球航空业(第2版)	上海交通大学出版社	〔美〕彼得・贝罗巴巴、阿梅迪奥・奥多尼、辛西娅・巴恩哈特　编著,解开颜、李志军　译
178	寰枢椎固定技术:常见技术,改良及转化(英文版)	上海交通大学出版社	倪　斌、郭　翔、郭群峰　编著
179	现代飞机飞行动力学与控制	上海交通大学出版社	刘世前　编著
180	民机科技预研及管理要略	上海交通大学出版社	徐　敏　著
181	波浪、海床和结构物相互作用:模拟、过程及应用	上海交通大学出版社	郑东生　著
182	网络数据爬取与分析实务	上海交通大学出版社	李周平　编著
183	相界原子有序扩展控制长大机制(论文集)	上海交通大学出版社	俞德刚　著
184	核工程中的流致振动理论与应用	上海交通大学出版社	姜乃斌等　编著
185	锂硫电池	上海交通大学出版社	魏　浩、杨　志　编著
186	喷气推进	上海交通大学出版社	〔英〕尼古拉斯・昆普斯蒂、〔英〕安德鲁・海斯　著,陈迎春、滕金芳、王　鹏　译
187	复杂网络基元研究方法及应用	上海交通大学出版社	刘　亮　著
188	微世界之光——全国大学生微结构摄影大赛优秀作品集	上海交通大学出版社	徐亦斌　主编
189	神奇的小分子活性肽	上海交通大学出版社	从峰松　编著
190	支线飞机设计技术实践与创新	上海交通大学出版社	陈　勇、谢灿军、段林等　著
191	高可用信息系统原理与设计基础	上海交通大学出版社	吕华辉、盛　斌　编著
192	案例驱动的大数据原理技术及应用	上海交通大学出版社	黄冬梅、梅海彬、贺　琪　编著
193	Excel VBA 文献数据处理与分析	上海科学技术文献出版社	宋振世、马　宁、牛　宁、薛　皓　编著
194	从混沌到有序——妙不可言的宇宙	上海科学技术文献出版社	杜晓泉　编著
195	夜空为什么是黑的——宇宙是怎样形成的	上海科学技术文献出版社	〔俄〕弗・彼・列舍特尼科夫　编著
196	太阳的脉搏(科学发现之旅)	上海科学技术文献出版社	赵君亮　编著
197	宇宙的暴涨(科学发现之旅)	上海科学技术文献出版社	赵君亮　编著
198	山与人——人类如何成为自然的主人	上海科学技术文献出版社	伊　林　编著
199	奇异的泉水(科学发现之旅)	上海科学技术文献出版社	甘德福　编著
200	自然的色彩(科学发现之旅)	上海科学技术文献出版社	甘德福　编著
201	生物的兴衰(科学发现之旅)	上海科学技术文献出版社	熊思东　编著

续表

序号	书　名	版　别	编　著　者
202	精巧的生命(科学发现之旅)	上海科学技术文献出版社	熊思东　编著
203	林中的"炮弹"(科学发现之旅)	上海科学技术文献出版社	严玲璋　编著
204	变性的植物(科学发现之旅)	上海科学技术文献出版社	严玲璋　编著
205	会催眠的生物(科学发现之旅)	上海科学技术文献出版社	施新泉　编著
206	动物的社会性(科学发现之旅)	上海科学技术文献出版社	施新泉　编著
207	生死宣教从这里起航——安宁疗护之生死教育实用手册	上海科学技术文献出版社	朱菁菁　编著
208	肝病的治疗与调养	上海科学技术文献出版社	云　普　编著
209	脑卒中的治疗与调养	上海科学技术文献出版社	朱路文　编著
210	失眠与健忘症的治疗与调养	上海科学技术文献出版社	孙　蓉　编著
211	妇科病的治疗与调养	上海科学技术文献出版社	秦　芬　编著
212	男科病的治疗与调养	上海科学技术文献出版社	张　瑞、单　良　编著
213	前列腺疾病的治疗与调养	上海科学技术文献出版社	萧　进、刘伟山　编著
214	高血压的治疗与调养	上海科学技术文献出版社	孙伟夫　编著
215	胃病的治疗与调养	上海科学技术文献出版社	梅　园、刘月萍　编著
216	皮肤病的治疗与调养	上海科学技术文献出版社	黄　力　编著
217	便秘症的治疗与调养	上海科学技术文献出版社	阚成国、杨爱龙　编著
218	颈腰椎关节病的治疗与调养	上海科学技术文献出版社	李易男　编著
219	风湿病的治疗与调养	上海科学技术文献出版社	王　仑　编著
220	哮喘病的治疗与调养	上海科学技术文献出版社	李尔楠　编著
221	糖尿病的治疗与调养	上海科学技术文献出版社	冯　健　编著
222	痛风病的治疗与调养	上海科学技术文献出版社	代　榭　编著
223	心脏病的治疗与调养	上海科学技术文献出版社	陈桂英　编著
224	肾病的治疗与调养	上海科学技术文献出版社	白　玉、刘海龙　编著
225	老年常见病的治疗与调养	上海科学技术文献出版社	曲超法　编著
226	男性不育的医学干预:手术与临床诊疗	上海科学技术文献出版社	李　铮　编著
227	上海市中小学生食品安全读本(小学低年级)	上海科学技术文献出版社	上海市食品安全管理办公室　编
228	上海市中小学生食品安全读本(小学高年级)	上海科学技术文献出版社	上海市食品安全管理办公室　编
229	上海市中小学生食品安全读本(初中)	上海科学技术文献出版社	上海市食品安全管理办公室　编
230	上海市中小学生食品安全读本(高中)	上海科学技术文献出版社	上海市食品安全管理办公室　编
231	毫针速刺法	上海科学技术文献出版社	黄　谦　编著
232	社区全科医生实用指南	上海科学技术文献出版社	上海市黄浦区疾病预防控制中心　编
233	CRRT 快速上手指南	上海科学技术文献出版社	何义舟　编著
234	脑深部电刺激程控:原理与实践	上海科学技术文献出版社	〔美〕Erwin B　编著
235	享受健康人生——图说帕金森病和老年性痴呆	上海科学技术文献出版社	陈生弟、王　刚　编著
236	法医学英汉术语名词手册	上海科学技术文献出版社	于笑天　编著
237	懒农种植法	上海科学技术文献出版社	金品加　编著
238	生物的质能(科学发现之旅)	上海科学技术文献出版社	周　戟　编著
239	神奇的能源(科学发现之旅)	上海科学技术文献出版社	周　戟　编著

续表

序号	书　名	版　别	编　著　者
240	纳米科技与微纳制造研究——技术路线图	上海科学技术文献出版社	何丹农等　编著
241	带翼的金属(科学发现之旅)	上海科学技术文献出版社	奚同庚　编著
242	奇妙的纤维(科学发现之旅)	上海科学技术文献出版社	奚同庚　编著
243	电机制造工艺学	上海科学技术文献出版社	赵朝会　编著
244	高等机构原理及其应用	上海科学技术文献出版社	朱莉莉　编著
245	信息的通道(科学发现之旅)	上海科学技术文献出版社	施善昌　编著
246	神秘的黑客(科学发现之旅)	上海科学技术文献出版社	施善昌　编著
247	新兴技术弱信号监测机制研究	上海科学技术文献出版社	党倩娜　编著
248	中国光纤通信年鉴(2018 版)	上海科学技术文献出版社	韩馥儿　编著
249	未来的飞机(科学发现之旅)	上海科学技术文献出版社	钱平雷　编著
250	船舶的耳目(科学发现之旅)	上海科学技术文献出版社	钱平雷　编著
251	万里追踪银汉号——高速铁路探秘百科	上海科学技术文献出版社	刘苗苗　编著
252	走近中国高铁	上海科学技术文献出版社	钱桂枫、蔡申夫、张　骏、毛晓君　编著
253	高铁线路工程	上海科学技术文献出版社	郑　健、王　峰、钱桂枫、许玉德、毛晓君　编著
254	高铁车站	上海科学技术文献出版社	郑　健、贾　坚、魏　崴　编著
255	高速列车	上海科学技术文献出版社	梁建英、杨中平、张济民　编著
256	高铁牵引供电系统	上海科学技术文献出版社	张明锐、王靖满、张永健　编著
257	高铁信号与控制	上海科学技术文献出版社	陈永生、吕永昌、陈伟革、姚远黎　编著
258	高铁运营组织与管理	上海科学技术文献出版社	徐行方、蒲　琪、汤莲花　编著
259	中国高铁发展战略	上海科学技术文献出版社	刘涟清　编著
260	高铁经济	上海科学技术文献出版社	姚诗煌　编著

(柳春萍　王　波　林　琳　吕　岷　李　敏　应丽春)

【沪版科技图书获奖情况】　2018 年,沪版科技图书在第 14 届“银鸽奖”出版类(图书)、2018 年全国优秀科普作品奖、第 9 届吴大猷科普著作奖、2018 年度中国 30 本好书、第 5 届中国科普作家协会优秀科普作品奖等评选中取得较好成绩。

第 14 届“银鸽奖”出版类(图书)获奖名单
(中共上海市委对外宣传办公室评审)

序号	书　名	版　别	编　著　者	等　级
1	平易近人——习近平的语言力量	上海交通大学出版社	陈锡喜　主编	特别奖
2	今日上海(英文版)	上海科学技术出版社	上海市人民政府新闻办公室、上海市人民政府发展研究中心　编著	二等奖
3	文化上海(英文版)	上海科学技术出版社	上海市人民政府新闻办公室、上海市文化广播影视管理局、上海市新闻出版局　编著	二等奖

2018 年全国优秀科普作品奖获奖名单
(科技部评审)

序号	书　名	版　别	编　著　者
1	拥抱群星——与青少年一同走近天文学	上海科学普及出版社	卞毓麟　著
2	逻辑:你认为正确,就一定正确吗?	上海交通大学出版社	孙　勇、梁元卿　著

第 9 届吴大猷科普著作奖获奖名单
（吴大猷科普基金会评审）

序号	书　名	版　别	编　著　者	等　级
1	聚光灯下的明星科学家	上海交通大学出版社	〔美〕德克兰·费伊　著，王大鹏　译	佳作奖

2018 年度中国 30 本好书获奖名单
（中国出版协会评审）

序号	书　名	版　别	编　著　者
1	科技重塑中国	上海交通大学出版社	黄庆桥　著
2	名画在左　科学在右	上海科技教育出版社	林凤生　著

第 5 届中国科普作家协会优秀科普作品奖获奖名单
（中国科普作家协会评审）

序号	书　名	版　别	编　著　者	等　级
1	80 天变身护理达人——居家护理与康复指南	上海科学技术出版社	王　韬、章雅青　主编	银　奖

2018 年上海市优秀科普图书获奖名单
（市科委评审）

序号	书　名	版　别	编　著　者
1	世界前沿科技探索丛书：青少版	上海科学技术出版社	〔美〕利兹·克鲁齐等　编著，谢懿等　译
2	糖尿病防治路上指南针	上海科学技术出版社	贾伟平　主编
3	抗癌力——何裕民教授抗癌之和合观	上海科学技术出版社	何裕民　编著
4	向肺癌宣战，你赢得了吗？	上海科学技术出版社	赵晓刚、姜格宁、张　雷　主编
5	80 天变身护理达人——居家护理与康复指南	上海科学技术出版社	王　韬、章雅青　主编
6	脑卒中康复路上指南针	上海科学技术出版社	吴　毅　主编
7	控癌战，而非抗癌战：《论持久战》与癌症防控方略	上海科学技术出版社	汤钊猷　著
8	“科创之光”书系（第一辑）	上海科学普及出版社	上海科学院、上海产业技术研究院　组编
9	拥抱群星——与青少年一同走近天文学	上海科学普及出版社	卞毓麟　著
10	逻辑：你认为正确，就一定正确吗？	上海交通大学出版社	孙　勇、梁元卿　著
11	学生健康促进教育读本（中小学篇）	上海交通大学出版社	姚　戎、沈　莉　主编

第 15 届上海图书奖获奖名单
（市新闻出版局评审）

序号	书　名	版　别	编　著　者	等　级
1	竺可桢全集（24 卷）	上海科技教育出版社	竺可桢　著	荣誉奖
2	中国古生物研究丛书	上海科学技术出版社	盖志琨、朱　敏等　著	特等奖
3	非线性波动方程	上海科学技术出版社	李大潜、周　忆　著	一等奖
4	世界裸子植物的分类和地理分布	上海科学技术出版社	杨　永、王志恒、徐晓婷　著	一等奖
5	中国科学技术通史	上海交通大学出版社	江晓原　主编	一等奖
6	工程科技发展战略研究丛书	上海科学技术出版社	潘云鹤、龚惠兴、张　卫等　编著	二等奖
7	百年中医史	上海科学技术出版社	朱建平　主编	二等奖
8	火星科学概论	上海科技教育出版社	欧阳自远、邹永廖　主编	二等奖
9	骨科植入物工程学	上海交通大学出版社	王成焘等　著	二等奖

续表

序号	书　名	版　别	编著者	等　级
10	中国水产养殖区域分布与水体资源图集	上海科学技术出版社	程家骅　主编	提名奖
11	新疆出土涉医文书辑校	上海科学技术出版社	王兴伊、段逸山　编著	提名奖
12	中小学 STEM 教育丛书(5 种)	上海科技教育出版社	赵中建　主编	提名奖
13	现代真菌病学	复旦大学出版社	廖万清、吴绍熙　主编	提名奖
14	远东国际军事法庭庭审记录・中国部分	上海交通大学出版社	程兆奇　主编	提名奖

第 31 届华东地区科技出版社优秀科技图书奖获奖名单
(华东地区科技出版社优秀科技图书评委会评审)

序号	书　名	版　别	编著者	等　级
1	世界裸子植物的分类和地理分布	上海科学技术出版社	杨　永、王志恒、徐晓婷　著	一等奖
2	中国古生物研究丛书	上海科学技术出版社	盖志琨、朱　敏等　著	一等奖
3	持续葡萄糖监测	上海科学技术出版社	贾伟平　主编	一等奖
4	中国古代玉石和玉器的科学研究	上海科学技术出版社	干福熹等　著	一等奖
5	家蚕转基因技术及应用	上海科学技术出版社	赵爱春、向仲怀　主编	一等奖
6	上海中医药发展史略	上海科学技术出版社	季伟苹　主编	一等奖
7	我们的航母丛书	上海科学技术文献出版社	〔乌〕瓦列里・巴比奇　著	一等奖
8	上海文化创意与科技创新融合发展研究报告	上海科学技术文献出版社	陈广玉、黄　婧、沙青青　著	一等奖
9	美国科学书架(第二辑)	上海科学技术文献出版社	〔美〕哈里・亨德森等　著	一等奖
10	大脑的奥秘	上海科学技术出版社	中科院神经科学研究所　编著	二等奖
11	工程结构随机最优控制理论与方法	上海科学技术出版社	彭勇波、李　杰　著	二等奖
12	遗传病分子基础与基因诊断	上海科学技术出版社	曾溢滔　主编	二等奖
13	想象的力量——透过黑猩猩看人类	上海科学技术出版社	〔日〕松沢哲郎　著,韩　宁、张　鹏　译	二等奖
14	胸外科手术学	上海科学技术出版社	〔德〕亨德里克 C.迪内曼等　主编,姜格宁、费　苛　主译	二等奖
15	超声心动图在经导管心血管治疗中的应用	上海科学技术出版社	潘翠珍、舒先红　主编	二等奖
16	癌症转化医学研究中的靶向治疗	上海科学技术出版社	〔美〕拉泽勒・库尔茨洛克等　主编,赵维莅、张　俊　主译	二等奖
17	步态分析:正常和病理功能	上海科学技术出版社	〔美〕杰奎琳・佩里等　主编,姜淑云主译	二等奖
18	神经介入技术	上海科学技术出版社	〔美〕费尔南多・冈萨雷斯等　主编,陈左权、张鸿祺、高　亮　译	二等奖
19	医学不能承受之重	上海科学技术出版社	苏佳灿、王　彤　主编	二等奖
20	高端装备关键基础理论及技术丛书・传动与控制(3 分册)	上海科学技术出版社	陈　明、徐锦泱、安庆龙等　著	二等奖
21	基于系统工程的飞机构型管理	上海科学技术出版社	王庆林　编著	二等奖
22	中国川作家具	上海科学技术出版社	吕九芳、王加祎　著	二等奖
23	图说中国近代机制币章	上海科学技术出版社	孙　浩　编著	二等奖
24	80 天变身护理达人——居家护理与康复指南	上海科学技术出版社	王　韬、章雅青　主编	二等奖
25	“养育未来・婴幼儿早期发展活动指南”丛书	上海科学技术出版社	“养育未来”项目编写组　著	二等奖
26	儿科 5 分钟速查	上海科学技术出版社	〔美〕迈克尔 D.卡巴纳　主编,黄国英主译	二等奖

续表

序号	书　名	版　别	编著者	等　级
27	现代脊柱外科技术	上海科学技术出版社	〔印〕阿尔温德·巴韦　主编，梁　裕　主译	二等奖
28	出血性和缺血性卒中：内科、影像、外科和介入治疗	上海科学技术出版社	〔美〕本多克等　主编，毛　颖、张仁良、王　亮　主译	二等奖
29	Wills®覆膜支架重建术在脑血管疾病中的临床应用	上海科学技术出版社	李明华　主编	二等奖
30	神经病学彩色图谱	上海科学技术出版社	〔德〕莱因哈德·罗卡姆　编著，凌树才、高永静、陈成春　主译	二等奖
31	向肺癌宣战，你赢得了吗	上海科学技术出版社	赵晓刚、姜格宁、张　雷　主编	二等奖
32	全科医生规范化培训教程(8种)	上海科学技术出版社	孙杰、徐炜新等　主编	二等奖
33	中医药文化(共8册)	上海科学技术出版社	中医药文化系列教材编写组　编著	二等奖
34	“读典故，知中医”丛书(6册)	上海科学技术出版社	郁东海等　主编	二等奖
35	汉英双解中医临床标准术语辞典	上海科学技术出版社	李照国　编著	二等奖
36	吴中文物——古镇、古村、古建筑	上海科学技术出版社	苏州市吴中区文物管理委员会办公室　编著	二等奖
37	高油酸花生	上海科学技术出版社	王传堂、朱立贵　主编	二等奖
38	世界葡萄酒大百科	上海科学技术出版社	〔英〕斯图尔特·沃尔顿　编著，胡紫薇、王庆洪、薛　樱　译	二等奖
39	世界前沿科技探索丛书：青少版	上海科学技术出版社	〔美〕利兹·克鲁齐等　编著，谢　懿　等　译	二等奖
40	手绘孕妈咪笔记：我的幸福大肚生活	上海科学技术出版社	周训华　编著	二等奖
41	现代涂料生产及应用(第二版)	上海科学技术文献出版社	李肇强　编著	二等奖
42	核技术利用环保行政执法手册	上海科学技术文献出版社	黄震等　编	二等奖
43	肝胆胰外科护理常规	上海科学技术文献出版社	叶志霞、李　丽　编著	二等奖
44	知识发现——科技文献内容挖掘技术研究	上海科学技术文献出版社	吉久明、李　楠　著	二等奖
45	脑深部电刺激程控：原理与实践	上海科学技术文献出版社	李　楠　译	二等奖
46	法医病理学医疗损害责任司法鉴定实务	上海科学技术文献出版社	张建华、邹冬华　编著	二等奖
47	天外有天丛书	上海科学技术文献出版社	吴　沅　主编	二等奖
48	科普星雨	上海科学技术文献出版社	陈积芳　主编	二等奖
49	海国图智——上海国企信息化示范工程案例集	上海科学技术文献出版社	市国资委、市经济信息化委　编	二等奖
50	睡方安眠保健	上海科学技术文献出版社	李　峰　著	二等奖
51	基于专利文献的本体构建及应用	上海科学技术文献出版社	谷　俊　编	二等奖
52	CCHC(持续照料社区)居家养老模式服务管理标准1.0	上海科学技术文献出版社	徐　超　编	二等奖

（柳春萍　王　波　林　琳　吕　岷　李　敏　应丽春）

【《问天之路——中国航天发展纪实》首发】　4月24日，由上海交通大学出版社与钱学森图书馆共同举办的庆祝第3届“中国航天日”暨《问天之路——中国航天发展纪实》首发仪式在上海交通大学钱学森图书馆举行。从东方红卫星到载人航天，从嫦娥探月到北斗问天，从“两弹一星”元勋到新一代航天员，《问天之路——中国航天发展纪实》用作者的亲见亲闻、鲜为人知的采访素材和翔实史料描绘一代代航天人前赴后继、攻坚克难的“问天之路”，以及培育出来的“两弹一星”精神、载人航天精神。展现中国航天事业取得辉煌成就，凸显中国航天人发奋拼搏的献身精神。（李　敏）

第四篇　第十七章
科技合作与交流

第一节｜国际科技合作与交流 >>

【国际科技合作与交流概述】 2018年，上海围绕建设具有全球影响力的科技创新中心任务，着眼国际科技竞争和经济发展新变化，坚持"有继承、有发展、有创新、有亮点"的思路，突出加强科技合作交流、落实国际科技合作项目、开展国际科技合作活动，提升上海国际科技合作工作层次，响应和落实国家"一带一路"建设倡议，支撑和服务上海科技创新发展。围绕科技创新中心建设加强国际科技合作交流，不断提高科技合作层次水平。围绕科技创新中心建设目标和任务展开布局，利用现有资源对全市国际科技创新合作项目予以支持，全年共支持86个国际合作项目；完善交流平台，鼓励外资研发中心的技术溢出，组织在沪外资研发中心开展政策解读、规划介绍、研发公共服务平台参观介绍；以重要国际活动为抓手，提升与友好国家的科技合作交流层次和水平；组织第20届中国国际工业博览会、浦江创新论坛、崇明生态岛国际论坛、2018中国(上海)区块链技术创新峰会、第20届上海国际生物技术与医药研讨会、第4届自然保护周名人讲坛等重大活动。扩大对外合作交流渠道，拓展国际科技合作网络，全年协调接待加拿大魁北克、丹麦、匈牙利、芬兰、塞尔维亚、哈萨克斯坦、新西兰、以色列、美国、法国、英国、葡萄牙等国家及地区政府和企业的代表团70余批次，合作交流国家和地区扩大，层次提升。在原有17个与市科委签订科技合作协议的国家和地区基础上，新签2项、续签3项科技合作协议。深化与"一带一路"沿线国家科技合作，国际合作交流扎实有效，落实国家"一带一路"建设倡议，对接"一带一路"国际科技合作任务，探索和创新与沿线国家合作的机制和模式；支持60名外籍青年科学家来沪从事科研工作，支持7个联合实验室项目建设；10月15日起组织为期2个月的"一带一路"科技文化展之"青出于蓝——青花瓷的起源、发展与交流"特展走入乌兹别克斯坦塔什干市；开展国际技术转移、科技企业孵化及科技园区建设的交流与合作。加强上海与以色列的创新合作，推动双方科技合作高层次发展，市科委与以色列科技部沟通协调，11月，市政府与以色列科技部签订科技合作备忘录；市科委与以色列创新署(原以色列贸工部首席科学家办公室)重新签署关于技术创新合作联合声明，提出双方将在科技创新项目、创新机构合作、创新活动方面加强合作交流；推出上海-以色列企业间科技创新合作专项，支持双方在燃料电池、无人机、农业智能控制等领域开展7个合作项目。

(傅志刚)

【拓展政府间国际科技合作伙伴】 2018年，在原有17个与市科委签订科技合作协议的国家和地区基础上，新签2项、续签3项科技合作协议。市科委与瑞典哥德堡市新签订科技合作备忘录，促进双方在智能交通等领域合作；与智利国家科委签订合作备忘录，重点在天文、能源、食品、健康等领域加强合作。推动上海市级层面与以色列科技部签署科技合作备忘录，沪以科技创新合作提升新高度；与德国巴符州、澳大利亚昆士兰州、以色列创新署续签科技合作备忘录，加强在先进制造、生物医药、产业创新合作等领域的科技合作。

(傅志刚)

【加强与"一带一路"沿线国家科技合作】 2018年，完善"一带一路"青年科学家交流项目方案，资助"一带一路"沿线国家和地区的优秀青年科学家，来沪与上海科研机构、高校合作，开展为期12个月的全职科研工作。2018年支持60名外籍青年科学家来沪从事科研工作。推进"一带一路"国际联合实验室建设项目，强化上海科研机构与沿线国家和地区开展联合研究、科技人才交流与培养、联合研究机制探索等，提高上海科技创新的影响力、带动力和竞争力。市科委支持上海航天控制技术研究所、海军军医大学、东华大学等单位与"一带一路"沿线国家开展智能无人系统控制技术、泌尿生殖系统疾病、先进纤维与低维材料等7个联合实验室项目建设。开展国际技术转移、科技企业孵化及科技园区建设的交流与合作，市科委首次发布"一带一路"技术转移服务领域合作项目指南，重点以共建实体化、市场化运作的技术转移服务机构与科技园区为支撑，汇聚一批双向科技创新与服务需求，形成促进实用技术转移与成果转化的服务平台，推动技术的跨国流动、跨区域创业。

(傅志刚)

【"一带一路"创新联盟建设】 2018年，开展"一带一路"创新联盟共组织技术转移、创新企业路演、开展技术和政策培训班等系列活动30余次，选举产生中科院上海分院、上海科学技术交流中心、塞尔维亚诺维萨德大学等3家副理事长单位。11月，联盟举办第2届"一带一路"科技创新国际论坛，来自泰国、塞尔维亚、波兰、俄罗斯等10余个沿线国家的嘉宾参加论坛和举办合作签约活动。同时，上海科学技术交流中心召开 2018“一带一路”科技创新联盟峰会上海-中亚科技创新研讨会，扩大与中亚地区在能源、农业和科技金融等领域合作。（傅志刚）

【推进外资研发中心融入科技创新中心建设】 3 月，组织在沪外资企业参观张江跨国企业联合孵化平台，介绍上海科技创新中心建设进展情况和年度上海科技工作要点。8 月和 12 月，先后组织以人工智能和智能驾驶、生物医药为主要内容的座谈交流会，为企业和政府建立信息交流和合作平台，更好地为外资企业和外资研发中心服务。此外，外资研发中心 14 名研发高管和专家加入市科委项目专家库，直接参与项目评审，并为科研项目指南编制提供智力支持。2018 年，新增 10 家外资研发中心加入研发公共服务平台建设，加快科技资源共享、促进外资企业技术溢出。（傅志刚）

【第 6 届中国(上海)国际进出口交易会】 4 月 19—21 日在上海世博展览馆举办。由商务部、科技部、上海市政府联合主办。中国(上海)国际进出口交易会(简称上交会)以“创新驱动发展，保护知识产权，促进技术贸易”为主题，旨在通过整合海内外科技力量和创新成果，打造促进技术贸易发展，推进实现创新升级战略的权威性展示、交流、服务的平台。上交会展览面积 3.5 万平方米，900 余家境内外科技企业和交易服务机构参展，共举办 1 场开幕论坛、三大主题日、66 场专业论坛和专题会议等多项活动。其中，技术转移展区约 570 m^2，包括 2017 年上海推进科技成果转移转化工作成效展示、技术转移论坛与活动、海内外可转移的创新技术与成果展示、技术转移服务咨询与现场洽谈。展区以“促进科技成果转移转化，建设国际技术交易市场”为主题，围绕“减展览、增内容、促交流、重服务”主线，多家社会化技术转移机构开展技术转移服务全链条、多维度专题活动与对接服务。（张刘莉）

【伦敦科技周中国行上海站】 5 月 15—16 日在上海举办。由英国驻上海总领事馆、伦敦发展促进署、闵行区政府指导，伦敦科技周组委会主办。活动以“挥洒创意，齐聚人才，共建科创，造就未来”为主题，就 AR/VR、人工智能及机器学习、机器人、科技金融及区块链技术、物联网、云科技、智慧城市、软件创新等内容交流、研讨和推介。活动包括 1 场开幕式及大会报告、4 场专题分会、23 家路演企业、33 场 TedShow、1 场大企业需求发布会、1 场音乐派对等。500 名代表参会，73 名报告人演讲。（张刘莉）

【第 20 届上海国际生物技术与医药研讨会】 5 月 23—25 日在上海国际会议中心举行。由上海市现代生物与医药产业办公室主办。研讨会围绕“聚焦生物医药创新二十载，开启健康产业发展新征程”主题，就生物技术、创新药物、生物医学工程等领域新技术、新发展、新应用交流与研讨，旨在推动创新技术国际转移与成果转化，促进跨行业跨区域深度合作。研讨会包括会前会、开幕式、大会主旨报告、专题分会、卫星会、项目路演、企业展示、一对一配对等。同期，由上海科学技术交流中心携手韩国大广企业管理咨询(上海)有限公司共同主办的中韩生物技术投资论坛暨企业对接会于 5 月 24 日召开。现场 10 家韩国企业分别进行项目介绍，来自中韩创投的机构及生物医药领域的专业人士 120 余人参会。（张刘莉 范 迪）

【2018 国际太阳能产业及光伏工程(上海)论坛】 5 月 27—29 在上海举行。由上海科学技术交流中心、上海新能源行业协会等联合主办。大会设主题论坛、10 个分论坛和 4 场边会，内容涉及光伏产业发展趋势、互联网＋智慧能源、光伏智能制造等领域，500 余名业界学者、专家、企业家出席论坛。同期举办的展览会展览总面积 20 万平方米，来自全球 95 个国家和地区的 2 000 多家企业参展，参观人次超过 26 万人次，一些项目进行现场签约。上海绿色能源创新中心在大会开幕式上揭牌成立，旨在促进绿色能源产业的全球化合作，提升行业自主创新能力，搭建开放式的产业服务平台。（徐 艳）

【2018 全球智能＋新商业峰会】 6 月 13—15 日在上海长宁世贸展馆举行。市经济信息化委、市商务委、长宁区政府指导，上海市长宁区青年联合会和亿欧公司联合主办，以“AI 落地，产业升级”为主题，采取“1＋8”的形式，包括全球 AI 领袖峰会 1 个主论坛和 AI 国际峰会、AI 产品峰会、智能＋新服务峰会、智能＋新出行峰会、智能＋大健康峰会、智能＋教育峰会、智能＋零售峰会、智能＋新金融峰会 8 个分论坛。此外，峰会还设有近 2 000 m^2 的展区，展出人工智能最新的产品和服务，让普通观众能有实在的参与感和更多获得感。峰会吸引来自国内外企业代表 8 000 余人次参加。（马 焱 李 辰）

【第 11 届上海中医药与天然药物国际大会暨第 66 届国际药用植物和天然产物研究学会(GA)年会】 8 月 26—29 日在上海举行。由上海市现代生物与医药产业办公室、中科院上海药物研究所主办。会议包括大会邀请报告、分会邀请报告、分会简短报告及墙报展讲，3 场会前研讨会及纪念明代著名医药学家李时珍诞辰 500 周年相关活动。来自 53 个国家的 680 余名代表参会，100 多名报告人演讲，276 篇壁报展讲，21 家展商现场展出。（张刘莉）

【2018 上海之帆“一带一路”中东欧经贸巡展】 9 月在立陶宛、白俄罗斯、乌克兰三国举行。由上海之帆“一带一路”经贸巡展组委会、上海市会展业促进中心、上海科学技术交流中心等共同主办。参展企业共 80 家，展位 150 个，参展人员

近130人,展出总面积近8 000 m²。同期,由上海科学技术交流中心主办的"一带一路"国际科学技术创新研讨会在立陶宛举行。(范 迪)

【2018上海崇明生态岛国际论坛】 9月4—6日举办。市科委、崇明区政府联合主办,科技部国际合作司、农业农村部科技教育司、联合国环境规划署、联合国人居署及联合国粮农组织支持,以"生态优先、绿色发展——高质量建设崇明世界级生态岛"为主题,采取1+2+1+5布局,即1场开幕式及主题报告、2场分论坛(生态系统分论坛、都市现代农业分论坛)、1场乡村振兴区长咨询会、5场专题论坛活动。其中,专题论坛活动围绕生态+文明、文化产业发展、健康产业发展、运动休闲特色小镇、绿色交通5个主题,聚焦崇明生态文明建设和绿色产业发展。邀请联合国环境规划署、联合国粮农组织,以及美国、英国、法国、荷兰、意大利、以色列等国家和国内专家55名参加论坛,其中外籍专家15人、中科院院士4人。(沈新瑜 张刘莉)

2018上海崇明生态岛国际论坛

【2018中国(上海)国际嵌入式大会】 9月10日在上海举行。由国家可信嵌入式软件工程技术研究中心、上海产业技术研究院主办,上海计算机软件技术开发中心等承办。大会以"嵌入式系统构筑智能未来"为主题,从嵌入式系统服务产业的角度,展现嵌入式系统在智能制造与智慧生活中的应用场景。322名代表参会。为促进长三角区域嵌入式系统与软件相关技术和产业的发展,嵌入式大会轮流在长三角各地举办,发挥长三角协同创新机制。

(张刘莉 郑 俊 管黎霞 陈 至)

【2018"一带一路"科技创新联盟峰会——上海-中亚科技创新研讨会】 10月26日在上海举行。由"一带一路"科技创新联盟成员单位上海科学技术交流中心、上海交通大学、上海大学共同举办。来自包括哈萨克斯坦、乌兹别克斯坦、吉尔吉斯斯坦、塔吉克斯坦等中亚各国嘉宾,新疆克拉玛依市科技代表团成员,长三角地区有关单位的代表及大学、科研机构、园区、投融资机构、企业的代表约150多人参加活动。17余名中外专家、企业代表做主题报告。(范 迪)

【世界顶尖科学家论坛】 10月29—31日上海临港举行。由市政府主办,市临港地区管委会、上海临港经济发展(集团)有限公司、市科协、世界顶尖科学家协会和上海交通大学承办。26名诺贝尔奖得主,8名沃尔夫奖、拉斯克奖、图灵奖、麦克阿瑟天才奖等世界著名学术奖项得主,17名中科院院士和工程院院士,18名中外杰出青年科学家出席论坛。开幕式上,首个世界顶尖科学家"WLA科学社区"在临港启动。科学社区以诺贝尔奖和拉斯克奖、沃尔夫奖获得者等世界顶尖科学家为核心人物,致力于把具有广阔产业化前景的世界顶尖科学家的科技原创资源,注入作为上海科技创新中心建设主体承载区的临港地区,并与中国庞大的应用市场对接,让更多的基础、原创、产业创新成果在中国"落地生根、开花结果"。世界顶尖青年科学家论坛同期举行。论坛以"科技,为了人类共同的命运"为主题,包括主题论坛、世界顶尖青年科学家特别论坛和前沿科技与创新发展圆桌会议等三大板块。其中,4个主题论坛分别为世界顶尖科学家光子科学与产业论坛、生命科学与产业论坛、创新药研发和转化医学论坛、脑科学与人工智能论坛。(葛繁丽 焦 敏)

世界顶尖科学家论坛

第二节 国内科技合作与交流

【国内科技合作与交流概述】 2018年,上海国内科技合作计划共支持立项37项,市科委总投入2 280万元。其中,长三角联合攻关重点聚焦社会公共领域,支持相关部门开展9项科技攻关任务,支撑和引领跨区域、跨领域、跨部门协同的公共服务体系建设及更高质量一体化发展。国内科技合作领域聚焦科技精准扶贫,支持"耐逆农作物高产优质育种及示范种植研究""喀什地区特色经济作物小南瓜的引进种植及品质提升体系建立"等28项科技合作项目。为中西部地区,特别是对口支援地区举办科技管理及专业技术人才培训班8期,培训300余人次;组织243家上海高校、科研院所、企事业单位的274项科技成果项目参与国内科技交流合作活动,合作签约项目95项,成交金额5.48亿元。获

2018中国国际工业博览会、第20届中国国际高新技术成果交易会评选的优秀组织奖、优秀展示奖、创新奖等17个奖项和荣誉。

探索区域协同示范，推进长三角创新生态建设实践区。打造沪通跨江创新联合体、建设长三角科技创新生态实践区示范点。推动"嘉宝昆太"创新生态协同示范，组织嘉定区、宝山区、太仓市、昆山市4个毗邻地区开展科技成果供需数据共享、创新服务资源合作、科研院所成果跨区域转化、人才交流、跨区域企业流动政策机制设计、跨区域智库和基金等方面的合作。探索长三角技术转移服务协同机制，探讨上海闵行、浙江、宁波、江苏苏南等国家科技成果转移转化示范区联动。

创新规划布局，印发《长三角科技合作三年行动计划(2018—2020年)》《2018年度长三角区域创新体系建设工作计划》，签署《长三角地区加快构建区域创新共同体战略合作协议》等。创新要素联动，促进大型仪器、科技创新券等各类创新要素的跨区域开放、共享和流动。截至年底，长三角大型科学仪器协作共用网已集聚区域内的2 086家单位的45 262台(套)大型科学仪器设施，总价值超过519亿元。其中，价值在50万元以上的仪器设施29 898台(套)。创新攻关协同，在新型显示、海上风电、高效低碳燃气轮机、未来网络试验设施技术等领域涌现出一批应用示范案例。创新生态共建，推动四地技术交易机构签署长三角技术市场资源共享、互融互通合作协议，标志着区域技术转移转化协同机制构建进入新阶段。截至年底，向浙江、江苏、安徽输出技术3 353项，累计成交金额172.79亿元。区域创新合作，联合组织首届长三角国际创新挑战赛、上海-南通科技项目对接洽谈会、沪嘉科技人才交流活动、长三角嵌入式系统协同发展论坛等长三角地区的各类合作交流活动。

推动科技产业项目扶贫，支持开展"耐逆农作物高产优质育种及示范种植研究""喀什地区特色经济作物小南瓜的引进种植及品质提升体系建立"等一批示范项目，促进"基于物联网技术的克拉玛依智慧消防智能水压试验网""上海市激光先进制造技术协同创新中心新疆石油化工激光智能制造产学研中心"等项目落地。打造科技扶贫合作平台，打造沪遵共建生物医药协同创新中心等4个沪遵科技对口合作示范点。推动沪克科技协同创新平台、上海-红河科技创新合作交流平台建设。推进人才及智慧扶贫，依托上海科技管理干部学院、上海科学技术交流中心，以各类培训班为载体为对口支援地区培养科技人才及企业创新研发人员，2018年共组织培训8批300余人次培训。组织参与交流对接活动，组织全市50余家高校、科研院所、科技企业参加科技援疆、科技支宁、科技入滇上海专场推介会等。新成立新疆氢能与燃料电池汽车工程技术研究中心、沪克科技协同创新促进中心。 (邹 霄 张 瑾)

【港澳台科技合作交流取得新突破】 2018年，为推进与港澳台地区的实质性合作，市科委研究探索，新设港澳台科技合作项目，鼓励港澳台地区科研机构在生物医药、信息与材料领域与在沪单位开展12项科技合作，成为加强上海与港澳台地区科技合作交流的重要平台和纽带。尤其是与香港的合作取得新突破，全年支持香港大学、香港科技大学等与上海交通大学、复旦大学、中科院上海硅酸盐研究所等高校和科研院所在生命科学、智慧城市等领域开展8个项目的合作。8月，召开沪港合作会议第4次会议，上海科技创业中心与香港科技园公司签署《关于进一步深化沪港创新创业合作协议》，深化两地创新创业合作。根据第4次沪港会议精神，与沪港经济发展协会、杏范教育基金会等港方伙伴共同举办第2届沪港青年科技创新论坛，推动两地青年沟通交流、促进两地创新科技合作。推动市科委与沪港经济发展协会的合作，签署科技合作协议，为两地创新科技合作的可持续发展奠定基础。7月，市科委会同市台办、台盟市委、上海科技馆等单位，共同举办以"玩转科技·点燃梦想"为主题的2018沪台青少年科技夏令营，推动两岸青少年相互了解、促进合作、建立友谊。 (傅志刚)

【喀什地区特色经济作物小南瓜的引进种植及品质提升体系建立】 项目由上海市质量监督检验技术研究院承担，4月获市科委立项支持。项目研究新疆泽普地区引进小南瓜品种的种植标准化技术规程，并进行标准化种植推广。通过对生长和储存过程中样本的产品质量数据采集和分析，制定产品质量体系，研究产地环境对南瓜种植品质的影响和优势。探索建立全产业链的标准化和市场化运作新模式。项目通过对小南瓜引进品种全产业链各个环节的科学研究，探索在新疆喀什地区建立适合现代农业的种植经验，带动经济、社会和生态效益，达到精准扶贫的成效。

(邹 霄 张 瑾)

【2018沪通科技合作推进会】 4月26日在上海举行。会上签署《沪通科技创新全面战略合作协议》及4个子协议，将在创新集聚区建设、智库合作、科技资源共享、科技成果转化方面进行紧密合作，打造沪通跨江创新联合体、建设创新创业引领示范区，推动沪通科技创新在更高层次、更高水平上开展合作对接。会上沪通跨江协同创新办公室揭牌成立。 (邹 霄 张 瑾 徐 艳)

【首届中国自主品牌博览会——上海馆上海科创板块】 5月10—12日在上海展览馆举办。上海科创板块围绕"科技创新，上海城市品牌之魂"主题，展示上海科技创新中心建设中的上海张江"地标品牌"、上海处于引领地位的突破性技术"研发品牌"、具有先导优势且有完整产业链的技术"创新品牌"，以及一批蓬勃发展的独角兽"小企业品牌"，宣传展示上海科技创新中心建设成果，发挥品牌日活动的放大效应和溢出效应。 (张刘莉)

【第13届中国重庆高新技术成果交易会暨第9届中国国际军民两用技术博览会】 6月21—24日在重庆国际会议展览中心举行。上海展团紧扣展会“军民融合·创新发展”主题,共组织12家单位的23个项目参加重庆高交会的展览展示和洽谈,展览面积近200 m²。展示具有市场前景的军民两用技术、民技军用技术的项目和产品,促进上海军民两用技术及高新技术项目成果转化及产业化,实现上海与中西部地区的优势互补和共同发展。展会期间,举办巴南-上海技术对接会,20余家巴南区当地企业与上海参展企业、科研机构沟通交流,促进两地间政府、企业及科研机构融合,为两地的多维度科技合作打下基础。

(邹 霄 张 瑾 陈 杰 张刘莉)

【2018沪嘉科技人才交流活动】 6月27日举行。由上海科技交流中心与嘉兴市科技局共同承办。活动加强上海在长三角区域科技合作示范点建设,同时推进G60科创走廊全域协同发展,促成一批成果项目转化落地,解决一批企业技术难题,促进两地高校、科研院所的前沿技术成果与产业需求有效对接。(邹 霄 张 瑾)

2018沪嘉科技人才交流活动

【第2届海南国际高新技术产业及创新创业博览会】 6月29日至7月1日在海南国际会议展览中心举行。上海展团共组织8家单位进行展示交流,展览面积90 m²,重点组织具有良好市场前景的生态与新能源领域科技项目和产品,发挥上海科技创新中心建设对“一带一路”重点城市的示范带动作用,服务区域经济转型升级,促进科技成果的示范应用、转移转化及产业化,推进区域创新创业平台建设。

(邹 霄 张 瑾 陈 杰 张刘莉)

【2018上海-嘉善科技对接交流活动】 7月30日,上海科学技术交流中心举办沪善科技交流活动——农业专场,组织市农科院专家赴嘉善进行项目对接,确定市农科院与嘉善企业的合作方式与合作内容。9月18日,上海科学技术交流中心会同上海理工大学相关专家赴嘉善举办2018年第2次专场对接活动。上海理工大学7名专家参加,与嘉善6家企业进行项目对接。(邹 霄 张 瑾)

【2018科技援疆交流活动暨沪乌科技成果对接会】 8月13—18日在新疆喀什、克拉玛依、乌鲁木齐举办。活动以“对接当地需求和促进项目合作”为主线,共组织军民融合、节能环保与新材料、现代农业等领域24家上海地区科研院所、科技企业的48个科技项目赴疆开展洽谈交流,现场签约项目8项。会上还举行新疆氢能与燃料电池汽车工程技术研究中心、沪克科技协同创新促进中心揭牌仪式。会议设立“沪乌军民融合”“沪克科技合作”专题分会,针对不同地区领域不同需求,精准对接交流,现场参会人数逾200人。

(邹 霄 张 瑾 陈 杰 张刘莉)

2018科技援疆交流活动暨沪乌科技成果对接会揭牌仪式

【2018年中国国际专利技术与产品交易会】 8月24—26日在辽宁省大连世界博览广场举办。上海展团重点展示专利技术和创新服务机构及洁净能源、绿色生态与海洋装备等创新技术成果,组织12家单位参加展览展示,展览面积90 m²。展会期间,在国家技术转移东部中心大连分中心举办沪连科技对接活动,通过现场项目路演和互动交流,提高参展实效,促进上海市和大连市的科研合作和成果转化,发挥知识产权对建设创新型国家和实现高质量发展的支撑作用。(邹 霄 张 瑾 陈 杰 张刘莉)

【2018中国(上海)区块链技术创新峰会暨2018中国(上海)大数据产业创新峰会】 9月6日举行。由市科委、市经济信息化委、市侨办、杨浦区政府、市欧美同学会、上海产研院共同主办。相关政府部门、行业协会负责人、专家学者、各界嘉宾等1 000余人参加峰会。峰会以“开放驱动创新,链接铸就未来”为主题,围绕区块链技术的探讨、区块链产业布局考虑、区块链应用案例分享、区块链相关政府政策介绍等内容展开。开幕式上,上海首个《区块链技术与应用白皮书》发布。(傅志刚 孙屹琦)

【第15届长三角科技论坛】 10月15—17日在安徽合肥举

行。由安徽省科协、江苏省科协、浙江省科协、上海市科协、合肥市政府共同举办。论坛以“聚力科技创新圈建设助力长三角一体化发展”为主题，主要内容包括开幕式、主题报告会、专题活动、26场专题分论坛等活动，其中26场专题分论坛涵盖促进生物医药发展、高端医疗器械产业发展、智能制造等多方面的热点内容。（葛繁丽）

【第5届上海军民两用技术促进大会】 10月22—24日在上海举行。由科技部、中国人民解放军东部战区、军委装备发展部、军委科技委、江苏省政府、上海市政府、上海市国防动员委员会联合主办。大会围绕“军民融合协同创新，富国强军兴业逐梦”主题，以高峰论坛、展览展示、合作签约、专场对接交流等丰富多样的形式，开展前瞻研讨、成果展示、对接交流活动，达成3项战略合作协议。大会同期举办10场专题论坛。来自国家相关部委、军工集团、高校、在沪科研院所、企事业单位约1 000名代表参加大会。大会同期举办上海军民两用技术成果展，设置空间信息、航空航天、新能源、新材料、智能装备、国防动员、兵器工业、工控安全等主题展区，主宾省江苏省展区和上海闵行区、浙江省衢州市等区域联动展区，展览面积6 500 m²，共有230多家单位参展，展示近700项最新的军民融合科技成果。（徐　艳）

【第20届中国国际高新技术成果交易会】 11月14—18日在深圳会展中心举行。上海展团围绕“促科技成果转化谋绿色智能发展”主题，组织上海在智能制造与信息技术、绿色能源与新材料技术领域中具有自主创新和知识产权的22家单位的44个项目和成果产品参加展览展示，展示面积234 m²。上海展团获优秀组织奖和优秀展示奖，上海大学“精海系列无人艇”“E-repair子母生物打印机”“三值光学计算机软硬件系统”，上海碧虎网络科技有限公司“聚骄车屏”，上海新安纳电子科技有限公司“纳米水泥固化剂”，上海外高桥第三发电有限责任公司“新型电能转换系统(智能微电网)”，上海移芯通信科技有限公司“窄带蜂窝物联网芯片EC616”等7个项目获优秀产品奖。（邹　霄　张　瑾　陈　杰　张刘莉）

第20届中国国际高新技术成果交易会

【上海区块链技术协会启动仪式暨首届长三角区块链技术应用论坛】 11月23日在杨浦区举行。市科委、市科协、杨浦区政府指导，上海市科技创业中心、杨浦区科委、国家技术转移东部中心共同主办。会上，举行上海区块链技术协会启动仪式、上海区块链技术创新大赛启动仪式、上海市区块链技术创新与产业化基地企业入驻仪式，同时围绕区块链技术创新及应用开展圆桌论坛和分享讨论。吸引政府部门、企业、高校、科研院所代表约500余人参加。（孙屹琦）

【首届长三角科技交易博览会】 11月28—30日在上海汽车会展中心举行。由上海市嘉定区政府、江苏省苏州市政府、浙江省温州市政府主办。展示面积16 000 m²。展会聚焦长三角区域创新协同发展及科技成果转化、交易。来自上海、苏州、温州的242家展商参展。其中，新兴产业企业168家、技术服务机构57家、高校院所17家，接待观众8 000余人次。展会通过展览展示、同期活动、交易洽谈等多种形式促进科技、产业、人才等资源集聚、交流与融合，加快构建长三角科技创新共同体，助力打造长三角更高质量一体化协同创新发展“示范区”。（张刘莉　徐昊琦）

【基于北斗广域差分增强系统定位技术的研究与示范应用】 项目由上海普适导航科技股份有限公司牵头承担，11月通过市科委验收。项目基于国家正大力建设的北斗广域差分增强系统，研究出支持北斗广域差分系统服务的接收机，提高实时定位的精度至亚米级，打破国外商业公司高精度服务的垄断局面，使用户无须建设基站，即使在远海地区，也可享受亚米级或分米级的定位精度，拓展北斗广域差分技术在长三角区域海事工程上的应用。产品已在交通运输部东海航海保障中心、宁波市海洋与渔业执法支队和连云港苏海航标工程有限公司等涉海单位进行试用，主要用于航道测量、执法船只的定位及航标灯定位查找。（邹　霄　张　瑾）

【耐逆农作物高产优质育种及示范种植研究】 项目由中科院上海生命科学研究院承担，11月获市科委定向支持。项目结合科技援疆和精准脱贫要求，将进行藜麦等耐逆作物示范种植和产业化推广。项目既是上海科技对口支援喀什科技合作项目的典型案例，也是把国家高层次人才引进到落后地区，提升当地人才高地建设的初步尝试，还是科研院所及实验室优秀成果转化成为实际效益的一次探索。（邹　霄　张　瑾）

【长三角数字经济协同发展高峰论坛暨长三角5G创新发展联盟成立大会】 11月29日在嘉定区举办。长三角区域合作办公室、上海市经济信息化委、江苏省工业和信息化厅、浙江省经济和信息化厅、安徽省经济和信息化厅指导，上海嘉定区政府主办，长三角三省一市5G联盟承办，以“5G新时代·智联长三角”为主题。吸引来自三省一市5G产业发展联盟、企业、科研院所的专家和代表300余人参加。会上，全国首个跨省5G视频通话在上海、苏州、杭州、合肥4个城市实现互

联。同时,长三角 5G 创新发展联盟揭牌成立。 (徐昊琦)

长三角数字经济协同发展高峰论坛暨长三角5G创新发展联盟成立大会

【长三角高校科技成果转化投资论坛】 12 月 6 日在闵行区举行。市科委、闵行区政府、上海交通大学主办,以"科技资本融合,服务区域创新"为主题。论坛期间,复旦大学俞麟研发团队"可注射性热致水凝胶"项目、浙江大学符建研发团队"智慧倍停"项目等 22 个项目进行路演。中南高科产业集团与国泰君安财务顾问有限责任公司签署上海高校成果转化基金合作意向书;上海智巡密码实业有限公司、上海观源信息科技有限公司和上海交大知识产权管理公司共同签署上海智巡密码检测技术投资协议。论坛吸引高等院校、金融机构、企业等代表约 200 人参加。 (盛酉红)

第三节 中国国际工业博览会

【第 20 届中国国际工业博览会】 9 月 19—23 日在上海举行。由工业和信息化部、国家发展改革委、商务部、科技部、中科院、工程院、中国国际贸易促进委员会、联合国工业发展组织、上海市政府共同主办。博览会以"创新、智能、绿色"为主题,强化以交易为核心、展示、评奖、论坛为辅的四大功能,设数控机床与金属加工展、工业自动化展、节能环保技术与设备展、信息与通信技术应用展、新能源与电力电工展、新能源与智能网联汽车展、机器人展、新材料展和科技创新展等九大专业展。博览会吸引来自全球 28 个国家和地区的参展商 2 665 家,共有 52 场论坛及专题活动同期举行;来自 83 个国家和地区、国内 31 个省区市的 174 118 人次的观众参会。博览会共评出获奖展品 40 项,其中特别荣誉奖 1 项、金奖 4 项、创新金奖 4 项、工业设计金奖 4 项、银奖 14 项、创新银奖 13 项。

第 20 届中国国际工业博览会获奖展品名单

序号	展品名称	参展企业	获奖等级
1	高分五号卫星	上海航天技术研究院、中科院上海技术物理研究所	特别荣誉奖
2	中国北斗精准时空服务平台	千寻位置网络有限公司	金奖
3	兆芯开先 KX-6000 系列国产 x86 处理器	上海兆芯集成电路有限公司	金奖
4	INDICS+CMSS 云制造支持系统	航天云网科技发展有限责任公司	金奖
5	e-F@ctory 智能制造解决方案	三菱电机自动化(中国)有限公司	金奖
6	激光小型铯原子钟 TA1000	成都天奥电子股份有限公司	创新金奖
7	Galaxie©银河驱动系统	威腾斯坦(杭州)实业有限公司	创新金奖
8	上汽荣威 MARVEL X	上海汽车集团股份有限公司	创新金奖
9	工业边缘计算平台——人工智能视觉检测解决方案	英特尔(中国)有限公司、阿里云计算有限公司	创新金奖
10	三维激光切管机——3D FABRI GEAR 220 II	山崎马扎克(中国)有限公司	工业设计金奖
11	讯飞翻译机 2.0	科大讯飞股份有限公司	工业设计金奖
12	新松 HSCR20 复合机器人	中科新松有限公司	工业设计金奖
13	蔚来专属桩	上海蔚来汽车有限公司	工业设计金奖
14	600 系列 IC 前道投影光刻机	上海微电子装备(集团)股份有限公司	银奖
15	第四代高温气冷堆主设备	上海电气核电设备有限公司、上海第一机床厂有限公司	银奖
16	2000T 自升式风电安装平台	上海振华重工(集团)股份有限公司	银奖
17	华为 G5500 异构服务器	华为技术有限公司	银奖
18	用于 LED 外延片大规模量产的 MOCVD 设备 Prismo A7©	中微半导体设备(上海)有限公司	银奖

续表

序号	展品名称	参展企业	获奖等级
19	基于用户全流程参与体验的 COSMOPlat 工业互联网平台	青岛海尔工业智能研究院有限公司	银奖
20	高效率低排放 310 MW 等级 F 级燃气轮机机组关键技术	上海电气燃气轮机有限公司	银奖
21	工业用甲基丙烯酸甲酯	上海华谊新材料有限公司、上海华谊集团股份有限公司	银奖
22	依图人像大平台	上海依图网络科技有限公司	银奖
23	联想物联网平台	联想(北京)有限公司	银奖
24	K705 GNSS 板卡	上海司南卫星导航技术股份有限公司	银奖
25	安防监控音视频信息处理关键技术及产业化	武汉大学	银奖
26	车床控制器	宝元数控股份有限公司	银奖
27	“魅影”太阳能 WIFI 无人机	西北工业大学	银奖
28	消能-承载双功能金属构件及其高性能减震结构	同济大学、中建钢构有限公司、上海蓝科建筑减震科技股份有限公司	创新银奖
29	海康威视 X86 智能相机	杭州海康机器人技术有限公司	创新银奖
30	36 000 吨(360 MN)超大六向模锻压机	上海昌强重工机械有限公司	创新银奖
31	世界最快相变存储材料与嵌入式相变存储器	中科院上海微系统与信息技术研究所	创新银奖
32	核磁共振用系列化低温制冷机	中船重工鹏力(南京)超低温技术有限公司	创新银奖
33	RTEX 网络运动控制总线	松下电器机电(中国)有限公司	创新银奖
34	大口径铝合金螺旋管固相焊接成套装备	上海航天设备制造总厂有限公司	创新银奖
35	风云四号静止轨道干涉式大气垂直探测仪	中科院上海技术物理研究所	创新银奖
36	Mbed On Premises	安谋电子科技(上海)有限公司	创新银奖
37	基于新型功能化树枝状聚合物的焦化废水深度处理技术集成	同济大学、上海万狮环保科技有限公司	创新银奖
38	RG2-FT	OnRobot A/S	创新银奖
39	智能四向穿梭机器人、六向堆垛式搬运机器人	上海速锐信息技术有限公司	创新银奖
40	斡旋三焦法治疗慢性肾脏病的机制研究与临床应用	上海中医药大学	创新银奖

第 20 届中国国际工业博览会论坛一览表

序号	论坛名称	日期	地点	主办单位	论坛类型
1	2018 年世界智能网联汽车大会	9 月 18—19 日	上海汽车会展中心	上海市政府、工业和信息化部	部市论坛
2	改革开放 40 周年制造业国际合作高峰论坛	9 月 19 日	上海国际会议中心	工业和信息化部、上海市政府	部市论坛
3	2018 创新与新兴产业发展国际会议	9 月 19—20 日	上海国际会议中心	工程院、上海市政府、国家发展改革委、工业和信息化部、科技部、商务部、中国科学院、中国国际贸易促进委员会、联合国工业发展组织	部市论坛
4	2018 国际工业互联网大会	9 月 20 日	国家会展中心(上海)	中国国际工业博览会组委会	发展论坛
5	第 7 届中国机器人高峰论坛暨第 4 届 CEO 圆桌会议	9 月 20 日	西郊宾馆	中国国际工业博览会组委会	发展论坛
6	长三角开发区协同发展联盟成立大会暨协同发展论坛	9 月 20 日	国家会展中心(上海)	上海市开发区协会、浙江省开发区协会、安徽省开发区协会	发展论坛

续表

序号	论坛名称	日期	地点	主办单位	论坛类型
7	智能家居创新发展与技术标准化高峰论坛	9月3日	上海新国际博览中心	上海市电子电器技术协会、上海市质量监督检验技术研究院	科技论坛
8	2018第四届上海分布式能源产业技术创新论坛	9月20日	上海甸园锦江宾馆	上海市节能工程技术协会、上海市分布式能源产业技术创新战略联盟等	科技论坛
9	智慧公交论坛	9月20日	上海科学会堂	上海市交通工程学会	科技论坛
10	无人驾驶技术发展趋势论坛	9月21日	上海图书馆	上海市科学技术情报学会、上海图书馆(上海科学技术情报研究所)、上海行业情报发展联盟、上海新兴产业情报研究联盟	科技论坛
11	人工智能在船海工业的应用与创新发展研讨会	9月21日	上海科学会堂	上海市船舶与海洋工程学会	科技论坛
12	印刷电子和3D打印技术应用论坛	9月21日	国家会展中心(上海)	上海市真空学会、上海市纳米技术协会	科技论坛
13	2018纺织服装科技创新与发展论坛—安全防护用纺织品	9月25日	东华大学	上海市纺织工程学会、纺织专业委员会	科技论坛
14	院士圆桌会议	10月19日	上海科学会堂	市科协	科技论坛
15	品牌建设与标准化国际研讨会	10月24日	华亭宾馆	上海市标准化协会	科技论坛
16	第9届“工程与振动”科技论坛	10月27日	上海科学会堂	上海市振动工程学会	科技论坛
17	卫星服务海洋遥感(第13届上海航天科技论坛暨上海市宇航学会2018学术年会)	11月29日	上海科学会堂	上海航天技术研究院、上海市宇航学会	科技论坛
18	第14届MM·新自动化论坛——以数据为起点·让制造更卓越	9月18日	上海国信紫金山大酒店	弗戈工业传媒MM《现代制造》杂志	行业与企业论坛
19	第4届未来制造高峰论坛	9月19日	西郊宾馆	东浩兰生(集团)有限公司、智能网(北京)信息技术有限公司	行业与企业论坛
20	欧盟展团公司及产品推介会	9月19日	国家会展中心(上海)	欧盟创新委员会-中小企业国际贸易会展支持计划、德勤国际贸易会展服务团队、东浩兰生(集团)有限公司	行业与企业论坛
21	Sercos-兼容TSN以太网和OPC-UA的工业物联网通信标准	9月19日	国家会展中心(上海)	中国机电一体化技术应用协会、Sercos国际协会、汉诺威米兰(上海)有限公司	行业与企业论坛
22	海智在线X工博会·20th届工业零部件采供对接会·上海站主会场	9月19日	国家会展中心(上海)	上海海智在线网络科技有限公司、汉诺威米兰展览(上海)有限公司	行业与企业论坛
23	海智在线X工博会·20th届工业零部件采供对接会·上海站VIP分会场+采供对接	9月19日	国家会展中心(上海)	上海海智在线网络科技有限公司、汉诺威米兰展览(上海)有限公司	行业与企业论坛
24	“工业互联网与全面质量管理”发展论坛	9月19日	上海质量管理科学研究院	上海质量管理科学研究院	行业与企业论坛
25	2018增材制造全球创新大赛暨数字化解决方案论坛	9月19日	国家会展中心(上海)	北京市科委、北京市丰台区政府	行业与企业论坛
26	2018(第7届)全球自动化和制造主题峰会	9月20日	上海虹桥金古源豪生大酒店	东浩兰生(集团)有限公司、控制工程中文版杂志社	行业与企业论坛
27	2018跨界·融合走进智能制造会议	9月20日	国家会展中心(上海)	东浩兰生(集团)有限公司、广东自动化学会、中国自动化网、中自网	行业与企业论坛
28	PLCopen运动控制与工业机器人	9月20日	国家会展中心(上海)	中国机电一体化技术应用协会、PLCopen国际组织中国委员会、汉诺威米兰展览(上海)有限公司	行业与企业论坛

续表

序号	论坛名称	日 期	地 点	主办单位	论坛类型
29	国际中小企业创新发展系列论坛暨首届创意双城中英创新论坛	9月20日	丰树商业城商务中心	中英创新中心、市促进中小企业发展协调办公室、闵行区经济委员会	行业与企业论坛
30	2018新能源与智能网联汽车产业发展高峰论坛	9月20日	国家会展中心(上海)	东浩兰生(集团)有限公司	行业与企业论坛
31	2018中国国际工业博览会能源装备技术研讨会	9月20日	国家会展中心(上海)	上海市电力行业协会、东浩兰生(集团)有限公司	行业与企业论坛
32	菲尼克斯电气2018年智能战略发布会	9月20日	国家会展中心(上海)	南京菲尼克斯电气有限公司	行业与企业论坛
33	2018金属切削高层论坛	9月20日	国家会展中心(上海)	上海市金属切削技术协会、汉诺威米兰展览(上海)有限公司	行业与企业论坛
34	费斯托媒体见面会	9月20日	国家会展中心(上海)	费斯托(中国)有限公司	行业与企业论坛
35	第17届MES(制造执行系统)开发与应用专题研讨会	9月20日	国家会展中心(上海)	上海智能制造产业技术创新战略联盟、中国自动化学会仪表与装置专业委员会、中国电子工业标准化技术协会企业信息化标准工作委员会、汉诺威米兰展览(上海)有限公司	行业与企业论坛
36	OFweek2018中国智能制造创新发展高峰论坛(上海站)	9月20日	国家会展中心(上海)	OFweek机器人网	行业与企业论坛
37	万物互联 让智造更简单——首届IT、OT、CT融合创新论坛	9月20日	国家会展中心(上海)	中国工控网、汉诺威米兰展览(上海)有限公司	行业与企业论坛
38	大纤维产业技术研讨会	9月20日	国家会展中心(上海)	科技自动化联盟大纤维产业工作组、经缪纬健纤维科技(上海)有限公司	行业与企业论坛
39	新材料展新品发布会	9月20日	国家会展中心(上海)	上海市稀土协会、上海工业商务展览有限公司	行业与企业论坛
40	江苏省新材料新品发布会	9月21日	国家会展中心(上海)	上海市稀土协会、上海工业商务展览有限公司	行业与企业论坛
41	航天航空配套材料发布会	9月21日	国家会展中心(上海)	上海市稀土协会、上海工业商务展览有限公司	行业与企业论坛
42	2018 OEM机械设计技术研讨会	9月20—21日	国家会展中心(上海)	国际工业自动网、东浩兰生(集团)有限公司	行业与企业论坛
43	第15届数字电视与无线多媒体通信国际论坛	9月20—21日	中科院上海学术活动中心	上海市图像图形学会、上海交通大学	行业与企业论坛
44	2018中国工博会信息展/工业互联网展采购对接会启动仪式暨中国数字化采购管理论坛	9月21日	国家会展中心(上海)	东浩兰生(集团)有限公司、友云采	行业与企业论坛
45	“创新中国杯”青少年机器人大赛暨美国CREATE机器人锦标赛全国选拔赛暨中国国际工业博览会——关爱未来科技教育论坛	9月20—23日	国家会展中心(上海)	上海交通大学电子信息与电气工程学院、CREATE美国公开锦标赛中国组委会	行业与企业论坛
46	2018长三角产业园区论坛	9月21日	国家会展中心(上海)	东浩兰生(集团)有限公司、方升科技有限公司	行业与企业论坛
47	“智”造引领“云”享未来—2018中国数字化智能工厂解决方案高峰论坛	9月21日	国家会展中心(上海)	汉诺威米兰展览(上海)有限公司、智汇工业	行业与企业论坛
48	2018年OPC巡回研讨会——IT遇见自动化	9月21日	国家会展中心(上海)	OPC(中国)基金会	行业与企业论坛

续表

序号	论坛名称	日　期	地　点	主办单位	论坛类型
49	上海市自动化学会学术年会	9 月 22 日	国家会展中心(上海)	上海市自动化学会、汉诺威米兰展览(上海)有限公司	行业与企业论坛
50	新材料新闻通气会	9 月 22 日	国家会展中心(上海)	上海市稀土协会、上海工业商务展览有限公司	行业与企业论坛
51	质量创新论坛	9 月 26—27 日	上海国际贵都大饭店	上海市质量协会	行业与企业论坛

（姚春瑜　傅志刚）

【2018 中国国际工业博览会创新科技馆】 9 月 19—23 日在国家会展中心(上海)举办。创新科技馆展示面积 4 800 m²。围绕“创新、智能、绿色”主题，设“科技引领，打造智慧创新之都”中心展区、科技部展区、技术交易展区和上海产业技术研究院展区四大板块，133 家单位、130 个项目参展。以中心活动舞台为依托，组织发布会、推介会、科普讲座、主题日等活动，全方位展示高端制造、新材料、新一代信息技术等领域科技成就。（邹　霄　张　瑾　陈　杰　张刘莉）

2018 中国国际工业博览会创新科技馆

【第 20 届中国国际工业博览会院士圆桌会议】 10 月 19 日在上海科学会堂举行。由市科协、上海推进科技创新中心建设办公室、市发展改革委、市科委、中科院上海分院主办。会议以“科技创新中心的重要载体——国家实验室”为议题，围绕大科学装置集群与上海科技创新中心建设，邀请英国皇家科学院院士约翰·埃利斯，中科院院士王建宇、李儒新、陈和生，工程院院士李建刚、陈赛娟等国内外大科学装置设计、建设、运行和应用方面的院士专家进行探讨，并提出相关意见和建议。（葛繁丽）

第四节 | 浦江创新论坛 >>

【2018 浦江创新论坛】 10 月 29 日至 11 月 1 日在上海举行。由科技部和上海市政府共同主办。论坛以“新时代创新发展与供给侧结构性改革”为主题，邀请葡萄牙和广东省分别担任主宾国和主宾省，举办 1 场开幕式暨全体大会、4 场特别论坛，以及 11 场围绕创业者、区域、金融、政策、产业、未来科学、文化等不同主题的专题论坛，共有 200 余名发言嘉宾和近 4 000 名参会代表，人数创历届之最。上海市委书记李强出席开幕式暨全体大会并作主旨演讲，科技部部长王志刚在会上作主旨演讲，上海市委副书记、市长应勇致辞。葡萄牙驻华大使杜傲杰率团出席，并在开幕式宣读葡萄牙共和国总理安东尼奥·科斯塔的贺信，并借此机会与中方开展多项科技交流活动。论坛发布《中国区域科技创新评价报告 2018》《2018 全球科学家“理想之城”调查报告》《2018 上海科技创新中心指数报告》《2018 亚太知识竞争力指数报告》《2018 中国科技金融生态年度观察》《生命科学与基础医学全球科研机构产出评价 2018 年 π 指数报告》等系列研究成果。葡萄牙科技基金会与市科委签署科技合作备忘录，同时，《长三角地区加快构建区域创新共同体战略合作协议》签署，并发布《推进长三角国家科技成果转移转化示范区协同发展共同构建国家科技成果转移转化高地倡议书》，启动长三角科技资源共享服务平台建设。

2018 浦江创新论坛会议活动一览表

序号	论坛名称	论坛主题
1	科技创新青年造就者圆桌峰会	关于未来的第 N 种可能
2	全体大会	新时代创新发展与供给侧结构性改革
3	绿色技术银行高峰论坛	创新驱动　绿色发展——联动政产学研用，推动绿色技术银行建设
4	区域(城市)论坛	创新驱动发展引领区建设
5	科技金融论坛	创新价值发现
6	创业者论坛	打造“双创”生态升级版
7	中葡科技创新合作研讨会	中葡科技创新合作的未来展望
8	产业论坛 1	创新科技与医学健康
9	产业论坛 2	智能制造与产业转型升级
10	产业论坛 3	科技服务业——全球技术转移大会
11	未来(科学)论坛 1	复杂网络中的创新

续表

序号	论坛名称	论坛主题
12	未来(科学)论坛 2	推动人类表型组研究领域的发展
13	政策论坛	促进融合的创新政策
14	文化论坛	新时代的创新使命
15	“一带一路”创新之路建设专题研讨会	打造“一带一路”创新共同体:理论与实践
16	嘉兴论坛	人才驱动创新、创新引领产业

（王　冰　吴　婷　殷梦宇　傅志刚　张刘莉）

【科技创新青年造就者圆桌峰会】 10 月 29 日在上海科技馆举行。由中国科协、工程院上海院士中心承办。论坛以“关于未来的第 N 种可能”为主题。与会嘉宾一致认为,在未来交叉融合的创新中,要培养青年创新者坚守务实的创新品质,给予青年创新者包容支持的创新环境,让青年创新者在成就自己的同时为推动科技进步贡献更多的力量。

（王　冰）

【绿色技术银行高峰论坛】 10 月 30 日在上海举行。由科技部社会发展科技司、市科委、虹口区政府、绿色技术银行管理中心、中国 21 世纪议程管理中心、上海科学技术交流中心承办。论坛以“创新驱动　绿色发展——联动政产学研用,推动绿色技术银行建设”为主题。与会嘉宾围绕绿色技术标准体系、绿色金融及投资、国际技术转移合作和能源互联网开展研讨。与会嘉宾一致认为,要加快构建市场导向的绿色技术创新体系,加强绿色技术标准的制定,建设绿色技术+金融和人才支撑的综合性服务体系,加快融入全球化网络体系,实现绿色发展理念在建筑、交通、能源等行业的推广应用。（王　冰　徐　艳　石　磊）

【区域(城市)论坛】 10 月 30 日在上海举行。由同济大学承办。论坛以“创新驱动发展引领区建设”为主题。与会嘉宾聚焦粤港澳和长三角两大区域,围绕区域创新深度融入全球创新网络、创新资源集聚和高效流动开展研讨。与会嘉宾一致认为,粤港澳大湾区和长三角城市群是中国区域创新体系的重要构成,粤港澳大湾区将成为富有活力和国际竞争力的一流湾区和世界级城市群,长三角地区将成为高端人才、全球投资、科技创新、优势产业的集聚地。（王　冰）

【科技金融论坛】 10 月 30 日在上海举行。由第一财经承办。论坛以“创新价值发现”为主题。与会嘉宾围绕创新投资的国际经验、创新科技金融功能的路径与策略、金融风险的防范和化解等话题进行研讨。与会嘉宾一致认为,中国科技金融发展进入新阶段,科技与金融融合发展进入新局面,现代金融体系在扶持新兴产业发展方面将会发挥更大作用,无论是投资方的创投基金还是被投资的科技型中小企业都需要更加注重提高自身能力。（王　冰）

【创业者论坛】 10 月 30 日在上海科技馆举行。由上海市科技创业中心承办。论坛以“打造‘双创’生态升级版”为主题。与会嘉宾面向新时期“双创”发展呈现出的新特征、新趋势,围绕如何顺应高质量发展要求打造“双创”升级版开展研讨。与会嘉宾一致认为,“双创”是中国经济转型的新引擎,也是中国经济高质量发展的必然选择。当前,“双创”取得显著成效,涌现出一批创新创业企业,但同时也面临诸多挑战,亟须推动“双创”升级,打造“双创”生态热带雨林。

（王　冰）

【中葡科技创新合作研讨会】 10 月 31 日在上海举行。由科技部国际合作司、市科委和葡萄牙驻华使馆共同主办。研讨会以“中葡科技创新合作的未来展望”为主题,来自中国、葡萄牙两国的 20 余名专家围绕新能源、新材料、航天科技和海洋科学等重点领域开展对话交流,达成一批合作意向。（王　冰）

【产业论坛 1】 10 月 31 日在复旦大学附属中山医院举行。由华大基因承办。论坛以“创新科技与医学健康”为主题。与会嘉宾一致认为,现代临床医学的发展越来越依赖于科学发展和技术进步,以精准化、个体化医疗为目标的前沿技术将在未来一段时间内带来巨大的经济和社会效益,然而创新成果如何及时有效地转化为临床应用,是当前迫切需要解决的问题。（王　冰）

【产业论坛 2】 10 月 31 日在上海临港举行。由市临港地区管委会、上海交通大学承办,上海智能制造功能平台有限公司协办。论坛以“智能制造与产业转型升级”为主题。与会嘉宾一致认为,强化智能制造在制造业转型升级中的作用,应把握智能制造在演化过程中形成的不同范式,适应消费升级与服务升级的总体趋势,运用新兴技术打造制造业转型升级“新动能”。（王　冰）

【产业论坛 3】 10 月 31 日在闵行区举行。由市闵行区政府承办,国家技术转移东部中心、上海理工大学协办。论坛以“科技服务业——全球技术转移大会”为主题,围绕如何评价科技成果、评估技术价值、应对技术转移的知识产权问题及全球高校院所技术转移创新实践等开展研讨。与会专家一致认为,高校在科技成果转移转化中担当重要角色,从制度、人才、服务等方面着手,建立起有利于科技成果转移转化的生态体系,对于促进高校知识溢出、实现创新价值具有关键作用。

（王　冰）

【未来(科学)论坛 1】 10 月 31 日在上海举行。由施普林格·自然集团承办。论坛以“复杂网络中的创新”为主题。与会嘉宾围绕复杂网络科学研究新进展、新应用及未来前景开展研讨。与会嘉宾一致认为,复杂网络研究随着大数据的爆发而蓬勃发展,利用海量复杂数据构建复杂网络,有助于理解大数据和复杂系统,发现其中蕴藏的规律,并将重

新塑造人类对世界的认知,带来全新的解决方案。(王　冰)

【未来(科学)论坛2】 10月31日在上海举行。由复旦大学承办。论坛以“推动人类表型组研究领域的发展”为主题。与会嘉宾就如何推动人类表型组研究、牵头组织国际大科学计划和大科学工程、组织培育大科学计划项目等方面开展研讨。与会嘉宾一致认为,人类表型组研究有望提升肿瘤、阿尔茨海默病、糖尿病、肥胖等一系列老龄化重大慢性疾病治疗水平,人类表型组研究领域的发展是推动21世纪医学革命的重要驱动力。(王　冰)

【政策论坛】 10月31日在上海举行。由中国科学技术发展战略研究院承办。论坛以“促进融合的创新政策”为主题。与会嘉宾围绕如何促进创新资源集聚、打造创新政策合力和推动全球开放协同创新开展研讨。与会嘉宾一致认为,要以开放融合的理念深化改革,坚持科技与经济社会领域改革同步发力,不断突破创新资源流动壁垒,打造全球高端创新资源集聚高地,开创全球协同开放、互利共赢新局面。(王　冰)

【文化论坛】 10月31日在上海举行。由科技日报社承办,北京国科传媒文化有限公司协办。论坛以“新时代的创新使命”为主题,围绕如何塑造新时代创新文化,加强学风建设、弘扬科学家精神、科学进步与科技创新等话题开展研讨。与会嘉宾一致认为,新时代急需赋予创新文化新内涵,科技创新要更加强调社会责任和价值导向,并建议上海加快构筑自信、包容、诚信的创新文化。(王　冰)

【“一带一路”创新之路建设专题研讨会】 10月31日在上海举行。由中国科学技术发展战略研究院承办。论坛以“打造‘一带一路’创新共同体:理论与实践”为主题。与会嘉宾一致认为,以科技创新为核心的结构性改革成为各国改革的核心。“一带一路”创新共同体建设要营造以合作共赢、和平发展为核心的国际环境,发挥各国优势,共同解决“一带一路”沿线国家(地区)发展中遇到的难题。(王　冰)

【嘉兴论坛】 11月1日在嘉兴举行。由嘉兴市委、市政府承办。论坛以“人才驱动创新、创新引领产业”为主题,聚焦人工智能、智能制造、虚拟现实等未来产业方向,分享和探讨未来产业的创新发展模式和未来发展趋势。与会专家学者分别就区块链技术与未来产业、智能制造、智能医疗做主题报告并举行圆桌论坛。(王　冰)

第五节 | 学术交流与咨询 >>

【乙肝功能性治愈研讨会】 1月26日在上海召开。由工程院上海院士中心主办。闻玉梅、杨胜利、田志刚、王福生、樊嘉等20余名院士专家围绕会议主题展开研讨。院士专家建议,中国相关基础研究科学家和临床医生应尽快联合,面向治愈乙肝的迫切需求,向国家提出立项建议,支持相应的基础与临床研究;针对乙肝功能性治愈的关键环节,加强对模型及分子机制的研究,为创新性乙肝治愈技术奠定基础;支持开展乙肝的基础与临床转化研究,对于乙肝功能性治愈有创新性的技术及方案,要在政策方面给予绿色通道,先行先试;根据乙肝病毒复制特点及发现的新靶点,加强医药结合,研发有创新性治疗乙肝的药物、为治愈乙肝提供治疗手段。(张丽莉)

【2018皇后镇分子生物学(上海)会议】 3月22—23日在上海举行。由中科院上海药物研究所国家新药筛选中心、上海市浦东新区工程师协会主办。会议以“药物发现与社会影响”为主题,吸引来自全球28个国家和地区的300余名科学家、企业家、投资者、经理人的参加。112名来自全球28个国家和地区的嘉宾应邀做演讲。2006年度诺贝尔化学奖获得者、斯坦福大学教授Roger D. Kornberg等6名学者做主旨报告。(宋文珂)

【首届上海-剑桥认知神经科学论坛】 3月26日在复旦大学举行。英国神经科学学会前主席、剑桥大学心理学系教授Trevor W. Robbins,国际神经药理学大会计划委员会联合主席、英国医学科学院院士Barbara J. Sahakian,中科院院士、中科院神经科学研究所所长蒲慕明,复旦大学类脑智能科学与技术研究院院长冯建峰作为特邀嘉宾参加首届论坛并发表主题演讲。复旦大学校长、中科院院士许宁生出席论坛并为Trevor W. Robbins颁发复旦大学荣誉教授聘书,复旦大学副校长、中科院院士金力为Barbara J. Sahakian和蒲慕明颁发复旦大学类脑智能科学与技术研究院国际咨询委员会委员聘书。许宁生在论坛开始前会就如何发挥上海-剑桥脑与类脑智能研究国际重镇的联合研究优势,推动国际脑与类脑智能大科学合作计划与3名嘉宾会谈。(邵　田)

【第12届上海国际骨科前沿技术与临床转化学术会议】 5月4—6日在上海举行。由中国工程院医药卫生学部、二程院上海院士中心、上海交通大学医学院附属第九人民医院、中国健康促进基金会和骨科在线主办。会议以“科技创新与医学人文”为主题,吸引来自海内外的300余名医学、基础研究、工程、企业和管理学界的知名专家、学者和来自全国各地相关领域的600余名医生代表参加。会议设主会场和脊柱外科、关节外科、创伤外科、骨肿瘤与定制式医疗器械监管、数字医学与足踝、骨科康复、骨科生物力学、基础医学、骨科3D打印临床应用案例等分会场。通过主旨演讲、专题发言和讨论、病例分享等形式,专家们围绕会议主题进行探讨和精准解读。(冯知周)

【南亚青年科学家科技创新中国行】 6月10—17日在上海、昆明举行。南亚的青年科学家们参观、考察了上海浦东软件园、绿色技术银行、环境能源交易所等，并与同济大学、复旦大学、云南大学、中科院昆明植物所的青年科学家进行交流、座谈，活动促进上海与南亚国家青年科学家的人文交流与合作，推动上海与南亚国家在科技创新的合作。来自印度、巴基斯坦、斯里兰卡、阿富汗、尼泊尔等5个国家的21名南亚青年科学家参加。（徐　艳）

【2018长江经济带互联网＋绿色技术转移转化大会】 6月14—15日在上海举行。由上海科学技术交流中心、上海应用技术大学联合主办。大会以“关注绿色技术，促进转移转化”为主题，设置生活垃圾可再生资源和工业垃圾可再生资源2个分论坛，探索可再生资源领域技术转移转化、有效对接技术资金、促进行业的转型升级。来自长江经济带11省市及其他省市高校、科研机构、企业、技术经纪人与创新创业人员代表等约200人参会。（徐　艳）

【能源发展专题研讨会】 8月22日在上海召开。由工程院上海院士中心主办。上海电力公司、华东电力设计院、上海燃气集团、上海市环科院等单位20余名专家出席会议。院士专家认为，在十九大提出的推动能源生产和消费革命战略指引下，上海已具备建设绿色、低碳、高效、安全、新型能源系统的良好基础。建议从能源供应条件和电网结构角度出发，综合考虑能源供应的安全性、环保性和经济性等因素，适度保留一定比例的煤电机组，以多元化的能源结构保障上海电力供应，通过能源的高效清洁利用，打赢“蓝天保卫战”。（张丽莉）

【城市地质上海研讨会(2018年)】 8月23—24日在上海举行。由上海市地质调查研究院、河北地质大学和中国地质调查局南京地质调查中心主办，国土资源部地面沉降监测与防治重点实验室、上海市地矿工程勘察院、同济大学土木工程学院、上海交通大学船舶海洋和建筑工程学院和上海地面沉降控制工程技术研究中心等单位协办。来自国家自然科学基金委、中国地质调查局、各省市(自治区)地调院和地质环境监测总站、上海市相关委办局、相关高校及国内外城市地质领域的专家近200人参加会议。研讨会以“城市地质与绿色、睿智、韧性的城市发展”为主题，聚焦自然资源管理，研讨城市地质工作服务自然资源管理、生态文明建设、国土空间用途管制、城市安全及城市地质大数据管理与共享服务等议题。来自中国和日本的13名城市地质领域专家共同分享国内外的研究成果和管理经验，为全国城市地质工作提供更先进的理念和更广阔的思路。（张淑萍）

【第7届废物地下处置学术研讨会暨国际放射性废物处置研讨会】 8月24—27日在同济大学举行。由中国岩石力学与工程学会废物地下处置专业委员会、国际岩石力学与岩石工程学会放射性废物处置委员会、国际工程地质与环境协会废物处置专业委员会等单位共同主办。来自7个国家和地区的330余名专家学者参加会议。会议涵盖高放废物地质处置综述、选址与场址评价、地下实验室、工程屏障、核素迁移与废物体及高放废物地质处置安全评价等方面的最新研究成果。大会设1个主会场和3个分会场，共安排99个学术报告，包括28个特邀报告。来自世界各地的参会代表围绕高放废物地质处置预选场址特征与评价、缓冲/回填材料、污染物与核素迁移、废物体与废物罐材料、岩石力学与工程技术及其他废物处置问题等领域的试验、理论与数值分析等方面的最新研究展开讨论。（史玉华）

【第20届国际分子束外延会议(MBE2018)】 9月2—7日在上海举行。由中科院上海微系统与信息技术研究所主办。MBE会议每2年举办1次。2018年是MBE技术发明20周年，MBE技术之父卓以和院士、各大洲的MBE奠基人及来自20多个国家和地区的400余名专家及学者共同探讨及交流分子束外延领域的基础和应用研究最新进展。（唐　晓）

【2018国际临床和转化医学论坛】 9月10—12日在上海召开。由工程院上海院士中心承办。王辰、杨胜利、闻玉梅、王红阳、陈凯先、韩雅玲、孙颖浩、詹启敏、李兆申、王锐、张英泽、陈国强等10余名院士及1 500余名国内外专家参加论坛。论坛聚焦“新技术、新医学”，重点围绕中医药科学评价与国际化、干细胞基础与临床、人工智能与医学大数据、医用智能机器人、细胞治疗监管科学等领域展开研讨。2012年诺贝尔奖获得者John Gurdon发表题为《发育中基因表达的稳定性和可逆性》的主旨演讲。（张丽莉）

【第2届中瑞(国际)石墨烯创新高峰论坛】 9月16—18日在上海大学举行。上海市石墨烯产业技术功能型平台和上海大学主办，瑞典查尔莫斯理工大学协办。论坛围绕国内外石墨烯产业发展与布局，石墨烯应用技术创新，科技成果转化等内容展开探讨，通过展望石墨烯产业面临的机遇，挑战和发展前景，促进国内外学术产业界的相互联系，推进石墨烯市场应用与产业发展。论坛期间，上海大学与瑞典查尔莫斯理工大学，上海市石墨烯产业技术功能型平台三方联合成立中瑞石墨烯创新中心。（洪燕华）

【2018世界人工智能大会】 9月17—19日在上海举行。由国家发展改革委、科技部、工业和信息化部、国家网信办、中科院、工程院和市政府共同主办。大会以“人工智能赋能新时代”为主题，设置论坛峰会、特色活动、展示应用、创新大赛四大板块，来自近40个国家和地区的专家学者、企业家等围绕人工智能技术前沿、产业趋势和热点问题开展对话交流，200多家人工智能领域企业参加论坛和展示活动。大会期间，举办近20场主题论坛和峰会，对脑机融合、群体智能、智能芯片、智能驾驶等发展现状、趋势、热点开展热烈讨论，并由Gartner咨询公司、中国信通院等国内外权威研究机构发布最新行业趋势报告。（周陈昌）

【第6届上海FD-SOI论坛和2018国际RF-SOI论坛】 9月18—19日在上海举行。中科院上海微系统与信息技术研究所发起并联合SOI国际产业联盟、芯原股份有限公司和上海新傲科技股份有限公司共同组办,与会专家超800人次。9月18日的FD-SOI论坛聚焦于FD-SOI技术在智能物联网和汽车电子领域的应用。论坛提出FD-SOI技术具有低功耗、射频集成等优势,将在智能物联网、人工智能和汽车电子等领域有着重要应用,随着生态系统的不断完善,FD-SOI产品将在未来3年左右的时间内大规模量产。9月19日的RF-SOI论坛围绕"5G互联及RF-SOI产业机遇"主题展开。就RF-SOI技术在5G应用、产业部署、制造工艺、SOI材料、EDA工具等方面做主题演讲和圆桌讨论。 (唐 晓)

第6届上海FD-SOI论坛和2018国际RF-SOI论坛

【2018无人系统与智能制造高峰论坛】 9月20日在临港举行。由国家发展改革委、科技部、工业和信息化部、国家互联网信息办公室、中国科学院、中国工程院、上海市政府主办,中国电子学会、市经济信息化委、上海市临港地区开发建设管理委员会承办。无人系统与智能制造高峰论坛作为2018世界人工智能大会的平行论坛,重点突出科技前沿与战略、技术创新与融合、产业应用与发展的三大特点,搭建国内外学术产业的合作交流平台,推动无人系统与智能制造领域的技术与产业融合发展。 (焦 敏)

【上海市科协第16届学术年会暨第13届上海工程师论坛】 10月12日在上海科学会堂开幕。本届学术年会为期1个月,包括开幕式暨主题报告会,9项综合分论坛,及40多场学会(区科协)年会、专题活动。工程院院士、市科协主席陈赛娟,市科协党组书记、副主席马兴发出席开幕式,并共同为30家市科协星级学会代表进行授证表彰。中科院院士王建宇、工程院院士陈赛娟、中科院院士金亚秋等分别就空间探测、血液学、遥感数据的智能演进等热点研究领域做特邀报告。 (葛繁丽)

【2018病毒感染与免疫应答国际研讨会】 10月12—14日在沪举办。中科院上海巴斯德研究所联合《自然微生物学》《自然通讯》、徐汇区科委及上海枫林生命健康产业发展集团主办。大会围绕"病原发现与微生态、新发与重大传染病、免疫系统发育和分化、免疫保护和感染异常反应、免疫疗法"等主题,共同探讨病毒感染与免疫应答相关领域的前沿动态与最新进展。来自中国、美国、澳大利亚等10余个国家和地区的专家、学者约500人参加。(周陈昌)

【第3届国际纳米药物大会】 10月15—17日在上海举行。由中科院上海药物研究所、中国药学会纳米药物专业委员会、中国抗癌协会纳米肿瘤学专业委员会、中国毒理学会纳米毒理学专业委员会、中国化学会纳米化学专业委员会、药物制剂国家工程研究中心主办。大会围绕"纳米药物创新与变革"主题,议题涵盖纳米药物及纳米药物分析、靶向给药纳米技术、肿瘤微环境纳米药物、精准医学纳米技术、肿瘤免疫治疗纳米药物等10多个领域。大会包括会前会、大会报告、专题分会、同期展览展示等,国内外学术、临床和产业界领军科学家和专家学者200多人参与交流,近1000人参会。 (张刘莉 宋文珂)

【第14届科技政策与管理学术年会】 10月20—21日在上海同济大学举行。由中国科学学与科技政策研究会主办,同济大学承办。年会以"改革开放40年:科技促进发展的实践探索与理论创新"为主题,探讨改革开放来中国在科技体制改革、科技与经济结合、科技政策变迁、技术创新研究、创新监测与评估、国家和区域创新治理、产业和企业创新管理、科技人才和经费管理、开放式创新、产学研创新合作、科技创新平台建设、知识产权运用和管理等方面的理论进展和实践经验。年会包括1场开幕式及大会报告、29场专题分会、400余篇论文汇报,1 200名代表参会。 (张刘莉)

【第9届新华国际外科论坛】 10月20日在上海举行。由上海交通大学医学院附属新华医院主办。来自中国、日本、韩国、印度等国家的1 000余名专家代表参加论坛,共同探讨普通外科面临的问题和困惑。论坛期间,举行上海市杨浦区医学会普外科分会会议、上海市医师协会胆道学组会议、上海市医学会胆道工作组会议,由中华外科杂志提供学术支持的胰腺术后外科常见并发症预防与治疗专家共识解读会、由中国实用外科杂志发起的普外青年学者攀登计划和转化医学论坛、新华外科论坛护理分论坛和手术室专题分会等。 (冯知周)

【首届中国东欧胸部疾病国际论坛】 11月2日在上海举行。由上海交通大学附属胸科医院联合上海市医院协会与布拉格大学医院共同举办。吸引国内外近800余名心胸领域专家学者参加。围绕胸部疾病诊疗领域,就中国癌症发病现状、肺癌精准治疗、肺癌耐药、免疫治疗、胸外手术及麻醉进展、肺移植发展、肺癌新分期等前沿热点问题展开讨论。会议分设胸外学科、放射治疗、护理学科、内科治疗等4个分论坛,并以外科介入同步手术演示直播方式,为与会学者们探讨胸部疾病诊疗领域各个学科的新技术进展提供平

台。放射治疗分论坛期间，中国临床肿瘤学会肿瘤放疗专家委员会成立。（冯知周）

【第3届长江经济带产业合作大会(上海)暨长三角生物医药协同创新发展论坛】 11月15—16日在上海举行。由上海科学技术交流中心、上海市疾病预防控制中心、上海市生物医药科技产业促进中心等单位主办。论坛聚焦生物技术与现代医药产业，以“合作共享、融合发展”为主题，举办学术研讨、项目展示展演、项目与资本对接等系列活动，国内外生物技术与现代医药领域的院士和专家、投资机构、企业等各界代表共200余人参加。（徐　艳）

【第6届中国医院发展与管理国际会议】 11月17—18日在上海国际会议中心举行。由上海交通大学医学院主办。会议以“医院发展与医疗改革”为主题，来自国内外的近千名嘉宾学者参加会议，就健康中国背景下的医院管理变革、医学人才发展、卫生体系创新、新兴技术推动等主题展开探讨，为健康未来建言献策。会议就“智能驱动、科技赋能，共享健康未来”“协同、改革、创新，共谱健康华章”2个话题展开探讨。（冯知周）

【2018上海国际导航产业与科技发展论坛】 12月21日在中国北斗产业技术创新西虹桥基地举行。上海北斗导航创新研究院、上海卫星导航定位产业技术创新战略联盟、上海西虹桥导航技术有限公司及上海市北斗导航与位置服务重点实验室共同主办。论坛以“融合・智能”为主题，邀请北斗系统建设和应用领域的主管部门领导、卫星导航领域的国内外技术及产业专家、产业界精英，以主题演讲、圆桌讨论和用户交流的形式共商卫星导航产业的发展大计，推动导航产业的快速健康发展。开幕式上，《GNSS技术发展趋势蓝皮书》发布。蓝皮书提出GNSS的三大技术趋势：高精度大众化应用技术、电磁环境与场景化智能技术和多模跨界深度融合与集成技术；一大热点：囊括无人系统应用服务的自动化与智能化热点；一个本征点：GNSS核心技术离不开强化完善接收机技术，其突出重点之一是天线系统。（李言旭）

2018上海国际导航产业与科技发展论坛

【2018年院士沙龙】 工程院上海院士中心主办。2018年，共组织开展8期院士沙龙专题讨论，主要涉及智能制造、智慧城市、智能医疗、智能网联汽车、智能机器人等领域。与会院士70人次，国内外专家学者300余人次。院士沙龙不仅关注国家和区域经济社会发展中的科技前沿与关键问题，也聚焦社会广泛关注的热点话题，通过提供高层次、小规模的宽松自由学术交流氛围，增进院士、专家、政府部门和企业间的相互了解，形成解决问题新思想、新方法、新建议。

2018年院士沙龙一览表

序号	沙龙主题	与会院士	日　期	期数
1	产业升级与人工智能	徐匡迪、杨胜利、刘　玠、饶芳权、李三立、袁渭康、钱　锋、毛军发	1月24日	85
2	医学人工智能	徐匡迪、翁史烈、杨胜利、刘　玠、陈赛娟、廖万清、宁　光、唐希灿、王红阳、王威琪、夏照帆、柴洪峰、陈凯先、陈国强	3月29日	86
3	人工智能与流程控制深度融合	徐匡迪、翁史烈、杨胜利、刘　玠、关兴亚、黄伯云、江东亮、刘炯天、钱　锋、钱旭红、屠海令、孙传尧、王海舟、王一德、袁渭康、赵连城、周　翔	4月20日	87
4	人工智能助力智能城市建设	徐匡迪、潘云鹤、翁史烈、刘　玠、魏敦山、郑时龄	5月11日	88
5	智能网联车关键技术与产业发展	徐匡迪、刘　玠、何积丰	6月15日	89
6	提升医疗产业国际竞争力	闻玉梅、陈义汉、戴尅戎、丁　健、葛均波、廖万清、王威琪、夏照帆	11月15日	90
7	人工智能机器人	徐匡迪、杨胜利、刘　玠、吴志强	11月28日	91
8	上海历史风貌保护	徐匡迪、郑时龄、杨胜利、常　青、方家熊、江　明、匡定波、李三立、刘　玠、张永莲	12月14日	92

（张丽莉）

【第85期院士沙龙】 1月24日在上海举行。与会院士围绕"产业升级与人工智能"展开研讨。院士专家就新一代人工智能发展的蓝图和目标、提升新一代人工智能科技创新能力、加快人工智能与经济社会深度融合等方面做交流。专家们认为,上海2017年GDP总量首次超过3万亿元,如何支撑产业的转型升级,引领国家跨越式发展,人工智能技术应在各环节中发挥更加重要的作用,建议在发展新一代人工智能时,既要坚持把握发展新阶段,突出创新能力建设,加快前瞻布局,也要注重发展与规划的结合,坚持开源开放,参与全球的人工智能研发。 (张丽莉)

【第86期院士沙龙】 3月29日在上海举行。与会院士围绕"医学人工智能"展开研讨。在大数据时代,通过人工智能技术发现药物关键性标靶、预测化合物活动、设计优化药物分子结构,弥补传统药物研发中投资大、效率低、周期长及转化慢等缺点,是创新药物研发和精准医疗的重要发展方向。随着沃森医生系统在上海部分医院的应用,其为肿瘤患者提供的个性化治疗方案,与肿瘤专家的意见保持高度一致,并体现快速、精准、符合循证医学的特性,人工智能技术在医学发展中的作用不可忽视。 (张丽莉)

【第87期院士沙龙】 4月20日在上海举行。与会院士围绕"人工智能与流程控制深度融合"展开研讨。院士专家建议,上海应重视高端人才在人工智能领域,特别是计算机算法领域集聚的优势,加大对算法语言基础研究的投入;对人工智能在能源供应领域应用进行布局,争取在全国形成示范;建立国家创新平台和项目,应用人工智能等现代信息技术,以高效化、绿色化智能制造为目标,通过优化制造流程、操作模式、供应链管理全流程,实现流程制造业高质量的转型发展。 (张丽莉)

【第88期院士沙龙】 5月11日在上海举行。与会院士围绕"人工智能助力智能城市建设"展开研讨。院士专家认为,进入大数据时代,数据的采集和获取十分重要;大数据、算法和算力成为推动人工智能迈向2.0的核心驱动。院士专家建议,人工智能的研究应与制造业升级、智能城市建设等重大需求相结合,通过国内外科技合作,推动人工智能技术沿着服务人类的方向发展。鉴于"城市大脑"将成为未来城市管理的重要理念,应当科学分配政府部门管理权限,打破信息资源分割壁垒,为城市高效管理提供开放有效的数据共享基础。 (张丽莉)

【第89期院士沙龙】 6月15日在上海举行。与会院士围绕"智能网联车关键技术与产业发展"展开研讨。智能网联车技术是物联网技术与产业发展的重要组成部分,它利用先进传感、网络、计算、控制等技术,对道路和交通进行状态感知、数据共享及智能分析,实现对汽车的全程控制和道路的全时空控制,从而提升交通效率和交通安全性。院士专家建议,开展智能网联车的研究,要对包括芯片、存储器、汽车零部件在内关键技术进行自主研发,掌握知识产权。在实际应用时,明确各城市交通道路的容量,一方面以智能化的手段进行统筹管理,另一方面推广公共交通,缓解城市面临的交通拥堵问题。 (张丽莉)

【第90期院士沙龙】 11月15日在上海举行。与会院士围绕"提升医疗产业国际竞争力"展开研讨。院士专家认为,要从政策机制上鼓励医药生物制品和医疗器械的国产化创新研发,并在简化审批流程上试点先行,搭建有效转化平台;应打破固有的人才评定体系,加强基础及临床专业人才的转化意识,实现"人尽其才,尽展其才"的人才改革目标,推进人才高峰建设;还应注重发挥企业主体作用,培育壮大创新型企业,加快科技成果转化,加强知识产权保护,提升创新体系整体效能。长远来看,应从教育改革入手,为青少年提供创新发展空间,提升原始创新能力,为科技创新在实施创新驱动发展战略中发挥作用构建基础。 (张丽莉)

【第91期院士沙龙】 11月28日在上海举行。与会院士围绕"人工智能机器人"展开研讨。院士专家认为,上海机器人产业应以提供个性化、柔性解决方案为发展方向,通过应用驱动助力制造业升级。面对融合电脑、通信和消费性电子科技产品整合应用的信息家电产业快速崛起,运输、陪护、巡检等服务型机器人将迎来迅猛发展之势,为上海机器人产业发展开辟思路。院士专家建议,加强人工智能技术的研发力度,并将其与机器人技术结合,研发出更多类似柔性机器人的智能机器人;开发机器人深度学习算法,为智能机器人提供更强大的算力;开展特大型城市智能管理试验,提供更多服务场景,让机器人拥有更丰富的应用资源,推动城市智能化发展。 (张丽莉)

【第92期院士沙龙】 12月14日在上海举行。与会院士围绕"上海历史风貌保护"展开研讨。院士专家认为,对历史文物建筑的粗放型拆除、破坏性使用、建筑风格和空间处理失当等现象仍随处可见。对于作为上海对外名片之一的石库门里弄改造,应根据具体情况拆除重建,开发其商业功能或保留居住功能。此外,城市更新是动态的,既涉及物质性的更新,也涉及城市结构和空间、建筑、城市环境和道路等非物质性更新,更重要的是思想和生活方式、城市治理模式的更新。城市的管理者、使用者、保护者应认识到历史建筑是社会政治、经济、文化的凝聚,是城市的身份象征,对历史建筑的保护关系着城市与社会的发展、中华民族历史的延续和文化的传承,必须引起高度重视。 (张丽莉)

【2018年东方科技论坛】 2018年,东方科技论坛围绕学科前沿热点和国家、地方科技发展的重大需求,组织开展16次学术研讨会。主要涉及生命科学、信息科学、核科学、材料科学及临床医学等领域。与会国内外专家1 000余人次,其中两院院士14人次。论坛在注重基础研究前沿学科问题的研讨外,对国家和地方社会发展有重大影响的热点问题进行专题讨论,引起社会各界关注,推动学科的交叉与融合,为决策的科学化、民主化提供咨询意见,也为院校之间、

院校与企业之间提供合作机会，为青年人才成长构建一个高层次、高水平、自由宽松的学术交流平台。

2018 年东方科技论坛研讨会一览表

序号	会议主题	承办单位	执行主席	期数
1	人工智能时代的信息融合	上海交通大学、中国航空学会信息融合分会	何友、关新平	308
2	现代传感器技术	中科院上海技术物理研究所	褚君浩、薛永祺、程建功	309
3	复杂体系非平衡态动力学前沿科学与应用	上海交通大学	仲冬平、曹建明	310
4	肿瘤转移：前沿热点与临床转化	复旦大学附属华山医院、复旦大学肿瘤转移研究所	曹雪涛、钦伦秀	311
5	工业控制系统安全前沿技术	华东师范大学	何积丰、徐建平	312
6	胰腺整合介入治疗学	同济大学附属第十人民医院	李茂全	313
7	磁生物学与磁医学	上海师范大学	徐国良、黄继荣	314
8	重频超强激光材料的研究与发展	中科院上海硅酸盐研究所	魏志义、徐　军、朱启华	315
9	影像引导肿瘤微/无创诊治——技术创新与关键问题	上海交通大学附属第一人民医院	王　悍、沈国锋	316
10	核反应堆材料关键科学问题与应用技术	上海大学、上海电气核电集团、上海核工程研究设计院有限公司	周邦新、唐伟宝、顾国兴	317
11	精子健康现状与未来	中科院生物化学与细胞生物学研究所、上海市分子男科学重点实验室	陈德桂、刘默芳、李劲松、童明汉	318
12	集成电路新器件技术前沿研讨	复旦大学	张　卫	319
13	新一代物质转化途径	复旦大学	施章杰	320
14	智能感知时代的光技术发展与应用	中科院上海技术物理研究所	褚君浩、王建宇、陆　卫	321
15	超分子化学：科学前沿与技术创新	复旦大学	黎占亭	322
16	虚拟人体——跨尺度成像	上海科技大学	刘志杰、Ray Stevens	323

（滕晓龙）

【人工智能时代的信息融合研讨会】 4 月 19 日在上海沪杏科技图书馆举行。研讨会围绕“信息融合领域的发展和前景”“人工智能时代的信息融合”2 个议题进行研讨。来自上海交通大学、华东师范大学、印度国家航空实验室等高校与科研机构的近 60 余名专家学者参加研讨会。（滕晓龙）

【现代传感器技术研讨会】 4 月 25—26 日在上海沪杏科技图书馆举行。研讨会围绕“红外及太赫兹传感技术”“半导体量子光电传感技术”“有机光敏材料及传感技术”“智能传感技术”等议题展开研讨。来自中科院上海技术物理研究所、中科院上海微系统与信息技术研究所、长春光学精密机械与物理研究所、中科院上海硅酸盐研究所、中科院半导体研究所、中国兵器工业集团第二一一研究所、北京理工大学、厦门大学、浙江大学、华东师范大学、上海交通大学、复旦大学、国家自然科学基金委等科研机构、高校和产业界的 70 余名专家学者参加研讨会。（滕晓龙）

【复杂体系非平衡态动力学前沿科学与应用研讨会】 5 月 3—4 日在上海沪杏科技图书馆举行。研讨会围绕“复杂体系非平衡态动力学过程”“电镜在复杂体系动力学研究中的应用”“利用先进光源研究超快动力学”等 3 个议题进行研讨。来自北京师范大学、南方科技大学、上海交通大学、清华大学、北京大学、中科院上海技术物理研究所、中科院大连化学物理研究所、中科院福建物质结构研究所等高校与科研机构的 60 余名专家学者参加研讨会。（滕晓龙）

【肿瘤转移：前沿热点与临床转化研讨会】 5 月 18—19 日在上海沪杏科技图书馆举行。研讨会围绕“组学和生物大数据”“免疫与炎症微环境”“抗肿瘤转移新策略”等肿瘤转移相关基础研究热点领域展开研讨。来自复旦大学、上海交通大学、海军军医大学、浙江大学、中山大学、南开大学、南方科技大学等高校的 80 余名专家学者参加论坛。

（滕晓龙）

【工业控制系统安全前沿技术研讨会】 8 月 23—24 日在上海沪杏科技图书馆举行。研讨会围绕“工业控制系统安全可信保障”“工业控制系统信息安全防护体系”“工控系统功能安全与自主可控等”议题展开讨论。来自国家工业信息安全发展研究中心、工业和信息化部软件与集成电路促进中心、工业和信息化部电子第四研究所、中国信息通信研究院、中国电子科技网络信息安全有限公司、中国电科第三十二研究所、中控科技集团、上海软件评测中心、浙江大学、华东理工大学、北京邮电大学、灯塔实验室等科研院所、企业、上下游厂商等 50 余名专家参加论坛。（滕晓龙）

【胰腺整合介入治疗学研讨会】 8月29—30日在上海沪杏科技图书馆召开。研讨会围绕“集胰腺癌介入治疗的新进展”“胰腺癌转移与扩散的新机制”“胰腺癌干细胞与免疫治疗的新进展”等议题开展研讨。来自上海长海医院、山东省肿瘤医院、同济大学附属第十人民医院、东华大学、同济大学、中科院化学研究所、纳米技术及应用国家工程研究中心等医院、高校、科研机构和产业界的80余名专家学者参加研讨会。 (滕晓龙)

【磁生物学与磁医学研讨会】 9月18日在上海沪杏科技图书馆召开。研讨会围绕“生物磁感应机制”“磁生物学效应的分子机理”“磁医学的发展趋势”等3个议题开展研讨。来自中科院上海生命科学研究院、中科院合肥强磁场科学中心、中科院国家纳米科学中心、中科院宁波材料技术与工程研究所、中科院电工研究所、南京大学、天津医科大学等科研机构和高校的80余名专家参加论坛。 (滕晓龙)

【重频超强激光材料的研究与发展研讨会】 9月20—21日在上海沪杏科技图书馆举行。研讨会以“重频超强激光材料的研究与发展”为主题,探讨高重频超强激光材料的研究现状与发展方向,以求尽快解决关键材料工程化研制和实际应用面临的核心瓶颈问题。来自中科院上海应用物理研究所、同济大学、上海交通大学、中科院上海光学精密机械研究所、中物院激光聚变研究中心、中科院上海硅酸盐研究所等高校和科研机构的100余名专家参加研讨会。 (滕晓龙)

【影像引导肿瘤微/无创诊治——技术创新与关键问题研讨会】 10月17—18日在上海沪杏科技图书馆举行。研讨会围绕“肿瘤多模态分子成像及临床转化的相关策略”“影像引导肿瘤微/无创精准诊疗的临床应用与国产化设备研发”等议题展开讨论,为中国肿瘤微/无创精准诊疗与高端数字化诊疗装备领域的发展提供战略思路与建议。来自上海交通大学各附属医院、复旦大学附属华山医院、北京大学、浙江大学医学院附属第二医院、同济大学各附属医院、上海中医药大学附属龙华医院、东南大学、苏州大学、东华大学、中科院化学研究所、中科院武汉物理与数学研究所、中科院深圳先进技术研究院、中科院上海有机化学研究所、中科院上海硅酸盐研究所等高校、医院与科研机构的60余名专家学者参加研讨会。 (滕晓龙)

【核反应堆材料关键科学问题与应用技术研讨会】 10月25日在上海沪杏科技图书馆举行。研讨会从核能产业与材料技术,材料设计、制备与应用,材料服役性能与安全可靠性等3个方向展开,围绕“核电技术装备与材料国产化”“核材料研发与应用协同创新体系构筑”2个议题开展研讨。来自中核北方核燃料元件有限公司、上海大学、上海电气核电集团、上海核工程研究设计院有限公司、上海交通大学、复旦大学、中国原子能科学研究院、中国核动力研究设计院、中科院上海应用物理研究所、国家电投国核工程有限公司等高校、科研机构和产业界的60余名专家学者参加研讨会。 (滕晓龙)

【精子健康现状与未来研讨会】 11月2—3日在中科院上海分院举行。研讨会围绕“减数分裂启动和发展的分子机制”“精子发生和成熟的表观遗传调控”“精子健康研究及临床应用新技术新方法”等3个议题开展研讨。来自浙江大学、中国科学技术大学、中科院动物所、中科院上海生命科学研究院、上海市计划生育科学研究所,上海科技大学等高校与科研机构的60余名专家学者参加研讨会。 (滕晓龙)

【集成电路新器件技术前沿研讨研讨会】 11月13—14日在上海沪杏科技图书馆举行。研讨会围绕“集成电路产业发展的挑战与机遇”“新兴电子材料及器件的现状和未来发展趋势及人才培养”等议题进行研讨。来自中科院微电子研究所、中科院上海微系统与信息技术研究所、北京大学、西安电子科技大学、复旦大学等高校和科研院所的20余名专家学者参加研讨会。 (滕晓龙)

【新一代物质转化途径研讨会】 11月15—16日在上海沪杏科技图书馆举行。会议围绕“基于惰性体系活化的新催化体系”“新催化机制及相关合成应用”等议题进行研讨。来自北京大学、南开大学、浙江大学、中科院上海有机化学研究所所、中科院上海药物研究所、上海交通大学、西班牙赫罗纳大学的80余名专家学者参加研讨会。 (滕晓龙)

【智能感知时代的光技术发展与应用研讨会】 11月15日在中科院上海分院举行。研讨会围绕“光技术发展趋势”“信息感知与大数据处理融合”“光电探测器的应用与未来前景”等议题开展研讨。来自中科院上海技术物理研究所、中科院上海光学精密机械研究所、上海材料研究所、中科院自动化研究所、上海交通大学、同济大学、复旦大学等高校、研究所和企业的70余名专家学者参加研讨会。 (滕晓龙)

【超分子化学:科学前沿与技术创新研讨会】 11月16—18日在上海沪杏科技图书馆举行。研讨会围绕“分子识别与组装新范式”“分子机器构筑新方法”“输送型分子机器”等议题开展研讨。来自清华大学、北京大学、复旦大学、上海交通大学、华东理工大学、南开大学、西南大学、中科院化学研究所、南京大学、西北农林科技大学、华东师范大学、澳门大学、南方科技大学、厦门大学、上海大学、中科院上海有机化学研究所等高校与科研机构的60余名专家学者参加研讨会。 (滕晓龙)

【虚拟人体——跨尺度成像研讨会】 11月27—28日在上海科技大学图书馆举行。研讨会围绕“上海科技大学iHuman研究所及其国际合作团队现阶段已取得的胰腺β细胞成像的初步成果”“神经元与器官成像的现状与策略”“跨尺度成像的新技术与新方法”“下一步的行动计划”等4个议题开展讨论。来自上海交通大学、同济大学附属上海第一妇婴保健院、深圳谱元科技有限公司等高校和产业界的80余名专家学者参加研讨会。 (滕晓龙)

科学普及与科技社团

第一节｜概况

【上海科普工作概述】　2018年，上海围绕加快建设具有全球影响力科技创新中心的总要求，贯彻落实市委市政府关于全面打响"四大品牌"，率先推动高质量发展的意见，扎实推进上海科普社会化、市场化、品牌化、国际化发展，上海公民科学素质保持全国领先，上海科普事业发展取得显著进展，显示度进一步提高、特色进一步凸显、社会效益进一步提升。

全力打响上海科普品牌。举办2018年上海科技节，科技节期间活动网络直播点击量创历史新高，并在全年开展科学之夜、科普集市、科普进商场等活动，打造永不落幕的上海科技节；支持上海汽车集团股份有限公司举办首届上海科创嘉年华活动；2018年上海市全国科普日、第4届上海国际自然保护周活动举办；《少年爱迪生》《未来说第二季——执牛耳者》播出。

积极探索科普发展新模式。市科委与徐汇区联动，依托氪空间建立上海第2个科普产业孵化基地，与宝山区联动，在智慧湾科创园建立上海首座科普公园，推动政策、资金、人才、技术等产业发展要素集聚，培育科普企业，促进形成科普产业集群。举办长三角一体化科普资源共建共享馆长论坛，沪、苏、浙、皖三省一市8家科技馆成立长三角科普场馆联盟。上海科技馆原创科普展项"星空之境"天文主题展在泰国展出，"青出于蓝——青花瓷的起源、发展与交流"展在乌兹别克斯坦展出。

着力深化科普能力建设。部署实施"一馆一品"战略，推动科普场馆丰富科普服务内涵。新建青少年科学创新实践工作站5家，探索面向初中及小学段的实践工作站建设，提升青少年科技创新素质和实践能力。

2018年全国科技活动周暨上海科技节闭幕式

鼓励社会力量参与科普。举办第5届上海科普讲解大赛；第6届上海科普讲解大赛首次获社会资助；在2018年全国科学实验展演汇演中上海获8项奖。（应孟泠）

【上海科普设施建设情况】　2018年，上海新增专题性科普场馆4家，基础性科普教育基地8家。形成以2家综合性科普场馆为龙头，54家专题性科普场馆为骨干，275家基础性科普基地为支撑，数量充足、类型多样、功能齐全的科普教育基地框架体系。全市平均每44万人拥有1个专题性科普场馆，达到国际先进水平。上海天文馆土建工程基本完成，展示工程设计启动；上海科技馆更新改造整体方案及实施方案通过专家论证。

2018年新增专题性科普场馆名单

序号	场馆名称	依托单位	所属区
1	上海世博会博物馆	市文广影视局	黄浦区
2	上海植物园	市绿化市容局	徐汇区
3	上海动物园	市绿化市容局	长宁区
4	中国3D打印文化博物馆	上海创克加科技有限公司	宝山区

2018年新增基础性科普教育基地名单

序号	基地名称	依托单位	所属区
1	上海生活垃圾处理科普展示馆	上海老港废弃物处置有限公司	浦东新区
2	上海微创医学体验基地	上海微创医疗器械(集团)有限公司	浦东新区
3	上海无线电博物馆	上海山京展示服务有限公司	徐汇区
4	上海VRAR科普体验馆	上海科多众创空间管理有限公司	宝山区
5	李政道图书馆	上海交通大学	闵行区
6	智能汽车体验科普教育基地	上海驿动汽车服务有限公司	嘉定区
7	上海智慧节水装备农业科普教育基地	上海华维节水灌溉股份有限公司	金山区
8	奉贤区民防教育科普基地	上海市奉贤区民防办公室	奉贤区

（应孟泠）

第二节 | 科学普及 >>

【"我的一天"狗年生肖特展】 1月31日至5月6日在上海科技馆展出。展览从狗的视角切入,以第一人称的叙述方式,在生活场景中融入家犬的起源与驯化、功能与特性、行为与情感等主题,展示8件犬科标本、5组互动游戏、4段视频短片,并采用AR、VR、裸眼3D、大型多点触控"魔墙"等手段,带领观众感受狗的日常生活。展览期间,与上海出入境检验检疫局合作,邀请检疫犬入馆表演。 (李 敏)

【第5届上海市科普讲解大赛】 1—3月举行。市科委主办。以"爱科学秀科普,今天我讲解"为主题,来自企业、医院、高校、科研院所等社会机构的520余名科普爱好者参赛。经初赛、复赛、决赛3个阶段,产生金奖1名、银奖3名、铜奖6名,这10人同时获2018年度上海市十佳科普使者称号。此外,30名选手获优秀奖和入围奖。

第5届上海市科普讲解大赛获奖名单

序号	获奖人	所在单位	获奖等级
1	刘 健	上海北斗导航创新研究院	金奖
2	陈妍玲	上海农业科普馆金山馆	银奖
3	徐江美	同济大学附属第十人民医院	银奖
4	董 毅	上海科技馆	银奖
5	郭玮宏	中科院上海技术物理研究所	铜奖
6	赵 静	上海科技馆	铜奖
7	叶萌华	上海电信博物馆	铜奖
8	王文奕	上海电信信息生活体验馆	铜奖
9	雷钰菲	中国武术博物馆	铜奖
10	王 珺	上海儿童博物馆	铜奖

(应孟泠)

【"如何复活一只恐龙"展览】 1—12月在新疆、安徽、浙江、上海多地巡展。由市科委资助,上海科普教育发展基金会支持,上海科技馆开发。展览采用159幅科学绘画、42幅解析图、26件模型和标本、16个互动装置、8个多媒体展项,通过音频、视频、幻影成像、AR、VR等手段,展现恐龙"复活"状态,吸引超过60万人次参观。展览获上海市博物馆陈列展览十大精品奖、中国古生物科普十大进展、全国博物馆十大陈列展览精品推介优胜奖、中国科技馆发展奖展览奖。 (应孟泠)

【"从自然奇迹到艺术瑰宝——比利时DIVA博物馆精品"展览】 2月7日至4月7日在上海自然博物馆(上海科技馆分馆)举办。展览是比利时DIVA博物馆新馆开幕前首个全球预展,精选20余件馆藏精品和镇馆之宝,呈现自然造化与人类艺术的融合。展览分揭秘DIVA博物馆、安特卫普印象、DIVA藏品展示、"冰冻的晨光"特别展出4个部分。其中,被DIVA永久收藏的唯一中国珠宝品牌ALLOVE提供的星冠·馆藏系列参展。 (李 敏)

【你不知道的丝路——"一带一路"5年影像展】 2月10日至3月15日在上海科技馆举办。新华社新闻信息中心、新华网、团市委、上海科技馆、中国文化管理协会共同主办。展览在改革开放40周年、"一带一路"倡议提出5周年之际,基于新华社"一带一路"内容资源,以及"一带一路"跨国大型采访活动影像资料,以图片为主,视频为辅,并引入VR、魔墙互动平台系统等手段,突出丰富性、趣味性、互动性,搭建一个了解"一带一路"文化教育平台。 (李 敏)

【2018"谁是王牌诠释者"大赛】 3—8月举行。市科协主办。大赛吸引103组、240余名选手参与。选手从航空航天、航海航运、健康医疗、创新科技、传统技艺和世间万象六大主题中选择进行演绎和诠释。经初赛、复赛及数轮培训,12组选手进入决赛。最终,上海动物园老虎饲养员金子敏凭借脱口秀"老虎屁股摸不得"获2018王牌诠释者称号;屠逸明的实验"防水喷雾剂真的防水吗?"获最佳创意奖;小品"美挑战者号航天飞机爆炸事件"获最佳表现奖。 (葛繁丽)

2018"谁是王牌诠释者"决赛现场

【上海工匠风采展】 4月19—21日在中国(上海)国际技术进出口交易会期间举办。采取形象展览、实物展示、现场技艺演示相结合的展示形式,分为工匠展区、技艺展区、实物展区等。通过"上海工匠"展示、交流活动,展现新时代上海产业工人精神风貌。展出上海一线职工优秀发明专利近200项,并举办上海一线职工发明专利奖颁奖仪式。展会首日,李斌、徐小平、张翼飞等18名"上海工匠"代表共同启动2018年度"上海工匠"培养选树活动。 (潘名家)

【科普集市活动】　4—12 月在浦东新区、徐汇区、虹口区、宝山区举行。以市区联动方式，开展共计 40 天、16 场科普集市活动。利用广场、公园等公共空间，举办大型系列公益科普活动，让公众近距离体验人工智能、生物医药、集成电路、信息安全等领域最新科技产品、科研成果。活动吸引 430 余家科技企业参与，累计覆盖 45.7 万人次。　（应孟泠）

【科普进商场活动】　4—12 月，市科委指导，在百联集团旗下多家门店举行。利用商场大客流优势，开展公益科普活动，与上海自然博物馆联手打造“自然趣玩屋”，12 家门店共开展手造活动 57 场，约 1 600 人参与，线上小程序访问量 51 234 人，知识问答参与近万人，知识课堂总阅读数 38 520 人次；举办“如何复活一只恐龙”展览，超过 8 万人次观展；神奇营地的鸟世界、科普嘉年华、科普影院、科普课程、科普秀、大咖话科普等活动先后在百联南方、百联世纪、百联滨江、悠迈生活广场、百联川沙等商场举办。　（应孟泠）

【第 20 届上海市中学生防震减灾知识竞赛总决赛】　5 月 13 日在曹杨第二中学附属学校举行。市地震局与市教委联合主办。此届竞赛是汶川地震 10 周年系列纪念活动之一，旨在弘扬“万众一心、众志成城、不畏艰险、百折不挠、以人为本、尊重科学”的抗震救灾精神，普及防震减灾知识。竞赛分设初中、高中 2 个组别，全市 64 支学校代表队，192 名选手通过区级选拔参加决赛。最终，华东师范大学第一附属中学获高中组团体一等奖，曹杨二中附属学校获初中组团体一等奖，这 2 支队伍代表上海参加全国防震减灾知识大赛东部赛区选拔赛。　（张建莉）

【“时间故事”展览】　5 月 16 日至 8 月 15 日在上海科技馆举办。上海科技节组委会办公室、市科委主办，上海科普教育发展基金会支持，上海科技馆和嘉定区安亭镇政府承办。展览作为 2018 年上海科技节重点活动之一，围绕“时间”主题，通过回望时间、感知时间、丈量时间、探秘机械钟四大板块，结合多媒体、互动装置和钟表实物陈列，呈现多维度的时间故事，观众可以体验从宇宙诞生到机械钟内部机制的科学内容，并了解其天文和物理规律。　（李敏）

【2018 年上海科技节】　5 月 19—26 日举行。市政府主办，上海科技节组委会承办。围绕“万众创新——向具有全球影响力的科技创新中心进军”主题，举办各类科普活动 2 300 余场，16 个区举办分会场活动，300 余家科普教育基地、83 家社区创新屋组织特色活动，143 家高校、科研院所重点实验室、世界 500 强企业向社会开放。开幕式当天，科学院院士、世界 500 强研发机构负责人等各领域科学家走上科学红毯。科技节期间，网络直播点击量 1 007 万次，线下公众参与超过 300 万人次，55 个国家媒体广泛关注，各类媒体报道 4 300 余篇；公众满意度 90.30%。
（应孟泠　张刘莉）

2018 年上海科技节科学家红毯秀

【“一带一路”国际科普乐园】　5 月 19—26 日在上海科技馆举办。来自瑞典、挪威、新加坡、美国、巴基斯坦、德国、捷克、马来西亚和中国 9 个国家相关科研机构、科学中心向公众呈现“一带一路”沿线国家特色鲜明的科技互动展示，以及科学实验秀、手工坊、表演秀、影像展等互动节目。活动吸引超过 10 万人次参与。　（应孟泠）

【科普产业孵化基地建设】　5 月 21 日，上海第 2 个科普产业孵化基地依托氪空间徐家汇社区挂牌成立。市科委与徐汇区政府联动，签订科普产业孵化基地建设备忘录，推动政策、资金、人才、技术等产业发展要素集聚，培育科普服务龙头企业，促进形成科普产业集群。经公开征集，首批 10 个科普创业企业入驻，与首个科普产业孵化基地的在孵企业自发组建成立上海科普产业联盟。　（应孟泠）

【长三角科普场馆联盟成立】　5 月 22 日，长三角科普场馆联盟暨科普资源共建共享馆长论坛在上海科技馆举行。沪、苏、浙、皖三省一市 8 家科技馆发起成立长三角科普场馆联盟，150 余家科普场馆、企业、高校加入联盟，签署共享课程合作协议 52 份、临展合作协议 12 份、文创产品合作协议 17 份。长三角科普场馆联盟通过展览共享、项目共研、教育共推和人员交流，促进长三角科普资源的协同共享。　（应孟泠）

【2018 年全国科技活动周闭幕式暨上海国际科技艺术展演】　5 月 26 日在上海世博中心举行。科技部、全国科技活动周组委会指导，上海科技节组委会、全国科技活动周（上海）组委会承办。展演围绕“科技创新，强国富民”主题，分为国家战略、上海使命、国际视野、看见未来四大板块，通过全息影像、人屏互动、激光秀等手段，结合情景剧、歌舞等艺术表达方式展示科技成就。现场观众 1 000 人，在线观看网络直播 81.59 万人次。　（应孟泠）

【2018 年上海职工科技节】　5 月 29 日至 6 月 5 日举行。市总工会、市发展改革委、市科委、市教委、市人力资源社会保障局、市知识产权局、团市委、市科协等联合举办。围绕“创新成就梦想，劳动创造幸福”主题，全方位集聚职工创新资

源,推进市、区局(产业)和基层单位3个层面的职工科技节活动。各级工会集中开展职工科技创新活动、集中表彰职工科技创新典型、集中展示职工科技创新成果,其中区局(产业)工会组织活动200余项。全市113万名职工参与。（潘名家）

【上海科学会堂草坪音乐会】 5月29日和10月17日分别举行。市委组织部、市科技党委、中科院上海分院、市科协、上海音乐学院等共同主办。叶叔华、翁史烈、曾溢滔、戴立信等院士专家及科技工作者1 800人参与。科学家和艺术家联袂献演,"科技+音乐"特色的科学会堂草坪音乐会成为上海文化新品牌、服务于科技工作者,受到科技工作者好评。（葛繁丽）

【青少年科学创新实践工作站】 5月,市科委、市教委联合建立,面向高中生的25家上海市青少年科学创新实践工作站第3期工作启动,共招收学生2 846人。工作站采用等级评定和过程记录并重的评价方式,记录学生课题研究过程,构建多元综合素质评价体系,旨在提高青少年科技创新素质和实践能力,促进科技创新人才培养。12月,市科委新建同济大学、华东师范大学、上海科技馆、上海动物园、上海植物园等5家青少年科学创新实践工作站,增加面向高中的实践工作站数量,探索面向初中及小学段的实践工作站建设。（应孟泠）

【第8届李斌技师创客论坛】 6月1日举办。市总工会主办,上海市职工技术协会、东方网承办。论坛邀请李斌、王曙群、华建国等5名"上海工匠",围绕"立足岗位创新,共建科创中心"主题,借助东方网开展网上创新论坛,线上、线下互动,交流职工岗位创新心得体会,传递工匠精神,发挥高技能创新人才在企业创新驱动、转型发展中的示范引领和骨干带头作用。活动通过东方网首页推送,在全市各区16家东方网智慧屋、创客屋设立分会场,吸引5千余名市民观看,网上点击量近10万人次。（潘名家）

【上海在2018年全国科普讲解大赛中获7项奖】 6月22日,2018年全国科普讲解大赛在广东科学中心举办。上海6人获奖,上海科技馆董毅、同济大学附属第十人民医院徐江美获一等奖;上海电信博物馆叶萌华、上海科技馆赵静、中科院上海技术物理研究所郭玮宏、上海北斗导航创新研究院刘健获三等奖;徐江美获最佳口才奖。这6人获2018年全国优秀科普讲解人员称号。上海市科委获2018年全国科普讲解大赛优秀组织奖。（应孟泠）

【"星空之境"天文主题巡展】 6月在泰国开展。上海科技馆、泰国国家科技馆、泰国国家天文台联合举办,在泰国清迈、宋卡、曼谷三地巡展。展览分为寰宇星辰、星空下的泰国、茫茫星河、离离星影、屋内的宇宙、时空之旅沉浸剧场6个展区,来自全球20余个国家和地区的140余幅星空摄影作品展出,运用光学星象仪、数字模拟系统、激光投影机等手段,带领观众领略太阳系和银河系的宏大。展览吸引110.7万人次参观,活动受众1 800余人。（应孟泠）

【物质2.0——材料科技展】 7月10日至10月9日在上海自然博物馆(上海科技馆分馆)举办。展览从材料的情绪体验出发,设感官迷宫、安全感、梦幻感、幽默感和未来感五大主题展区,30余个互动装置,以及100余种全新体验的未来材料,通过视觉、错觉、嗅觉、听觉多重感官体验,带领观众提前走进物质2.0世界,与新材料展开情感对话,引发开放议题,探讨未来材料可能。（李　敏）

物质2.0——材料科技展

【2018年青少年高校科学营上海科学营】 7月16日在华东理工大学奉贤校区开营。市科协、市教委主办,联合复旦大学、上海交通大学、同济大学、华东师范大学、华东理工大学、中船上海船舶工业有限公司共同实施。开展为期1周的分营活动,来自全国25个省、市、自治区及港澳台地区的970名优秀高中生参与。40余家国家重点实验室向营员开放,邀请名家大师开设10余场专题讲座,分学科开展科学探究型学习,举办丰富多彩的校园文化活动、科技社团活动等。（葛繁丽）

【第7届上海国际青少年科技博览会暨"明日科技之星"国际邀请赛】 7月20—23日在上海举办。市教委、市科委主办。活动以"科技·创新·梦想"为主题,分为开幕式、青少年科技创新教育高峰论坛、"明日之星"国际邀请赛、青少年科技创新教育资源展等板块,围绕科技创新与未来等内容开展交流和展示,吸引来自13个国家和地区的250余名师生参与。（张刘莉）

【《未来说第二季——执牛耳者》开播】 7月21—28日每晚22:30,市科委、上海广播电视台联合推出的大型科学先锋访谈节目《未来说第二季——执牛耳者》在上海电视台新闻综合频道播出。节目邀请空间探索、医疗攻坚、人工智能、上海脑-智工程、海洋探索、大脑奥秘、生物工程、媒介新衍变8个科研领域的16名科学家,展示最新科研成果和科研历程，绘制前沿、执着、勇于创新、爱国奉献的"科技先锋"群像。节目开播当天，上海科创先锋展在上海科技馆同步展出，凸显在上海科技创新中心建设过程中科创先锋们的时代精神。 （应孟泠）

【2018年"科学之夜"公益科普活动】 7—10月举办。市科委、上海科技节组委会指导，上海城市规划展示馆、上海安徒生童话乐园、上海汽车博物馆、东方绿舟、长风海洋世界、上海海洋水族馆等科普教育场馆在夜间开放，举办"科学之夜"大型公益科普活动6场。作为上海科技节子品牌活动，设奇幻小舞台、科学互动展区、科普小课堂、特色活动区、科学之声等互动体验专区。活动线上、线下参与超过715万人次，51家媒体报道130余次。第三方调查显示，公众对活动满意度99.08%。 （应孟泠 张刘莉）

2018年"科学之夜"公益科普活动安徒生童话乐园专场

【2018年度上海市职工(技师、巾帼)创新工作室创建命名】 7月，在全市范围内开展职工(技师、巾帼)创新工作室创建命名活动，全市共有73家区局(产业)工会下属215家基层单位推荐申报上海市职工(技师、巾帼)创新工作室273家，产生150家职工(技师、巾帼)创新工作室，其中，技师工作室73家、巾帼工作室36家、职工工作室41家。 （潘名家）

【上海自然博物馆(上海科技馆分馆)植物标本标准化与数字化】 项目由上海辰山植物园承担，8月9日通过市绿化市容局验收。项目完成上海自然博物馆4 000份植物标本的标准化整理录入。按CVH网站数据要求开展电子标本制作和数据共享。项目发表论文1篇。 （王文进）

【科普援藏活动】 8月20—24日开展。科技部主办。市科委组织上海科普工作者赴西藏自治区参与活动，在西藏自治区山南市隆子县举行科普援藏捐赠仪式，上海捐赠价值20万元笔记本电脑及科普影视作品；上海科技馆在活动现场表演《穿墙而过》《摩擦力的秘密》等科普小品和科普剧。 （应孟泠）

【第5届上海国际科普产品博览会】 8月24—27日在上海展览中心举办。市科协、市文广局、市科委、上海科技馆共同主办。展会以"科普——让生活更美好"为主题，展览面积22 000 m²。以人工智能为主线，汇聚AI人工智能、VR虚拟现实技术、量子通讯、区块链等科技发展热点和科技成果亮点，举办科技创新投融资、人工智能、VR产业联盟等3场主题论坛。全市16个区参展。来自中、美、英、德等10余个国家和地区的338家企业、科技园区、科研机构和高校参展，展品数量3 500余件，参观人数12.5万人次，现场交易额近1 200万元，意向交易额突破1亿元。 （葛繁丽）

【"自然趣玩屋·开学第一课"活动】 9月4日在上海自然博物馆启动。上海自然博物馆(上海科技馆分馆)牵头，上海城市规划展示馆、上海植物园、崇明生态科技馆等9家科普场馆联合开展。活动以青少年学生为主要受众，依托上海自然博物馆原创教育品牌"自然趣玩屋"，旨在将场馆优质的课程教育资源推广到全市中小学生课堂中。参与活动的10家场馆分别与育才初级中学、黄浦区曹光彪小学、崇明区实验小学等10所中小学校共同实施"开学第一课"。 （李 敏）

【2018年上海市全国科普日】 9月15—21日举办。活动围绕"创新引领时代、智慧点亮生活"主题，市区两级、街镇村居、学会、学校、企业、科研院所、科普教育基地组织策划各类科普活动，活动申报数量2 977项，居全国首位，部分主题活动贯穿全年。其中，市级重点活动13项、区级重点活动67项，97%以上活动在基层开展。科普日期间，主会场科学会堂举办2018上海科普电影周活动，《海底总动员》《星河宇宙》《地球星空》等10余部科普短片上映。 （葛繁丽）

【2018上海公民科学素养知识竞赛决赛】 9月16日举行。市科协主办。初赛通过微信小程序，采用两两PK形式答题闯关，吸引近4 000人参与答题，同步在线上广播节目和"阿基米德"App开展每日公民科学素养知识竞赛答题环节，每日节目话题浏览人数近4万人，覆盖450万人次。各区参赛代表组成16支队伍开展线下决赛，最终闵行区、普陀区、宝山区、崇明区获一等奖。 （葛繁丽）

【上海公民具备科学素质比例位居全国第一】 9月18日，第10次全国公民科学素质抽样调查结果公布。结果显示，2018年上海公民具备科学素质比例21.88%(全国8.47%)，继续位列全国第一。第二名北京21.48%、第三名天津14.13%。上海公民科学素质工作基础坚实、成效明显，在全国发挥积极的引领示范作用。 （葛繁丽）

【"尼古拉·特斯拉——来自未来的人"展览】 9月29日在上海科技馆开展。展览自塞尔维亚引进，围绕塞尔维亚裔美国籍发明家、机械工程师、电气工程师尼古拉·特斯拉的生活与事业，从精神、成就和展望3个单元，讲述其对科学的探究精神及在医药、工程、高压、照明、无线电报和无线电技术方面杰出贡献。通过20件根据特斯拉开发的静态模型、互动装置,历史图片、文献档案,以及专为儿童设计的互动展墙等,带领观众了解和回顾特斯拉传奇人生,领略科学魅力,激发创作力和想象力。 (李 敏)

【"院士公益报时"系列播出】 9月全国科普日活动期间,市科协和上海新闻广播《十万个为什么》节目组联合策划"院士公益报时"系列,邀请金亚秋、戴立信、陈赛娟等近20名院士录制并制作公益报时音频,每周选取2—3个整点,在上海人民广播电台上海新闻广播整点报时中播出。两院院士化作声音形象大使,阐释科学精神。 (葛繁丽)

【上海科创嘉年华活动】 10月1—7日在世博公园举办。市科委、市旅游局、浦东新区政府主办,上海汽车集团股份有限公司承办。活动结合上汽荣威Marvel X上市,以"明日之城"为主题,分为科技创新和时尚潮流2个中心,5个板块,10个场景,汇集科技成果展示、科学普及宣传、休闲娱乐和互动体验于一体,结合智能科技、表演、亲子游、美食等元素,为公众提供零距离接触高科技产品、感受高科技魅力机会,体验超前智慧生活。活动吸引超3万人次参观。 (应孟泠)

上海科创嘉年华活动

【智慧科普盒子发布】 10月23日,市科协智慧科普盒子发布会在上海科技影城举行。智慧科普盒子通过人工智能技术,对现有科普内容进行数据挖掘,整合海量、无序的科普内容,根据社区人群特征和需求喜好,自动、实时、精准投放社区大屏。智慧科普盒子预计于2019年1月开展小范围试用,3月投入应用。以智慧科普盒子为载体,打通科普内容与闲置终端通路,提升科普能级,建立覆盖整个上海市基层的科普网络。 (葛繁丽)

【上海在2018年全国科学实验展演汇演中获8项奖】 10月29—31日,2018年全国科学实验展演汇演决赛在中科院物理研究所和中科院大学举行。建平中学《漫画迷的化学反应》、上海科技馆《旋转改变世界》获一等奖;上海中国航海博物馆《"净"是套路》、上海自然博物馆《荷叶效应》获二等奖;上海辰山植物园《紫薯粥为啥变色了》、闵行区科委(科协)《茶水变色》获三等奖;《漫画迷的化学反应》获最佳实验创意奖。上海市科委获2018年全国科学实验展演汇演活动优秀组织奖。 (应孟泠)

【"青出于蓝——青花瓷的起源、发展与交流"巡展】 10—12月在乌兹别克斯坦国家历史博物馆展出。展览遴选70余件唐代至近现代青花瓷代表性文物,采用增强现实、多元交互等手段,再现青花瓷诞生、成长、繁荣和复兴历程。展览是首届"一带一路"科普场馆发展国际研讨会成果的落地,也是上海-塔什干两市友城关系建立15周年之际科技、文化与艺术的深入交流,通过青花瓷促进"一带一路"沿线城市与地区互联互通。 (应孟泠)

【第4届上海国际自然保护周】 11月17—23日举行。市科委、市教委、市生态环境局、市绿化市容局、市科协、上海科普教育发展基金会联合主办。活动围绕"保护生态环境、共建美丽家园"主题,设名人讲坛、青少年主题活动、生态践行活动、环保科普活动、旅游主题活动、主题摄影展、手机随手拍大赛、科普场馆主题活动、主题电影电视展映活动等九大主题活动,通过与全球自然保护专家对话、在科普教育基地中学习体验、走进自然亲密接触等方式提升公众保护自然意识。名人讲坛首次尝试开设主会场和3个平行分会场,来自中国、美国、加拿大、英国等10余个国家的51名专家学者通过53场专题报告与公众分享保护自然的经历与经验。保护周吸引351.39万人次参与。 (应孟泠 李 敏)

【2018国际少儿艺术科普展】 11月18日在上海艺术品博物馆开展。上海艺术品博物馆、长宁区科委、长宁区科协联合主办。活动邀请"一带一路"沿线国家参与科普交流。以"艺术科普·国际融合"为主题,汇集中国、乌克兰、伊朗、奥地利、日本、韩国、埃及、美国、法国、英国、俄罗斯、捷克、印度、泰国、巴西、马来西亚等近20个国家的近200幅少儿艺术科学作品,以艺术创作、跨界融合、互动体验等方式,为广大少年儿童普及艺术作品背后科学知识,增强少年儿童科普意识和艺术修养。 (李 辰)

【2018年上海市科普工作例会】 11月27日在科学会堂召开。会上,在全国科学实验展演汇演上获奖的上海代表队表演科学实验节目,展现来自企业、科普教育基地、学校等不同单位参与科普内容创制的优秀成果。市科委,市科协,市科普工作联席会议、市公民科学素质纲要办公室成员单位,各区科委(协)就2018年科普工作情况开展交流讨论。会议指出,2019年上海科普工作将着力于科普品牌打造、科普公共服务平台建设和科普产业培育发展,重点优化评价机制、奖励机制和咨询机制,同时加强市区协同、部门协作

和国内外交流合作，共同促进科普事业发展和公众科学素质提升。（应孟泠）

【第8批上海市劳模创新工作室命名】 12月6日，经区、局（产业）工会推荐、申报材料初审、劳模本人发布、创新项目资助等分类评审程序，市总工会命名游闽键知识产权调解劳模创新工作室等48家劳模创新工作室为第8批上海市劳模创新工作室。

第8批上海市劳模创新工作室名单

序号	劳模创新工作室名称
1	游闽键知识产权调解劳模创新工作室
2	张文杰金融服务劳模创新工作室
3	高修南大树养护管理劳模创新工作室
4	李文萱区域课改体系劳模创新工作室
5	吴获琲工艺装备劳模创新工作室
6	杜洪灵妇产科诊疗劳模创新工作室
7	赵赟物业维修劳模创新工作室
8	吴宇雯中医药服务劳模创新工作室
9	程克文慢性气道病诊治劳模创新工作室
10	洪耀伟班主任劳模创新工作室
11	卢玉金葡萄技术劳模创新工作室
12	薛鸿斌乘用车开关技术劳模创新工作室
13	潘建超中药注射剂劳模创新工作室
14	赵黎明焊接劳模创新工作室
15	奚春明抗生素传承劳模创新工作室
16	彭奕供电服务劳模创新工作室
17	吉志勇电机维修劳模创新工作室
18	李鹏高炉大修技术劳模创新工作室
19	杨建国润滑油精制劳模创新工作室
20	王曙群航天空间机构劳模创新工作室
21	朱瑞霞焊接技术劳模创新工作室
22	葛巍印刷工艺技术劳模创新工作室
23	张生春汽车模具技术劳模创新工作室
24	陆伟丽客运服务劳模创新工作室
25	汤国定集装箱船舶管理劳模创新工作室
26	李军模具研发劳模创新工作室
27	肖荣互联网应用开发劳模创新工作室
28	胡金雄工程技术劳模创新工作室
29	周红波城市数字化建设劳模创新工作室
30	刘广红自动化码头设计劳模创新工作室
31	钟律景感空间劳模创新工作室
32	常伟才国际工程管理劳模创新工作室
33	任敏华集成电路设计劳模创新工作室
34	顾根香特机劳模创新工作室
35	庄松林光学工程劳模创新工作室
36	王如竹节能减排劳模创新工作室
37	郑珊小儿肝胆外科劳模创新工作室
38	朱永明血站质量管理劳模创新工作室
39	周欣司法为民劳模创新工作室
40	吴斌云计算应用劳模创新工作室
41	姜龙巡海救助劳模创新工作室
42	郭强新零售服务劳模创新工作室
43	徐军礼敬生命劳模创新工作室
44	张浪困难立地绿化劳模创新工作室
45	王瑟澜生态固废园区劳模创新工作室
46	任介平汽车维修劳模创新工作室
47	李鹃伟智能控制劳模创新工作室
48	龚桂华设备工艺优化劳模创新工作室

（潘名家）

【上海科普公园开园】 12月9日，上海科普公园在宝山区智慧湾科创园揭牌开园。由市科委联合宝山区政府共同打造，占地200亩（1亩＝0.066 7公顷），集科普展会、科普产业孵化、科普讲座、科普旅游、科学健身和科普娱乐休闲于一体，提供科普场馆体验路线、企业创新实验路线、科技与艺术融合路线、科学健身互动路线4条科普游览路线。面向公众打造全新形态科普体验场所，探索公益性与市场化相结合的运作机制，扶持一批以科普服务为主营业务的社会化、市场化专业机构。（应孟泠）

【“在线活植物志”的方法研究、平台建设及其在华东地区的应用实践】 项目由上海辰山植物园承担，12月20日通过市绿化市容局验收。项目研发野外活体植物资源调查和信息管理技术体系，开发条形码采集号标签，实现无纸化标本采集信息管理；研发植物资源调查和信息管理协作平台，涉及个人图库、团队分站、多团队协作频道3个层次；建成华东在线活植物志，数据量8 TB；建立“在线活植物”平台和华东在线活植物志示范网站。项目获专利授权2件；发表论文5篇。（王文进）

【上海职工科普讲师团进企业】 为弘扬先进劳模精神，营造科技创新氛围，提高广大职工群众科学素质和创新意识，推进建设创新型城市和共建共享社会主义和谐社会，市总工会聘任30名在生产、科研和教学领域专家教授、劳模、“上海工匠”等组成上海职工科普讲师团。全年共组织开展科普讲师团进企业活动20场,参加人数6 700余人。宣讲内容主要围绕岗位创新、职业安全、食品卫生、节能减排、医疗保健等方面,为普及科学知识,提高职工科学素质,推进职工科技创新,促进企业科技进步和经济发展做贡献。 (潘名家)

【上海天文馆(上海科技馆分馆)建设取得进展】 年内,上海天文馆(上海科技馆分馆)土建工程完成主体建筑优质结构验收、钢结构大悬挑卸载工作等,展示工程基本完成展示整体规划设计,关键技术研究课题取得重要成果,并在行业内首次完整回收目击陨石的陨石坑。 (李 敏)

【上海科技馆原创科普影视作品】 2018年,上海科技馆制作并推出多部原创影视作品,题材涉及宇宙天文、海洋及野生动物。其中,球幕特效电影《太阳的奥秘》揭示太阳运行、演变历史和规律;纪录片《狗獾》以上海市重点保护动物狗獾为主角,反映上海近年来在动物保护和生态恢复方面的研究成果和贡献;与同济大学合作拍摄的高清深海纪录片《南海探秘》展现中国深海领域重大科研成果。上海科技馆原创科普影视作品获2项奖,其中纪录片《川金丝猴》获上海市科技进步奖二等奖;纪录片《黑颈鹤》获第13届日本野生生物电影节亚洲大洋洲最佳影片奖。 (李 敏)

【上海科普大讲坛】 2018年,上海科普大讲坛共举办22场,邀请4名院士在内的82名专家作为主讲与对话嘉宾,约1万余名观众到现场聆听,网络直播覆盖220万人次。同时,上海科普大讲坛对科普资源二次开发,基于讲坛内容形成儿童科普绘本、文集、线上课程等多种科普资源,其中科普绘本《院士带你去探索》共8册,于8月在上海书展举办新书发布会,2个月内售出约1.7万册。经过2年升级转型,上海科普大讲坛基本实现品牌化、社会化、国际化的活动定位。 (李 敏)

【2018院士专家讲坛】 工程院上海院士中心主办的院士专家讲坛作为院士、专家向广大市民普及科学知识的重要平台,秉承权威性、普及性、公益性原则,2018年共开展5期活动。

2018院士专家讲坛一览表

序号	主题	承办单位	主讲院士专家	时间
1	传感器与智能时代	工程院上海院士中心	褚君浩	4月20日
2	人工智能走向2.0	工程院上海院士中心	潘云鹤	5月12日
3	上海市城市总体规划(2017—2035)解读	工程院上海院士中心	郑时龄	5月19日
4	探秘神奇的细胞	工程院上海院士中心	Erwin Neher	9月13日
5	神奇美丽的植物	工程院上海院士中心	陈晓亚	12月7日

(张丽莉)

第三节 群众创造发明

【《少年爱迪生》第5季总决赛】 1月起,由市科委、市教委和上海广播电视台联合推出的大型青少年科学梦想科普节目《少年爱迪生》第5季在东方卫视和上海电视台新闻综合频道同步直播。节目吸引来自中国、瑞典、印度等32个国家与地区的数千名少年创客汇聚上海,发明作品涵盖物理、化学、工程、人工智能、计算机科学、生物工程等学科。经过3轮比拼,最终夏欣媛获年度总冠军,王瑜亮获网络人气冠军。节目获"全国52城市收视率"排名第5的成绩,推出手游、投票、创意视频上传等新媒体衍生产品,网络参与近3 000万人次。 (应孟泠)

【第33届上海市青少年科技创新大赛】 3月17—18日举办。市科协、市教委、市科委等15家单位共同主办。大赛以"创新·体验·成长"为主题,吸引全市16个区约30万名师生参与。经专家评审,最终评选出青少年科技创新成果一等奖468项、青少年科技创意一等奖242项、青少年科技实践活动特等奖15项、科技辅导员科教创新成果一等奖10项、少年儿童科学幻想绘画一等奖30幅、优秀组织奖16项、专项奖640项。 (葛繁丽)

【第16届上海市百万青少年争创"明日科技之星"评选活动】 3—6月举行。市科委、市教委、上海科普教育发展基金会共同主办。活动旨在提升青少年科技创新意识和实践能力,全面推进素质教育,形成讲科学、爱科学、学科学、用科学的青少年科技教育社会环境。经专家综合测评和推荐,47名个人和23个团队获"明日科技之星"称号、43名个人和17个团队获"明日科技之星提名奖"称号、74名个人和26个团队获"科技希望之星"称号。

第16届上海市青少年"明日科技之星"名单

序号	姓 名	所在学校
1	昂以豪、孙泽堃、吴幸融	上海交通大学
2	陈超俊、林泽昕、冯 硕	华东政法大学
3	龚 维、罗 程、杨伟峰	东华大学
4	陈 鑫、降 帅、王永伟	东华大学
5	叶翔宇、赵 旸、陈晨鑫	上海中医药大学
6	付云飞、陈 晴、阮 航	上海中医药大学
7	钱 运、韩启新、赵笑天	上海交通大学医学院
8	王沪雯	上海交通大学医学院
9	孙文琦、徐嘉瑞	上海立信会计金融学院

续表

序号	姓 名	所在学校
10	陆一啸、李皓楠、胡赫薇	上海立信会计金融学院
11	李鸿洋	华东师范大学第二附属中学
12	单佳桐	华东师范大学第二附属中学
13	王洛斌	上海市民办尚德实验学校
14	赵依池	上海市建平中学
15	金贝格	上海市实验学校
16	苗毅宁	华东师范大学第二附属中学
17	鲍 辰	上海市向明中学
18	孙宇昊	上海市大同中学
19	肖淇文	上海市大同中学
20	沈雨杰	上海市五爱高级中学
21	肖子尧	上海市市北初级中学
22	司徒曹权	上海市市北中学
23	仇清扬	上海市市西中学
24	朱铭浩	上海市徐汇中学
25	蒋天戈	上海市南洋模范中学
26	杨骏杰	上海市上海中学
27	游知衡	上海市上海中学
28	顾一吟	上海市上海中学
29	王珮衡	上海市上海中学
30	隆小诺	上海市上海中学
31	薛昊翀	上海市延安中学
32	龚道昕	上海市延安中学
33	朱吉瑜	上海市曹杨第二中学
34	靳丁嫣	上海市民办进华中学
35	李隽琪	上海市民办迅行中学
36	李治良	华东师范大学第一附属中学
37	卜欣语	上海市复兴高级中学
38	黄 凯	上海市杨浦高级中学
39	夏辅中	上海市控江中学
40	袁瑞祺	上海市控江中学
41	徐子辰	上海市控江中学
42	刘俊杰	上海市控江中学
43	江孟为	上海控江中学附属民办学校
44	詹 林	上海交通大学附属中学
45	曹与点	上海大学附属中学
46	朱天宇	上海市通河中学
47	肖子聪	上海市七宝中学
48	崔嘉豪	上海市民办文绮中学
49	郎源儒	上海市七宝中学
50	张晟安	上海市七宝中学
51	周程昱	华东师范大学第二附属中学附属初级中学
52	尹雨欣	华东师范大学第二附属中学(紫竹校区)
53	刘子丰	上海交通大学附属中学嘉定分校
54	路文茜	上海民办华二初级中学
55	许若安	上海市西林中学
56	陆泽浩	复旦大学附属中学青浦分校
57	朱虹昆、王 琦	华东师范大学第二附属中学
58	谢子璇、陈思齐	复旦大学附属中学
59	何欣宇、章 懿	上海市文来中学
60	莫子敏、郭若言	华东师范大学第二附属中学(紫竹校区)
61	周嘉佳、王千寻、袁严右	上海市浦东新区明珠小学
62	姚宇泽、李子丰、赵文博	上海市黄浦区董家渡路第二小学
63	唐汉成、林晓涵、张隽恺	上海师范大学附属卢湾实验小学
64	岳海欣、朱馨颐、邹紫伊	上海市黄浦区卢湾二中心小学
65	徐奕恒、陈忠昊、夏 梵	上海市第一师范学校附属小学
66	李亦珉、孙丽嫣、黄 奕	上海市徐汇区向阳小学
67	张笑逢、吴佳凝、李可馨	华东师范大学附属小学
68	陆天伊、卞开文、郭屹夏	上海民办打一外国语小学
69	李佶喆、成权赫、黄丁浩	华东师范大学附属紫竹小学
70	吴静怡、包禹廷、蔡振轩	上海市崇明区建设小学

(应孟泠)

【第5届上海市社区创新屋创意制作大赛】 4月22日在上海虹桥国际会议中心举行。大赛围绕“万众创新——向建设具有全球影响力的科技创新中心进军”主题,经初赛、复赛、决赛产生一等奖3组、二等奖7组、三等奖10组。全市83家社区创新屋推荐支持,吸引市民参与大众创新实践活动,营造动手参与、激发创意的创新氛围。

第 5 届上海市社区创新屋创意制作大赛获奖名单

序号	获奖人	所属社区创新屋	获奖类别
1	陈益鸣、郑乐乐	长宁区天山路街道社区创新屋	一等奖
2	夏艺玮	奉贤区奉浦社区创新屋	一等奖
3	苑万军、苑晨稀	青浦区夏阳街道社区创新屋	一等奖
4	滕钟宇、陈艳辉	嘉定区嘉定工业区社区创新屋	二等奖
5	周　锋、高　琳、黄秋雯	长宁区周家桥街道社区创新屋	二等奖
6	郭家晔、郭向勇	普陀区长征镇社区创新屋	二等奖
7	王伟达	静安区石门二路街道社区创新屋	二等奖
8	陈心国、史旻杰	闵行区虹桥镇社区创新屋	二等奖
9	胡　洋、胡绪波、张　阳	虹口区江湾镇街道创新屋	二等奖
10	龚谦益、张明轩	虹口区欧阳路街道创新屋	二等奖
11	张　子	静安区天目西路街道社区创新屋	三等奖
12	陈嘉驰、吴鸿林、杨屹帆	虹口区江湾镇街道创新屋	三等奖
13	任　林、谢　静、李　洋	长宁区周家桥街道社区创新屋	三等奖
14	张秋祥	嘉定区真新街道社区创新屋	三等奖
15	张乐乐	金山区石化街道社区创新屋	三等奖
16	黄　洁、祁　磊	金山区张堰镇社区创新屋	三等奖
17	陈逸凡、陈　江、陆洪兴	宝山区吴淞街道社区创新屋	三等奖
18	苏云畅、王佳毅、王伟龙	宝山区罗店镇社区创新屋	三等奖
19	石佳杰、刘丞洲、仇广霆	长宁区新泾镇社区创新屋	三等奖
20	黄思琪、陈　晰	嘉定区嘉定工业区社区创新屋	三等奖

（应孟泠）

【上海 3 个项目在第 69 届英特尔国际科学与工程大奖赛中获奖】 5 月 14—19 日，第 69 届英特尔国际科学与工程大奖赛在美国举行。华东师范大学第二附属中学樊悦阳“山慈姑粗提物诱导肝癌细胞凋亡及相关研究”项目获植物学科一等奖和学科最佳奖；复旦大学附属中学张镜如、上海交通大学附属中学张宇晖、上海外国语大学附属外国语学校顾燮然“谁是鼠大王——C57BL/6 小鼠社会等级现象的发现及其规律初探”项目获动物学科二等奖；上海市实验学校王子卓“基于位权凸轮组合方式点显的盲文电子阅读器的设计”项目获嵌入式系统四等奖。此外，4 名学生获得以名字为小行星命名的特殊荣誉。（葛繁丽）

参加第 69 届英特尔国际科学与工程大奖赛的上海青少年

【第 4 届上海国际科普微电影大赛】 5 月 26 日至 6 月 29 日举办。市科委、上海电影(集团)有限公司、全国电影频道联盟等联合主办。大赛收到来自国内外影视制作机构、高校、科研单位、科普爱好者投寄的原创作品 200 余部，涵盖医疗卫生、绿色生活、科技知识、历史人文等领域。最终 20 部作品入围总决赛，《彩虹鱼畅游万米深渊极限》《无线电技术发展》等 10 部作品获得优秀作品奖，5 部作品分获单项奖及评委会大奖。颁奖典礼在上海电影博物馆举行。（应孟泠）

【上海在 2018 年中国技能大赛——第 6 届全国职工职业技能大赛上获 5 项奖】 5—9 月举办。上海在全市范围内组织开展钳工、焊工、数控加工中心操作工、数控机床装调维修工、网络与信息安全管理员、砌筑工 6 个工种培训、交流、比试、选拔活动，6 个优胜团队代表上海参加全国 6 个工种决赛。最终，数控机床装调维修工项目获团体第 8 名、个人第 11 名；数控加工中心操作工项目获团体第 10 名、个人第 10 名；钳工项目获团体第 10 名。（潘名家）

【上海在第 33 届全国青少年科技创新大赛获 62 项奖】 8 月，第 33 届全国青少年科技创新大赛在重庆举办。上海代表队获 62 项奖，其中在青少年科技创新项目中获一等奖 7 项、二等奖 9 项、三等奖 5 项；获英特尔英才奖 3 项、其他专项奖 16 项；青少年科技创意作品中获创意之星 1 项；在科技辅导员科技创新项目中获一等奖 3 项、二等奖 5 项、三等奖 5 项、十佳优秀科技辅导员 1 项、其他专项奖 5 项；获十佳科技实践活动 1 项、十佳科技教育创新学校 1 项。（葛繁丽）

【“我的自然百宝箱——万物·家园”活动】 9 月启动。上海自然博物馆(上海科技馆分馆)联合 30 家机构共同举办。9 月 15 日，官方网站“我的自然百宝箱——万物·家园”及微信小程序“自然百宝箱”上线。活动分设“发现我的动物邻居”行动、“我的美丽家园”挑战赛、“我的发现故事”演讲会和“我的自然百宝箱”展览 4 个板块，收到来自 10 个国家和地区、国内26个省级行政区的近千份参赛作品，其中的100幅优秀作品入围，并评选出一、二、三等奖。优秀作品于11月24日至12月1日在上海自然博物馆展出。活动推送微信文章57篇，报道阅读量超7万人次；官方网站及微信小程序点击量超7 150人次；官网活动曝光量309 850次，微信曝光量超300万次。（李　敏）

第四节 科技社团

【院士专家工作站建设情况】 2018年，市科协聚焦生物医药、新一代信息技术、节能环保、新材料等行业领域民营科技企业创新需求，新建院士专家工作站（含服务中心）67家，助推战略性新兴产业发展。上海已建成院士专家工作站（服务中心）357家，其中工作站328家、服务中心29家；民营企业267家、国有企业62家、事业单位22家、社会团体6家。进站工作院士196名、专家1 662名，服务覆盖中小微企业3万余家。企业与院士专家团队签订产学研合作项目2 240项，帮助企业攻克关键技术难题3 105项，获专利授权7 837件，组织研发、技术交流及培训科技工作者15万余人次，获国家级、省部级科技奖374项。7家建站企业入选2018上海企业100强，10家建站民营企业入选2018上海民营企业100强；9家建站企业获首批"上海品牌"认证（全市共53家）。

2018上海新建院士专家工作站（含服务中心）名单

序号	建站单位	单位类型	建站类型	申报渠道
1	上海城投（集团）有限公司	国有企业	工作站	市国资委
2	上海宝藤生物医药科技股份有限公司	民营企业	工作站	市促进中小企业发展协调办公室
3	上海星堡老年服务有限公司	民营企业	工作站	市促进中小企业发展协调办公室
4	西藏喜马拉雅生态科技股份有限公司	国有企业	工作站	市科协咨询服务中心
5	上海宏慧创想众创空间管理有限公司	民营企业	服务中心	黄浦区
6	江南造船（集团）有限责任公司	国有企业	工作站	黄浦区
7	上海枫林生命健康产业发展（集团）有限公司	国有企业	服务中心	徐汇区
8	长三角环境气象预报预警中心	事业单位	工作站	徐汇区
9	上海市第八人民医院	事业单位	工作站	徐汇区
10	上海心河信息技术有限公司	民营企业	工作站	徐汇区
11	复旦大学附属眼耳鼻喉科医院	事业单位	工作站	徐汇区
12	上海三瑞高分子材料股份有限公司	民营企业	工作站	徐汇区
13	莱博药妆技术（上海）股份有限公司	民营企业	工作站	徐汇区
14	耘创九州智能装备有限公司	民营企业	工作站	杨浦区
15	上海市杨浦区中心医院	事业单位	工作站	杨浦区
16	上海水源地建设发展有限公司	民营企业	工作站	杨浦区
17	上海济丽信息技术有限公司	民营企业	工作站	杨浦区
18	上海航天科工电器研究院有限公司	国有企业	工作站	普陀区
19	上海译会信息科技有限公司	民营企业	工作站	普陀区
20	大虹桥国际医疗中心有限公司	民营企业	服务中心	长宁区
21	联合利华（中国）投资有限公司	民营企业	工作站	长宁区
22	深兰科技（上海）有限公司	民营企业	工作站	长宁区
23	上海市信息网络有限公司	国有企业	工作站	虹口区
24	上海诚友实业集团有限公司	民营企业	工作站	虹口区
25	上海同济建设科技股份有限公司	民营企业	工作站	虹口区
26	上海临港海洋高新技术产业发展有限公司	国有企业	服务中心	浦东新区

续表

序号	建站单位	单位类型	建站类型	申报渠道
27	上海五同同步带有限公司	民营企业	工作站	浦东新区
28	上海中化科技有限公司	国有企业	工作站	浦东新区
29	中云开源数据技术(上海)有限公司	民营企业	工作站	浦东新区
30	上海摩恩电气股份有限公司	民营企业	工作站	浦东新区
31	上海联博安防器材股份有限公司	民营企业	工作站	浦东新区
32	上海亿力电器有限公司	民营企业	工作站	宝山区
33	上海输血技术有限公司	民营企业	工作站	宝山区
34	上海拓璞数控科技股份有限公司	民营企业	工作站	宝山区
35	上海昆杰五金工具有限公司	民营企业	工作站	宝山区
36	上海新闵重型锻造有限公司	民营企业	工作站	宝山区
37	上海利尔耐火材料有限公司	民营企业	工作站	宝山区
38	上海华维节水灌溉股份有限公司	民营企业	工作站	金山区
39	上海太和水环境科技发展股份有限公司	民营企业	工作站	金山区
40	上海护理佳实业有限公司	民营企业	工作站	青浦区
41	上海贞元诊断用品科技有限公司	民营企业	工作站	青浦区
42	上海永超新材料科技股份有限公司	民营企业	工作站	青浦区
43	上海康恒环境股份有限公司	民营企业	工作站	青浦区
44	上海骏颉自动化设备有限公司	民营企业	工作站	青浦区
45	上海和达汽车配件有限公司	民营企业	工作站	青浦区
46	上海邦浦实业集团有限公司	民营企业	工作站	青浦区
47	上海市松江区中心医院	事业单位	工作站	松江区
48	上海新农饲料股份有限公司	民营企业	工作站	松江区
49	上海博阳新能源科技股份有限公司	民营企业	工作站	松江区
50	上海大松瓦楞辊有限公司	民营企业	工作站	松江区
51	上海明品医药科技有限公司	民营企业	工作站	松江区
52	上海阳淳电子股份有限公司	民营企业	工作站	松江区
53	上海创远仪器技术股份有限公司	民营企业	工作站	松江区
54	上海晋拓金属制品有限公司	民营企业	工作站	松江区
55	上海朗亿功能材料有限公司	民营企业	工作站	松江区
56	上海安谱实验科技股份有限公司	民营企业	工作站	松江区
57	上海莱士血液制品股份有限公司	民营企业	工作站	奉贤区
58	上海德圣米高电梯有限公司	民营企业	工作站	奉贤区
59	上海富洋云网机器人股份有限公司	民营企业	工作站	奉贤区
60	上海永进电缆(集团)有限公司	民营企业	工作站	奉贤区
61	上海元宋生物技术有限公司	民营企业	工作站	奉贤区
62	上海浦东电线电缆(集团)有限公司	民营企业	工作站	奉贤区
63	聚民生物科技有限公司	民营企业	工作站	奉贤区

续表

序号	建站单位	单位类型	建站类型	申报渠道
64	上海上创超导科技有限公司	民营企业	工作站	奉贤区
65	上海明珠湖肉食品有限公司	民营企业	工作站	崇明区
66	上海耀通电子仪表有限公司	民营企业	工作站	崇明区
67	上海昂未环保发展有限公司	民营企业	工作站	崇明区

(葛繁丽)

【上海市健康科技医疗卫生创新联盟成立】 1月9日,由吴孟超、陈灏珠等院士领衔参与的上海市健康科技医疗卫生创新联盟成立仪式在上海科学会堂举行。联盟在市科协、市卫生健康委指导下,由上海市医学会、上海市医师协会、上海市中医医师协会、上海现代服务业联合会健康专业委员会、上海市健康科技协会、上海吴孟超医学科技基金会、复旦大学陈灏珠院士医学人才培养基金、大虹桥国际医院管理有限公司等8家单位联合发起成立,整合健康医疗资源,汇聚苏、浙、沪医疗行业优质资源,带动长三角经济区域医疗产业大发展;开展智库建设、成果转化、人才培养、国际交流和“一带一路”协作等,在创新文化、健康服务、营商环境建设等方面发挥作用,培育上海健康科技和医疗卫生高端品牌。 (葛繁丽)

【2018年全国科技工作者日活动】 5月30日全国科技工作者日期间,开展上海地区系列活动。市科协看望慰问吴孟超、王振义、翁史烈、杨福家、叶叔华、沈文庆等院士科学家,走访慰问基层一线科技工作者代表;举办科学会堂草坪音乐会、职称申报政策解读报告会、诺贝尔奖专题学术报告会等;组织科技工作者参观上海科技馆等科普场馆和中国商飞等科研基地;组织科技工作者走进上海科技影城观看科普电影;与上海市医学会、区科协等联动,在科技园区为科技工作者提供健康咨询服务等系列文化和健康服务活动;上海市医学会、上海市建筑学会等科技社团组织10余场学术讲座、国际研讨会等。 (葛繁丽)

【上海园区职工技术成果与孵化基地对接交流暨第8届上海职工科技节闭幕式】 6月5日举行。市总工会主办,上海市职工技术协会、宝山区总工会承办。会上,10家园区工会与相关孵化基地企业签订职工创新成果转化合作协议;举行市职工技协插花专业分会揭牌成立仪式;表彰命名2017年度上海市职工合理化建议和先进操作法优秀成果40项、创新奖40项;浦东新区总工会、机电工会等25家单位获第8届上海职工科技节优秀组织奖。 (潘名家)

【中国科协科学家宣讲党的十九大精神巡回报告会】 7月25日、9月19日和11月11日分别在五角场创新创业学院、上海科学会堂和华东理工大学举行。3场巡回报告分别邀请同济大学副校长、工程院院士吴志强,中科院神经科学研究所非人灵长类研究平台主任孙强;中科院上海技术物理研究所研究员、中科院院士沈学础,上海海洋大学深渊科学技术研究中心主任崔维成;中科院上海光学精密机械研究所研究员、中科院院士李儒新,华东理工大学张显程主讲。来自高校、科创企业、院士工作站、学会代表3 500人次参加。 (葛繁丽)

【上海市科学道德和学风建设宣讲教育报告会】 9月19日在上海科学会堂举行。报告会以“弘扬爱国奋斗精神,建功立业新时代”为主题,中科院院士、中科院上海技术物理研究所研究员沈学础,全国创新争先奖获得者、“载人深潜英雄”、上海海洋大学深渊科学技术研究中心主任崔维成分别作宣讲报告。宣讲报告会主会场设在上海科学会堂,同时以网络直播方式,在复旦大学、上海交通大学、东华大学、上海海事大学、上海应用技术大学、上海第二工业大学等大学园区设立6个分会场。30余所高校和科研单位的研究生、本科生、青年教师、青年科技工作者代表,以及上海市科协部分学会代表3 000余人参加。 (葛繁丽)

【上海市科学技术协会第十次代表大会】 9月25日在中共上海市委党校召开。中共中央政治局委员、上海市委书记李强,中国科协党组书记、常务副主席、书记处第一书记怀进鹏出席开幕式并讲话;市委副书记、市长应勇,市人大常委会主任殷一璀,市委副书记尹弘,市委常委、常务副市长周波,市人大常委会副主任高小玫,市政协副主席方慧萍等出席大会。会上,为第15届上海市科技精英、第9届上海青年科技英才、第12届上海市大众科学奖及市科协系统先进集体标兵、先进工作者标兵称号获得者颁奖。大会选举产生市科协第十届委员会和常务委员会,工程院院士陈赛娟当选市科协第十届委员会主席。会议审议通过上海市科协第九届委员会工作报告和《上海市科学技术协会实施〈中国科学技术协会章程〉细则》(修改草案)。1 300余名代表参加大会。 (葛繁丽)

大事记

2018年上海市科技工作大事记

1月

4日

《上海市城市总体规划(2017—2035年)》发布。根据规划，上海的城市性质定为长江三角洲世界级城市群的核心城市，国际经济、金融、贸易、航运、科技创新中心和文化大都市。

中科院上海药物研究所吴蓓丽研究组、王明伟研究组、蒋华良研究组合作，测定了胰高血糖素受体(GCGR)全长蛋白与多肽配体复合物的三维结构，揭示该受体对细胞信号分子的特异性识别及其活化调控机制。研究成果发表于《自然》。

5日

南仁东先进事迹巡回报告会在科学会堂举行。南仁东是国家重大科技基础设施建设项目——“中国天眼”500 m口径球面射电望远镜工程的发起者和奠基人，被誉为“天眼之父”。

8日

2017年度国家科学技术奖励大会在北京召开。上海共有58项牵头及合作完成的重大科技成果获国家科学技术奖，占全国获奖总数的20.7%，是1999年国家科技奖励制度改革以来第一次突破20%，也是连续第16年获奖比例超过10%。

10日

上海-亚马逊AWS联合创新中心项目在静安区启动，落户市北高新园区云立方。

11日

上海外高桥造船有限公司联合上海船舶设计研究院共同研制和设计的首条全球最大第2代超大型矿砂船“远河海”号在外高桥造船厂正式命名交付。

长三角区域创新体系建设联席会议办公室2018年度第一次工作会议在上海召开。

12日

长江三角洲地区主要领导座谈会在苏州举行。会议提出，围绕“创新引领，携手打造世界级城市群”的目标，要在长三角地区率先构建中国区域协同创新共同体，努力建成具有全球影响力的科技创新高地。

13日

复旦大学与市临港地区管委会、临港经济发展集团有限公司签约，三方将共建复旦大学工程与应用技术研究院(简称复旦工研院)，复旦工研院及首批10个智能制造产学研项目将落户临港。

15日

市人力资源社会保障局(市外国专家局)为8位来自高校、科研院所、外资研发中心等单位邀请的外国高端人才签发首批《外国高端人才确认函》。

16日

公安部、上海市政府推进上海科技创新中心建设合作机制2017年度会议在上海召开。服务上海自贸试验区改革、推进科技创新中心建设的“上海出入境聚英计划”(2017—2021)正式启动试点。

18日

国家发展改革委等四部门联合发布《关于在全面创新改革试验区域深入推进知识产权保护体制机制改革的通知》，将在上海等8个全面创新改革试验区域部署推进3项知识产权保护改革举措。

23日

上海湾区科技创新中心发展高峰论坛举行。金山区将打造生态智慧型研发总部基地——上海湾区科技创新中心。

24日

海军军医大学曹雪涛研究组发现DNA修饰酶Tet2分子可通过调控RNA修饰方式，促进机体增加天然免疫细胞数量和功能，应对病原体感染及其炎症反应。研究成果发表于《自然》。

25日

上海市市长应勇会见加拿大魁北克省省长菲利普·库亚尔率领的代表团一行，并见证两地签署科技合作、植物修复研究与应用合作等协议。

中科院神经科学研究所/脑科学与智能技术卓越中心团队在国际上首次实现非人灵长类动物的体细胞克隆。研究成果以封面文章形式在线发表于《细胞》。

海军军医大学曹雪涛研究组发现DNA修饰酶Tet2分子可通过调控RNA修饰方式，促进机体增加天然免疫细胞数量和功能，应对病原体感染及其炎症反应。研究成果发表于《自然》。

29日

第12届上海市自然科学牡丹奖授奖仪式在中科院上海有机化学研究所举行。华东师范大学段纯刚、中科院上海有机化学研究所游书力、复旦大学附属肿瘤医院徐彦辉、中科院上海生命科学研究院周斌、上海交通大学医学院附属瑞金医院赵维莅、华东理工大学杨化桂6位中青年科学家获奖。

2月

2日

上海科技大学iHuman研究所Raymond C. Stevens、刘志杰研究组解析与肥胖、精神类疾病密切相关靶点——五羟色胺2C受体的三维精细结构，并揭示了人体细胞信号转导中的“重要成员”——G蛋白偶联受体(GPCR)家族多重药理学的分子机制。研究成果在线发表于《细胞》。

上海交通大学涂仕奎与华中科技大学基础医学院张冬雷等合作,应用模式生物秀丽线虫为研究对象,分析体内对piRNA识别靶序列模式,总结piRNA靶序列识别规则。研究成果发表于《科学》。

由市委宣传部、市文明办、市教委、市科委、市农业农村委等主办的2018年上海文化科技卫生“三下乡”活动在金山区枫泾镇启动。

杨浦区召开优化营商环境,全面建成高水平国家双创示范基地动员大会。会议发布杨浦区《全面优化营商环境,着力打造国际一流创新创业生态系统的实施意见》,上海智能产业创新研究院、杨浦双创国际中心揭牌。

5日

市委副书记、市长应勇主持召开市政府常务会议,研究上海“十三五”节能减排和控制温室气体排放工作,部署上海深入推进技术改造、巩固提升实体经济能级三年行动计划等事项。

上海市智能制造推进大会举行。会上,市经济信息化委、民生银行上海分行签署《关于金融助力“上海制造”智能化转型战略合作框架协议》,上海市智能制造产业协会揭牌成立。

6日

上海首个氢能与燃料电池产业园在嘉定安亭揭牌。产业园将建设燃料电池动力系统及关键零部件研发平台、氢能产业公共服务平台和燃料电池汽车运营维保中心三大平台。

瑞典皇家科学院宣布,将2018年舍贝里奖授予中国科学家陈竺和法国科学家安娜·德尚、于克·德戴,表彰3位科学家阐明急性早幼粒细胞白血病的分子机理并开创革命性疗法。

9日

松江区政府与国能电动汽车瑞典有限公司等签署投资合作协议。项目落户松江G60科创走廊,将形成集研发、生产、测试、总装和销售于一体的新能源产业链。

12日

上海市科协服务云正式上线。

12—13日

中科院院长、党组书记白春礼到中科院上海分院进行工作调研。白春礼强调,上海分院和各研究所要深入实施“率先行动”计划,积极推进上海科技创新中心建设。

13日

中共中央政治局委员、上海市委书记李强赴张江就加快科技创新中心建设进行调研。李强指出,要集聚更多一流大科学设施、高水平研发机构、高层次人才,提升张江综合性国家科学中心的“场效应”,推动更多体现国家战略的重大科技布局,全力推进科技创新中心建设。

由上海市政府和中科院联合成立的张江实验室管理委员会召开第1次会议,审议张江实验室章程、组织构架、人员选聘等议题,总结2017年工作并对2018年工作作出部署。

工业和信息化部公布第8批国家新型工业化产业示范基地名单,松江区获工业互联网国家新型工业化产业示范基地,静安区获大数据国家新型工业化产业示范基地,金山工业园区获新材料国家新型工业化产业示范基地。

23—24日

上海市科技系统党政负责干部会议召开。市委副书记尹弘出席会议并讲话,强调要以习近平新时代中国特色社会主义思想统领工作全局,坚持不懈抓好理论武装、抓好科技创新中心建设、抓好全面从严治党,推动新时代科技工作展现新气象新作为。

24日

市科委主要领导调整宣布会议召开。会议宣布市委、市人大有关干部任免决定,任命张全为市科委主任。

26日

华融金融租赁股份有限公司与中国商用飞机有限责任公司在北京签署30架C919大型客机和20架ARJ21新支线飞机购机协议。至此,C919大型客机国内外用户28家,订单总数815架;ARJ21新支线飞机客户21家,订单总数453架。

27日

科技部发布2017年度中国科学十大进展。中国科学技术大学潘建伟和彭承志研究组联合中科院上海技术物理研究所王建宇研究组的“实现星地千公里级量子纠缠和密钥分发及隐形传态”位列榜首。

3月

1日

全国首批智能网联汽车开放道路测试号牌在沪发放。上海汽车集团股份有限公司与蔚来汽车研发的智能网联汽车测试车辆正式进入开放道路测试。

7日

上海市重大工程建设工作会议召开。2018年,上海共安排126项重大工程,重点聚焦张江科学城和先进制造业等,其中科技创新中心建设相关项目23项,包括光源2期、超强超短激光实验和硬X射线自由电子激光装置等重大科学基础设施,以及华力微电子12英寸先进生产线、中国商用飞机有限责任公司总装制造中心、上海和辉光电有限公司第6代AMOLED显示器等项目。

第10届巾帼创新奖(新秀奖)获奖者名单公布。毛献群、胡薇、毕宇芳等10人获巾帼创新奖,同时被授予上海市三八红旗手标兵荣誉称号;周慧芳、印娟等5人获巾帼创新新秀奖,同时被授予上海市三八红旗手荣誉称号。

《自然》在线发表复旦大学脑科学研究院、复旦大学附属中山医院神经内科杨振纲课题组参与的一项国际合作研究成果。研究结果为成年人类脑内是否有新生神经元的长期争论提供了否定性新证据，显示成年人脑海马区没有新生神经元产生。

9日

松江区举行G60科创走廊22个先进制造业项目集中开工仪式。开工的先进制造业项目涵盖人工智能、智慧安防、新能源、节能环保、新材料等领域，包括海尔智谷、正泰启迪智电港2个百亿级重大先进制造业项目。

《科学》发表上海交通大学赵立平研究组、上海交通大学医学院彭永德研究组关于调节肠道微生态改善2型糖尿病的最新研究成果。

13日

上海海关宣布成立驻科技创新中心办事处，这是全国海关成立的首个科创促进服务机构。与此同时，上海海关推出12条支持举措，承诺向上海所有科创主体提供“一站式”海关监管服务，让科创企业和机构办理相关业务“最多跑一次”。

14日

张江实验室主任王曦和法国原子能与可替代能源委员会副主席Christophe Gegout共同签署合作备忘录，双方将在信息技术、生命科学等前沿技术领域开展深入合作。

17—18日

由市科协、市教委、市科委等15家单位共同主办的主题为“创新·体验·成长”的第33届上海市青少年科技创新大赛在科学会堂举行，全市500余所学校的900多名学生参赛。

18日

第5届上海市科普讲解大赛决赛在嘉定图书馆举行。10名获奖选手获2018年度上海市十佳科普使者称号。

20日

第7次上海市推进杨浦国家创新型城区建设联席会议召开。市委常委、常务副市长周波出席会议并讲话。

21日

上海交通大学-博动医学影像技术联合实验室揭牌成立。实验室将在心血管成像技术、精准评估、影像后处理等领域展开前沿科学研究和产业化。

22日

市委副书记、市长应勇主持召开金融工作调研座谈会。应勇指出，要加强金融中心建设与自贸试验区、科技创新中心建设联动，推动金融更好地服务“一带一路”和长江经济带建设。

2018年“创业在上海”国际创新创业大赛暨第7届中国创新创业大赛(上海赛区)在上海科技馆开赛。大赛聚焦科技服务业、人工智能、军民融合技术、汽车智能化等科技创新领域。

23日

上海市科学技术奖励大会举行。2017年度上海市科学技术奖共授奖272项(人)。授予林国强、王曦上海市科技功臣奖；授予美国籍专家孙毅、瑞士籍专家库尔特·赫尔曼·维特里希上海市国际科技合作奖；授予21项成果上海市自然科学奖，授予31项成果上海市技术发明奖，授予216项成果上海市科技进步奖。

中船集团上海外高桥造船有限公司为荷兰SBMOFFSHORE建造的最大储油量的200万桶新型海上浮式生产储卸装置(FPSO)开建。FPSO由中船集团公司第七〇八研究所设计，入级法国船级社(BV)。

25日

上海市首批市级科技重大专项“国际人类表型组计划(1期)”项目启动。由复旦大学牵头，中科院上海生命科学研究院、上海交通大学、上海市计量测试技术研究院共同承担。

26日

上海市人才工作大会举行。中共中央政治局委员、上海市委书记李强出席会议并会见新兴产业领军人才代表，围绕推动上海新兴产业发展同大家交流讨论。会议发布《上海加快实施人才高峰工程行动方案》。

28日

宝山区37个重大产业项目集中开工和启动。

上海大学Mark Waller研究组利用人工智能将化学合成路线设计速度提高30倍，研究成果发表于《自然》。

29日

中央宣传部向全社会宣传发布钟扬的先进事迹，追授其“时代楷模”称号。钟扬生前是复旦大学生命科学学院教授、博士生导师，长期从事植物学、生物信息学研究和教学工作，取得一系列重要创新成果。

海军军医大学曹雪涛研究组在晚期癌症肿大的脾脏中发现一种称之为Ter细胞的新型红细胞样亚群，可通过分泌神经营养因子artemin而促进癌症恶性进展。研究成果在线发表于《细胞》。

复旦大学物理学系安正华研究组与中科院上海技术物理所陆卫研究组等合作，揭示热电子输运过程中的能量耗散空间分布信息，实现室温下热电子的非局域能量耗散过程显微成像。研究成果发表于《科学》。

上海师范大学赵宝国研究组提出和实现以羰基化合物(醛或酮)为催化剂，催化伯胺α-位官能团化，实现由简单易得的伯胺化合物直接合成各种复杂的、重要的胺类化合物。研究成果发表于《科学》。

30日

第30、31颗北斗导航卫星在西昌卫星发射中心成功发射。此次发射的北斗导航卫星由中科院微小卫星创新研究院抓总研制。

2018智造中国峰会·上海松江——G60科创走廊“上海制造”要素对接大会在松江举行。会议发布《松江区推进工业互联网创新发展三年行动计划》,成立赛迪(上海)先进制造业研究院暨G60科创走廊发展研究中心。

《神经元》在线发表中科院神经科学研究所/脑科学与智能技术卓越创新中心王伟主题为《局部和整体物体感知中高级脑区精细视觉的脑机制》的研究论文。

经中共上海市委、上海市人民政府批准,上海科学技术开发交流中心正式更名为上海科学技术交流中心。

4月

2日

上海市政府常务会议审议并原则同意《崇明区总体规划暨土地利用总体规划(2017—2035)》《崇明世界级生态岛规划建设导则》。

2018年"创业在上海"国际创新创业大赛暨上海市首届人工智能专题赛开赛,首推"赛孵融合"机制,吸引各方力量积极推动人工智能发展。

5日

《自然》发表中国疾病预防控制中心传染病所研究员、复旦大学附属上海市公共卫生临床中心张永振研究组研究成果——发现爬行动物、两栖动物、肺鱼、辐鳍鱼、软骨鱼和无颌类中214种脊椎动物相关病毒。

8日

中国自主研制的ARJ21-700飞机的104架试飞飞机在远赴冰岛41天后平稳降落在西安阎良机场,累计往返2万多千米航程,圆满完成ARJ21-700飞机在冰岛的大侧风试飞试验。

8—11日

全国人大常委会副委员长、民盟中央主席丁仲礼率调研组来沪开展关于"深化长三角一体化合作,促进区域经济协调发展"的专题调研。

10日

由中国核动力研究设计院研发设计、上海电气第一机床厂有限公司承制的全球首台"华龙一号"核电机组核岛主设备福清5号机组堆内构件,在上海电气第一机床厂有限公司整装发运,将服役福清5号机组。

复旦大学微电子学院张卫、周鹏团队研制具有颠覆性的二维半导体"准非易失存储"原型器件,开创了第三类存储技术,解决了国际半导体电荷存储技术中写入速度与非易失性难以兼得的难题。研究成果在线发表于《自然纳米技术》。

中共中央政治局委员、国务院总理李克强考察上海振华重工(集团)股份有限公司。李克强总理强调,企业要把高品质的中国制造和高品质的中国服务相结合,勇立国际竞争潮头,创造更佳业绩。

12日

上海交大张江科学园启动建设。科技园包括3个科学中心、2个创新平台。

市政府召开新闻发布会,介绍《全面推进"一网通办"加快建设智慧政府工作方案》的主要内容。

上海市大数据中心揭牌,推动构建全市数据资源共享体系,实现跨层级、跨部门、跨系统、跨业务的数据共享和交换。

13日

上海电气集团股份有限公司与ACWAPower公司在上海签订迪拜水电局光热4期700兆瓦电站项目总承包合同。该项目为全球迄今为止规模最大的光热电站,总投资额38.6亿美元。

由复旦大学、杨浦区政府、绿地集团共同主办的上海智能产业创新研究院、人类表型组研究院和复旦绿地科创中心启动,将进一步加速复旦优势学科发展及相关成果产业化的推进。

16日

市科委代表团访问瑞典哥德堡经济发展部。双方签署《瑞典哥德堡经济发展部和上海市科学技术委员会合作谅解备忘录》。

17—18日

中科院2018科普讲解大赛在中科院武汉植物园举行。43位科学达人同台竞技,上海2位科学达人获一等奖。

18日

建信金融科技有限责任公司在沪揭牌成立。市地方金融监管局、中科院计算机网络信息中心、建信金融科技三方签署共建金融科技创新实验室的战略合作备忘录。建信金融科技与宝武钢铁集团等11家企业签署金融科技创新能力输出协议。

19日

全国人大常委会副委员长艾力更·依明巴海率全国人大专题调研组来沪,就坚持创新驱动发展、深入推进国家科技重大专项工作情况开展调研。

第3届中国创新挑战赛(上海)暨首届长三角国际创新挑战赛启动。大赛分为需求征集、需求发布、方案征集、方案比拼4个阶段。

《自然》发表中科院上海药物研究所吴蓓丽研究组研究成果。研究组测定了神经肽Y受体Y1R分别与2种抑制剂结合的高分辨率三维结构,揭示了该受体与多种药物分子的相互作用机制,为治疗肥胖和糖尿病等疾病的药物研发提供重要依据。

复旦大学生命科学学院李继喜与美国哥伦比亚大学、哈佛大学医学院团队合作研究在细胞坏死领域取得重要进展。研究成果以《异源淀粉样信号复合物RIPK1-RIPK3坏死小体的结构研究》为题在线发表于《细胞》。

19—21日

由商务部、科技部、国家知识产权局和上海市政府共同主办的第6届中国(上海)国际技术进出口交易会在上海世博展览馆举行。市委书记李强出席开幕论坛并宣布开幕。市委副书记、市长应勇，联合国工业发展组织总干事李勇致辞。

20 日

复旦大学基础医学院黄志力研究组发现，伏隔核多巴胺 D1 受体阳性神经元及其神经环路在觉醒调控中发挥重要作用，该机制的研究可为临床治疗伏隔核功能紊乱相关精神疾病，如成瘾、精神分裂症的睡眠障碍提供新思路。研究成果在线发表于《自然通讯》。

22 日

《全力打响“上海制造”品牌加快迈向全球卓越制造基地 2018—2020 年行动计划》发布。

24 日

上海推进科技创新中心建设办公室召开第六次全体会议，研究部署 2018 年上海科技创新中心建设重点工作。会上，国家电网公司与市政府签署《上海市人民政府与国家电网公司共同推进上海具有全球影响力科技创新中心建设战略合作框架协议》。

25 日

宝山区在全市率先成立知识产权服务联盟。同时，举行高境科创小镇知识产权服务社区揭牌仪式。

26 日

为加快融入长三角一体化，南通市在沪举办“1＋4”高质量发展环境说明会。期间，举办沪通科技合作推进会、南通(上海)服务外包发展恳谈会、南通旅游(上海)招商推介会、南通农产品展示展销暨农业项目推介会等 4 项活动。沪通两市现场签约 21 个产业投资项目和 18 个科技合作项目，产业投资项目总投资 730 亿元。

《细胞》杂志发表海军军医大学曹雪涛研究组在天然免疫与炎症调控研究方面的新成果。研究提出，机体自身 RNA 能以自我识别方式反馈性地及时终止非我识别所触发的天然免疫应答与炎症反应，达到机体自我保护、自身稳定。

27 日

国家重大科技基础设施项目——硬 X 射线自由电子激光装置在上海张江综合性国家科学中心开工建设。总投资近 100 亿元，计划于 2025 年竣工并投入使用，为科研用户提供高分辨成像、先进结构解析、超快过程探索等尖端研究手段。

由市科技两委、中共南通市委员会、南通市政府联合主办的 2018 沪通科技合作推进会在沪举行。会议签署《沪通科技创新全面战略合作协议》及 4 个子协议。

5 月

2 日

市公安局、上海自由试验区管理委员会、市张江高新区管委会、徐汇区政府、杨浦区政府、复旦大学、上海交通大学、上海科技大学、中科院上海微系统与信息技术研究所、中国宝武钢铁集团有限公司等 10 家单位共同会签《“上海出入境聚英计划”相关政策实施办法》。

4 日

市委、市政府召开上海推进科技创新中心建设办公室领导班子宣布会。会上，市委常委、组织部部长吴靖平宣读市委、市政府关于重新组建上海推进科技创新中心建设办公室的批复及干部任免决定。

由市新闻出版局和市出版工作者协会联合组织开展的第 15 届上海图书奖评选结果揭晓，共 108 种图书获奖。

7 日

《全力打响“上海制造”品牌加快迈向全球卓越制造基地三年行动计划》发布。

9 日

2 时 28 分，高分五号卫星搭载长征四号丙运载火箭在太原卫星发射中心成功发射，它是中国高分专项中唯一一颗实现高光谱分辨率重要使命的对地观测卫星。卫星系统和运载火箭系统均由上海航天技术研究院负责抓总研制。

10 日

中共中央政治局委员、上海市委书记李强主持召开中小型科技企业座谈会。李强在会上强调，当前，上海正按照以习近平同志为核心的党中央决策部署，加快建设“五个中心”，加快建设卓越的全球城市和具有世界影响力的社会主义现代化国际大都市，希望中小型科技企业抓住机遇、乘势而上，在上海这片热土上茁壮成长，我们将一视同仁为各类企业发展创造良好环境，让企业有更多获得感。

上海申能崇明燃气电厂工程第 2 台机组一次通过 168 小时满负荷试运行，这是继 4 月 26 日首台机组投运后完成的又一机组试运行成功，至此，该工程全面建成投产。

11 日

《科学进展》发表了上海交通大学物理与天文学院金贤敏研究团队研究成果——报道了世界最大规模的三维集成光量子芯片，并演示真正空间二维的随机行走量子计算。

14 日

上海脑科学与类脑研究中心揭牌，中共中央政治局委员、上海市委书记李强，中科院院长白春礼共同为中心揭牌。

17 日

中国电信上海公司与虹桥商务区管委会共同建设的全国首个 5G 示范商务区正式启动，双方还共同发布首批基于 5G 的创新应用：5G＋VR、5G＋无人机及 5G＋8K，服务首届中国国际进口博览会的首个 5G 基站也正式落地虹桥商务区。

18 日

2018 年上海松江 G60 科创走廊科技节开幕，并发布

《2017 年 G60 上海松江科创走廊科技进步报告》。

19 日

上海市政府与中国电子科技集团有限公司签署战略合作框架协议。根据协议,双方将进一步深化战略合作,依托中国电子科技集团有限公司在技术、人才、资金和产业方面的优势,打造“物联、数联、智联”三位一体的数字经济服务体系,在上海设立智能物联建设和服务运营企业,首期资金投入规模 100 亿元左右。

由同济大学与嘉定区政府联合主办的 2018 年世界创新创业博览会开幕。

19—26 日

由科技部和上海市政府主办的 2018 年全国科技活动周暨上海科技节举行。科技节主题为“万众创新——向具有全球影响力的科技创新中心进军”,分开幕、惠民、论坛等十大板块,共举办科技活动 2 300 多场。

21 日

由上海华力集成电路制造有限公司建设和营运的 12 英寸先进生产线建设项目实现首台工艺设备——光刻机搬入,标志着华虹六厂从基建阶段进入工艺设备安装调试阶段。

23 日

由工业信息化部组织的国家集成电路、智能传感器制造业创新中心建设方案专家论证会在上海召开,工业信息化部副部长罗文,上海市委常委、常务副市长周波出席会议并讲话。

23—26 日

首届“中国超材料”高层论坛在上海海事大学举办。论坛开幕式上,中国材料研究学会超材料分会揭牌。

24—25 日

第 20 届上海国际生物技术与医药研讨会举办。

25 日

由市委统战部、市科技党委主办的第 17 届浦江学科交叉论坛举行,主题为“科创中心与科技人才”。

国家技术转移东部中心区块链产业中心在上海临港揭牌成立,3 家区块链企业入驻临港国际智能制造展示交易中心。

第 17 届上海市社会科学普及活动周在中国金融信息中心开幕。开幕式后,举办“融通遐迩,惠己及人”——迎接中国国际进口博览会主题论坛。

28 日

九三学社中央副主席、上海市政协副主席、九三学社上海市委主委赵雯率专项民主监督工作组,赴中共上海市科技工作党委、市科委,召开上海建设具有全球影响力的科技创新中心有关人才政策贯彻落实情况专项民主监督工作会议。市科技党委书记刘岩、市科委主任张全出席会议并汇报工作。

上海科普教育促进中心牵头,联合同济大学、沪杏科技图书馆等部门和机构编制的全国首份科学传播发展指数报告发布。报告显示,全国各省(市)科学传播发展程度呈现不均衡状态,发展较好的区域的指数值是排名较后省(市)的 7—14 倍。上海位列第二。

29 日

由上海外高桥造船有限公司为中远集装箱运输有限公司建造的 20 000TEU 超大型集装箱船“中远海运室女座”号在上海命名交付。

由市总工会、市发展改革委、市教委、市科委等单位联合举办的 2018 年上海职工创新大会暨第 8 届上海职工科技节开幕。开幕式上,表彰 2017 年度上海市科技进步奖(工人农民组)获奖项目,命名 50 个第 7 批上海市劳模创新工作室,并启动上海职工优秀创新成果奖评选。

30 日

由中船重工第七〇三研究所自主研制的首台国产海上平台用 25 MW 双燃料燃气轮机发电机组交付中国海洋石油集团有限公司。

6 月

1 日

G60 科创走廊联席会议在松江区举行。会上,上海市松江区、浙江省嘉兴市、浙江省杭州市共同发布《G60 科创走廊松江宣言》。

以“聚焦高质量、聚力一体化”为主题的长三角地区主要领导座谈会在沪召开。沪苏浙皖三省一市政府与中国移动等 4 家基础电信运营企业共同签署《5G 先试先用推动长三角数字经济发展战略合作框架协议》。

2 日

长三角区域大气污染防治协作小组第六次工作会议暨长三角区域水污染防治协作小组第三次工作会议在上海召开。中共中央政治局委员、上海市委书记、协作小组组长李强主持会议并讲话。

海航集团有限公司与中国商用飞机有限责任公司签署战略合作框架协议,计划未来逐步引进并运营 100 架 ARJ21 新支线客机,200 架 C919 大型客机,助推国产飞机实现规模化、市场化运营。

第 6 届全国青少年电子信息智能创新大赛浦东新区选拔赛举行。

4 日

中科院上海微系统与信息技术研究所孙银波、胡涛、狄增峰等研究人员证明并阐释二维无序超导体的磁场调控双量子临界现象产生的物理机制。研究成果发表于《自然通讯》。

上海科技馆原创展“星空之境”首次走出国门,部分精美展品展项亮相2018年泰国国家科学技术博览会。

5日

21时07分，由中国航天科技集团有限公司八院抓总研制的风云二号H星，在西昌卫星发射中心由长征三号甲运载火箭发射升空。

5—7日

由市委副书记、市长应勇率领的上海市代表团访问以色列。访问期间，应勇分别会见了以色列经济与产业部部长艾里·科恩、以色列科技与空间部部长奥菲尔·阿库尼斯、以色列国家技术创新署主席阿米拉姆·艾派博姆和以色列海法市市长尤纳·亚哈维，并考察了两地港口、科技合作项目。

6日

复旦大学人类精子库正式对外试运营，成为全国首家以基因组筛查来指导优生优育的人类精子库。

上海师范大学肖胜雄研究组实现在1 nm以下单分子超级绝缘，在单分子尺度上阻止量子隧穿。研究成果发表于《自然》。

7日

云南省科技厅副厅长赵志武率工作小组来沪召开第4届“科技入滇”上海专场推介会。

10日

中国第1代地球静止轨道气象卫星的最后一星——风云二号H星成功定点于东经94.1°，开展在轨测试。

11日

首届长三角三省一市公共机构节能管理创新与发展论坛在沪召开。论坛期间，沪苏浙皖三省一市机关事务管理部门共同签署区域合作备忘录。

嘉定区出台《关于实施“双高”人才计划加快推进科创中心重要承载区建设的若干建设》，加快吸引集聚海内外优秀人才和创新创业团队，力争到2020年全区人才资源总量40万名，人才资本贡献率60%。

12日

市政府召开新闻发布会，市科委主任张全、闵行区区长倪耀明分别介绍《上海市建设闵行国家科技成果转移转化示范区行动方案(2018—2020年)》相关情况。

2018年中国技能大赛——第45届世界技能大赛全国选拔赛开幕式在国家会展中心举行。中共中央政治局委员、上海市委书记李强宣布大赛开幕。人力资源社会保障部部长张纪南，上海市委副书记、市长应勇，世界技能组织主席西蒙·巴特利分别致辞。

上海天文馆(上海科技馆分馆)用钢量2 000多吨的大悬挑结构完成整体卸载施工。标志着上海天文馆所有主体钢结构工程顺利收尾，主体结构施工取得阶段性胜利。

13—15日

2018全球智能+新商业峰会在上海举办。会上，世界人工智能创新大赛正式启动。

14日

甘肃省委书记、省人大常委会主任林铎率团来沪就实施创新驱动发展战略、推动科技创新进行考察，并就深化两地合作交流特别是张江高新技术产业开发区与兰白科技创新改革试验区、兰白国家自主创新示范区有关合作事宜进行对接协商。中共中央政治局委员、上海市委书记李强陪同考察。

2018上海国际人工智能创新应用峰会举办。

《上海国际航运中心建设三年行动计划(2018—2020)》发布。

上海交通大学SJTU-UCLA机器感知与推理联合研究中心揭牌成立。研究中心由上海交通大学和美国加州大学洛杉矶分校共同筹建，将重点推进人工智能在医疗等领域的应用。

中科院上海药物研究所研究员徐华强团队，利用冷冻电镜技术成功解析视紫红质与抑制型G蛋白复合物的近原子分辨率结构，攻克细胞信号转导领域的重大科学难题。研究成果在线发表于《自然》。

14—15日

第10届陆家嘴论坛在沪举行。论坛期间，上海市政府分别与交通银行、中国人寿保险(集团)公司签署战略合作备忘录和战略合作协议。上海银监局与上海保监局联合编制发布《2017年上海市普惠金融发展报告》。

15日

国内首个深远海智慧渔业工厂项目在临港签约。签约仪式上，中船集团公司第七〇八研究所与国家海洋实验室深蓝渔业工程装备联合实验室、上海水产集团有限公司、中国水产科学研究院东海水产研究所、上海临港海洋高新技术产业发展有限公司等单位签署技术合作、产业开发合作协议。

18日

普陀区发布《武宁创新发展轴五年行动计划(2017—2021)》，用目标定位量化指标和34个具体项目勾勒出武宁创新发展轴未来科技创新策源能力增强，科技服务体系完善，各类载体、平台等创新创业要素集聚的新前景。

19日

张江长三角科技城领导小组第一次全体会议在金山区枫泾镇召开，会议听取了张江长三角科技城总体概念规划方案和建设进展情况，研究审议并通过张江长三角科技城领导小组办公室工作报告和相关工作机制。

20日

上海市推进科技创新中心建设领导小组第四次会议举行。中共中央政治局委员、上海市委书记、市推进科技创新中心建设领导小组组长李强主持会议，市委副书记、市长、市推进科技创新中心建设领导小组副组长应勇，市委副书记、市推进科技创新中心建设领导小组副组长尹弘出席会议并讲话。

中国国家认证认可监督管理委员会与上海自贸试验区管委会签署共同推进自贸试验区认证认可检验检测工作合作备忘录。上海自贸试验区"一带一路"技术交流国际合作中心同日揭牌。

智能电力公路"三网融合"平台暨上海国能新能源汽车基地启动仪式在松江经济技术开发区举行,投资200亿元的上海国能新能源汽车项目全球总部正式落户G60科创走廊,智能电力公路"三网融合"平台、国能汽车研究院、AECS电池研究院同时挂牌。

上海市委举行调研协商座谈会,围绕"实施区域协调发展战略,推动长三角一体化发展"主题,听取各民主党派、市工商联和无党派人士的意见建议。中共中央政治局委员、上海市委书记李强主持会议。

21日

国家智能网联汽车产业计量测试中心在沪揭牌。中心以智能网联汽车研发、生产、试验验证等各个环节的计量测试工作为重点,将为中国智能网联汽车产业健康发展提供有效的计量保障。

《中国(上海)自由贸易试验区关于扩大金融服务业对外开放进一步形成开发开放新优势的意见》发布。意见包括25条扩大金融业对外开放的重大举措,将推动上海国际金融中心与上海自贸区建设联动,将自贸区打造成为扩大金融开放的新高地。

22日

完成首飞的2架C919大型客机同时在上海浦东和西安阎良两地开展试飞。

22—23日

浦江创新论坛——2018科技创新智库国际研讨会在沪举行。

26日

由上海电影(集团)有限公司、市科委、全国电影频道联盟等多家单位联合举办的第4届上海国际科普微电影大赛颁奖典礼在上海电影博物馆举行。《彩虹鱼畅游万米深渊极限》《无线电技术发展》等10部作品获得优秀作品奖,另有5部作品分获单项奖及评委会大奖。

27日

《中央上海市关于面向全球面向未来提升上海城市能级和核心竞争力的意见》发布。

2018年度第2次长三角区域创新体系建设联席办公室会议在沪召开。上海市科委牵头苏浙皖三省科技部门专题研讨启动长三角地区集成电路领域科技创新一体化发展规划编制工作。

28日

由上海市人民政府参事室和台湾《旺报》社主办,上海市人民政府台湾事务办公室、上海东亚研究所、中科院上海生命科学研究院协办的"大健康时代:理念、技术与体制"2018年沪台研讨会在沪举行。

7月

2日

澳大利亚新南威尔士大学宣布在上海杨浦区长阳创谷成立新南威尔士大学中国中心。

复旦大学附属中山医院葛均波院士团队完成全球首例经心尖二尖瓣夹合手术,标志着中国二尖瓣反流治疗进入新阶段。

2—5日

第5届地球系统科学大会在沪举行。

3日

国家集成电路创新中心、国家智能传感器创新中心在上海揭牌。工业信息化部副部长罗文,上海市委常委、常务副市长周波为创新中心揭牌并讲话。

4日

上海市调控生物学重点实验室、华东师范大学生命科学学院的叶海峰研究组开发远红光调控的CRISPR-dCas9内源基因转录激活装置,实现利用远红光操纵基因组基因的表达调控,建立远红光调控内源基因表达的技术体系,实现用一束远红光来控制干细胞分化为具有生物功能的神经细胞。研究成果发表于《美国国家科学院院刊》。

由上海奥科赛公司设计和制造的水陆两栖轻型运动飞机——"风翎号"在浦东滴水湖成功首飞,并举办大客户预售签约。

上海市政府与中国宝武钢铁集团有限公司在沪签署加强全面合作,推进吴淞地区整体转型升级合作协议。市委副书记、市长应勇,中国宝武党委书记、董事长陈德荣,市委常委、常务副市长周波出席签约仪式。

5日

由市科委组织开展的2018年上海市优秀科普图书评选结果揭晓。《逻辑:你认为正确,就一定正确吗》等20部图书作品被评为2018年上海市优秀科普图书。

6日

上海交通大学基础医学院黄菊与合作者在大脑如何调控进食的神经环路机制研究中取得新进展,首次发现了小鼠下丘脑结节核的GABA能生长激素抑制素阳性神经元在进食调控中的重要作用,提出了一个全新的进食调控的神经机制。研究结果发表于《科学》。

10日

上海市政府和美国特斯拉公司签署合作备忘录,上海市市长应勇、特斯拉公司董事长兼首席执行官埃隆·马斯克出席并共同为特斯拉(上海)有限公司和特斯拉(上海)电动汽车研发创新中心揭牌。

11 日

浦东新区发布《深入推进张江—临港“双区联动”，打造浦东“南北科技创新走廊”的行动方案》。通过 3 年努力，“南北科技创新走廊”将力争形成生物医药、集成电路、智能网联汽车 3 个“千亿级”产业集群，在人工智能、新一代信息技术、航空航天等领域培育 10 家以上独角兽企业。

中科院上海有机化学研究所周佳海研究组与美国加州大学洛杉矶分校 Yi Tang、Steven Jacobsen 研究组合作，发现一种新型天然产物除草剂 aspterric acid(AA)，AA 通过靶向植物支链氨基酸合成途径中的二羟酸脱水酶而抑制植物生长。研究成果在线发表于《自然》。

12 日

C919 大型客机 102 架机完成首次空中远距离转场飞行，静力试验机通过 2.5 g 机动平衡工况极限载荷静力试验。

上海科技企业孵化 30 周年巡礼暨浦软孵化器 10 周年科创盛典在张江科学城举行。

16 日

中科院上海应用物理研究所研究员樊春海、亚利桑那州立大学颜颢等合作，实现精确可控的 DNA——二氧化硅固态纳米结构的制备。研究成果在线发表于《自然》。

17 日

由上海科技馆、上海博物馆、上海市历史博物馆(上海革命历史博物馆)联合推出的“世纪典藏——上海博物溯源”特展在上海市历史博物馆展出。

由中科院与上海市政府共建三大研究平台——张江药物实验室、G60 脑智科创基地、传染病免疫诊疗技术协同创新平台揭牌成立。揭牌仪式上，松江区政府与中科院脑科学与智能技术卓越创新中心签订战略合作框架协议，奉贤区政府和中科院上海巴斯德研究所签署传染病免疫诊疗技术协同创新平台共建协议。

中国海洋大学、中科院上海药物研究所和上海绿谷制药联合研发的治疗阿尔茨海默病新药甘露寡糖二酸(GV-971)完成临床 3 期试验。

同济大学首次举办专利成果专场竞价(拍卖)会，6 宗专利成果现场竞价拍卖成功，专利成果完成人与竞拍成功的企业当场签约。

19 日

复旦大学生物医学研究院施扬、石雨江研究组揭示糖尿病与癌症之间新通路。研究成果在线发表于《自然》。

20 日

中国第九次北极科学考察队乘“雪龙”号科学考察船，从上海的中国极地考察国内基地码头启程，前往北极执行科考任务。

上海市知识产权服务行业协会成立，副市长陈群为协会揭牌。

复旦大学环境科学与工程系王琳研究组发现并证实了中国典型城市——上海大气中的硫酸-二甲胺-水三元成核现象，揭示了上海大气污染纳米微细粒子形成。研究成果发表于《科学》。

20—23 日

由市教委和市科委联合主办的第 7 届上海国际青少年科技博览会暨“明日科技之星”国际邀请赛在上海展览中心举行。博览会聚焦“科技・创新・梦想”主题，围绕科技创新与未来等内容，开展交流和展示活动。

27 日

上海科技大学物质科学与技术学院左智伟研究组成功发展一种廉价、高效的铈基催化剂和醇催化剂的协同催化体系。研究成果发表于《科学》。

8 月

2 日

中科院分子植物科学卓越创新中心/植物生理生态研究所覃重军研究团队与合作者在国际上首次人工创建单条染色体的真核细胞。研究成果在线发表于《自然》。

3 日

松江、嘉兴、杭州、金华、苏州、湖州、宣城、芜湖、合肥九地政协共商 G60 科创走廊更高质量发展活动在松江举行。活动中，九地政协共同签订《助推 G60 科创走廊更高质量发展共建协议》。

6 日

中科院分子植物科学卓越创新中心/植物生理生态研究所谭安江研究组利用基因定点替换的方法在家蚕丝腺和蚕茧中大量表达蜘蛛丝蛋白。研究成果发表于《美国国家科学院院刊》。

7 日

上海市政府与小米集团在沪签署战略合作框架协议。双方将开展全面合作，共同打造上海消费电子产业生态链集聚区和创新产业新高地，助推上海建设具有全球影响力的科技创新中心。

8 日

总部在上海的矿业上市公司西藏珠峰与上海人工智能企业西井科技签署战略合作协议，将在“一带一路”沿线的塔吉克斯坦联合打造全球首个全局化人工智能矿场。

9 日

中共中央政治局委员、上海市委书记李强专题调研半导体产业发展情况，实地察看集成电路企业，主持召开座谈会深入了解产业发展态势并听取企业意见建议。李强指出，集成电路具有战略性、基础性，上海要坚决贯彻落实习近平总书记重要指示精神，以更坚定的决心、更有力的支持、更务实的举措加快发展，努力打造“上海制造”品牌中具有标杆性的企业,为服务国家发展大局作出更大贡献。

上海科技馆与巴斯夫(中国)有限公司签订战略合作框架意向书,双方将进一步加强馆企合作共建,深度融合双方的资源与优势,为广大青少年打造前沿的化学互动体验,共同推动中国青少年化学学科的科普教育。

上海交通大学物理与天文学院王世勇与合作者基于"自下而上"表面合成途径,通过选择不同分子前驱物,对纳米结构宽度、形状及掺杂实现精确调控,实现原子级精确石墨烯纳米结构。研究成果发表于《自然》。

13 日

小米生态链华东区总部及小米工业设计研究院落户G60科创走廊合作签约仪式在临港举行。根据合作协议,小米集团将携手松江区政府、临港集团,在临港松江科技城打造10万平方米的小米生态链产业园,实现小米生态链高端制造资源在松江的集聚融合,共同打造具有"松江创造"特色的智能产业生态系统和创新发展集群基地。

14 日

上海推进科技创新中心建设办公室召开第七次全体会议,研究部署科技创新中心建设下阶段重点工作。会上,市委常委、常务副市长周波通报了上海科技创新中心建设进展情况。上海市政府与国家电网公司共建的国家电网张江实验室等研究平台揭牌。

14—15 日

上海市委副书记、市长应勇调研科研院所、研发与转化功能型平台和科创企业。应勇指出,上海加快建设具有全球影响力的科技创新中心,科研院所、功能型平台和科创企业发挥着不可或缺的重要作用。

15 日

2018上海市青少年人工智能创新大赛启动,大赛包括Scratch编程大赛、智能驾驶机器人大赛和"创青春"Aipark平台专项大赛。

16 日

由乌鲁木齐市人民政府、上海市科委、上海市对口支援新疆工作前方指挥部、上海市对口支援克拉玛依市前方指挥部共同主办的2018科技援疆交流活动暨沪乌科技成果对接会在乌鲁木齐市召开。

中国首艘自主建造的极地科学考察破冰船"雪龙2"号完成全部主船体的结构合拢。

20—24 日

市科委组织上海科普工作者赴西藏自治区参加由科技部主办的2018年科普援藏活动。

22 日

第8届全球创业周校园中心高峰论坛开幕,来自全国近200所高校的约80名创业社团负责人参加。

23 日

上海科技大学iHuman研究所的科研团队成功解析首个人源卷曲受体三维精细结构,揭示卷曲受体在无配体结合情况下特有的"空口袋"结构特征及其有别于以往解析的G蛋白偶联受体的激活机制。研究成果在线发表于《自然》。

24 日

由市科协、市文广局、市科委、上海科技馆共同主办的第5届上海国际科普产品博览会在上海展览中心开幕。来自10多个国家和地区的3 500多件展品亮相。

市科委组织12家相关机构和企业,参加在辽宁省大连市举办的2018年中国国际专利技术与产品交易会。

中科院上海有机化学研究所袁钧瑛研究组研究发现,RIPK1的活化可以在神经退行性疾病小鼠模型中以及人类阿尔茨海默病和脊髓侧索硬化的疾病样本中检测到。同时,抑制RIPK1活性可以减轻神经退行性疾病小鼠模型中的炎症及神经细胞死亡。研究成果在线发表于《细胞》。

上海纽约大学Pilkyung Moon与韩国成均馆大学Sung Joon Ahn、Hyun-Woo Kim等合作,通过外延生长方式,制备出大面积、具有十二边形准晶序的石墨烯,精准控制2层石墨烯之间扭转角30°。研究成果以封面文章形式发表于《科学》。

25 日

上海天文馆(上海科技馆分馆)在上海自然博物馆举行新闻发布会,宣布中国首次完整回收陨石坑、首次获得西双版纳目击陨石全记录实证,形成火流星目击视频-陨石主体-主体陨石坑-科研成果-科普讲座-博物馆收藏的完整实证。

27 日

2018年国际量子密码会议在沪开幕。这是国际量子密码会议首次在中国举行。

由市科委主办、上海科学技术交流中心承办的2018在沪外资研发中心座谈交流活动举行。市科委副主任傅国庆出席并讲话。

29 日

2017年度上海金融创新奖获奖项目揭晓。64个上海金融市场的创新项目获奖,包括金融创新成果奖55项、金融创新推进奖9项,其中,"信托登记系统""债券通"2个项目获2017年度上海金融创新成果奖特等奖。

李政道研究所实验楼建设在张江科学城启动,规划总用地面积约41亩,总建筑面积约56 000 m^2,预计2020年6月完成基本建设。

31 日

复旦大学生命科学学院聂明研究组发现气温上升是导致大气CO_2浓度升高背景下C4光合作用植物逐渐占优势的原因,表明将多重气候变化因子纳入到植物生产力模型和全球碳模型或将对预测未来气候变化具有重要指导意义。研究成果在线发表于《科学》。

复旦大学化学系周鸣飞研究组发现,主族的碱土金属元素钙、锶和钡可形成稳定的八羰基化合物分子,满足18电子规则,表现出了典型的过渡金属成键特性。研究成果发展于《科学》。

9月

4日

《柳叶刀》发表上海微创医疗器械(集团)有限公司自主研发的 Firehawk(火鹰)冠脉雷帕霉素靶向洗脱支架系统在欧洲大规模临床试验的研究结果,试验结果证明 Firehawk 仅需同类产品 1/3 的全球最低载药量,就可达到与国际顶尖的 XIENCE 支架同等的安全性和有效性。

7日

2018 中国(上海)区块链技术创新峰会暨 2018 中国(上海)大数据产业创新峰会在杨浦区举行,会议发布《2018 上海区块链技术与应用白皮书》。

9日

第 3 届未来科学家大奖获奖名单在北京揭晓。中科院上海有机化学研究所马大为获物质科学奖。

10日

中船集团公司第七〇八研究所和芬兰阿克北极公司联合完成的中国第 1 艘自主建造级地科学考察破冰船“雪龙 2”号在上海江南造船长兴基地下水。

2018 中国(上海)国际嵌入式大会在上海举行。

11日

由中国工程院、中国医学科学院和美国国立卫生研究院临床研究中心联合主办的国际临床和转化医学论坛在上海举行。

12日

平方公里阵列射电望远镜(SKA)前期数据处理系统建设和相关科学预研在上海正式启动。

由同济大学、中科院控股、上海杨浦区政府、上海市经信委联合主办的中国(上海)新技术发展与应用论坛在同济大学举办。

13日

中科院上海药物研究所耿美玉、丁健和谭敏佳研究组合作研究,揭示在实体瘤中决定组蛋白甲基转移酶 EZH2 抑制剂疗效的核心机制,提出新的肿瘤分群策略和联合用药方案,为 EZH2 高表达肿瘤患者的个性化治疗指明方向。研究成果发表于《细胞》。

沪东中华造船(集团)有限公司为中国水产科学研究院建造的 3 000 吨级海洋渔业综合科学调查船“蓝海 101”“蓝海 201”下水。

上海人工智能企业——西井科技发布了其自主研发的 Q-Truck 无人驾驶电动重型卡车。

14日

中国工程物理研究院与市临港地区管委会签订协议,朱光亚战略科技研究院落地临港。

15—21日

2018 年上海市全国科普日活动举行。活动围绕“创新引领时代、智慧点亮生活”主题,凸显“四个注重”:注重全城参与、注重跨界融合、注重弘扬科学精神、注重提升科普智慧生活。

17日

中共中央政治局委员、国务院副总理刘鹤在上海调研科技创新工作。刘鹤强调,要贯彻落实习近平总书记关于科技创新的重要论述,实施创新驱动发展战略,创造公平竞争的市场环境和良好创新氛围,充分发挥企业家、科研人员等微观主体在科技创新中的重要作用。

第 2 届中瑞(国际)石墨烯创新高峰论坛在上海大学举行,中瑞石墨烯创新中心揭牌。

17—19日

由国家发展改革委、科技部、工业和信息化部、国家互联网信息办公室、中科院、工程院和上海市政府共同主办的 2018 世界人工智能大会在沪举行,主题为“人工智能赋能新时代”。会上,发布《关于加快推进人工智能高质量发展的实施办法》,办法包含 22 条人才建设、数据开放与应用、产业协同、产业布局、政府引导及投融服务的政策支持。

18—19日

由上海市政府、工业和信息化部共同主办的 2018 世界智能网联汽车大会在上海嘉定汽车会展中心举行。

18—21日

国家副主席王岐山在江苏和上海调研。调研中科院上海光学精密机械研究所、上汽集团、GE 中国科技园、中国商飞设计研发中心等科研院所、企业和产业园区,考察科学研究、技术创新、市场经营、中外合作等情况。

19—23日

第 20 届中国国际工业博览会在上海国家会展中心举行。以“创新、智能、绿色”为主题。展会规模 28 万平方米,展位 13 000 余个,参展企业 2 600 余家。其中,由科技部和上海市科委组织的“创新科技馆”共设置八大专业展,全方位展示高端制造、新材料、新一代信息技术等领域的科技成就。

21日

上海市突出贡献专家协会国际技术转移中心揭牌。

“创·三十年”上海科技企业孵化器发展论坛暨表彰大会在上海科技馆举行。

25日

上海市科学技术协会第十次代表大会召开。中共中央政治局委员、上海市委书记李强出席开幕式并致辞,中国科协党组书记、常务副主席、书记处第一书记怀进鹏到会并讲话,上海市领导应勇、殷一璀、尹弘、周波、高小玫、方惠萍出席会议。

第 15 届上海市科技精英奖揭晓,上海交通大学医学院附属瑞金医院的王卫庆、上海长征医院的王林辉、上海交通大学的朱向阳等10人获第15届上海市科技精英称号。

26日

中国第9次北极科学考察队昨天顺利返回上海。"雪龙"号船于2018年7月20日从上海出发,历时69天。此次考察将业务化监测项目和科研项目相结合,实施了88个海洋综合站位和10个冰站的考察。首次成功布放中国自主研发的"无人冰站"、水下滑翔机、爬升式海洋剖面浮标等无人值守观测装备,使中国的北冰洋考察从夏季延续到了冬季。

第3届中国创新挑战赛(上海)暨首届长三角国际创新挑战赛企业创新需求全球发布会在沪举行。

27日

上海市推进"一带一路"建设工作领导小组(扩大)会议召开。

上海市政府与科大讯飞股份有限公司签署战略合作框架协议。根据协议,上海市与科大讯飞公司将围绕教育、医疗、智慧城市、汽车电子等领域开展人工智能应用示范和产业化落地等合作。同时,科大讯飞还与长宁区政府签署了合作协议,科大讯飞有关业务总部和人工智能研究院将落地长宁。

上海首条燃料电池公交线路在嘉定上线,6辆申沃牌燃料电池城市客车将投入嘉定114路的运营。

28日

上海交通大学医学院附属第九人民医院上海精准医学研究院雷鸣、武健联合中科院大连化学物理研究所李国辉合作,揭示了真核生物中tRNA前体5′端的加工成熟机制。研究成果发表于《科学》。

29日

上海超算兰州新区先进计算分中心挂牌成立,该中心将被打造成为中国西部地区先进计算创新资源、产业吸收和汇聚的平台。

上海推进科技创新中心建设办公室揭牌。

12时13分,微厘空间一号试验卫星搭载快舟一号甲固体运载火箭在酒泉卫星发射中心发射升空并成功送入预定轨道。其中,微厘空间一号试验卫星由中科院微小卫星创新研究院研制。

10月

9日

上海安必生制药技术有限公司获得上海首张药品研发企业上市许可人营业执照。

中科院上海光学精密机械研究所薄膜光学实验室研制的激光反射薄膜元件获2018年基频激光反射薄膜元件激光损伤阈值国际竞赛冠军,损伤阈值高出第2名20%。

9—15日

2018年全国"大众创业万众创新活动周"上海分会场活动在杨浦区启动,活动主题为"高水平双创,高质量发展",包括上海双创成果展、亚洲智能硬件大赛、2018年创客节、"创青春"上海青年创业分享季、走进科学家论坛等。

10日

首届G60科创走廊人才峰会举行。会议发布《共建共享G60科创走廊人才新高地行动方案》。

11日

由中科院主办的纪念严东生同志诞辰100周年座谈会在中科院上海硅酸盐研究所召开。

海军军医大学曹雪涛研究组揭示干扰素受体IFN-γR2从胞内合成并转运到细胞膜上形成功能性受体的关键途径,为巨噬细胞激活与炎症疾病发生与治疗提供了新思路。研究成果发表于《细胞》。

14—15日

市科委主任张全一行赴遵义调研并出席沪遵科技对口合作示范点——沪遵共建生物医药协同创新中心、国家技术转移东部中心遵义分中心、沪遵共建科技兴农乡村振兴实践基地、沪遵共建临床医学协同创新中心的揭牌仪式。

15日

以"聚能量,再起航"为主题的中科创新空间启动仪式在张江举行,标志着聚焦于航空、航天领域的科创孵化平台正式落户张江。

12时23分,在西昌卫星发射中心用长征三号乙运载火箭(及远征一号上面级),以"一箭双星"方式成功发射第39、40颗北斗导航卫星。此次发射的北斗导航卫星和配套运载火箭(及远征一号上面级)分别由中科院微小卫星创新研究院和中国航天科技集团有限公司运载火箭技术研究院抓总研制。

中科院上海药物研究所果德安获2018年中国标准创新突出贡献奖。

17日

2018秋季草坪音乐会在上海科学会堂举行,中科院院士和工程院院士200余人次及科技工作者8 600余人次参与活动,一大批科学家和艺术家联袂献演。

上海工程技术大学举办人工智能创新论坛,人工智能产业研究院揭牌成立。

上海交通大学医学院郑俊克研究组与合作者研究发现新型免疫抑制性分子——白细胞免疫球蛋白类受体B4(LILRB4),揭示LILRB4信号通过抑制T细胞抗肿瘤活性和促进肿瘤侵袭促进急性髓细胞白血病发生。研究成果在线发表于《自然》。

18日

华力2期12英寸先进生产线建成投片。

19日

由文化和旅游部主办,上海市政府承办的第20届中国上海国际艺术节开幕。中共中央政治局委员、上海市委书记李强出席开幕式，文化和旅游部部长雒树刚致辞并宣布开幕，上海市市长应勇致辞。

上汽大众国内首座新能源汽车工厂在嘉定安亭开工建设。工厂项目总投入 170 亿元，规划年产能 30 万辆，预 2020 年 10 月建成投产。

22 日

2018 第 5 届上海军民两用技术促进大会在上海跨国采购会展中心举行。会上，《上海空间信息领域发展(2018—2035)白皮书》发布。

由市科协主办的第 20 届中国工博会科技论坛·院士圆桌会议在上海科学会堂举行，国内外 10 余位院士专家围绕“大科学装置群与上海科技创新中心建设”主题发表观点。

23 日

上海市智能网联汽车道路测试推进工作小组向上海图森未来人工智能科技有限公司、初速度(上海)汽车技术有限公司颁发智能网联汽车道路测试牌照。由此，上海成为国内首个颁发自动驾驶卡车道路测试牌照的城市。

蒋华良院士工作站在徐汇区中心医院正式揭牌。工作站将以中科院上海药物研究所的创新药物研发为基础，通过早期临床研究为药物剂型的创新研发及剂量的选择提供可靠的依据。

复旦大学物理学系张远波研究组发现一种磁性二维材料 Fe_3GeTe_2，为研究二维巡游磁性提供理想体系。研究成果发表于《自然》。

24 日

市科委主任张全会见来访的法国巴斯德研究所董事会主席维古鲁(Christian Vigouroux)一行，双方就中科院上海巴斯德研究所如何深度融入上海科技创新中心建设开展交流和讨论。

由市科协、李政道研究所、中科院上海光学精密机械研究所联合主办的 2018 年诺贝尔物理学奖深度解读报告会举行。

25 日

上海科技大学免疫化学研究所饶子和研究组基于分枝杆菌能量代谢系统呼吸链超级复合物高分辨率(3.5 Å)冷冻电镜结构，揭示生命体内一种新的醌氧化与氧还原相偶联的电子传递机制。研究成果在线发表于《科学》。

同济大学医学院、同济大学附属肺科医院戈宝学研究组，同济大学生命科学与技术学院、同济大学附属第一妇婴保健院毛志勇研究组研究发现 cGAS 酶有促癌风险。研究成果在线发表于《自然》。

6 时 57 分，海洋二号 B 星搭载长征四号乙运载火箭在太原卫星发射中心成功发射，这是中国长征系列运载火箭的第 288 次飞行，也是上海航天抓总研制的长征系列火箭第 100 次发射。

26 日

上海交通大学医学院附属第九人民医院雷鸣研究组揭示人源关键核酶 RNase P 催化 tRNA 前体加工成熟分子机制。研究成果发表于《细胞》。

28 日

复旦大学附属中山医院宣布：经过 1 500 多例临床验证，国产首台一体化 PET/MR 获国家药品监督管理局认证，正式推向市场。

29 日

上海交通大学金贤敏研究团队研制出全球首个基于光子集成芯片的物理系统可扩展的专用光量子计算原型机。研究成果发表于《自然光子学》。

由上海市科学学研究所组织开展的《2018 上海科技创新中心指数报告》在浦江创新论坛发布。2017 年上海科技创新中心指数综合分值 255.12，比上年增长 30.2 分，增长率 13.4%。

上海交通大学知识竞争力与区域发展研究中心研制的《2018 亚太知识竞争力指数》在浦江创新论坛发布。上海连续 6 年跻身前 10，排名第 5。

《2018 全球科学家“理想之城”调查报告》在浦江创新论坛发布。上海已成为全球科学家首选的中国工作城市。

29—31 日

由上海市政府主办，市临港地区管委会、上海临港经济发展(集团)有限公司、市科协等承办的世界顶尖科学家论坛(上海·滴水湖)在临港举行。

29 日—11 月 1 日

由科技部和上海市政府共同主办的 2018 浦江创新论坛在上海举行。论坛主题为“新时代创新发展与供给侧结构性改革”，由 1 场全体大会、4 场特别论坛、11 场专题论坛组成。论坛的主宾国为葡萄牙共和国，主宾省为广东省。

30 日

科技部与上海市政府在沪举行 2018 年部市工作会商会议，深入学习贯彻习近平总书记关于科技创新的重要论述，专题研究进一步深化部市科技合作，加快推进上海具有全球影响力的科技创新中心建设。中共中央政治委员、上海市委书记李强、科技部部长王志刚出席会议并讲话。会后，部市双方签署了《部市工作会商制度议定书(2018—2022 年)》《关于推进国家科技成果转化引导基金和上海科创中心股权投资基金运作的战略合作协议》。

在 2018 浦江创新论坛·创业者论坛上，胡润百富与市科委合作发布《2018 年上海市众创空间发展白皮书》。

31 日

在浦江创新论坛·科技服务业论坛——全球技术转移大会上，胡润研究院首次发布《2018 胡润上海科技服务机构榜》，15 家机构分获“领军五强”和“新锐十强”，10 位上海科技服务技术经理人则获评 Top10。

由科技部、市科委和葡萄牙驻华使馆共同主办的中葡科技创新合作研讨会在上海举行。以“中葡科技创新合作的未来展望”为主题,是 2018 浦江创新论坛的重要组成部分。

11 月

2 日

上海光源 2 期首条光束线站硬 X 射线通用谱学线站 BL11B 出光。

中国第 35 次南极考察队乘坐“雪龙”号科考船,离开位于上海的中国极地考察国内基地,前往南极执行科学考察任务。考察将开展恩克斯堡岛新站建设、泰山站 2 期工程收尾、中国首个南极永久机场建设等工作。

中科院上海天文台王仲翔研究组发现一个编号为 PKS 2247-131 的耀变体发出的伽马射线辐射,规律性地变亮变暗,每一个多月变化一次。此次发现是迄今为止费米卫星观测到的唯一一次周期为月级的准周期振荡事例。研究成果发表于《自然通讯》。

3 日

中共中央政治局委员、上海市委书记李强前往中船重工第七〇四研究所、中科院神经科学研究所调研有关国家重大科技项目推进情况,听取对上海加快科技创新中心建设的意见建议。

5 日

中共中央总书记、国家主席、中央军委主席习近平在首届中国国际进口博览会开幕式上宣布,将增设中国上海自由贸易试验区的新片区,将在上海证券交易所设立科创板并试点注册制,以及支持长江三角洲区域一体化发展并上升为国家战略三大新的决定。

上海市政府与以色列科技部在沪签署关于开展科技合作的备忘录,双方将围绕多个领域开展科技创新合作。上海市市长应勇、以色列科技部部长奥菲尔·阿库尼斯代表双方签约。

上海市政府与世界知识产权组织在沪签署《关于在知识产权领域发展合作的谅解备忘录的补充协议》。国家知识产权运营公共服务平台国际运营(上海)试点平台同时揭牌。

上海交通大学医学院附属仁济医院消化科许杰团队揭示肿瘤免疫治疗的靶标程序性死亡配体-1 的调控机制,并设计新的靶向方法,研究结果发表于《自然化学生物学》。

5—10 日

首届中国国际进口博览会在上海国家会展中心举行,中共中央总书记、国家主席、中央军委主席习近平在开幕式上发表主旨演讲。在上海考察期间提出,要在提升配置全球资源能力上下功夫,在增强创新策源力上下功夫,加快建设现代化经济体系。

6 日

2018 年度何梁何利基金颁奖大会在北京举行。56 位科学家获奖,上海 3 位科技工作者获奖,同济大学陈杰院士、上海大学张统一院士获科学与技术进步奖,中科院上海药物研究所吴蓓丽获青年创新奖。

6—9 日

由联合国工业发展组织上海全球科技创新中心、《理财周刊》和中国产业升级网共同主办的第 2 届国际科创园区(上海)博览会在沪举行。

7 日

中国合格评定国家认可委员会上海服务平台在沪揭牌,并落户浦东张江科学城。

上海市委办公厅、市政府办公厅联合印发《关于深化审评审批制度改革鼓励药品医疗器械创新的实施意见》。

工程院院士、复旦大学基础医学院教授闻玉梅获第 8 届中国免疫学终身成就奖。

8 日

首届中国国际进口博览会 G60 科创走廊九城市扩大开放政策发布会举行。会上,九城市政府主要领导共同发布《G60 科创走廊九城市协同扩大开放促进开放型经济一体化发展的 30 条措施》。

13 日

中科院上海药物研究所谭敏佳研究组与复旦大学中山医院内分泌科教授李小英团队合作,鉴定去泛素化酶 USP14 的底物靶蛋白,阐明 USP14 在非酒精性脂肪肝发生发展中作用机制。研究成果发表于《自然通讯》。

13—18 日

由上海市大学生科技创业基金会主办的 2018(第 12 届)创业周暨全球创业周中国站在杨浦区上海国际时尚中心举行。

14 日

浦东新区政府与上海证券交易所举行长三角资本市场服务基地揭牌仪式,并签署战略合作备忘录和基地共建协议。服务基地将落户张江科学城。

由科技部与深圳市政府联合举办的第 20 届中国国际高新技术成果交易会在深圳会展中心开幕。市科委组织的 22 家单位近 50 个项目组成的上海展团,重点展示了一批上海在智能制造与信息技术、绿色能源与新材料技术领域中具有自主知识产权的创新成果与产品。

由上海红神信息技术有限公司、上海红阵信息技术有限公司、复旦大学等单位牵头研制的通用拟态大数据平台,入选工信部确定的 2018 年大数据产业发展试点示范项目,将为中国在大数据分析挖掘领域实现高效能和高安全提供原创性技术路径。

15 日

第 7 届创业服务新业态论坛暨长三角双创生态峰会在上海举行。

16 日

美国国家标准与技术研究院公布了全球人脸识别算法测试结果，上海依图网络科技有限公司的算法继续保持第一，在千万分之一误报下的识别准确率超过 99%，排名第二的算法也来自上海依图网络科技有限公司。

中科院上海药物研究所王逸平被追授“时代楷模”称号。

17—23 日

第 4 届上海国际自然保护周举行，以“保护生态环境、共建美丽家园”为主题，整合优质科普教育资源，推出适合公众广泛参与的九大主题活动。

18 日

2018 年未来科学大奖颁奖典礼在北京举行。中科院上海有机化学研究所马大为、四川大学冯小明院士、南开大学周其林院士因发明新催化剂和新反应的创造性贡献，为合成有机分子特别是药物分子提供了新途径，获物质科学奖。

19 日

第 11 届谈家桢生命科学奖颁奖典礼在中南大学举行，上海 4 人获奖。其中，中科院院士、复旦大学副校长金力获谈家桢生命科学成就奖；生物芯片上海国家工程研究中心主任、上海芯超生物科技有限公司总经理部恒骏获谈家桢生命科学产业化奖；中科院生物化学与细胞生物学研究所刘默芳、中科院神经科学研究所孙强获谈家桢生命科学创新奖。

20 日

中科院上海营养与健康研究所潘巍峻研究组在国际上首次通过高清晰成像解析了造血干细胞在生物体内归巢的完整动态过程，研究成果在线发表于《自然》。

7 时 40 分，中科院微小卫星创新研究院研制的软件定义卫星及上海欧科微航天科技有限公司研制的“嘉定一号”卫星在酒泉卫星发射中心搭载长征二号丁型火箭成功发射，同时搭载发射的还有试验六号卫星及天平一号 A 星、B 星。

22 日

市政府举行新闻发布会，介绍《关于加快本市高新技术企业发展若干意见》。意见提出到 2020 年，全市有效期内高新技术企业总量达到 1.5 万家左右，营业收入超过 3 万亿万，利润总额达到 2 800 亿元，研发费用投入超过 2 000 亿元；到 2022 年，全市有效期内高新技术企业总量超过 2 万家，涌现出一批具有国际竞争力的高新技术领导企业。

24 日

中科院上海药物研究所李亚平获第 19 届吴阶平-保罗·杨森医学药学奖。

25 日

由上海交通大学材料科学与工程学院研发团队自主研发的稀土改性高纯度蓝宝石原料中试项目正式投产，生产线首次产出 5N(纯度大于 99.999%)高纯氧化铝产品。

25—30 日

在芝加哥召开的北美放射学年会(RSNA)上，上海 AI 企业依图科技正式发布全球首个基于医疗人工智能技术的癌症筛查智能诊疗平台及 care.aiTM 胸部 CT 智能 4D 影像系统。

27 日

上海市政府与百度公司在沪签署战略合作框架协议。中共中央政治局委员、上海市委书记李强，市委副书记、市长应勇会见了百度公司董事长兼首席执行官李彦宏一行。

杨浦区政府、宝山区政府分别与百度签署战略合作协议，将在人工智能、云计算等领域展开深度合作，打造杨浦人工智能特色产业集聚区，共建宝山智能城市示范区和人工智能产业集聚高地。

28 日

同济大学生命科学与技术学院高绍荣研究组与中科院生物物理研究所朱冰研究组合作，发现卵细胞基因组 DNA 甲基化水平正常建立的首个保障因子 Stella。Stella 蛋白保护了卵细胞基因组独特的低甲基化特征，确保了母源基因在早期胚胎中的正确表达和早期胚胎的正常发育。研究成果在线发表于《自然》。

28—30 日

首届长三角科技交易博览会在上海嘉定举行，旨在搭建长三角科技创新合作交流平台。

29 日

中科院生物化学与细胞生物学研究所许琛琦研究团队揭示人体免疫系统“刹车分子”PD-1 的降解机制，以及该机制在肿瘤免疫反应中的功能。研究成果在线发表于《自然》。

30 日

中共中央政治局委员、上海市委书记李强在复旦大学调研高校智库建设并主持召开座谈会，围绕贯彻落实习近平总书记在首届中国国际进口博览会开幕式上的主旨演讲和考察上海时的重要讲话精神，听取专家学者的意见建议。

上海和兰透平动力技术有限公司在嘉定工业区举行国产 ZK2000 系列燃气轮机首台机组发运仪式，产品将被运往国家电投上海电力股份有限公司位于上海前滩的分布式能源站项目现场进行示范运行。

由上海航天技术研究院抓总研制的风云三号 D 星、风云二号 H 星双星同时在轨交付中国气象局使用。

12 月

4 日

大洋钻探 50 年报告会暨专著首发仪式在上海科学会堂举行。报告会邀请中科院院士、同济大学汪品先教授，华东师范大学高抒教授，同济大学翦知湣教授专家，分别讲述了大洋钻探计划、中国参加大洋钻探计划以来的进展和南海大洋钻探有关情况，并就大洋钻探的基础研究、技术发展和应用等话题进行交流探讨。

“彩虹鱼”2018 马里亚纳海沟海试与科考团队在西太平

洋第一个深海站位成功进行基于中国北斗卫星通信系统的4 500米级大深度剖面浮标海试。

5日

市政府办公厅发布《促进上海市生物医药产业高质量发展行动方案(2018—2020年)》。方案提出到2020年,上海市生物医药产业规模达到4 000亿元;申报上市药品50个以上,申报上市三类医疗器械产品100个以上;创新能力保持全国领先地位,基本建成亚太地区生物医药产业高端产品研发中心、制造中心、研发外包与服务中心和具有全球资源配置能力的现代药品和高端医疗器械流通体系。

6日

徐汇区发布《关于建设人工智能发展新高地打造徐汇高质量发展新引擎的实施办法》,将围绕徐汇滨江和轨交15号线形成“U”字形人工智能产业布局,同时从制度供给、空间规划、应用示范、人才服务等4方面建设上海人工智能新高地。

杨浦区发布《关于全面提升服务效能,打造民营经济创新活力高地的行动计划》,围绕激发民营企业创新活力的目标,从降低经营成本、完善保障措施、打造全生命周期投融资体系和依法保护民企合法权益等七大方面提出26条政策举措,全力支持民营经济发展。

9日

第5届中国工业大奖发布会在北京人民大会堂举行,上海航天技术研究院抓总研制的风云系列气象卫星获中国工业大奖。

12—13日

以“智能引领安全服务升级”为主题的FIT2019互联网安全创新大会在沪举办。

15日

2018年上海科普教育创新奖颁奖典礼在上海儿童艺术剧场举行。植物生理学家、中科院植物生理生态研究所许智宏院士,泌尿外科专家、海军军医大学校长孙颖浩院士获科普杰出人物奖。

16日

由沪苏浙皖四地欧美同学会联合举办的首届长三角海归青年创新创意创业高峰会议在沪举行。

17日

上海推进科技创新中心建设办公室召开第八次全体会议,总结2018年科技创新中心建设情况,研究2019年总体工作安排。市委副书记、市长应勇,国家发展改革委副主任林念修共同主持会议并讲话。

以“共享科创机遇,共创美好未来”为主题的2018年沪港青年科技创新论坛在沪开幕。上海市科委与沪港经济发展协会签署《关于加强沪港创新科技合作交流的协议》。

中科院分子植物科学卓越创新中心/植物生理生态研究所覃重军团队与合作者在前期研制酿酒酵母细胞单条线型染色体基础上,创造一种新的酵母菌株,其仅含有一个单一的环型染色体。研究成果发表于《细胞研究》。

上海自主智能无人系统科学中心在同济大学揭牌成立。

上海君实生物医药科技有限公司自主研发的PD-1单抗新药“特瑞普利单抗注射液”获国家药监局上市批准,成为首个上市的国产PD-1单抗药。

18日

复旦大学物理学系修发贤研究组在拓扑半金属砷化镉纳米片中观测到由外尔轨道形成的新型三维量子霍尔效应的直接证据,迈出从二维到三维的关键一步。研究成果在线发表于《自然》。

市科技两委与浦发银行上海分行签订党建共建及战略合作协议,提升服务上海科技创新中心建设能级。

中科院上海药物研究所赵强获2018药明康德生命化学研究奖学者奖。

20日

2018长三角人工智能峰会暨创新创业论坛在上海交通大学举办,旨在探讨和推动以上海为龙头的长三角地区,在人工智能落地大潮下的产业升级、人才培养与创新创业。

第3届中国创新挑战赛(上海)暨首届长三角国际创新挑战赛、第3届中国创新挑战赛(昆山)联合现场赛在闵行国家科技成果转移转化示范区举办。

25日

上海国际航运中心洋山深水港4期工程正式通过上海市交通委组织的竣工验收。经核定,码头靠泊能力为15万吨级。

中科院神经科学研究所、复旦大学附属华山医院与上海市上海中学共同举行“创新素养培育脑科学与人工智能实践”项目签约及揭牌仪式。

26日

在教育部公布的2018年度中国高等学校十大科技进展中,上海交通大学船舶设计研究所杨启团队领衔的“海上大型绞吸疏浚装备的自主研发与产业化”项目入选。

27日

上海市青少年科学创新实践工作站项目总结活动在上海中医药大学举行,同时,项目新增华东师范大学地理学、同济大学物理学实践工作站;上海科技馆、上海动物园和上海植物园(试点初中实践工作站),并举行授牌仪式。

29日

市政府办公厅印发《上海市深化科技奖励制度改革的实施方案》。

6颗云海二号卫星和鸿雁星座首颗试验星搭载长征二号丁运载火箭(及远征三号上面级)在酒泉卫星发射中心发射。此次发射的远征三号上面级和长征二号丁火箭均由上海航天技术研究院抓总研制。

附　录

附　录

科技政策与法规

《上海市人民政府关于加快本市高新技术企业发展的若干意见》

沪府发〔2018〕40号
(2018年11月3日)

一、总体要求

(一) 指导思想

以习近平新时代中国特色社会主义思想为指导,全面贯彻落实党的十九大精神,大力实施创新驱动发展战略,围绕建设具有全球影响力的科技创新中心,积极营造一流营商环境,加快完善创新生态系统,全面增强高新技术企业创新实力和市场竞争力,推动本市高新技术企业成为打响"四大品牌"、率先实现高质量发展的重要生力军。

(二) 基本原则

——坚持提质增量。支持科技型中小企业发展壮大,扩大高新技术企业后备队伍,在提升高新技术企业发展质量的同时,不断扩大企业数量规模。

——坚持发挥市场作用。既注重发挥政府的引导作用,更要充分发挥市场力量和各类社会主体的作用,积极支持高新技术企业发展和壮大。

——坚持放管服结合。提升政府公共服务水平,优化高新技术企业认定服务机制和工作流程,提升服务科技型企业创新发展的能力。

——坚持市、区联动。建立健全市、区之间沟通协调和工作协同机制,发挥各区在引进、培育和扶持高新技术企业发展中的主体作用,形成推动高新技术企业发展的强大合力。

(三) 工作目标

到2020年,全市有效期内高新技术企业总量达到1.5万家左右,营业收入超过3万亿元,利润总额达到2 800亿元,研发费用投入超过2 000亿元;到2022年,全市有效期内高新技术企业总量超过2万家,涌现出一批具有国际竞争力的高新技术领军企业。

二、重点措施

(一) 实施高新技术企业培育工程

1. 建立高新技术企业培育库。参照国家高新技术企业的认定标准,围绕本市重点产业发展领域,以及科技与产业发展新业态、新模式,由市科技、财政和税务等相关部门制定本市高新技术企业培育入库标准和实施细则,将主营业务收入符合国家支持高新技术领域范围、拥有自主知识产权且研发投入不低于3%、科技人员占企业职工总数的比例不低于5%、高新技术产品服务收入占总收入的比例不低于40%等标准的科技型中小企业,纳入高新技术企业培育库。对在高新技术领域有重大、特色创新的企业,可一事一议。凡入库培育企业实行动态管理、跟踪服务,形成"发现一批、服务一批、推出一批、认定一批"的培育机制。

2. 完善高新技术企业培育体系。遵循企业成长规律,构建完善"科技创业团队—初创期科技型企业—高新技术入库培育企业—高新技术企业"的科技企业培育链。实施"大众创业、万众创新"升级版,举办创业大赛,鼓励和支持科技创业,为创业团队提供孵化服务,在登记注册等方面提供便利。支持初创期科技型企业发展,创新服务方式和手段,引导社会资本支持企业发展,提升初创期科技型企业持续发展能力,增加高新技术企业源头供给。

3. 优化高新技术企业培育载体。发挥科技园区、工业园区和经济开发区等企业培育载体的作用,提升孵化器(含众创空间)、大学科技园、文化创意园区等服务科技创业团队、初创期科技型企业的能力和水平。符合条件的孵化器(含众创空间)、大学科技园可享受免征房产税、增值税等优惠政策。加强市区联动,开展"创新创业集聚区"建设试点,鼓励有条件的区建设产业特点清晰、创新资源丰富、技术支撑有力、孵化服务完善、生活配套齐全的高新技术企业集聚区。

(二) 提升高新技术企业创新能力

1. 增强高新技术企业研发实力和水平。全面推进高新技术企业技术创新体系及研发机构建设,优先在高新技术企业和入库培育企业中建设工程技术中心、企业重点实验室、企业技术中心。鼓励支持高新技术企业和入库培育企业参与重大工程建设、重大产业技术研发、重大技术装备研发和行业共性技术的攻关等;支持高新技术企业和入库培育企业申报各类科技和产业化专项资金和计划。

2. 推动产学研协同创新。建立完善科研人员校企、院企共建双聘机制,鼓励科技人员面向企业开展技术开发、技术咨询、技术服务、技术培训等服务;支持高新技术企业和入库培育企业与高校、科研院所共建概念验证、熟化孵化等技术转化平台。完善科技资源开放共享机制,落实成果转化相关政策,支持和鼓励科技人员离岗创业实施科技成果转化或以转让的方式支持企业提升技术创新能力。

3. 加强高新技术企业人才培育和集聚。面向高新技术企业发展需求，本市各类科技创业人才计划向高新技术企业倾斜，为符合条件的高新技术企业高层次人才申报职称提供绿色通道，推动创新人才向高新技术企业集聚。高新技术企业紧缺急需的具有本科及以上学历并取得相应学位的专业技术人员、管理人员和创新团队核心成员可申办本市常住户口。

4. 加快创新产品应用推广。完善支持创新和中小科技企业的政府采购政策，实施创新产品政府首购、订购和“三首”（装备首台套、材料首批次、软件首版次）等非招标方式的应用示范等政策，推动高新技术企业创新技术及产品的应用推广。鼓励大企业以“众研、众包、众筹”等开放创新方式，支持和帮助科技型中小企业围绕大企业创新需求开展研发，提升创新能力和创新产品应用。

（三）优化创新政策环境

1. 创新财政投入方式。实施高新技术企业财政扶持政策，对入库培育企业给予一次性资金支持，支持额度按照企业上一年度发生的研发费用10%确定，最低20万元，最高200万元。加大“科技创新券”和“四新券”的使用力度并扩大支持范围，支持更多的高校、科研院所和科技中介服务机构、创业服务机构为初创期科技型企业、科技型中小微企业提供研发与转化服务。

2. 优化科技金融生态。建设完善科技金融信息服务平台，推广小巨人贷、履约贷、微贷通等科技金融创新产品，不断拓宽高新技术企业融资渠道。在高新技术企业认定的同时，鼓励商业银行为符合条件的企业提供主动授信，并结合风险补偿、政策性融资担保等方式，着力解决企业融资难、融资贵问题。加快发展各类创新创业投资基金和产业基金，放大政府引导基金的杠杆作用，与银行融资产品探索形成投贷联动。鼓励高新技术企业改制上市，开辟上市绿色通道。

3. 为高新技术企业降税减负。落实好高新技术企业所得税优惠、研发费用加计扣除政策，企业研发费按照75%比例加计扣除，进一步降低企业成本。开展科技型中小企业评价工作，高新技术企业和科技型中小企业亏损结转弥补年限延长至十年。鼓励科研人员实施科技成果转化，高新技术企业给予科研人员符合条件的股权奖励，可按照规定享受分期或递延缴纳个人所得税政策。优先保障高新技术企业用地，支持园区对入驻高新技术企业提供房租优惠政策。

（四）提升政府创新服务水平

1. 优化完善认定流程。简化认定工作流程，按照政务服务“一网通办”和企业群众办事“只进一扇门”“最多跑一次”的要求，在高新技术企业认定过程中，着力减表格、减环节、减时间。取消月度数据申报、专利上报资料、查新报告、产学研合作报告等申报表格。改革申报流程，取消不合理的前置环节，用好中介机构专项审计报告内容，相关部门加强事后监管。合理界定研发费用归集范围和高新技术产品（服务）收入，加快审核速度，实行放开申报、即时受理、每月审核。

2. 加快专利审查速度。对涉及节能环保、新一代信息技术、生物、高端装备制造、新能源、新材料、新能源汽车、智能制造、文化创意等国家重点发展及本市重点鼓励的高新技术领域的专利申请，可按照规定，由上海市知识产权局向国家知识产权局推荐请求优先审查，加快专利授权速度。注册在浦东的生物医药、集成电路、脑科学与人工智能、大数据等产业领域的企业，可通过中国（浦东）知识产权保护中心提出专利快速审查，进一步缩短专利授权周期，并争取扩展到全市范围。

三、保障措施

（一）加强组织协调

各有关部门、各区政府和各园区管委会要站在全局和战略高度，充分认识促进高新技术企业发展的重要意义，把支持高新技术企业发展纳入重要议事日程。要充分发挥市高新技术企业认定指导小组的组织、服务和协调作用，建立完善部门会商制度，加强统筹指导和协同推进。

（二）完善工作机制

各有关部门、各区政府要建立健全工作机制，明确工作目标，落实服务机构，制定工作方案，安排专项经费，做到上下联动、协同推进，为高新技术企业发展提供专业、高效的服务，着力扩大政策的覆盖面、知晓率和兑现度。

（三）加强统计监测

有关部门要组织开展高新技术企业动态监测工作，加强对高新技术企业的跟踪和分析，定期发布高新技术企业发展报告，通报高新技术企业认定工作结果。

《上海市建设闵行国家科技成果转移转化示范区行动方案（2018—2020年）》

沪府办〔2018〕34号

2018年5月17日

为贯彻落实《国务院办公厅关于印发促进科技成果转移转化行动方案的通知》（国办发〔2016〕28号）、《上海市人民政府办公厅关于印发上海市促进科技成果转移转化行动方案（2017—2020）的通知》（沪府办发〔2017〕42号），根据《科技部关于印发国家科技成果转移转化示范区建设指引的通知》（国科发创〔2017〕304号）和《科技部关于支持上海市建设闵行国家科技成果转移转化示范区的函》（国科函创〔2017〕140号）精神，制定本行动方案。

一、指导思想和总体目标

(一) 指导思想

全面贯彻落实党的十九大精神,深入贯彻习近平总书记系列重要讲话精神,围绕国家创新驱动发展战略要求和上海市经济社会发展迫切需求,深化科技体制改革,破解科技成果转移转化过程中的关键瓶颈问题,推动重大创新成果转移转化,形成具有闵行特色的科技成果转化机制和模式,支撑引领供给侧结构性改革和经济转型升级,为加快推动上海建设成为具有全球影响力的科技创新中心发挥积极作用。

(二) 总体目标

以破解科技成果转移转化过程中的关键瓶颈问题为着力点,牢牢把握科技创新和成果转移转化规律,突出高校技术转移机制改革、国际化网络建设和军民融合双向转化"三个特色",着眼释放源头转化动力、激发主体转化活力、提升机构转化能力"三个环节",重点在技术网络全球化、科技资源共享化、创新主体多元化、科技服务专业化、军民融合产业化等方面形成"五个示范"。

到2020年,上海闵行国家科技成果转移转化示范区(以下简称"示范区")成果转化网络和渠道更为通畅、政策环境和体制机制更为完善、高校和企业转化动力显著提升、军民融合产业特色鲜明,基本建成技术转移体制机制改革的先行地,在高校技术转移机制改革、国际技术交流合作、军民双向技术融合等方面开展先行先试;成为成果信息和技术交易的活跃地,上海科技成果信息库和上海国际技术交易市场发挥积极功能;成为高水平科技成果转化平台和人才的集聚地,军民融合转化平台不少于10个,示范区内R&D经费支出占GDP比例达8.0%,每万人发明专利拥有量达74件,拥有国家、上海"千人计划"人才450人,集聚一批专业化、社会化的技术转移机构和熟悉国际业务规则、专业化复合型的技术转移人才;成为战略性新兴产业的孵化高地,示范区内建设一批专业化众创空间和产业创新服务平台,建成智慧医疗产业创新基地和国际新材料成果转化基地等。

积极发挥示范区引领作用,服务上海科技成果转移转化体系建设,助推上海形成国际技术交易中心,基本建成全球技术转移网络的重要枢纽;成为国家技术转移体系东部辐射源,推动长三角技术转移协同发展。

二、主要任务

(一) 促进成果转化源头释放

1. 推动高校技术转移机制改革,提升科技成果转化能力

支持高校建立健全专业化、全链条技术转移服务体系,试点设立专业化技术转移机构,统筹科技成果转化与知识产权职责,建立科技成果披露制度,建立完善成果转化专业人员激励机制,推动应用性科技成果转移转化。支持上海交大对标世界一流高校的技术转移体系和知识产权许可机制,加强专业化技术转移服务机构建设,形成组织架构清晰、分配机制明确、专业人才齐备、市场运作合理的组织化、市场化、专业化技术转移机制,牵头建设上海高校知识产权运营创新中心;支持华东师大、上海理工等高校,发挥大学科技园技术转移承载功能,在示范区内创新机制,促进技术转移、高校师生创业和战略性新兴产业培育;对接哈工大、上海电机学院等相关高校,在示范区内建立技术转移中心,推动科技成果产业化项目落地。(责任单位:市教委、市科委、市知识产权局、上海交大、华东师大、上海理工、上海电机学院、闵行区政府)

2. 承接科研院所成果溢出,推进军民技术双向转移

支持专业院所建立军转民、民参军的双向技术转移机制,推动航天、航空、船舶等领域的成果转化项目溢出,建设军民融合创新示范区。支持航天八院建设上海(航天)军民融合创新创业中心,打造专业化众创空间,开展军民融合技术转移和孵化服务;进一步发挥上海航天局专利中心作用,推动航天领域科技成果转移转化;支持航空工业六一五所建设民用飞机航空电子研发与转化功能型平台,推动通用航空领域成果转化项目在示范区落地;支持中船重工七一一所推进船舶动力产业化项目建设,满足国内造船市场柴油机配套组件需求;支持中科院上海分院牵头建设长三角高分遥感产业集聚区,实施长三角高分对地观测军民融合综合应用示范工程,进一步促进高分遥感数据的推广应用。(责任单位:市经济信息化委、市科委、航天八院、中科院上海分院、闵行区政府)

3. 建设科技成果信息库,汇聚科技成果信息资源

依托国家科技成果信息库,在示范区建立上海科技成果信息库,为科技成果传递、扩散、交流提供丰富完备的信息资源支持。以科技成果资源汇聚利用为基础,引导公共财政支持的科技成果纳入科技成果信息库,提供信息查询、筛选等公益服务;发挥科技创新券等政策引导作用,鼓励非财政支持的尤其是国际创新成果在平台上汇交;盘活科技成果信息库资源,利用大数据、云计算等技术开展科技成果信息深度挖掘,鼓励专业服务机构对科技成果信息库进行成果加工与利用;建设"闵行区科创服务平台",推进与市级数据互通共享,拓展线上科技成果转化综合服务功能,开展线下科技成果展览发布、交易洽谈、拍卖路演、咨询培训等活动。(责任单位:市科委、闵行区政府)

(二) 激发成果转化主体活力

4. 激发国企创新动力,建立协同创新机制

深化国有企业改革,健全完善体制机制,进一步盘活国有资产存量,围绕示范区功能定位和产业转型升级需求,统筹部署市属国企资源、联动开发,推动国企释放创新需求,建设产业创新平台和成果转化基地。推动国资国企与高校院所加强对接,建立以成果转化为核心的多形式联动机制。聚焦国家战略,推动国资国企与国际知名企业等开展交流合作,加速技术创新,提升核心竞争力;聚焦"紫竹创新创业

走廊”建设，推动国资国企改革和老工业基地转型升级，导入国内外优质创新资源和服务机构等，加快上海交通大学国家双创示范基地“零号湾”重点项目建设，打造沧源开放式创业社区，形成全球创新创业集聚区；推动华谊集团聚焦新材料领域研发创新与产业孵化，建设创新型科创园区；推动电气集团聚焦成套装备领域的研发和关键零部件制造等，开展产业创新研发、产业孵化与投资；推动仪电集团改建存量工业厂房为创新创业园区，承载高校师生、校友创业和科技成果转化项目；建设智慧医疗产业基地，打造亚太地区重要的精准医疗数据中心，国家级智慧医疗、精准医疗产业集聚区。（责任单位：市国资委、市科委、市发展改革委、市经济信息化委、市规划国土资源局、市地税局、市张江高新区管委会、上海交大、华谊集团、电气集团、仪电集团、地产闵虹集团、闵行区政府、紫竹高新区）

5. 发挥外企创新资源，构建开放创新生态

支持外资研发机构深度参与上海科创中心建设，促进产业创新要素的跨境流动，服务外资研发机构在示范区集聚发展。引导跨国企业建设开放式创新平台，对接跨国公司和中小微企业、创新团队的创新资源，构建开放式创新生态系统；支持外资研发中心建设制造业创新中心、各类产业技术转化等平台；参与上海市科技企业创新能力提升计划，引导社会各类资本支持外资研发中心研发成果在示范区进行产业化；支持跨国企业建设人才培养产学研联合实验室，打造企业与高校院所产学研资协同创新的产业创新平台，开展创新活动，培养高科技人才。（责任单位：市商务委、市经济信息化委、市科委、市张江高新区管委会、临港浦江园、闵行区政府、紫竹高新区）

6. 集聚民企研发机构，提升企业创新能力

鼓励支持民营科技企业创新发展，引导企业开放式创新，壮大一批创新能力强，能有效承接科技成果转移转化的主体。在示范区探索推进若干行政审批简易流程，进一步优化营商环境，支持具有行业影响力的民营企业在示范区设立企业创新中心，建立研发机构，形成集聚发展态势，提升产业创新引领能力；推进众创空间等创业孵化平台建设，集聚各类技术转移机构，吸引成果转化项目入驻和产业化；以组织创新创业大赛、创新挑战赛等方式，探索建设企业技术需求平台，鼓励企业释放技术需求，通过产学研深度合作解决企业创新难题；鼓励行业龙头企业联合上下游企业和高校院所“抱团作战”，探索中小科技企业协同创新，围绕制药装备、人工智能、智能制造等领域，组建一批产业技术创新联盟，支持联盟探索研发众包、联合攻关、利益共享等机制与模式，支撑和服务产业创新发展；引导企业加强知识产权保护和运用，支持企业加强国际市场的知识产权布局。（责任单位：市科委、市经济信息化委、市教委、市商务委、市工商局、市知识产权局、闵行区政府、紫竹高新区、相关高校院所）

（三）完善成果转化服务体系

7. 鼓励吸收全球先进技术成果，构建国际技术转移网络

构建与国际创新趋势和前沿领域互联互通的“国际化技术转移网络”，拓展技术双向转移通道，以“走出去海外布局、引进来多梯度转移、利用好在沪国际资源”等方式，实现技术转移网络的全球化、高端化。发挥示范区区位优势和虹桥商务区国际资源，以承接国际技术转移为重点，建设以示范区为核心、长三角为主要辐射区的上海国际技术交易市场，打造长三角紧密互动的技术转移协同网络，探索服务一体化、政策协同化、交易标准化；在示范区建设国际技术转移交流展示平台，开展对接海外优质项目落地的“一站式”服务，推动海外科技创新成果在示范区率先实践、示范应用；通过浦江创新论坛、中国（上海）国际技术进出口交易会、中国国际工业博览会等，充分对接国际创新动态、创新趋势及创新成果，推动国内企业深度参与国际技术转移和交流合作；支持外资研发中心创新成果有效对接国内外创新服务渠道和社会资本，促进国际高水平科技成果在国内多层级、多路径的转移转化；发挥国家技术转移东部中心的国际合作优势，支持专业技术转移机构与国际知名机构建立深度合作交流渠道，打造海外项目软着陆平台，并为有意进行国际化发展的企业提供海外市场落地服务；鼓励企业建立海外研发中心，与国外技术转移机构、创业孵化机构、创业投资机构开展合作，提升创新能级；鼓励民间资本国际流动和技术交流；加强与国际知名高校合作，推动优势学科领域的科技成果产业化项目在示范区落地。（责任单位：市科委、市发展改革委、市经济信息化委、市商务委、市张江高新区管委会、虹桥商务区管委会、紫竹高新区、漕河泾开发区、临港浦江园、华东师大、闵行区政府）

8. 建设专业创新平台，促进科技成果转化

强化示范区产业创新功能，整合国内外资源，建设一批专业化、特色化的创新成果转化平台，培育和推动战略性新兴产业发展。与上海交通大学共建“医疗机器人研究院”，对标国际一流的医疗机器人核心技术研发平台，支撑中国医疗机器人产业关键技术转化；支持上海交大、华东师大共同筹建生物医药创新中心，服务生物医药产业创新发展；支持哈工大建设“哈工大上海军民融合人工智能及机器人研究院”，推动哈工大机器人等人工智能领域科技成果在示范区转移转化；推动华谊集团牵头建设碳纤维复合材料研发与转化功能型平台，促进碳纤维复合材料产业的快速发展。（责任单位：市科委、市教委、上海交大、华东师大、华谊集团、闵行区政府）

9. 培育专业服务机构，发展科技服务产业

大力发展科技服务业，引进和培育一批具有国际国内影响力的优秀科技服务机构，支持技术转移机构专业化、市场化发展。推动在环交大、华师大周边区域集聚一批国内外优质的专业化科技服务机构，支持国际知名知识产权服务机构依法开展知识产权服务业务，为企业提供高效、便捷、安全的知识产权服务；在示范区加强知识产权保护，提高知识产权信息利用和服务能力，逐步形成特色鲜明的科

技服务业集群;鼓励各类科技服务机构为技术转移提供知识产权、法律咨询、资产评估、技术评价等专业服务;支持上海技术交易所落户示范区,打造技术与资本的对接平台,探索建立科技成果权益激励服务平台,开展以创新载体为渠道的非上市高科技企业线上资本对接服务,形成以技术券商为特色、以技术评估和技术资产登记服务为核心的全链条综合交易服务平台;进一步发挥上海知识产权交易中心南部分中心等机构的作用,为成果交易提供专业化服务;支持高校院所等各类主体开放实验室等资源,建设概念验证平台,为实验室阶段的优秀成果提供技术概念验证、商业化开发等服务支撑,为后续风投等资本进入减少市场风险。(责任单位:市科委、市知识产权局、上海交大、华东师大、上海电机学院、漕河泾开发区、闵行区政府)

(四)加快集聚成果转化人才

10. 优化人才政策支撑,壮大专业人才队伍

贯彻落实"科创人才30条",积极发展科技服务专业人才,推进市场化引才机制、专业人才激励机制等,加大对专业人才的政策扶持力度。加快紫竹国际教育园区的建设,加强国际间联合办学,支持科技服务机构与研发机构、高等院校或国际知名机构合作,联合培养科技服务专业人才;建设技术转移学院,在示范区内建立实训基地和常态化的技术转移人才交流渠道,培养一批熟悉国际国内技术转移业务规则、专业化复合型、高度活跃的技术转移人才队伍。进一步优化城市功能配套,在生态建设、教育文化、医疗卫生、交通设施、人才公寓等城市功能配套上,进一步提升服务能力,完善人才综合服务,优化示范区创新创业环境。(责任单位:市人力资源社会保障局、市科委、市教委、闵行区政府、紫竹高新区)

三、保障机制

11. 加强组织保障,建立联动机制

建立部市会商,市、区联动的工作机制。加强部市会商,将上海闵行国家科技成果转移转化示范区建设纳入科技部与市政府部市会商议题。加强市、区联动,在上海市促进科技成果转移转化联席会议的领导下,建立上海闵行国家科技成果转移转化示范区建设推进办公室;市政府各相关部门根据职责分工,加强工作落实和协同配合,形成推进建设的合力,确保取得实效。示范区结合实际制定落实具体行动方案,建立闵行区科创服务中心,为科技成果转移转化提供全要素、便利化、高效率的服务。(责任单位:市科委、市工商局、市张江高新区管委会、闵行区政府等)

12. 创新工作机制,改革创新举措

在建立完善的法律法规保障体系基础上,创新体制机制,加强部门协同。建立政府部门协同工作机制,定期组织会商,及时解决、协调推进成果转化中出现的难点和问题;支持在示范区探索推进科技成果完成单位处置自主权、奖励实施自主权等举措有效实施。支持国有企业加大对科技成果转化的投入,对国有企业实施科技成果转化的经费投入,在经营业绩考核中视同于利润;在示范区范围内探索国企股权和分红激励改革举措;采取政府首购和订购等方式,采购创新产品和服务,支持科技成果转化。(责任单位:市科委、市教委、市国资委、市地税局、市财政局、相关高校、闵行区政府)

13. 完善政策保障,形成支撑体系

贯彻落实《上海市促进科技成果转化条例》与《上海市促进科技成果转移转化行动方案(2017—2020)》,发挥张江国家自主创新示范区与中国(上海)自贸试验区、全面创新改革试验区,以及上海闵行国家科技成果转移转化示范区"四区联动"效应,推动科技成果先行先试改革举措在示范区率先落地,在示范区试点探索高新技术成果转化政策改革,加大对小微科技企业政策享受的普惠性力度。进一步完善并形成支撑示范区建设、促进科技成果转移转化的专项政策体系。(责任单位:市科委、市张江高新区管委会、闵行区政府)

14. 优化资金保障,做强科技金融

根据科技部要求,加强部市合作,市、区联动作用,引入社会资本,筹建上海闵行国家科技成果转化专项基金,以直接投资的运营模式,重点支持科技成果转移转化在天使投资前的关键节点,引导社会资本投入成果转化早期项目。大力发展科技成果转移转化过程中的投融资服务,推进技术市场与资本市场的融通,为科研团队、科技企业提供资本对接、股权激励等投融资服务;对接上海中小微企业政策性融资担保基金管理中心,创新科技金融产品,引导银行等金融机构为科技成果转化拓展融资渠道;研究相关政策,降低中小企业融资成本,鼓励保险机构提供支持科技成果转化的保险产品。(责任单位:闵行区政府、市财政局、市科委、市金融办)

15. 加强监测评估,发挥示范效应

加强对示范区建设指标体系、建设方向和目标任务的考核督导,加大对科技成果转化重点任务、重大项目进展及阶段性目标完成情况的检查督导力度,完成年度建设情况书面报送工作。对可复制、可推广的经验模式和改革举措及时向全市推广,发挥带动作用,引导全社会关心和支持科技成果转移转化。(责任单位:市科委、闵行区政府)

《促进上海市生物医药产业高质量发展行动方案(2018—2020年)》

沪府办发〔2018〕39号
(2018年11月3日)

生物医药产业是本市战略性新兴产业的重要支柱,是

上海加快构建现代化经济体系、巩固提升实体经济能级的重要抓手。经过多年发展，本市生物医药产业创新要素集聚、企业链条齐备、综合配套优势明显，有潜力、有能力成为提升上海城市产业能级和核心竞争力的重要力量。面对新形势新挑战，为进一步落实《国务院办公厅关于促进医药产业健康发展的指导意见》(国办发〔2016〕11 号)、《上海市人民政府办公厅关于促进本市生物医药产业健康发展的实施意见》(沪府办发〔2017〕51 号)等文件精神，加快推动本市生物医药产业高端化、智能化、国际化发展，更好地满足人民群众对健康生活的美好需求，制定本行动方案。

一、指导思想

以习近平新时代中国特色社会主义思想为指导，全面贯彻落实党的十九大精神，按照市委、市政府的决策部署，面向全球、面向未来，主动抢抓全球生物医药产业发展新机遇。充分发挥上海超大型城市综合优势，突出全产业链整体布局，坚持研发、转化与制造并重，聚焦重点领域和重大项目，前瞻布局、精准发力，推动生物医药产业实现高质量发展，打响上海生物医药品牌。研发要巩固提升、超前布局，依托我市大科学装置和高端人才密集的优势，对标国际一流水平，加强临床资源统筹，力争突破一批共性关键技术，形成一批重大原创成果。制造要聚焦高端、打出品牌，坚持有所为、有所不为，加快建设一批特色鲜明、定位清晰、配套完备、绿色生态的高端产业园区，有效提高制造业的集聚度和发展水平；进一步完善市场化的项目承接机制，重点推动一批显示度高、带动性强、经济效益优、绿色环保的重大科研成果产业化。配套要系统综合、精准发力，加快构建集园区开发、资本运作、成果转化、企业服务于一体的园区运行机制，用好用活城市核心资源，完善产业创新服务体系，增强产业竞争力。

二、基本原则

(一) 坚持创新驱动、重点突破

瞄准世界先进水平，聚焦重点领域和关键核心技术，加强前瞻布局，加快突破一批共性关键技术，研制一批原创新药、高端医疗器械等重大创新产品，巩固提升上海在全球生物医药创新体系中的地位和影响力。

(二) 坚持聚焦高端、绿色生态

面向全球生物医药价值链和产业链，针对高端制造需求，推进生物医药企业加强自动化、信息化、智能化改造，加快推动生物医药产业向产业链中高端转型升级；严守环保标准，形成绿色环保、生态友好的产业发展新态势。

(三) 坚持企业主体、市场导向

充分发挥市场和社会各类主体的作用，突出企业的技术创新主体地位，推动企业成为技术创新决策、研发投入、科研组织、成果转化的主体；积极营造产学研医结合、上中下游衔接、大中小企业协同的产业发展新格局。

(四) 坚持市区联动、错位发展

加强顶层设计和统筹规划，优化全市生物医药产业空间布局，充分调动各区、各园区的积极性，构建各有侧重、优势互补、合作共赢的产业发展新环境。

三、总体目标

到 2020 年，产业规模达到 4 000 亿元。申报上市药品 50 个以上；申报上市三类医疗器械产品 100 个以上。创新能力保持全国领先地位，基本建成亚太地区生物医药产业高端产品研发中心、制造中心、研发外包与服务中心和具有全球资源配置能力的现代药品和高端医疗器械流通体系。到 2025 年，基本建成具有国际影响力的生物医药创新策源地和生物医药产业集群。

四、主要任务

(一) 提升自主创新和成果转化能力，建设全球领先的生物医药创新研发中心。研发是生物医药产业的创新源头和立身之本，是上海代表国家参与国际竞争的重要支撑，必须进一步站高看远、整合力量、超前布局、释放活力，全力巩固提升上海生物医药创新研发的领先地位。

1. 发挥本市大科学装置和高端人才密集的优势，加强对颠覆性技术和高端核心产品的研发攻关。全力支持在沪各类科研机构发展壮大，聚焦脑科学与类脑科学、干细胞与再生医学、微生物基因组与合成生物学、人类细胞图谱、糖类药物等学术前沿，聚焦大数据、云计算、人工智能与生物医药产业交叉融合等热点方向，布局实施一批重大项目和重大专项，发起、参与若干国际大科学计划。支持一批创新主体，在新靶点新机制药物研制、细胞治疗、高端医疗器械、智能诊疗设备等方向，突破一批关键共性技术，研发一批重大创新产品，力争在创新药和高端医疗器械部分领域达到国际先进水平。(责任部门和单位：市科委、市发展改革委、市卫生计生委、市教委、上海科创办等)

2. 加强临床资源全市统筹，进一步提升临床研究和转化能力。加快构建临床研究信息化网络平台，统筹全市临床资源，重点支持一批骨干企业和关键研发项目。做实做强医院临床研究机构，重点建设若干临床医学研究中心。鼓励医院和医生参与临床研究，允许仅用于临床研究的病床不计入医疗机构总病床数。推动临床机构与生物医药研发机构、企业的联动合作。提升申康医联工程数据库功能，加快推动数据向临床研究等领域开放。将临床研究条件和能力纳入医疗机构等级评审，促进临床资源更好地为研发和产业发展服务。加强临床研究人才队伍建设，在我市高校中试点设立临床研究或转化医学专业，将临床研究的工作业绩纳入职称评定和职务晋升的考核内容。(责任部门和单位：市科委、市卫生计生委、市人力资源社会保障局、市发展改革委、市食品药品监管局、市教委、申康中心等)

3. 做强做实一批研发和转化公共平台，有效整合各领域创新和产业化资源。坚持"国家战略、科学原创、上海使命”的理念,加快建设张江药物实验室,推动其成为具有全球影响力的原创新药研发平台。集中力量做强生物医药产业技术研发与转化功能型平台,理顺管理运行的体制机制,促进创新资源开放协同和研发成果的转移转化。强化临床前研究支撑服务体系建设,进一步提升新药筛选、新药安评、实验动物等一批临床前公共平台的服务能力。大力培育生物医药成果转化中介服务机构,提升生物医药成果转化的专业化服务水平。(责任部门:市科委、市发展改革委、市卫生计生委、市食品药品监管局等)

4. 健全研发外包与服务产业链,加快建设具有国际影响力的研发外包与服务中心。重点支持集聚一批平台型研发外包与服务机构,加快推动其与国际接轨,实现从研发项目筛选、项目运营管理到临床研究的全生命周期创新集成。优化医疗服务资源配置,鼓励发展临床检验、医学影像、病理诊断等独立的第三方医疗机构。打造以市场为导向、企业为主体、高校和科研院所为依托的生物医药第三方研发链和产业链。(责任部门和单位:市食品药品监管局、市科委、市发展改革委、市卫生计生委、上海科创办、各区政府等)

5. 加强产学研医协同创新,推动新技术、新产品尽快从实验室走向市场。鼓励生物医药企业与高校、科研院所、医疗机构共建研发实验室。完善在沪外资研发中心各项扶持政策,推动其与本市企业、高校、科研院所和医疗机构开展合作,支持鼓励跨国企业在沪研发生产创新药品和高端医疗器械。引导并支持有资质的医疗机构优先承担仿制药人体生物等效性或临床有效性试验研究工作。(责任部门和单位:市科委、市经济信息化委、市商务委、市食品药品监管局、上海科创办、市发展改革委、各区政府等)

(二)重点规划建设一批定位清晰、配套完备、特色鲜明、绿色生态的高端制造园区,在市域范围内构建完整的产业链生态,全力打响“上海制造”品牌。加快建立市场化的项目承接机制,聚焦重点领域,集中资源和力量,遴选推动一批显示度高、带动性强、经济效益优、绿色环保的重大创新项目在本市实现产业化。

1. 明确定位、突出特色,统筹优化全市生物医药产业空间布局和公共配套。坚持“聚焦张江、全市协同、一核多点、错位发展”的理念,优化张江、奉贤、金山、临港等重点区域生物医药制造业发展空间和功能布局,实施分类指导,提高产出和效益。同步推动本市其他生物医药园区立足自身优势,聚焦重点,突出特色,提升集聚度和吸引力,更好地承接创新成果和产业项目。结合各园区实际,一次性配强园区环保设施和危化品处置设施,有针对性地完善公共设施配套,精准有效地满足项目产业化需求,整体提升园区管理服务水平和竞争力。(责任部门和单位:市规划国土资源局、市发展改革委、市科委、市经济信息化委、市环保局、市食品药品监管局、上海科创办、各区政府等)

2. 坚持创新研发和高端制造并重,重点推动“张江药谷”就地拓展、提质扩容。在张江地区,加快建设高水平、专业化、适度规模、以生物制品为主的生产基地。通过提高土地使用效率、既有建筑合理化利用等举措,进一步提升张江地区发展能级,推动创新药物和医疗器械重大创新成果在张江就地产业化。(责任部门和单位:浦东新区政府、市规划国土资源局、市环保局、市食品药品监管局、市科委、市发展改革委、市经济信息化委、上海科创办等)

3. 推动张江与金山、奉贤、临港等园区错位互补、联动发展。在奉贤打造张江生物医药创新成果的重要承接地,推动“东方美谷”与“张江药谷”互补联动,重点提升对医药项目的承接能力。继续做强临港奉贤园区,提升其对高端医疗器械制造等项目的承接能力。在金山工业区、金山第二工业区分别规划建设高端绿色生物制品和高端原料药制造基地,共同承接重大产业项目。(责任部门和单位:市科委、市规划国土资源局、市环保局、市食品药品监管局、市发展改革委、市经济信息化委、上海科创办、各区政府等)

4. 聚焦重点领域,协力推动一批重大创新成果产业化。在生物制品领域,重点推动抗体药物、新型疫苗、蛋白及多肽类生物药等产品研发和成果产业化。在创新化学药物领域,重点推动肿瘤、心脑血管疾病、糖尿病、神经退行性疾病、呼吸系统疾病、重大传染病等领域药物研发,加快推动成果产业化。在医疗器械领域,重点聚焦数字医学影像设备、高端治疗设备、微创介入与植入医疗器械、临床诊断仪器等创新性强、附加值高的产品,加快实现产业化。(责任部门和单位:市科委、市经济信息化委、市食品药品监管局、市卫生计生委、市发展改革委、上海科创办、各区政府等)

(三)坚持质量和效益优先,重点扶持一批龙头企业和创新型企业发展壮大。鼓励企业坚定不移地走高质量发展道路,将质量和效益打造成为上海生物医药产业的重要名片。

1. 多渠道集聚和培育一批具有引领性的龙头骨干企业。结合深化国资国企改革,着力推动上海医药集团等市属医药国资企业转型升级。坚持亩产高、效益好、能耗低、环境友好的标准,促进生物医药骨干企业稳步提升产能、扩大规模。支持重点外资企业引入创新药品和器械等,鼓励大型外资企业及其上下游企业来沪发展。吸引各类企业总部来沪,鼓励国内外企业和国际组织(机构)在上海设立总部或研发中心,提升研发、营销结算、国际贸易等总部的核心功能。重点扶持一批有实力、有潜力的创新型生物医药企业发展壮大。(责任部门和单位:市经济信息化委、市商务委、市科委、市发展改革委、市食品药品监管局、市卫生计生委、市医保办、各区政府等)

2. 支持企业构建完善生产制造与产品质量保证体系,不断巩固提升质量优势。实施智能工厂和数字化车间建设示范工程,推进工业互联网和智能制造,鼓励生物医药企业加强自动化、信息化、智能化改造。严格实施药械生产质量管理规范(GMP),健全药品和高风险医疗器械安全信息追溯体系，实现产品研发、上市、流通、应用等环节的全生命周期监管。鼓励本地企业加快开展仿制药质量和疗效一致性评价工作，保障药品安全性和有效性。（责任部门和单位：市经济信息化委、市科委、市食品药品监管局、上海科创办、各区政府等）

3. 建立具有全球资源配置能力的现代药品和高端医疗器械流通体系。在药品和高端医疗器械领域培育一批智慧生物医药供应链示范企业和创新示范基地，推动国际生物医药供应链公共服务平台建设。规划建设现代化的生物制品标准化储存设施和配送体系。推动药品零售消费信息与医疗机构处方信息、医保结算信息互联互通，依托“互联网＋”促进药品零售企业创新转型升级。（责任部门和单位：市商务委、市食品药品监管局、市卫生计生委、市医保办、上海海关、市税务局、各区政府等）

五、保障措施

（一）加大财政资金支持力度

支持创新产品研发上市，对本市单位 2018 年以来取得新药证书并在本市实现生产或销售的新药（不同剂型合并计算），按照新药类别给予前期研发投入最高 10%且不超过 1 000 万元的资金支持；对本市单位 2018 年以来取得三类医疗器械证书并在本市实现生产或销售的医疗器械（不同型号合并计算），给予前期研发投入最高 10%且不超过 500 万元的资金支持。扩展科技创新券使用范围，引导企业购买服务。支持生物医药制造业项目落地，对本市单位 2018 年以来，落户在本市投资总额 5 000 万元及以上且对产业发展具有重要带动效应的生物医药产业化项目，给予不超过项目实际投资 10%的资金支持；对于重大科技攻关项目、示范应用项目、公共技术创新服务平台，给予不超过新增投资的 30%的资金支持。支持生物医药产业国际化发展，对本市单位 2018 年以来新获得美国食品药品管理局（FDA）或欧盟药品质量指导委员会（EDQM）等注册认证的新药和高端医疗器械，根据前期研发注册投入，每个产品（药品不同剂型、医疗器械不同型号均合并计算）给予最高 10%且不超过 1 000 万元的资金支持。（责任部门和单位：市科委、市发展改革委、市财政局、市食品药品监管局、市商务委、各区政府等）

（二）加快创新产品的推广和应用

充分发挥本市医药市场体量大的优势，大力促进本地医药创新产品的应用推广。完善支持本市创新产品优先纳入医保的政策措施，简化创新药品和高端医疗器械进入医院的招投标流程。完善相关政策，及时将通过仿制药一致性评价的品种纳入带量采购遴选范围，并鼓励使用。实施上海市创新产品政府首购和订购、“三首”（装备首台套、材料首批次、软件首版次）应用示范等政策。深入推进医疗机构配置使用国产乙类大型医用设备试点工作，放宽国产乙类大型医用设备配置数量限制。结合卫生系统对口支援及培训等工作，加大创新产品宣传推广力度。（责任部门和单位：市医保办、市经济信息化委、市食品药品监管局、市卫生计生委、各区政府等）

（三）深化审批制度改革和通关便利化试点

做实国家“医疗器械创新上海服务站”。优化审评审批流程，对创新型和临床急需的药品、医疗器械实施优先审评审批。积极争取国外已上市的抗肿瘤等新药、新疗法在我市先行先试。进一步完善生物医药进口研发样品便利化监管制度，全面实施“一次申报、分步处置”通关模式。探索建设公用型保税仓库，提高办理效率，降低企业成本。加强张江药品上市许可持有人制度风险保障资金管理使用，探索将保障范围拓展至高端医疗器械试点品种，持续推进药品、医疗器械上市许可持有人制度改革。（责任部门和单位：上海科创办、上海海关、市食品药品监管局、市卫生计生委、市发展改革委、各区政府等）

（四）落实定制化的土地和环保政策

在符合规划的前提下，加大土地定向供给力度，对重大生物医药产业项目，优先保障项目落地。各区通过低效建设用地减量化形成的用地指标，优先用于生物医药产业项目。支持鼓励企业对厂房设施等进行合理化改造，拓展发展空间，满足发展需要。根据各园区的不同定位，加强分类指导，制订相应的环境容量评价政策。（责任部门和单位：市规划国土资源局、市环保局、市经济信息化委、市发展改革委、市科委、上海科创办、各区政府等）

（五）发展生物医药产业投融资体系

大力支持各类生物医药投资基金在本市集聚，满足不同阶段企业的融资需求。用好用活市生物医药产业发展基金，完善决策机制，充分发挥其引导作用，加快吸引一批优秀基金来沪，支持重点产业化项目落地。探索设立支持临床研发与转化的专项基金，支持研发主体开展临床研究，引导推动创新成果实现产业化。支持鼓励优质生物医药企业境内外上市挂牌融资。在上海联交所开辟生物医药产权交易专项板块，将本市打造成为国内外生物医药产权交易和成果转移的新高地。（责任部门和单位：市发展改革委、市金融办、市财政局、市科委、上海科创办、上实集团等）

（六）加强创新人才的培养和引进

面向产业创新发展需求，大力吸引和集聚生物医药领域高端人才，精准实施各类人才计划，完善人才配套支持体系，大力培养基础研究、产业技术、资本投资、市场营销、园区运营等各类专业人才，为产业人才创新创业提供必要的条件和良好环境。（责任部门和单位：市人力资源社会保障局、市科委、市教委、市卫生计生委、各区政府等）

六、组织实施

（一）构建生物医药产业发展工作推进新机制

加强市级统筹协调，按照“统一规划、分工合作、协同推进”的原则，构建“市区联动、市级引导、以区为主、园区协同”的上海生物医药产业发展推进体制和机制。进一步发挥上海市现代生物与医药产业联席会议（以下简称“联席会议")作用,新增市环保局、市统计局、上海科创办、市金融办、申康中心及相关区政府作为联席会议成员单位。做强做实市现代生物与医药产业办公室,切实加强对各项工作的统筹推进力度,强化其组织重大项目研发攻关、产业化项目落地协调、产业基金重大事项决策咨询、产业园区布局规划统筹、产业转移承接协调等职能,由其定期向联席会议汇报工作,提请联席会议研究协调解决相关重大事项。(责任部门和单位:市科委、市发展改革委、市经济信息化委、市规划国土资源局、市环保局、上海科创办、各区政府等)

(二) 加快构建集园区开发、资本运作、成果转化、企业服务于一体的园区运作新机制

推动重心下沉、权力下放,充分发挥基层积极性,鼓励各区、各园区在操作环节因地制宜,开拓创新,探索实施贷款贴息、厂房先租后售等行之有效的扶持政策,满足企业发展需求。聚焦重大项目,实施"一事一议"、"一企一策"等制度,抓好重大项目落地和重点企业服务工作。推动园区改革管理体制机制,建立市场化的利益分配机制,积极构建"土地+资本+人才+设备"的项目管理模式,加强资本运作与园区管理之间的互动,大力吸引优质项目落地发展。(责任部门和单位:各区政府、市科委、市经济信息化委、市商务委、市发展改革委等)

(三) 组建咨询专家委员会

组建由科技、医学、产业、投资等领域专家构成的市生物医药产业咨询专家委员会,对上海市的生物医药产业发展的重点方向、重点任务、战略规划和政策制定等决策提供支撑。(责任部门:市科委、市人力资源社会保障局、相关部门等)

(四) 推动长三角生物医药产业集群高质量发展

按照长三角一体化总体部署要求,重点加强区域整体规划和协同创新体系建设,充分发挥长三角一体化产业基金的引导作用,支持长三角各产业园区之间协同联动,共同推动长三角尽快成为全球顶级的生物医药产业集聚区。(责任部门和单位:市发展改革委、市科委、市食品药品监管局、市经济信息化委、各区政府等)

《关于本市推进研发与转化功能型平台建设的实施意见》

沪府办规〔2018〕6 号
(2018 年 1 月 16 日)

为深入贯彻落实国务院印发的《上海系统推进全面创新改革试验加快建设具有全球影响力科技创新中心方案》(国发〔2016〕23 号)和市委、市政府《关于加快建设具有全球影响力的科技创新中心的意见》(沪委发〔2015〕7 号),推进研发与转化功能型平台(以下简称"功能型平台")建设,经市政府同意,现提出实施意见如下:

一、总体要求和主要目标

(一) 总体要求

按照实施创新驱动发展战略、加快建设具有全球影响力的科技创新中心的部署,以完善创新链和产业链为目标,以促进创新资源开放协同为抓手,以深化体制机制改革为着力点,进一步转变政府职能,弥补市场缺位,推动功能型平台成为本市创新体系建设的重要力量,支撑产业研发创新,服务社会创新创业,引领产业转型升级,有力提升实体经济发展质量和能级。

(二) 主要目标

"十三五"期间,培育形成一批创新需求明、服务能力强、管理体制新、具有较强影响力和辐射力的功能型平台;建立新型科研组织、投入和考核机制,基本形成多层次、多功能、开放性的功能型平台体系;链接技术创新、产品开发、工程化生产、创业孵化服务等创新全链条,集聚和培育一批创新型企业,发展壮大若干战略性新兴产业集群,营造良好创新创业生态环境,为建设具有全球影响力的科技创新中心基本框架的形成提供支撑。

二、基本功能和布局

(三) 基本功能

立足行业需求,依托功能型平台建设,着力促进创新资源开放协同,降低创新创业成本。主要包括:支撑产业链创新,形成对产业链各环节研发与转化过程的技术服务供给;支撑重大产品研发与转化,开展共性关键技术和产品攻关及应用;支撑创新创业,以资源汇集和专业科技服务为抓手,为各类创新创业活动提供引导和支撑。

(四) 核心能力

功能型平台应当具有针对所在行业领域技术创新主要过程和重点环节,制定研发与转化系统解决方案的能力;掌握有利于重大产品攻关的关键技术、科学装置、工程化平台、中间试验线、检测评价服务、数据标准库等,具备较好的产品开发或验证能力;具有较强的行业地位和影响力,能够集聚和整合各类资源,支撑和服务技术转移、科技投融资、创业孵化等活动。

(五) 主要布局

聚焦生物医药、新材料、先进制造、新一代信息技术等重大战略新兴产业领域,围绕创新能力提升,重点建设若干研发类功能型平台,通过关键技术和产业化应用研究,构建新兴产业技术创新支撑体系。面向新兴产业创新创业服务需求,重点打造若干非研发类功能型平台,培育一批市场化、专业化的创新创业服务平台。

三、管理运行机制

（六）坚持政府主导、社会参与、市场化运作

功能型平台建设与运行由政府主导推进，明确建设使命和目标，协调和动员社会各方优势力量共同参与。坚持功能型平台的非盈利性机构定位，进一步体现公共科研属性，着力提升产业技术创新整体水平，推进产业创新发展。借鉴世界一流研发机构经验，建立功能型平台市场化、专业化运作机制，在组织架构、体制机制上创新突破，引入企业化管理模式，确保良好运作效率。

（七）建设高水平人才队伍

探索实施社会化招聘、企业化管理的用人机制，引进国内外一流人才，形成领军人才、核心团队等组成的高水平人才队伍。通过双向挂职、短期工作、项目合作等柔性流动方式，引导和鼓励高校、科研院所和功能型平台之间的人才双向流动。建立以能力、业绩、贡献为主要标准的评价导向，采用年薪制、协议工资制、项目工资等方式，提高对高水平创新人才的集聚和吸引能力。

（八）促进科技资源开放共享

引导功能型平台对外开放共享创新能力和资源，在促进全社会创新协同、降低创新成本、加快创新价值实现方面，发挥基础平台作用。加强功能型平台建设与各类创新基地、大型科研仪器设施对外开放的有序联动。盘活存量资源，提升各类重点实验室、工程技术研究中心、技术创新服务平台等科研基地能力，拓展服务网络，引导有条件的科研基地向功能型平台转型升级。

（九）打造创新合作网络

坚持全球视野、国际标准，努力将功能型平台打造成为国际化、跨区域创新合作网络的重要枢纽和节点。引导功能型平台与国际国内高校院所、企业以及地方政府开展合作交流，依托项目联合攻关、共建研发基地和创新联盟、支持孵化创业企业、打造产业集群、提供咨询服务、举办国际会议等多种形式，不断提升行业影响力和区域辐射力。

四、投入考核模式

（十）试点新型财政投入模式

功能型平台建设资金以市级财政为主，市级财政在战略性新兴产业发展专项资金中统筹安排，按照特定出资事项予以管理；运行资金由市、区两级财政共同安排，其中，市级财政在市科技创新计划专项资金中统筹安排，各区安排的功能型平台运行资金原则上不低于市级财政投入。试点机构式资助方式，围绕建设任务和考核目标，试点稳定资助和经费自主使用，建立符合创新规律、以质量绩效为导向、激励与约束并重的财政科研经费投入机制和管理模式。积极探索财政投入“退坡”机制，鼓励功能型平台不断增强市场化服务和许可能力。

（十一）构建多元化资金筹集机制

引导功能型平台协同各方资源，吸引社会化资金共同投入，实现良性互动和持续发展。充分发挥财政投入资金的引导性作用，鼓励和支持功能型平台通过多元融资手段和渠道成立投资基金，结合产业领域特点，开展市场化、专业化运作，提供创业孵化和技术投融资服务。

（十二）实施合同式管理考核

对给予资助的功能型平台项目，采取合同式管理，以合同形式，约定功能型平台建设的目标、内容、财政资金投入、评估考核指标等。建立绩效考评制度，委托专业机构对功能型平台的整体运行和建设成效进行考核评估。考核评价强调以市场需求引导和技术产业化为目标，以主体开放共享和业绩效益为重点，重点考核共性技术服务、科技成果转化、企业孵化、人才培养以及产学研合作等内容。考评结果与财政拨款直接挂钩，并决定后续支持及支持的程度。

五、组织保障机制

（十三）加强组织领导

建立由市科委、市经济信息化委、市发展改革委、市财政局、科学中心办公室等部门组成的“上海市研发与转化功能型平台建设工作推进小组”，负责全市平台的规划布局、遴选推荐、组织建设和考核评估，及时应对工作需求，协调解决实际问题。加强功能型平台实践案例的宣传推广，提高功能型平台的社会知晓度。

（十四）强化市、区协同联动

面向全市重点区域发展需求，结合资源禀赋，鼓励和支持市、区共建功能型平台，培育产业创新集群，支撑全市科技创新集聚区发展，功能型平台所在区应当给予资金、空间、场地、人才引进、医疗、子女就学等方面配套支持。

本实施意见自 2018 年 2 月 1 日起施行，有效期至 2023 年 1 月 31 日。

《上海市深化科技奖励制度改革的实施方案》

沪府办规〔2018〕35 号
（2018 年 12 月 29 日）

根据国务院办公厅印发的《关于深化科技奖励制度改革的方案》，为进一步完善本市科技奖励制度，充分调动广大科技工作者的积极性、创造性，深入推进实施创新驱动发展战略，制定本实施方案。

一、指导思想与基本原则

（一）指导思想

深入贯彻落实党的十九大精神，以习近平新时代中国

特色社会主义思想为指导,认真落实党中央、国务院决策部署,按照国家深化科技奖励制度改革的总体要求,围绕实施创新驱动发展战略,改革完善科技奖励制度,建立公开公平公正的评奖机制,构建科学规范合理的科技奖励体系,大力弘扬求真务实、勇于创新的科学精神,营造促进大众创业、万众创新的良好氛围,充分调动全社会支持科技创新的积极性,为推动科技进步和经济社会发展、加快建设具有全球影响力的科技创新中心注入更大动力。

(二)基本原则

1. 服务上海发展

围绕国家战略全局、面向上海发展需求,改进完善科技奖励工作,调动科技人员的积极性和创造性,形成推动科技发展的强劲动力,为提升科技水平、促进创新体系建设、实现创新驱动发展、加快上海建设具有全球影响力的科技创新中心服务。

2. 激励自主创新

以激励自主创新为出发点和落脚点,奖励具有重大国际影响力的科学发现、具有重大原创性的技术发明、具有重大经济社会价值的科技创新成果,奖励高水平科技创新人才,增强科技人员的荣誉感、责任感和使命感,激发创新内生动力。

3. 突出价值导向

积极培育和践行社会主义核心价值观,鼓励科技人员追求真理、潜心研究、学有所长、研有所专、敢于超越、勇攀高峰。加强科研道德和学风建设,健全科技奖励信用制度,鼓励科技人员争做践行社会诚信、严守学术道德的模范和表率。

4. 坚持公开公平公正

坚持把公开公平公正作为科技奖励工作的核心,增强提名、评审的学术性,明晰政府部门和评审专家的职责分工,评奖过程公开透明,鼓励学术共同体发挥监督作用,进一步提高科技奖励的公信力和权威性。

二、重点任务

(一)改革完善市科学技术奖评审制度

1. 实行提名制

改革现行由科技人员申请报奖、推荐单位筛选推荐的方式,实行由专家学者、相关单位提名的制度,进一步简化提名程序。

提名者应具备相应的资格条件。提名专家包括:国家最高科学技术奖获奖人、上海市科技功臣奖获奖人,中国科学院院士、中国工程院院士(不含外籍院士),2000年(含)以后的上海市科学技术奖一等奖或特等奖的第一完成人,获得诺贝尔奖、图灵奖等全球性知名科技奖项且与本市单位开展国际科技合作的外籍专家学者,本市外资研发中心的知名外籍专家学者。提名专家不能作为提名项目的完成人,且应回避提名项目所在的专业评审组的评审工作。提名单位包括:具有4A以上评估等级的全市性的专业学会、行业协会(联合会)等科技类社会组织,市有关部门和直属机构,区政府,经市科委认定的中央驻沪单位。

提名者承担推荐、答辩、异议答复等责任,并对相关材料的真实性和准确性负责。建立对提名专家、提名单位的信用管理和动态调整机制。

2. 科学设置评审周期和奖励类别

各类奖励的评审周期均为一年。将科技功臣奖、青年科技杰出贡献奖两个类别的评审周期从两年一次调整为一年一次。

单独设立"科学技术普及奖"奖励类别。将原设在科技进步奖奖励类别中的"科学技术普及"组,单独设立为一个奖励类别。

3. 建立定标定额的评审制度

定标。自然科学奖围绕原创性、公认度和科学价值,技术发明奖围绕首创性、先进性和技术价值,科技进步奖围绕创新性、应用效益和经济社会价值,科学技术普及奖围绕创新性、普及程度和社会效益,分类制定以科技创新质量、贡献为导向的评价指标体系。自然科学奖、技术发明奖、科技进步奖、科学技术普及奖(以下简称"四大奖")一、二、三等奖项目,实行按照等级标准提名、独立评审表决的机制。提名者严格依据标准条件提名,说明被提名者的贡献程度及奖项、等级建议。评审专家严格遵照评价标准评审,分别对一等奖、二等奖、三等奖独立投票表决,一等奖评审落选项目不再降格参评二等奖。

定额。严格控制奖励数量,四大奖总数不超过300项,鼓励科技人员潜心研究。根据本市科研投入产出、科技发展水平等实际状况,分别限定四大奖一、二、三等奖的授奖数量,进一步优化奖励结构。

4. 调整奖励对象要求

四大奖奖励对象由"公民"改为"个人",将外籍科技工作者纳入四大奖的授奖范围。

分类确定被提名科技成果的实践检验年限要求,杜绝中间成果评奖,同一成果不得重复报奖。

5. 优化市科学技术奖励委员会组成结构,建立专家评审委员会

市科学技术奖励委员会(以下简称"奖励委员会")负责本市科学技术奖励工作的指导和管理,审定市科学技术奖获奖个人和组织。

奖励委员会聘请有关方面的专家学者等(含外籍)组成专家评审委员会,开展评审工作,并向奖励委员会提出各奖励类别获奖者和奖励等级的建议。

明晰专家评审委员会和有关部门的职责。专家评审委员会履行对候选成果(人)的科技评审职责,对评审结果负责,充分发挥同行专家独立评审的作用。有关部门负责制定规则、标准和程序,履行对评审活动的组织、服务和监督职能。

6. 增强奖励活动的公开透明度

以公开为常态、不公开为例外,向全社会公开奖励政

策、评审制度、评审流程和指标数量，对四大奖候选项目及其提名者实行全程公示，接受社会各界特别是科技界的监督。

建立科技奖励工作后评估制度，每年市科学技术奖励大会后，委托第三方机构对年度奖励工作进行评估，促进科技奖励工作不断完善。

7. 建立监督委员会，健全科技奖励诚信制度

奖励委员会聘请有关方面的专家学者等组成监督委员会。监督委员会根据相关规则，对评审过程和结果进行全程监督。

完善异议处理制度，公开异议举报渠道，规范异议处理流程。制定评审行为准则与督查办法，明确提名者、被提名者、评审专家、组织者等各奖励活动主体应遵守的评审纪律。建立评价责任和信誉制度，实行诚信承诺机制，为各奖励活动主体建立科技奖励诚信档案，并将有关内容纳入科研信用体系。

严惩学术不端。对重复报奖、拼凑“包装”、请托游说评委、跑奖要奖等行为实行一票否决；对造假、剽窃、侵占他人成果等行为“零容忍”，已授奖的撤销奖励；对违反学术道德、评审不公、行为失信的专家，取消评委资格。对违规的责任人和单位，记入科技奖励诚信档案，视情节轻重予以公开通报、阶段性或永久取消参与市科技奖励活动资格等处理；对违纪违法行为，严格依纪依法处理。

8. 强化奖励的荣誉性

合理运用奖励结果。坚持正确的价值导向，坚持“物质利益和精神激励相结合、突出精神激励”的原则，适当提高市科学技术奖奖金标准，增强获奖科技人员的荣誉感和使命感。

强化宣传引导。坚持正确的舆论导向，大力宣传科技拔尖人才、优秀成果、杰出团队，弘扬崇尚科学、实事求是、鼓励创新、开放协作的良好社会风尚，激发广大科技工作者的创新热情。

（二）促进市级科学技术奖高质量发展

本市只设立一项市级科学技术奖，市政府所属部门、区政府及其所属部门，其他列入公务员法实施范围的机关，以及参照公务员法管理的机关（单位），不得设立由财政出资的科学技术奖。

（三）鼓励社会力量设立的科学技术奖健康发展

坚持公益化、非营利性原则，引导社会力量设立目标定位准确、专业特色鲜明，遵守国家法律、维护国家安全、严格自律管理的科技奖项。在奖励活动中，不得收取任何费用。

研究制定扶持政策，鼓励学术团体、行业协会、企业、基金会及个人等各种社会力量设立科学技术奖，鼓励民间资金支持科技奖励活动。逐步构建信息公开、行业自律、政府指导、第三方评价、社会监督的有效模式，提升社会力量科技奖励的整体实力和社会美誉度。

三、具体实施

（一）由市科委、市司法局修订《上海市科学技术奖励规定》并按照程序提请市政府审议，从制度层面落实科技奖励制度改革精神。由市科委修订《上海市科学技术奖励规定实施细则》，就市科学技术奖励实施中的提名规则和程序、分类评价指标体系、奖励数量和类型结构、评审监督、异议处理等予以落实。

（二）由市科委按照国家相关要求，就鼓励社会力量科技奖励发展研究制定相关政策。

（三）由市科委会同市委宣传部等部门进一步加强本市科技奖励宣传报道和舆论引导工作。

四、施行日期

本实施方案自 2019 年 1 月 1 日起施行。

《关于加快推进上海人工智能高质量发展的实施办法》

沪经信技〔2018〕569 号
（2018 年 9 月 17 日）

为深化落实《关于本市推动新一代人工智能发展的实施意见》（沪府办发〔2017〕66 号），集聚人工智能领域人才，突破关键核心技术，推进人工智能示范应用，加快建设国家人工智能发展高地，制订《关于加快推进上海人工智能高质量发展的实施办法》。

一、加快人工智能人才队伍建设

1. 加快建设人工智能人才高峰，对于符合条件的人才和核心团队纳入本市人才高峰工程，配置具有国际竞争力的事业发展平台，完善工作体制和社会保障。

2. 支持本地高校、科研机构与企业联合培养人工智能人才，合作开设人工智能专业课程、设立人工智能研究院所，建立人才实训基地，提高应用型科技人才培养精准度。

3. 加强本市人才相关政策的覆盖适用，集聚人工智能领域各类优秀人才。加大专业技术人才和技能人才的选拔力度。

4. 支持本市人工智能领域重点机构引进各类优秀人才，鼓励各区因地制宜、自主探索人工智能人才在本区的生活、就业等保障举措。

5. 设立上海市人工智能战略咨询专家委员会，论证和评估人工智能发展规划、重大科技项目实施，组织开展人工智能战略问题研究和重大决策咨询。

二、深化数据资源开放和应用

6. 加快出台本市公共数据和一网通办管理办法，实现

公共数据的规范采集、共享使用。引导人工智能企业等市场主体合法合规开展数据资产流通和交易。

7. 制定公共数据资源开放清单,依法有序向人工智能企业开放教育、医疗、旅游等重点领域数据信息,建设文献语言、图像图形、环境传感、地图位置等多类型行业大数据训练库,满足人工智能深度学习的数据需求。

8. 优化交通运输等城市管理场景资源的供给,支持本土人工智能企业新技术、新产品、新模式的应用推广,形成60个左右人工智能深度应用场景,建设100个以上人工智能应用示范项目。

9. 支持人工智能企业参与"智能上海"行动建设,推动党政机关、企事业单位提升服务水平和业务效率。将符合条件的人工智能产品纳入创新产品推荐目录,推动首购应用。

三、深化人工智能产业协同创新

10. 将人工智能纳入本市战略性新兴产业重点领域,按照本市战新产业发展专项资金管理办法,对符合条件的人工智能类重大项目及平台给予支持。

11. 对符合重点支持方向的人工智能领域项目,按照本市人工智能创新发展专项支持实施细则,给予总投资最高30%,总额最高2 000万元的支持。

12. 加大人工智能领域研发投入,加快上海类脑智能科学研究基地建设。推进国家智能传感器制造业创新中心建设,整合重点企业、科研院所等要素资源,加快在类脑智能理论研究、人机混合增强智能、新型智能算法等领域取得突破,开展智能感知、计算处理、智能执行等关键共性技术攻关。

13. 支持人工智能龙头企业在沪建立总部,鼓励有条件的企业或机构设立创新平台、孵化基地。鼓励人工智能企业离岸创新成果在本市转化,在相关方面视同国内创新成果支持。

14. 举办世界人工智能大会、创新大赛等重大活动,组建长三角人工智能创新联盟,深化产业协同发展,提高活跃度和品牌影响力。

四、推动产业布局和集聚

15. 加快建设国家人工智能高地,构建本市"人形分布、多点联动"的产业发展空间布局,推动本市相关集聚区政策覆盖人工智能领域,打造华泾北杨等3—4个人工智能特色小镇,建设5个人工智能特色示范园区。

16. 适应产业创新跨界融合发展趋势,在人工智能领域建立宽松灵活的产业空间管理机制,给予人工智能企业资源空间等方面支持,符合条件的企业,合理确定开发强度和配套功能。

五、加大政府引导和投融资支持力度

17. 统筹用好产业转型升级、信息化建设等各类专项资金,引导企业加大投入和项目建设,支持人工智能创新发展。

18. 对符合条件的人工智能企业相关产品,给予本市装备首台套、软件首版次、新材料首批次相关政策支持。鼓励各区出台政策支持人工智能产业化项目。

19. 发挥中小微企业政策性融资担保基金作用,加大人工智能领域企业信用担保力度。鼓励有条件的金融机构设立人工智能信贷专项。

20. 发挥政府投资基金撬动作用,引导社会资本设立千亿规模人工智能产业发展基金。支持人工智能领域中小企业向"专精特新"发展,培育壮大一批细分领域隐形冠军和创新标杆企业。

21. 支持人工智能企业通过兼并、收购、参股等多种形式开展国际化投资并购。鼓励各区对人工智能型企业上市等给予重点支持。

22. 加大适应人工智能发展的基础服务供给,加快5G网络、数据中心、新型城域物联专网等新一代信息基础设施建设。支持人工智能企业参与综合标准、基础共性技术标准制定。建立保障人工智能健康安全发展的制度规范。开展知识产权评议和专利导航。

本办法自发布之日起实施,有效期至2020年12月31日。

《上海市研发与转化功能型平台管理办法(试行)》

沪科规〔2018〕1号
2018年4月20日

第一章　总则

第一条　为贯彻落实《上海系统推进全面创新改革试验　加快建设具有全球影响力科技创新中心方案》(国发〔2016〕23号)、《关于加快建设具有全球影响力的科技创新中心的意见》(沪委发〔2015〕7号)和《关于本市推进研发与转化功能型平台建设的实施意见》(沪府办规〔2018〕6号),规范和加强上海市研发与转化功能型平台(以下简称"功能型平台")的建设和运行管理,制定本办法。

第二条　功能型平台是上海建设具有全球影响力科技创新中心战略部署的重要内容,是面向产业创新需求、促进科技创新资源开放协同的新型研发与转化组织。其主要功能包括:支撑产业链创新,形成对产业链各环节研发与转化过程的技术服务供给;支撑重大产品研发,开展共性关键技术和产品攻关及应用；支撑创新创业，以资源汇集和专业科技服务为抓手，为各类创新创业活动提供引导和支撑。

第三条 功能型平台分为研发与非研发两种类型：研发类功能型平台主要开展关键技术和产业化应用研究，非研发类功能型平台重点提供产业创新创业服务。

第四条 功能型平台的建设运行遵循政府主导、社会参与、市场化运作原则，注重引导社会各方资源参与，原则上实行市区共建，并采取新的科研管理体制，按照市场化、专业化运作方式，在组织架构、体制机制上创新突破。

第二章 组织推进职责

第五条 组建上海市研发与转化功能型平台建设工作推进小组(简称“推进小组”)。其主要职责是：

1. 制定功能型平台发展战略和政策，编制和组织实施功能型平台发展规划和建设计划。

2. 负责功能型平台的遴选推荐、论证和立项，提出建设方案和财政资金投入意见。组织功能型平台的评估和检查，确定其调整和撤销。

3. 对功能型平台的建设运行给予指导和服务，协调功能型平台之间的合作交流。

第六条 推进小组由市科委、市发展改革委、市经济信息化委、市财政局等部门联合设立。推进小组办公室设在市科委。

第三章 建设条件和程序

第七条 面向生物医药、新材料、先进制造、新一代信息技术等战略性新兴产业领域以及创新创业服务领域，遴选建设一批功能型平台，保持适度建设规模。推进有条件的产业创新平台提升功能，加快转型升级为功能型平台。

第八条 承建功能型平台的单位(机构)应当具备以下基本条件：

1. 面向产业创新发展。对接国家战略目标，顺应产业创新发展的重大需求，能够促进创新资源开放协同，并为产业共性技术研发转化和创新链发展提供服务和支撑。

2. 具有核心服务能力。结合所在行业技术创新特点，掌握有利于研发与转化的科学装置、工程化平台、中间试验线、工艺试验线、检测评价服务、数据标准库等，形成对产业链创新、重大产品研发、创新创业的条件支撑、资源集聚和解决方案供给能力，在行业领域中具有较高地位和影响力。

3. 拥有高水平人才队伍。拥有高水平且结构合理的科技创新团队和管理队伍，其中，领军人才具有行业公认的个人成就与号召力，熟悉相关领域情况和技术发展态势，能够集聚一批国内外优秀人才和各类创新资源。

4. 形成科学高效的管理机制。明确公共科研和非营利属性，采取市场化、实体化运作模式，具备清晰的发展目标和相匹配的科研管理体制和运行机制，形成合理的科研组织、资金筹集、人才发展、创新合作机制。具备自我造血能力，能够可持续发展。

第九条 功能型平台建设按以下程序进行：

1. 推荐。相关政府主管部门依据功能型平台建设的基本条件，向推进小组推荐功能型平台筹建单位，提交建设方案。

2. 论证。推进小组对筹建单位和建设方案进行综合论证，并委托有资质的第三方评估机构进行评估，形成包含建议支持方案的评估报告。推进小组建立会商机制，结合评估报告，提出包含项目实施任务、财政投入金额、考核目标等建设方案的综合意见。

3. 立项。推进小组对经过综合论证的筹建单位和建设方案提交市政府专题会议审议。对审议通过的予以立项，纳入全市功能型平台建设布局。

第四章 运行管理

第十条 对立项建设的功能型平台，实施合同式管理。由承建单位与政府主管部门、所在区签署，以合同形式约定平台建设的目标、内容、财政资金投入、评估考核指标等。

第十一条 功能型平台应当按照公共科研和非营利原则，建立政府、市场、社会共同参与的议事决策机制，在推进产业创新发展中坚持中立，注重为行业提供公共服务，着力提升产业技术创新整体水平。

对由剥离竞争性成熟技术而孵化成立的衍生企业，功能型平台的持股比例应有利于保持平台的中立性。

第十二条 功能型平台的运行管理应当包括：

1. 探索企业化实体运作机制。鼓励在组织架构、体制机制上开展创新突破，不断提升功能型平台运作效率。

2. 多元化资金筹集机制。充分发挥财政投入资金的引导性作用，拓展功能型平台多元融资渠道，吸引社会资本共同投入，引导功能型平台成立投资基金开展市场化、专业化运作，不断培育衍生项目及企业，实现良性互动和持续发展。

3. 开放式人才管理机制。实施社会化招聘、企业化管理的用人机制，引进和培养一流领军人才，打造多元化人才队伍。探索双向挂职、短期工作、项目合作等柔性流动方式，探索采用年薪制、协议工资制、项目工资等方式，建立有利于人才良性流动、考核评价科学的管理机制。

4. 创新开放合作机制。引导功能型平台开放共享创新资源，加强与大型科学仪器设施共享工作的联动。加强与国内外高校院所、企业的联系，开展项目联合攻关、共建研发基地和创新联盟、支持孵化创业企业、打造产业集群、提供咨询服务、举办国际会议等多种形式的合作交流。

第十三条 功能型平台应向推进小组报告技术研发、项目进展、重要人事变更等信息，报送年度报告、绩效目标年度完成情况及下一年度工作计划。

第五章 财政资金投入模式

第十四条 功能型平台财政资助资金由市、区两级共同安排。建设资金以市级财政为主，市级财政安排资金在战略性新兴产业发展专项资金中统筹安排,按特定出资事项予以管理;运行资金由市区两级财政共同安排,其中,市级财政资助的运行资金纳入市科技创新计划专项资金中统筹安排,所在区安排的功能型平台运行资金,原则上不低于市级财政投入。

第十五条 对功能型平台的财政资金投入,试点采取机构式资助方式。围绕建设任务和考核目标,试点稳定资助和经费自主使用,建立符合创新规律、以质量绩效为导向的财政科研经费投入机制和管理模式。

政府资助运行经费由功能型平台的承建单位统筹用于行业共性关键技术研发、科技成果转化、公益技术服务等方面的相关支出,具体由合同约定,但不得用于对外投资、楼堂馆所建设、超标接待、公费旅游等。委托外部研发的费用不得超过一定比例,具体比例由政府主管部门与功能型平台承建单位在合同中约定。

项目经费实行总额控制、专账核算。建设资金按照市战略性新兴产业专项资金管理办法进行管理;运行资金各项费用之间可以调剂使用,经费变化超过总额10%的需向相关主管部门备案。项目经费使用应厉行节约,加强内部信息公开与科研诚信管理。

第十六条 积极探索财政投入"退坡"机制,鼓励功能型平台不断增强市场化服务和技术许可能力。功能型平台成立初期,以财政资金投入为主;待逐渐发展成熟后,财政资金投入所占比重逐步减少。

第六章 评估与激励

第十七条 推进小组委托第三方专业评估机构对功能型平台的整体运行和建设成效进行考核评估。具体包括:

1. 评估指标。由政府主管部门与功能型平台承建单位在合同中约定。核心指标包括:共性技术攻关与服务、科技成果转化、企业孵化、人才培养、产学研合作等。

2. 评估周期。合同已约定的,从约定;无约定的,按照政府财政资金投入周期而定。

3. 评估费用。由市科委在年度部门预算中统筹安排。

第十八条 推进小组根据合同约定预期指标的完成情况,确定功能型平台评估等级。具体包括:

1. 评估等级分为优秀、良好、合格与不合格四类。

2. 对于评估等级在良好以上的功能型平台,按合同继续给予支持。

3. 对于评估等级为合格的功能型平台,根据评估结果责令其进行整改,整改完成后报推进小组审议是否继续支持。

4. 对于评估等级为不合格的功能型平台,合同终止,不再支持。

第十九条 对于功能型平台论证和考核过程中提供虚假材料的单位,经核实后,撤销支持,追回已拨经费,5年内不得申报市级科研项目经费资助。相关记录按照规定纳入本市公共信用信息服务平台。

第七章 附则

第二十条 本办法自2018年5月1日起试行,有效期至2020年5月1日。

《上海市燃料电池汽车推广应用财政补助方案》

沪科规〔2018〕2号

2018年5月21日

根据《上海市鼓励购买和使用新能源汽车实施办法》(沪府办规〔2018〕7号)(以下简称"实施办法"),对纳入《上海市燃料电池汽车发展规划》有关示范应用规划,符合本市燃料电池汽车示范运行有关技术标准,并在本市确定的燃料电池汽车商业运营示范区内运行的燃料电池汽车,制定《上海市燃料电池汽车推广应用财政补助方案》。本方案所称燃料电池汽车是指符合《实施办法》要求的燃料电池汽车。

一、补助范围

1. 车辆应是生产企业通过《新能源汽车生产企业及产品准入管理规定》(工信部令第39号)燃料电池汽车生产审核后生产的车辆。

2. 车辆已获得中央财政补助。

3. 车辆的燃料电池系统启动温度不高于−10 ℃,测试符合《GB/T 33979—2017 质子交换膜燃料电池发电系统低温特性测试方法》。

4. 车辆必需有燃料电池系统氢耗及运行监测,监测数据应接入本市确定的新能源汽车公共数据采集平台。

5. 车辆前2万公里行驶里程氢耗量(kg)≥20 000(公里)/续驶里程(公里)×储氢量(kg)。

计算方法:按汽车产品公告值。

续驶里程:乘用车采用工况法,商用车采用等速法。

储氢量(kg)=公称工作压力下对应氢气密度(g/L)×水容积(L)×氢瓶数量(个)/1 000,其中公称工作压力下对应氢气密度:35 MPa对应氢气密度24.0 g/L; 70 MPa对应40.2 g/L。

6. 车辆运行单位与符合安全生产监管、公安等法规要求的加氢站有供氢协议。

7. 车辆需具备加氢站提供的加氢量记录。

二、补助标准

1. 按照中央财政补助1∶0.5给予本市财政补助。

2. 燃料电池系统达到额定功率不低于驱动电机额定功

率的50%,或不小于60 kW的,按照中央财政补助1∶1给予本市财政补助。

3. 燃料电池汽车本市财政补助申领渠道、有效期及其余事项按《实施办法》执行。

上海市科学技术委员会
上海市发展和改革委员会
上海市经济和信息化委员会
上海市财政局
2018年5月21日

《上海市大型科学仪器设施共享服务评估与奖励办法实施细则》

沪科规〔2018〕3号
2018年6月19日

第一条(目的) 为了贯彻落实《上海市促进大型科学仪器设施共享规定》,提高大型科学仪器设施使用效率,增强科技创新能力,根据《上海市大型科学仪器设施共享服务评估与奖励办法》(沪府办发〔2017〕81号,以下简称《办法》),制订本实施细则。

第二条(适用对象) 本实施细则适用于本市行政区域内申请大型科学仪器设施共享服务评估和奖励的高等学校、科研院所、企事业等管理单位(以下统称"管理单位")。

第三条(定义范围) 《办法》第三条所称的"科学研究和技术开发的行为"包括新技术、新产品、新工艺和新材料的研制开发等科技创新活动,不包括法定认证、执法检查、商业验货、商业摄制、医疗服务、电信计费、大批量验货等。

第四条(申报条件) 申请共享服务奖励的大型科学仪器设施须完成信息报送并加盟上海研发公共服务平台,且自愿向社会开放提供共享服务。

第五条(评估内容) 《办法》第七条所称的"共享服务业绩"包括:年度仪器开机机时达标率、年度共享服务机时数达标率、年度共享服务仪器的平均用户数、年度共享服务仪器的平均服务收入和年度共享服务取得的社会效益;所称的"共享服务管理"包括:单位的组织保障与激励措施、内部的服务质量管理和用户管理;所称的"服务队伍与能力"包括:技术人员配备情况、技术人员技能培训情况和单位的服务资质与服务水平;所称的"信息公开"包括:仪器信息填报的数量、完整性及信息的及时更新率、年度新增仪器信息报送及加盟仪器信息的年度增加量。

第六条(评估程序) 依据《办法》第八条,每年市科委会同各有关主管部门组织实施大型科学仪器设施共享服务评估与奖励工作。

(一) 市科委在每年5月份发布年度评估与奖励申报通知。

(二) 市科委委托受理机构收集申报材料并对材料的规范完整性进行审查,组织专家对管理单位的有效上报材料进行评估打分。

(三) 随机选取每个评估管理单位的5家用户进行用户满意度调查。

(四) 根据评估得分对管理单位的大型科学仪器设施共享服务情况进行排序,确定评估结果,低于60分的为不合格(满分100分)。

第七条(奖励条件) 《办法》第九条所称的"先进个人奖"分为管理类和技术类,由管理单位自荐、主管部门推荐和专家建议相结合产生。

第八条(奖励金额确定) 根据各台(套)仪器共享服务的机时、收费、用户数量,并结合管理单位的大型仪器共享服务评估结果确定其服务成效值。计算公式为:

单台(套)仪器服务成效值=评估结果调整系数×(单台(套)仪器对外服务机时/所有仪器当年度平均服务机时+单台(套)仪器对外服务收费/所有仪器当年度平均服务收费+单台(套)仪器对外服务用户数/所有仪器当年度平均服务用户数)

评估结果调整系数根据各单位仪器共享服务评估结果确定,用以调整仪器服务成效值,仪器单位评估结果为优秀的,调整系数为1.2,评估结果为合格的,调整系数为1。

仪器根据单位性质分为高等院校科研院所组及其他组,根据评估合格仪器成效值从高到低分为A—E五个等级,各等级仪器所占比例及单台(套)仪器奖励金额为:A级前5%, 50 000元;B级5%—15%, 30 000元;C级15%—75%, 10 000元;D级75%—95%, 5 000元;E级末5%, 1 000元。

第九条(资金管理与监督) 奖励资金列入市科委部门预算按照部门预算资金的有关规定管理和拨付。

管理单位应将奖励资金的实际使用情况送受理机构备案;受理机构将资金使用情况汇总后报送市科委备案。

第十条(施行日期) 本细则自发布之日起施行,有效期至2022年12月31日。

《上海市科研计划项目(课题)专项经费巡查管理办法》

沪科规〔2018〕4号
2018年6月29日

第一条 为了全面落实《关于进一步完善中央财政科

研项目资金管理等政策的若干意见》(中办发〔2016〕50号)和《国务院关于改进加强中央财政科研项目和资金管理的若干意见》(国发〔2014〕11号),进一步加强上海市科研计划专项经费(以下简称“科研经费”)的管理,建立和完善科研经费管理与监督制度体系,提高财政资金使用效益,依据《中央财政科技计划(专项、基金等)监督工作暂行规定》(国科发政〔2015〕471号)、《上海市科研计划项目(课题)专项经费管理办法》(沪财发〔2017〕9号)及国家和上海市有关财务管理制度,制定本办法。

第二条 科研经费巡查是指上海市科学技术委员会(以下简称“市科委”)对归口管理的科研经费使用情况组织开展检查的工作。

第三条 科研经费巡查的主要对象是承担科研计划项目(课题)的单位(以下简称“承担单位”)。为了核实相关情况,巡查可延伸至其他相关单位。

第四条 科研经费巡查的主要任务是对巡查对象执行国家及本市有关财经法规和科研经费管理规定、管理和使用科研经费情况等进行指导督促;宣讲科研经费管理政策,为巡查对象提供政策咨询;围绕当年巡查工作关注的重点,深入了解情况,排查风险点,指导巡查对象规范使用科研经费;了解一线科研人员在实际工作中的困难和需求,为改进和完善科研经费管理工作提出意见和建议。

第五条 科研经费巡查工作在市财政局、市审计局等相关部门的指导下,根据国家和本市的有关规定,按照依法、客观、公正、透明的原则组织开展。

第六条 市科委制定年度科研经费巡查工作方案,确定当年巡查的对象和重点内容,向巡查对象下达《科研经费巡查通知书》,明确巡查的时间、目的、范围、程序、需要协助的具体事项及注意事项等。

第七条 巡查对象应根据《科研经费巡查通知书》的要求,对本单位法人责任落实情况和科研经费管理使用情况进行自查,按照规定格式编写自查报告,报送市科委。

第八条 市科委根据自查报告,选取部分项目(课题),组织巡查组进行现场检查,巡查组成员由财务、技术及科研管理等专家组成。巡查组通过听取汇报、召开座谈会、个别谈话、资料查验等多种方式,全面检查承担单位在贯彻科研经费管理制度、建立内部管理机制、执行科研经费预算等方面的情况。

第九条 巡查组开展现场检查之前应召开启动见面会,向巡查对象的相关人员通报巡查的内容、要求和工作纪律等,宣讲科研经费管理政策,听取相关人员对于科研经费管理工作的意见建议。巡查对象分管科研、财务的领导以及相关职能部门负责人和有关科研人员应当参会。

巡查对象的相关负责人汇报自查情况和被抽查的科研项目(课题)实施和预算执行情况,提交单位内部科研经费管理相关制度文件以及被抽查的科研项目(课题)的财务资料等,并签订承诺书,对相关资料的真实性负责。

第十条 巡查组开展现场检查工作期间应详细填写《巡查工作记录表》,作为出具《科研经费巡查监督意见书》的重要依据。现场检查的主要内容包括:

(一) 法人责任落实情况,包括内部管理制度建设与国家及本市科研经费管理政策的衔接情况,内部审核监督、信息公开等内控制度的建立和执行情况等;

(二) 贯彻落实有关间接费用、绩效支出的政策,调动科研人员积极性方面的情况;

(三) 科研经费单独核算以及有关项目(课题)经费支出的真实性、相关性、合理性情况,重点关注预算调整及外拨经费、现金发放和大额采购、测试化验加工费管理使用、劳务费和专家咨询费发放等情况;

(四) 科研经费购置固定资产的管理、使用和开放共享情况;

(五) 核实巡查对象和被抽查项目(课题)的基本信息,查阅被抽查项目(课题)的财务支出明细账、会计凭证、合同等资料,了解巡查对象的各项制度是否得到有效执行,被抽查项目(课题)的经费支出和会计核算是否规范、有效;

(六) 以前年度科研经费监督检查中发现问题的整改落实情况。

第十一条 巡查组在完成现场巡查工作程序和任务后,应将巡查的汇总情况与巡查对象进行当面沟通,并由巡查对象在《巡查工作记录表》上签字确认。

第十二条 巡查组应根据《巡查工作记录表》记录的检查情况,向巡查对象出具《科研经费巡查监督意见书》,作为巡查对象进行整改的依据。

现场检查遇有重大或特殊情况时,巡查组可作出暂不向巡查对象出具《科研经费巡查监督意见书》的决定,但应向市科委作出说明。

第十三条 巡查对象应在《科研经费巡查监督意见书》下达后30日内,向市科委报送书面整改报告。

第十四条 巡查组应在规定时间内整理、分析和总结巡查对象的自查报告、《巡查工作记录表》、《科研经费巡查监督意见书》及整改落实的情况,上报市科委,并对需要另行处理的问题提出处理建议和依据。

第十五条 巡查组在巡查中发现下列违规行为的,应在《巡查工作记录表》中详细记录并收集相关证据,在总结中向市科委报告:

(一) 利用虚假项目骗取专项经费;

(二) 提供虚假财务资料、挪用专项经费;

(三) 利用虚假或不实合同、协议套取专项经费;

(四) 使用虚假不实票据骗取专项经费或以虚假不实票据列支专项经费;

(五) 向其下属具有法人资格的单位或存在关联关系单位违规转拨专项经费;

(六) 自行增加预算外单位、违规外拨专项经费;

(七) 虚报冒领劳务费、专家咨询费或劳务费、专家咨询费发放不规范;

(八) 使用现金大额采购或现金发放数额较大;

（九）列支与科研任务无关的个人消费性支出；

（十）不执行《科研经费巡查查监督意见书》，逾期不提交整改报告、整改落实不到位或虚假整改；

（十一）其他违规行为。

第十六条 巡查组成员在巡查过程中应当客观、公正地发表意见，对现场检查过程中获得的未公开信息负有保密义务。

巡查组成员有弄虚作假、徇私舞弊等行为的，一经发现，取消其参与科研计划专项经费巡查工作资格；违反国家法律法规的，按有关法律法规处理。

第十七条 对于现场检查中发现的违规违纪疑点，巡查组因收集证据困难或不完整，暂时无法做出现场判断和结论的，应将客观情况在《巡查工作记录表》中如实记录，供市科委根据工作记录表及收集的相关材料进行分析、研究，确定是否组织力量进行深入核查。需要进行深入核查的，市科委按照科研经费违规违纪调查处理工作程序开展后续工作。

第十八条 对巡查中发现的违规行为，情节严重的，市科委依据有关管理规定，采取包括约谈单位法定代表人、通报批评、暂停项目（课题）拨款、不通过财务验收、终止项目（课题）执行、追回已拨项目（课题）经费、取消项目（课题）承担者一定期限内项目（课题）申报资格等处理措施，并可向社会公开处理结果。

对涉嫌违纪的行为，移送所在单位或主管单位纪检监察部门处理。

对涉嫌犯罪的行为，移交司法机关处理。

第十九条 市科委对在科研经费巡查工作中发现违规违纪的单位和个人，记入科研信用记录；严重不良信用记录者将记入“黑名单”，阶段性或永久取消其申请科研项目（课题）的资格。

第二十条 本办法由市科委负责解释。

第二十一条 本办法自 2018 年 8 月 1 日起施行，有效期至 2023 年 8 月 1 日。

《国家重要科技计划项目上海市地方匹配资金管理办法》

沪科规〔2018〕5 号
2018 年 9 月 30 日

第一条 为鼓励本市企业、高等院校、科研院所和其他社会组织积极承担国家重要科技计划项目，保障国家重要科技计划项目顺利实施，根据国家要求和本市财政科技资金管理的有关规定，制定本办法。

第二条 “国家重要科技计划项目上海市地方匹配资金”（以下简称“匹配资金”），由市级财政预算安排，纳入上海市科学技术委员会（以下简称“市科委”）部门预算。

第三条 匹配资金主要用于配套支持牵头承担国家重要科技计划项目的本市法人单位（以下简称“项目牵头承担单位”）。

本办法所称的国家重要科技计划项目，包括：国家重点研发计划项目、国家自然科学基金（重大、重点）项目。

第四条 市科委负责编制匹配资金的年度预算，对项目牵头承担单位提出的匹配资金申请进行审定，对其资金使用的全过程进行监督。

上海市财政局（以下简称“市财政局”）负责匹配资金的预算管理，并对匹配资金的预算编制和执行情况进行监督检查。

第五条 项目牵头承担单位是经费使用和管理的责任主体，对经费使用的合规性和合理性负责。

第六条 匹配资金原则上按照国家实际拨付的项目经费（扣除转拨给非本市法人单位的部分）的 10% 计算，可由项目牵头承担单位主要用于项目实施过程中的劳务费支出。劳务费开支标准和范围，按照本市科研计划专项经费管理的相关规定执行。

第七条 项目牵头承担单位应当在国家相关机构正式受理项目申报材料后，将项目申报材料提交至市科委备案。

第八条 项目牵头承担单位在获得国家重要科技计划项目立项后，应当在每笔国拨经费到款后的 30 日内，向市科委申请匹配资金，提交立项批复、任务书或合同书（含经费预算表和支出预算明细）、拨款通知、银行到款凭证等相关材料。在首次申请时已提交过的材料，后续申请时无需重复提交。

2018 年 1 月 1 日以后获得立项且在本办法施行前已到款的国家重要科技计划项目，项目牵头承担单位应当在本办法施行后的 30 日内，向市科委申请匹配资金，提交前款所述材料。

逾期申请的，市科委不予受理。

第九条 市科委受理申请后，对材料进行审核，对符合本办法规定的项目，确定拟匹配金额，并按程序进行公示；将公示无异议的项目纳入拨款计划，按期拨付匹配资金。

第十条 项目牵头承担单位应当对匹配资金实行独立核算、专款专用，接受市科委、市财政局对匹配资金使用情况的监督检查和专项审计。

第十一条 项目牵头承担单位在匹配资金申请、使用和管理中存在弄虚作假或违规行为的，一经查实，市科委终止经费拨付，并追回已拨付经费；情节严重的，按国家有关规定追究当事人的行政、法律责任。

第十二条 为提高财政资金使用效益，市科委、市财政局聘请第三方机构对匹配资金支出进行绩效评价，绩效评价结果作为改进预算管理和安排以后年度预算的重要依据。

第十三条 匹配资金的安排、拨付、使用和管理,依法接受审计机关的审计和监察部门的监督检查,并主动接受市人大和社会的监督。

第十四条 本办法自2018年10月1日起施行,有效期至2023年9月30日。

《上海市科研计划项目(课题)预算评估评审管理办法》

沪科规〔2018〕6号
(2018年7月30日)

第一条 为了提高上海市科研计划项目预算管理的科学性,推进和规范项目预算评估评审工作,提高预算评估评审的质量,充分发挥评估评审活动对项目预算决策的咨询作用,保障科研经费的合理配置和有效利用,根据《关于进一步完善中央财政科研项目资金管理等政策的若干意见》(中办发〔2016〕50号)、《国务院关于改进加强中央财政科研项目和资金管理的若干意见》(国发〔2014〕11号)、《国家重点研发计划重点专项项目预算评估规范》(国科发资〔2017〕261号)和《上海市科研计划项目(课题)专项经费管理办法》(沪财发〔2017〕9号)及国家和本市相关制度的规定,制定本办法。

第二条 上海市科学技术委员会(以下简称"市科委")、上海市财政局(以下简称"市财政局")作为管理部门共同负责管理预算评估评审工作。市科委主要负责制定预算评估评审工作制度;委托评估机构或组织专家开展预算评估评审活动;建立和完善评估评审专家库,对专家进行培训;审核评估工作方案、评估手册和评审专家名单;审定预算评估评审结果;对评估机构和评估评审专家实施信用管理。市财政局主要负责对预算评估评审活动的全过程进行指导和监督。

第三条 预算评估是指市科委在审定项目预算前,委托评估机构对项目预算进行的专业化咨询和评判活动。

预算评审是指市科委在审定项目预算前,组织专家对项目预算进行的专业化咨询和评判活动。

第四条 市科委对受理的科研项目开展预算评审工作。其中,对通过预算评审且申请专项经费达到800万元以上或者影响重大的项目,开展预算评估工作。

第五条 预算评估评审工作的重点是对项目预算的目标相关性、政策相符性和经济合理性作出评价,为项目预算决策提供咨询。

(一)目标相关性。项目预算应以任务目标为依据,预算支出应与项目任务紧密相关,预算的总量、结构等应符合研究任务的规律和特点。

(二)政策相符性。项目预算科目的开支范围、开支标准等应符合国家和本市有关财务制度,以及科研经费管理制度的相关规定。

(三)经济合理性。参照国家和本市同类科研活动的状况,项目预算应与同类科研活动的支出水平相匹配,在考虑技术创新风险和不影响完成任务的前提下,提高资金的使用效率。

第六条 评估机构应为具有专业能力、成立三年以上的独立法人单位,有良好的信誉和预算评估工作经验,且在近三年内无重大违法记录。参与预算评估工作的人员应熟悉上海市科研计划专项经费的相关管理制度。

市科委对于预算评估机构的遴选按照政府采购的相关规定执行。

第七条 评估机构应在市科委和市财政局的指导和监督下,按照规范的评估程序,客观、公正、科学地开展预算评估工作,按时提交预算评估报告。评估报告主要包括评估方法与程序、项目概况、预算基本分析和总体结论等内容。

第八条 评估机构开展预算评估的工作程序如下:

(一)接受市科委的委托,编制预算评估工作方案和评估手册,报市科委审核;

(二)按照市科委审核通过的预算评估工作方案,采用专业、规范的程序和方法,组织评估专家开展预算评估工作;

(三)撰写评估报告,报市科委审查与确认;

(四)在预算评估工作结束后,将相关材料按照有关规定进行归档。

第九条 评估评审专家应为熟悉项目研究内容的技术专家、熟悉财政财务政策的财务专家及管理专家,每个项目的评估评审专家总人数不得少于5人。

评估评审专家应按照评估评审的工作要求,认真做好项目预算评估评审工作,独立、客观、公正地提出评估评审意见。

第十条 项目申请单位和项目负责人有义务配合评估评审工作,按要求及时提供项目有关材料和信息,并对材料和信息的真实性、有效性负责。

第十一条 评估机构及评估评审专家须遵守以下行为准则:

(一)当评估机构与被评估对象有利益关联关系时,评估机构须向市科委申明并回避。当评估评审专家与被评对象有利益关联关系时,专家须向市科委或评估机构申明并回避;

(二)对评估评审所涉及项目的研究内容、技术路线、预算方案等资料负有保密义务,不得擅自对外扩散项目申报材料；

（三）不得收取被评估评审对象的报酬、费用和礼品等；

（四）未经市科委同意，不得对外发布评估评审结果。

第十二条　在评估评审活动中，评估机构和评估评审专家如有违规违纪行为的，一经查实，市科委视情节轻重，给予批评、通报、取消其参与预算评估评审工作资格等处理。对违反国家法律的行为，按有关法律处理。

第十三条　市科委对在评估评审工作中发现违规违纪的单位和个人，记入其科研信用记录，作为今后开展经费监管工作的重要依据。

第十四条　本办法由市科委、市财政局负责解释。

第十五条　本办法自2018年8月1日起施行，有效期至2023年8月1日。

《上海市科技计划科技报告管理办法》

沪科规〔2018〕7号

（2018年10月17日）

第一条　为贯彻落实《科技部办公厅关于加快地方科技报告制度建设的通知》（国科办创〔2017〕47号），推动本市科技报告的统一提交、规范管理和共享使用，制定本办法。

第二条　科技报告是描述科研活动的过程、进展和结果，并按照规定格式编写的特种科技文献，目的是促进科技知识的积累、传播交流和转化应用。科技报告是上海市基础性、战略性科技资源。

科技报告类型包括：

（一）最终报告。科研项目在结题时撰写的从技术层面报告项目的研究进展情况和重要成果的科技报告，是项目验收必备材料之一。

（二）进展报告。科研项目在执行过程中撰写的年度和中期技术进展报告。

（三）专题报告。科研项目实施过程中产生的实验（试验）报告、调研报告、技术考察报告、设计报告、测试报告等包含科研活动细节及基础数据的专题科技报告。

第三条　本办法适用于受上海市级财政资金资助的，由上海市科学技术委员会（以下简称“市科委”）组织实施的科技计划项目（含课题）。

第四条　市科委负责科技报告制度建设的总体部署、统筹规划、组织协调和监督检查，主要职责是：

（一）制定科技报告相关政策和标准规范；

（二）将科技报告工作纳入项目立项、过程管理、结题验收和监督检查等管理过程；

（三）与项目（含课题）承担单位签订项目（含课题）合同时，约定提交科技报告的类型、数量和时间，并作为项目验收的考核指标；

（四）组织开展科技报告宣传培训工作；

（五）按要求向科技部报送科技报告。

第五条　项目管理机构在项目过程管理、结题验收过程中执行科技报告工作的相关规定和要求，主要职责是：

（一）指导、督促项目（含课题）承担单位按要求开展科技报告工作；

（二）在项目过程管理、项目验收时，对照合同约定，审查科技报告撰写提交情况；

（三）协助开展科技报告宣传培训工作。

第六条　市科委委托第三方机构承担科技报告的收藏、管理和服务，主要职责是：

（一）收集、加工、保存、管理科技报告，对已收录的科技报告发放收录证书；

（二）运行和维护上海市科技报告服务管理平台；

（三）开展科技报告的共享服务；

（四）开展科技报告资源的深度开发利用。

第七条　项目（含课题）承担单位应充分履行法人责任，做好科技报告工作，主要职责是：

（一）建立本单位科技报告管理制度，将科技报告工作纳入本单位科研管理过程，指定专人负责本单位科技报告工作；

（二）组织本单位科研人员参加科技报告培训，督促项目（含课题）负责人按照合同要求以及科技报告相关规范撰写科技报告；

（三）审核科技报告格式、内容、密级及保密期限、延期公开时限，确保科技报告内容真实完整、格式规范，并按照规定的渠道和方式提交；

（四）建立本单位科技报告奖惩机制，为科技报告工作提供条件保障；

（五）项目承担单位负责协调各课题承担单位共同完成科技报告工作，统一提交科技报告。

第八条　项目（含课题）负责人应增强撰写科技报告的责任意识，按照合同要求按时保质完成科技报告，并对内容和数据的真实性负责。

（一）应按照合同要求和《科技报告编写规则》（GB/T7713.3—2014）、《科技报告保密等级代码与标识》（GB/T30534—2014）等相关国家标准，组织撰写科技报告；

（二）应按照合同要求按时提交科技报告，并就报告使用权限及数据信息真实性签署《科技报告承诺书》，提出科技报告密级、保密期限、延期公开时限的建议；

（三）在项目验收通过后，将最终报告根据专家意见进行修改完善并正式提交。

第九条　科技报告的公开方式分为公开和延期公开两种。

需要发表论文的，延期公开时限在2年（含2年）以内；

需要申请专利、出版专著的,延期公开时限在3年(含3年)以内;涉及技术诀窍的,延期公开时限在5年(含5年)以内。论文发表或专利申请公开后,延期公开的科技报告应及时公开。

涉密项目(含课题)的科技报告可以确定为秘密级,如该项目(含课题)为机密或绝密级,科技报告应经降密或脱密处理后再行提交。保密期限应依据项目(含课题)合同及国家有关保密规定提出。

第十条 保密期限或延期公开时限届满的科技报告,将自动公开。

如需要延长保密期限或延期公开时限,应由项目(含课题)承担单位在到期3个月前,向市科委提出书面申请,获审核通过后方可延长。

第十一条 科技报告按照公开与受控使用相结合的原则向社会开放共享,与国家科技报告服务系统实行互联互通。向社会公众提供检索以及科技报告(含"公开"和"延期公开"科技报告)摘要信息浏览服务。向实名注册用户提供检索以及"公开"科技报告的全文浏览服务。"延期公开"科技报告的全文,实行授权受控使用,全文使用应得到科技报告完成单位许可。

第十二条 科技报告是项目验收的必备条件。对未按照合同要求提交科技报告的,责令限期整改。在规定时间内未完成整改的,按不通过验收处理。

第十三条 项目(含课题)负责人提交的科技报告存在抄袭、数据弄虚作假等情形的,按程序将相关负责人纳入诚信记录。

对未履行法人责任以致出现前述科研不端行为的项目(含课题)承担单位,责令限期整改;整改后仍出现前述科研不端行为的,将单位纳入诚信记录。

第十四条 科技报告使用者应严格遵守知识产权管理的相关规定,在论文发表、专利申请、专著出版等工作中注明参考引用的科技报告(包括作者、名称及编号等信息),确保科技报告完成人的合法权益。

第十五条 本办法自2018年12月1日起施行,有效期至2023年11月30日。

《上海市科技创新券管理办法(试行)》

沪科规〔2018〕8号
(2018年11月22日)

第一条(目的) 为落实《国务院关于强化实施创新驱动发展战略 进一步推进大众创业万众创新深入发展的意见》(国发〔2017〕37号)要求,优化财政资助方式,降低创新创业成本,进一步推广应用科技创新券,制定本办法。

第二条(定义) 本办法所称科技创新券(以下简称"创新券"),是指利用市级财政科技资金,支持企业、团队向服务机构购买专业服务的一种政策工具。创新券采用电子券形式,由企业、团队申领和使用,由服务机构收取和申请兑付。

前款所称专业服务,是指企业、团队在科技创新过程中所需要的战略规划、技术研发、技术转移、检验检测、人才培养、资源开放等服务。具体的服务事项清单,由市科委发布和动态更新。

第三条(原则) 创新券的使用和管理遵循鼓励创新、诚实守信、公开透明、科学管理的原则。

第四条(部门职责) 上海市科学技术委员会(以下简称"市科委")负责制定创新券政策,编制预算,管理和监督创新券的使用。

上海市财政局(以下简称"市财政局")负责资金的预算管理,对资金的预算编制和执行情况进行监督检查。

第五条(管理中心) 市科委委托第三方机构,开展与创新券申领、使用和兑付相关的日常服务和具体管理工作。

第六条(申领使用主体) 申领创新券的企业,应当是注册在本市的独立法人,符合《科技型中小企业评价办法》(国科发政〔2017〕115号)的有关要求。

申领创新券的团队,应当是已入驻本市科技企业孵化器、大学科技园或众创空间,尚未在本市注册成立企业的创新创业团队(核心成员不少于3人)。

第七条(服务机构) 有意愿在服务交易中收取创新券的服务机构,可以向管理中心申请列入创新券服务机构名录。管理中心经审核、公示后,将符合条件的服务机构予以公布。

服务机构应当符合以下条件:

(一)注册在本市的独立法人或非法人组织;

(二)具备相关专业服务能力,注册2年以上,专职人员有相关业务经历;

(三)有明确的服务内容、服务规范、收费标准,在本市公共信用信息服务平台无不良记录。

根据《上海市促进大型科学仪器设施共享规定》提供大型科学仪器设施共享服务的高等学校、科研院所和企业,应当积极申请列入创新券服务机构名录,相关服务业绩作为市科委组织实施的大型科学仪器设施共享服务评估与奖励的重要依据。

第八条(申领和使用) 符合第六条规定的企业和团队,登录本市创新券管理信息平台(以下统称"在线")申领创新券,并在线将创新券支付给服务机构用以购买相关专业服务。

企业或团队购买专业服务所需经费已获得市级财政科技资金资助的,不得使用创新券支付该项服务。

每家企业每年使用创新券的额度不超过30万元,每个团队每年使用创新券的额度不超过10万元。

第九条(兑付前登记)　服务机构在接受服务委托后，在线提交合同。

管理中心对合同中符合当年度服务事项清单的专业服务及相应服务金额予以确认，并按该服务金额的50%拟定创新券使用额度。

第十条(申请兑付)　服务机构在合同履行完毕后，在线提交到款凭证、发票、收取的创新券等材料，申请兑付。

管理中心予以审核，经公示无异议后予以兑付。

网上平台常年受理兑付申请，每季度集中拨付一次资金。

第十一条(监督检查)　创新券的申领、使用和兑付不得弄虚作假。市科委委托第三方机构，每年对上年度一定比例以上有创新券兑付记录的服务机构及对应的申领使用主体开展随机抽查，并将服务诚信、服务质量等抽查结果向社会公示。

创新券的申领使用主体和服务机构应当积极配合市科委和市财政局及其委托的第三方机构的监督检查。对于拒不配合监督检查，或在申领、使用和兑付中有弄虚作假行为经查实的，市科委不予兑付或追回已兑付资金，并将相关单位和个人纳入诚信记录；情节严重的，依法追究法律责任。

第十二条(绩效评价)　为提高财政资金使用效益，市科委、市财政局聘请第三方机构对创新券资金支出进行绩效评价，绩效评价结果作为改进预算管理和安排以后年度预算的重要依据。

第十三条(审计监察)　创新券资金的安排、拨付、使用和管理，依法接受审计机关的审计和监察机关的监察，并主动接受市人大和社会的监督。

第十四条(本市各区)　本市各区可参照本办法制定各自辖区内的创新券管理办法。

第十五条(跨区域)　长三角地区以及本市与其他地区间的创新券通用通兑办法，另行制定。

第十六条(实施日期和有效期)　本办法自2019年1月1日起施行，有效期至2020年12月31日。

《上海市科技专家库管理办法(试行)》

沪科规〔2018〕9号
(2018年11月22日)

第一章　总则

第一条　为加快建设具有全球影响力的科技创新中心，深化科技管理改革，完善评审专家的选取和使用，提高决策的科学化水平，推进上海市科技专家库(以下简称“专家库”)建设，按照《中共中央办公厅、国务院办公厅关于深化项目评审、人才评价、机构评估改革的意见》(中办发〔2018〕37号)的要求，制订本办法。

第二条　专家库集成各类高层次人才，服务于上海市科技管理，是上海市科技管理信息系统的重要组成部分。通过专家库建设，积极鼓励引导国内外专家为上海科技发展提供服务。

第三条　专家库按照集中统一、标准规范、安全可靠、开放共享的原则建设和运行。

第四条　上海市科学技术委员会(以下简称“市科委”)负责专家库建设的总体部署和统筹协调，研究制定相关政策和管理制度，开展专家库的运行维护、开发利用等相关工作。

第五条　市科委在评审评估、结题验收、评价奖励等的初评、通讯评审环节所需专家，应当按照本办法要求从专家库中选取使用；其他管理环节所需专家，具体选取使用方式根据实际需求参照本办法执行。

第二章　专家库的建设

第六条　入库专家应符合以下基本条件：

(一) 研究开发类专家应具有副高级(含)以上职称，或作为项目(课题)负责人承担过国家或省部级科技计划项目(课题)，或是国家或省部级科技奖励获得者。研究成果突出的优秀青年学者、港澳台专家、外籍专家，科技型上市公司、国家高新技术企业、技术先进型服务企业、外资研发中心的技术骨干，可适当放宽条件。

(二) 产业管理类专家应当是科技型上市公司、国家高新技术企业、技术先进型服务企业、国家大学科技园、国家科技企业孵化器、全国性或全市性行业协会学会、天使投资或创业投资机构的高级管理人员。具有丰富企业管理或创业实践经验，或对成果转化、产业发展有突出贡献的人员，可适当放宽条件。

(三) 财务审计类专家应当是熟悉科技经费管理制度的高级会计师、高级审计师、注册会计师。

(四) 其他专家包括熟悉科技管理的具有副高级(含)以上职称的法学专家、律师事务所合伙人，具有丰富科技行政管理或决策咨询经验的人员，银行、证券公司、保险公司等金融机构的高级管理人员，具有丰富科普工作经验或对科普创作有突出贡献的人员等。

第七条　专家入库采用本人自荐、单位推荐的方式。专家本人可在线申请进入专家库，经所在单位审核后向市科委推荐。港澳台专家、外籍专家也可由专家提出申请，经本市相关管理部门审核后，向市科委推荐。

被推荐专家经公示无异议的，正式进入专家库。市科委对公示期间有异议的专家开展调查，确保入库专家符合标准。

第八条　专家库实行信息定期更新机制。市科委每年组织一次专家信息集中更新,通过短信、邮件等方式通知在库专家登录网上信息系统,确认信息变更情况。

除定期更新外,专家信息发生变化的,专家应当及时登录网上信息系统更新信息。

专家对本人信息予以确认或更新后,应当经所在单位审核。

专家连续两年未对本人信息进行确认或更新的,专家资格将被冻结。专家信息经确认或更新,并经所在单位审核后,可解除冻结状态。

第九条　专家具有以下情形之一的,取消专家资格:

(一) 违反科学道德或品行不端,严重影响专家群体声誉;

(二) 违反国家法律,危害国家利益或重大社会公共利益;

(三) 不公正履行专家职责,为本人或他人谋取不正当利益。

出现以上情形的,专家所在单位获知后,应及时报告市科委。

因以上情形被取消专家资格的人员,市科委按程序将其纳入诚信记录。

第十条　专家本人可申请退出专家库。

第三章　专家库的使用和管理

第十一条　从专家库中选取专家,应当遵循以下原则:

(一) 诚信原则。在全国信用信息共享平台处于失信惩戒期的专家,不得选取参与评审。

(二) 随机原则。根据科技计划类别和项目类型特点,合理确定评审专家选取条件和专家组组成原则,由系统随机产生候选专家。

(三) 同行评议原则。专家组中的研究开发类专家,应当选取活跃在科研一线、在专业水平和知识结构上与项目评审要求相符的专家参与评审;与产业应用结合紧密的项目,应有活跃在生产一线的专家参与评审。

第十二条　选取专家和使用专家的岗位,应当分离。

第十三条　为保障专家科研时间,每位专家每年参与评审项目不超过10次。

第十四条　专家选取,实施回避制度。

专家在收到评审邀请后,具有以下情形之一的,应当主动申明回避,不参加项目评审:

(一) 与被评审项目负责人有近亲属关系、师生关系(硕士、博士期间)以及其他重大利益关系;

(二) 与被评审项目负责人在过去3年之内有共同承担科研项目、获得科技奖励、发表论文、申请专利等合作关系;

(三) 24个月内与被评审项目单位有过聘用关系,包括现任该单位的咨询或顾问;

(四) 与被评审项目单位有经济利害关系,如持有涉及申报单位的股权(申报单位为上市公司的除外);

(五) 其他有可能妨碍评审公正性的情形。

具有以下情形之一的专家,由网上信息系统自动予以回避,不得参加项目评审:

(一) 是被评审项目的负责人或参与人员;

(二) 与被评审项目负责人在过去3年之内有共同承担市科委项目、获得市科技奖等合作关系;

(三) 与被评审项目负责人隶属于同一法人单位;

(四) 同期申报的项目与被评审项目属于同一指南;

(五) 项目申报单位提出合理回避事由,如:专家对项目申报单位、被评审项目的负责人等,存在学术偏见或认识偏见;

(六) 专家主动申明回避的事由再次出现的。

第十五条　专家接受评审邀请的,应当在评审活动开始前,签署诚信承诺书。

第十六条　项目评审专家名单应当向社会公开,接受社会监督。开展会议评审的,评审专家名单在评审前公布;开展通讯评审的,评审专家名单在评审结束前保密,评审结束后向社会公开。

第十七条　专家库建立痕迹管理机制。对专家选取、信息查看、专家评审、回避等活动进行全程操作留痕,做到相关操作记录可查询、可追溯。

第十八条　专家库建立评价机制。通过使用单位评价、专家互相评价、效果评价等方式,对专家参与评审咨询活动情况进行评估,作为专家选取和使用的重要参考。

第四章　附则

第十九条　本办法自2019年1月1日起实施,有效期至2020年12月31日。

《上海市高新技术企业入库培育实施细则(试行)》

沪科规〔2018〕10号
(2018年12月20日)

第一章　总则

第一条　为加强高新技术企业培育工作,充分发挥高新技术企业的示范引领作用,根据《关于加快本市高新技术企业发展的若干意见》(沪府发〔2018〕40号)要求,规范本市高新技术企业入库培育工作,制定本细则。

第二条　上海市高新技术企业认定指导小组建立市高新技术企业培育库。申请纳入市高新技术企业培育库的企业，适用本细则。

第三条　高新技术企业入库培育工作采取“企业自愿、政府引导、市区联动、公平公正”的原则，发挥财政政策的扶持作用和撬动效应，将符合发展方向、具有发展潜力的科技型企业纳入高新技术企业培育库，培育升级成为国家级高新技术企业。

第二章　职责分工

第四条　上海市高新技术企业指导小组负责进入市高新技术企业培育库企业的审核、公示、以及应拨付培育资金金额的最终核定；指导各地区高新技术企业培育工作。上海市高新技术企业认定办公室负责市高新技术企业培育库日常管理和服务工作。

第五条　各区科技部门会同财政部门负责本区入库培育企业的组织申报、提出入库意见、对培育资金的使用进行日常监督等；各区财政部门负责培育资金拨付。

第三章　入库企业条件与程序

第六条　入库企业应同时满足以下条件：

（一）当年度非高新技术企业的居民企业，申请入库时须注册成立满一年以上；

（二）企业通过自主研发、受让、受赠、并购等方式，获得对其主要产品(服务)在技术上发挥核心支持作用的知识产权的所有权，且达到下列其中一项数量要求：

1. 发明专利(含国防专利)、植物新品种、国家级农作物品种、国家新药、国家一级中药保护品种、集成电路布图设计专有权等 I 类知识产权不少于 1 件；

2. 实用新型专利、外观设计专利、软件著作权(不含商标)等 II 类知识产权不少于 3 件；

（三）对企业主要产品(服务)发挥核心支持作用的技术属于其中之一:《国家重点支持的高新技术领域》；上海市战略性新兴产业支持的新一代信息技术、高端装备制造、新材料、生物、新能源汽车、新能源、节能环保、数字创意等战略性新兴产业领域；科技与产业发展相结合的新模式、新业态。

（四）企业从事研发和相关技术创新活动的科技人员占企业当年职工总数的比例不低于 5%；

（五）企业近三个会计年度(实际年限不足三年的按实际经营时间计算，下同)的研究开发费用总额占同期销售收入总额的比例不低于 3%；

（六）近一个会计年度高新技术产品(服务)收入占企业同期总收入的比例不低于 40%；

（七）企业创新能力评价不低于国家高新技术企业创新能力评价合格分数的 70%；

（八）企业申请入库前一年内未发生重大安全、重大质量事故或严重环境违法行为。

对上一年度无销售收入且上年度研究开发费用超过 200 万元的科技型企业可不受上述研发费用比例和高新收入比例限制。

第七条　入库流程

（一）企业申报。企业本着自愿的原则，每月通过“一网通办”平台网上提交如下材料：

1. 高新技术企业入库培育申请表；

2. 高新技术企业培育入库研究开发的组织管理、企业职工和科技人员情况说明材料；

3. 企业高新技术产品(服务)相关证明材料；

4. 经具有资质的中介机构鉴证的企业上年度高新技术产品(服务)收入及近三年研发费用报告。

5. 企业近三个会计年度的财务会计报表(包括会计报表附注)；

6. 近三个会计年度企业所得税年度纳税申报表(包括主表和附表)。

对于涉密企业，须将申请入库的申报材料做脱密处理，确保涉密信息安全。

（二）专家评审。每月市认定办对入库培育申请单位组织技术、财务专家开展评审，形成专家评审意见。

（三）市区会商。结合专家评审意见，市区共同对申请企业进行综合审查，提出入库培育企业推荐名单及支持经费并报市认定指导小组。

（四）公示与入库。每月上海市高新技术企业认定指导小组审定通过入库培育企业名单及支持经费后，在市科委网站(http://www.stcsm.gov.cn)公示五个工作日，对公示无异议的企业即纳入市高新技术企业培育库；入库培育企业向所在区报送相关入库申请书面材料。

第八条　入库企业发生与入库条件有关的重大变化(如分立、合并、重组以及经营业务发生变化等)，应在 15 个工作日内，向所在区科技部门报告。区科技部门对企业变化后的相关条件进行审核，不符合入库条件的，报请市认定办，予以出库，并自当年起终止其高新技术企业培育资格。

第九条　入库企业培育期为二年，企业应按时参加高新技术企业统计工作。在培育期内通过高新技术企业认定的，予以出库；二年期满后，仍未通过高新技术企业认定的，调整出库，且不再受理入库申请。

第四章　培育资金支持方式

第十条　2019 年 1 月 1 日至 2020 年 12 月 31 日，入库培育企业可获得一次性培育支持，支持额度按照企业上一年度发生的研发费用 10% 确定，补助额不足 20 万的企业按 20 万元奖补，超过 200 万元的按 200 万元补助。

第十一条　各区财政部门依据市认定指导小组每月确定的最终入库名单及应拨付培育资金金额，按照预算国库管理制度规定，原则上于次月底前及时拨付扶持培育资金。如遇企业银行账户信息有误等特殊情况，拨付资金顺延至下一期。次年 2 月底前，将本区上一年度培育资金拨付情况报告市财政局，市级财政给予一定的财力支持。

第十二条　企业获得的财政资金应按现行国家统一的

会计核算要求进行单独核算,必须专门用于开展新产品、新技术、新工艺、新业态等技术创新活动,做大高新技术产品市场规模,升级为国家级高新技术企业,总体提升本市高新企业产业规模和效益。

第五章　监督管理与服务

第十三条　上海市高新技术企业认定指导小组按照全市高新技术企业培育工作任务目标,细化分解各区培育工作年度任务,研究制定考核评价办法,纳入当年度《市管党政领导班子绩效考核工作实施方案》。及时评估全市高新技术企业培育工作,加快完善高新技术企业培育持续工作机制,健全全市高新技术企业培育工作体系、政策体系。

第十四条　加大高新技术企业培育工作指导培训。市认定办负责对各区相关部门具体工作人员的业务培训,各区科技部门会同相关部门对纳入培育库的企业进行培训,重点为研发费用辅助账设置、自主知识产权的挖掘与保护、高企相关政策的解读等,提升企业家的创新意识,使企业在科技创新、成果转化、团队建设等方面得到提升。各区加强高新技术企业认定申报政策、入库培育政策的宣传,扩大政策知晓度和影响力。

第十五条　市认定办建立并完善高新技术企业培育库信息管理系统,加强对入库企业的动态管理,及时分析和完善高新技术企业培育工作。

第十六条　纳入市高新技术企业培育库的企业有下列情况之一的,取消其培育资格,并按规定收回培育资金:

(一) 入库申请材料中存在严重弄虚作假行为的。

(二) 培育期间发生重大安全、重大质量事故或有严重环境违法行为的。

(三) 不填报高新技术企业年度统计报表。

第十七条　参与市高新技术企业培育库入库评选、管理工作的各类机构和人员对所承担工作负有诚信以及合规义务,并对申报入库企业的有关资料信息负有保密责任。对违反者,将参照国家《高新技术企业认定管理办法》及《高新技术企业认定管理工作指引》等有关规定进行处罚。

第十八条　对申请纳入市高新技术企业培育库的企业实施信用承诺制度。企业须对申报材料的真实性以及资金使用管理作出承诺,做出虚假承诺的企业、个人及中介机构将记入不良信用记录,会同有关部门联合惩戒;同时,企业要自觉接受科技、财政、审计等部门的监督,严格执行财务规章制度和会计核算办法。

第十九条　对违反财经纪律,弄虚作假、截留、挪用、挤占资金等行为,依照《中华人民共和国预算法》、《财政违法行为处罚处分条例》等有关法律、法规和规章,对相应的违法违规行为予以处理、处罚,依法追究有关单位及其相关人员责任,并视情况提请同级政府进行行政问责。

第六章　信息公开内容

第二十条　按照《上海市政府信息公开规定》,高新技术企业入库培育企业信息公示如下:

(一)《上海市高新技术企业入库培育实施细则》。

(二) 市高新技术企业培育库入库申报时间、入库条件、入库程序等内容。

(三) 市高新技术企业培育库入库名单。

(四) 专项资金补助结果,包括获得补助企业名单及补助金额。

(五) 接受、处理投诉情况,包括投诉事项和原因、投诉处理情况等。

(六) 其他按规定应公开的内容。

第二十一条　已纳入市高新技术企业培育库的企业涉及企业商业秘密的,企业应向当地科技部门报告,并按保密法相关规定办理。

第七章　附则

第二十二条　本办法由市科委会同市财政局、市税务局负责解释。

第二十三条　本办法自2019年1月1日起施行。

附 录

2018 年中国十大科技进展

2018 年中国十大科技进展评选活动由中科院、工程院主办，中科院院士和工程院院士投票评出。

1. 港珠澳大桥正式通车运营

全球最长跨海大桥——港珠澳大桥 10 月 24 日正式通车运营。港珠澳大桥跨越伶仃洋，东接香港特别行政区，西接广东省珠海市和澳门特别行政区，全长 55 公里，使用寿命 120 年，抗 16 级台风、8 级地震，是在“一国两制”框架下、粤港澳三地首次合作建设的超大型跨海交通工程，2009 年 12 月正式开工。如今，港珠澳大桥正式通车运营，让珠江口天堑变通途，改变了珠三角的地理格局，香港将获得更广阔的珠江西岸腹地。

2. 我国新一代“E 级超算”“天河三号”原型机首次亮相

国家超算天津中心于 5 月 17 日对外展示了我国新一代百亿亿次超级计算机“天河三号”原型机，这也是该原型机首次正式对外亮相。据了解，百亿亿次超级计算机也称“E 级超算”，被全世界公认为“超级计算机界的下一顶皇冠”，它将在解决人类共同面临的能源危机、污染和气候变化等重大问题上发挥巨大作用。

3. 我国水稻分子设计育种取得新进展

9 月 18 日，国审稻新品种“中科 804”现场会上，“中科 804”从 3 000 亩示范片中脱颖而出，其在产量、抗稻瘟病、抗倒伏等农艺性状方面均表现突出。“中科 804”和“中科发”系列水稻新品种是中科院遗传与发育生物学研究所李家洋院士团队成功利用“水稻高产优质性状形成的分子机理及品种设计”理论基础与品种设计理念所育成的标志性品种，实现了高产优质多抗水稻的高效培育。“水稻高产优质性状形成的分子机理及品种设计”研究成果于 2017 年获国家自然科学奖一等奖。

4. 两只克隆猴在我国诞生

1 月 25 日，克隆猴“中中”和“华华”登上《细胞》杂志封面，这意味着我国科学家成功突破了现有技术无法克隆灵长类动物的世界难题。自 1996 年第一只克隆羊“多莉”诞生以来，20 多年间，各国科学家利用体细胞先后克隆了牛、鼠、猫、狗等动物，但一直没有攻克与人类最相近的非人灵长类动物克隆的难题。中科院神经科学研究所孙强团队经过 5 年努力，成功突破了世界生物学前沿的这个难题。利用该技术，科研团队未来可在 1 年时间内，培育出大批基因编辑和遗传背景相同的模型猴。

5. 科学家测出国际最精准万有引力常数

华中科技大学引力中心罗俊院士团队历经 30 年艰辛工作，测出目前国际上最精准的万有引力常数 G 值，8 月 30 日《自然》杂志刊发了罗俊团队这一最新测 G 成果。以往 G 值测量的相对精度虽然接近 10^{-5}，相互之间的吻合程度仅达到 10^{-4} 水平。因为精度问题，很多与之相关的基础科学难题至今无法解决。此次罗俊团队采用两种不同方法，用扭秤周期法和扭秤角加速度反馈法测 G，精度均达到国际最好水平，吻合程度接近 10^{-5} 水平。

6. 科学家首次在超导块体中发现马约拉纳任意子

在一项最新的研究中，中科院物理研究所高鸿钧院士与丁洪研究员领导的一个联合研究团队首次在铁基超导体中观察到了马约拉纳零能模，即马约拉纳任意子。这种马约拉纳任意子纯净度较高，能够在相比以往更高的温度下得以实现，且材料体系简单。该发现或对稳定的高容错量子计算机研发有极大帮助，于 8 月 16 日发表于《科学》杂志。

7. 科学家“创造”世界首例单条染色体真核细胞

中科院研究团队在国际上首次人工创建了单条染色体的真核细胞，是继原核细菌“人造生命”之后的一个重大突破。8 月 2 日，该成果在线发表于《自然》。历经 4 年，通过 15 轮染色体融合，中科院分子植物科学卓越创新中心/植物生理生态研究所覃重军研究团队与合作者采用工程化精准设计方法，成功将天然酿酒酵母单倍体细胞的 16 条染色体融合为 1 条，染色体“16 合 1”后的酿酒酵母菌株被命名为 SY14。经鉴定，染色体三维结构发生巨大变化的 SY14 酵母具有正常的细胞功能，除通过减数分裂有性繁殖后代减少外，SY14 酵母表现出与野生型几乎相同的转录组和表型谱。

8. 国产大型水陆两栖飞机 AG600 成功水上首飞

10 月 20 日,国产大型水陆两栖飞机“鲲龙”AG600 在湖北荆门漳河机场成功实现水上首飞起降。AG600 飞机是我国首次按照中国民航适航规章要求自主研制的大型特种用途飞机,也是目前世界上在研最大的水陆两栖飞机。AG600 飞机具有执行森林灭火、水上救援、海洋环境监测与保护等多项特种任务的能力,是国家应急救援重大航空装备,对于填补我国应急救援航空器空白、满足国家应急救援和自然灾害防治体系能力建设需要具有里程碑意义。

9. 科学家首次揭示水合离子微观结构

北京大学江颖和中科院王恩哥院士领衔的一支联合研究团队利用自主研发的高精度显微镜,首次获得水合离子的原子级图像,并发现其输运的“幻数效应”,未来在离子电池、海水淡化以及生命科学相关领域等有重要应用前景。该成果 5 月 14 日于《自然》杂志在线发表。

10. 我国首个 P4 实验室正式运行

中科院武汉国家生物安全四级实验室 1 月通过原国家卫计委高致病性病原微生物实验活动现场评估,成为中国首个正式投入运行的 P4 实验室,标志着我国具有开展高级别高致病性病原微生物实验活动的能力和条件。据介绍,P4 实验室是人类迄今为止能建造的生物安全防护等级最高的实验室。埃博拉等危险病毒只有在 P4 实验室里才能研究。专家表示,该实验室对增强我国应对重大新发、突发传染病预防控制能力,提升抗病毒药物及疫苗研发等科研能力起到基础性、技术性的支撑作用。

(摘自 2019 年 1 月 3 日《中国科学报》)

2018 年世界十大科技进展

2018 年世界十大科技进展评选活动由中科院、工程院主办，中科院院士和工程院院士投票评出。

1. “洞察”号无人探测器成功登陆火星

美国航天局“洞察”号无人探测器于美国东部时间 11 月 26 日 14 时 54 分许在火星成功着陆，执行人类首次探究火星“内心深处”的任务。美国航天局的直播画面显示，“洞察”号进入火星大气层后，约 7 分钟完成了进入、下降和着陆，此后顺利降落在火星艾利希平原。随后，“洞察”号通过与其同行的迷你卫星于 15 时许传回了火星的照片。美国航天局喷气推进实验室首席工程师罗伯·曼宁表示，这张照片意义重大，标志着“洞察”号已经正式开始工作。

2. 科研人员发现新型光合作用

美国《科学》杂志 6 月刊登的一项新研究说，蓝藻可利用近红外光进行光合作用，其机制与之前了解的光合作用不同。这一发现有望为寻找外星生命和改良作物带来新思路。英国帝国理工学院的研究人员认为，这一发现可以用来搜寻外星生命，在一些存在近红外光的地方也可能有进行光合作用的生命；该发现还可用来指导设计新作物，让作物能利用更广谱的光。

3. 首架离子驱动飞机研制成功

11 月 21 日，美国麻省理工学院的研究人员在《自然》杂志上发表的一篇论文称，他们创造并试飞了第一架不需要任何活动部件的飞机。这架 2.45 千克的实验飞机不依靠任何旋转涡轮叶片的推动，在直接使用电动力推进的情况下自主飞行了 60 米。研究人员认为，如果这种技术实现在大尺寸上的运用，那么未来将能够生产出更安全、更安静、更易于维护的飞机。最重要的是，这种技术可以完全不释放燃烧后的排放物，因为整个飞行过程完全由电池作为能源。

4. 美科学家在原子层面“无缝缝制”两种晶体

美国科学家 3 月在最新出版的《科学》杂志上介绍了一种能在原子层面“无缝缝制”两种超薄晶体的新技术。这将为制造高质量新型电子产品提供可能。在电子学领域，两种不同的半导体接触形成的界面区域“异质结”是太阳能电池、LED(发光二极管)或计算机芯片的重要构件。两种材料的接触界面越平坦，电子流动越容易，产品性能越优越。这种材料将有助于开发出柔性 LED、几个原子厚度的二维电路以及拉伸后可以变色的纤维等。

5. 新方法使先天失明小鼠复明

美国研究人员利用一种新方法，成功使先天失明的小鼠复明，为治疗视网膜色素变性等致盲疾病带来了新希望。这项研究成果 8 月 15 日发表在英国《自然》杂志上。研究人员在小鼠实验中利用基因转移的方法，促使“米勒胶质细胞”分裂并发育为可感光的视杆细胞。新发育的视杆细胞在结构上与天然视杆细胞没有差别，且形成了突触结构，使其能与视网膜内其他神经细胞交流。

6. 宇宙高能“幽灵粒子”来源首度现踪

多国科学家 7 月 12 日宣布，他们首次发现了宇宙高能中微子的来源。这项突破性进展将为认识宇宙提供一种新方法，推动多信使天文学进入一个新的时代。由于中微子能自由穿过人体、行星和宇宙空间，难以捕捉和探测，科学家也将它称为宇宙中的“隐身人”。长期以来，天文学家主要利用 X 射线、可见光、无线电波等电磁波来研究天文现象。2016 年，科学家宣布第一次直接探测到引力波的存在，开启了观测宇宙的一个新窗口。

7. 历经 13 年小麦基因组图谱绘制完成

经过 13 年努力，来自 20 个国家 73 个研究机构的 200 多名科学家终于绘制完成完整的小麦基因组图谱。国际小麦基因组测序协会 8 月 16 日在美国《科学》杂志上发表论文说，他们以一种叫做“中国春”的小麦遗传研究模式品种为材料，研究整合了 21 条小麦染色体参考序列，获得 107 891 个基因的精确位置、超过 400 万个分子标记以及影响基因表达的序列信息。科学家相信，小麦基因组图谱的绘制完成，可帮助培育出抗旱、抗病和高产优质的小麦品种。国际小麦基因组测序协会指出，全球人口到 2050 年预计将达到 96 亿，小麦产量需每年增长 1.6% 才能满足未来需求。

8. 科学家首次发现银河系外行星存在的迹象

美国科学家 2 月借助“微引力透镜”效应,首次发现了银河系外行星存在的迹象。这批行星数量约有 2 000 颗,远在 38 亿光年之外,质量介于月球和木星之间。他们在美国《天体物理学杂志通讯》上发表报告说,该天体是一个星系的核心区域,中央有一个超大质量黑洞;这些行星不隶属于任何恒星,很久以前脱离了母星的引力束缚,成为星际流浪儿。光谱中的这些微小偏移也可能来自类星体自身活动或其他小星系。

9. 研究人员用基因剪刀技术开发“基因试纸”

美国布罗德研究所华裔专家张锋带领团队开发出“基因试纸”,在实验室中成功检测出一些病毒感染及肺癌患者的肿瘤标记物。2 月 15 日发表在美国《科学》杂志上的论文显示,只需将“基因试纸”浸入处理过的样品,一条线就会显示出是否检测到靶分子。CRISPR 基因编辑技术发明人之一张锋说,这种工具可用于检测病毒、肿瘤 DNA(脱氧核糖核酸)等核酸物质。基因试纸最多可一次检测 4 个标靶,从而节约了样品用量。

10. 月球存在水冰获确切证实

月球黑暗、寒冷的极地地区,一直被推测含有水冰。美国夏威夷大学等机构研究人员 8 月 21 日宣布,他们首次发现了月球两极表面存在水冰的确切证据,这有可能为未来人类月球探测甚至定居提供便利。研究人员在美国《国家科学院院刊》上发表研究报告说,他们分析了印度“月船 1 号”探测器携带的月球矿物质绘图仪所得到的数据,发现了固态水——冰的近红外吸收光谱的特征,直接证明了那是月球上的水冰。而此前观察结果仅间接发现了月球南极存在水冰的迹象。

(摘自 2019 年 1 月 3 日《中国科学报》)

2018 年市科委领导成员及机构设置

领导成员

主　　任　　张　全*
副 主 任　　朱启高
副 主 任　　干　频
副 主 任　　谢文澜*
副 主 任　　傅国庆*
副 主 任　　骆大进*
总工程师　　陆　敏*
巡 视 员　　季晓烨*

机构设置及处室负责人

办公室(信访办公室)
　主　任　李　靖*
　副主任　段晓阳*
人事教育处
　处　长　过浩敏
　副处长　王　炜
体制改革与法规处
　处　长　方　浩
. 副处长　毕　聪*
发展研究处
　处　长　孙中峰
发展计划处
　处　长　陈　馨
　副处长　张翌翀　韩元建*
条件财务处(审计处)
　处　长　俞　清
　副处长　斯海雄*
研发基地建设与管理处
　处　长　谭瑞琮*
　副处长　杨建群　仲东亭*
国际合作处(对台科技合作办公室)
　副处长　何晌艳*
科普工作处
　处　长　胡　睦*
　副处长　钟　倩
基础研究处
　处　长　陈海鹏
　副处长　李力雄
高新技术产业化处
　处　长　王　晔
　副处长　肖　菁　宋　扬
创新服务处
　处　长　陈宏凯
　副处长　孙海东
生物医药处
　处　长　曹宏明*
　副处长　董瀲滟　刘厚佳*
社会发展处
　处　长　郑广宏
外国专家服务处(引进国外智力管理处)
　处　长　黄　红*
　副处长　冯东辉*

注:“*”为 2018 年新任职(上述机构及干部名单以 2018 年 12 月 31 日为准)

新任市科委领导简况

张　全　男,汉族,1964年1月生,江苏扬州人。农工党,大学本科,工学学士,高级工程师。历任上海市环境保护局副局长,上海市城市建设投资开发总公司副总经理,上海市环境保护局局长。2018年2月起任上海市科学技术委员会主任,农工党上海市委副主委。

谢文澜　男,汉族,1966年9月生,江西莲花人。中共党员,全日制研究生,工学硕士,高级工程师。历任中船重工第七〇四研究所质量管理处处长助理、副处级调研员,西藏日喀则地区科技局常务副局长、党组副书记,市科教党委统战处副处长,市科协人事处处长、组织人事处处长,市科协副秘书长,市科技党委秘书长。2018年11月起任上海市科学技术委员会副主任。

傅国庆　男,汉族,1960年9月生,浙江绍兴人,中共党员,大学本科,理学硕士。历任上海市科学技术委员会国际合作处副处长、处长,基础研究处处长,总工程师。2018年6月起任上海市科学技术委员会副主任。

骆大进　男,汉族,1977年7月生,浙江东阳人,中共党员,工商管理硕士,研究员。历任上海市科学技术委员会人事教育处副处长、机关直属单位团委书记、发展研究处处长、科普工作处处长,上海市科学学研究所党总支书记、所长。2018年6月起任上海市科学技术委员会副主任。

陆　敏　男,汉族,1968年11月生,上海人,中共党员,工程硕士。历任市质量技术监督局计量处副处长、处长,市计量测试技术研究院副院长,青浦区质量技术监督局局长、党组书记,市质量技术监督局总工程师。2018年11月起任上海市科学技术委员会总工程师。

季晓烨　男,汉族,1961年1月生,江苏南通人,九三学社社员,研究生学历,教授级高级工程师,享受国家级政府特殊津贴。历任上海市计量测试技术研究院热工室副主任、管理处副处长、处长、副院长,上海市质量技术监督局科技教育处处长、副局长,上海市知识产权局副局长。2018年11月起任上海市科学技术委员会巡视员。

上海科技年鉴(2019)

SHANGHAI SCIENCE AND TECHNOLOGY YEARBOOK

索　引

说明:(1) 本索引主体采用主题分析索引方法,按主题词首字的汉语拼音字母顺序排列;
(2) 索引名称后的数字表示内容所在的页码,数字后面的 a、b 分别表示左右栏别;
(3) 粗体主题词为章、节名称主题词,其中不带栏别的为章,带栏别的为节;
(4) 表格索引和图片索引按页码顺序排列,人名索引按首字的汉语拼音顺序排列。

主题词索引

A

B

C

D

E

F

G

H

I

J

K

L

M

N

O

P

Q

R

S

T

U

V

W

X

Z

图片索引

表格索引

人名索引

A

B

C

D

F

G

H

I

J

K

L

M

Z